양자역학

[제2판]

송희성

교학연구사

제 2판에 즈음한 머리말

저자의 양자역학(교학연구사 발행) 책이 나온 지 25년이 지났으나, 이 책은 거의 매년 인쇄 횟수만 거듭되었지 내용에 대한 보강은 못하고 있었다. 저자가 서울대학교 학부와 대학원에서 가끔 양자역학을 가르칠 때마다, 내용도 약간씩 다르게 다루었고 또 연습 문제들은 새로운 것으로 보충하는 경우가 많았다. 따라서 재판에 대한 필요성을 느끼게 되었다.

양자역학 이론 자체는 이미 거의 완성된 학문으로서 지금까지도 크게 바뀌지 않았으며 다만, 강조하는 부분이 시간이 감에 따라 달라지고 새로운 응용 부분이 생겨나고는 있는 실정이다. 그러나 저자는 기존의 많은 책들이 재판되면서 개악이 되는 경우도 흔히 있음을 알고 있어 이 책도 최소한의 부분만 바꾸려고 생각하였다. 그리고 양자역학을 처음 배우는 학생들이 알 필요가 있는 수학이나 물리학적 배경을 되도록 이 책에서 거의 모두 다루려는 저자의 의도를 그대로 남기기로 하였다.

제 2판에서는 도입 부분을 보다 쉽게 시작하려 했으며, 내용도 부분별로 정비하였고, 한국물리학회에서 마련한 새 물리학 용어를 사용하였다. 특히 첨가된 부분은 제 6장에 양자 분포 함수, 제 9장에 조임 상태(squeezed state), 그리고 제 12장을 별도로 만들어 변분 방법과 WKB 방법을 다루었으며, 제 13장의 시간에 의존하는 섭동 이론에 점진 근사와 Berry 위상을 추가 했다. 또 마지막 부록에 전하를 띤 입자들에 영향을 주는 전자기량을 기술할 때 사용되는 전자기학의 여러 단위계 사이의 관계들을 첨가했다. 이 책은 학생들의 배경에 따라서 취사선택하여 학부와 대학원생에게까지 이용할 수 있기를 기대하고 개정하였다.

끝으로 이 책의 제 2판을 만드는데 많은 도움을 준 김현정님과 출판에 힘써준 교학연구사에 사의를 표한다.

2009년 1월
관악에서 저자 씀

머 리 말

현대 물리학의 여러 분야를 이해하고 연구하는 데 있어서 가장 근본적인 역할을 하는 양자역학은 1925년 Heisenberg 와 1926년 Schrödinger 에 의하여 그 이론적인 골격이 만들어졌고, 그 후 Born과 Dirac 등 여러 물리학자들에 의하여 다듬어 졌다고 할 수 있다. 미소 입자나 원자 그리고 이들로 구성되는 물질에서 일어나는 여러 현상을 이해하는 데 있어서 필요 불가결한 양자역학은 물리학뿐만 아니라 화학, 생물학, 핵공학, 전자공학 등 여러 과학 분야와 공학 분야를 연구하는 데 있어서도 중요한 역할을 하고 있다.

이 책은 본인이 서울대학교 자연과학대학과 공과대학에서 양자역학을 처음 배우는 학생들에게 수년간 강의해 온 내용들을 종합하여 우리말로 정리한 양자역학 입문서로서 이 책을 저술하는 과정에서 특히 다음 사항을 고려하였다.

먼저 양자역학은 수강하는 학생들에 따라서 그 내용과 취급하는 방법 및 범위가 많이 달라질 수 있으며 양자역학을 논의함에 있어서는 역학, 전자기학 등의 물리학과 미분 방정식, 선형대수 등의 수학적 지식이 필요하다. 그러나 양자역학을 처음 배우려는 학생들의 경우에 이러한 물리학이나 수학의 지식이 충분하지 못한 학생이 많이 있다. 따라서 여기에서는 이러한 고전물리학이나 수학 중에서 특히 양자역학에 자주 사용되는 부분은 되도록 상세히 설명하여 물리학을 전공하지 않는 학생들까지도 어렵지 않게 양자역학을 공부할 수 있도록 하는 데 역점을 두었다.

또 보다 더 높은 수준의 양자역학이나 현대 물리학을 이해하는 데 도움이 되도록 여러 가지 방법을 비교하여 기술하였다.

한편, 현대 과학의 여러 분야에서 양자역학이 지니는 중요성을 고려한다면 우리말로 쓰여진 양자역학 책이 여러 권 있어야 하겠으며 물리학 용어도 우리말로 사용하는 것이 바람직하다고 생각된다. 최근에 한국 물리학회에서 물리학 용어집을 발간한 것은 다행한 일이며, 본인이 이 책을 집필하는 데 큰 도움이 되었다. 현재 사용되고 있는 용어 중에는 앞으로 바뀌어져야 할 것도 있으며 이미 많은 용어를 달리 사용하는 분도 있으나 여기서는 되도록 물리학 용어집에 수록된 용어는 그것에 따르도록 하였다. 그러나 고유명사는 원어를 그대로 사용하였다.

이 책의 내용은 크게 두 부분으로 나누어졌다. 즉, 전반부에서는 Schrödinger 방정식을 중심으로 하여 물리학적인 준비 과정에서부터 양자역학의 필요한 가설(postulates)의 선정 과정, 그리고 간단한 응용과 미분 방정식의 자세한 해를 주로 다루었고, 후반부에서는 Dirac의 방법에 따라 전반부를 일반화하였는데, 여기서는 주로 행렬의 방법을 사용하였다. 또 양자역학을 이용한 응용은 주로 후반부에서 다루었다. 양자역학은 거의 완성된 학문이며 물리학에서는 각 분야에서 양자역학을 응용하고 있으며 여기에서 취급되는 응용은 주로 양자역학을 이해하는 데 필요한 정도로 한정되었다.

끝으로 이 책의 내용이나 표현에 있어서 어색한 점이 많으리라고 생각되며 독자들로부터 조언과 비판을 환영하는 바이다. 본인이 이 책을 쓰기 시작하게 된 동기에서나 본인의 연구에 많은 영향을 주신 R.H.Good, Jr. 교수와 서울대학교 의 여러 동료 교수들에게 심심한 사의를 표하는 바이며, 이 책을 집필하는 과정에서 특히 우리말의 표현과 교정에 많은 도움을 준 최진혁, 이태연 군과 권경훈 양과 초판이 나온 후 이 책을 읽어보시고 많은 오식을 바로 잡아 주신 지창열 교수님에게도 사의를 표하는 바이다.

1984년

관아 캠퍼스에서

저자 씀

차 례

머 리 말

제 1 장 양자론(量子論)의 배경 ············ 1

1.1 Planck의 흑체 복사 이론 ············ 1
1.2 빛의 입자적 성질 ············ 11
1.3 Bohr의 원자 모델 ············ 15
1.4 Lagrangian과 Hamiltonian의 역학 ············ 21
1.5 고전 양자론 ············ 36
1.6 물질파와 입자의 파동설 ············ 45
1.7 자유 입자의 파동 방정식 ············ 47
문 제 ············ 49

제 2 장 파(波)의 운동 ············ 55

2.1 평면파 ············ 55
2.2 파속(波束) ············ 57
2.3 Fourier 변환 ············ 63
2.4 불확정성 원리와 그 응용 ············ 71
2.5 Dirac의 δ(델타) 함수 ············ 77
2.6 분산 방정식과 파동 방정식 사이의 관계 ············ 81
문 제 ············ 83

제 3 장 양자역학의 형성 ············ 87
3.1 입자의 상보성 및 양자화 과정 ············ 87
3.2 외력의 영향 ············ 88
3.3 파동 함수 $\psi(\vec{x},t)$의 해석 ············ 89
3.4 상태 함수, 연산자 및 기대값 ············ 92
3.5 불확정성 원리와 최소 파속 ············ 100
3.6 측정과 고유값 문제 ············ 108
문 제 ············ 122

제 4 장 네모난 퍼텐셜 문제 ············ 127
4.1 경계 조건 ············ 127
4.2 계단 퍼텐셜 ············ 130
4.3 네모난 퍼텐셜 장벽 ············ 136
4.4 네모난 퍼텐셜 우물의 고찰 ············ 141
4.5 δ 함수형의 퍼텐셜 ············ 149
4.6 일반적인 퍼텐셜 문제의 논의 ············ 155
문 제 ············ 158

제 5 장 조화 진동자 문제 ············ 161
5.1 미분 방정식에 의한 해 ············ 162
5.2 연산자 방법 ············ 175
5.3 계의 시간에 대한 변화와 Heisenberg 묘사 ············ 181
문 제 ············ 183

제 6 장 3차원에서의 운동과 다입자(多粒子)의 양자계 ············ 187
6.1 3차원에서의 운동 ············ 187
6.2 여러 입자의 양자계 ············ 191
6.3 동일 입자와 교환 연산자 ············ 200
6.4 동일 입자에 대한 양자 분포 함수 ············ 208
6.5 3차원에서의 다입자 문제 ············ 215
문 제 ············ 224

제 7 장 수소형 원자와 주기율표 ······ 227

7.1 각운동량 보존 ······ 228

7.2 각운동량 연산자의 극좌표에 의한 표현 ······ 233

7.3 극좌표계에서의 Schrödinger 방정식 ······ 237

7.4 L_z, L^2의 고유값 문제의 해 ······ 239

7.5 지름 파동 방정식의 해 ······ 247

7.6 논 의 ······ 253

7.7 주기율표 ······ 255

문 제 ······ 262

부 록 (Legendre함수와 Laguerre 함수) ······ 267

제 8 장 전자기장 안에서의 전자의 운동 ······ 287

8.1 게이지(gauge) 변환 ······ 287

8.2 전기장 안에서의 전자의 운동 ······ 290

8.3 균일한 자기장 안에서의 속박되지 않은 전자의 운동 ······ 306

8.4 균일한 자기장 안의 원자에 속박된 전자와 Zeeman 효과 ······ 313

8.5 자기 선속의 양자화, 초전도성 및 Aharonov-Bohm 효과 ······ 319

문 제 ······ 329

제 9 장 벡터 공간과 행렬 표현 ······ 335

9.1 Dirac의 벡터 방법의 배경 ······ 335

9.2 선형 벡터 공간 ······ 338

9.3 선형 연산자와 고유값 문제 ······ 341

9.4 행렬 표현 ······ 350

9.5 양자역학의 기본 원리 ······ 354

9.6 표현의 바꿈 ······ 360

9.7 연속적인 스펙트럼을 갖는 양자계 ······ 364

9.8 조화 진동자와 결맞는 상태 ······ 381

9.9 조임 상태(squeezed state) ······ 387

문 제 ······ 392

부 록 (행렬 및 행렬식) ······ 400

제 10 장 각운동량 이론과 그 응용 ······ 415

10.1 각운동량의 행렬 표현 ······ 416

10.2 스핀 ······ 420

10.3 각운동량의 합 ······ 429

10.4 isospin과 입자의 반응의 예 ······ 440

10.5 회전과 각운동량과의 관계 ······ 445

10.6 스핀 $\frac{1}{2}$인 각운동량의 응용: 상자성 공명과 자기화 ······ 454

10.7 기약 텐서와 Wigner-Eckart 정리 ······ 463

문 제 ······ 470

제 11 장 시간에 무관한 섭동 이론과 근사법 ······ 479

11.1 시간에 무관한 섭동 이론 ······ 479

11.2 균일한 전자기장에 의한 원자의 에너지 준위의 변화 ······ 488

11.3 수소형 원자의 미세 구조 ······ 495

11.4 원자핵의 스핀의 영향과 초미세 구조 ······ 508

11.5 비정상 Zeeman 효과 ······ 512

11.6 원자 스펙트럼 ······ 519

문 제 ······ 522

제 12 장 근사법의 다른 예 ······ 527

12.1 변분 방법 ······ 527

12.2 WKB 근사 ······ 533

문 제 ······ 551

부 록 (Bessel 함수) ······ 556

제 13 장 시간에 의존하는 섭동 이론 ······ 567

13.1 전이 진폭 ······ 567

13.2 전이 확률과 Fermi 황금률 ······ 573

13.3 원자에 의한 전자기파의 흡수 및 방출 ······ 578

13.4 전기 쌍극자 근사 ······ 586

13.5 자기 쌍극자와 전기 사중극자 전이 ······ 591

13.6 자발적인 방출 ···· 596
13.7 전자기장의 양자화와 물질에 의한 전자기파의 방출 및 흡수 ···· 602
13.8 선폭과 수명 ···· 611
13.9 점진 근사와 Berry 위상 ···· 616
문 제 ···· 623

제 14 장 산란 이론 ···· 631

14.1 Schrödinger 방정식과 경계 조건 ···· 631
14.2 Green 함수의 방법 ···· 633
14.3 Born 근사와 미분 단면적 ···· 638
14.4 산란 이론에서 부분파 방법 ···· 642
14.5 위상 이동과 퍼텐셜의 관계 ···· 652
14.6 산란 길이와 유효 범위 ···· 660
14.7 낮은 에너지 입자들의 공명 산란 ···· 664
14.8 산란의 형식적 이론 : Lippmann-Schwinger 이론 ···· 666
14.9 산란에서 스핀의 영향과 동일 입자의 산란 과정 ···· 670
문 제 ···· 678
부 록 (단위계) ···· 685
중요한 물리 상수 ···· 689
찾아보기 ···· 691

제 1 장

양자론(量子論, Quantum Theory)의 배경

19세기말과 20세기 초에 들어서면서, Newton에 의하여 집대성된 고전역학으로는 설명할 수 없는 실험적 사실들이 알려지기 시작하였다. 이것을 설명하기 위하여 새로운 물리학적 개념이 필요하게 되었으며, 새로운 역학적인 체계인 양자역학(量子力學, Quantum Mechanics)이 만들어졌다. 즉 어떠한 물리계가 시간에 따라 어떻게 될 것인가를 예측하는 이론 체계가 역학이며, 거시적(巨視的, Macroscopic) 역학 현상을 설명하였던 고전역학으로는 원자, 분자 등의 작은 입자들에서 일어나는 미시적(微視的, Microscopic) 현상은 설명하기 어려웠다.

양자역학은 미시적 영역에서의 물리적 관측 결과를 정확하게 기술할 뿐 아니라 고전역학이 설명할 수 있는 거시적 영역까지도 포함할 수 있는 역학이다. 양자역학은 원자, 분자, 원자핵, 전자 및 전자기파 등의 성질과 그들 사이의 상호작용을 분석하고 이해하는 데 사용되는 이론 체계로서 근대물리학의 거의 모든 부분에 이용되고 있다.

제 1장에서는 양자론이 이루어진 배경을 살펴보면서 앞으로 양자역학을 기술하는 데 필요한 고전역학의 개념들을 고려하고자 한다.

1. 1 Planck의 흑체 복사(黑體輻射, Blackbody Radiation) 이론

한 물체가 뜨거워지면 열을 내게 되는데, 이것은 전자기파(電磁氣波)의 한 종류이며 복사(Radiation)라고 부른다. 고체에서 방출되는 복사를 조사하면 여러 가지 종류의 파장 또는 진동수를 가진 전자기파들(이것을 스펙트럼(Spectrum)이라고 부른다)로 구성되어 있음을 알 수 있다. 어느 물체나 그 표면에 부딪히는 복사열의 일부는 흡수하고 나머지는 반사한다. 특히 표면에 부딪히는 모든 복사를 흡수하는 경우 이런 물체를 흑체(Black Body)라고 부른다. 물론 흑체는 자신이 가지고 있는 열 즉 복사열을 방출도 한다.

19세기말에 물리학자들은 흑체에서 어떻게 여러 가지 진동수를 가진 복사가 나오며 이들은 표면의 온도와 어떠한 관계가 있는가를 많이 연구하였고 복사의 연구로부터 양자론이 시작되었다. 특히 복사스펙트럼의 에너지 분포는 Wien에 의하여 실험적으로 조사되었고, Rayleigh와 Jeans에 의하여 고전적으로 연구되었었다. 온도가 T 인 흑체에서 나오는 단색(單色, Monochromatic) 복사스펙트럼에서 진동수가 ν 에서 $\nu + d\nu$ 사이에 있는 흑체 안의 복사의 에너지 밀도를 $u(\nu, T)$라 할 경우 이 값에 대해 Wien과 Rayleigh-Jeans는 각각 다음과 같은 다른 식을 얻었다.

Wien은 실험 결과를 토대로 하여

$$u(\nu, T) = \nu^3 g(\frac{\nu}{T}) \tag{1.1}$$

로 표시되는 실험식을 얻었다. 여기서 g는 함수를 나타내며, 이 값은 더 정확히 말해서 다음과 같은 모양을 갖는다고 하였다.

$$g(\frac{\nu}{T}) = c_1 e^{-c_2 \frac{\nu}{T}} \quad (c_1, c_2\text{는 상수}) \tag{1.2}$$

이 실험식은 ν가 큰 경우 다시 말해서 짧은 파장의 영역에서 잘 맞는 식이다.

한편 Rayleigh-Jeans는 복사에너지에 균등분배(均等分配, Equipartition) 이론을 적용하여 이론적으로 엄밀하게 다음과 같은 복사에너지 밀도를 구하였다.

$$u(\nu, T) = \frac{8\pi\nu^2}{c^3} kT \tag{1.3}$$

여기서 c는 빛의 속도 3×10^{10}cm/sec 이며 k는 Boltzmann의 상수이다. 이 식은 ν가 작은 경우 즉 긴 파장의 영역에서 잘 맞는 식이며 짧은 파장 영역세서는 Wien의 식만큼 잘 맞지 않는다.

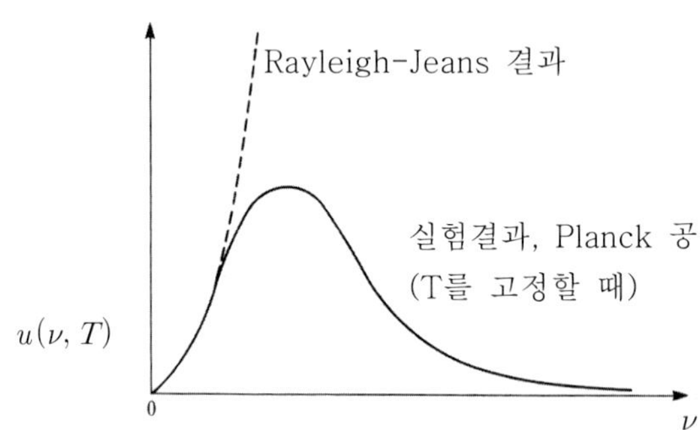

그림 1.1 Rayleigh-Jeans의 계산식과 실험 결과와의 비교

1900년에 M. Planck는 흑체에서 나오는 복사의 에너지 밀도에 대하여 모든 파장 영역에서 잘 맞는 식을 얻었다. 그 당시 Planck가 재직하던 베를린(Berlin) 대학에는 Lummer, Pringsheim 등이 흑체복사에 대한 실험적 연구를 하였고 열복사량에 대한 정밀한 실험적 측정 결과를 발표했었다. Planck는 1900년 10월 19일 독일 물리학회에 흑체복사에 대한 실험적 공식을 발표하였었다. 그 후 그는 이 식을 정당화 하기 위하여, 흑체에서 나오는 복

사에너지는 연속적이 아니고 진동수와 관계되는 $h\nu$라는 에너지양의 정수(整數) 배가 되는 양만을 갖는다는 가정을 하여 Planck의 공식으로 알려진 식

$$u(\nu, T) = \frac{8\pi h\nu^3}{c^3}\frac{1}{(e^{h\nu/kT}-1)} \tag{1.4}$$

을 이론적으로 얻었다. 이 식은 1900년 12월 14일 독일 물리학회에 발표 하였다. 여기서 h는 Planck상수라고 부르며 k와 h의 값은 각각

$$k = 1.38\times10^{-16}\text{erg/deg} \tag{1.5a}$$

$$h = 6.625\times10^{-27}\text{erg-sec} \tag{1.5b}$$

임이 알려졌다.

Planck의 식인 (1.4)식에서 단파장 영역 즉 진동수 ν가 큰 경우를 고려하면 그 식의 분모는

$$e^{h\nu/kT}-1 \simeq e^{k\nu/kT} \tag{1.6}$$

으로 쓸 수 있다. 따라서 (1.4)식은

$$u(\nu, T) \simeq \frac{8\pi h\nu^3}{c^3}e^{-h\nu/kT} \tag{1.7}$$

를 얻게 되고 이 식은 Wien의 실험식인 (1.1)식과 같다. 한편 장파장 영역을 고려하면 진동수가 작은 경우이기 때문에

$$\begin{aligned} e^{h\nu/kT}-1 &\simeq 1+\frac{h\nu}{kT}+\frac{1}{2!}\left(\frac{h\nu}{kT}\right)^2+\cdots\cdots -1 \\ &\simeq \frac{h\nu}{kT}+0\left\{\left(\frac{\nu}{T}\right)^2\right\} \end{aligned} \tag{1.8}$$

로 쓸 수 있다. 따라서 이 값을 (1.4)식의 분모에 대입하여 (1.3)식을 얻게 된다.

한편 모든 진동수를 합하는 경우 복사에너지 밀도는

$$\begin{aligned} U(T) &= \int_0^\infty u(\nu, T)d\nu \\ &= \frac{8\pi h}{c^3}\int_0^\infty \frac{\nu^3 d\nu}{e^{h\nu/kT}-1} \end{aligned} \tag{1.9}$$

로 된다. 여기에서 $h\nu/kT$를 x로 놓으면

$$\nu = \frac{kT}{h}x, \quad d\nu = \frac{kT}{h}dx \tag{1.10}$$

이므로 (1.9)식은

$$U(T) = \frac{8\pi h}{c^3}\left(\frac{kT}{h}\right)^4\int_0^\infty \frac{x^3 dx}{e^x-1} \tag{1.11a}$$

$$\propto T^4 \tag{1.11b}$$

즉 복사 에너지 밀도는 온도의 4승에 비례한다. 이것은 이미 Stefan과 Boltzmann에 의하

여 얻어졌던 결과이며, Planck의 복사 에너지 밀도의 (1.4)식이 틀림없음을 말해 준다. 따라서 이 식을 얻는데 Planck가 사용한 가정 즉 흑체에서 나오는 복사 에너지가 $h\nu$의 정수배가 된다는 에너지 양자화(量子化, Quantization)가 맞다는 결론에 도달하게 된다. Planck의 양자화는 전자기파가 $h\nu$의 에너지를 가진 양자(量子, Quanta)들로 이루어졌다고 설명할 수 있으며, 이는 새로운 물리학인 양자론의 탄생을 가져오게 한 가장 중요한 물리학의 이론적 발전 중의 하나이다. 이 같은 중요성을 고려하고 양자론에서 필요한 개념들을 설명하는 것도 겸하여 (1.4)식을 증명하여 보자.

[(1.4)식의 증명]

먼저 흑체복사 문제를 쉽게 다루기 위하여 흑체를 변의 길이가 모두 a 인 정육면체로 생각하자. 이 안에 있는 열 전자기파는 정규 모드(Normal Mode)를 가진 것만 오래 남아 있을 수 있기 때문에 먼저 정상파 모드의 수를 계산하고 이들이 갖는 에너지를 계산하여 에너지 밀도를 얻는다.

(a) 정상파 모드의 수

우선 1차원 공동에서 정상파를 생각하자. 두 벽 사이의 길이를 L라 할 때, 먼저 파장이 가장 긴 정상파에 대하여

$$\lambda_{\max} = 2L \tag{1.12a}$$

이 되며 일반적인 정상파에 대하여는 그림 1.2에서 보는 바와 같이 정상파의 파장이

$$\lambda = \frac{2L}{n}, \quad (n = 1, 2, 3, \cdot\cdot\cdot) \tag{1.12b}$$

을 만족하게 된다. 여기서 n 은 무한히 많은 값을 가질 수 있으며 전자기학의 입정에서 보면 각 정상파가 전자기장의 자유도를 더해준다. 따라서 무한히 많은 정상파들이 각각 같은 크기의 에너지를 기여한다면 유한한 크기의 에너지를 갖는 경우는 생각하기 어렵게 된다. 또 공동에서 전자기파가 나온다면 짧은 파장 쪽이 많을 것이다. 이것은 실험 사실과 모순된다. 이것은 뒤에 언급될 자외선파탄에 해당된다.

Planck는 이 문제를 해결하는 데 있어서 대담한 가정을 하여, 공동 안에서 나오는 전자기파는 에너지 묶음으로 방출되어 나온다고 생각하였다. 각 묶음 에너지양은 전자기파의 진폭에는 무관하고 전자기파의 진동수에 비례하여

$$E = h\nu\left(= \frac{hc}{\lambda}\right) \tag{1.13}$$

의 정수배인 관계가 있다고 생각하였다.

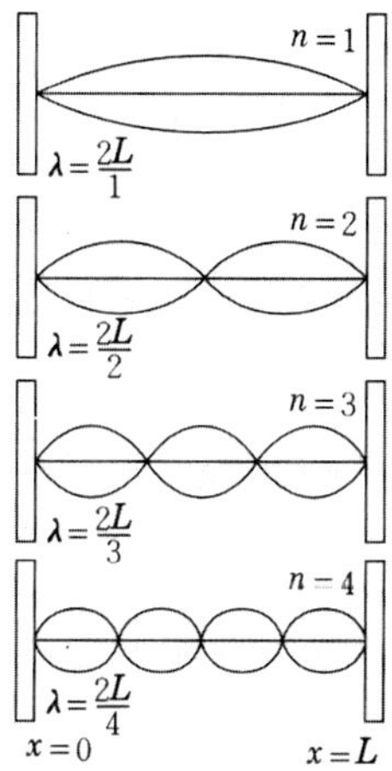

그림 1.2 1차원 공동에서 4개의 가장 긴 정상파

이것이 어떻게 에너지 밀도가 무한히 커지는 자외선파탄을 막을 수 있는가를 정성적으로 살펴보자. 공동 안에 있는 전자기파는 공동 안의 벽에 흡수되고 또 벽은 전자기파를 방출하고 하여 후에는 흡수와 방출이 같아져 열적 평형상태에 있게 되며 결국 벽에 갇힌 진동자들을 생각할 수 있어 정상파를 흡수 또는 방출한다고 생각할 수 있다. 만일 λ가 아주 작으면 E가 커져서 이렇게 큰 에너지는 진동자가 만들 수 없어 유한한 자유도가 얻어진다고 생각할 수 있어 자외선파탄을 막을 수 있다. 또 온도가 높아지면 평균에너지가 커져서 짧은 파장 쪽의 전자기파를 많이 발생시킬 수 있어 자외선 쪽으로 생선 된 파의 파상이 이동할 수 있음은 관측된 사실과 같아진다.

3차원에서 특히 변의 길이가 a인 정육면체에서 전자기파가 정상상태를 이루고 있는 경우를 생각하자. 파장이 λ인 파가 이 정육면체 안에서 정상파를 이룰 조건은 λ의 각 축에 해당되는 성분에 대하여 (1.12b)식과 같은 모양의 식 <그림 1.3(a),(b) 참고>

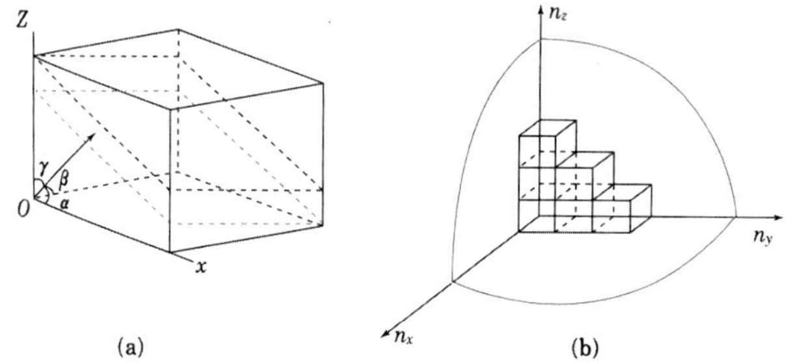

그림1.3 (a) 3차원 정육면체 상자에서의 파면
(b) 수 공간에서 정상파의 수의 고찰

$$\lambda_x = \frac{\lambda}{\cos\alpha} = \frac{2a}{n_x},\ (n_x = 1, 2, \cdot \cdot \cdot) \tag{1.14}$$
$$\lambda_y = \frac{\lambda}{\cos\beta} = \frac{2a}{n_y},\ (n_y = 1, 2, \cdot \cdot \cdot)$$
$$\lambda_z = \frac{\lambda}{\cos\gamma} = \frac{2a}{n_z},\ (n_z = 1, 2, \cdot \cdot \cdot)$$

가 성립한다. 이 식으로부터

$$\begin{aligned} n_x^2 + n_y^2 + n_z^2 &= \left(\frac{2a}{\lambda_x}\right)^2 + \left(\frac{2a}{\lambda_y}\right) + \left(\frac{2a}{\lambda_z}\right)^2 \\ &= \left(\frac{2a}{\lambda}\right)^2 (\cos^2\alpha + \cos^2\beta + \cos^2\gamma) = \left(\frac{2a}{\lambda}\right)^2 \end{aligned} \tag{1.15}$$

을 얻는다. 전자기파에 대하여 파장이 λ와 진동수가 ν일 때 $\lambda\nu = c$의 관계가 있으므로 (1.15)식은 다음과 같이 쓸 수도 있다.

$$n_x^2 + n_y^2 + n_z^2 = \left(\frac{2a}{c}\nu\right)^2 \tag{1.16}$$

공동 안에 어느 특정한 진동수 ν(또는 파장 λ)보다 작은(큰) 정상파가 몇 개 있는가를 세어 보자. (1.16)식은 그림 1.2(b)에서와 같이 (n_x, n_y, n_z)를 좌표축으로 하는 한 직각좌표 (Cartesian) 공간에서 구(球, sphere)에 대한 방정식이다. n_x, n_y, n_z 는 모두 정의 정수만을 가지며 어느 특정한 (n_x, n_y, n_z) 값은 공동 안에 있을 수 있는 한 정상파를 나타낸다. 그림 1.2(b)에서 보는 단위 정육면체는 한 점 (n_x, n_y, n_z)를 나타낸다고 할 수 있어 진동수가 ν보다 같거나 작은 모든 정상파의 수는 그림에서와 같이 제 1 상한의 구의 체적에 해당된다고 할 수 있다. 여기서 전자기적 정상파에 대하여 2 개의 가능한 편극상태를 고려하면 허용된 정상파의 수는 2 배로 늘어나게 되어 진동수 ν보다 작은 정상파의 총 수 $N(\nu)$는 다음과 같아진다.

$$\begin{aligned} N(\nu) &= 2 \cdot \frac{1}{8} \cdot \frac{4\pi}{3}\left(\frac{2a}{c}\nu\right)^3 \\ &= \frac{8\pi\nu^3 a^3}{3c^3} \end{aligned} \tag{1.17}$$

만일 정상파가 정확하게 ν인 값을 갖는 정상파의 수는 그림 1.2(b)에서 제 1 상한만 고려한 구의 겉면적에 해당되는 값일 될 것이고, 이것은 (1.17)식을 ν에 대한 미분으로 얻을 수도 있다. 한편 공동의 체적은 $V = a^3$ 이므로 단위 체적 당 진동수가 $\nu \sim \nu + d\nu$ 사이에 있는 정상파의 수를 $n(\nu)d\nu$라면

$$\begin{aligned} n(\nu)d\nu &= \frac{1}{a^3}\frac{dN(\nu)}{d\nu}d\nu \\ &= \frac{8\pi\nu^2}{c^3}d\nu \end{aligned} \tag{1.18}$$

가 된다.

(b) 에너지 밀도

기체의 분자운동론에서 알려진 바와 같이 한 용기 안에 여러 개의 입자들이 온도 T에서 열적 평형상태를 이루고 있다면 각 자유도(Degree of Freedom)당 입자의 평균 에너지는 $\frac{1}{2}kT$가 되며 1차원 조화 진동자의 경우는 운동에너지와 위치에너지를 고려하여 2개의 자유도가 있으므로 평균에너지가 kT가 된다. 전자기파도 조화 진동자와 같이 취급될 수 있다. 여러 개의 진동자가 온도 T에서 열적 평형상태를 이루고 있다면 단위 부피 안에 에너지 E를 갖는 진동자의 수는 Boltzmann분포를 따른다고 생각하여 에너지가 $E \sim E+dE$ 사이에 있는 경우

$$\text{진동사 수} \quad \propto e^{E/kT}dE \tag{1.19}$$

이다. 따라서 만일 에너지가 연속적으로 변하는 경우 한 진동자가 가지는 평균 에너지는

$$\langle E \rangle = \frac{\int_0^\infty E e^{-E/kT}dE}{\int_0^\infty e^{-E/kT}dE} = kT \tag{1.20}$$

이며 또 정상 전자기파가 갖는 평균 에너지를 $\langle E \rangle$라면 진동수 영역 $\nu \sim \nu + d\nu$에서 단위 체적 당 에너지, 즉 에너지 밀도 $u(\nu)$는

$$u(\nu) = \langle E \rangle n(\nu) = \frac{8\pi\nu^2}{c^3} \langle E \rangle \tag{1.21}$$

가 될 것이다. Rayleigh와 Jeans는 고전 통계역학의 등분배 법칙(Equipartition Law)을 이용하여 각 진동자의 평균에너지 $\langle E \rangle$를 kT로 잡아서 (1.3)식을 얻었다.

앞에서 언급한 바와 같이 이 식은 장파장 영역에서 잘 맞으나 단파장 영역 즉 ν가 클 경우에는 잘 안 맞는다. 극단적으로 ν가 ∞가 됨을 나타내므로 모든 진동수의 에너지 밀도를 고려할 경우 실험 사실과는 다르다. u가 ∞가 되는 것을 자외선 파탄(紫外線破綻, ultraviolet catastrophe)이라 부르며 Planck는 이것의 보완을 고려하였다.

(c) Planck 의 양자론

1900년에 발표한 논문에서 Planck는 각 진동자와 관련된 에너지는 진동수에 비례하는 양의 정수배(整數倍)만을 갖는다고 가정하였다. 즉 진동자가 가지는 에너지의 최소 단위는 $h\nu$이며, 진동자는 이것의 정수배

$$E_n = nh\nu \quad (n \text{ 은 } 0,\ 1,\ 2,\ \cdots\cdots) \tag{1.22}$$

를 가질 수 있다면 Boltzmann 분포에 따라 진동자가 에너지 $nh\nu$를 가질 확률은

$$P = \frac{e^{-nh\nu/kT}}{\sum_{n=0}^{\infty} e^{nh\nu/kT}} \tag{1.23}$$

가 된다. 따라서 이 진동자의 평균 에너지는

$$< E(\nu, T) > \;= \frac{\sum_{n=0}^{\infty} nh\nu e^{-nh\nu/kT}}{\sum_{n=0}^{\infty} e^{-nh\nu/kT}} \tag{1.24}$$

가 된다. 이 식의 우변을 계산하기 위하여

$$\beta = \frac{1}{kT} \tag{1.25}$$

로 놓으면 (1.24) 식은

$$\begin{aligned} < E(\nu, T) > \;&= \frac{\sum_{n=0}^{\infty} nh\nu e^{-nh\nu\beta}}{\sum_{n=0}^{\infty} e^{-nh\nu\beta}} \\ &= -\frac{\partial}{\partial\beta} 1n\left(\sum_{n=0}^{\infty} e^{-nh\nu\beta}\right) \\ &= -\frac{\partial}{\partial\beta} 1n\left(\frac{1}{1-e^{-h\nu\beta}}\right) \\ &= \frac{\partial}{\partial\beta} 1n\left(1-e^{-h\nu\beta}\right) \\ &= \frac{h\nu e^{-h\nu\beta}}{1-e^{-h\nu\beta}} \end{aligned}$$

$$\therefore < E(\nu, T) > \;= \frac{h\nu}{e^{h\nu/kT}-1} \tag{1.26}$$

를 얻는다. 여기에 (1.17)식의 단위 체적 당 모드(Mode)의 수를 곱하면 전자기파의 에너지 밀도에 대한 Planck공식

$$u(\nu, T)d\nu = \frac{8\pi h\nu^3}{c^3} \cdot \frac{1}{(e^{h\nu/kT}-1)} d\nu \tag{1.4$'$}$$

를 얻게 된다. (증명 끝)

이 식을 얻는 과정과 결과에 관하여 몇 가지 물리학적인 문제를 논해 보자.

(i) 어떤 물리적 양이 연속적으로 변하지 않고 어떤 고정된 값의 정수배만을 가지는 것을 그 양이 양자화 되었다고 한다. 예를 들면 전하(電荷)는 연속적으로 변하는 양이 아니고 어떤 기본량, 즉 전자의 전하 $e = 4.8 \times 10^{-10}$esu 의 정수배로 되어 있다. 따라서 전하는 양자화된 양이라고 할 수 있다. Planck의 가설은 에너지의 양자화이다.

(ii) Planck의 양자화 가설을 설명하는 좋은 방법은 전자기파는 에너지가 $h\nu$를 갖는 양자(量子, Quantum)들로 이루어졌다는 것이다. Einstein 은 이것을 광자(光子, Photon)라 불렀다. (1.26)식을 고찰하면 한 광자가 $h\nu$인 에너지를 가지기 때문에 우리가 고려하는 흑체 공동(空洞)안에서 진동수 ν를 갖는 한 모드 안에 에너지 $h\nu$를 갖는 양자의 평균수 $\langle n \rangle$은

$$\langle n \rangle = \frac{1}{e^{h\nu/kT}-1} \tag{1.27}$$

임을 의미한다. 이 식은 Bose-Einstein 분포 함수(分布函數, Distribution Function)로 알려져 있으며, 제 6장에서 더 설명한다. 물론 (1. 4′)의 결과는 다른 방법으로도 구할 수 있다.

(iii) (1.11)식에서 보인 바와 같이 모든 진동수에 관하여 적분하는 경우 에너지 밀도는 온도 T의 4제곱에 비례하는데 그 비례상수를 Planck공식으로부터 얻을 수 있다.

$$U(T) = aT^4 \tag{1.28}$$

라 놓을 때 상수는 (1.11)에서부터

$$\begin{aligned} a &= \frac{8\pi k^4}{c^3h^3}\int_0^\infty \frac{x^3dx}{e^x-1} \\ &= \frac{8\pi k^4}{c^3h^3}\int_0^\infty dx x^3 e^{-x}\frac{1}{1-e^{-x}} \\ &= \frac{8\pi k^4}{c^3h^3}\int_0^\infty dx x^3(e^{-x}+e^{-2x}+e^{-3x}+\cdots\cdots) \end{aligned} \tag{1.29}$$

로 쓸 수 있다. 한편 다음과 같은 모양의 적분을 고려해 보자.

$$\begin{aligned} \int_0^\infty dx x^n e^{-\alpha x} &= \left(-\frac{\partial}{\partial\alpha}\right)^n \int_0^\infty dx e^{-\alpha x} \quad (\alpha > 0) \\ &= \left(-\frac{\partial}{\partial\alpha}\right)^n \frac{e^{-\alpha x}}{-\alpha}\Bigg|_0^\infty \\ &= \left(-\frac{\partial}{\partial\alpha}\right)^n \frac{1}{\alpha} \\ &= \frac{n!}{\alpha^{n+1}} \end{aligned} \tag{1.30}$$

따라서 (1.29)식에서 a는

$$\begin{aligned} a &= \frac{8\pi k^4}{c^3h^3}\left[3!+\frac{3!}{2^4}+\frac{3!}{3^4}+\cdots\cdots\right] \\ &= \frac{8\pi k^4}{c^3h^3}\cdot 3!\left[1+\frac{1}{2^4}+\frac{1}{3^4}+\cdots\cdots\right] \end{aligned} \tag{1.31}$$

이 된다. 여기서 괄호 안의 값은 Zeta 함수 $\zeta(4)$로 알려져 있으며 그 값은

$$\zeta(4) = \frac{\pi^4}{90} \tag{1.32}$$

이므로 (제 2장 문제 2. 3 참고) a는 다음과 같은 값을 갖는다.

$$a = \frac{8\pi^5k^4}{15h^3c^3} \simeq 7.56\times 10^{-15} erg/cm^3-\deg^4 \tag{1.33}$$

Stefan과 Boltzmann은 흑체에서 나오는 복사에너지 방출능(放出能, emission power)을 조사하여 방출능 $e(T)$가 온도의 4승에 비례함을 밝혔다. 이 Stefan-Boltzmann의 법칙을

얻기 위하여 그림 1.4에서와 같이 벽의 구멍을 통하여 단위 면적당 매초 방출되는 일률(Power)을 구하자.

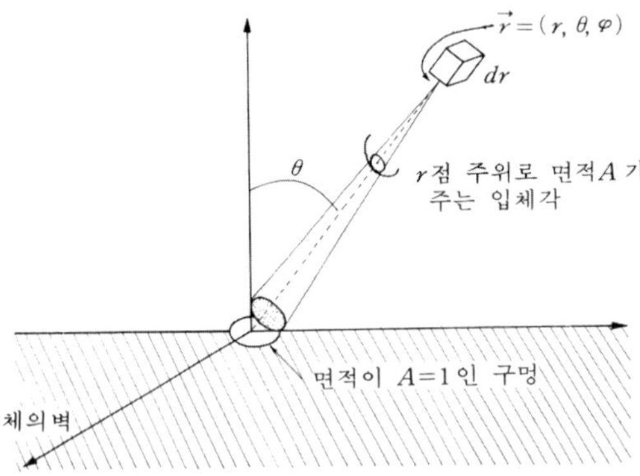

그림 1.4 면적 $A=1$인 구멍을 중심으로 반경 c인 반구 안에 있는 한점 $\vec{r}(r,\theta,\varphi)$. 흑체의 벽 $\left(\theta=\frac{\pi}{2}\right)$은 점선으로 표시함.

구멍을 중심으로 하여 위 부분이 흑체 안쪽이라 생각하면 벽의 구멍을 통하여 1초당 방출되는 에너지는 반경 c인 반구 안에 있는 전자기파에 의하여 얻어진다. 에너지 밀도를 u라 하면 원점에서 $\vec{r}$만큼 떨어진 점에 체적 dV에 있는 에너지는 $u(\vec{r})dV$이다. 전자기파가 등방성을 갖는 경우 $\vec{r}$인 점에 대하여 구멍의 단위면적이 펼치는 입체각(立體角, Solid Angle)을 Ω라 하며 $\vec{r}$ 만큼 떨어진 점의 체적 dV안의 에너지 udV가 구멍을 통과하게 되는 일률은

$$dP=\frac{\Omega}{4\pi}udV=\frac{\cos\theta}{4\pi r^2}\cdot ur^2dr\sin\theta d\theta d\varphi \tag{1.34}$$

이다. 따라서 반경 c인 반구 안에 있는 전자기파에 의한 일률은

$$\begin{aligned}P&=\int_{\text{반구}}dP=\frac{u}{4\pi}\int_0^{2\pi}d\varphi\int_0^{\frac{\pi}{2}}\cos\theta\sin\theta d\theta\int_0^c dr\\&=\frac{1}{2}u\cdot\frac{1}{2}\sin^2\theta\Big|_0^{\frac{x}{2}}c\\&=\frac{1}{4}cu(\nu,T)\\&=e(\nu,T)\end{aligned} \tag{1.35}$$

이며 모든 진동수에 대한 복사를 고려하면 (1.28)식과 (1.33)식을 이용하여 총방출능은

$$\begin{aligned}e(T)&=\frac{1}{4}cU(T)\\&=\frac{2\pi^5k^4}{15h^3c^2}T^4\\&=\sigma T^4\end{aligned} \tag{1.36}$$

이다. 따라서 Planck의 복사공식으로부터 Stefan-Bolzmann의 상수 σ 를 계산할 수 있으

며 그 값은

$$\sigma = \frac{2(3.14)^5(1.38\times 10^{-16}erg/K)^4}{15(6.6\times 10^{-27}erg\cdot \text{sec})^3(3\times 10^{10}cm/\text{sec})^2} = 5.67\times 10^{-5}erg/cm^2\cdot \text{sec}\cdot \text{deg}^4 \tag{1.37}$$

이 되고 이 값은 실험값과 잘 맞는다.

1. 2 빛의 입자적 성질

(a) 광전 효과 (光電效果, Photoelectric Effect)

Planck의 공식이 여러 가지 실험 사실을 성공적으로 설명할 수 있었으나 복사의 양자화 개념은 잘 받아들여지지 않았다. 그런데 이것을 뒷받침하는 한 실험 사실이 1905년 Einstein에 의하여 설명되었다.

1887년 Hertz에 의하여 처음 발견된 광전 효과는 빛이 금속에 부딪힐 때 전류가 생기는 현상으로 역시 고전적 이론으로는 설명하기 어려운 점이 많았다. 그림 1.5 에서와 같이 빛이 음극판에 비춰지면 전류가 흐르고 그림 1.6와 그림 1.7에서와 같이

(i) 빛의 강도를 증가시키면 강도에 비례하여 전류가 많이 흐르며

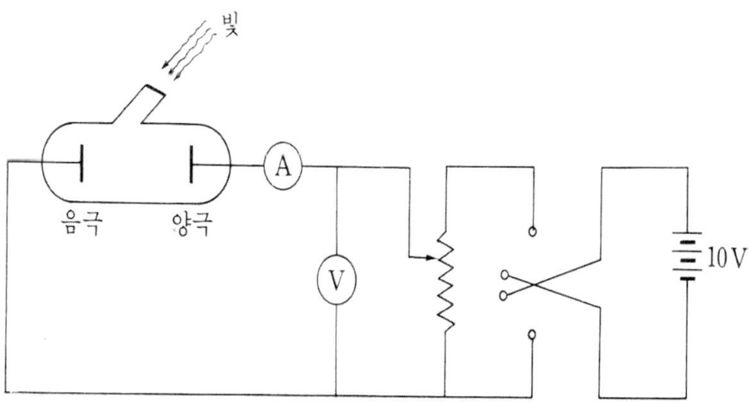

그림 1.5 광전 효과를 연구하는 장치

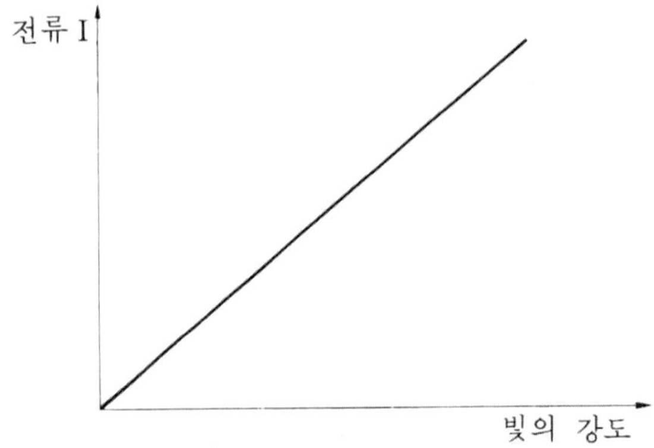

그림 1.6 빛의 진동수와 가속 전위가 일정할 때 빛의 강도와 광전류 사이의 관계

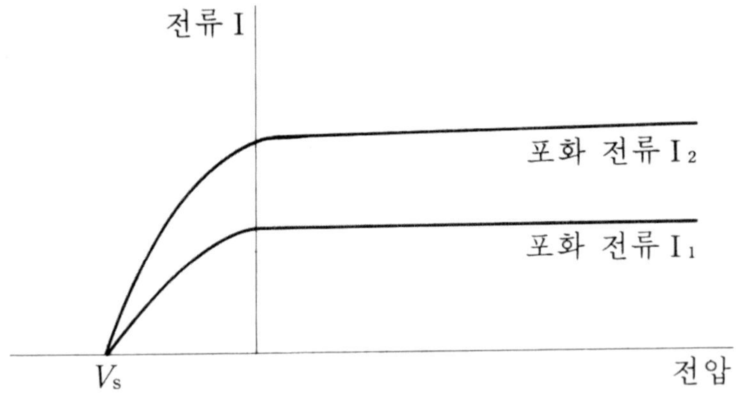

그림 1.7 빛의 진동수가 일정한 경우 강도가 다른 두 빛에 대하여 가속 전압과 전류 사이의 관계

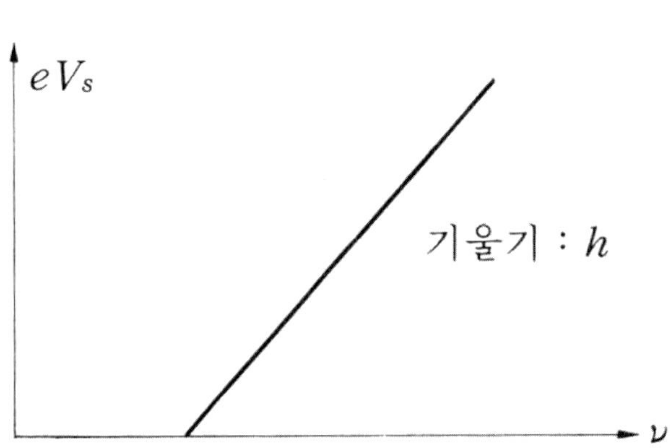

그림 1.8 빛의 진동수와 저지 전압 사이의 관계

(ii) 두 극(極, pole) 사이에 전압을 걸어 주면 어느 크기의 퍼텐셜 이상에서는 포화전류가 흐르게 된다.

(iii) 한편 퍼텐셜을 반대로 걸어 주어도 어느 정도의 전압에서는 전류가 흐름을 알 수 있고 이 전류를 막을 수 있는 저지(沮止) 전압 또는 저지 퍼텐셜 (stopping potential) V_s가 존재함을 알게 되었다. 또 저지 전압은 입사해 준 빛의 종류에 따라 달라진다. 즉 그림 1.8에서와 같이 진동수가 큰 빛을 사용하면 저지 전압 V_s의 크기가 증가한다. 이러한 실험 사실을 Einstein은 다음과 같이 설명하였다.

i) 빛은 에너지 $E=h\nu$를 갖는 광자(光子, photon)로 되어 있다.

ii) 금속은 그 안에 전자(電子, electron)를 가지고 있고 그 전자를 빼어내는 데는 최소한의 어떤 에너지가 필요하다. 이 에너지를 금속의 일함수(work function)라 부르고 W로 표시하기로 하자.

iii) 한 개의 광자는 금속 안에 있는 한 개의 전자에 흡수될 수 있고 이 경우 광자는 에너지를 전자에 준다. 전자는 이 에너지가 W보다 클 경우에는 운동에너지 $h\nu-W$를 가지고 밖으로 나온다. 즉 전자가 밖으로 나올 때의 속도를 v, 전자의 질량을 m이라하면 전자는

$$\frac{1}{2}mv^2=h\nu-W \tag{1.38}$$

인 운동에너지를 가지게 되며 만일 $h\nu$가 W보다 작을 경우에는 전자는 밖을 나오지 못한다. 이와 같이 빛이 금속에 들어가 전자를 빼이내는 현상을 광전효과 (photoelectric effect)라 부른다.

입사하는 빛의 강도를 증가시키면 이는 빛에 있는 광자의 수를 증가시킴을 의미하므로 금속내의 전자를 더 많이 빼어내게 되어 이 전자들로 이루어지는 포화 전류가 증가하게 된다.

두 극 사이의 전압을 반대로 걸어줌으로써 음극에서 전자가 나오는 것을 막을 수 있으며, 이때에는 전기적 에너지 eV_s와 전자의 운동에너지가 같아야 한다. 따라서

$$eV_s=h\nu-W \tag{1.39}$$

인 관계식을 얻는다. 이 식으로부터 V_s의 크기는 진동수 ν에 비례함을 알 수 있다.

한 금속에 대하여 빛의 진동수를 바꾸어 가며 eV_s를 조사하면 그림 1.8에서와 같이 직선이 됨이 밝혀졌다. 이 그림에서 기울기는 Planck 상수 h가 된다. 이 값은 Planck가 처음 얻은 값과 일치한다. 또 일함수 W도 얻을 수 있다.

(b) Compton 효과 (效果, effect)

전자기파가 입자의 성질을 띠고 있다는 증거를 보다 더 직접 보여준 실험은 X선과 같은

짧은 파장의 전자기파를 금속 박막에 쪼였을 때 X선의 파장이 변하는 과정인 소위 Compton 효과라고 할 수 있다. 광전 효과에서는 입사 광자가 에너지를 전부 전자에 주었지만 여기서는 광자가 에너지의 일부만을 전자에게 줌으로써 다른 파장을 가진 광자로 나가는 과정이다. 앞으로는 빛이나 X선 등 모든 전자기파를 파장이 다른 형태의 광자로 취급하며 광자(photon)는 빛의 양자만을 의미하지는 않는다. Compton효과를 설명하기 위하여 광자를 질량이 없고 운동량만 있는 입자로 취급하고 그림 1.9 에서와 같은 광자와 전자의 충돌 과정을 고찰하여 보자.

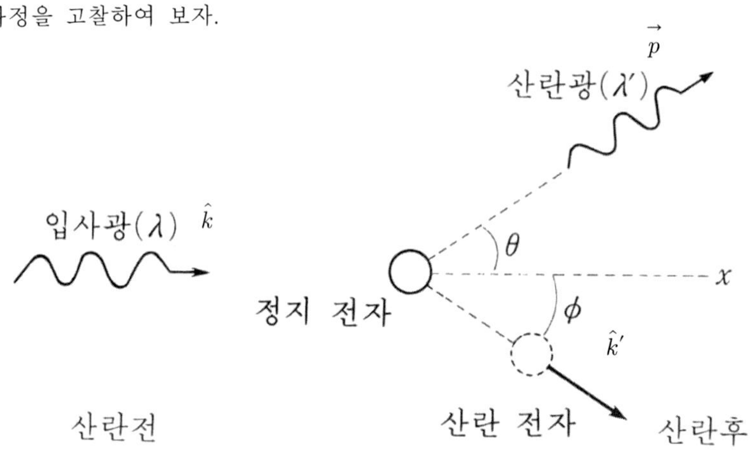

그림 1.9 Compton 산란에서 파장 λ인 입사광이 정지한 전자와 충돌하여 파장 λ'인 산란광과 전자가 산란되어 나온다.

먼저 전자의 질량, 운동량 및 에너지를 각각 $m,\vec{p},E$ 라 할 때 특수 상대성 이론에서 이들 사이에 다음 관계식이 성립한다.

$$E = \sqrt{m^2c^4 + p^2c^2} \quad (p \equiv \vec{p} \cdot \vec{p}) \tag{1.40}$$

한편 광자에 대하여 에너지가 $h\nu$라면 그 운동량은 (1.54)식에서 질량이 없는 경우와 마찬가지이므로 $h\nu/c$가 된다.

그림 1.9에서와 같이 진동수가 ν인 광자가 정지하여 있는 전자와 충돌하여 진동수 ν'인 광자와 운동량 $\vec{p}'$인 전자로 산란되어 나올 경우를 생각하자. 충돌 전과 후에 에너지와 운동량 보존법칙을 이용하면, 충돌 전과 후의 광자 운동량의 방향을 각각 $\hat{k}, \widehat{k'}$라 할 때

에너지 보존법칙:

$$h\nu + mc^2 = h\nu' + \sqrt{m^2c^4 + p'^2c^2} \tag{1.41}$$

운동량 보존법칙:

$$\frac{h\nu}{c}\hat{k} = \frac{h\nu'}{c}\widehat{k'} + \vec{p'} \tag{1.42}$$

을 얻게 된다.

(1.42)식으로부터

$$|\vec{p'}|^2 = \left(\frac{h\nu}{c}\right)^2 + \left(\frac{h\nu'}{c}\right)^2 - 2\frac{h^2\nu\nu'}{c^2}\cos\theta \tag{1.43}$$

또 (1.41)식으로부터

$$(h\nu + mc^2 - h\nu')^2 = m^2c^4 + |\vec{p'}|^2 c^2 \tag{1.44}$$

를 얻게 되므로,

$$\begin{aligned}(h\nu + mc^2 - h\nu')^2 &= m^2c^4 + (h\nu)^2 + (h\nu')^2 - 2h^2\nu\nu'\cos\theta \\ 2mc^2h\nu - 2mc^2h\nu' - 2h^2\nu\nu' &= -2h^2\nu\nu'\cos\theta \\ \therefore \nu - \nu' &= \frac{h\nu\nu'}{mc^2}(1-\cos\theta)\end{aligned} \tag{1.45}$$

가 된다. 여기에 전자기파에 대한 관계식 $\nu = \dfrac{c}{\lambda}$을 이용하면

$$\lambda' - \lambda = \frac{h}{mc}(1 - \cos\theta) \tag{1.46}$$

를 얻게 된다.

실험적으로 금박에서 산란된 *X*선의 스펙트럼을 조사하여 보면 산란각에 따른 파장의 변화가 위 식과 잘 맞음이 증명되었다. 이 때 금속 안에 있는 전자는 거의 자유롭게 움직일 수 있어야 한다. 이 식에서 파장의 변화는 파장의 크기나 광자에너지와는 무관하다.

Compton 효과의 중요한 결론은 광자를 에너지와 운동량을 가진 입자로 취급하여 물질 입자와의 충돌을 고려할 수 있다는 것이며 물질 입자인 전자를 특수 상대성이론(特殊相對性理論, special theory of relativity)에서의 역학을 이용하여 구한 이론의 결과가 실험과 잘 맞는다는 사실이다.

따라서 이 효과는 광자의 입자로서의 개념을 더욱 공고히 하였다. 전자기파는 파동(波動)의 성질을 가졌을 뿐 아니라 입자의 성질도 가지고 있다는 것을 의미한다. 여기서 입자의 성질이란 그 물체가 국소화(局所化, localized) 되어 있고 개체(個體, individual entity)로서 행동함을 의미한다. 파동성은 비(非)국소화 되어 있고 주기성을 가지며, 같은 개체와 건설적 또는 파괴적으로 상호 작용을, 즉 간섭을 할 수 있음을 의미한다.

1. 3 Bohr의 원자 모델

역사적으로 Planck의 양자론을 원자 구조에 처음 성공적으로 사용한 것은 1913년 N. Bohr에 의해서였다. Bohr의 연구는 두 가지 목적을 가지고 있었다고 할 수 있다. 첫째는 그 당시까지 알려진 수소 원자에서 나오는 스펙트럼에 관한 설명이며 또 한 가지는 1911년

Rutherford에 의하여 제안된 원자 모형의 정당화이다.

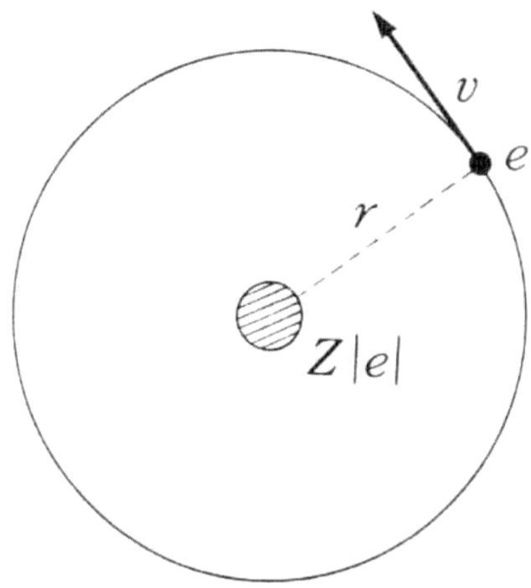

그림 1.10 수소형 원자에 대한 Bohr의 모델

1911년 Rutherford는 금박(金箔)에 α입자를 산란시킨 Geiger와 Marsden의 실험에 근거를 두고 원자 모형을 제안하였다. 즉 원자는 그림 1.10에서와 같이, 중앙에 있으면서 양(陽)의 전하를 띠고 원자의 질량의 대부분을 가지나 작은 공간을 차지하는 원자핵(原子核, nucleus) 주위에 음(陰)의 전하를 띤 전자가 전기적인 Coulomb 힘을 받으며 원운동을 하고 있는 것으로 생각하였다.

이 원자의 모델은 α입자의 산란을 설명할 수 있으나 다음 두 가지 사항도 설명할 수 있어야 했다. 우선 원자에서 나오는 여러 가지 종류의 스펙트럼을 설명할 수 있어야 하고 또 고전 이론에서 알려진 바와 같이 전하를 띤 입자가 원운동 같은 가속 운동을 하면 전자기파를 내게 되어 결국 에너지를 잃게 되므로 전자는 원자핵 속에 떨어지게 되어 전자가 없어져야 할 것이나 그렇지 않은 점도 설명해야 했다.

1913년 Bohr는 다음과 같은 가설을 이용하여 이 문제를 해결할 수 있었다.

(i) 전자는 무거운 원자핵 주위에 Coulomb힘을 받으며 원운동을 한다. 이 전자가 전하 e, 질량 m을 가지고, 거의 정지 상태에 있는 핵을 중심으로 r만큼 떨어져 속력 v로 회전하고 있다면 핵의 전하를 $-Ze$라 할 때 Coulomb 인력은 구심력과 같으므로

$$m\frac{v^2}{r}=\frac{Ze^2}{r^2} \tag{1.47}$$

이 된다.

(ii) 전자의 각운동량(角運動量, angular momentum)은 $\hbar(=h/2\pi)$의 정수배(整數倍)이다. 전자가 움직이는 원의 궤도는 이 조건을 만족하면 안정 상태이기 때문에 비록 가속을 받

고 있으나 전자기파를 방출하지 않는다고 생각하였다.

이것을 식으로 표시하면 다음과 같이 된다.

$$mvr = n\hbar \, (n = 1, 2, 3, \cdots\cdots) \tag{1.48}$$

여기서 $\hbar$는 "h 바아"라 부른다. Planck 상수 h는 단위가 erg-sec이어서 각 운동량의 차원을 가짐을 알 수 있다. 따라서 h를 도입함으로써 에너지가 불연속인 띄엄띄엄 떨어진 값을 갖는 것과 같이 각운동량도 불연속적인 값을 가짐을 가정하였던 것이다. 따라서 (1.47)식과 (1.48)식으로부터

$$m\frac{v^2}{r} / mvr = \frac{Ze^2}{r^2} / n\hbar$$

$$\therefore v = \frac{Ze^2}{n\hbar} \tag{1.49}$$

이 된다. 따라서 (1.48)식과 (1.49)식을 사용하여

$$r = \frac{n\hbar}{mv}$$

$$= \frac{n\hbar}{m} \cdot \frac{n\hbar}{Ze^2}$$

$$= \frac{\hbar^2}{Zme^2} n^2 \tag{1.50}$$

을 얻는다. 즉 전자는 (1.50)식에 의하여 주어진 원 궤도만을 따라 회전한다.

이때의 에너지를 구해 보자. (1.49)식과 (1.50)식을 에너지에 대한 식에 대입하면

$$E = \frac{1}{2}mv^2 - \frac{Ze^2}{r}$$

$$= \frac{1}{2}m\left(\frac{Ze^2}{n\hbar}\right)^2 - Ze^2 \cdot \left(\frac{Zme^2}{\hbar^2 n^2}\right)$$

$$\therefore E_n = -\frac{1}{2} \cdot \frac{Z^2 me^4}{n^2 \hbar^2} \tag{1.51}$$

을 얻는다.

(1.50)식과 (1.51)식은 원의 반경과 에너지 준위가 양자화됨, 즉 정수 n과 관련되어 변함을 의미한다.

(iii) 또 수소 원자에서 나오는 스펙트럼을 설명하기 위하여 다음 사항을 가정하였다. 즉 전자는 한 궤도에서 다른 궤도로 옮겨갈 수 있으며 이 때 두 궤도에서의 에너지 차인 $\Delta E = h\nu$ 인 에너지를 갖는 한 개의 광자(photon)를 방출한다. 따라서 E_i 상태에 있던 전자가 E_f 상태로 내려온다면 방출되는 광자에너지에 대하여

$$\begin{aligned} h\nu &= E_i - E_f \\ &= -\frac{Z^2me^4}{2\hbar^2}\left(\frac{1}{n_i^2}-\frac{1}{n_f^2}\right) \end{aligned} \tag{1.52}$$

인 관계식을 얻는다. 여기서는 n_i은 n_f보다 크며 파장 λ는 (c/ν)로부터

$$\frac{1}{\lambda}=R\left(\frac{1}{n_f^2}-\frac{1}{n_i^2}\right), \quad R=\frac{Z^2me^4}{4\pi\hbar^3c} \tag{1.53}$$

를 만족한다. 이 값 R는 수소 원자에 대하여 실험적으로 잘 알려진 Rydberg의 상수 $R=109,677cm^{-1}$과 거의 일치한다.

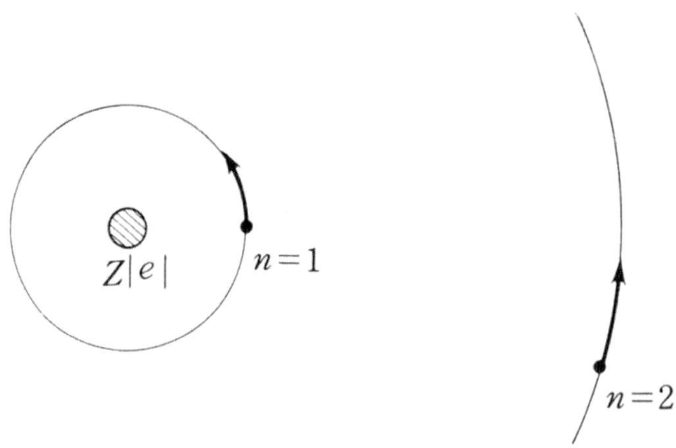

그림 1.11 Bohr의 수소형 원자 모델에서 전자의 궤도

Bohr인 모델에서 얻어지는 여러 가지 유용한 결론을 고찰하여 보자. 특히 $Z=1$과 $n=1$인 수소의 경우만 고려할 경우

① 반경 :

$$\begin{aligned} r &= \frac{\hbar^2}{me^2}=\frac{(1.05\times10^{-27})^2cm}{9.1\times10^{-28}(4.8\times10^{-10})^2}\cdot\frac{10^8\,\text{Å}}{1\,cm} \\ &= 0.529\,\text{Å} \end{aligned} \tag{1.54}$$

이 값을 Bohr의 반경이라고 하며 a_0로 쓴다. 원자의 지름은 약 1Å 정도임을 알 수 있다.

② 속도의 크기 :

$$v=\frac{e^2}{\hbar}$$

$$\therefore \frac{v}{c} = \frac{e^2}{\hbar c}(\equiv \alpha)$$

$$= \frac{(4.8\times 10^{-10} esu)^2}{1.05\times 10^{-27} erg \cdot \sec \times 3\times 10^{10} cm/\sec}$$

$$\therefore \frac{v}{c} = \alpha \simeq \frac{1}{137} \tag{1.55}$$

여기서 $\alpha = e^2/\hbar c$는 미세구조 상수(微細構造常數, fine structure constant)라 부른다. $\frac{v}{c}$는 위에서 보인 바와 같이 작기 때문에 전자의 운동은 비상대론적으로 취급될 수 있다. 상대론적 효과는 원자의 스펙트럼에서 미세 구조로 나타날 뿐이다.

③ 수소 원자의 $n=1$인 에너지는 가장 작은 값을 가지며 이 때 원자는 바닥 상태에 있다고 한다. 바닥 상태 에너지는

$$E_1 = -\frac{me^4}{2\hbar^2} = -\frac{1}{2}mc^2\alpha^2 \tag{1.56}$$

이다. 또 전자의 질량을 에너지 단위 eV로 표시하면

$$mc^2 = 9.1\times 10^{-28} g \times (3\times 10^{10} cm/\sec)^2 \times 1eV/1.6\times 10^{-12} erg$$

$$= 0.51\times 10^6 eV$$

$$= 0.51\text{MeV} \tag{1.57}$$

이므로 (1.68)식으로부터 바닥 상태 에너지는

$$E = -\frac{1}{2}\times 0.51\times 10^6 \times \left(\frac{1}{137}\right)^2 eV$$

$$= -13.6eV \tag{1.58}$$

를 얻는다.

④ 수소 원자의 스펙트럼

(1.64)식에서 보여준 바와 같이 전자가 높은 에너지 상태에서 보다 낮은 에너지 상태로 내려오면서 여러 진동수의 스펙트럼이 나오는데 특히 $n_i = 2,3,4,\cdots\cdots$인 상태의 전자가 $n_f = 1$인 상태로 내려오면서 방출되는 스펙트럼을 Lyman계열(series), $n_i = 3,4,\cdots\cdots$에서 $n_f = 2$인 상태로 전이되면서 나오는 스펙트럼을 Balmer계열, $n_i = 4,5,\cdots\cdots$에서 $n_f = 3$ 인 상태로 전이되면서 나오는 스펙트럼을 Paschen계열 등으로 부른다. 이들을 스펙트럼 에너지에 대한 식으로 표시하면 다음과 같다.

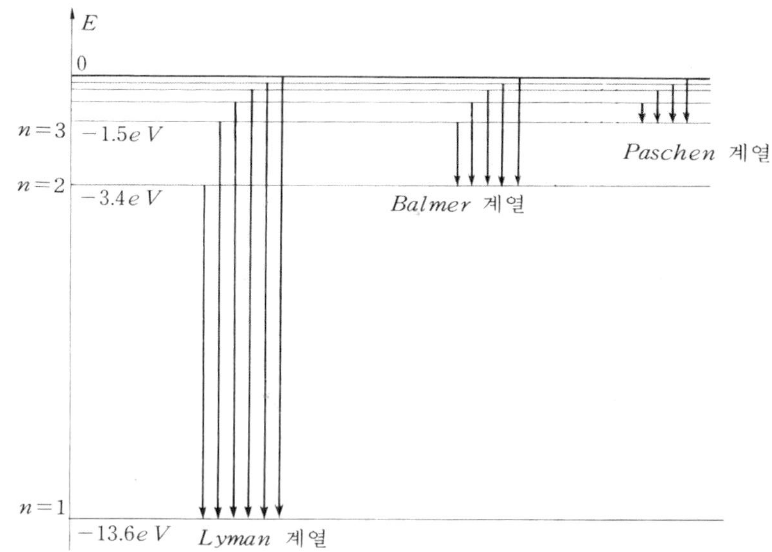

그림 1.12 수소 원자의 에너지 준위와 수소 원자에서 나오는 스펙트럼

Lyman 계열:

$$h\nu = 13.6\left(\frac{1}{1} - \frac{1}{n^2}\right) \quad (n = 2, 3, \cdots\cdots) \tag{1.59a}$$

Balmer 계열:

$$h\nu = 13.6\left(\frac{1}{2^2} - \frac{1}{n^2}\right) \quad (n = 3, 4, \cdots\cdots) \tag{1.59b}$$

Paschen 계열 :

$$h\nu = 13.6\left(\frac{1}{3^2} - \frac{1}{n^2}\right) \quad (n = 4, 5, \cdots\cdots) \tag{1.59c}$$

Bohr 모델에 의한 이러한 스펙트럼의 값은 실험값과 잘 일치한다.

⑤ 대응 원리(對應原理, correspondence principle);

고전 역학의 이론은 양자론의 특별한 경우로 설명될 수 있다. 전자기학 이론에 의하면 원운동을 하는 전자는 전자기파를 방출하는데 그 진동수는 회전 진동수와 같음이 알려졌다. 회전 진동수를 ν_{cl}이라면 (1.49)식과 (1.50)식으로부터

$$\nu_{cl} = \frac{v}{2\pi r} = \frac{Z\alpha c}{n} \cdot \frac{Z\alpha mc}{2\pi\hbar n^2}$$

$$= \frac{(Z\alpha)^2 mc^2}{2\pi\hbar n^3} \tag{1.60}$$

을 얻게 된다. 한편 Bohr이론에서 $(n+1)$인 상태에서 n인 상태로 전자가 떨어질 에 방출되는 전자기파의 진동수는 n이 큰 값일 때

$$\nu=\frac{E_n-E_{n+1}}{h}=\frac{1}{2\pi\hbar}\cdot\frac{1}{2}mc^2(Z\alpha)^2\left[\frac{1}{n^2}-\frac{1}{(n+1)^2}\right]$$
$$\simeq\frac{(Z\alpha)^2mc^2}{2\pi\hbar n^3}\Rightarrow\nu_{cl} \tag{1.61}$$

이와 같이 양자수가 큰 경우 양자 물리학이 고전 물리학과 같은 결과를 주는 것을 대응 원리라 부른다.

수소 원자의 스펙트럼을 설명할 수 있는 Bohr의 원자 모델은 일반적인 원자 모델을 연구하는 데 박차를 가했다. 여기에서 전자의 궤도는 꼭 원이 되어야 하는가, 타원이 될 수도 있지 않는가 하는 문제도 생각할 수 있으며 Sommerfeld와 Wilson은 Bohr의 양자화 조건을 일반화하여 소위 고전 양자론(古典 量子論)을 이룩하였다. 고전 양자론을 기술하기에 앞서 양자역학을 기술하는 데 필요한 역학(力學, mechanics)에 관한 복습을 먼저 해 보자.

1. 4 Lagrangian과 Hamiltonian의 역학

여기에서는 Newton의 법칙으로부터 출발하여 Lagrangian과 Hamiltonian이 어떻게 역학에 사용되고 그들로부터 얻을 수 있는 원리들이 무엇인가를 간단히 취급한다. 후에 자세히 언급하겠지만 Heisenberg, Schrödinger, Dirac 등은 Hamiltonian을 이용하여 양자역학을 기술하였고 후에 Feynman은 Lagrangian을 이용하여 경로 적분법(經路積分法, path integral)으로 양자역학을 기술함에 이르렀다. 이들은 결국 같은 이론적 결과를 준다는 의미에서 같은 이론이라고 볼 수도 있으나 연구 대상에 따라서는 어느 하나가 더 좋은 방법이 될 수 있다.

(a) 역학 운동 방정식의 예:

예 ① 질량 m을 가진 입자의 위치를 $\vec{x}(t)$라 하고 이 입자가 퍼텐셜 $V(\vec{x},t)$ 안에서 움직일 때 이 입자가 받는 힘 $\vec{F}$는

$$\vec{F}=-\vec{\nabla}V \tag{1.62}$$

로 표시되며 운동 방정식은 다음과 같이 된다.

$$m\frac{d^2\vec{x}}{dt^2}=-\vec{\nabla}V \tag{1.63}$$

이 식의 양변에 $\frac{d\vec{x}}{dt}$를 내적(內積, inner product)하면

$$m\frac{dx_i}{dt}\frac{d^2x_i}{dt^2}=-\frac{\partial V}{\partial x_i}\frac{dx_i}{dt} \tag{1.64}$$

$$\frac{d}{dt}\left[\frac{m}{2}\frac{dx_i}{dt}\frac{dx_i}{dt}\right]=-\frac{dV}{dt}+\frac{\partial V}{\partial t}$$

$$\therefore \frac{d}{dt}\left[\frac{1}{2}m\left(\frac{\overrightarrow{dx}}{dt}\right)^2 + V\right] = \frac{\partial V}{\partial t} \tag{1.65}$$

를 얻는다.

위 식에서와 같이 로마자의 첨자들이 반복될 때는 그 문자를 1에서 3까지 합한 약속, 즉 합규약(合規約, summation convention)을 택하자. (1.65)식의 양변의 항들은 각각 물리학적 의미를 갖는 양들로서,

$\frac{1}{2}m\left(\frac{\overrightarrow{dx}}{dt}\right)^2 = T$: 운동 에너지

V : 퍼텐셜 에너지

$\frac{\partial V}{\partial t}$: 계에 공급된 일률(power)

이라 부른다. 많은 경우 $\frac{\partial V}{\partial t}$는 0이 되고 이 때 에너지 E는 보존된다. 즉

$$E = T + V = \text{일정함} \tag{1.66}$$

예 ② 여러 입자에 작용하는 힘들이 한 개의 퍼텐셜에서 유도될 수 있는 경우 여러 입자에 대한 운동 방정식은

$$m_\alpha \frac{\overrightarrow{dx_\alpha}}{dt^2} = -\overrightarrow{\nabla}_{(\alpha)} V(x_1, x_2, \cdots\cdots, x_N) \tag{1.67}$$

이 된다. 여기서 아래첨자 α는 1,2,3,4,……, N 입자를 나타낸다.

예를 들어 태양 주위에 위성이 도는 경우는 이체 문제(二體問題, two body problem) 또는 두 입자의 문제로 잘 알려져 있다. 어느 기준점 O를 중심으로 한 좌표계를 설정하여 그림 1.13에서와 같이 태양의 좌표를 $\overrightarrow{x_1}$, 질량을 m_1, 위성의 좌표를 $\overrightarrow{x_2}$, 질량을 m_2라면 이 때 퍼텐셜은

$$V = -\frac{Gm_1m_2}{\left|\overrightarrow{x_1} - \overrightarrow{x_2}\right|^3} \tag{1.68}$$

이다. 그래서 위성이 태양에 작용하는 힘 $\overrightarrow{F_1}$은

$$\overrightarrow{F_1} = -\overrightarrow{\nabla_1} V = -\frac{Gm_1m_2(\overrightarrow{x_1} - \overrightarrow{x_2})}{\left|\overrightarrow{x_1} - \overrightarrow{x_2}\right|^3} \tag{1.69a}$$

이며, 또 태양이 위성에 작용하는 힘 $\overrightarrow{F_2}$는

$$\overrightarrow{F_2} = -\overrightarrow{\nabla_2} V = -\frac{Gm_1m_2(\overrightarrow{x_2} - \overrightarrow{x_1})}{\left|\overrightarrow{x_1} - \overrightarrow{x_2}\right|^3} \tag{1.69b}$$
$$= -\overrightarrow{F_1}$$

이 된다.

이들 각각의 운동 방정식은 (1.67)식에서 α=1,2 인 경우가 되며 임의의 이체 문제에 대하여 성립하는 식이다.

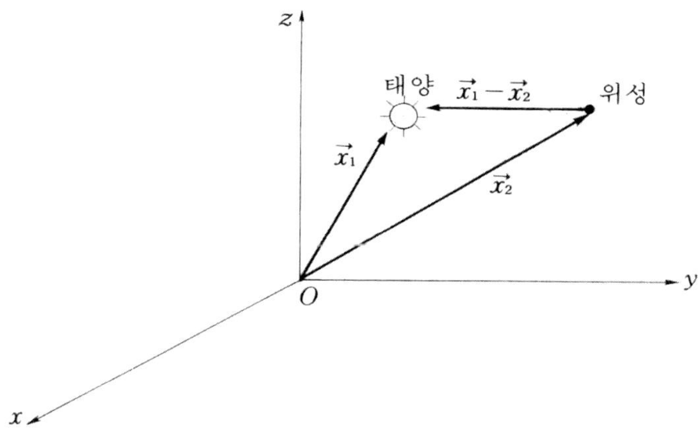

그림 1.13 태양과 지구, 또는 두 질점으로 이루어진 이체 문제

예 ③ 전자기장 안에서의 대전(帶電) 입자의 운동 :
질량 m이고 전하 e를 가진 입자가 전기장 $\vec{E}$와 자기장 $\vec{B}$의 작용을 받으며 운동하는 경우 이 입자는 Lorentz의 힘을 받는다. 즉 CGS단위계에서 이 힘은

$$\vec{F}=e\vec{E}+\frac{e}{c}\vec{v}\times\vec{B} \tag{1.70}$$

이므로 운동 방정식은 다음과 같다.

$$m\frac{d^2\vec{x}}{dt^2}=e\vec{E}+\frac{e}{c}\vec{v}\times\vec{B} \tag{1.71}$$

예 ④ 특히 위의 경우 입자의 속도가 아주 클 때에는 운동을 상대론적으로 기술하여야 하며 운동 방정식은 다음과 같다.

$$m\frac{d}{dt}\left(\frac{1}{\sqrt{1-\left(\frac{v}{c}\right)^2}}\frac{d\vec{x}}{dt}\right)=e\vec{E}+\frac{e}{c}\vec{v}\times\vec{B} \tag{1.72}$$

(b) Lagrange 방정식

지금까지의 여러 형태의 운동 방정식은 Lagrangian이란 양이 정의되면 이 양이 만족하는 Lagrange방정식의 하나로서 기술된다. 물론 Lagrangian은 문제에 따라서 달라지지만 운동 방정식은 항상 Lagrange방정식에 의하여 기술된다.

Lagrange 방정식의 일반적인 논의는 역학 책에 자세히 있으므로 생략하고 여기에서는 앞서 언급한 예들에 대한 것만 고찰하기로 하자.

예 ①의 경우 Lagrange 은 다음과 같이 정의된다.

$$L(\vec{x},\dot{\vec{x}},t) = T - V \qquad (1.73)$$
$$= \frac{1}{2}m\dot{x}_i\dot{x}_i - V(\vec{x},t)$$

여기서 $\dot{x}$는 x의 시간 t에 관한 미분 $\frac{dx}{dt}$를 의미한다. Lagrangian는 변수 x_i, $\dot{x}_i$와 t의 함수이다.

따라서

$$\frac{\partial L}{\partial \dot{x}_i} = m\dot{x}_i \qquad (1.74a)$$

$$\frac{\partial L}{\partial x_i} = -\frac{\partial V}{\partial x_i} \qquad (1.74b)$$

이므로 (1.64)식은 각 성분에 대하여 다음과 같이 쓸 수 있다.

$$\frac{d}{dt}\frac{\partial L}{\partial \dot{x}_i} - \frac{\partial L}{\partial x_i} = 0 \qquad (1.75)$$

이 식을 Lagrange 방정식 또는 Euler 방정식 또는 Euler-Lagrange 방정식이라고 부르기도 한다. 다른 운동 방정식들은 L의 형태는 다르나 위 (1.75)식에서 얻을 수 있다. 즉 예 ②에서 두 개의 물체 1과 2에 대하여 Lagrangian은

$$L = \frac{1}{2}m_1\frac{dx_{1i}}{dt}\frac{dx_{1i}}{dt} + \frac{1}{2}m_2\frac{dx_{2i}}{dt} \cdot \frac{dx_{2i}}{dt} - V(\vec{x_1},\vec{x_2},t) \qquad (1.76)$$

이며 운동 방정식은 (1.75)식이 되나, 이 때 x_i는 x_{1i}와 x_{2i}를 나타내므로 6개의 성분에 대한 방정식이 된다.

예 ③의 경우 전하를 띤 입자가 전자기장 안에서 움직일 때 Lagrangian은 다음에서 정의되는 전자기 퍼텐셜을 이용하여 기술할 수 있다.

전기장(電氣場) $\vec{E}$와 자기장(磁氣場) $\vec{B}$은, Gauss 단위계(CGS 단위계라고도 함)를 사용할 경우, 다음과 같은 Maxwell 방정식을 만족한다. (MKS 단위계는 마지막 부록 참조)

$$\vec{\nabla} \cdot \vec{E} = 4\pi\rho \qquad (1.77a)$$

$$\vec{\nabla} \cdot \vec{B} = 0 \qquad (1.77b)$$

$$\vec{\nabla} \times \vec{E} + \frac{1}{c}\frac{\partial \vec{B}}{\partial t} = 0 \qquad (1.77c)$$

$$\vec{\nabla} \times \vec{B} - \frac{1}{c}\frac{\partial \vec{E}}{\partial t} = \frac{4\pi}{c}\vec{J} \qquad (1.77d)$$

여기서 ρ, $\vec{J}$는 각각 전하밀도와 전류밀도를 나타낸다. 특히 (1.77b)식을 생각할 때, 임의의 벡터 양 $\vec{A}$에 대한 수학적 등식(等式)

$$\vec{\nabla} \cdot (\vec{\nabla} \times \vec{A}) = 0 \qquad (1.78)$$

을 생각하면, 자기장 $\vec{B}$는 다음과 같이 놓을 수 있다.

$$\vec{B} = \vec{\nabla} \times \vec{A} \qquad (1.79)$$

이 때 $\vec{A}(\vec{x},t)$를 벡터 퍼텐셜이라 부르며, 이 (1.79)식을 (1.77c)식에 대입하면 다음과 같다.

$$\vec{\nabla}\times\vec{E}+\frac{1}{c}\frac{\partial}{\partial t}\vec{\nabla}\times\vec{A}=0 \tag{1.80}$$

$$\vec{\nabla}\times\left(\vec{E}+\frac{1}{c}\frac{\partial\vec{A}}{\partial t}\right)=0 \tag{1.81}$$

여기에 다시 임의의 스칼라 함수 $\phi(\vec{x})$에 대한 수학적인 등식

$$\vec{\nabla}\times(\vec{\nabla}\phi)=0 \tag{1.82}$$

을 고려하면 (1.81)식과 (1.82)식으로부터

$$\vec{E}+\frac{1}{c}\frac{\partial\vec{A}}{\partial t}=-\vec{\nabla}\phi$$

$$\therefore \vec{E}=-\vec{\nabla}\phi-\frac{1}{c}\frac{\partial\vec{A}}{\partial t} \tag{1.83}$$

를 얻는다. ϕ는 스칼라 퍼텐셜이라 부른다. 전자기장에서 움직이는 입자가 만족하는 방정식 (1.71)도 Lagrange방정식 (1.75)가 되는데 이 때 Lagrangian L 은 다음과 같다.

$$L(\vec{x},\dot{\vec{x}},t)=\frac{1}{2}m\dot{x}_i\dot{x}_i-e\phi(\vec{x},t)+\frac{e}{c}\dot{x}_iA_i(\vec{x},t) \tag{1.84}$$

이 식을 증명하기에 앞서 우리가 앞으로 자주 사용하게 되는 수학적인 기호, Kronecker의 δ(delta)와 Levi-Civita 기호 ϵ_{ijk}에 관한 정의와 간단한 성질을 고찰하여 보자.

【Kronecker δ와 ϵ_{ijk}기호】

Kronecker δ_{ij} 는 만일 첨자 i와 j가 같으면 1이고 다르면 0이다. 즉

$$\delta_{ij}=\begin{cases}1 & (i=j\text{인 경우})\\ 0 & (i\neq j\text{인 경우})\end{cases} \tag{1.85}$$

한편 Levi-Civita 기호 ϵ_{ijk}는 다음 성질을 가지고 있다.

① 만일 첨자 i, j, k가 각각 1, 2, 3 이면 +1이고, i, j, k가 1, 2, 3이 아닌 경우에는 이들을 교환하여 1, 2, 3의 순서로 놓을 때 짝수 번 교환하면 +1, 홀수 번 교환하면 -1이 된다. 또 그 외의 경우에는 0이 된다. 예를 들어 보면

$$\epsilon_{123}=\epsilon_{231}=\epsilon_{312}=1 \tag{1.86a}$$

$$\epsilon_{132}=\epsilon_{321}=\epsilon_{213}=-1 \tag{1.86b}$$

$$\epsilon_{112}=\epsilon_{233}=\cdots\cdots=0 \tag{1.86c}$$

② 두 개의 ϵ_{ijk}를 곱하는 경우

$$\epsilon_{ijk}\epsilon_{lmn}=\begin{vmatrix}\delta_{il} & \delta_{im} & \delta_{in}\\ \delta_{jl} & \delta_{jm} & \delta_{jn}\\ \delta_{kl} & \delta_{km} & \delta_{kn}\end{vmatrix} \tag{1.87a}$$

의 관계식을 얻는다. 따라서 특별한 경우 즉 $l=i$인 경우와 $l=i$, $m=j$인 경우에는 각각

$$\epsilon_{ijk}\epsilon_{imn} = (\delta_{jm}\delta_{kn} - \delta_{jn}\delta_{km}) \tag{1.87b}$$

$$\epsilon_{ijk}\epsilon_{ijn} = 2\delta_{kn} \tag{1.87c}$$

이 된다.

③ $$\epsilon_{ijk}a_{1i}a_{2j}a_{3k} = \begin{vmatrix} a_{11} & a_{12} & a_{13} \\ a_{21} & a_{22} & a_{23} \\ a_{31} & a_{32} & a_{33} \end{vmatrix} \tag{1.88a}$$

이며 따라서

$$\epsilon_{ijk}a_i b_j c_k = \begin{vmatrix} a_1 & a_2 & a_3 \\ b_1 & b_2 & b_3 \\ c_1 & c_2 & c_3 \end{vmatrix} \tag{1.88b}$$

를 얻는다, 한편

$$\vec{a} \cdot (\vec{b} \times \vec{c}) = \begin{vmatrix} a_1 & a_2 & a_3 \\ b_1 & b_2 & b_3 \\ c_1 & c_2 & c_3 \end{vmatrix} = a_i(\vec{b} \times \vec{c})_i \tag{1.88c}$$

이므로 두 벡터 $\vec{b}$와 $\vec{c}$의 외적(外積, outer product) $\vec{b} \times \vec{c}$는 (1.88b)식과 (1.88c)식에서

$$(\vec{b} \times \vec{c})_i = \epsilon_{ijk}b_j c_k \tag{1.89}$$

와 같이 된다. 특히 이 관계식들은 $\vec{a}, \vec{b}, \vec{c}$가 $\vec{\nabla}$와 같은 연산자인 경우에는 더욱 취급하기에 편리한 식이 된다.

[(1.84)식의 증명]

(1.84)식을 $\dot{x}_i$와 x_i에 관하여 미분하면 다음과 같다.

$$\frac{\partial L}{\partial \dot{x}_i} = m\dot{x}_i + \frac{e}{c}A_i \tag{1.90a}$$

$$\frac{\partial L}{\partial x_i} = -e\frac{\partial \phi}{\partial x_i} + \frac{e}{c}\dot{x}_j\frac{\partial A_j}{\partial x_i} \tag{1.90b}$$

$$\begin{aligned} \therefore \frac{d}{dt}\left(\frac{\partial L}{\partial \dot{x}_i}\right) - \frac{\partial L}{\partial x_i} &= \frac{d}{dt}\left(m\dot{x}_i + \frac{e}{c}A_i\right) + e\frac{\partial \phi}{\partial x_i} - \frac{e}{c}\dot{x}_j\frac{\partial A_j}{\partial x_i} \\ &= m\ddot{x}_i + \frac{e}{c}\left(\frac{\partial A_i}{\partial t} + \dot{x}_j\frac{\partial A_i}{\partial x_j}\right) + e\frac{\partial \phi}{\partial x_i} - \frac{e}{c}\dot{x}_j\frac{\partial A_j}{\partial x_i} \\ &= m\ddot{x}_i - e\left(-\vec{\nabla}\phi - \frac{1}{c}\frac{\partial \vec{A}}{\partial t}\right)_i + \frac{e}{c}\left(\dot{x}_j\frac{\partial A_i}{\partial x_j} - \dot{x}_j\frac{\partial A_j}{\partial x_i}\right) \end{aligned}$$

한편 위 마지막 식의 오른쪽 두 번째 항은 $e\vec{E}$이고 세 번째 항은

$$\begin{aligned} &\frac{e}{c}\left(\dot{x}_j\frac{\partial A_i}{\partial x_j} - \dot{x}_j\frac{\partial A_j}{\partial x_i}\right) \\ &= \frac{e}{c}(\delta_{il}\delta_{jm} - \delta_{im}\delta_{jl})\dot{x}_j\frac{\partial A_l}{\partial x_m} \end{aligned}$$

$$=-\frac{e}{c}\epsilon_{kij}\epsilon_{klm}\dot{x}_j\frac{\partial A_l}{\partial x_m}$$

$$=-\frac{e}{c}\epsilon_{ijk}\dot{x}_j(\vec{\nabla}\times\vec{A})_k$$

$$=-\frac{e}{c}\left[\vec{\dot{x}}\times(\vec{\nabla}\times\vec{A})\right]_i$$

$$=-\frac{e}{c}(\vec{v}\times\vec{B})_i$$

을 얻게 되므로

$$\therefore \frac{d}{dt}\left(\frac{\partial L}{\partial\dot{x}_i}\right)-\frac{\partial L}{\partial x_i}$$

$$=m\ddot{x}_i-eE_i-\frac{e}{c}(\vec{v}\times\vec{B})_i$$

$$=0$$

(증명 끝)

이 된다. 위의 마지막 관계식은 운동 방정식 (1.71)을 이용하여 얻게 된다.

마지막으로 예 ④에서 대전 입자가 전자장에서 빠른 속도로 움직이는 경우에도 운동 방정식은 Lagrange방정식이 되고 이때에

$$L=-mc^2\sqrt{1-\left(\frac{v}{c}\right)^2}-e\phi(\vec{x},t)+\frac{e}{c}\dot{x}_iA_i(\vec{x},t) \tag{1.91}$$

이 됨을 알 수 있다. 증명은 연습문제로 남겨 둔다.

(c) 일반화 좌표(一般化座標, Generalized Coodinates)

지금까지 운동 방정식은 Cartesian 좌표계라고 부르는 직각 좌표(x, y, z)에 의하여 기술되었었다. 다른 직교 좌표계를 사용하는 경우를 고려하여 보자. 새로운 일반화된 좌표를 (q_1, q_2, q_3)라 하고 두 좌표들 사이에는 시간 t의 양함수(陽函數, explicit function)가 아닌 함수 관계가 있다고 하자. 즉

$$x_i=x_i(q_1, q_2, q_3) \tag{1.92}$$

이 식을 시간에 관하여 미분하면

$$\dot{x}_i=\frac{\partial x_i}{\partial q_i}\dot{q}_j=\dot{x}_i(q_j,\dot{q}_j) \tag{1.93}$$

이 되므로 $\dot{x}_i$는 $q_j,\dot{q}_j$의 함수이다. 새로운 좌표로 표시되는 Lagrangian을

$$L(q_i,\dot{q}_i,t)=L(\vec{x}(\vec{q}),\vec{\dot{x}}(\vec{q},\vec{\dot{q}}),t) \tag{1.94}$$

로 정의하면 새 좌표에 의한 운동 방정식은 다음과 같다.

$$\frac{d}{dt}\left(\frac{\partial L}{\partial\dot{q}_i}\right)-\frac{\partial L}{\partial q_i}=0 \tag{1.95}$$

(증명) (1.102)식과 (1.103)식으로부터

$$\frac{\partial\dot{x}_j}{\partial\dot{q}_i}=\frac{\partial}{\partial\dot{q}_i}\left(\frac{\partial x_j}{\partial q_k}\dot{q}_k\right)=\frac{\partial x_j}{\partial q_k}\delta_{ik}=\frac{\partial x_j}{\partial q_i} \tag{1.96a}$$

$$\frac{d}{dt}\left(\frac{\partial \dot{x}_j}{\partial \dot{q}_i}\right)=\frac{d}{dt}\left(\frac{\partial x_j}{\partial q_i}\right)=\frac{\partial^2 x_j}{\partial q_i \partial q_k}\dot{q}_k \tag{1.96b}$$

$$\frac{\partial \dot{x}_j}{\partial \dot{q}_i}=\frac{\partial}{\partial q_i}\left(\frac{\partial x_j}{\partial q_k}\dot{q}_k\right)=\frac{\partial^2 x_j}{\partial q_i \partial q_k}\dot{q}_k \tag{1.96c}$$

따라서

$$\begin{aligned}
&\frac{d}{dt}\left(\frac{\partial L}{\partial \dot{q}_i}\right)-\frac{\partial L}{\partial q_i}\\
&=\frac{d}{dt}\left(\frac{\partial L}{\partial \dot{x}_i}\frac{\partial \dot{x}_j}{\partial \dot{q}_i}\right)-\frac{\partial L}{\partial x_i}\frac{\partial x_j}{\partial q_i}-\frac{\partial L}{\partial \dot{x}_j}\frac{\partial \dot{x}_j}{\partial q_i}\\
&=\underbrace{\left[\frac{d}{dt}\left(\frac{\partial L}{\partial \dot{x}_j}\right)-\frac{\partial L}{\partial x_j}\right]}_{0}\frac{\partial x_j}{\partial q_i}+\frac{\partial L}{\partial \dot{x}_j}\underbrace{\left[\frac{d}{dt}\left(\frac{\partial \dot{x}_j}{\partial \dot{q}_i}\right)-\frac{\partial \dot{x}_j}{\partial q_i}\right]}_{0}\\
&=0
\end{aligned}$$

(증명 끝)

일반적인 좌표계에 대하여 (1.95)식으로 표시되는 Lagrange 방정식의 특별한 경우가 (1.75)식이라고 할 수 있다. Lagrangian에서 일반화된 좌표 q_i의 i는 $1,2,3,\cdots\cdots,N$ 까지 될 수 있고 이런 경우는 여러 개의 입자들을 기술하는 Lagrangian으로 생각할 수 있다. 한편 Lagrange방정식을 얻는 일반적인 방법도 Lagrangian을 시간 t_1에서 t_2까지 적분한 양인 작용량(作用量, action)의 극한값을 취하는 변분 원리(變分原理, variational principle),

$$\delta\int_{t1}^{t2} L dt=0 \tag{1.97}$$

에 의하여 얻어진다. 여기서 δ는 초기 시간 t_1과 마지막 시간 t_2에서 좌표의 변화 $\delta q_i=0$인 조건을 갖는 변분(variation), 다시 말하여서 작용량의 범함수(汎函數, functional) 미분을 나타낸다. 이러한 원리를 작용량 원리(action principle) 또는 Hamilton의 원리라 부른다. 여기에서는 Lagrange 방정식 또는 Lagrangian의 응용으로 만족하고 더 이상의 자세한 논의는 생략한다. 앞으로 양자 역학에서 자주 사용되는 예 두 가지를 들어 보자.

예 1. 원통 좌표계(cylindrical coordinates)에서의 운동 방정식:

그림 1.14에서 보는 바와 같이 임의의 점 P의 좌표는 직각 좌표계와 원통 좌표계에서 각각 (x,y,z), (r,θ,z)로 표시되고 이들 사이의 관계식은

$$\begin{aligned}
x&=r\cos\theta\\
y&=r\sin\theta\\
z&=z
\end{aligned} \tag{1.98}$$

로 나타나며 이들의 시간에 관한 미분은 다음과 같다.

$$\dot{x}=\dot{r}\cos\theta-r\dot{\theta}\sin\theta$$

$$\dot{y}=\dot{r}\sin\theta+r\dot{\theta}\cos\theta \tag{1.99}$$

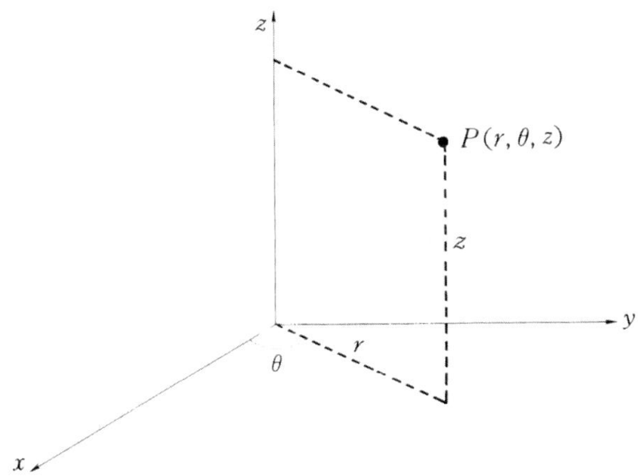

그림 1.14 원통 좌표계

따라서 (1.73)식으로 주어지는 Lagrangian을 원통 좌표계에서 구해보면

$$L=\frac{1}{2}m(\dot{x}^2+\dot{y}^2+\dot{z}^2)\Big\}-V$$

$$=\frac{1}{2}m\left[(\dot{r}\cos\theta-r\dot{\theta}\sin\theta)^2+(\dot{r}\sin\theta+r\dot{\theta}\cos\theta)^2+\dot{z}^2\right]-V$$

$$\therefore L=\frac{1}{2}m(\dot{r}^2+r^2\dot{\theta}^2+\dot{z}^2)-V \tag{1.100}$$

이 된다. 일반화된 좌표 q_i 를 r이나 θ, z라고 생각하여 각 좌표에 대한 운동 방정식을 얻는다. 즉 r에 대한 운동 방정식은

$$\frac{d}{dt}\left(\frac{\partial L}{\partial \dot{r}}\right)-\frac{\partial L}{\partial r}=0 \tag{1.101a}$$

$$\frac{d}{dt}(m\dot{r})-mr\dot{\theta}^2+\frac{\partial V}{\partial r}=0 \tag{1.101b}$$

$$\therefore m\ddot{r}=mr\dot{\theta}^2-\frac{\partial V}{\partial r}=0 \tag{1.101c}$$

이 된다. 이 식의 우변에서 $mr\dot{\theta}$은 원심력이고 $-\dfrac{\partial V}{\partial r}$는 밖에서 이 입자에 기해진 힘이라고 할 수 있다.

또 θ에 대한 방정식은

$$\frac{d}{dt}\left(\frac{\partial L}{\partial \dot{\theta}}\right)-\frac{\partial L}{\partial \theta}=0 \tag{1.102a}$$

$$\frac{d}{dt}(mr^2\dot{\theta})+\frac{\partial V}{\partial \theta}=0 \tag{1.102b}$$

이 되며 같은 방법으로 z에 대한 방정식은

$$\frac{d}{dt}(m\dot{z})+\frac{\partial V}{\partial \theta}=0 \tag{1.103}$$

이 된다.

이 문제에서 특히 퍼텐셜 V가 r만의 함수인 경우 (1.102b)식에서 $\frac{\partial V}{\partial \theta}=0$ 이므로

$$mr^2\dot{\theta}= \text{일정량(상수)}$$

이 된다. 즉 각 운동량이 보존되는 경우이다. 일반적으로 어느 한 좌표 q_i가 Lagrangian L에 포함되지 않는 경우

$$\frac{\partial L}{\partial q_i}=0 \tag{1.104}$$

이 되고 이 좌표를 순환좌표(循環座標, cyclic coordinate)라 부르기도 하며, 이때에

$$\frac{d}{dt}\left(\frac{\partial L}{\partial \dot{q}_i}\right)=0 \tag{1.105}$$

즉 $\frac{\partial L}{\partial \dot{q}_i}$로 정의된 양은 보존된다. 이 양을 그 좌표에 대한 정준 공액(正準共軛. canonical conjugate) 운동량이라 정의한다. 정준 공액 (또는 정준 켤레) 운동량

$$p_i=\frac{\partial L}{\partial \dot{q}_i} \tag{1.106}$$

는 Lagrangian이 q_i좌표에 무관할 경우 보존된다. 여기서는 간단히 운동량이라 부르나 경우에 따라서는 정준 운동량(正準運動量, canonical momentum) 또는 공액 운동량(共軛運動量, conjugate momentum)이라고 부른다. 그 이유는 우리가 보통 말하는 운동량은 질량과 속도를 곱한 양으로 정의되나 정준운동량은 반드시 그렇지 않기 때문이다.

앞서 고찰한 예①에서와 같이 Lagraigian이 (1.73)식으로 주어지면 좌표 x_1에 공약인 정준 운동량은

$$\begin{aligned} p_i &= \frac{\partial}{\partial \dot{x}_i}\left\{\frac{1}{2}m\dot{x}_j\dot{x}_j - V(\vec{x})\right\} \\ &= m\dot{x}_j \end{aligned} \tag{1.107}$$

이 된다. 따라서 이때는 정준이란 뜻이 별로 의미가 없다. 그러나 예ⓒ에서와 같이 Lagrangian 이 (1.84)식으로 주어지면

$$p_i=\frac{\partial}{\partial \dot{x}_i}\left\{\frac{1}{2}m\dot{x}_j\dot{x}_j-e\phi(\vec{x},t)+\frac{e}{c}\dot{x}_jA_j(\vec{x},t)\right\}$$

$$= m\dot{x}_i + \frac{e}{c}A_i \tag{1.108}$$

이 된다. 이 값은 단순히 질량과 속도를 곱한 양이 아니다. 앞으로 양자론에서 양자화에 중요한 양은 정준 운동량이므로 우리가 운동량이라 부르는 경우도 일반적으로 정준 운동량이라고 생각하자.

예 2. 구면 극좌표(球面球座標, spherical polar coordinates)계에서의 운동 방정식 :

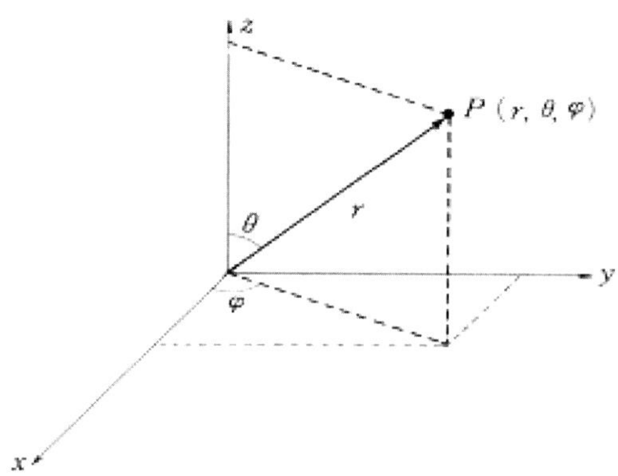

그림 1.15 구면 극좌표 (r, θ, φ)와 Cartesian 좌표 (x, y, z) 사이의 관계

그림 1.15에서와 같이 임의의 점 P의 구면 극좌표계(앞으로 간단히 극좌표계라 부름)에서 좌표를 (r, θ, φ)라고 하면 이 점의 직각 좌표계에서의 좌표 (x, y, z)와의 관계는 다음과 같다.

$$\begin{aligned} x &= r\sin\theta\cos\varphi \\ y &= r\sin\theta\sin\varphi \\ z &= r\cos\theta \end{aligned} \tag{1.109}$$

따라서 이들의 시간에 대한 미분은

$$\begin{aligned} \dot{x} &= \dot{r}\sin\theta\cos\varphi + r\dot{\theta}\cos\theta\cos\varphi - r\dot{\varphi}\sin\theta\sin\varphi \\ \dot{y} &= \dot{r}\sin\theta\sin\varphi + r\dot{\theta}\cos\theta\sin\varphi + r\dot{\varphi}\sin\theta\cos\varphi \\ \dot{z} &= \dot{r}\cos\theta - r\dot{\theta}\sin\theta \end{aligned} \tag{1.110}$$

가 되어

$$\begin{aligned} L &= \frac{1}{2}m\left(\dot{x}^2 + \dot{y}^2 + \dot{z}^2\right) - V \\ &= \frac{1}{2}m\left(\dot{r}^2 + r^2\dot{\theta}^2 + r^2\sin^2\theta\dot{\varphi}^2\right) - V \end{aligned} \tag{1.111}$$

가 된다. 좌표 r, θ, φ에 대한 Lagrange 방정식은

r 방정식 :

$$\frac{d}{dt}(m\dot{r})-mr\dot{\theta}^2-mr\dot{\varphi}^2\sin^2\theta+\frac{\partial V}{\partial r}=0 \tag{1.112a}$$

θ 방정식 :

$$\frac{d}{dt}(mr^2\dot{\theta})-mr^2\dot{\varphi}^2 sin\theta\cos\theta+\frac{\partial V}{\partial \theta}=0 \tag{1.112b}$$

φ 방정식 :

$$\frac{d}{dt}(mr^2\dot{\varphi}\sin^2\theta)+\frac{\partial V}{\partial \varphi}=0 \tag{1.112c}$$

이 된다. 여기에도 퍼텐셜 V 가 좌표 θ,φ의 함수가 아닌 경우

$$p_\varphi=mr^2\dot{\varphi}\sin^2\theta \tag{1.113}$$

는 보존량(保存量, conserved quantity)이다. 어떤 물리적 양이, 시간에 관한 미분이 0인 경우 이 양은 시간에 대한 불변(不變)양이며 이를 보존량이라 부른다.

(1.113)식으로 주어진 운동량 p_φ는 z축 주위에서의 각속도 $\dot{\varphi}$의 회전을 고려할 때에 입자의 각 운동량을 나타낸다. 즉 이 경우에 각 운동량 보존을 얻게 된 것이다.

(d) Hamiltonian

지금까지는 역학을 기술함에 있어 Lagrangian을 도입했는데 이 양은 일반화된 좌표 q_i와 속도라고 볼 수 있는 $\dot{q}_i$의 두 종류의 변수로 이루어진 함수이며 시간 t는 일종의 매개변수(媒介變數, parameter)로 사용되었다.

이번에는 두 종류의 독립 변수로 q_i와 그의 정준 운동량 $p_i=\partial L/\partial\dot{q}_i$를 이용하여 보자. 이 경우 변수를 $(q_i,\dot{q}_i,t)$에서 (q_i,p_i,t)로 바꾸는 것은 Legendre 변환(transformation)이라 부르는 수학적 과정에 의하여 성취될 수 있다.

$L(q_i,\dot{q}_i)$를 생각해 보면

$$dL=\frac{\partial L}{\partial q_i}dq_i+\frac{\partial L}{\partial \dot{q}_i}d\dot{q}_i+\frac{\partial L}{\partial t}dt \quad (i\text{에 관한 합임})$$

$$=\frac{\partial L}{\partial q_i}dq_i+p_i d\dot{q}_i+\frac{\partial L}{\partial t}dt$$

$$=d(p_i\dot{q}_i)+\frac{\partial L}{\partial q_i}dq_i-\dot{q}_i dp_i+\frac{\partial L}{\partial t}dt$$

$$\therefore\ d(\dot{q}_i p_i-L)=-\frac{\partial L}{\partial q_i}dq_i+\dot{q}_i dp_i-\frac{\partial L}{\partial t}dt \tag{1.114}$$

을 얻는다. 위 식에서 $(\dot{q}_i p_i-L)$은 변수 (q_i,p_i)의 함수로 보아야 하며, 이것을 Hamiltonian $H(q_i,p_i)$라 부른다. 즉

$$H(\vec{q},\vec{p},t)=\sum_i \dot{q}_i p_i - L(\vec{q},\dot{\vec{q}},t) \tag{1.115}$$

이다. 여기서 합 기호 $\sum_i$는 합에 대한 약속(summation convention) 때문에 불필요하지만 합을 강조하기 위하여 붙였다.

이와 같이 $L(\vec{q},\dot{\vec{q}})$에서 변수를 $(\vec{q},\vec{p})$로 달리 택하고자 할 때 바꾸려는 두 개의 변수 $\dot{\vec{q}}$와 $\vec{p}$를 곱한 양 $\dot{q}_i p_i$에서 L을 뺌으로서 $(\vec{q},\vec{p})$의 함수인 $H(\vec{q},\vec{p})$를 얻는 과정을 Legendre변환이라 부른나.

Legendre변환의 예는 열역학 이론에서 많이 볼 수 있다. 즉 열역학계를 기술함에 있어서 우리가 택할 수 있는 변수는 온도 T, 압력 P, 체적 V, 엔트로피(entropy) S 인 네 개의 변수가 있으나 이들 중에서 2가지 변수만으로 열역학계를 기술할 수 있다.
열역학 제1법칙은 내부 에너지 U에 관한 식으로서 열량을 Q라 할 때

$$\begin{aligned} dU &= dQ - PdV \\ &= TdS - PdV \end{aligned} \tag{1.116}$$

와 같이 U는 (S,V)의 함수이다. 열역학계를 기술할 때에 변수 (S,V) 대신에 (S,P)로 기술하려면 V와 P를 바꾸어야 한다. 따라서 (1.116)식을 달리 쓸 경우

$$\begin{aligned} &dU = TdS - d(PV) + VdP \\ &\therefore\ d(U+PV) = TdS + VdP \end{aligned} \tag{1.117}$$

따라서 우변으로부터 좌변의 $(U+PV)$는 (S,P)의 함수이다. 이 값을 엔탈피(enthalpy)라 부르고 H로 표시한다. 즉

$$\begin{aligned} H &= U + PV \\ &= H(S,P) \end{aligned} \tag{1.118}$$

한편 변수를 (T,V)로 택하려 할 경우는 (1.116)식으로부터

$$\begin{aligned} &dU = d(TS) - SdT - PdV \\ &\quad \therefore\ d(U-TS) = -SdT - PdV \\ &\quad \Rightarrow dF(T,V) \end{aligned} \tag{1.119}$$

여기서 $F=U-TS$는 Helmholtz의 자유 에너지(free energy)라 부른다. 마찬가지로 (T,P)

로 열역학상태를 기술하고자 할 경우에는

$$d(U-TS+PV)=-SdT+VdP \tag{1.120a}$$

가 되고 여기서

$$G=U-ST+PV=G(T,P) \tag{1.120b}$$

로 정의된 G함수를 Gibbs의 함수 또는 Gibbs의 자유에너지라 부르며, 이때에는 G가 편리한 양이 된다. 엔탈피 H, Helmholtz의 자유에너지 F, Gibbs 자유에너지 G 등은 Legendre 변환의 특별한 예이다.

Hamiltonian H는 q_i, p_i, t들의 함수이므로

$$dH=\frac{\partial H}{\partial q_i}dq_i+\frac{\partial H}{\partial p_i}dp_i+\frac{\partial H}{\partial t}dt \tag{1.121}$$

의 관계가 있다. 한편 Lagrange 방정식 (1.95)로부터 $\frac{\partial L}{\partial q_i}$를 $\frac{d}{dt}\left(\frac{\partial L}{\partial \dot{q}_i}\right)=\dot{p}_i$

로 쓰면 (1.114)식은

$$dH=-\dot{p}_i dp_i+\dot{q}_i dp_i-\frac{\partial L}{\partial t}dt \tag{1.122}$$

이므로 이 두 식(1.121)과 (1.122)를 비교함으로써

$$\frac{\partial H}{\partial p_i}=\dot{q}_i \tag{1.123a}$$

$$\frac{\partial H}{\partial q_i}=-\dot{p}_i \tag{1.123b}$$

$$\frac{\partial H}{\partial t}=-\frac{\partial L}{\partial t} \tag{1. 123c}$$

을 얻게 된다. 이 식을 Hamilton의 방정식이라 부른다.

만일 L가 시간 t의 양함수(explicit function)가 아닌 경우 $\frac{\partial L}{\partial t}=-\frac{\partial H}{\partial t}=0$이므로 (1.122)식을 이용하면

$$\frac{dH}{dt}=-\dot{p}_i\dot{q}_i+\dot{q}_i\dot{p}_i=0$$

$$\therefore\ H=\text{상수(constant)}$$

가 된다. 특히 운동에너지가 $\dot{q}_j$의 2차항이고 퍼텐셜은 q_i만의 함수이면

$$\dot{q}_j\frac{\partial T}{\partial \dot{q}_j}=2T=\dot{q}_j\frac{\partial L}{\partial \dot{q}_j}=\dot{q}_j p_j$$

$$\therefore\ H=2T-(T-V)=T+V \tag{1.124}$$

즉 이때는 에너지가 보존됨을 의미한다. Hamiltonian 은 양자 역학에서 중요한 역할을 하기 때문에 여러 경우에 대하여 Hamiltonian을 구하여 보자.

예① 에서

$$L=\frac{1}{2}m\dot{x}_i\dot{x}_i-V$$

$$p_i=\frac{\partial L}{\partial \dot{x}_i}=m\dot{x}_i$$

이므로

$$\dot{x}_i=\frac{p_i}{m} \tag{1.125}$$

$$\therefore H=\dot{x}_i p_i-L$$

$$=m\dot{x}_i\dot{x}_i-\left(\frac{1}{2}m\dot{x}_i\dot{x}_i-V\right)$$

$$\frac{1}{2}m\dot{x}_i\dot{x}_i+V$$

$$=\frac{p_i p_i}{2m}+V \tag{1.126}$$

이 되어 이 식은 (1.124)식과 같으며 보존량이다.

예② 에서는 Hamiltonian이 다음과 같이 됨을 알 수 있다,

$$H=\frac{p_1^2}{2m_1}+\frac{p_2^2}{2m_2}+V \tag{1.127}$$

또 예③ 에서는

$$L=\frac{1}{2}m\dot{x}_i\dot{x}_i-e\phi(\vec{x})+\frac{e}{c}\dot{x}_i A_i$$

$$p_i=\frac{\partial L}{\partial \dot{x}_i}=m\dot{x}_i+\frac{e}{c}A_i \tag{1.128}$$

$$\therefore \dot{x}_i=\frac{1}{m}\left(p_i-\frac{e}{c}A_i\right)$$

따라서 Hamiltonian 은

$$H=\dot{x}_i p_i-L$$

$$=\dot{x}_i\left(m\dot{x}_i+\frac{e}{c}A_i\right)-\frac{1}{2}m\dot{x}_i\dot{x}_i+e\phi-\frac{e}{c}\dot{x}_i A_i$$

$$=\frac{1}{2}m\dot{x}_i\dot{x}_i+e\phi$$

$$\therefore H=\frac{1}{2m}\left(p_i-\frac{e}{c}A_i\right)\left(p_i-\frac{e}{c}A_i\right)+e\phi \tag{1.129}$$

를 얻는다.

이들 예에서 H는 에너지와 같음을 알 수 있다. (1.129)식에서 외부에서 걸어준 전자장이 시간을 함수가 아닌 경우에 전기장은 (1.83)식에서

$$\vec{E}=-\vec{\nabla}\phi-\frac{1}{c}\frac{\partial\vec{A}}{\partial t}=-\vec{\nabla}\phi \tag{1.130}$$

$$\therefore m\ddot{x}_i=-e(\vec{\nabla}\phi)_i+\frac{e}{c}(\dot{\vec{x}}\times\vec{B})_i \tag{1.131}$$

이 되며 이식의 양변에 $\dot{x}_i$를 곱하여 주는 경우

$$m\dot{x}_i\ddot{x}_i=-e\frac{dx_i}{dt}\frac{\partial\phi}{\partial x_i}+\underbrace{\frac{e}{c}\dot{\vec{x}}\cdot(\dot{\vec{x}}\times\vec{B})}_{=0}$$

$$\therefore \frac{d}{dt}\left[\frac{1}{2}m\dot{x}_i\dot{x}_i+e\phi\right]=0 \tag{1.132}$$

이 되어 H는 상수임을 알 수 있다.

마찬가지로 예④를 고려하면 Hamiltonian이 다음과 같이 됨은 문제로 남기겠다.

$$H=\sqrt{m^2c^4+c^2\left|\vec{p}-\frac{e}{c}\vec{A}\right|^2}+e\phi \tag{1.133}$$

지금까지는 Cartesian좌표계만을 고려하였으나 일반화된 좌표계에서도 생각할 수 있다. 위 예 중에 전자기장 안에서 대전된 입자가 운동하는 경우에 Hamiltonian은 자유 입자의 운동량 $\vec{p}$대신에 $\left(\vec{p}-\frac{e}{c}\vec{A}\right)$를 넣은 결과로 바꾸어지는 것에 주의하자.

1. 5 고전 양자론(古典量子論)

역학적인 관점에서 보면 전자가 원자핵 주위를 Coulomb힘을 받으며 운동할 경우 전자의 궤도는 Bohr의 모델에서와 같이 꼭 원이 될 필요는 없으며 일반적으로는 타원(楕圓)이 될 것이다. 그래서 Bohr의 각 운동량 양자화를 일반하여 Wilson과 Sommerfeld는 다음과 같이 가설을 설정하였다. 즉 주기 운동(週期運動, periodic motion)을 하는 입자는 각 일반화 좌표 q_i에 대하여

$$\oint p_i dq_i = nh \ (n=1,2,3,\cdots\cdots) \tag{1.134}$$

(i에 대한 합이 아님)

를 만족하는 궤도를 따라 운동을 한다. 여기서 q_i는 일반화된 좌표이며 p_i는 그 좌표의 공액 운동량이다. 또 적분은 한 주기(週期)의 궤도에 대한 적분을 의미한다.

이 식이 주는 물리학적 의의를 얻기 위하여 몇 가지 경우를 고찰하여 보자.

(a) Bohr 모델

이 경우 전자의 운동을 기술하는 Lagrangian은 원통 좌표나 극좌표에 대하여 얻은 식에

서 바로 얻게 된다. 두 경우 모두

$$V = -\frac{Ze^2}{r} \tag{1.135}$$

이고 (1.100)식에서는 r=상수, Z=상수로, 또는 (1.111)식에서는 r=상수, $\theta=\frac{\pi}{2}$인 상수로 놓아 Lagrangian을 얻게 된다. 후자인 극좌표에 대하여 Lagrangian은

$$L = \frac{1}{2}mr^2\dot{\varphi}^2 + \frac{Ze^2}{r} \tag{1.136}$$

이며 L이 각 φ에 무관하므로 이 각의 공액 운동량은 보존된다. 즉

$$p_\varphi = \frac{\partial L}{\partial \dot{\varphi}} = mr^2\dot{\varphi} = mrv = \text{상수} \tag{1.137}$$

따라서 Wilson-Sommerfeld 양자화 조건 (1.134)식은

$$\oint p_\varphi d\varphi = nh \tag{1.138}$$

$$p_\varphi \cdot 2\pi = nh$$

$$\therefore p_\varphi = n\frac{h}{2\pi} = n\hbar \tag{1.139}$$

로 되어 각운동량이 $\hbar$의 정수배가 된다는 Bohr의 양자화 조건을 얻게 된다. 그러나 (1.134)식은 더 일반적인 전자 궤도인 타원 궤도를 취급할 경우에도 사용되는 양자화 조건이다.

(b) 타원 궤도

퍼텐셜이 r만의 함수로 주어지는 소위 중심력(central froce) 문제에서는 역학에서 알려진 바와 같이(후에 언급됨) 입자의 운동은 평면상에서 일어난다. 따라서 이 운동을 기술하는 Lagrangian은 (1. 111)식에서 $\theta=\frac{\pi}{2}$=상수로 놓음으로써 얻어진다. 즉

$$L = \frac{1}{2}m\left(\dot{r}^2 + r^2\dot{\varphi}^2\right) + \frac{Ze^2}{r} \tag{1.140}$$

이 경우에도 Lagrangian 은 φ각과 무관하므로 p_φ는 일정하며 (1.137)식으로 주어진다. 따라서

$$\dot{\varphi} = \frac{p_\varphi}{mr^2} \tag{1.141}$$

$$d\varphi = \frac{p_\varphi}{mr^2}dt$$

로 쓸 수 있다. r에 대한 운동 방정식은 (1.112a)로부터

$$m\ddot{r} - mr\dot{\varphi}^2 + \frac{Ze^2}{r^2} = 0 \tag{1.142a}$$

$$m\ddot{r} - \frac{p_\varphi^2}{mr^3} + \frac{Ze^2}{r^2} = 0 \tag{1.142b}$$

로 주어진다. 여기에서 r 대신 $r = \dfrac{1}{u}$ 로 정의된 u를 도입하면

$$u = \frac{1}{r} \tag{1.143}$$

$$du = -\frac{1}{r^2} dr = -\frac{m}{p_\varphi} \frac{d\varphi}{dt} dr \tag{1.144}$$

$$\frac{d}{dt} = \frac{d\varphi}{dt} \cdot \frac{d}{d\varphi} = \frac{p_\varphi}{mr^2} \frac{d}{d\varphi} = \frac{p_\varphi}{m} u^2 \frac{d}{d\varphi} \tag{1.145}$$

이므로

$$\dot{r} = \frac{p_\varphi}{m} u^2 \frac{d}{d\varphi}\left(\frac{1}{u}\right) = -\frac{p_\varphi}{m} \frac{du}{d\varphi} \tag{1.146}$$

$$\begin{aligned} \ddot{r} &= \frac{d}{dt}(\dot{r}) = \frac{p_\varphi}{m} u^2 \frac{d}{d\varphi}\left(-\frac{p_\varphi}{m} \frac{du}{d\varphi}\right) \\ &= -\frac{p_\varphi^2}{m^2} u^2 \frac{d^2u}{d\varphi^2} \end{aligned} \tag{1.147}$$

를 얻는다. (1.143)식과 (1.147)식을 (1.142b)식에 대입하면

$$-\frac{p_\varphi^2}{m} u^2 \frac{d^2u}{d\varphi^2} - \frac{p_\varphi^2}{m} u^3 + Ze^2 u^2 = 0$$

$$\therefore \ \frac{d^2u}{d\varphi^2} + u = \frac{Ze^2 m}{p_\varphi^2} \tag{1.148}$$

를 얻게 된다. 이 식의 해는 타원 궤도를 나타내며

$$u = \frac{1}{r} = \frac{Ze^2 m}{p_\varphi^2} + A\cos(\varphi + B) \tag{1.149}$$

가 된다. 여기서 A와 B는 적분 상수이고 특히 그림 1.16과 같은 타원궤도의 경우에는 $\varphi = 0$ 에서 r이 극대가 되므로

$$\left.\frac{\partial r}{\partial \varphi}\right|_{\varphi=0} = 0$$

$$\therefore \ \sin(\varphi + B)|_{\varphi=0} = 0 \qquad \therefore B = 0 \tag{1.150}$$

따라서 궤도 방정식은 다음과 같은 타원 방정식이 된다.

$$r = \frac{1}{(Ze^2 m/p_\varphi^2) + A\cos\varphi} = \frac{p_\varphi^2/Ze^2 m}{1 + (p_\varphi^2 A/Ze^2 m)\cos\varphi} \tag{1.151}$$

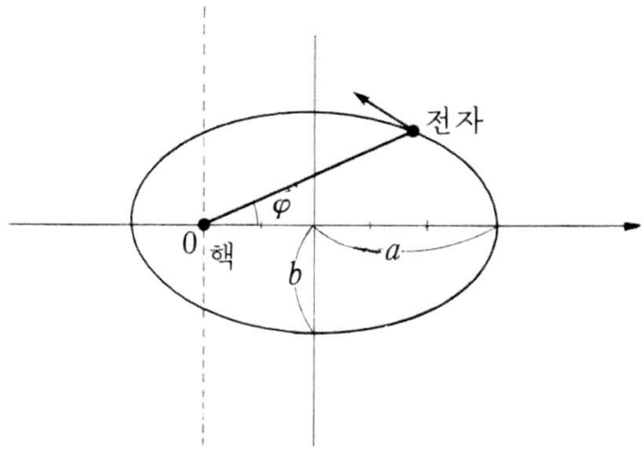

그림 1.16 핵의 질량이 클 경우 핵주위의 전자의 타원 궤도

이 타원의 이심률(異心率, eccentricity)을 ϵ이라 놓으면

$$\varphi=0\text{에서}\quad r=a+a\epsilon=\frac{1}{\left(Ze^2m/p_\varphi^2\right)+A} \tag{1.152a}$$

$$\varphi=\pi\text{에서}\quad r=a-a\epsilon=\frac{1}{\left(Ze^2m/p_\varphi^2\right)-A} \tag{1.152b}$$

이므로 이 두식으로부터

$$a=\frac{Ze^2m/p_\varphi^2}{\left(Ze^2m/p_\varphi^2\right)^2-A^2} \tag{1.153a}$$

$$a\epsilon=\frac{-A}{\left(Ze^2m/p_\varphi^2\right)^2-A^2} \tag{1.153b}$$

$$\therefore\ \epsilon=-\frac{p_\varphi^2}{Ze^2m}A \tag{1.153c}$$

됨을 알 수 있다.

이심률을 사용하여 궤도 방정식을 쓰면

$$r=\frac{p_\varphi^2/Ze^2m}{1-\epsilon\cos\varphi}=\frac{1}{u} \tag{1.154}$$

이 된다. 한편 에너지는 보존되며 $(T+V)$가 되므로

$$\begin{aligned}
E&=\frac{1}{2}m\dot{r}^2+\frac{1}{2}mr^2\varphi^2-\frac{Ze^2}{r}\\
&=\frac{1}{2}m\left(\frac{p_\varphi}{m}\right)^2\left(\frac{du}{d\varphi}\right)^2+\frac{p_\varphi^2}{2m}u^2-Ze^2u\\
&=\frac{p_\varphi^2}{2m}\cdot\left(\epsilon\sin\varphi\frac{Ze^2m}{p_\varphi^2}\right)^2+\frac{p_\varphi^2}{2m}\left(\frac{1-\epsilon\cos\varphi}{p_\varphi^2/Ze^2m}\right)^2-Ze^2\frac{(1-\epsilon\cos\varphi)}{p_\varphi^2/Ze^2m}\\
&=\frac{Z^2e^4m}{2p_\varphi^2}\{\epsilon^2\sin^2\varphi+(1-\epsilon\cos\varphi)^2-2(1-\epsilon\cos\varphi)\}\\
&=\frac{Z^2e^4m}{2p_\varphi^2}(\epsilon^2-1)
\end{aligned} \tag{1.155}$$

가 되므로 이심률과 에너지와의 관계식은 다음과 같다.

$$\therefore\ \epsilon^2 = 1 + \frac{2p_\varphi^2}{mZ^2e^4}E \quad (<1) \tag{1.156}$$

양자화 법칙 (1.134)식으로부터

$$\oint p_r dr = n_r h \tag{1.157a}$$

$$\oint p_\varphi d\varphi = kh \tag{1.157b}$$

$$(n_r, k = 1, 2, 3, \cdots\cdots)$$

가 되는데 p_φ는 보존되므로 전에 얻은 바와 같이

$$p_\varphi = k\hbar \tag{1.157c}$$

가 된다. 한편 (1.157a)식을 고찰하면 (1.146)식으로부터

$$p_r = m\dot{r} = -p_\varphi \frac{du}{d\varphi} \tag{1.158}$$

$$dr = -\frac{1}{u^2}du$$

이므로

$$p_r dr = \frac{p_\varphi}{u^2}\frac{du}{d\varphi}du = \frac{p_\varphi}{u^2}\left(\frac{du}{d\varphi}\right)^2 d\varphi \tag{1.159}$$

이 된다. 한편 (1.154)식으로부터

$$\frac{du}{d\varphi} = \frac{\epsilon \sin\varphi}{p_\varphi^2/Ze^2m} \tag{1.160}$$

을 이용하여

$$\begin{aligned} p_r dr &= \frac{p_\varphi}{u^2} \cdot \left(\frac{\epsilon\sin\varphi}{p_\varphi^2/Ze^2m}\right)^2 d\varphi \\ &= p_\varphi \cdot \left(\frac{p_\varphi^2/Ze^2m}{1-\epsilon\cos\varphi}\right)^2 \left(\frac{\epsilon\sin\varphi}{p_\varphi^2/Ze^2m}\right)^2 d\varphi \\ &= p_\varphi \left(\frac{\epsilon\sin\varphi}{1-\epsilon\cos\varphi}\right)^2 d\varphi \end{aligned} \tag{1.161}$$

$$\begin{aligned} \therefore\ n_r h &= p_\varphi \int_0^{2\pi} \left(\frac{\epsilon\sin\varphi}{1-\epsilon\cos\varphi}\right)^2 d\varphi \\ &= p_\varphi \left[\frac{-\epsilon\sin\varphi}{1-\epsilon\cos\varphi}\Bigg|_0^{2\pi} + \epsilon\int_0^{2\pi} \frac{\cos\varphi}{1-\epsilon\cos\varphi}d\varphi \right] \\ &= p_\varphi \epsilon \int_0^{2\pi} \frac{\cos\varphi}{1-\epsilon\cos\varphi} d\varphi \end{aligned} \tag{1.162}$$

를 얻는다. 여기서 우변의 적분은 함수론의 방법을 쓰면 구해진다.

[적분의 계산]

일반적으로 각도의 함수 $f(\cos\varphi, \sin\varphi)$를 φ각의 0에서 2π까지 적분할 때

$$\cos\varphi=\frac{e^{i\varphi}+e^{-i\varphi}}{2}=\frac{z+z^{-1}}{2}=\frac{z^2+1}{2z} \tag{1.163}$$

즉

$$e^{i\varphi}=z \tag{1.164a}$$

로 놓음으로써 적분을 구할 수 있다. (1.164a)식의 φ에 대한 미분은

$$e^{i\varphi}id\varphi=dz$$

$$\therefore\ d\varphi=\frac{1}{ie^{i\varphi}}dz=-\frac{i}{z}dz \tag{1.164b}$$

이며 따라서 적분은 다음과 같이 된다.

$$\begin{aligned}\int_0^{2\pi}\frac{\epsilon\cos\varphi}{1-\epsilon\cos\varphi}d\varphi&=\int_0^{2\pi}\left(-1+\frac{1}{1-\epsilon\cos\varphi}\right)d\varphi\\&=\int_0^{2\pi}\frac{d\varphi}{1-\epsilon\cos\varphi}-2\pi\\&=\oint\frac{-idz/z}{1-\epsilon\cdot\left(\dfrac{z^2+1}{2z}\right)}-2\pi\\&=-2i\oint\frac{dz}{2z-\epsilon(z^2+1)}-2\pi\end{aligned} \tag{1.165}$$

위 적분은 복소 변수 z평면에서 반경이 1인 원에 대한 궤도 적분이며 그 해는 함수론에서 잘 알려진 정리를 이용하면 풀려진다. 적분 안의 분모를 0으로 만드는 극(極, pole)은

$$z=\frac{1}{\epsilon}\pm\sqrt{\left(\frac{1}{c}\right)^2-1} \tag{1.166}$$

이고 반경 1인 원 안에 있는 극은 $z=\frac{1}{\epsilon}-\sqrt{\left(\frac{1}{\epsilon}\right)^2-1}$ 이므로 (1.165)식은

$$\begin{aligned}\int_0^{2\pi}\frac{\epsilon\cos\varphi}{1-\epsilon\cos\varphi}d\varphi&=(-2i)2\pi i\cdot\frac{1}{2-2\epsilon z}\Bigg|_{z=\frac{1}{\epsilon}-\sqrt{\left(\frac{1}{\epsilon}\right)^2-1}}-2\pi\\&=4\pi\frac{1}{2\sqrt{1-\epsilon^2}}-2\pi\\&=2\pi\left(\frac{1}{\sqrt{1-\epsilon^2}}-1\right)\end{aligned} \tag{1.167}$$

이 된다. 따라서 (1.167)식을 이용하면 (1.162)식으로부터

$$\begin{aligned}n_rh&=p_\varphi\cdot2\pi\left[\frac{1}{\sqrt{1-\epsilon^2}}-1\right]\\&=2\pi k\hbar\left[\frac{1}{\sqrt{-2Ep_\varphi^2/Z^2e^4m}}-1\right]\end{aligned} \tag{1.168}$$

$$\frac{n_r}{k}+1=\frac{1}{\sqrt{-2E(k\hbar)^2/Z^2e^4m}}$$

$$\therefore\ E=-\frac{Z^2e^4m}{2(k\hbar)^2}\cdot\frac{k^2}{(n_r+k)^2}$$

$$=-\frac{mZ^2e^4}{2(n_r+k)^2\hbar^2}$$

$$=-\frac{1}{2}mc^2\frac{(Z\alpha)^2}{n^2} \qquad (n\equiv n_r+k) \tag{1.169}$$

을 얻는다.

여기서 n는 주양자수(主量子數, principal quantum number)라 부르며 에너지에 대한 위 식은 Bohr 모델에서의 에너지 공식과 같다. 그러나 n은 각운동량의 양자수 k보다 큰 것만이 가능함을 알 수 있고 이심률에 관한 조사를 해봄으로써 여러 궤도의 형태를 고찰할 수 있다. 이심률은 (1.156)식에 (1.157)식과 (1.169)식을 대입하여

$$\epsilon^2=1-\frac{2(k\hbar)^2}{mZ^2e^4}\cdot\frac{mZ^2e^4}{2n^2\hbar^2}$$

$$=1-\frac{k^2}{n^2} \tag{1.170}$$

의 관계가 얻어진다.

한편 기하학에서 타원의 이심률은 타원의 반장축(半長軸, semi-major axis) a와 반단축(半短軸, semi-minor axis) b 사이의 관계식으로 표시되므로

$$\epsilon^2=1-\frac{b^2}{a^2} \tag{1.171}$$

따라서 위 두식으로부터 타원의 반단축과 반장축의 비(比)는

$$\frac{b}{a}=\frac{k}{n} \tag{1.172}$$

이다. 특히 $a=b$인 경우는 $\epsilon=0$이고 원에 해당되며 $k=n$의 관계가 있어서 별도로 취급한다. 그림 1.17a와 그림 1.17b은 $n=1$과 $n=2$의 경우를 고찰한 것이다.

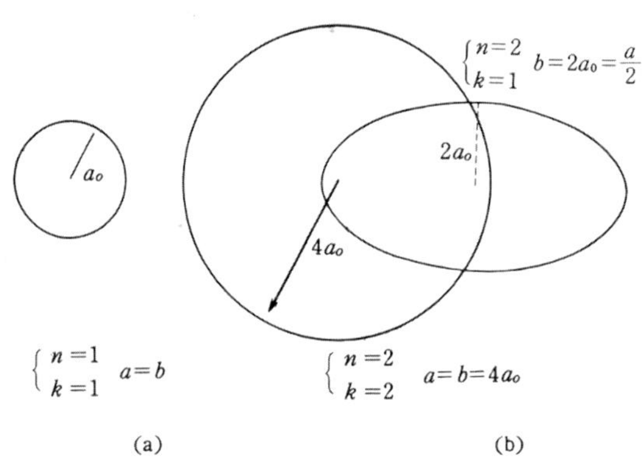

그림 1.17 핵 주위의 한 전자의 타원 궤도

주어진 어느 n값에 대하여 여러 다른 k값을 주면 같은 에너지를 갖는 다른 여러 타원 궤도를 얻게 된다.

(c) 조화 진동자(調和振動子; harmonic oscillator)

조화 진동자는 양자 역학뿐만 아니라 물리학의 여러 분야에 많이 사용되는 문제이다. 특히 1차원에서 고려하는 경우 고전 역학 방정식은

$$m\ddot{x}=-\frac{\partial V}{\partial x}=-kx \tag{1.173}$$

이고 해는

$$x=A\cos(\omega t+\alpha) \tag{1.174a}$$

$$\omega=\sqrt{\frac{k}{m}} \tag{1.174b}$$

이 된다. 한편 운동 에너지는 $T=\frac{1}{2}m(\dot{x})^2$이고 퍼텐셜 에너지는 $V=\frac{1}{2}kx^2$이므로 Largrangian은 다음과 같다.

$$L=\frac{1}{2}m(\dot{x})^2-\frac{1}{2}kx^2 \tag{1.175}$$

앞에서 논의한 바와 같이 T가 $\dot{x}$의 제곱에 비례하고 V가 시간의 양함수가 아니므로 Hamiltonian 또는 에너지는 보존량이다. (1.175)식으로부터

$$p=\frac{\partial L}{\partial \dot{x}}=m\dot{x} \tag{1.176}$$

$$\therefore\ \dot{x}=\frac{p}{m}$$

가 되고 따라서 (1.124)식으로부터

$$E=\frac{p^2}{2m}+\frac{1}{2}kx^2 \tag{1.177}$$

이 된다. 이 식을 수학적으로 분석하기 위하여 바꾸어 쓰면 다음과 같다.

$$\frac{p^2}{2mE}+\frac{x^2}{(2E/k)}=1 \tag{1.178}$$

이 식은 x와 p를 독립 변수로 생각할 때에 역시 타원의 방정식이며 두 반축의 길이는 각각 $\sqrt{2mE}$와 $\sqrt{2E/k}$이다. 따라서 E값이 달라지면 여러 가지 타원 궤도가 형성된다(그림 1. 18)

양자화 법칙을 그림 1.18에서 보는 바와 같이 타원에 적용하면 면적의 양자화가 되고

$$\begin{aligned}\oint p\,dx &= nh\\ &= ab\pi\\ &= \pi\cdot\sqrt{\frac{2E}{k}}\ \sqrt{2Em}=2\pi E\sqrt{\frac{m}{k}}\\ \therefore\ E_n &= \sqrt{\frac{k}{m}}\,\hbar n\\ &= n\hbar\omega \quad (n=0,1,2,3,\ \cdots\cdots)\end{aligned} \tag{1.179}$$

의 양자화된 에너지를 얻는다. 여기서 에너지 준위는 같은 간격 $\hbar\omega$로 벌어져 있다(그림 1.19)

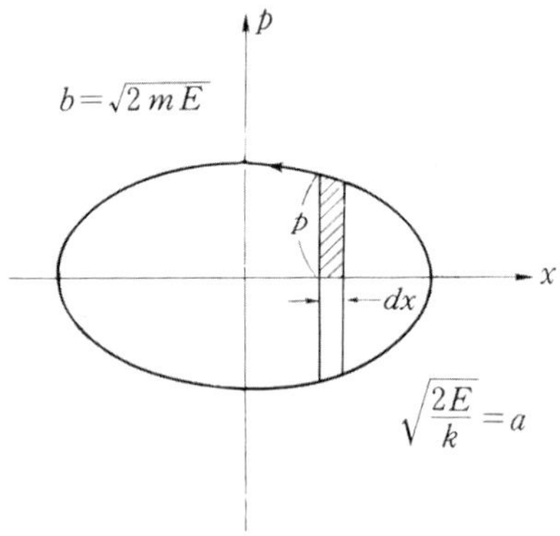

그림 1.18 x, p를 변수로 하는 타원에서 면적요소

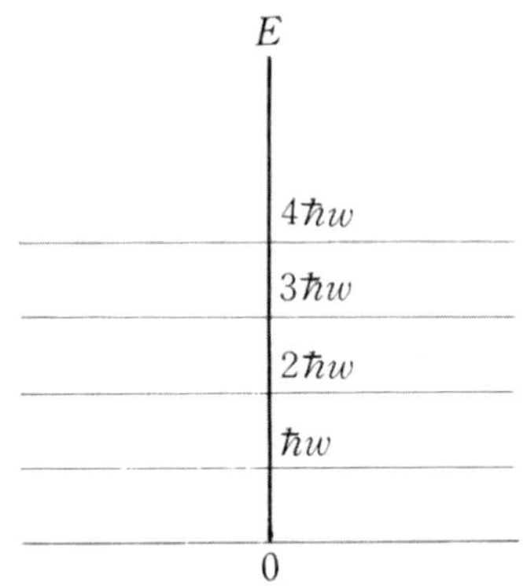

그림 1.19 고전 양자론에서 진동자의 에너지 준위

따라서 단진자의 퍼텐셜과 같은 모양의 퍼텐셜에 속박되어 있는 입자는 에너지 준위가 띄엄띄엄 떨어져 있고 높은 에너지 상태에서 낮은 상태로 떨어지면서 전자기파를 발생할 경우 이 전자기파의 에너지는 $h\nu(=\hbar\omega)$의 정수배가 된다. 뒤에 조화진동에 관한 양자 역학에서 밝히겠지만 더 정확한 에너지 준위는 다음과 같이 된다.

$$E_n = \left(n + \frac{1}{2}\right)\hbar\omega \tag{1.180}$$

고전 양자화 법칙은 주기적이 아닌 운동의 경우에는 아무런 결론을 주지 못하고 있다. 그러나 원자의 스펙트럼에 관하여 종종 정성적으로 설명하는데 도움이 된다.

참고로 이상의 두 예에서 $\oint pdq$를 계산할 때에 특별히 편리한 방법을 사용하였으나 이 적분은 허용된 좌표값에 대한 적분으로부터 얻을 수 있다. 즉 타원 운동에서는 r에 관한 1차원 운동에서 유효 퍼텐셜(effective potential) $V_{eff} = -\frac{Ze^2}{r} + \frac{p_\varphi}{2mr^2}$에서 움직이는 경우와 같다. 그림 1.20에서와 같이 주어진 E에서 허용된 r에 대한 $\oint p_r dr$의 적분으로부터 E를 얻을 수 있다. 마찬가지로 $V = \frac{1}{2}kx^2$인 경우에도 허용된 x에 관한 $\int pdx$ 적분을 하여 E를 얻으면 (1.179)식의 결과를 얻는다. 다른 예는 연습문제에서 논하기로 한다.

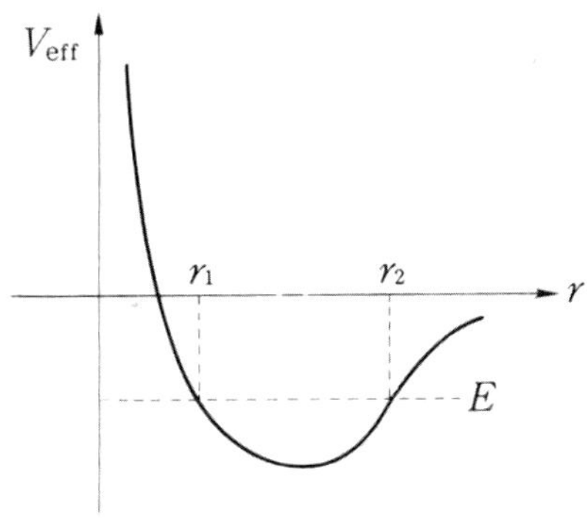

그림 1.20 V_{eff}에서 에너지 E를 갖는 입자는 $r_1 < r < r_2$에서만 운동이 허용된다.

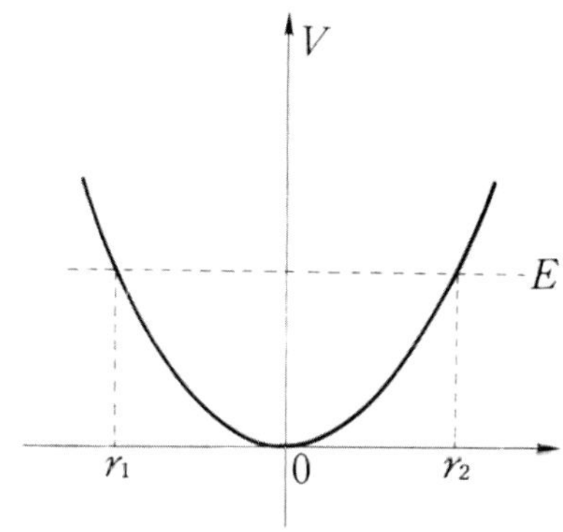

그림 1.21 퍼텐셜 $V=\frac{1}{2}kx^2$의 영향하에 있는 에너지 E를 갖는 입자는 $r_1 < r < r_2$에서만 운동이 가능하다

1. 6 물질파(物質波, matter wave)와 입자의 파동성

Planck의 양자론에 이어, 광전 효과, Compton 효과 등은 1900년대 이전까지는 파(波, wave)로만 생각되었던 전자기파가 입자의 성질을 띤 것을 말해 주고 있다. 이와 같이 이중의 성질을 띠는 것은 입자에서도 마찬가지이라고 생각한 물리학자는 de Broglie였다. 정지 상태에서 질량이 0이 아닌 입자가 파의 성질을 가졌다하여 이 파를 물질파(matter wave)라 부른다.

정지 질량이 없는 광자에 대하여 운동량 p는 에너지 $E=h\nu$로부터

$$p=\frac{E}{c}=\frac{h\nu}{c}=\frac{h}{\lambda} \tag{1.181}$$

인 관계를 알고 있다. 따라서 광자의 파장(波長) λ는

$$\lambda=\frac{h}{p} \tag{1.182}$$

인 관계가 성립하는데, 1924년 de Broglie는 이 식이 질량이 0이 아닌 입자의 경우에도 성립한다고 생각하여 질량 m, 속도 v를 갖는 입자는 파장

$$\lambda=\frac{h}{mv} \tag{1.183}$$

를 갖는 물질파라고 제안하였다.

Bohr의 양자화 법칙을 다시 고려하면 핵 주위를 도는 전자에 대하여

$$mvr=\frac{nh}{2\pi}$$

$$\therefore\ 2\pi r = \frac{nh}{mv}$$
$$= n\lambda \tag{1.184}$$

가 되므로 수소 원자의 경우 전자 궤도의 둘레는 전자의 파장의 정수배가 된다. 다시 말하여서 수소에 있는 전자의 가능한 상태는 그림 1.22에서와 같은 정상 상태임을 알 수 있다. Wilson-Sommerfeld의 양자화 조건도 이 생각과 일치한다. 즉

$$\oint pdq = nh$$

는 (1.181)식을 사용하는 경우

$$\oint \frac{h}{\lambda} dq = nh$$
$$\therefore\ \oint \frac{dq}{\lambda} = n \tag{1.185}$$

가 되어 이 식도 궤도의 전 길이가 전자의 파장의 정수배가 됨을 의미한다.

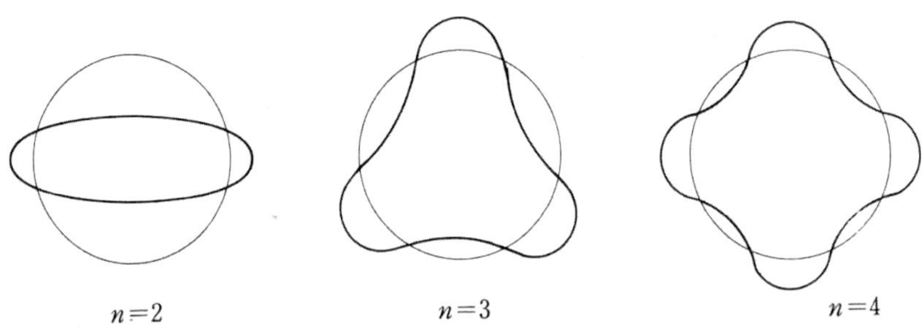

그림 1.22 고전 양자론에 의하면 수소 원자 안에 있는 전자는 정상파를 형성한다

이 이론은 1927년 Davison과 Germer에 의하여 실험적으로 확인되었다. 이들은 전자를 닉켈 결정에 입사(入射)시켰을 때 산란(散亂)된 전자의 수가 방향에 따라 극대, 극소를 갖는 전자 회절(廻折) 현상을 발견하였고, 그 당시 잘 알려진 X선 회절의 방법과 비교하여 전자가 가져야 할 파장을 계산하여 보니 de Broglie의 물질파 파장식 (1.183)과 일치하는 것을 알아내었다(그림 1.23 참고).

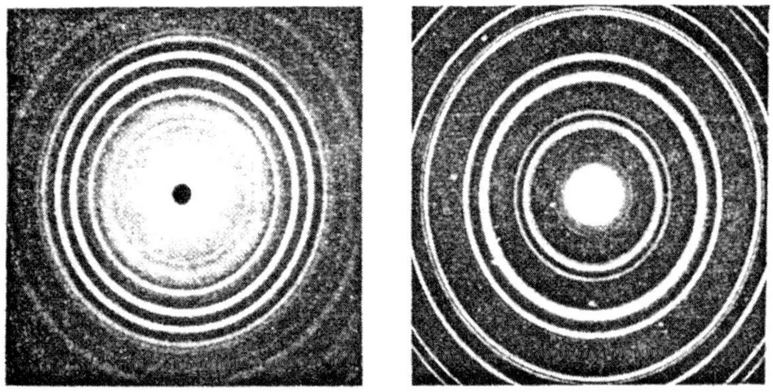

(a) (b)

그림 1.23 X 이 금속에 의하여 회절되는 경우 (a)와 전자가 회절되는 경우 (b)의 회절 무늬

오늘날 광학 형비경보다 배율이 아주 좋은 전자 현미경은 전자가 짧은 파장을 가진 물질파임을 이용한 장치이다. 이와 같이 de Broglie의 가설이 실증됨으로써 우리는 전자기파나 입자가 모두 파와 입자의 이중성(二重性, duality)을 가진 것을 알게 되었다.

1. 7 자유 입자의 파동 방정식

1925년 Heisenberg는 물리적인 양 $\vec{r}$나 $\vec{p}$를 양자화하는 이론을 제창하였고 1926년 Schrödinger 는 전자의 물질파가 만족하는 방정식과 그의 해를 발견하였다 전자기파에 대하여는 Maxwell 방정식과 같은 파의 방정식이 있어서 전자기파를 이해하고 분석하는 데 사용된다. 우리는 입자가 파의 성질을 가졌다면 그 파의 방정식은 무엇이며 그 결과는 입자가 갖는 에너지 관계식과 어떤 연관이 되어 있는가를 조사하여야 한다.

자유 입자에 대하여 우리는 다음 관계식을 안다.

$$E=\frac{\boldsymbol{p}^2}{2m}\left(\boldsymbol{p}^2\equiv\vec{p}\cdot\vec{p}\right) \tag{1.186}$$

따라서 만일 여기에 Planck의 에너지에 관한 식과 de Broglie의 운동량에 관한 식을 사용하면

$$E=h\nu=\hbar\omega$$

$$p=\frac{h}{\lambda}=\hbar k \quad \left(k\equiv\frac{2\pi}{\lambda}\ :\ \text{파수, wave number}\right) \tag{1.187}$$

에서

$$\hbar\omega=\frac{(\hbar k)^2}{2m}$$

$$w = \frac{\hbar}{2m}k^2 \tag{1.188}$$

가 되고 이 식은 전자의 물질파가 갖는 분산 방정식(分散方程式, dispersion equation)이다.

고전역학에서 입자들은 좌표 q_i와 $\dot{q}_i$ 또는 운동량 p_i에 의하여 기술된다. 임의의 시간에 q_i와 $\dot{q}_i$가 주어지면 앞으로 어떠한 $q_i, \dot{q}_i$를 갖는가 하는 것, 즉 입자의 궤도(軌道, trajectory)는 운동 방정식으로부터 결정된다. 한편 파는 공간에서의 교란(攪亂, disturbance)이라고 말할 수 있고 그것은 어느 시간 t에 어느 공간 $\vec{r}$에서의 교란을 나타내는 파동함수 $\psi(\vec{r}, t)$에 의하여 기술된다. 음파의 경우에 ψ는 평균을 넘는 공기 압력으로 나타내며 전자기파의 경우에 ψ는 전기장 벡터 $\vec{E}$의 어느 성분이 될 수 있다.

입자의 파의 방정식은 (1.188)식을 만족하도록 정할 수 있다. 즉 한 평면파를 고려하여 진동수가 ω인 $\vec{k}$방향의 파를 다음과 같이 놓자.

$$\psi = Ae^{i(\vec{k} \cdot \vec{x} - \omega t)} \tag{1.189}$$

한편 분산 방정식 (1.188)을 이용하면

$$\hbar\omega\psi = \frac{\hbar^2 k^2}{2m}\psi \tag{1.190}$$

로 쓸 수 있다. 미분 방정식을 얻기 위하여 (1.189)식을 이용하면 (1.190)식은

$$\begin{aligned} i\hbar\frac{\partial}{\partial t}\left\{Ae^{i(\vec{k} \cdot \vec{x} - \omega t)}\right\} \\ &= \frac{\hbar^2}{2m}\left(k_x^2 + k_y^2 + k_x^2\right)Ae^{i(k_x x + k_y y + k_z z - \omega t)} \\ &= \frac{\hbar^2}{2m}\left(-\frac{\partial^2}{\partial x^2} - \frac{\partial^2}{\partial y^2} - \frac{\partial^2}{\partial z^2}\right)Ae^{i(\vec{k} \cdot \vec{x} - \omega t)} \end{aligned}$$

로 쓸 수 있으므로 $\psi(x, t)$가 만족하는 파동 방정식은 다음과 같이 된다.

$$i\hbar\frac{\partial\psi}{\partial t}(\vec{x}, t) = -\frac{\hbar^2}{2m}\nabla^2\psi(\vec{x}, t) \tag{1.191}$$

이 식은 자유 입자에 대한 Schrödinger 방정식이다. 물론 이 식은 평면파(平面波, plane wave)에 대하여 만족하는 식이다. 파동 방정식의 발견 후 양자론은 정립되었다고 할 수 있고 그 후의 발전은 뒤에 취급하겠으며, 입자가 파의 성질을 가졌기 때문에 앞으로 우리는 파를 다루는 방법을 잘 알아야 한다. 다음 장에서는 파의 이론을 고려하여 본다.

[문 제]

1. 1 (a) Planck의 공식에서 온도 T인 흑체에서 나오는 복사 에너지 밀도는 진동수 ν 대신에 파장 λ에 대하여서는 다음과 같음을 보여라.

$$u(\lambda, T) = \frac{8\pi hc}{\lambda^5}\frac{1}{e^{hc/\lambda kT}-1}$$

(b) 이 복사 중 에너지 밀도가 가장 큰 복사파의 파장을 $\lambda_{\max}$라 하면 Wien의 변위(變位, displacement) 공식인

$$\lambda_{\max} T = C$$

이 됨을 보여라. 여기서 C는 상수이며 실험치는 2.898×10^{-1}cm • K이다. 또 이 값으로부터 Planck 상수 h가 6.6×10^{-27}erg-sec 됨을 보여라.

1. 2 태양을 흑체 복사체로 생각하자.

(a) 태양에서 나오는 빛을 지구 표면에서 빛에 직각되는 $1cm^2$ 면적에 받는 에너지는 매초 1.4×10^6erg/cm²-sec 임이 밝혀졌다. 태양의 반경을 약7×10^5km, 지구와 태양과의 거리를 약 1.5×10^8km라고 할 경우 태양의 표면 온도는 얼마인가?

(b) 이 온도를 이용할 경우 태양에서 나오는 스펙트럼 중 최대의 복사 강도를 갖는 파장 $\lambda_{\max}$ 은 얼마인가?

1. 3 1000K 의 온도에서 열적 평형 상태에 있는 복사파의 단위 체적 안에 있는 광자의 수는 얼마인가? 단 광자는 $h\nu$의 에너지를 갖는다. 그리고

$$\int_0^\infty \frac{x^2 dx}{e^x - 1} = 2.405 \text{이다.}$$

이 때 광자 하나의 평균 에너지는 몇 erg가 되는가?

1. 4 1964년 Penzias와 Wilson은 우주에서 오는 7.35cm의 전자기파(microwave)를 측정하여 오늘날 우리는 우주가 식어서 2.7K가 됨을 알게 되었다 (그들은 1978년 노벨물리학상을 수상함)

(a) 우주에 있는 배경 복사(microwave background)가 Planck 공식을 만족한다면 이들이 측정한 에너지 밀도는 얼마나(erg/cm³) 되겠는가?

(b) 지금 우주의 배경 복사는 광자의 밀도가 400개/cm^3임이 알려졌다. 이것이 2.7K의 흑체복사에 대한 결과와 같음을 보여라. 단, 문제 1. 3의 적분 공식은 알고 있다고 하자.

(c) Penzias와 Wilson 의 연구 후에 많은 사람들이 실험적으로 Planck공식에 해당되는 파장(또는 진동수)의 에너지 밀도 값을 조사하였다. 최대 에너지 값을 주는 전자기파의 파장은 얼마겠는가?

1. 5 어떤 TV 송신국의 송신기는 193.25 MHz 의 진동수의 전파를 50 kW로 방사한다.

(a) 방출되는 각 광자의 에너지는 얼마인가? (eV 단위로)

(b) 전자기파의 진동의 1주기 사이에 방출되는 광자수를 구하라.

1. 6 어떤 물체의 면에 각각 파장이 다른 빛을 비추어 광전 효과의 실험을 하였다. 이 때 각 파장(λ)의 빛에 대한 저지 전위 V_S는 다음 표로 나타났다.

$\lambda(A)$	3660	4050	4360	4920	5460	5790
$V_S(V)$	1.48	1.15	0.93	0.62	0.36	0.24

(a) 문턱(threshold) 진동수를 구하라.

(b) 이 물질의 일함수를 구하라.

(c) 전하 e의 값 4.8×10^{-10}esu를 사용하여 Planck 상수 h를 구하라.

1. 7 은(銀)에 대한 광전 효과 실험에서 문턱 파장이 2620Å이었다.

(a) 은의 일함수를 구하라.

(b) 만일 2000Å의 파장을 가진 전자기파로 입사시키는 경우 저지 퍼텐셜은 얼마인가?

1. 8 100keV의 에너지를 가진 광자가 정지해 있는 전자와 충돌하였다. 이 때 광자가 입사된 방향에 대하여 $h\nu_0$의 에너지를 가지고 광자가 입사한 후 입사 방향에 90° 되는 방향으로 산란되었다. 산란된 광자가 가질 수 있는 최대 에너지는 몇 eV가 되는가? 이 때 ν_0는 어느 경우인가?

1. 9 Compton 산란에서 정지 전자가 $h\nu_0$의 입사 광자와 충돌하여 산란될 때 산란되는 전자의 에너지 E_e와 산란각 ϕ와의 관계를 구하라. 또 산란된 광자와 산란된 전자가

입사 광자에 대하여 이루는 각 θ와 ϕ사이의 관계식을 구하라. $\theta=0$과 $\theta=\pi$인 때 ϕ는 어떻게 되는가?

1. 10 (a) 정지 상태에 있는 질량 m인 원자에서 E_i인 에너지 상태로부터 $E_f(<E_i)$인 에너지 상태로의 전이(轉移, transition)가 일어났다면 에너지와 운동량 보존 법칙에 의하여 방출된 광자의 진동수는 다음과 같이 됨을 보여라.

$$\nu=\frac{(E_i-E_f)}{h}\left[1-\frac{E_i-E_f}{2mc^2}\right]$$

(b) 만일 정지 상태에 있는 원자가 광자를 흡수하여 E_i상태에서 $E_f(>E_i)$ 상태로 전이가 일어나는 경우 광자의 진동수는

$$\nu=\frac{(E_f-E_i)}{h}\left[1+\frac{E_f-E_i}{2mc^2}\right]$$

됨을 보여라(mc^2은 E_f-E_i에 비하여 큰 값이다.)

1. 11 Planck 상수 h는 CGS 단위로 무엇인가? 미세 구조 상수(fine structure constant)로 알려진 $\alpha=e^2/\hbar c$ 값이 단위가 없는 값으로 약 1/137 정도 됨을 보여라.

1. 12 고전적 전자의 반경 r_0은 e^2/m_ec^2으로 정의된다. 이 값은 전하 e를 중심으로 하여 r_0에서의 전기적 에너지 e^2/r_0을 m_ec^2로 놓은 경우의 r_0 값이다.

(a) 이 값의 크기는 약 2.8×10^{-13}㎝ 임을 보여라.

(b) 전자의 Compton 길이 $\lambda\!\!\!^{-}\equiv\hbar/m_ec$는 고전적 전자 반경을 미세구조 상수 α로 나누어 줌으로써 얻어질 수 있음을 보여라.

(c) Bohr의 원자 반경 a_0는 전자의 Compton 길이를 다시 α로 나누어 주면 얻어짐을 보여라. 즉

$$a_0=\frac{\lambda\!\!\!^{-}_c}{\alpha}=\frac{r_0}{\alpha^2}$$

(※ 전자의 반경은 알려져 있지 않으며 전자는 크기가 거의 없는 (point-like)입자로 생각되고 있다. 고전적 전자의 반경 r_0은 물질에 있는 전자가 낮은 에너지의 전자기파에 의하여 산란되는 과정에서 도입된 양이다. 위 관계식은 Bohr의 반경 a_0와 $m_e, c, e^2, \hbar, \alpha$ 등과의 관계를 나타낼 때 자주 사용되는 편리한 식이다.)

1. 13 전자를 전기 퍼텐셜 V로 가속하였을 때 전자가 갖는 de Broglie 파장을 구하고자 한다. 퍼텐셜이 V = 100V(volt) 인 경우 파장은 몇 Å 되는가?

1. 14 전류 I가 폐곡선을 따라 흐를 때 자기 모멘트(磁氣能率, magnetic moment)는 $\vec{\mu}=\frac{1}{c}I\times(\overrightarrow{\text{면적}})$으로 주어진다. 바닥 상태의 수소 원자에 대하여 전자의 회전 운동 때문에 생기는 자기 모멘트는

$$\vec{\mu}=\frac{e}{2mc}\vec{L}$$

이 됨을 보여라. 여기서 $\vec{L}$은 궤도 전자의 각운동량 벡터이다. 바닥 상태의 수소 원자에 대하여 $|\vec{L}|$의 최소값은 Bohr모델에서 $\hbar$이므로 최소 자기 모멘트는 $\frac{|e|\hbar}{2mc}$이며 이 값을 Bohr magneton 이라 부른다. 이 값의 수치를 구하라.

1. 15 질량 m, 전하 e의 하전 입자가 전자기장에서 빠른 속도로 움직이고 있는 경우 Lagrangian 은 퍼텐셜 $\phi, \vec{A}$로써 다음과 같이 표시된다.

$$L=-mc^2\sqrt{1-\left(\frac{v}{c}\right)^2}-e\phi+\frac{e}{c}\vec{v}\cdot\vec{A}$$

(a) 이 입자의 운동 방정식은 위 식으로부터 다음과 같이 됨을 보여라.

$$m\frac{d}{dt}\left(\frac{1}{\sqrt{1-\left(\frac{v}{c}\right)^2}}\frac{d\vec{x}}{dt}\right)=e\vec{E}+\frac{e}{c}\vec{v}\times\vec{B}$$

(b) 이 때에 Hamiltonian 은 다음과 같음을 보여라.

$$H(\vec{x},\vec{p})=\sqrt{c^2\left|\vec{p}-\frac{e}{c}\vec{A}\right|^2+m^2c^4}+e\phi$$

1. 16 그림 P1.1에서와 같이 한 직선(x축) 상에서만 움직이도록 되어 있는 질량 m_1에 실의 길이가 l이고 질량이 m_2인 진자가 달려 있다. m_1, m_2가 동일 평면($x-y$평면) 상에서 움직일 경우

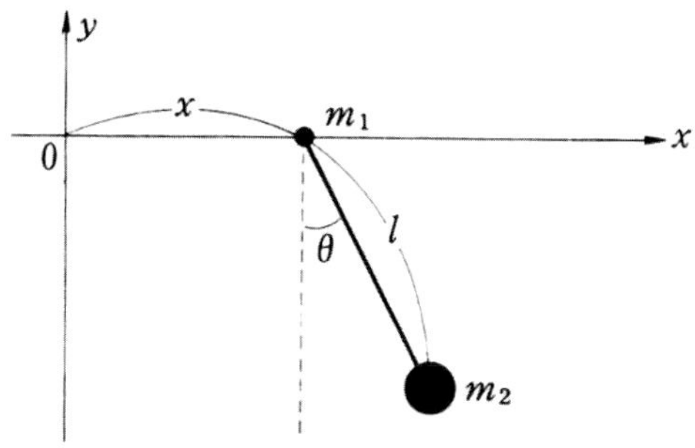

그림 P1.1 연결된 두 입자의 진동

(a) Lagrangian 이 다음과 같음을 증명하여라.

$$L = \frac{1}{2}(m_1 + m_2)\dot{x}^2 + \frac{1}{2}m_2\left(l^2\dot{\theta}^2 + 2l\dot{x}\dot{\theta}\cos\theta\right) + m_2 gl\cos\theta$$

(b) 운동량 p_x는 보존됨을 보이고 $p_x = 0$으로 놓을 때 θ가 작은 경우에 이 단진자의 진동 주기를 구하라.

1. 17 고전 양자론을 이용하여 그림 P1.2과 같은 폭 L인 1 차원 퍼텐셜벽 안에서 움직이는 질량 m인 입자의 에너지 준위를 구하라.

$$\begin{aligned} V(x) &= \infty \quad && (x < 0) \\ &= 0 && (0 < x < L) \\ &= \infty && (L < x) \end{aligned}$$

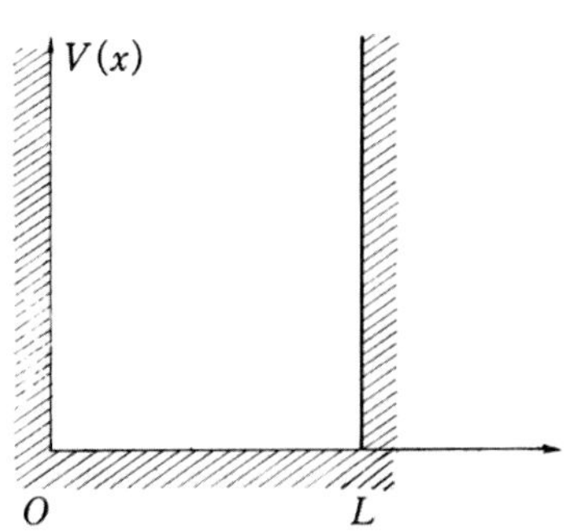

그림 P1.2 퍼텐셜 장벽

1. 18 고전 양자론을 이용하여 한 입자가 (중력 가속도 g를 갖는) 중력장 내에서 탄성 마루에 떨어졌다 튀었다 하는 경우의 입자의 에너지를 구하라(그림 P1. 3). 이때 퍼텐셜은 다음과 같다

$$\begin{aligned} V(x) &= \infty \qquad (x<0) \\ &= mgx \quad (0<x) \end{aligned}$$

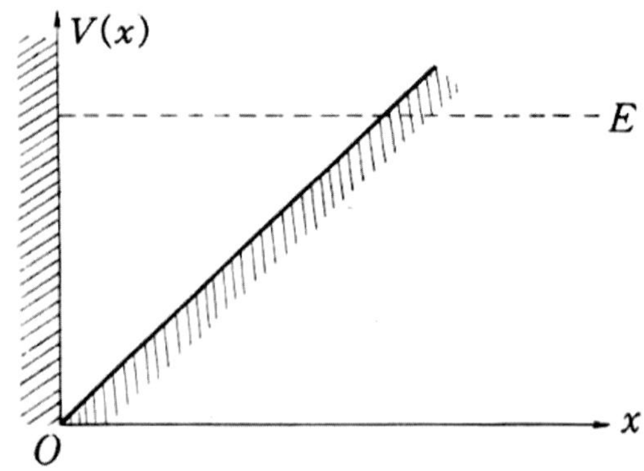

그림 P1.3 중력장 내에서 에너지 E 를 가진 입자가 느끼는 퍼텐셜

제 2 장

파(波, wave)의 운동

입자의 운동을 기술할 때 고전역학에서는 입자의 위치, 속도에 대하여 주로 취급하지만, 입자가 파의 성질을 나타내는 양자론에서는 파의 이론이 중요하다. 이 장에서는 파와 관련된 이론을 고찰하여 보자.

2. 1 평면파(平面波, plane wave)

파를 취급함에 있어서 가장 간단한 경우는 공간과 시간에 대하여 주기적인 평면파이며 특히 1차원에서 이 파는

$$\psi(x,t) = Ae^{i(kx-\omega t)} \tag{2.1}$$

과 같이 기술된다. 여기서 A 는 상수이다.

주어진 시간 t 에 대하여, 이 파가 공간에 대하여 주기적(週期的, periodic)이라 함은 공간 좌표 x에 대하여 어떤 거리 λ 마다 같은 상태가 되풀이됨을 의미한다. 즉 이 파는 공간 x와 $x+\lambda$에서 같은 값을 가지므로

$$\psi(x,t) = \psi(x+\lambda,t) \tag{2.2}$$

가 된다. 이 때 λ를 파장(波長, wavelength)이라 부른다. (2.1)식의 관계를 이용하면 (2.2)식은

$$\begin{aligned} Ae^{i(kx-\omega t)} &= Ae^{i(kx+k\lambda-\omega t)} \\ &= Ae^{i(kx-\omega t)}e^{ik\lambda} \end{aligned}$$

$$\therefore e^{ik\lambda} = 1 \tag{2.3a}$$

이 된다. 따라서 $k\lambda$가 0이 아닌 최소값은

$$k\lambda = 2\pi \quad 즉 \quad k = \frac{2\pi}{\lambda} \tag{2.3b}$$

가 되며 k를 파수(波數, wave number)라 부른다.

같은 방법으로 주어진 공간 x에 대하여, 이 파는 시간에 대하여 주기적으로 변하며 시간 t와 $t+T$에서 파의 모양에 변하지 않는다면

$$\psi(x,t)=\psi(x,t+T) \tag{2.4}$$

가 된다. 이 경우 T를 주기(週期, period)라 부르며 (2.1)식과 (2.4)식으로부터

$$Ae^{(kx-\omega t)}=Ae^{i(kx-\omega t-\omega T)}$$
$$=Ae^{i(kx-\omega t)}\bullet e^{-i\omega T}$$
$$\therefore e^{-i\omega T}=1 \tag{2.5}$$

이 되어 주기는 (2.5)식을 만족하는 최소의 $T(=\frac{2\pi}{\omega})$를 말한다. 따라서

$$\omega=\frac{2\pi}{T}\quad(=2\pi\nu) \tag{2.6}$$

로 정의된 값 ω를 각진동수(角振動數, angular frequency)라 부른다. 때로는 진동수(振動數, frequency)라고도 부른다. 식(2.1)을 파장 λ와 주기 T로 표시하면

$$\psi(x,t)=A\ \exp\left\{i\left(\frac{2\pi}{\lambda}x-\frac{2\pi}{T}t\right)\right\} \tag{2.7a}$$

$$=Ae^{i\phi} \tag{2.7b}$$

로 쓸 수 있다. (2.7b)식에서 ϕ를 파의 위상(位相, phase)이라 부르고 A를 진폭(振幅, amplitude)이라 부른다. k는 시간이 고정되었을 때 단위 길이 당 위상의 변화량이 된다. 평면파에서 A는 일정한 값을 갖는다. ψ는 일반적으로 복소수를 나타내고 있으며 경우에 따라서 물리학적으로 의미가 있는 양은 이 값을 실수 부분으로 나타난다. 또 $|\psi|^2$은 이 파의 세기 또는 강도(强度, intensity)라 부른다. 양자 역학에서는 다른 의미로 씀을 뒤에 밝히겠다.

평면파의 식 (2.1)에서 일정한 위상을 갖는 경우 즉

$$kx-\omega t=\text{상수} \tag{2.8}$$

인 경우 $\psi(x,t)$는 일정한 값을 갖게 된다. 따라서 이 파와 같이 움직이는 관측자가 있다면 이 관측자의 시간에 대한 위치의 변화는 (2.8)식을 만족하게 되므로 그 속도는 (2.8)식을 미분하여 얻게 된다. 즉

$$\frac{dx}{dt}=\frac{\omega}{k}(\Rightarrow v_p) \tag{2.9}$$

따라서 이 파는 속도 v_p로 움직인다. 이 속도를 위상 속도(位相速度, phase velocity)라 부른다.

3차원에서 평면파는 다음과 같다.

$$\psi(\vec{x},t)=Ae^{i(\vec{k}\bullet\vec{x}-\omega t)} \tag{1.189}$$

여기서 $\vec{k}$는 3개의 성분(k_x,k_y,k_z)를 가지며 k_i는 i축 위에서의 단위 길이 당 위상의 변화

라 할 수 있다. $\vec{k}$를 파수 벡터(wave vector)라 부른다. (1.189)식을 바꾸어 쓰면

$$\psi(\vec{x},t)=Aexp\left[i\vec{k}\cdot\left(\vec{x}-\frac{\omega t}{|\vec{k}|}\hat{k}\right)\right] \tag{2.10}$$

가 된다. 여기서 $\hat{k}$은 $\vec{k}$방향의 길이 1인 단위 벡터를 나타낸다. 따라서 이 경우 위상속도는 다음과 같이 된다.

$$\vec{v}_p=\frac{d\vec{x}}{dt}=\frac{\omega}{k}\hat{k}, \quad (k=|\vec{k}|) \tag{2.11}$$

2. 2 파속(波束, wave packet)

여러 개의 평면파들이 합하여서 새로운 파를 만든다고 생각하자. 이 때 파를 나타내는 함수는 다음과 같이 쓸 수 있다.

$$\psi(\vec{x},t)=\int A(\vec{k})e^{i(\vec{k}\cdot\vec{x}-\omega t)}d^3k \tag{2.12}$$

특히 $\psi(\vec{x},t)$가 어떤 영역에서만 큰 값을 가지고 나머지 영역에서는 거의 0이 되는 경우 이러한 파를 파속(波束, wave packet)이라 부른다. 여기서 영역이란 공간, 시간 모두를 생각할 수 있으나 주로 공간에 대한 영역이 고려된다.

파를 취급할 때에는 진동수 ω와 파수 k사이의 관계식인 분산 방정식(分散方程式, dispersion equation)이 중요한 역할을 한다. 파의 특별한 경우를 고려해 보자.

(i) 만일 ω가 k와 독립인 경우는

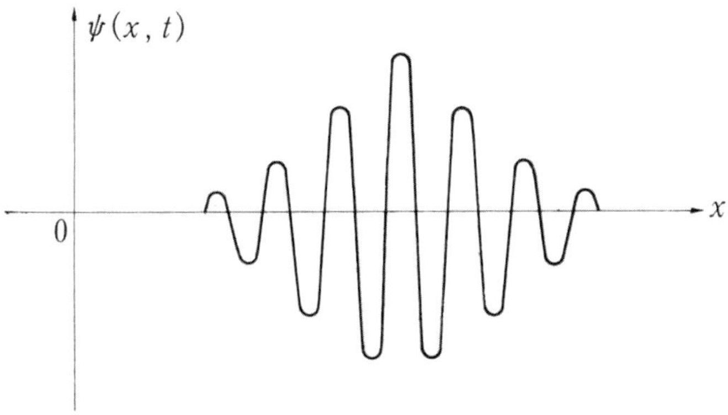

그림. 2.1 어느 시간 t에서의 파속

$$\psi(\vec{x},t)=\left[\int A(k)e^{i\vec{k}\cdot\vec{x}}d^3k\right]e^{-i\omega t}=g(\vec{x})e^{-i\omega t} \tag{2.13}$$

가 된다.

이 경우에는 진폭이 $\vec{x}$만의 함수이므로 파속이 정상 즉 움직이지 않는다. 그래서 에너지를 옮기지 못한다. 이러한 파를 정상파(定常波, stationary wave)라 부른다.

(ii) 만일 ω가 $\vec{k}$의 함수인 경우 매질은 분산(分散)을 갖는다고 말하고 그 때 파속은 움직이며 에너지를 수송(輸送, transport)하게 된다. 특히 ω가 $|\vec{k}|$만의 함수인 경우 매질은 등방적(等方的, isotropic)이라고 말한다.

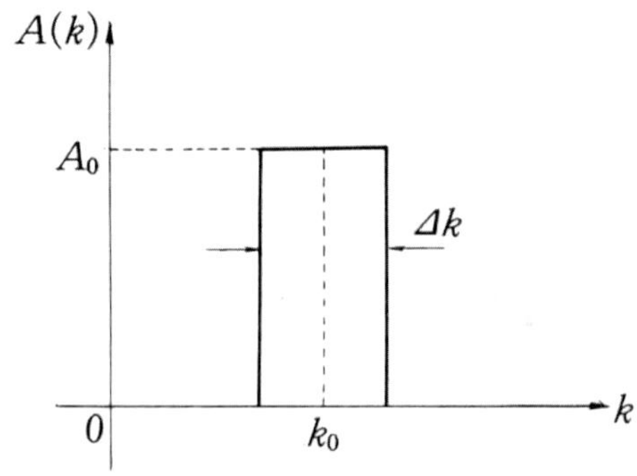

그림 2.2 파의 진폭이 $k_0-\frac{1}{2}\triangle k \le k_0 \le +\frac{1}{2}\triangle k$에서만 일정한 값 A_0를 갖는 경우

파속의 한 예를 들기 위하여 그림 2.2와 같이 진폭이 특정한 경우의 1차원 문제를 고려하자. 이때에

$$\psi(x,t)=\int_{-\infty}^{\infty}A(k)e^{i(kx-\omega t)}dk$$
$$=A_0\int_{k_0-\frac{1}{2}\triangle k}^{k_0+\frac{1}{2}\triangle k}e^{i(kx-\omega t)}dk \tag{2.14}$$

가 되고 ω를 $k=k_0$ 부근에서 전개하면

$$k=k_0+(k-k_0) \tag{2.15a}$$
$$\omega(k)=\omega(k_0)+\left(\frac{d\omega}{dk}\right)_{k_0}(k-k_0)+0\{(k-k_0)^2\} \tag{2.15b}$$

이며, 제 1차 근사에서는 $(k=k_0)$의 2차 이상은 무시할 수 있으므로 (2.14)식은

$$\psi(x,t)=A_0\int_{k_0-\frac{1}{2}\triangle k}^{k_0+\frac{1}{2}\triangle k}dke^{i(k_0x-\omega_0 t)}e^{i(k-k_0)\left[x-\left(\frac{d\omega}{dk}\right)_o t\right]}$$
$$=A_0e^{i(k_0x-\omega_0 t)}\int_{k_0-\frac{1}{2}\triangle k}^{k_0+\frac{1}{2}\triangle k}dke^{i(k-k_0)\left[x-\left(\frac{d\omega}{dk}\right)_0 t\right]} \tag{2.16}$$

가 된다.

여기서 ω_0와 $\left(\frac{d\omega}{dk}\right)_0$는 ω와 $\frac{d\omega}{dk}$의 k_0에서의 값을 의미한다. 위 식에서

$$k-k_0=y \tag{2.17}$$

$$x-\left(\frac{d\omega}{dk}\right)_0 t=\xi \qquad (2.18)$$

로 놓으면

$$\psi(x,t)=A_0e^{i(k_0x-\omega_0t)}\int_{-\frac{1}{2}\Delta k}^{\frac{1}{2}\Delta k}dye^{iy\xi}$$

$$=A_0e^{i(k_0x-\omega_0t)}\frac{e^{iy\xi}}{i\xi}\Bigg|_{-\frac{1}{2}\Delta k}^{\frac{1}{2}\Delta k}$$

$$\therefore \psi(x,t)=2A_0\frac{\sin\frac{\Delta k}{2}\xi}{\xi}c^{i(k_0x-\omega_0t)} \qquad (2.19)$$

를 얻는다.

이 값은 원래 $A_0\exp\{i(k_0x-\omega_0t)\}$인 평면파의 진폭에 $(2\sin\frac{\Delta k}{2}\xi)/\xi$를 곱한 결과와 같다.

이 함수가 어떠한 모양을 갖는지 살펴보자

먼저 $\dfrac{2\sin\frac{\Delta\omega}{2}\xi}{\xi}$ 에서

$\left|2\sin\frac{\Delta\omega}{2}\xi\right|$는 1보다 작으므로 이 값은 $\frac{2}{\xi}$보다 작다

또 ξ가 작을 때는 $$\frac{2\sin\frac{\Delta k}{2}\xi}{\xi}\simeq\frac{2\cdot\frac{\Delta k}{2}\xi}{\xi}\simeq\Delta k \qquad (2.20)$$

ξ 가 클 때는 $$\frac{2\sin\frac{\Delta k}{2}\xi}{\xi}\to 0 \qquad (2.21)$$

또 이 값은 $\frac{\Delta k}{2}\xi=n\pi(n=\pm1,\ \pm2,\ \cdots)$일 때에 0이 되므로 그림 2.3과 같다.

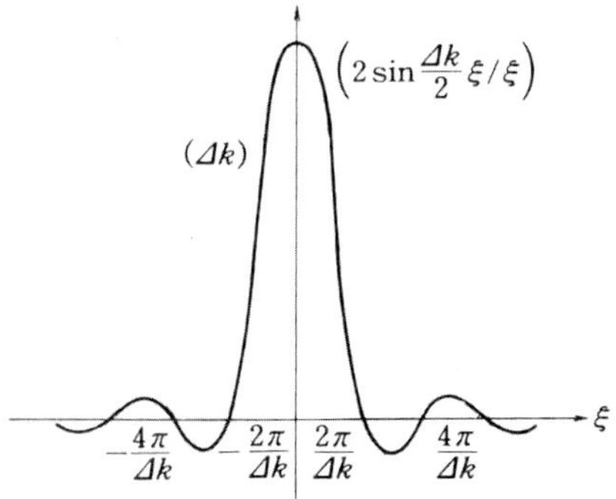

그림 2.3

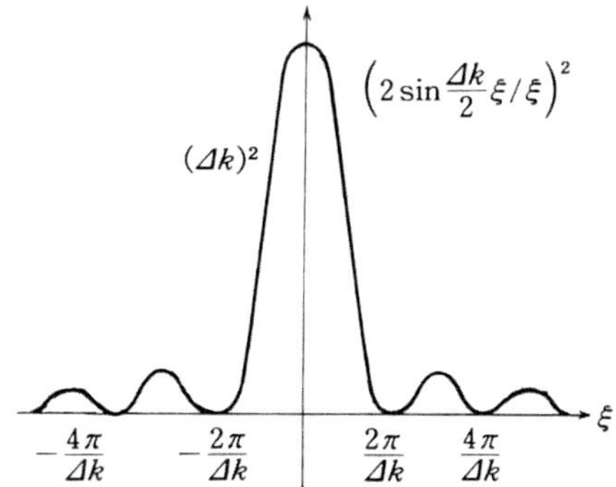

그림 2.4

교란(disturbance)은 주로 $-\frac{2\pi}{2k} < \xi < \frac{2\pi}{\Delta k}$ 안에 있다. $\Delta k \ll k_0$인 경우 $\frac{2\pi}{\Delta k}$는 파장 $\frac{2\pi}{k_0}$에 비하여 크므로 이 영역 안에는 어려개의 파장이 들어간다. 교란이 주로 위의 영역에 있는 것은 $|\psi|^2$을 ξ가 0에서 $\frac{2\pi}{\Delta k}$, $\frac{2\pi}{\Delta k}$에서 $\frac{4\pi}{\Delta k}$, …인 구간에서 각각 적분을 하여 보면 곧 알 수 있다. 즉 $\frac{\Delta k}{2}\xi$.를 z라 놓고

$$I = \int_a^b \frac{sinz}{z} dz \tag{2.22}$$

$$I = \int_a^b \frac{sin^2 z}{z^2} dz \tag{2.23}$$

를 영역 a와 b의 여러 값에 대하여 조사하여 보면 다음과 같다.

a	b	I	I'
0	π	1.85	1.418
π	2π	-0.434	0.074
2π	3π	0.256	0.026
3π	4π	-0.183	0.013

한편 (2.19)식이 주는 파의 포락선(包絡線, envelope)은

$$\xi = x - \left(\frac{d\omega}{dk}\right)_0 t = \text{상수} \tag{2.24}$$

일 때에 일정한 값을 갖게 된다. 따라서 이것은

$$\frac{dx}{dt} = \left(\frac{d\omega}{dk}\right)_0 = v_g \tag{2.25}$$

의 속도로 움직인다. 이것을 이 파의 군속도(群速度, group velocity)라 부른다. 다른 방법으로 얻는 경우에도 군속도는 위 식과 같아진다.

예를 들어 2개의 평면파 $Ae^{i(kx-\omega t)}$와 $Ae^{i(k'x-\omega' t)}$가 합하는 경우를 보자. 여기서

$k' = k + \Delta k,\ \omega' = \omega + \Delta\omega$ 라면

$$\psi(x,t) = A\left[e^{i(kx-\omega t)} + e^{i(k'x-\omega' t)}\right]$$

$$= A\left[\exp\left\{i\left(\frac{k+k'}{2}x - \frac{\omega+\omega'}{2}t\right) + i\left(\frac{k-k'}{2}x - \frac{\omega-\omega'}{2}t\right)\right\}\right.$$

$$\left. + \exp\left\{i\left(\frac{k+k'}{2}x - \frac{\omega+\omega'}{2}t\right) - i\left(\frac{k-k'}{2}x - \frac{\omega-\omega'}{2}t\right)\right\}\right]$$

$$= 2A\cos\left(\frac{k-k'}{2}x - \frac{\omega-\omega'}{2}t\right)e^{i\left(\frac{k+k'}{2}x + \frac{\omega-\omega'}{2}t\right)}$$

$$\simeq 2A\cos\left(\frac{\Delta k}{2}x - \frac{\Delta\omega}{2}t\right)e^{i(kx-\omega t)} \tag{2.26}$$

가 된다.

따라서 위상속도 v_p와 군속도 v_g는 각각 앞에서 얻은 바와 같다. 즉

$$v_p = \frac{w}{k} \tag{2.9}$$

$$v_g = \frac{\Delta w}{\Delta k} \simeq \frac{dw}{dk} \tag{2.25}$$

위상속도는 실험적으로 측정되지 않는다. 우리가 관측하는 것은 군속도이며 파속의 경로(經路, path)를 입자가 움직이는 고전역학적 궤도(軌道)라고 본다. 따라서 파속의 군속도는 고전 역학에서 입자의 속도와 같다.

입자의 운동량을 p라 할 때 군속도는

$$v_g = \frac{d\omega}{dk} = \frac{p}{m} \tag{2.27}$$

이며 입자의 에너지는 진동수와 관계가 있으므로 다음 관계식을 얻는다.

$$\omega = \frac{E}{h} \tag{2.28}$$

$$\frac{d\omega}{dk} = \frac{1}{\hbar}\frac{dE}{dk} \tag{2.29}$$

예를 들어 고전 역학에서 자유 입자에 대하여 $E = \frac{p^2}{2m}$이므로 군속도는

$$v_g = \frac{dw}{dk} = \frac{1}{\hbar}\frac{d}{dk}\left(\frac{p^2}{2m}\right)$$

$$= \frac{p}{m\hbar}\frac{dp}{dk} \tag{2.30}$$

이며 한편 $v_g = \frac{p}{m}$이므로

$$\frac{1}{\hbar}\frac{dp}{dk} = 1 \tag{2.31}$$

이다. 따라서

$$p = \hbar k = \frac{h}{2\pi}\frac{2\pi}{\lambda} = \frac{h}{\lambda} \tag{2.32}$$

의 de Broglie 관계식을 얻는다.

다른 예를 들어 입자의 속도가 클 경우는 상대론적으로 취급하여

$$E = \frac{mc^2}{\sqrt{1-\left(\frac{v}{c}\right)^2}} \tag{2.33}$$

에서

$$w = \frac{E}{\hbar} = \frac{mc^2}{\hbar} \frac{1}{\sqrt{1-\left(\frac{v}{c}\right)^2}} \tag{2.34}$$

를 얻게 되고

$$k = \frac{2\pi}{\lambda} = \frac{p}{\hbar} = \frac{mv}{\hbar\sqrt{1-\left(\frac{v}{c}\right)^2}} \tag{2.35}$$

$$\therefore v_p = \frac{\omega}{k} = \frac{c^2}{v_g} \tag{2.36a}$$

를 얻는다. 즉

$$v_p v_g = c^2 \tag{2.36b}$$

이 된다. 따라서 만일 $v_g < c$ 라면 $v_p > c$ 이다.

광학에서 빛은 분산식

$$\omega = ck \tag{2.37}$$

를 만족하므로

$$v_p = \frac{\omega}{k} = c \tag{2.38a}$$

$$v_g = \frac{d\omega}{dk} = c \tag{2.38b}$$

가 된다.

물론 파가 도파관(導波管, wave guide)과 같은 경계 조건하에서 움직일 경우나 매질 안에서 움직일 경우는 위와 다른 값을 갖게 되나 v_g 는 항상 광속도 c보다는 작아야 한다.

3차원에서 파속은 (2.12) 식에서 이미 언급한 바와 같이

$$\psi(\vec{x}, t) = \int A(\vec{k}) e^{i(\vec{k} \cdot \vec{x} - \omega t)} d^3k \tag{2.12}$$

로 놓을 수 있다. 만일 여기서 $A(\vec{k})$가 $\vec{k_o}$ 부근의 좁은 영역 밖에서는 무시할 정도로 작다면 앞에서와 같이 $\vec{k}$와 $\omega(\vec{k})$를 $\vec{k_o}$, $\omega(\vec{k_o})$ 부근에서 전개하면

$$\vec{k} = \vec{k_0} + (\vec{k} + \vec{k_0}) \tag{2.39a}$$

$$\begin{aligned} \omega(\vec{k}) &= \omega(\vec{k_o}) + (\vec{k} - \vec{k_o}) \cdot (\overrightarrow{\nabla_k \omega})\Big|_{\vec{k_0}} + \cdots \\ &\simeq w_0 + (\vec{k} - \vec{k_0}) \cdot (\overrightarrow{\nabla_k w})_0 \end{aligned} \tag{2.39b}$$

이 된다.

여기서도 아래 첨자 0은 $\vec{k_0}$에서의 값을 나타낸다. $\vec{k}$공간에서의 k_x, k_y, k_z 방향의 단위 벡터를 $\vec{i}, \vec{j}, \vec{k}$ 라면

$$\overrightarrow{\nabla_k} = \vec{i}\frac{\partial}{\partial}k_x + \vec{j}\frac{\partial}{\partial k_y} + \vec{k}\frac{\partial}{\partial k_z} \tag{2.40}$$

이므로 (2.12)식은 1차원에서의 (2.16)식과 같이

$$\psi(\vec{x},t) = e^{i(\vec{k_0}\cdot\vec{x}-\omega_o t)}\int d^3kA(\vec{k})e^{i(\vec{k}-\vec{k_o})\cdot[\vec{x}-(\overrightarrow{\nabla_k}\omega)_0 t]} \tag{2.41}$$

로 쓸 수 있다.

즉 진폭이 변조(變調, modulated)된 평면파인 파속을 얻게 된다. 변조된 진폭의 공간과 시간에 대한 변화는 $\vec{x}-(\overrightarrow{\nabla_k}\omega)_0 t$의 함수가 된다. 따라서 이것은 다음 조건에서 일정한 모양을 유지한다.

$$\vec{x}-(\overrightarrow{\nabla_k}\omega)_0 t - \text{상수} \tag{2.42a}$$

$$\therefore \frac{d\vec{x}}{dt} = (\overrightarrow{\nabla_k}\omega)\Big|_{k_0} = \vec{v_g} \tag{2.42b}$$

(2.42b)식은 파속의 군속도이다.

만일 (2.39)식에서 $(\vec{k}-\vec{k_o})$의 2차 이상의 고차 항을 고려하면 파속은 찌그러지게 되며 결국에는 퍼지게 된다. 또 1차원의 예에서와 마찬가지로 특별한 예를 들어보면

광자의 경우 :

$$\omega = ck = c\sqrt{k_x^2+k_y^2+k_z^2} \quad (k=|\vec{k}|) \tag{2.43a}$$

$$\therefore \vec{v_p} = \frac{\omega}{k}\hat{k} = c\hat{k} \tag{2.42b}$$

$$\therefore \vec{v_p} = \overrightarrow{\nabla_k}\omega = c\hat{k} \tag{2.43c}$$

질량 m인 비상대론적인 자유 입자의 경우 :

$$E = \frac{p^2}{2m},\ \hbar\omega = \frac{\hbar^2k^2}{2m}(p^2 \equiv |\vec{p}|^2) \tag{2.44a}$$

$$\therefore \omega = \frac{\hbar}{2m}k^2 \tag{2.44b}$$

$$\therefore \vec{v_p} = \frac{\omega}{k}\hat{k} = \frac{\hbar\vec{k}}{2m} = \frac{1}{2}\frac{\vec{p}}{m} \tag{2.45}$$

$$\begin{aligned}\therefore \vec{v_g} &= \overrightarrow{\nabla_k}\omega = \frac{\hbar}{2m}\overrightarrow{\nabla_k}(k_x^2+k_y^2+k_z^2)\\ &= \frac{\hbar}{2m}\cdot 2\vec{k} = \frac{\hbar\vec{k}}{m} = \frac{\vec{p}}{m}\end{aligned} \tag{2.46}$$

가 된다. 즉 군속도는 고전역학에서의 입자의 속도와 일치함을 알 수 있다.

2. 3 Fourier 변환(變換, transform)

파속에 대한 (2.12)식에서 적분 안에 있는 부분을

$$\phi(\vec{k},t) = (2\pi)^{3/2}A(\vec{k})e^{-i\omega t} \tag{2.47}$$

로 놓으면 (2.12) 식은 다음과 같이 쓸 수 있다.

$$\psi(\vec{x},t)=\frac{1}{(2\pi)^{3/2}}\int d^3k\phi(\vec{k},t)e^{i\vec{k}\cdot\vec{x}} \tag{2.48}$$

이때에 $\psi(\vec{x},t)$는 $\phi(\vec{k},t)$의 3차원 Fourier 변환이라고 부른다. 경우에 따라서는 ϕ를 ψ의 Fourier 변환이라고도 한다. 파의 성질은 ψ뿐만 아니라 ϕ로도 알 수 있으며 양자론에서는 두 함수가 모두 중요한 역할을 하므로 여기에서 비교적 자세히 Fourier 변환과 관련된 부분을 논하겠다.

(a) Fourier 급수(級數)와 Fourier 변환

Fourier 변환은 Fourier 급수로부터 얻어질 수 있다. 실함수(實函數) $f(x)$가 영역 $(-L \le x \le L)$에서 정의되었다고 하자. 이 경우는 $f(x)$가 공간에 관한 주기 $2L$을 갖거나, 이 영역에서만 값을 갖고 나머지 부분에서는 0이 되는 경우도 생각할 수 있다. 이 경우 $f(x)$는 다음과 같이 sin, cos 함수로 전개될 수 있다. 즉

$$f(x)=\frac{a_0}{2}+\sum_{n=1}^{\infty}\left(a_n\cos\frac{n\pi}{L}x+b_n\sin\frac{n\pi}{L}x\right) \tag{2.49}$$

이 식의 양변은 모두 $2L$의 주기를 갖는 경우이다. $f(x)$가 알려지면 a_n과 b_n은 다음 식으로부터 얻어진다.

$$a_n=\frac{1}{L}\int_{-L}^{L}f(x)\cos\frac{n\pi x}{L}dx \tag{2.50a}$$

$$b_n=\frac{1}{L}\int_{-L}^{L}f(x)\sin\frac{n\pi x}{L}dx \tag{2.50b}$$

(증명) (2.49)식에서 a_n을 구하여 보자.

$$\frac{1}{L}\int_{-L}^{L}f(x)\,dx=\frac{1}{L}\int_{-L}^{L}\frac{a_0}{2}dx+\sum_{n=1}^{\infty}\left[\frac{a_n}{L}\int_{-L}^{L}\cos\frac{n\pi x}{L}dx+\frac{b_n}{L}\int_{-L}^{L}\sin\frac{n\pi x}{L}dx\right]$$

$$=a_0$$

$$\frac{1}{L}\int_{-L}^{L}f(x)\cos\frac{n\pi x}{L}dx=\frac{1}{L}\int_{-L}^{L}\frac{a_0}{2}\cos\frac{n\pi x}{L}dx$$

$$+\sum_{m=1}^{\infty}\left[\frac{a_m}{L}\int_{-L}^{L}\cos\frac{n\pi x}{L}\cos\frac{m\pi x}{L}dx+\frac{b_m}{L}\int_{-L}^{L}\cos\frac{n\pi x}{L}sin\frac{m\pi x}{L}dx\right]$$

$$=\frac{a_n}{L}\int_{-L}^{L}\cos^2\frac{n\pi x}{L}dx+\sum_{m(\neq n)}\frac{a_m}{L}\int_{-L}^{L}\cos\frac{n\pi x}{L}\cos\frac{m\pi x}{L}dx$$

$$=\frac{a_n}{L}\int_{-L}^{L}\frac{1}{2}\left(1+\cos\frac{2n\pi x}{L}\right)dx=\frac{a_n}{L}\cdot\frac{1}{2}\cdot 2L$$

$$=a_n$$

또 b_n을 구하여 보기 위하여 (2.49)식으로부터 $\frac{1}{L}\sin\frac{n\pi x}{L}$를 곱한 후 적분하면

$$\frac{1}{L}\int_{-L}^{L} f(x)\sin\frac{n\pi x}{L}dx = \frac{1}{L}\int_{-L}^{L}\frac{a_0}{2}\sin\frac{n\pi x}{L}dx$$
$$+\sum_{m=1}^{\infty}\left[\frac{a_m}{L}\int_{-L}^{L}\sin\frac{n\pi x}{L}\cos\frac{m\pi x}{L}dx + \frac{b_m}{L}\int_{-L}^{L}\sin\frac{n\pi x}{L}sin\frac{m\pi x}{L}dx\right]$$
$$=\frac{b_n}{L}\int_{-L}^{L}\sin^2\frac{n\pi x}{L}dx + \sum_{m(\neq n)}\frac{b_m}{L}\int_{-L}^{L}\sin\frac{n\pi x}{L}\sin\frac{m\pi x}{L}dx$$
$$=\frac{b_n}{L}\int_{-L}^{L}\frac{1}{2}\left(1-\cos\frac{2n\pi x}{L}\right)dx$$
$$=b_n$$
(증명 끝)

$f(y)$가 영역$(-\pi \le y \le \pi)$에서 정의되는 경우

$$x=\frac{L}{\pi}y,\ 즉\ \frac{\pi x}{L}=y \tag{2.51}$$

로 놓으면 (2.49), (2.50a)와 (2.50b)식을 그대로 사용할 수 있다. 앞서 고려한 x의 영역 $(-L \le x \le L)$에서 함수가 정의되므로 (2.49)식에서 x를 y로 대치하여

$$f(y)=\frac{a_0}{2}+\sum_n (a_n\cos ny + b_n\sin ny) \tag{2.52}$$

를 얻기 때문에 a_n과 b_n에 대한 (2.50a)식과 (2.50b)식도 그대로 사용된다. 즉

$$a_n = \frac{1}{L}\int_{-\pi}^{\pi} f(y)\cos\ ny\ d\left(\frac{L}{\pi}y\right)$$
$$=\frac{1}{\pi}\int_{-\pi}^{\pi} f(y)\cos ny\,dy \tag{2.53a}$$
$$b_n=\frac{1}{\pi}\int_{-\pi}^{\pi} f(y)\sin ny\,dy \tag{2.53b}$$

를 얻는다.

예. $f(\theta)=\cos k\theta \quad (-\pi \le \theta \le \pi,\ k\neq 정수)$의 Fourier 급수 전개를 하여 보자.
(2.52)식에서 $f(\theta)$ 는 우함수(右函數)이므로 $\sin n\theta$항은 있을 수 없다.
즉 (2.52)식에서 θ대신 $-\theta$로 놓으면

$$f(\theta)=f(-\theta)=\frac{a_0}{2}+\sum_n (a_n\cos n\theta - b_n\sin n\theta) \tag{2.52'}$$

이 되고, 이 식을 (2.52)식과 비교하면 $b_n=0$임을 알 수 있다.

따라서 Fourier 전개식은

$$\cos k\theta = \frac{a_0}{2}+\sum_{n=1}^{\infty} a_n\cos n\theta \tag{2.54}$$

가 된다.

한편 (2.53a)식으로부터

$$a_n=\frac{1}{\pi}\int_{-\pi}^{\pi}\cos k\theta\cos n\theta\,d\theta$$

$$= \frac{2}{\pi}\frac{1}{2}\int_0^{\pi}[\cos(k-n)\theta + \cos(k+n)\theta]\,d\theta$$

$$= \frac{1}{\pi}\left[\frac{\sin(k-n)\theta}{k-n} + \frac{\sin(k+n)\theta}{k+n}\right]\Bigg|_0^{\pi}$$

$$= \frac{(k+n)\sin(k-n)\pi + (k-n)\sin(k+n)\pi}{\pi(k^2-n^2)}$$

$$= \frac{2k\sin k\pi\cos n\pi - 2n\cos k\pi\sin n\pi}{\pi(k^2-n^2)}$$

$$= \frac{2k(-1)^n\sin k\pi}{\pi(k^2-n^2)}$$

이므로 (2.54)식으로부터

$$\cos k\theta = \frac{2k\sin k\pi}{\pi}\left[\frac{1}{2k^2} - \frac{\cos\theta}{k^2-1^2} + \frac{\cos 2\theta}{k^2-2^2} - \cdots\cdots\right] \tag{2.55}$$

를 얻는다.

예. $$f(\theta) = \begin{cases} +1 \ (\ 0 < \theta < \pi\ ) \\ -1 \ (-\pi < \theta < 0) \end{cases} \tag{2.56}$$

이 경우는 $f(\theta)$가 기함수(奇函數)이므로

$$f(\theta) = \sum_{n=1}^{\infty} b_n \sin n\theta \tag{2.57}$$

가 되며 (2.53b)식을 이용하면

$$b_n = \frac{1}{\pi}\int_{-\pi}^{\pi} f(\theta)\sin n\theta\, d\theta$$

$$= \frac{1}{\pi}\int_0^{\pi}\sin n\theta\, d\theta - \frac{1}{\pi}\int_{-\pi}^{0}\sin n\theta\, d\theta$$

$$= \frac{-\cos n\theta}{n\pi}\Bigg|_0^{\pi} + \frac{\cos n\theta}{n\pi}\Bigg|_{-\pi}^{0}$$

$$= \begin{cases} 0 & (n = \text{짝수}) \\ \dfrac{4}{n\pi} & (n = \text{홀수}) \end{cases}$$

$$\therefore f(\theta) = \frac{4}{\pi}\left(\sin\theta + \frac{\sin 3\theta}{3} + \frac{\sin 5\theta}{5} + \cdots\cdots\right) \tag{2.58}$$

를 얻는다. 특히 $\theta = \frac{\pi}{2}$인 경우 좌변은 1이 되므로

$$\frac{\pi}{4} = 1 - \frac{1}{3} + \frac{1}{5} - \frac{1}{7} + \cdot\cdot\cdot \tag{2.59}$$

을 얻는다.

(2.49)식을 복소수 형으로 고치면 상당히 간단해진다.

$$\cos\frac{n\pi x}{L} = \frac{1}{2}\left(e^{\frac{in\pi x}{L}} + e^{-\frac{in\pi x}{L}}\right) \tag{2.60a}$$

$$\sin\frac{n\pi x}{L} = \frac{1}{2i}\left(e^{\frac{in\pi x}{L}} - e^{-\frac{in\pi x}{L}}\right) \tag{2.60b}$$

로 놓으면 (2.49)식은

$$f(x) = \frac{a_o}{2} + \sum_{n=1}^{\infty}\left[\left(\frac{a_n}{2}+\frac{b_n}{2i}\right)e^{\frac{in\pi x}{L}} + \left(\frac{a_n}{2}-\frac{b_n}{2i}\right)e^{-\frac{in\pi x}{L}}\right]$$

$$= \sum_{n=-\infty}^{\infty}\alpha_n e^{i\frac{n\pi}{L}x} \tag{2.61}$$

가 된다. 여기서 a_n은 다음과 같이 정의된다.

$$\alpha_0 - \frac{a_0}{2} \tag{2.62a}$$

$$\alpha_n = \frac{a_n}{2} + \frac{b_n}{2i} \tag{2.62b}$$

$$\alpha_{-n} = \frac{a_n}{2} - \frac{b_n}{2i} \quad (n = 1, 2, 3, \cdots\cdots) \tag{2.62c}$$

한편 $\left\{e^{\frac{in\pi x}{L}}\right\}$의 직교성은

$$\frac{1}{2L}\int_{-L}^{L} e^{\left(\frac{im\pi x}{L}\right)*} e^{\frac{in\pi x}{L}}dx$$

$$= \frac{1}{2L}\int_{-L}^{L} e^{\frac{i(n-m)\pi x}{L}}dx$$

$$= \begin{cases} 1 & (n - m \text{ 인 경우}) \\ \dfrac{1}{2L}\dfrac{\exp[i(n-m)\pi x/L]}{i(n-m)\pi/L}\Bigg|_{-L}^{L} = 0 & (n \neq m \text{ 인 경우}) \end{cases}$$

$$= \delta_{mn}$$

이므로 (2.61)식에서 전개 계수 a_n은 다음과 같이 얻어진다.

$$\frac{1}{2L}\int_{-L}^{L} e^{\left(\frac{in\pi x}{L}\right)^*} f(x)dx = \frac{1}{2L}\int_{-L}^{L}\sum_m \alpha_m \left(e^{\frac{in\pi x}{L}}\right)^* e^{\frac{im\pi x}{L}}dx$$

$$= \sum_m \alpha_m \delta_{mn}$$

$$= \alpha_n \tag{2.64}$$

(2.61)식과 같은 모양은 복소수 함수에도 사용될 수 있다. 왜냐하면 $\psi(x)$가 복소수 함수라면

$$\psi(x) = f(x) + ig(x) \tag{2.65a}$$

와 같이 실함수 $f(x)$와 $g(x)$로 쓸 수 있고 이들은 (2.61)식과 같이 Fourier 전개 하면

$$f(x) = \sum_n \alpha_n e^{\frac{in\pi x}{L}} \tag{2.65b}$$

$$g(x) = \sum_n \beta_n e^{\frac{in\pi x}{L}} \tag{2.65c}$$

이 되므로 따라서

$$\psi(x)=\sum_n(\alpha_n+i\beta_n)e^{\frac{in\pi x}{L}}$$

$$=\sum_n\gamma_n e^{\frac{in\pi x}{L}} \tag{2.66}$$

$$\gamma_n\equiv(\alpha_n+i\beta_n) \tag{2.67}$$

로 쓸 수 있다. 여기에 (2.64)식의 관계를 이용하면 계수 γ_n은 구할 수 있다.

$$\gamma_n=\frac{1}{2L}\int_{-L}^{L}\left(e^{\frac{in\pi x}{L}}\right)^*\psi(x)dx \tag{2.68}$$

(b) Fourier 적분 정리(積分定理, integral theorem)

복소수(複素數)함수 ψ의 전개식인 (2.66)식에서 L 이 클 경우를 생각하자. 여기에 γ_n에 (2.68)식의 관계식을 대입하면

$$\psi(x)=\sum_{n=-\infty}^{\infty}\gamma_n e^{\frac{in\pi x}{L}}$$

$$=\sum_{n=-\infty}^{\infty}e^{\frac{in\pi x}{L}}\frac{\Delta n}{2L}\int_{-L}^{L}\left(e^{\frac{in\pi y}{L}}\right)^*\psi(y)dy \tag{2.69}$$

로 쓸 수 있다. 여기서 n은 하나씩 변하므로 $\Delta n=1$의 관계를 이용하였다. (2.69)식은 다음과 같이 바꾸어 쓸 수 있다.

$$\psi(x)=\frac{1}{2\pi}\sum_{n=-\infty}^{\infty}e^{\frac{in\pi x}{L}}\Delta\left(\frac{n\pi}{L}\right)\int_{-L}^{L}\left(e^{\frac{in\pi y}{L}}\right)^*\psi(y)dy \tag{2.70}$$

여기에

$$\frac{n\pi}{L}=k \tag{2.71a}$$

$$\Delta\left(\frac{n\pi}{L}\right)=\Delta k=\frac{\pi}{L}\Delta n=\frac{\pi}{L} \tag{2.71b}$$

로 놓으면 $L\to\infty$ 됨에 따라 Δk는 아주 작은 값이 되므로 (2.70)식은

$$\psi(x)=\frac{1}{2\pi}\int_{-\infty}^{\infty}e^{ikx}dk\int_{-\infty}^{\infty}e^{-iky}\psi(y)dy$$

$$=\frac{1}{2\pi}\int_{-\infty}^{\infty}dk\int_{-\infty}^{\infty}e^{ik(x-y)}\psi(y)dy \tag{2.72}$$

이 된다. 이 관계식을 Fourier의 적분 정리라 부른다.

다시 말해서

$$\phi(k)=\frac{1}{\sqrt{2\pi}}\int_{-\infty}^{\infty}dxe^{-ikx}\psi(x) \tag{2.73}$$

로 놓으면

$$\psi(x)=\frac{1}{\sqrt{2\pi}}\int_{-\infty}^{\infty}dke^{ikx}\phi(k) \tag{2.74}$$

가 된다. $\psi(x)$를 $\phi(k)$의 Fourier 변환(transform)이라 부른다. ϕ와 ψ는 1대 1대응이 되며 그 중 하나를 알면 다른 하나를 알 수 있다.

3차원에서는 Fourier 적분 정리가 어떻게 되는가 알아보자. $\psi(\vec{x})$가 $\psi(x_1, x_2, x_3)$를 의미하므로 x_2, x_3를 고정할 때 x_1에 대하여 Fourier 적분 정리를 적용하면

$$\psi(x_1, x_2, x_3) = \frac{1}{2\pi}\int_{-\infty}^{\infty} dk_1 \int_{-\infty}^{\infty} e^{ik_1(x_1-y_1)}\psi(y_1, x_2, x_3)dy_1$$

이 된다. 다시 여기에다 x_2에 대하여 같은 방법을 적용하고, 또 x_3에 대하여도 같은 방법을 반복하여 적용하면

$$\psi(x_1, x_2, x_3) = \frac{1}{2\pi}\int_{-\infty}^{\infty} dk_1 \int_{-\infty}^{\infty} e^{ik_1(x_1-y_1)}dy_1 \frac{1}{2\pi}\int_{-\infty}^{\infty} dk_2 \int_{-\infty}^{\infty} e^{ik_2(x_2-y_2)}dy_2$$

$$\frac{1}{2\pi}\int_{-\infty}^{\infty} dk_3 \int_{-\infty}^{\infty} e^{ik_3(x_3-y_3)}dy_3\psi(y_1, y_2, y_3)$$

$$= \frac{1}{(2\pi)^3}\int_{-\infty}^{\infty} dk_1 \int_{-\infty}^{\infty} dk_2 \int_{-\infty}^{\infty} dk_3 \int_{-\infty}^{\infty} dy_1 \int_{-\infty}^{\infty} dy_2 \int_{-\infty}^{\infty} dy_3$$

$$e^{ik_1(x_1-y_1)+ik_2(x_2-y_2)+ik_3(x_3-y_3)}\psi(y_1, y_2, y_3)$$

$$\therefore \psi(\vec{x}) = \frac{1}{(2\pi)^3}\int d^3k \int d^3y e^{i\vec{k}\cdot(\vec{x}-\vec{y})}\psi(\vec{y}) \tag{2.75}$$

가 된다. 또

$$\phi(\vec{k}) = \frac{1}{(2\pi)^{3/2}}\int d^3y\psi(\vec{y})e^{-i\vec{k}\cdot\vec{y}} \tag{2.76a}$$

로 놓으면 (2.75)식으로부터 다음의 관계식을 얻는다.

$$\psi(\vec{x}) = \frac{1}{(2\pi)^{3/2}}\int d^3k e^{i\vec{k}\cdot\vec{x}}\phi(\vec{k}) \tag{2.76b}$$

예. 1차원에서 $\psi(x)$가 다음과 같은 Gaussian 함수이면

$$\psi(x) = \frac{1}{\sigma^{\frac{1}{2}}\pi^{\frac{1}{4}}}e^{-\frac{x^2}{2\sigma^2}} \tag{2.77}$$

Fourier 변환은

$$\phi(k) = \frac{1}{\sqrt{2\pi}}\frac{1}{\sigma^{\frac{1}{2}}\pi^{\frac{1}{4}}}\int e^{-\frac{x^2}{2\sigma^2}}e^{-ikx}dx$$

$$= \frac{1}{\sqrt{2\pi}}\frac{1}{\sigma^{\frac{1}{2}}\pi^{\frac{1}{4}}}\int e^{-\frac{1}{2\sigma^2}(x+i\sigma^2k)^2-\frac{1}{2}\sigma^2k^2}dx \tag{2.78}$$

가 된다. 여기서

$$\frac{1}{\sqrt{2}\,\sigma}(x+i\sigma^2k) = y \tag{2.79a}$$

$$dx = \sqrt{2}\,\sigma dy \tag{2.79b}$$

로 놓으면 (2.78)식은

$$\phi(k)=\frac{1}{\sqrt{\pi}}\frac{\sqrt{\sigma}}{\pi^{1/4}}e^{-\frac{1}{2}\sigma^2k^2}I \tag{2.80a}$$

$$I=\int_{-\infty}^{\infty}e^{-y^2}dy \tag{2.80b}$$

이 된다. 적분 I 를 구해 보면

$$I^2=\left(\int_{-\infty}^{\infty}e^{-y^2}dy\right)^2=\int_{-\infty}^{\infty}e^{-x^2}dx\int_{-\infty}^{\infty}e^{-y^2}dy$$

$$=\iint e^{-r^2}dxdy=\int_0^{2\pi}\int_0^{\infty}e^{-r^2}rdr\,d\theta$$

$$=2\pi\left(-\frac{1}{2}e^{-r^2}\right)\Bigg|_0^{\infty}=\pi$$

$$\therefore\ I=\sqrt{\pi} \tag{2.80c}$$

을 얻게 된다. 따라서 $\phi(k)$는 다음과 같이 된다.

$$\phi(k)=\frac{\sigma^{1/2}}{\pi^{1/4}}e^{-\frac{1}{2}\sigma^2k^2} \tag{2.81}$$

이 결과는 Gaussian 함수의 Fourier 변환은 역시 Gaussian 임을 의미한다. 그림 2.5에서와 같이 $|\psi|^2$ 가 최대값을 갖는 점 $x=0$에서 $|\psi|^2/e$가 되는 x까지의 구간을 Δx라 놓고 $|\phi(k)|^2$에 대하여서도 마찬가지로 Δk를 정의하면

$$\Delta x\sim\sigma \tag{2.82a}$$

$$\Delta k\sim\frac{1}{\sigma} \tag{2.82b}$$

$$\therefore\ \Delta x\Delta k\sim 1 \tag{2.83}$$

의 조건을 얻게 된다. 이 식은 $\psi(x)$와 $\phi(k)$가 존재하는 영역이 모두 국소적(局所的, localized)이라면 이들 존재 영역 사이에는 (2.83)식과 같은 제한 조건이 따름을 의미한다. 즉 위치의 분포가 좁아지면 좁아질수록 k의 분포는 넓어진다.

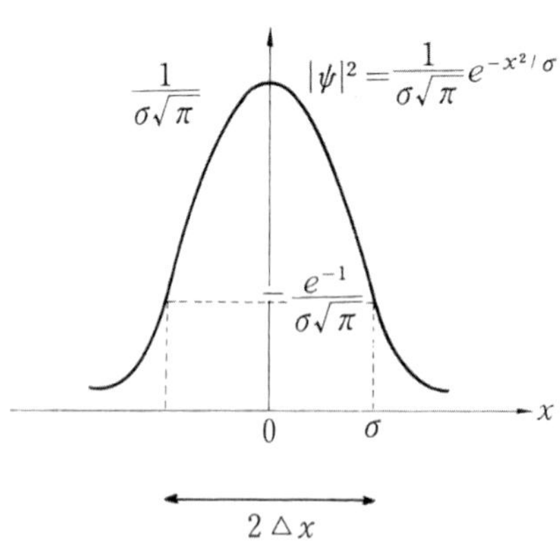

그림 2.5 Gaussian $|\psi^2|$

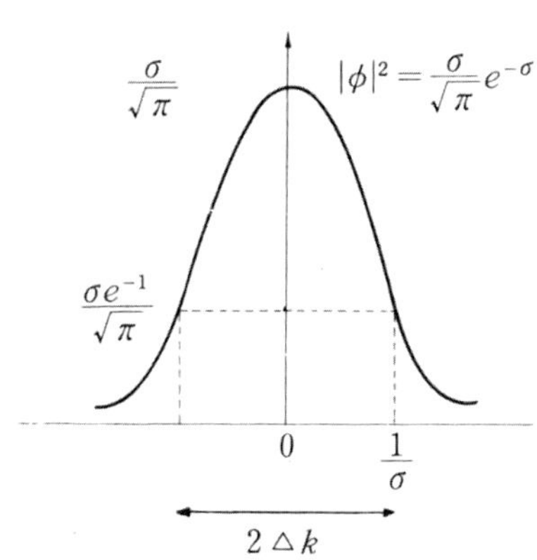

그림 2.6 Gaussian 함수의 Fourier 변환인 Gaussian 함수

앞에서 고려한 예에서도 그림 2.2와 그림 2.3에서 $A(k)$는 $\phi(k)$에 해당되며 특히 $A(k)$의 영역이 Δk인 경우 그림 2.3에서 ψ의 대부분 값이 영역 $-\frac{2\pi}{\Delta k}< x < \frac{2\pi}{\Delta k}$에 있으므로

$$\Delta x \geq \frac{2\pi}{\Delta k} \tag{2.84}$$

를 의미한다. 이 식은 바로

$$\Delta x \Delta k \gtrsim 2\pi \tag{2.85a}$$

$$\Delta x \Delta p \gtrsim h \tag{2.85b}$$

를 의미하여 역시 위치와 운동량 또는 위치와 파수를 동시에 국소화(localized)시키는 데에 제한이 따르게 된다. 여기서 숫자 2π, 1 등의 차이는 큰 문제가 되지 않으며 $\Delta x \Delta k$가 어느 값보다 크다는 것이 중요하다.

2. 4 불확정성 원리(不確定性原理, uncertainty principle)와 그 응용

위 식 (2.83)이나 (2.85b)식은 물질파를 나타내는 파속의 위치와 운동량 또는 파수를 동시에 측정하는 데에 근본적인 한계 $\Delta x \Delta k \gtrsim 1$ 가 있음을 의미한다. 즉 파속이 넓으면 넓을수록 그 안에 들어가는 파수가 많아져서 파장을 재는 데는 더욱 좋으며 따라서 입자의 운동량도 더 잘 알 수 있다. 그러나 입자는 그 파속의 어느 곳에든 있을 수 있으므로 정확하게 그 장소를 찾기 어려워진다. 반대로 파속이 좁으면 입자의 위치는 더욱 정확히 알 수 있으나 파장을 재기 힘들어진다. 몇 가지 예를 들어보자.

예. a) 파속이 Δx 안에 있다 하면 Δx 안에 있는 파장 λ인 파의 수는

$$n \sim \frac{\Delta x}{\lambda} \tag{2.86}$$

이 된다. 파속이 Δx안에 있다는 것은 Δx 밖에서는 파들이 간섭하여 0이 됨을 의미하므로 파속의 양쪽 끝에서 ψ가 0이 되려면 파장이 다른 파가 존재하여야 한다. (2.26)식은 파장이 약간 다른 두 파가 간섭하는 현상을 보여준다. 그림 2.7에서와 같이 파장이 약간 다른 두 개의 평면파가 상쇄 간섭(相殺干涉, destructive interference)을 일으키려면 적어도 그 두 파장의 크기의 차이는

$$\Delta \lambda \sim \frac{\lambda}{n} \tag{2.87}$$

가 되어야 한다. 한편 $k = \frac{2\pi}{\lambda}$ 이므로 Δk의 크기는

$$\Delta k \sim \frac{2\pi}{\lambda^2} \Delta \lambda \tag{2.88}$$

가 된다. 따라서 (2.86)식, (2.87)식과 (2.88)식으로부터

$$\begin{aligned}\triangle k\triangle x &\sim \frac{2\pi}{\lambda^2}\triangle\lambda\triangle x \\ &\sim \frac{2\pi}{\lambda^2}\cdot\frac{\lambda}{n}\cdot n\lambda \\ &\sim 2\pi \gtrsim 1\end{aligned} \tag{2.89}$$

이 되어 역시 $\triangle x\triangle p \gtrsim \hbar$가 된다.

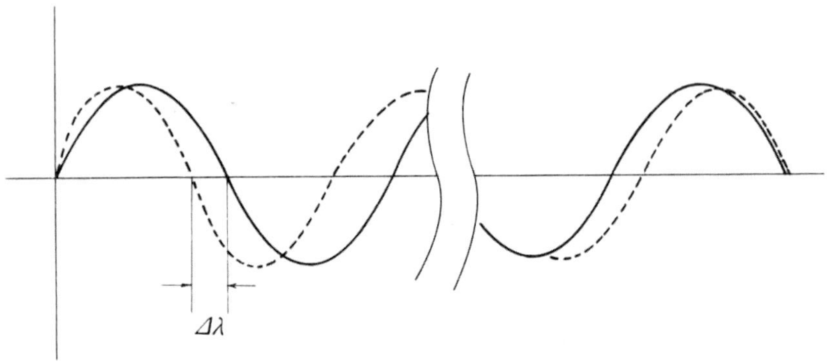

그림 2.7 두 파의 간섭

이와 같은 $\triangle x$, $\triangle p$에 대한 관계식 (2.85b)는 Heisenberg에 의하여 처음 알려졌으며 불확정성 원리(uncertainty principle)라 부른다. 불확정성 원리는 물리적 양 x 와 이것의 공액 운동량 p 사이의 관계식이며 더 일반적인 정의와 증명은 후에 하도록 한다. 3차원에서 이 식은 다음과 같이 된다.

$$\triangle x_1\triangle p_1 \gtrsim \hbar \tag{2.90a}$$

$$\triangle x_2\triangle p_2 \gtrsim \hbar \tag{2.90b}$$

$$\triangle x_3\triangle p_3 \gtrsim \hbar \tag{2.90c}$$

예. b) 단일 슬릿(single slit) 실험

그림 2.8에서와 같이 폭이 a 인 슬릿을 파장 λ인 빛이 통과할 때 스크린에 나타나는 무늬의 강도가 처음으로 최소값이 되는 위치는

$$\frac{a}{2}\sin\theta \simeq \frac{\lambda}{2},\ \text{즉}\ a\sin\theta \simeq \lambda \tag{2.91}$$

를 만족하는 각 θ에 의하여 정하여진다. 위 식에서 슬릿의 폭 a를 좁게 하면 할수록 광자의 위치를 더 정밀히 알 수 있지만 이 때 θ가 커져서 넓게 퍼지는 것은 속도 v_y에 많은 변화가 있음을 의미한다.

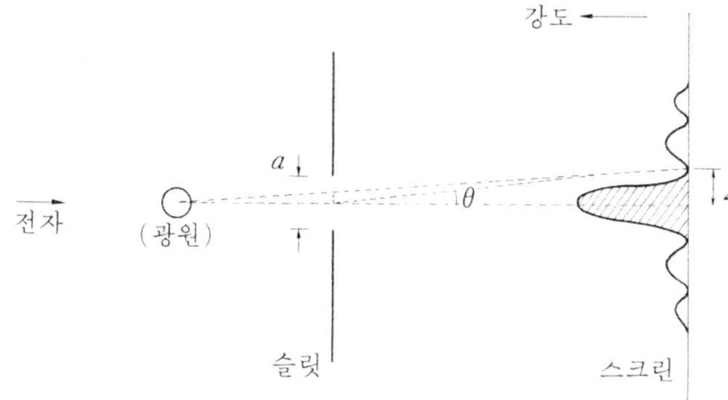

그림 2.8 전자 또는 빛이 슬릿을 통과하는 경우 회절 현상

그림 2.8에서 전자살(electron beam)이 폭 a의 슬릿을 통과하여 스크린에 회절 무늬를 만드는 경우를 생각하자. 전자가 슬릿을 통과할 때 y 방향의 위치와 운동량을 고려하면 위치는

$$\Delta y \sim a \tag{2.92}$$

에 있으며 운동량에 대하여는

$$\langle p_y \rangle = 0 \text{ 이지만 } \Delta p_y \neq 0 \tag{2.93}$$

이다. 전자가 주로 그림의 사선 부분으로 간다고 생각하면 (2.91)식에서

$$\theta \simeq \frac{\lambda}{a}$$

이므로

$$\frac{\Delta p_y}{p} \simeq 2\theta \simeq \frac{2\lambda}{a} \simeq \frac{2\lambda}{\Delta y}$$

$$\therefore \ \Delta y \Delta p_y \simeq (2\lambda \cdot p) = 2\lambda \cdot \frac{h}{\lambda}$$

$$\simeq 2h \tag{2.94}$$

를 얻는다.

불확정성 원리를 보여주는 많은 물리적 논의에서는 그 대상을 부분적으로는 입자의 성질, 부분적으로는 파의 성질을 가지고 논의하게 되는 경우가 대부분이다.
다음에 불확정성 원리를 이용한 물리적 현상을 고려하여 보자.

예. 수소 원자 안에 있는 전자의 위치를 생각해 보면 전자가 어디에 있는지 정확히 알 수는 없으나 Bohr의 모델에선 원자핵을 중심으로 반경 r인 원 안에 있으며 또 그 위치와 운동량 사이에는

$$\Delta p \Delta r \sim \hbar \tag{2.95}$$

의 불확정성 원리가 성립할 것이다. 이 경우 Δp 와 Δr 는

$$\Delta p \sim p, \ \ \Delta r \sim r \tag{2.96}$$

로 생각할 수 있으므로 수소원자 안의 전자가 갖는 에너지의 최소값은 대략 다음과 같이

얻을 수 있다. (2.95)식과 (2.6)식을 이용하면

$$E=\frac{p^2}{2m}-\frac{e^2}{r}$$

$$=\frac{\hbar^2}{2mr^2}-\frac{e^2}{r} \tag{2.97}$$

을 얻을 수 있고 최소에너지에 대하여는

$$\frac{\partial E}{\partial r}=-\frac{\hbar^2}{mr^3}+\frac{e^2}{r^2}=0 \tag{2.98}$$

이므로 반경 r 의 최소값 $r_{\min}$과 최소 에너지는 다음과 같아진다.

$$r_{\min}=\frac{\hbar^2}{me^2} \quad : \text{Bohr 의 반경} \tag{2.99}$$

$$\therefore E_{\min}=\frac{\hbar^2}{2m}\left(\frac{me^2}{\hbar^2}\right)^2-e^2\left(\frac{me^2}{\hbar^2}\right)$$

$$=-\frac{me^4}{2\hbar^2}$$

$$=-\frac{1}{2}mc^2\alpha^2 \tag{2.100}$$

이 값은 제 1 장에서 얻은 결과와 같다.

시간과 에너지는 서로 공액 관계에 있다. Δt 는 한 파속이 한 고정점을 통과하는 데 걸리는 시간이고 $\Delta\omega$ 는 그 파속의 각진동수 영역이라 하면

$$\frac{\Delta x}{\Delta t}=v_g=\frac{d\omega}{dk}$$

이므로

$$\Delta\omega\Delta t\sim\frac{d\omega}{dk}\Delta k\Delta t$$

$$\sim v_g\Delta t\Delta k$$

$$\sim\Delta x\Delta k\sim 1 \tag{2.101}$$

의 관계식을 얻는다. 즉 파의 각진동수 폭과 펄스(pulse)의 지속 시간 사이에는 역(逆) 관계가 있다. 한편 $E=\hbar\omega$ 를 고려하면

$$\Delta E\Delta t\sim\hbar \quad \left(\text{또는 } \frac{\hbar}{2} \text{ 임}\right) \tag{2.102}$$

의 불확정성을 얻는다.

예. 원자가 들뜬(excited) 상태에 있을 때는 광자를 내며 높은 에너지 상태에 있던 전자가 낮은 에너지 상태로 내려오게 된다. 들뜬 상태에서 가라앉을 때까지 10^{-8}초가 소요되는 경우 광자의 에너지 진동수의 불확정 양은 얼마인가?

이 경우 $\Delta t=10^{-8}$sec(sec를 s로도 표시한다) 이므로

$$\Delta E \gtrsim \frac{\hbar}{2\Delta t} = \frac{1.055 \times 10^{-27} erg \cdot s}{2 \times 10^{-8} s}$$

$$\simeq 5.3 \times 10^{-20} erg \tag{2.103}$$

$$\Delta \nu \simeq \frac{\Delta E}{h} = \frac{1}{2\pi} \cdot \frac{\Delta E}{\hbar} = \frac{1}{2\pi} \cdot \frac{1}{2\Delta t}$$

$$\simeq \frac{10^8 s^{-1}}{4 \times 3.14} \simeq 8 \times 10^6 Hz \tag{2.104}$$

가 된다. 따라서 광자가 두 전자의 에너지 상태의 차에서 얻는 진동수 ν , $\nu = \frac{E_1 - E_2}{h}$ 에 불확정 양을 고려하면 광자가 갖는 진동수는

$$\nu \pm \Delta \nu \tag{2.105}$$

가 되며 이 결과는 스펙트럼 선의 넓어짐(broadening)을 준다. 만일 광자의 평균 진동수가 $5 \times 10^{14} Hz$라면 $\Delta\nu/\nu = 1.6 \times 10^{-8}$이 되고 Doppler 효과에 의한 넓어짐은 이보다 큰 값이 된다.

예. 중간자(中間子, meson)의 질량

1935년 일본의 물리학자 Yukawa는 원자핵 안에 있는 핵자(核子)들 사이에 있는 핵력(核力)은 새로운 양자인 파이(π) 입자의 교환에 의하여 일어난다고 생각하였다. 이 입자를 π 중간자라 부르며, 한 핵자가 π 를 방출하면 에너지는 방출 전에 비하여

$$\Delta E \sim m_\pi c^2 \tag{2.106}$$

만큼 달라지게 된다. 불확정성 원리에 의하면 이러한 에너지 불균형은

$$\Delta t \sim \frac{\hbar}{\Delta E} \sim \frac{\hbar}{m_\pi c^2} \tag{2.107}$$

기간에만 일어날 수 있다. 이 시간 동안 π 가 갈 수 있는 거리는

$$c\Delta t \simeq \frac{\hbar}{m_\pi c} \tag{2.108}$$

미만이 된다. 한편 핵력이 미치는 거리는 실험적으로

$$r \sim 1.4 \times 10^{-13} cm \ \ (1.4 \text{ fermi}) \tag{2.109}$$

정도가 됨을 알았다. 따라서 (2.108)식과 (2.109)식으로부터

$$\frac{\hbar}{m_\pi c} \simeq 1.4 \times 10^{-13} cm \tag{2.110}$$

$$\therefore m_\pi c^2 = \frac{\hbar c}{1.4 \times 10^{-13} cm}$$

$$= \frac{1.055 \times 10^{-27} erg \cdot \text{sec} \times 3 \times 10^{10} cm/\text{sec}}{1.4 \times 10^{-13} cm} \cdot \frac{MeV}{erg \times 1.6 \times 10^{-6}}$$

$$\simeq 140 MeV \tag{2.111}$$

를 얻는다. 즉 π 중간자의 질량은 $140 MeV$ 됨을 예측할 수 있었고 그 후 이 입자는 실제로 발견되었다. 핵력은 입자들 사이의 중력이나 전기적인 힘에 비하여 강하나 짧은 거리에

만 미치는 힘이기 때문에 쉽게 발견되지 못했다.

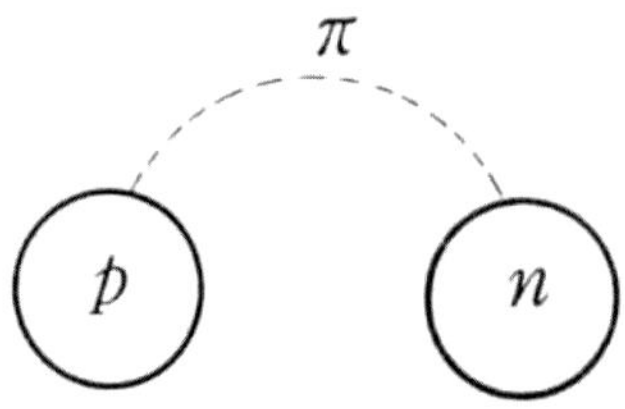

그림 2.9 두 핵자 사이의 π 입자의 교환에 의한 핵력의 작용

예. 고에너지 물리학에서는 수명이 10^{-23}초 정도로 아주 짧은 입자들을 취급하는 경우가 많다. 이 짧은 시간을 어떻게 알 수 있는가? 입자 가속기에 의하여 양성자를 상당히 빠른 속도로 가속하여 이 빠른 입자를 액체 수소로 만든 소위 기포함(氣泡函, bubble chamber)에 입사시키면

$$p+p \to p+p+\pi \tag{2.112a}$$

$$\to p+n+\pi \tag{2.112b}$$

등의 여러 반응을 일으킨다. 반응 후에 나오는 입자들을 잘 분석하여 보면 Δ, ρ 같은 수명이 짧은 입자가 형성되었다가 붕괴되어 나온 입자임을 알아낼 수 있다. 즉

$$\Delta \to p+\pi \tag{2.113}$$

$$\rho \to \pi+\pi \tag{2.114}$$

등의 붕괴가 일어나는 시간은 대개 10^{-23}초 정도가 되며 이러한 짧은 수명을 갖는 입자를 공명 입자(共鳴粒子, resonance particle)라 부른다. 만일 (2.112a)식으로 기술되는 과정에서 π와 한 개의 p가 (2.113)식의 과정을 거쳐서 이루어졌다면 Δ입자의 에너지와 운동량을 E_Δ와 $\vec{p}_\Delta$라 할 때 에너지와 운동량 보존의 법칙으로부터

$$E_\Delta = E_N + E_x \tag{2.115}$$

$$\overrightarrow{p_\Delta} = \overrightarrow{p_N} + \overrightarrow{p_x} \tag{2.116}$$

의 관계식이 성립한다. 여기서 아래첨자(subscript) N 은 핵자 p(양성자) 또는 n(중성자)을 나타낸다. 따라서 이 두 식으로부터 Lorentz 변환에 대한 불변량(不變量, invariant) $m_\Delta c^2$을 구해보면

$$\begin{aligned} m_\Delta^2 c^4 &= E_{\Delta^2} - \boldsymbol{p}_\Delta^2 c^2 \\ &= (E_N + E_\pi)^2 - \left(\vec{p}_N + \vec{p}_x\right)^2 c^2 \end{aligned} \tag{2.117}$$

이 된다. 즉 (2.112) 식의 과정에서 나오는 입자의 에너지와 운동량을 조사하여 $(E_N+E_\pi)^2 - \left(\vec{p}_N + \vec{p}_x\right)^2 c^2$의 값, 즉 (2.117)식에 있는 π와 핵자가 공명입자 Δ가 붕괴되어 나온 입자인 경우 불변 질량(invariant mass)을 계산하여 보면, $m_\Delta c^2$의 값이 거의 1236 MeV 쯤 된다. (2.112)식으로 주어지는 많은 수의 반응을 조사하여 그 불변 질량을 계산하고 불

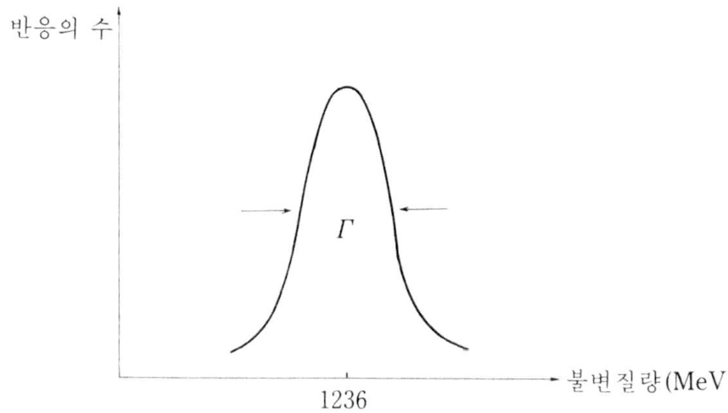

그림 2.10 공명입자의 에너지 폭

변 질량과 그 값을 갖는 반응의 빈도를 조사하면 그림 2.10과 같은 결과를 얻는다. 이 그림에서 불변 질량의 1236 MeV 부근의 폭 Γ 는 실험적으로

$$\Gamma = \Delta\left(m_{\Delta}c^2\right) \simeq 110\, MeV \tag{2.118}$$

쯤 된다. Γ는 ΔE에 해당 되므로 Δ 입자의 수명은 불확정성 원리로부터 얻을 수 있다. 즉

$$\tau \simeq \frac{\hbar}{\Delta\left(m_{\Delta}c^2\right)} \simeq \frac{1.055 \times 10^{-27} erg - \mathrm{sec}}{110\, MeV \times 1.6 \times 10^{-6} erg/MeV}$$

$$\simeq 0.6 \times 10^{-23} \mathrm{sec} \tag{2.119}$$

됨을 알 수 있다. 이 시간은 빛의 속도로 원자핵 하나를 지니기는데 요하는 시간에 해당하는 짧은 시간이므로 공명입자의 존재를 직접 관찰하는 것은 불가능하다.

2. 5 Dirac의 δ(델타) 함수

(a) 정의

임의의 연속함수 $\psi(x)$를 고려하자. δ 함수 $\delta(x-x_0)$는

$$\int_{-\infty}^{\infty} \psi(x)\delta(x-x_0)dx = \psi(x_0) \tag{2.120}$$

를 만족시키는 어떤 함수이다. 따라서 그림 2.11에서 보는 바와 같이 $\delta(x-x_0)$는 다음과 같이 생각할 수 있다.

x가 x_0가 아닌 경우에는

$$\delta(x-x_0) = 0 \quad (x \neq x_0) \tag{2.121}$$

그러면 (2.120)식에서 적분은 x가 x_0에 아주 가까운 부분에서만 의미가 있으므로

$$\psi(x_0)\int_{-\infty}^{\infty}\delta(x-x_0)dx=\psi(x_0)$$

$$\therefore \int_{-\infty}^{\infty}\delta(x-x_0)dx=1 \qquad (2.122)$$

즉 $\delta(x-x_0)$는 (2.121)식과 (2.122)식으로 정의된다. 따라서 $\delta(x-x_0)$는 x_0 부근에 단위 면적을 갖는다고 할 수 있다. 엄밀한 수학적 의미에서는 $\delta(x-x_0)$는 함수가 아니고 분포(分布, distribution)라고 해야 하나 물리학자들은 δ 함수라 부른다. Dirac은 이 δ 함수를 만들어 사용하였으며 정확한 결과들을 얻었다.

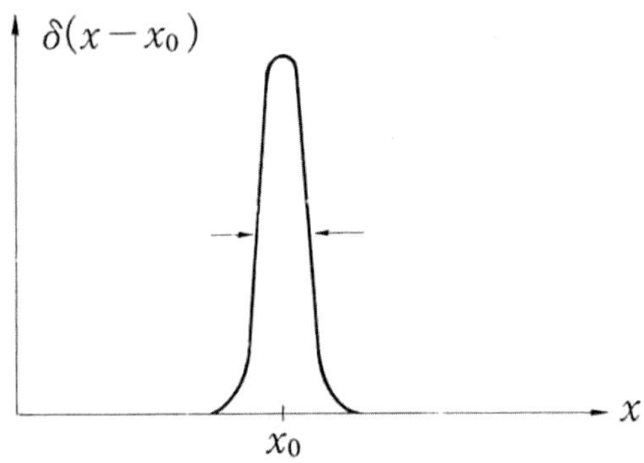

그림 2.11 Dirac의 델타 함수

(b) δ 함수의 예

앞에서 정의된 δ 함수를 만들어 보자.

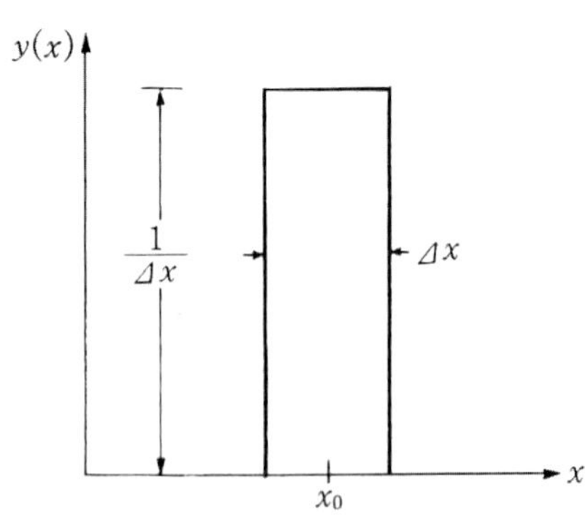

그림 2.12 네모꼴의 δ 함수

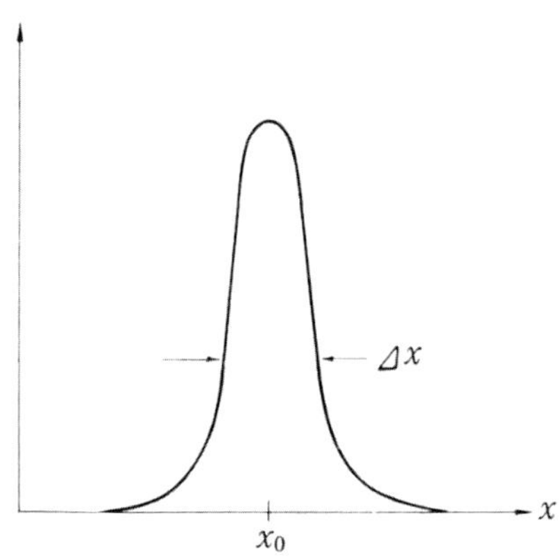

그림 2.13 Gaussian 함수형의 δ 함수

가장 간단한 방법으로 그림 2.12에서와 같이 $y(x)$를 정의하자.

$$y(x)=\frac{1}{\Delta x}\quad \left(-\frac{\Delta x}{2}<x-x_0<\frac{\Delta x}{2}\right) \tag{2.123}$$
$$=0\quad \left(\text{바깥 영역; } x-x_0>\frac{\Delta x}{2},\ x-x_0<-\frac{\Delta x}{2}\right)$$

이 함수에 의하여 이루어진 직사각형은 Δx의 값과 관계없이 면적이 1이 된다. 따라서 δ 함수는

$$\lim_{\Delta x\to 0} y(x)=\delta(x-x_0) \tag{2.124}$$

가 된다.

다른 가능성으로 Gaussian 함수를 생각할 수 있다.

$$y(x)=\frac{1}{\Delta x\sqrt{2\pi}}e^{-(x-x_0)^2/2(\Delta x)^2} \tag{2.125}$$

인 함수는 $x=x_0$ 에서 $y(x)=\dfrac{1}{\Delta x\sqrt{2\pi}}$ 이고 이 값은 $\Delta x\to 0$ 이 되는 경우

$$y(x)=\infty\ (x=x_0) \tag{2.126a}$$
$$=0\ (x\neq x_0) \tag{2.126b}$$

이 된다. 한편 (2.125)식의 적분으로부터

$$\int_{-\infty}^{\infty} ydx=\frac{1}{\Delta x\sqrt{2\pi}}\int_{-\infty}^{\infty} e^{-(x-x_0)^2}/2(\Delta x)^2 dx \tag{2.127a}$$

를 고려하여 여기서

$$z=\frac{(x-x_0)}{\sqrt{2}\,\Delta x},\quad dz=\frac{1}{\sqrt{2\pi}\,\Delta x}dx \tag{2.127b}$$

라 놓으면 (2.127a)식은

$$\int_{\infty}^{\infty} ydx=\frac{1}{(\Delta x)\sqrt{2\pi}}\cdot\sqrt{2}(\Delta x)\int_{-\infty}^{\infty} e^{-z^2}dz-1 \tag{2.127c}$$

을 얻는다. 따라서

$$\lim_{\Delta x\to 0} y(x)=\lim_{\Delta x\to 0}\frac{1}{\sqrt{2\pi}\,\Delta x}e^{-(x-x_0)^2/2(\Delta x)^2}$$
$$=\delta(x-x_0) \tag{2.128}$$

가 된다.

더 많이 사용되는 경우로 Fourier 적분 정리를 이용하여 1차원 식의

$$\psi(x)=\int_{-\infty}^{\infty} dy\,\psi(y)\frac{1}{2\pi}\int_{-\infty}^{\infty} e^{ik(x-y)}dk \tag{2.72}$$

과 (2.120)식을 비교하여 다음의 관계식을 얻는다.

$$\delta(x-y)=\frac{1}{2\pi}\int_{-\infty}^{\infty} e^{ik(x-y)}dk \tag{2.129}$$

마찬가지로 3차원의 경우는 (2.75)식으로부터 다음 식을 얻는다.

$$\delta(\vec{x}-\vec{y})=\delta(x_1-y_1)\,\delta(x_2-y_2)\,\delta(x_3-y_3)$$
$$=\frac{1}{(2\pi)^3}\int d^3k e^{i\vec{k}\cdot(\vec{x}-\vec{y})} \tag{2.130}$$

(c) $\delta(x)$ 함수의 성질

$\delta(x)$ 함수는 우(우, even) 함수이다. 그 이유는

$$\int_{-\infty}^{\infty}\psi(x)\delta(-x)dx = -\int_{-\infty}^{\infty}\psi(-z)\delta(z)(-dz)$$

$$\uparrow \quad (x=-z)$$

$$= \int_{-\infty}^{\infty}\psi(-z)\delta(z)dz = \psi(0)$$

$$= \int_{-\infty}^{\infty}\psi(x)\delta(x)dz$$

$$\therefore \delta(-x) = \delta(x) \tag{2.131}$$

이 된다. 따라서 $\delta(x-x_0)$는 $\delta(x_0-x)$와 같다.

$\delta(x)$ 함수의 x에 관한 미분을 고려하면

$$\int_{-\infty}^{\infty} f(x)\frac{d\delta(x)}{dx}dx = f(x)\delta(x)\Big|_{-\infty}^{\infty} - \int_{-\infty}^{\infty}\frac{df(x)}{dx}\delta(x)dx = -f'(0) \tag{2.132}$$

한편

$$\int_{-\infty}^{\infty} f(x)\frac{d\delta(-x)}{dx}dx = f(x)\delta(-x)\Big|_{-\infty}^{\infty} - \int_{-\infty}^{\infty}\frac{df(x)}{dx}\delta(-x)dx$$

$$= -\int_{-\infty}^{\infty}\frac{df(x)}{dx}\delta(x)dx = \int f(x)\frac{d\delta(x)}{dx}dx$$

이므로

$$\therefore \frac{d\delta(-x)}{dx} = \frac{d\delta(x)}{dx} = -\frac{d\delta(-x)}{d(-x)} = -\delta'(-x) \tag{2.133}$$

인 관계식을 얻는다.

δ함수의 Fourier 변환을 생각해 보자. 만일 파동 함수 $\psi(x)$가

$$\psi(\vec{x}) = \delta(\vec{x} - \vec{x_0}) \tag{2.134}$$

인 경우 이 값의 Fourier 변환은

$$\phi(\vec{k}) = \frac{1}{(2\pi)^{3/2}}\int \psi(\vec{x})e^{-i\vec{k}\cdot\vec{x}}d^3x$$

$$= \frac{1}{(2\pi)^{3/2}}\int e^{-i\vec{k}\cdot\vec{x}}\delta(\vec{x} - \vec{x_0})d^3x$$

$$= \frac{1}{(2\pi)^{3/2}}e^{-i\vec{k}\cdot\vec{x_0}} \tag{2.135}$$

이 된다. 즉 $\phi(k)$는 평면파의 해를 갖는다.

우리가 고려하는 파 $\psi(x)$가 (2.134)식으로 주어진다는 것은 위치가 $\vec{x_0}$인 점에 국소화(localized)된 것을 의미한다. 이때에 파수 또는 운동량의 함수로 표시된 파 $\phi(k)$는 무한히 퍼져 있음을 나타낸다. 따라서 여기서도 불확정성 원리는 성립한다고 볼 수 있다.

2. 6 분산 방정식(分散方程式, dispersion equation)과 파동 방정식(波動方程式, wave equation) 사이의 관계

(제 1장 7절에서) 3차원 공간에서 운동하는 자유 입자에 대하여 그것의 파의 성질을 고려할 때에 그 파의 각진동수와 파수 사이에 만족하는 분산 방정식은

$$\hbar\omega = \frac{(\hbar \boldsymbol{k})^2}{2m} \tag{2.136}$$

됨을 알았다. 자유 입자의 분산 방정식과 평면파에 대하여 만족하는 Schrödinger 방정식과의 관계가 일반적인 파속에 대하여 성립하는가를 알아보자. 입자를 파속으로 생각하여

$$\psi(\vec{x},t)= \int d^3kA(\vec{k})e^{i(\vec{k}\cdot\vec{x}-\omega t)} \tag{2.14}$$

로 놓는 경우 이 파동함수(wave function)는 다음 방정식을 만족한다.

$$\begin{aligned}
&\left(-i\hbar\frac{\partial}{\partial t}-\frac{\hbar^2}{2m}\nabla^2\right)\psi(\vec{x},t)\\
&=\int d^3kA(\vec{k})\left(-i\hbar\frac{\partial}{\partial t}-\frac{\hbar^2}{2m}\nabla^2\right)e^{i(\vec{k}\cdot\vec{x}-\omega t)}\\
&=\int d^3kA(\vec{k})\left(-\hbar\omega+\frac{\hbar^2\boldsymbol{k}^2}{2m}\right)e^{i(\vec{k}\cdot\vec{x}-\omega t)}\\
&=0
\end{aligned}$$

$$\therefore\ i\hbar\frac{\partial\psi}{\partial t}=-\frac{\hbar^2}{2m}\nabla^2\psi \tag{2.137}$$

이 식은 자유 입자의 Schrödinger 방정식 또는 파동 방정식이나 평면파에 대하여 성립한 식이 파속에 대하여도 성립함을 보인 것이다. 이것은 파속이 평면파의 포갬 또는 중첩(重疊, superposition)에 의하여 이루어지기 때문이다. 이와 같이 파동 방정식은 파의 분산 방정식에 의하여 결정된다.

만일 분산 방정식이

$$F(\omega,k)=0 \tag{2.138}$$

이면 파동 방정식은 다음과 같다.

$$F\left(i\frac{\partial}{\partial t},\frac{1}{i}\overrightarrow{\nabla}\right)\psi(x,t)=0 \tag{2.139}$$

이것은 입자의 물질파가 만족하는 미분 방정식이다. 이것은

(a) 평면파가 존재하고

(b) 이들 사이에 중첩(重疊, superposition)이 있는 물리학적인 상황에서 파속이 만족하는 미분 방정식을 만드는 한 과정이라 할 수 있다.

여기서 중첩이란 물리적으로는 두 개의 현상이 일어날 수 있을 경우에 그들이 합(合)도

일어날 수 있음을 의미한다. 이 경우에 두 개의 현상들은 서로 간섭하지 않는다. 예를 들면 공기 중에서 음파에 대하여는 중첩 원리가 적용되나 충격파(衝擊波, shock wave)에 대하여는 적용되지 않는다. 수학적으로는 ψ_1과 ψ_2가 한 방정식의 해(解)인 경우 여기에 임의의 상수 a와 b를 써서 만든 $a\psi_1+b\psi_2$는 역시 해가 됨을 의미한다. 이것은 방정식이 선형(線型, linear)이고 동차(同次, homogeneous)인 것을 의미한다.

즉

$$F\psi_1=0 \tag{2.140a}$$

$$F\psi_2=0 \tag{2.140b}$$

일 때에

$$F(a\psi_1+b\psi_2)=0 \tag{2.140c}$$

가 되는 경우이다.

물리학적인 중첩은 수학적인 중첩을 의미하고 그 역도 성립한다. 앞으로 취급하는 양자역학의 대부분의 이론은 선형이론이다. 선형이론은 간단하고 취급하기가 쉽다. 비선형(非線型, nonlinear)인 경우에는 일반적으로 취급하기는 어려우나 방정식과 어느 한 해가 주어지면 그 해에서 약간 벗어난 경우를 고려하여 선형 동차 방정식을 만들 수 있고 그 해를 얻음으로써 방정식의 해를 구할 수 있다. 물리학에서는 이와 같은 작은 교란(small disturbance)이 중요한 역할을 하는 경우가 많다.

예를 들어

$$\frac{d^2y}{dt^2}+y^2=a^2 \qquad (a=\text{상수}) \tag{2.141}$$

로 주어진 경우를 생각하자. 이 식은 비선형 방정식이며 그 방정식의 한 해는 $y=a$이다. 여기에 작은 교란을 생각하여

$$y=a+\epsilon(t) \tag{2.142}$$

로 놓으면

$$\frac{d^2\epsilon}{dt^2}+a^2+2a\epsilon+\epsilon^2=a^2 \tag{2.143}$$

이 되고 여기서 ϵ^2은 ϵ이 작기 때문에 더 작아서 무시할 수 있다. 그러면

$$\frac{d^2\epsilon}{dt^2}+2a\epsilon=0$$

인 선형 동차 방정식을 얻게 된다. 이 식은 선형이고 동차이므로 쉽게 풀 수 있으며 따라서 작은 교란은 중첩가능하다.

[문 제]

2\. 1 깊은 물에서의 물결에 대하여 파장과 진동수 사이에

$$\nu = \sqrt{\frac{g}{2\pi\lambda}} \quad (g\text{는 상수})$$

의 관계가 있다고 하자. 이 경우 물결의 위상속도 v_p와 군속도 v_q는 각각 얼마가 되겠는가?

2\. 2 (a) 이온층에서 라디오파는 대략 다음과 같은 굴절률을 가진 매질 상태에서 전파되고 있다.

$$n = 1 + \frac{\omega_p^2/2}{\omega_p^2 - \omega^2 + \left[\gamma^2/\left(\omega_p^2 - \omega^2\right)\right]}$$

여기서 ω_p는 공기 중에 있는 전자의 자연 진동수 이다. 만일 ω_p와 γ가

$$\omega_p = 5\times 10^7 \mathrm{rad/sec}$$

$$\gamma = 10^{15}(\mathrm{rad/sec})^2$$

인 경우 3×10^7rad/sec 의 진동수를 갖는 파의 위상속도와 군속도는 얼마가 되겠는가?

$$\left[Hint : \omega = ck/n(\omega),\ \frac{\partial\omega}{\partial k} = \frac{c}{n}\Big/\left(1 + \frac{ck}{n^2}\frac{\partial n}{\partial\omega}\right)\right]$$

(b) 라디오파의 일그러짐에 대하여 논하라.

2\. 3 (a) $f(\theta) = \cos k\theta\,(-\pi \le \theta \le \pi,\ k \ne \text{정수})$을 Fourier 급수로 전개하면

$$\cos k\theta = \frac{2k\sin k\pi}{\pi}\left(\frac{1}{2k^2} - \frac{\cos\theta}{k^2-1} + \frac{\cos 2\theta}{k^2-4} - \cdots\cdots\right)$$

로 됨을 본문에서 보였다. 이 식에서 $\theta = \pi$로 놓고 k의 멱급수로 전개하면 다음과 같이 됨을 보여라.

$$k\pi\cot k\pi = 1 - 2\sum_{n=1}^{\infty}\zeta(2n)k^{2n}$$

여기서 $\zeta(s)$는 Zeta 함수로서 다음과 같이 정의된다.

$$\zeta(s) = 1 + \frac{1}{2^s} + \frac{1}{3^s} + \frac{1}{4^s} + \cdots\cdots$$

(b) Bernoulli의 수 B_n은 다음과 같은 식의 전개계수로 정의된다.

$$\frac{x}{e^x - 1} = B_0 + \frac{B_1}{1!}x + \frac{B_2}{2!}x^2 + \frac{B_3}{3!}x^3 + \cdots$$

이 식으로부터 B_n가 만족하는 식과 $B_0, B_1, B_2, \cdots$의 값들은 다음과 같음을 보여라.

$$1 = B_0$$

$$0 = \frac{B_0}{2!} + \frac{B_1}{1!}$$

$$0 = \frac{B_0}{3!} + \frac{B_1}{2!1!} + \frac{B_2}{1!2!} \cdots \text{등}$$

$$\cdots\cdots\cdots\cdots\cdots$$

$$\therefore B_0 = 1,\ B_2 = \frac{1}{6},\ B_4 = -\frac{1}{30},\ B_6 = \frac{1}{42},\ \cdots$$

$$B_1 = -\frac{1}{2},\ B_3 = B_5 = B_7 = \cdots\cdots = 0$$

(c) $\cot x$를 Bernoulli의 수를 사용하여 전개하면

$$\cot x = \frac{1}{x} \sum_{n(\text{짝수})} (-1)^{n/2} \frac{B_n}{n!} (2x)^n$$

됨을 보이고 이 결과와 (b)의 결과를 비교하여 $\zeta(s)$값이 다음과 같이 됨을 보여라.

$$\zeta(2) = 1 + \frac{1}{4} + \frac{1}{9} + \cdots\cdots = \frac{B_2 4\pi^2}{4} = \frac{\pi^2}{6}$$

$$\zeta(4) = 1 + \frac{1}{16} + \frac{1}{81} + \cdots\cdots = -\frac{B_4 16\pi^4}{48} = \frac{\pi^4}{90}$$

2. 4 1차원 함수 $\psi(x) = e^{-\alpha|x|}$의 Fourier 변환 $\phi(k)$를 구하고 $\Delta x \Delta k \geq 1$됨을 보여라.

2. 5 파(wave)가 다음과 같이 주어졌다고 하자.

$$\psi(x) = e^{ik_0 x} \qquad (-L < x < L)$$
$$= 0 \qquad (\text{바깥 영역})$$

Fourier 변환 $\phi(k)$를 구하고 $\Delta x \Delta k$를 구하여라.

2. 6 3차원에서 파의 함수가 $\psi(\vec{x}) = \dfrac{e^{-\mu r}}{r}$ (μ는 양의 상수)일 때 Fourier 변환 $\phi(\vec{k})$를 구하여라.

2. 7 다음과 같은 1차원 파속을 생각하자.

$$\psi(x,t) = \int dk f(k) e^{i(kx - \omega t)}$$

$t = 0$일 때 $\psi(x,0) = e^{-ax^2}$으로 주어졌을 경우, 분산 방정식이 다음 두 경우일 때 각각 $\psi(x,t)$를 구하라.

(a) $\omega = ck$

(b) $\omega = \frac{\hbar k^2}{2m}$

2\. 8 1차원에서 조화 진동자의 에너지가

$$E = \frac{p^2}{2m} + \frac{1}{2}m\omega^2 x^2$$

로 주어졌을 때 불확정성 원리를 이용하여 바닥상태 에너지를 구하라.

2\. 9 고전적인 감쇠 진동자(減衰振動子, damped oscillator)를 생각하자. 이것이

$$x(t) = 0 \qquad (t < 0)$$

$$(t < 0)$$

$$= Ae^{-rt}\cos\omega_0 t \quad (t > 0)$$

로 주어진다면 $\gamma < \omega_0$ 이어서 감쇄가 작은 경우에

$$\Delta\omega\Delta t \simeq \frac{1}{2}$$

됨을 보여라.

2\. 10 그림 P2.1에서와 같은 Stern-Gerlach 실험을 생각하자. 왼쪽의 1200°C의 가마(爐, oven) 안에 있는 은(銀)의 원자가 폭이 Δy인 작은 구멍(collimator)를 통하여 나와서 검출기에 부딪힌다. 이 때 구멍에서 검출기까지의 거리가 $1m$인 경우 검출된 점의 최소 폭은 얼마가 되는가? 불확정성 원리를 이용하여 구하라. (단, 절대 온도 T의 화로 속에서 입자가 갖는 운동에너지는 $\frac{3}{2}kT$이다)

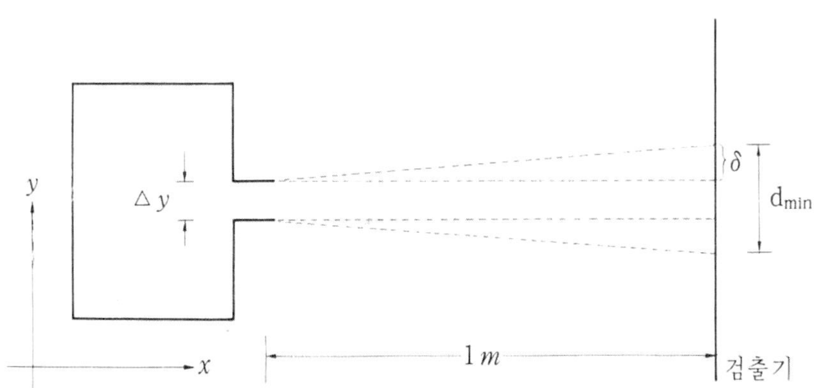

그림 P2.1 가마 안의 입자가 구멍을 통하여 나와 검출기에 검출되는 Stern-Gerlach 실험 장치의 예

2\. 11 δ함수의 다음 성질을 증명하여라.

(a) $\delta(x^2-a^2)=\frac{1}{2|a|}[\delta(x-a)+\delta(x+a)]$

(b) $\delta[f(x)]=\frac{\delta(x-x_0)}{\left|\frac{\partial f}{\partial x}\right|_{x=x_0}}$

여기서 x_0는 $f(x)=0$을 만족하는 x의 값이며 일반적으로 $f(x)=0$의 근(根, root)이 $x_i(i=1,2,\cdots\cdots)$인 경우에는 다음과 같다.

$$\delta[f(x)]=\sum_i \frac{\delta(x-x_i)}{|\partial f/\partial x|^{x=x_i}}$$

2\. 12 3차원 공간에서 원점으로부터 한 점까지의 거리를 r라 할 때

$$r=\sqrt{x^2+y^2+z^2},$$

$$\nabla^2\frac{1}{r}=-4\pi\delta(\vec{x})$$

됨을 증명하여라. (Hint : $r\neq 0$인 경우와 $r\simeq 0$인 경우를 생각하고 후자의 경우는 공간 적분을 고려하라.)

2\. 13 다음 관계식이 성립함을 증명하여라.

$$\lim_{e\to 0}\frac{\epsilon}{x^2+\epsilon^2}=\pi\delta(x)$$

제 3 장

양자역학의 형성(形成)

앞의 두 장에서 입자(粒子)가 파(波)의 성질을 가지고 있고 또 파(波)가 입자의 성질을 가진 사실들에 관한 실험적 뒷받침을 알아보았다. 이것은 입자와 파동의 두 성질을 동시에 가짐을 의미하기보다는 어느 경우에는 입자의 성질, 어느 경우에는 파동의 성질을 가졌다고 함으로써 실험 사실이 설명되었다. 즉 상보성(相補性, complementarity)의 원리가 성립한다. 이 장에서는 파동의 성질을 가진 입자의 운동을 취급하며 특히 입자의 스핀을 고려하지 않는 경우 전자기장에서 입자가 어떠한 운동을 하는가 하는 문제를 알아본다. 특히 1926년에 Schrödinger에 의하여 얻어진, Schrödinger 방정식이라고 부르는 입자의 파동방정식을 중심으로 양자역학의 골격인 기본 가설(基本假說, postulates)과 이것을 기술하는데에 필요한 선형 연산자(線型演算子, linear operator), 고유값 문제(固有値問題, eigenvaluc problem) 등 수학적 개념을 도입하고 그들의 물리학적 의미를 살핀다.

3. 1 입자의 상보성(相補性) 및 양자화(量子化) 과정

물질 또는 입자는 입자의 측면과 파동의 측면을 가지고 있으며 이 성질은 서로 상보적이다. 이 문제와 관련하여 앞 장에서 설명한 것을 살펴보면

(i) 한 입자는 그에 대응하는 파, $\psi(x,t)$에 의하여 기술될 수 있고 이 파들은 중첩될 수 있다.

(ii) de Broglie 와 Planck 의 관계식은 입자와 파의 관점을 연결시켜 준다. 즉

$$p=\frac{h}{\lambda}=\hbar k \text{ (de Broglie 식)} \tag{3.1}$$

$$E=h\nu=\hbar\omega \text{ (Planck 식)} \tag{3.2}$$

또 우리는 에너지와 운동의 고전역학적 관계식을 알고 있다. 예를 들어 자유 입자에 대하여

$$E=\frac{\boldsymbol{p}^2}{2m} \qquad (\boldsymbol{p}^2 \equiv \vec{p}\cdot\vec{p}) \tag{3.3}$$

를 고려하면 (3.1)식과 (3.2)식을 사용하여 분산 방정식

$$\hbar\omega=\frac{\hbar^2\boldsymbol{k}^2}{2m} \tag{3.4}$$

을 얻는다. 이 분산 방정식을 만족하는 파동 방정식은

$$i\hbar\frac{\partial\psi(x,t)}{\partial t}=-\frac{\hbar^2}{2m}\nabla^2\psi(x,t) \tag{3.5}$$

가 됨을 보였다. 이 식은 자유 입자(퍼텐셜 $V=0$)가 만족하는 Schrödinger 방정식이다. 이 식을 일반화하여 입자의 운동에 관한 Hamiltonian $H(\vec{p},\vec{x})$가 주어지면 입자의 파동 방정식은 다음과 같다고 한다.

$$i\hbar\frac{\partial\psi(\vec{x},t)}{\partial t}=H\left(\frac{\hbar}{i}\vec{\nabla},\vec{x}\right)\psi(\vec{x},t) \tag{3.6}$$

즉, 이 식을 만드는 방법은 고전 역학의 H 와 $\vec{p}$ 대신에 연산자

$$H\to i\hbar\frac{\partial}{\partial t} \tag{3.7}$$

$$\vec{p}\to\frac{\hbar}{i}\vec{\nabla} \tag{3.8}$$

를 사용함으로써 얻어진다. 이 관계식을 (제 1)양자화 과정이라 부르며 상보성과 관련된 가설이라 할 수 있다.

3. 2 외력(外力)의 영향

질량 m인 입자가 퍼텐셜(에너지) $V(r)$에 의하여 $-\vec{\nabla}V(r)$로 표시되는 힘을 받으며 운동하는 경우 이 입자의 운동을 기술할 수 있는 Hamiltonian 은 제 1 장에서 보인 바와 같이

$$H=\frac{\boldsymbol{p}^2}{2m}+V(r) \qquad (\boldsymbol{p}^2 \equiv \vec{p}\cdot\vec{p}) \tag{3.9}$$

이다. 여기에 양자화 관계식 (3.7)과 (3.8)을 이용함으로써 Schrödinger 방정식

$$i\hbar\frac{\partial\psi(\vec{x},t)}{\partial t}=-\frac{\hbar^2}{2m}\nabla^2\psi(\vec{x},t)+V(r)\psi(\vec{x},t) \tag{3.10}$$

를 얻는다. 이 식은 앞으로 가장 많이 사용되는 파동 방정식이다.

전자기장에서 대전(帶電, charged)입자가 운동할 때에 고전역학에서는 Hamiltonian 이

$$H=\frac{1}{2m}\left(\vec{p}-\frac{e}{c}\vec{A}\right)\cdot\left(\vec{p}-\frac{e}{c}\vec{A}\right)+e\phi \tag{3.11}$$

됨을 제 1 장에서 보였다. 따라서 여기에 (3.7)식과 (3.8)식으로 주어진 양자화 가설을 이용하면 파동 방정식은 다음과 같다.

$$i\hbar\frac{\partial\psi}{\partial t}=\frac{1}{2m}\left(\frac{\hbar}{i}\vec{\nabla}-\frac{e}{c}\vec{A}\right)\cdot\left(\frac{\hbar}{i}\vec{\nabla}-\frac{e}{c}\vec{A}\right)\psi+e\phi\psi \tag{3.12}$$

여기서 주의할 것은 연산자는 그것의 오른편에 있는 모든 것에 작용한다는 것이다. 따라서 위 식에서 $\vec{p}$와 $\vec{A}(x)$를 곱하는 순서를 바꾸면 안 된다. 위 식을 펼쳐 쓰면

$$\begin{aligned}i\hbar\frac{\partial\psi}{\partial t}=&-\frac{\hbar^2}{2m}\nabla^2\psi+\frac{ie\hbar}{2mc}\vec{A}\cdot\vec{\nabla}\psi+\frac{ie\hbar}{2mc}\vec{\nabla}\cdot(\vec{A}\psi)\\&+\frac{e^2A^2}{2mc^2}\psi+e\phi\psi \qquad (A^2\equiv\vec{A}\cdot\vec{A})\end{aligned} \tag{3.13}$$

이 된다. 여기서

$$\begin{aligned}\vec{\nabla}\cdot(\vec{A}\psi)&=\frac{\partial}{\partial x_i}(A_i\psi)=\frac{\partial A_i}{\partial x_i}\psi+A_i\frac{\partial\psi}{\partial x_i}\\&=(\vec{\nabla}\cdot\vec{A})\psi+\vec{A}\cdot\vec{\nabla}\psi\end{aligned} \tag{3.14}$$

를 이용하면 (3.13)식은 다음과 같다.

$$\begin{aligned}i\hbar\frac{\partial\psi}{\partial t}=&-\frac{\hbar^2}{2m}\nabla^2\psi+\frac{ie\hbar}{mc}\vec{A}\cdot\vec{\nabla}\psi+\frac{ie\hbar}{2mc}(\vec{\nabla}\cdot\vec{A})\psi\\&+\frac{e^2A^2}{2mc^2}-\psi+e\phi\psi\end{aligned} \tag{3.15}$$

(3.10)식은 (3.12)식에서 $\vec{A}=0$, $e\phi=V(r)$로 놓을 경우에 얻게 됨을 알 수 있어 수식적으로는 (3. 12)식의 특별한 경우로 생각할 수 있다.

3. 3 파동함수 $\psi(\vec{x},t)$의 해석(解釋, interpretation)

(3.10)식으로 주어진 파동방정식의 복소 공액(複素共軛, complex conjugate)을 취하면

$$-i\hbar\frac{\partial\psi^*}{\partial t}=-\frac{\hbar^2}{2m}\nabla^2\psi^*+V\psi^* \tag{3.16}$$

을 얻는다. (3.10)식에 ψ^*를 곱하고 (3.16)식에 ψ를 곱한 후 이 식들의 차를 생각하면 다음과 같은 관계를 얻는다.

$$i\hbar\left(\psi^*\frac{\partial\psi}{\partial t}+\psi\frac{\partial\psi^*}{\partial t}\right)=-\frac{\hbar^2}{2m}(\psi^*\nabla^2\psi-\psi\nabla^2\psi^*) \tag{3.17}$$

$$\begin{aligned}\therefore\ \frac{\partial}{\partial t}(\psi^*\psi)&=-\frac{\hbar}{2mi}\vec{\nabla}\cdot(\psi^*\vec{\nabla}\psi-\psi\vec{\nabla}\psi^*)\\&=-\vec{\nabla}\cdot\left[Re\left(\psi^*\frac{\hbar}{im}\vec{\nabla}\psi\right)\right]\end{aligned}$$

여기서 Re는 실수(real) 부분을 의미한다.

이 식은 전류나 일반적인 유체의 흐름에서 나오는 연속 방정식(continuity equation)

$$\frac{\partial \rho}{\partial t} + \vec{\nabla} \cdot \vec{J} = 0 \tag{3.18}$$

과 같은 모양이며, 밀도 ρ 와 흐름의 밀도 $\vec{J}$ 는 이 경우에 다음과 같이 놓을 수 있다.

$$\rho = \psi^* \psi \tag{3.19a}$$

$$\vec{J} = Re\left(\psi^* \frac{\hbar}{im} \vec{\nabla} \psi\right) = \frac{\hbar}{2im}(\psi^* \vec{\nabla} \psi - \psi \vec{\nabla} \psi^*) \tag{3.19b}$$

ρ 가 유한한 영역에서만 0이 아닌 경우 즉 어떤 위치로부터 무한히 먼 거리에서의 값이 0인 경우에는, (3.18)식을 모든 공간에 대하여 적분하면

$$\begin{aligned} \frac{d}{dt}\int_V \rho(\vec{x},t)\, d^3x &= \int_V \frac{\partial \rho}{\partial t} d^3x \\ &= -\int_V \vec{\nabla} \cdot \vec{J} d^3x \\ &= -\int_S \vec{J} \cdot d\vec{a} \\ &= 0 \end{aligned} \tag{3.20}$$

이 된다. 여기서 적분에 붙은 아래첨자 V와 S는 각각 체적과 그 체적의 겉면적에 대한 적분을 나타내는 기호이다. 따라서 (3,19a)와 같이 생각하면

$$\int \psi^* \psi\, d^3x = \text{상수} \tag{3.21}$$

가 된다.

입자를 파속 $\psi(\vec{x},t)$로 나타낼 때 연속방정식 (3.18)식은 $\psi^*\psi$가 파의 강도(强度, intensity)와 관계가 있음을 말해주고(어느 위치와 시간에서), 파의 강도의 크고 작음은 그 시간과 위치에서 입자가 존재할 확률이 크고 작음과 관련이 있다고 할 수 있다. 이러한 점을 고려하여 M. Born 은 다음과 같은 가설(假說, postulate)을 세웠다.

$\psi^*(\vec{x},t)\psi(\vec{x},t)\, d^3x$ 는 입자가 어느 고정된 시간 t 에 위치 $\vec{x}$ 부근의 작은 체적 d^3x에 있을(존재할) 확률 밀도(確率密度, probability density)를 나타낸다. 따라서 파동 함수 $\psi(\vec{x},t)$는 확률 밀도의 진폭(振幅, amplitude)이라고도 부른다. 또 (3.19b)식으로 정의된 $\vec{J}$는 확률 흐름 밀도(probability current density)라 부른다. 이와 같은 가설은 이것을 이용한 이론적 설명과 실험 사실이 일치함을 보임으로써 그 타당성이 증명되지만, 그 이전에 다음과 같은 타당성을 생각할 수 있다.

(i) $\psi^*\psi$ 와 $\vec{J} = Re\left(\psi^* \frac{\hbar}{im} \vec{\nabla} \psi\right)$는 모두 실수이므로 확률 밀도나 확률 흐름 밀도로 정의함에 모순이 없다.

(ii) $\vec{J}$ 식을 정성적으로 바꾸어 쓰면

$$\psi^*\psi\left(\frac{\vec{p}}{m}\right) = \text{(확률)x(속도)} \tag{3.22}$$

이므로 위 가설이 합당하다.

(iii) 파동함수 $\psi(x,t)$가 만족하는 Schrödinger 방정식은 선형 동차 방정식이므로 여기에 임의의 상수 a를 곱한 $a\psi$도 방정식을 만족하는 해가 된다. 한편 $\int \psi^* \psi d^3x$는 상수이며 ψ 값에 상수를 곱하여도 파동 방정식이나 연속 방정식에 아무런 영향을 주지 않으므로 우리

는 a 를 적당히 택하여 ψ 를 규격화(規格化, normalize) 할 수 있다. 즉

$$\int \psi^*(\vec{x},t)\psi(\vec{x},t)d^3x=1 \tag{3.23}$$

로 택할 수 있다. 이것은 확률 전체의 합이 1 과 같음을 의미한다.

ψ에 관한 물리학적 의미는 $\psi^*\psi$ 에 있으므로 파동함수는 임의로 $e^{i\delta}$(여기서 δ 는 실수임)를 곱하여 위상을 δ 만큼 바꿀 수 있다. 그러나 ψ 가 두 개의 함수의 합으로 표시되는 경우 각 함수의 위상을 자유로이 바꿀 수는 없다. 이것이 가능하다고 하면 두 개의 슬릿에서의 간섭 현상을 설명할 수 없다. 그러나 이 경우도 전체 함수를 $e^{i\delta}$ 만큼 곱하여 바꾸는 것은 가능하다.

만일 전하 e를 띤 질량 m인 입자가 퍼텐셜 V의 영향을 받고 있는 경우를 생각해 보자. (3.15)식으로 주어진 파동 방정식의 복소 공액(複素共軛, complex conjugate)을 취하면 다음과 같이 된다.

$$-i\hbar\frac{\partial\psi^*}{\partial t}=-\frac{\hbar^2}{2m}\nabla^2\psi^*-\frac{ie\hbar}{mc}\vec{A}\cdot\vec{\nabla}\psi^*-\frac{ie\hbar}{2mc}(\vec{\nabla}\cdot\vec{A})\psi^*$$
$$+\frac{e^2A^2}{2mc^2}\psi^*+e\phi\psi^* \tag{3.24}$$

따라서 (3.15)식에 ψ^*를 곱하고 (3.24)식에 ψ를 곱한 후 이 값들의 차(差)를 생각하면 다음 관계를 얻는다.

$$i\hbar\left(\psi^*\frac{\partial\psi}{\partial t}+\psi\frac{\partial\psi^*}{\partial t}\right)=-\frac{\hbar^2}{2m}(\psi^*\nabla^2\psi-\psi\nabla^2\psi^*)$$
$$+\frac{ie\hbar}{mc}[\psi^*\vec{A}\cdot\vec{\nabla}\psi+\psi\vec{A}\cdot\vec{\nabla}\psi^*+\psi^*(\vec{\nabla}\cdot\vec{A})\psi]$$
$$=-\frac{\hbar^2}{2m}\vec{\nabla}\cdot(\psi^*\vec{\nabla}\psi-\psi\vec{\nabla}\psi^*)+\frac{ie\hbar}{mc}\vec{\nabla}\cdot(\psi^*\vec{A}\psi)$$
$$\therefore\frac{\partial}{\partial t}(\psi^*\psi)=-\frac{\hbar}{2mi}\vec{\nabla}\cdot(\psi^*\vec{\nabla}\psi-\psi\vec{\nabla}\psi^*)+\frac{e}{mc}\vec{\nabla}\cdot(\psi^*\vec{A}\psi)$$
$$=-\vec{\nabla}\cdot\left[Re\left(\psi^*\frac{\hbar}{im}\vec{\nabla}\psi\right)-\frac{e}{mc}\psi^*\vec{A}\psi\right] \tag{3.25}$$

이 식도 연속 방정식(連續方程式, continuity equation) (3.18)과 같은 모양이 되며 이때는

$$\rho=\psi^*\psi \tag{3.26a}$$

$$\vec{J}=Re\left(\psi^*\frac{\hbar}{im}\vec{\nabla}\psi\right)-\frac{e}{mc}\psi^*\vec{A}\psi \tag{3.26b}$$

이고 $\vec{J}$식을 정성적으로 바꾸어 쓰면

$$\psi^*\psi\left(\frac{\vec{p}-\frac{e}{c}\vec{A}}{m}\right)=(\text{확률})\times(\overrightarrow{\text{속도}}) \tag{3.27}$$

이므로 위 가설이 합당하다.

3. 4 상태 함수(狀態函數), 연산자(演算子) 및 기대값(期待値)

한 물리계(物理系)를 ψ 로 표시할 수 있을 때, 즉 ψ 를 알면 그 물리계에 관한 모든 것을 알 수 있을 때 ψ 는 그 계의 상태(狀態, state)를 기술한다고 하고 이때에 ψ 를 상태 함수(state function)라 부른다. 양자론에서는 어떤 물리학적 계에 있어서도 그 계에 대하여 알려진 모든 정보가 포함된 상태 함수가 존재한다고 생각한다. 그러나 엄밀히 말하면 한 계가 한 개의 상태로 표시될 수 있는 경우 이 계를 순수한 상태(pure state)라 부르고 후에 언급하겠지만 그렇지 않는 경우를 혼합된 상태(mixed state)라 부른다. 당분간은 순수한 상태만을 고려한다. 상태 함수는 시간에 따라서 변하게 되며 Schrödinger 방정식은 그 상태 함수가 시간에 따라 어떻게 변하는가를 알려주는 식이다.

(a) 기대값(期待値, expectation value)

우리가 생각하고 있는 계에서 실험적으로 관측할 수 있는 양에 관한 양자역학적인 가설은 다음과 같다. 물리학적으로 측정할 수 있는 모든 고전역학적인 양 $f(\vec{x},\vec{p},\cdots)$에 대하여 이에 대응하는 연산자 $f\left(\vec{x},\frac{\hbar}{i}\overrightarrow{\nabla},\cdots\right)$가 존재한다. 물리적 상태 ψ 에서 이 양의 기대값은 이 양을 여러 번 측정하였을 경우의 평균치에 해당되며 기댓값을 $\langle f\rangle$로 나타내면 다음과 같다.

$$\langle f\rangle=\int\psi^*(\vec{x},t)f\left(\vec{x},\frac{\hbar}{i}\overrightarrow{\nabla},\cdots\right)\psi(\vec{x},t)d^3x \tag{3.28}$$

여기서 적분은 모든 공간에 대한 적분이며 $\psi^*\psi$ 가 확률을 나타냄을 고려할 때 예상되는 식이다. 우리는 이미 확률 흐름 밀도(probability current density)에 대한 식 (3.19b)에서 이 식과 같은 모양을 보았다.

(3.28)식으로 나타낸 기대값의 가설은 측정에 관한 가설과 관련하여 뒤에 다시 고려하게 된다. 양자역학에서는 연산자로 표현된 물리량은 중요한 역할을 하므로 먼저 선형 연산자(線型演算子, linear operater)의 성질을 살펴보고 이 연산자로 표시된 물리량을 한 번 측정하는 경우의 측정치에 관한 가설은 다음 절에서 설명하겠다.

(b) 선형 연산자(線型演算子, linear operator)

(i) $\psi(x,t)$를 미분가능하며 x,t 값에 대하여 단일(單一)함수이고 또 유한한 값을 갖는 복소 함수라 하자. 함수 ψ 에 연산자 A 를 작용하면 새로운 함수 $A\psi$ 가 된다. 모든 ψ 에 대하여 $A\psi$ 가 알려지면 연산자 A 는 알려졌다고 한다.

(ii) 연산자 A 가 다음 관계식을 만족하면 선형(linear)이라 부른다.

$$A(a\psi_1+b\psi_2)=aA\psi_1+bA\psi_2 \tag{3.29}$$

여기서 a,b 는 임의의 복소 상수(complex constant)이며 ψ_1,ψ_2 는 임의의 함수이다.

예. 선현 연산자의 예로서 x 에 의한 곱, x 에 관한 미분을 보면

$$x(a\psi_1+b\psi_2)=ax\psi_1+bx\psi_2 \tag{3.30}$$

$$\frac{\partial}{\partial x}(a\psi_1+b\psi_2)=a\frac{\partial\psi_1}{\partial x}+b\frac{\partial\psi_2}{\partial x} \tag{3.31}$$

가 되므로 x 에 의한 곱, x 에 관한 미분은 선형 연산자가 된다.

예. 선형이 아닌 연산자의 예로는 A 가 뒤 함수의 제곱을 의미하는 경우

$$A\psi\equiv\psi^2 \tag{3.32}$$

$$A(a\psi_1+b\psi_2)=a^2\psi_1^2+b^2\psi_2^2+2ab\psi_1\psi_2\neq a\psi_1^2+b\psi_2^2$$

$$\therefore A(a\psi_1+b\psi_2)\neq aA\psi_1+bA\psi_2 \tag{3.33}$$

가 되어 A 는 선형이 아니다.

(iii) 두 연산자 A 와 B 의 합(合, sum) $A+B$ 는 다음과 같이 정의한다.

$$(A+B)\psi=A\psi+B\psi \tag{3.33}$$

따라서 두 연산자의 합은 순서에 관계가 없다. 즉

$$A+B=B+A \tag{3.34}$$

선형 연산자의 합은 선형임을 알 수 있다.

(증명) $(A+B)(a\psi_1+b\psi_2)=A(a\psi_1+b\psi_2)+B(a\psi_1+b\psi_2)$

$$=aA\psi_1+bA\psi_2+aB\psi_1+bB\psi_2$$

$$=a(A\psi_1+B\psi_1)+b(A\psi_2+B\psi_2)$$

$$=a(A+B)\psi_1+b(A+B)\psi_2$$

(iv) 두 연산자 A 와 B 의 곱(product) AB 는 다음과 같이 정의한다.

$$(AB)\psi=A(B\psi)\quad(\Rightarrow AB\psi) \tag{3.35}$$

즉 연산자 B 를 먼저 ψ 에 작용한 후 연산자 A 를 작용한다. 이때에 두 선형 연산자 A 와 B 의 곱 AB 는 선형이다.

(증명) $(AB)(a\psi_1+b\psi_2)=A\{B(a\psi_1+b\psi_2)\}$

$$=A(aB\psi_1+bB\psi_2)$$

$$=aA(B\psi_1)+bA(B\psi_2)=a(AB)\psi_1+b(AB)\psi_2$$

(v) 두 연산자 A 와 B 의 곱 AB 는 일반적으로 BA 와는 다르다. 만일 $AB=BA$ 이면 이 연산자들은 교환 가능(交換可能, commute)하다고 하며 또 $AB=-BA$이면 이들은 반교환 가능(反交換可能, anticommute)하다고 말한다.

예. $A=x,\ B=\frac{\partial}{\partial x}$ 인 연산자에 대하여

$$AB\psi=x\frac{\partial\psi}{\partial x}$$

$$BA\psi=\frac{\partial}{\partial x}(x\psi)=\psi+x\frac{\partial\psi}{\partial x}$$

$$\therefore (BA-AB)\psi=\psi$$

즉 $BA-AB=\frac{\partial}{\partial x}x-x\frac{\partial}{\partial x}=1$ (3.36)

(vi) 두 연산자 A 와 B 에 대하여 $(AB-BA)$인 연산자를 교환자(交換子, commutator)라 정의하고 다음과 같이 표시한다.

$$AB-BA=[A,B] \tag{3.37}$$

$(AB+BA)$는 반교환자(反交換子, anticommutator) 또는 엇바꿈이라 부르며

$$AB+BA=\{A,B\}_+ \tag{3.38}$$

로 표시한다. 저자에 따라서는 $[A,B]_+$로 표시하기도 한다.

예를 들어 A가 $x_i(i=1,2,3)$, B 가 $p_j=\frac{\hbar}{i}\frac{\partial}{\partial x_j}(j=1,2,3)$을 나타낼 경우 이들의 교환자에 대하여

$$[x_i,x_j]=0 \tag{3.39}$$

$$[p_i,p_j]=0 \tag{3.40}$$

$$\begin{aligned}[x_i,p_j]&=x_i\frac{\hbar}{i}\frac{\partial}{\partial x_j}-\frac{\hbar}{i}\frac{\partial}{\partial x_j}x_i=\frac{\hbar}{i}\left(x_i\frac{\partial}{\partial x_j}-\delta_{ij}-x_i\frac{\partial}{\partial x_j}\right)\\&=i\hbar\delta_{ij}\end{aligned} \tag{3.41}$$

가 된다.

(vii) 선형연산자의 교환자에 대하여 다음의 관계식이 성립한다.

① $[A,B]=-[B,A]$ (3.42)

② $[A,c]=0$, 여기서 c 는 상수 (3.43)

③ $[A+B,D]=[A,D]+[B.D]$ (3.44)

$\because\ [A+B,D]=(A+B)D-D(A+B)=(AD-DA)+(BD-DB)$
$=[A,D]+[B,D]$

④ $[A,B+D]=[A,B]+[A,D]$ (3.45)

⑤ $[AB,D]=A[B,D]+[A,D]B$ (3.46)

$\because\ [AB,D]=ABD-DAB=A(BD-DB)+(AD-DA)B$
$=A[B,D]+[A,D]B$

⑥ $[A,BD]=B[A,D]+[A,B]D$ (3.47)

⑦ $[A,[B,D]]+[B,[D,A]]+[D,[A,B]]=0$ (3.48)

(3.48)식을 Jacobi 항등식(恒等式, identity)이라 부르며 좌변을 펼쳐 씀으로써 증명이 된다.

(c) Hermite 연산자

(i) 연산자 A 의 Hermite 공액(共軛, conjugate)을 $A^\dagger$ (여기서 † 는 서양의 단검을 나타내는 표시이며 dagger 라 부른다)라 표시하며 이것은 다음과 같이 정의된다. 임의의 함수 ψ_1 과 ψ_2 에 대하여

$$\int \psi_1^* A\psi_2 d^3x = \int (A^\dagger \psi_1)^* \psi_2 d^3x \tag{3.50}$$

특히 $A^\dagger = A$ 일 때 이 연산자를 Hermite 연산자 또는, Hermitian 이라 부른다. 따라서 Hermite 연산자에 대하여는

$$\int \psi_1^* A\psi_2 d^3x = \int (A\psi_1)^* \psi_2 d^3x \tag{3.51}$$

가 된다.

예를 들어 $\vec{x}$는 Hermite 연산자임을 곧 알 수 있으며, $\vec{p}$ 연산자의 경우에

$$\begin{aligned}\int \psi_1^* \vec{p}\psi_2 d^3x &= \frac{\hbar}{i}\int \psi_1^* \vec{\nabla}\psi_2 d^3x \\ &= \frac{\hbar}{i}\int \vec{\nabla}(\psi_1^*\psi_2)d^3x - \frac{\hbar}{i}\int (\vec{\nabla}\psi_1^*)\psi_2 d^3x \\ &= \frac{\hbar}{i}\int \psi_1^*\psi_2 d\vec{S} + \int \left(\frac{\hbar}{i}\vec{\nabla}\psi_1\right)^* \psi_2 d^3x \\ &= 0 + \int (\vec{p}\psi_1)^* \psi_2 d^3x \end{aligned} \tag{3.52}$$

로 쓸 수 있다.

이 식에서 마지막 과정은 다음에 의하여 설명된다. 모든 공간에 대한 적분을 고려할 경우 $\int \psi_1^*\psi_2 dS$ 인 면적적분은 무한히 큰 구면에 대한 것이 되어 $\psi^*\psi$ 가 국소적이라 생각하면 0이 된다. 그렇지 않은 경우도 있는데 뒤에 나올 때 생각하자. 따라서 $\vec{p}$ 는 Hermite 연산자이다.

(ii) Hermite 연산자의 중요한 성질

① Hermite 연산자의 기대값은 실수 값(real value)을 갖는다. 그 이유는

$$\langle A \rangle = \int \psi^* A\psi d^3x = \int \psi^*(A\psi)d^3x \tag{3.53}$$

에서 A 가 Hermitian 인 경우 즉 $A^\dagger = A$ 인 경우에는

$$\begin{aligned}\langle A \rangle^* &= \int (A\psi)^*\psi d^3x = \int (A^\dagger\psi)^*\psi d^3x \\ &= \int \psi^* A\psi d^3x = \langle A \rangle \end{aligned} \tag{3.54}$$

이므로 $\langle A \rangle$는 실수 값을 갖는다.

물리량의 기대값은 여러 번 측정한 경우의 평균값에 해당하여 실험적으로 측정된 값은 항상 실수 값이 되므로 물리량의 기대값이 실수 값을 가짐은 당연하다. 바꾸어 말하면 물리량에 해당하는 연산자는 항상 Hermitian 이 되어야 한다는 것이다.

② 만일 연산자 A 와 B 가 Hermitian 이면 다음 값들은 Hermitian 이다.

$aA+bB$ (a, b 는 실 상수) (3.51)

$AB+BA$ (두 Hermite 연산자의 반교환자) (3.52)

$i(AB-BA) = i[A, B]$ (3.53)

(증명) $\int \psi_1^*(aA+bB)\psi_2 d^3x = a\int \psi_1^* A\psi_2 d^3x + b\int \psi_1^* B\psi_2 d^3x$

$$= \int (aA\psi_1)^* \psi_2 d^3x + \int (bB\psi_1)^* \psi_2 d^3x$$

$$= \int \{(aA+bB)\psi_1\}^* \psi_2 d^3x$$

따라서 $aA+bB$ 는 Hermitian 이다. 또 AB 에 대하여

$$\int \psi_1^* AB\psi_2 d^3x = \int \psi_1^* A(B\psi_2) d^3x = \int (A^\dagger \psi_1)^* B\psi_2 d^3x$$

$$= \int \{B^\dagger (A^\dagger \psi_1)\}^* \psi_2 d^3x = \int (B^\dagger A^\dagger \psi_1)^* \psi_2 d^3x \tag{3.54}$$

즉

$$(AB)^\dagger = B^\dagger A^\dagger \tag{3.55}$$

는 일반적으로 성립한다.

A 와 B 가 Hermitian 이므로 다음 관계식이 성립한다.

$$\int \psi_1^* AB\psi_2 d^3x = \int (BA\psi_1)^* \psi_2 d^3x \tag{3.56}$$

$$\int \psi_1^* BA\psi_2 d^3x = \int (AB\psi_1)^* \psi_2 d^3x \tag{3.57}$$

위 두 식을 합하면

$$\int \psi_1^*(AB+BA)\psi_2 d^3x = \int \{(AB+BA)\psi_1\}^* \psi_2 d^3x \tag{3.58}$$

이 되므로 $AB+BA$ 는 Hermite 연산자가 된다.

한편 (3.56)식과 (3.57)식의 차를 생각하면

$$\int \psi_1^* (AB-BA)\psi_2 d^3x = \int \{(BA-AB)\psi_1\}^* \psi_2 d^3x$$

$$= -\int \{(AB-BA)\psi_1\}^* \psi_2 d^3x \tag{3.59a}$$

이 된다. 따라서

$$\int \psi_1^* i(AB-BA)\psi_2 d^3x = \int \{i(AB-BA)\psi_1\}^* \psi_2 d^3x \tag{3.59b}$$

즉 $i[A, B]$는 Hermitian 이다.

③ Hamiltonian H 는 Hermite 연산자로 만들어진 Hermite 연산자이다. (3.11) 식으로부터 H를 다시 쓰면

$$H = \frac{1}{2m}\left(\vec{p} - \frac{e}{c}\vec{A}\right) \cdot \left(\vec{p} - \frac{e}{c}\vec{A}\right) + e\phi$$

$$\frac{1}{2m}p^2 - \frac{e}{2mc}(\vec{A} \cdot \vec{p} + \vec{p} \cdot \vec{A}) + \frac{e^2}{2mc^2}A^2 + e\phi \tag{3.60}$$

로 된다.

이 식에서 우변의 각 항은 Hermitian 연산자의 반교환자로 표현되어 있어서 각각 Hermitian 이 되므로 H는 Hermitian 이다. 따라서 H는 실수 값의 기대치를 갖게 된다. 한편 Schrödinger 의 방정식으로부터

$$i\hbar\frac{d}{dt}\int\psi^*\psi d^3x = i\hbar\int\left(\frac{\partial\psi}{\partial t}\right)^*\psi d^3x + \int\psi^* i\hbar\frac{\partial\psi}{\partial t}d^3x$$

$$= -\int(H\psi)^*\psi d^3x + \int\psi^* H\psi d^3x$$

$$= -\int\psi^* H\psi d^3x + \int\psi^* H\psi d^3x = 0 \ (\because H \text{ 가 Hermitian 이므로})$$

$$\therefore \frac{d}{dt}\int\psi^*\psi d^3x = 0 \tag{3.61}$$

즉 H 가 Hermitian 이라는 사실은 $\int\psi^*\psi d^3x$가 시간에 대하여 변하지 않는 것을 의미한다. 다시 말하면 ψ 가 어느 시각에 규격화되었다면 ψ는 영원히 규격화된 상태에 있게 된다.

고전역학에서 기술되는 물리량이 양자역학에서는 Hermite 연산자가 됨을 언급했으며 이와 같은 양자역학적 연산자를 고전역학에서 얻은 값으로부터 만들 경우 Hermitian 이 되도록 배열순서 등을 정하여야 한다. (3.60)식에서와 같이 우변의 각 항이 두 연산자에 대한 반교환자로 표현되어 있지 않은 경우는 Hermitian 이 아니다. 물리학적 양이 Hermite 연산자로 표현되어야만 기댓값이 실수 값을 갖게 된다.

(d) 기대값의 시간에 대한 변회

여기서는 Hermite 연산자로 표현된 물리량 $f(\vec{x},\vec{p},t)$가 시간에 대하여 어떻게 변하는가를 고찰하자.

(i) $$\frac{d}{dt}\langle f\rangle = \frac{1}{i\hbar}\langle[f,H]\rangle + \left\langle\frac{\partial f}{\partial t}\bigg|_{\vec{x},\vec{p}}\right\rangle \tag{3.62}$$

(증명) $$\frac{d}{dt}\langle f\rangle = \frac{d}{dt}\int\psi^* f\psi d^3x$$

$$= \int\frac{\partial\psi^*}{\partial t}f\psi d^3x + \int\psi^* f\frac{\partial\psi}{\partial t}d^3x + \int\psi^*\frac{\partial f}{\partial t}\psi d^3x$$

$$= -\frac{1}{i\hbar}\int(H\psi)^* f\psi d^3x + \frac{1}{i\hbar}\int\psi^* fH\psi d^3x + \left\langle\frac{\partial f}{\partial t}\right\rangle$$

$$= \frac{1}{i\hbar}\int\psi^*(fH - Hf)\psi d^3x + \left\langle\frac{\partial f}{\partial t}\right\rangle$$

$$= \frac{1}{i\hbar}\langle[f,H]\rangle + \left\langle\frac{\partial f}{\partial t}\right\rangle$$ (증명 끝)

만일 연산자 f 가 시간의 양함수(陽函數, explicit function)가 아니고 또 f 가 H와 교환가능한 경우 즉

$$\frac{\partial f}{\partial t}=0 \tag{3.63}$$

$$[f, H]=0 \tag{3.64}$$

이라면 이때는 f의 기대치는 시간에 대하여 불변량이 된다. 즉

$$\frac{d}{dt}\langle f\rangle=0 \tag{3.65}$$

이 되며 이러한 양 f 를 운동 상수(constant of motion)이라 부른다. 또 이 물리량은 보존된다고 말한다.

(ii) 특히 입자의 운동에서 위치 $\vec{x}$와 운동량 $\vec{p}$의 연산자에 대하여 다음과 같은 운동 방정식이 성립한다.

$$\frac{d}{dt}\langle x_i\rangle=\left\langle\frac{\partial H}{\partial p_i}\right\rangle \tag{3.66}$$

$$\frac{d}{dt}\langle p_i\rangle=-\left\langle\frac{\partial H}{\partial x_i}\right\rangle \tag{3.67}$$

이 식은 고전역학에서 Hamilton 의 방정식, (1.133a)식과 (1.133b)식에 해당하는 식이며 Ehrenfest 정리로 알려져 있다. 이것은 운동 방정식에 대한 일종의 대응 원리(對應原理, correspondence principle)라 볼 수 있다.

(증명) 전자기장에서 질량 m을 가진 대전 입자의 운동을 생각하자. 이 때 Hamiltonian 은 (3.60)식으로 주어지므로 연산자들의 교환자에 관한 공식을 적용하면

$$[x_i, H]=\left[x_i, \frac{1}{2m}\left(p_j-\frac{e}{c}A_j\right)\left(p_j-\frac{e}{c}A_j\right)+e\phi(x)\right]$$

{(3.45)식을 사용하여}

$$=\left[x_i, \frac{1}{2m}\left(p_j-\frac{e}{c}A_j\right)\left(p_j-\frac{e}{c}A_j\right)\right]+e\left[x_i, \phi(x)\right]$$

{(3.39)식을 사용하면 우변 둘째 항은 0이 됨}

$$=\frac{1}{2m}\left[x_i, \left(p_j-\frac{e}{c}A_j\right)\left(p_j-\frac{e}{c}A_j\right)\right]$$

{(3.47)식을 이용하면}

$$=\frac{1}{2m}\left(p_j-\frac{e}{c}A_j\right)\left[x_i, p_j-\frac{e}{c}A_j\right]+\frac{1}{2m}\left[x_i, p_j-\frac{e}{c}A_j\right]\left(p_j-\frac{e}{c}A_j\right)$$

{(3.45)식을 이용하면}

$$= \frac{1}{2m}\left(p_j - \frac{e}{c}A_j\right)\left([x_i, p_j] - \frac{e}{c}[x_i, A_j]\right) + \frac{1}{2m}\left([x_i, p_j] - \frac{e}{c}[x_i, A_j]\right)\left(p_j - \frac{e}{c}A_j\right)$$

{(3.39)식과 (3.41)식을 이용하면}

$$= \frac{1}{2m}\left(p_j - \frac{e}{c}A_j\right)i\hbar\delta_{ij} + \frac{1}{2m}i\hbar\delta_{ij}\left(p_j - \frac{e}{c}A_j\right)$$

$$\therefore [x_i, H] = \frac{i\hbar}{m}\left(p_i - \frac{e}{c}A_i\right) \tag{3.68}$$

를 얻는다. 따라서 (3.62)식에서 $f = x_i$로 놓으면

$$\frac{d}{dt}\langle x_i \rangle = \frac{1}{i\hbar}\langle [x_i, H] \rangle = \frac{1}{m}\left\langle \left(p_i - \frac{e}{c}A_i\right)\right\rangle \tag{3.69}$$

가 된다. 한편 H를 p_i에 관해 편미분하여 보면

$$\frac{\partial H}{\partial p_i} = \frac{\partial}{\partial p_i}\left\{\frac{1}{2m}\left(p_j - \frac{e}{c}A_j\right)\left(p_j - \frac{e}{c}A_j\right) + e\phi(x)\right\}$$

가 되고 여기에

$$\frac{\partial p_j}{\partial p_i} = \delta_{ij}, \quad \frac{\partial A_j}{\partial x_i} = 0, \quad \frac{\partial \phi(x)}{\partial p_i} = 0 \tag{3.70}$$

을 이용하면

$$\frac{\partial H}{\partial p_i} = \frac{1}{2m}\delta_{ij}\left(p_j - \frac{e}{c}A_j\right) + \frac{1}{2m}\left(p_j \quad \frac{e}{c}A_j\right)\delta_{ij}$$

$$= \frac{1}{m}\left(p_i - \frac{e}{c}A_i\right) \tag{3.71}$$

$$\therefore \left\langle \frac{\partial H}{\partial p_i} \right\rangle = \frac{1}{m}\left\langle \left(p_i - \frac{e}{c}A_i\right)\right\rangle \tag{3.72}$$

이 식 (3.72)와 (3.69)식을 비교하여 보면

$$\frac{d}{dt}\langle x_i \rangle = \left\langle \frac{\partial H}{\partial p_i} \right\rangle \tag{3.66}$$

을 얻게 된다.

(3. 67)식도 같은 방법으로 얻을 수 있다. 즉

$$[p_i, H] = \frac{ie\hbar}{2mc}\left\{\left(\frac{\partial A_j}{\partial x_i}\right)\left(p_j - \frac{e}{c}A_j\right) + \left(p_j - \frac{e}{c}A_j\right)\frac{\partial Aj}{\partial x_i}\right\} - ie\hbar\frac{\partial \phi}{\partial x_i} \tag{3.73}$$

$$\frac{\partial H}{\partial x_i} = -\frac{e}{2mc}\left\{\left(\frac{\partial A_j}{\partial x_i}\right)\left(p_j - \frac{e}{c}A_j\right) + \left(p_j - \frac{e}{c}Aj\right)\frac{\partial A_j}{\partial x_i}\right\} + e\frac{\partial \phi}{\partial x_i} \tag{3.74}$$

됨을 알 수 있으므로 (3.67)식을 얻는다.

Ehrenfest 정리로 알려진 식 (3.66)과 (3.67)로부터 입자를 파속으로 표현한 양자역학의

식이 고전역학에서 주는 입자의 궤도를 기술할 수 있음을 보일 수 있다. 즉 파속이 규격화된 ψ로 표현되고 특히 위치 $x_0(t)$ 부근에 모여 있으며 이 때 파수는 $k_0 = \frac{p_0}{\hbar}$ 부근의 값만을 갖는다면

$$\langle x_i \rangle = \int \psi^* x_i d^3x \cong x_{0i} \int \psi^* \psi d^3x = x_{0i} \tag{3.75}$$

$$\langle p_i \rangle = \int \psi^* p_i \psi d^3x \cong p_{0i} \int \psi^* \psi d^3x = p_{0i} \tag{3.76}$$

$$\langle f(\vec{x}, \vec{p}) \rangle = \int \psi^* f(\vec{x}, \vec{p}) \psi d^3x \cong f(\vec{x_0}, \vec{p_0}) \tag{3.77}$$

따라서 (3.66)식과 (3.67)식에 위 관계식을 적용하면 고전역학에서의 Hamilton 의 방정식을 얻는다.

$$\frac{dx_{0i}}{dt} \simeq \frac{\partial H}{\partial p_i}(\vec{x_0}, \vec{p_0}, t) \tag{3.78}$$

$$\frac{dp_{0i}}{dt} \simeq -\frac{\partial H}{\partial p_i}(\vec{x_0}, \vec{p_0}, t) \tag{3.79}$$

즉 고전역학의 운동방정식은 양자역학의 관계식의 특별한 경우로 얻을 수 있음을 알 수 있다.

3. 5 불확정성 원리(不確定性原理, uncertainty principle) 와 최소 파속(最小波束, minimum packet)

제 2장에서 불확정성 원리에 관한 간단한 설명과 여러 가지 예를 들었으나 여기서는 보다 일반적인 불확정성 원리를 증명하여 보자.

(a) 불확정성 원리(uncertainty principle)

임의의 2개의 Hermite 연산자를 A, B라 하고 상태 함수 ψ로 나타낼 수 있는 어떤 계에서 이들을 여러 번 측정하였을 때 그 기대치는 다음과 같다.

$$\langle A \rangle = \int \psi^* A \psi d^3x \tag{3.80a}$$

$$\langle B \rangle = \int \psi^* B \psi d^3x \tag{3.80b}$$

그리고 ψ 상태에서 A, B값의 불확정값(不確定値, uncertainty) $\triangle A, \triangle B$는 다음과 같이 제곱평균제곱근(root-mean-square)형으로 정의한다.

$$\triangle A = \sqrt{\langle (A - \langle A \rangle)^2 \rangle} = \sqrt{\int \psi^* (A - \langle A \rangle)^2 \psi d^3x} \tag{3.81a}$$

$$\triangle B = \sqrt{\langle (B - \langle B \rangle)^2 \rangle} = \sqrt{\int \psi^* (B - \langle B \rangle)^2 \psi d^3x} \tag{3.81b}$$

이때에 불확정값에 관한 정리(定理, theorem)는

$$(\triangle A)(\triangle B) \geq \frac{1}{2} |\langle [A, B] \rangle| \tag{3.82}$$

가 된다.

(증명) 먼저 임의의 복소함수 $f(x)$와 $g(x)$에 대하여

$$f(x) - g(x) \frac{\int g^*(x') f(x') d^3x'}{\int g^*(x') g(x') d^3x'} \tag{3.83}$$

로 표시되는 새로운 함수를 만들면 이 함수도 복소함수이므로

$$\int d^3x \left| f(x) - g(x) \frac{\int g^* f d^3x'}{\int g^* g d^3x'} \right|^2 \geq 0 \tag{3.84}$$

즉 $$\int d^3x \left(f(x) - g(x) \frac{\int g^* f d^3x'}{\int g^* g d^3x'} \right)^* \left(f(x) - g(x) \frac{\int g^* f d^3x'}{\int g^* g d^3x'} \right) \geq 0$$

이 된다. 이 식의 적분기호 안에 있는 값을 펼쳐 쓰면

$$\int d^3x \left\{ f^* f - \frac{f^* g \int g^* f d^3x'}{\int g^* g d^3x'} - \frac{g^* f \int g f^* d^3x'}{\int g^* g d^3x'} + \frac{g^* g \int g^* f d^3x' \int g f^* d^3x'}{\int g^* g d^3x' \int g^* g d^3x'} \right\} \geq 0$$

함수 $F(x)$에 대하여

$$\int F(x') d^3x' = \int F(x) d^3x$$

이 되므로

$$\left(\int f^* f d^3x - 2 \frac{\int f^* g d^3x \int g^* f d^3x}{\int g^* g d^3x} + \frac{\int g^* g d^3x \int g^* f d^3x \int g f^* d^3x}{\int g^* g d^3x \int g^* g d^3x} \right) \geq 0$$

즉 $$\int f^* f d^3x \int g^* g d^3x \geq \int g^* f d^3x \int f^* g d^3x = \left| \int g^* f d^3x \right|^2 \tag{3.85}$$

이 된다. 이 관계식을 Schwartz의 부등식(不等式, inequality)이라 부른다. (3.84)식에서 좌변의 식이 0이 되려면 적분 안의 값이

$$f(x) - g(x) \frac{\int g^* f d^3x'}{\int g^* g d^3x'} = 0 \tag{3.86}$$

이 되어야 한다. 즉 f가 g에 비례하는 경우, 다시 말하여

$$f(x) = c g(x) \quad (c\text{는 복소 상수}) \tag{3.87}$$

의 관계식이 성립하는 경우 등식(等式, equality)이 성립한다.

이제 위 부등식에서 f와 g 대신에

$$f(x) = (A - \langle A \rangle)\psi(x) \tag{3.88}$$

$$g(x) = (B - \langle B \rangle)\psi(x) \tag{3.89}$$

로 놓아 보자. A, B는 Hermite 연산자이고 $\langle A \rangle, \langle B \rangle$는 실수 값을 가지므로 $A - \langle A \rangle, B - \langle B \rangle$는 역시 Hermite 연산자이다. 따라서 Hermite 연산자의 정의로부터

$$\begin{aligned}\int f^* f d^3x &= \int \{(A - \langle A \rangle)\psi\}^* (A - \langle A \rangle)\psi d^3x \\ &= \int \psi^* (A - \langle A \rangle)^2 \psi d^3x \\ &= (\Delta A)^2 \end{aligned} \tag{3.90}$$

를 얻고 마찬가지 방법으로

$$\int g^* g d^3x = (\Delta B)^2 \tag{3.91}$$

$$\int f^* g d^3x = \int \psi^* (A - \langle A \rangle)(B - \langle B \rangle)\psi d^3x \tag{3.92}$$

를 얻는다. 이 식들을 Schwartz의 부등식 (3.85)식에 대입하면

$$(\Delta A)^2 (\Delta B)^2 \geq |\int \psi^* (A - \langle A \rangle)(B - \langle B \rangle)\psi d^3x|^2 \tag{3.93}$$

이 된다.

한편 임의의 두 Hermite 연산자 F, G에 대하여 곱 FG는 다음과 같이 두 Hermite 연산자의 합으로 쓸 수 있다.

$$\begin{aligned} FG &= \frac{1}{2}(FG + GF) + \frac{1}{2}(FG - GF) \\ &= \frac{1}{2}(FG + GF) - \frac{i}{2} i(FG - GF) \end{aligned} \tag{3.94}$$

(3.52)식과 (3.53)식에 대하여 보여준 바와 같이 $\frac{1}{2}(FG + GF)$와 $\frac{1}{2} i(FG - GF)$는 Hermite 연산자이다. 따라서 기대치

$$\langle FG \rangle = \frac{1}{2} \langle (FG + GF) \rangle - \frac{i}{2} \langle i(FG - GF) \rangle \tag{3.95}$$

에서 $\langle (FG + GF) \rangle$와 $\langle i(FG - GF) \rangle$는 실수 값을 갖기 때문에 위 식은 $\langle FG \rangle$를 실수부분과 허수 부분으로 나눈 것을 의미한다. 복소수 값의 절대치의 제곱(absolute square)은 실수 부분(real part)과 허수 부분(imaginary part) 각각의 제곱의 합(合)의 관계가 성립하므로 이 값은 허수 부분만의 제곱보다 크다. 즉

$$|\langle FG \rangle|^2 \geq \frac{1}{4} |\langle [F, G] \rangle|^2 \tag{3.96}$$

여기서 등식이 성립하는 것은 $\langle FG \rangle$의 실수 부분이 0인 경우다. 즉

$$\langle FG + GF \rangle = 0 \tag{3.97}$$

인 경우이다.

우리가 고려하고자 하는 경우는 (3.95)식에서

$$F = A - \langle A \rangle \tag{3.98}$$

$$G = B - \langle B \rangle \tag{3.99}$$

가 되어

$$[F, G] = [A, B] \tag{3.100}$$

이므로 (3. 93)식과 (3. 96)식에 (3.100)식을 이용하면

$$(\triangle A)^2(\triangle B)^2 \geq |\langle (A - \langle A \rangle)(B - \langle B \rangle) \rangle|^2$$

$$\geq \frac{1}{4}|\langle [A, B] \rangle|^2 \tag{3.101}$$

$$\therefore (\triangle A)(\triangle B) \geq \frac{1}{2}|\langle [A, B] \rangle| \quad \text{(증명 끝)} \tag{3.82}$$

특별한 경우로 $A = x_i, B = p_j$인 경우를 고려하면

$$\triangle x_i \triangle p_j \geq \frac{1}{2}|\langle [x_i, p_j] \rangle|$$

$$= \frac{1}{2}|\langle i\hbar\delta_{ij} \rangle|$$

$$\therefore \triangle x_i \triangle p_j \geq \frac{\hbar}{2}\delta_{ij} \tag{3.102}$$

를 얻는다.

(b) 일차원에서 최소 파속(最小波束, minimum packet)

일차원인 경우 위 관계식으로부터 다음 관계식을 얻는다.

$$\triangle x \triangle p \geq \frac{\hbar}{2} \tag{3.103}$$

특히 이 식에서 등호가 성립하는 경우에 해당되는 파속을 최소 파속이라 부른다. (3.102)식에서 등식이 성립하려면 (3.87)식과 (3.97)식으로 표시되는 두 가지 조건을 만족하여야 한다. 여기서 f, g, F, G는

$$f = (A - \langle A \rangle)\psi = (x - \langle x \rangle)\psi \tag{3.104}$$

$$g = (B - \langle B \rangle)\psi = (p - \langle p \rangle)\psi \tag{3.105}$$

$$F = x - \langle x \rangle \tag{3.106}$$

$$G = p - \langle p \rangle \tag{3.107}$$

이므로 먼저 첫째 조건은 (3.87)식으로부터

$$(x-\langle x\rangle)\psi=c\left(\frac{\hbar}{i}\frac{\partial}{\partial x}-\langle p\rangle\right)\psi \tag{3.108}$$

$$\therefore \frac{\hbar}{i}\frac{d\psi}{dx}=\frac{x-\langle x\rangle}{c}\psi+\langle p\rangle\psi$$

$$\therefore \frac{d\psi}{\psi}=\frac{i}{\hbar}\left\{\frac{(x-\langle x\rangle)dx}{c}+\langle p\rangle dx\right\}$$

$$\therefore \mathrm{In}\psi=\mathrm{const}+\frac{i}{2\hbar c}(x-\langle x\rangle)^2+\frac{i\langle p\rangle}{\hbar}x$$

$$\therefore \psi=N\exp\left\{\frac{i}{2\hbar c}(x-\langle x\rangle)^2+\frac{i\langle p\rangle}{\hbar}x\right\} \tag{3.109}$$

를 얻는다. 여기서 N 는 상수이다. 또 다른 조건은 (3.97)식으로부터

$$\begin{aligned}0&=\langle(FG+GF)\rangle\\&=\int\psi^*(x-\langle x\rangle)(p-\langle p\rangle)\psi d^3x+\int\psi^*(p-\langle p\rangle)(x-\langle x\rangle)\psi d^3x\\&=(c^*+c)\int\psi^*(p-\langle p\rangle)^2\psi d^3x\end{aligned}$$

이 된다. 일반적으로 $\int\psi^*(p-\langle p\rangle)^2\psi d^3x$는 0이 아니다. 따라서

$$c^*+c=0 \tag{3.110}$$

즉 c는 순 허수(pure imaginary)이어야 한다. 이 허수를 $c=-id$ ($d=$실수)라 놓으면 (3.109)식으로부터

$$\psi=N\exp\left[-\frac{(x-\langle x\rangle)^2}{2\hbar d}+\frac{i}{\hbar}\langle p\rangle x\right] \tag{3.111a}$$

를 얻는다. 여기서 실수 d는 0보다 커야 한다. 그렇지 않으면 ψ가 ∞가 될 수 있다. (3.111a)식에서 괄호 안의 첫 항은 Gaussian 분포를 가진 값이고 두 번째 항은 평면파를 나타낸다. 그리고 N은 ψ가 규격화되었다는 조건으로부터 얻어진다.

즉

$$\int_{-\infty}^{\infty}\psi^*\psi dx=|N|^2\int_{-\infty}^{\infty}dx\, e^{\frac{(x-\langle x\rangle)^2}{\hbar d}}=1 \tag{3.112a}$$

에서 적분 안의 변수를

$$y=\frac{(x-\langle x\rangle)}{\sqrt{\hbar d}}$$

$$dy=\frac{1}{\sqrt{\hbar d}}dx$$

로 바꾸면 (3.112a)식으로 주어진 규격화 식은

$$1 = |N|^2 \cdot \sqrt{\hbar d} \cdot \int_{-\infty}^{\infty} e^{-y^2} dy$$

$$= |N|^2 \sqrt{\hbar d \pi} \qquad (3.112b)$$

가 된다. N 값은 위상을 고려하지 않는 경우에는

$$N = \frac{1}{\sqrt[4]{\pi \hbar d}} \qquad (3.113)$$

가 되어 최소 파속은

$$\psi = \frac{1}{\sqrt[4]{\pi \hbar d}} \exp\left\{-\frac{(x - \langle x \rangle)^2}{2\hbar d} + \frac{i}{\hbar}\langle p \rangle x\right\} \qquad (3.111b)$$

이 된다.

끝으로 d는 $(\Delta x)^2$의 항으로 나타낼 수 있다. 즉

$$(\Delta x)^2 = \int \psi^* (x - \langle x \rangle)^2 \psi dx$$

$$=- \frac{1}{\sqrt{\pi \hbar d}} \int_{-\infty}^{\infty} dx (x - \langle x \rangle)^2 e^{-\frac{(x - \langle x \rangle)^2}{\hbar d}}$$

$$= \frac{1}{\sqrt{\pi}} \int_{-\infty}^{\infty} (\sqrt{\hbar d})^2 y^2 e^{-y^2} dy$$

$$= \frac{\hbar d}{\sqrt{\pi}} \int_{-\infty}^{\infty} y^2 e^{-y^2} dy$$

$$= \frac{\hbar d}{2}$$

으로부터

$$\hbar d = 2(\Delta x)^2 \qquad (3.114)$$

를 얻으므로 최소 파속은 다음과 같이 된다.

$$\psi = \frac{1}{\sqrt[4]{2\pi (\Delta x)^2}} \exp\left\{-\frac{(x - \langle x \rangle)^2}{4(\Delta x)^2} + \frac{i}{\hbar}\langle p \rangle x\right\} \qquad (3.111c)$$

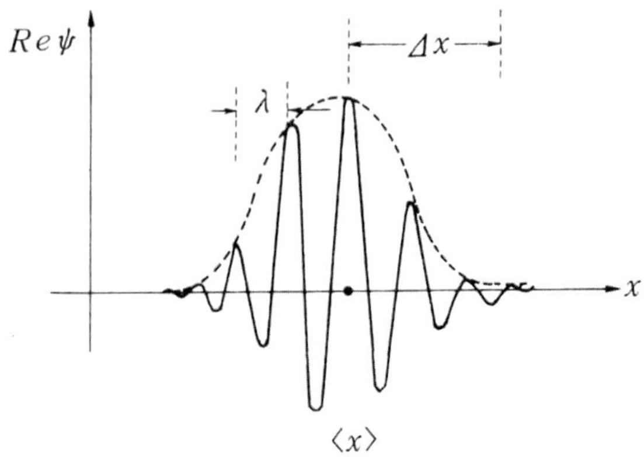

그림 3.1 파속 안에는 여러 파가 들어 있음

그림 3.1에서 보는 바와 같이 (3.111c)식은 파장이

$$\lambda = \frac{2\pi\hbar}{\langle p \rangle} = \frac{h}{\langle p \rangle} \tag{3.115}$$

이고 진폭은 $\langle x \rangle$에 중심을 두고 너비가 Δx만큼 퍼져 있는 Gaussian 함수에 의하여 기술되는 파속을 나타낸다. 따라서 Gaussian 형의 파속은 불확정성 원리가 허락하는 한도 내에서 위치와 운동량을 동시에 결정할 수 있는 입자를 나타낸다. 시간 $t=0$인 때에 Gaussian 형으로 표시된 최소 파속이 시간에 따라 어떻게 변하는가를 알아보자. 편의상 $\langle x \rangle = 0$으로 놓으면 $t=0$일 때

$$\psi(x,0) = \frac{1}{\sqrt[4]{2\pi(\Delta x)^2}} \exp\left\{-\frac{x^2}{4(\Delta x)^2} + \frac{i}{\hbar}\langle p \rangle x\right\} \tag{3.116}$$

이며 우리가 구하려는 파속은

$$\psi(x,t) = \frac{1}{\sqrt{2\pi}} \int dk \phi(k) e^{i(kx-wt)} \left(k = \frac{p}{\hbar}\right) \tag{3.117}$$

이므로 $\psi(x,0)$의 Fourier 변환으로 $\phi(k)$를 구하여 이 값을 (3.117)식에 넣어 줌으로써 $\psi(x,t)$를 얻을 수 있다. 즉

$$\psi(x,0) = \frac{1}{\sqrt{2\pi}} \int dk \phi(k) e^{ikx} \tag{3.118}$$

에서

$$\begin{aligned}\phi(x) &= \frac{1}{\sqrt{2\pi}} \int_{-\infty}^{\infty} dx \psi(x,0) e^{-ikx} \\ &= \frac{1}{\sqrt{2\pi}} \cdot \frac{1}{\sqrt[4]{2\pi(\Delta x)^2}} \int_{-\infty}^{\infty} \exp\left\{-\frac{x^2}{4(\Delta x)^2} - \frac{i}{\hbar}(p - < p > x)\right\} dx\end{aligned}$$

$$= \frac{1}{\sqrt{2\pi}} \cdot \frac{1}{\sqrt[4]{2\pi(\Delta x)^2}} \int_{-\infty}^{\infty} \exp\left\{-\frac{1}{4(\Delta x)^2}\left[x+\frac{2i(\Delta x)^2}{\hbar}(p-\langle p\rangle)\right]^2 - \frac{(\Delta x)^2}{\hbar^2}(p-\langle p\rangle)^2\right\}dx$$

$$= \sqrt{\frac{2(\Delta x)}{\sqrt{2\pi}}}\exp\left\{-\frac{(\Delta x)^2}{\hbar^2}(p-\langle p\rangle)^2\right\} \tag{3.119}$$

따라서 이 식 (3.119)를 (3.117)식에 대입하고 w 대신에

$$w = \frac{E}{\hbar} = \frac{1}{\hbar} \cdot \frac{p^2}{2m} = \frac{\hbar k^2}{2m} \tag{3.120}$$

를 사용하면

$$\psi(x,t) = \frac{1}{\hbar\sqrt{2\pi}}\int dp\phi(k)e^{\frac{i}{\hbar}\left(px-\frac{p^2}{2m}t\right)}$$

$$= \sqrt{\frac{2(\Delta x)}{2\pi\sqrt{2\pi}}} \cdot \frac{1}{\hbar}\int_{-\infty}^{\infty}\exp\left\{\frac{i}{\hbar}px - \frac{it}{2m\hbar}p^2 - \frac{(\Delta x)^2}{\hbar^2}(p-\langle p\rangle)^2\right\}dp$$

$$= \sqrt{\frac{\Delta x}{\alpha\hbar^2\sqrt{2\pi}}}\exp\left\{-\frac{\left(x-\frac{\langle p\rangle}{m}t\right)^2}{4\alpha\hbar^2} + \frac{i\langle p\rangle}{\hbar}\left(x-\frac{\langle p\rangle}{2m}t\right)\right\} \tag{3.121}$$

를 얻는다. 여기서 α 는 다음과 같이 정의된 양이다.

$$\alpha = \frac{(\Delta x)^2}{\hbar^2} + \frac{it}{2m\hbar} \tag{3.122}$$

이 파속은 군속도 $v_g = \frac{\langle p\rangle}{m}$ 로 움직이며(이것은 고전역학적인 운동량 $\langle p\rangle$를 갖는 입자의 속도이며) 위상속도가 $v_p = \frac{\langle p\rangle}{2m} = \frac{v_g}{2}$ 인 파속이다. 이 입자의 확률밀도는 ψ의 절대치의 제곱이므로

$$|\psi(x,t)|^2 = \frac{\Delta x}{\hbar^2|\alpha|\sqrt{2\pi}}\exp\left\{-\frac{(\Delta x)^2\left(x-\frac{\langle p\rangle}{m}t\right)^2}{2\hbar^4|\alpha|^2}\right\}$$

$$= \frac{\Delta x}{\sqrt{2\pi\left\{(\Delta x)^4+\frac{\hbar^2t^2}{4m^2}\right\}}}\exp\left\{-\frac{(\Delta x)^2\left(x-\frac{\langle p\rangle}{m}t\right)^2}{2\left[(\Delta x)^4+\frac{\hbar^2t^2}{4m^2}\right]}\right\} \tag{3.123}$$

에서 이 값의 너비는

$$\delta x = (\Delta x)\sqrt{1+\left\{\frac{\hbar t}{2m(\Delta x)^2}\right\}^2} \tag{3.124}$$

이 되며 시간이 지나감에 따라 너비가 넓어져서 파속이 평평해진다. 이것은 분산 방정식 (3.120)으로부터 얻어진 결과이다. 일반적으로 $w(k)$가 주어지면 이 값을 k_0 부근에서 전개할 때

$$w(k) = w(k_0) + \left.\frac{\partial w}{\partial k}\right|_{k_0}(k-k_0) + \frac{1}{2!}\left.\frac{\partial^2 w}{\partial k^2}\right|_{k_0}(k-k_0)^2 + \cdots\cdots \tag{3.125}$$

에서 $\left.\dfrac{\partial^2 w}{\partial k^2}\right|_{k_0}$가 0이 아닌 경우에는 파속이 시간이 지나감에 따라 퍼지게 되는 것이다. (3.124)식에서 시간 척도(time scale)를 $T = 2m(\Delta x)^2/\hbar$로 놓으면 $t \ll T$인 경우는 파속은 원형으로부터 완전히 변한다.

3. 6 측정(測定, measurement)과 고유값 문제(固有値問題, eigenvalue problem)

지금까지는 모든 고전역학적 양 $f(x, p, t)$에 대응하는 연산자 $f\left(\vec{x}, \frac{\hbar}{i}\vec{\nabla}, t\right)$가 있으며, 이 연산자는 Hermitian 이고 이것의 기대값은 우리가 고려하는 계에서 여러 번 측정할 때 그 평균치에 해당하며 (3.24)식에 의해서 얻어진다고 생각하였다. 그렇다면 이 물리량은 한 번 측정했을 때 얻은 값은 어떻게 되겠는가? 이것은 연산자 f의 고유값과 관련되므로 우선 연산자의 고유값 문제를 고찰하여 보자.

(a) 고유값 문제(固有値問題)

(i) 어떤 함수 $\psi(x)$가 미분가능하고 단일(單一)값을 가지며 항상 유한한 함수라 할 때 여기에 어떤 연산자 A가 작용하는 경우를 생각해 보자. 고유값 문제란 주어진 연산자 A에 대하여

$$A\psi = a\psi \tag{3.126}$$

인 값 a와 함수 ψ를 구하는 문제를 말한다. 이 때 a를 A의 고유값(eigenvalue), ψ를 A의 고유 함수(eigenfunction)라 부른다. 일반적으로 한 연산자 A에 대하여 여러 개의 고유값 $a_1, a_2, a_3, \cdots\cdots$와 이들 각각에 대응하는 고유 함수 $\psi_1, \psi_2, \cdots\cdots$들이 존재한다. 먼저 간단한 예를 하나 들어보자.

연산자가 $L_z = \dfrac{\hbar}{i}\dfrac{\partial}{\partial\varphi}$로 주어진 경우 고유값 문제를 풀어 보자. (3.126)식으로부터

$$\frac{\hbar}{i}\frac{\partial}{\partial\varphi}\psi = a\psi \tag{3.127}$$

인 미분 방정식을 얻는다. ψ가 φ의 함수인 경우만 고려하여 위 식을 풀면

$$\frac{d\psi}{\psi} = \frac{i}{\hbar} a d\varphi$$

$$\therefore \text{In}\psi = \text{const} + \frac{i}{\hbar} a\varphi$$

$$\therefore \psi = Ce^{\frac{i}{\hbar}a\varphi} \tag{3.128}$$

를 얻는다.

여기서 C는 변수 φ와는 무관한 상수이며 다른 변수의 함수가 될 수도 있다. 이 (3.128)식으로 주어진 함수는 미분가능하고 유한한 함수이다. 그러나 아직 단일 값을 갖는 조건은 사용되지 않았다. 만일 $\psi(\varphi)$가 φ의 어느 값에서 2π만큼 증가하더라도 같은 값을 가질 경우

$$\psi(\varphi + 2\pi) = \psi(\varphi)$$

$$Ce^{\frac{ia}{\hbar}(\varphi + 2\pi)} = Ce^{\frac{ia}{\hbar}}$$

$$\therefore e^{\frac{2\pi a}{\hbar}i} = 1 \tag{3.129}$$

가 되므로

$$a = 0, \pm\hbar, \pm 2\hbar, \pm 3\hbar, \cdots\cdots \tag{3.130}$$

가 된다. 이들은 연산자 L_z의 고유값들이다. 따라서 L_z의 고유값 문제의 해는 (즉 고유값과 고유 함수는)

$$a_m = m\hbar \tag{3.131}$$

$$\psi_m(\varphi) = Ce^{im\varphi}(m = 0, \pm 1, \pm 2, \cdots\cdots) \tag{3.132}$$

가 된다.

(ii) a, ψ가 연산자 A에 대하여 (3.126)식으로 주어진 고유값 문제의 해라면 A가 선형연산자인 경우 상수 c를 택하여 $c\psi$에 A를 작용하면

$$\begin{aligned} A(c\psi) &= cA\psi \\ &= ca\psi \\ &= a(c\psi) \end{aligned} \tag{3.133}$$

가 된다. 따라서 $c\psi$도 a를 고유값으로 갖는 A의 고유 함수이다. 즉 ψ에 임의의 상수 c를 곱하여도 해가 된다. 우리가 고유 함수를 규격화할 수 있는 것도 c 를 그렇게 되도록 택할 수 있기 때문이다. 위의 예에서 $\psi_m(x)$를 규격화한 경우

$$1 = \int_0^{2\pi} \psi_m^*(x)\psi_m(x)d\varphi = C^*C\int_0^{2\pi} d\varphi = 2\pi C^*C \tag{3.134}$$

$$\therefore C=\frac{1}{\sqrt{2\pi}} \tag{3.135}$$

가 되므로 규격화된 고유 함수는

$$\psi_m(\varphi)=\frac{1}{\sqrt{2\pi}}e^{im\varphi} \quad (m=0, \pm 1, \pm 2, \cdots\cdots) \tag{3.136}$$

가 된다. 뒤에 취급하겠지만 A는 미분 연산자가 될 수도 있고 경우에 따라서는 행렬이 되는 경우도 있다. 후자의 경우는 행렬의 고유값 문제와 관련된다. 지금까지 A는 주로 미분을 포함하는 연산자였다. 이러한 연산자는 어떠한 조건이 주어질 때에 띄엄띄엄 떨어진 (discrete) 고유값, 즉 연속이 아닌 고유값을 갖게 된다.

(iii) Schrödinger 방정식

퍼텐셜 $V(r)$에서 운동하는 입자의 운동 방정식인 소위 Schrödinger 방정식(3.10)의 해도 일종의 고유값 문제로 취급된다. 즉

$$i\hbar\frac{\partial\psi}{\partial t}=-\frac{\hbar^2}{2m}\nabla^2\psi+V(r)\psi \tag{3.10}$$

에서 퍼텐셜이 시간의 양함수가 아닌 경우 $\psi(\vec{x},t)$는

$$\psi(\vec{x},t)=\psi(\vec{x})\,T(t) \tag{3.137}$$

로 놓을 수 있어 (3.10)식은 변수 분리법(變數分離法, separatian of variables)으로 알려진 방법에 의하여 풀 수 있다. (3.137) 식을 (3.10) 식에 대입한 후 양변을 $\psi(\vec{x})\,T(t)$로 나누면

$$\frac{i\hbar}{T}\frac{dT}{dt}=\frac{1}{\psi(\vec{x})}\left[-\frac{\hbar^2}{2m}\nabla^2\psi(\vec{x})+V(r)\psi(\vec{x})\right] \tag{3.138}$$

가 된다. 이 식의 좌변 항은 시간만의 함수이고 우변 항은 위치의 성분만의 함수이므로 이 식이 독립 변수 x, t 의 모든 값에 대하여 같으려면 양변이 모두 어떤 상수가 되어야 한다. 이 상수를 E 로 놓으면 (3.138)식은 두 개의 상미분 방정식이 된다. 즉

$$i\hbar\frac{dT(t)}{dt} = E\,T(t) \tag{3.139}$$

$$\left(-\frac{\hbar^2}{2m}\nabla^2+V\right)\psi(\vec{x}) = E\psi(\vec{x})$$

(3.140)

가 되고 (3.139)식의 해는

$$T=const.\ \bullet\ e^{-\frac{iE}{\hbar}t} \tag{3.141}$$

가 되므로 (3.140)식의 해를 알면 Schrödinger 방정식의 해를 완전히 알게 된다. 이 (3.140)식을 시간에 독립(time independent)인 Schrödinger 방정식이라 부른다. (3.139)식과

(3.140)식은 각각 $i\hbar\frac{\partial}{\partial t}$와 $H=-\frac{\hbar^2}{2m}\nabla^2+V$인 연산자의 고유값 문제에 해당된다. H의 고유함수 $\psi(\vec{x})$는 시간에 독립인 해이며 고유값 E는 계의 가능한 에너지 준위를 나타낸다. 미분 연산자의 경우 고유값들은 경계 조건(境界條件, boundary condition)에 의하여 결정된다.

예. 1차원에서 그림 3.2와 같은 퍼텐셜 벽에 갇혀 있는 입자의 고유값 문제를 생각해 보자. 이 문제는 퍼텐셜이

$$\begin{aligned} V(x) &= 0 \quad (0 < x < L) \\ &= \infty \quad (x \le 0, x \ge L) \end{aligned} \tag{3.142}$$

인 경우 Schrödinger 방정식

$$-\frac{\hbar^2}{2m}\frac{d^2\psi(x)}{dx^2}+V\psi(x)=E\psi(x) \tag{3.140}$$

를 푸는 문제이다.

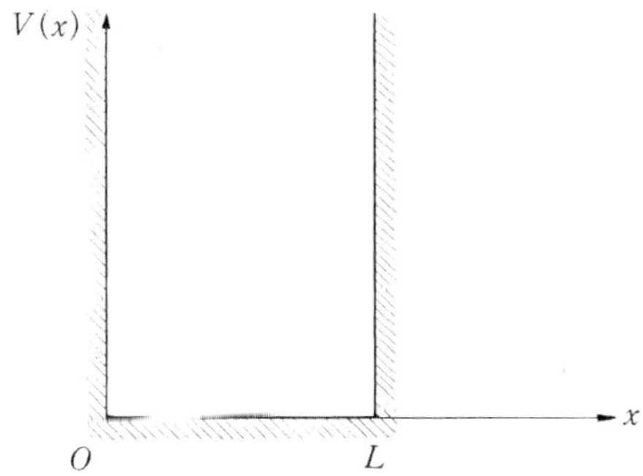

그림 3.2 무한히 높은 퍼텐셜 벽. 입자는 두 벽 사이에만 존재한다.

$x \le 0$이나 $x \ge L$인 경우에는 퍼텐셜 벽이 너무 커서 입자가 뚫고 나가지 못할 것이다. 따라서 이 영역에는 입자가 존재할 수 없으므로

$$\psi(x)=0 \quad (x \ge L, x \le 0) \tag{3.143}$$

로 놓는다. 한편 $0 < x < L$인 곳에서는 $V=0$ 이므로 이 영역에서의 Schrödinger 방정식은

$$-\frac{\hbar^2}{2m}\frac{d^2\psi}{dx^2}=E\psi \tag{3.144a}$$

$$\therefore \frac{d^2\psi}{dx^2}+k^2\psi=0 \tag{3.144b}$$

가 된다. 여기서 k는 다음과 같이 정의된 값이다.

$$k^2=\frac{2Em}{\hbar^2} \tag{3.145}$$

(3.144b)식은 쉽게 풀려지는 미분 방정식이며 그 해는

$$\psi(x)=A\sin kx+B\cos kx \tag{3.146}$$

가 된다. 여기에 (3.143)식으로 주어진 조건을 고려하면 (3.146)식은

$$\psi(x=0)=0=B \tag{3.147}$$

이므로 $B=0$ 이 된다. 또

$$\psi(x=L)=0 \tag{3.148}$$

인 조건을 사용하면

$$\psi(x=L)=A\sin kL=0$$

이므로

$$kL=n\pi\ (n=1,2,3,\ \cdots\cdots) \tag{3.149a}$$

$$\therefore k=\frac{\pi}{L}n \tag{3.149b}$$

을 얻는다. 따라서 우리가 구하려는 해는 다음과 같다.

$$\psi_n(x)=A\sin\frac{n\pi}{L}x \tag{3.150}$$

$$E_n=\frac{\hbar^2k^2}{2m}=\frac{\hbar^2\pi^2}{2mL^2}n^2,\qquad (n=1,2,3,\ \cdots\cdots) \tag{3.151}$$

한편 이 함수를 규격화하면

$$\begin{aligned}1&=\int_0^L\psi_n^*\psi_n dx=|A|^2\int_0^L\sin^2\frac{n\pi}{L}xdx\\&=|A|^2\int_0^L\frac{1}{2}\left(1-\cos\frac{2n\pi}{L}x\right)dx\\&=|A|^2\left(\frac{1}{2}x-\frac{L}{4n\pi}\sin\frac{2n\pi}{L}x\right)\Bigg|_0^L\\&=|A|^2\frac{L}{2}\end{aligned}$$

$$\therefore A=\sqrt{\frac{2}{L}} \tag{3.152}$$

이므로 규격화된 고유 함수는

$$\therefore \psi_n(x)=\sqrt{\frac{2}{L}}\sin\frac{n\pi}{L}x \tag{3.153}$$

가 된다. (3.153)식과 (3.151)식은 퍼텐셜 벽에 갇혀 있는 입자가 가질 수 있는 상태와 에너지 값이다.

한편 입자는 어느 한 에너지 상태에만 있는 것이 아니고 여러 에너지 상태에 있을 수 있는 확률을 가지고 있다. 또 주어진 E_n에 대하여 시간에 관계되는 해를 고려하면

Schrödinger 방정식의 해는 $\psi_n(x)\,T_n(t)$의 모양을 가지며 일반적인 입자의 상태 $\psi(x,t)$는 이들의 선형 결합(線型結合, linear combination)으로

$$\psi(x,t)=\sum_n a_n\sqrt{\frac{2}{L}}\ \sin\left(\frac{n\pi}{L}x\right)e^{-\frac{i}{\hbar}E_n t} \tag{3.154}$$

가 된다. 따라서 $t=0$인 때에 입자의 상태가 알려져 있다면 (3.154)식의 a_n값은 Fourier 방법에 의하여 정해지므로 결국 $\psi(x,t)$는 완전히 결정된다.

이 예에서 특히 $V=0$인 영역을 넓힐 경우는 $-\infty<x<\infty$인 영역에서 (3.144)식이 성립하여 이 식은 자유입자의 파동함수에 해당된다. 이 식의 해는

$$\psi(x)=Ce^{\pm ikx} \tag{3.155}$$

이며 이 경우에는 H의 고유값 E는 띄엄띄엄 떨어져 있는 값이 아니다. L이 유한한 값을 가지면 E_n은 (3.151)식에서 보는 바와 같이 띄엄띄엄 떨어져 있으나 L이 ∞인 경우는 E는 연속적으로 변한다고 할 수 있다. 따라서 k도 연속적으로 변하는 양이다. 그런데 이 상태 함수는 규격화하는데 문제가 있다. 즉 (3.112a)식과 같은 규격화를 생각하면

$$\int_{-\infty}^{\infty}\psi^*(x)\psi(x)dx=|\,C\,|^2\int_{-\infty}^{\infty}dx=\infty \tag{3.156}$$

가 되기 때문이다. 이 경우에 먼저 구간 $-L<x<L$을 생각한 후에 $L\to\infty$로 놓는다면 (3.155)식은

$$\psi(x)=\frac{1}{\sqrt{2L}}e^{\pm ikx} \tag{3.157}$$

가 되며 입자가 x에 있을 확률은

$$\psi^*\psi=\frac{1}{2L} \tag{3.158}$$

이 되어 모든 x값에 대하여 일정한 값을 갖는다. 이것은 $L\to\infty$인 경우 입자가 모든 구간에 걸쳐 존재함을 의미한다. 그 이유를 살펴보기 위하여 $p=\frac{\hbar}{i}\frac{\partial}{\partial x}$인 연산자를 고려하면

$$\begin{aligned} p\psi &= \frac{\hbar}{i}\frac{\partial}{\partial x}Ce^{\pm ikx}=\pm\hbar kCe^{\pm ikx} \\ &=p\psi \quad (p=\pm\hbar k) \end{aligned} \tag{3.159}$$

가 되어 ψ는 연산자 p의 고유 상태이며 이 고유 상태는 $p=\pm\hbar k$인 운동량을 갖는다. 즉 자유 입자가 정확한 운동량의 값 $\hbar k$를 갖는 경우이며 이때는 $\Delta p\to 0$인 경우이므로 불확정성 원리에 의하여 $\Delta x\to\infty$ 즉 입자는 널리 퍼져 있음을 의미한다.

이 경우에 (3.155)식으로 주어진 파동 함수를 $\psi_p(x)$라 하면 파동 함수 $\psi_p(x)$의 규격화를 (3.112a)식이나 (3.156)식과 같이 하지 않고

$$\int_{-\infty}^{\infty}\psi_{p'}^{*}(x)\psi_{p}(x)dx=\delta(p'-p) \tag{3.160}$$

로 해야 한다. δ 함수의 성질로부터 p'과 p가 같을 경우는 ∞가 됨을 알 수 있다.

(3.155)식을 사용하면 (3.160)식의 좌변은

$$|C|^2\int_{-\infty}^{\infty}e^{\pm i\frac{p}{\hbar}x}e^{\mp i\frac{p'}{\hbar}x}dx$$

$$=|C|^2\int_{-\infty}^{\infty}e^{\pm i\frac{x}{\hbar}(p-p')}dx$$

$$=2\pi|C|^2\hbar\delta(p'-p)$$

가 되므로 (3.160)식의 우변과 비교하면

$$C=\frac{1}{\sqrt{2\pi\hbar}} \tag{3.161}$$

를 얻는다. 따라서 운동량 p를 갖는 자유입자의 피동 함수인 (3.155)식은

$$\psi_p(x)=\frac{1}{\sqrt{2\pi\hbar}}e^{\pm i\frac{p}{\hbar}x} \tag{3.162}$$

가 된다. 여기서 아래첨자 p는 연산자 p의 연속적인 고유값 p를 나타낸다. 이 경우에 (3.154)식에 해당되는 일반적 입자의 상태 $\psi(x,t)$는

$$\psi(x,t)=\int a(p)\frac{1}{\sqrt{2\pi\hbar}}e^{i\frac{p}{\hbar}x-\frac{iE_p}{\hbar}t}dp$$

$$=\frac{1}{\sqrt{2\pi\hbar}}\int a(p)e^{\frac{i}{\hbar}(px-E_pt)}dp \tag{3.163}$$

가 된다. 여기서 E_p는 $p^2/2m$을 의미한다. 결국 입자의 상태는 평면파를 이용하여 얻는 Fourier 의 적분형으로 얻었다.

(iv) Hermite 연산자의 고유값과 고유 함수에 대한 정리

(a) Hermite 연산자의 고유값은 실(수)값을 갖는다.

(증명) A가 Hermite 연산자이고 이 연산자의 고유값과 고유 함수를 각각 a와 ψ라면

$$A\psi=a\psi \tag{3.136}$$

가 된다. 여기에 $A^\dagger=A$와 $\int\psi^*\psi dx=1$을 적용하면

$$\int\psi^*A\psi dx=a\int\psi^*\psi dx=a \tag{3.164}$$

또 $$a^*=\left[\int\psi^*A\psi dx\right]^*=\int(A\psi)^*\psi dx \tag{3.165}$$

이므로 a는 실수 값(real value)을 갖는다

(b) Hermite 연산자 A의 서로 다른 고유값에 대응하는 고유 함수들은 서로 직교한다. 즉 a_n과 $a_m(m \neq n)$을 두 고유값이라 하고 이 고유값에 대응하는 고유 함수를 각각 ψ_n과 ψ_m이라 하면

$$\int \psi_m^* \psi_n dx = 0 \quad (a_n \neq a_m) \tag{3.166}$$

이다.

(증명) $A\psi_n = a_n \psi_n$ (3.167a)

$$A\psi_m = a_m \psi_m \tag{3.167b}$$

여기서 a_n, a_m은 실수이므로 (3.167b)식으로부터

$$(A\psi_m)^* = a_m \psi_m \tag{3.168}$$

를 얻는다. (3.167a)식으로부터

$$\int \psi_m^* A\psi_n dx = a_n \int \psi_m^* \psi_n dx \tag{3.169}$$

또 (3.168)식으로부터

$$\int (A\psi_m)^* \psi_n dx = a_m \int \psi_m^* \psi_n dx$$

즉 $$\int \psi_m^* A\psi_n dx = a_m \int \psi_m^* \psi_n dx \tag{3.170}$$

가 되므로 (3.169)식과 (3.170)식은 좌변이 같다. 따라서 이들 두 식으로부터

$$0 = (a_n - a_m) \int \psi_m^* \psi_n dx \tag{3.171}$$

가 되며 여기서 $a_n \neq a_m$이므로

$$\int \psi_m^* \psi_n dx = 0 \tag{3.166}$$

가 된다. (증명 끝)

앞으로 (3.166)식과 같은 내적(內積, inner product)을 (ψ_m, ψ_n)으로 표시하기로 한다. 그리고 규격화까지를 고려하면

$$(\psi_m, \psi_n) = \delta_{mn} \tag{3.172}$$

가 된다.

예를 들어 $\frac{\hbar}{i}\frac{\partial}{\partial \varphi}$의 고유값과 고유 함수는 앞에서 보인 바와 같이

$$a_m = m\hbar \tag{3.131}$$

$$\psi_m = \frac{1}{\sqrt{2\pi}} e^{im\varphi} \tag{3.136}$$

으로 주어지며

$$\int_0^{2\pi}\left(\frac{e^{im\varphi}}{\sqrt{2\pi}}\right)^* \frac{e^{\in\varphi}}{\sqrt{2\pi}}d\varphi = \frac{1}{2\pi}\int_0^{2\pi} e^{i(n-m)\varphi}d\varphi \ = \delta_{nm} \tag{3.136}$$

으로 주어지며

$$\int_0^{2\pi}\left(\frac{e^{im\varphi}}{\sqrt{2\pi}}\right)^* \frac{e^{\in\varphi}}{\sqrt{2\pi}}d\varphi = \frac{1}{2\pi}\int_0^{2\pi} e^{i(n-m)\varphi}d\varphi \ = \delta_{nm}$$

이 된다. 따라서 $n \neq m$인 경우 두 고유 함수는 직교한다.

(v) 완전성(完全性, completeness)의 가설

양자역학에서 물리적 양을 Hermite 연산자로 나타낸다고 하였다. 한편 이 양을 고려할 때는 어떠한 물리적 계, 즉 어떠한 상태 함수 $\psi(x)$로 기술되는 물리적 계에서 고려하는가를 생각하여야 한다.

ψ가 주어지고 Hermite 연산자 A가 주어졌을 때 A의 고유 함수들로 이루어진 집합 $\{\psi_n(x)\}$는 $\psi(x)$를 기술할 수 있다는 의미에서 완전성을 갖는 집합을 이룬다고 생각한다. 즉 (3.167a)식으로 주어지는 A의 고유 함수를 생각하면

$$A\psi_n = a_n\psi_n \quad (n = 1, 2, \cdots\cdots) \tag{3.167a}$$

로부터 ψ는 $\{\psi_n\}$에 의하여 다음과 같이 쓸 수 있다.

$$\psi(x) = \sum_n c_n\psi_n(x) \tag{3.173}$$

이 식은 많은 경우에 성립하여 양자역학에서는 항상 성립한다고 가정한다. n 은 유한 개일 수도 있고 무한히 많을 수도 있다. 지금까지 고려된 집합 $\{\psi_n\}$는 무한 차원의 선형 공간에서 유한한 복소수 값을 갖는 내적이 정의되는 경우이며 이 공간을 Hilbert 공간(space)이라 부른다. n이 유한한 경우는 Hilbert 공간의 특별한 경우로 생각한다. 측정 가능한 물리적 양은 Hilbert 공간에서 정의된 연산자들과 관련되었다고 볼 수 있다.

예를 들어 $\psi(\varphi)$가 $-\pi < \varphi < \pi$영역에서 φ의 단일(單一)함수인 경우 Fourier 급수를 이용하여 제 2장 (2.66)식에서와 같이 된다. 즉

$$\begin{aligned}\psi(\varphi) &= \sum_{m=-\infty}^{\infty}\gamma_n e^{im\varphi} \\ &= \sum_{m=-\infty}^{\infty}\sqrt{2\pi}\,\gamma_n \cdot \frac{e^{im\varphi}}{\sqrt{2\pi}}\end{aligned} \tag{3.174}$$

가 되며, 이 식은 $\psi(\varphi)$를 $L = \frac{\hbar}{i}\frac{\partial}{\partial\varphi}$의 고유 함수 $\left\{\frac{1}{\sqrt{2\pi}}e^{im\varphi}\right\}$로 전개한 식이다.

고유값 문제에 있어서 한 연산자 A의 고유값 a 하나에 대하여 여러 개의 고유 함수가 대응되는 경우가 있다.

$$A\psi_n = a\psi_n \quad (n = 1, 2, \cdots\cdots, k) \tag{3.175}$$

이런 경우 고유값 a는 k차례(k-fold) 겹침 또는 축퇴(縮退, degenerate)되었다고 한다. 이 경우에 이 k개의 함수들로부터 서로 직교하는 새로운 함수들을 만들어 낼 수 있다. 이 과정을 Gram-Schmidt 과정 또는 Schmidt 과정이라 부른다. 즉 서로 직교하지는 않으나 서로 독립인 k개의 함수를

$$\psi_1, \psi_2, \psi_3, \cdots\cdots, \psi_k \tag{3.176}$$

라 하면 새로운 직교함수 $\chi_1, \chi_2, \cdots\cdots, \chi_k$는 다음과 같이 형성할 수 있다.

(a) $\chi_1 = \psi_1$ 으로 택한다. (3.177a)

(b) $\chi_2 - d_{21}\chi_1 + \psi_2$ (3.177b)

로 놓고 d_{21}을 택할 때 χ_2가 χ_1과 직교되도록 택한다. 즉

$$(\chi_1, \chi_2) = 0 = d_{21}(\chi_1, \chi_1) + (\chi_1, \psi_2)$$

$$\therefore d_{21} = -\frac{(\chi_1, \psi_2)}{(\chi_1, \chi_1)} \tag{3.177c}$$

(c) $\chi_3 = d_{31}\chi_1 + d_{32}\chi_2 + \psi_3$ (3.177d)

로 놓고 d_{31}과 d_{32}는 χ_3가 χ_1, χ_2와 직교하도록 택한다. 즉

$$0 = (\chi_1, \chi_3) = d_{31}(\chi_1, \chi_1) + (\chi_1, \psi_3)$$

$$0 = (\chi_2, \chi_3) = d_{32}(\chi_2, \chi_2) + (\chi_2, \psi_3)$$

$$\therefore d_{31} = -\frac{(\chi_1, \psi_3)}{(\chi_1, \chi_1)} \tag{3.177e}$$

$$\therefore d_{32} = -\frac{(\chi_2, \psi_3)}{(\chi_2, \chi_2)} \tag{3.177f}$$

로 택한다. 이와 같은 방법을 계속하여 $\chi_4, \chi_5, \cdots\cdots$등을 서로 직교하도록 만들 수 있다.

예를 들어 $1, x, x^2, x^3, \cdots\cdots$가 $0 \le x \le 1$인 영역에서 주어졌을 때 Schmidt 과정을 이용하여 직교 함수를 만들면

$$\chi_1 = 1$$

$$\chi_2 = d_{21}\chi_1 + x$$

$$d_{21} = -\frac{\int_0^1 \chi_1^* x dx}{\int_0^1 \chi_1^* \chi_1 dx} = -\int_0^1 x dx = -\frac{1}{2}$$

$$\therefore \ \chi_2 = x - \frac{1}{2}$$

$$\chi_3 = d_{31}\chi x_1 + d_{32}\chi_2 + x^2$$

$$d_{31} = -\frac{\int_0^1 \chi_1^* x^2 dx}{\int_0^1 \chi_1 \chi_1 dx} = -\int_0^1 x^2 dx = -\frac{1}{3}$$

$$d_{32} = -\frac{\int_0^1 \chi_2^* x^2 dx}{\int_0^1 \chi_2^* \chi_2 dx} = -\frac{\int_0^1 \left(x - \frac{1}{2}\right) x^2 dx}{\int_0^1 \left(x - \frac{1}{2}\right)^2 dx}$$

$$= -\frac{\int_0^1 \left(x^3 - \frac{1}{2}x^2\right) dx}{\int_0^1 \left(x^2 - x + \frac{1}{4}\right) dx} = -\frac{\left(\frac{1}{4} - \frac{1}{6}\right)}{\left(\frac{1}{3} - \frac{1}{2} + \frac{1}{4}\right)} = -1$$

$$\therefore \ \chi_3 = x^2 - x + \frac{1}{6},$$

$$\cdots\cdots\cdots\cdots\cdots\cdots$$

그리하여, 한 연산자와 고유값이 겹친(또는 퇴화(退化)라고도 함) 경우라도 Gram-Schmidt 과정을 이용하면 모든 서로 다른 고유 함수들이 직교하도록 만들 수 있다. 따라서 겹침 있는 경우까지를 포함하여 연산자 A의 고유 함수는 완전히 직교 규격화 함수 $\{\psi_n\}$을 만들 수 있으며 상태 함수 ψ는 (3.173)식과 같이 이들로 표시된다. 이 때 전개 계수(展開係數, expansion coefficient) c_n은 소위 Fourier의 요령(trick)을 사용하여 얻을 수 있다. 즉

$$\psi = \sum_n c_n \psi_n \tag{3.173}$$

에서

$$(\psi_m, \psi) = \sum_n c_n (\psi_m, \psi_n) = \sum_n c_n \delta_{nm} = c_m$$

$$\therefore c_n = (\psi_n, \psi) \tag{3.178}$$

에 의하여 얻어진다.

(b) 측정(測定, measurement)의 가설

지금까지 양자역학의 형성과 관련된 이론들은 모두 실험 현상이나 그 결과들과 직접 관련이 있다. 여기에서 기술하려는 측정에 관한 가설은 직접 실험적으로 얻어진다고는 볼 수 없으나, 이 가설에 바탕을 둔 이론들이 모순이 없으므로 맞는 가설이라고 할 수 있다. 측정에 대한 가설은 파동함수 $\psi(x)$를 갖는 계에서

(ⅰ) 어떤 시간 t에서 물리적인 양 $f(\vec{x}, \vec{p})$를 한 번 측정한다면, 그 측정된 값은 연산자 $f(\vec{x}, \vec{p})$의 고유값들 중에 어느 한 값이 된다. 즉 $f(\vec{x}, \vec{p})$의 고유값 문제에 서

$$f(\vec{x}, \vec{p})\psi_n = a_n \psi_n \quad (n = 1, 2, \cdots\cdots) \tag{3.179}$$

일 때에 한 측정에서 얻는 값은 a_1, a_2, a_3, ……중의 어느 한 값이 된다는 것이다.

(ii) 측정값이 어느 한 값, 예를 들어 a_k가 될 확률은 ψ를 $\{\psi_n\}$으로 (3.173)식과 같이 전개하였을 때 ψ_k 앞에 붙는 전개 계수의 절대값의 제곱 $|c_k|^2$이 된다.

$|c_k|^2$이 확률을 나타낸다는 가설이 지금까지의 이론들과 모순이 없다는 것은 다음과 같이 검토할 수 있다.

첫째, ψ는 규격화되어 있으므로

$$\begin{aligned} 1=(\psi, \psi) &= \int\left(\sum_m c_m\psi_m\right)^* \sum_n c_n\psi_n d^3x \\ &= \sum_m\sum_n c_m^* c_n(\psi_m, \psi_n) = \sum_m\sum_n c_m^* c_n\delta_{mn} \\ &= \sum_n |c_n|^2 \end{aligned} \tag{3.180}$$

이 되어 모든 확률의 합은 1이 되므로 적합하다.

둘째, 기대치를 생각하여 보자. f가 선형 연산자이므로

$$\begin{aligned} \langle f\rangle &= \int \psi^* f\psi d^3x = \int\left(\sum_m c_m\psi_m\right)^* f\sum_n c_n\psi_n dx \\ &= \sum_m\sum_n c_m^* c_n \int \psi_m^* f\psi_n dx \\ &= \sum_n\sum_m c_m^* c_n a_n(\psi_m, \psi_n) \\ &= \sum_n a_n |c_n|^2 \end{aligned} \tag{3.181}$$

를 얻는다. 이 결과는 가능한 측정치 a_1, a_2, ……들에 대하여 (측정된 값)×(확률)을 모두 합한 것이므로 평균치에 해당하여 기대치를 나타낸다.

또 $|c_n|^2$은 양(陽, positive)의 값만 가지므로 확률이라고 하는 데에는 아무런 모순이 없다. (3.181)식에서 알 수 있는 바와 같이 측정에 대한 가설은 기대치에 대한 가설을 포함하고 있다고 할 수 있다. 물론 이와 같은 논의는 물리적 계가 파동함수 ψ로 표시되는 소위 순수 상태(pure state)인 경우에 대한 것이다.

(iii) 참고로 (3.181)식과 같은 모양의 기대치를 갖게 된 것은 ψ를 연산자 f의 고유 함수로 전개하였기 때문이다. 만약 ψ가 다른 연산자 예를 들어 A의 고유 함수인 직교 규격화 함수 $\{\phi_n\}$로 전개되었다고 하자. 즉

$$\psi = \sum b_n\phi_n \tag{3.182}$$

이라면 f의 기대값은 다음과 같이 쓸 수 있다.

$$\begin{aligned} \langle f\rangle &= \int\left(\sum_m b_m\phi_m\right)^* f\sum_n b_n\phi_n \\ &= \sum_m\sum_n b_n b_m^* \int \phi_m^* f\phi_n d^3x \end{aligned} \tag{3.183}$$

여기서 $\int \phi_m^* f \phi_n d^3x$는 행렬(行列, matrix)의 성분을 나타낸다고 할 수 있다. 제 9 장에서 나오겠지만 이 행렬을 연산자 f의 행렬 표현(行列表現, matrix representation)이라 부르고 행렬 성분을 f_{mn}이라 쓰면

$$f_{mn} = \int \phi_m^* f \phi_n d^3x \tag{3.184}$$

이다. 또 (3.183)식에서 $b_n b_m^*$도 모양으로 알 수 있는 바와 같이 행렬 성분의 집합이라 할 수 있다. 이 행렬을 특히 밀도 행렬(密度行列, density matrix)이라 한다. 즉

$$b_n b_m^* = \rho_{nm}$$

로 쓰면 연산자 f의 기대치는

$$\begin{aligned}\langle f \rangle &= \rho_{nm} f_{mn} \\ &= Tr(\rho f)\end{aligned} \tag{3.186}$$

로 표시된다. $\{\phi_n\}$을 f의 고유 함수들로 택하였을 때에는 f의 행렬 표현은 대각선 행렬(對角線行列, diagonal matrix)이 되고 (3.181)식을 얻게 된다.

상태 함수가 (3.182)식으로 주어지는 경우 $|b_n|^2$은 이 계가 ϕ_n상태에 있을 확률을 나타낸다. 즉 밀도 행렬 (3.85)식의 대각 성분(對角成分, diagonal element)은 확률을 나타낸다. 따라서

$$Tr(\rho) = 1 \tag{3.187}$$

이 되어야 한다. 밀도 행렬에 관한 자세한 논의는 후에 다시 하기로 하자.

끝으로 지금까지 논의한 양자역학 가설들(postulates)을 정리하여 보자.

(i) 물리적으로 측정할 수 있는 모든 양 $f(x, p, \cdots)$에는 수학적으로 선형, Hermite인 연산자 $f(x_{op}, p_{op}, \cdots)$가 대응된다. 여기서 연산자 x_{op}, p_{op}는

$$[x_{i_{op}}, p_{j_{op}}] = i\hbar\delta_{ij} \quad \text{(첨자 } op\text{는 연산자를 나타내며 생략되기도 한다)} \tag{3.188}$$

의 관계가 있다. 이 식은 양자화 식이라 하며 Heisenberg에 의하여 처음 쓰여진 식이다. $p_{op} = \frac{\hbar}{i}\overrightarrow{\nabla}$로 쓰는 것은 Schrödinger 묘사에서 사용되는 특별한 경우라고 생각할 수 있으며 (3.188)식이 보다 더 일반적인 양자화 관계식이다. 이 연산자의 성질로부터 그 물리량을 측정할 때의 결과를 얻을 수 있다.

(ii) 물리적 계에 대하여, 그 계의 알려진 모든 정보를 포함하고 있는 상태 함수(state function) ψ가 존재한다. ψ만으로 표시되는 계를 순수 상태(pure state)라고 부르며 혼합 상태(mixed state)에 관하여는 뒤에 취급하였다.

(iii) 이 물리적 양을 한 번 측정하였을 때 가능한 측정치는 그 물리량에 해당되는 연산자의 고유값들 중의 어느 한 값만이 될 수 있다.

(iv) 한 물리적 양을 측정하였을 때 어느 한 고유값이 측정될 확률은 상태 함수를 그 양의 연산자의 고유 함수로 전개했을 때 전개 계수의 절대치 제곱에 비례한다. 즉 연산자 f에 대하여

$$f\psi_n = a_n\psi_n$$

$$\psi = \sum c_n\psi_n$$

이면 ψ_n에 대응하는 고유값 a_n을 측정하게 될 확률은 다음과 같이 표시된다.

$$|c_n|^2 = |(\psi_n, \psi)|^2 \tag{3.189}$$

(v) 만일 어느 계에 대한 상태 함수 ψ가 어느 특정한 시간에서 알려졌다면 그 뒤 상태 함수의 시간에 대한 변화는 Schrödinger 방정식

$$i\hbar\frac{\partial\psi(x,t)}{\partial t} = H\psi(x,t)$$

에 의하여 정해진다.

예를 들어 H가 시간의 양함수가 아닌 Hamiltonian 연산자라면 위 식으로부터

$$\psi(x,t) = e^{-\frac{i}{\hbar}(t-t_0)H}\psi(x,t_0) \tag{3.190}$$

로 쓸 수 있다. 여기서 지수 함수는

$$e^A = \sum_{n=0}^{\infty}\frac{1}{n!}A^n \tag{3.191}$$

를 의미한다. 특히 $t_0 = 0$이라 놓고 이때에 $\psi(x,0)$가 H의 고유값 $E_n(n=1,2,\cdots)$에 대응하는 고유 함수 $\{u_n\}$으로 전개되었다면

$$\psi(x,0) = \sum_n a_n u_n(x)$$

이 되고 (3.190)식을 이용하여

$$\begin{aligned}\psi(x,t) &= e^{-\frac{i}{\hbar}tH}\psi(x,0)\\ &= e^{-\frac{i}{\hbar}tH}\sum_n a_n u_n(x)\\ &= \sum_n a_n e^{-\frac{i}{\hbar}tH}u_n(x)\\ &= \sum_n a_n e^{-\frac{i}{\hbar}tE_n}u_n(x)\end{aligned}$$

을 얻는다. 이 식은 전에 변수 분리법에 의하여 얻은 식과 같은 결과의 식이다. 이 경우 물리계가 어느 특정한 상태 $u_n(x)$에 있을 확률은 $|a_n|^2$으로 시간에 대하여 변하지 않는다. 즉 물리계는 정상 상태에 있다고 할 수 있다. 만일 Hamiltonian 이 다르게 주어지거나 시간의 양함수인 경우는 u_n에 있을 확률이 시간에 따라 달라지게 되어 계의 에너지 상태가 바꾸어지는 전이(轉移, transition)가 일어난다.

이상으로 양자역학의 기본적인 개념을 알아보았으며 앞으로는 이러한 개념을 바탕으로 구체적인 물리학 문제를 주로 취급하겠다.

[문 제]

3.1 다음과 같은 복소함수인 퍼텐셜 V를 갖는 Schrödinger 방정식을 고려하자.

$$i\hbar\frac{\partial}{\partial t}\psi(\vec{x},t)=-\frac{\hbar^2}{2m}\nabla^2\psi(\vec{x},t)+\left\{V_1(\vec{x})+iV_2(\vec{x})\right\}\psi(\vec{x},t)$$

여기서 $V_1(\vec{x})$와 $V_2(\vec{x})$는 실함수이다. 이 경우 확률밀도는 보존되지 않음을 보여라. 즉 $\frac{d}{dt}\int\rho d^3x\neq 0$. 흡수 과정에 관하여는 V에 어떠한 조건이 붙는가?

3.2 파동함수가

$$\psi=\frac{A}{r}e^{\frac{i}{\hbar}(\vec{p}\cdot\vec{x}-Et)}$$

로 주어지는 경우 원점에 중심을 둔 반경 a의 구(球)를 통하여 단위면적당 나가는 입자의 확률 흐름 밀도(flux)를 구하라.

3.3 자유입자에 대한 Schrödinger 방정식은 다음과 같은 변환(Galilean transformation)에 관하여 공변(共變, 같은 형을 유지함)임을 증명하여라.

$$\vec{x'}=\vec{x}-\vec{v}t$$

$$t'=t$$

$$\psi'(\vec{x'},t')=\psi(\vec{x},t)\exp\left\{\left(m\vec{x}\cdot\vec{v}-\frac{1}{2}mv^2t\right)/i\hbar\right\}$$

3.4 특수 상대론적 Hamiltonian $H^2=c^2p^2+m^2c^4$으로부터 얻은 일차원 공간의 파동 방정식인 Klein-Gordon 방정식은 다음과 같다.

$$\frac{1}{c^2}\frac{\partial^2\psi(x,t)}{\partial t^2}-\frac{\partial^2\psi(x,t)}{\partial x^2}+\left(\frac{mc}{\hbar}\right)^2\psi(x,t)=0$$

(a) $\psi(x,t)$가 스칼라 함수면 이 식은 Lorentz 변환에 관하여 공변임을 증명하여라.

(b) 연속 방정식을 쓰고 확률 밀도에 해당된다고 생각되는 ρ와 흐름 밀도 $\vec{J}$를 구하라. ρ는 항상 양(positive)인 값이라고 할 수 있겠는가?

(c) 비 상대론적인 경우 이 식은 Schrödinger 방정식이 됨을 $\psi(x,t)=e^{\frac{mc^2t}{i\hbar}}\phi(x,t)$를 사용하여 증명하여라.

3. 5 1 차원의 Fourier 변환

$$\psi(x)=\frac{1}{\sqrt{2\pi\hbar}}\int dp\phi(p)e^{\frac{ip\cdot x}{\hbar}}$$

를 고려하여

(a) $\phi^*(p)\phi(p)$는 입자가 운동량 p를 가질 확률 밀도가 됨을 보여라.

(b) $H=\frac{p^2}{2m}+V(x)$일 때 $\phi(p)$가 만족하는 Schrödinger 방정식은 어떻게 되겠는가?

(c) 기대치 $\langle f(x,p)\rangle$를 운동량 공간에서 기술하여라.

3. 6 입자가 퍼텐셜 $V(r)$의 영향을 받으며 움직일 때 다음 관계식을 증명하여라.

$$\frac{d}{dt}\langle x_i\rangle=\left\langle\frac{\partial H}{\partial p_i}\right\rangle$$

$$\frac{d}{dt}\langle p_i\rangle=-\left\langle\frac{\partial H}{\partial x_i}\right\rangle$$

3. 7 입자가 전자기장 $(\vec{E},\vec{B})$에서 움직일 때 다음 관계식을 증명하여라.

$$m\frac{d^2}{dt^2}\langle\vec{x}\rangle=\left\langle e\vec{E}+\frac{e}{2c}(\vec{v}\times\vec{B}-\vec{B}\times\vec{v})\right\rangle\ ;\vec{v}=\frac{1}{m}\left(\vec{p}-\frac{e}{c}\vec{A}\right)$$

3. 8 (3.121)식을 얻는 과정에서 적분을 계산하여 그 결과가 맞음을 보여라.

3. 9 연산자 A가 다음과 같이 정의되었다고 하자.

$$A\psi(x)=\int_{-\infty}^{x}dx'x'\psi(x)$$

(a) 이 연산자 A는 선형 연산자임을 보여라.

(b) 이 연산자의 고유 함수를 구하여라. $\int|\psi(x)|^2$가 유한한 값을 갖기 위한 고유

값 λ의 조건은 무엇인가? (Hint: 위 식을 x에 관하여 미분하여 볼 것.)

3. 10 한 강체(剛體, rigid body)가 그림 P3.1에서와 같이 그의 중심(重心)을 통하는 고정된 축(軸)을 통하여 회전하는 경우를 생각하면 이 강체의 관성 모멘트를 I라 하고 $p_\varphi=\frac{\hbar}{i}\frac{\partial}{\partial\varphi}$로 생각하는 경우 이 평면 회전자에 대하여

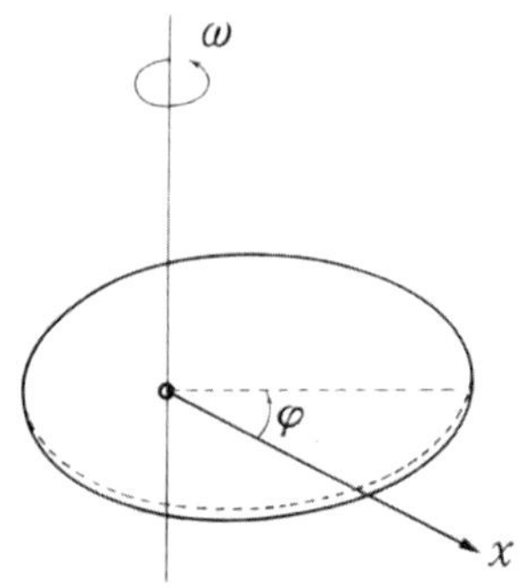

그림 P3.1

(a) 시간에 독립인 Schrödinger 방정식은 어떻게 되겠는가?

(b) 이 때 Hamiltonian 의 고유값과 고유 함수를 구하여라. 고유값에 축퇴 (degeneracy)가 있는가?

(c) p_φ 연산자가 Hermitian 임을 보여라.

3. 11 입자가 거리 L인 무한히 높은 퍼텐셜 장벽 사이($x=0 \sim x=L$)에 갇혀있다.

(a) 한쪽 벽으로부터 $\frac{1}{3}L$ 되는 지점 안에서 이 입자를 발견할 확률을 양자수 $n=1,2,3$에 대하여 구하여라.

(b) 그 입자가 바닥 상태(n=1)에 있을 때 갑작이 퍼텐셜 장벽의 폭을 $\frac{1}{2}L$로 줄인다면, 줄인 후에 바닥 상태에 있을 확률은 얼마인가?

3. 12 앞 (3.11) 문제에서 $t=0$인 때에 파동함수가

$$\psi(x,0)=\frac{1}{\sqrt{L}}\left\{\sin\frac{\pi}{L}x+\sin\frac{2\pi}{L}x\right\}$$

인 상태에 있다면

(a) $\psi(x,t)$를 구하여라.

(b) $|\psi(x,t)|^2$의 모양을 $t=0, t=\frac{\pi}{6\omega}, t=\frac{\pi}{3\omega}$인 경우에 대략 그려라. 이 함수의 모양 은 $T=\frac{2\pi}{3\omega}$를 주기로 반복됨을 보여라.

(c) 임의의 시간에 대하여 에너지 평균값은 $\frac{5}{2}\hbar\omega\left(:\omega=\frac{\pi^2\hbar}{2mL^2}\right)$ 됨을 보여라.

3. 13 시간 t=0에서 한 입자는 다음과 같은 파동함수로 표현된다.

$$\Psi(x,0) = \begin{cases} A\dfrac{x}{a} & (0 \le x \le a) \\ A\dfrac{(b-x)}{(b-a)} & (a \le x \le b) \\ 0 & \text{그외 영역} \end{cases}$$

여기서 a와 b 는 상수이다.

(a) Ψ 를 규격화(틀맞춤) 하여라. 즉 A를 a와 b로 표시하여라.

(b) x의 함수인 $\Psi(x,0)$를 그림으로 표시하여라.

(c) 입자는 t=0인 때 어디에서 발견될 확률이 가장 많은가?

(d) 입자가 a의 좌편에 발견될 확률은 얼마인가?

(e) x의 기대값은 얼마인가?

3. 14 1차원에서 입자의 파동함수가 다음과 같이 주어진다고 하자.

$$\psi(x) = A(1+ax)e^{-ax} \qquad (x > 0 \text{ 영역에서})$$
$$= A(1-ax)e^{ax} \qquad (x < 0 \text{ 영역에서})$$

단, 여기서 a 는 양(positive)의 상수이다.

(a) 이 함수를 규격화 하면 A 는 어떻게 되는가?

(b) 이 경우 에너지 E 와 퍼텐셜 $V(x)$를 구하라.

단, 퍼텐셜은 $x -> \infty$일 때 $V=0$ 이 된다고 하자.

3. 15 문제 (3.11)의 퍼텐셜 장벽 안에 있는 입자의 상태 함수가 시간 t=0일 때 두 영역에서

$$\psi(x,0) = \frac{2A}{L}x, \qquad (0 \le x \le \frac{L}{2})$$

$$\psi(x,0) = 2A(1-\frac{x}{L}), \quad (\frac{L}{2} \leqq x \leqq L)$$

로 주어진 경우

(a) 임의의 시간에서의 파동함수 $\psi(x,t)$를 구하라.

(b) 에너지의 기대값 $\langle E \rangle$를 구하라.

3. 16 한 물리적 양을 나타내는 연산자가 다음과 같은 행렬로 표시되었다고 하자.

$$S_x = \frac{\hbar}{\sqrt{2}}\begin{pmatrix} 0 & 1 & 0 \\ 1 & 0 & 1 \\ 0 & 1 & 0 \end{pmatrix}$$

(a) 이 양을 측정하였을 때 얻어지는 값들은 무엇인가?

(b) 상태 함수가

$$\psi = \frac{1}{\sqrt{26}} \begin{pmatrix} 1 \\ 4 \\ -3 \end{pmatrix}$$

으로 표시되는 계에서 S_x를 측정하였을 때 그 값이 0이 될 확률은 얼마인가?
(행렬의 고유값 문제는 제 9 장 부록에서도 설명된다)

제 4 장

네모난 퍼텐셜(square potential) 문제

Schrödinger 방정식으로부터 파의 성질을 연구함에 있어 파동 함수는 퍼텐셜에 따라 달라진다. 여기에서는 1차원의 방정식에서 퍼텐셜이 어느 영역에서 일정한 값을 갖는 경우를 고찰한다. 그림 4.1에 주어진 네모난 퍼텐셜은, 보다 복잡하나 실제적인 그림 4.2의 퍼텐셜의 경우를 연구하는 데 도움이 될 수 있다. 또 그림 4.3에서 보는 바와 같이 복잡한 퍼텐셜도 네모난 퍼텐셜이 여러 개 있는 것으로 생각하면 근사적으로 해결할 수 있다. 이러한 이유에서 그림 4.1의 경우와 같이 층이 나는 퍼텐셜을 자세히 살펴보자.

4. 1 경계 조건 (境界條件, boundary condition)

그림 4.1에서는 x의 여러 구간에서 퍼텐셜은 일정한 값을 갖는다. 이때에 층이 나는 경계면 a나 b에서 파동 함수를 어떻게 취급하여야 하는가를 먼저 조사해 보자.

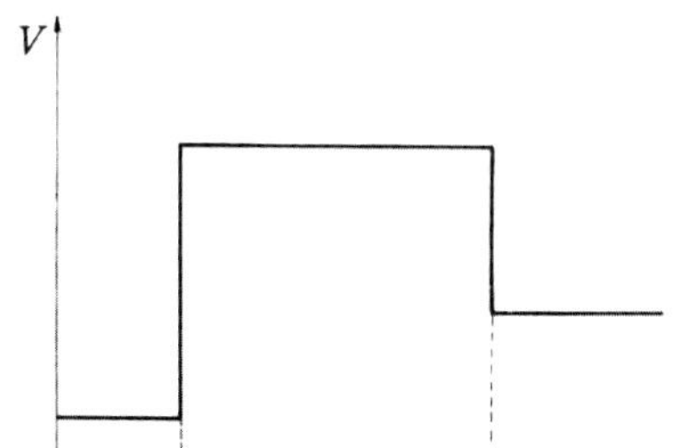

그림 4.1 네모난 퍼텐셜의 모양

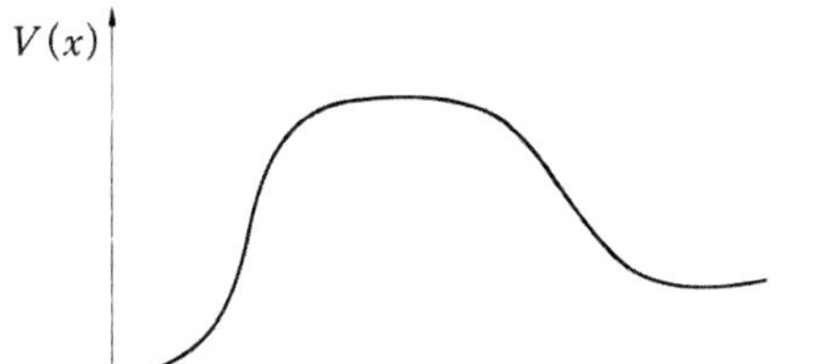

그림 4.2 보다 실제적인 퍼텐셜

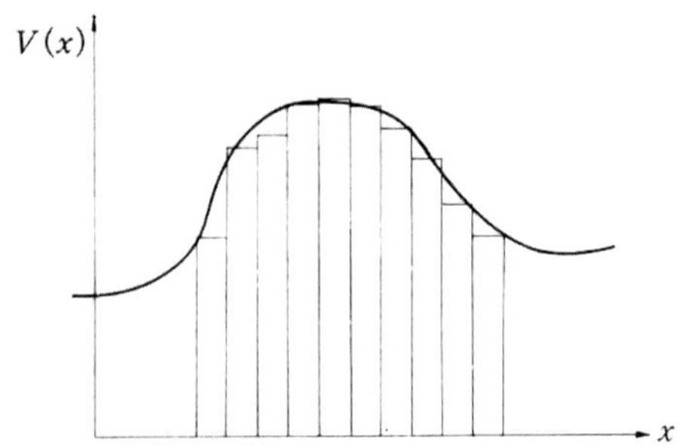

그림 4.3 퍼텐셜을 여러 네모난 퍼텐셜의 합으로 나눔

우리가 풀어야 하는 방정식은

$$i\hbar\frac{\partial\psi}{\partial t}=H\psi \tag{4.1}$$

$$H=\frac{p^2}{2m}+V=-\frac{\hbar^2}{2m}\frac{d^2}{dx^2}+V \tag{4.2}$$

이며 여기에서 퍼텐셜 V는 주어진 구역마다 일정한 값을 갖게 된다. 이 방정식은 3장에서 취급한 바와 같이 시간 부분과 공간 부분으로 나눌 수 있으므로, H의 고유값이며 분리 상수가 되는 값을 E라 놓으면, 이 방정식의 해는

$$\psi(x,t)=\psi(x)e^{-\frac{iE}{\hbar}t} \tag{4.3}$$

로 놓을 수 있다. 시간에 독립인 파동 함수 $\psi(x)$는 시간에 독립인 Schrödinger방정식을 만족시킨다. 즉

$$-\frac{\hbar^2}{2m}\frac{d^2\psi}{dx^2}+V\psi=E\psi \tag{4.4}$$

이 식을 바꾸어 쓰면 다음과 같이 쓸 수 있다.

$$\frac{d^2\psi(x)}{dx^2}=\frac{2m}{\hbar^2}\{V(x)-E\}\psi(x) \tag{4.5}$$

여기서 $V(x), E, \psi(x)$는 모두 유한(有限)한 값을 갖는다. 따라서 $\frac{d^2\psi}{dx^2}$도 유한한 값을 가져야 한다. 그러나 그림 4.1의 $V(x)$의 모양 때문에 $\frac{d^2\psi}{dx^2}$는 그림 4.4에서와 같이 층이 생기는 경계에서 불연속적인 값을 갖게 된다. 그런데 $\frac{d\psi}{dx}$는

$$\frac{d\psi}{dx}=\int^x\frac{d^2\psi}{dx^2}dx \tag{4.6}$$

이므로 그림 4.4의 곡선 밑에 있는 면적을 타나내기 때문에 $\frac{d^2\psi}{dx^2}$가 뛰는 부분에서도 기

울기의 변화는 있을지라도 $\frac{d\psi}{dx}$는 연속적으로 변하여야 한다. 그림 4.5에서 보는 바와 같이 a, b점에서 기울기는 연속이 아니다. 마찬가지로

$$\psi = \int^{x} \frac{d\psi}{dx} dx \tag{4.7}$$

이므로 ψ도 a나 b에서 연속적으로 변하여야 한다.

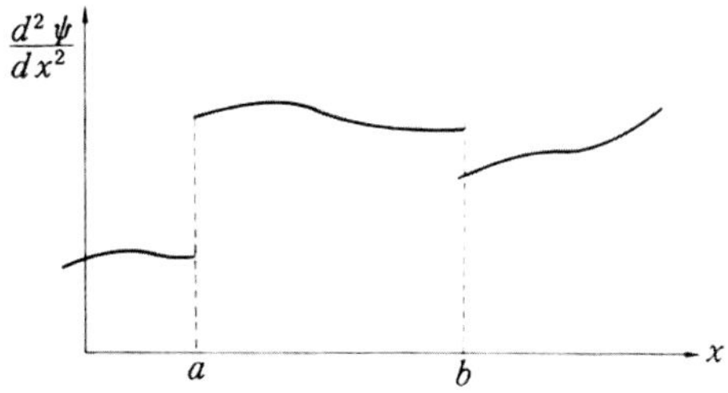

그림 4.4 a와 b에 퍼텐셜 층이 있는 경우의 $\frac{d^2\psi}{dx^2}$

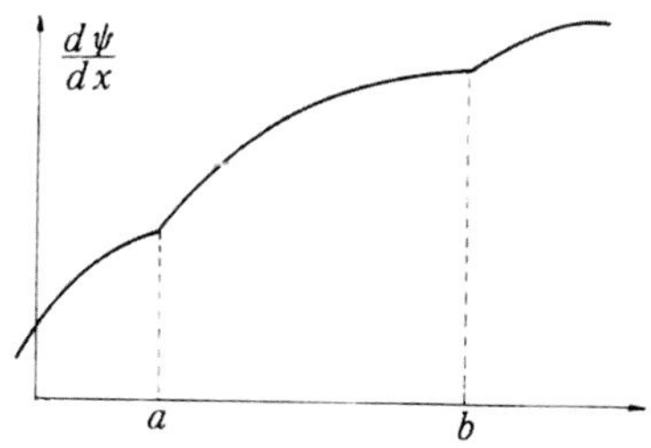

그림 4.5 a와 b에 퍼텐셜 층이 있는 경우의 $\frac{d\psi}{dx}$

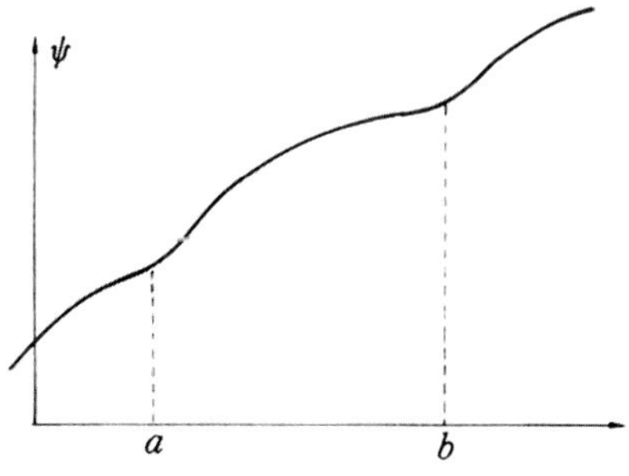

그림 4.6 a와 b에 퍼텐셜 층이 있는 경우의 $\psi(x)$

한편 우리가 풀려는 방정식은 2계 미분 방정식이므로 어느 영역(領域, region)에서든 경계면에서의 ψ와 $\frac{d\psi}{dx}$의 값이 주어지면 해는 완전히 정해진다. Schrödinger 방정식 (4.4)를 풀 때는 V가 일정한 각 영역에서 미분 방정식을 푼 뒤에, 경계의 오른편과 왼편의 해가 경계면에서 연속인 조건을 사용하여 미분 방정식의 해에 포함되어 있는 상수들을 결정한다.

예를 들어 그림 4.1에서 $x < a$인 영역을 영역 I, $a < x < b$인 영역을 영역 II, $b < x$인 영역을 영역 III이라 하면 각 영역에서는 ψ에 대하여 ψ가 경계에서 연속이라는 조건으로부터

$$\psi_1(x = a) = \psi_{II}(x = a) \tag{4.8a}$$

$$\psi_{II}(x = b) = \psi_{III}(x = b) \tag{4.8b}$$

가 되고 또 $\frac{d\psi}{dx}$가 연속이란 조건으로부터

$$\left.\frac{d\psi_I}{dx}\right|_{x=a}=\left.\frac{d\psi_{II}}{dx}\right|_{x=a} \tag{4.9a}$$

$$\left.\frac{d\psi_{II}}{dx}\right|_{x=b}=\left.\frac{d\psi_{III}}{dx}\right|_{x=b} \tag{4.9b}$$

가 된다. 여기에서 ψ의 아래에 적은 I, II, III은 고려하는 각 영역을 나타낸다.

한편 $V(x)$가 그림 4.7에서와 같이 δ 함수로 표시될 때에는 $\frac{d\psi}{dx}$가 경계에서 연속이 안 됨을 (4.5)식과 (4.6)식으로부터 알 수 있다. 다음에는 구체적으로 V가 주어진 경우에 대하여 논하여 보자.

4. 2 계단 퍼텐셜(step potential)

그림 4.8에서와 같이 퍼텐셜이

$$\begin{aligned} V &= 0 \quad (x<0) \\ &= V_0 \quad (x>0) \end{aligned} \tag{4.10}$$

인 계단 모양이 되었을 때를 생각하자.

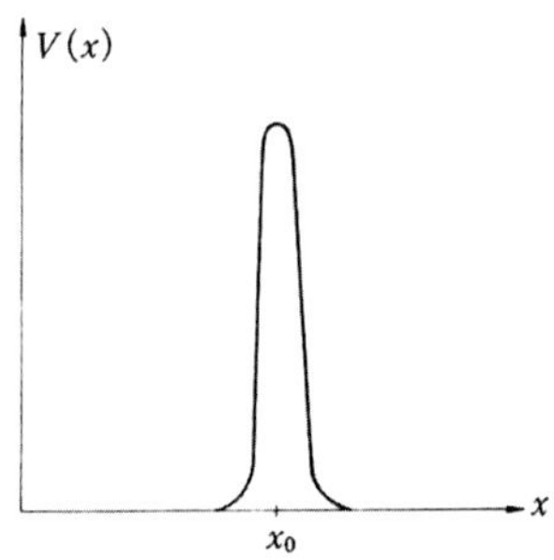

그림 4.7 δ 함수로 표시된 퍼텐셜

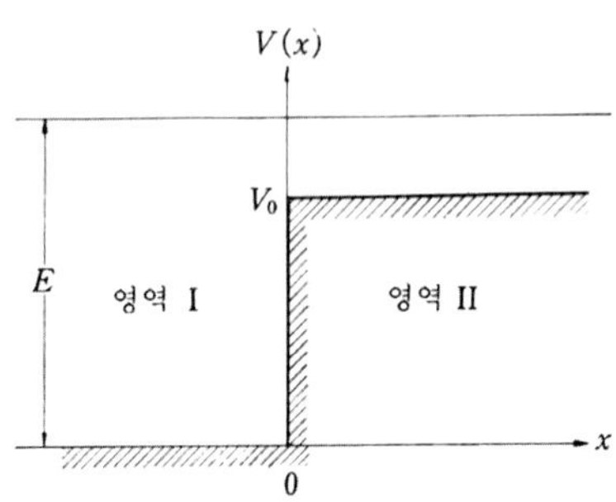

그림 4.8 높이 V_0의 계단 퍼텐셜

입자가 갖는 에너지를 $E(>0)$라 하면 파동함수는 $\psi(x,t)=\psi(x)e^{-\frac{iE}{\hbar}t}$로 놓을 수 있고 $\psi(x)$는 시간에 무관한 Schrödinger 방정식 (4.4)를 만족한다. 그림 4.8에서 $x<0$ 인 영역을 영역 I, $x>0$인 영역을 영역 II라 하면 각 영역에서의 방정식은

$$-\frac{\hbar^2}{2m}\frac{d^2\psi_I}{dx^2}=E\psi_I \tag{4.11a}$$

$$-\frac{\hbar^2}{2m}\frac{d^2\psi_{II}}{dx^2}+V_0\psi_{II}=E\psi_{II} \tag{4.11b}$$

가 되고 이들의 해는 각각

$$\psi_I(x)=Ae^{ik_0x}+Be^{-ik_0x} \tag{4.12a}$$

$$\psi_{II}(x)=Ce^{ikx}+De^{-ikx} \tag{4.12b}$$

가 된다. 여기서 A, B, C, D는 상수이고 k_0, k는

$$k_0=\sqrt{\frac{2mE}{\hbar^2}} \tag{4.13}$$

$$k=\sqrt{\frac{2m(E-V_0)}{\hbar^2}} \tag{4.14}$$

이다.

여기에 파동함수 $\psi(x,t)$의 시간에 관련된 $e^{-\frac{iE}{\hbar}t}$ 부분을 고려한다면 e^{ikx}는 오른쪽으로 움직이는 파이고 e^{-ikx}는 왼쪽으로 움직이는 파임을 알 수 있다.

경계 조건인 (4.8)식과 (4.9)식을 사용하면

$$\psi_1(0)=\psi_{II}(0) \tag{4.15}$$

$$\left.\frac{d\psi_1}{dx}\right|x=0=\left.\frac{d\psi_{II}}{dx}\right|x=0 \tag{4.16}$$

가 되므로 (4.12)식에 이들 경계 조건을 적용하면 다음의 두 관계식을 얻는다.

$$A+B=C+D \tag{4.17a}$$

$$k_0(A-B)=k(C-D) \tag{4.17b}$$

따라서 A, B, C, D 중에서 두 상수는 나머지 두 상수에 의하여 정해진다.

물리적으로는 질량 m인 입자가 퍼텐셜 벽의 왼쪽, 즉 $x<0$인 영역에서 오른쪽으로 입사되는 경우 $x=0$인 지점에서 그림 4.8에 나타나 있는 퍼텐셜 벽에 부딪혀 일부는 반사하고 일부는 투과할 수 있다. 이것은 물론 입자가 파의 성질을 갖고 있기 때문이다. 이 경우 $x>0$인 영역에서 파는 오른쪽만으로 움직이고 왼쪽으로 움직이는 파는 없으므로 $D=0$이 되어야 한다. 그리고 B와 C는 상수 A에 의하여 결정된다. 마찬가지로 입사파가 $x>0$인 영역에서 왼쪽으로 입사되는 경우 $x=0$에서 일부는 투과하고 일부는 반사하는 현상이 생긴다. 이 경우에 $x<0$인 영역에서는 오른쪽으로 움직이는 파는 없다. 즉, $A=0$이 되어야 하며 B와 C는 상수 D에 의하여 결정된다. 이상 두 경우는 완전히 독립인 두 가지 해가 된다. 이것은 (4.17)식이 두 개의 독립적인 상수가 있다는 것과 같은 의미를 갖는다.

여기서 첫 번째 경우를 고찰하여 보자. 즉 입자의 입사파가 $x<0$인 영역에서 오른쪽으로 입사되는 경우 $D=0$이어야 하므로

$$A+B=C \tag{4.18a}$$

$$A-B=\frac{k}{k_0}C \tag{4.18b}$$

가 되고 이 식으로부터 다음 관계식을 얻는다.

$$\frac{B}{A}=\frac{1-\dfrac{k}{k_0}}{1+\dfrac{k}{k_0}}=\frac{k_0-k}{k_0+k}\equiv R \tag{4.19a}$$

$$\frac{C}{A}=\frac{2}{1+\dfrac{k}{k_0}}=\frac{2k_0}{k_0+k}\equiv T \tag{4.19b}$$

이 값을 (4.12)식에 대입하면 두 영역에서의 파가 결정된다. 이 때 A는 두 파에 공통으로 곱하여진 상수이며 일반적으로 우리가 앞으로 논하려 하는 문제는 반사파 및 투과파와 입사파와의 관계를 중시하므로 이 전체에 곱하여진 상수 A는 별로 중요하지 않다. 따라서 편의상 $A=1$로 놓자. 그러면 (4.12)식과 (4.19)식으로부터

$$\psi(x)=e^{ik_0x}+\frac{k_0-k}{k_0+k}e^{-ik_0x} \quad (\text{영역 I, } x<0) \tag{4.20a}$$

$$\psi(x)=\frac{2k_0}{k_0+k}e^{ikx} \quad (\text{영역 II, } x>0) \tag{4.20b}$$

를 얻는다. (4.20a)식에서 보는 바와 같이 영역 I에서는 입사파(入射波, incident wave) e^{ik_0x}와 두 번째 항인 반사파(反射波, reflected wave)가 있으며 (4.20b)식에서와 같이 영역 II에는 투과파(透過波, transmitted wave)만 있게 된다. 반사파와 투과파는 입사 입자의 에너지 E, 퍼텐셜 벽의 높이 V_0의 크기에 따라 달라진다.

(i) $E>V_0$인 경우

이 경우는 (4.13)식과 (4.14)식으로부터 k_0와 k가 모두 실수가 된다. 제 3장에서 파의 확률 흐름 밀도는

$$\vec{J}=Re\left[\psi^*\frac{\hbar}{im}\vec{\nabla}\psi\right]=\frac{\hbar}{m}Im(\psi^*\vec{\nabla}\psi) \tag{4.21}$$

로 정의되었으며 입사파, 반사파와 투과파에 대하여 이 식을 이용하면

$$J_{in}=\frac{\hbar k_0}{m}=v_{in} \tag{4.22a}$$

$$J_{ref}=-\frac{\hbar k_0}{m}|R|^2=-v_{in}|R|^2 \tag{4.22b}$$

$$J_{tr}=\frac{\hbar k}{m}|T|^2 \tag{4.22c}$$

을 얻는다. 반사 계수(reflection coefficient) r는 입사파 흐름에 대한 반사파 흐름의 비

(比, ratio)로 정의된다. 마찬가지로 입사파 흐름에 대한 투과파 흐름의 비를 투과 계수 (transmission coefficient) t 라 정의하면

$$r=\left|\frac{J_{ref}}{J_{\in}}\right|=|R|^2=\left|\frac{k_0-k}{k_0+k}\right|^2 \tag{4.23}$$

$$t=\frac{J_{tr}}{J_{\in}}=\frac{k}{k_0}|T|^2=\frac{k}{k_0}\left|\frac{2k_0}{k_0+k}\right|^2=\frac{4kk_0}{|k_0+k|^2} \tag{4.24}$$

가 된다.

$x<0$인 영역 I 에서의 흐름 밀도의 합은

$$J_{in}+J_{ref}=\frac{\hbar k_0}{m}\left(1-\left|\frac{k_0-k}{k_0+k}\right|^2\right)=\frac{\hbar k_0}{m}\left(\frac{4kk_0}{|k_0+k|^2}\right)=\frac{\hbar k}{m}\left|\frac{2k_0}{k_0+k}\right|^2=J_{tr} \tag{4.25}$$

가 되어 영역 II 에서의 흐름 밀도와 같다. 즉 흐름 밀도의 전체량은 보존됨을 알 수 있다. 또

$$r+t=1 \tag{4.26}$$

의 관계가 있다.

Schrödinger 방정식은 입자를 파로 취급한 식이며 이것을 빛에 관한 파광학(波光學, wave optics)과 비교하여 보자. 파가 균일한 매질에서 v의 속도로 움직일 때 파의 진행에 있어서 변위(變位, displacement)를 f라 하면 그 방정식은

$$\nabla^2 f-\frac{1}{v^2}\frac{\partial^2 f}{\partial t^2}=0 \tag{4.27}$$

가 된다. 빛의 흩어짐이 있을 경우는 (4.27)식의 좌변에 $\frac{\partial f}{\partial t}$ 를 더하여 순 식이 된다. 특히 진동수 w를 갖는 파에 대하여서는

$$f(x,t)=u(x)e^{-iwt} \tag{4.28}$$

로 쓸 수 있으며 이 때 u가 만족하는 방정식은 위 관계식으로부터

$$\nabla^2 u+k^2u=0 \tag{4.29}$$

$$k^2=\frac{w^2}{v^2}=\left(\frac{2\pi}{\lambda}\right)^2 \tag{4.30}$$

이 된다. 이 식은 균일 매질에 대한 식이며 굴절률(屈折率, index of refraction) μ는 진공과 매질 속에서 빛의 속도의 비(比, ratio)로 정의할 때 다음과 같다.

$$\mu=\frac{c}{v}=\frac{\lambda}{\lambda_0}=\frac{k_0}{k} \tag{4.31}$$

여기서 k_0, λ_0는 진공 중에서의 값이다. 일반적으로 굴절은 매질이 다른 두 물체를 빛이 지나갈 때 생기며 이 때 굴절률은 두 물질의 파장의 비로 생각할 수 있고 또 파수의 비로 생각할 수 있다.

입자가 퍼텐셜 벽에 부딪칠 때에 그 파동 상태를 나타내는 ψ가 일부 반사하고 일부는

투과하는 것은 빛에서의 경우와 같이 취급될 수 있으며 매질은 퍼텐셜이 있는 상태로 생각한다. 입자의 운동량은 퍼텐셜이 다른 두 상태를 지나갈 때 달라지고 $p = k\hbar$임을 생각하면 굴절률은 입자의 운동량의 비로 생각할 수 있으며 또

$$p = \sqrt{2m(E-V)} \tag{4.32}$$

이므로 퍼텐셜의 영향을 알 수 있다.

물체에는 퍼텐셜 V_0이 있다고 하면 물체의 굴절률 μ는

$$\mu = \frac{k_0}{k} = 1/\sqrt{1-\frac{V_0}{E}} \tag{4.33}$$

로 쓸 수 있다. 따라서 반사 계수 r와 투과 계수 t는 각각

$$r = \left|\frac{\mu-1}{\mu+1}\right|^2 \tag{4.34}$$

$$t = \frac{4k_0/k}{|1+k_0/k|^2} = \frac{4\mu}{|1+\mu|^2} \tag{4.35}$$

가 된다.

한편 입자가 $x>0$인 영역 II에서 영역 I 쪽으로 입사된 경우

$$\psi(x) = \frac{2k}{k_0+k}e^{-ik_0x} \qquad (\text{영역 I, } x<0) \tag{4.36}$$

$$\psi(x) = e^{-ikx} - \frac{k_0-k}{k_0+k}e^{ikx} \qquad (\text{영역 II, } x>0) \tag{4.37}$$

됨을 알 수 있다. 여기에서는 A, B, C, D 상수 중에서 $A=0$이고 파 전체에 곱하여지는 상수 D는 1로 놓은 경우이다.

(ii) $0 < E < V_0$ 인 경우

이때에 $k_0 = \sqrt{2mE}/\hbar$ 는 실수이나 k는 (4.14)식에서 보는 바와 같이 허수이다. 만일 실수인 양 κ를

$$\kappa = \frac{1}{\hbar}\sqrt{2m(V_0-E)} \tag{4.38}$$

로 정의하면 k값은

$$k = i\kappa \tag{4.39}$$

로 되며 영역 I에서 영역 II로 입사되는 경우 다음과 같은 해를 얻게 된다.

$$\psi_I = e^{ik_0x} + \frac{k_0-i\kappa}{k_0+i\kappa}e^{-ik_0x} \tag{4.40a}$$

$$\psi_{II} = \frac{2k_0}{k_0+i\kappa}e^{-\kappa x} \tag{4.40b}$$

이 식으로부터 투과파는 소위 완화(緩和) 거리 (relaxation length) $\frac{1}{\kappa}$을 가지고 감쇄(減殺)됨을 알 수 있다. 고전역학에서는 $E < V_0$ 경우에 영역 II에서 입자가 발견될 확률은 없다. 그러나 양자역학에서는 다른 현상이 나타난다.

(4.40)식을 이용하여 확률 흐름 밀도에 대한 (4.21)식을 계산하면

$$r=\frac{|J_{ref}|}{|J_{\in c}|}=|R|^2=\left|\frac{k_0-i\kappa}{k_0+i\kappa}\right|^2=1 \tag{4.41}$$

이고 또 투과되는 흐름 밀도는

$$J_{tr}=0 \tag{4.42}$$

를 얻게 되어 $t=0$ 이 된다. 즉 퍼텐셜 벽의 바깥쪽인 $x<0$인 영역 I에만 확률 흐름이 존재한다. 즉 입사파의 흐름은 전부 반사파의 흐름이 된다.

이때 반사파는 위상이 변하게 된다. 즉 (4.40a)식을 다시 쓰면 다음과 같다.

$$\psi_1(x)=e^{ik_0x}+\frac{k_0{}^2-\kappa^2-2i\kappa k_0}{k_0^2+\kappa^2}e^{-ik_0x}$$

$$=e^{ik_0x}+e^{i\theta}e^{-ik_0x}=2e^{\frac{i}{2}\theta}\cos\left(k_0x-\frac{\theta}{2}\right) \tag{4.43}$$

여기서 입사파에 대한 반사파의 위상차를 나타내는 θ는 다음 식으로 정의된다.

$$e^{i\theta}=\frac{k_0^2-\kappa^2-2i\kappa k_0}{k_0^2+\kappa^2} \tag{4.44a}$$

$$\therefore\ \theta=\tan^{-1}\left(\frac{2\kappa k_0}{\kappa^2-k_0^2}\right) \tag{4.43}$$

$x>0$인 영역 II에서는 입자가 발견될 확률은 있으되 확률 흐름은 없다. 특히 퍼텐셜의 폭이 유한한 경우에 $E<V_0$인 에너지를 가진 입자가 퍼텐셜 벽을 뚫고 나간다는 소위 터널 효과(tunnel effect) 또는 터널링 현상(tunneling phenomena)은 양자역학의 중요한 성질의 하나이며 이에 대해서는 다음에 논의하겠다.

(iii) $E<0$인 경우

이 경우에는 k_0와 k가 모두 허수가 되며 $-\infty<x<\infty$를 고려하기 때문에 $x=\pm\infty$를 생각한다면 $x=-\infty$를 포함한 영역 I과 $x=\infty$로 포함한 영역 II에 유한한 해가 존재하지 않는다.

(iv) $V_0\to\infty$ (E는 $E>0$이고 유한함)

이때는 (ii)의 경우에 해당되며 $\kappa\to\infty$가 되므로 두 영역에서

$$\psi_I(x)=e^{ik_0x}-e^{-ik_0x}=2i\sin k_0x \tag{4.45}$$

$$\psi_{II}(x)=0 \tag{4.46}$$

가 되어 아주 높은 퍼텐셜 벽을 넘어서는 입자가 존재할 수 없음을 의미한다. 이때에 $\psi(x)$는 장벽을 경계로 하여 연속이나 $\dfrac{d\psi}{dx}$는 연속이 아님을 알 수 있다. $\dfrac{d\psi}{dx}$가 불연속인 것은 $V_0\to\infty$라는 물리학적으로 생각하기 어려운 비현실적인 가정에서 비롯된 것이라고 할 수 있다.

참고로 금속 내의 전자를 고려하여 보자. 전에 논의한 바 있는 광전 효과 즉 광자가 금

속 표면에 부딪혀 전자가 빠져 나오는 현상은 다음과 같이 생각할 수도 있다. 그림 4.1에서와 같이 금속의 표면($x=0$)의 바깥 쪽 ($x>0$)으로 계단 퍼텐셜이 있고 안($x<0$)에는 V_0보다 작은 여러 개의 에너지 준위가 있으며 여기에 전자들이 있다. 이 경우에 금속의 일함수 W는 (V_0-E)라고 할 수 있다. 전자가 밖($x>0$)으로 나오려면 외부로부터 일함수보다 큰 에너지가 전자에 공급되어 그 전자의 에너지가 V_0보다 더 커져야 한다고 할 수 있다.

4. 3 네모난 퍼텐셜 장벽 (square potential barrier)

질량 m을 가진 입자가 그림 4.9와 같이 퍼텐셜 장벽에 부딪칠 때 반사파와 투과파에 관하여 알아보자.

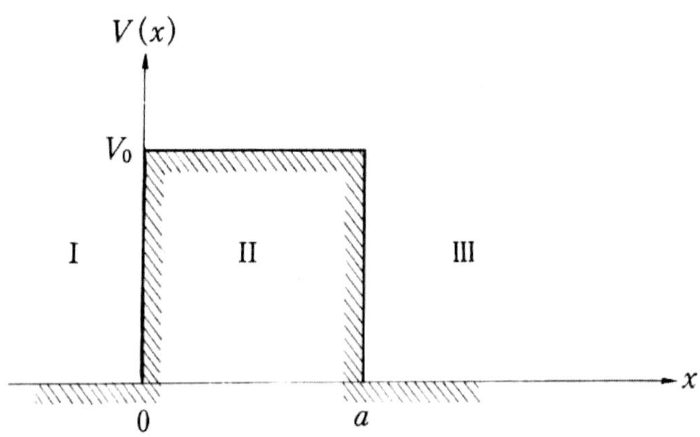

그림 4.9 폭이 a이고 높이고 V_0인 퍼텐셜 장벽

퍼텐셜이 각 영역에서

$$V(x)=\begin{cases} 0 & (x<0, \text{ 영역 } I\ ) \\ V_0 & (0<x<a, \text{ 영역 } II) \\ 0 & (a<x, \text{ 영역 } III) \end{cases} \tag{4.47}$$

로 주어지므로 Schrödinger 방정식 (4.1)식과 (4.2)식을 풀 수 있다. 이 식을 각 영역에서 풀고 경계 조건을 써서 파의 모양을 조사한다.

(i) 각 영역에서의 해

시간에 독립인 파동함수 $\psi(x)$는 (4.4)식으로부터

$$\frac{d^2\psi}{dx^2}+\frac{2m}{\hbar^2}(E-V)\psi=0 \tag{4.48}$$

이 된다. 이 식을 3영역에서 풀어보자.

영역 I : $V=0$이므로 (4.13)식에서와 같이 $k_0 = \sqrt{2mE}/\hbar$라 놓으면 입자가 영역 I에서 영역 II 방향으로 입사되는 경우 파동함수는

$$\psi_I(x) = Ae^{ik_0x} + Be^{-ik_0x}$$
$$= A\left(e^{ik_0x} + Re^{-ik_0x}\right) \tag{4.49}$$

가 되며 여기에서 R는 (4.19a)식에서와 같이 B/A를 의미한다.

영역 II : $V=V_0$이고 (4.14)식에서와 같이 $k=\sqrt{2m(E-V_0)}/\hbar$라 놓으면 파동함수는

$$\psi_{II}(x) = C'e^{ikx} + D'e^{-ikx} = A(Ce^{ikx} + De^{-ikx}) \tag{4.50}$$

가 된다.

영역 III: $V=0$ 이고 투과파는 오른편으로만 진행하므로 파동함수는

$$\psi_{III}(x) = Fe^{ik_0x} = ATe^{ik_0x} \tag{4.51}$$

가 된다. 앞 절에서와 같이 입사파에 대하여 반사파와 투과파를 비교하는 것이 주요 과제이므로 편의상 $A=1$로 놓아도 좋다.

(ii) 경계 조건

여기에서 두 개의 경계 $x=0$ 과 $x=a$가 있으며 이 경계에서 $\psi(x)$와 $\frac{d\psi}{dx}$는 연속이다. 즉,

$$\psi_I(x=0) = \psi_{II}(x=0) \tag{4.52a}$$

$$\frac{d\psi_I}{dx}(x=0) = \frac{d\psi_{II}}{dx}(x=0) \tag{4.52b}$$

$$\psi_{II}(x=a) = \psi_{III}(x=a) \tag{4.52c}$$

$$\frac{d\psi_{II}}{dx}(x=a) = \frac{d\psi_{III}}{dx}(x=a) \tag{4.52d}$$

가 된다. 따라서 (4.49)식, (4.50)식과 (4.51)식을 (4.52)식에 대입하면

$$1+R = C+D \tag{4.53a}$$

$$ik_0(1-R) = ik(C-D) \tag{4.53b}$$

$$Ce^{ika} + De^{-ika} = Te^{ik_0a} \tag{4.53c}$$

$$ik\left(Ce^{ika} - De^{-ika}\right) = ik_0Te^{ik_0a} \tag{4.53d}$$

를 얻는다. 이 식을 다시 바꾸어 쓰면 다음 관계식을 얻는다.

$$R - C - D = -1 \tag{4.54a}$$

$$\frac{k_0}{k}R + C - D = \frac{k_0}{k} \tag{4.54b}$$

$$e^{ika}C + e^{-ika}D - e^{ik_0a}T = 0 \tag{4.54c}$$

$$e^{ika}C - e^{-ika}D - \frac{k_0}{k}e^{ik_0a}T = 0 \tag{4.54d}$$

이 식은 R, C, D, T에 대한 연립 방정식이다. 이들을 얻기 위하여 이들의 계수로 이루어진 행렬식 Δ를 먼저 구해 보자.

$$\Delta = \begin{vmatrix} 1 & -1 & -1 & 0 \\ \frac{k_0}{k} & 1 & -1 & 0 \\ 0 & e^{ika} & e^{-ika} & -e^{ik_0a} \\ 0 & e^{ika} & -e^{-ika} & -\frac{k_0}{k}e^{ik_0a} \end{vmatrix} \tag{4.55a}$$

에서 행렬식의 계산법을 이용하여 제 1행(行)에 $\frac{k_0}{k}$를 곱한 후 제 2행(行)에서 빼면

$$\Delta = \begin{vmatrix} 1 & -1 & -1 & 0 \\ 0 & 1+\frac{k_0}{k} & -1+\frac{k_0}{k} & 0 \\ 0 & e^{ika} & e^{-ika} & -e^{ik_0a} \\ 0 & e^{ika} & -e^{-ika} & -\frac{k_0}{k}e^{ik_0a} \end{vmatrix} = \begin{vmatrix} 1+\frac{k_0}{k} & -1+\frac{k_0}{k} & 0 \\ e^{ika} & e^{-ika} & -e^{ik_0a} \\ e^{ika} & -e^{-ika} & -\frac{k_0}{k}e^{ik_0a} \end{vmatrix}$$

(4.55b)

가 되고 마찬가지로 제2행에 $\frac{k_0}{k}$를 곱한 후 제3행에서 빼면

$$\begin{aligned} \Delta &= \begin{vmatrix} 1+\frac{k_0}{k} & -1+\frac{k_0}{k} & 0 \\ e^{ika} & e^{-ika} & -e^{ik_0a} \\ e^{ika}\left(1-\frac{k_0}{k}\right) & -e^{-ika}\left(1+\frac{k_0}{k}\right) & 0 \end{vmatrix} \\ &= e^{ik_0a}\begin{vmatrix} 1+\frac{k_0}{k} & -1+\frac{k_0}{k} \\ e^{ika}\left(1-\frac{k_0}{k}\right) & -e^{-ika}\left(1+\frac{k_0}{k}\right) \end{vmatrix} \\ &= e^{ik_0a}\left[-e^{-ika}\left(1+\frac{k_0}{k}\right)^2 + e^{ika}\left(1-\frac{k_0}{k}\right)^2\right] \\ &= e^{ik_0a}\left[2i\left(1+\frac{k_0^2}{k^2}\right)\sin ka - 4\frac{k_0}{k}\cos ka\right] \end{aligned}$$

$$\therefore \Delta = -\frac{e^{ik_0a}}{k^2}\left[4kk_0\cos ka - 2i\left(k^2+k_0^2\right)\sin ka\right] \tag{4.55c}$$

를 얻는다.

연립 방정식의 해법으로부터 (4.54)식에서 R와 T는 각각 다음과 같다.

$$R=\frac{1}{\Delta}\begin{vmatrix} -1 & -1 & -1 & 0 \\ \frac{k_0}{k} & 1 & -1 & 0 \\ 0 & e^{ika} & e^{-ika} & -e^{ik_0a} \\ 0 & e^{ika} & -e^{-ika} & -\frac{k_0}{k}e^{ik_0a} \end{vmatrix}=\frac{i\left(k^2-k_0^2\right)\sin ka}{2kk_0\cos ka-i\left(k^2+k_0^2\right)\sin ka}$$

$$T=\frac{1}{\Delta}\begin{vmatrix} 1 & -1 & -1 & -1 \\ \frac{k_0}{k} & 1 & -1 & \frac{k_0}{k} \\ 0 & e^{ika} & e^{-ika} & 0 \\ 0 & e^{ika} & -e^{-ika} & 0 \end{vmatrix}=\frac{2kk_0e^{-ik_0a}}{2kk_0\cos ka-i\left(k^2+k_0^2\right)\sin ka} \tag{4.57}$$

특히 T를 (4.33)식으로 표현된 매질의 굴절률의 비 $\mu=\frac{k_0}{k}=1/\sqrt{1-\frac{V_0}{E}}$ 로 나타내면

$$T=\frac{2i\mu e^{-ik_0a}}{\left(1+\mu^2\right)\sin ka+2i\mu\cos ka} \tag{4.58}$$

로 된다. 같은 방법으로 C와 D도 구할 수 있으나 투과 과정이 특히 중요하므로 투과 과정만을 여러 경우에 대하여 살펴보자.

(iii) 투과 과정

투과 과정은 (4.57)식이나 (4.58)식으로부터 논의될 수 있다. 즉 투과 계수는 입사파의 흐름에 대한 투과파의 흐름의 비로 정의되므로

$t=\frac{J_{tr}}{J_{inc}}=|T|^2$ (시간 t와 구별하기 위하여 이 후로는 $|T|^2$를 쓴다.

$$|T|^2=\frac{(2\mu)^2}{\left(1+\mu^2\right)^2\sin^2 ka+4\mu^2\cos^2 ka}$$

$$=\frac{1}{\cos^2 ka+\left(\frac{1+\mu^2}{2\mu}\right)^2\sin^2 ka} \tag{4.59}$$

이 된다.

이 식은 퍼텐셜 장벽의 높이 V_0와 입자의 에너지 E 등에 의하여 결정되는데 여러 경우에 대하여 고찰해 보자.

① $E>V_0$인 경우

이때에 k와 μ는 실수이고 (4.59)식을 바꾸어 쓰면 다음과 같이 된다.

$$|T|^2=\frac{1}{1+\left(\frac{\mu^2-1}{2\mu}\right)^2\sin^2 ka} \tag{4.60}$$

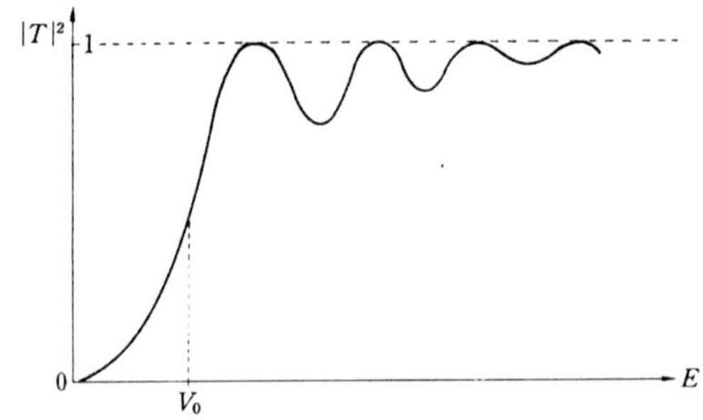

그림 4.10 네모난 퍼텐셜 장벽에서 파의 투과 계수와 에너지 E 와의 관계

입자의 에너지 E에 대한 $|T|^2$의 변화를 고찰할 때 (4.60)식은 그림 4.10에서 $E > V_0$인 부분에 해당된다. 이 식에서 $\sin ka = 0$이면 $|T|^2 = 1$ 이 되어 완전 투과가 일어난다. 이 경우는

$$ka = n\pi \quad (n = 1, 2, 3, \cdots\cdots) \tag{4.61}$$

$$a^2 \cdot \frac{2m(E - V_0)}{\hbar^2} = n^2\pi^2$$

$$\therefore E_n = V_0 + \frac{\hbar^2\pi^2 n^2}{2ma^2} \tag{4.62}$$

로 되며 이러한 완전 투과가 일어나는 에너지를 virtual(가상) 에너지라 부른다. (4.61)식에서

$k = \dfrac{2\pi}{\lambda}$ 이므로

$$\frac{2\pi a}{\lambda} = n\pi$$

즉

$$a = \left(\frac{\lambda}{2}\right)n \tag{4.63}$$

이 되어 장벽의 두께가 반파장의 정수배가 되는 경우에 완전 투과가 일어남을 알 수 있다.

만일 $E = V_0$가 되면 $k = 0$ 이고 굴절률 $\mu = \infty$가 된다. (4.60)식에서

$$\left(\frac{\mu^2 - 1}{2\mu}\right)^2 \sin^2 ka = \left(\frac{\mu}{2}\right)^2 (ka)^2 = \left(\frac{k_0 a}{2}\right)^2 = \frac{ma^2 E}{2\hbar^2} \tag{4.64}$$

이므로

$$|T|^2 = \frac{1}{1 + \dfrac{ma^2 E}{2\hbar^2}} \tag{4.65}$$

를 얻는다. 이 값은 그림 4.10에서 $E = V_0$ 에 대응되는 값이다.

만일 $E \gg V_0$인 경우는 $\mu \to 1$이 되어 $\left(\dfrac{\mu^2 - 1}{2\mu}\right) \to 0$ 이므로

$$|T|^2 = 1 \tag{4.66}$$

즉 입자의 에너지가 퍼텐셜 장벽의 높이에 비하여 아주 클 경우는 예상할 수 있는 바와 같

이 완전 투과가 일어난다.

② $E< V_0$ 인 경우

이 때 파수 k는 허수가 된다. 따라서

$$k = i\kappa = \frac{i}{\hbar}\sqrt{2m(V_0 - E)} \tag{4.67}$$

로 놓으면 (ii)에서 얻은 결과를 그대로 사용할 수 있으며 투과계수는 (4.58)식으로부터

$$|T|^2 = \frac{\left(2\dfrac{k_0}{\kappa}\right)^2}{\left(1-\dfrac{k_0^2}{\kappa^2}\right)^2 \sinh^2\kappa a + \dfrac{4k_0^2}{\kappa^2}\cosh^2\kappa a} \tag{4.68}$$

이 된다.

고전 역학에서는 $E< V_0$인 경우 입자의 속도가 허수가 되어 투과가 일어나지 않으며 영역 I에 있는 입자는 $V_0 > E> 0$인 경우 영역 I에서만 운동이 가능하다. 위식은 영역 I에 있던 입자가 영역 II를 통과하여 영역 III 으로 갈 수 있음을 의미한다. 이러한 장벽 투과 과정(barrier penetration process)을 터널링 현상 (tunneling phenomena)이라 부른다.

만일 입자의 에너지가 $E<0$ 인 경우는 주어진 영역 ($x=+\infty$ 또는 $x=-\infty$)에서 유한한 파동함수를 가질 수 없으므로 생각할 필요가 없으며 $E=0$으로부터 E가 증가하면 (4.68)식은 증가함수가 되어 그림 4.10에서 보는 바와 같이 $E\geq V_0$인 경우와 연결이 된다.

만일 $V_0\to\infty$라면 κ가 ∞가 되어 $|T|^2=0$이 된다. 즉 입자는 무한히 높은 장벽은 뚫지 못한다. 그러나 V_0가 상당히 큰 경우 (4.68)식은

$$|T|^2 = \frac{(2k_0\kappa)^2}{(2k_0\kappa)^2 + \left(\kappa^2 + k_0^2\right)^2 \sinh^2\kappa a} \simeq \left(\frac{4k_0\kappa}{k^2+k_0^2}\right)^2 e^{-2\kappa a} \tag{4.69}$$

이 되고 여기서 중요한 역할을 하는 항은 지수항이다. κa는 보다 더 정확하게 $\int dx \frac{a}{\hbar}\sqrt{2m(V_0-E)}$ 로 쓸 수도 있다.

예를 들어 상당히 높은 퍼텐셜 벽에 의하여 갇혀 있는 입자도 그 안에서 움직이면, 밖으로 나올 수 있는 확률은 0이 아니므로 밖으로 나올 수 있다. 제 12장에서 논의하겠지만 α입자 같은 입자가 원자핵 밖으로 나오는 현상은 이와 같은 터널링 현상으로 설명할 수 있다.

4. 4 네모난 퍼텐셜 우물 (square potential well): 반전성(parity)의 고찰

(a) 퍼텐셜이 $x=0$에 대하여 대칭(對稱, symmetric)인 경우

퍼텐셜이 $x=0$에 대하여 대칭인 경우, 즉

$$V(-x) = V(x) \tag{4.70}$$

인 경우 Schrödinger 방정식의 모든 해는 x에 대하여 우함수(偶函數, even function) 이거나 기함수(寄函數, old function)가 되도록 택할 수 있다. 이러한 해는 각각 우반전성 또는 우패리티,(even parity) 기반전성 또는 기패리티(odd parity)을 가졌다고 말한다.

(증명) $\psi(x)$가 Hamiltonian H의 고유값 E를 갖는 고유 함수 즉 시간에 독립인 Schrödinger 방정식

$$-\frac{\hbar^2}{2m}\frac{d^2\psi(x)}{dx^2}+V(x)\psi(x)=E\psi(x) \tag{4.71a}$$

의 해라 하자. 이 식은 $x=0$을 포함한 $x>0$, $x<0$인 모든 x 값에 대하여 성립하는 경우 x 대신에 $-x$를 대입하여도 성립한다. 따라서

$$-\frac{\hbar^2}{2m}\frac{d^2\psi(-x)}{d(-x)^2}+V(-x)\psi(-x)=E\psi(-x) \tag{4.71b}$$

이 되고 여기에 (4.70)식을 이용하면

$$-\frac{\hbar^2}{2m}\frac{d^2\psi(-x)}{dx^2}+V(x)\psi(-x)=E\psi(-x) \tag{4.71c}$$

가 된다. 즉 $\psi(-x)$도 고유값 E를 갖는 H 의 고유 함수이다.

만일 H의 고유값이 겹침이 없는 경우 즉 비축퇴(非縮退, nondegenerate)된 경우 두 해 $\psi(x)$와 $\psi(-x)$는 상수로 곱한 만큼의 차가 있다 즉

$$\psi(x)=c\psi(-x)$$

$$\psi(-x)=c\psi(x)=c^2\psi(-x)$$

$$\therefore c^2=1$$

$$c=\pm 1$$

가 되므로 따라서

$$\psi(-x)=\pm\psi(x) \tag{4.72}$$

이다. 즉 ψ는 우함수이거나 기함수이다.

만일 고유값이 겹친 경우, 즉 축퇴(縮退, degenerate) 또는 퇴화(退化)된 상태라면 $\psi(x)$와 $\psi(-x)$는 같은 고유값을 갖는 서로 독립인 함수여야 한다. 따라서

$$H\psi(x)=E\psi(x) \tag{4.73a}$$

$$H\psi(-x)=E\psi(-x) \tag{4.74b}$$

가 된다. 이 두 식을 더하거나 빼어주면

$$H\{\psi(x)\pm\psi(-x)\}=E\{\psi(x)\pm\psi(-x)\} \tag{4.75}$$

이므로 H의 두 개의 새로운 고유 함수 $\psi_e(x)$와 $\psi_0(x)$

$$\psi_e(x)=\frac{1}{\sqrt{2}}[\psi(x)+\psi(-x)] \tag{4.76}$$

$$\psi_0(x)=\frac{1}{\sqrt{2}}[\psi(x)-\psi(-x)] \tag{4.77}$$

를 만들 수 있으며 이들은 각각 우함수와 기함수이다. (증명 끝)

반전성 또는 패리티(parity) 연산자 P는 어느 함수 $f(\vec{x})$에 작용될 때

$$Pf(\vec{x}) = f(-\vec{x}) \tag{4.78}$$

와 같이 $\vec{x}$를 $-\vec{x}$로 바꾸는 작용을 하는 연산자이다. P의 고유값 문제는 고유값과 고유함수를 각각 c와 $g(x)$라면

$$Pg(\vec{x}) = cg(\vec{x}) \tag{4.79a}$$

로 쓸 수 있고 P의 정의로부터

$$Pg(\vec{x}) = g(-\vec{x}) = cg(\vec{x}) \tag{4.79b}$$

가 되며 여기에 P를 한 번 더 작용하는 경우에는

$$\begin{aligned} P^2 g(\vec{x}) &= Pg(-\vec{x}) = g(\vec{x}) \\ &= Pcg(\vec{x}) = c^2 g(\vec{x}) \end{aligned} \tag{4.79c}$$

이므로

$$c^2 = 1 \tag{4.79d}$$

이다. 따라서 P의 고유값 c는

$$c = \pm 1 \tag{4.79e}$$

이고 $c=1$인 경우 $g(\vec{x})$는 짝반전성 또는 우패리티(even parity)를, $c=-1$인 경우 $g(\vec{x})$는 기(奇, odd)패리티를 갖는다고 한다. 따라서 여기에서 $\vec{x}$의 우함수는 우패리티를 갖고 이 때 패리티가 +1을 갖는다고 한다. 기함수는 기패리티를 갖고 패리티가 -1이라고 한다.

그러므로 H의 해를 $\psi_e(x)$또는 $\psi_0(x)$로 택하면 H의 고유값의 겹침과 관련 없이 우 또는 기패리티를 갖는 해가 된다.

Schrödinger 방정식을 푸는 경우에 퍼텐셜 $V(x)$가 $x=0$에 대하여 대칭인 때에는 우패리티를 갖는 우함수 해와 기패리티를 갖는 기함수 해를 따로 생각하고 $x>0$인 영역에서만 풀면 $x<0$인 영역에서는 반전성에 의하여 곧 알게 된다. 그 예를 생각하여 다음과 같은 대칭 퍼텐셜 우물의 경우를 생각하자.

(b) 대칭 퍼텐셜 우물에서의 속박 상태

그림 4.11과 같은 모양의 퍼텐셜 우물에서는 $x=0$에서 퍼텐셜의 대칭성을 이용하여 속박 상태를 논의하자. 이 때 퍼텐셜은

$$V = \begin{cases} 0 & (x < -a) \\ -V_0 & (-a < x < a) \\ 0 & (a < x) \end{cases} \tag{4.80}$$

이다. 에너지가 $-V_0 < E < 0$인 경우 파동방정식을 푸는 문제에서 앞에서 언급된 우함수 해와 기함수 해를 고려하자.

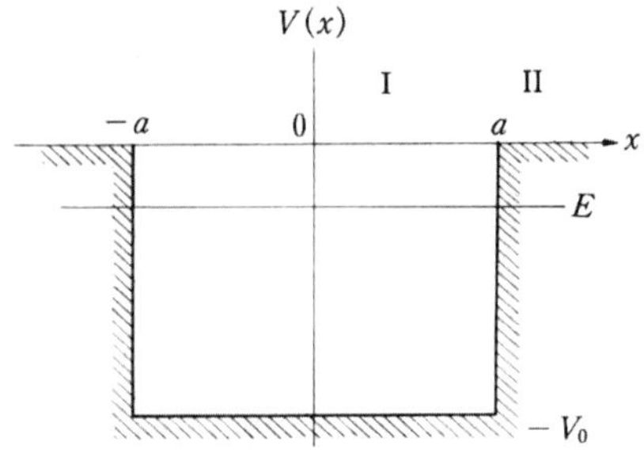

그림 4.11 $x=0$에 대하여 대칭인 네모난 퍼텐셜 우물

(i) 우함수 해

대칭성을 감안하면 $x>0$인 영역에서만 고려하여도 된다.

영역 I $(0<x<a)$에서 파동방정식은

$$-\frac{\hbar^2}{2m}\frac{d^2\psi}{dx^2}-V_0\psi=E\psi$$

$$\frac{d^2\psi}{dx^2}+k^2\psi=0 \tag{4.81a}$$

$$\left(k=\frac{1}{\hbar}\sqrt{2m(E+V_0)}\right) \tag{4.81b}$$

이고 해는

$$\psi(x)=A\sin kx+B\cos kx \tag{4.82}$$

이다. 한편 우리는 우함수만을 원하므로 즉 $\psi(-x)=\psi(x)$ 이므로

$$\psi=B\cos kx \tag{4.83}$$

가 된다. 여기서 상수 B는 아직 결정되지 않았다.

영역 II $(a<x)$에서 $E<0$이므로

$$-\frac{\hbar^2}{2m}\frac{d^2\psi}{dx^2}=E\psi$$

$$\frac{d^2\psi}{dx^2}-\kappa^2\psi=0 \tag{4.84a}$$

$$\left(\kappa=\frac{1}{\hbar}\sqrt{-2m(E)}>0\right) \tag{4.84b}$$

이고 해는

$$\psi=Ce^{-\kappa x}+De^{\kappa x} \tag{4.85}$$

이다. 그러나 영역II에서 유한한 해를 가지려면 $x=+\infty$에서도 유한한 값을 가져야 하므로 $D=0$이 되어야 하며 따라서 영역 II에서의 해는

$$\psi = Ce^{-\kappa x} \tag{4.86}$$

가 된다. 또 $x = a$에서의 경계 조건을 쓰면 (4.83)식과 (4.86)식으로부터

$$B\cos ka = Ce^{-\kappa a} \tag{4.87a}$$

$$-kB\sin ka = -\kappa Ce^{-\kappa a} \tag{4.87b}$$

$$\therefore\ k\tan ka = \kappa \tag{4.87c}$$

의 관계를 얻는다. 한편 k와 κ의 정의로부터

$$k^2 + \kappa^2 = \frac{2mV_0}{\hbar^2} \tag{4.88}$$

이므로 (4.87c)식과 (4.88)식으로부터

$$ka\tan ka = \sqrt{\frac{2mV_0a^2}{\hbar^2} - (ka)^2} \tag{4.89}$$

의 관계식을 얻는다.

이 식은 ka가 만족하는 식이며 이 식으로부터 ka에 포함되어 있는 에너지 E를 얻기 위하여 그래프의 방법을 이용하여 보자. (4.89)식의 양변을 y로 놓으면

$$y = ka\tan ka \tag{4.90}$$

$$y = \sqrt{\frac{2mV_0a^2}{\hbar^2} - (ka)^2} \tag{4.91}$$

가 된다. 그러면 이 두 식 각각을 그린 그림 4.12에서 만나는 ka값을 찾을 수 있다. 한편

$$ka = \frac{a}{\hbar}\sqrt{2m(E+V_0)} \quad \text{로부터}$$

$$E = -V_0 + \frac{\hbar^2(ka)^2}{2ma^2} \tag{4.92}$$

가 되어 E는 만나는 점의 ka값으로부터 얻어진다. 특히 (4.91)식은 반경이 $R = \sqrt{\frac{2mV_0a^2}{\hbar^2}}$ 인 원이 되며 그 반경은 V_0의 값이 커지면 커진다.

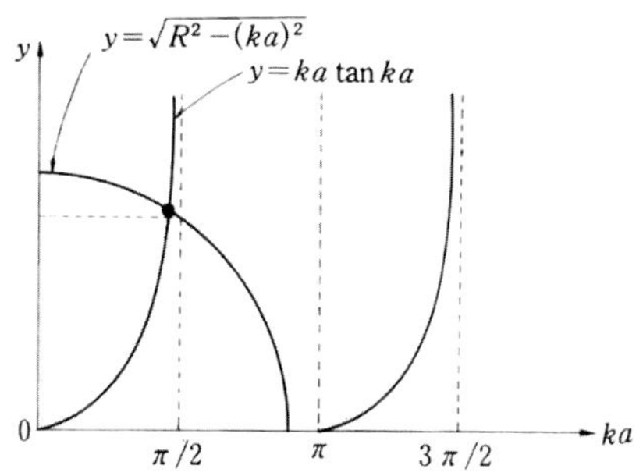

그림 4.12 $y = ka\tan ka$ 와 원 $y = \sqrt{R^2 - (ka)^2}$ 인 곡선이 특별한 R값에 대하여 만나는 경우

그림 4.12에서 보는 바와 같이 $0 < \sqrt{\dfrac{2mV_0a^2}{\hbar^2}} < \pi$이면 두 식이 교차하는 점이 하나 밖에 없어 이 경우는 1개의 속박 상태가 존재한다. 여기서 V_0가 아무리 작아도 한 개의 속박 상태는 존재함을 알 수 있다.

만일 V_0가 커지면 속박 상태의 수가 증가한다. V_0의 값이

$$n\pi < \sqrt{\frac{2mV_0a^2}{\hbar^2}} < (n+1)\pi \tag{4.93}$$

을 만족하는 경우에는 $(n+1)$개의 속박 상태가 존재한다. 이때에 각 속박 상태는 가장 작은 에너지 상태로부터 바닥 상태(ground state), 첫 들뜬 상태(first excited state), … 등으로 부른다.

이렇게 해서 에너지 $\{E_n\}$를 구한 후에 우물 안과 밖에서의 파동함수 (4.83)식과 (4.86)식의 계수 B와 C는 이들 사이의 관계식 (4.87a)와 파동함수의 규격화 조건

$$\begin{aligned}1 &= \int_{-\infty}^{\infty}\psi^*\psi dx = 2BB^*\int_0^a \cos^2 kx\,dx + 2|C|^2\int_a^{\infty} e^{-2\kappa x}dx \\ &= a|B|^2\left(1+\frac{\sin 2ka}{2ka}\right) + |C|^2\frac{e^{-2\kappa a}}{\kappa}\end{aligned} \tag{4.94}$$

로부터 얻을 수 있다.

특히 V_0가 아주 작은 경우 그림 4.12에서 두 선이 교차하려면 ka도 작아야 한다. 이 경우 (4.89)식으로부터

$$(ka)^2\tan^2 ka = \frac{2mV_0a^2}{\hbar^2} - (ka)^2$$

$$(ka)^2\left[ka + \frac{1}{3}(ka)^3 + \cdots\cdots\right]^2 = \frac{2mV_0a^2}{\hbar^2} - (ka)^2$$

$$\begin{aligned}\therefore\ (ka)^2 &= \frac{2mV_0a^2}{\hbar^2} - (ka)^4 - \frac{2}{3}(ka)^6 + \cdots\cdots \\ &\simeq \frac{2mV_0a^2}{\hbar^2} - \left(\frac{2mV_0a^2}{\hbar^2}\right)^2 + \ \cdots\cdots\end{aligned} \tag{4.95}$$

가 되어 이 값을 (4.92)식에 넣으면 에너지는

$$\begin{aligned}E &= -V_0 + \frac{\hbar^2}{2ma^2}\left\{\frac{2mV_0a^2}{\hbar^2} - \left(\frac{2mV_0a^2}{\hbar^2}\right)^2 + \ \cdots\cdots\right\} \\ &\simeq -\frac{2mV_0^2a^2}{\hbar^2}\end{aligned} \tag{4.96}$$

가 된다.

(ii) 기함수 해

퍼텐셜 우물 안과 밖에서의 파동 방정식의 해 (4.82)식과 (4.86)식에서 기함수가 되는

해는

$$\psi(-x) = -\psi(x) \tag{4.97}$$

이므로 $x>0$ 인 영역에서는

$$\begin{aligned}\psi(x) &= A\sin kx \quad (0<x<a)\\ &= Ce^{-\kappa x} \quad (a<x)\end{aligned} \tag{4.98}$$

가 된다. 따라서 $x=a$에서의 경계 조건을 이용하면 다음 관계식을 얻는다.

$$A\sin ka = Ce^{-\kappa a} \tag{4.99a}$$

$$kA\cos ka = -\kappa Ce^{-\kappa a} \tag{4.99b}$$

$$\therefore\ ka\cot ka = -\kappa a \tag{4.100}$$

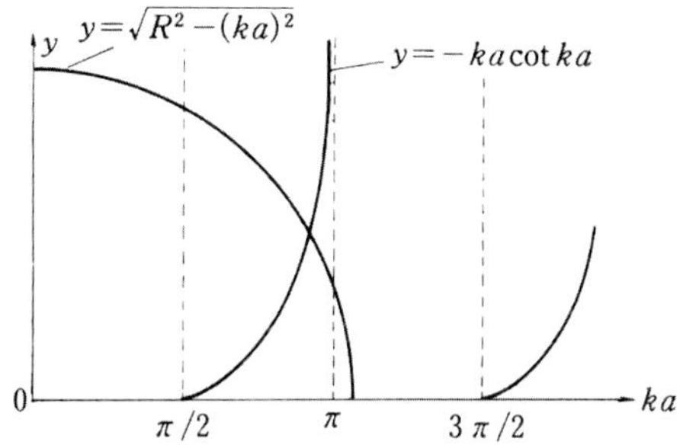

그림 4.13 $y=-ka\cot ka$ 와 원$y=\sqrt{R^2-(ka)^2}$ 인 두 곡선. 이들의 만나는 점의 ka는 (4.92)식을 통하여 속박 상태 에너지를 준다.

우함수 해를 구할 때와 마찬가지로 (4.100)식과 (4.88)식을 이용하여

$$y = -ka\cot ka \tag{4.101}$$

$$y = \sqrt{\frac{2mV_0a^2}{\hbar^2} - (ka)^2} \tag{4.91}$$

로 놓아 그림 4.13에서와 같이 두 곡선이 만나는 ka값을 얻는다. 이 ka값을 (4.92)식에 대입하면 허락되는 에너지 값이 얻어진다.

여기서 원의 반경이

$$\sqrt{\frac{2ma^2V_0}{\hbar^2}} < \frac{\pi}{2} \tag{4.102}$$

인 경우에는 속박상태 에너지가 존재하지 않으며 속박 상태가 하나 있으려면

$$\frac{\pi}{2} < \sqrt{\frac{2ma^2V_0}{\hbar^2}} < \frac{3\pi}{2} \tag{4.103a}$$

를 만족하여야 한다. V_0가 클수록 속박 상태는 더 많아진다. 일반적으로

$$\left(n-\frac{1}{2}\right)\pi \le \sqrt{\frac{2ma^2V_0}{\hbar^2}} < \left(n+\frac{1}{2}\right)\pi \tag{4.103b}$$

인 V_0를 갖는 퍼텐셜 우물에는 n개의 기수 홀반전성, 즉 기패리티(parity)를 갖는 상태가 있다.

(iii) 속박 안된 상태 ($E>0$)

그림 4.12와 같은 대칭인 퍼텐셜 우물에서 $E>0$인 경우는 속박 상태가 되지 않음을 알 수 있다. 이 경우 수학적으로는 앞에 나왔던 네모난 퍼텐셜 장벽 문제에서 $E>V_0>0$인 경우에 취급된 것과 같으며 특히 파가 입사되는 문제에서는 그러하다. 그렇지만 다른 면도 있다. 여기서는 우함수 상태에 대한 특별한 경우를 고찰하여 보자.

(4.13)식과 (4.81)식에서 정의된 $k_0=\frac{1}{\hbar}\sqrt{2mE}$와, $k=\frac{1}{\hbar}\sqrt{2m(E+V_0)}$를 이용하면 우반전성을 갖는 해는 각 영역에서

$$\psi(x)=A\cos kx \quad (0<x<a) \tag{4.104a}$$

$$\begin{aligned}\psi(x)&=C\sin k_0x+D\cos k_0a\\&=F\cos(k_0x+\eta)\quad(a<x)\end{aligned} \tag{4.104b}$$

가 된다. 위 식에서는 적분 상수 C, D 대신에 F와 η를 택하였다.

$x=a$에서의 경계조건은

$$A\cos ka=F\cos(k_0a+\eta) \tag{4.105a}$$

$$-kA\sin ka=-k_0F\sin(k_0a+\eta) \tag{4.105b}$$

즉

$$\frac{k}{k_0}A\sin ka=F\sin(k_0a+\eta) \tag{4.105c}$$

가 된다.

(4.105b)식을 (4.105a)식으로 나누면

$$k\tan ka=k_0\tan(k_0a+\eta) \tag{4.106}$$

을 얻고 또 (4.105a)식과 (4.105c)식을 제곱한 후 합하여 줌으로써 다음 관계식을 얻는다.

$$F=A\sqrt{\cos^2ka+\left(\frac{k}{k_0}\right)^2\sin^2ka} \tag{4.107}$$

한편 파동함수 (4.104a, b)식의 규격화로부터 A를 얻을 수 있으므로(연속 스펙트럼의 경우) F와 η는 모든 에너지에 대하여 얻을 수 있고 따라서 모든 $E>0$인 에너지에 대하여 방정식의 해가 존재한다. 즉 $E>0$인 H의 고유값은 연속적이다. 따라서 이 경우는 속박 상태가 아니다.

(4.107)식으로부터 퍼텐셜 우물 안과 밖의 진폭의 제곱의 비는

$$\begin{aligned}\left(\frac{F}{A}\right)^2&=\cos^2ka+\frac{k^2}{k_0^2}\sin^2ka\\&=\cos^2ka+\left(1+\frac{V_0}{E}\right)\sin^2ka\end{aligned}$$

$$= 1 + \frac{V_0}{E}\sin^2 ka \tag{4.108}$$

가 되어 우물 밖에서의 진폭이 우물 안에서의 진폭보다 크다. 그러나 특히 $\sin^2 ka = 0$인 경우에는 양변의 진폭이 같게 된다. 이 에너지를 virtual 에너지 준위라 부른다.

이때에는

$$ka = n\pi = \frac{2\pi}{\lambda}a \tag{4.109}$$

$$\therefore\ n\lambda = 2a$$

의 관계가 있다.

따라서 이는 정수(整數) 개의 파장이 우물 안에 대칭으로 들어가는 경우에 해당된다. 이 때 에너지는 다음 조건을 만족한다.

$$E_n = -V_0 + \frac{\hbar^2\pi^2 n^2}{2ma^2} \tag{4.110}$$

기함수 해에 대하여도 같은 방법으로 논의되지만 여기에서는 생략하겠다.

4. 5 δ 함수형의 퍼텐셜

네모난 퍼텐셜 장벽이나 우물의 경우 Schrödinger 방정식을 풀 때, 파동 함수와 파동 함수의 1차 미분은 두 영역의 경계에서 연속이라는 경계조건을 생각하였다. 이것은 퍼텐셜이 크기가 유한한 경우에만 성립한다고 하였다. 만일 퍼텐셜이 무한히 큰 경우에는 일반적으로 두 영역에서의 파동함수는 경계에서 연속이지만 파동함수의 1차 미분은 연속이 안 된다.

특히 그림 4.7에서 보는 바와 같이 퍼텐셜이

$$V(x) = V_0\delta(x - x_0) \tag{4.111}$$

와 같이 $x = x_0$ 에서 무한히 큰 값을 갖는 경우를 생각해 보자. 이때 Schrödinger 방정식

$$-\frac{\hbar^2}{2m}\frac{d^2\psi(x)}{dx^2} + V_0\delta(x - x_0)\psi(x) = E\psi(x) \tag{4.112}$$

을 x_0 부근에 두 영역에 걸쳐서, $x = x_0 - \epsilon$(영역 I) 에서 $x = x_0 + \epsilon$(영역 II) 까지 적분해 보자. 여기서 ϵ은 무한히 적은 양수의 값이라고 생각하자. 그러면 다음 결과를 얻는다.

$$-\frac{\hbar^2}{2m}\int_{x_0-\epsilon}^{x_0+\epsilon}\frac{d^2\psi(x)}{dx^2}dx + V_0\int_{x_0-\epsilon}^{x_0+\epsilon}\delta(x - x_0)\psi(x)\,dx = E\int_{x_0-\epsilon}^{x_0+\epsilon}\psi(x)dx$$

$$-\frac{\hbar^2}{2m}\left(\frac{d\psi}{dx}\Big|_{x_0+\epsilon}-\frac{d\psi}{dx}\Big|_{x_0-\epsilon}\right)+V_0\psi(x_0)=2\epsilon E\psi(x_0)=0$$

$$\therefore\ \frac{d\psi}{dx}\Big|_{II}(x=x_0)-\frac{d\psi}{dx}\Big|_{I}(x=x_0)=\frac{2m}{\hbar^2}V_0\psi(x_0) \qquad (4.113)$$

이러한 퍼텐셜에 대하여도 $V_0>0$인 경우는 입자의 산란과 관련하여 입사파, 반사파, 그리고 투과파에 대하여 논할 수 있고, $V_0<0$ 인 경우에는 입자의 에너지가 $E>0$ 인 경우는 역시 산란 문제에 해당되고, $E<0$인 경우는 입자가 속박되는 경우이다.

예1. 퍼텐셜이 그림 4.14와 같이

$$V(x)=-\gamma\delta(x) \quad (\text{여기서 } \gamma>0) \qquad (4.114)$$

인 경우 입자의 에너지가 $E<0$인 속박상태를 생각하자. Schrödinger 방정식 (4.112)에서 $x_0=0$, $V_0=-\gamma$ 인 경우에 해당된다.

$x\neq 0$인 경우에 Schrödinger 방정식

$$\frac{d^2\psi(x)}{dx^2}-\frac{2m|E|}{\hbar^2}\psi(x)=0 \qquad (4.115)$$

의 해는,

영역 I $(-\infty<x<0)$에서

$$\psi_I(x)=Ae^{\kappa x} \qquad (4.116)$$

영역 II $(0<x<\infty)$ 에서는

$$\psi_{II}(x)=Be^{-\kappa x} \qquad (4.117)$$

이 된다. 여기서 κ 는 (4.84b)식으로 정의된 값이다.

따라서 $x=0$에서의 경계조건 $\psi_I(0)=\psi_{II}(0)$과 (4.113)식을 이용하면

$$A=B \qquad (4.119a)$$

$$-\kappa B=\kappa A-\frac{2m}{\hbar^2}\gamma A \qquad (4.119b)$$

가 된다. 이들 식으로부터

$$\kappa=\frac{m}{\hbar^2}\gamma=\sqrt{-\frac{2mE}{\hbar^2}}$$

$$\therefore E=-\frac{m}{2\hbar^2}\gamma^2 \qquad (4.120)$$

을 얻는다. 즉 이 경우는 한 개의 속박 상태만 있다.

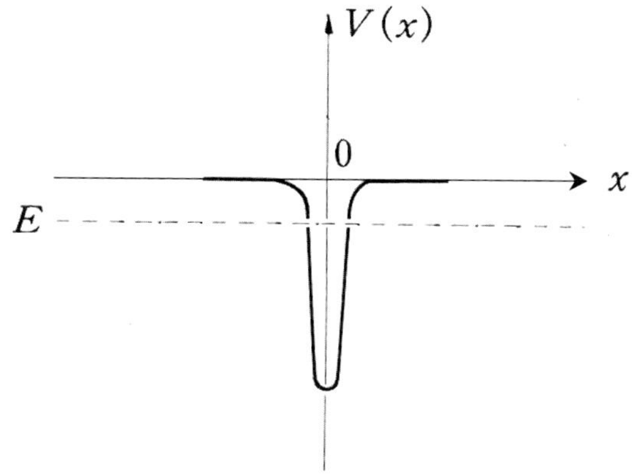

그림 4.14 δ 함수형 퍼텐셜

예2. 분자의 1차원 모델의 한 예로서 분자에서의 현상이 그림 4.15와 같은 두 개의 퍼텐셜 우물에 있는 입자를 설명하는 경우가 있다. 만일 퍼텐셜 우물의 폭이 아주 좁다면 인력 퍼텐셜은 다음과 같이 놓을 수 있다.

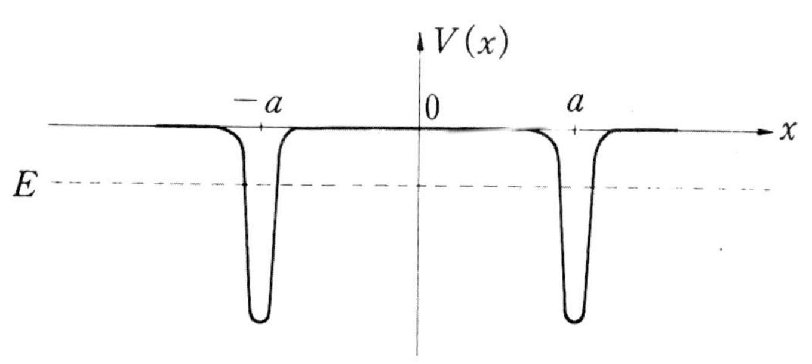

그림 4.15 1차원에서 두 δ 함수의 합으로 표시된 퍼텐셜

$$\frac{2m}{\hbar^2}V(x)=-\frac{\lambda}{a}[\delta(x-a)+\delta(x+a)] \tag{4.121}$$

$E<0$인 경우를 고려하면

$$\left[\frac{d^2\psi}{dx^2}+\frac{2mE}{\hbar^2}\psi\right]=-\frac{\lambda}{a}[\delta(x-a)+\delta(x+a)]\psi(x) \tag{4.122}$$

인 방정식을 얻는다. $x=\pm a$ 이외의 점에서는

$$\frac{d^{2\psi}}{dx^2}-\kappa^2\psi=0$$

$$\kappa^2=-\frac{2mE}{\hbar^2}=\frac{2m|E|}{\hbar^2} \tag{4.123}$$

이 되며 대칭성이 있으므로 우함수와 기함수의 해를 각각 생각할 수 있으며, $x>0$인 영역에 대하여만 고려하면 된다.

먼저 우함수의 해는 각 영역에서

$$\begin{aligned}\psi(x) &= e^{-\kappa x} \quad (a<x)\\ &= A\cosh\kappa x \quad (-a<x<a)\\ &= e^{\kappa x} \quad (x<-a)\end{aligned} \tag{4.124}$$

가 된다. $x=\pm a$에서 ψ는 연속이나 δ함수 때문에 $\frac{d\psi}{dx}$는 불연속이 되며 $\frac{d\psi}{dx}$의 경계 조건은 (4.122)식을 이 부근의 작은 영역, 예를 들어 $x=a$ 부근의 영역 I $(x<a)$과 영역 II $(x>a)$에서 적분함으로써 얻게 된다. 즉 경계 조건은

$$e^{-\kappa a} = A\cosh\kappa a$$

$$\left.\frac{d\psi}{dx}\right|_{II} - \left.\frac{d\psi}{dx}\right|_{I} = -\frac{\lambda}{a}\psi(a) \tag{4.125a}$$

$$\therefore \quad -\kappa a^{-ka} - A\kappa\sinh\kappa a = -\frac{\lambda}{a}e^{-\kappa a} \tag{4.125b}$$

$$\therefore \quad \tanh\kappa a = \frac{\lambda}{\kappa a} - 1 \tag{4.126}$$

을 얻는다. 이 식으로부터 속박에너지를 구하는 방법에는 퍼텐셜 우물에서 사용한 지금까지의 방법이 그대로 사용된다. 즉 $ka=z$로 놓아서 두 식

$$y = \tanh z \tag{4.127a}$$

$$y = \frac{\lambda}{z} - 1 \tag{4.127b}$$

을 그림 4.16에서와 같이 그리고, 만나는 점의 κa를 얻으면 E와 κa와의 관계식

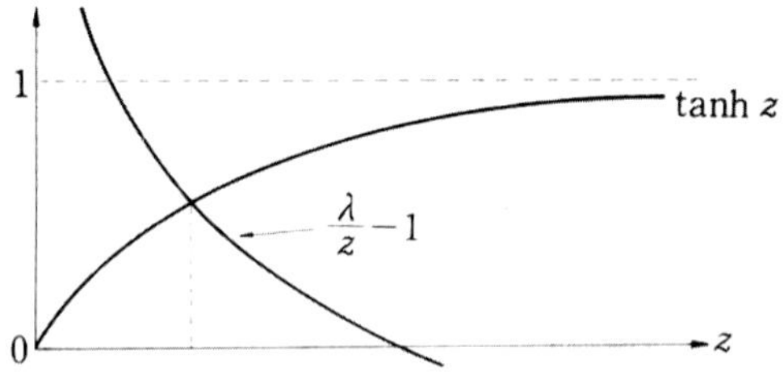

그림 4.16 $\tanh z = \frac{\lambda}{z} - 1$의 해를 $\tanh z$와 $\frac{\lambda}{z} - 1$의 두 곡선의 만나는 점으로 구함.

$$E = -\frac{\hbar^2(\kappa a)^2}{2ma^2} \tag{4.128}$$

로부터 에너지를 얻는다. 두 곡선이 만나는 점의 위치는 대략

$$\frac{\lambda}{z}-1>0 \text{ 이므로 } \Rightarrow z<\lambda \tag{4.129a}$$

$$\frac{\lambda}{z}-1=\tanh z<1 \text{ 이므로 } \Rightarrow z>\frac{\lambda}{2}$$

로 되어 κa의 값은

$$\lambda>\kappa a>\frac{\lambda}{2} \tag{4.129b}$$

인 크기로 주어지며 퍼텐셜 우물의 깊이가 깊을수록 속박 에너지의 크기는 커진다.

한편 기함수의 해는

$$\begin{aligned}\psi(x)-e^{-\kappa x}\ (a<x)\\ =A\sinh\kappa x\ \ (-a<x<a)\\ =e^{\kappa x}\ \ (x<-a)\end{aligned} \tag{4.130}$$

가 되며 경계 조건으로부터

$$e^{-ka}=A\sin h\kappa a \tag{4.131a}$$

$$-\kappa a^{-\kappa a}-\kappa A\cosh\kappa a=-\frac{\lambda}{a}e^{-\kappa a} \tag{4.131b}$$

$$\therefore \coth\kappa a=\frac{\lambda}{\kappa a}-1 \tag{4.131c}$$

즉 $$\tanh\kappa a=\frac{1}{\left(\frac{\lambda}{\kappa a}-1\right)} \tag{4.131d}$$

가 되므로 $z=ka$로 놓으면

$$y=\tanh z$$

$$y=\frac{1}{\left(\frac{\lambda}{z}-1\right)} \tag{4.132}$$

이 되고 곡선이 만나는 점은 그림 4.17에서와 같이 구한다. 특히 $\lambda>1$인 경우 $z>\frac{\lambda}{2}$면 $y\geq 1$이 되므로, $\tanh z<1$을 고려하면

$$z<\frac{\lambda}{2},\quad ka<\frac{\lambda}{2} \tag{4.133}$$

의 관계를 얻는다. 즉 속박 에너지의 부호가 음(-)인 것을 생각하면 기함수에서의 속박 에너지가 우함수에서의 속박 에너지보다 크다. 속박 에너지는 외부에서 에너지를 가하여 그 상태에 있는 입자를 빼어내는 데에 사용된 에너지 E를 말하므로 우함수의 상태가 더 강하게 속박되어 있다. 이 문제에서 속박 상태는 두 개 있으며 우함수의 해를 갖는 H의

고유값 E_e가 바닥 상태, 기함수의 해를 갖는 고유값 E_0가 들뜬(excited) 상태이다.

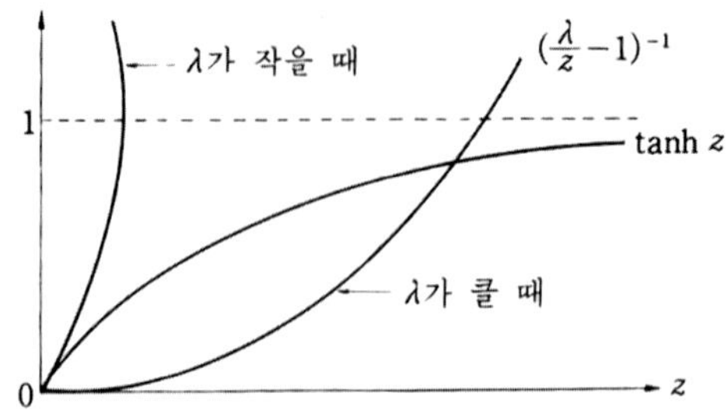

그림 4.17 $\tanh z = \left(\frac{\lambda}{z}-1\right)^{-1}$의 해를 $\tanh z$ 와 $\left(\frac{\lambda}{z}-1\right)^{-1}$의 두 곡선이 만나는 점을 찾아 구함. λ가 작은 경우에는 만나는 점이 없을 수 있다.

입자의 상태는 ψ_e와 ψ_0의 값으로 표시될 수 있다. 특히 $t=0$일 때

$$\psi(x) = \psi_e(x) + \alpha\psi_0(x) \qquad (\alpha = \text{상수}) \tag{4.134}$$

인 경우 $t \neq 0$일 때

$$\begin{aligned}\psi(x,t) &= e^{-\frac{it}{\hbar}H}\psi(x,0) \\ &= e^{-\frac{iE_e}{\hbar}t}\psi_e + \alpha e^{-\frac{iE_0}{\hbar}t}\psi_0 \\ &= e^{-\frac{iE_e}{\hbar}t}\left(\psi_e + \alpha e^{-\frac{i(E_0-E_e)}{\hbar}t}\psi_0\right)\end{aligned} \tag{4.135}$$

가 되어 시간이 지나감에 따라서 위상값이 바뀐다. 이 식에서 두 독립 함수 사이의 위상이 시간에 따라서 변함은 입자의 위치가 바꾸어짐을 의미한다. 이 때 주기 τ는 다음과 같다.

$$\tau = \frac{2\pi\hbar}{(E_0 - E_e)} \tag{4.136}$$

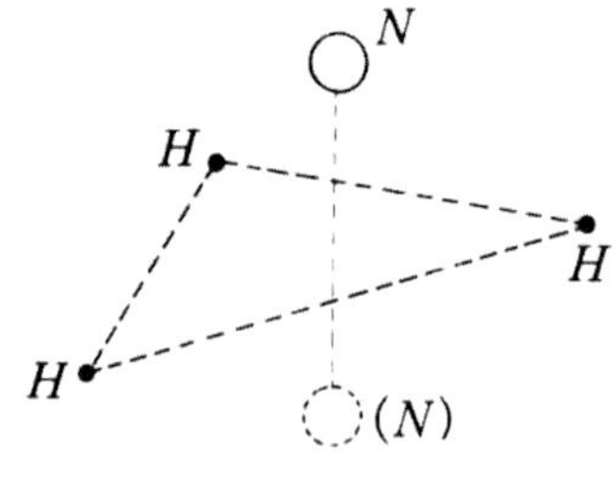

그림 4.18 암모니아 NH_3분자에서 질소 원자가 3개의 수소 원자로 이루어진 평면의 위와 아래로 진동함.

예를 들어 암모니아 분자를 보면 그림 4.18에서와 같이 3개의 수소 원자를 만드는 평면의 위와 아래로 질소 원자가 진동하는 것이 실험적으로 관측된다. 이때 진동수는

$\nu = (E_0 - E_e)/h \simeq 23.87 \times 10^9 Hz$로 측정되었다. 이와 같이 분자에서 원자가 움직이는 것을 시간의 기준으로 이용한다면 일종의 원자시계를 구상할 수 있다.

4. 6 일반적인 퍼텐셜 문제의 논의

퍼텐셜 V의 영향을 받으며 입자가 운동한다고 하자. 입자의 운동 에너지를 T라 하면 고전 역학에서는

$$E = T + V$$

로부터 $E > V$인 영역에서는 $T = \frac{1}{2}mv^2 > 0$이 되므로 입자들의 운동이 허용되고 $E < V$인 영역에서는 $T = \frac{1}{2}mv^2 < 0$이어서 속도가 허수가 되어야 하므로 운동이 허용되지 않는다. 그러나 양자역학에서는 다르다.

(a) 퍼텐셜의 크기에 따른 논의

양자역학에서는 시간에 독립인 Schrödinger 방정식을

$$\frac{\psi''}{\psi} = -\frac{2m}{\hbar^2}(E - V) \tag{4.137}$$

로 고쳐 쓰면 $E > V$인 경우 $\frac{\psi''}{\psi} < 0$

$\psi > 0$이면 $\psi'' < 0$

$\psi < 0$이면 $\psi'' > 0$

이 된다. 따라서 그림 4.20에서의 실선(實線, solid line)과 같이 $\psi(x)$는 x축을 향하여 오목(concave)하게 된다. 또

$E < V$ 이면 $\frac{\psi''}{\psi} > 0$이므로

$\psi > 0$이면 $\psi'' > 0$

$\psi < 0$이면 $\psi'' < 0$

이 된다. 즉 점선(點線, dotted line)과 같이 x축 쪽으로 볼록(convex)하게 휘어진 모습이 된다.

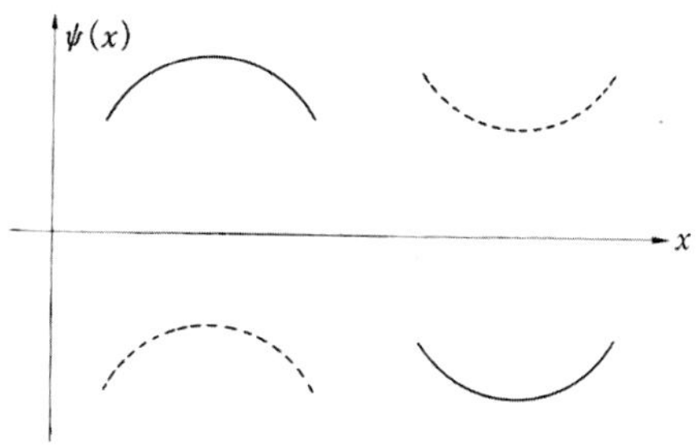

그림 4.19 x축에 대하여 실선 곡선은 오목하고 점선 곡선은 볼록함.

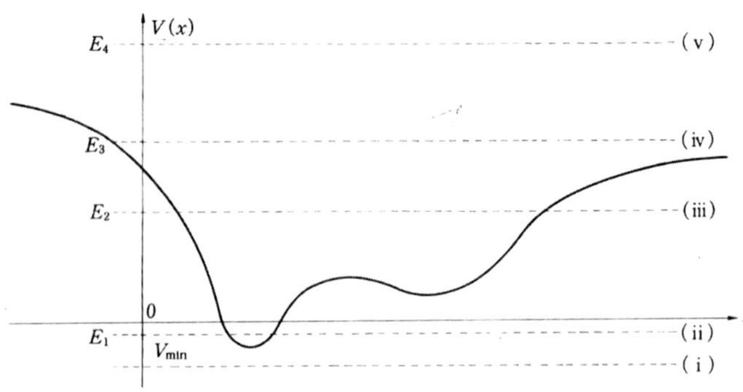

그림 4.20 퍼텐셜이 주어졌을 때 여러 가지 입자의 에너지를 고찰하였음.

그림 4.20과 같은 퍼텐셜에서 여러 가지 크기의 에너지의 가지고 운동하는 입자를 생각해 보자.

(i) $E< V_{\min}$

ψ는 항상 x축 쪽으로 볼록하게 굽어져서 결국 크기가 ∞가 된다. 따라서 이러한 상태의 파동함수는 고려할 필요가 없다.

(ii) $E> V_{\min}$

그림 4.20에서의 E_1과 같이 어느 제한된 영역에서 $E> V$인 경우를 속박된 상태라 부른다. 고전적으로 운동이 허용되지 않은 $E< V$인 영역에서 ψ는 x가 $\pm\infty$일 때에 0이 되어야 한다. 그렇지 않으면 (i)에서 언급한 바와 같이 ∞가 된다. 이때에는 E의 어느 특별한 값에서 경계 조건을 만족하는 해가 존재하게 된다. 따라서 에너지는 어느 특정한 값들만

(i) $E< V_{\min}$ (ii) $E> V_{\min}$이나 작으며 속박됨.

(iii) 속박된 에너지가 큰 경우 (iv) 한 쪽이 속박되지 않은 경우

(v) 양쪽이 속박되지 않은 경우

갖게 되며 ψ는 띄엄띄엄 떨어진 고유값을 고유 함수가 된다.

만일 속박된 상태에서 $E_2(> E_1)$과 같이 에너지가 커지면 고전적으로 허락된 영역에서

$$\frac{\psi''}{\psi}=-\frac{2m}{\hbar^2}(E-V) \tag{4.138}$$

가 더욱 증가한다. 즉 곡선은 더욱 급하게 굽어지며 더 많은 진동이 허락된 영역이 존재한다. 또 속박 상태의 수는 $V_{\min}$값에 따라 달라짐을 보았다. 바닥 상태 (ground state)인 그림 4.21(a)에서 두 경계 사이에 파동함수는 거의 반 파장을 갖게 되며 따라서 마디(node)가 없다. 마디가 하나 있으면 첫 들뜬 상태(first excited state), 마디가 둘 있으면 두 번째 들뜬 상태 등으로 부른다. n번째 들뜬 상태에는 n개의 마디가 있다.

(iii) 그림 4.20에서 E_3의 경우와 같이 한쪽에만 고전적으로 허락된 영역이 있는 경우 ψ는 허락된 영역에서는 진동형이고 허락 안된 영역에서는 지수적(指數的, exponentially) 감소형이다.

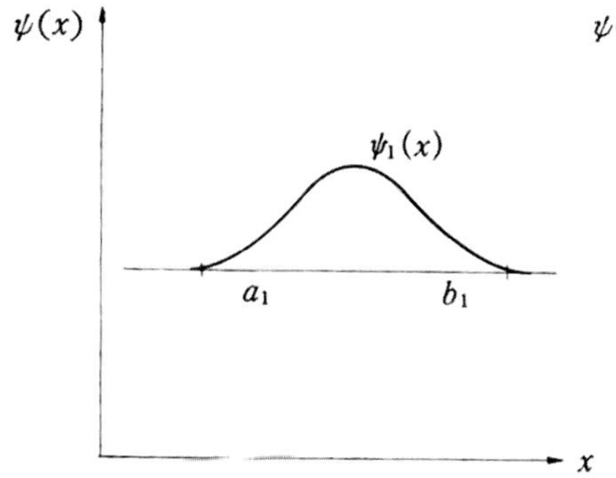

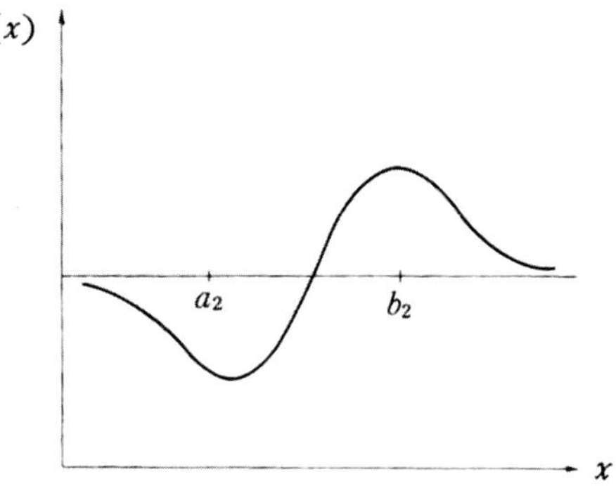

그림 4.21 (a) 가장 낮은 에너지 E_1을 갖는 입자의 파동함수. 이 때 $\psi_1(x)$는 $a_1 < x < b_1$사이에 거의 반 파장을 갖는다. (b) 첫 들뜬 상태인 에너지 $E_2(> E_1)$를 갖는 파동함수의 모양. 여기에는 마디가 하나 있다.

이 때 어느 E의 값이나 해가 존재하고 E의 각 값에 대하여 하나의 파동 함수만 존재한다. 즉 에너지는 연속적으로 변할 수 있다.

(iv) 만일 E가 V보다 항상 크다면 x의 허락된 영역은 $-\infty$에서 $+\infty$까지 펼쳐 있으며 ψ는 어디서나 진동형이다. 고유값은 연속적으로 변할 수 있어 무한히 많이 존재하며 한 고정된 E에 대한 미분 방정식의 해는 두 개의 독립적인 해를 가지고 있다. 즉 축퇴의 수는 2이다.

지금까지는 주로 퍼텐셜 V가 계단함수와 같은 경우만 고려하였으나 그림 4.2에서와 같이 일반적인 퍼텐셜에 대하여는 여러 가지로 근사적으로 취급할 수 있다. 그림 4.3에서와 같이 여러 개의 계단 함수로 나누어서도 풀 수 있고 WKB근사로 알려진 방법으로도 많이 고찰된다. WKB근사 방법에 대하여는 뒤에 제 12장에서 논한다. 양자역학은 여러 가지 퍼텐셜의 영향을 고찰하여 Schrödinger 방정식을 풀고 그것을 이용하는 것이라고 생각할 수 있어 앞으로 정확하게 풀거나 근사적으로 푸는 것을 논하게 된다.

[문 제]

4. 1 그림 P4. 1에서와 같은 계단형 퍼텐셜을 생각하여 입자의 에너지를 E 라 할 때

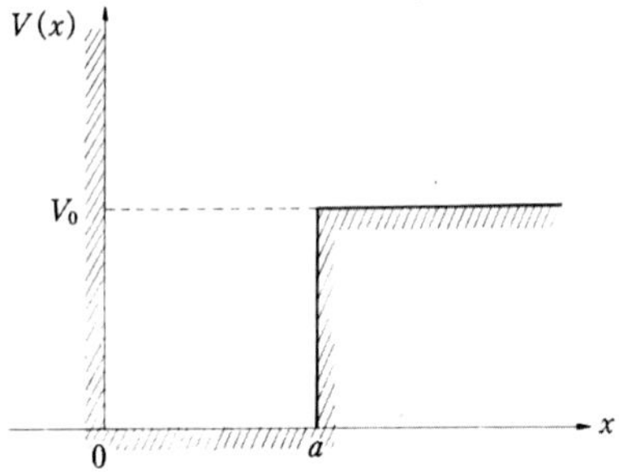

그림 P4.1

(a) $E< V_0$의 경우에는 투과가 없음을 보여라.

(b) $E> V_0$인 경우 (두 영역에서 진폭의 비의 제곱) $|T(E)|^2$을 구하고 에너지 E를 변수로 하여 $|T(E)|^2$의 변화를 그림으로 그려라.

4. 2 그림 P4.2에서와 같은 계단형 퍼텐셜을 고려하고 입자가 에너지 $E=3V_0$을 가지고 $x=-\infty$에서 오른쪽으로 입사하였을 때

(a) 반사와 투과 계수를 d의 함수로 구하라.

(b) d의 어떤 값이 최대 또는 최소의 투과를 주는가?

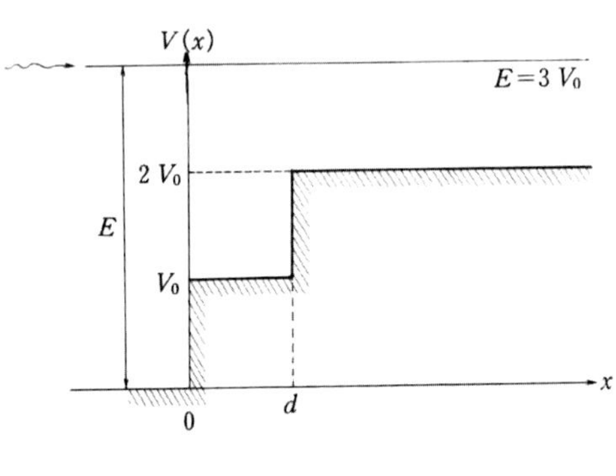

그림 P4.2

4. 3 폭이 a, 높이 V_0인 유한한 크기의 퍼텐셜 장벽에 입사된 입자가 투과하는 것을 조사하여 보면 입자가 장벽의 오른쪽에서 입사하거나 왼쪽에서 입사하거나 같은 투과율을 가짐을 보여라(그림 4.9 참고)

4. 4 그림 4.9에서와 같은 퍼텐셜 장벽에 대하여 입자가 장벽의 오른쪽에서 입사할 때

(a) $E > V_0$인 경우 본문에서 정의된 $|R|^2$과 $|T|^2$의 값을 구하라.

(b) $E > V_0$의 경우와 $E < V_0$의 경우에 대하여 얻은 투과 계수 $|T|^2$의 값이 $E = V_0$에 서 같아짐을 보여라.

4. 5 어떤 핵 안에 있는 수 MeV의 운동 에너지를 가진 α입자는 약 $10^9 cm/\text{sec}$의 속도를 가지고 있으며 반경 $10^{-12}cm$ 정도의 퍼텐셜 벽에 갇혀 있어서 매초 10^{21}번 퍼텐셜 장벽을 두드린다. 이 경우를 1차원 문제로 생각하여 벽의 두께를 $2\times 10^{-12}cm$, 퍼텐셜의 높이를 20MeV, 그리고 α 입자가 5MeV의 에너지를 가졌다고 할 경우

(a) 매초 α 붕괴가 일어날 확률은 일마인가?

(b) 만일 퍼텐셜 벽의 두께가 2배로 늘어나면 어떠한 영향이 있는가? 또 퍼텐셜의 높이가 2배로 늘어나는 것과 비교하여라.

4. 6 만일 퍼텐셜 $V(x)$가 모든 영역에서 일정한 양만큼 변하면 시간과 독립인 고유 함수는 변하지 않음을 보여라. 이 때 에너지 고유값은 어떻게 되는가?

4. 7 parity 연산자는 Hermitian 이고 임의의 함수는 parity 인 고유 함수의 합으로 쓰여질 수 있음을 보여라. 또 $V(x) = V(-x)$인 경우 $[P, H]=0$ 임을 보여라.

4. 8 (a) 그림 P4.1에서 전체가 $-V_0$만큼 내려간 경우를 생각하여 속박 상태를 조사하여라.

(b) $|E| \ll V_0$인 경우 가장 낮은 에너지에 대한 다음 관계식을 보여라.

$$\frac{\sqrt{MV_0 a}}{\hbar} \sim \frac{\pi}{2} - \sqrt{\frac{|E|}{V_0}}$$

(c) 중양성자(deuteron)에 대하여 $a = 2.15\times 10^{-13}cm$, $V_0 = 30\text{Mev}$, 질량이 $0.8\times 10^{-24}gm$인 경우 중양성자의 속박 에너지 $W=-E$는 얼마인가?

(d) 일반적으로 V_0가 어느 값보다 작은 경우 속박 상태가 존재하지 않는가?

4. 9 네모난 우물 퍼텐셜(square well potential)에서 속박되지 않은 기함수 해를 구하고 이 경우 virtual levels의 에너지 값 E_n과 virtual level의 폭(width: 진폭의 절대치의 비가 반으로 떨어지는 에너지 폭) δE가 다음과 같이 됨을 보여라.

$$\delta E = \sqrt{\frac{2\hbar^2 E_n (E_n + V_0)}{V_0 a^2 m}}$$

4. 10 그림 P4.3와 같은 퍼텐셜 안에 갇혀 있고 에너지 $E(0 < E < V_0)$를 갖는 입자를 생각하여라.

$$V(x)=\begin{cases} 0 & (a<x<a+b;\text{영역 I}) \\ V_0 & (-a\le x\le a;\text{영역 II}) \\ 0 & (-a-b<x<-a;\text{영역 III}) \\ \infty & (\text{그 바깥 } x\le -a-b,\ a+b\le x) \end{cases}$$

(a) 각 영역에서 파동함수는 어떻게 되는가?

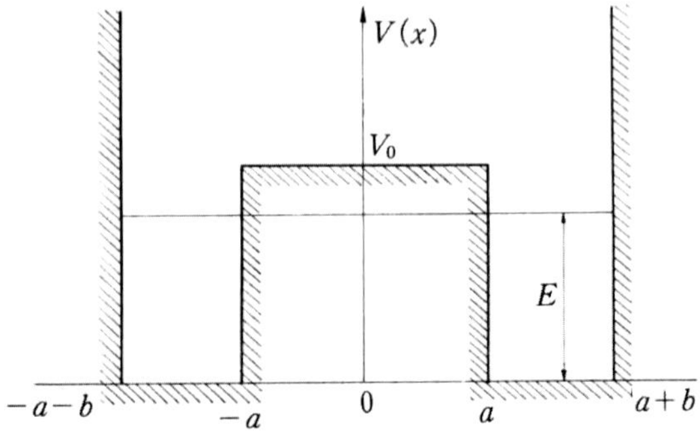

그림 P4.3

(b) 이 입자의 에너지는 다음 식에 의하여 결정됨을 보여라.

$k_0 \cot k_0 b = -k \coth ka$ (기 parity 함수)

$k_0 \cot k_0 b = -k \tanh ka$ (우 parity 함수)

(c) V_0가 아주 큰 경우 영역 I 과 III에서의 해는 어떻게 되겠는가?

4. 11 에너지 $E(>0)$와 질량 m을 가지고 $x=-\infty$에서 오른쪽으로 입사하는 입자는 원점에서 퍼텐셜이 $V(x)=A\delta(x)$ $(A>0)$ 인 영향을 받는 경우 반사율과 투과율이 어떻게 되는가? 특히 A가 무한히 큰 경우에 투과율이 어떻게 되는가?

4. 12 무한히 높은 퍼텐셜 장벽에 의하여 입자가 $-a<x<a$에 갇혀 있고 그 안에서 퍼텐셜 $(A>0)$ $V(x)=A\delta(x)$의 영향을 받을 경우에 입자가 가질 수 있는 에너지 E를 구하라. 문제 4.10의 특별한 경우와 같음을 보여라.

제 5 장

조화 진동자(調和振動子, Harmonic Oscillator) 문제

지금까지는 1차원에서 입자가 어느 구간에서 일정한 퍼텐셜의 영향을 받는 경우의 문제를 고려하였다. 그러나 일반적으로 퍼텐셜은 일정하지 않으며 특히 조화 진동은 퍼텐셜이 $V=\frac{1}{2}kx^2$인 경우에 해당된다.

조화 진동은 물리학에서 매우 중요한 역할을 한다. 이 조화 진동자 문제는 완전한 해가 알려진 경우이다. 또 임의의 퍼텐셜일지라도 퍼텐셜의 최소값 부근에서의 입자의 운동을 고려할 때는 조화진동으로 취급된다.

임의의 퍼텐셜 $V(x)$에 대하여 이 값이 최소가 되는 x 값을 x_m이라 할 때 $V(x)$를 x_m 주위에서 전개하면

$$V(x) = V(x_m) + \left.\frac{dV}{dx}\right|_{x_m}(x-x_m) + \frac{1}{2!}\left.\frac{d^2V}{dx^2}\right|_{x_m}(x-x_m)^2 + \cdots\cdots \tag{5.1}$$

이 된다.

한편 x_m 의 정의로부터

$$\left.\frac{dV}{dx}\right|_{x_m} = 0 \tag{5.2}$$

이므로

$$\left.\frac{d^2V}{dx^2}\right|_{x_m} = k \tag{5.3}$$

로 놓으면

$$V(x) = V(x_m) + \frac{1}{2}k(x-x_m)^2 + \cdots\cdots \tag{5.4}$$

를 얻는다.

이 식에서 $V(x_m)$은 상수이므로 $V(x) - V(x_m)$을 새로운 $V(x)$로 놓고 $(x-x_m)$도 새로운 좌표 x로 놓으면 $(x-x_m)^3$ 이상의 항을 고려하지 않을 때 시간에 독립인 Schrödinger 방정식은 다음과 같이 된다.

$$-\frac{\hbar^2}{2m}\frac{d^2\psi}{dx^2} + \frac{1}{2}kx^2\psi = E\psi \tag{5.5}$$

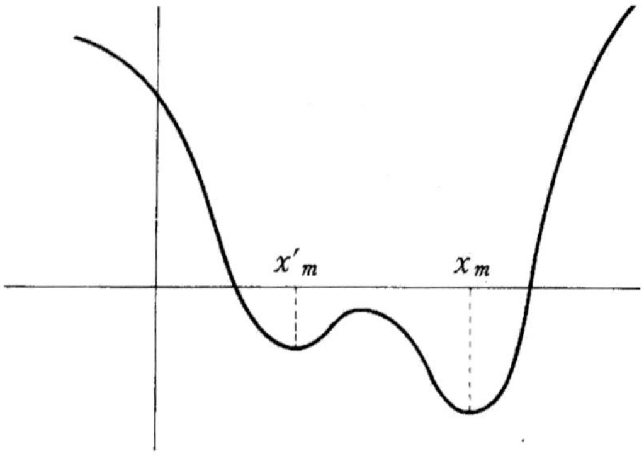

그림 5.1 임의의 퍼텐셜 $V(x)$는 최소값을 갖는 위치 x'_m 부근에서는 조화 진동의 퍼텐셜로 취급할 수 있음.

이 문제에서는 모든 에너지에 대하여 $E-V>0$ 인 영역 즉 속박 상태가 있으므로 에너지 고유값은 연속적이 아니고 띄엄띄엄 떨어져 있다. 또 $V(x)=V(-x)$, 즉 대칭인 퍼텐셜을 갖기 때문에 에너지 상태는 특정한 반전성(parity)을 갖는다. 이 장에서는 조화 진동 Hamiltonian의 고유값 문제를 미분 방정식에 의한 해와 연산자를 사용한 방법에 의한 해를 자세히 기술하고자 한다.

5. 1 미분 방정식에 의한 해

(a) 차원이 없는(dimensionless) 변수

우리가 풀려는 조화 진동의 미분 방정식은 (5.5)식으로부터

$$\frac{d^2\psi}{dx^2}+\frac{2m}{\hbar^2}\left(E-\frac{1}{2}kx^2\right)\psi=0 \tag{5.6}$$

이 되며, 이 식에서 상수 $m, \hbar, k$ 를 사용하여 변수 x와 E 에 해당되는 차원이 없는 양들을 만들어 보자.

먼저 $m, \hbar, k$ 로부터 거리(距離, distance)와 에너지에 해당되는 양을 만들어 보면 진동수는

$$\omega=\sqrt{\frac{k}{m}} \tag{5.7}$$

이므로

$$\hbar\omega=\hbar\sqrt{\frac{k}{m}} \quad ; \ [에너지] \tag{5.8}$$

는 에너지 차원을 갖는다. 앞으로 차원은 [ ]로 나타낸다. 한편 $F=-kx$에서 아는 바와 같이 k 는 힘을 거리로 나눈 값에 해당되므로

$$\frac{[에너지]}{k}=\frac{[힘]\times[거리]}{[힘]\div[거리]}=[거리]^2 \tag{5.9}$$

따라서

$$\frac{\hbar}{k}\sqrt{\frac{k}{m}} = [\text{거리}]^2 \Rightarrow \sqrt[4]{\frac{\hbar^2}{km}} = [\text{거리}]$$

와 같이 되어

$$E = \frac{1}{2}\hbar\sqrt{\frac{k}{m}}\,\epsilon = \frac{1}{2}\hbar\omega\,\epsilon \tag{5.10}$$

$$x = \sqrt[4]{\frac{\hbar^2}{km}}\,y = \sqrt{\frac{\hbar}{m\omega}}\,y \tag{5.11}$$

로 놓으면 ϵ과 y 는 차원이 없는 양이 된다. 따라서 (5.10)식과 (5.11)식을 이용하여 (5.6)식을 다시 쓰면

$$\frac{1}{\sqrt{\frac{\hbar^2}{km}}}\frac{d^2\psi}{dy^2} + \frac{2m}{\hbar^2}\left(\frac{1}{2}\hbar\sqrt{\frac{k}{m}}\,\epsilon - \frac{1}{2}k\sqrt{\frac{\hbar^2}{km}}\,y^2\right)\psi = 0$$

$$\therefore \frac{d^2\psi}{dy^2} + (\epsilon - y^2)\psi = 0 \tag{5.12}$$

을 얻게 된다. 이 식은 조화진동을 기술하는 방정식을 차원이 없는 양 y, ϵ 으로 나타낸 것이며 수학적인 해를 구한 후에 차원은 다시 복원할 수 있다.

(b) 다항식 방법(多項式方法, polynomial method)에 의한 해

(i) 점근 행동(漸近行動, asymptotic behavior)의 축출

위 (5.12)식을 푸는데 있어서 앞장에서 논의된 바와 같이

$y^2 < \epsilon$ 인 y 의 값에 대하여는 진동의 모양의 해를 가지고

$y^2 > \epsilon$ 인 y 인 경우에는 지수 함수 모양의 해를 가진다.

그러나 해는 유한한 값을 가져야 하기 때문에 $y^2 > \epsilon$ 인 경우에는 제한 조건이 붙는다. 미분 방정식을 풀 때에 먼저 특별한 영역에서의 값을 고려하여 해의 모양을 알게 되면 제한 조건을 완화시킬 수 있다. 이 방법은 2계 미분 방정식의 해를 얻는데 있어서 여러 번 사용되며 중요한 역할을 한다. 이 경우 점근 행동을 축출(逐出, factor out)한다고 말한다.

먼저 (5.12)식의 경우 y가 큰 경우의 해는 우선 $\psi \sim e^{-\frac{y^2}{2}}$ 의 모양이 된다.

(증명) y^2이 큰 경우 (5.12)식은

$$\frac{d^2\psi}{dy^2} - y^2\psi = 0 \tag{5.13}$$

이 된다. 한편

$$\frac{d}{dy}e^{\pm\frac{y^2}{2}} = \pm\, y e^{\pm\frac{y^2}{2}}$$

$$\frac{d^2}{dy^2}e^{\pm\frac{y^2}{2}} = \pm\frac{d}{dy}(ye^{\pm\frac{y^2}{2}}) = \pm e^{\pm\frac{y^2}{2}} + y^2e^{\pm\frac{y^2}{2}} \simeq y^2e^{\pm\frac{y^2}{2}}$$

따라서

$$\psi \sim e^{\pm\frac{y^2}{2}} \tag{5.14}$$

은 (5.13)식을 만족한다. 그러나 그 중 $e^{+\frac{y^2}{2}}$은 y 가 클 때 ∞가 되므로 해로서 적당하지 않다. 따라서 해는 y가 무한히 클 때에 $e^{-\frac{y^2}{2}}$형이 된다.

이제 (5.12)식의 정확한 해를

$$\psi(y) = H(y)e^{-\frac{y^2}{2}} \tag{5.15}$$

로 놓으면 $H(y)$는 $y\to\infty$일 때 일정한 값을 갖는 유한한 해를 만들 수 있음을 알게 된다. 즉 (5.15)식을 (5.12)식에 대입하여 보자.

$$\frac{d\psi}{dy} = \frac{dH}{dy}e^{-\frac{y^2}{2}} - yHe^{-\frac{y^2}{2}}$$

$$\frac{d^2\psi}{dy^2} = \frac{d^2H}{dy^2}e^{-\frac{y^2}{2}} - 2y\frac{dH}{dy}e^{-\frac{y^2}{2}} - He^{-\frac{y^2}{2}} + y^2He^{-\frac{y^2}{2}}$$

이므로 (5.12)식은

$$0 = \frac{d^2\psi}{dy^2} + (\varepsilon - y^2)\psi = \left(\frac{d^2H}{dy^2} - 2y\frac{dH}{dy} - H + y^2H\right)e^{-\frac{y^2}{2}} + (\varepsilon - y^2)He^{-\frac{y^2}{2}}$$

이 되어 다음 방정식을 얻게 된다.

$$\frac{d^2H}{dy^2} - 2y\frac{dH}{dy} + (\varepsilon - 1)H = 0 \tag{5.16}$$

이 식에서 특히 $(\varepsilon-1)$이 짝수 $2n$일 경우 이 방정식은 Hermite 미분 방정식이며 이미 150여 년 전부터 잘 알려진 수학 방정식이다.

(ii) 멱급수(冪級數, power series) 전개(展開)

$H(y)$가 어느 y 값에 대하여도 무한이 큰 값이 아닌 경우 y에 관한 멱급수 전개를 하면

$$H(y) = \sum_{k=0}^{\infty} a_k y^k \tag{5.17a}$$

$$H' = \frac{dH}{dy} = \sum_{k=1}^{\infty} a_k k y^{k-1} = \sum_{k=0}^{\infty} a_{k+1}(k+1)y^k \tag{5.17b}$$

$$H'' = \frac{d^2H}{dy^2} = \sum_{k=2}^{\infty} a_k k(k-1)y^{k-2} = \sum_{k=0}^{\infty} a_{k+2}(k+1)ky^k \tag{5.17c}$$

이므로 이 식들을 (5.16)식에 대입하면

$$\begin{aligned} & H'' - 2yH' + (\varepsilon-1)H \\ &= \sum_{k=0}^{\infty}(k+2)(k+1)a_{k+2}y^k - 2\sum_{k=1}^{\infty} k a_k y^k + (\varepsilon-1)\sum_{k=0}^{\infty} a_k y^k \\ &= 0 \end{aligned} \tag{5.18}$$

이 된다.

이 식은 항등식이므로 이 식에서 $k=0, 1, 2, \cdots\cdots$ 에 대하여 y^k 의 계수들은 0 이 되어야 한다. 즉 (5.18)식에서

$$y^0 \text{의 계수} : 2 \cdot 1 \cdot a_2 + (\varepsilon-1)a_0 = 0 \qquad \therefore a_2 = \frac{(1-\varepsilon)}{1 \cdot 2} a_0 \tag{5.19a}$$

$$y \text{의 계수} : 3 \cdot 2 \cdot a_3 - 2 \cdot a_1 + (\varepsilon-1)a_1 = 0 \qquad \therefore a_3 = \frac{(3-\varepsilon)}{2 \cdot 3} a_1 \tag{5.19b}$$

……………

$$y^k \text{의 계수} : (k+2)(k+1)a_{k+2} - 2ka_k + (\varepsilon-1)a_k = 0$$

의 관계가 성립하여 이들은 일반적으로

$$\therefore a_{k+2} = \frac{2k+1-\varepsilon}{(k+1)(k+2)} a_k \quad (k \geq 0) \tag{5.20}$$

가 된다. 이와 같은 a_k, a_{k+1}, a_{k+2} 사이의 관계식을 연이음 공식(recursion formula)이라고 부른다. 이 식으로부터 모든 a_k 값들은 a_0 와 a_1 으로 표시된다. 위의 경우는

$$a_4 = \frac{5-\varepsilon}{3 \cdot 4} a_2 = \frac{(5-\varepsilon)(1-\varepsilon)}{24} a_0 \tag{5.19c}$$

$$a_5 = \frac{7-\varepsilon}{4 \cdot 5} a_3 = \frac{(7-\varepsilon)(3-\varepsilon)}{120} a_1 \tag{5.19d}$$

……………

이 되므로 $H(y)$는 다음과 같은 y 의 멱급수로 표시된다.

$$\begin{aligned} H &= a_0 + a_1 y + a_2 y^1 + \cdots\cdots \\ &= a_0\left[1 + \frac{1-\varepsilon}{2} y^2 + \frac{(5-\varepsilon)(1-\varepsilon)}{24} y^4 + \cdots\cdots\right] \\ &\quad + a_1\left[y + \frac{3-\varepsilon}{6} y^3 + \frac{(7-\varepsilon)(3-\varepsilon)}{120} y^5 + \cdots\cdots\right] \end{aligned} \tag{5.21}$$

즉 ψ 는 임의의 상수 a_0와 a_1을 포함하고 있다. 만일 점근 행동을 축출하지 않는 경우에는 (5.20)식에서와 같이 두 개의 계수 사이에 연이음 공식이 존재하지 않고 세 개의 연이은 계수

사이에 반복 공식이 존재하여 일반적으로 훨씬 복잡하며 정확한 멱급수를 얻기 어렵다.

(iii) 점근 행동의 고찰과 고유값

방정식의 해를 $\psi = H(y)e^{-\frac{y^2}{2}}$ 으로 쓰고 있으나 y 가 큰 경우 이 값이 ∞까지 크게 되어서는 안 되므로 $H(y)$의 급수를 고찰하여야 한다. y가 큰 경우 $H(y)$에 관한 (5.17a)식에서 큰 k 값을 갖는 항이 중요한 역할을 한다.

(5.20)식으로부터 k 값이 클 때에는

$$a_k = \frac{2k-1-\epsilon}{(k-1)k}a_{k-2} \simeq \frac{2k}{k^2}a_{k-2} = \frac{2}{k}a_{k-2} \tag{5.22}$$

로 놓을 수 있다. 마찬가지로 a_{k-2}, a_{k-4}, 등도

$$a_{k-2} \simeq \frac{2}{(k-2)}a_{k-4} \tag{5.23a}$$

$$a_{k-4} \simeq \frac{2}{(k-4)}a_{k-6} \tag{5.23b}$$

……………

……………

$$a_2 = a_0 \quad (k \text{ 가 짝수일 때}) \tag{5.23c}$$

$$a_3 = \frac{2}{3}a_1 \quad (k \text{ 가 홀수일 때}) \tag{5.23d}$$

가 되며 특히 k 가 짝수인 경우

$$a_k = \frac{2}{k} \cdot \frac{2}{k-2} \cdot \frac{2}{k-4} \cdots\cdots \frac{2}{4} \cdot 1a_0 \tag{5.24}$$

이어서

$$\begin{aligned} H(y) &= \sum_{k=0}^{\infty} a_k y^k \\ &= a_0 \sum_{k=0}^{\infty} \frac{2}{k} \cdot \frac{2}{k-2} \cdot \frac{2}{k-4} \cdots\cdots a_0 y^k \\ &= a_0 \sum_{m=0}^{\infty} \frac{1}{m} \cdot \frac{1}{m-1} \cdot \frac{1}{m-2} \cdots\cdots a_0 y^{2m} \qquad (k=2m) \\ &= a_0 \sum_{m(\text{짝수})} \frac{1}{m!}(y^2)^m \\ &= a_0 e^{y^2} \end{aligned} \tag{5.25}$$

이 된다.

이 식은 y 가 큰 경우에는 k 가 큰 항이 $H(y)$에 지배적인 영향을 주기 때문에 얻어지며 k 가 홀수인 경우는 마찬가지 방법을 이용하면

$$H(y) \simeq a_1 y e^{y^2} \tag{5.26}$$

이라 할 수 있다. 그러면

$$\psi = H(y)e^{-\frac{y^2}{2}} \quad \Rightarrow \quad \psi \simeq a_0 e^{\frac{y^2}{2}} \tag{5.27}$$

이 되어 y가 클 경우 ψ는 무한히 커진다. 이것은 양자역학에서 받아들일 수 없는 해가 되며 이것을 피할 수 있는 길은 H의 멱급수가 무한급수가 아니고 k의 어느 값에서 a_k가 0이 되어 $H(y)$가 y의 다항식이 되는 것이다.

$H(y)$가 다항식이 되는 것은 ψ가 유한한 값을 갖는 다는 일종의 경계 조건을 이용한 결과이며 미분 방정식 모양의 고유값 문제에서는 경계 조건이 주어질 때 띄엄띄엄 떨어진(discreet) 고유값를 얻었던 것과 같이 여기에서도 그와 같은 에너지 고유값를 얻을 수 있다. 즉 k의 어느 값, $k=n$, 에서 급수가 끊어진다면 이는 (5.20)식에서

$$\begin{aligned} a_{n+2} &= \frac{2n+1-\epsilon}{(n+1)(n+2)} a_n \\ &= 0 \quad (\text{단, } a_n \neq 0) \end{aligned} \tag{5.28}$$

을 의미하며 이 식으로부터

$$\epsilon = 2n+1 \quad (n=0, 1, 2, 3, \cdots\cdots) \tag{5.29}$$

인 값을 얻게 된다. 그리고 n보다 큰 k에 대하여는 모든 a_k가 0이 된다.

이 ϵ의 값은 H가 만족하는 방정식이

$$\frac{d^2H}{dy^2} - 2y\frac{dH}{dy} + 2nH = 0 \tag{5.30}$$

이 됨을 의미하고 이 미분 방정식의 해는 y의 n차 다항식으로 됨을 의미한다. 이 다항식을 Hermite 다항식이라 부른다. 또 n가 짝수이면 다항식 $H_n(y)$는 y의 짝수 승(power)만 포함하므로 우패리티(even parity)을 갖는 우함수이다. n가 홀수이면 H_n은 기함수가 된다.

따라서 Hamiltonian

$$H = -\frac{\hbar^2}{2m}\frac{d^2}{dx^2} + \frac{1}{2}kx^2 \tag{5.31}$$

는 우패리티(even parity) 또는 기패리티(odd parity)을 갖는 고유 함수로

$$\psi_n = N_n H_n(y) e^{-\frac{y^2}{2}} = N_n H_n\left(x/\sqrt{\frac{\hbar}{m\omega}}\right) e^{-\frac{x^2}{2}\left(\frac{m\omega}{\hbar}\right)} \tag{5.32}$$

을 갖게 된다. 여기서 N_n은 규격화 상수이다.

Hamiltonian의 고유값는

$$\begin{aligned} E_n &= \frac{1}{2}\hbar\sqrt{\frac{k}{m}}\,\varepsilon \\ &= \hbar\omega\left(n+\frac{1}{2}\right) \quad (n=0, 1, 2, \cdots\cdots) \end{aligned} \tag{5.33}$$

가 된다. 즉 조화진동에서 에너지 준위(準位, level)는

$$\frac{1}{2}\hbar\omega,\ \frac{3}{2}\hbar\omega,\ \frac{5}{2}\hbar\omega,\ \cdots\cdots \tag{5.34}$$

로 되어 Planck 이론에서 언급한 바와 같이 에너지 간격은 $\hbar\omega$이다. 그러나 Planck 이론과는 달리 최소 에너지 값은 $\frac{1}{2}\hbar\omega$이다.

(ⅳ) Hermite 다항식의 성질

Hermite 다항식 $H_n(y)$는 수학적으로 잘 알려진 함수이다. 이 함수의 성질을 고찰하여 보자.

① 모함수(母函數, generating function)를 사용하면

$$e^{-t^2+2yt} = \sum_{n=0}^{\infty} \frac{H_n(y)}{n!} t^n \tag{5.35}$$

즉 모함수 e^{-t^2+2yt}를 $t=0$ 부근에서 Taylor 전개할 때의 전개 계수가 Hermite 함수 $H_n(y)$가 된다.

(증명) $$G(y,t) \equiv e^{-t^2+2yt} = \sum_{n=0}^{\infty} \frac{f_n(y)}{n!} t^n \tag{5.36}$$

에서 f_n이 만족하는 식을 조사하기 위하여 양변을 y에 관하여 편미분하면

$$\frac{\partial G}{\partial y};\quad \frac{\partial}{\partial y} e^{-t^2+2yt} = 2te^{-t^2+2yt} = 2t\sum_{n=0}^{\infty} \frac{f_n(y)}{n!} t^n \tag{5.37a}$$

$$\frac{\partial}{\partial y}\left(\sum_{n=0}^{\infty} \frac{f_n(y)}{n!} t^n\right) = \sum_{n=0}^{\infty} \frac{f_n'(y)}{n!} t^n \tag{5.37b}$$

가 되어 이 두 식의 t^n의 계수를 비교하여 같게 놓으면

$$t^0\text{의 계수 : } f_0'(y) = 0 \tag{5.38a}$$

$$t^1\text{의 계수 : } f_1'(y) = 2f_0(y) \tag{5.38b}$$

....

$$t^n\text{의 계수 : } f_n'(y) = 2nf_{n-1}(y) \quad (n \geq 1) \tag{5.38c}$$

가 된다. 한편 위의 모함수를 t에 관하여 편미분하면

$$\frac{\partial G}{\partial t};\quad \frac{\partial\left(e^{-t^2+2yt}\right)}{\partial t} = 2(y-t)e^{-t^2+2yt} = \sum_{n=0}^{\infty} 2(y-t)\frac{f_n(y)}{n!} t^n \tag{5.39a}$$

$$\frac{\partial}{\partial t}\sum_{n=0}^{\infty} \frac{f_n(y)}{n!} t^n = \sum_{n=1}^{\infty} \frac{f_n(y)}{(n-1)!} t^{n-1} \tag{5.39b}$$

가 되며 이 두 식의 t^n의 계수를 비교하여

$$t^0\text{의 계수 : } 2yf_0 = f_1 \tag{5.40a}$$

t^1의 계수 : $2yf_1 - 2f_0 = f_2$ (5.40b)

……………

t^n의 계수 : $2yf_n - 2nf_{n-1} = f_{n+1} \quad (n \geq 1)$ (5.40c)

인 관계를 얻는다. (5.38c)식과 (5.40c)식을 연이음 공식(recursion formula)이라고도 부른다.

② 이 두 식으로부터 f_n이 만족하는 미분 방정식을 얻을 수 있다. 즉 (5.38c)식을 미분하면

$$f_n'' = 2nf_{n-1}' \tag{5.41}$$

가 되고 (5.40c)식을 미분하면

$$f_{n+1}' = 2yf_n' - 2nf_{n-1}' + 2f_n \tag{5.42}$$

가 된다. (5.41)식과 (5.42)식으로부터

$$\begin{aligned} f_n'' &= -f_{n+1}' + 2yf_n' + 2f_n \\ &= -2(n+1)f_n + 2yf_n' + 2f_n \quad [(5.38c)\text{식을 이용함}] \\ &= 2yf_n' - 2nf_n \end{aligned}$$

$$\therefore f_n'' - 2yf_n' + 2nf_n = 0 \tag{5.43}$$

이 되어 f_n은 Hermite 미분 방정식을 만족한다.

③ 직교 규격화(直交規格化, orthonormalization)

조화 진동의 파동함수는 (5.32)식에 의하여 주어지며 규격화 상수 N_n는 파동 함수의 규격화(規格化)로부터 얻어진다. 즉

$$\begin{aligned} 1 &= \int_{-\infty}^{\infty} \psi_n^* \psi_n dx = N_n^2 \int_{-\infty}^{\infty} dx H_n^2\left(x\sqrt{\frac{m\omega}{\hbar}}\right) e^{-\frac{m\omega x^2}{\hbar}} \\ &= N_n^2 \sqrt{\frac{\hbar}{m\omega}} \int_{-\infty}^{\infty} dy H_n^2(y) e^{-y^2} \end{aligned} \tag{5.44}$$

에서 N_n을 구하려면 위의 적분을 먼저 구하여야 한다. 이 적분은 다음 방법으로 얻을 수 있다.

모함수에 의한 $H_n(y)$의 정의로부터

$$e^{-t^2+2ty} = \sum_{n=0}^{\infty} \frac{H_n(y)}{n!} t^n \tag{5.45a}$$

$$e^{-s^2+2sy} = \sum_{n=0}^{\infty} \frac{H_m(y)}{m!} s^m \tag{5.45b}$$

로 놓을 수 있다. 이 두 식을 곱하고 또 e^{-y^2}를 더 곱한 후에 y에 관하여 적분하면

$$\int_{-\infty}^{\infty} dy e^{-s^2+2sy-t^2+2ty-y^2} = \sum_n \sum_m \frac{s^m t^n}{n!m!} \int_{-\infty}^{\infty} dy H_n(y) H_m(y) e^{-y^2} \tag{5.46}$$

이 된다. 이 때 좌변은

$$\int_{-\infty}^{\infty} dy e^{-(s+t)^2+2y(s+t)-y^2+2st}$$

$$= e^{2st}\int_{-\infty}^{\infty} dy e^{-(y-s-t)^2}$$

$$= \sqrt{\pi}\, e^{2st}$$

$$= \sqrt{\pi}\sum_n \frac{(2st)^n}{n!} \tag{5.47}$$

이 되므로 이 (5.47)식을 (5.46)식과 비교하여 $s^n t^n$의 계수를 같게 놓음으로써 다음 관계식을 얻는다.

$$\sqrt{\pi}\,\frac{2^n}{n!} = \frac{1}{n!n!}\int_{-\infty}^{\infty} dy H_n(y) H_n(y) e^{-y^2}$$

$$\text{즉}\quad \int_{-\infty}^{\infty} dy H_n^2(y) e^{-y^2} = \sqrt{\pi}\, n! 2^n \tag{5.48}$$

이 된다. 한편 (5.47)식에는 $s^m t^n\ (m \neq n)$ 항이 없으므로 (5.46)식의 우변에서도 $s^m t^n\ (m \neq n)$의 계수는 0이 되어야 한다. 즉

$$\int_{-\infty}^{\infty} dy H_n(y) H_m(y) e^{-y^2} = 0 \quad (n \neq m) \tag{5.49}$$

을 얻는다. 따라서 (5.44)식에 (5.48)식을 이용하면

$$1 = N_n^2 \sqrt{\frac{\hbar}{m\omega}} \cdot \sqrt{\pi}\, n! 2^n$$

$$\therefore N_n = \sqrt[4]{\frac{m\omega}{\hbar\pi}}\, \frac{1}{\sqrt{2^n n!}} \tag{5.50}$$

이므로 결과적으로 조화 진동자 문제에서 Hamiltonian H의 고유값 문제의 해는

$$\psi_n(x) = \sqrt[4]{\frac{m\omega}{\hbar\pi}}\, \frac{1}{\sqrt{2^n n!}} H_n\left(x\sqrt{\frac{m\omega}{\hbar}}\right) e^{-\frac{m\omega x^2}{2\hbar}} \tag{5.51}$$

$$E_n = \hbar\omega\left(n + \frac{1}{2}\right)$$

가 된다. (5.49)식은 $\psi_n(x)$의 직교성을 의미한다.

④ 끝으로 Hermite 다항식은

$$H_n(y) = (-1)^n e^{y^2} \frac{d^n}{dy^n}(e^{-y^2}) \tag{5.52}$$

이 됨을 보이자

(증명) (5.35)식에서 정의된

$$e^{-t^2+2yt} = \sum_{n=0}^{\infty} \frac{H_n(y)}{n!} t^n$$

으로부터

$$H_n(y) = \frac{\partial^n}{\partial t^n}(e^{-t^2+2yt})\Big|_{t=o}$$

$$= \frac{\partial^n}{\partial t^n} e^{-(t-y)^2+y^2} \Bigg|_{t=o}$$

$$= e^{y^2} \frac{\partial^n}{\partial t^n} e^{-(t-y)^2} \Bigg|_{t=o}$$

$$= e^{y^2} \left[\frac{\partial(t-y)}{\partial t} \cdot \frac{\partial}{\partial(t-y)} \right]^n e^{-(t-y)^2} \Bigg|_{t=o}$$

$$= e^{y^2} \frac{\partial^n}{\partial(t-y)^n} e^{-(t-y)^2} \Bigg|_{t=o}$$

$$= (-1)^n e^{y^2} \frac{\partial^n}{\partial y^n} (e^{-y^2}) \qquad \text{(증명 끝)}$$

이 (5.52)식으로부터 H_n 다항식의 값을 y의 함수로 얻을 수 있다.

예를 들면

$$H_0(y) = 1 \tag{5.53a}$$

$$H_1(y) = -e^{y^2} \frac{\partial}{\partial y} e^{-y^2} = 2y \tag{5.53b}$$

$$H_2(y) = e^{y^2} \frac{\partial^2}{\partial y^2} e^{-y^2} = e^{y^2} \frac{\partial}{\partial y} (-2ye^{y^2}) = 4y^2 - 2 \tag{5.53c}$$

로 $H_n(y)$는 n차 다항식이 된다. n을 양자수(量子數, quantum number)라 부르며 $n = 0, 1, \cdots\cdots$에 대하여 에너지 준위와 함수의 모양은 그림 5.2와 같이 되어 제 4장에서 논한 바와 같다.

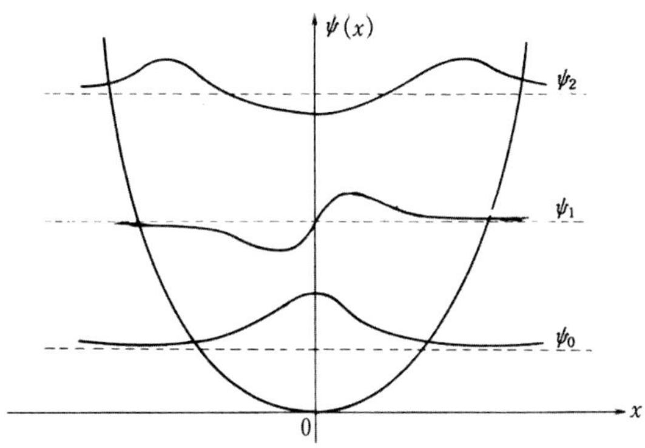

그림 5.2 조화 진동자의 퍼텐셜에 대하여 에너지의 $E_0, E_1, E_2, \cdots$에 대응하는 고유 함수 $\psi_0, \psi_1, \psi_2, \cdots$. 편의상 그림은 원점을 바꾸어 가며 그린 것이며 $\psi_0, \psi_2, \cdots$는 우함수, $\psi_1, \cdots$는 기함수임.

(v) ψ_n의 연이음 공식(recursion formula)

Hermite 다항식의 연이음 공식 (5.38c)식과 (5.40c)식으로부터 조화 진동자 문제의 고유 함수 $\psi_n(x)$가 만족하는 연이음 공식을 얻을 수 있다. 편의상 (5.51)식에서 n과 무관한 상수를 c라 놓으면

$$\psi_n(x)=\frac{c}{\sqrt{2^n n!}}H_n(y)e^{-\frac{y^2}{2}}\qquad \left(c=\sqrt[4]{\frac{m\omega}{\hbar\pi}}\right)$$

$$H_n(y)=\frac{\sqrt{2^n n!}}{c}e^{\frac{y^2}{2}}\psi_n(x)\tag{5.54}$$

가 되므로 (5.40c)식으로부터

$$H_{n+1}(y)-2yH_n(y)+2nH_{n-1}(y)=0$$

즉

$$\frac{\sqrt{2^{n+1}(n+1)!}}{c}e^{\frac{y^2}{2}}\psi_{n+1}(x)-2y\frac{\sqrt{2^n n!}}{c}e^{\frac{y^2}{2}}\psi_n(x)+2n\frac{\sqrt{2^{n-1}(n-1)!}}{c}e^{\frac{y^2}{2}}\psi_{n-1}(x)$$
$$=0$$

를 얻는다. 따라서

$$\sqrt{n+1}\,\psi_{n+1}(x)-\sqrt{2}\,y\psi_n(x)+\sqrt{n}\,\psi_{n-1}(x)=0\tag{5.55a}$$

즉

$$y\psi_n(x)=\sqrt{\frac{n+1}{2}}\,\psi_{n+1}(x)+\sqrt{\frac{n}{2}}\,\psi_{n-1}(x)\tag{5.55b}$$

가 된다. 또 (5.38c)식으로부터

$$\frac{dH_n(y)}{dy}=2nH_{n-1}(y)$$

즉

$$\frac{\sqrt{2^n n!}}{c}\frac{d}{dy}\left[e^{\frac{y^2}{2}}\psi_n(x)\right]=2n\frac{\sqrt{2^{n-1}(n-1)!}}{c}e^{\frac{y^2}{2}}\psi_{n-1}(x)$$

가 되어

$$y\psi_n(x)+\frac{d\psi_n(x)}{dy}=\sqrt{2n}\,\psi_{n-1}(x)\tag{5.56}$$
$$\left(y=x\sqrt{\frac{m\omega}{\hbar}}\right)$$

를 얻는다. 또 (5.55b)식을 이용하면 (5.56)식에서

$$\frac{d\psi_n(x)}{dy}=\sqrt{\frac{n}{2}}\,\psi_{n-1}(x)-\sqrt{\frac{n+1}{2}}\,\psi_{n+1}(x)\tag{5.57}$$

얻는다. 여기서 y는 $\sqrt{\frac{m\omega}{\hbar}}\,x$이므로 y에 대한 미분은 x에 대한 미분과 $\sqrt{\frac{\hbar}{m\omega}}$의 곱만큼 차가 있음에 주의하여야 한다.

연이음 공식을 이용하는 예를 들어보자. ψ_n는 직교규격화 되었으므로, 즉

$$\int \psi_n^* \psi_m dx = \delta_{nm} \tag{5.58}$$

이므로 x의 기대치를 구하기 위하여 y의 기대치를 보면

$$\begin{aligned}
\langle y \rangle &= \int_{-\infty}^{\infty} \psi_n^*(x) y \psi_n(x) dx \\
&= \int_{-\infty}^{\infty} dx \psi_n(x) \left\{ \sqrt{\frac{n+1}{2}} \psi_{n+1}(x) + \sqrt{\frac{n}{2}} \psi_{n-1}(x) \right\} \\
&= \sqrt{\frac{n+1}{2}} \int_{-\infty}^{\infty} dx \psi_n(x) \psi_{n+1}(x) + \sqrt{\frac{n}{2}} \int_{-\infty}^{\infty} dx \psi_n(x) \psi_{n-1}(x) \\
&= 0
\end{aligned}$$

$$\therefore \langle x \rangle = 0 \tag{5.59}$$

를 얻는다. 여기서 $\psi(x)$가 실함수임을 고려하였다. 한편,

$$\int_{-\infty}^{\infty} \psi_{n+1}(x) y \psi_n(x) dx = \int_{-\infty}^{\infty} dx \psi_{n+1}(x) \left\{ \sqrt{\frac{n+1}{2}} \psi_{n+1}(x) + \sqrt{\frac{n}{2}} \psi_{n-1}(x) \right\}$$

$$= \sqrt{\frac{n+1}{2}} \tag{5.60}$$

$$\int_{-\infty}^{\infty} \psi_{n-1}(x) y \psi_n(x) dx = \sqrt{\frac{n}{2}} \tag{5.61}$$

이고 $n \neq m \pm 1$인 경우에

$$\int_{-\infty}^{\infty} \psi_m(x) y \psi_n(x) dx = 0 \tag{5.62}$$

이 된다. 위에 상세히 설명하겠지만 $\int \psi_m^* x \psi_n dx$는 워자가 n인 상테에시 m인 상태로 바꾸어지면서 에너지 $\hbar\omega$를 갖는 광자가 방출될 확률을 결정하는데 사용된다. 따라서 이 적분이 $n \neq m \pm 1$일 경우에 0이 된다는 것은 전자의 전이(轉移, transition)가 $\Delta n = \pm 1$인 조건하에서 일어난다는 선택 규칙(選擇規則, selection rule)을 의미한다.

같은 방법을 사용하여 조화 진동자의 경우 불확정성 원리를 고찰하여 보자. x^2의 기대치를 구하기 위하여 먼저 계산이 쉬운 y^2의 기대치를 구하면

$$\begin{aligned}
\langle y^2 \rangle &= \int_{-\infty}^{\infty} dx \psi_n y \left[\sqrt{\frac{n+1}{2}} \psi_{n+1} + \sqrt{\frac{n}{2}} \psi_{n-1} \right] \\
&= \int_{-\infty}^{\infty} dx \psi_n \left[\sqrt{\frac{n+1}{2}} \left\{ \sqrt{\frac{n+2}{2}} \psi_{n+2} + \sqrt{\frac{n+1}{2}} \psi_n \right\} \right. \\
&\quad \left. + \sqrt{\frac{n}{2}} \left\{ \sqrt{\frac{n}{2}} \psi_n + \sqrt{\frac{n-1}{2}} \psi_{n-2} \right\} \right] \\
&= \left(n + \frac{1}{2} \right)
\end{aligned} \tag{5.64}$$

이 된다.

불확정 양을 Δy라면 제 3장에서 정의된 식으로부터

$$(\Delta y)^2 = \langle y^2 \rangle - \langle y \rangle^2 = \langle y^2 \rangle = \left(n + \frac{1}{2}\right) \tag{5.65}$$

가 되고 따라서

$$(\Delta x)^2 = \frac{\hbar}{m\omega}(\Delta y)^2 = \frac{\hbar}{m\omega}\left(n + \frac{1}{2}\right) \tag{5.66}$$

가 된다. 마찬가지로 p에 대하여 고찰하여 보면

$$\begin{aligned}\langle p \rangle &= \int dx \psi_n^* \frac{\hbar}{i} \frac{\partial}{\partial x} \psi_n = \frac{\hbar}{i} \sqrt{\frac{m\omega}{\hbar}} \int dx \psi_n^* \frac{\partial \psi_n}{\partial y} \\ &= \frac{\hbar}{i} \sqrt{\frac{m\omega}{\hbar}} \int dx \psi_n \left[\sqrt{\frac{n}{2}}\psi_{n-1} - \sqrt{\frac{n+1}{2}}\psi_{n+1}\right] \\ &= 0\end{aligned} \tag{5.67}$$

이고 또 p^2의 기대치는

$$\langle p^2 \rangle = \int dx \psi_n^*(x) \left\{-\hbar^2 \frac{\partial^2}{\partial x^2} \psi_n(x)\right\} \tag{5.68a}$$

이므로 Schrödinger 방정식

$$-\frac{\hbar^2}{2m}\frac{\partial^2 \psi}{\partial x^2} = \left(E - \frac{1}{2}kx^2\right)\psi$$

를 이용하면

$$\begin{aligned}\langle p^2 \rangle &= 2m \int dx \psi_n^*(x) \left[E - \frac{1}{2}kx^2\right] \psi_n(x) \\ &= 2mE - mk\langle x^2 \rangle \\ &= 2mE - mk \cdot \frac{\hbar}{m\omega}\left(n + \frac{1}{2}\right) \\ &= 2m \cdot \hbar m\left(n + \frac{1}{2}\right) - m\hbar\omega\left(n + \frac{1}{2}\right) \\ &= m\hbar\omega\left(n + \frac{1}{2}\right)\end{aligned} \tag{5.68b}$$

가 된다. 따라서

$$(\Delta p)^2 = \langle p^2 \rangle - \langle p \rangle^2 = m\hbar\omega\left(n + \frac{1}{2}\right) \tag{5.69}$$

가 되고 (5. 66)식과 (5. 69)식으로부터

$$(\Delta x)(\Delta p) = \hbar\left(n + \frac{1}{2}\right) \geq \frac{\hbar}{2} \tag{5.70}$$

를 얻는다. 이 값이 최소인 것은 $n=0$일 때이며 이 경우에

$$\Delta x \Delta p = \frac{\hbar}{2} \tag{5.71}$$

가 된다.

조화 진동자를 고전역학에서 보면 에너지가 띄엄띄엄 일정한 간격으로 떨어져 있지 않아 양자역학과는 모순이 되는 것 같으므로 다음 예를 들어서 그 결과를 고찰하여 보자.

질량 $2g$인 물체가 $1cm$의 진폭과 1 rad/sec의 주기를 가지고 진동하고 있다면 고전역학에서 그 에너지는

$$E=\frac{1}{2}m\omega^2x^2=1erg \tag{5.72}$$

이다. 한편 양자역학에서 나오는 에너지 값들의 간격을 보면

$$\Delta E=\hbar\omega=1.055\times10^{-27}erg\cdot\sec\times1/\sec\simeq10^{-27}erg$$

이므로 고전역학적으로 이러한 작은 에너지 간격을 식별하는 것은 거의 불가능하며 거의 연속적인 에너지를 가졌다고 생각하는 것은 큰 모순이 아니다. 조화 진동자의 에너지 관계식 (5.33)으로부터 위의 진동자에 해당되는 양자수는 $n=10^{27}$됨을 알 수 있다. 이와 같이 양자수가 아주 큰 경우에는 제 1장에서 보인 바와 같이 고전적인 묘사와 같은 결론을 얻게 된다. 이것도 대응 원리의 예이다.

지금까지는 미분 방정식을 이용하여 조화 진동자 문제의 해를 고려하였다. 다음에는 같은 문제를 연산자(演算子, operator)를 이용하여 풀어보자.

5. 2 연산자(演算子, operator) 방법

질량 m인 입자의 1차원 조화 진동에서 Hamiltonian의 고유값 문제를 고려하면

$$\begin{aligned}H&=\frac{p^2}{2m}+\frac{1}{2}kx^2\\&=\frac{p^2}{2m}+\frac{1}{2}m\omega^2x^2\end{aligned} \tag{5.73}$$

이고 시간에 무관한 Schrödinger 방정식

$$H\psi(x)=E\psi(x) \tag{5.74}$$

가 되는데, 여기서 p는 전에 나온 미분식이기 보다 다음 관계를 만족하는 연산자이다.

$$[x,p]=i\hbar \tag{5.75}$$

이 고유값 문제는 새 연산자(operator) a 를 도입하여 쉽게 풀 수 있다. 이 방법은 현대물리학에서 여러 가지로 사용되고 있다.

(a) 두개의 독립된 연산자

$$a=\sqrt{\frac{m\omega}{2\hbar}}\left(x+\frac{ip}{m\omega}\right) \tag{5.76a}$$

$$a^\dagger=\sqrt{\frac{m\omega}{2\hbar}}\left(x-\frac{ip}{m\omega}\right) \tag{5.76b}$$

를 도입하고, $[x,x]=[p,p]=0$ 을 이용하면,

$$aa^\dagger = \frac{m\omega}{2\hbar}x^2 + \frac{p^2}{2m\hbar\omega} - \frac{i}{2\hbar}[x,p]$$

$$= \frac{H}{\hbar\omega} + \frac{1}{2} \tag{5.77a}$$

$$a^\dagger a = \frac{m\omega}{2\hbar}x^2 + \frac{p^2}{2m\hbar\omega} + \frac{i}{2\hbar}[x,p] = \frac{H}{\hbar\omega} - \frac{1}{2} \tag{5.77b}$$

를 얻는다. 따라서

$$[a, a^\dagger] = 1 \tag{5.78}$$

$$H = \hbar\omega\left(a^\dagger a + \frac{1}{2}\right) \tag{5.79}$$

가 된다.

또 이식을 이용하면 H와 a, $a^\dagger$ 사이에 다음과 같은 관계식을 얻는다.

$$[H,a] = [\hbar\omega a^\dagger a + \frac{1}{2}\hbar\omega, a] \tag{5.80}$$

$$= \hbar\omega[a^\dagger,a]a \;\; = -\hbar\omega a$$

$$[H,a^\dagger] = [\hbar\omega a^\dagger a + \frac{1}{2}\hbar\omega, a^\dagger] = \hbar\omega a^\dagger \tag{5.81}$$

따라서 (5.74)에서 Hamiltonian H의 고유값 E를 갖는 고유 함수를 ψ_E라 하면, 즉

$$H\psi_E = E\psi_E \tag{5.82}$$

에서 a 나 $a^\dagger$가 ψ_E에 작용하는 경우를 생각해보자.

$$\begin{aligned} H(a\psi_E) &= ([H,a] + aH)\psi_E \\ &= -\hbar\omega a E\psi_E + a(H\psi_E) \\ &= (E - \hbar\omega)a\psi_E \end{aligned} \tag{5.83}$$

같은 방법으로

$$H(a^\dagger\psi_E) = (E + \hbar\omega)a^\dagger\psi_E \tag{5.84}$$

이므로 $a\psi_E$ 와 $a^\dagger\psi_E$ 는 역시 H의 고유 함수이다. 다만, 이 때 고유값은 각각 $(E-\hbar\omega)$, $(E+\hbar\omega)$를 갖는다. 즉 Hamiltonian H의 고유값 E를 갖는 고유 함수 ψ_E에 a 또는 $a^\dagger$가 작용하면 고유값이 $-\hbar\omega$ 또는 $\hbar\omega$만큼 달라진 새로운 고유 상태를 만든다. 고유상태를 바꾸어 주는 이 연산자 a, $a^\dagger$ 를 각각 내림(lowering) 연산자, 올림(raising) 연산자라 부를 수 있다. 그러나 다음에 논의하는 바와 같이 이들은 고유수를 내리거나 올려 주기도 하기 때문에 각각 소멸(annihilation) 연산자, 생성(creation) 연산자라고도 부른다.

(b) 수 연산자(number operator) 와 고유값

Hamiltonian의 고유값 문제는 수 연산자라 부르는 다음 연산자

$$N = a^\dagger a \tag{5.85}$$

의 고유값 문제라고 할 수 있다. 연산자 N 은 Hermitian이므로 고유값이 실수 값을 갖는다. 즉

$$N\phi_n = n\phi_n \tag{5.86}$$

라 할 때 n과 ϕ_n을 구해보자. (참고로 ϕ_n을 $|n>$으로도 쓴다. 그리고 벡터라고도 부른다)

먼저 $a^\dagger$와 a가 ϕ_n에 작용하는 경우를 생각하자.

$$[N, a^\dagger] = [a^\dagger a, a^\dagger] = a^\dagger [a, a^\dagger] = a^\dagger \tag{5.87}$$

$$[N, a] = [a^\dagger a, a] = [a^\dagger, a] a = -a \tag{5.88}$$

이므로 다음과 같은 결과를 얻는다.

$$N(a^\dagger \phi_n) = ([N, a^\dagger] + a^\dagger N)\phi_n = (a^\dagger + na^\dagger)\phi_n = (n+1)a^\dagger \phi_n \tag{5.89}$$

$$N(a\phi_n) = ([N, a] + aN)\phi_n = (-a + na)\phi_n = (n-1)a\phi_n \tag{5.90}$$

따라서 $a^\dagger \phi_n$는 고유값 $(n+1)$을 갖는 N의 고유 벡터이고, $a\phi_n$는 고유값 $(n-1)$을 갖는 N의 고유 벡터이다. 이와 같이 $a^\dagger$는 N의 고유상태에서 고유값 n을 1 만큼 올려주는 역할을 하고 a는 n을 1 만큼 내려주는 역할을 한다. 따라서 $a^\dagger$를 생성 연산자, a를 소멸 연산자라 부른다. 5.1절에서 논의한 고유 함수와 수 연산자의 고유 벡터 사이의 관계는 제 9장에서 자세히 논의하겠으나, 우선 연산자 p를 미분 연산자로 생각할 때는 ϕ_n가 x의 함수인 $\psi_n(x)$라 생각함을 알아 두자.

다음은 N의 고유값 n은 부(negative)가 아닌 정수$(0, 1, 2, 3, \cdots)$이고

$$a^\dagger \phi_n = \sqrt{n+1}\,\phi_{n+1} \tag{5.91}$$

$$a\phi_n = \sqrt{n}\,\phi_{n-1} \tag{5.92}$$

됨을 보이자.

(증명)

(1) $n = \int_{-\infty}^{\infty} \phi_n^\dagger a^\dagger a \phi_n dx = \int_{-\infty}^{\infty} |a\phi_n|^2 dx$

이므로 n은 부 값을 갖지 않는 수 이어야만 한다. 그런데 ϕ_n에 a를 여러번 작용하는 경우에는 N의 고유값이 $n-1, n-2, \cdots$ 를 갖는 고유 함수가 존재하는데 n이 정수가 아니면 부 값을 갖는 고유값이 생긴다. 이것은 N의 고유값이 부 값을 갖지 않는다는 것과 모순된다. 따라서 N의 고유값 n은 $0, 1, 2, \cdots$ 이 되어야 한다.

(2) $a\phi_n = c\phi_{n-1}$ (c는 구하려는 상수임)

$$n = \int_{-\infty}^{\infty} (a\phi_n)^\dagger (a\phi_n) dx = \int_{-\infty}^{\infty} \phi_n^\dagger a^\dagger a \phi_n dx$$

$$= |c|^2 \int_{-\infty}^{\infty} |\phi_{n-1}|^2 dx = |c|^2$$

$$\therefore c = \sqrt{n}\ ,\ a\phi_n = \sqrt{n}\,\phi_{n-1}$$

마찬가지로 (5.91)식도 증명할 수 있다.

따라서 (5.79)식으로부터 ϕ_n은 Hamiltonian H의 고유 함수이고 이 때 고유값은

$$E_n = \left(n + \frac{1}{2}\right)\hbar\omega \tag{5.93}$$

임을 알 수 있다. 즉 ϕ_n은 (5.82)식에 전의된 ψ_E과 같다.

$$H\phi_n = \left(n + \frac{1}{2}\right)\hbar\omega\phi_n \qquad (n = 0, 1, 2, 3, \cdots) \tag{5.94}$$

(c) 고유 함수

식 (5.93)에서 에너지 값이 최소가 되는 $n=0$인 상태를 바닥 상태라 부른다. (5.92)식에서 알 수 있는 바와 같이

$$a\phi_0 = 0 \tag{5.95a}$$

얻는다. 따라서 a에 대한 정의한 (5.76a)식을 이용하면

$$\left(x + \frac{ip}{m\omega}\right)\phi_0 = 0 \tag{5.95b}$$

$$x\phi_0(x) + \frac{\hbar}{mw}\frac{d\phi_0(x)}{dx} = 0 \tag{5.95c}$$

이 식을 풀면 규격화된 해는 다음과 같음을 보이자.

$$\phi_0(x) = \left(\frac{mw}{\pi\hbar}\right)^{1/4}\exp\left(-\frac{mwx^2}{2\hbar}\right) \tag{5.96}$$

이때 바닥 상태 에너지는

$$E_0 = \frac{1}{2}\hbar w \tag{5.97}$$

이다.

(증명) 식 (4.2)로 정의된 차원이 없는 좌표 y를 이용하면 (5.95c)식은

$$y\phi_0 + \frac{d\phi_0}{dy} = 0$$

가 되므로

$$\phi_0 = cesp\left(-\frac{1}{2}y^2\right)$$

이고 임의의 상수 c 는 규격화 조건으로부터 얻어진다.

$$1 = \int_{-\infty}^{\infty}\phi_0^\dagger\phi_0 dx = |c|^2\int_{-\infty}^{\infty}e^{-y^2}dy\sqrt{\frac{\hbar}{mw}} = |c|^2\sqrt{\frac{\pi\hbar}{m\omega}}$$

$$\therefore \phi_0(x) = \left(\frac{mw}{\pi\hbar}\right)^{1/4}\exp\left(-\frac{mw}{2\hbar}x^2\right)$$

일반적으로 $\phi_n(x)$는 $\phi_0(x)$에 $a^\dagger$을 n번 작용하여 얻을 수 있다. 그 결과는 (5.54)식과 같음을 보이자.

(증명) (5.91)식을 이용하면 $n=0,1,2,3,\cdots$ 등에 대하여

$$\phi_1 = a^\dagger \phi_0 \ ,$$

$$\phi_2 = \frac{1}{\sqrt{2}} a^\dagger \phi_1 = \frac{1}{\sqrt{2!}} (a^\dagger)^2 \phi_0$$

$$\phi_3 = \frac{1}{\sqrt{3}} a^\dagger \phi_2 = \frac{1}{\sqrt{3!}} (a^\dagger)^3 \phi_0$$

$$\cdots$$

$$\phi_n = \frac{1}{\sqrt{n!}} (a^\dagger)^n \phi_0$$

가 된다. 한편 $\phi_1 = a^\dagger \phi_0$을 비롯한 위 식은 (5.11)식, (5.76b)식을 이용하여 다음과 같이 바꾸어 쓸 수 있다.

$$\phi_1 = \frac{1}{\sqrt{2}}\left(y - \frac{d}{dy}\right)\phi_0 = -\frac{1}{\sqrt{2}} e^{y^2/2} \frac{d}{dy}\left(e^{-y^2/2}\phi_0\right)$$

$$\phi_2 = \frac{1}{\sqrt{2!}} \frac{1}{\sqrt{2^2}} \left(y - \frac{d}{dy}\right)^2 \phi_0 = \frac{1}{\sqrt{2!2^2}} e^{y^2/2}\left(-\frac{d}{dy}\right)^2\left(e^{-y^2/2}\phi_0\right)$$

$$\cdots$$

$$\phi_n = \frac{1}{\sqrt{n!2^n}} e^{y^2/2}\left(-\frac{d}{dy}\right)^n\left(e^{-y^2/2}\phi_0\right) = \left(\frac{mw}{\pi\hbar}\right)^{1/4} \frac{1}{\sqrt{2^n n!}} e^{-y^2/2} (-1)^n e^{y^2}\left(\frac{d}{dy}\right)^n e^{-y^2}\Big\}$$

$$\therefore \phi_n(x) = \left(\frac{mw}{\pi\hbar}\right)^{1/4} \frac{1}{\sqrt{2^n n!}} e^{-y^2/2} H_n(y) \qquad (\to \ (5.51)\text{식과 같음})$$

예. 불확정성 원리의 고찰

(5.76a,b)식으로부터

$$x = \sqrt{\frac{\hbar}{2m\omega}}\,(a + a^\dagger) \tag{5.98}$$

$$p = i\sqrt{\frac{m\hbar\omega}{2}}\,(a^\dagger - a) \tag{5.99}$$

임을 알 수 있으며 따라서 (5.91)식과 (5.92)식을 이용하면

$$< x >_n = \int \phi_n^*(x)\, x \phi_n(x)\, dx = \sqrt{\frac{\hbar}{2m\omega}} \int \phi_n^* [\sqrt{n}\, \phi_{n-1} + \sqrt{n+1}\, \phi_{n+1}] dx = 0$$

(5.100)

$$\langle p \rangle_n = 0 \tag{5.101}$$

가 된다. 한편

$$x^2 = \frac{\hbar}{2m\omega}\left(a^2 + aa^\dagger + a^\dagger a + a^{\dagger 2}\right) \tag{5.102a}$$

이므로

$$\langle x^2 \rangle_n = \frac{\hbar}{2m\omega} \int dx\, \phi_n{}^* (a^2 + a^{\dagger^2} + 1 + 2a^\dagger a)\phi_n = \frac{\hbar}{2m\omega}(1 + 2n)$$

$$= \frac{\hbar}{m\omega}\left(n+\frac{1}{2}\right) \tag{5.102b}$$

가 되고 마찬가지 방법으로

$$\langle p^2 \rangle_n = -\frac{m\hbar\omega}{2}\int dx\,\phi_n{}^*(a^{\dagger 2} - a^{\dagger}a - aa^{\dagger} + a^2)\phi_n = \frac{m\hbar\omega}{2} < 1 + 2a^{\dagger}a >$$

$$= m\hbar w\left(n+\frac{1}{2}\right) \tag{5.103}$$

가 된다. 따라서 n 상태에 대하여 불확정 관계

$$(\Delta x)^2(\Delta p)^2 = \hbar^2\left(n+\frac{1}{2}\right)^2$$

$$\Delta x \Delta p = \left(n+\frac{1}{2}\right)\hbar \ \geq \frac{\hbar}{2} \tag{5.70}$$

를 얻는다. 특히 n=0 인 상태에 등식이 성립하며 이때 상태 함수는 Gauss형임을 알 수 있다.

조화진동자의 Hamiltonian인 (5.73)식의 운동에너지 항을 T, 퍼텐셜 에너지 항을 V라 하면

$$< T > \ = \ < V > \ = \frac{1}{2} < H > \ = \frac{1}{2}\hbar\omega\left(n+\frac{1}{2}\right) \tag{5.104}$$

됨을 알 수 있다.

지금까지 5.2절 (a)~(c)에서 논의된 것은 Hamiltonian의 고유값 문제를 푸는데 연산자와 관련하여 논할 수 있으며 5.1절에서와 같이 p를 $\dfrac{\hbar}{i}\dfrac{d}{dx}$로 쓸 필요가 없다. 다만 x, p의 양자화는 $[x, p] = i\hbar$를 의미하며 이 관계식이 더 일반적인 양자화 관계식이라 할 수 있다. Heisenberg는 Schrödinger 방정식 대신에 이와 같은 양자화를 도입하였다. 또 Dirac의 브라(bra)나 켓(ket) 벡터의 개념과 이것을 이용한 양자역학의 기술은 후에 제 9장에서 다시 자세히 논하겠으며 여기서는 조화 진동자와 관련된 문제를 여러 방법으로 기술하여 봄으로써 앞으로 비슷한 방법들에 대한 고찰을 미리 환기시키고 수학적인 방법도 여러 가지가 있음을 보여 주려 하였다. 또한 조화 진동자를 양자(quanta)를 도입하여 기술할 수도 있음을 보였다.

이것은 결정체 문제들을 푸는 데에도 사용된다. 결정체(結晶體, crystal)는 진동수 $\omega(\vec{k}, \lambda)$를 갖는 $3N_0$개의 진동자로 된다고 생각하자. 그러면 결정체의 양자 상태는 phonon 이라고 부르는 양자로 기술할 수도 있게 된다. 한편 전자기장에는 광자(photon)라는 양자가 도입된다. 이와 같이 조화 진동자로 표시될 때 도입되는 양자도 대상에 따라 다르게 불린다. 이러한 양자가 물리학에서 어떻게 이용되는가는 뒤에 약간은 언급되겠지만 주로 고급 물리학에서 취급된다.

5. 3 계의 시간에 대한 변화와 Heisenberg 묘사

어떤 연산자나 Hamiltonian $H(x,p)$가 시간의 양함수가 아닌 경우 Schrödinger 방정식

$$i\hbar\frac{\partial\psi(x,t)}{at}=H(x,p)\psi(x,t) \tag{5.105}$$

의 형식적인 해는 다음과 같다.

$$\psi(x,t)=e^{-\frac{it}{\hbar}H}\psi(x,0) \tag{5.106}$$

여기서 $\psi(x,0)$는 $t=0$인 때의 상태 함수이며, 일반적으로 우리가 고려하고 있는 시간 t와는 무관한 함수를 나타낸다.

이 때 임의의 연산자 A의 기대치는

$$\langle A\rangle=\int\psi^*(x,t)A\psi(x,t)d^3x$$

$$=\int\psi^*(x,0)e^{\frac{it}{\hbar}H}Ae^{-\frac{it}{\hbar}H}\psi(x,0)d^3x \tag{5.107}$$

가 된다. 위 (5.107)식을 보면, 오른쪽 첫 번째 항은 시간의 함수 $\psi(x,t)$와 시간에 독립인 연산자 A로 이루어진 관계식이며 이와 같이 기술하는 것을 Schrödinger 묘사(picture)라 부른다. 한편 마지막 관계식은 시간에 독립인 함수 $\psi(x,0)$와 시간에 종속인 연산자

$$A(t)=e^{\frac{it}{\hbar}H}Ae^{-\frac{it}{\hbar}H}\equiv A_H \tag{5.108}$$

에 의하여 기대지를 기술했다고 할 수 있으며, 기대치는 두 경우에 똑 같다. 이렇게 만든 것을 연산자 A의 하이젠베르크(Heisenberg) 묘사라 부른다.

Heisenberg 묘사에서는 시간에 대한 상태 함수의 변화인 Schrödinger 방정식 대신에 연산자의 시간에 대한 변화를 고려하고 있다. (5.108)식으로부터 연산자의 시간에 대한 변화는

$$\frac{d}{dt}A(t)=\frac{i}{\hbar}He^{\frac{it}{\hbar}H}Ae^{-\frac{it}{\hbar}H}+e^{\frac{it}{\hbar}H}A\left(-\frac{i}{\hbar}H\right)e^{-\frac{it}{\hbar}H}=\frac{i}{\hbar}e^{\frac{it}{\hbar}H}(HA-AH)e^{-\frac{it}{\hbar}H}$$

$$\therefore\ \frac{d}{dt}A_H=\frac{i}{\hbar}[H,A]_H \tag{5.109}$$

가 된다. 여기서 아래 첨자 H는 Heisenberg 묘사를 나타내며, 연산자를 위 (5.1080식과 같은 시간의 함수로 표시할 할 때에는 생략하기도 한다.

조화진동자에서 식 (5.79)와 (5.87), (5.88)을 생각하면, Heisenberg 묘사에서 생성 및 소멸연산자의 시간에 대한 변화를 얻을 수 있다.

$$\frac{d}{dt}a(t)=\frac{i}{\hbar}[H,a]_H=\frac{i}{\hbar}\hbar w[a^\dagger a,a]_H=-i\omega a_H=-i\omega a(t)$$

$$\therefore a(t)=e^{-i\omega t}a(0) \tag{5.110a}$$

마찬가지로 다음 식도 얻을 수 있다.

$$a^\dagger(t)=e^{i\omega t}a^\dagger(0) \tag{5.110b}$$

한편 Heisenberg 묘사에서 좌표 $x(t)$와 운동량 $p(t)$의 시가에 대한 변화는 식 (5.98), (5.99)와 (5.109a,b)로부터 얻을 수 있다.

$$x(t)=e^{\frac{it}{\hbar}H}xe^{-\frac{it}{\hbar}}=\sqrt{\frac{\hbar}{2m\omega}}e^{\frac{it}{\hbar}H}(a+a^\dagger)e^{-\frac{it}{\hbar}H}=\sqrt{\frac{\hbar}{2m\omega}}\left(a(t)+a^\dagger(t)\right)$$

$$=\sqrt{\frac{\hbar}{2m\omega}}\left(e^{-i\omega}a+e^{i\omega}a^\dagger\right)=\frac{1}{2}e^{-i\omega t}\left(x+\frac{ip}{m\omega}\right)+\frac{1}{2}e^{i\omega t}\left(x-\frac{ip}{m\omega}\right)$$

$$\therefore\ x(t)=x(0)\cos\omega t+\frac{p(0)}{m\omega}\sin\omega t \tag{5.111}$$

마찬가지 방법으로 다음 관계식도 얻는다.

$$p(t)=p(0)\cos\omega t-m\omega x(0)\sin\omega t \tag{5.112}$$

위 (5.111)식으로부터 고전 역학에서의 운동방정식

$$m\frac{d^2x(t)}{dt^2}+m\omega^2x(t)=0 \tag{5.113}$$

$$\frac{dx(t)}{dt}=\frac{p(t)}{m},\quad \frac{dp(t)}{dt}=-m\omega^2x(t)=-kx(t) \tag{5.114}$$

를 얻을 수 있다.

참고로 (5.107)식에서와 같은 Heisenberg 연사자를 취급할 때 다음 공식이 자주 쓰인다.

$$e^BAe^{-B}=A+[B,A]+\frac{1}{2!}[B,[B,A]]+\cdots \tag{5.115}$$

$$=\sum_{n=0}^{\infty}\frac{1}{n!}[B,[B,\cdots[B,A]\cdots]]$$

(증명) 위 식에서 B대신 λB인 경우를 먼저 생각한 후 변수 λ에 대하여 Taylor 전개를 한 후 그 결과에서 $\lambda=1$로 놓자.

$$f(\lambda)\equiv e^{\lambda B}Ae^{-\lambda B}=f(0)+\lambda f'(\lambda=0)+\frac{1}{2!}\lambda^2f''(\lambda=0)+\frac{1}{3!}\lambda^3f''(0)+\cdots$$

$$\therefore f(1)=e^BAe^{-B}=A+[B,A]+\frac{1}{2!}[B,[B,A]]+\frac{1}{3!}[B,[B,[B,A]]]+\cdots$$

예를 들어 이 결과를 조화진동자의 경우에 적용해 보면 (5.111), (5.112)식을 얻을 수 있다.

조화 진동자와 관련된 결맞는 상태(coherent state) 및 조임 상태(squeezed state)에 대한 논의는 제 9장에서 다룬다.

[문 제]

5. 1 그림 P5.1과 같이 주어지는 퍼텐셜은 다음과 같은 4차식으로 나타낼 수 있다.

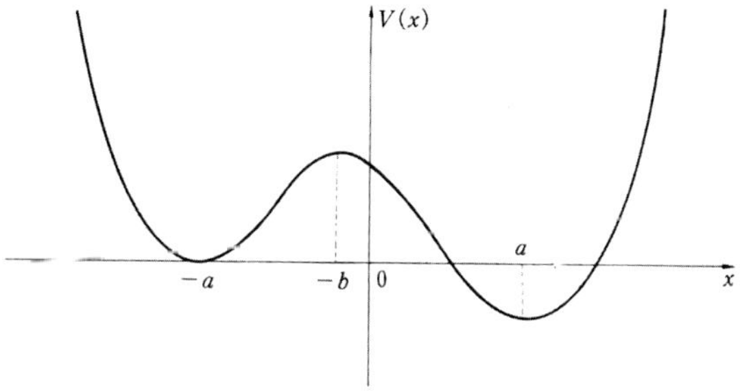

그림 P5.1

$$V(x)=\frac{3}{8}\frac{\hbar\omega}{a^3b}\left\{\frac{1}{4}x^4+\frac{1}{3}bx^3-\frac{1}{2}a^2x^2-a^2bx+a^3\left(\frac{1}{4}a-\frac{2}{3}b\right)\right\}$$

(a) 질량 m인 입자가 $x=a$ 또는 $x=-a$ 주위에서만 움직일 수 있게 되는 경우 이 계의 Hamiltonian 은 어떻게 조화 진동으로 표시되겠는가?

(b) 위 퍼텐셜이 $a\gg b, ab=\frac{3}{4}\frac{\hbar}{m\omega}$를 만족할 경우, $x=a$와 $x=-a$ 부근의 유동에 대한 에너지 준위는 각가 어떤 모양이 되겠는가?

5. 2 조화 진동에서 Hamiltonian 이 어느 고유 상태에 대하여

$$\langle\text{운동에너지}\rangle=\langle\text{포텐셜에너지}\rangle=\frac{1}{2}E_n$$

이 됨을 보여라.

5. 3 질량 m 인 입자가 퍼텐셜

$$\begin{aligned}V(x) &= \frac{1}{2}kx^2 \quad (x\ge 0)\\ &= \infty \qquad\quad (x\le 0)\end{aligned}$$

의 영향을 받으며 운동할 때, 에너지 준위는 어떻게 되는가?

5. 4 만일 상태 함수 $\psi(x,t)$가

$$\psi(x,t)=\frac{1}{\sqrt{2}}\{\psi_0(x,t)+\psi_1(x,t)\}$$

와 같이 조화 진동의 고유 상태가 섞인 상태인 경우

(a) 확률밀도가 시간에 따라 어떻게 변하는가를 조사하여라. 시간이 한 주기의 $\frac{1}{4}$씩 변함에 따라 이 값의 변화를 그림으로 대략 그려라.

(b) 다음 관계를 증명하여라.

$$\langle E\rangle = \langle H\rangle = \hbar\omega$$

$$\langle x\rangle = \frac{1}{\sqrt{2\alpha}}\cos\omega t$$

$$\langle p\rangle = -\sqrt{\frac{\alpha}{2}}\hbar\sin\omega t \qquad \left(\alpha = \sqrt{\frac{m\omega}{\hbar}}\right)$$

(c) 만일 $\psi(x,t) = \frac{1}{\sqrt{2}}\left\{e^{i\delta_0}\psi_0(x,t) + e^{i\delta}\psi_1(x,t)\right\}$인 경우 위상차 δ_0, δ의 영향을 $\langle x\rangle, \langle p\rangle$에 대하여 논하라.

5. 5 $\psi_n(x)$가 조화 진동자의 에너지 고유값 $\left(n+\frac{1}{2}\right)\hbar\omega$에 해당되는 고유 함수라 할 때 이 값의 운동량(파수) 공간에서의 파동 함수인 Fourier 변환식은

$$\phi(k) = \frac{1}{\sqrt{2\pi}}\int_{-\infty}^{\infty}\psi_n(x)e^{-ikx}dx$$

$$= \frac{1}{(i)^n\sqrt{2^n n!\sqrt{\pi}}}e^{-\frac{1}{2}k^2}H_n(k)$$

됨을 보여라.

5. 6 $t=0$ 인 때 조화 진동자로 이루어진 상태 함수가

$$\psi(x,0) = \sum_n A_n u_n(x) = \sqrt[4]{\frac{\alpha^2}{\pi}}\, e^{-\frac{1}{2}\alpha^2(x-a)^2}$$

인 경우 $t(\neq 0)$에서

$$|\psi(x,t)|^2 = \sqrt{\frac{\alpha^2}{\pi}}\, e^{-\alpha^2(x-a\cos\omega t)^2}$$

됨을 보여라. 즉 확률 파속은 Gaussian 형을 유지하나 중심이 진동수 ω로 진동한다. 여기서 a, α 는 상수이다.
(Hint : Hermite 함수의 모함수를 고려할 것).

5. 7 (a) 앞 문제에서 파동 함수에 n번째 양자 상태 ψ_n이 이 함수에 기여하는 확률은 시간에 따라 변하지 않고

$$P_n = \frac{(a\alpha)^{2n}}{2^n n!}e^{-\frac{(a\alpha)^2}{2}}, \quad \sum_n P_n = 1$$

가 됨을 보여라.

(b) 이 파동 함수에 기여하는 양자수의 평균값은

$$\sum_n nP_n = \frac{1}{2}\alpha^2 a^2 = \bar{n}$$

이 됨을 보여라. 따라서 $|a|$가 크거나 파속의 폭이 작은 경우에는 높은 에너지 상태가 많이 기여한다고 할 수 있다.

$$(\Delta n)^2 = \frac{(\alpha a)^2}{2}$$
$$\sqrt{(\Delta n)^2} = \frac{|\alpha a|}{\sqrt{2}}$$

즉

$$\overline{\Delta E} = \frac{\alpha |a|}{2} \hbar\omega$$

됨을 보여라.

5. 8 1차원 문제에서 상태 함수가

$$\psi(x) = \sqrt{\frac{\beta}{\sqrt{\pi}}}\, e^{-\beta^2 x^2/2}$$

로 주어진 경우 이 상태가 진동자 문제의 고유 상태인 n상태에 있을 확률 진폭은

$$a_{2m} = N_n \sqrt{\frac{\beta}{\sqrt{\pi}}} \frac{d^n}{d\rho^n} \int_{-\infty}^{\infty} e^{-\frac{\alpha^2+\beta^2}{2}x^2 - \rho^2 + 2\alpha\rho x} dx \bigg|_{\rho=0}$$
$$= \frac{\sqrt{(2m)!}}{2^m m!} \sqrt{\frac{2\alpha\beta}{\alpha^2+\beta^2}} \left(\frac{\alpha^2-\beta^2}{\alpha^2+\beta^2}\right)$$
$$a_{2m+1} = 0 \qquad (m = 0, 1, 2 \cdots\cdots)$$

이 됨을 보여라.

5. 9 고체에서 Einstein 모델은 단위 체적당 N개의 원자가 평형 위치에서 조화 진동자와 같이 진동하고 있다는 것이다. 이 N개의 원자는 서로 유사하고 평균적으로 각 방향의 운동은 같다고 하면 이 고체는 $3N$개의 1차원 단순 조화 진동자의 모임이라 생각할 수 있다. 온도 T에서 열적 평형 상태에 있는 입자들에 대하여 한 진동자가 E_n인 상태에 있을 확률 P_n은 Boltzmann 분포에 의하여

$$P_n = \frac{1}{Z} e^{-E_n/kT}$$
$$Z = \sum_n e^{-E_n/kT}$$

라면 $E_n = \left(n + \frac{1}{2}\right) h\nu$일 때

(a) 한 진동자의 평균 에너지는

$$\langle E \rangle = \frac{h\nu}{e^{\frac{h\nu}{kT}} - 1} + \frac{1}{2} h\nu$$

됨을 보여라.

(b) 이 고체의 에너지 밀도를 U라 할 때 비열

$$C_V = \frac{dU}{dT}$$

를 구하고 T가 클 경우에는 $3R$가 됨을 보여라.

(c) 위의 문제 (a)는 양자역학적으로 어떻게 기술될 수 있는가 설명하여 보아라. (뒤에 논의됨)

5. 10 본문 (5.76a,b)식에 의하여 정의된 소멸, 생성 연산자 $a, a^\dagger$에 대하여 $N = a^\dagger a$의 고유값 n을 갖는 고유 함수를 ϕ_n라 할 때

$$a^m \phi_n = \sqrt{\frac{n!}{(n-m)!}}\,(a^\dagger)^{m-n}\phi_0 = \sqrt{\frac{n!}{(n-m)!}}\,\phi_{n-m}$$

$$(a^\dagger)^m \phi_n = \sqrt{\frac{(n+m)!}{n!}}\,\phi_{n+m}$$

됨을 보여라.

5. 11 Hamiltonian 이

$$H = \frac{p^2}{2m} + \frac{1}{2}kx^2 + \lambda x$$

로 주어지는 경우

(a) 이 계의 에너지 준위를 구하라.

(b) 이 식을 생성 및 소멸 연산자 $a^\dagger, a$로 표시하여라.

(c) a대신에 $\tilde{a}$를 도입하여

$$H = \hbar\omega\left(\tilde{a}^\dagger \tilde{a} + \frac{1}{2}\right) + const.$$

로 바꾸어라. 이 때 이 새 연산자 $\tilde{a}$는

$$\left[\tilde{a}, \tilde{a}^\dagger\right] = 1$$

이 됨을 보여라.

5. 12 $[a, a^\dagger] = 1$인 관계식을 이용하여 연산자 $a^\dagger$의 다항식인 $f(a^\dagger)$에 대하여

$$e^{\lambda a} f(a^\dagger) e^{-\lambda a} = f(a^\dagger + \lambda)$$

됨을 보여라.

5. 13 (5.115)식을 이용하여 (5.111)식과 (5.112)식을 증명하여라.

제 6 장

3차원에서의 운동과 다입자의 양자계

지금까지는 Schrödinger 방정식의 해와 에너지 준위를 조사하는 데 있어서 간단한 1차원에서 한 개의 입자의 운동만을 고려하였다. 여기에서는 이것을 더 확장하여 한 개의 입자의 3차원에서의 운동과 여러 입자들의 1차원과 3차원에서의 운동을 취급한다.

6. 1 3차원에서의 운동

질량 m인 한 개의 입자가 3차원에서 퍼텐셜 $V(x,y,z)$의 영향을 받으며 운동할 때에 Hamiltonian은

$$\begin{aligned} H &= \frac{1}{2m}\left(p_x^2+p_y^2+p_z^2\right)+V(x,y,z) \\ &= \frac{1}{2m}p^2+V \qquad \left(p^2=\vec{p}\cdot\vec{p}\right) \end{aligned} \tag{6.1}$$

이 되며 Schrödinger 방정식은 다음과 같다.

$$i\hbar\frac{\partial}{\partial t}\psi(\vec{x},t)=\left(-\frac{\hbar^2}{2m}\nabla^2+V\right)\psi(\vec{x},t) \tag{6.2}$$

퍼텐셜 V가 시간 t의 양함수가 아닌 경우는

$$\psi(\vec{x},t)=u(\vec{x})e^{-\frac{i}{\hbar}Et} \tag{6.3}$$

으로 놓고 해를 고려할 수 있으며 이때에 $u(\vec{x})$가 만족하는 시간에 관하여 독립인 Schrödinger 방정식

$$\left(-\frac{\hbar^2}{2m}\nabla^2+V\right)u(\vec{x})=Eu(\vec{x}) \tag{6.4}$$

는 H의 고유값 문제에 해당된다.

이 식의 해는 퍼텐셜 V의 모양에 따라 구하는 방법이 다르며 가장 간단한 경우는 $V=0$일 때인데 이 경우는 3차원에서 움직이는 자유 입자의 문제이다. 이 3차원에서의 자유 입자에 대한 식

$$\left(\nabla^2 + \frac{2mE}{\hbar^2}\right) u(\vec{x}) = 0 \tag{6.5}$$

의 일반적인 해는

$$u(x) = Ne^{i\vec{k}\cdot\vec{x}} \tag{6.6}$$

이다. 여기서 N은 규격화 상수이며 $\vec{k}$는 다음 식을 만족하는 어떠한 값이라도 가질 수 있다.

$$\frac{2mE}{\hbar^2} = \boldsymbol{k}^2 \quad 즉 \quad E = \frac{\hbar^2 \boldsymbol{k}^2}{2m} \qquad (\boldsymbol{k}^2 = \vec{k} \cdot \vec{k}) \tag{6.7}$$

따라서 에너지 E는 연속적으로 변할 수 있는 고유값을 갖게 된다. 그러나 제 3, 4장에서 본 바와 같이 경계 조건을 주면 E는 띄엄띄엄 떨어진(discrete) 고유값을 갖게 된다.

예를 들어 만일 질량 m인 입자가 그림 6.1에서와 같이 변의 길이가 각각 a, b, c인 직육면체의 상자 안에 갇혀 있는 경우를 생각하여 보자. 상자 벽에서는 퍼텐셜의 높이가 무한히 커서 입자가 밖으로 나가지 못한다고 가정한다. 경계 조건이 직육면체로 주어지기 때문에 고려하여야 할 좌표계는 직각(Cartesian) 좌표계이다. 그러므로 (6.5)식은

$$\left(\frac{\partial^2}{\partial x^2} + \frac{\partial^2}{\partial y^2} + \frac{\partial^2}{\partial z^2}\right) u(x, y, z) = -\frac{2mE}{\hbar^2} u(x, y, z) \tag{6.8}$$

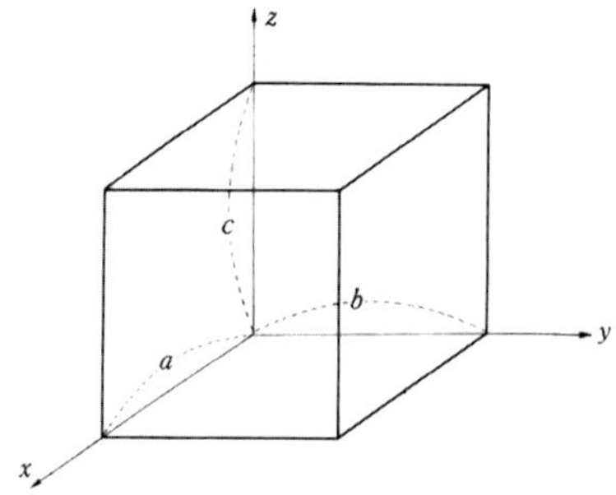

그림 6.1 직육면체 퍼텐셜 벽

가 되고 이 식을 제 1장에서 취급된 변수 분리법에 의하여 풀 수 있다.

파동함수 $u(x, y, z)$를 각 변수만의 함수들의 곱으로 표시하면

$$u(x, y, z) = X(x)\,Y(y)\,Z(z) \tag{6.9}$$

가 되고 이 식을 (6.8)식에 대입한 후 XYZ로 양변을 나누어 주면

$$\frac{1}{X}\frac{d^2X}{dx^2} + \frac{1}{Y}\frac{d^2Y}{dy^2} + \frac{1}{Z}\frac{d^2Z}{dz^2} = -\frac{2mE}{\hbar^2} \tag{6.10}$$

이 된다. (6.10)식의 좌측의 항은 각각 독립변수 x, y, z만의 함수들의 합으로 된 식이고 우측 항은 상수다. 따라서 제 1장에서 언급한 바와 같이 (6.10)식의 좌변 항들은 각각 상수가 되고

$$\frac{1}{X}\frac{d^2X}{dx^2}=-k_x^2 \tag{6.11a}$$

$$\frac{1}{Y}\frac{d^2Y}{dy^2}=-k_y^2 \tag{6.11b}$$

로 놓을 수 있으며 이 두 식은 자동적으로 $\frac{1}{Z}\frac{d^2Z}{dz^2}$값을 결정하여 준다. 즉

$$\frac{1}{Z}\frac{d^2Z}{dz^2}=-\frac{2mE}{\hbar^2}+k_x^2+k_y^2$$

$$\equiv -k_z^2 \tag{6.11c}$$

가 된다. 따라서 에너지는 앞으로 정해질 상수 k_x, k_y, k_z에 의하여 다음과 같이 표시된다.

$$E=\frac{\hbar^2}{2m}\left(k_x^2+k_y^2+k_z^2\right) \tag{6.12}$$

(6.11)식들은 쉽게 해를 구할 수 있다. 먼저 (6.11a)식을 풀면 그 해는

$$X(x)=A\sin k_x x+B\cos k_x x \tag{6.13}$$

가 된다. 한편 경계 조건인 $\psi(x,y,z,t)$가 $x=0$과 $x=a$에서 0이 된다는 조건으로부터 $u(x,y,z)$안에서 변수 x와 관련된 부분인 $X(x)$가

$$X(0)=X(a)=0 \tag{6.14}$$

이 된다. 그러므로 (6.13)식에서

$$B=0 \tag{6.15}$$

$$k_x a=n_x\pi \qquad (n_x=1,2,3,\ \cdots\cdots) \tag{6.16a}$$

가 되어야 한다. (6.11a)식에 의하여 상수로 정의된 k_x는

$$k_x=\frac{\pi}{a}n_x \tag{6.16b}$$

가 되므로 다음과 같은 $X(x)$값을 얻는다.

$$X(x)=A\sin\frac{n_x\pi}{a}x \tag{6.17}$$

같은 방법으로 (6.11b)식과 (6.11c)식을 풀어 y와 z에 대한 경계 조건을 적용하면

$$k_y=\frac{n_y\pi}{b} \qquad (n_y=1,2,\ \cdots\cdots) \tag{6.16c}$$

$$k_z=\frac{n_z\pi}{c} \qquad (n_z=1,2,\ \cdots\cdots) \tag{6.16d}$$

를 얻게 되고 따라서 $Y(y)$와 $Z(z)$는 각각

$$Y(y)=B\sin\frac{n_y\pi}{b}y \tag{6.18}$$

$$Z(z)=C\sin\frac{n_z\pi}{c}z \tag{6.19}$$

가 되어 (6.9)식으로부터 결국 다음 식을 얻는다.

$$u(x, y, z) = N\sin\frac{n_x\pi}{a}x\sin\frac{n_y\pi}{b}y\sin\frac{n_z\pi}{c}z \tag{6.20a}$$

여기서 N은 상수이며 규격화되었을 때에는

$$N = \sqrt{\frac{8}{abc}} \tag{6.20b}$$

가 된다.

또 Hamiltonian H의 고유값인 에너지 값은 (6.12)식과 (6.16)식으로부터

$$E = \frac{\hbar^2}{2m}\left\{\left(\frac{n_x\pi}{a}\right)^2 + \left(\frac{n_y\pi}{b}\right)^2 + \left(\frac{n_z\pi}{c}\right)^2\right\} \tag{6.21a}$$

이 되어 n_x, n_y, n_z의 여러 값의 조합에 따라서 에너지 고유값은 연속이 아닌 여러 값을 갖게 된다. 이렇게 고유값의 값을 결정하여 주는 정수들을 양자수(量子數, quantum number)라 부르며 고유값은 이들 양자수를 첨자로 표시하는 것이 상례이다. 즉

$$E_{n_xn_yn_z} = \frac{\hbar^2\pi^2}{2m}\left\{\left(\frac{n_x}{a}\right)^2 + \left(\frac{n_y}{b}\right)^2 + \left(\frac{n_z}{c}\right)^2\right\} \tag{6.21b}$$

특히 $a = b = c$인 경우는 여러 개의 n_x, n_y, n_z가 하나의 E_{n_x,n_y,n_z}를 주게 된다. 이때 정육면체(正六面體) 안에 있는 파동함수는, 한 에너지 값에 대하여 여러 개의 고유 함수가 있을 수 있어서, 겹침 또는 축퇴(縮退, degenerate) 또는 퇴화(退化)되어 있다고 말한다.

다른 예로 3차원 조화 진동자를 생각하여 보자. 이때에 퍼텐셜은

$$V = \frac{1}{2}k(x^2 + y^2 + z^2) \tag{6.22}$$

이므로 시간에 독립인 Schrödinger 방정식은

$$\left[-\frac{\hbar^2}{2m}\left(\frac{\partial^2}{\partial x^2} + \frac{\partial^2}{\partial y^2} + \frac{\partial^2}{\partial z^2}\right) + \frac{1}{2}k(x^2 + y^2 + z^2)\right]u = Eu \tag{6.23}$$

가 된다. 여기서도 퍼텐셜이 직각 좌표를 사용하면 편리하도록 되어 있으므로 전에 논의한 바와 같이 변수 분리법에 의하여 u가 (6.9)식으로 표시되는 경우 X, Y, Z가 만족하는 방정식은 각각

$$\left(-\frac{\hbar^2}{2m}\frac{d^2}{dx^2} + \frac{1}{2}kx^2\right)X(x) = E_xX(x) \tag{6.24a}$$

$$\left(-\frac{\hbar^2}{2m}\frac{d^2}{dy^2} + \frac{1}{2}ky^2\right)Y(x) = E_yY(y) \tag{6.24b}$$

$$\left(-\frac{\hbar^2}{2m}\frac{d^2}{dz^2} + \frac{1}{2}kz^2\right)Z(z) = E_zZ(z) \tag{6.24c}$$

이며 여기서 상수 E_x, E_y, E_z는 다음과 같은 구속 조건이 있다.

$$E = E_x + E_y + E_z \tag{6.25}$$

한편 (6.24a-c)식은 1차원에서의 진동자에 해당되므로 해는 제 5장에서 얻은 바와 같이

$$X = N_x e^{-\frac{m\omega}{2\hbar}x^2} H_{n_x}\left(\sqrt{\frac{m\omega}{\hbar}}\,x\right) \tag{6.26a}$$

$$Y = N_y e^{-\frac{m\omega}{2\hbar}y^2} H_{n_y}\left(\sqrt{\frac{m\omega}{\hbar}}\,y\right) \tag{6.26b}$$

$$Z = N_z e^{-\frac{m\omega}{2\hbar}z^2} H_{n_z}\left(\sqrt{\frac{m\omega}{\hbar}}\,z\right) \tag{6.26c}$$

가 되고 H의 고유 함수는

$$u_{n_x n_y n_z}(x, y, z) = N^{-\frac{m\omega}{2\hbar}(x^2+y^2+z^2)} H_{n_x}\left(\sqrt{\frac{m\omega}{\hbar}}\,x\right) H_{n_y}\left(\sqrt{\frac{m\omega}{\hbar}}\,y\right) H_{n_z}\left(\sqrt{\frac{m\omega}{\hbar}}\,z\right) \tag{6.27}$$

이며 H의 고유값은

$$\begin{aligned} E &= \left(n_x + \frac{1}{2}\right)\hbar\omega + \left(n_y + \frac{1}{2}\right)\hbar\omega + \left(n_z + \frac{1}{2}\right)\hbar\omega \\ &= \left(n_x + n_y + n_z + \frac{3}{2}\right)\hbar\omega \end{aligned} \tag{6.28}$$

이 됨을 알 수 있다.

여기서 n_x, n_y, n_z는 각각 $0, 1, 2, \cdots\cdots$ 즉 음이 아닌 정수 값을 갖는다. 따라서 E는 $n_x = n_y = n_z = 0$이 되는 경우 이외에는 에너지 상태가 퇴화되어 있음을 알 수 있다. 예를 들어 $n = n_x + n_y + n_z = 3$인 경우 (n_x, n_y, n_z)가 가질 수 있는 값은 (1, 1, 1), (2, 1, 0), (2, 0, 1), (1,·2, 0), (0,·2, 1,), (1, 0, 2), (0, 1, 2,), (3, 0, 0), (0, 3, 0), (0, 0, 3) 등 10가지이다. 일반적으로 $n_x + n_y + n_z = n$가 주어지면 축퇴의 수는 $\frac{1}{2}(n+1)(n+2)$가 된다.

퍼텐셜 V가 주어지는 모양에 따라 택하여야 할 좌표계는 달라질 수 있다. 한 예로 $V = -Ze^2/r$인 경우를 생각할 수 있으며 이때는 구면 극좌표계를 택하여야 하고 이것은 다음 장에서 자세히 논의된다.

6. 2 여러 입자의 양자계

지금까지는 한 개의 입자를 기술하는 양자역학 이론을 고려하였다. 만일 여러 개의 입자들이 있어 이 입자들을 $1, 2, 3, 4, \cdots\cdots, N$으로 표시할 때에 퍼텐셜 $V(x_1, x_2, \cdots\cdots, x_N)$에서 움직이는 입자들은 1차원에서 Hamiltonian

$$H = \frac{p_1^2}{2m_1} + \frac{p_2^2}{2m_2} + \cdots\cdots + \frac{p_N^2}{2m_N} + V(x_1, x_2, \cdots, x_N) \tag{6.29}$$

으로 기술될 수 있다. 이때에 양자역학의 여러 가설들(postulates)은 다음과 같아진다.

(i) 각 입자들의 좌표를 $x_i (i = 1, 2, \cdots, N)$로 놓으면 이 계는 파동함수 $\psi(x_1, x_2, \cdots, x_N, t)$에 의하여 기술된다. 각 입자의 운동량을

$$p_i = \frac{\hbar}{i}\frac{\partial}{\partial x_i} \tag{6.30}$$

로 놓는 것은 Heisenberg 양자화 $[x_i, p_i] = i\hbar$와 같은 의미를 가지며 입자계의 시간에 대한 변화는 Schrödinger 방정식

$$H\left(x_1, x_2, \cdots, \frac{\hbar}{i}\frac{\partial}{\partial x_1}, \frac{\hbar}{i}\frac{\partial}{\partial x_2}, \cdots\right)\psi(x_1, x_2, \cdots, t)$$
$$= i\hbar\frac{\partial}{\partial t}\psi(x_1, x_2, \cdots, t) \tag{6.31}$$

에 의하여 결정된다.

(ii) 파동함수에 대한 물리학적 의미는

$$\psi^*(x_1, x_2, \cdots, t)\psi(x_1, x_2, \cdots, t)dx_1dx_2\cdots dx_N \tag{6.32}$$

가 시간 t에서

입자 1이 x_1에서 x_1+dx_1사이에

입자 2는 x_2에서 x_2+dx_2사이에

……………

입자 N은 x_N에서 x_N+dx_N사이에

있을 확률을 의미한다. 따라서

$$\iint\cdots\cdots\int dx_1dx_2\cdots dx_N\psi^*(x_1, x_2, \cdots)\psi(x_1, x_2, \cdots) = 1 \tag{6.33}$$

로 규격화되고 H가 Hermitian이면

$$\frac{d}{dt}\iint\cdots\cdots\int dx_1dx_2\cdots dx_N\,\psi^*\psi = \iint\cdots\cdots\int dx_1dx_2\cdots\left(\frac{\partial\psi^*}{\partial t}\psi + \psi^*\frac{\partial\psi}{\partial t}\right)$$
$$= -\frac{1}{i\hbar}\iint\cdots\cdots\int dx_1dx_2\cdots\{(H\psi)^*\psi - \psi^*H\psi\}$$
$$= -\frac{1}{i\hbar}\iint\cdots\cdots\int dx_1dx_2\{\psi^*H\psi - \psi^*H\psi\} = 0 \tag{6.34}$$

이 되므로 규격화 식 (6.33)은 항상 가능하다.

(iii) 기대값에 대하여도 한 개의 입자 문제에서와 같이 어떤 고전 물리량 $f(x_1, x_2, \cdots, p_1, p_2, \cdots)$에 대하여 양자역학적인 연산자

$$f\left(x_1, x_2, \cdots, \frac{\hbar}{i}\frac{\partial}{x_1}, \frac{\hbar}{i}\frac{\partial}{\partial x_2}, \cdots\cdots\right) \tag{6.35}$$

가 대응되어 기대값은

$$\langle f\rangle = \iint\cdots\cdots\int\psi^*(x_1, x_2, \cdots)f\left(x_1, x_2, \cdots, \frac{\hbar}{i}\frac{\partial}{\partial x_1}, \frac{\hbar}{i}\frac{\partial}{\partial x_2}, \cdots\cdots\right.$$
$$\psi(x_1, x_2, \cdots)\,dx_1dx_2\cdots dx_N \tag{6.36}$$

으로 된다.

(iv) 측정에 관한 가설도 마찬가지이다. 즉 어떤 물리적인 양을 한번 측정하는 경우 측

정되는 값은 이 양의 양자역학적 연산자의 고유값들 중의 한 값이 되며 한번 측정하여 어느 특정한 고유값이 될 확률은 파동 함수 $\psi(x_1, x_2, \cdots)$를 그 연산자의 고유 함수로 전개하였을 때 그 고유값에 해당하는 고유 함수 앞에 붙은 전개 계수의 절대치의 제곱에 비례한다.

시간에 독립인 Schrödinger 방정식을 구하기 위하여 한 개 입자에 대한 경우와 같이

$$\psi(x_1, x_2, \cdots, x_N, t) = u(x_1, x_2, \cdots, x_N)\, T(t) \tag{6.37}$$

로 놓으면 $T(t) = e^{-\frac{i}{\hbar}Et}$로 되고 $u(x_1, x_2, \cdots, x_N)$은 시간에 독립인 파동함수이며 다음 식을 만족한다.

$$\left(\sum_i \frac{p_i^2}{2m_i} + V\right) u = Eu \tag{6.38}$$

이 식은 H의 고유값 문제이다. 즉 H는 고유값 $\{E_n\}$과 고유 함수 $\{u_n\}$를 갖게 된다. 따라서 이 계의 파동함수는

$$\psi(x_1, x_2, \cdots, x_N, t) = \sum_n c_n u_n(x_1, x_2, \cdots, x_N) e^{-\frac{i}{\hbar}E_n t} \tag{6.39}$$

이 된다.

구체적인 예로서 두 입자로 이루어진 계, 즉 두 입자계(two body system) 또는 이체 문제(二體問題)를 고려하여 보자.

이체 문제(二體問題, two-body problem)

이 계의 상태 함수 $\psi(x_1, x_2, t)$는

$$i\hbar \frac{\partial}{\partial t} \psi(x_1, x_2, t) = \left[\frac{p_1^2}{2m_1} + \frac{p_2^1}{2m_2} + V(x_1, x_2) \right] \psi(x_1, x_2, t) \tag{6.40}$$

에 의하여 시간에 따라 변하게 된다.

퍼텐셜 $V(x_1, x_2)$가 시간의 양함수가 아니라면 좌표 x_1, x_2에 대한 두 경우로 구별하여 생각할 수 있다.

(a) V가 분리 가능한 경우

$$V(x_1, x_2) = V(x_1) + V(x_2) \tag{6.41}$$

인 경우에 Hamiltonian 은

$$\begin{aligned} H &= \frac{p_1^2}{2m_1} + V(x_1) + \frac{p_2^2}{2m_2} + V(x_2) \\ &= H_1 + H_2 \end{aligned} \tag{6.42}$$

로서 완전히 두 부분으로 나누어진다.

이 경우 두 입자는 서로 독립적으로 운동하는 경우이며 변수 분리법을 사용하면 완전히 2차원 1체 문제에서와 같이 독립된 두 개의 1체 문제로 나누어진다. 이때에 이들의 에너지는 각각 보존되고 총 에너지는 $E = E_1 + E_2$로 쓸 수 있으며 상태 함수는 다음 식들로

부터 결정된다. 어느 특정한 E에 대하여

$$\psi_E(x_1, x_2, t) = u(x_1, x_2) e^{-\frac{iE}{\hbar}t} = \psi_{E_1}(x_1, t)\psi_{E_2}(x_2, t) \tag{6.43a}$$

$$\psi_{E_1}(x_1, t) = u_1(x_1) e^{-\frac{i}{\hbar}E_1 t} \tag{6.43b}$$

$$\psi_{E_1}(x_2, t) = u_2(x_2) e^{-\frac{i}{\hbar}E_2 t} \tag{6.43c}$$

이며 $u_1(x_1)$와 $u_2(x_2)$는 각각 다음 식으로부터 얻어진다.

$$-\frac{\hbar^2}{2m_1}\frac{d^2}{dx_1^2}u_1(x_1) + V(x_1)u_1(x_1) = E_1 u_1(x_1) \tag{6.44a}$$

$$-\frac{\hbar^2}{2m_2}\frac{d^2}{dx_2^2}u_2(x_2) + V(x_2)u_2(x_2) = E_2 u_2(x_2) \tag{6.44b}$$

일반적인 계의 파동함수는 (6.43a)식들의 여러 가능한 값들에 의한 1차 선형 결합(線型結合, linear combination)으로 주어진다.

(b) V가 분리 불가능한 경우

$$V(x_1, x_2) \neq V(x_1) + V(x_2) \tag{6.45}$$

이 경우에는 앞의 경우와 달리 두 입자가 서로 영향을 준다. 다시 말하면 상호작용을 하는 경우에 해당된다. 이때에는 일반적으로는 두 개의 독립된 홑입자 문제(one body problem)로 바꾸어 쓸 수 없다. 그러나 만일 퍼텐셜이 두 좌표의 차(差)만으로 표시될 때 즉

$$V(x_1, x_2) = V(x_1 - x_2) \tag{6.46}$$

인 경우에는 두 입자 문제는 두 개의 독립된 한 입자 문제로 바꾸어 쓸 수 있다. 이러한 퍼텐셜의 경우 입자는 다른 입자의 영향을 받으나 외부로부터의 영향은 받지 않을 수 있다. 즉 두 입자끼리 만의 영향을 고려하게 된다.

먼저 이 경우 고전역학을 고려하여 보자. 이 계를 기술할 수 있는 Lagrangian 은

$$L = \frac{1}{2}m_1\dot{x}_1^2 + \frac{1}{2}m_2\dot{x}_2^2 - V(x_1 - x_2) \tag{6.47}$$

이고 운동 방정식은 Lagrange 방정식으로부터

$$\frac{d}{dt}\frac{\partial L}{\partial \dot{q}_i} - \frac{\partial L}{\partial q_i} = 0 \tag{6.48}$$

$$m_1\ddot{x}_1 = -\frac{\partial V}{\partial x_1} \tag{6.49a}$$

$$m_2\ddot{x}_2 = -\frac{\partial V}{\partial x_2} \tag{6.49b}$$

가 된다.

$$\frac{\partial V}{\partial x_1}=\frac{\partial(x_1-x_2)}{\partial x_1}\frac{\partial V}{\partial(x_1-x_2)}=\frac{\partial V}{\partial(x_1-x_2)} \tag{6.50a}$$

$$\frac{\partial V}{\partial x_2}=\frac{\partial(x_1-x_2)}{\partial x_2}\frac{\partial V}{\partial(x_1-x_2)}=-\frac{\partial V}{\partial(x_1-x_2)} \tag{6.50b}$$

$$\therefore\ \frac{\partial V}{\partial x_1}=-\frac{\partial V}{\partial x_2} \tag{6.50c}$$

이므로 (6.49a)식과 (6.49b)식을 합하고 (6.50)식을 이용하면

$$m_1\ddot{x}_1+m_2\ddot{x}_2=-\frac{\partial V}{\partial x_1}-\frac{\partial V}{\partial x_2}=0$$

$$\therefore\ \frac{d}{dt}\left(m_1\dot{x}_1+m_2\dot{x}_2\right)=0 \tag{6.51}$$

이 된다. 즉 운동량 $p_i=m_i\dot{x}_i\ (i=1,2)$에 대하여 두 운동량의 합

$$P=p_1+p_2 \tag{6.52}$$

는 일정한 값을 갖는다. 따라서

$$\frac{d}{dt}\left(\frac{m_1x_1+m_2x_2}{m_1+m_2}\right)=\frac{P}{m_1+m_2}=\text{상수} \tag{6.53}$$

$$\frac{m_1x_1+m_2x_2}{m_1+m_2}=\frac{P}{m_1+m_2}t+\text{상수} \tag{6.54}$$

이다. 이것은 두 입자의 질량 중심 좌표

$$X=\frac{m_1x_1+m_2x_2}{m_1+m_2} \tag{6.55}$$

는 일정한 속도 $P/(m_1+m_2)$로 움직임을 나타내고 있다

한편 피텐셜 V가 (x_1-x_2)만의 함수이므로 두 개의 좌표를 x_1과 x_2 대신에 새로운 좌표

$$X=\frac{m_1x_1+m_2x_2}{m_1+m_2}$$

$$x=x_1-x_2 \tag{6.56}$$

를 사용하는 것이 더 좋으며 x를 상대 좌표(相對座標, relative coordinate)라 부른다. x_1,x_2를 다른 표현으로 쓰면

$$x_1=X+\frac{m_2}{M}x \tag{6.57a}$$

$$x_2=X+\frac{m_1}{M}x \tag{6.57b}$$

가 된다. 여기서 $M=m_1+m_2$는 두 입자의 총 질량이다.

새로운 좌표계에 대한 운동 방정식을 보면

$$\text{(i)}\ M\ddot{X}=m_1\ddot{x}_1+m_2\ddot{x}_2=0 \tag{6.58}$$

$$\text{(ii)}\ \ddot{x}=\ddot{x}_1-\ddot{x}_2=-\frac{1}{m_1}\frac{\partial V}{\partial x_1}+\frac{1}{m_2}\frac{\partial V}{\partial x_2} \qquad \{(6.49)\text{식을 이용함}\}$$

$$=-\frac{1}{m_1}\frac{\partial V}{\partial x}-\frac{1}{m_2}\frac{\partial V}{\partial x} \qquad \{(6.50)\text{식을 이용함}\}$$

$$=-\left(\frac{1}{m_1}+\frac{1}{m_2}\right)\frac{\partial V}{\partial x}$$

$$\therefore\ \mu\ddot{x}=-\frac{\partial V}{\partial x} \tag{6.59}$$

가 된다. 여기서 μ는

$$\mu=\frac{m_1m_2}{m_1+m_2} \tag{6.60}$$

로 정의된 환산 질량(換算質量, reduced mass)이다.

이제 이 문제의 운동 방정식은 계 전체의 질량중심이 일정한 속도로 운동하는 것과 환산질량을 가진 한 입자가 퍼텐셜 V의 영향 아래에서 운동하는 것으로 나누어진다.

양자역학적으로 생각할 경우 Hamiltonian

$$H=\frac{p_1^2}{2m_1}+\frac{p_2^2}{2m_2}+V(x_1-x_2) \tag{6.61}$$

를 위의 두 새로운 좌표계에 대한 Hamiltonian 들로 나타내어 보자. p_i가 연산자 $\frac{\hbar}{i}\frac{\partial}{\partial x_i}$ 이므로

$$\frac{\partial}{\partial x_1}=\frac{\partial X}{\partial x_1}\frac{\partial}{\partial X}+\frac{\partial x}{\partial x_1}\frac{\partial}{\partial x}$$

$$=\frac{m_1}{m_1+m_2}\frac{\partial}{\partial X}+\frac{\partial}{\partial x} \tag{6.62a}$$

$$\frac{\partial}{\partial x_2}=\frac{\partial X}{\partial x_2}\frac{\partial}{\partial X}+\frac{\partial x}{\partial x_2}\frac{\partial}{\partial x}$$

$$=\frac{m_2}{m_1+m_2}\frac{\partial}{\partial X}-\frac{\partial}{\partial x} \tag{6.62b}$$

이므로 Hamiltonian 은

$$H=-\frac{\hbar^2}{2m_1}\frac{\partial^2}{\partial x_1^2}-\frac{\hbar^2}{2m_2}\frac{\partial^2}{\partial x_2^2}+V(x_1-x_2)$$

$$=-\frac{\hbar^2}{2m_1}\left(\frac{m_1}{m_1+m_2}\frac{\partial}{\partial X}+\frac{\partial}{\partial x}\right)^2-\frac{\hbar^2}{2m_2}\left(\frac{m_2}{m_1+m_2}\frac{\partial}{\partial X}-\frac{\partial}{\partial x}\right)^2+V(x)$$

$$=-\frac{\hbar^2}{2(m_1+m_2)}\frac{\partial^2}{\partial X^2}-\frac{\hbar^2}{2}\left(\frac{1}{m^1}+\frac{1}{m_2}\right)\frac{\partial^2}{\partial x^2}+V(x)$$

즉

$$H=-\frac{\hbar^2}{2M}\frac{\partial^2}{\partial X^2}-\frac{\hbar^2}{2\mu}\frac{\partial^2}{\partial x^2}+V(x) \tag{6.63}$$

가 된다. 따라서 Hamiltonian 이 두 부분으로 나누어진 것을 알 수 있다. 즉

$$H = H_{\text{cm}} + H_{\text{rel}} \tag{6.64}$$

로 되고, H_{cm}은 X만 관계하는 (6.63)식의 우변의 첫항, H_{rel}는 x만의 함수인 나머지 두 항을 나타낸다. 새 좌표계에 대한 운동량 연산자를 새 좌표에 대한 미분식과 관련시켜 정의하여 보면 (6.30)식, (6.57)식, (6.60)식들을 사용하여

$$\begin{aligned} P &\equiv \frac{\hbar}{i}\frac{\partial}{\partial X} = \frac{\hbar}{i}\frac{\partial x_1}{\partial X}\frac{\partial}{\partial x_1} + \frac{\hbar}{i}\frac{\partial x_2}{\partial X}\frac{\partial}{\partial x_2} \\ &= \frac{\hbar}{i}\frac{\partial}{\partial x_1} + \frac{\hbar}{i}\frac{\partial}{\partial x_2} = p_1 + p_2 \end{aligned} \tag{6.65}$$

$$\begin{aligned} p &\equiv \frac{\hbar}{i}\frac{\partial}{\partial x} = \frac{\hbar}{i}\frac{\partial x_1}{\partial x}\frac{\partial}{\partial x_1} + \frac{\hbar}{i}\frac{\partial x_2}{\partial x}\frac{\partial}{\partial x_2} \\ &= \frac{\hbar}{i}\frac{\partial}{\partial x} = \frac{\hbar}{i}\frac{\partial x_1}{\partial x}\frac{\partial}{\partial x_1} + \frac{\hbar}{i}\frac{\partial x_2}{\partial x}\frac{\partial}{\partial x_2} \\ &= \frac{\hbar}{i}\mu\left(\frac{1}{m_1}\frac{\partial}{\partial x_1} - \frac{1}{m_2}\frac{\partial}{\partial x_2}\right) \\ &= \mu\left(\frac{p_1}{m_1} - \frac{p_2}{m_2}\right) \end{aligned} \tag{6.66}$$

이 되며 따라서 전 운동량 P와 상대 운동량 p를 사용하면

$$H_{\text{cm}} = \frac{P^2}{2M} \tag{6.67a}$$

$$H_{\text{rel}} = \frac{p^2}{2\mu} + V(x) \tag{6.68b}$$

가 된다. 이와 같이 정의된 두 운동량의 양자화 조건은

$$[X, P] = i\hbar \tag{6.68a}$$

$$[x, p] = i\hbar \tag{6.68b}$$

$$[x, P] = [X, p] = 0 \tag{6.68c}$$

이 됨을 알 수 있다.

(6.63)식에서 보인 바와 같이 Hamiltonian H는 두 좌표 X, x로 나타내면 완전히 두 부분으로 나누어진다. 이런 때에는 전에 논의한 바와 같이 상태 함수가 이들 두 좌표계에 대하여

$$\psi(X, x, t) = \psi_{\text{cm}}(X, t)\,\psi_{\text{rel}}(x, t) \tag{6.69}$$

로 나누어진다. 여기서 $\psi_{\text{cm}}(X, t)$는 질량 M을 갖는 자유입자의 해이고 $\psi_{\text{rel}}(x, t)$는 퍼텐셜 V에서 질량 μ를 가지고 움직이는 상태를 나타내는데 두 입자 문제의 정보는 $\psi_{\text{rel}}(x, t)$에 포함되어 있다. 다시 말해서

$$\psi(X, x, t) = u(X, x)\,T(t) \tag{6.70}$$

로 놓을 때 $T(t)$

$$T(t) = Ce^{-\frac{iE_T}{\hbar}t} \tag{6.71}$$

의 해를 가지며 $u(X, x)$는 다음과 같은 H의 고유값 문제의 해가 된다.

$$Hu_{E_T}(X, x) = E_T u_{E_T}(X, x) \tag{6.72}$$

여기에서 $u_{E_T}(X, x)$는 다시

$$u_{E_T}(X, x) = U(X) u(x) \tag{6.73}$$

로 놓을 수 있고 $U(X)$와 $u(x)$는 각각 다음 식을 만족한다.

$$\frac{P^2}{2M} U(X) = (E_T - E) U(X) \tag{6.74}$$

$$\left(\frac{p^2}{2\mu} + V\right) u(x) = Eu(x) \tag{6.75}$$

(6.74)식의 해는 상수를 문제 삼지 않으면

$$U(X) = e^{\frac{i}{\hbar}PX} \tag{6.76}$$

이고 이 식에서 P는 연산자 P의 고유값

$$P = \sqrt{2M(E_T - E)} \tag{6.77}$$

를 나타낸다.

따라서 우리가 고려하게 되는 시간에 독립인 Schrödinger 방정식의 해는

$$u_{E_T}(X, x) = u(x) e^{\frac{i}{\hbar}PX} \tag{6.78}$$

이 되며 $u(x)$는 다음 방정식의 해가 된다.

$$\left(-\frac{\hbar^2}{2\mu}\frac{d^2}{dx^2} + V(x)\right) u(x) = Eu(x) \tag{6.79}$$

$$E = E_T - \frac{P^2}{2(m_1 + m_2)} \tag{6.80}$$

이제 두 입자 문제는 한 입자 문제로 귀착되었다. (6.80)식으로부터 두 입자 문제의 총 에너지 E_T는 두 입자로 이루어진 계의 총 운동 에너지와 질량 중심 주위에 관한 운동 에너지와의 합으로 나타난다.

여기에서 두 입자 문제와 관련하여 양자역학에서 많이 사용되는 정리를 살펴보자.

(i) 전에 언급된 바와 같이 어떤 연산자 f가 H와 교환 가능하면 즉 $[f, H] = 0$이면, f는 운동 상수(constant of motion)라 부르고 f의 고유값을 나타내는 수를 양자수(quantum number)라 부른다. 그러한 경우에는

$$\frac{d}{dt}\langle f \rangle = \frac{1}{i\hbar}\langle [f, H] \rangle = 0 \tag{6.81}$$

$$\therefore \langle f \rangle = \text{일정한 값(시간에 대하여)} \tag{6.82}$$

이 된다. 이러한 연산자 f의 고유 함수는 양자수로 그 특성이 나타내어진다.

(ii) 두 개의 연산자가 서로 교환 가능한 경우에는 한 연산자의 고유 함수를 택할 때 이것이 동시에 다른 연산자의 고유 함수가 되도록 택할 수 있다.

(증명) 교환 가능한 두 연산자를 A, B라 하자. A의 고유값 문제의 해를 a_n, ψ_n이라고 할 때

$$A\psi_n = a_n\psi_n \tag{6.83}$$

이 된다. 그러면 $AB = BA$이므로

$$A(B\psi_n) = B(A\psi_n) = a_n(B\psi_n) \tag{6.84}$$

가 되며 따라서 $(B\psi_n)$은 A의 고유 함수이고 고유값은 a_n이 된다. 특히 A의 고유 함수가 퇴화되지 않은 경우에는 같은 고유값을 갖는 고유 함수는 같거나 상수로 곱한 만큼의 차이 밖에 없다. 그 상수를 b_n이라 하면

$$\begin{aligned} B\psi_n &= 상수 \times \psi_n \\ &= b_n\psi_n \end{aligned} \tag{6.85}$$

가 되어 이 식은 ψ_n이 연산자 B의 고유 함수임을 보이고 있다. 따라서 ψ_n은 A와 B의 공통된 고유 함수이다.

또 거꾸로 ψ_n이 두 연산자 A와 B의 공통된 고유 함수라면, 즉

$$A\psi_n = a_n\psi_n$$

$$B\psi_n = b_n\psi_n$$

이라 할 때 임의의 함수 ψ는 $\{\psi_n\}$으로 전개될 수 있으므로

$$\psi = \sum_n c_n\psi_n$$

인 ψ에 대하여

$$\begin{aligned} [A, B]\psi &= (AB - BA)\sum c_n\psi_n \\ &= A\sum_n c_n B\psi_n - B\sum_n c_n A\psi_n \\ &= A\sum_n c_n b_n\psi_n - B\sum_n c_n a_n\psi_n \\ &= \sum_n c_n b_n A\psi_n - \sum_n c_n a_n B\psi_n \\ &= \sum_n c_n b_n a_n\psi_n - \sum_n c_n a_n b_n\psi_n \\ &= 0 \end{aligned} \tag{6.87}$$

이 된다. 임의의 함수 ψ에 대하여 위식이 성립하므로

$$[A, B] = 0 \tag{6.88}$$

이 된다. 이 정리는 축퇴된 고유 함수를 갖는 연산자에 대하여도 성립한다. 그러나 여기에서는 증명을 생략하겠다.

(iii) 위 정리는 두 개 이상의 연산자가 교환 가능한 경우도 성립한다. 즉 Hamiltonian이

$$H = H_1(x_1) + H_2(x_2) + H_3(x_3) + \cdots\cdots \tag{6.89}$$

일 때 변수 분리법에 의하여 고유 함수를

$$\psi(x_1, x_2, x_3, \cdots) = \psi_1(x_1)\psi_2(x_2)\psi_3(x_3)\cdots\cdots \tag{6.90}$$

로 쓰는 것은 다음과 같이 말할 수 있다. 즉 $H_1(x_1), H_2(x_2), \cdots$들이 서로 교환 가능하여

$$[H_i, H_j]=0$$
$$[H, H_i]=0 \quad (i, j=1, 2, \cdots\cdots) \tag{6.91}$$

이면 이들에 공통된 고유 함수가 존재하며 이 함수가 (6.90)식이 되는 것이다.

이 때 H와 H_i들의 고유값이 각각 E, E_i라면

$$H_i(x_i)\psi_i(x_i)=E_i\psi_i(x_i) \quad (i=1, 2, \cdots\cdots) \tag{6.92}$$

또는

$$H_i[\psi_1(x_1)\cdots\psi_i(x_i)\cdots]=E_i[\psi_i(x_i)\cdots\psi_i(x_i)\cdots\cdots] \tag{6.93}$$

가 된다. (6.93)식에서 $\psi_i(x_i)$ 이외의 함수는 x_i와는 무관하므로 상수로 취급했다. 따라서 고유값 사이에는

$$E=E_1+E_2+\cdots\cdots=\sum_i E_i \tag{6.94}$$

의 관계가 있다.

6. 3 동일 입자(同一粒子, identical particles)와 교환 연산자 (交換演算子, exchange operator)

두 입자가 같은 종류의 입자이어서 구별이 안 되는 경우를 고려하자. 특히 두 입자가 퍼텐셜

$$V(x_1, x_2)=V(x_2, x_1) \tag{6.95}$$

의 영향을 받고 움직일 때 즉 퍼텐셜이 위치 교환에 대하여 대칭인 경우, Hamiltonian

$$H=\frac{p_1^2}{2m}+\frac{p_2^2}{2m}+V(x_1, x_2) \tag{6.96}$$

를 $H(1,2)$라 할 때, 퍼텐셜의 대칭을 고려해 보면 H도 대칭임을 알 수 있다. 즉

$$H(1,2)=H(2,1)\equiv H \tag{6.97}$$

이다. 이때에 에너지 고유값 문제

$$H(1,2)u_E(1,2)=Eu_E(1,2) \tag{6.98}$$

에서 두 입자가 동일하므로 둘 중에 어느 것을 1 또는 2라 불러도 상관없다. 따라서 위 식은

$$H(2,1)u_E(2,1)=Eu_E(2,1) \tag{6.99}$$

라 쓸 수 있다.

임의의 상태 함수 $\psi(1,2)$에 작용하여 입자 1, 2의 모든 좌표(공간, 스핀 등)를 바꾸는 연산자 P_{12}를 교환 연산자(交換演算子, exchange operator)라 부른다. 즉

$$P_{12}\psi(1,2)=\psi(2,1) \tag{6.100}$$

로 P_{12}가 정의된다. 따라서 (6.99)식은

$$\begin{aligned} HP_{12}u_E(1,2) &= Eu_E(2,1) \\ &= P_{12}Eu_E(1,2) \\ &= P_{12}Hu_E(1,2) \end{aligned}$$

로 쓸 수 있으므로 $u_E(1,2)$로 표시되는 $\psi_E(1,2)$에 대하여

$$[H, P_{12}]\psi_E(1,2)=0$$

즉

$$[H, P_{12}]=0 \tag{6.101}$$

의 관계가 있다. 따라서 P_{12}는 운동 상수(constant of motion)이다. 반전성(parity)에서 논의한 바와 같이

$$(P_{12})^2\psi(1,2)=\psi(1,2) \tag{6.102}$$

이므로 P_{12}는 ± 1인 고유값만을 갖는다.

$\psi(1.2)$와 $\psi(2,1)$은 같은 에너지 고유값을 갖는 경우에도 일반적으로 이들은 같은 함수는 아니다. 예를 들어서 u대신 ψ를 사용하여

$$\psi(1,2)=\psi_\alpha(1)\psi_\beta(2) \tag{6.103}$$

로 되고 여기서 α, β는 각각 공간이나 스핀의 양자 상태를 나타낸다고 하면 이것은 분명히 α, β가 다른 경우에는

$$\psi(2,1)=\psi_\alpha(2)\psi_\beta(1) \tag{6.104}$$

과는 다르다. 두 입자가 구별할 수 없는 경우에는 어느 입자를 1, 2로 놓든 관계없으므로 따라서 위 식 (6.103)나 (6.104)를 두 동일 입자의 기술에 사용하기에는 적합지 않다. 그러나 다음과 같이 정의된 상태 함수

$$\psi_S(1,2)=\frac{1}{\sqrt{2}}\{\psi(1,2)+\psi(2,1)\} \tag{6.105}$$

$$\psi_A(1,2)=\frac{1}{\sqrt{2}}\{\psi(1,2)-\psi(2,1)\} \tag{6.106}$$

에서는 1과 2를 바꾸어도 $|\psi|^2$은 같은 값을 나타내므로 동일한 입자를 기술하는데 적합하다. 또 $\psi_\alpha(1)\psi_\beta(2)$나 $\psi_\alpha(2)\psi_\beta(1)$이나 모두 시간에 대한 변화는 $e^{-\frac{i}{\hbar}(E_1+E_2)t}$이고 이 부분은 $\psi_S(1,2)$나 $\psi_A(1,2)$에도 성립하므로 ψ_S, ψ_A는 Hamiltonian의 고유 함수가 된다.

또 이 함수들은 P_{12}의 고유 함수이고 고유값은 각각 $+1, -1$이 된다. 즉 ψ_S, ψ_A는 H와 P_{12}의 공통된 고유 함수이며 P_{12}가 운동 상수인 경우이므로 상태 함수는 처음 어느 시간에 대칭(對稱, symmetric) 또는 반대칭(反對稱, antisymmetric) 상태에 있다면 그 후에도 항상 그러한 상태에 있음을 의미한다.

같은 $E_T=E_1+E_2$에 대하여 수학적으로는 ψ_S나 ψ_A 중에서 어느 것을 택하여도 관계없으나 물리적으로는 입자의 종류에 따라 어느 한 개를 택하게 되고 그 결과는 실험적으로 조사될 수 있다. 그리고 두 입자 또는 그 이상의 입자들이 있는 계에서 입자들의 지표(指

標, index) 1, 2, 3, 4……중 어느 두 개를 교환할 때 그 계의 상태 함수가 대칭인지 또는 반대칭인지는 구성 입자들의 성질과 관련된 중요한 물리의 법칙에 의해서 알려진다.

(i) 동일한 입자들로 구성된 계가 반대칭 파동 함수로 기술되어야 하는 입자들을 Fermi 입자 또는 페르미온(fermion)이라 부른다. 후에 언급하게 될 스핀 양자수가 $\frac{1}{2}, \frac{3}{2}$, ……등 홀수의 절반인 양자수를 갖는 입자들은 Fermi 입자들이고 이들은 소위 Fermi-Dirac 통계에 따르게 된다. 즉 이러한 입자들은 어느 두 입자든 같은 양자 상태에 있을 수 없다. 이것을 Pauli의 배타 원리(排他原理, exclusion principle)라 부른다. 이것은 원자의 전자 배열 등을 논의하는 데 중요한 역할을 한다.

Fermi 입자의 예로는 전자, 양성자(陽性子, proton), 중성자(中性子, neutron), 중성미자(中性微子, neutrino) 등 스핀이 $\frac{1}{2}$인 입자들이 많고 Δ입자등 스핀이 $\frac{3}{2}$인 입자들도 많이 있다. 최근에 입자물리학에서 양성자, 중성자 등 무거운 입자를 구성하고 있다고 보는 쿼크(quark)라는 입자도 스핀 $\frac{1}{2}$인 입자라고 생각한다.

(ii) 한편 스핀 양자수가 0, 1, 2, ……등 정수인 동일 입자들로 구성된 계는 대칭인 파동함수로 기술된다. 이러한 입자들을 Bose 입자들이라 부르거나 보손(boson)이라고 하며 이들은 Bose-Einstein 통계를 따른다. 이러한 입자들의 예로는 질량이 없고 스핀이 1인 광자(photon)나 phonon 이 있으며, 또 질량이 있는 π중간자(中間子, meson)는 스핀 0을 가진 보손이고, 중양성자(deuteron)나 ρ, ω등 벡터 중간자는 스핀 1의 보손이다.

N개의 동일한 Fermi 입자로 구성된 계를 생각해 보자. Hamiltonian은

$$H=\sum_{i=1}^{N} H_i \tag{6.107}$$

$$H_i = \frac{p_i^2}{2m} + V(x_i) \tag{6.108}$$

라 하자. 각 입자의 고유값 문제는

$$H_l u_{E_k}(x_l) = E_k u_{E_k}(x_l) \tag{6.109}$$

이다. 여기서 E_k는 E_1, E_2, ……등 여러 개의 가능한 값 중의 하나를 나타낸다. H의 고유값 문제는

$$H_l u_{E_k}(x_l) = E_k u_{E_k}(x_l) \tag{6.110}$$

라 놓을 때 그 해는

$$u_E(1, 2, \cdots) = u_{E_i}(x_1) u_{E_j}(x_2) \cdots \tag{6.111}$$

$$E = E_1 + E_2 + E_{3+\cdots} \tag{6.112}$$

가 된다. (6.111)식은 여러 가능한 조합을 나타내고 있다.

Fermi 입자계에 대하여는 어느 두 입자를 교환하여도 반대칭이 되므로 이러한 계를 기술하는 파동함수는

$$u_A(1, 2, \cdots) = \frac{1}{\sqrt{N!}} \begin{vmatrix} u_{E_1}(x_1) u_{E_1}(x_2) \cdots\cdots u_{E_1}(x_N) \\ u_{E_2}(x_1) u_{E_2}(x_2) \cdots\cdots u_{E_2}(x_N) \\ \cdots\cdots\cdots\cdots\cdots\cdots\cdots\cdots \\ u_{E_N}(x_1) u_{E_N}(x_2) \cdots\cdots u_{E_N}(x_N) \end{vmatrix} \tag{6.113}$$

이 된다. 이 식을 Slater 행렬식(行列式, determinant)이라 부르며 어느 두 입자를 교환하여도 부호가 바뀌어 짐은 행렬식의 성질로부터 곧 알 수 있다. 이 식에서는 $E_i = E_j (i \neq j)$이면 이 행렬식은 0이 되어 어느 두 입자도 같은 에너지 상태에 있을 수 없다는 것을 나타낸다. 더 일반적으로 Fermi 입자로 구성된 입자계에서 두 입자가 같은 양자수를 가질 수 없다는 Pauli의 배타 원리에서는 양자수는 에너지를 나타내는 양자수 이외에도 스핀 등 다른 양자수도 있음을 알아야 한다. 여기에서 몇 가지 간단한 예를 들어 여러 입자로 이루어진 계를 살펴보자.

예 1. 두 개의 서로 상호 작용을 하지 않는(non-interacting) 전자가 그림 6.2에서와 같이 $0 \leq x \leq L$인 영역에 갇혀 있는 경우를 생각하자. 이들 두 전자가 같은 스핀 상태에 있는 경우 바닥 상태는 어떠한가를 살펴보자.

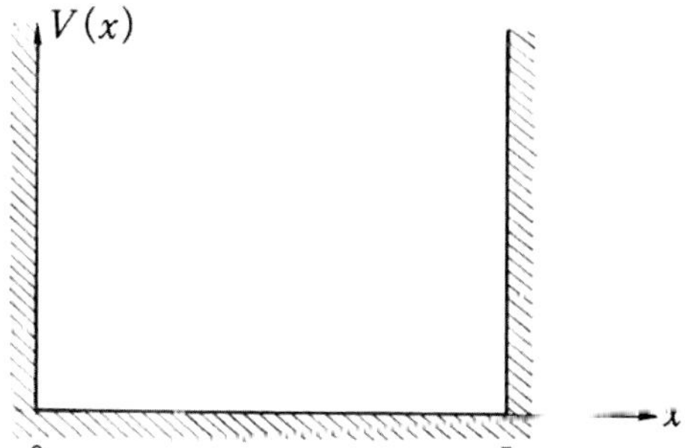

그림 6.2 입자를 가두고 있는 퍼텐셜 벽

이 경우 입자의 운동은 $0 \leq x_1, x_2 \leq L$인 영역에서만 생각하게 되고 Hamiltonian 은

$$\begin{aligned} H &= H(1) + H(2) \\ &= -\frac{\hbar^2}{2m}\frac{\partial^2}{\partial x_1^2} - \frac{\hbar^2}{2m}\frac{\partial^2}{\partial x_2^2} \end{aligned} \tag{6.114}$$

이 된다. 우선 한 전자가 가질 수 있는 가능한 상태를 고려하면(아래첨자는 생략됨)

$$\begin{aligned} &-\frac{\hbar^2}{2m}\frac{d^2\psi(x)}{dx^2} = E\psi(x) \\ &\psi(0) = \psi(L) = 0 \end{aligned} \tag{6.115}$$

을 생각하여야 하며 이미 제 3장에서 논의한 바와 같이 이 방정식의 해는

$$\psi_n(x) = \sqrt{\frac{2}{L}} \sin\frac{n\pi}{L}x, \quad (\psi_n\text{은 앞에서의 } u_n\text{에 해당됨}) \tag{6.116a}$$

$$E_n = \frac{\hbar^2\pi^2}{2mL^2}n^2 \quad (n=1, 2, \cdots\cdots) \tag{6.116b}$$

가 된다. 따라서 (6.114)식의 고유상태 $\psi(x_1, x_2)$는 (6.116a)식으로 주어진 $\psi_{n_1}(x_1)$과 $\psi_{n_2}(x_2)$의 곱으로 이루어진다. 두 전자는 페르미온(fermion) 이므로 Pauli 의 배타원리를 고려하면 $\psi(x_1, x_2)$는 1과 2의 교환에 의하여 (-1)이 곱해져야 한다. 즉 H의 해는

$$\psi(x_1, x_2) = \frac{1}{\sqrt{2}}\left\{\psi_{n_1}(x_1)\psi_{n_2}(x_2) - \psi_{n_1}(x_2)\psi_{n_2}(x_1)\right\} \tag{6.117}$$

$$E_{n_1 n_2} = E_{n_1} + E_{n_2} = \frac{\hbar^2\pi^2}{2mL^2}\left(n_1^2 + n_2^2\right) \tag{6.118}$$

이 된다. 그런데 여기서는 에너지가 가장 낮은 바닥 상태(ground state)를 생각하고 있으므로 $n_1=1, n_2=2$ 또는 $n_1=2, n_2=1$이어야 한다. 즉 바닥 상태의 상태 함수와 에너지는 각각

$$\psi_g(x_1, x_2) = \frac{\sqrt{2}}{L}\left\{\sin\frac{\pi x_1}{L}\sin\frac{2\pi x_2}{L} - \sin\frac{\pi x_2}{L}\sin\frac{2\pi x_1}{L}\right\}$$

$$= \frac{\sqrt{2}}{L}\begin{vmatrix} \sin\dfrac{\pi x_1}{L} & \sin\dfrac{\pi x_2}{L} \\ \sin\dfrac{2\pi x_1}{L} & \sin\dfrac{2\pi x_2}{L} \end{vmatrix} \tag{6.119}$$

이고

$$E_g = \frac{\hbar^2\pi^2}{2mL^2} \times 5 \tag{6.120}$$

이다. 참고로 $n_1 = n_2 = 1$인 경우에는 에너지는 낮으나 $\psi(x_1, x_2) = 0$이 되어 물리적으로 허용이 되지 않는 상태가 된다. 만일 두 입자가 boson이라면 $n_1 = n_2 = 1$인 경우가 바닥 상태를 주게 된다. 또 두 입자가 다른 스핀 상태에 있을 경우는 뒤에 고려한다.

예 2. 1차원 조화 진동 퍼텐셜 우물 속에 있는 두 개의 입자 사이에 인력(引力, attractive interaction)이 존재하는 계의 Hamiltonian이 다음과 같이 주어진다고 하자.

$$H = \frac{p_1^2}{2m} + \frac{1}{2}kx_1^2 + \frac{p_2^2}{2m} + \frac{1}{2}kx_2^2 + \frac{\lambda}{4}(x_1 - x_2)^2 \quad (\lambda > 0) \tag{6.121}$$

이 계에서 두 입자가 Fermi 입자인 경우 에너지 준위와 상태 함수를 고찰하여 보자. 이 경우는 $V(x_1, x_2)$가 $V(x_1) + V(x_2)$가 되지 않으므로 변수를 바꿀 필요가 있다.

(i) 이 (6.121)식의 고유값 문제를 쉽게 풀기 위하여 새로운 좌표 η와 ξ를

$$x_1 = \frac{1}{\sqrt{2}}(\eta + \xi)$$

$$x_2 = \frac{1}{\sqrt{2}}(\eta - \xi) \tag{6.122}$$

즉

$$\eta = \frac{1}{\sqrt{2}}(x_1 + x_2)$$

$$\xi=\frac{1}{\sqrt{2}}(x_1-x_2) \tag{6.123}$$

로 정의하면 (전에 나온 질량중심 좌표와 상대좌표에 해당함)

$$\left.\frac{\partial}{\partial x_1}\right|_{x_2}=\left.\frac{\partial\eta}{\partial x_1}\right|_{x_2}\frac{\partial}{\partial\eta}+\left.\frac{\partial\xi}{\partial x_1}\right|_{x_2}\frac{\partial}{\partial\xi}=\frac{1}{\sqrt{2}}\left(\frac{\partial}{\partial\eta}+\frac{\partial}{\partial\xi}\right) \tag{6.124a}$$

$$\left.\frac{\partial}{\partial x_2}\right|_{x_1}=\left.\frac{\partial\eta}{\partial x_2}\right|_{x_1}\frac{\partial}{\partial\eta}+\left.\frac{\partial\xi}{\partial x_2}\right|_{x_1}\frac{\partial}{\partial\xi}=\frac{1}{\sqrt{2}}\left(\frac{\partial}{\partial\eta}-\frac{\partial}{\partial\xi}\right) \tag{6.124b}$$

가 되므로

$$\begin{aligned}\left(\frac{\partial}{\partial x_1}\right)^2+\left(\frac{\partial}{\partial x_2}\right)^2&=\frac{1}{2}\left(\frac{\partial}{\partial\eta}+\frac{\partial}{\partial\xi}\right)^2+\frac{1}{2}\left(\frac{\partial}{\partial\eta}-\frac{\partial}{\partial\xi}\right)^2\\&=\frac{\partial^2}{\partial\eta^2}+\frac{\partial^2}{\partial\xi^2}\end{aligned} \tag{6.125}$$

이 된다. 또 (6.121)식의 퍼텐셜 부분은

$$\begin{aligned}\frac{1}{2}k\left(x_1^2+x_2^2\right)+\frac{\lambda}{4}(x_1-x_2)^2&=\frac{1}{2}k\left[\frac{1}{2}(\eta+\xi)^2+\frac{1}{2}(\eta-\xi)^2\right]+\frac{\lambda}{4}2\xi^2\\&=\frac{1}{2}k(\eta^2+\xi^2)+\frac{\lambda}{2}\xi^2\\&=\frac{1}{2}k\eta^2+\frac{1}{2}(k+\lambda)\xi^2\end{aligned} \tag{6.126}$$

로 쓸 수 있다. 따라서 (6.121)식은 두 변수 η와 ξ에 대하여는 분리되어

$$\begin{aligned}H&=-\frac{\hbar^2}{2m}\frac{\partial^2}{\partial\eta}+\frac{1}{2}k\eta^2-\frac{\hbar^2}{2m}\frac{\partial^2}{\partial\xi^2}+\frac{1}{2}(k+\lambda)\xi^2\\&=H(\eta)+H(\xi)\end{aligned} \tag{6.127}$$

로 되고 여기서 $H(\eta)$와 $H(\xi)$는

$$H(\eta)=-\frac{\hbar^2}{2m}\frac{\partial^2}{\partial\eta^2}+\frac{1}{2}k\eta^2 \tag{6.128a}$$

$$H(\xi)=-\frac{\hbar^2}{2m}\frac{\partial^2}{\partial\xi^2}+\frac{1}{2}(k+\lambda)\xi^2 \tag{6.128b}$$

이며 각각은 제 5장에서 자세히 논의한 단순 조화진동자에 대한 Hamiltonian 이다.

(ii) $H(\eta), H(\xi)$ 및 H는 서로 교환 가능하므로 H의 고유값 문제는 $H(\eta)$와 $H(\xi)$의 고유값 문제와 관련되어 $H(\eta)$나 $H(\xi)$의 공통된 고유 상태가 되도록 풀 수 있다. 즉 고유값 문제는

$$Hu=Eu$$

에서

$$u=v(\eta)w(\xi) \tag{6.129a}$$

$$E=E_\eta+E_\xi \tag{6.129b}$$

가 된다. 여기서 $v(\eta), E_\eta$와 $w(\xi), E_\xi$는 각각 $H(\eta)$와 $H(\xi)$의 고유값 문제의 해이며 이미

제5장의 조화 진동자 문제에서 풀어 보았듯이

$$E_\eta = \left(n_\eta + \frac{1}{2}\right)\hbar w_\eta, \tag{6.130a}$$

$$\omega_\eta = \sqrt{\frac{k}{m}}, \ n_\eta = 0, 1, 2, \cdots\cdots \tag{6.130b}$$

$$E_\xi = \left(n_\xi + \frac{1}{2}\right)\hbar w_\xi \tag{6.130c}$$

$$\omega_\xi = \sqrt{\frac{k+\lambda}{m}}, \ n_\xi = 0, 1, 2, \cdots\cdots \tag{6.130d}$$

이므로, (6.121)식으로 주어진 Hamiltonian의 고유값은

$$\therefore \ E = \left(n_\eta + \frac{1}{2}\right)\hbar\omega_\eta + \left(n_\xi + \frac{1}{2}\right)\hbar\omega_\xi \tag{6.131}$$

가 된다.

(iii) 이제 고유 함수를 고려하여 보자. $H(\eta)$와 $H(\xi)$의 고유 함수는 각각

$$v(\eta) = \psi_{n_\eta}\left(\frac{1}{\sqrt{2}}(x_1 + x_2)\right) \tag{6.132a}$$

$$w(\xi) = \psi_{n_\xi}\left(\frac{1}{\sqrt{2}}(x_1 - x_2)\right) \tag{6.132b}$$

인데 제 5장의 단진동자 문제의 해로 주어진 (5.51)식과 그 성질을 이용하면

x_1과 x_2를 교환할경우

$$v(\eta) = \text{우함수} \tag{6.132c}$$

$$w(\xi) = \begin{cases} \text{기함수} \ (n_\xi = 1, 3, 5, 7, \cdots\cdots) \\ \text{우함수} \ (n_\xi = 0, 2, 4, \cdots\cdots) \end{cases} \tag{6.132d}$$

가 된다.

특히 고려하는 입자가 동일한 Fermi 입자인 경우 스핀 등 다른 양자수를 고려하지 않거나 또는 그 양자수의 교환에 대하여 대칭인 경우에는 배타 원리에 의하여 기함수만이 계를 기술하는데 허용이 된다. 이때에는 (6.132d)식에서 $w(\xi)$는 기함수인 $n_\xi = 1, 3, 5, 7, \cdots\cdots$인 경우만 허용되고 에너지 준위도

$$E = \left(n_\eta + \frac{1}{2}\right)\hbar\omega_\eta + \left(n_\xi + \frac{1}{2}\right)\hbar\omega_\xi \tag{6.133}$$

$$\begin{cases} n_\eta = 0, 1, 2, \cdots\cdots \\ n_\xi = 1, 3, 5, \cdots\cdots \end{cases}$$

만이 허용된다. 물론 다른 양자수에 대하여 반대칭인 경우는 n_ξ가 $0, 2, 4, \cdots\cdots$인 경우를 고려해야 한다.

(iv) 에너지 준위가 두 개의 양자수 n_ξ, n_η에 의하여 변하므로 가장 낮은 에너지 준위에서 들뜬 상태를 하나하나 구하려면 (6.130d)식에서 λ와 k의 크기를 고려하여야 한다. 예를 들어 두 Fermi 입자를 생각하는 경우 $\lambda = k$이면

가장 낮은 에너지 준위인 바닥 상태에서는 에너지가

$$E_g = \frac{1}{2}\hbar\sqrt{\frac{k}{m}} + \left(1+\frac{1}{2}\right)\hbar\sqrt{\frac{2k}{m}} \tag{6.134}$$

이고 첫 들뜬(excited) 상태에서는

$$E_e = \left(1+\frac{1}{2}\right)\hbar\sqrt{\frac{k}{m}} + \left(1+\frac{1}{2}\right)\hbar\sqrt{\frac{2k}{m}} \tag{6.135}$$

$$= \frac{3}{2}(1+\sqrt{2})\hbar\sqrt{\frac{k}{m}}$$

가 된다. 이러한 방법으로 여러 경우에서의 에너지 상태를 얻을 수 있다.

예 3. 그림 6.2에서와 같은 1차원 퍼텐셜 벽에 갇혀 있는 N개의 구별 불가능한 boson과 N개의 전자(fermion)들의 바닥 상태를 고려하자. 이 때 한 입자의 가능한 에너지 준위는 예 1에서 (6.116)식에 의하여 주어졌다.

(i) 서로 상호 작용을 하지 않는(non-interacting) boson 들에 대하여는 모든 입자들이 $n=1$인 바닥 에너지 준위에 있을 수 있으므로 이 계의 바닥 상태 에너지 E_g는

$$E_g = N\frac{\hbar^2\pi^2}{2mL^2} \tag{6.136}$$

이며 이 때 한 입자가 가질 수 있는 에너지는

$$\frac{E_g}{N} = \frac{\hbar^2\pi^2}{2mL^2} \tag{6.137}$$

가 되어 일정한 값을 갖는다.

(ii) 만일 스핀이 $\frac{1}{2}$인 N개의 fermion 이면 후에 언급하겠지만 스핀을 고려하면 같은 에너지 상태에 2개까지 있을 수 있으므로 N개의 입자가 바닥 에너지 준위에서부터 각 들뜬 상태에 2개의 입자만이 들어갈 수 있어 바닥 상태 에너지 E_g는

$$E_g = 2\sum_{n=1}^{(N/2)}\frac{\hbar^2\pi^2 n^2}{2mL^2} \tag{6.138}$$

$$= \frac{\hbar^2\pi^2}{mL^2}\sum_{n=1}^{(N/2)} n^2 = \frac{\hbar^2\pi^2}{mL^2}\frac{1}{6}n(n+1)(2n+1)\Bigg|_{n=\left(\frac{N}{2}\right)}$$

가 된다. N이 큰 값인 경우는

$$E_g \simeq \frac{\hbar^2\pi^2}{24mL^2}N^3 \tag{6.139}$$

가 된다. 따라서 입자 당 평균 에너지는

$$E_g/N \simeq \frac{\hbar^2\pi^2}{24mL^2}N^2 \tag{6.140}$$

이 되어 N^2에 비례하여 증가한다.

다시 말하면 여러 입자로 이루어진 계에서 주어진 에너지에 대하여 퍼텐셜 우물에 채워 들어갈 수 있는 입자의 수는 보손의 경우 E에 비례하고 페르미온의 경우 $E^{1/3}$에 비례한다.

페르미온에 대하여 N개의 입자들이 이루는 바닥 상태에서 전자가 가질 수 있는 가장 높은 에너지는 (6.116b)식에서 $n=\dfrac{N}{2}$인 경우로

$$E_F=\frac{\hbar^2\pi^2}{2mL^2}\left(\frac{N}{2}\right)^2=\frac{\hbar^2\pi^2}{8mL^2}N^2 \tag{6.141}$$

이며 이 에너지를 Fermi 에너지라고 부른다. 따라서 1차원 문제에서 한 전자의 평균에너지는

$$\frac{E}{N}=\frac{E_F}{3} \tag{6.142}$$

임을 알 수 있고 페르미온의 밀도를 ρ라면 1차원의 경우에서

$$\rho=\frac{N}{L} \tag{6.143}$$

$$\therefore\ E_F=\frac{\hbar^2\pi^2}{8m}\rho^2 \tag{6.144}$$

가 된다.

6. 4 동일 입자에 대한 양자 분포 함수(quantum distribution function)

동일 입자들이 많이 모였을 때, 물리학에서는 이들을 구별할 수 있는 경우와 구별할 수 없는 경우로 나누어 생각는데, 고전물리학에서는 구별 가능한 경우로 생각하는 반면, 양자물리학에서는 구별 불가능한 경우로 생각한다. 후자의 경에도 이 입자들이 보손(boson)들이냐 페르미온(fermion)들이냐에 따라 취급하는 방법이 다르다. 각 입자들을 앞에서와 같이 $\psi_\alpha(1), \psi_\beta(2)$, • • 등으로 표시할 때, 여기서 1, 2, • • 입자에 붙인 번호이고 α, β, • • 등은 입자의 상태를 나타내는 것이라 하자. 여러 동일 입자들로 이루어진 계를 나타내는 파동함수는 앞에서 기술한 바와 같이 이러한 수나 첨자에 대하여 대칭인 경우는 보손입자들의 모임이고, 반대칭인 경우는 페르미온이다. 고전적 입자에 대해서는 대칭이나 반대칭을 생각하지 않고 그냥 곱으로 쓴다.

(a) 보손(boson)의 경우

먼저 2 입자로 구성된 보손을 생각하면 일반적으로 (6.105)식에서와 같은 대칭 함수로 나타낼 수 있다.

$$\psi_S(1.2)=\frac{1}{\sqrt{2}}\left[\ \psi_\alpha(1)\psi_\beta(2)+\psi_\alpha(2)\psi_\beta(1)\ \right] \tag{6.145}$$

특히 두 입자가 같은 상태인 경우 즉 $\alpha=\beta$ 인 경우 이 식은

$$\psi_S(1.2) = \sqrt{2}\ \psi_\alpha(1)\psi_\alpha(2) \tag{6.146a}$$

이고 확률밀도는

$$|\psi_S(1,2)|^2 = 2\psi_\alpha^*(1)\psi_\alpha^*(2)\psi_\alpha(1)\psi_\alpha(2) \tag{6.146b}$$

가 된다. 여기서 알아둘 것은 이들이 구별 가능한 고전 입자들의 경우보다 2배 큰 것이다. 이것을 확장하여 n개의 보손들의 경우는

$$|\psi_S(1,2,\bullet\ \bullet,n)|^2 = n!\ \psi_\alpha^*(1)\psi_\alpha(1)\ \bullet\ \bullet\ \bullet\ \psi_\alpha^*(n)\psi_\alpha(n) \tag{6.147}$$

가 된다. 즉 고전적 입자들의 경우와 비교하면 $n!$ 배가 커짐을 알 수 있다. 이것을 증진(enhance) 효과라고도 한다.

만일 보손이 어느 상태에서 어떤 특정한 최종 상태로 전이(transition)하는 경우 이 최종상태에 이미 n개의 입자가 존재한다면 또 하나의 보손이 그 특정한 상태로 전이를 일으킬 확률은 얼마인가를 생각해보자.

P_1을 처음 비어 있는 어떤 특정한 양자상태에 첫 번째 보손이 첨가될 확률을 나타낸다고 하자. 만일 입자들이 서로 영향을 미치지 않고 고전적 입자와 같이 증진 효과가 존재하지 않는다면, 그 상태에 n개의 보손이 있을 확률은 P_1을 n번 곱한 것이 될 것이다. 그 이유는 보손을 연속적으로 첨가할 확률이 똑 같고, 또한 그 첨가가 독립적으로 일어나서 독립적인 확률이 서로 곱해지기 때문이다. 즉

$$P_n = (P_1)^n \tag{6.148}$$

이다. 그러나 그 상태로 실제로 n개의 보손이 있을 확률은

$$P_n^{boson} = n!\,P_n = n!\,(P_1)^n \tag{6.149}$$

으로 증진된다 이 상테에 $(n+1)$개의 보존이 있을 확률은

$$P_{n+1}^{boson} = (n+1)!\,P_{n+1} = (n+1)!\,(P_1)^{n+1} = (n+1)n!\,P_1(P_1)^n$$

$$\therefore\ P_{n+1}^{boson} = (n+1)\,P_1\,P_n^{boson} \tag{6.150}$$

즉 만일 어떤 양자상태에 이미 n의 보손이 있다면 여기 하나의 보존이 더 들어갈 확률은 영자역학적인 구별 불가능의 요구조건이 없을 경우보다 $(1+n)$의 증진인자 만큼 더 크다고 할 수 있다.

다음은 온도 T의 열적 평형상태에서 에너지 E인 양자상태에 있게 되는 보손의 수를 구하려고 한다.

이것은 고전적 입자에 대하여서는 소위 볼츠만(Boltzmann) 분포로 알려진 다음 식이 된다.

$$n(E) = A\,e^{-E/kT} \tag{6.151}$$

동일한 여러 개의 고전적 입자들이 온도 T인 계에 두 개의 특정한 에너지 상태 E_1 과

E_2에 나누어져 있다고 하자. 이들은 열적 평형상태에서 에너지 E_1에 n_1개, 에너지 E_2에 n_2개가 있고, 상태 1에 있는 입자 하나가 상태 2로 전이할 비율을 $R_{1\to 2}$, 상태 2에 있는 입자 하나가 상태 2로 전이할 비율을 $R_{2\to 1}$이라고 하자. 이들은 입자 당 평균 전이 비율. 즉 입자 1 개당 1 초당 전이 확률이다. 따라서 그 계의 입자가 에너지 1에서 2로 전이를 일으킬 총 비율은 $n_1 R_{1\to 2}$이고 이 계의 입자들이 2→1 전이를 일으킬 총 비율은 $n_2 R_{2\to 1}$ 이다.

만일 이들 총 전이율이 같다면

$$n_1 R_{1\to 2} = n_2 R_{2\to 1} \tag{6.152}$$

이고 입자 에너지 상태의 모든 입자에 대하여 이것이 성립한다면 이들 상태 각각을 차지하는 평균 입자 수는 시간적으로 일정한 값에 머무를 것이다. 이러한 상태를 열적 평형상태라 하며, (6.152)식이 그 조건이라 할 수 있다.

또한 (6.152)식은

$$\frac{n_1}{n_2} = \frac{R_{2\to 1}}{R_{1\to 2}} \tag{6.153}$$

로 쓸 수 있는데, 열적 평형상태에 있을 때 좌변의 n_i 는 고전적 입자인 경우 볼츠만 분포인 (6.151)식으로 주어진다. 따라서

$$\frac{n_1}{n_2} = \frac{e^{-E_1/kT}}{e^{-E_2/kT}} \tag{6.154}$$

이고 따라서 고전적 입자에 대하여서는

$$\frac{R_{2\to 1}}{R_{1\to 2}} = \frac{e^{-E_1/kT}}{e^{-E_2/kT}} \tag{6.155}$$

와 같은 비로 주어져야 한다고 할 수 있다.

이제 보손으로 된 계에 대하여 (6.152)식으로 주어진 평형조건을 이용하겠다. 이것은

$$n_1 R_{1\to 2}^{boson} = n_2 R_{2\to 1}^{boson} \tag{6.156}$$

으로 쓴다. 여기서 n_1과 n_2는 두 양자 상태의 평균적인 보손의 수이며, $R_{1\to 2}^{boson}$, $R_{2\to 1}^{boson}$은 각각 이들 상태 사이의 보손당의 전이율이다. 이들 비율은 (6.150)식에서와 같이 증진인자 $(1+n)$을 고전적인 비율에 곱해 줌으로서 얻어질 수 있다. 즉 1→2 전이가 일어날 때 양자상태 2에는 평균적으로 n_2개의 보손이 있으므로, 입자 당 1초당의 실제 확률인 $R_{1\to 2}^{boson}$은 구별 불가능이라는 조건이 없는 고전적인 입자가 가질 비율 $R_{1\to 2}$ 보다 $(1+n_2)$ 배 만큼 더 크다. 또 전이 2→1 에 대하여도 마찬가지로 생각하면 다음 관계식을 얻을 수 있다.

$$R_{1\to 2}^{boson} = (1+n_2) R_{1\to 2} \tag{6.157}$$

$$R_{2\to1}^{boson} = (1+n_1)R_{2\to1} \tag{6.158}$$

(6.156)식과 (6.157)식, (6.158)식을 결합하면

$$n_1(1+n_2)R_{1\to2} = n_2(1+n_1)R_{2\to1}$$

또는

$$\frac{n_1(1+n_2)}{n_2(1+n_1)} = \frac{R_{2\to1}}{R_{1\to2}} = \frac{e^{-E_1/kT}}{e^{-E_2/kT}} \tag{6.159}$$

를 얻는데, 이 식은 또

$$\frac{n_1}{1+n_1}e^{E_1/kT} = \frac{n_2}{1+n_2}e^{E_2/kT} \tag{6.160}$$

으로 나타낼 수 있다. 이 등식의 좌변은 상태 2의 성질이 포함되지 않으며, 우변은 상태 1의 성질을 포함하지 않는다. 그러므로 양변에 공통인 값은 어느 한 상태의 특정한 성질을 포함할 수 없으며, 다만 양변에 공통인 성질만을 포함할 수 있다. 이것은 분명히 공통된 평균 온도 T가 양변에서 발견되는 것을 생각할 수 있다. 즉 양변은 T의 어떤 함수와 같다고 할 수 있다. 이 함수를 편리하게 $e^{-\alpha}$ 로 쓸 수 있다. 여기서 α는 T의 함수로 $\alpha = \alpha(T)$ 이다. (6.160)식의 양변을 이 공통 값으로 놓으면

$$\frac{n_1}{1+n_1}e^{E_1/kT} = e^{-\alpha}$$

$$\frac{n_1}{1+n_1} = e^{-(\alpha+E_1/kT)}$$

이므로

$$n_1 = n_1 e^{-(\alpha+E_1/kT)} + e^{-(\alpha+E_1/kT)}$$

$$\therefore n_1 = \frac{e^{-(\alpha+E_1/kT)}}{1-e^{-(\alpha+E_1/kT)}} = \frac{1}{e^{\alpha}e^{E_1/kT}-1} \tag{6.161}$$

을 얻는다. 이와 같은 식은 보손 2인 경우에도 해당되며, 따라서 입자의 번호 1. 2 와는 무관하고 이 결과는 어떤 에너지 E인 양자상태를 차지하는 보손의 평균수에 대하여 얻게 된다. 따라서

$$n(E) = \frac{1}{e^{\alpha}e^{E/kT}-1} \tag{6.162}$$

을 얻는다. 이식을 보스-아인슈타인 분포(Bose-Einstein distribution), 또는 보스 분포라 부르며, 온도 T의 평형상태에서 어떤 에너지 E 인 양자상태에 있게 되는 보손(입자)의 평균수를 규정한다.

(b) 페르미온(fermion)의 경우

페르미온이 많이 모여 있는 경우에 전체를 나타내는 파동 함수가 입자 번호나 양자 상

태에 대하여 반대칭이기 때문에 어느 두 입자나 같은 상태에 있을 수 없다. 그러나 여기에서도 열적 평형 조건인 (6.152)식에 해당되는 식을

$$n_1 R_{1\to 2}^{fermion} = n_2 R_{2\to 1}^{fermion} \tag{6.163}$$

으로 쓴다. 여기서 $R_{1\to 2}^{fermion}$은 양자 상태 1과 2 사이의 전이에 대한 페르미온당 비율이며 마찬가지로 $R_{2\to 1}^{fermion}$은 2→1 전이에 대한 비율을 나타낸다. 그리고 n_1과 n_2는 이들 상태에 있는 평균 점유수이다. 배타 원리 때문에 어느 한 상태의 순간적인 점유율은 0 또는 1 이다. 1→2 전이를 살펴보면, 만일 2인 상태에 이미 입자가 존재하면 전이가 일어나지 못하고, 입자가 존재하지 않으면 전이가 일어난다. 따라서 페르미온의 전이율은 억재인자 $(1-n)$을 고전적인 비율에 곱해 줌으로서 전이율을 얻을 수 있다. 즉

$$R_{1\to 2}^{fermion} = (1-n_2)R_{1\to 2} \tag{6.164}$$

$$R_{2\to 1}^{fermion} = (1-n_1)R_{2\to 1} \tag{6.165}$$

을 얻는다. 보손에 대하여 계산한 것과 같은 방법으로, (6.163)식과 (6.164)식, (6.165)식을 결합하여

$$n_1(1-n_2)R_{1\to 2} = n_2(1-n_1)R_{2\to 1}$$

또는

$$\frac{n_1(1-n_2)}{n_2(1-n_1)} = \frac{R_{2\to 1}}{R_{1\to 2}} = \frac{e^{-E_1/kT}}{e^{-E_2/kT}} \tag{6.166}$$

를 얻는다. 이 식으로부터

$$\frac{n_1}{1-n_1}e^{E_1/kT} = \frac{n_2}{1-n_2}e^{E_2/kT} \tag{6.167}$$

을 얻으며, 앞에서 논의한 바와 같이 양변은 두 계에 공통인 온도 T의 어떤 함수와 같다고 할 수 있다. 이 함수를 다시 $e^{-\alpha}$ 로 놓으면(보손의 경우와 같을 필요는 없지만, 모양을 고려한 것임)

$$\frac{n_1}{1-n_1} = e^{-(\alpha + E_1/kT)}$$

를 얻고 이 식으로부터

$$n_1 = \frac{e^{-(\alpha + E_1/kT)}}{1+e^{-(\alpha + E_1/kT)}} = \frac{1}{e^{\alpha}e^{E_1/kT}+1} \tag{6.168}$$

을 얻는다. 이 식은 입자 2에 대하여도 성립하며 일반적으로 다음과 같이 쓸 수 있다.

$$n(E) = \frac{1}{e^{\alpha}e^{E/kT}+1} \tag{6.169}$$

이 식은 입자 1 또는 2 와 관계없이 모든 양자상태에 대하여 같은 결과를 얻음을 의미한다. 이것이 온도 T 에서 평형 상태에 있고 에너지 E인 양자 상태에서 발견될 계의 평균

페르미온 수를 나타내는 페르미-디랙 분포(Fermi-Dirac distribution), 또는 페르미 분포라 부른다. 보스 분포와 페르미 분포를 양자 분포 함수라 부른다.

(c) 양자 분포 함수의 비교

앞에서 논의한 바와 같이 무수히 많이 모인 입자들은 그 성질에 따라 세 가지 분포함수에 따른다. 특히 (6.151)식의 볼츠만 분포에서 상수 A를 편의상 $A=e^{-\alpha}$라 놓으면 이들 세 가지 분포함수는 다음과 같이 쓸 수 있다.

$$n_{Boltz}(E) = \frac{1}{e^{\alpha}e^{E/kT}} \tag{6.170}$$

$$n_{BE}(E) = \frac{1}{e^{\alpha}e^{E/kT}-1} \tag{6.171}$$

$$n_{FD}(E) = \frac{1}{e^{\alpha}e^{E/kT}+1} \tag{6.172}$$

물론 여기서 $\alpha(T)$ 값은 각각 다르게 정의된 양이다. 이 값은 입자들의 여러 성질에 따라 다르게 정해진다.

(i) 위 (6.171)과 (6.172)식에서 만일 $E \gg kT$ 인 경우 둘 다 고전적인 볼츠만 분포인 (6.170)식에 접근함을 알 수 있다.

(ii) 보스 분포에서 분모에 -1이 있는 것은 어느 에너지 상태에 있는 입자의 수가 고전적인 경우보다 커짐을 나타낸다고 할 수 있다. 한편 페르미 분포에서 분모에 +1이 있는 것은 파우리 배타 원리 때문에 어느 에너지 상태에 입자가 하나 이상일 수 없음을 의미한다. 물론 스핀 등의 영향은 별도로 고려하게 된다.

(iii) 반일 고전적 입자의 분포식인 (6.151)식이나 (6.170)식을 예를 들어 단조화 진동자의 계에 적용하면, 단조화 진동자의 상태들은 에너지가 균등하게 분포되어 있기 때문에 계 내에 있는 단진동자의 총 수를 N라면, 모든 에너지에 대한 적분으로부터

$$\begin{aligned} N &= \int_0^{\infty} n(E)dE = A\int_0^{\infty} e^{-E/kT}dE = A(-kT)e^{-E/kT}\Big|_0^{\infty} \\ &= kTA \end{aligned} \tag{6.173}$$

를 얻는다. 그러므로 이 경우는 $A=\dfrac{N}{kT}$ 이고

$$N_{Boltz}(E) = \frac{N}{kT}e^{-E/kT} \tag{6.174}$$

그러나 이 결과는 경우에 따라 A 값이 달라짐에 유의해야 한다. 예를 들면, (6.173)식을 구할 때에 원자들에서 흔히 나오는 같은 에너지이지만 각운동량 상태의 수의 고려나, 또 에너지 E와 $E+dE$ 사이에 있을 상태의 수 $g(E)dE$ 를 고려해야 하기 때문이다.

(iv) (6.172)식에서 $n_{FD}=1/2$인 때의 에너지는 페르미 에너지 E_F 이다. 이때는

$$\frac{1}{2} = \frac{1}{e^{\alpha} e^{E_F/kT} + 1} \rightarrow e^{\alpha} e^{E_F/kT} = 1$$

$$\therefore \alpha = -\frac{E_F}{kT} \qquad \text{또는 } E_F = -\alpha kT \tag{6.175}$$

가 된다 . 따라서 페르미 분포는 다음과 같이 쓸 수 있다.

$$n_{FD}(E) = \frac{1}{e^{(E-E_F)/kT} + 1} \tag{6.176}$$

페르미 에너지의 중요성을 얻기 위해 $T=0$에서 페르미온으로 이루어진 계를 생각하고, 에너지가 E_F 보다 작거나 큰 상태들에서의 점유도(occupancy)를 구해보면 다음과 같다.

$$T=0,\ E < E_F : n_{FD}(E) = \frac{1}{e^{(E-E_F)/kT}+1} = \frac{1}{e^{-\infty}+1} = 1 \tag{6.177}$$

$$T=0,\ E > E_F : n_{FD}(E) = \frac{1}{e^{(E-E_F)/kT}+1} = \frac{1}{e^{\infty}+1} = 0 \tag{6.178}$$

따라서 절대 영도에서는 E_F까지의 에너지 상태가 모두 점유되어 있으며, E_F 보다 큰 어떤 에너지 상태도 채워지지 않는다. 이것이 페르미 에너지의 정의이다.

만일 온도 T를 0 에서부터 증가시키면 페르미온들이 E_F 보다 낮은 에너지 상태를 떠나 더 높은 에너지 상태로 옮겨 가게 된다.

(v) (6,171)식과 관련된 보스 분포를 살펴보자. 제 1장에서 논의했던 흑체복사에서 나오는 광자들은 보손들이다. Planck 공식에서 이미 보스 분포를 사용하였다. 즉 (6.171)식에서 $e^{\alpha} = 1$ 이 된, $\alpha = 0$인 경우인

$$n_{BE}(E) = \frac{1}{e^{h\nu/kT} - 1} \quad (\because E = h\nu) \tag{6.179}$$

이다.

고체에서 구성 요소인 원자들을 생각해 보자. 고체의 내부 에너지가 온도에 따라 어떻게 변하는가 하는 문제를 구하는 데에도 보스 분포를 사용할 수 있다. 고체의 내부 에너지는 그 구성 요소인 원자나 분자들의 진동 에너지로 이루어져 있다고 생각할 수 있다. 각 입자들이 진동할 때 자유도 당 $\frac{1}{2}kT$의 에너지를 기여하고 1차원 조화 진동자인 경우는 에너지 kT를 갖는다. 3차원 운동을 생각하면, 각 분자들은 $3kT$를 가져야 한다. 한편 1 몰(mol) 고체에는 아보가드로(Avogadro) 수 N_0 만큼의 원자를 가지고 있으므로 온도 T에서 총 내부 에너지

$$E = 3N_0 kT = 3RT \quad (\text{여기서 } R = N_0 k = 1.99\, cal/mol\text{: 기체상수}) \tag{6.180}$$

를 얻는다. 따라서 정적 비열은 다음과 같아진다.

$$c_V = \left(\frac{\partial E}{\partial T}\right)_V = 3R = 5.97\, cal/mol \cdot K \tag{6.181}$$

뒬롱-프티의 법칙(Dulong-Petit law)으로 알려진 이 법칙은 많은 경우 실온에서도 잘 맞는다. 그러나 온도 T가 낮아지면 c_V가 급격히 떨어지고 T가 $0K$에 접근함에 따라 0으로 접근함이 알려졌다. 이것에 대한 보정은 1907년 Einstein에 의하여 얻어졌다. 즉 그는 구체내의 평균 에너지를 kT로 놓은데 문제점이 있고 생각하였다. 흑체복사에서도 이러한 문제가 Rayleigh-Jeans 공식에 있어 Planck에 의해 보정된 것처럼, Einstein도 진동자가 진동수 ν를 가질 확률인 (6.179)식을 사용하여 그 진동자의 평균에너지는 $\overline{E} = kT$가 아니고

$$\overline{E} = h\nu n(E) = \frac{h\nu}{e^{h\nu/kT} - 1} \tag{6.182}$$

로 놓았다. 따라서 1 몰당 총 내부 에너지는

$$E = 3N_0 \overline{E} = \frac{3N_0 h\nu}{e^{h\nu/kT} - 1} \tag{6.183}$$

이고 정적 비열은

$$c_V = \left(\frac{\partial E}{\partial T}\right)_V = 3R\left(\frac{h\nu}{kT}\right)^2 \frac{e^{h\nu/kT}}{\left(e^{h\nu/kT} - 1\right)^2} \tag{6.184}$$

이 된다. 이 결과는 특히 $h\nu \ll kT$ 이면

$$e^{h\nu/kT} \simeq 1 + \frac{h\nu}{kT} \tag{6.185}$$

로 쓸 수 있어 (6.182)식은 $\overline{E} = h\nu/(h\nu/kT) = kT$ 가 된다. 따라서 $c_V \simeq 3R$ 가 되어 뒬롱-프티의 값과 일치한다. 또 $T \to 0$ 면 $c_V \to 0$이 됨을 알 수 있다. 그러나 보다 정확하게 $T \to 0$ 일 때 $c_V \to T^3$으로 되는 것은 보이지 못했다.

그 후에 Peter Debye는 고체의 총 에너지에 대한 (6.183)식을 고쳐서 보다 정확한 에너지와 비열에 대한 식을 얻었다. Debye는 고체를 N개의 독립적인 보손입자들의 운동으로 취급하기 보다는 연속적인 탄성체(elastic body)로서 고체의 내부 에너지가 원자의 독립적인 진동에 의한 것이라기보다는 탄성 정상파에 의한 것이라 생각하였다. 또 진동수의 영역은 0에서부터 최대값 ν_{max}까지만 고려하였다. 복사파에 광자의 계념이 들어간 것처럼 탄성파에는 포논(phonon)의 개념이 사용되며 이들은 모두 보스 분포함수를 따른다. 여기서는 자세한 논의는 생략한다.

6. 5 3차원에서의 다입자(多粒子) 문제

지금까지는 3차원에서의 한 입자 문제와 1차원에서의 여러 입자 문제를 고려해 보았으

며 같은 방법으로 3차원에서의 여러 입자 문제를 고려할 수 있다. 이 경우 Hamiltonian 은

$$H=\sum_{i=1}^{N}\frac{\boldsymbol{p}_i^2}{2m_i}+V(\overrightarrow{x_1},\overrightarrow{x_2},\overrightarrow{x_3},\ \cdots\cdots)\qquad(\boldsymbol{p}_i^2\equiv\overrightarrow{p_i}\cdot\overrightarrow{p_i}) \tag{6.186}$$

이 되고 퍼텐셜이 특별한 경우가 아니면 일반적으로 정확한 해를 얻는 것은 어렵다. 여기에서는 간단한 경우의 예를 고려하여 3차원에서의 다체(多體, 뭇입자) 문제를 생각하여 보겠다.

(a) 퍼텐셜 $V(\overrightarrow{x_1},\overrightarrow{x_2},\cdots,\overrightarrow{x_N})$가 각 입자의 좌표만의 함수로 분리되는 경우

$$V(\overrightarrow{x_1},\overrightarrow{x_2},\cdots,\overrightarrow{x_N})=V(\overrightarrow{x_1})+V(\overrightarrow{x_2})+\cdots+V(\overrightarrow{x_N}) \tag{6.187}$$

이면 Hamiltonian 도

$$H_T(\overrightarrow{x_1},\overrightarrow{x_2},\cdots,\overrightarrow{p_1},\overrightarrow{p_2},\cdots)=H(\overrightarrow{x_1},\overrightarrow{p_1})+H(\overrightarrow{x_2},\overrightarrow{p_2})+\cdots\cdots \tag{6.188}$$

로 분리된다. $H(\overrightarrow{x_i},\overrightarrow{p_i})$들은 서로 교환 가능하므로 i번째 입자의 Hamiltonian $H(\overrightarrow{x_i},\overrightarrow{p_i})$의 고유값 문제의 해를 $u_n(\overrightarrow{x_i})$, E_{n_i} 즉

$$H(\overrightarrow{x_i},\overrightarrow{p_i})u_{n_i}(\overrightarrow{x_i})=E_{n_i}u_{n_i}(\overrightarrow{x_i}) \tag{6.189}$$

라 하자. 여기서 n_i는 여러 가능성을 나타낸다. 그러면 (6.147)식의 고유값 문제의 해 $u(\overrightarrow{x_1},\overrightarrow{x_2},\cdots,\overrightarrow{x_N})$와 E_T는

$$u(\overrightarrow{x_1},\overrightarrow{x_2},\cdots)=u_{n_1}(\overrightarrow{x_1})u_{n_2}(\overrightarrow{x_2})\cdots\cdots \tag{6.190}$$

$$E_T=E_{n_1}+E_{n_2}+\cdots\cdots \tag{6.191}$$

로 얻을 수 있다.

(b) 퍼텐셜이 분리가 안 되는 경우의 특별한 예로서 두 입자 문제에서 특히 퍼텐셜이

$$V(\overrightarrow{x_1},\overrightarrow{x_2})=V(|\overrightarrow{x_1}-\overrightarrow{x_2}|) \tag{6.192}$$

인 경우를 생각하여 보자. 이 경우는 1차원에서 고려하였던 논의를 쉽게 연장할 수 있다. 이 때 Hamiltonian 은

$$H_T=\frac{\boldsymbol{p}_1^2}{2m_1}+\frac{\boldsymbol{p}_2^2}{2m_2}+V(|\overrightarrow{x_1}-\overrightarrow{x_2}|) \tag{6.193}$$

가 된다.

이러한 퍼텐셜을 갖는 경우에는 1차원의 경우에 고려하였던 바와 같이 새로운 좌표계

$$\vec{x}=\overrightarrow{x_1}-\overrightarrow{x_2} \tag{6.194}$$

$$\vec{X}=\frac{m_1\overrightarrow{x_1}+m_2\overrightarrow{x_2}}{m_1+m_2} \tag{6.195}$$

를 도입함으로써 Hamiltonian 을 취급하기에 간단한 형태로 쓸 수 있다. 이 좌표계에서의 운동량 연산자를

$$\vec{p}=\left(\frac{\hbar}{i}\frac{\partial}{\partial x},\frac{\hbar}{i}\frac{\partial}{\partial y},\frac{\hbar}{i}\frac{\partial}{\partial z}\right)=\frac{\hbar}{i}\overrightarrow{\nabla_x} \tag{6.196}$$

$$\vec{P}=\left(\frac{\hbar}{i}\frac{\partial}{\partial X}, \frac{\hbar}{i}\frac{\partial}{\partial Y}, \frac{\hbar}{i}\frac{\partial}{\partial Z}\right)=\frac{\hbar}{i}\overrightarrow{\nabla_X} \tag{6.197}$$

로 정의하면 두 좌표계 $(\vec{x_1}, \vec{x_2})$와 $(\vec{x}, \vec{X})$ 사이의 관계식 (6.194)과 (6.195)를 이용하여 두 좌표계에서의 운동량 사이의 관계를 얻을 수 있다.

즉
$$p_{1j}=\frac{\hbar}{i}\frac{\partial}{\partial x_{1j}}=\frac{\hbar}{i}\left(\frac{\partial x_k}{\partial x_{1j}}\frac{\partial}{\partial x_k}+\frac{\partial X_k}{\partial x_{1j}}\frac{\partial}{\partial X_k}\right)$$
$$=\frac{\hbar}{i}\left(\frac{\partial}{\partial x_j}+\frac{m_1}{m_1+m_2}\frac{\partial}{\partial X_j}\right)$$
$$=p_j+\frac{m_1}{M}P_j \tag{6.198a}$$

$$p_{2j}=\frac{\hbar}{i}\frac{\partial}{\partial x_{2j}}=\frac{\hbar}{i}\left(\frac{\partial x_k}{\partial x_{2j}}\frac{\partial}{\partial x_k}+\frac{\partial X_k}{\partial x_{2j}}\frac{\partial}{\partial X_k}\right)$$
$$=\frac{\hbar}{i}\left(-\frac{\partial}{\partial x_j}+\frac{m_2}{m_1+m_2}\frac{\partial}{\partial X_j}\right)$$
$$=-p_j+\frac{m_2}{M}P_j \tag{6.199a}$$

가 되어

$$\vec{p_1}=\vec{p}+\frac{m_1}{M}\vec{P} \tag{6.198b}$$

$$\vec{p_2}=-\vec{p}+\frac{m_2}{M}\vec{P} \tag{6.199b}$$

또는

$$\vec{P}=\vec{p_1}+\vec{p_2} \tag{6.200}$$

$$\vec{p}=\frac{1}{m_1+m_2}\left(m_2\vec{p_1}-m_1\vec{p_2}\right)$$
$$=\mu\left(\frac{\vec{p_1}}{m_1}-\frac{\vec{p_2}}{m_2}\right) \tag{6.201}$$

가 된다.

(6.193)식에 (6.198b)식과 (6.199b)식을 대입하면 두 입자 문제의 Hamiltonian은

$$H_T=\frac{\boldsymbol{P}^2}{2M}+\frac{\boldsymbol{p}^2}{2\mu}+V(r)$$
$$=H_{\text{cm}}(\vec{X}, \vec{P})+H_{\text{rel}}(\vec{x}, \vec{p}) \tag{6.202}$$

가 되며 Schrödinger 방정식은

$$i\hbar\frac{\partial}{\partial t}\psi(\vec{x}, \vec{X}, t)=H_T\psi(\vec{x}, \vec{X}, t) \tag{6.203}$$

가 된다. 파동함수 $\psi(\vec{x}, \vec{X}, t)$는 각 변수로 분리될 수 있으므로

$$\psi(\vec{x}, \vec{X}, t)=u(\vec{x})\,U(\vec{X})e^{-\frac{iE_T}{\hbar}t} \tag{6.204}$$

로 놓으면 $u(\vec{x})$와 $U(\vec{X})$가 만족하는 방정식은

$$\left(\frac{p^2}{2\mu}+V\right)u(\vec{x})=Eu(\vec{x}) \tag{6.205}$$

$$\frac{P^2}{2M}U(\vec{X})=(E_T-E)U(\vec{X}) \tag{6.206}$$

가 된다.

$U(\vec{X})$가 만족하는 식은 자유 입자에 대한 방정식이며 그 해는

$$U(\vec{X})\sim e^{\frac{i\vec{P}\cdot\vec{X}}{\hbar}} \tag{6.207}$$

모양이 된다. 여기서 $\vec{P}$는 연산자가 아니고

$$\frac{P^2}{2M}=E_T-E \tag{6.208}$$

인 운동량을 나타낸다. 그러므로 3차원에서 운동하는 두 입자 문제는 (6.205)식 즉

$$\left\{-\frac{\hbar^2}{2\mu}\nabla^2+V(r)\right\}u(\vec{x})=Eu(\vec{x}) \tag{6.209}$$

식을 푸는 문제로 귀착된다. 다시 말해서 2체 문제가 환산 질량 μ를 갖는 입자에 대한 한 입자 문제로 귀착된다. 이 문제를 완전히 풀기 위하여서는 $V(r)$의 함수 모양이 주어져야 하며 다음 장에서와 같이 수소 원자 문제와 관련한 경우는 그 특별한 예이다. 그러나 입자가 둘 이상일 경우는 그렇게 간단히 되지 않는다.

(c) 여러 개의 입자가 변의 길이가 L인 정육면체 퍼텐셜 상자에 갇혀 있는 경우에 대하여 생각하자. 이 때 퍼텐셜은

$$\begin{aligned} V(r)&=0 \quad (0<x<L, 0<y<L, 0<z<L) \\ &=\infty \quad (x,y,z<0,\ L<x,y,z) \end{aligned}$$

이므로 한 입자에 대한 시간에 독립인 Schrödinger 방정식은 $0<x,y,z<L$에서

$$H=-\frac{\hbar^2}{2m}\left(\frac{\partial^2}{\partial x^2}+\frac{\partial^2}{\partial y^2}+\frac{\partial^2}{\partial z^2}\right) \tag{6.210}$$

의 고유값 문제가 된다. 그 해는 정육면체의 경계에서 고유 함수가 0이 됨을 고려하면

$$u_E(x,y,z)=N\sin\frac{n_x\pi}{L}x\sin\frac{n_y\pi}{L}y\sin\frac{n_z\pi}{L}z \tag{6.211}$$

$$E=\frac{\hbar^2\pi^2}{2mL^2}\left(n_x^2+n_y^2+n_z^2\right) \qquad (n_x, n_y, n_z=1,2,3,4,\ \cdots\cdots) \tag{6.212}$$

가 된다.

도체 안의 전도(傳導, conduction) 전자를 고려할 때에 N개의 서로 상호 작용하지 않는 동일 종류의 페르미온들이 체적 $V=L^3$안에 바닥 상태의 에너지 E를 갖는 경우를 생각하여 보자. 주어진 E에 대하여 $n\left(=\sqrt{n_x^2+n_y^2+n_z^2}\right)$의 가능한 값은 (6.212)식으로부터

$$n^2 = \frac{2mL^2}{\hbar_2\pi^2}E \tag{6.213}$$

가 된다. 따라서 에너지 E와 $E+dE$사이에 있는 입자의 수를 얻기 위해 n공간에서 반경 n인 구각(球殼)의 제1상한의 경우를 생각하여 보면 축퇴의 수 dN이 계산된다. 스핀 양자수의 영향은 2로 곱해 주면 되므로

$$\begin{aligned} dN &= \frac{1}{8}4\pi n^2 dn \cdot 2 \\ &= \pi n^2 dn \end{aligned} \tag{6.214}$$

가 된다. 한편 (6.213)식으로부터

$$2ndn = \frac{2mL^2}{\hbar^2\pi^2}dE \tag{6.215}$$

가 되므로 (6.214)식을 에너지의 함수로 고쳐 쓰면

$$\begin{aligned} dN &= \pi \cdot n \cdot \frac{1}{2} \cdot \frac{2mL^2}{\hbar^2\pi^2}dE \\ &= \pi \cdot \frac{mL^2}{\hbar^2\pi^2} \cdot \sqrt{\frac{2mL^2}{\hbar^2\pi^2}E}dE \\ &= \sqrt{2m} \cdot \frac{mL^3}{\hbar^3\pi^2}\sqrt{E}dE \end{aligned} \tag{6.216}$$

이 됨을 알 수 있다. 물론 여기에 페르미 분포 함수 $n_{FD}(E)$를 곱해 주어야 한다. 한편 N개의 전자가 바닥 상태를 이룰 때 그 전자 중에서 가장 큰 에너지는 Fermi 에너지 E_F가 되므로

$$\begin{aligned} N &= \int_0^E dN \\ &= \int_0^{E_F} \cdot \sqrt{2m} \cdot \frac{mL^3}{\hbar^3\pi^2} \cdot \sqrt{E}dE \\ &= \sqrt{2m}\frac{mL^3}{\hbar^3\pi^2} \cdot \frac{2}{3}(E_F)^{\frac{3}{2}} \\ &= \frac{\pi}{3}\left(\frac{2mL^2E_F}{\hbar^2\pi^2}\right)^{\frac{3}{2}} \end{aligned}$$

$$\text{또는 } N = \frac{\pi}{3}\left(\frac{2mE_F}{\hbar^2\pi^2}\right)^{3/2}V \tag{6.217}$$

가 된다. 여기서 V는 체적을 나타내며 바닥 상태에 있는 전자의 수는 체적에 비례함을 알 수 있다. 한편 Fermi 에너지는 (6.217)식으로부터

$$E_F = \frac{\pi^2\hbar^2}{2m}\left(\frac{3}{\pi}\frac{N}{V}\right)^{\frac{3}{2}} \tag{6.218}$$

가 되고 이것을

$$E_F = \frac{\hbar^2k_F^2}{2m} \tag{6.219}$$

로 놓으면

$$k_F^2 = \left(3\pi^2 \frac{N}{V}\right)^{\frac{2}{3}}$$
$$= \left(3\pi^2 n_e\right)^{\frac{2}{3}} \tag{6.220}$$

가 된다. 여기서 n_e는 단위체적당 전자의 수를 나타낸다.

예. E_F의 크기를 생각하기 위하여 한 도체를 예로 들어 보자. 구리 (Cu)안에 있는 전도 전자는 원자가 전자(原子價電子, valence electron)라고 생각할 수 있다. 따라서 한 원자 당 한 개의 자유 전자가 있다고 생각하면 구리의 밀도 $\rho = 8.95\,\text{gr/cm}^3$ 와 원자량 (atomic weight) $A = 63.5$로부터

$$\rho = n_e \times 63.5 \times 931 MeV \cdot \frac{1.6 \times 10^{-6}\, erg \cdot c^{-2}}{1 MeV} \tag{6.221}$$

이 되므로 구리 안에 있는 단위체적당 전자의 수는

$$n_e = \frac{8.69 \times 9 \times 10^{20}}{63.5 \times 931 \times 1.6 \times 10^{-6}}$$
$$= 8.8 \times 10^{23} / cm^3 7 \tag{6.222}$$

가 된다. 따라서 이 경우 Fermi 에너지는 (6.218)식으로부터

$$E_F = \frac{(1.05 \times 10^{-27})^2}{2 \times 9.1 \times 10^{-28}} \cdot (3 \times 3.14 \times 3.14 \times 8.8 \times 10^{22})^{2/3}$$
$$\simeq 1.1 \times 10^{-11}\text{erg eV}/1.6 \times 10^{-12}\text{erg}$$
$$\simeq 7\ \text{eV} \tag{6.223}$$

가 된다. 이 값은 도체의 일함수와 거의 같은 정도의 크기이며 보통 금속에서는 온도를 어느 정도 높여도 E_F를 벗어나는 전자들이 많지 않다. 또 바닥 상태에 있는 전자 중에서 가장 큰 에너지를 갖고 있는 전자의 에너지가 E_F이므로 전자의 총 에너지는 (6.212)식과 (6.214)식으로부터

$$E_{\text{total}} = \int E(n) n_{FD}(E) dN$$
$$= \frac{\hbar^2\pi^2}{2mL^2} \int_0^{n_{\max}} n^2 \cdot \pi n^2 dn$$
$$= \frac{\hbar^2\pi^3}{2mL^2} \cdot \frac{n^5_{\ \max}}{5}$$
$$= \frac{\pi^3\hbar^2}{10mL^2} \left(\frac{2mL^2}{\hbar^2\pi^2} E_F\right)^{\frac{5}{2}} \qquad \{(6.213)\text{식을 이용함}\}$$
$$= \frac{\pi^3\hbar^2}{10mL^2} \left(\frac{3}{\pi} N\right)^{5/3} \qquad \{(6.217)\text{식을 이용함}\}$$

$$=\frac{\hbar^2}{10m}\pi^{4/3}3^{5/3}N^{5/3}V^{-\frac{2}{3}} \tag{6.224}$$

이 된다.

Fermi 입자 gas에 밖에서 압력을 가할 때에는 배타 원리 때문에 반발력이 있음이 짐작된다. 위의 에너지 식에서 체적 V를 변화시킬 경우 변화를 막으려는 반발력(反撥力, repulsive force)이 존재함을 알 수 있다. 체적을 반경 R인 구(球)로 생각하는 경우 압력은 다음과 같이 된다.

$$P=-\frac{\frac{\partial E}{\partial R}}{4\pi R^2}=-\frac{\partial E}{\partial V}$$

$$=+\frac{1}{10m}\hbar^2\pi^{4/3}3^{5/3}N^{5/3}\frac{2}{3}\cdot V^{-\frac{5}{3}}$$

$$=\frac{3}{5}\left(\frac{\pi^4}{3}\right)^{1/3}\frac{\hbar^2}{m}N^{5/3}V^{-5/3} \tag{6.225}$$

예. 별의 진화(進化, stellar evolution)를 예로 고찰하여 보자.

(i) 태양과 같이 뜨거운 별은 열핵반응을 계속하면서 타고 있다. 이 때 수소는 다음 과정에 의하여 He으로 변한다.

$${}^1\mathrm{H}+{}^1\mathrm{H}\rightarrow{}^2\mathrm{D}+\mathrm{e}^++\nu+1.44\mathrm{MeV}$$

$${}^2\mathrm{D}+{}^1\mathrm{H}\rightarrow{}^3\mathrm{He}+\gamma+5.49\mathrm{MeV}$$

$${}^3\mathrm{He}+{}^3\mathrm{He}\rightarrow{}^4\mathrm{He}+{}^1\mathrm{H}+{}^1\mathrm{H}+12.85\mathrm{MeV} \tag{6.226}$$

따라서 후에 수소(pe)는 없어지고 He(ppnnee)만 남게 된다. 다음에 He들은 중력에 의한 수축으로 가깝게 뭉치게 되어 다음 과정으로 타게 된다.

$${}^4\mathrm{He}+{}^4\mathrm{He}\rightarrow{}^8\mathrm{Be}+\gamma-95\ \mathrm{KeV}$$

$${}^8\mathrm{He}+{}^4\mathrm{He}\rightarrow{}^{12}\mathrm{C}+\gamma+7.4\ \mathrm{MeV} \tag{6.227}$$

이러한 과정들이 되풀이 되면서 핵들이 형성된다고 생각된다. 이것을 핵조성(核組成, nucleosynthesis)이라 부른다. 어느 정도가 지나면 철, 실리콘 등이 남게 되고 타는 것은 중지하게 된다.

(ii) 이때부터 별은 자신의 중력에 의해 수축하기 시작한다. 문제를 간단하게 하기 위하여 별을 밀도가 일정한 구(球)의 경우로 가정하여 생각하면 반경 $r\sim r+dr$사이의 구각과 그 안의 별의 질량 $M(r)$ 사이에 작용하는 중력으로부터 구각의 퍼텐셜 에너지는

$$\triangle V_G=-G\frac{M(r)4\pi r^2 dr\rho}{r}$$

$$=-G\frac{\frac{4\pi}{3}r^3\rho\cdot 4\pi r^2\rho}{r}dr$$

$$=-G\frac{16\pi^2}{3}\rho^2 r^4 dr \tag{6.228}$$

이며 여기서 G는 중력 상수이고 ρ는 별의 밀도를 나타낸다. 그러므로 반경 R인 별의 퍼텐셜 에너지는

$$V_G = -G\frac{16\pi^2\rho^2}{3}\int_0^R r^4 dr$$

$$= -G\frac{(4\pi)^2}{15}\rho^2 R^5 \tag{6.229}$$

이 된다. 별이 N개의 핵자들로 이루어졌다고 생각하면 핵자의 질량은 $m = 1.6 \times 10^{-24}$ gm 이므로 별의 질량 M과 퍼텐셜 V_G는 각각

$$M = Nm = \frac{4\pi}{3}\rho R^3 \tag{6.230}$$

$$V_G = -G\frac{16\pi^2\rho^2}{3}\int_0^R r^4 dr$$

$$= -\frac{3}{5}G\frac{(Nm)^2}{R} \tag{6.231}$$

가 된다. 별의 체적을 V라면

$$V = \frac{4\pi}{3}R^3$$

$$R = \left(\frac{3}{4\pi}V\right)^{1/3}$$

로부터

$$V_G = -\frac{3}{5}\left(\frac{4\pi}{3}\right)^{\frac{1}{3}} G(Nm)^2 V^{-\frac{1}{3}} \tag{6.232}$$

을 얻는다. 따라서 별이 중력에 의해 받는 압력은 단위 면적당 받는 힘이므로

$$P_G = -\frac{\partial V_G / \partial R}{4\pi R^2} = -\frac{\partial V_G}{\partial V}$$

$$= -\frac{1}{5}\left(\frac{4\pi}{3}\right)^{1/3} G(Nm)^2 V^{-4/3} \tag{6.233}$$

가 된다.

(iii) 물질이 압력을 받으면 전자들은 더욱 서로 가깝게 되며 이 때 배타 원리에 의하여 저항을 받게 된다. 이 압력은 (6.225)식에 의하여 주어진다. 이 식에서 압력은 질량에 반비례하므로 전자들에 의한 압력

$$P_e = \frac{3}{5}\left(\frac{\pi^4}{3}\right)^{1/3}\frac{\hbar^2}{m_e}N^{5/3}V^{-5/3} \tag{6.234}$$

가 핵을 이루는 양성자나 중성자에 의한 압력보다 크게 된다. 따라서 후자를 무시하는 경우에 고려되는 두 압력 P_G와 P_e가 평형을 이루는 별을 백색 왜성(白色倭星, white dwarf)이라 부른다.

(iv) 중력에 의한 압력이 P_e보다 클 경우 이 별은 계속 압력을 받아 전자와 양성자와의 입자반응

$$e^- + p \to n + \nu \tag{6.235}$$

과정을 통하여 중성미자 ν는 밖으로 나가고 별은 중성자별(中性子星, neutron star)이 된다. 중성자들도 역시 fermion이므로 같은 상태에 있지 않으려는 저항이 존재한다. 이 때 반발하는 압력은 (6.225)식으로부터

$$P_n = \frac{3}{5}\left(\frac{\pi^4}{3}\right)^{1/3}\frac{\hbar^2}{m_n}N^{5/3}V^{-5/3} \tag{6.236}$$

이 되며 이 값이 P_G와 평형 상태를 이루려면 다음 관계가 성립하여야 한다.

$$\frac{1}{3}\left(\frac{4\pi}{3}\right)^{1/3}G(Nm_n)^2V^{-\frac{4}{3}} = \frac{3}{5}\left(\frac{\pi^4}{3}\right)^{1/3}\frac{\hbar^2}{m_n}N^{5/3}V^{-5/3} \tag{6.237}$$

따라서

$$\begin{aligned} V^{1/3} &= 3\left(\frac{\pi^4}{4\pi}\right)^{1/3}\frac{\hbar^2 N^{-\frac{1}{3}}}{Gm_n^3} \\ &= \frac{3\pi}{2^{2/3}}\frac{\hbar^2}{N^{1/3}m_nG} \\ &= \left(\frac{4\pi}{3}R^3\right)^{1/3} \end{aligned}$$

이 되며, 이 식으로부터 중성자별의 반경을 구하면

$$\therefore\ R = \frac{3\pi}{2^{2/3}}\left(\frac{3}{4\pi}\right)^{1/3}\frac{\hbar^2}{N^{1/3}m_n^3G} \tag{6.238}$$

가 된다. 예를 들어 태양의 2배가 되는 별이 중성자별이 되었을 경우

$$M = 4\times10^{33}\text{gm} = Nm_n$$

$$N = \frac{4\times10^{33}}{1.6\times10^{-24}} = 7.5\times10^{57}$$

이므로 중성자별의 반경은

$$R \simeq 10\,\text{km}$$

쯤 된다. 만일 별의 질량이 훨씬 더 큰 경우에는 중성자별이 된 후에도 소위 축퇴 압력 P_n이 중력에 의한 압력을 견제하지 못하여 더욱 수축이 된다. 불랙홀(black hole)은 이러한 상황에서 형성된다고 생각되고 있다.

[문 제]

6. 1 한 입자의 2차원 공간에서의 조화 진동을 생각하면 퍼텐셜이 등방적(等方的, isotropic)인 경우

$$V=\frac{1}{2}k(x^2+y^2)$$

이어서 Schrödinger 방정식은 다음과 같다.

$$\left[-\frac{\hbar^2}{2m}\left(\frac{\partial^2}{\partial x^2}+\frac{\partial^2}{\partial y^2}\right)+\frac{1}{2}k(x^2+y^2)\right]\psi=E\psi$$

(a) 이 식에서 변수 x, y, E 대신에 차원이 없는 양 η, ξ, ϵ을 이용하여 방정식을 써라.

(b) 1차원 진동자에 대하여는 해를 알고 있다고 생각하고 이 방정식의 해 ψ와 E를 구하라.

(c) E_n에서 양자수 n이 주어지는 경우 축퇴의 수는 얼마인가?

(d) 이 식을 극좌표 $r=\sqrt{x^2+y^2}$과 $\theta=\tan^{-1}\dfrac{y}{x}$로 쓰면 어떻게 되는가? 그 해를 논하라.

6. 2 3차원에서의 등방 조화 진동자를 생각하면 본문에서 얻은 바와 같이

$$V=\frac{1}{2}k(x^2+y^2+z^2)$$

이며 에너지 준위는

$$E_n=\hbar\omega\left(n_x+n_y+n_z+\frac{3}{2}\right) \qquad (n_x, n_y, n_z=0, 1, 2, \cdots\cdots)$$

로 주어졌다. $n=n_x+n_y+n_z$가 주어진 경우 축퇴의 수는

$$\frac{1}{2}(n+1)(n+2)$$

가 됨을 보여라.

6. 3 위 문제에서 구면 극좌표계(r, θ, φ)를 도입하면 파동함수를

$$\psi=\frac{\chi(r)}{r}Y_{lm}(\theta, \varphi)$$

로 쓰고 Schrödinger 방정식을 이용하면 $\chi(r)$가 만족하는 방정식은

$$\frac{d^2\chi}{dr^2}+\left\{2E-r^2-\frac{l(l+1)}{r^2}\right\}\chi(r)=0$$

이 된다고 하자(제 7장에서 자세히 증명됨). 이 식에서 에너지 E를 급수 전개 방법을 이용하여 구하여 보아라.

6. 4 3차원 등방 조화 진동자에 대하여(문 6. 2)

(a) $N_i = a_i^\dagger a_i$(i는 x, y, z를 나타냄)로 놓고

$$a_j = \sqrt{\frac{m\omega}{2\hbar}}\, x_j + i\frac{1}{\sqrt{2m\omega\hbar}} p_j \qquad (j = x, y, z)$$

로 정의하면

$$H = \hbar\omega\left(N_x + N_y + N_z + \frac{3}{2}\right)$$

이 됨을 보여라.

(b) H의 고유 상태 $\phi_{n_x n_y n_z}$는

$$\phi_{n_x n_y n_z} = \psi_{n_x}(x)\phi_{n_y}(y)\phi_{n_z}(z)$$

로 쓸 수 있음을 보이고, 또 고유값을 구하라.

6. 5 위 식에서 a_x, a_y, a_z 대신에

$$a_\pm = \frac{1}{\sqrt{2}}(a_x \pm i a_y)$$

$$a_0 = a_z$$

(a) $H = \hbar\omega\left(\widetilde{N}_+ + \widetilde{N}_0 + \widetilde{N}_- + \frac{3}{2}\right)$

됨을 보여라.

(b) $\widetilde{N}_i$는 운동 상수임을 보여라.

(c) 따라서 H의 고유 함수를 $\phi_{n_+ n_0 n_-}$로 표시할 수 있음을 설명하라.

6. 6 같은 스핀 상태에 있는 두 전자가 다음과 같은 퍼텐셜에 의하여 서로 상호작용하고 있다고 한다.

$$V(|x_1 - x_2|) = -V_0 \quad (|x_1 - x_2| < a\text{에서})$$
$$= 0 \qquad (|x_1 - x_2| > a\text{에서})$$

두 전자의 전 운동량이 0이 되는 경우를 가정하면 이 두 전자로 이루어진 상태의 최저 에너지는 무엇인지 논하라.

6. 7 문제 5. 1에서와 같이 x의 4차식으로 주어진 퍼텐셜

$$V = \frac{3}{8}\frac{\hbar\omega}{a^3 b}\left\{\frac{1}{4}x^4 + \frac{1}{3}bx^3 - \frac{1}{2}a^2x^2 - a^2bx + a^3\left(\frac{1}{4}a - \frac{2}{3}b\right)\right\}$$

를 생각하자.

(a) 질량 m인 두 개의 (스핀이 없는) 입자들이 이 퍼텐셜 안에서 움직인다고 하자. 이들 사이에 상호 작용을 고려하지 않는 경우 이 계의 Hamiltonian

은 무엇인가?

(b) 위 퍼텐셜에서 $a \ll b$, $ab = \frac{3}{4}\frac{\hbar}{m\omega}$의 관계가 있다고 하고 두 입자들은 $x = a$ 또는 $x = -a$ 부근에서만 운동을 한다고 하자. 1차원 조화 진동자의 에너지를 안다고 하고 이 계의 바닥 상태(ground state)로부터 시작하여 3개의 에너지 준위를 차례로 적고 각 경우에서 입자들의 위치를 논하라.

(c) 두 입자가 하나는(입자 1) $x_1 = a$, 또 하나는 (입자 2) $x_2 = -a$에서 운동한다고 하자. 만일 이들이 $V_1(x_1, x_2) = -\frac{1}{2}m\omega^2(x_1 - x_2 - 2a)^2$로 주어지는 밀어내는 (repulsive) 상호 작용을 한다면 이 경우 가장 낮은 에너지는 무엇인가?

6. 8 a와 b상태에 있는 두 동일 입자를 생각하고 이 입자들의 위치를 x_1, x_2라 할 때 이들을 기술하는 파동함수는

$$\psi_A(x_1, x_2) = \frac{1}{\sqrt{2}}\{\phi_a(x_1)\phi_b(x_2) - \phi_a(x_2)\phi_b(x_1)\}$$

와

$$\psi_S(x_1, x_2) = \frac{1}{\sqrt{2}}\{\phi_a(x_1)\phi_b(x_2) + \phi_a(x_2)\phi_b(x_1)\}$$

을 생각할 수 있다. 이 두 입자들 사이의 거리에 대한 기대치

$$\langle |x_1 - x_2| \rangle$$

를 고려하여 ψ_S상태에서보다 ψ_A상태에서 두 입자는 더 멀어지려 함을 보여라.

6. 9 3개의 보손으로 이루어진 계를 기술하는 파동함수를 써라. 이때 확률 밀도는 고 전적 입자들로 이루어진 계의 경우의 몇 배가 되는가 보여라.

6. 10 (a) 변의 길이가 a, b, c인 직육면체의 상자 안에 있는 한 입자가 가질 수 있는 에너지 준위를 구하여라.

(b) 이 상자에 서로 상호작용하지 않는 Fermi 입자들의 계에 대한 Fermi 에너지를 구하여라.

6. 11 본문에서 논의된 백색 왜성(white dwarf)의 경우를 고려하여 그 별의 질량이 태양의 질량$(2 \times 10^{33} gr)$과 같고 전자의 수가 핵자의 수의 절반이라고 할 경우 백성 왜성의 크기를 구하라(중성자성의 경우 참고).

제 7 장

수소형 원자(水素型 原子, Hydrogen-like Atom)와 주기율표(週期律表, Periodic Table)

이 장에서 취급할 과제는 수소 원자와 같이 무거운 전자 주위에 전자 한 개가 돌고 있는 경우 궤도 각운동량(軌道角運動量, orbital angular momentum)과 에너지의 고유값 문제 및 정상상태(stationary state)의 고유 함수를 구하는 것이다. 여기서 수소 원자의 경우는 전자가 $|e|$, 질량 m_2인 양성자와 전하 $e=-|e|$, 질량 m_1인 전자가 이루는 2체 문제로 볼 수 있다. 이와 관련하여 수소 원자의 양성자 대신 전자 $Z|e|$를 갖는 원자핵 주위에 한 개의 전자가 돌고 있는 경우도 같이 생각할 수 있다. $Z=2$인 경우는 이온화(ionized)된 He, $Z=3$인 경우는 Li 원자에서 외각 전자 두 개가 떨어져 나간, 이온화된 Li이 해당되는데, 이러한 원자를 수소형 원자(水素型 原子, hydrogen-like atom)라 부른다.

따라서 우리가 고려할 Hamiltonian은

$$H_T=\frac{1}{2m_1}\left(p_{1x^2}+p_{1y^2}+p_{1z^2}\right)+\frac{1}{2m_2}\left(p_{2x^2}+p_{2y^2}+p_{2z^2}\right)+V\left(\overrightarrow{x_1},\ \overrightarrow{x_2}\right) \tag{7.1}$$

이며, 특히 퍼텐셜 에너지 $V\left(\overrightarrow{x_1},\overrightarrow{x_2}\right)$는

$$V\left(\overrightarrow{x_1},\overrightarrow{x_2}\right)=-\frac{Ze^2}{r} \tag{7.2}$$

$$r=\left|\overrightarrow{x_1}-\overrightarrow{x_2}\right| \tag{7.3}$$

이다. 제 6장에서 언급한 바와 같이 이러한 퍼텐셜을 갖는 경우는 새로운 좌표계

$$\vec{x}=\overrightarrow{x_1}-\overrightarrow{x_2} \tag{7.4a}$$

$$\vec{X}=\frac{m_1\overrightarrow{x_1}+m_2\overrightarrow{x_2}}{m_1+m_2} \tag{7.4b}$$

를 도입함으로써 전체 Hamiltonian H_T를 취급하기 편한 형태로 쓸 수 있다. 즉

$$\begin{aligned}H_T&=\frac{P^2}{2(m_1+m_2)}+\frac{p^2}{2\mu}+V(r)\\&=H_{cm}+H_{rel}\end{aligned} \tag{7.5}$$

로 쓸 수 있고 여기서 H_{cm}은 두 입자의 질량중심의 운동 에너지에 해당되며 H_{rel}은 질량

중심에 대한 두 입자의 운동을 기술한다. H_{cm}은 간단한 해를 가지며 H_{re1}의 해가 여기에서 풀려고 하는 고유값 문제이다.

즉 H_T의 고유 함수는 제 6장에서 얻은 바와 같이

$$\psi(\vec{x}, \vec{X}, t) = u(\vec{x}) e^{\frac{i\vec{P}\cdot\vec{X}}{\hbar}} e^{-i\frac{E_T t}{\hbar}} \tag{7.6}$$

$$|\vec{P}| = \sqrt{2(m_1 + m_2)(E_T - E)} \tag{7.7}$$

의 모양이 되고 $u(\vec{x})$는 H_{re1}의 고유 함수로서 다음 식을 만족한다.

$$\left(-\frac{\hbar^2}{2\mu}\nabla^2 + V(r)\right) u(\vec{x}) = Eu(\vec{x}) \tag{7.8}$$

이 식의 해에서 퍼텐셜이 좌표 r만의 함수인 경우, 즉 중심력(中心力, central force) 문제에서는 전체 운동량뿐 아니라 각운동량도 보존된다.

7. 1 각운동량(角運動量, angular momentum) 보존(保存)

두 입자 사이에 퍼텐셜 $V(r)$가 작용하는 경우에 특히 각운동량의 보존이 가지는 의의를 살펴보자.

(a) 고전 역학적 고찰

두 입자의 운동 방정식은

$$m_1 \vec{\dddot{x}}_1 = -\vec{\nabla}_1 V(r) \tag{7.9a}$$

$$m_2 \vec{\dddot{x}}_2 = -\vec{\nabla}_2 V(r) \tag{7.9b}$$

이 되고, 여기서 $\vec{\nabla}_1$과 $\vec{\nabla}_2$의 아래 첨자 1, 2는 입자를 나타내는 번호이며

$$\vec{\nabla}_1 = \vec{i}\frac{\partial}{\partial x_1} + \vec{j}\frac{\partial}{\partial y_1} + \vec{k}\frac{\partial}{\partial z_1} \tag{7.10a}$$

$$\vec{\nabla}_2 = \vec{i}\frac{\partial}{\partial x_2} + \vec{j}\frac{\partial}{\partial y_2} + \vec{k}\frac{\partial}{\partial z_2} \tag{7.10b}$$

이다. 각 좌표에 대한 미분을 살펴보면 $V(r)$가 $\vec{x}$좌표만의 함수이므로

$$\frac{\partial V}{\partial x_{1j}} = \frac{\partial x_i}{\partial x_{1j}}\frac{\partial V}{\partial x_i} + \frac{\partial X_i}{\partial x_{1j}}\frac{\partial V}{\partial X_i}$$

$$= \frac{\partial V}{\partial x_j} = \frac{\partial r}{\partial x_j}\frac{dV}{dr} = \frac{x_j}{r}\frac{dV}{dr} \tag{7.11a}$$

$$\frac{\partial V}{\partial x_{2j}} = \frac{\partial x_i}{\partial x_{2j}}\frac{dV}{dx_i} + 0$$

$$= -\frac{\partial V}{\partial x_j} = -\frac{x_j}{r}\frac{dV}{dr} \tag{7.11b}$$

가 된다. 즉

$$\vec{\nabla}_1 V = \vec{\nabla} V = \frac{\vec{x}}{r}\frac{dV}{dr} \tag{7.12a}$$

$$\vec{\nabla}_2 V = -\vec{\nabla} V = -\frac{\vec{x}}{r}\frac{dV}{dr} \tag{7.12b}$$

가 되어 운동방정식 (7.9)식은

$$m_1\ddot{\vec{x}}_1 = -\vec{\nabla} V = -\frac{\vec{x}}{r}\frac{dV}{dr} \tag{7.13a}$$

$$m_2\ddot{\vec{x}}_2 = \vec{\nabla} V = \frac{\vec{x}}{r}\frac{dV}{dr} \tag{7.13b}$$

이 된다. 이 두식을 합하면 제 6장에서 고려한 바와 같이

$$\frac{d}{dt}\left(m_1\dot{\vec{x}}_1 + m_2\dot{\vec{x}}_2\right) = 0 \tag{7.14}$$

이 되어 총 운동량이 보존됨을 알 수 있다. 한편 (7.13)식으로부터

$$\ddot{\vec{x}}_1 = -\frac{1}{m_1}\vec{\nabla} V \tag{7.15a}$$

$$\ddot{\vec{x}}_2 = \frac{1}{m_2}\vec{\nabla} V \tag{7.15b}$$

$$\therefore \ddot{\vec{x}}_1 - \ddot{\vec{x}}_2 = -\left(\frac{1}{m_1} + \frac{1}{m_2}\right)\vec{\nabla} V \tag{7.15c}$$

즉

$$\mu\ddot{\vec{x}} = -\vec{\nabla} V = -\frac{\vec{x}}{r}\frac{dV}{dr} \tag{7.16}$$

를 얻게 된다. 여기서 μ는 제 6장에서 정의된 환산 질량이다.

이 식에 $\vec{x}$로 벡터 곱을 작용시키면

$$\begin{aligned}\mu\vec{x}\times\ddot{\vec{x}} &= -(\vec{x}\times\vec{x})\frac{1}{r}\frac{dV}{dr}\\ &= 0\end{aligned}$$

이 되고, 이 식은 또

$$\frac{d}{dt}\left(\mu\vec{x}\times\dot{\vec{x}}\right) = \mu\dot{\vec{x}}\times\dot{\vec{x}} + \mu\vec{x}\times\ddot{\vec{x}} = \mu\vec{x}\times\ddot{\vec{x}} = 0 \tag{7.17}$$

이 된다. 따라서 $\mu\left(\vec{x}\times\dot{\vec{x}}\right)$는 운동 상수(constant of motion)이다. 이 값은 질량 μ를 갖는 입자의 각운동량에 해당된다. 특히 수소와 같이 핵의 질량이 전자의 질량보다 약 1840배쯤 큰 경우 μ는 거의 전자의 질량이므로 핵을 중심으로 돌고 있는 전자의 각운동량이 된다.

각 운동량

$$\vec{L}=\mu\vec{x}\times\dot{\vec{x}} \tag{7.18}$$

은 일정한 값이기 때문에 처음 $\vec{x}$와 $\dot{\vec{x}}$가 $\vec{L}$에 수직인 한 평면에 있었다면 그 운동은 항상 $\vec{L}$에 수직인 그 평면상에서만 일어나게 된다. 그러므로 운동을 기술하는 데는 2차원 공간을 고려하는 것으로 충분하다. 따라서 $\vec{L}$방향을 z축으로 잡으면 운동은 x, y평면에서 일어나고 제 1장에서 이미 언급한 바와 같이 이 경우에는 2차원 극좌표 (r, θ)로 기술하는 것이 편리하다.

극좌표계의 관계식

$$x=r\cos\theta, \qquad y=r\sin\theta \tag{7.19}$$

$$\dot{x}=\dot{r}\cos\theta-r\dot{\theta}\,sin\theta, \qquad \dot{y}=\dot{r}\sin\theta+r\dot{\theta}\cos\theta \tag{7.20}$$

를 이용하면 Lagrangian은

$$L=\frac{1}{2}\mu\left(\dot{x}^2+\dot{y}^2\right)-V=\frac{p^2}{2\mu}-V$$

$$=\frac{1}{2}\mu\left(\dot{r}^2+r^2\dot{\theta}^2\right)-V \tag{7.21}$$

이 되고 각운동량은 (* Lagrangian과 같이 L을 쓰므로 혼동하지 말 것)

$$|\vec{L}|=\mu(x\dot{y}-y\dot{x})=\mu\{r\cos\theta(\dot{r}\sin\theta+r\dot{\theta}\cos\theta)-r\sin\theta(\dot{r}\cos\theta-r\dot{\theta}\sin\theta)\}$$

$$=\mu r^2\dot{\theta} \tag{7.22}$$

가 된다. 이것이 일정한 값인 것은 θ에 관한 Lagrange방정식으로부터 알 수 있다.

r에 관한 Lagrange 방정식은

$$\mu\ddot{r}-\mu r\dot{\theta}^2+\frac{dV}{dr}=0 \tag{7.23a}$$

$$\mu\ddot{r}-\frac{L^2}{\mu r^3}+\frac{dV}{dr}=0$$

$$\mu\ddot{r}+\frac{d}{dr}\left(\frac{L^2}{2\mu r^2}+V\right)=0 \tag{7.23b}$$

이 되고, 이 식의 양변에 $\dot{r}$을 곱하여 주면

$$\mu\dot{r}\ddot{r}+\frac{dr}{dt}\cdot\frac{d}{dr}\left(\frac{L^2}{2\mu r^2}+V\right)=0$$

$$\therefore\ \frac{d}{dt}\left(\frac{1}{2}\mu\dot{r}^2+\frac{L^2}{2\mu r^2}+V\right)=0 \tag{7.24}$$

가 된다. 따라서

$$E=\frac{1}{2}\mu\dot{r}^2+\frac{L^2}{2\mu r^2}+V=\text{상수} \tag{7.25}$$

로 되어 에너지 보존 법칙을 얻을 수 있다. 이 때 운동이 타원 운동이라는 것은 제 1장에서 자세히 언급하였다. 다만 여기에서는 질량이 환산 질량인 μ인 것만 다르다. 결국 (7.23)식은 3차원에 있는 두 입자의 문제가 1차원에서의 한 입자의 운동을 푸는 문제로

귀착되었음을 보이고 있다.

특히 $V=-\frac{Ze^2}{r}$인 수소형 원자의 문제에서는 질량 μ인 입자가 유효(有效) 퍼텐셜 (effective potential)

$$V_{eff}=-\frac{Ze^2}{r}+\frac{L^2}{2\mu r^2} \tag{7.26}$$

을 갖는 1차원 문제가 된다. 에너지 값에 따른 입자의 운동은 그림 7.1에서 알 수 있으며 수소 원자의 문제는 $E<0$인 타원운동이나 원운동의 경우에 해당된다.

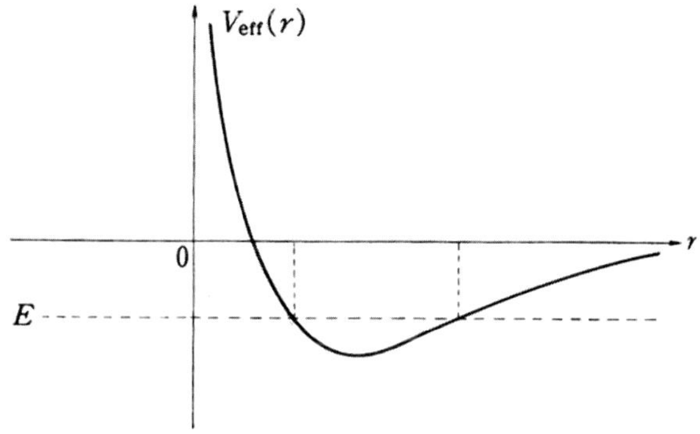

그림 7.1 유효 퍼텐셜

(b) 양자역학적 고찰

양자역학에서는 고전역학에서의 물리적 양에 대응하는 연산자가 존재한다. 따라서 각운동량은 다음과 같이 정의된다.

$$\vec{L}=\vec{x}\times\vec{p} \quad \left(\because \vec{p}=\frac{\hbar}{i}\vec{\nabla}\right) \tag{7.27}$$

여기서 $\vec{L}$은 특히 궤도(軌道, orbital) 각운동량이며 간단히 각운동량이라 부르기도 한다. 이 운동량의 성질을 고찰하여 보자.

(i) $\vec{L}$을 성분으로 쓰면

$$L_i=\epsilon_{ijk}x_jp_k=\epsilon_{ijk}p_kx_j=(-\vec{p}\times\vec{x})_i \tag{7.28}$$

가 된다.

(ii) $\vec{L}$는 Hermite 연산자이다. 즉

$$\begin{aligned} L_i^\dagger &= \epsilon_{ijk}(x_jp_k)^\dagger=\epsilon_{ijk}p_k{}^\dagger x_j{}^\dagger=\epsilon_{ijk}p_kx_j=\epsilon_{ijk}x_jp_k \\ &= L_i \end{aligned} \tag{7.29}$$

여기서는 $\vec{x}$와 $\vec{p}$가 Hermite 연산자임을 이용하였다.

(iii) $[L_i, L_j] = i\hbar\epsilon_{ijk}L_k$ (7.30)

의 관계가 성립하며, 이 식은 각운동량의 정의와 관련된 중요한 식이다.

(증명) $[L_i, L_j] = [\epsilon_{ikl}x_k p_l,\ \epsilon_{jmn}x_m p_n]$

$$
\begin{aligned}
&= \epsilon_{ikl}\epsilon_{jmn}[x_k p_l,\ x_m p_n] \\
&= \epsilon_{ikl}\epsilon_{jmn}(x_k[p_l,\ x_m p_n] + [x_k,\ x_m p_n]p_l) \\
&= \epsilon_{ikl}\epsilon_{jmn}(x_k[p_l,\ x_m]p_n + x_m[x_k,\ p_n]p_l) \\
&= \epsilon_{ikl}\epsilon_{jmn}(-i\hbar x_k p_n \delta_{lm} + i\hbar x_m p_l \delta_{kn}) \\
&= i\hbar(-\epsilon_{ikl}\epsilon_{jln}x_k p_n + \epsilon_{ikl}\epsilon_{jmk}x_m p_l) \\
&= i\hbar\{(\delta_{ij}\delta_{kn} - \delta_{in}\delta_{kj})x_k p_n - (\delta_{ij}\delta_{lm} - \delta_{im}\delta_{lj})x_m p_l\} \\
&= i\hbar(x_i p_j - x_j p_i) \\
&= i\hbar(\delta_{im}\delta_{jn} - \delta_{in}\delta_{jm})x_m p_n \\
&= i\hbar\epsilon_{ijk}\epsilon_{kmn}x_m p_n
\end{aligned}
$$

$\therefore\ [L_i, L_j] = i\hbar\epsilon_{ijk}L_k$ (증명 끝)

(iv) $[\vec{L},\ L^2] = 0$ (7.31)

(증명) 이 식에서 $L^2 \equiv |\vec{L}|^2$은 다음과 같이 쓸 수 있으므로

$$L^2 = L_x^2 + L_y^2 + L_z^2 = L_j L_j$$

$$
\begin{aligned}
[L_i,\ L^2] &= [L_i,\ L_j L_j] \\
&= L_j[L_i,\ L_j] + [L_i,\ L_j]L_j \\
&= i\hbar\epsilon_{ijk}(L_j L_k + L_k L_j)
\end{aligned}
$$

이고 이 식의 좌변에서 ϵ_{ijk}는 j, k에 대하여 반대칭이고 $(L_j L_k + L_k L_j)$는 j, k에 대하여 대칭이므로 이들 지표(指標, index)에 대하여 축약(縮約, contract)되면 0이 된다.

일반적으로 대칭 tensor S_{ij}와 반대칭 tensor A_{ij}는

$$S_{ij} = S_{ji} \qquad A_{ij} = -A_{ji}$$

이므로 이들의 축약 $S_{ij}A_{ij}$를 고려할 때, i와 j는 바꾸어도 마찬가지이므로,

$$S_{ij}A_{ij} = S_{ji}A_{ji}$$

$$\therefore S_{ij}A_{ij} = S_{ji}A_{ji} = S_{ij}A_{ji} = -S_{ij}Aij$$

$$\therefore S_{ij}A_{ij} = 0 \tag{7.32}$$

이 된다.

(v) Hamiltonian 이

$$H = \frac{p^2}{2\mu} + V(r) = \frac{1}{2\mu}p_j p_j + V(r) \tag{7.33}$$

로 주어지는 경우에 기대치 $\langle \vec{L} \rangle$의 시간에 대한 변화는 제 3장에서 보인 바와 같이

$$\frac{d}{dt}\langle\vec{L}\rangle=\frac{1}{i\hbar}\langle[\vec{L},H]\rangle \tag{7.34}$$

가 된다. 이 식의 우변은

$$[L_i,H]=\left[L_i,\ \frac{1}{2m}p_jp_j+V(r)\right]=\frac{1}{2m}[L_i,p_jp_j]+[L_i,\ V(r)]$$

$$=\frac{1}{2m}(p_j[L_i,p_j]+[L_i,p_j]p_j)+[L_i,\ V(r)] \tag{7.35}$$

인데,

$$[L_i,p_j]=\epsilon_{imn}[x_mp_n,p_j]$$

$$=\epsilon_{imn}([x_m,p_j]p_n)$$

$$=i\hbar\epsilon_{imn}\delta_{mj}p_n=i\hbar\epsilon_{ijk}p_k \tag{7.36}$$

$$\therefore\ [L_i,p_jp_j]=i\hbar\epsilon_{ijk}(p_jp_k+p_kp_j)=0 \tag{7.37}$$

$$[L_i,\ V(r)]=\epsilon_{ijk}[x_jp_k,\ V(r)]$$

$$=\epsilon_{ijk}x_j[p_k,\ V(r)]$$

$$=\frac{\hbar}{i}\epsilon_{ijk}x_j\frac{\partial V(r)}{\partial x_k} \qquad \{(7.12)\ \text{식을 이용하면}\}$$

$$=\frac{\hbar}{i}\epsilon_{ijk}x_j\frac{x_k}{r}\left(\frac{dV}{dr}\right)$$

$$=0 \tag{7.38}$$

의 관계가 성립하므로

$$[\vec{L},\ H]=0 \tag{7.39}$$

$$\therefore\frac{d}{dt}\langle\vec{L}\rangle=0 \tag{7.40}$$

이 된다. 즉 $\vec{L}$은 운동 상수이며 고전역학에서의 각운동량 보존 법칙과 같은 결과를 나타낸다. 그러나 양자역학에서는 운동이 평면 운동이라고 생각할 수는 없다.

7. 2 각운동량 연산자의 극좌표에 의한 표현

퍼텐셜이 r만의 함수인 경우에는 구면 극좌표(球面極座標, spherical polar coordinate)를 사용하는 것이 적합하다. 그림 7.2에서와 같이 카테시안 좌표(Cartesian coordinate:*앞으로 직각 좌표라 부름) (x,y,z)와 극좌표 (r,θ,φ) 사이의 관계는

$$\begin{cases}x=r\sin\theta\cos\varphi\\ y=r\sin\theta\sin\varphi\\ z=r\cos\theta\end{cases} \tag{7.41}$$

로 주어진다. 이 식에서는 (x,y,z)가 (r,θ,φ)의 함수로 표시되어 있으나, (r,θ,φ)를

(x, y, z)로 표시하면

$$r = \sqrt{x^2+y^2+z^2}$$
$$\theta = \tan^{-1}\left(\frac{\sqrt{x^2+y^2}}{z}\right)$$
$$\varphi = \tan^{-1}\left(\frac{y}{x}\right) \tag{7.42}$$

가 된다.

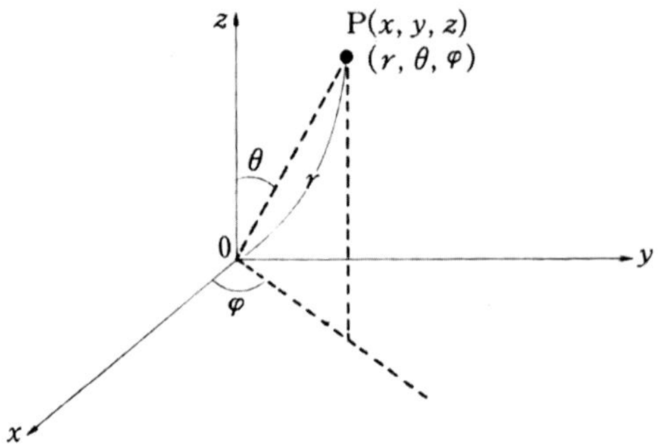

그림 7.2 직각 좌표와 극좌표와의 관계

두개의 직각좌표계(orthogonal coordinate)인 (x, y, z)좌표계와 (r, θ, φ)좌표계에서 좌표가 증가하는 방향의 단위 벡터를 각각 (e_x, e_y, e_z)와 $(e_r, e_\theta, e_\varphi)$라 놓으면 이들 사이에는 다음과 같은 관계가 있다.

$$e_r = e_x \sin\theta\cos\varphi + e_y \sin\theta\sin\varphi + e_z\cos\theta, \tag{7.43}$$
$$e_\theta = e_x \cos\theta\cos\varphi + e_y \cos\theta\sin\varphi - e_z\sin\theta\left(=\frac{\partial e_r}{\partial\theta}\right),$$
$$e_\varphi = -e_x\sin\varphi + e_y\cos\varphi\left(=\frac{\partial e_r}{\partial\varphi}\Big|_{\theta=\frac{\pi}{2}}\right).$$

이들은 서로 직교함을 알 수 있다. 즉, 이들의 내적과 외적은 다음과 같아진다.

$$e_i \cdot e_j = \delta_{ij}, \tag{7.44}$$
$$e_i \times e_j = \epsilon_{ijk} e_k$$

또 (7.43)식으로부터 다음 관계식을 얻을 수 있다.

$$e_x = e_r \sin\theta\cos\varphi + e_\theta\cos\theta\cos\varphi - e_\varphi\sin\varphi, \tag{7.45}$$
$$e_y = e_r\sin\theta\sin\varphi + e_\theta\cos\theta\sin\varphi + e_\varphi\cos\varphi,$$
$$e_z = e_r\cos\theta - e_\theta\sin\theta$$

한편 두 좌표계에서 길이를 나타내는 작은 선요소(line element) ds를 계산하면

$$(ds)^2 = (dx)^2 + (dy)^2 + (dz)^2$$
$$= (dr)^2 + (r\,d\theta)^2 + (r\sin\theta\, d\varphi)^2$$

이므로 극좌표계에서 길이를 나타내는 미소량은 각 방향에 $(dr, rd\theta, r\sin\theta\, d\varphi)$ 임을 알 수

있다. 따라서 기울기 연산자(gradient operator) $\overrightarrow{\nabla}$는

$$\overrightarrow{\nabla} = e_x \frac{\partial}{\partial x} + e_y \frac{\partial}{\partial y} + e_z \frac{\partial}{\partial z} \tag{7.46}$$
$$= e_r \frac{\partial}{\partial r} + e_\theta \frac{1}{r}\frac{\partial}{\partial \theta} + e_\phi \frac{1}{r\sin\theta}\frac{\partial}{\partial \varphi}$$

로 표시된다.

이 결과를 이용하여 궤도 각운동량 연산자 $\overrightarrow{L}$ 을 극좌표계에서 계산하면 다음과 같은 결과를 얻는다.

(i) 궤도각운동량의 식

$$\overrightarrow{L} = \vec{r} \times \vec{p} = \frac{\hbar}{i} \vec{r} \times \overrightarrow{\nabla} \tag{7.27}$$

에서 $\vec{r} = re_r$ 이므로 기울기 연산자의 식(7.46)을 이용하면 다음과 같이 나타낼 수 있다.

$$\overrightarrow{L} = \frac{\hbar}{i}\left(e_\phi \frac{\partial}{\partial \theta} - e_\theta \frac{1}{\sin\theta}\frac{\partial}{\partial \varphi}\right) \tag{7.47}$$

이 식으로부터 궤도 각운동량 연산자는 지름 r과는 무관하고 각도 (θ, φ)로만 표시됨을 알 수 있다.

(ii) 특히 L_x, L_y, L_z는 다음과 같다.

$$L_x = e_x \cdot \overrightarrow{L} = \frac{\hbar}{i} e_x \cdot \left(e_\varphi \frac{\partial}{\partial \theta} - e_\theta \frac{1}{\sin\theta}\frac{\partial}{\partial \varphi}\right) = \frac{\hbar}{i}\left(-\sin\varphi \frac{\partial}{\partial \theta} - \cot\theta\cos\varphi \frac{\partial}{\partial \varphi}\right) \tag{7.48a}$$

$$L_y = e_y \cdot \overrightarrow{L} = \frac{\hbar}{i} e_y \cdot \left(e_\varphi \frac{\partial}{\partial \theta} - e_\theta \frac{1}{\sin\theta}\frac{\partial}{\partial \varphi}\right) = \frac{\hbar}{i}\left(\cos\varphi \frac{\partial}{\partial \theta} - \cot\theta\sin\varphi \frac{\partial}{\partial \varphi}\right) \tag{7.48b}$$

$$L_z = e_z \cdot \overrightarrow{L} = e_z \cdot \frac{\hbar}{i}\left(e_\varphi \frac{\partial}{\partial \theta} - e_\theta \frac{1}{\sin\theta}\frac{\partial}{\partial \varphi}\right) = \frac{\hbar}{i}\frac{\partial}{\partial \varphi} \tag{7.48c}$$

(iii) $\overrightarrow{L}$연산자는 θ와 φ의 함수와 도함수만이 관계가 있으므로 r의 함수와는 아무 상관이 없다. (7.38)식에서 V가 r만의 함수인 경우에는 $\overrightarrow{L}$과 교환 가능한 것을 보인 바와 같이 임의의 r만의 함수$f(r)$에 대하여도 다음 관계식이 성립한다.

$$[\overrightarrow{L}, f(r)] = 0 \tag{7.49}$$

(iv) 또 L^2을 극좌표로 표시하면 아래와 같다

$$L^2 = -\hbar^2\left(e_\varphi \frac{\partial}{\partial \theta} - e_\theta \frac{1}{\sin\theta}\frac{\partial}{\partial \varphi}\right) \cdot \left(e_\varphi \frac{\partial}{\partial \theta} - e_\theta \frac{1}{\sin\theta}\frac{\partial}{\partial \varphi}\right) \tag{7.50}$$
$$= -\hbar^2\left(\frac{\partial^2}{\partial \theta^2} + \frac{\cos\theta}{\sin\theta}\frac{\partial}{\partial \theta} + \frac{1}{\sin^2\theta}\frac{\partial^2}{\partial \varphi^2}\right)$$
$$= -\hbar^2\left\{\frac{1}{\sin\theta}\frac{\partial}{\partial \theta}\left(\sin\theta\frac{\partial}{\partial \theta}\right) + \frac{1}{\sin^2\theta}\frac{\partial^2}{\partial \varphi^2}\right\}$$

(v) L^2 과 ∇^2사이의 관계를 (7.27)식을 이용하여도 알 수 있다.

$$L^2 = (\vec{r} \times \vec{p}) \cdot (\vec{r} \times \vec{p}) = \epsilon_{ijk}\epsilon_{imn} x_j p_k x_m p_n$$
$$= -\hbar^2 (\delta_{jm}\delta_{kn} - \delta_{jn}\delta_{km}) x_j \frac{\partial}{\partial x_k} (x_m \frac{\partial}{\partial x_n})$$
$$= -\hbar^2 \left\{ x_j \frac{\partial}{\partial x_k} \left(x_j \frac{\partial}{\partial x_k} \right) - x_j \frac{\partial}{\partial x_k} \left(x_k \frac{\partial}{\partial x_j} \right) \right\}$$
$$= -\hbar^2 \left\{ x_j \frac{\partial}{\partial x_j} + r^2 \nabla^2 - 3 x_j \frac{\partial}{\partial x_j} - x_j x_k \frac{\partial}{\partial x_k} \frac{\partial}{\partial x_j} \right\}$$

$$= -\hbar^2 \left\{ r^2 \nabla^2 - 2r \frac{\partial}{\partial r} - x_j \frac{\partial}{x_j} \left(x_k \frac{\partial}{\partial x_k} \right) + x_j \frac{\partial}{\partial x_j} \right\}$$
$$= -\hbar^2 \left\{ r^2 \nabla^2 - r \frac{\partial}{\partial r} \left(r \frac{\partial}{\partial r} \right) - r \frac{\partial}{\partial r} \right\}$$
$$= -\hbar^2 \left\{ r^2 \nabla^2 - r^2 \frac{\partial^2}{\partial r^2} - 2r \frac{\partial}{\partial r} \right\}$$
$$\therefore \ \nabla^2 = \frac{\partial^2}{\partial r^2} + \frac{2}{r} \frac{\partial}{\partial r} - \frac{L^2}{\hbar^2 r^2} = \frac{1}{r^2} \frac{\partial}{\partial r} \left(r^2 \frac{\partial}{\partial r} \right) - \frac{L^2}{\hbar^2 r^2} \tag{7.51}$$

일반적인 직교 곡선 좌표계 (q_1, q_2, q_3)와 직각(Cartesian) 좌표계와

$$x = x(q_1, q_2, q_3)$$
$$y = y(q_1, q_2, q_3)$$
$$z = z(q_1, q_2, q_3) \tag{7.52}$$

의 관계가 있을 때 임의의 곡선을 따라서 선요소를 보면

$$(ds)^2 = (dx)^2 + (dy)^2 + (dz)^2$$
$$= h_1^2 (dq_1)^2 + h_2^2 (dq_2)^2 + h_3^2 (dq_3)^2 \tag{7.53}$$

가 된다. 여기서

$$h_1 = \sqrt{\left(\frac{\partial x}{\partial q_1} \right)^2 + \left(\frac{\partial y}{\partial q_1} \right)^2 + \left(\frac{\partial z}{\partial q_1} \right)^2} \tag{7.54a}$$

$$h_2 = \sqrt{\left(\frac{\partial x}{\partial q_2} \right)^2 + \left(\frac{\partial y}{\partial q_2} \right)^2 + \left(\frac{\partial z}{\partial q_2} \right)^2} \tag{7.54b}$$

$$h_2 = \sqrt{\left(\frac{\partial x}{\partial q_3} \right)^2 + \left(\frac{\partial y}{\partial q_3} \right)^2 + \left(\frac{\partial z}{\partial q_3} \right)^2} \tag{7.54c}$$

이며 q_1, q_2, q_3가 증가하는 방향의 단위 벡터를 e_1, e_2, e_3라 할 때 임의의 벡터 $\vec{A}$와 스칼라 함수 f에 대하여

$$\vec{\nabla} = e_1 \frac{1}{h_1} \frac{\partial}{\partial q_1} + e_2 \frac{1}{h_2} \frac{\partial}{\partial q_2} + e_3 \frac{1}{h_3} \frac{\partial}{\partial q_3} \tag{7.55}$$

$$\vec{\nabla} \cdot \vec{A} = \frac{1}{h_1 h_2 h_3} \left[\frac{\partial}{\partial q_1} (h_2 h_3 A_1) + \frac{\partial}{\partial q_2} (h_3 h_1 A_2) + \frac{\partial}{\partial q_3} (h_1 h_2 A_3) \right] \tag{7.56}$$

$$\nabla^2 f = \vec{\nabla} \cdot (\vec{\nabla} f)$$

$$= \frac{1}{h_1 h_2 h_3}\left[\frac{\partial}{\partial q_1}\left(\frac{h_2 h_3}{h_1}\frac{\partial f}{\partial q_1}\right)+\frac{\partial}{\partial q_2}\left(\frac{h_3 h_1}{h_2}\frac{\partial f}{\partial q_2}\right)+\frac{\partial}{\partial q_3}\left(\frac{h_1 h_2}{h_3}\frac{\partial f}{\partial q_3}\right)\right] \tag{7.57}$$

를 얻는다. 자세한 것은 응용 수학이나 수리 물리학에서 배운 것으로 간주하고 여기에서는 이 결과를 응용하여 보자.

구면 좌표계에 대하여

$$h_1 = 1, \quad h_2 = r, \quad h_3 = r\sin\theta \tag{7.54d}$$

이 되므로

$$\nabla^2 = \frac{1}{r^2 \sin\theta}\left[\frac{\partial}{\partial r}\left(r^2 \sin\theta \frac{\partial}{\partial r}\right)+\frac{\partial}{\partial \theta}\left(\sin\theta\frac{\partial}{\partial\theta}\right)+\frac{\partial}{\partial\varphi}\left(\frac{1}{\sin\theta}\frac{\partial}{\partial\varphi}\right)\right]$$

$$= \frac{1}{r^2}\frac{\partial}{\partial r}\left(r^2\frac{\partial}{\partial r}\right)+\frac{1}{r^2}\left[\frac{1}{\sin\theta}\frac{\partial}{\partial\theta}\left(\sin\theta\frac{\partial}{\partial\theta}\right)+\frac{1}{\sin^2\theta}\frac{\partial^2}{\partial\varphi^2}\right] \tag{7.58a}$$

즉

$$\nabla^2 = \frac{1}{r^2}\frac{\partial}{\partial r}\left(r^2\frac{\partial}{\partial r}\right)-\frac{L^2}{\hbar^2 r^2} = \frac{1}{r}\frac{\partial^2}{\partial r^2}(r)-\frac{L^2}{\hbar^2 r^2} \tag{7.58b}$$

가 된다.

7. 3 극좌표계에서의 Schrödinger 방정식

우리가 고려해야 할 (7.8)식은 (7.58b)식을 이용하면

$$-\frac{\hbar^2}{2\mu}\frac{1}{r}\frac{\partial^2}{\partial r^2}\{ru(\vec{x})\}+\left\{\frac{L^2}{2\mu r^2}+V(r)\right\}u(\vec{x}) = Eu(\vec{x}) \tag{7.59}$$

가 된다.

한편 앞에서 보인 바와 같이 $\vec{L}, L^2, H$는 서로 교환가능하다. 즉

$$[\vec{L}, H] = [L^2, H] = [\vec{L}, L^2] = 0 \tag{7.60}$$

이므로 H의 고유 함수를 택할 때에 이것이 동시에 L^2의 고유 함수가 되도록 택할 수 있다. 이 방법은 여러 차례 사용되므로 잘 익힐 필요가 있다.

L^2의 고유값 문제의 해를 $\lambda\hbar^2$, $Y(\theta,\varphi)$라 하면

$$L^2 Y(\theta,\varphi) = \lambda\hbar^2 Y(\theta,\varphi) \tag{7.61}$$

이고 또 H의 고유 함수 $u(r,\theta,\varphi)$가 L^2의 고유 함수가 되도록 하기 위하여서는 $u(r,\theta,\varphi)$가 $Y(\theta,\varphi)$에 θ,φ와 무관한 값을 곱한

$$u(r,\theta,\varphi) = R(r)\,Y(\theta,\varphi) \tag{7.62}$$

형으로 택하여야 한다. 이 경우 u는 H와 L^2의 공통된 고유 함수가 된다.

(7.62)식을 (7.59)식에 대입하여

$$-\frac{\hbar^2}{2\mu}\frac{Y}{r}\frac{d^2}{dr^2}(rR)+\frac{R}{2\mu r^2}L^2Y+VRY=ERY \tag{7.63}$$

를 얻고 (7.61)식에서 L^2Y은 $\lambda\hbar^2Y$이므로, 위 식을 Y로 양변을 나누어 주면, $R(r)$가 만족하는 방정식은

$$-\frac{\hbar^2}{2\mu}\frac{1}{r}\frac{d^2}{dr^2}(rR)+\frac{\lambda\hbar^2}{2\mu r^2}R+VR=ER \tag{7.64}$$

이 된다. 이 식 대신에

$$\chi(r)=rR(r) \tag{7.65}$$

인 $\chi(r)$가 만족하는 방정식을 구하는 것이 더 간단하며 그것은

$$-\frac{\hbar^2}{2\mu}\frac{d^2\chi}{dr^2}+\left(V+\frac{\lambda\hbar^2}{2\mu r^2}\right)\chi=E\chi \tag{7.66}$$

이 된다. 이 식은 질량 μ를 갖는 입자가 퍼텐셜

$$V_{eff}=V+\frac{\lambda\hbar^2}{2\mu r^2} \tag{7.67}$$

에서 운동하는 1차원 Schrödinger 방정식이며 고전역학에서의 결과인 (7.26)식에 해당된다.

$\vec{L}$과 L^2도 교환 가능하므로 같은 방법으로 L^2의 방정식 (7.61)의 해인 고유 함수 $Y(\theta,\varphi)$가 동시에 L_z의 고유 함수가 되도록 만들 수 있다.

먼저 L_z연산자는 (7.48c)식에서 보는 바와 같이 좌표 φ에 대한 미분만을 포함하고 있으므로 L_z의 고유값 문제의 고유값을 a, 고유 함수를 $\Phi(\varphi)$라 하면

$$L_z\Phi(\varphi)=a\Phi(\varphi) \tag{7.68a}$$

$$\frac{\hbar}{i}\frac{\partial\Phi(\varphi)}{\partial\varphi}=a\Phi(\varphi) \tag{7.68b}$$

가 된다. 이 식은 다음 절에서 고려하겠지만 쉽게 풀 수 있다.

또 $Y(\theta,\varphi)$가 L^2의 고유 함수이며 동시에 L_z의 고유 함수가 되려면 Y는 $\Phi(\varphi)$에 φ와 무관한 함수 즉 $\Theta(\theta)$를 곱한

$$Y(\theta,\varphi)=\Theta(\theta)\Phi(\varphi) \tag{7.69}$$

의 모양을 갖게 된다. 따라서 L^2의 고유값 문제를 나타낸 식(7.61)과 L^2의 극좌표에 의한 표현 (7.50)식과 Y의 식 (7.69)를 사용하면 $\Theta(\theta)$가 만족하는 방정식을 얻을 수 있다. 즉

$$-\hbar^2\left\{\frac{\Phi(\varphi)}{\sin\theta}\frac{\partial}{\partial\theta}\left(\sin\theta\frac{\partial\Theta(\theta)}{\partial\theta}\right)+\frac{\Theta(\theta)}{\sin^2\theta}\frac{\partial^2\Phi(\varphi)}{\partial\varphi^2}\right\}=\lambda\hbar^2\Theta(\theta)\Phi(\varphi) \tag{7.70}$$

을 얻는다.

한편 L_z의 고유값 문제를 나타낸 (7.68)식으로부터

$$\frac{\partial^2\Phi}{\partial\varphi^2}=-\frac{a^2}{\hbar^2}\Phi \tag{7.71}$$

이 되므로 $\Theta(\theta)$가 만족하는 방정식은

$$\frac{1}{\sin\theta}\frac{\partial}{\partial\theta}\left(\sin\theta\frac{\partial\Theta}{\partial\theta}\right)+\left(\lambda-\frac{a^2}{\hbar^2\sin^2\theta}\right)\Theta=0 \tag{7.72}$$

이며, 이들 (7.64)식, (7.68)식, (7.72)식으로부터 R, Φ, Θ를 구하여 이들의 곱의 선형 결합(線型結合, linear combination)으로 파동함수 $\psi(r,\theta,\varphi)$를 얻게 된다.

7. 4 L_z, L^2의 고유값 문제의 해

(a) L_z의 고유값 문제

L_z의 고유값 문제를 풀면 고유값 a와 고유 함수 $\Phi(\varphi)$는

$$a=m\hbar\ (m=0, \pm1, \pm2, \cdots\cdots) \tag{7.73}$$

$$\Phi(\varphi)=\frac{1}{\sqrt{2\pi}}e^{im\varphi} \tag{7.74}$$

이 된다는 것은 제 3장의 고유값 문제를 푸는 예에서 이미 고려하였다. 즉 간단한 미분 연산자는 직접 미분 방정식을 풀음으로써 그 고유값 함수를 얻으며 여기에 경계조건을 이용하면 연산자의 고유값이 띄임띄엄 떨어진 값을 갖게 됨을 보였다.

연산 L_z에 대하여 다시 정리하여 보면, 고유값 a, 고유 함수 Φ에 대하여

$$L_z\Phi = a\Phi \tag{7.68a}$$

$$\frac{\hbar}{i}\frac{d\Phi}{d\varphi}=a\Phi \tag{7.68b}$$

에서

$$\therefore \Phi = Ce^{\frac{ia}{\hbar}\varphi}\quad (\text{C는 상수}) \tag{7.68c}$$

를 얻는다. 여기에 $\Phi(\varphi)$는 φ를 $\varphi+2\pi$로 바꾸어도 같은 값을 갖는다는 홑값성(single-valuedness) 조건으로부터

$$\Phi(\varphi)=\Phi(\varphi+2\pi) \tag{7.68d}$$

$$Ce^{\frac{ia}{\hbar}\varphi} = Ce^{\frac{ia}{\hbar}\varphi}\cdot e^{\frac{ia}{\hbar}\cdot 2\pi}$$

$$\therefore e^{\frac{ia}{\hbar}\cdot 2\pi}=1 \tag{7.68e}$$

이 되므로 고유값 a는

$$a=m\hbar\ (m=0, \pm1, \pm2, \cdots\cdots) \tag{7.68f}$$

가 된다. 한편 φ값은 $0 \sim 2\pi$까지 변하므로 Φ를 이 구간에서 규격화하면

$$1 = \int_0^{2\pi} \Phi^* \Phi d\varphi = |C|^2 \int_0^{2\pi} d\varphi = 2\pi |C|^2$$

$$\therefore C = \frac{1}{\sqrt{2\pi}}$$

즉 $$\therefore \Phi(\varphi) = \frac{1}{\sqrt{2\pi}} e^{im\varphi} \qquad (\Rightarrow \Phi_m(\phi)\text{으로도 표시함}) \tag{7.74}$$

를 얻는다. 여기서 C의 위상(位相) 항 $e^{i\delta}$은 임의로 택할 수 있으나 양자역학에서는 파동함수 전체에 곱하여지는 위상 항은 보통 1로 놓는다.

(b) L^2의 고유값 문제의 해

L^2의 고유 함수 $Y(\theta, \varphi)$는 $\Theta\Phi$로 쓸 수 있는데 Φ는 (7.74)식에 의하여 주어지므로 $\Theta(\theta)$와 고유값 $\lambda\hbar^2$를 구하여 보자.

(i) Θ가 만족하는 식은 (7.72)식에서 변수 θ대신에

$$x = \cos\theta \tag{7.75}$$

인 새로운 변수 x(*여기서는 3차원에서의 x축 변수와는 관련이 없는 새 변수임)를 이용하면

$$\frac{d}{d\theta} = \frac{dx}{d\theta} \frac{d}{dx} = -\sin\theta \frac{d}{dx} \tag{7.76a}$$

$$\therefore \frac{1}{\sin\theta} \frac{d}{d\theta} = -\frac{d}{dx} \tag{7.76b}$$

$$\sin\theta \frac{d}{d\theta} = (1 - \cos^2\theta) \frac{1}{\sin\theta} \frac{d}{d\theta} = -(1 - x^2) \frac{d}{dx}$$

$$\therefore \frac{1}{\sin\theta} \frac{d}{d\theta}\left(\sin\theta \frac{d}{d\theta}\right) = \frac{d}{dx}\left[(1 - x^2) \frac{d}{dx}\right] \tag{7.77}$$

을 얻는다.

따라서 Θ가 만족하는 (7.72)식은 λ를 $l(l+1)$이라 놓을 때

$$\frac{d}{dx}\left[(1 - x^2) \frac{d\Theta}{dx}\right] + \left[l(l+1) - \frac{m^2}{1 - x^2}\right]\Theta = 0 \tag{7.78}$$

이 된다. 이 식은 잘 알려진 르장드르 연관(associated Legendre) 미분 방정식이다.

이 방정식의 해에 관하여는 미분 방정식이나 수리 물리학에서 잘 알려져 있다. 여기에서는 연산자를 사용한 방법으로 해를 구하고 미분 방정식의 방법은 부록에서 논하기로 한다.

(ii) Θ 방정식의 해와 L^2의 해

① 연산자 $L_\pm$의 성질

다음과 같이 연산자 $L_\pm$를 정의하자.

$$L_{\pm} = L_x \pm iL_y$$
$$= \hbar e^{\pm i\varphi}\left(\pm \frac{\partial}{\partial\theta} + i\cot\theta\frac{\partial}{\partial\varphi}\right) \qquad \{(7.48\text{a,b})\text{식을 이용함}\} \tag{7.79}$$

또 $\vec{L}$연산자에 대하여는 (7.30)식으로부터 다음 관계식들을 얻는다.

$$L_+L_- = (L_x + iL_y)(L_x - iL_y)$$
$$= L_x^2 + L_y^2 - i[L_x, L_y]$$
$$= L_x^2 + L_y^2 + \hbar L_z$$
$$= L^2 - L_z^2 + \hbar L_z \tag{7.80a}$$
$$L_-L_+ = L^2 - L_z^2 - \hbar L_z \tag{7.80b}$$
$$[L_z, L_{\pm}] = [L_z, L_z \pm iL_y] = [L_z, L_x] \pm i[L_z, L_y]$$
$$= i\hbar L_y \pm i(-i\hbar)L_x$$
$$= \pm\hbar(L_x \pm iL_y)$$
$$= \pm\hbar L_{\pm} \tag{7.81}$$
$$[L^2, L_{\pm}] = 0 \tag{7.82}$$

한편 L^2과 L_z의 공통된 고유 함수 $Y_{\lambda m}(\theta, \varphi)$에 대하여 (아래 첨자 λ, m은 L^2과 L_z의 고유값을 나타내는 지표이며 경우에 따라서는 $Y_{\lambda,m}$으로도 씀)

$$L_z Y_{\lambda m}(\theta, \varphi) = m\hbar Y_{\lambda m}(\theta, \varphi) \tag{7.83}$$

이므로 $L_{\pm}$를 $Y_{\lambda m}$에 작용시켜 보면

$$L_z(L_{\pm} Y_{\lambda m}) = [L_z, L_{\pm}]\, Y_{\lambda m} + L_{\pm}L_z Y_{\lambda m}$$
$$= \pm\hbar L_{\pm} Y_{\lambda m} + m\hbar L_{\pm} Y_{\lambda m}$$
$$= (m \pm 1)\hbar(L_{\pm} Y_{\lambda m}) \tag{7.84}$$

또 $$L^2(L_{\pm} Y_{\lambda m}) = L_{\pm}L^2 Y_{\lambda m}$$
$$= \lambda\hbar^2(L_{\pm} Y_{\lambda m}) \tag{7.85}$$

가 된다. 즉 $(L_{\pm} Y_{\lambda m})$은 L_z와 L^2의 공통된 고유 함수가 된다. 단 이 때 L^2의 고유값은 $Y_{\lambda m}$의 고유값과 같으나 L_z의 고유값은 $(m \pm 1)\hbar$가 되어 $Y_{\lambda m}$의 고유값 $m\hbar$에서 $\pm\hbar$만큼 달라졌다. 따라서 L_z와 L^2의 공통된 고유 함수 $Y_{\lambda, m\pm 1}$의 상수 배이다.

즉 $(L_{\pm} Y_{\lambda m})$는

$$L_{\pm} Y_{\lambda, m} = c_{\lambda m} Y_{\lambda, m\pm 1} \tag{7.86}$$

라 놓을 수 있다. 제 5장의 조화 진동자 문제에서 고려하였던 것과 같이 $L_{\pm}$는 사다리(ladder) 연산자이며 L_+는 올림(raising) 연산자, L_-는 내림(lowering) 연산자이다.

② 위 (7.86)식에서 $c_{\lambda m}$을 구하여 보자. $\vec{L}$가 Hermite 연산자이므로

$$\int (L_+ Y_{\lambda m})^* L_+ Y_{\lambda m} d\Omega$$
$$= \int Y_{\lambda m}{}^*(L_+^{\dagger}) L_+ Y_{\lambda m} d\Omega$$

$$= \int Y_{\lambda m}{}^* L_- L_+ Y_{\lambda m} d\Omega$$

$$= \int Y_{\lambda m}{}^* \left(L^2 - L_z^2 - \hbar L_z\right) Y_{\lambda m} d\Omega$$

$$= (\lambda - m^2 - m)\hbar^2 \int Y_{\lambda m}{}^* Y_{\lambda m} \, d\Omega \tag{7.87a}$$

가 되고, 또 (7.86)식으로부터 위 식의 우변은

$$= |c_{\lambda m}|^2 \int Y_{\lambda, m}{}^*{}_{+1} Y_{\lambda, m+1} d\Omega \tag{7.87b}$$

로 놓을 수 있다. 여기서 $d\Omega$는 미소 입체각에 대한 적분이며 다음과 같다.

$$d\Omega = \sin\theta d\theta d\varphi \tag{7.88}$$

따라서 $Y_{\lambda m}$가 m의 모든 값에 대하여 규격화된 고유 함수라면

$$\int Y_{\lambda m}{}^* Y_{\lambda m} d\Omega = 1 \tag{7.89}$$

이 되며 $Y_{\lambda, m+1}$에 대하여도 마찬가지로 규격화되므로 (7.87)식으로부터

$$|c_{\lambda m}|^2 = (\lambda - m^2 - m)\hbar^2 \tag{7.90}$$

이 된다. 한편 (7.87)식은 $L_+ Y_{\lambda m}$의 절대 값의 제곱에 대한 적분이므로 $|c_{\lambda m}|^2 \geq 0$이 성립한다. 즉

$$\lambda \geq m(m+1) \tag{7.91}$$

이 되어야 한다. 그런데 $Y_{\lambda m}$에서 m의 여러 값에 대한 값은 $Y_{\lambda m}$에 $L_\pm$를 여러 번 작용하여 얻을 수 있다. 즉 L_+를 $Y_{\lambda m}$에 여러 번 작용하면 $m' > m$인 $Y_{\lambda m'}$을 얻을 수 있다. 그러나 주어진 λ에 대하여 m의 크기는 (7.91)식에 의하여 제한되어 있다. 따라서 m중에서 가장 큰 $m_{\max}$이 존재하며 이 값을 l라 놓으면

$$\lambda = m_{\max}(m_{\max} + 1)$$

$$= l(l+1) \tag{7.92}$$

이 된다.

앞으로 λ를 양자수 l로 대치하자. 이 양자수를 궤도 양자수(軌道量子數, orbital quantum number)라 부른다. 즉 $Y_{\lambda m}$ 대신에 Y_{lm}으로 쓰면 $Y_{lm}(\theta, \varphi)$가 만족하는 고유 방정식은

$$L^2 Y_{lm}(\theta, \varphi) = l(l+1)\hbar^2 Y_{lm}(\theta, \varphi)$$

$$L_z Y_{lm}(\theta, \varphi) = m\hbar Y_{lm}(\theta, \varphi) \tag{7.93}$$

이 된다. 그리고 (7.86)식은 (7.90)식을 이용하면

$$L_+ Y_{lm}(\theta, \varphi) = \hbar\sqrt{l(l+1) - m(m+1)} \; Y_{l, m+1}(\theta, \varphi) \tag{7.94}$$

가 된다. 마찬가지로 L_-를 Y_{lm}에 작용시키면

$$L_- Y_{lm}(\theta, \varphi) = \hbar\sqrt{l(l+1) - m(m+1)} \; Y_{l, m+1}(\theta, \varphi) \tag{7.95}$$

가 된다.

따라서 Y_{lm}에서 m이 최소값 $-l$인 $Y_{l,-l}$ 값을 알면 여기에 $(L_+)^{l+m}$ 을 작용함으로써 Y_{lm}을 얻게 된다.

③ $Y_{l,-l}(\theta,\varphi)$의 풀이

Y_{lm}에서 m이 최소인 $m=-l$인 경우 m값은 $-l$보다 작을 수 없다. 따라서 $L_-Y_{l,-l}$가 0이 아니면, 이는 $m=-l-1$인 고유 함수가 존재함을 의미하므로 $m=-l$이 최소값이라는 말과 모순된다. 따라서

$$L_-Y_{l,-l}=0 \tag{7.96}$$

이 되어야 한다.

L_-에 대한 (7.79)식과 $Y_{l,-l}$을 Θ, Φ로 표시한 후 $\Phi(\varphi)$에 대한 (7.74)식을 이용하면 $Y_{l,-l}$이 만족하는 식은

$$\hbar e^{-i\varphi}\left(-\frac{\partial}{\partial\theta}+i\cot\theta\frac{\partial}{\partial\varphi}\right)Y_{l,-l}=0 \tag{7.97}$$

$$Y_{l,-l}=\frac{1}{\sqrt{2\pi}}\Theta_l(\theta)e^{-il\phi} \tag{7.98}$$

가 된다. 또 (7.98)식으로부터

$$\frac{\partial}{\partial\varphi}Y_{l,-l}=-il\,Y_{l,-l} \tag{7.99}$$

을 얻기 때문에 (7.97)식으로부터 $\Theta(\theta)_l$이 만족하는 식을 얻게 된다.

$$\left(\frac{d}{d\theta}-l\cot\theta\right)\Theta_l=0 \tag{7.100}$$

이 식의 해는

$$\frac{d\Theta_l}{\Theta_l}=l\cot\theta\,d\theta=l\frac{\cos\theta}{\sin\theta}d\theta$$

$$\ln\Theta_l=C'+l\ln\sin\theta=\ln\left(C\sin^l\theta\right)$$

$$\therefore\ \Theta_l(\theta)=C\sin^l\theta \tag{7.101}$$

이고 따라서

$$Y_{l,-l}(\theta,\varphi)=\frac{C}{\sqrt{2\pi}}\sin^l\theta\, e^{-il\varphi} \tag{7.102}$$

를 얻는다.

여기서 상수 C 를 얻기 위하여 파동 함수의 규격화 조건을 사용하면

$$1=\int Y^*_{l,-l}Y_{l,-l}d\Omega=\frac{|C|^2}{2\pi}\int_0^{2\pi}d\phi\int_0^{\pi}\sin\theta(\sin\theta)^{2l}\,d\theta$$

$$=|C|^2\int_0^{\pi}\sin\theta\left(1-\cos^2\theta\right)^l d\theta \tag{7.103}$$

이 된다.

한편 이 식의 우변의 적분을 구하기 위하여 $\cos\theta = x$로 놓으면

$$I_l \equiv \int_0^\pi \sin\theta(1-\cos^2\theta)^l d\theta = \int_{-1}^1 dx(1-x^2)^l \tag{7.104}$$

이 된다. 특히 $l \neq 0$인 경우

$$\begin{aligned} I_l &= \int_{-1}^1 dx(1-x^2)^l \\ &= \int_{-1}^1 (1-x^2)(1-x^2)^{l-1} dx \\ &= I_{l-1} - \int_{-1}^1 x^2(1-x^2)^{l-1} dx \\ &= I_{l-1} - \frac{1}{2}\int_{-1}^1 x(1-x^2)^{l-1} d(x^2) \\ &= I_{l-1} + \frac{x(1-x^2)^l}{2l}\bigg|_{-1}^1 - \frac{1}{2l}\int_{-1}^1 (1-x^2)^l dx \\ &= I_{l-1} - \frac{1}{2l} I_l \end{aligned}$$

$$\begin{aligned} \therefore I_l &= \frac{2l}{2l+1} I_{l-1} \\ &= \frac{2l}{2l+1} \cdot \frac{2(l-1)}{2l-1} I_{l-2} = \cdots\cdots \\ &= \frac{2l \cdot 2(l-1) \cdots\cdots 2}{(2l+1)(2l-1)\cdots 3 \cdot 1} I_0 \\ &= \frac{2^{2l}(l!)^2}{(2l+1)!} I_0 \end{aligned} \tag{7.105}$$

를 얻으며 특히 (7.104)식에서 $l=0$인 경우에는

$$I_0 = \int_0^\pi \sin\theta d\theta = -\cos\theta \bigg|_0^\pi = 2 \tag{7.106}$$

이므로

$$\therefore I_l = \frac{2^{2l+1}(l!)^2}{(2l+1)!} \tag{7.107}$$

가 된다.

따라서 (7.103)식으로부터

$$1 = |C|^2 \cdot \frac{2^{2l+1}(l!)^2}{(2l+1)!}$$

$$\therefore C = \sqrt{\frac{(2l+1)!}{2^{2l+1}(l!)^2}} = \frac{1}{2^l l!}\sqrt{\frac{(2l+1)!}{2}} \tag{7.108}$$

을 얻고 (7.102)식에 이 값을 대입하여

$$\Theta_l = \frac{1}{2^l l!}\sqrt{\frac{(2l+1)!}{2}}\ \sin^l\theta \tag{7.109}$$

$$\therefore\ \ Y_{l,-l}(\theta,\phi) = \frac{1}{2^l l!}\sqrt{\frac{(2l+1)!}{4\pi}}\ \sin^l\theta\, e^{-il\varphi}$$

를 얻는다.

④ Y_{lm} 값

$Y_{l,-l}$ 에 $(L_+)^{l+m}$ 을 작용하면 Y_{lm} 값을 얻게 되는데 구체적으로 L_+의 성질을 이용하여 구해 보자. (7.94)식을 다시 쓰면

$$L_+ Y_{lm} = \hbar\sqrt{(l-m)(l+m+1)}\ Y_{l,m+1} \tag{7.110}$$

이 되므로

$$L_+ Y_{l,-l} = \hbar\sqrt{2l \cdot 1}\ Y_{l,-l+1}$$
$$(L_+)^2 Y_{l,-l} = \hbar\sqrt{2l \cdot 1}\, L_+ Y_{l,-l+1} = \hbar^2\sqrt{2l(2l-1)1 \cdot 2}\ Y_{l,-l+2}$$
$$\cdots\cdots$$
$$(L_+)^{l+m} Y = \hbar^{l+m}\sqrt{2l(2l-1)\cdot\cdot(l-m+1)1\cdot 2\cdot\cdot(l+m)}\ Y_{lm}$$
$$= \hbar^{l+m}\sqrt{(2l)!\frac{(l+m)!}{(l-m)!}}\ Y_{lm}$$

$$\therefore\ \ Y_{lm} = \frac{1}{\hbar^{l+m}}\sqrt{\frac{(l-m)!}{(2l)!(l+m)!}}\ (L_+)^{l+m} Y_{l,-l} \tag{7.111}$$

이다.

한편 L_+의 (7.79)식과 $Y_{l,-l}$ 의 (7.98)식을 이용하면

$$\begin{aligned} L_+ Y_{l,-l} &= \hbar e^{i\phi}\left(\frac{\partial}{\partial\theta} + i\cot\theta\frac{\partial}{\partial\varphi}\right) Y_{l,-l} \\ &= \frac{\hbar}{\sqrt{2\pi}} e^{-i(l-1)\varphi}\left(\frac{\partial}{\partial\theta} + l\cot\theta\right)\Theta_l \\ &= \frac{\hbar}{\sqrt{2\pi}} e^{-i(l-1)\varphi}\left\{\frac{1}{\sin^l\theta}\frac{\partial}{\partial\theta}\left(\sin^l\theta\,\Theta_l\right)\right\} \\ &= \frac{\hbar}{\sqrt{2\pi}} e^{-i(l-1)\varphi}\frac{1}{\sin^{l-1}\theta}\left(\frac{1}{\sin\theta}\frac{\partial}{\partial\theta}\right)\left(\sin^l\theta\,\Theta_l\right) \end{aligned} \tag{7.112a}$$

또

$$\begin{aligned} (L_+)^2 Y_{l,-l} &= \hbar e^{i\phi}\left(\frac{\partial}{\partial\theta} + i\cot\theta\frac{\partial}{\partial\varphi}\right) L_+ Y_{l,-l} \\ &= \frac{\hbar^2}{\sqrt{2\pi}} e^{-i(l-2)\varphi}\left\{\frac{\partial}{\partial\theta} + (l-1)\cot\theta\right\}\left\{\frac{1}{\sin^l\theta}\frac{\partial}{\partial\theta}\left(\sin^l\theta\,\Theta_l\right)\right\} \\ &= \frac{\hbar^2}{\sqrt{2\pi}} e^{-i(l-2)\varphi}\left\{\frac{1}{\sin^{l-1}\theta}\frac{\partial}{\partial\theta}\left(\sin^{l-1}\theta \cdot \frac{1}{\sin^l\theta}\frac{\partial}{\partial\theta}\left(\sin^l\theta\,\Theta_l\right)\right)\right\} \\ &= \frac{\hbar^2}{\sqrt{2\pi}} e^{-i(l-2)\phi}\frac{1}{\sin^{l-2}\theta}\left(\frac{1}{\sin\theta}\frac{\partial}{\partial\theta}\right)\left(\frac{1}{\sin\theta}\frac{\partial}{\partial\theta}\right)\left(\sin^l\theta\,\Theta_l\right) \end{aligned} \tag{7.112b}$$

등, 이렇게 한 차원씩 높이며 L_+ 를 계속 작용하면 결국

$$(L_+)^{l+m} Y_{l,-l} = \frac{\hbar^{l+m}}{\sqrt{2\pi}} e^{-i(l-(l+m))\varphi} \frac{1}{\sin^{l-(l+m)}\theta} \left(\frac{1}{\sin\theta}\frac{\partial}{\partial\theta}\right)^{l+m} (\sin^l\theta\Theta_l) \quad (7.112c)$$
$$= \frac{\hbar^{l+m}}{\sqrt{2\pi}} e^{im\varphi}\sin^m\theta \left(\frac{1}{\sin\theta}\frac{\partial}{\partial\theta}\right)^{l+m} (\sin^l\theta\,\Theta_l)$$

이 되고, Θ_l에 대하여 (7,109)식을 이용하면 (7.111)식과 (7.112c)식으로부터

$$Y_{lm}(\theta,\varphi) \quad (7.113)$$
$$= \frac{1}{2^l l!}\sqrt{\frac{(2l+1)}{4\pi}\cdot\frac{(l-m)!}{(l+m)!}}\, e^{im\varphi}\sin^m\theta \left(\frac{1}{\sin\theta}\frac{d}{d\theta}\right)^{l+m} \sin^{2l}\theta$$
$$= \frac{(-1)^m}{2^l l!} e^{im\varphi}\sqrt{\frac{(2l+1)(l-m)!}{4\pi(l+m)!}}\,(1-x^2)^{\frac{m}{2}}\left(\frac{d}{dx}\right)^{l+m}(x^2-1)^l$$

을 얻는다. 여기서 x는 (7.75)식에서와 같은 $\cos\theta$ 를 나타낸다. 부록에서 보는 바와 같이 Legendre 다항식에 대한 공식들

$$P_l(x) = \frac{1}{2^l l!}\left(\frac{d}{dx}\right)^l (x^2-1)^l$$
$$P_l^m(x) = (1-x^2)^{\frac{m}{2}}\left(\frac{d}{dx}\right)^m P_l(x)$$
$$= \frac{1}{2^l l!}(1-x^2)^{\frac{m}{2}}\left(\frac{d}{dx}\right)^{l+m}(x^2-1)^l$$

을 이용하면 (7.113)식은

$$Y_{lm}(\theta,\varphi) = (-1)^m\sqrt{\frac{(2l+1)(l-m)!}{4\pi\,(l+m)!}}\; P_l^m(\cos\theta)e^{im\varphi} \quad (7.114)$$

로 쓸 수 있다. 이 함수를 구면 조화 함수(球面調和函數, spherical harmonic function)라 부르며 물리학에서 많이 사용되는 함수이다.

(7.114)식으로 주어진 구면 조화 함수의 몇 개의 값을 보면

$$Y_{00} = \frac{1}{\sqrt{4\pi}}$$
$$Y_{1,\pm1} = \mp\sqrt{\frac{3}{8\pi}}\, e^{\pm i\varphi}\sin\theta \quad = \mp\sqrt{\frac{3}{8\pi}}\,\frac{x\pm iy}{r}$$
$$Y_{10} = \sqrt{\frac{3}{4\pi}}\cos\theta \quad = \sqrt{\frac{3}{4\pi}}\,\frac{z}{r}$$
$$Y_{2,\pm2} = \sqrt{\frac{15}{32\pi}}\, e^{\pm 2i\varphi}\sin^2\theta \quad = \sqrt{\frac{15}{32\pi}}\,\frac{x^2-y^2\pm 2ixy}{r^2}$$
$$Y_{2,\pm1} = \mp\sqrt{\frac{15}{8\pi}}\, e^{\pm i\varphi}\sin\theta\cos\theta \quad = \mp\sqrt{\frac{15}{8\pi}}\,\frac{z(x\pm iy)}{r^2}$$
$$Y_{20} = \sqrt{\frac{15}{16\pi}}(3\cos^2\theta-1) \quad = \sqrt{\frac{15}{16\pi}}\,\frac{(2z^2-x^2-y^2)}{r^2} \quad (7.115)$$

....

가 된다.

또 부록에서 보인바와 같이 $P_l^m(\cos\theta)$의 성질을 이용하면

$$Y_{l,-m}(\theta,\varphi)=(-1)^m Y_{lm}^*(\theta,\varphi) \tag{7.116}$$

$$\int Y_{l'm'}^*(\theta,\varphi)\,Y_{lm}(\theta,\varphi)\,d\Omega=\delta_{ll'}\delta_{mm'} \tag{7.117}$$

이 된다.

l 이 주어졌을 때 m은 $l, l-1, l-2, \cdots\cdots, 0, \cdots\cdots, -l$ 의 값을 가질 수 있으므로 m이 가질 수 있는 값의 개수는 $(2l+1)$개이다.

7. 5 지름 파동 방정식 (radial wave equation)의 해

수소형 원자와 같이 전하 $Z|e|$인 핵 주위에 전자가 한 개 돌고 있는 경우에 퍼텐셜은 $V=-Ze^2/r$이다. 핵의 질량에 비해 전자의 질량은 무시되므로 μ 대신 전자 질량 m을 쓰면 $\chi(r)=rR(r)$에 대한 식은 (7.66)식에서

$$-\frac{\hbar^2}{2m}\frac{d^2\chi}{dr^2}+\left[-\frac{Ze^2}{r}+\frac{\hbar^2 l(l+1)}{2mr^2}\right]\chi=E\chi \tag{7.118}$$

이 되며 이 식이 풀어야 할 방정식이다.

(a) 차원이 없는 양의 표현

이 방정식을 풀기 위해서 먼저 조화 진동자에서 취급한 비와 같이 차원이 없는 (dimensionless)양을 도입하는 것이 편리하다. 결론부터 말하면, r과 E를 차원이 없는 양으로 대치할 경우에 그 결과는 위 식에서 $m, Ze^2, \hbar$를 1로 놓는 경우와 같다. 즉 (7.118)식에서

Ze^2의 차원은 [에너지] × [거리]

$\hbar$의 차원은 [에너지] × [시간]

이 되므로

$\left(\dfrac{Ze^2}{\hbar}\right)$의 차원은 [속도]

가 된다. 한편

[에너지]의 차원은 [질량]×[속도]^2 ; $m\left(\dfrac{Ze^2}{\hbar}\right)^2=\dfrac{mZ^2e^4}{\hbar^2}$

[거리]는 ; $Ze^2/[\text{에너지}]=Ze^2/\dfrac{mZ^2e^4}{\hbar^2}=\dfrac{\hbar^2}{mZe^2}$

이 된다.

여기에 차원이 없는 미세 구조 상수 (微細構造常數, fine structure constant)

$$\alpha=\frac{e^2}{\hbar c}\left(\sim\frac{1}{137}\right) \tag{7.119}$$

를 도입하면 에너지와 거리의 차원은 각각

$$[\text{에너지}]=mc^2(Z\alpha)^2=\frac{Z^2e^2}{a_0} \tag{7.120}$$

$$[\text{거리}]=\frac{\hbar}{(Z\alpha)mc}=\frac{a_0}{Z} \tag{7.121}$$

로 쓸 수 있다. 여기서 a_o는 Bohr의 반경으로 다음과 같이 정의되었었다.

$$a_o=\frac{\hbar^2}{me^2}=\frac{\hbar}{mc}\cdot\frac{\hbar c}{e^2}=\frac{\hbar}{\alpha mc} \tag{7.122}$$

따라서 차원이 없는 거리와 에너지를 다음과 같이 정의하면

$$\tilde{r}=r/\left(\frac{\hbar^2}{mZe^2}\right)=\left(\frac{Z}{a_0}\right)r \tag{7.123}$$

$$\tilde{E}=E/\left(\frac{mZ^2e^4}{\hbar^2}\right)=\left(\frac{a_0}{Z^2e^2}\right)E \tag{7.124}$$

(7.118)식은

$$-\frac{\hbar^2}{2m}\cdot\frac{1}{\left(\dfrac{\hbar^2}{mZe^2}\right)^2}\frac{d^2\chi}{d\tilde{r}^2}+\left[-Ze^2\cdot\frac{1}{\left(\dfrac{\hbar^2}{mZe^2}\right)}\frac{1}{\tilde{r}}\right]\chi$$

$$+\frac{\hbar^2}{m\left(\dfrac{\hbar^2}{mZe^2}\right)^2}\frac{l(l+1)}{2\tilde{r}^2}\chi=\frac{mZ^2e^4}{\hbar^2}\tilde{E}\chi$$

$$\therefore\ -\frac{1}{2}\frac{d^2\chi}{d\tilde{r}^2}+\left[-\frac{1}{\tilde{r}}+\frac{l(l+1)}{2\tilde{r}^2}\right]\chi=\tilde{E}\chi \tag{7.125}$$

가 된다.

이 식과 (7.118)식을 비교하여 보면 $\hbar, m, Ze^2$를 1로 놓고 r, E를 차원이 없는 양 $\tilde{r}, \tilde{E}$로 놓은 결과가 된다. 앞으로는 r, E 위에 ~ 표시를 하지 않고 r, E로 쓰며 차원이 없는 양이라고 하겠다.

(b) 방정식의 해

차원이 없는 양으로 표시된 지름 파동 방정식은

$$\frac{d^2\chi}{dr^2}+\left[2E+\frac{2}{r}-\frac{l(l+1)}{r^2}\right]\chi=0 \tag{7.126}$$

으로 쓸 수 있다. 조화 진동자에서와 마찬가지로 2계 미분 방정식을 풀 때에는 점근 행동(漸近行動, asympotic behavior)을 조사하는 것이 보통 사용되는 방법이다.

(i) r가 큰 값이 경우

위 식은 $r\to\infty$ 일 때 다음과 같이 된다.

$$\frac{d^2\chi}{dr^2}+2E\chi=0 \tag{7.127}$$

이 때 $E>0$ 이면 χ는 $\sin\sqrt{2E}r$ 값과 같은 속박되지 않은 해를 갖는다. 이 경우 자유 입자에서와 같이 고유값은 연속적인 값을 갖는다.

수소 원자와 같이 전자가 핵 주위에 속박되었을 때는 r값이 유한한 값 사이에서 움직이게 되므로 그림 7.1 에서와 같이 $E<0$ 인 경우에 해당된다.

$E<0$인 경우

$$\epsilon=\sqrt{-2E}=\sqrt{2|E|}>0 \tag{7.128}$$

로 놓으면 (7.127)식은

$$\frac{d^2\chi}{dr^2}-\epsilon^2\chi=0 \tag{7.129}$$

이 되므로

$$\chi\sim e^{\pm\epsilon r} \tag{7.130}$$

의 해를 얻게 된다. 이 해 중에서 $e^{+\epsilon r}$는 r가 클 경우에 무한히 큰 값이 되고 $R=\frac{\chi}{r}\sim\frac{1}{r}e^{\epsilon r}$도 큰 값이 되므로 파동함수의 해로는 적합하지 않으며 따라서 $e^{-\epsilon r}$인 해만을 택한다. 그러므로 r가 클 경우까지를 고려하면 (7.126)식의 해는

$$\chi(r)=e^{-\epsilon r}y(r) \tag{7.131}$$

로 놓을 수 있다. 이 식을 미분하면

$$\frac{d\chi}{dr}=e^{-\epsilon r}\frac{dy}{dr}-\epsilon e^{-\epsilon r}y$$

$$\frac{d^2\chi}{dr^2}=e^{-\epsilon r}\frac{d^2y}{dr^2}-2\epsilon e^{-\epsilon r}\frac{dy}{dr}+\varepsilon^2e^{-\epsilon r}y$$

가 되므로 (7.126)식은

$$e^{-\varepsilon r}\frac{d^2y}{dr^2}-2\varepsilon e^{-\varepsilon r}\frac{dy}{dr}+\varepsilon^2e^{-\varepsilon r}y+\left[-\varepsilon^2+\frac{2}{r}-\frac{l(l+1)}{r^2}\right]e^{-\varepsilon r}y=0$$

가 되어 y함수가 만족하는 식은

$$\frac{d^2y}{dr^2}-2\varepsilon\frac{dy}{dr}+\left[\frac{2}{r}-\frac{l(l+1)}{r^2}\right]y=0 \tag{7.132}$$

이 된다.

(ii) (7.132)식에서 $r=0$은 정칙 특이점(正則特異點, regular singular point)이며 부록에서 볼 수 있겠지만 일반적으로 정칙특이점을 다루는 문제에서는 잘 알려진 바와 같이 방정식의 해는 다음과 같은 멱급수에 의하여 전개될 수 있다.

$$y=r^s\sum_{k=0}^{\infty}a_kr^k\ (a_0\neq 0) \tag{7.133}$$

이 식을 (7.132)식에 대입하여 주고 각 r^n항의 계수를 모아서 0으로 놓으면

$$a_0[s(s-1)-l(l+1)]=0 \tag{7.134}$$

$$[(s+k)(s+k-1)-l(l+1)]a_k-2[\varepsilon(s+k-1)-1]a_{k-1}=0 \tag{7.135}$$

을 얻는다. 첫 식에서는 $a_0 \neq 0$이므로

$$s=l+1$$

또는

$$s=-l$$

를 얻는다. 한편 지름 파동 함수 $R=\dfrac{\chi}{r}$가 $r=0$에서 유한한 값을 갖기 위해서는 $s=-l$은 택할 수 없다. 따라서

$$s=l+1 \tag{7.136}$$

이 된다. (7.135)식과 같이 연이은 두 계수 a_k와 a_{k-1} 사이의 연이음 공식을 얻은 것은 점근 행동을 고려하였기 때문이다. 또 $s=l+1$을 사용하면

$$a_k=\frac{2[\varepsilon(l+k)-1]}{k^2+(2l+1)k}a_{k-1} \tag{7.137}$$

의 관계가 있다.

(iii) 여기에서 한 번 더 점근 행동을 고찰하여 보자. 함수의 멱급수 전개식 (7.133)에서 r가 클 때에는 k가 큰 급수의 항이 중요하므로 위 (7.137)식으로부터

$$\begin{aligned} a_k &\simeq \frac{2\varepsilon k}{k^2}a_{k-1} \simeq \frac{2\varepsilon}{k}a_{k-1} \\ &= \frac{2\varepsilon}{k}\cdot\frac{2\varepsilon}{k-1}\cdot\frac{2\varepsilon}{k-2}\cdots\cdots a_0 \\ \therefore a_k &\simeq \frac{(2\varepsilon)^k}{k!}a_0 \end{aligned} \tag{7.138}$$

인 모양을 근사적으로 얻게 된다. 따라서 만일 급수 (7.133)식이 끊어지지 않을 경우

$$\begin{aligned} y &= r^{l+1}\sum a_k r^k \\ &\simeq r^{l+1}a_0\sum\frac{(2\varepsilon)^k}{k!}r^k \\ &\simeq a_0 r^{l+1}e^{2\varepsilon r} \end{aligned} \tag{7.139}$$

가 되므로 (7.131)식에 위 식을 이용하면

$$\begin{aligned} \therefore \chi(r) &= e^{-\varepsilon r}y \\ &= a_0 r^{l+1}e^{\varepsilon r} \end{aligned} \tag{7.140}$$

을 얻게 된다. 따라서 r 가 클 때에 이 값은 매우 커지므로 이 값은 파동방정식의 해로서 적합하지 못하다.

따라서 다른 가능성을 생각하여야 하며 급수가 적당한 항에서 끊어져서 y가 다항식이 되는 경우를 고려할 수 있다. 즉 어느 특정한 k값, 예를 들어 $k=N$에 대하여 $a_N \neq 0$이고 $a_{N+1}=0$이면 (7.137)식으로부터

$$\varepsilon(l+N+1)-1=0$$

$$\therefore\ \varepsilon = \sqrt{-2E} = \frac{1}{l+N+1} \equiv \frac{1}{n} \tag{7.141a}$$

$$\therefore\ E = -\frac{1}{2(l+N+1)^2}$$

$$= -\frac{1}{2n^2} \tag{7.141b}$$

을 얻는다. 이 식에서 E는 차원이 없는 양 $\tilde{E}$에 대한 값이며 차원을 되찾아 주는 경우 (7.124)식으로부터

$$E = \frac{mZ^2e^4}{\hbar^2}\tilde{E} = -\frac{mZ^2e^4}{2\hbar^2 n^2}$$

또는

$$E_n = -\frac{1}{2}mc^2(Z\alpha)^2\frac{1}{n^2} \tag{7.142}$$

$$:\ \ n = l+N+1\,(=1, 2, 3, \cdots\cdots) \tag{7.143}$$

가 된다. n은 주양자수(主量子數, principal quantum number)라 부른다. 이 에너지 값은 Bohr의 수소 원자에 대한 에너지 준위와 같다. 엄밀히 말하면 여기서는 m 대신에 환산 질량 μ를 써야 한다. 또 궤도 양자수 l은 에너지 양자수 n보다 항상 작음을 알 수 있다.

(iv) (7.133)식으로 표시된 급수가 어느 항에서 끊어지면 y는 다항식이 된다. $s = l+1$을 염두에 두면 이 y식은

$$y - r^{l+1}F(r) \tag{7.144}$$

로 놓을 수 있다. 이 값을 (7.132)식에 대입하면

$$\frac{dy}{dr} = r^{l+1}\frac{dF}{dr} + (l+1)r^lF$$

$$\frac{d^2y}{dr^2} = r^{l+1}\frac{d^2F}{dr^2} + 2(l+1)r^l\frac{dF}{dr} + l(l+1)r^{l-1}F$$

$$\therefore\ r^{l+3}\frac{d^2F}{dr^2} + 2(l+1)r^{l+2}\frac{dF}{dr} + l(l+1)r^{l+1}F$$
$$-2\varepsilon r^2\left\{r^{l+1}\frac{dF}{dr} + (l+1)r^lF\right\} + \{2r - l(l+1)\}r^{l+1}F = 0$$

이므로

$$r\frac{d^2F}{dr^2} + 2[l+1-\varepsilon r]\frac{dF}{dr} + 2\{1-\varepsilon(l+1)\}F = 0 \tag{7.145}$$

을 얻는다.

이 식은 수학적으로 잘 알려진 라게르 연관(associated Laguerre) 미분 방정식이다. 자세한 것은 부록에 있으며 Laguerre 함수 L_s는 다음 Laguerre 미분 방정식을 만족한다.

$$\rho\frac{d^2L_s}{d\rho^2} + (1-\rho)\frac{dL_s}{d\rho} + sL_s = 0 \tag{7.146}$$

이 식을 m번 미분할 경우 소위 Leibnitz 공식

$$\frac{d^m}{dr^m}(AB)=\sum_k {}_mC_k\frac{d^kA}{dr^k}\ \frac{d^{m-k}B}{dr^{m-k}} \tag{7.147}$$

을 이용하면 L_s를 m번 미분할 것을 L_s^m라 놓는 경우

$$\rho\frac{d^2L_s^m}{d\rho^2}+(m+1-\rho)\frac{dL_s^m}{d\rho}+(s-m)L_s^m=0 \tag{7.148}$$

을 얻는다. 이 방정식은 Associated Laguerre 방정식으로 알려졌으며 (7.145)식을 (7.148)식과 비교하여 보면

$$2\varepsilon r=\rho \tag{7.149a}$$

$$\frac{d}{dr}=\frac{d\rho}{dr}\ \frac{d}{d\rho}=2\varepsilon\frac{d}{d\rho} \tag{7.149b}$$

이므로 (7.145)식을 바꾸어 쓰면

$$\frac{1}{2\varepsilon}\bullet(2\varepsilon)^2\rho\frac{d^2F}{d\rho^2}+[2(l+1)-\rho]2\varepsilon\frac{dF}{d\rho}+2\{1-\varepsilon(l+1)\}F=0$$

$$\therefore\ \rho\frac{d^2F}{d\rho^2}+(2l+2-\rho)\frac{dF}{d\rho}+\left\{\frac{1}{\varepsilon}-(l+1)\right\}F=0 \tag{7.150}$$

가 되고 이 식을 (7.148)식과 비교하여 보면

$$2l+2=m+1$$

$$\frac{1}{\varepsilon}-(l+1)=s-m$$

가 되어

$$\therefore m=2l+1 \tag{7.151a}$$

$$s=\frac{1}{\varepsilon}-(l+1)+m=n-(l+1)+2l+1=n+l \tag{7.151b}$$

이 된다. 따라서 우리가 구하려는 F는

$$F\sim L_{n+1}^{2l+1}\left(\frac{2r}{n}\right) \tag{7.152}$$

가 된다. 여기에서 r는 차원이 없는 양이다. 차원을 넣어주면 (7.65)식, (7.131)식, (7.144)식과 (7.152)식으로부터 지름 파동 함수(radial wave function)

$$R_{nl}(r)=Ce^{-\frac{Zr}{na_0}}\left(\frac{2Zr}{na_0}\right)^l L_{n+l}^{2l+1}\left(\frac{2Zr}{na_0}\right) \tag{7.153}$$

을 얻는다. 이 식을 Laguerre 다항식의 규격화를 생각하면 부록에서 보인 바와 같이

$$R_{nl}(r)=\left\{\left(\frac{2Z}{na_0}\right)^3\frac{(n-l-1)!}{2n[(n+l)!]^3}\right\}^{\frac{1}{2}}e^{-\frac{Zr}{na_0}}\left(\frac{2Zr}{na_0}\right)^l L_{n+l}^{2l+1}\left(\frac{2Zr}{na_0}\right) \tag{7.154}$$

이 된다. 몇 개의 R_{nl}값을 보면

$$R_{10}=2\left(\frac{Z}{a_0}\right)^{3/2}e^{-Zr/a_0}$$

$$R_{20}=2\left(\frac{Z}{a_0}\right)^{3/2}\left(1-\frac{Zr}{2a_0}\right)e^{-Zr/2a_0}$$

$$R_{21}=\frac{1}{\sqrt{3}}\left(\frac{Z}{a_0}\right)^{3/2}\left(\frac{Zr}{2a_0}\right)e^{-Zr/2a_0}$$

$$R_{30}=2\left(\frac{Z}{3a_0}\right)^{3/2}\left[1-\frac{2Zr}{3a_0}+\frac{2(Zr)^2}{27a_0^2}\right]e^{-Zr/3a_0}$$

$$R_{31}=\frac{4\sqrt{2}}{3}\left(\frac{Z}{3a_0}\right)^{3/2}\frac{Zr}{a_0}\left(1-\frac{Zr}{6a_0}\right)e^{-Zr/3a_0}$$

$$R_{32}=\frac{2\sqrt{2}}{27\sqrt{5}}\left(\frac{Z}{3a_0}\right)^{3/2}\left(\frac{Zr}{a_0}\right)^2e^{-Zr/3a_0} \tag{7.155}$$

등과 같다.

그리고 에너지 고유 함수는 결국 다음과 같이 된다.

$$u_{nlm}=R_{nl(r)}Y_{lm}(\theta,\varphi) \tag{7.156}$$

이 함수를 원자 궤도 함수(原子軌道函數, atomic orbitals)라 부른다.

7. 6 논의(論議)

ⓐ Hamiltonian H와 교환 가능한 연산자들의 고유값을 특정지어 주는 수를 "좋은 양자수"(good quantum number)라 부른다. 그 이유는 한 계가 어느 순간 좋은 양자수를 가졌다면 그 계는 항상 그 양자수 상태에 머무르기 때문이다. 앞에서 언급된 n,l,m 등은 모두 좋은 양자수이다.

예를 들어서 한 상태 $\psi(x,t)$가 $t=0$일 때 특정한 양자수 l상태에 있다고 하자. 즉

$$L^2\psi(\vec{x},0)=l(l+1)\hbar^2\psi(\vec{x},0) \tag{7.157}$$

일 때 $\psi(\vec{x},0)$는 완전 직교함수 $\{u_{nlm}\}$으로 전개될 수 있으며 이 상태는 특정한 l상태에 있으므로

$$\psi(\vec{x},0)=\sum_n\sum_m c_{nm}u_{nlm} \tag{7.158}$$

로 쓸 수 있다. 그러면 시간이 지난 후에는

$$\psi(\vec{x},t)=e^{-\frac{it}{\hbar}H}\psi(\vec{x},0)$$

$$=\sum_n\sum_m c_{nm}e^{-\frac{iE_n}{\hbar}t}u_{nlm} \tag{7.159}$$

이 된다. 따라서

$$L^2\psi(\vec{x},t)=l(l+1)\hbar^2\psi(\vec{x},t) \tag{7.160}$$

가 되어 ψ가 l인 상태에 있음은 시간에 대하여 변하지 않는다.

ⓑ 수소와 같은 모양의 원자들의 총에너지는

$$E_T = \frac{P^2}{2(m_1+m_2)} - \frac{1}{2}\mu c^2 (Z\alpha)^2 \frac{1}{n^2} \tag{7.161}$$

이 된다. 우변의 첫 항은 원자가 움직이는 것을 고려하지 않으면 0이 되고 원자핵의 질량이 전자의 질량보다 훨씬 크기 때문에 두 번째 항은 전자의 에너지에 해당된다. 전자를 기술하는 파동함수인 원자 궤도 함수 $\{u_{nlm}\}$는 많이 축퇴된(degenerated) 상태이다. 같은 n을 가지나 다른 l, m의 궤도함수들의 중첩상태를 혼합 궤도 함수(混合軌道函數, hybrid orbital)라 부른다. 특히 l이 $0, 1, 2, \cdots$인 상태를 각각 $s, p, d, f, \cdots$ 상태라고 한다. 그리고 궤도함수도 s-orbital, p-orbital, …등으로 부른다.

ⓒ 수소 원자와 같이 외각 전자 한 개를 갖는 원자를 취급함에 있어서 지금까지는 전자의 스핀(spin)을 고려하지 않았지만 전자는 고유(固有) 각운동량인 스핀을 가지고 있다. 이것의 자세한 논의는 제 10장에서 하겠으나 l에 해당하는 스핀 양자수 s는 $\frac{1}{2}$이고 스핀 각운동량 S_z의 고유값은 $m_s\hbar$이며 m_s는 $-\frac{1}{2}$과 $\frac{1}{2}$을 갖는다. 따라서 이 원자의 완전한 기술은

$$u_{nlmm_s}$$

에 의하여 이루어진다. 즉 고유 상태는 H, L^2, L_z, S_z의 고유값을 나타내는 양자수 $\{n, l, m, m_s\}$에 의하여 기술되어야 한다.

ⓓ H의 고유값 E_n에 대하여 축퇴된 수를 구하여 보자. 즉 H의 한 고유값 E_n에 대하여 한 개의 양자수 n이 정해지고 l은 n보다 작아서

$$l : 0, 1, 2, \cdots\cdots (n-1), \tag{7.162}$$

이 가능하다. 또 주어진 어떤 l값에 대하여 m은

$$m : l, l-1, \cdots\cdots, -l \tag{7.163}$$

이 가능한 값이므로 $(2l+1)$개의 가능성이 있고 m_s는 l, m과 관계없이

$$m_s : \frac{1}{2},\ -\frac{1}{2} \tag{7.164}$$

의 두 가지가 가능하다. 따라서 총 축퇴의 수는 에너지 E_n을 갖는 상태의 수로서

$$\begin{aligned} E_n\text{의 축퇴의 수 } &= 2\sum_{l=0}^{n-1}(2l+1) \\ &= 2\{1+3+5+\cdots\cdots+(2n-1)\} \\ &= 2n^2 \end{aligned} \tag{7.165}$$

이 된다.

$n = 1, 2, 3, \cdots$인 전자의 상태를 원자의 K각(殼, shell), L각, M각, …등으로 부르며 위식에 의하여 K각에 있을 수 있는 전자상태의 수는 2, L각에는 8, 등이 된다. 이것에 대한 설명은 다음에 주기율표를 생각하면서 하겠다.

7. 7 주기율표(週期律表, periodic table)

(a) 원자에서는 일반적으로 여러 개의 전자들이 핵을 중심으로 돌고 있다고 할 수 있으며 이때 퍼텐셜에 의해 전자가 받는 힘은 복잡하다. 한 전자는 $-Ze$를 갖는 핵전하의 전기적 힘을 받을 뿐 아니라 다른 전자들에 의한 힘도 받게 된다. 따라서 원자 안에 있는 전자들의 바닥 상태를 조사하는 데 있어서 Hartree에 의하여 제안된 바와 같이, 원자 안의 각각의 전자 상태는 coulomb 형의 유효 퍼텐셜 $V(r)$에 의하여 근사적으로 기술될 수 있다고 가정한다. 그러면 양자수 $(nlmn_s)$는 이 원자에서 전자가 가질 수 있는 가능한 에너지 상태를 기술할 수 있게 되고 이 상태들을 Pauli의 배타 원리를 만족하는 조건 아래에서 전자들로 채움으로써 원자의 바닥 상태를 기술할 수 있다.

(b) 원자에서 각 전자가 핵과 나머지 전자들에 의한 유효 Coulomb 퍼텐셜을 느낀다고 생각할 때 이 원자의 가장 낮은 에너지 상태는 $n=1$일 때이므로 $l=0$, $m=0$이 된다. 이 때에 m_s는 $\frac{1}{2}$과 $-\frac{1}{2}$이 가능하게 되어 $n=1$인 K각에는 동일하지 않은 두 입자 상태가 있을 수 있다. 따라서 원자에 한 개의 전자가 핵 주위에 돌고 있는 원소(元素, element)인 수소(hydrogen)나 두 개의 전자가 돌고 있는 원소인 He에서도 바닥 상태는 $n=1$이다. 원소들의 바닥 상태에 있는 전자의 상태를 기술하는데 분광학적 기호(分光學的記號, spectroscopic notation)로서 n값은 숫자로 l값은 $s(l=0), p(l=1), d(l=2)$ 등의 문자로 쓰는 경우가 많다. 그러면 수소는 $1s$상태에 있으며 He 에서는 $1s\ 1s$ 즉 $1s^2$ 상태로 표시한다.

선사가 둘 이상인 원소에 대하여 $n=1$인 상태는 두 전자로 채워지므로 다른 전자는 $n=2$ 이상의 경우를 생각하여야 한다. 즉 세 번째 전자로부터는 보다 더 높은 에너지 상태에 있어야 한다. 일반적으로 주어진 n에 대하여 l값이 작을수록 낮은 에너지 상태에 있게 된다. 따라서 $n=2$인 경우 l은 0 과 1이 가능하다. 낮은 에너지 상태는 $l=0$, $m=0$ 상태이며 이때 m_s는 $\pm\frac{1}{2}$인 두 가지 양자수가 가능하다. Li 원소와 Be 원소는 $n=2, l=0$인 두 양자 상태에 전자가 있으며 Li는 $1s^2 2s$, Be은 $1s^2 2s^2$로 표시된다. 다섯번째 원소 B에 대하여 4개의 전자는 $1s^2 2s^2$로 되어 있고 나머지 한 전자는 $n=2, l=1$인 p상태에 있게 된다. $l=1$인 상태에는 m이 +1, 0, -1이 될 수 있고 또 m_s가 $\pm\frac{1}{2}$이 될 수 있으므로 여섯 개의 가능한 양자 상태가 있을 수 있다. 이들에 전자를 하나씩 채워나가면 B, C, N, O, F, Ne등의 원소가 된다. 또 $n=2$인 원자 껍질을 L각이라 하며 L각이 다 채워진 상태의 원소가 Ne 이다. L각에는 $l=0$인 2개의 상태와 $l=1$인 6개의 상태가 있어 모두 8개의 양자 상태가 있다.

다음 준위는 $n=3$인 경우이며 이 때 l은 0, 1, 2가 가능하다. 즉 $3s, 3p, 3d$ 등이 고려될 수 있다. 먼저 $3s$가 채워지는 데에 두 원소 Na, Mg 가 대응되고 $3p$를 채우는 데에 6개의 원소가 나타나게 된다. 그러나 다음 원소는 $3d$를 채우는 10개의 원소가 되지 않는다. 따라서 $3p$까지의 원소들에 대하여 그 원소의 바닥 상태에서 가장 높은 에너지 상태에 있는 전자가 갖는 양자수를 보면 (표 1)과 같다.

이 표의 전자 배치를 나타내는 분광학적 기술에서 $2p^5$라 함은 $n=2$, $l=1$인 5개의 전자들이 있음을 나타낸다. 즉 F(fluorine)는 $1s$에 두 개, $2s$에 두 개, $2p$에 5개의 전자가 있음을 나타낸다.

$n=1,2,3,4\cdots$인 원자 상태를 $K, L, M, \cdots$각(殼, shell) 또는 껍질이라 부르는 것과 같이 주어진 n에 대하여 $l=0,1,2\cdots$로 달라질 때의 상태를 부분각(部分殼, subshell)이라 부른다. 이러한 각(殼)이나 부분각에 들어 있는 전자들의 수를 도표로 알아보면 (표 2)와 같다.

(표 1)

원소이름	원자번호	n	l	m	m_s	전자 배열의 분광학적 기술
H	1	1	0	0	$-\frac{1}{2}$	$1s$
He	2	1	0	0	$\frac{1}{2}$	$1s^2$
Li	3	2	0	0	$-\frac{1}{2}$	$1s^2 2s$
Be	4	2	0	0	$\frac{1}{2}$	$1s^2 2s^2$
B	5	2	1	-1	$-\frac{1}{2}$	$1s^2 2s^2 2p$
C	6	2	1	-1	$\frac{1}{2}$	$1s^2 2s^2 2p^2$
N	7	2	1	0	$-\frac{1}{2}$	$1s^2 2s^2 2p^3$
O	8	2	1	0	$\frac{1}{2}$	$1s^2 2s^2 2p^4$
F	9	2	1	1	$-\frac{1}{2}$	$1s^2 2s^2 2p^5$
Ne	10	2	1	1	$\frac{1}{2}$	$1s^2 2s^2 2p^6$
Na	11	3	0	0	$-\frac{1}{2}$	$1s^2 2s^2 2p^6 3s$
Mg	12	3	0	0	$\frac{1}{2}$	$1s^2 2s^2 2p^6 3s^2$
Al	13	3	1	-1	$-\frac{1}{2}$	$1s^2 2s^2 2p^6 3p$
⋮	⋮	⋮	⋮	⋮	⋮	⋮

(표 2)

껍질의 이름 n의 수	K 1	L 2		M 3			N 4				O 5
부 분 껍 질 l 의 수	$1s$ 0	$2s$ 0	$2p$ 1	$3s$ 0	$3p$ 1	$3d$ 2	$4s$ 0	$4p$ 1	$4d$ 2	$4f$ 3	… …
전자들의 수 $2(2l+1)$	2	2	6	2	6	10	2	6	10	14	…
각 껍 질 의 전자의 총수	2	8		18			32				…
전자수의 누계 $2n^2$	2	4	10	12	18	28	30	36	46	60	…

주어진 에너지 준위에 대하여 n이 결정되면 여기에 대응하는 축퇴의 수가 $2n^2$가 되므로 궤도의 껍질이 닫혀 있을 때 원자 번호는 각 껍질의 전자의 총수에 해당된다.

위 표에서 원자 번호 13인 Al 다음의 원소의 경우 $1s^2 2s^2 2p^6 3s^2 X$에서 X는 $3p^1$, $3p^2, 3p^3, \cdots 3p^6$가 예상되며 이 원소들은 Al, Si, P, S, Cl, Ar에 해당된다.

(c) 다음 원소인 원자 번호 19번째 K원소는 $1s^2 2s^2 2p^6 3s^2 3p^6 X$에서 X는 $3d$가 예상되지만 실제로는 $4s, 4s^?$인 상태가 $3d$상태보다 에너지가 낮다. 즉 $n=4$, $l=0$인 상태가 $n=3$, $l=2$인 상태보다 에너지가 낮다. 따라서 $4s$들이 채워지는 K, Ca 다음에 오는 원소가 $3d$를 채우는 원소들이다. 이 사실은 우리가 생각한 퍼텐셜의 근사 값에 변화가 있음을 말해 준다. 즉 전자들 사이에 작용하는 퍼텐셜 때문에 처음 고려한 $V(r)$가 지배적인 에너지 준위를 나타내지 못하게 된다. 이러한 현상은 $4p$의 에너지 상태 다음에도 $4d$에너지 준위가 오지 않고 $5s$상태가 먼저 오게 한다. 즉 $5s$에 의한 에너지 준위가 $4d$ 에너지 준위보다 낮다. 전자들에 의하여 기저 상태로부터 에너지 준위가 채워지는 경우 $4p$ 다음에는 $5s$가 먼저 채워지게 되며 원자 번호 37, 38인 Rb와 Sr 원소가 여기에 해당된다. 이러한 현상은 또 $5p$뒤에도 나타나 $6s$가 먼저 채워지고 그 후에 $5d$를 고려하여야 한다.

원자 번호수가 작을 때는 n이 다 채워진 원자들이 가장 안정된 불활성(不活性, inert) 원소들이 된다. 즉 He, Ne(네온), Ar(알곤)등이 그러하다. 그러나 원자번호가 커지면 즉 n이 3 이상인 경우는 반드시 그렇지는 않다는 것이 앞에서 논의한 결과이다. 이러한 점을 고려한 주기율표는 (표 3)과 같이 된다. 편의상 원소 앞에 원자 번호를 붙였다.

(d) 아래 표에서 원자 번호 58~71까지의 14개의 원소는 $4f$인 상태에 전자가 채워지는 경우에 해당되며 이들 원소를 희토류(稀土類, rare earth) 또는 란탄족(lanthanide)이라 부

른다. 이 원소들의 $4f$ 전자 궤도들은 원소의 외각 전자들보다 안쪽에 깊숙이 위치하고 있어 외각 전자들의 배치는 이들 모든 희토류(rare earth)에 대하여 비슷하다. 따라서 희토류의 화학적 성질은 거의 비슷하며 이들의 분별은 화학적 방법으로는 어렵다.

(표 3)

주기	I	II	III	IV	V	VI	VII
	1H 2He $1s$	3Li 4Be $2s$	11Na 12Mg $3s$	19K 20Ca $4s$	37Rb 38Sr $5s$	55Cs 56Ba $6s$	87Fr 88Ra
				21Sc 22Ti 23V 24Cr 25Mn 26Fe 27Co 28Ni 29Cu 30Zn $3d$	39Y 40Zr 41Nb 42Mo 43Tc 44껴 45Rh 46Pd 47Ag 48Cd $4d$	57La 희토류(*) 72Hf 73Ta 74W 75Re 76Os 77Ir 78Pt 79Au 80Hg $5d$	89Ac 90Th 91Pa 92U 93Np 94Pu ⋮
		5B 6C 7N 8O 9F 10Ne $2p$	13Al 14Si 15P 16S 17Cl 18Ar $3p$	31Ga 32Ge 33As 34Se 35Br 36Kr $4p$	49In 50Sn 51Sb 52Te 53I 54Xe $5p$	81Tl 82Pb 83Bi 84Po 85At 86Rn $6p$	
분광학적기호	$1s$	$2s2p$	$3s3p$	$4s3d4p$	$5s4d5p$	$6s5d6p$	

이들 Cerium(Ce)에서부터 Lutetium까지의 희토류는 (표 4)와 같다. 편의상 54Xe가 $1s^2 2s^2 2p^6 3s^2 3p^6 4s^2 3d^{10} 4p^6 5s^2 4d^{10} 5p^6$의 분광학적 기호를 가짐을 이용하여 표시하자. 예를 들어 Lanthanum은

$$\text{La}: 1s^2 2s^2 2p^6 3s^2 3p^6 4s^2 3d^{10} 4p^6 5s^2 4d^{10} 5p^6 6s^2 5d \rightarrow \text{Xe}6s^2 5d$$

(표 4)

58 Ce	$Xe6s^24f5d$
59 Pr	$Xe6s^24f^3$
60 Nd	$Xe6s^24f^4$
61 Pm	$Xe6s^24f^5$
62 Sm	$Xe6s^24f^6$
63 Eu	$Xe6s^24f^7$
64 Gd	$Xe6s^24f^75d$
65 Tb	$Xe6s^24f^9$
66 Dy	$Xe6s^24f^{10}$
67 He	$Xe6s^24f^{11}$
68 Er	$Xe6s^24f^{12}$
69 Tm	$Xe6s^24f^{13}$
70 Yb	$Xe6s^24f^{14}$
71 Lu	$Xe6s^24f^{14}5d$

이와 비슷한 현상은 $5f$껍질이 채워질 때에도 나타난다. 이들은 $_{90}$Th, $_{91}$Pa, $_{92}$U, $_{93}$Np… 등이며 Actinium 계열(series)이라 부른다.

(e) 원소의 화학적 성질은 가장 밖에 있는 전자들에 의하여 결정된다. 그들의 화학적 성질을 검토하여 보자.

① 불활성 기체

(표 3)에서 원소 집단들의 제일 아래 있는 원자들은 부분각이 다 채워신 원소들이다. 이들은 화학적으로 다른 원소와 결합을 잘하지 않기 때문에 불활성 기체(不活性氣體,inert gas 또는 nobel gas)라 부른다. 이들은 $_2$He, $_{10}$Ne, $_{18}$Ar, 3$_6$Kr, $_{54}$Xe, $_{86}$Rn 으로서 (표 5)로 분류된다.

(표 5)

원 소	부 분 각	전자수	전자수의 누계(원자번호)
He	$1s$	2	2
Ne	$2s+2p$	8	10
Ar	$3s+3p$	8	18
Kr	$4s+3d+4p$	18	36
Xe	$5s+4d+5p$	18	54
Rn	$6s+4f+5d+6p$	32	86

원자의 부분각을 채우고 난 나머지 외각 전자를 원자가 전자(原子價電子, valence

electron)라 부른다. 이들은 원자의 화학적 성질에 많은 영향을 준다.

② Alkali 원소

원자가 전자가 1개 있는 원소들 즉 $_{3}$Li, $_{11}$Na, $_{19}$K, $_{37}$Rb, $_{55}$Cs, $_{87}$Fr 등이 알카리(alkali) 원소들이다. 이들은 $l=0$인 s부분 외각에 약하게 구속된 1개의 전자를 가지고 있다. 이들은 다른 원자가 부분 외각을 채우는데 전자를 쉽게 빌려줄 수 있으므로 화학적으로 활성(活性, active)인 원소이다. 이들은 하나의 원자가 전자를 가지므로 원자가는 +1이라 한다.

③ Halogen 원소

(표 5)에서 보는 바와 같이 불활성 원소는 끝에 p부분 외각을 마지막으로 채우고 있다. 한편 $_{9}$F, $_{17}$Cl, $_{35}$Br, $_{53}$I, $_{85}$At 등은 이들의 p부분 외각을 채우는 데 1개의 전자가 모자라는 상태이다. 이들은 쉽게 전자 하나를 받아들이는 원자들이며 Halogen 원소라 부른다. 이들은 -1의 원자가 전자를 갖는다. 즉 원자가가 -1이다.

④ 전이 원소(轉移元素, transition element)

주기율표에서 보는 바와 같이 4주기부터는 $4s$ 후에 $4p$의 부분 외각이 채워지기 전에 $3d$가 채워지게 된다. ($4s$가 $3d$앞에 채워짐). 이 경우 $_{21}$Sc부터 $_{30}$Zn 까지는 거의 화학적으로 같은 성질을 가지며 원자에서 전자 하나를 빼어내는 데에 필요한 에너지인 ion화 에너지도 거의 같다. 이들 원자에서 $3d$에 있는 전자들은 $4s$의 전자들보다 원자핵에 가까이 있어서 $4s$전자들이 $3d$전자들을 외부의 영향으로부터 가리기 때문에 화학적 성질이 거의 같아지는 것이다. 이들을 전이 원소 또는 제 1 전이 금속(transition metal)이라 부른다. 이들 중 $_{24}$Cr와 $_{29}$Cu는 $4s$가 채워지지 않은 상태에 있는 원소여서 d전자와 관련된 다른 금속 원자들과 다른 성질이 있다. 이것은 $4s$와 $3d$의 전자들이 경우에 따라 핵에 가까이 있는 위치가 달라져서 일어나는 현상이다.

마찬가지로 $4d$와 $5d$를 채우는 과정에서 제 2, 제 3의 전이 금속이 존재함을 알 수 있다. 주기 IV, V, VI을 보면 외각 전자의 배치가 같아서 비슷한 성질을 가진 원소(금속임)들이 있음을 알 수 있다. 즉

$_{21}$Sc,	$_{39}$Y,	$_{57}$Ka	: Scandium 가족(family)
$_{22}$Ti,	$_{40}$Ze,	$_{72}$Hf	: Titanium 가족(〃)
$_{23}$V,	$_{41}$Nd,	$_{73}$Ta	: Vanadium 가족 (〃)
$_{24}$Cr,	$_{42}$Mo,	$_{74}$W	: Chromium 가족 (〃)
$_{25}$Mn,	$_{43}$Tc,	$_{75}$Re	: Manganese 가족(〃)

한편

26Fe, 27Co, 28Ni } 단단하고 높은 융해, 기화온도를 가짐

44Ru, 45Rh, 40Pd } 76Os, 77Ir, 78Pt } Platinum 금속이라 함.

또한

$_{29}\mathrm{Cu}$, (구리) $_{47}\mathrm{Ag}$, (금) $_{79}\mathrm{Au}$ (은) : 부드럽고, 다루기 쉽고, 양도체(良導體)

$_{30}\mathrm{Zn}$, $_{48}\mathrm{Cd}$, $_{80}\mathrm{Hg}$: 낮은 융해 및 기화온도를 가짐.

등의 성질이 있다. 전이 금속에는 비교적 높은 온도에서도 초전도체(超傳導體, superconductor)가 되는 원소가 많이 있어 최근 많이 연구되고 있다. 여러 원소들의 더 많은 성질들은 화학 교과서에서 많이 취급하며 여기서는 이 정도로 줄이겠다.

참고로 원자핵에서 원자핵에 있는 핵자 즉 양성자와 중성자들은 핵의 부분각을 이룬다고 생각된다. 이들은 다 채워지는 경우에 안전한 핵을 이루에 되며 이것은 원자 번호가

2, 8, 20, 28, 50, 82, 126

인 원자들이다. 이 수를 마법수(魔法數, magic number)라 부르며, 이들이 안정된 핵을 이루는 이유는 핵물리학에서 취급된다.

[문 제]

7\. 1 다음과 같은 연산자를 정의할 때,

$$\hat{p_r} = \frac{\hbar}{i}\frac{1}{r}\frac{\partial}{\partial r}(r), \quad \hat{p_\phi} = \frac{\hbar}{i}\frac{\partial}{\partial \phi}, \quad \hat{p_\theta} = \frac{\hbar}{i}\frac{1}{\sqrt{\sin\theta}}\frac{\partial}{\partial\theta}(\sqrt{\sin\theta})$$

극좌표로 표시한 Hamiltonian 은 다음과 같이 쓸 수 있음을 보여라.

$$H = \frac{1}{2m}(\hat{p_r}^2 + \frac{1}{r^2}\hat{p_\theta}^2 + \frac{1}{r^2\sin^2\theta}\hat{p_\phi}^2)$$

7\. 2 다음 연산자의 관계식을 증명하여라.

(a) $\vec{a}$와 $\vec{b}$를 임의의 상수벡터라 하면

$[\vec{a}\cdot\vec{L}, \vec{b}\cdot\vec{L}] = i\hbar(\vec{a}\times\vec{b})\cdot\vec{L}$

(b) $[L_i, x_j] = i\hbar\epsilon_{ijk}x_k$

7\. 3 질량이 m인 두 질점이 길이 $2a$의 가벼운 막대로 연결된 회전자(回轉子, rotator)를 생각하면 이 회전자의 관성 모멘트(moment of inertia)은 $I = 2ma^2$가 된다.

(a) 막대의 중심에 대한 회전을 생각하면 Schrödinger 방정식은 어떻게 되는가?

(b) 고유값과 고유 함수는 어떻게 되겠는가?

(c) 이 회전자의 인접한 에너지 준위 상이에서 전이가 일어날 때 나오는 전자기파의 각진동수를 ω 라 하면

$$\hbar\omega = \frac{\hbar^2}{I}(l+1)$$

이 됨을 보여라.

7\. 4 각운동량 연산자의 특별한 경우로

$$\vec{S} = \frac{\hbar}{2}\vec{\sigma}: \sigma_1 = \begin{pmatrix} 0 & 1 \\ 1 & 0 \end{pmatrix}, \sigma_2 = \begin{pmatrix} 0 & -i \\ i & 0 \end{pmatrix}, \sigma_3 = \begin{pmatrix} 1 & 0 \\ 0 & -1 \end{pmatrix}, I = \begin{pmatrix} 1 & 0 \\ 0 & 1 \end{pmatrix}$$

를 생각하자(자세한 것은 제 10장에서 보이겠으며, 여기에서는 단순한 계산을 목적으로 취급됨). 여기서 I 는 단위 행렬이다.

(a) S_i의 고유값은 모두 $\frac{\hbar}{2}, -\frac{\hbar}{2}$임을 보여라.

(b) $[S_i, S_j] = i\hbar\epsilon_{ijk}S_k$됨을 보여라.

(c) $S^2 = \frac{3}{4}\hbar^2 I = \hbar^2 \frac{1}{2}\left(\frac{1}{2}+1\right) I$ 됨을 보여라.

이러한 $\vec{S}$를 스핀 $s=\frac{1}{2}$인 각운동량이라 부른다.

7. 5 중심력 문제에는 패리티(parity) 연산자는 운동 상수임을 증명하여라. 극좌표계에서 패리티 연산자는 어떻게 정의되는가? 또 각운동량 양자수 l, m을 가진 상태는 패리티가 $(-1)^l$ 됨을 증명하여라. 즉

$$Y_{lm}(\pi-\theta, \pi+\varphi) = (-1)^l Y_{lm}(\theta, \varphi)$$

됨을 보여라.

7. 6 한 입자가

$$\psi = N(x+y+2z)e^{-\alpha r}$$

로 기술되는 상태에 있다. 이 입자에 대하여 L_z의 측정치가 0과 $\hbar$가 될 확률을 각각 구하라.

7. 7 한 입자의 계가 L^2과 L_z의 고유상태로서 고유값은 $l(l+1)\hbar^2, m\hbar$를 갖는 상태라면

(a) $\langle L_x \rangle = \langle L_y \rangle = 0$

$$\langle L_x^2 \rangle = \langle L_y^2 \rangle = \frac{l(l+1)\hbar^2 - m^2\hbar^2}{2}$$

됨을 보여라.

(b) 각 운동량의

$$\vec{n} = (\sin\theta\cos\varphi, \sin\theta\sin\varphi, \cos\theta)$$

방향의 성분 $\vec{L}\cdot\vec{n}$를 측정하였을 때 이 값의 평균치와 제곱의 평균을 계산하여라.

7. 8 두 개의 독립적인 연산자 a_1과 a_2는 다음 조건을 만족한다.

$$[a_1, a_1^\dagger] = [a_2, a_2^\dagger] = 1$$

$$[a_1, a_1] = [a_2, a_2] = [a_1, a_2^\dagger] = [a_1^\dagger, a_2] = \cdots = 0$$

만일 J_1, J_2, J_3를

$$J_1 = \frac{1}{2}(a_1^\dagger a_2 + a_2^\dagger a_1),\ J_2 = \frac{1}{2i}(a_1^\dagger a_2 - a_2^\dagger a_1),\ J_3 = \frac{1}{2}(a_1^\dagger a_1 - a_2^\dagger a_2)$$

로 정의한다면

(a) $\vec{J}$ 는 $\hbar=1$로 놓는 경우의 각운동량 연산자임을 보여라.

(b) $N_1 = a_1^\dagger a_1$, $N_2 = a_2^\dagger a_2$인 수연산자를 정의하여 $N = N_1 + N_2$라 놓으면

$$J^2 = \frac{N}{2}\left(\frac{N}{2}+1\right)$$

이 됨을 보여라.

(c) N_1과 N_2의 고유값을 각각 n_1과 n_2라 하면

$$J = \frac{1}{2}(n_1 + n_2),\ m = \frac{1}{2}(n_1 - n_2)$$

를 고려하는 경우 J^2과 J_z의 공통된 고유 함수는

$$\psi_{jm} = \frac{\left(a_1^\dagger\right)^{j+m}}{\sqrt{(j+m)!}} \frac{\left(a_2^\dagger\right)^{j-m}}{\sqrt{(j-m)!}} \psi_{00}$$

됨을 보여라.

7. 9 한 강체 회전자(rigid rotator)가 그의 관성 모멘트 I 와 각운동량 연산자 $\vec{L}$에 의하여

$$H = \frac{L^2}{2I}$$

로 기술된다. 이 회전자가 L^2과 L_z의 고유 상태에 있다고 하고 양자수가 $l=1$, $m=1$인 경우를 생각하자. L_x를 측적할 때를 고려하여

(a) L_x의 고유값과 고유 함수를 α와 $X_\alpha(\alpha = 1,0,-1)$라 하면 즉

$$L_x X_\alpha = \alpha \hbar X_\alpha$$

인 경우

$$X_1 = \frac{1}{2}\left(Y_{11} + \sqrt{2}\,Y_{10} + Y_{1-1}\right)$$

$$X_0 = \frac{1}{\sqrt{2}}\left(Y_{11} + Y_{1-1}\right)$$

$$X_{-1} = \frac{1}{2}\left(Y_{11} - \sqrt{2}\,Y_{10} + Y_{1-1}\right)$$

됨을 보여라.

(b) L_x를 측정하였을 때의 값이 $\hbar, 0, -\hbar$가 될 확률을 각각 구하여라.

7. 10 수소 원자의 전자의 상태가 Hamiltonian

$$H = \frac{p^2}{2m} - \frac{e^2}{r}$$

에 의하여 기술되고 고유값과 고유 함수는 $E_n = -\frac{1}{2}mc^2\frac{\alpha^2}{n^2}$과 $\psi_{nlm}(\vec{x})$로 기술됨을

알고 있다. 전자가 다음과 같은 상태로 기술된다고 하자.

$\psi(r) = \frac{1}{\sqrt{30}}(2\psi_{100} - 3\psi_{211} + 4\psi_{200} - \psi_{320})$

(a) 이 전자의 에너지를 측정할 때 가능한 측정값은?

(b) 한 번 측정한 값이 $E = -\frac{1}{8}mc^2\alpha^2$이 될 확률은?

(c) 이 전자의 에너지 기대값은 얼마인가?

(d) L_z를 (한 번) 측정한 값이 0이 될 확률은?

(e) L_x의 기대값은 얼마인가?

7. 11 수소원자의 규격화된 바닥 상태 함수를 구하고 이 상태에서 운동량 $|\boldsymbol{p}|^2$의 기대값을 구하라.

7. 12 수소 원자의 전자가 $l=6$인 상태에 있다면 고전역학적 최소 에너지와 전자가 원자핵에 가장 가까이 있을 경우의 반경(turning radius)은 얼마인가?

7. 13 (a) 자유 입자의 Schrödinger 방정식을 3차원 구면 극좌표계에서 생각할 때 지름 파동 방정식의 해는 구면(球面, spherical) Bessel 함수임을 보여라.

(b) r 가 작을 때와 클 때 $R(r)$의 모양을 각각 논하라.

7. 14 실량 m인 입자가 중심력 퍼텐셜 $V(r)$에 의하여 속박되어 있을 때, 주어진 각운동량 상태 l을 갖는 최소 에너지를 $E_l^{(0)}$이라 하면, (7.115)식에서와 보는바와 같이 이것은 1차원에서의 연산자

$$H_l = -\frac{\hbar^2}{2m}\frac{d^2}{dr^2} + \left[V(r) + \frac{l(l+1)\hbar^2}{2mr^2}\right]$$

의 고유값이다. 즉 $E_l^{(0)} = \int \chi_l^{(0)*} H_l \chi_l^{(0)} d^3r$ 이다.

만일 l이 증가하면 에너지도 증가함을 보여라. 즉 $E_{l+1}^{(0)} > E_l^{(0)}$

힌트: $\chi_{l+1}^{(0)}$ 은 H_l의 고유 함수인 완전계 $\left\{\chi_l^{(k)}\right\}$ $(k \neq 0$ 들뜬 상태$)$로 전계 할 수 있음을 참고.

7. 15 시간 $t=0$일 때 한 수소 원자는 다음과 같은 중첩 상태에 있다.

$$\psi(\vec{x},0)=\frac{4}{(2a_0)^{3/2}}\left[e^{-r/a_0}Y_{00}+A\frac{r}{a_0}e^{-r/2a_0}\left(-iY_{11}+Y_{1-1}+\sqrt{7}\,Y_{10}\right)\right]$$

(a) 규격화 상수 A를 구하여라.

(b) L^2을 측정할 때 그 값이 $\hbar^2 l(l+1)$이 될 확률을 구하라.

(c) 전자가 양성자(원자핵)에서 r만큼 떨어진 두께 dr의 구각(球殼, shell)에 있을 확률을 구하라.

(d) 이 값이 최대가 될 r 값은?

(e) 시간 $t\neq 0$ 일 때 $\psi(x,t)$는?

(f) 만일 $t=0$에서 L_z 의 측정값이 $\hbar$인 경우 $\psi(\vec{x},t)$는? 또 $t=0$ 에서 L_z 의 측정값이 0인 경우 $\psi(\vec{x},t)$ 는?

(g) $t=0$에서 측정했을 때 에너지의 최소값은 얼마인가?

[부 록]

Legendre 함수와 Laguerre 함수

A7. 1 파동 방정식의 급수 전개 방법

일반적으로 양자역학의 파동 방정식으로 많이 취급되는 미분 방정식은

$$\frac{d^2y}{dx^2}+P(x)\frac{dy}{dx}+Q(x)y=0 \tag{A7.1}$$

의 모양을 갖는다. 특히 $P(x)$와 $Q(x)$가

$$P(x)=\frac{p(x)}{x-a} \tag{A7.2a}$$

$$Q(x)=\frac{q(x)}{(x-a)^2} \tag{A7.2b}$$

의 꼴이 되며 여기서 $p(x)$와 $q(x)$가 $x=a$에서 유한한 값을 갖는 해석(analytic) 함수인 경우 $x=a$를 정칙 특이점(正則特異點, regular singular point)이라 부른다.

$p(x)$, $q(x)$를 $x=a$ 부근에서 전개하면

$$p(x)=p_0+p_1(x-a)+p_2(x-a)^2+\ldots\cdots \tag{A7.3a}$$

$$q(x)=q_0+q_1(x-a)+q_2(x-a)^2+\ldots\cdots \tag{A7.3b}$$

로 되므로 방정식 (A7. 1)의 해 $y(x)$는 급수 전개를 할 때

$$y(x)=(x-a)^s\sum_{n=0}^{\infty}c_n(x-a)^n\ (c_0\neq 0,\ s\text{는 구하려는 값}) \tag{A7.4a}$$

또는

$$y(x)=(x-a)^s\,Y(x)$$

로 놓을 수 있다. 이 식을 방정식에 대입하여 각 $(x-a)^k$의 계수를 비교하면 c_n을 구할 수 있다.

특히 $c_0\neq 0$인 조건으로부터

$$s(s-1)+p_0s+q_0=0 \tag{A7.5}$$

을 얻게 되며, 이 식은 s를 결정하여 준다. 이 식을 지표 방정식(指標方程式, indicial equation)이라 부른다. 정칙 특이점에서의 행동(behavior)은 (A7.4b)식에서와 같이 $(x-a)^s$로 묶어낼 수 있으며, 이 때 $Y(x)$는 다루기 쉬운 함수가 된다.

(예 1) 르장드르 연관(associated Legendre) 미분 방정식 (경우에 따라서는 $l(l+1)$은 미지수 λ로 생각할 것)

$$(1-x)^2\frac{d^2y}{dx^2}-2x\frac{dy}{dx}+\left[l(l+1)-\frac{m^2}{1-x^2}\right]y=0 \tag{A7.6}$$

을 (A7.1)식의 모양으로 쓰면 다음과 같다.

$$\frac{d^2y}{dx^2}+\frac{2x}{x^2-1}\frac{dy}{dx}+\left[-\frac{l(l+1)}{x^2-1}-\frac{m^2}{(x^2-1)^2}\right]y=0 \tag{A7.7}$$

여기에서 $x=\pm 1$은 정칙 특이점이다.

$x=1$ 부근을 고려하고 (A7.2a), (A7.2b)식의 $p(x), q(x)$를 조사하여 보면

$$p(x)=\frac{2x}{x+1}=\frac{2+2(x-1)}{x+1}=1+(x-1) \tag{A7.8a}$$

$$q(x)=-\frac{m^2}{(x+1)^2}-\frac{l(l+1)(x-1)}{(x+1)}=\frac{-m^2-l(l+1)(x+1)(x-1)}{(x+1)^2}$$

$$=-\frac{m^2}{4}-\frac{1}{2}l(l+1)(x-1) \tag{A7.8b}$$

$$\therefore p_0=1, p_1=1 \tag{A7.9a}$$

$$q_0=-\frac{m^2}{4},\ q_1=-\frac{1}{2}l(l+1) \tag{A7.9b}$$

이 되므로 따라서 지표방정식과 그 해는 다음과 같다.

$$s(s-1)+s-\frac{m^2}{4}=0 \tag{A7.10a}$$

$$\therefore s=\pm\frac{m}{2} \tag{A7.10b}$$

마찬가지로 $x=-1$ 부근에 대하여 계산을 하면

$$p_0=1,\ q_0=-\frac{m^2}{4} \tag{A7.11}$$

을 얻어 역시

$$s=\pm\frac{m}{2}$$

이 된다. 따라서 $x=\pm 1$ 부근의 행동은 $(x^2-1)^{\frac{m}{2}}$으로 묶어진다.

이 결과는 다음과 같이 쉽게 알아볼 수도 있다. (A7.6)식에서

$$x=\cos\theta$$

로 놓으면

$$\frac{d}{d\theta}=\frac{dx}{d\theta}\frac{d}{dx}=-\sin\theta\frac{d}{dx}$$

$$\therefore\frac{1}{\sin\theta}\frac{d}{d\theta}=-\frac{d}{dx} \tag{A7.12}$$

이 되므로 전에 얻은 극좌표에 관한 미분 방정식 (7.67)을 얻는다. 즉

$$\frac{1}{\sin\theta}\frac{d}{d\theta}\left(\sin\theta\frac{dy}{d\theta}\right)+\left[l(l+1)-\frac{m^2}{\sin^2\theta}\right]y=0 \tag{A7.13}$$

여기서 정칙 특이점은 $\theta=0,\pi$이다. 특히 $\theta=0$ 부근에서의 행동을 보면 θ가 작은 값일

경우 $\sin\theta \simeq \theta$이므로 이 방정식은

$$\frac{1}{\theta}\frac{d}{d\theta}\left(\theta\frac{dy}{d\theta}\right)+\left[l(l+1)-\frac{m^2}{\theta^2}\right]y=0 \tag{A7.14a}$$

$$\theta^2\frac{d^2y}{d\theta^2}+\theta\frac{dy}{d\theta}-m^2y=0 \tag{A7.14b}$$

가 되어 $y\sim\theta^\alpha$로 놓고 α를 구해보면

$$[\alpha(\alpha-1)+\alpha-m^2]\theta^\alpha=0 \tag{A7.15}$$

$$\therefore \alpha=\pm|m| \ (-|m|\text{은부적당함}) \tag{A7.16}$$

즉

$$y\simeq\theta^{|m|}\simeq\sin^{|m|}\theta=(1-\cos^2\theta)^{\frac{|m|}{2}}=(1-x^2)^{\frac{|m|}{2}} \tag{A.7.17}$$

이 된다. 이 결과는 점근 행동이 $(x^2-1)^{\frac{|m|}{2}}$으로 묶어짐을 의미한다.

따라서 특이점의 점근 행동을 빼내어

$$y=(1-x^2)^{\frac{|m|}{2}}Y(x) \tag{A7.18}$$

로 놓고 $Y(x)$가 만족하는 방정식을 조사하여 보면

$$\frac{dy}{dx}=(1-x^2)^{\frac{|m|}{2}}\frac{dY}{dx}-|m|x(1-x^2)^{\frac{|m|}{2}-1}Y \tag{A7.19a}$$

$$\frac{d^2y}{dx^2}=(1-x^2)^{\frac{|m|}{2}}\frac{d^2Y}{dx^2}-2|m|x(1-x^2)^{\frac{|m|}{2}-1}\frac{dY}{dx}-|m|(1-x^2)^{\frac{|m|}{2}-1}Y$$
$$+|m|(|m|-2)x^2(1-x^2)^{\frac{|m|}{2}-2}Y \tag{A7.19b}$$

가 된다. 이 값을 (A7.6)식에 대입하면

$$(1-x^2)^{\frac{|m|}{2}+1}\frac{d^2Y}{dx^2}-2|m|x(1-x^2)^{\frac{|m|}{2}}\frac{dY}{dx}-|m|(1-x^2)^{\frac{|m|}{2}}Y$$
$$+(m^2-2|m|)x^2(1-x^2)^{\frac{|m|}{2}-1}Y$$
$$-2x\left[(1-x^2)^{\frac{|m|}{2}}\frac{dY}{dx}-|m|x(1-x^2)^{\frac{|m|}{2}-1}Y\right]$$
$$+l(l+1)(1-x^2)^{\frac{|m|}{2}}Y-m^2(1-x^2)^{\frac{|m|}{2}-1}Y=0$$

$$\therefore (1-x^2)\frac{d^2Y}{dx^2}-2(|m|+1)x\frac{dY}{dx}+[l(l+1)-|m|(|m|+1)]Y=0 \tag{A7.20}$$

이 된다. 이 식에 대하여 $x=0$ 부근의 멱급수 전개를 하자.

$$Y=x^s\sum a_kx^k \tag{A7.21}$$

로 놓으면 $p_0=q_0=0$이 되므로

$$s(s-1)=0,$$
$$s=0 \text{ 또는 } s=1 \tag{A7.22}$$

이 된다. 즉 Y값을 멱급수로 전개할 경우 상수 a_0, a_1 로 급수가 표시된다. 또

$$Y=\sum a_k x^k \tag{A7.23a}$$

$$Y'=\sum k a_k x^{k-1} \tag{A7.23b}$$

$$Y''=\sum k(k-1)a_k x^{k-2} \tag{A7.23c}$$

이므로 (A7.20)식으로부터

$$\begin{aligned}&(1-x^2)\sum_{k=2}k(k-1)a_k x^{k-2}-2(|m|+1)\sum_{k=1}k a_k x^{k-1+1}\\&\quad+[l(l+1)-|m|(|m|+1)]\sum_{k=0}a_k x^k=0\end{aligned} \tag{A7.24}$$

가 된다. 이 식의 첫 항은

$$\begin{aligned}&\sum_{k=2}k(k-1)a_k x^{k-2}-\sum_{k=2}k(k-1)a_k x^k\\&=\sum_{k=0}(k+2)(k+1)a_{k+2}x^k-\sum_{k=2}k(k-1)a_k x^k\end{aligned} \tag{A7.25}$$

로 쓸 수 있으므로 (A7.24)식에 (A7.25)식을 대입한 후 x^k의 계수를 0으로 놓을 때 $k \geq 2$인 경우

$$0=(k+2)(k+1)a_{k+2}-a_k[k(k-1)+2k(|m|+1)-l(l+1)+|m|(|m|+1)]$$

가 되어

$$(k+2)(k+1)a_{k+2}=[k^2+2k|m|+k+m^2+|m|-l(l+1)]a_k$$

$$a_{k+2}=\frac{(k+|m|)(k+|m|+1)-l(l+1)}{(k+1)(k+2)}a_k \tag{A7.26}$$

를 얻는다. 이 연이음 공식은 $Y(x)$가 a_0와 a_1두 개만의 계수를 포함하는 멱급수로 표시됨을 의미한다. 지금까지의 논의는 $l(l+1)$대신 상수 λ로 놓아도 성립한다.

이 급수는 무한히 길면 y의 점근 행동을 고려할 때 옳지 않은 해를 갖는다. 이것은 이 급수가 유한한 자리에서 끊어져 다항식이 되어야 함을 의미한다.

(증명) 급수 (A7.21)식에서 x가 클 때는 k가 큰 경우가 지배적으로 급수에 영향을 준다. 따라서 k가 큰 경우에는 (A7.26)식으로부터

$$a_{k+2}=\frac{(k+|m|)(k+|m|+1)}{(k+1)(k+2)}a_k \tag{A7.27}$$

가 된다. 이 식은 $x=\pm 1$ 부근에서 $Y(x)$가 $(1-x^2)^{-|m|}$과 같이 됨을 의미한다.

그 이유는 $x=1$부근에서 보면 $|m|$ 대신 m으로 써서

$$\begin{aligned}(1-x^2)^{-m}&=(1-x)^{-m}(1+x)^{-m}\\&=2^{-m}(1-x)^{-m}\\&=2^{-m}\cdot\sum_k\frac{1}{k!}\left(\frac{d}{dx}\right)^k(1-x)^{-m}\Big|_{x=0}x^k\\&=2^{-m}\sum_k a_k x^k\end{aligned}$$

가 된다. 여기에서

$$a_k = \frac{1}{k!}\left(\frac{d}{dx}\right)^k (1-x)^{-m}\Bigg|_{x=0} = \frac{m(m+1)(m+2)\cdots(m+k-1)}{k!}$$

$$\therefore \frac{a_{k+2}}{a_k} = \frac{(m+k)(m+k+1)}{(k+1)(k+2)} \tag{A7.28}$$

그러므로 $Y(x)$의 급수가 무한히 길면

$$y \simeq (1-x^2)^{\frac{|m|}{2}}(1-x^2)^{-|m|} = (1-x^2)^{-\frac{|m|}{2}} \tag{A7.29}$$

가 되어 $x=+1$부근에서 y값은 ∞가 된다. 이러한 값은 파동함수로는 적합하지 못하다. 따라서 급수는 끊어져야 한다 (증명 끝)

급수가 끊어져 $Y(x)$가 다항식이 된다는 것은 어느 특정한 k값에서 $a_k \neq 0$이고 $a_{k+2}=0$이 됨을 의미한다. 이것은 (A7.26)식에서 분자가 0이 되어야 함을 의미한다. 원래 방정식이 $l(l+1)$ 대신에 λ로 쓰여 있었다면 λ는

$$\lambda = (k+|m|)(k+|m|+1) \Rightarrow l(l+1) \tag{A7. 30a}$$

$$l = k+|m| \tag{A7. 30b}$$

이 된다. 이와 같이 방정식으로 표현된 고유값 문제에서도 조건이 주어지면 고유값은 띄엄띄엄 떨어진 값(discrete value)을 얻는다. 또 주어진 $|m|$에 대하여 l은

$$l = |m|,\ \ |m|+1,\ \cdots\cdots \tag{A7.31}$$

가 가능하고 만일 l이 주어졌다면 m은

$$m = l, l-1, \cdots\cdots, -l \tag{A7.32}$$

의 가능한 값을 택할 수 있다. 이 l과 m값이

$$L^2 Y_{lm} = l(l+1)\hbar^2 Y_{lm}\ \ (l=0,1,2,\cdots) \tag{A7.33}$$

$$L_z Y_{lm} = m\hbar Y_{lm}\ \ (m=l,\cdots,-l) \tag{A7.34}$$

으로 표시되는 L^2과 L_z의 고유값에 나타나는 양자수임은 전에 언급한 바와 같다. 보통 L^2과 L_z의 고유값 문제를 푸는 것은 본문에 취급된 연산자를 이용한 방법이 훨씬 간편하다.

(예 2) 수소 원자의 지름방정식 (7.59)는 차원이 없는 양으로 나타내어 다음과 같이

$$\frac{d^2y}{dr^2} - 2\varepsilon\frac{dy}{dr} + \left[\frac{2}{r} - \frac{l(l+1)}{r^2}\right]y = 0 \tag{7.132, A7.35}$$

이 됨을 보였다. 이 식에서 $r=0$은 정칙특이점이며

$$p_0 = 0,\ q_0 = -l(l+1) \tag{A7.36}$$

이다. 따라서 지표 방정식과 그 해는

$$s(s-1) - l(l+1) = 0$$

$$(s+l)(s-l-1) = 0$$

$$\therefore s = l+1 \quad \text{또는} \quad s = -l \tag{A7.37}$$

이 된다. 한편 파동함수는 $r=0$에서 ∞가 아니어야 하므로 $s=-l$은 적합한 해가 못 된다. 따라서 y를 멱급수로 전개한 결과인

$$y = r^{l+1}\sum_{k=0}^{\infty} a_k r^k \ (a_0 \neq 0) \tag{A7.38}$$

으로부터

$$\frac{dy}{dr} = \sum_{k=0}^{\infty}(k+l+1)a_k r^{k+l} \tag{A7.39a}$$

$$\frac{d^2y}{dr^2} = \sum (k+l+1)(k+l)a_k r^{k+l-1} \tag{A7.39b}$$

를 얻으며 이것은 (A7.35)식에 대입하면

$$\sum(k+l+1)(k+l)a_k r^{k+l-1} - 2\varepsilon\sum(k+l+1)a_k r^{k+l} + \frac{2}{r}\sum a_k r^{k+l+1} - \frac{l(l+1)}{r^2}\sum a_k r^{k+l+1} = 0 \tag{A7.40}$$

이 된다. 이 식의 양변에 r^2을 곱한 후 r^{k+l+1}의 계수를 0으로 놓으면

$$a_k[(k+l+1)(k+l) - l(l+1)] - 2[\varepsilon(k+l)-1]a_{k-1} = 0$$

$$\therefore a_k = \frac{2[\varepsilon(k+l)-1]}{k^2+(2l+1)k}a_{k-1} \tag{A7.41}$$

을 얻는다. 이 급수가 끊어져서 다항식이 되어야 물리적으로 의미 있는 파동 함수를 얻게 됨을 이미 언급한 바와 같다.

A7. 2 르장드르(Legendre) 다항식의 성질

Legendre 다항식은 전자기학, 양자역학 등 물리학의 여러 분야에서 많이 사용되는 함수로서 특히 양자역학에서는 이 다항식의 여러 성질을 자세히 알아야 할 경우가 많다. 수학적으로도 이 다항식은 이미 150여년 전부터 잘 알려져 왔다.

(i) Legendre 다항식 $P_l(x)$는 모함수(母函數, generating function)의 전개에서 전개 계수로 얻어질 수 있다. 즉

$$\frac{1}{\sqrt{1-2hx+h^2}} = \sum_{l=0}^{\infty} P_l(x)h^l \quad (h<1) \tag{A7.42}$$

로 전개할 때 이 식의 좌변을 모함수라 부르고 우변은 모함수를 h에 관하여 Taylor 전개를 한 것이다. 이렇게 정의된 $P_l(x)$는 전에 언급된 Legendre 미분 방정식을 만족하는 함수가 됨을 보일 수 있다.

(A7.42)식을 x 및 h에 관하여 편미분하여 보자.

$$\frac{\partial}{\partial x}\frac{1}{\sqrt{1-2xh+h^2}} = \sum_{l=1}^{\infty} P_l'(x)h^l$$

$$\frac{h}{(1-2xh+h^2)^{3/2}} = \sum_{l=1}^{\infty} P_l'(x)h^l$$

$$\frac{h}{\sqrt{1-2xh+h^2}}=(1-2xh+h^2)\sum_{l=1}^{\infty}P_l'(x)h^l$$

$$\therefore \sum_{l=0}^{\infty}P_l(x)h^{l+1}=\sum_{l=1}P_l'(x)h^l-\sum_{l=1}^{\infty}2xP_l'(x)h^{l+1}+\sum_{l=1}^{\infty}P_l'(x)h^{l+2} \qquad \text{(A7.43)}$$

이 식에서 h^{l+1}의 계수를 비교하여 보면

$$P_l(x)=P_{l+1}{}'(x)-2xP_l'(x)+P'_{l-1}(x) \qquad \text{(A7.44a)}$$

또는

$$P'_{l+1}(x)+P'_{l-1}=P_l(x)+2xP_l'(x) \qquad \text{(A7.44b)}$$

를 얻는다. 한편

$$\frac{\partial}{\partial h}\frac{1}{\sqrt{1-2hx+h^2}}=\sum_{l=1}^{\infty}lP_l(x)h^{l-1}$$

$$\frac{(x-h)}{(1-2hx+h^2)^{3/2}}=\sum_{l=1}^{\infty}lP_l(x)h^{l-1}$$

$$(x-h)\sum_{l=0}P_l(x)h^l=(1-2hx+h^2)\sum_{l=1}lP_l(x)h^{l-1}$$

$$\sum_{l=0}xP_l(x)h^l-\sum_{l=0}P_l(x)h^{l+1}=\sum_{l=1}lP_l(x)h^{l-1}-\sum_{l=1}2lxP_l(x)h^l+\sum_{l=1}lP_l(x)h^{l+1} \qquad \text{(A7.45)}$$

이 되어 이 식에서 h^l의 계수를 비교하면

$$xP_l(x)-P_{l-1}(x)=(l+1)P_{l+1}(x)-2lxP_l(x)+(l-1)P_{l-1}(x)$$

$$\therefore (1+2l)xP_l(x)=(l+1)P_{l+1}(x)+lP_{l-1}(x) \qquad \text{(A7.46)}$$

를 얻는다. (A7.44)식과 (A7.46)식을 Legendre 다항식의 연이음 공식(回歸公式, recursion formula)이라 부른다.

(A7.46)식을 미분하면

$$(l+1)P'_{l+1}(x)+lP'_{l-1}(x)=(1+2l)xP_l'(x)+(1+2l)P_l(x) \qquad \text{(A7.47)}$$

이 되어 이 식을 바꾸어 쓰고 (A7.44)식을 이용하면

$$l\{P'_{l+1}(x)+P'_{l-1}(x)-P_l(x)-2xP_l'(x)\}+P'_{l+1}(x)=xP_l'(x)+(l+1)P_l(x)$$

$$\therefore P'_{l+1}(x)=xP_l'(x)+(l+1)P_l(x) \qquad \text{(A7.48)}$$

을 얻는다. 또 (A7.47)식을 다시 바꾸어 쓰면

$$(l+1)\{P'_{l+1}(x)+P'_{l-1}(x)-P_l(x)-2xP_l'(x)\}-P'_{l-1}(x)$$

$$=-xP_l'(x)+lP_l(x)$$

$$\therefore P'_{l-1}(x)=xP_l'(x)-lP_l(x) \qquad \text{(A7.49)}$$

의 관계식도 얻을 수 있다.

(A7.48)식을 고쳐 쓰면

$$P_l'(x)=xP'_{l-1}(x)+lP_{l-1}(x)$$

$$=x\{xP_l'(x)-lP_l(x)\}+lP_{l-1}(x)\ \ \{\text{(A7.49)식을 이용함}\}$$

$$\therefore (1-x^2)P_l'(x)=-lxP_l+lP_{l-1}(x) \tag{A7.50}$$

$$\therefore \frac{d}{dx}\left[(1-x^2)\frac{dP_l}{dx}\right]=-lxP_l'-lP_l+lP'_{l-1}$$

$$=-lxP_l'-lP_l+l(xP_l'-lP_l)$$

$$=-l(l+1)P_l \tag{A7.51}$$

가 된다. 따라서 $P_l(x)$가 만족하는 방정식은

$$\frac{d}{dx}\left[(1-x^2)\frac{dP_l(x)}{dx}\right]+l(l+1)P_l(x)=0 \tag{A7.52a}$$

또는

$$(1-x^2)\frac{d^2P_l}{dx^2}-2x\frac{dP_l}{dx}+l(l+1)P_l=0 \tag{A7.52b}$$

가 된다. 즉 $P_l(x)$가 Legendre 미분 방정식을 만족함을 보였다.

(ii) 연관 르장드르(associated Legendre) 함수 $P_l^m(x)$가 만족하는 방정식을 보자. 이 함수는 다음과 같이 정의된 함수이다.

$$P_l^m(x)=(1-x^2)^{\frac{m}{2}}\left(\frac{d}{dx}\right)^m P_l(x)\equiv(1-x^2)^{\frac{m}{2}}P_l^{(m)}(x)$$

$$\therefore P_l^{(m)}(x)=(1-x^2)^{-\frac{m}{2}}P_l^m(x) \tag{A7.53}$$

우선 여기에서 $(m>0)$만을 생각하자. 그리고 $P_l^{(m)}$은 P_l을 x에 관하여 m번 미분한 것을 나타낸다.

$P^m{}_l(x)$가 만족하는 방정식은 (A7.52)를 m번 미분하여 얻어지는데, 먼저 두 함수의 곱 (AB)를 m번 미분할 때 Leibnitz 공식을 이용하면

$$\left(\frac{d}{dx}\right)^m AB=A^{(m)}B+{}_mC_1A^{(m-1)}B^{(1)}+{}_mC_2A^{(m-2)}B(2)+\cdots\cdots$$

$$+{}_mC_kA^{(m-k)}B^{(k)}+\cdots\cdots+AB^{(m)} \tag{A7.54}$$

을 얻는다. 따라서 (A7.52b)식을 x을 관하여 m번 미분하면

$$(1-x^2)\frac{d^2}{dx^2}P_l^{(m)}+m\cdot(-2x)\frac{d}{dx}P_l^{(m)}+\frac{m(m-1)}{2}(-2)P_l^{(m)}$$

$$-2x\frac{d}{dx}P_l^{(m)}-2mP_l^{(m)}$$

$$+l(l+1)P_l^{(m)}=0$$

$$\therefore (1-x^2)\frac{d^2}{dx^2}P_l^{(m)}-2(m+1)x\frac{d}{dx}P_l^{(m)}+[l(l+1)-m(m+1)]P_l^{(m)}=0 \qquad \text{(A7.55)}$$

이 된다. 여기에 (A7.53)식의 미분 값

$$\frac{d}{dx}P_l^{(m)}=\frac{d}{dx}\left[(1-x^2)^{-\frac{m}{2}}P_l^m\right]$$

$$=(1-x^2)^{-\frac{m}{2}}\frac{dP_l^m}{dx}-\frac{m}{2}(-2x)(1-x^2)^{-\frac{m}{2}-1}P_l^m$$

$$=(1-x^2)^{-\frac{m}{2}}\frac{dP_l^m}{dx}+mx(1-x^2)^{-\frac{m}{2}-1}P_l^m \qquad \text{(A7.56a)}$$

$$\frac{d^2}{dx^2}P_l^{(m)}=(1-x^2)^{-\frac{m}{2}}\frac{d^2P_l^m}{dx^2}+2mx(1-x^2)^{-\frac{m}{2}-1}\frac{dP_l^m}{dx}$$

$$+m(1-x^2)^{-\frac{m}{2}-1}P_l^m+m\left(-\frac{m}{2}-1\right)x(-2x)(1-x^2)^{-\frac{m}{2}-2}P_l^m$$

$$=(1-x^2)^{-\frac{m}{2}}\frac{d^2P_l^m}{dx^2}+2mx(1-x^2)^{-\frac{m}{2}-1}\frac{dP_l^m}{dx}$$

$$+m(1-x^2)^{-\frac{m}{2}-1}P_l^m+m(m+2)x^2(1-x^2)^{-\frac{m}{2}-2}P_l^m \qquad \text{(A7.56b)}$$

를 (A7.55)식에 대입하면

$$(1-x^2)^{-\frac{m}{2}+1}\frac{d^2P_l^m}{dx^2}+2mx(1-x^2)^{-\frac{m}{2}}\frac{dP_l^m}{dx}+m(1-x^2)^{-\frac{m}{2}}P_l^m$$

$$+m(m+2)x^2(1-x^2)^{-\frac{m}{2}-1}P_l^m$$

$$-2(m+1)x\left\{(1-x^2)^{-\frac{m}{2}}\frac{dP_l^m}{dx}+mx(1-x^2)^{-\frac{m}{2}-1}P_l^m\right\}$$

$$+[l(l+1)-m(m+1)](1-x^2)^{-\frac{m}{2}}P_l^m=0 \qquad \text{(A7.57)}$$

을 얻는다. 우선 이 식을 $(1-x^2)^{-\frac{m}{2}-1}$로 나누어 정리하면

$$(1-x^2)^2\frac{d^2P_l^m}{dx^2}+2mx(1-x^2)\frac{dP_l^m}{dx}-2(m+1)x(1-x^2)\frac{dP_l^m}{dx}$$

$$+m(1-x^2)P_l^m+m(m+2)x^2P_l^m-2m(m+1)x^2P_l^m$$

$$+[l(l+1)-m(m+1)](1-x^2)P_l^m=0$$

$$\therefore (1-x^2)\frac{d^2P_l^m}{dx^2}-2x\frac{dP_l^m}{dx}+\left[l(l+1)-\frac{m^2}{1-x^2}\right]P_l^m=0 \tag{A7.58}$$

가 된다. 즉 P_l^m은 르장드르 연관 미분 방정식 (A7.6)을 만족하는 함수이다.

(iii) Rodrigues 공식

모함수를 전개할 때 그 계수로 정의된 Legendre 다항식을 구하는 데 편리한 공식이 Rodrigues 에 의해 얻어졌다. 먼저 모함수를 h에 관하여 전개하여 보자. h와 x가 1보다 작은 경우를 생각하면

$$\begin{aligned}\frac{1}{\sqrt{1-2xh+h^2}} &= 1+\sum_{k=1}^{\infty}\frac{\frac{1}{2}\cdot\frac{3}{2}\cdots\left(k-\frac{1}{2}\right)}{k!}(2xh-h^2)^k \\ &= \sum_{k=0}^{\infty}\frac{(2k)!}{2^{2k}(k!)^2}(2xh-h^2)^k \\ &= \sum_{k=0}^{\infty}\frac{(2k)!}{2^{2k}(k!)^2}\cdot\sum_{r=0}^{k}(-1)^r\frac{k!}{r!(k-r)!}(2xh)^{k-r}h^{2r} \\ &= \sum_{k=0}^{\infty}\sum_{r=0}^{k}(-1)^r\frac{(2k)!}{2^{2k}(k!)r!(k-r)!}2^{k-r}x^{k-r}h^{k+r}\end{aligned} \tag{A7.59}$$

이다. 여기에서 $k+r=l$으로 놓으면 $\sum_{k=0}^{\infty}\sum_{r=0}^{k}$는 ($k-r\geqq 0$이어서) $\sum_{l=0}^{\infty}\sum_{r=0}^{\left[\frac{l}{2}\right]}$이므로

$$\frac{1}{\sqrt{1-2xh+h^2}}=\sum_{l=0}^{\infty}\left\{\sum_{r=0}^{\left[\frac{1}{2}\right]}\frac{(-1)^r(2l-2r)!}{2^l(l-r)!r!(l-2r)!}x^{l-2r}\right\}h^l$$

$$\therefore P_l(x)=\sum_{k=0}^{\left[\frac{1}{2}\right]}\frac{(-1)^k(2l-2k)!}{2^lk!(1-k)!(l-2k)!}x^{l-2k} \tag{A7.60}$$

가 된다. 여기서 $\left[\frac{l}{2}\right]$은 l이 짝수면 $\frac{l}{2}$, l이 홀수면 $(l-1)/2$를 의미한다.

이 식을 다시 고쳐 쓰면 l이 정수 (integer)인 경우에는

$$\begin{aligned}P_l(x) &= \sum_{k=0}^{l}\frac{(-1)^k}{2^lk!(l-k)!}\left(\frac{d}{dx}\right)^l x^{2l-2k} \\ &= \frac{1}{2^l l!}\left(\frac{d}{dx}\right)^l\sum_{k=0}^{l}\frac{l!}{k!(l-k)!}(x^2)^{l-k}(-1)^k\end{aligned}$$

$$\therefore P_l(x)=\frac{1}{2^l l!}\left(\frac{d}{dx}\right)^l(x^2-1)^l \tag{A7.61}$$

이 된다. 이 식이 Rodrigues 공식이며 $P_l(x)$는 x의 l차 다항식이 됨을 알 수 있다.

특히 $l=0,1,2,\cdots$에 대하여

$$P_0(x)=1$$

$$P_1(x)=x$$

$$P_2(x)=\frac{1}{2^2 2!}\left(\frac{d}{dx}\right)^2(x^2-1)^2=\frac{1}{8}\left(\frac{d}{dx}\right)^2(x^4-2x^2+1)$$
$$=\frac{3}{2}x^2-\frac{1}{2}$$

$$P_3(x)=\frac{1}{2^3 3!}\left(\frac{d}{dx}\right)^3(x^2-1)^3=\frac{1}{8\cdot 6}\left(\frac{d}{dx}\right)^3(x^6-3x^4+3x^2+1)$$
$$=\frac{5}{2}x^3-\frac{3}{2}x \tag{A7.62}$$

$$\cdots\cdots\cdots\cdots$$

를 구할 수 있다. 특히 $x=\pm1$인 경우 $P_l(\pm1)$의 일반적인 값은 모함수로부터

$$\frac{1}{\sqrt{1\mp 2h+h^2}}=\frac{1}{(1\mp h)}=\sum P_l(\pm1)h^l$$
$$=\sum(\pm)^l h^l$$
$$\therefore P_l(\pm1)=(\pm1)^l \tag{A7.63}$$

가 된다. 즉

$$P_l(+1)=1 \tag{A7.64a}$$

$$P_l(-1)=\begin{cases}1 & (l\text{이 짝수인 경우})\\ -1 & (l\text{이 홀수인 경우})\end{cases} \tag{A7.64b}$$

이다. 또 $P_l(0)$는 l이 홀수인 경우 0이 됨을 알 수 있다. 그리고 $P_l(x)$는 l이 짝수인 때는 우함수, l이 홀수인 때는 기함수가 됨을 위 $P_l(x)$의 값들로부터 알 수 있다.

한편 연관(associated) Legendre 함수에 대하여도

$$P_l^m(x)=(1-x^2)^{\frac{m}{2}}P_l(x)$$
$$=\frac{1}{2^l l!}(1-x^2)^{\frac{m}{2}}\frac{d^{l+m}}{dx^{l+m}}(x^2-1)^l \tag{A7.65}$$

이므로 m이 l보다 크면 $P_l^m(x)$가 0이 됨을 곧 알 수 있다.

한 예로 다음 관계식을 증명하자.

$$P_l^{-m}(x)=(-1)^m\frac{(l-m)!}{(l+m)!}P_l^m(x)\ (m\geq 0) \tag{A7.66}$$

(증명)

$$\left(\frac{d}{dx}\right)^{l+m}(x^2-1)^l=\left(\frac{d}{dx}\right)^{l+m}(x+1)^l(x-1)^l$$

$$=\sum_{n=0}^{l+m} {}_{l+m}C_n\left(\frac{d}{dx}\right)^n (x+1)^l\left(\frac{d}{dx}\right)^{l+m-n}(x-1)^l$$

$$=\sum_{n=m}^{l}\frac{(l+m)!}{(l+m-n)!n!}\frac{l!}{(l-n)!}\frac{l!}{(n-m)!}(x+1)^{l-n}(x-1)^{n-m}$$

(여기서 $n-m=r$ 로 놓으면)

$$=\sum_{r=0}^{l-m}\frac{(l+m)!l!l!}{(l-r)!(m+r)!(l-r-m)!r!}(x+1)^{l-m-r}(x-1)^r$$

$$=\sum_{r=0}^{l-m}\frac{(l+m)!l!l!(x+1)^{-m}(x-1)^{-m}}{(l-r)!(m+r)!(l-r-m)!r!}\left(\frac{d}{dx}\right)^r(x+1)^l$$

$$\cdot\left(\frac{d}{dx}\right)^{l-m-r}(x-1)^l\frac{(l-r)!(m+r)!}{l!l!}$$

$$=\sum_{r=0}^{l-m}\frac{(l+m)!}{(l-m-r)!r!}(x^2-1)^{-m}\left(\frac{d}{dx}\right)^r(x+1)^l\left(\frac{d}{dx}\right)^{l-m-r}(x-1)^l$$

$$=(x^2-1)^{-m}\frac{(l+m)!}{(l-m)!}\sum_{r=0}^{l-m}\frac{(l-m)!}{(l-m-r)!r!}$$

$$\cdot\left(\frac{d}{dx}\right)^r(x+1)^l\left(\frac{d}{dx}\right)^{l-m-r}(x-1)^l$$

$$=(x^2-1)^{-m}\frac{(1+m)!}{(1-m)!}\left(\frac{d}{dx}\right)^{l-m}(x^2-1)^l \tag{A7.67}$$

$$\therefore P_l^{-m}(x)=\frac{(1-x^2)^{-\frac{m}{2}}}{2^l l!}\left(\frac{d}{dx}\right)^{l-m}(x^2-1)^l$$

$$=\frac{(1-x^2)^{-\frac{m}{2}}}{2^l l!}\cdot(x^2-1)^m\frac{(l-m)!}{(l+m)!}\left(\frac{d}{dx}\right)^{l+m}(x^2-1)^l$$

$$=\frac{(l-m)!}{(l+m)!}\frac{(-1)^m}{2^l l!}(1-x^2)^{\frac{m}{2}}\left(\frac{d}{dx}\right)^{l+m}(x^2-1)^l$$

$$\therefore P_l^{-m}(x)=(-1)^m\frac{(1-m)!}{(1+m)!}P_l^m(x).\quad \text{(증명 끝)} \tag{A7.68}$$

(iv) Legendre 다항식의 직교성

Legendre 다항식 $P_l(x)$에 대하여 다음과 같이 직교성이 성립한다.

$$\int_{-1}^{1}P_l(x)P_{l'}(x)dx=\frac{2}{2l+1}\delta_{ll'} \tag{A7.69}$$

(증명) 먼저 $l\neq l'$인 경우를 고려하자.

$$\frac{d}{dx}\left[(1-x^2)\frac{dP_l}{dx}\right]+l(l+1)P_l=0 \tag{A7.70a}$$

$$\frac{d}{dx}\left[(1-x^2)\frac{dP_{l'}}{dx}\right]+l'(l'+1)P_{l'}=0 \tag{A7.70b}$$

첫 식에 P_l'을 곱하고 둘째 식에 P_l을 곱한 후 두 결과를 빼면

$$P_{l'}\frac{d}{dx}\left[(1-x^2)\frac{dP_l}{dx}\right]-P_l\frac{d}{dx}\left[(1-x^2)\frac{dP_{l'}}{dx}\right]+[l(l+1)-l'(l'+1)]P_lP_{l'}=0$$

$$\therefore [l(l+1)-l'(l'+1)]\int_{-1}^{1}P_l(x)P_{l'}(x)dx$$

$$=-\int_{-1}^{1}P_{l'}\frac{d}{dx}\left[(1-x^2)\frac{dP_l}{dx}\right]dx+\int_{-1}^{1}P_l\frac{d}{dx}\left[(1-x^2)\frac{dP_{l'}}{dx}\right]dx$$

$$=-P_{l'}(1-x^2)\frac{dP_l}{dx}\Big|_{-1}^{1}+\int_{-1}^{1}(1-x^2)\frac{dP_{l'}}{dx}\frac{dP_l}{dx}dx$$

$$+P_l(1-x^2)\frac{dP_{l'}}{dx}\Big|_{-1}^{1}-\int_{-1}^{1}(1-x^2)\frac{dP_{l'}}{dx}\frac{dP_l}{dx}dx=0 \tag{A7.71}$$

이 되는데 $l\neq l'$ 이므로

$$\int_{-1}^{1}P_l(x)P_{l'}(x)dx=0 \tag{A7.69a}$$

다음 $l=l'$인 경우를 생각하기 위하여 (A7.42)식을 고려하면

$$\frac{1}{(1-2xh+h^2)}=\sum_l P_l(x)h^l\sum_{l'}P_{l'}(x)h^{l'} \tag{A7.72}$$

를 얻는다. 양변을 -1에서 1까지 x에 관하여 적분하고 (A7.69)식을 이용하면

$$\int_{-1}^{1}\frac{dx}{(1-2xh+h^2)}=\sum_l h^{2l}\int_{-1}^{1}[P_l(x)]^2dx$$

$$=-\frac{1}{2h}ln(1-2xh+h^2)\Big|_{-1}^{1}$$

$$=\frac{1}{2h}[\ln(1+2h+h^2)-\ln(1-2h+h^2)]$$

$$=\frac{1}{2h}[\ln(1+h)^2-\ln(1-h)^2]=\frac{1}{h}[\ln(1+h)-\ln(1-h)]$$

$$=\frac{1}{h}\left(\int_0^h\frac{dh}{1+h}+\int_0^h\frac{dh}{1-h}\right)$$

$$=\frac{1}{h}\left[\left(h-\frac{h^2}{2}+\frac{h^3}{3}-\frac{h^4}{4}+\cdots\cdots\right)+\left(h+\frac{h^2}{2}+\frac{h^3}{3}+\frac{h^4}{4}+\cdots\cdots\right)\right]$$

$$=2\left(1+\frac{h^2}{3}+\frac{h^4}{5}+\cdots\cdots+\frac{h^{2l}}{2l+1}+\cdots\cdots\right) \tag{A7.73}$$

가 되어 h^{2l}의 계수를 비교하여 보면

$$\int_{-1}^{1}[P_l(x)]^2dx=\frac{2}{2l+1} \tag{A7.69b}$$

가 된다. (증명 끝)

연관 Legendre 함수 $P_l^m(x)$에 대한 직교성은 다음과 같다.

$$\int_{-1}^{1}P_l^m(x)P_{l'}^m(x)dx=\frac{2}{2l+1}\ \frac{(l+m)!}{(l-m)!}\delta_{ll'} \tag{A7.74}$$

(증명) Rodrigues 공식에 의하여 표시된 (A7.65)식을 이용하자.

$$X=(x^2-1) \tag{A7.75}$$

로 놓으면

$$P_l^m(x)=\frac{(-1)^{\frac{m}{2}}}{2^l l!}X^{\frac{m}{2}}\frac{d^{l+m}}{dx^{l+m}}X^l \tag{A7.76}$$

$$\therefore I_{ll'}=\int_{-1}^{1}p_l^m(x)P_{l'}^m(x)dx=\frac{(-1)^m}{2^{(l+l')}l!l'!}\int_{-1}^{1}X^m\frac{d^{l+m}X^l}{dx^{l+m}}\cdot\frac{d^{l'+m}X^{l'}}{dx^{l'+m}}dx \tag{A7.77}$$

① $l\neq l'$인 경우, $l>l'$로 생각하여 위 식을 부분적분하면

$$\begin{aligned}I_{ll'}&=\frac{(-1)^m}{2^{l+l'}l!l'!}\left[X^m\frac{d^{l+m-1}X^l}{dx^{l+m-1}}\ \frac{d^{l'+m}X^{l'}}{dx^{l'+m}}\right|_{-1}^{1}\\&\quad-\int_{-1}^{1}\frac{d^{l+m-1}X^l}{dx^{l+m-1}}\ \frac{d}{dx}\left(X^m\frac{d^{l'+m}X^{l'}}{dx^{l'+m}}\right)dx\Bigg]\\&=\frac{(-1)^{m+1}}{2^{l+l'}l!l'!}\left[\frac{d^{l+m-2}X^l}{dx^{l+m-2}}\ \frac{d}{dx}\left\{X^m\frac{d^{l'+m}X^{l'}}{dx^{l'+m}}\right\}\right|_{-1}^{1}\\&\quad-\int_{-1}^{1}\frac{d^{l+m-2}X^l}{dx^{l+m-2}}\ \frac{d^2}{dx^2}\left\{X^m\frac{d^{l'+m}X^{l'}}{dx^{l'+m}}\right\}dx\Bigg]\end{aligned} \tag{A7.78}$$

를 얻는다. X는 물론 $x=\pm1$에서 0이 되며 $\frac{d}{dx}\left\{X^m\frac{d^{l'+m}X^{l'}}{dx^{l'+m}}\right\}$에는 $m<l'$인 경우 반드시 X로 곱한 항이 존재하므로 $x=\pm1$에서 0이 된다. 이와 같이 부분적분을 $(l+m)$번 계속하면

$$I_{ll'}=\frac{(-1)^{2m+l}}{2^{l+l'}l!l'!}\int_{-1}^{1}X^l\left(\frac{d}{dx}\right)^{l+m}\left[X^m\frac{d^{l'+m}X^{l'}}{dx^{l'+m}}\right]dx \tag{A7.79a}$$

가 된다. 여기서 x의 차수를 보면 X^m에서 $2m$차, $\frac{d^{l'+m}}{dx^{l'+m}}X^{l'}$에서 $l'-m$차이므로 괄호[ ] 안은 $l'+m$차인데 이것을 $(l+m)$번 미분하기 때문에 $l>l'$이라 했으므로 0이 된다. $l<l'$인 경우도 마찬가지로 0이 된다.

② $l=l'$인 경우를 고려하자.

위 $I_{ll'}$식에서

$$I_{ll}=\frac{(-1)^{2m+l}}{2^{2l}(l!)^2}\int_{-1}^{1}X^l\left(\frac{d}{dx}\right)^{l+m}\left[X^m\frac{d^{l+m}}{dx^{l+m}}X^l\right]dx \tag{A7.79b}$$

가 되고 여기서도 괄호 [ ] 안의 x의 차수는 가장 높은 차수가 $l+m$차가 되므로

$$\begin{aligned}I_{ll}&=\frac{(-1)^{2m+l}}{2^{2l}(l!)^2}\int_{-1}^{1}(x^2-1)^l\left(\frac{d}{dx}\right)^{l+m}\left[(x^2-1)^m\left(\frac{d}{dx}\right)^{l+m}(x^2-1)^l\right]\\&=\frac{(-1)^{l+2m}}{2^{2l}(l!)^2}\int_{-1}^{1}(x^2-1)^l\left(\frac{d}{dx}\right)^{l+m}\left[x^{2m}\frac{(2l)!}{(l-m)!}x^{l-m}\right]dx\\&=(-1)^{l+2m}\cdot\frac{1}{2^{2l}(l!)^2}\cdot\frac{(2l)!}{(1-m)!}\cdot(l+m)!\int_{-1}^{1}(x^2-1)^l dx\end{aligned} \tag{A7.80}$$

한편 마지막 관계에서 적분 안의 값은 (7.104)식에서 정의한 바와 같이 $(-1)^l I_l$ 이고 그 값은

$$\int_{-1}^{1}(x^2-1)^l dx=(-1)^l\frac{2^{2l+1}(l!)^2}{(2l+1)!} \tag{A7.81}$$

이므로

$$\begin{aligned}\int_{-1}^{1}\left[P_l^m(x)\right]^2dx&=(-1)^{2(l+m)}\cdot\frac{2}{2l+1}\,\frac{(l+m)!}{(l-m)!}\\&=\frac{2}{2l+1}\cdot\frac{(l+m)!}{(l-m)!}\end{aligned} \tag{A7.82}$$

를 결과적으로 얻는다. (증명 끝)

이 식을 이용하여 구면 조화 함수 $Y_{lm}(\theta,\varphi)$의 값을 구할 수 있었다.

A7.3 라게르(Laguerre) 다항식

수소 원자의 지름 파동 방정식에서 취급된 Laguerre 다항식도 위에서 마찬가지로 모함수로부터 출발하여 논할 수 있다.

(i) Laguerre 다항식 $L_q(x)$는 다음 모함수(母函數)의 전개 계수로 얻어진다.

$$\frac{e^{-\frac{xu}{1-u}}}{1-u}=\sum_{q=o}^{\infty}\frac{L_q(x)}{q!}u^q\ \ (|u|<1) \tag{A7.83}$$

이 식을 x에 관하여 편미분하여 보면

$$\frac{\partial}{\partial x}\left(\frac{e^{-\frac{xu}{1-u}}}{1-u}\right)=\sum_{q}^{\infty}\frac{L_q'(x)}{q!}u^q$$

$$=\left(\frac{-u}{1-u}\right)\cdot\frac{e^{-\frac{xu}{1-u}}}{(1-u)}=-\frac{u}{1-u}\sum_q\frac{L_q(x)}{q!}u^q$$

$$\therefore (1-u)\sum_q\frac{L_q'(x)}{q!}u^q=-u\sum_q\frac{L_q(x)}{q!}u^q \qquad \text{(A8.84)}$$

를 얻는다. 이 식에서 $\frac{u^q}{q!}$의 계수를 비교하여 보면

$$L_q'(x)-qL'_{q-1}(x)+qL_{q-1}(x)=0 \qquad \text{(A7.85)}$$

이 된다. 또 모함수를 u에 관하여 편미분하여 보면

$$\frac{\partial}{\partial u}\left(\frac{e^{-\frac{xu}{1-u}}}{1-u}\right)=\sum_{q=1}\frac{L_q}{(q-1)!}u^{q-1}$$

$$=\left[\frac{1}{(1-u)^2}+\frac{1}{1-u}\left\{-\frac{x}{1-u}-\frac{xu}{(1-u)^2}\right\}\right]e^{-\frac{xu}{1-u}}$$

$$=\frac{1-u-x(1-u)-xu}{(1-u)^3}e^{-\frac{xu}{1-u}}$$

$$\therefore (1-u)^2\sum_q\frac{L_q}{(q-1)!}u^{q-1}=(1-x-u)\sum_q\frac{L_q}{q!}u^q \qquad \text{(A7.86)}$$

가 되어 이 식에서도 $u^q/q!$의 계수를 비교하여 보면

$$L_{q+1}-2qL_q+q(q-1)L_{q-1}=(1-x)L_q-qL_{q-1}$$

$$\therefore L_{q+1}(x)+(x-1-2q)L_q(x)+q^2L_{q-1}(x)=0 \qquad \text{(A7.87)}$$

을 얻는다. (A7.85)식과 (A7.87)식은 Laguerre 다항식의 연이음 공식이며 (A7.85)식을 고쳐 쓰면

$$L_q'(x)=q(L'_{q-1}-L_{q-1}) \qquad \text{(A7.88a)}$$

$$L'_{q+1}(x)=(q+1)(L_q'-L_q) \qquad \text{(A7.88b)}$$

$$L''_{q+1}(x)=(q+1)(L_q''-L_q') \qquad \text{(A7.88c)}$$

$$L''_{q+2}(x)=(q+2)(L''_{q+1}-L'_{q+1})$$

$$=(q+2)\{(q+1)(L_q''-L_q')-(q+1)(L_q'-L_q)\}$$

$$=(q+1)(q+2)(L_q''-2L_q'+L_q) \qquad \text{(A7.88d)}$$

가 된다.

(A7.87)식에서 q를 $q+1$로 놓고 두 번 미분하면

$$\frac{d^2}{dx^2}\left[L_{q+2}+(x-1-2q-2)L_{q+1}+(q+1)^2L_q\right]=0$$

$$L''_{q+2}+(x-2q-3)L''_{q+1}+2L'_{q+1}+(q+1)^2L_q''=0 \tag{A7.89}$$

가 되어 $L''_{q+2}, L''_{q+1}, L'_{q+1}$에 관한 전 관계식 (A7.88)를 이용하면

$$(q+1)(q+2)(L_q''-2L_q'+L_q)+(x-2q-3)(q+1)(L_q''-L_q')$$
$$+2(q+1)(L_q'-L_q)+(q+1)(q+1)L_q''=0 \tag{A7.90}$$

을 얻는다. 이 식을 $(q+1)$로 나누어 주면

$$L_q''(q+2+x-2q-3+q+1)$$
$$+L_q'\{-2(q+2)-(x-2q-3)+2\}$$
$$+L_q\{q+2-2\}=0$$

즉

$$\therefore xL_q''(x)+(1-x)L_q'(x)+qL_q(x)=0 \tag{A7.91}$$

이 된다. 이 식이 Laguerre 미분 방정식이다.

(ii) 모함수를 전개할 때 그 계수로 정의된 Laguerre 다항식은 다음과 같이 된다.

$$L_q(x)=e^x\left(\frac{d}{dx}\right)^q(x^qe^{-x}) \tag{A7.92}$$

(증명) $\sum_q \frac{L_q(x)}{q!}u^q=\frac{1}{1-u}e^{-\frac{xu}{1-u}}$

$$=\frac{1}{1-u}\sum_n\frac{(-1)^n}{n!}\left(\frac{xu}{1-u}\right)^n$$

$$=\sum_n\frac{(-1)^n}{n!}\,\frac{x^nu^n}{(1-u)^{n+1}}$$

$$=\sum_n\sum_m\frac{(-1)^n}{n!}x^n\frac{1}{m!}(n+1)(n+2)\cdots\cdots(n+m)u^{n+m} \tag{A7.93}$$

이 된다. 여기에서 $n+m$을 q로 놓으면 합에 대하여

$$\sum_{n=0}^{\infty}\sum_{m=0}^{\infty}=\sum_{q=0}^{\infty}\sum_{n=0}^{q} \tag{A7.94}$$

의 관계가 성립되므로

$$\sum_{q=0}^{\infty}\frac{L_q(x)}{q!}u^q=\sum_{q=0}^{\infty}\left\{\sum_{n=0}^{q}\frac{(-1)^nq!x^n}{n!(q-n)!n!}\right\}u^q \tag{A7.95}$$

가 되어

$$\therefore L_q(x)=(q!)^2\sum_{n=0}^{q}\frac{(-1)^nx^n}{(n!)^2(q-n)!}$$

$$= \sum_{n=0}^{q} \frac{q!}{n!(q-n)!}(-1)^n \cdot q(q-1)\cdots\cdots(n+1)x^n$$

$$= \sum_{n=0}^{q} \frac{q!}{n!(q-n)!} e^x \left(\frac{d}{dx}\right)^n e^{-x} \left(\frac{d}{dx}\right)^{q-n} x^q$$

$$= e^x \left(\frac{d}{dx}\right)^q (x^q e^{-x}) \qquad \text{(증명 끝)} \tag{A7.96}$$

이 식으로부터 $L_q(x)$는 x의 q차 다항식임을 알 수 있다. 예를 들어

$$L_0(x) = 1$$

$$L_1(x) = e^x \frac{d}{dx}(xe^{-x}) = -x+1$$

$$L_2(x) = e^x \frac{d^2}{dx^2}(x^2 e^{-x}) = x^2 - 4x + 2 \tag{A7.97}$$

....

등을 구할 수 있다.

(iii) 연관 라게르(Laguerre) 다항식은 두 가지로 정의되어 사용된다. 여기에서는

$$L_q^s(x) = \left(\frac{d}{dx}\right)^s L_q(x) = L_q^{(s)}(x) \tag{A7.98}$$

로 정의하는 경우를 먼저 고려하겠다. 이 다항식이 만족하는 미분 방정식은 Laguerre 미분 방정식 (A7.91)를 s번 미분하여서 얻어진다. 즉 Leibnitz 공식을 사용하여

$$x\frac{d^2}{dx^2}L_q^s + s\frac{d}{dx}L_q^s + (1-x)\frac{d}{dx}L_q^s + s(-1)L_q^s + qL_q^s = 0$$

$$\therefore x\frac{d^2 L_q^s}{dx^2} + (s+1-x)\frac{dL_q^s}{dx} + (q-s)L_q^s = 0 \tag{A7.99}$$

(Associated Laguerre 미분 방정식)

을 얻는다.

저자에 따라서는 다음과 같이 연관 Laguerre 다항식을 정의하는 경우도 있다.

$$L_q^s(x) = (-1)^s \left(\frac{d}{dx}\right)^s L_{q+s}(x) = (-1)^s L_{q+s}^{(s)} \tag{A7.100}$$

(A7.83)식을 s번 미분하면 $L_q^s(x)$를 얻는 모함수를 구할 수 있다. 즉

$$(-1)^s \frac{u^s e^{-\frac{xu}{1-u}}}{(1-u)^{s+1}} = \sum_{q=s}^{\infty} \frac{L_q^s(x)}{q!} u^q \tag{A7.101}$$

(iv) Laguerre 다항식의 규격화를 얻기 위하여 위 모함수에 의한 관계식을 두 가지로 나타내자.

$$U_x(x,u) = \sum_{r=s}^{\infty} \frac{L_r^s(x)}{r!} u^r = (-1)^s \frac{u^s}{(1-u)^{s+1}} e^{-\frac{xu}{1-u}} \tag{A7.102a}$$

$$V_s(x,v)=\sum_{t=s}^{\infty}\frac{L_t^s(x)}{t!}v^t=(-1)^s\frac{v^s}{(1-v)^{s+1}}e^{-\frac{xv}{1-v}} \tag{A7.102b}$$

이 관계식을 이용하여 다음 적분을 생각하여 보자.

$$I=\int_0^{\infty}e^{-x}x^{s+1}U_s(x,u)\,V_s(x,v)dx$$

$$=\sum_{r,t=s}^{\infty}\frac{u^r v^t}{r!t!}\int_0^{\infty}e^{-x}x^{s+1}L_r^s(x)L_t^s(x)dx \tag{A7.103a}$$

$$=\frac{(uv)^s}{(1-u)^{s+1}(1-v)^{s+1}}\int_0^{\infty}x^{s+1}e^{-x\left[1+\frac{u}{1-u}+\frac{v}{1-v}\right]}dx \tag{A7.103b}$$

마지막 적분에 대하여

$$\int_0^{\infty}x^{s+1}e^{-ax}dx=\left(-\frac{\partial}{\partial a}\right)^{s+1}\int_0^{\infty}e^{-ax}dx$$

$$=\left(-\frac{\partial}{\partial a}\right)^{s+1}\left(\frac{1}{-a}e^{-ax}\right)\Big|_0^{\infty}$$

$$=\left(-\frac{\partial}{\partial a}\right)^{s+1}\frac{1}{a}$$

$$=\frac{(s+1)!}{a^{s+2}} \tag{A7.104}$$

를 이용하면 (A7.103b)식은

$$I-\frac{(uv)^s}{(1-u)^{s+1}(1-v)^{s+1}}(s+1)!\frac{(1-u)^{s+2}(1-v)^{s+2}}{[(1-u)(1-v)+u(1-v)+v(1-u)]^{s+2}}$$

$$=\frac{(uv)^s(1-u)(1-v)(s+1)!}{(1-uv)^{s+2}}$$

$$=(s+1)!(1-u-v+uv)\sum_{k=0}^{\infty}\frac{(s+2)(s+3)\cdots\cdots(s+k+1)}{k!}(uv)^{s+k}$$

$$=(1-u-v+uv)\sum_k\frac{(s+k+1)!(uv)^{s+k}}{k!} \tag{A7.105}$$

가 되어 (A7.103a)식과 (A7.105)식으로부터 $(uv)^r$의 계수를 비교해 보면

$$\frac{1}{(r!)^2}\int_0^{\infty}e^{-x}x^{s+1}L_r^s(x)L_r^s(x)dx$$

$$=\left\{\frac{(r+1)!}{(r-s)!}+\frac{r!}{(r-s-1)!}\right\}$$

$$\therefore\int_0^{\infty}e^{-x}x^{s+1}\left[L_r^s(x)\right]^2dx=\frac{(r!)^3}{(r-s)!}(r+1+r-s)$$

$$=\frac{(r!)^3(2r-s+1)}{(r-s)!} \tag{A7.106}$$

가 된다.

예를 들어 수소 문제에서 나오는 지름 파동 방정식에서는 $s=2l+1, r=l+n$의 경우가 되므로

$$\int_0^{\infty} e^{-x} x^{2(l+1)} \left[L_{n+l}^{2l+1}(x)\right]^2 dx = \frac{\{(n+l)!\}^3(2n)}{(n-l-1)!} \tag{A7.107}$$

이고 이 식으로부터 규격화된 함수는

$$\therefore y_{nl}(r) = \sqrt{\frac{(n-l-1)!}{2n\{(n+l)!\}^3}}\, e^{-\frac{x}{2}} x^{(l+1)} L_{n+l}^{2l+1}(x) \tag{A7.108}$$

이다. 단 수소 원자 문제에서는 x가 $\dfrac{2Z}{na_0}r$로 정의된 값이며 파동함수 (7.153)식의 규격화된 식

$$\begin{aligned} 1 &= \int u^*_{nlm} u_{nlm} d^3x \\ &= \int_0^{\infty} |R_{nl}|^2 r^2 dr \int |Y_{lm}|^2 d\Omega \\ &= \int_0^{\infty} |R_{nl}|^2 r^2 dr \end{aligned}$$

를 고려하면 규격화된 지름 파동함수 $R_{nl}(r)$는

$$R_{nl}(r) = \sqrt{\left(\frac{2Z}{na_0}\right)^3 \frac{(n-l-1)!}{2n\{(n+l)!\}^3}}\, e^{-\frac{Zr}{na_0}} \left(\frac{2Z}{na_0}r\right)^l L_{n+l}^{2l+1}\left(\frac{2Z}{na_0}r\right) \tag{A7.109}$$

됨을 알 수 있다.

지금까지의 부록은 양자역학에서 많이 취급되는 Legendre 함수와 Laguerre 함수에 관하여 논하였으나 이미 이 부분에 관하여는 수리 물리학이나 응용수학에서 취급된 경우가 많을 것으로 간주되어 부록으로 첨가한다.

제 8 장

전자기장(電磁氣場) 안에서의 전자의 운동

전하를 띠고 있는 전자들이 원자핵에 속박되어 있거나 원자들 속에서 거의 자유로이 움직이는 경우에 이들은 전자기장에 의하여 힘을 받는다. 외부에서 전자기장을 작용하여 줌으로써 물질 안에 있는 전자들이 어떻게 변화하는가를 고찰하여 물질의 성질을 연구하는 것은 물리학뿐 아니라 화학, 생물 등에서도 중요한 연구 분야이다. 전자기장 안에서의 대전 입자(帶電粒子)의 고전적 운동은 이미 제 1 장에서 취급되었으며 여기서는 좀 더 구체적으로 양자역학적인 면을 고려하고자 한다. 이 문제는 후에도 여러 번 논의될 것이다.

8. 1 게이지 변환(變換, gauge transformation)

전기장 $\vec{E}$와 자기장 $\vec{B}$가 만족하는 Maxwell 방정식으로부터 두 개의 퍼텐셜 Φ와 $\vec{A}$가 도입되었고

$$\vec{B}=\vec{\nabla}\times\vec{A} \tag{8.1}$$

$$\vec{E}=-\vec{\nabla}\Phi-\frac{1}{c}\frac{\partial\vec{A}}{\partial t} \tag{8.2}$$

로 쓸 때 이들 퍼텐셜 $\Phi, \vec{A}$ 는 다음과 같이 바꾸어도 $\vec{E}$와 $\vec{B}$에는 아무런 영향을 주지 않는다.

$$\vec{A'}=\vec{A}-\vec{\nabla}\chi \tag{8.3}$$

$$\Phi'=\Phi+\frac{1}{c}\frac{\partial\chi}{\partial t} \tag{8.4}$$

그 이유는

$$\vec{\nabla}\times\vec{A'}=\vec{\nabla}\times\vec{A}-\vec{\nabla}\times\vec{\nabla}\chi=\vec{\nabla}\times\vec{A}=\vec{B}$$

$$\begin{aligned}-\vec{\nabla}\Phi'-\frac{1}{c}\frac{\partial\vec{A'}}{\partial t}&=-\vec{\nabla}\Phi-\frac{1}{c}\frac{\partial}{\partial t}\vec{\nabla}\chi-\frac{1}{c}\frac{\partial\vec{A}}{\partial t}+\frac{1}{c}\frac{\partial}{\partial t}\vec{\nabla}\chi\\&=-\vec{\nabla}\Phi-\frac{1}{c}\frac{\partial\vec{A}}{\partial t}=\vec{E}\end{aligned}$$

이기 때문이다.

이러한 퍼텐셜의 변환식 (8.3)과 (8.4)를 게이지 변환이라 부르며 전자기장과 관련된 이론은 항상 게이지 변환에 대하여 불변(不變, invariant)인 관계식을 얻는다고 생각한다.

고전 전자기학에서 게이지 불변을 이용하면 퍼텐셜을 택할 때에 편리하며 취급하기 쉬운 형태로 택할 수 있다. 즉 Lorentz 게이지의 경우와 전자기파에 대한 Coulomb 게이지의 경우가 이에 해당된다.

고전 물리학에서 전하 e를 띤 입자가 전자기장에서 움직일 때는

$$\vec{F}=e\left(\vec{E}+\frac{\vec{v}}{c}\times\vec{B}\right) \tag{8.5}$$

의 Lorentz 힘을 받는다. 제 3장에서 고려하였던 바와 같이 질량 m인 대전(帶電) 입자의 운동을 기술하는 Hamiltonian은 전자기장이 없을 때에는

$$H=\frac{p^2}{2m} \tag{8.6}$$

이 되고 전자기장 안에서의 운동은 위 식에서 $\vec{p}$와 H 대신에

$$\vec{p}\to\vec{p}-\frac{e}{c}\vec{A} \tag{8.7a}$$

$$H\to H-e\Phi \tag{8.7b}$$

로 바꾸어 씀으로써 Hamiltonian 은 다음과 같이 됨을 알고 있다.

$$H=\frac{1}{2m}\left(\vec{p}-\frac{e}{c}\vec{A}\right)^2+e\Phi \tag{8.8}$$

이 식으로부터 Schrödinger 방정식은 제 3장에서 얻었듯이 다음과 같다.

$$i\hbar\frac{\partial\psi(\vec{x},t)}{\partial t}=\left[\frac{1}{2m}\left(\frac{\hbar}{i}\vec{\nabla}-\frac{e}{c}\vec{A}(\vec{x})\right)^2+e\Phi(\vec{x})\right]\psi(\vec{x},t) \tag{8.9}$$

만일 위 방정식이 게이지 변환에 대하여 불편하게 되려면 $\vec{A}(\vec{x}), \Phi(\vec{x})$의 변환식 (8.3), (8.4)와 동시에 파동함수가

$$\psi'(\vec{x},t)=e^{-\frac{ie}{\hbar c}\chi(\vec{x},t)}\psi(\vec{x},t) \tag{8.10}$$

과 같은 위상변환(位相變換)이 이루어져야 한다. 그 이유는

$$\begin{aligned}
i\hbar\frac{\partial}{\partial t}\psi'-e\Phi'\psi' &= i\hbar\frac{\partial}{\partial t}\left(e^{-\frac{ie}{\hbar c}\chi}\psi\right)-e\left(\Phi+\frac{1}{c}\frac{\partial\chi}{\partial t}\right)e^{-\frac{ei}{\hbar c}\chi}\psi \\
&= i\hbar e^{-\frac{ie}{\hbar c}\chi}\frac{\partial\psi}{\partial t}+\frac{e}{c}\frac{\partial\chi}{\partial t}e^{-\frac{ie}{\hbar c}\chi}\psi-e\left(\Phi+\frac{1}{c}\frac{\partial\chi}{\partial t}\right)e^{-\frac{ie}{\hbar c}\chi}\psi \\
&= e^{-\frac{ie}{\hbar c}\chi}\left(i\hbar\frac{\partial\psi}{\partial t}-e\Phi\psi\right)
\end{aligned} \tag{8.11}$$

이 되고,

$$\left(\frac{\hbar}{i}\vec{\nabla}-\frac{e}{c}\vec{A'}\right)\psi' = \frac{\hbar}{i}\vec{\nabla}\left(e^{-\frac{ie}{\hbar c}\chi}\psi\right)-\frac{e}{c}(\vec{A}-\vec{\nabla}\chi)e^{-\frac{ie}{\hbar c}\chi}\psi$$
$$=e^{-\frac{ie}{\hbar c}\chi}\frac{\hbar}{i}\vec{\nabla}\psi-\frac{e}{c}(\vec{\nabla}\chi)e^{-\frac{ie}{\hbar c}\chi}\psi-\frac{e}{c}(\vec{A}-\vec{\nabla}\chi)e^{-\frac{ie}{\hbar c}\chi}\psi$$
$$=e^{-\frac{ie}{\hbar c}\chi}\left(\frac{\hbar}{i}\vec{\nabla}-\frac{e}{c}\vec{A}\right)\psi \tag{8.12}$$

이고, 또 (8.12)식의 결과를 이용하면

$$\left(\frac{\hbar}{i}\vec{\nabla}-\frac{e}{c}\vec{A'}\right)\cdot\left(\frac{\hbar}{i}\vec{\nabla}-\frac{e}{c}\vec{A'}\right)\psi'$$
$$=\left(\frac{\hbar}{i}\vec{\nabla}-\frac{e}{c}\vec{A'}\right)\cdot\left\{e^{-\frac{ie}{\hbar c}x}\left(\frac{\hbar}{i}\vec{\nabla}-\frac{e}{c}\vec{A}\right)\psi\right\}$$
$$=e^{-\frac{ie}{\hbar c}\chi}\left(\frac{\hbar}{i}\vec{\nabla}-\frac{e}{c}\vec{A}\right)\cdot\left(\frac{\hbar}{i}\vec{\nabla}-\frac{e}{c}\vec{A}\right)\psi$$

이므로, 따라서

$$i\hbar\frac{\partial\psi'(\vec{x},t)}{\partial t}=\left[\frac{1}{2m}\left(\frac{\hbar}{i}\vec{\nabla}-\frac{e}{c}\vec{A'}\right)^2+e\Phi'\right]\psi'(\vec{x},t) \tag{8.13}$$

가 성립한다.

바꾸어 말하면 전자기장에서 움직이는 대전 입자가 다음과 같은 게이지 변환

$$\psi'(\vec{x},t)=e^{-\frac{ie}{\hbar c}\chi}\psi(\vec{x},t) \tag{8.10}$$
$$\vec{A'}(\vec{x},t)=\vec{A}-\vec{\nabla}\chi \tag{8.3}$$
$$\Phi'(\vec{x},t)=\Phi+\frac{1}{c}\frac{\partial\chi}{\partial t} \tag{8.4}$$

에 대하여 같은 물리적 의미를 가지려면 Schrödinger 방정식은 (8.9)식과 같은 모양이 되어야 한다. 또 파동함수가 (8.10)식과 같은 위상변환 또는 게이지 변환에 대하여 같은 물리학적 의의를 가지려면 입자의 운동방정식에 퍼텐셜 $\vec{A},\Phi$ 가 도입되어 방정식은 (8.9)식과 같이 되어야 하고 $\vec{A},\Phi$는 전자기학에서 얻어진 게이지 변환을 하면 된다. 만일 퍼텐셜이 도입되지 않으면 파동방정식은 게이지 변환 (8.10) 식에 의하여 불변하지 않게 된다.

최근에 많이 발전된 입자 물리학에서 입자들의 상호 작용을 기술하는 데에는 Lagrangian 을 게이지 변환에서 불변하도록 그 형태를 만든다. 물리학 이론이 게이지 변환에 대하여 불변하다는 것을 강조한다면 전자기장에서 움직이는 입자를 기술할 때는 반드시 퍼텐셜 $\vec{A},\Phi$가 도입되어야 한다고 말할 수 있게 되고 $\vec{A},\Phi$는 양자론에서 광자를 기술하므로 게이지 불변의 이론은 "빛은 있어야 한다"는 결론을 얻는다고 할 수 있다. 그런 의미에서 광자(photon)는 게이지 입자라 부른다. 다른 상호 작용을 기술할 경우에는 광자가 아닌 다른 게이지 입자가 도입된다. 최근에 발견된 W와 Z 입자는 약한 상호 작

용의 게이지 이론과 관련된 입자이며 강한 상호 작용에는 글루온(gluon) 이라는 게이지 입자가 있는 이론이 현재에 많이 연구되고 있다. 또 위상 변환을 할 경우 (8.10)식에서 $\chi(\vec{x},t)$는 $(\vec{x},t)$의 함수가 되어 있다. χ가 상수인 경우를 광역적(廣域的, global) 게이지 변환, $(\vec{x},t)$의 함수인 경우를 국소적(局所的, local) 게이지 변환이라 부른다.

8. 2 전기장 안에서의 전자의 운동

(a) 속박되지 않은 전자의 운동

먼저 자유 전자는 Schrödinger 방정식

$$-\frac{\hbar^2}{2m}\nabla_\alpha^2\psi_\alpha(\vec{x})=E_\alpha\psi_\alpha(\vec{x}) \tag{8.14}$$

에 의하여 기술되며 α 는 한 전자를 나타낸다. 여기서 α 를 떼고 생각하자. 그러면 위 식의 해는

$$\psi=e^{i\vec{k}\cdot\vec{x}} \tag{8.15}$$

$$E=\frac{\hbar^2k^2}{2m} \tag{8.16}$$

됨을 잘 알고 있다. 여기에서 ψ는 규격화되지 않은 값이며 만일 변(邊)의 길이가 L인 정육면체에 대한 주기적(週期的, periodic) 경계 조건을 사용하면

$$\psi(x,y,z)=\psi(x+L,y,z)=\psi(x,y,z+L) \text{ 이므로}$$

$$\psi(\vec{x})=\frac{1}{\sqrt{V}}e^{i\vec{k}\cdot\vec{x}} \tag{8.17}$$

가 된다. 이때 k_i 는

$$k_i=\frac{2\pi}{L}n_i \quad (i=1,2,3;\ n_i=0,1,2,\ \cdots\cdots) \tag{8.18}$$

이다 또 L이 무한히 큰 경우 k는 연속적으로 변한다. 실제로 고체 안에 있는 거의 자유로 움직이는 전자들에 대하여 생각할 때에 반복되어 존재하는 이온들 주위에서는 주기적 경계 조건을 고려할 수 있다.

이와 같은 자유 전자의 운동량의 기대치는

$$\vec{p}=\int\psi^*\frac{\hbar}{i}\vec{\nabla}\psi d^3x=\hbar\vec{k} \tag{8.19}$$

가 된다.

고전 물리학에서 잘 아는 바와 같이 이러한 전자가 시간에 독립인 외부 전기장 $\vec{E}$의 영향을 받는 경우(자기장은 고려하지 않는 경우) 아래의 힘을 받아

$$\frac{d\vec{p}}{dt}=e\vec{E} \tag{8.20}$$

에 의하여 이 하전 입자는 가속된다. 따라서 $\vec{k}$ 값은

$$\frac{d\vec{k}}{dt}=\frac{e}{\hbar}\vec{E} \tag{8.21a}$$

$$\vec{k}(t)=\vec{k}(0)+\frac{e}{\hbar}\vec{E}t \tag{8.21b}$$

즉 전기장의 영향을 받은 하전입자는 다른 $\vec{k}$ 값을 갖는 상태로 변한다.

Schrödinger 방정식으로부터 생각하면 이때 퍼텐셜을 택하는데 여러 경우가 있을 수 있다. 만일 퍼텐셜을

$$\Phi=-\vec{E}\cdot\vec{x} \tag{8.22}$$

$$\vec{A}=0$$

로 택하면 (8.9)식은

$$i\hbar\frac{\partial\psi(\vec{x},t)}{\partial t}=\left(-\frac{\hbar^2}{2m}\nabla^2-e\vec{E}\cdot\vec{x}\right)\psi(\vec{x},t) \tag{8.23}$$

가 된다. 한편 운동량이 변하면 에너지가 변하므로 이 식의 해는 평면파의 해를 약간 고쳐 쓴

$$\psi(\vec{x},t)=Aexp\left\{i\vec{k}(t)\cdot\vec{x}-\frac{i}{\hbar}\int_0^t E(\vec{k},t')dt'\right\} \tag{8.24}$$

라 하자. 여기서 A는 규격상수이며 에너지 $E(\vec{k},t)$는 k값이 시간에 의해 변함에 따라서 변화한다. 이 식을 (8.23)식에 대입하면

$$E(\vec{k},t)-\hbar\frac{d\vec{k}}{dt}\cdot\vec{x}=\frac{\hbar^2k^2(t)}{2m}-e\vec{E}\cdot\vec{x} \tag{8.25}$$

가 되고 따라서 $\vec{k}$값에 대한 (8.21a) 식을 사용하면 에너지 고유값은

$$E(\vec{k},t)=\frac{\hbar^2k^2(t)}{2m} \tag{8.26}$$

이 된다. 여기서 $\vec{k}$는 (8.21b)식으로 주어진다.

이 결과는 다른 모양의 퍼텐셜을 사용하여서도 얻을 수 있다. 즉 퍼텐셜을 (8.22)식과 같이 택하는 대신

$$\Phi=0$$

$$\vec{A}=\vec{A}(t) \qquad \text{(시간만의 함수)} \tag{8.27}$$

로 택하면 앞 절에서 논의된 사항을 적용하여 전기장은 (8.2)식으로부터

$$\vec{E}(t)=-\frac{1}{c}\frac{\partial\vec{A}}{\partial t} \tag{8.28}$$

가 된다. 한편 $\vec{A}$ 는 위치에는 무관한 함수로 택하였으므로 (8.1)식으로부터 자기장

$\vec{B}=\vec{\nabla}\times\vec{A}$는 0이 된다. 따라서

$$\vec{A}(t)=-c\int^{t}\vec{E}(t')dt' \tag{8.29}$$

를 얻는다. 물론 전기장 $\vec{E}$ 가 시간에 독립인 경우는 더욱 간단하다. 균일한 전기장에서 움직이는 전자에 대한 Hamiltonian은

$$H=\frac{1}{2m}\left(\vec{p}-\frac{e}{c}\vec{A}\right)^2 \tag{8.30}$$

이다.

먼저, 고전적인 운동 방정식은

$$\dot{\vec{x}}_i=\frac{\partial H}{\partial p_i}=\frac{1}{m}\left(\vec{p}-\frac{e}{c}\vec{A}\right)_i \tag{8.31}$$

$$\dot{\vec{p}}_i=-\frac{\partial H}{\partial x_i}=0 \tag{8.32}$$

이므로 운동량 $\vec{p}$ 는 일정한 상수이고 전자의 속도는 $\vec{v}$는 다음과 같다.

$$\vec{v}=\dot{\vec{x}}=\frac{1}{m}\vec{p}+\frac{e}{m}\int^{t}\vec{E}(t')dt' \tag{8.33}$$

일정한 값 $\vec{p}$ 를 $m\vec{v_0}$ 로 놓고 이 식을 시간에 관하여 적분하면 전자의 궤도 $\vec{x}(t)$를 얻을 수 있다.

양자역학적으로 Schrödinger 방정식

$$i\hbar\frac{\partial\psi(\vec{x},t)}{\partial t}=H(\vec{p},t)\psi(\vec{x},t)$$

$$=\frac{1}{2m}\left(\frac{\hbar}{i}\vec{\nabla}-\frac{e}{c}\vec{A}\right)^2\psi(\vec{x},t) \tag{8.34}$$

의 해를 구해보자. H는 $\vec{x}$의 함수가 아니므로 H는 $\vec{p}$와 교환 가능하다.

따라서 (8.34)식의 해 $\psi(\vec{x},t)$ 는 동시에 운동량 $\vec{p}$ 의 고유상태가 되도록 택할 수 있다. 즉

$$\psi(\vec{x},t)=C(t)e^{\frac{i}{\hbar}\vec{x}\cdot\vec{p}} \tag{8.35}$$

로 쓸 수 있다. 여기서 $\vec{p}$ 는 연산자 $\vec{p}$ 의 고유값을 나타내며 시간에 다라 변하지 않는 값이다. 즉 $\hbar\vec{k}(0)$에 해당된다. 이 식을 Schrödinger 방정식 (8.34)에 대입하면

$$i\hbar\frac{dC}{dt}=\frac{1}{2m}\left(\vec{p}-\frac{e}{c}\vec{A}(t)\right)^2C$$

$$\therefore C(t)=C_0e^{-\frac{i}{\hbar}\int^{t}E(\vec{k},t')dt'} \tag{8.36}$$

을 얻는다. 여기서 $E(\vec{k},t)$는

$$E(\vec{k},t)=\frac{1}{2m}\left(\vec{p}-\frac{e}{c}\vec{A}(t)\right)^2 \tag{8.37}$$

이며 어느 순간의 에너지로서 (8.26)식과 같은 값이다.

(8.35)식과 (8.36)식으로부터 파동함수는

$$\psi(\vec{x},t)=C_0\exp\left\{\frac{i}{\hbar}(\vec{x},\vec{p})-\frac{i}{\hbar}\int_0^t E(\vec{k},t')dt'\right\} \tag{8.38}$$

이 된다. 물론 이 결과는 (8.24)식의 값과는 다르다. 그러나 이들 게이지 변환에 의하여 관련지어질 수 있다.

또 속도 연산자 $\vec{v}$ 는 위치 연산자 $\vec{x}$ 의 시간에 대한 미분이라 정의할 때

$$\vec{v}=\frac{d\vec{x}}{dt}=\frac{1}{i\hbar}[\vec{x},H]$$

$$=\frac{1}{m}\left(\vec{p}-\frac{e}{c}\vec{A}\right) \qquad (\vec{p}\text{ 는 연산자 임}) \tag{8.39}$$

가 된다. (8.38)식의 $\psi(\vec{x},t)$는 속도 연산자 $\vec{v}$ 의 고유상태가 됨을 알 수 있다. 즉

$$\vec{v}\psi(\vec{x},t)=\frac{1}{m}\left(\frac{\hbar}{i}\vec{\nabla}-\frac{e}{c}\vec{A}\right)C_0\exp\left\{\frac{i}{\hbar}(\vec{x},\vec{p})-\frac{i}{\hbar}\int_0^t E(\vec{k},t')dt'\right\}$$

$$=\frac{1}{m}\left(\vec{p}-\frac{e}{c}\vec{A}\right)\psi(\vec{x},t) \qquad (\vec{p}\text{ 는 연산자가 아님}) \tag{8.40}$$

이며 연산자 $\vec{v}$ 의 고유값 $\vec{v}$는

$$\vec{v}=\frac{1}{m}\vec{p}+\frac{e}{m}\int^t\vec{E}(t')dt' \tag{8.33}$$

가 되어 고전적 관계식을 얻게 된다. 지금까지 $\vec{v}$, $\vec{p}$는 연산자와 고유값에 대하여 같이 사용하였으며, 에너지 $E(\vec{k},t)$ 와 전기장 $\vec{E}$ 도 같은 E 를 사용하였으니(전기장은 벡터 량으로 사용) 혼동하지 않기를 바란다.

금속 안에 있는 원사의 외각(外殼) 전자들은 비교적 자유로이 운동을 하며, 이들을 전도전자(傳導電子, conduction electron)라 부른다. 이들은 자유 전자로 생각하는 모델에서 금속 이온(ion)이 반복하여 규칙적으로 존재하여 격자(格子, lattice)를 이루고 있는 경우는 주기적인 경계 조건을 만족한다고 할 수 있다. 이들 전자가 이루는 낮은 에너지 준위를 채운다면 제 6장에서 취급한 바와 같이 전자들은 외부에 전자기장이 없는 경우 Fermi 에너지

$$E_F=\frac{\hbar^2k^{2_F}}{2m} \tag{8.41}$$

안의 에너지를 갖게 된다. 따라서 전자들은 그림 8.1에서 보는 바와 같이 k 공간의 원점

주위에 균일하게 $\vec{k}$ 값을 갖는다고 할 수 있으며, 평균적으로 전체 $\vec{k}$ 값은 변하지 않는다. 따라서 전자들은 평균적으로 움직이지 않는 결과가 된다.

만일 금속에 외부로부터 균일한 전기장 $\vec{E}$가 가해지면 각 전자들이

$$\vec{k}=\vec{k_0}+\frac{e}{\hbar}\vec{E}t \qquad (8.21b)$$

로 $\vec{k}$ 값이 변하게 되어 어느 방향에 전기장 $\vec{E}$ 가 작용하느냐에 따라 $\vec{E}$ 방향으로 $\vec{k}$ 값이 변한다. 일반적으로 처음에는 전자들은 (8.20)식과 같이 가속되나 금속 안에 있는 불순물(不純物, impurity)이나 결함(缺陷, defect) 때문에 이들에 부딪히게 되어 운동의 방해를 받는다. 속도가 빨라지면 산란이 더 자주 일어나게 되어 외부장에 의한 가속 효과가 이 산란의 요소와 상쇄되어 전자들이 일정한 평균 속도를 유지하며 정상 상태에 도달한다. 이때에는 그림 8.1의 점선에서 보는 바와 같이 Fermi 구(球)는 k 공간의 원점에서 벗어난 상태에 있게 되고 전자는 전기장의 방향에 따라 그림의 화살표 방향으로 이동함을 알게 된다. 이 때 전자의 평균 속도 $\left\langle \frac{\hbar\vec{k}}{m} \right\rangle$ $(\neq 0)$ 을 유동 속도(流動速度, drift velocity)라 부른다.

전기장 안에서 움직이는 한 전자는 앞에서 말한 정상 상태의 평면파인 (8.17)식

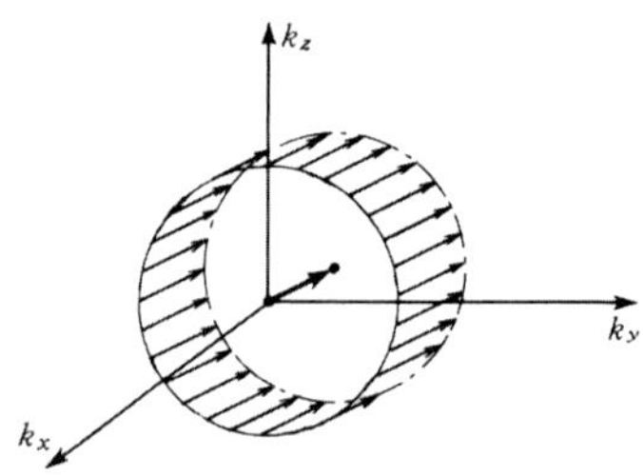

그림 8.1 파수벡터 공간에서 전자의 Fermi 에너지는 외부 전기장이 가해지면 변한다.

의 $\psi(\vec{k},\vec{x})$로 전개되어 표시된다.

$$\psi(\vec{x},t)=\sum_k c(\vec{k},t)\psi(\vec{k},\vec{x})$$

(b) 결정(結晶, crystal) 안에 있는 전자의 운동과 에너지띠 이론(energy band theory)

앞에서는 주로 자유 전자에 대하여 고찰하였다. 금속 또는 일반적으로 고체 안에 있는 전자들의 운동을 생각하여 보자.

제 7장의 한 이온에 대하여 에너지 준위(準位, level)가 형성되며, 수소유사원자에 대한 고찰에서 본 바와 같이 여러 개의 이온(ion)들이 금속을 형성하는 경우에는 거의 같은 에너지 준위를 갖는 이온들이 모이므로 전자가 있을 수 있는 에너지의 띠(帶)가 형성된다. 이러한 띠를 허용(許容)된 띠 (allowed band)라 하며 마찬가지로 전자가 있을 수 없는 부분도 형성되는데 이 부분을 금지(禁止)된 띠 (forbidden band)라 부른다. 이러한 두 종류

의 에너지 띠가 형성됨은 다음과 같이 주기적인 퍼텐셜에서 움직이는 전자를 고려함으로써도 얻을 수 있다.

(i) 고체를 원자핵들이 주기적으로 배열되어 있는 결정격자(結晶格子, crystal lattice)로 볼 때 고체 안에 있는 전자는 완전한 자유 전자라기보다는 이 원자핵들의 영향을 받는다고 생각할 수 있다. 도체 안에서 움직이는 전자는 원자핵에서 비교적 멀리 떨어진 외각(外殼) 전자로서, 원자핵과 핵 주위에 밀착된 전자로 이루어진 원자 이온으로부터 받는 힘이 아주 작으므로 거의 자유로이 움직인다고 생각 할 수 있다. 따라서 고체를 원자 이온들로 이루어진 격자로 생각하고 격자 사이에는 전자가 거의 자유로이 움직일 수 있는 영역이 있다고 생각하자.

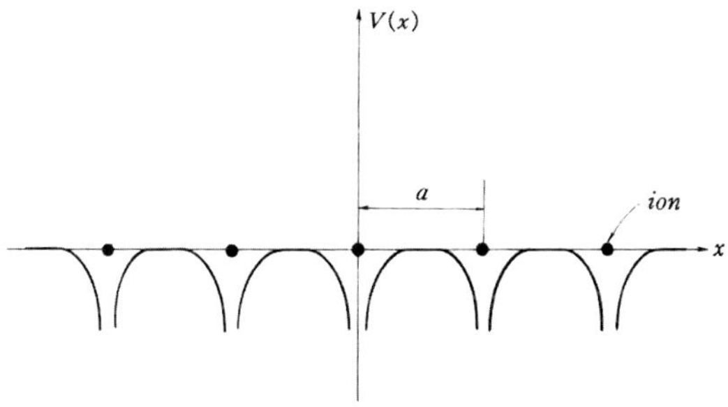

그림 8.2　1차원 결정격자의 퍼텐셜에너지 $V(x)$

고체 안에 있는 전자의 운동을 생각할 때, 그림 8.2에서 보는 바와 같은 원자 이온 주위의 퍼텐셜을 생각할 수 있고 이 퍼텐셜은 원자 사이의 거리 a 만큼씩 떨어져 규칙적으로 반복된다. 여기서는 규칙적인 퍼텐셜에 의한 영향을 고찰하고 또 이온 격자 사이에서 움직이는 전자의 운동을 조사하기 위하여 편의상 그림 8.3에서와 같이 1차원에서 N 개의 원자가 네모난 퍼텐셜을 이루고 규칙적으로 반복한다고 생각한다. 이 때 전자의 운동과 에너지를 고찰하여 보면 결정의 성질에 대하여도 정성적으로 알아볼 수 있다. 그림 8.3에서

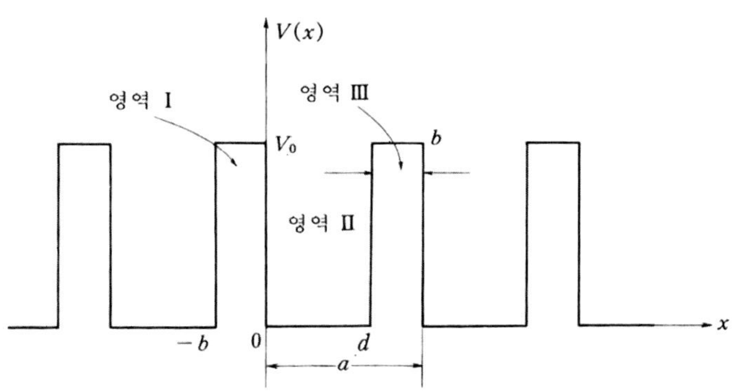

와 같은 퍼텐셜을 이용하는 것을 Kronig-Penney 모델이라 부른다.

(ii) 규칙적으로 퍼텐셜이 반복되는 경우의 Schrödinger 방정식을 풀 때 파동함수는 Bloch

정리(수학에서는 Floquet 정리로 알려짐)에 의하여 기술될 수 있다. 즉 Schrödinger 방정식

$$-\frac{\hbar^2}{2m}\frac{d^2\psi(x)}{dx^2}+V(x)\psi(x)=E\psi(x) \tag{8.43}$$

그림 8.3 Kronig-Penney 퍼텐셜

에서 퍼텐셜이

$$V(x)=V(x+a) \tag{8.44}$$

를 만족하는 경우, 파동함수 $\psi(x)$ 는 다음과 같이 놓을 수 있다.

$$\psi(x)=e^{iKx}u_K(x) \tag{8.45}$$

$$u_K(x)=u_K(x+a) \tag{8.46}$$

(증명) 먼저 평행 이동 연산자 또는 병진(並進, translational) 연산자라고 부르는 T_α를 정의하자. 이 연산자는 임의의 함수 $f(x)$에 작용할 경우

$$T_af(x)=f(x+a) \tag{8.47}$$

로 정의된다.

Schrödinger 방정식 (8.43)에 T_α 를 작용시키면

$$T_aH\psi(x)=T_aE\psi(x)=E\psi(x+a) \tag{8.48}$$

가 되고, 또 Schrödinger 방정식에서 x대신 $(x+\alpha)$로 변수를 바꾸어 쓰면 (8. 44)식을 생각하는 경우

$$H\psi(x+a)=E\psi(x+a)=HT_a\psi(x) \tag{8.49}$$

가 된다. 따라서 위 두 식으로부터

$$(T_aH-HT_a)\psi(x)=0$$

$$\therefore\ T_aH=HT_a \tag{8.50}$$

가 된다.

두 연산자 H와 T_a는 교환 가능하므로 H의 고유 함수는 동시에 T_a의 고유 함수가 되도록 택할 수 있다. 이 고유 함수 $\psi(x)$에 대하여

$$T_\alpha\psi(x)=C\psi(x) \tag{8.51}$$

이며 T_α를 여러 번 작용시키면

$$(T_a)^n\psi(x)=(T_a)^{n-1}C\psi(x)$$

$$=C^N\psi(x) \tag{8.52}$$

가 된다.

한편 결정의 크기를 L이라 하면 $\psi(x)$는 x를 L만큼 옮길 때 같은 $\psi(x)$를 갖는다고 생각할 수 있으므로

$$Na = L \tag{8.53}$$

에 대하여

$$\begin{aligned}\psi(x) &= \psi(x+L) = \psi(x+Na)\\ &= (T_a)^N \psi(x)\\ &= C^N \psi(x)\end{aligned} \tag{8.54}$$

$$\therefore\ C^N = 1 \tag{8.55}$$

을 얻는다. 이러한 C의 크기는 1이어야 하므로

$$C = e^{iKa} \tag{8.56}$$

로 놓을 수 있다. 여기서 K는 (8.55)식과 (8.56)식으로부터

$$NKa = 2\pi m \qquad (m = 0,\ \pm 1,\ \pm 2,\ \pm 3,\ \cdots)$$

$$\therefore\ K = \frac{2\pi m}{Na} = \frac{2\pi m}{L} \tag{8.57}$$

이 되어 일반적으로 K는 띄엄띄엄 떨어진(discrete) 값을 갖는다. 그러나 L이 ∞가 될 경우에는 K가 연속적으로 변하는 값을 가지게 된다고 말할 수 있다.

즉 파동함수 $\psi(x)$는 T_α가 작용하면

$$\begin{aligned}T_a\psi(x) &= e^{iKa}\psi(x)\\ &= \psi(x+a)\end{aligned} \tag{8.58}$$

가 된다. 따라서 만일 $e^{-iKx}\psi(x)$에 T_a가 작용하면

$$\begin{aligned}T_a\{e^{-iKx}\psi(x)\} &= e^{-iK(x+a)}\psi(x+a)\\ &= e^{-iK(x+a)}e^{iKa}\psi(x)\\ &= e^{-iKx}\psi(x)\end{aligned} \tag{8.59}$$

가 되어 이 함수는 x를 a만큼 이동시켜도 변하지 않는 함수가 된다. 이 함수를 $u_K(x)$라 정의하면

$$\psi(x) = e^{iKx}u_K(x) \tag{8.45}$$

가 된다. 그리고

$$u_K(x+a) = u_K(x) \tag{8.46}$$

가 된다. (증명 끝)

이와 같이 정의된 함수 $u_K(x)$, {또는 저자에 따라서는 $\psi(x)$}를 Bloch 함수라 부른다. 참고로 (8.45)식과 (8.46)식으로부터 (8.56)식을 얻을 수 있다.

$$\psi(x+a) = e^{iK(x+a)}u_K(x+a) = e^{iKa}e^{iKx}u_K(x) = e^{iKa}\psi(x) \tag{8.56}$$

이 관계식을 Bloch 정리라고도 한다.

(iii) 이 관계식을 이용하며, 그림 8.3에 주어진 퍼텐셜의 영향을 받으며 움직이는 에너지 $E\left(0 < E < V_0\right)$를 갖는 전자의 파동방정식을 고찰하여 보자. 그림 8.3에서 표시된 세 영역에서의 파동방정식의 해는 제 4장에서 논의한 바와 같다.

영역 Ⅱ $(0 < x < d)$에서

$$-\frac{\hbar^2}{2m}\frac{d^2\psi}{dx^2} = E\psi \tag{8.60}$$

$$\therefore \psi_{\mathrm{II}}(x) = Ae^{ikx} + Be^{-ikx} \tag{8.61}$$

$$k = \sqrt{\frac{2mE}{\hbar^2}} \tag{8.62}$$

$$E = \frac{\hbar^2 k^2}{2m} \tag{8.63}$$

영역 Ⅰ $(-b < x < 0)$에서

$$-\frac{\hbar^2}{2m}\frac{d^2\psi}{dx^2} + V_0\psi = E\psi \tag{8.64}$$

$$\therefore \psi_{\mathrm{I}}(x) = Ce^{\kappa x} + De^{-\kappa x} \tag{8.65}$$

$$\kappa = \sqrt{\frac{2m}{\hbar^2}(V_0 - E)} \tag{8.66}$$

를 얻는다.

영역 Ⅲ에서의 해는 Bloch 정리를 이용하여 영역 Ⅰ에서의 해로부터 얻을 수 있다. 즉 (8.58)식에서

$$\psi(x) = e^{iKa}\psi(x-a) \tag{8.67}$$

이므로 이 식에서 x가 영역 Ⅲ에 있다면 $(x-a)$는 영역 Ⅰ에 있게 되어 $\psi(x-a)$에 대하여는 (8.65)식을 사용할 수 있다. 따라서

$$\psi_{III}(x) = e^{iKa}\{Ce^{\kappa(x-a)} + De^{-\kappa(x-a)}\} \quad (d < x < a) \tag{8.68}$$

를 얻는다.

경계 조건은 $x=0$과 $x=d$에서 파동함수와 그의 미분이 연속임을 요구하므로 $x=0$에서 ψ_{I}과 ψ_{II}로부터

$$A + B = C + D \tag{8.69a}$$

$$ik(A - B) = \kappa(C - D) \tag{8.69b}$$

$x=d$에서 ψ_{II}과 ψ_{III}로부터

$$Ae^{ikd} + Be^{-ikd} = e^{iKa}\{Ce^{\kappa(d-a)} + De^{-\kappa(d-a)}\} \tag{8.69c}$$

$$ik(Ae^{ikd} - Be^{-ikd}) = e^{iKa}\kappa\{Ce^{\kappa(d-a)} - De^{-\kappa(d-a)}\} \tag{8.69d}$$

를 얻는다.

A, B, C, D가 모두 0이 될 수는 없다. 따라서 (8.69a~d)식에서 이들의 계수로 이루어진 행렬식은 0이 되어야 한다. 즉

$$\begin{vmatrix} 1 & 1 & -1 & -1 \\ ik & -ik & -\kappa & \kappa \\ e^{ikd} & e^{-ikd} & -e^{iKa}e^{-\kappa b} & -e^{iKa}e^{\kappa b} \\ ike^{ikd} & -ike^{-ikd} & -\kappa e^{iKa}e^{-\kappa b} & \kappa e^{iKa}e^{\kappa b} \end{vmatrix} = 0 \tag{8.70}$$

이어야 한다. 여기서 b는 $a-d$이다. 이 식을 행렬식의 성질을 사용하여 전개하면 다음 관계식을 얻게 된다.

$$\cos Ka = \frac{\kappa^2 - k^2}{2k\kappa} \sin kd \sinh \kappa b + \cos kd \cosh \kappa b \tag{8.71}$$

이 식의 증명은 연습 문제로 남겨 둔다.

지금까지 여러 번 논의 된 바와 같이 Schrödinger 방정식을 풀 경우 경계조건이 주어지면 Hamiltonian의 고유 에너지는 띄엄띄엄 떨어진 값을 가지게 된다. 위의 (8.71)식도 에너지 값에 대한 구속 조건이 된다. k와 κ가 모두 에너지 E를 포함하고 있으며 이 식의 좌변은 항상 1보다 작아야 하므로 이 식의 우변이 1보다 작게 되는 에너지는 허용(許容, allowed)된다고 하고 1보다 큰 경우의 에너지는 금지(禁止, forbidden)된다고 한다.

문제를 간단하게 생각하기 위하여 특별한 경우로 퍼텐셜의 폭이 아주 좁고 높이는 아주 큰 경우(퍼텐셜이 δ함수 모양)를 생각하자. 즉

$$b \to 0 \tag{8.72a}$$

$$V_0 \to \infty \tag{8.72b}$$

$$\text{단, } bV_0 = \text{일정함.} \tag{8.72c}$$

이때에는

$$\frac{\kappa^2 db}{2} = \frac{2m(V_0 - E)}{\hbar^2} \cdot \frac{db}{2} \simeq \frac{md}{\hbar^2} V_0 b \equiv \lambda \tag{8.73}$$

로 놓으면 (8.71)식으로부터 분산 방정식은

$$\cos Ka = \frac{\kappa^2}{2k\kappa}(\sin kd)\kappa b + \cos kd \tag{8.74a}$$

$$\therefore \cos Ka = \lambda \frac{\sin kd}{kd} + \cos kd \tag{8.74b}$$

가 된다.

이 결과를 조사하여 보자.

① λ가 작은 경우는 퍼텐셜 벽이 약한 경우로 생각하며 이때에는

$$\cos Ka = \cos kd \tag{8.75}$$

가 되어

$$K \simeq k = \sqrt{\frac{2mE}{\hbar^2}} \tag{8.76}$$

$$\therefore E = \frac{\hbar^2 K^2}{2m} \tag{8.77}$$

을 얻는다. 이것은 파수 K를 갖는 자유 입자에 해당된다.

② λ가 큰 경우는 퍼텐셜 벽이 단단한 경우에 해당되며 (8.74b)식은

$$\cos Ka = \lambda \frac{\sin kd}{kd} \tag{8.78}$$

가 되어 kd의 값이

$$kd = n\pi \quad (n = 0,\ 1,\ 2,\ \cdots) \tag{8.79}$$

인 경우 이외에는 실수 값의 K를 갖는 해가 존재하지 않는다. 이 조건은

$$E_n = \frac{n^2\pi^2\hbar^2}{2md^2} \tag{8.80}$$

을 의미하고 이것은 폭 d의 무한히 높은 퍼텐셜 장벽(barrier)에 갇혀 있는 입자가 가질 수 있는 에너지 준위에 해당된다.

③ $kd = n\pi$면 임의의 λ에 대하여도

$$\cos Ka = \cos n\pi = (-1)^n \tag{8.81}$$

가 되므로 허용된 경우이다.

④ (8.74b)식의 우변을 조사하기 위하여

$$\frac{\lambda}{kd}\sin kd + \cos kd = \sqrt{1+\left(\frac{\lambda}{kd}\right)^2}\cos\left\{kd - \arctan\frac{\lambda}{kd}\right\} \tag{8.82}$$

로 바꾸어 쓸 수 있다. 따라서

$kd = n\pi$ 인 경우 ; 우변이 $(-1)^n$이 되어 허용되고

$kd = n\pi$ 부근에서는 $\cos kd$는 일정한 값을 가지나 $\sin kd$는

그렇지 않고 n이 우수면 증가하고

n이 기수면 감소한다.

또 $kd \simeq 0$ 이면 (8.82)식은 $\lambda + 1$이 된다.

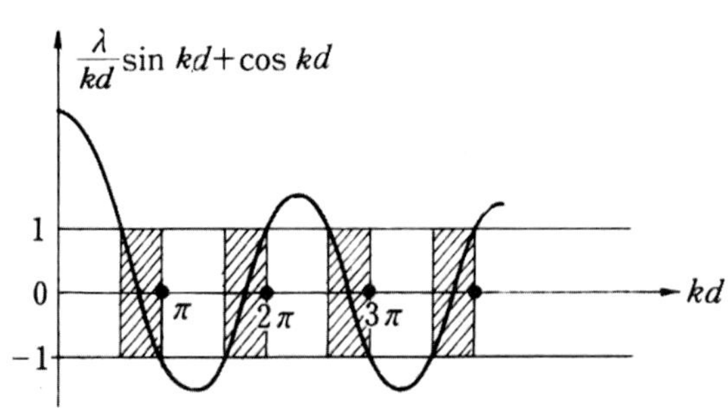

그림 8.4a Kronig-Penny 모델의 Hamiltonian에서 에너지 값의 띠(band)모형. 그림에서 빗금 친 부분들은 허용된 영역이고 나머지 부분이 금지된 에너지 영역임.

이 경우를 그림으로 그리면 8.4에서와 같이 에너지 값에 대하여 띠(band)의 구조를 가지고 있다. kd가 에너지 함수이며 그림 8.4a 에서와 같이 λ 값에 따라 띠의 모양을 바꾸

어 질 수 있다. 그림 8.4b에서는 λ 값에 따른 허용된 에너지 값의 변화를 표시한다. 여기서 직선은 $E_n = n^2\pi^2\hbar^2/2md^2$에 의하여 결정된다.

⑤ 금지된 띠의 폭(幅, width)

그림 8.4b에서 보는 바와 같이 금지된 띠(forbidden band)는 $kd = n\pi$에서 시작

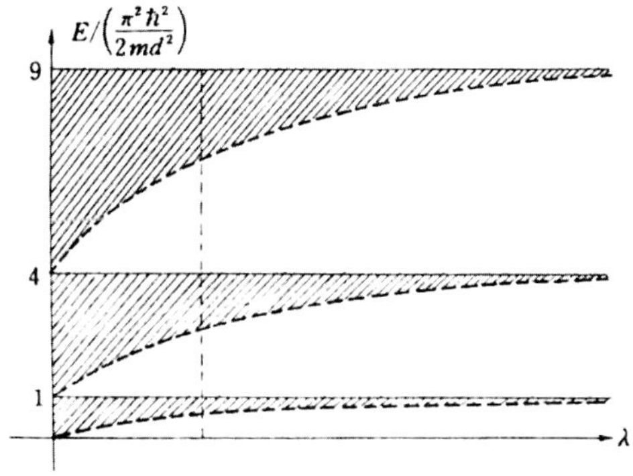

그림 8.4b K-P 모델의 Hamiltonian에서 퍼텐셜 면적과 관련된 K값에 따른 에너지 값. 빗금치지 않은 부분이 허용된 값임.

되며 이때에

$$\lambda\frac{\sin kd}{kd} + \cos kd = (-1)^n \tag{8.83}$$

이므로 이 식을 $kd = n\pi$부근에서 전개하여 보면

$kd = n\pi + x$ 로 놓고

$$\cos(n\pi + x) = (-1)^n \cos x = (-1)^n\left(1 - \frac{x^2}{2!} + \cdots\right) \tag{8.84a}$$

$$\sin(n\pi + x) = (-1)^n \sin x = (-1)^n\left(x - \frac{x^3}{3!} + \cdots\right) \tag{8.84b}$$

가 되므로

$$\frac{\lambda(-1)^n}{n\pi + x}\left(x - \frac{x^3}{6} + \cdots\right) + (-1)^n\left(1 - \frac{x^2}{2} + \cdots\right) = (-1)^n \tag{8.85a}$$

$$\therefore \lambda x\left(1 - \frac{x^2}{6} + \cdots\right) = \frac{x^2}{2}(n\pi + x) \tag{8.85b}$$

$$x\left[\lambda - \frac{n\pi}{2}x - \left(\frac{1}{2} + \frac{\lambda}{6}\right)x^2\right] = 0 \tag{8.85c}$$

따라서 x 값은

$$x = 0 \Rightarrow kd = n\pi \tag{8.86a}$$

$$x = \frac{2\lambda}{n\pi} \Rightarrow kd = n\pi + \frac{2\lambda}{n\pi} \tag{8.86b}$$

가 된다. 금지된 띠의 폭은 $\frac{2\lambda}{n\pi}$에 따라 변하게 되므로 일반적으로 n값이 커지면 폭은 좁아진다. 따라서 어떠한 퍼텐셜에 있어서도 큰 에너지에 대하여는 자유 입자로 취급할 수 있다. 이것은 물론 (8.72)식으로 주어진 특별한 경우의 결과이다.

고체 안에 있는 전자의 에너지 E의 Ka에 대한 변화는 그림 8.5로 나타난다.

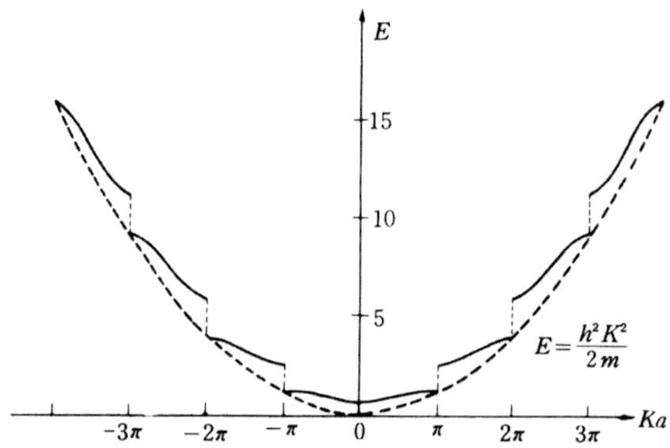

그림 8.5 1차원 네모꼴 퍼텐셜의 경우 K 값에 대한 E 의 변화. 사선은 자유 전자에 대한 관계. $Ka=n\pi$인 부근에 변화가 있다.

(ⅳ) 간단한 Kronig-Penney 모델에서 고려한 지금까지의 에너지띠에 관한 논의는 3차원에서도 적용된다. 단 k공간에서의 에너지띠의 모양은 보다 보잡한 모양이 된다. 간단한 1차원 모델에서 얻은 결과를 고체의 성질에 응용하여 보자.

에너지가 허용되는 영역은 그림 8.6에서와 같이 띠로 되어 있고 각 에너지띠에는 여러 개의 에너지 준위가 존재한다. 따라서 고체 안의 여러 개의 외각 전자들은 이 에너지 준위를 낮은 에너지에서부터 채운다고 생각할 수 있다. 또 에너지띠와 그 안의 에너지 준위는 퍼텐셜의 모양과 관계가 있어 고체의 성질과 관련되어 있다. 절대 영도에서 에너지띠들이 밑에서부터 전자에 의하여 채워질 경우 완전히 채워진 에너지 띠 중의 가장 높은 에너지띠를 원자가띠(原子價帶, valence band)라 부르고 그 위에 비어 있거나 부분적으로 채워져 있는 에너지띠를 전도띠(傳導帶, conduction band)라 부른다.

고체 안에 있는 전자는 외부로부터 힘을 받으면 가속을 하게 되어 움직이게 되는데, 이 전자들은 허용된 에너지 준위를 따라 움직이게 된다. 만일 고체의 원자가띠와 전도띠 사이의 간격이 큰 경우에는 그 고체가 전기장을 외부에서 걸어주어도 전자가 옮겨 갈 준위가 없어 전류가 흐르지 않는다. 그러한 상태의 고체를 절연체(絶緣體, insulator)라 부른다. 한편 원자가띠와 전도띠 사이의 간격이 작을 경우에는 원자가띠에 있는 전자들은 어느 형태의 에너지를 얻으면 쉽게 전도띠를 옮겨가게 되고 원자가띠에는 다른 전자가 들어갈 수 있는 여백(구멍, hole)을 남기게 된다. 특히 온도가 아주 낮은 경우에는 전도띠에 전자가 없으나 온도가 올라가면 전자가 열적 에너지를 받아 원자가띠에 있던 전자가 전도띠로 옮겨가게 된다. 이러한 고체는 낮은 온도에서는 절연체와 같이 행동하나 온도가 올라감에 다라 도체와 같이 행동을 할 수 있다. 이와 같이 원자가띠와 전도띠 사이의 간격이 좁은 에너지띠 구조를 가진 고체를 반도체(半導體, semiconductor)라 부른다.

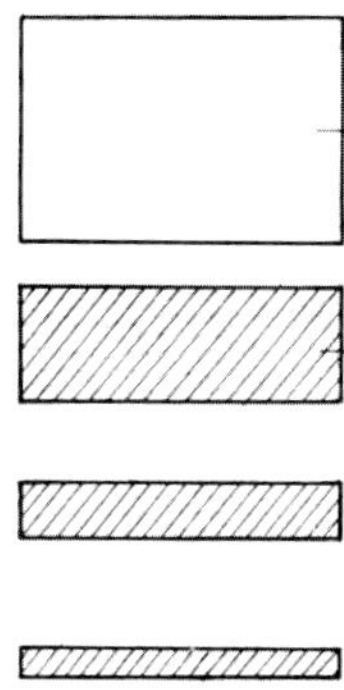

그림 8.6 절연체의 에너지띠. 에너지띠는 네모꼴로 표시된다.

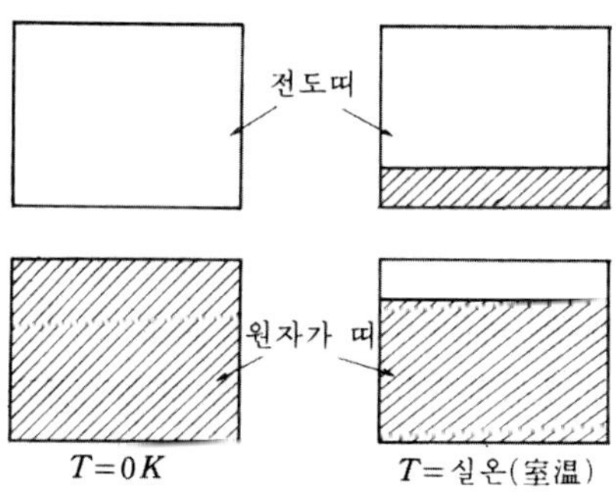

그림 8.7 반도체에서 온도에 따른 에너지띠의 상태 변화

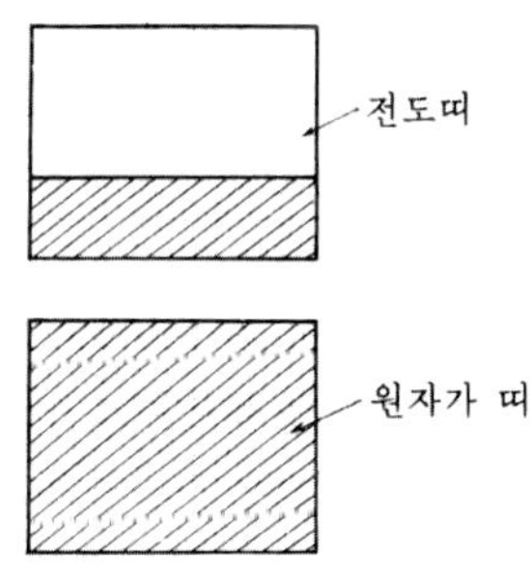

그림 8.8 도체의 에너지띠

어떤 고체는 높은 에너지를 가진 전자가 항상 한 에너지띠의 상당 부분의 에너지 준위를 점유하고 있어 외부의 전기장에 의하여 전류가 쉽게 흐를 수 있는데 이러한 고체를 도체(導體, conductor)라 부른다. 그림 8.6, 8.7, 8.8 은 각각 절연체, 반도체, 도체의 에너지띠의 모양을 나타내고 있다.

(v) 지금까지의 여러 결론을 이용하여 일정한 간격으로 반복되는 퍼텐셜을 가진 금속 안에서 움직이는 전자를 생각하여 보자. 먼저 Schrödinger 방정식은

$$H\psi(\vec{x}, t) = i\hbar \frac{\partial \psi}{\partial t}(\vec{x}, t)$$

$$H = -\frac{\hbar^2}{2m}\nabla^2 + V \tag{8.87}$$

가 되며 이 방정식의 해는 Bloch 정리를 이용하는 경우

$$\psi(\vec{x},t)=u_k(\vec{x})e^{i\left(\vec{k}\cdot\vec{x}-\frac{E}{\hbar}t\right)} \quad \text{(여기서는 편의상 } k\text{를 사용함)} \tag{8.88}$$

로 놓을 수 있다. 이 식으로부터 $\vec{k}$ 방향의 위상 속도는 $\frac{E}{\hbar k}\hat{k}$ 가 됨을 알 수 있다. 군속도(群速度, group velocity)를 얻기 위하여 파속(波速, wave packet)을 생각하여야 한다.

이 파속의 파수가 k_0 부근의 값으로만 이루어졌다고 생각할 때 이 파속은 (8.88)식으로부터 이루어졌다고 생각하여

$$\psi(\vec{x},t)=\int d^3kA(\vec{k})u(\vec{x},\vec{k})e^{i\left(\vec{k}\cdot\vec{x}-\frac{E}{\hbar}t\right)} \tag{8.89}$$

로 놓자. 여기서 $A(k)$는 k_0 부근에서만 0 이 아니다.

$\vec{k}$값을 $\vec{k_0}$ 부근에 대하여 전개하기 위하여

$$\vec{k}=\vec{k_0}+\vec{k'} \tag{8.90}$$

로 놓으면

$$u(\vec{x},\vec{k})=u(\vec{x},\vec{k_0}) \tag{8.91}$$

$$E(\vec{k})=E(\vec{k_0})+\overrightarrow{\nabla_k}(E)\Big|_{\vec{k_0}}\cdot\vec{k'}+\cdots\cdots \tag{8.92}$$

$$\therefore\ \psi(\vec{x},t)=u(\vec{x},\vec{k_0})e^{i\left\{\vec{k_o}\cdot\vec{x}-\frac{E(\vec{k_0})}{\hbar}t\right\}}$$

$$\cdot\int d^3\vec{k'}A(\vec{k_0}+\vec{k'})e^{i\vec{k'}\cdot\left\{\vec{x}-\overrightarrow{\nabla_k}\left(\frac{E}{\hbar}\right)t\right\}} \tag{8.93}$$

를 얻는다. 이 식의 우변에서 앞부분은 평면파에 대하여 항상 성립되는 모양을 가지고 있으며 뒷부분은 진폭을 나타내는 양이라고 생각할 수 있다. 이 진폭이 일정한 값을 유지하기 위하여

$$\vec{x}-\overrightarrow{\nabla_k}\left(\frac{E}{\hbar}\right)\Big|_{k_0}t=\text{ 상수} \tag{8.94}$$

가 성립하여야 하며 이 식으로부터 제 2장에서 논의한 바와 같이 파속의 군속도(群速度, group velocity)

$$\vec{v_g}=\frac{d\vec{x}}{dt}=\overrightarrow{\nabla_k}\left(\frac{E}{\hbar}\right)\Big|_{\vec{k_0}} \tag{8.95}$$

를 얻는다. 이 값은 입자(전자)의 속도로 볼 수 있다.

외부로부터 힘 $\vec{F}$ 가 작용하면 입자의 운동량이 시간에 대하여 변하게 되므로 입자를 나타내는 파속은 그의 주(主)가 되는 파수벡터 $\vec{k_0}$에 변화를 가져오게 될 것이므로 다음 식이 예상된다.

$$\vec{F}=\frac{d}{dt}(\hbar\vec{k_o}) \tag{8.96}$$

따라서 일률(power)의 영향은

$$\vec{F} \cdot \vec{v_g} = \frac{d}{dt}\left(\hbar\vec{k_0}\right) \cdot \vec{\nabla_k}\frac{E}{\hbar}\bigg|_{\vec{k_0}}$$

$$= \frac{dE\left(\vec{k_0}\right)}{dt} \tag{8.97}$$

가 되어 우리가 기대하였던 에너지의 변화를 가져온다.

그러나 가속을 보면

$$\frac{d}{dt}\left(\vec{v_g}\right)_i = \frac{d}{dt}\left(\vec{\nabla}_k\right)_i\left\{\frac{E\left(\vec{k_o}\right)}{\hbar}\right\}$$

$$= \frac{1}{\hbar}\frac{d}{dt}\frac{\partial E\left(\vec{k_o}\right)}{\partial k_{0i}}$$

$$= \frac{1}{\hbar}\sum_j \frac{\partial^2 E\left(\vec{k_o}\right)}{\partial k_{0i}\partial k_{0j}}\frac{dk_j}{dt}$$

$$= \frac{1}{\hbar^2}\sum_j \frac{\partial^2 E(k)}{\partial k_i \partial k_j}\bigg|_{k_0} F_j\left(\vec{k_0}\right) \tag{8.98}$$

가 된다. 이 식을 고전적인 관계식

$$\frac{dv_i}{dt} = \frac{1}{m}F_i \tag{8.99}$$

와 비교하여 보면 유효 질량(有效質量, effective mass) m^*를 다음과 같이 정의할 수 있다.

$$\left(\frac{1}{m^*}\right)_{ij} = \frac{1}{\hbar^2}\frac{\partial^2 E}{\partial k_i \partial k_j} \tag{8.100}$$

그리하여

$$\frac{d\left(\vec{v_q}\right)_i}{dt} = \sum_j \left(\frac{1}{m^*}\right)_{ij} F_j \tag{8.101}$$

를 얻는다. 이 식의 결과를 조사하여 보자.

① 자유 입자에 대하여는

$$E = \frac{\hbar^2 k^2}{2m} = \frac{\hbar^2}{2m}\left(k_1^2 + k_2^2 + k_3^2\right) \tag{8102}$$

$$\therefore \left(\frac{1}{m^*}\right)_{ij} = \frac{1}{m}\delta_{ij} \tag{8.103}$$

즉 유효질량은 전자의 질량과 같다. 따라서 이때에

$$\frac{dv_i}{dt} = \frac{F_i}{m} \tag{8.99}$$

가 되어 고전역학에서 얻은 결과와 일치한다.

② 주기적인 격자로 형성된 금속 안에 있는 전도 전자의 경우에는 외부로부터의 전기장이 없는 경우에도 이온(ion)들의 영향을 받으므로 완전한 자유 전자와는 다르다.

에너지띠의 제 1구역(區域, zone), K에서 보면 그림 8.5에서와 같이 띠의 위와 아래 끝부분에서

$$\frac{d^2E}{dk^2} \leqslant 0 \tag{8.104}$$

이 되므로 유효 질량이 +도 되고 −값도 가진다. 그리고 중간에서는

$$\frac{d^2E}{dk^2} = 0 \tag{8.105}$$

$$\therefore m^* \simeq \infty \tag{8.106}$$

가 된다. 따라서 에너지를

$$E = E_0 + \frac{\hbar^2 k^2}{2m^*} \tag{8.107}$$

으로 쓸 경우, 질량 m^*를 가진 자유 전자로 취급할 수 있는데 에너지띠의 윗부분과 아랫부분에서 다른 현상을 기대할 수 있다.

즉 아랫부분에서의 전자의 움직임은 전자의 전하가 $-|e|$이므로 여기에 가해진 전기장 $\vec{E}$와 자기장 $\vec{B}$가 있다면 $m^* > 0$이고

$$\frac{d\vec{v}}{dt} = \frac{1}{m^*}\vec{F} = \frac{1}{m^*}(-|e|)\left(\vec{E} + \frac{\vec{v}}{c} \times \vec{B}\right) \tag{8.108}$$

가 되어 고전역학에서 얻은 결과와 일치한다.

한편 윗부분에서는 $m^* < 0$가 되어

$$\frac{d\vec{v}}{dt} = \frac{1}{m^*}\vec{F} = \frac{1}{-|m^*|}(-|e|)\left(\vec{E} + \frac{\vec{v}}{c} \times \vec{B}\right)$$

$$= \frac{|e|}{|m^*|}\left(\vec{E} + \frac{\vec{v}}{c} \times \vec{B}\right) \tag{8.109}$$

가 된다. 이것은 마치 양(陽, positive)의 질량과 전하를 가진 입자의 운동과 같다. (※ 반도체의 원자가띠에서는 흔히 전자가 점유되지 않은 소수(小數)의 빈 상태(vacant state)가 발생한다. 이때 전자들의 운동을 이 빈 상태 즉 구멍(hole)의 운동으로 대치시켜 기술하는 것이 편리하다. 위 (8.109)식에서 본 바와 같이 이 때 대치된 hole을, 질량은 전자의 질량과 같고 + 전하를 가진 입자로 취급할 수 있다.)

지금까지 고체 안에 있는 전자의 운동을 간단한 1차원 퍼텐셜 모델을 이용하여 정성적으로 논하였으며 이것을 3차원 퍼텐셜에서 고려하는 것을 포함한 자세한 고체물리학 문제는 여기서는 생략한다.

8. 3 균일한 자기장(磁氣場) 안에서의 속박되지 않은 전자의 운동

자유 전자가, 균일하고 시간에 따라 변하지 않는 자기장 $\vec{B}$의 영향을 받을 경우, 이 전자가 $\vec{v}$의 속도로 움직이면

$$\vec{F}=\frac{e}{c}\vec{v}\times\vec{B} \tag{8.110}$$

의 Lorentz 힘을 받게 된다. 특히 $\vec{B}$의 방향을 z축 방향으로 잡으면

$$\vec{B}=(0,0,B)$$

로 표시된다. 이때에 전자가 어떠한 운동을 하는지 고찰하자.

(a) 고전 물리학에서는 제 1장에서 보인 바와 같이 Lagrangian

$$L=\frac{1}{2}m|\dot{\vec{x}}|^2+\frac{e}{c}\vec{v}\cdot\vec{A} \tag{8.112}$$

에 의하여 전자의 운동이 기술되고 정준 운동량 $\vec{p}$ 는 그의 i 축 방향의 성분이

$$\vec{p}_i=\left(\frac{\partial L}{\partial\dot{x}_i}\right)=\left(m\dot{\vec{x}}+\frac{e}{c}\vec{A}\right)_i \tag{8.113}$$

가 되며 Hamiltonian은

$$H=\frac{1}{2m}\left(\vec{p}-\frac{e}{c}\vec{A}\right)\cdot\left(\vec{p}-\frac{e}{c}\vec{A}\right) \tag{8.114}$$

가 된다. 또 운동 방정식은

$$m\ddot{\vec{x}}=\vec{F}=\frac{e}{c}\dot{\vec{x}}\times\vec{B} \tag{8.115}$$

로 되며 각 성분에 대하여 고찰하면 다음과 같다.

$$\dot{v}_x=\frac{\dot{e}B}{mc}v_y \tag{8.116a}$$

$$\dot{v}_y=-\frac{eB}{mc}v_x \tag{8.116b}$$

$$\dot{v}_y=0 \tag{8.116c}$$

따라서 (8.116a), (8.116b)식으로부터

$$\dot{v}_x+i\dot{v}_y=-\frac{eB}{mc}i(v_x+iv_y) \tag{8.117}$$

가 성립하므로

$$v_x+iv_y=Ce^{-i\frac{eB}{mc}\cdot t} \tag{8.118}$$

가 된다.

여기서 C는 복소수 상수이고 일반적으로 $v_0^Te^{i\alpha}$ $\left(v_0^T\text{와 } \alpha\text{는 실수}\right)$라 놓을 수 있다. 또 여기서 cyclotron 지동수라 부르는 ω_c를 도입하여

$$\frac{|e|B}{mc}=\omega_c \tag{8.119}$$

로 놓으면 (8.118)식은

$$v_x+iv_y=v_0^Te^{i(\omega_ct+\alpha)} \tag{8.120}$$

이 된다. 이식의 실수 부분과 허수 부분을 비교하여 보면 다음과 같다.

$$v_x = v_o^T \cos(\omega_c t + \alpha) = \dot{x} \tag{8.121a}$$

$$v_y = v_o^T \sin(\omega_c t + \alpha) = \dot{y} \tag{8.121b}$$

$$v_z = v_{zo} = \text{일정상수} = \dot{z} \tag{8.121c}$$

따라서

$$v_o^T = \sqrt{v_x^2 + v_y^2} = \text{상수} \tag{8.122}$$

즉 $x-y$평면에서 전자의 속도의 크기는 일정하다. 위 식을 다시 적분하면

$$x = x_0 + \frac{v_0^T}{\omega_c}\sin(\omega_c t + \alpha) = x_0 + r\sin(\omega_c t + \alpha) \tag{8.123a}$$

$$y = y_0 - \frac{v_0^T}{\omega_c}\cos(\omega_c t + \alpha) = y_0 - r\cos(\omega_c t + \alpha) \tag{8.123b}$$

$$z = z_0 + v_{z0} t \tag{8.123c}$$

가 된다.

따라서 그림 8.9에서와 같이 전자는 $x-y$ 평면에서 원을 그리며 z축방향으로 일정한 속도로 움직이는 원나선(圓螺線, circular helix) 궤도를 따라 움직인다. 이 때 원의 반경 r는

$$r = \frac{v_0^T}{\omega_c} = \frac{mc}{|e|B}\sqrt{v_x^2 + v_y^2} \tag{8.124}$$

로서 일정한 값을 가지며, 그 값은 $t=0$인 초기의 전자 속도의 크기에 의하여 결정된다.

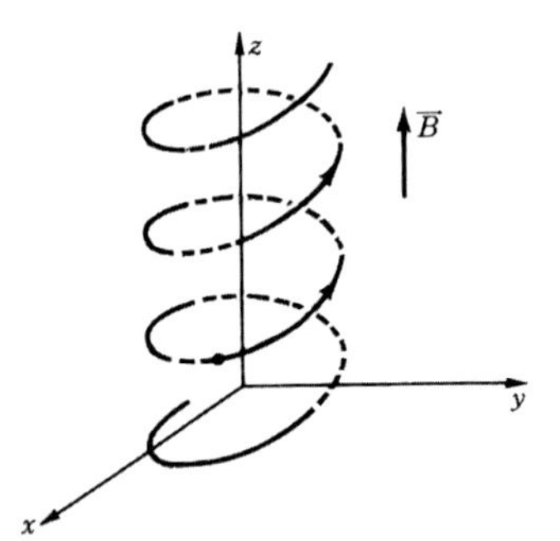

그림 8.9 입자가 z축 방향으로 helix 궤도를 따라 움직임

특히 $v_{z0} = 0$인 경우는 원운동을 하게 된다. 여기에 제 1장에서 논의한 고전 양자화 조건

$$\oint \vec{p} \cdot dr = \left(n + \frac{1}{2}\right)h \qquad (n = 0, 1, 2, \cdots\cdots)$$

를 적용하여 보자. 여기에서 $\frac{1}{2}$는 제 12장에서 논의되는 양자역학 이론(WKB 근사)과 비교하여 도입된 값이라고 생각하자.

$\vec{p}$에 대한 식 (8.113)을 사용하고 Stokes 정리를 이용하면

$$\oint m\vec{v} \cdot d\vec{r} + \oint \frac{e}{c}\vec{A} \cdot d\vec{r} = \left(n + \frac{1}{2}\right)h$$

$$mv(2\pi r) + \frac{e}{c}\iint (\vec{\nabla} \times \vec{A}) \cdot d\vec{a} = \left(n + \frac{1}{2}\right)h$$

$$\therefore\ 2\pi m r v + \frac{e}{c}\pi r^2 B = \left(n + \frac{1}{2}\right)h \tag{8.126}$$

여기에 (8.121)식과 (8.124)식으로부터 구한 v를 대입하면

$$2\pi m r \cdot \frac{|e|r}{mc}B - \frac{\pi|e|}{c}r^2 B = \left(n + \frac{1}{2}\right)h$$

이므로

$$\frac{\pi|e|r^2}{c}B = \left(n + \frac{1}{2}\right)h$$

가 되어

$$r^2 = \frac{2c}{|e|B}\left(n + \frac{1}{2}\right)\hbar \tag{8.127}$$

가 성립한다. 즉 원의 반경은 양자화 되어 있으며 반경의 최소값은 $\sqrt{\frac{c\hbar}{|e|B}}$ 이다.

한편 $x-y$평면에서 원운동을 하는 경우의 에너지는

$$E = \frac{1}{2}m\left(v_o^T\right)^2 = \frac{1}{2}mr^2\omega_c^2 = \frac{1}{2}m \cdot \frac{2c}{|e|B}\left(n + \frac{1}{2}\right)\hbar \cdot \frac{e^2B^2}{m^2c^2}$$

$$= \frac{|e|B}{mc}\left(n + \frac{1}{2}\right)\hbar = \left(n + \frac{1}{2}\right)\hbar\omega_c \tag{8.128}$$

이다.

이 값을 Landau 준위라 부른다. 전자가 나선 운동을 하는 경우 z축 방향의 운동은 양자화 되지 않았으므로 전자의 총 에너지는 다음과 같이 된다.

$$E_{total} = \frac{\hbar^2 k_z^2}{2m} + \left(n + \frac{1}{2}\right)\hbar\omega_c \tag{8.129}$$

(b) 양자 역학으로 논하려면 먼저 Hamiltonian 에 벡터 potential $\vec{A}$가 포함되어 있으므로 $\vec{B} = (0, 0, B)$로부터 $\vec{A}$를 구하여야 한다.

$$\vec{B} = \vec{\nabla} \times \vec{A} \tag{8.1}$$

에서 $\vec{A}$를 구하는 것은 게이지 변환을 고려할 때에 한 가지 경우만 있지는 않다.

이 식을 성분별로 쓰면

$$\frac{\partial A_z}{\partial y} - \frac{\partial A_y}{\partial z} = 0 \tag{8.130a}$$

$$\frac{\partial A_x}{\partial z}-\frac{\partial A_z}{\partial x}=0 \tag{8.130b}$$

$$\frac{\partial A_y}{\partial x}-\frac{\partial A_x}{\partial y}=B \tag{8.130c}$$

가 된다.

먼저 일정한 $\vec{B}=(0,0,B)$에 대한 다음과 같은 특해가 존재함을 보이자.

$$\vec{A}=\frac{1}{2}(\vec{B}\times\vec{x})=\left(-\frac{1}{2}By,\frac{1}{2}By,0\right) \tag{8.131}$$

(증명) 이 경우에 $(\vec{\nabla}\times\vec{A})$를 구하여 보면

$$\begin{aligned}(\vec{\nabla}\times\vec{A})_i &= \epsilon_{ijk}\frac{\partial}{\partial x_j}\frac{1}{2}(\vec{B}\times\vec{x})_k \\ &= \frac{1}{2}\epsilon_{ijk}\epsilon_{klm}\frac{\partial}{\partial x_j}(B_l x_m) \\ &= \frac{1}{2}B_l(\delta_{il}\delta_{jm}-\delta_{im}\delta_{jl})\delta_{jm} \\ &= \frac{1}{2}B_l(3\delta_{il}-\delta_{jl}) \\ &= B_i \end{aligned}$$

(증명 끝)

이 값이 유일한 해가 아니며 또 다른 해를 고려하여 보자. (8.130)식에서 특히 A_z를 0로 택하면(gauge 함수 χ를 그렇게 조정함)

$$\frac{\partial A_x}{\partial z}=0,\ \frac{\partial A_y}{\partial z}=0,\ \frac{\partial A_y}{\partial x}-\frac{\partial A_x}{\partial y}=B \tag{8.132}$$

가 되어 A_x와 A_y는 (x,y)만의 함수가 된다. 즉

$$A_x=A_x(x,\,y) \tag{8.133a}$$

$$A_y=A_y(x,\,y) \tag{8.133b}$$

이 결과는 (8.130)식의 처음 두 식으로부터 나온 결과이므로 세 번째 식을 풀 때 특히 $\frac{\partial A_x}{\partial y}$가 상수인 한 해를 고려하면

$$A_y=\alpha\int^x Bdx=\alpha Bx \quad (\alpha \text{ 는 임의의 상수임})$$

$$\therefore\ A_x=\int\left(\frac{\partial A_y}{\partial x}-B\right)dy=\int(\alpha B-B)dy=(\alpha-1)By$$

즉 $$\vec{A}=((\alpha-1)By,\ \alpha Bx,\ 0) \tag{8.134}$$

이 되어 α가 $\frac{1}{2}$인 경우가 (8.131)식이 된다. $\alpha=0$인 경우 또는 α가 1인 경우의 해도 생각할 수 있으며 자주 쓰인다. 이러한 α의 선택은 전자기장에는 아무런 영향도 주지 않음을 다음과 같이 보일 수 있다.

$$\vec{A}=(\alpha-1)By\vec{i}+\alpha Bx\vec{j}$$

$$= -\frac{1}{2}B(y\vec{i} - x\vec{j}) + \left(\alpha - \frac{1}{2}\right)B(y\vec{i} + x\vec{j})$$

$$= \frac{1}{2}(\vec{B} \times \vec{x}) + \left(\alpha - \frac{1}{2}\right)B\vec{\nabla}(xy)$$

$$= \vec{A}' - \vec{\nabla}\chi(x, y) \tag{8.135}$$

이 식으로부터 $\vec{A}$와 $\vec{A}'$는 gauge 변환에 해당되는 차이가 있으므로 전자기장에는 다른 아무런 영향을 주지 않는다. $\vec{A} = \left(-\frac{1}{2}By, \frac{1}{2}Bx, 0\right)$ 대신 $\vec{A} = (0, Bx, 0)$을 사용하여도 별 문제가 없다. 단, 여기서는 취급하지 않으나 $\vec{A}$를 양자화 할 경우에는 이러한 자유가 용납되지 않으며 어느 gauge를 고정(fixing)하여야 한다.

(8.131)식으로 주어진 $\vec{A}$값을 사용하여 Schrödinger 방정식을 풀어 보자. (8.39)식에서와 같은 새로운

$$\vec{v} \equiv \frac{1}{m}\left(\vec{p} - \frac{e}{c}\vec{A}\right) \tag{8.39}$$

라는 벡터 연산자를 정의하면

$$v_x = \frac{1}{m}\left(\frac{\hbar}{i}\frac{\partial}{\partial x} + \frac{eB}{2c}y\right) \tag{8.136a}$$

$$v_y = \frac{1}{m}\left(\frac{\hbar}{i}\frac{\partial}{\partial y} - \frac{eB}{2c}x\right) \tag{8.136b}$$

$$v_z = \frac{1}{m}\frac{\hbar}{i}\frac{\partial}{\partial z} \tag{8.136c}$$

이 된다. 이들 $\vec{v}$의 성분은 다음과 같은 교환자 관계식이 성립한다.

$$[v_x, v_y] = \frac{1}{m^2}\left[p_x + \frac{eB}{2c}y, p_y - \frac{eB}{2c}x\right]$$

$$= \frac{1}{m^2}\left(-\frac{eB}{2c}[p_x, x] + \frac{eB}{2c}[y, p_y]\right)$$

$$= \frac{ieB}{m^2c}\hbar \tag{8.137a}$$

$$[v_x, v_z] = 0 \tag{8.137b}$$

$$[v_y, v_z] = 0 \tag{8.137c}$$

$\vec{v}$ 벡터 연산자의 자세한 형태와는 관계없이 교환자 관계식만을 보고 다음가 같이 두 연산자 Q와 P를 정의하면

$$Q = \sqrt{\frac{cm^2}{|e|B\hbar}}\,v_y \tag{8.138a}$$

$$P = \sqrt{\frac{cm^2}{|e|B\hbar}}\,v_x \tag{8.138b}$$

다음 관계식이 성립한다.

$$[Q, P]=i,\ [Q, v_z]=[P, v_z]=0 \tag{8.139}$$

$$\therefore\ H=\frac{1}{2}\left(\frac{|e|B\hbar}{mc}\right)(Q^2+P^2)+\frac{1}{2}mv_z^2 \qquad \{(8.114)\text{식으로부터}\}$$

$$=H_{\perp}+H_{\parallel} \tag{8.140}$$

Q와 P에 대한 위의 관계식들은 제 5 장에서 기술한 1차원 조화 진동자에서 고려한 x와 p가 만족하는 식과 비슷하다. $H_{\perp}$는 B에 수직인 부분, $H_{\parallel}$는 B에 평행한 부분을 나타내며 이들은 서로 교환가능하다. 특히

$$a=\frac{1}{\sqrt{2}}(Q+iP) \tag{8.141a}$$

$$a^{\dagger}=\frac{1}{\sqrt{2}}(Q+iP) \tag{8.141b}$$

$$[a, a^{\dagger}]=1 \tag{8.142}$$

로 정의하면 $a^{\dagger}a$는 수연산자, $a^{\dagger}$는 생성 연산자, a는 소멸 연산자에 해당된다. 따라서 $H_{\perp}$는

$$H_{\perp}=\hbar\omega_c\left(a^{\dagger}a+\frac{1}{2}\right) \tag{8.143}$$

가 되며 고유값 문제의 해는 이미 제 5장에서 얻은 바와 같이

$$E_{\perp}=\left(n+\frac{1}{2}\right)\hbar\omega_c \qquad (n=0, 1, 2, \cdots\cdots) \tag{8.144}$$

이다. 그러므로 총에너지는 (8.129)식에서와 같은 결과를 얻게 된다. 즉

$$E_n=\left(n+\frac{1}{2}\right)\hbar\omega_c+\frac{p_z^2}{2m} \tag{8.145}$$

이 된다.

여기에서 $\vec{A}=(0, B_x, 0)$로 택하는 경우에도 같은 에너지 고유값을 가짐을 보일 수 있다. 다시 말해서 E_n값은 gauge 변환에 대하여 같은 값을 유지함을 알 수 있다.

이 문제에서 자유로이 움직이던 전자에 외부의 균일한 자기장 $\vec{B}$ 가 가해지면 전자가 원운동을 하게 됨으로써 전자는 닫힌 궤도(closed orbit)를 이루어 자기 모멘트(magnetic moment)을 갖게 되고 자기장을 형성한다. 다시 말해서 물질 안에 있던 전자의 이러한 운동에 의하여 물질이 자기화(磁氣化, magnetized)된다. 이러한 전자들이 만드는 자기장은 걸어준 자기장을 감쇄하는 방향으로 형성되며 이와 같은 현상을 Landau 반자성(反磁性, diamagnetism)이라 부른다.

8. 4 균일한 자기장 안의 원자에 속박된 전자와 Zeeman 효과

(a) Hamiltonian

수소와 유사한 원자에 균일한 외부 자장이 가해지면, 전자의 스핀을 고려하지 않는 경우 Hamiltonian은

$$H=\frac{1}{2m}(\vec{p}-\frac{e}{c}\vec{A})^2-\frac{Ze^2}{r}$$

$$=\frac{p^2}{2m}-\frac{e}{2mc}(\vec{p}\cdot\vec{A}+\vec{A}\cdot\vec{p})+\frac{e^2}{2mc^2}A^2-\frac{Ze^2}{r}$$

$$=\frac{p^2}{2m}-\frac{Ze^2}{r}-\frac{e}{mc}\vec{A}\cdot\vec{p}+\frac{e^2}{2mc^2}A^2-\frac{e\hbar}{2mci}(\vec{\nabla}\cdot\vec{A}) \tag{8.146}$$

이 된다.

(8.131)식에서 얻은 바와 같이

$$\vec{A}=\frac{1}{2}(\vec{B}\times\vec{x}) \tag{8.147}$$

라 놓으면 Lorentz(Coulomb)의 조건은 자동적으로 만족된다. 즉

$$\vec{\nabla}\cdot\vec{A}=\frac{\partial}{\partial x_i}A_i=\frac{1}{2}\epsilon_{ijk}B_j\frac{\partial x_k}{\partial x_i}=\frac{1}{2}B_j\epsilon_{ijk}\delta_{ik}=0 \tag{8.148}$$

이 된다. 또 나머지 항에서 $\vec{A}$ 대신 $\vec{B}=(0,0,B)$를 사용하여 표시하면

$$\vec{A}\cdot\vec{p}=\frac{1}{2}(\vec{B}\times\vec{x})\cdot\vec{p}=\frac{1}{2}\vec{B}\cdot(\vec{x}\times\vec{p})=\frac{1}{2}\vec{B}\cdot\vec{L}=\frac{B}{2}L_z \tag{8.149}$$

$$A^2=\left(\frac{1}{2}\right)^2(\vec{B}\times\vec{x})\cdot(\vec{B}\times\vec{x})=\frac{1}{4}(B^2r^2-\vec{B}\cdot\vec{x}\,\vec{B}\cdot\vec{x})$$

$$=\frac{1}{4}B^2(x^2+y^2) \tag{8.150}$$

이므로 따라서

$$H=\frac{p^2}{2m}-\frac{Ze^2}{r}-\frac{eB}{2mc}L_z+\frac{e^2B^2}{8mc^2}(x^2+y^2) \tag{8.151}$$

가 된다.

한편 원자 안에서 주기 운동을 하는 전자들은 전류 고리(loop)를 형성하고 있어서 자기 모멘트(magnetic moment)을 갖는다. 자기 모멘트 $\vec{m}$은 그림 8.9에서와 같은 전류 고리에서

$$\vec{m}=\frac{1}{2c}\int\vec{x}\times\vec{J}d^3x \tag{8.152}$$

로 정의되며 선소를 $\vec{dl}$, 면적소를 $\vec{da}$라 하면

$$\vec{J}d^3x=Id\vec{l} \tag{8.153}$$

$$\vec{da} = \frac{1}{2}(\vec{x} \times \vec{dl})\text{이므로} \tag{8.154}$$

$$\vec{m} = \frac{I}{2c}\int \vec{x} \times \vec{dl} = \frac{I}{c}\int \vec{da} = \frac{1}{c}\ (\text{전류}) \times (\text{면적}) \tag{8.155}$$

이 된다.

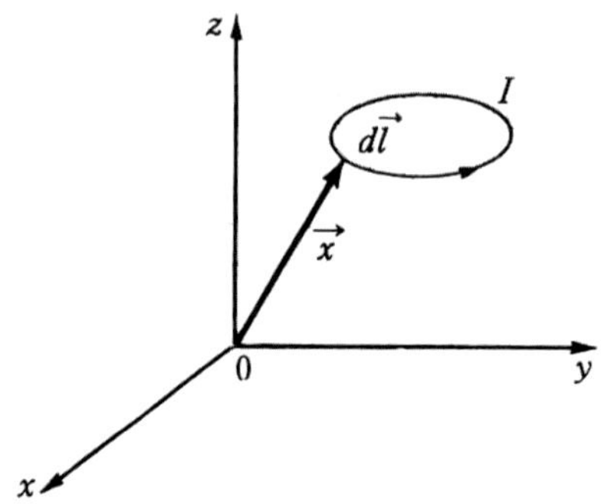

그림 8.10 전류 I 를 가진 고리는 자기 모멘트를 갖는다.

특히 전자들이 전류를 이루므로 전류를 형성하는 전자의 전하, 속도, 좌표를 $q_i = e, v_i, x_i$라 하면

$$\vec{J} = \sum_{i=1}^{N} q_i \vec{v_i} \delta(\vec{x} - \vec{x_i}) \tag{8.156}$$

$$\begin{aligned}\vec{m} &= \frac{1}{2c}\sum_{i=1}^{N} q_i (\vec{x_i} \times \vec{v_i}) \\ &= \frac{e}{2c}\sum_{i=1}^{N} (\vec{x_i} \times \vec{v_i}) \\ &= \frac{e}{2mc}\sum_{i=1}^{N} \vec{L_i} \\ &= \frac{e}{2mc}\vec{L} \equiv \vec{\mu_L}\end{aligned} \tag{8.157}$$

가 된다. 이 식에서 각운동량 $\vec{L}$은 자기 모멘트와 관련이 있음을 볼 수 있다. 따라서 Hamiltonian에 대한 식 (8.151)에 포함된 우변의 세 번째 항은 $-\vec{\mu_L} \cdot \vec{B}$가 되며, 이 값은 자기장 안에 있는 자기 모멘트가 받는 힘

$$\vec{\nabla}(\vec{\mu_L} \cdot \vec{B}) = -\vec{\nabla} U = \vec{F} \tag{8.158}$$

과 관련된 퍼텐셜 에너지에 해당된다.

(8.151)식에서 마지막 두 항의 크기를 비교하여 보자. 이 값들의 기대치는

$$\langle L_z \rangle \sim \hbar (= 1.05 \times 10^{-8})$$

$$\langle x^2 + y^2 \rangle \sim a_o^2 \quad (a_o\text{는 Bohr의 궤도의 반경})$$

$$\sim (0.5 \times 10^{-8})^2 \tag{8.159}$$

이므로

$$\frac{e^2 B^2}{8mc^2}\langle x^2 + y^2 \rangle / \frac{eB}{2mc}\langle L_z \rangle \sim \frac{eBa_0^2}{4c\hbar} = \frac{Ba_0^2}{4e}\left(\frac{e^2}{\hbar c}\right)$$

$$\sim \frac{B(0.5 \times 10^{-8})^2}{4 \times 137 \times (4.8 \times 10^{-10} esu)}$$

$$\sim \frac{B}{10^{10} gauss} \tag{8.160}$$

가 되는데, 현재 실험실에서 사용되고 있는 가장 큰 자기장은 약 10^5 gauss 이므로 이 비(比)는 아주 작아서 보통은 무시할 수 있다. 즉 (8.151)식의 마지막 항은 무시하고 생각할 수 있다. Hamiltonian 안의 $-\overrightarrow{\mu_L} \cdot \overrightarrow{B} = -\frac{e\overrightarrow{L}}{2mc} \cdot \overrightarrow{B}$ 항은 상자성(常磁性, paramagnetism) 항이며, 이 경우 자기 모멘트 $\overrightarrow{\mu_L}$은 자기장과 아무런 관련이 없고 전자의 각운동량에만 관계한다. 한편 $\frac{e^2 B^2}{8mc^2} r_\perp^2 \equiv -\overrightarrow{\mu_L} \cdot \overrightarrow{B}$항은 반자성(diamagnetism)항이라 부른다. 이 경우에 자기모멘트에 해당되는 $\overrightarrow{\mu_L}$는 자기장 B에 따라 달라진다. 다시 말해서 외부의 자장이 자기 모멘트를 유도하고 유도된 자기 모멘트와 자기장이 상호 작용을 한다. 상자성과 비교하여 보면 에너지에 기여하는 값은 (−)가 된다. $\overrightarrow{\mu_L}$가 B와 반대 방향으로 얻어지므로 반자성이라고 한다.

중성자별(neutron star)에서와 같이 강한 자기장과 관련된 문제에는 반자성 항이 중요할 것이다. 그러나 현재의 실험실에서 사용되는 자기장을 고려하면 원자 안에 있는 전자들의 에너지 상태를 다룰 때에 반자성 항은 별로 중요하지 않다. 따라서 여기에서는 반자성 항은 무시하고 Hamiltonian을

$$H = \frac{p^2}{2m} - \frac{Ze^2}{r} - \frac{eB}{2mc} L_z \tag{8.161}$$

라 놓는다.

(b) 정상(정상 normal) Zeeman 효과

이 식에서 마지막 항이 없는 경우는 제 7 장의 수소 원자 문제에서 이미 다룬 바와 같다. 그 때에 에너지 고유값과 고유 함수는 전자의 질량을 m_e라 할 때

$$E_n = -\frac{1}{2} m_e c^2 (Z\alpha)^2 \frac{1}{n^2} \tag{8.162}$$

$$\psi_{nlm} = NR_{nl}(r) Y_{lm}(\theta, \phi) \tag{8.163}$$

로 주어졌는데 이 고유 함수는 L_z의 고유 함수이기도 하다. 따라서 ψ_{nlm}은 (8.161)식의 Hamiltonian의 고유 함수이다. 이때에 에너지는

$$E = E_n - \frac{eB\hbar}{2m_e c} m \quad (m = l,\ l-1,\ \cdots,\ -l)$$
$$= -\frac{1}{2} m_e c^2 (Z\alpha)^2 \frac{1}{n^2} - \frac{eB\hbar}{2m_e c} m$$
$$= -\frac{1}{2} m_e c^2 (Z\alpha)^2 \frac{1}{n^2} + m\hbar\omega_L \tag{8.164}$$
$$\omega_L \equiv \frac{|e|B}{2m_e c} \tag{8.165}$$

가 된다. 여기서 ω_L는 Larmor의 진동수라 부르는 양이다.

(i) 스핀을 고려하지 않을 경우 에너지 준위는 자기장이 없을 때 주양자수 n이 주어지면 n^2만큼 축퇴되어 (겹쳐)있다. 또 주어진 n, l에 대하여는 $(2l+1)$만큼 축퇴되어 있으나 자기장을 걸어주면 이 축퇴가 없어지고 m가 가능한 값인 $(2l+1)$개의 새로운 에너지 준위로 (8.164)식에서와 같이 갈라진다. 이와 같이 자기장을 걸어주면 에너지 준위가 일정한 간격으로 갈라지는 현상을 정상(正常, normal) Zeeman 효과(effect) 또는 Zeeman 갈라지기(splitting)라 부른다. 스핀을 고려하는 경우는 조금 더 복잡하게 되는데, 이 경우를 비정상(非正常, anomalous) Zeeman 효과라 부르며 이것은 후에 고려하겠다.

(ii) 이와 같이 주어진 n 값에 대하여 갈라진 에너지 준위의 간격은

$$\Delta E = \frac{|e|B\hbar}{2m_e c} = \hbar\omega_L \tag{8.166}$$

로 일정하게 된다. 이 간격의 크기는 외부 자기장 B의 크기에 따라 변화한다. 즉

$$\Delta E = \frac{|e|B\hbar}{2m_e c}$$
$$= \frac{1}{2} m_e c^2 \alpha^2 \cdot B \cdot \frac{|e|\hbar}{m_e^2 c^3 \alpha^2}, \quad \left(\alpha = \frac{e^2}{\hbar c},\ a_0 = \frac{\hbar}{m_e c Z\alpha},\ Z = 1\right)$$
$$= \left(\frac{1}{2} m_e c^2 \alpha^2\right) B \cdot \left(\frac{a_0^2}{|e|} \alpha\right) \quad \text{(첫 항은 수소 ion 화 에너지 13.6 eV)}$$
$$= \frac{B}{(4.8 \times 10^{-10})} \cdot (0.5 \times 10^{-8})^2 \cdot \frac{1}{137} \times 13.6\, eV$$
$$= \frac{B}{2.6 \times 10^9} \times 13.6\, eV \tag{8.167}$$

이 된다.

따라서 주양자수가 달라짐에 따라 변하는 에너지 준위의 차가 eV 정도임에 비하여 ΔE는 상당히 작은 값임을 알 수 있다.

(iii) 이러한 에너지 준위가 생기게 되면 높은 에너지 상태에 있는 전자에서 낮은 에너지 상태로의 전이(轉移, transition)가 일어나며 이 때 그 에너지 차에 해당되는 광자가 나오게 된다.

예를 들어 $(n=3, l=2)$와 $(n=2, l=1)$인 상태를 고려하면, 그림 8.11에서 보는 바와 같이 여러 가지의 전이가 가능하게 된다. 어떠한 규칙에 의한 전이가 가능한가 하는 문제는 후에 취급하겠으나 만일 위 에너지 준위에서 아래 준위로의 전이가 두 가지 종류의 준위 사이에 $\Delta m=0, +1, -1$인 경우에만 허용된다면(allowed) 그림에서와 같이 9가지 전이의 가능성이 있으며, 이때에 3가지의 다른 진동수를 갖는 전자기파가 나오게 된다.

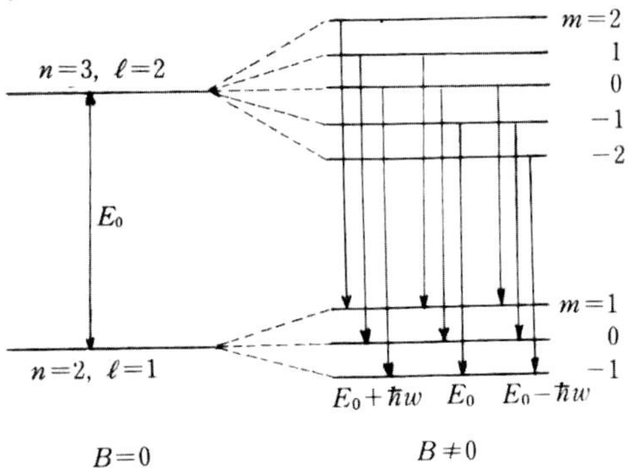

그림 8.11 (n, l)이 $(3, 2)$인 경우와 $(2, 1)$인 경우 Zeeman 효과와 가능한 전이

(iv) $\langle\vec{\mu}\rangle$의 운동

원자 안에서는 전자가 닫힌 궤도를 형성하므로 물질은 자기 모멘트 $\vec{\mu}_L=\frac{e}{2mc}\vec{L}$을 갖게 된다. 그러나 일반적으로는

$$\vec{\mu}=\vec{\mu}_L+\vec{\mu}_s \tag{8.168}$$

과 같이 스핀에 의한 자기 모멘트 항이 포함된다. 여기서 스핀의 영향을 고려하지 않는 경우에 Hamiltonian은 (8.161)식으로 쓴다. 즉

$$H=H_0-\vec{\mu}_L\cdot\vec{B} \tag{8.169}$$

이 된다.

따라서 자기장 $\vec{B}$가 $\vec{\mu}_L$에 걸리면 $\vec{\mu}_L$의 기대치 $\langle\vec{\mu}_L\rangle$의 시간에 대한 변화는

$$\begin{aligned}\frac{d}{dt}\langle\vec{\mu}_L\rangle&=\frac{1}{i\hbar}\langle[\vec{\mu}_L, H]\rangle\\&=\frac{1}{i\hbar}\left\langle\left[\frac{e}{2mc}\vec{L}, H_o-\vec{\mu}_L\cdot\vec{B}\right]\right\rangle\end{aligned} \tag{8.170}$$

$$\begin{aligned}\left(\frac{d\langle\vec{\mu}_L\rangle}{dt}\right)_i&=-\left(\frac{e}{2mc}\right)^2\cdot\frac{1}{i\hbar}\langle[L_i, L_j]B_j\rangle\\&=-\left(\frac{e}{2mc}\right)^2\cdot\langle\epsilon_{ijk}L_kB_j\rangle\end{aligned}$$

$$=-\left(\frac{e}{2mc}\right)^2 \bullet \langle(\vec{B}\times\vec{L})_i\rangle \tag{8.171}$$

$$\therefore \frac{d}{dt}\langle\overrightarrow{\mu_L}\rangle=\frac{e}{2mc}\langle\overrightarrow{\mu_L}\rangle\times\vec{B}$$

$$=\gamma\langle\overrightarrow{\mu_L}\rangle\times\vec{B} \tag{8.172}$$

가 된다.

여기서 γ 는 자기 회전 비율(磁氣回轉比率, gyromagnetic ratio)이라 부르는 양으로 자기 모멘트 $\vec{\mu}$와 각운동량의 비(比)를 나타내는 양이다. (8.157)식으로부터 궤도 각운동량만을 고려할 때에는

$$\gamma=\frac{e}{2mc}\quad\left(\because \text{예를 들어 } \overrightarrow{\mu_L}=\gamma\vec{L}\right) \tag{8.173}$$

로 정의한다. 스핀 각운동량을 생각할 때는 γ 값이 달라지며 e의 부호와도 관계있다.(※저자에 따라서는 전하량의 절대치를 고려하여 γ 를 항상 양수로 정의하기도 하고, 원자핵물리학에서는 뒤의 (8.182)식에 나오는 g 값을 자기 회전 모멘트라 부르기도 한다).

(8.172)식의 양변에 $\langle\overrightarrow{\mu_L}\rangle$을 곱하여 주면

$$\langle\overrightarrow{\mu_L}\rangle\bullet\frac{d}{dt}\langle\overrightarrow{\mu_L}\rangle=\gamma\langle\overrightarrow{\mu_L}\rangle\bullet\left(\langle\overrightarrow{\mu_L}\rangle\times B\right)=0$$

이므로

$$\frac{d}{dt}\left(\langle\overrightarrow{\mu_L}\rangle\bullet\langle\overrightarrow{\mu_L}\rangle\right)=0 \tag{8.174}$$

이다. 즉

$$\langle\overrightarrow{\mu_L}\rangle\bullet\langle\overrightarrow{\mu_L}\rangle=\text{일정한 상수}\equiv\mu^2 \tag{8.175}$$

가 된다.

또 $\vec{B}$의 방향을 z축 방향으로 택하면 $\vec{B}=(0,0,B)$이므로 (8.172)식으로 부터

$$\frac{d}{dt}\langle\mu_x\rangle=\gamma B\langle\mu_y\rangle \tag{8.176a}$$

$$\frac{d}{dt}\langle\mu_y\rangle=\gamma B\langle\mu_x\rangle \tag{8.176b}$$

$$\frac{d}{dt}\langle\mu_z\rangle=0 \tag{8.176c}$$

의 관계가 성립한다. 여기서 편의상 아래 첨자 L은 떼었다. 이 식은 자유 입자에 자기장이 작용하였을 때에 입자의 속도 $\vec{v}$가 만족하였던 (8.116)식과 같은 형이다.

마지막 식으로부터

$$\langle\mu_z\rangle=\text{일정한 상수}=\mu\cos\theta \tag{8.177a}$$

이므로 앞의 두 식으로부터

$$\frac{d}{dt}(\langle \mu_x \rangle + i\langle \mu_y \rangle) = -i\gamma B(\langle \mu_x \rangle + i\langle \mu_y \rangle) \tag{8.176d}$$

이고

$$\langle \mu_x \rangle + i\langle \mu_y \rangle = Ce^{-i\gamma Bt} \tag{8.177b}$$

를 얻는다. 이 식에서 C는 임의의 복소수 상수이고

$$|\langle \mu_x \rangle|^2 + |\langle \mu_y \rangle|^2 = |C|^2 = \mu^2 \sin^2\theta \tag{8.178}$$

도 역시 상수이므로 복소수 상수 C 를

$$C = \mu \sin\theta e^{-i\alpha} \qquad (\alpha \text{ : 실수}) \tag{8.179}$$

로 놓으며 (8.177a,b)로부터

$$\langle \mu_x \rangle = \mu \sin\theta \cos(\gamma Bt + \alpha) \tag{8.180a}$$

$$\langle \mu_y \rangle = -\mu \sin\theta \sin(\gamma Bt + \alpha) \tag{8.180b}$$

$$\langle \mu_z \rangle = \mu \cos\theta \tag{8.180c}$$

를 얻는다. 여기서 γB는

$$\gamma B = \frac{eB}{2mc} \Rightarrow \omega_L \tag{8.181}$$

인 Larmor 진동수가 된다. 이 Larmor 진동수는 (8.119)식으로 정의된 cyclotron 진동수의 절반이다. 따라서 스핀 각운동량을 고려하지 않는 경우에 $\langle \vec{\mu} \rangle$는 자기장 $\vec{B}$ 방향 주위로 세차 운동(歲差運動, precessional motion)을 한다. 후에 논하겠지만 스핀 각운동량까지를 고려하는 경우도 역시 세차 운동을 하며 그 경우에는 진동수 ω가

$$\omega = \frac{egB}{2mc} = \gamma B \qquad \left(\gamma \equiv \frac{eg}{2mc}\right) \tag{8.182}$$

로 된다. 또 각속도의 값은 γ 의 부호에 따라 바뀐다.

$\vec{\mu}$의 방향이 양자화 되어 세차 운동을 하다가 $\vec{\mu}$의 방향이 바뀔 때마다 $\hbar\omega_L$의 에너지를 흡수하거나 방출하게 되는 것으로 Zeeman의 효과를 설명할 수 있다.

8. 5 자기 선속(磁氣線束, magnetic flux)의 양자화, 초전도성 및 Aharonov-Bohm 효과

물리학적 이론이 게이지 변환에 대하여 불변이라는 것의 의의를 살펴보자. Maxwell의 방정식은 실험적으로 측정 가능한 양인 $\vec{E}$와 $\vec{B}$에 관한 방정식이며, 전에 보인 바와 같이 $\vec{E}$와 $\vec{B}$는 게이지 변환에 대하여 불변이므로 게이지 변환은 Maxwell 방정식에 아무런 영향을 주지 않는다. 고전 물리학에서는 퍼텐셜과 전자기장 중에서 어느 것이 더 근본적인 양이 되는 가는 이야기할 수 없으며 퍼텐셜을 간단한 형태로 취하는 데에 게이지 불변의

원리를 쓴다.

양자 역학에서는 Schrödinger 방정식이 퍼텐셜이 바뀌면 동시에 파동함수도 변하여 같은 모양의 방정식을 갖는 것을 요구한다. 특히 흥미 있는 경우는 우리가 고려하는 어느 점 $\vec{x}$에서 자기장 $\vec{B}(\vec{x})=0$인 경우이다.

$$\vec{B}(\vec{x})=\vec{\nabla}\times\vec{A}(\vec{x})$$

이므로 $\vec{B}(\vec{x})=0$인 경우 $\vec{A}(\vec{x})=0$일 가능성도 있으며 $\vec{A}(\vec{x})=-\vec{\nabla}\chi\ (\neq 0)$일 가능성도 있다. 이 두 경우에서 Schrödinger 방정식을 (8.9)식과 (8.13)식에서

$$\left[\frac{1}{2m}\left(\frac{\hbar}{i}\vec{\nabla}\right)^2+V(r)\right]\psi(\vec{x})=E\psi(\vec{x}) \tag{8.183}$$

또는

$$\left[\frac{1}{2m}\left(\frac{\hbar}{i}\vec{\nabla}-\frac{e}{c}\vec{A}\right)^2+V(r)\right]\psi'(\vec{x})=E\psi'(\vec{x}) \tag{8.184}$$

가 된다. 여기에서 $\psi'(\vec{x})$는 다음과 같다.

$$\begin{aligned}\psi'(\vec{x})&=\exp\left\{-\frac{ie}{\hbar c}\chi(\vec{x})\right\}\psi(\vec{x})\\&=\exp\left\{\frac{ie}{\hbar c}\int_a^x\vec{A}\cdot d\vec{x}\right\}\psi(\vec{x})\end{aligned} \tag{8.185}$$

이때에 적분은 우리가 고려하는 영역 중에 $\vec{B}=0$인 한 점 a에서 x인 점까지의 적분이며 적분 경로(積分經路)에 무관하다. 그 이유는 그림 8.12에서와 같이 두 적분 경로에 대하여 적분을 고려하면

$$\begin{aligned}&\underset{\text{적분로1}}{\int_a^x\vec{A}\cdot d\vec{x}}-\underset{\text{적분로2}}{\int_a^x\vec{A}\cdot d\vec{x}}=\oint\vec{A}\cdot d\vec{x}=\int(\vec{\nabla}\times\vec{A})\cdot d\vec{a}\\&=\int\vec{B}\cdot d\vec{a}=0\qquad(\because\ \vec{B}=0\text{ 이므로})\end{aligned} \tag{8.186}$$

이 성립하기 때문이다.

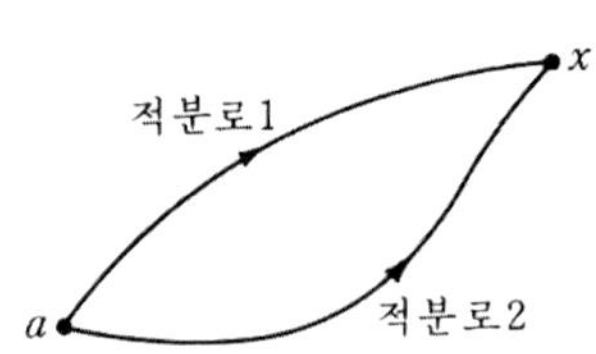

그림 8.12 두 적분로

만일 우리가 고려하는 점 $\vec{x}$에서는 $\vec{B}(\vec{x})=0$인 경우에도 주위에 $\vec{B}\neq 0$인 부분이 있다면 적분은 어느 선을 따라 하는 가에 관련이 있다. 이러한 것은 다음과 같은 주요한 물리적 의의를 준다. 즉 전자기장 $\vec{E}$와 $\vec{B}$만으로는 설명할 수 없는 것을 퍼텐셜 $\vec{A},\Phi$를 이용

하여 물리계에 대한 더 정확한 정보를 얻을 수 있어서 퍼텐셜이 더욱 기본적인 양이라는 생각을 하게 된다.

(a) 자기 선속(磁力線束, magnetic flux)의 양자화(量子化, quantization)

납(Pb), 텅스텐(W), Nb(Niobium) 등과 같은 금속은 아주 낮은 온도에서 초전도(超傳導, superconductivity) 현상이 나타난다. 보통 온도에서 납은 전기 저항이 크지만 7.5K 이하에서는 전기 저항이 거의 없어진다. 또 한 가지 성질은 이렇게 낮은 온도에서는 자기장이 이러한 금속 안에 침투하지 못한다. 이러한 현상을 Meissner 효과라 부른다. 이외에 여러 성질과 그 응용이 최근에 많이 연구되고 있다.

만일 초전도 물질로 가락지(ring)를 만들고 여기에 자기장을 가한 후 온도를 내려 초전도 상태로 만들면 자기장은 가락지에 갇히게 된다(그림 8.13b 참고). 가락지(금속) 안에서는 $\vec{B}=0$이기 때문에 가락지 안의 어느 점에도

$$\psi'(x)=\exp\left\{\frac{ie}{\hbar c}\int^{x}\vec{A}\cdot d\vec{x}\right\}\psi(x) \tag{8.187}$$

로 쓸 수 있는데 이 값은 위상(phase)이 360° 즉 2π만큼 바뀌어도 같은 값을 갖게 된다고 생각할 수가 있다. 물론 이러한 것은 실험적인 뒷받침이 있어야 한다. 특히 x값이 가락지를 한 바퀴 돌아도 같은 값을 갖게 되며 이 사실을 위의 적분에 적용하면

$$\frac{e}{\hbar c}\oint\vec{A}\cdot d\vec{x}=2\pi n \qquad (n=0,\ \pm1,\ \pm2,\ \cdots\cdots)$$

$$=\frac{e}{\hbar c}\int(\vec{\nabla}\times\vec{A})\cdot d\vec{a}=\frac{e}{\hbar c}\int\vec{B}\cdot d\vec{a}=\frac{e}{\hbar c}\Phi_B \tag{8.188}$$

이 된다. 여기서 Φ_B는 자기 선속(磁氣線束, magnetic flux)을 나타낸다.

따라서 Φ_B는

$$\Phi_B=\frac{2\pi\hbar c}{e}n \quad (n=0,\ \pm1,\ \pm2,\ \cdots\cdots) \tag{8.189}$$

와 같이 양자화 된다. 자기 선속이 연속적인 값이 아니고 이와 같이 양자화 됨은 Deaver와 Fairbank에 의해 1961년에 실험적인 검토가 행하여졌으며 그 결과는

$$\Phi_B=\frac{2\pi\hbar c}{(2e)}n \tag{8.190}$$

으로 나타났다. 따라서 위 (8.190)식은 초전도체에서의 전자의 상태에 대한 새로운 현상을 말해 준다.

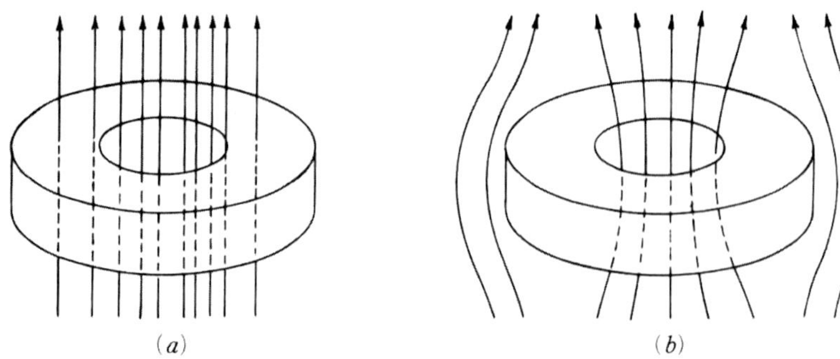

그림 8.13 초전도체로 만든 가락지

(a) 온도가 비교적 높을 때 자기장은 금속을 통과함.

(b) 온도가 아주 낮아지면 가락지는 초전도체가 되어 자기장이 금속을 통과하지 못함.

(b) 초전도성(超傳導性, superconductivity)

이 실험적인 결과는 중요한 물리학적 의의가 있다. 즉 초전도 상태는 전자들 2개가 짝을 이루고 운동하는 상태로 기술된다. 이 전자쌍은 1956년 L. Cooper에 의하여 제안되었고 Cooper 쌍(pair) 또는 짝이라 부르며 후에 Bardeen, Cooper, Schrieffer에 의하여 초전도 이론인 BCS 이론을 만드는 데 큰 역할을 한다. 여기에서 간단히 Cooper 쌍(pair)의 역할을 고찰하여 보자.

(i) Cooper 쌍은, 전자 하나가 움직이면 ion이 같이 움직이게 되고 따라서 다른 전자가 그 ion을 따라 움직이게 되어 마치 두 개의 전자가 끌려서 속박 상태인 짝을 이룬다고 생각할 수 있다. 이 때 짝을 이루는 에너지는 아주 약하므로 이것은 아주 낮은 온도에서만 가능하며 온도가 올라가면 곧 짝이 깨어져 정상(normal)적인 물질이 된다.

(ii) 두 전자 짝은 서로 스핀 상태가 달라 스핀 합이 0이고 외부 장이 없는 경우 운동량도 반대 방향으로 이루어진 boson을 형성하게 된다. 짝을 이룰 때 속박력이 약함은 두 짝의 거리가 원자 크기에 비하여 비교적 멀음을 나타내고 따라서 많은 짝이 있을 수 있다. 그렇게 되면 이들 계는 아주 안정한 상태가 된다. 이 짝들을 기술하는 파동함수는 같은 위상(in phase)에 있으며 같은 합 운동량을 가지므로 여러 입자들이 파동 함수들을 건설적으로(constructively) 더할 수 있어 짝을 만들 수 있는 확률이 큰은 BCS 이론이 설명해 준다. 따라서 계의 바닥 상태는 잘 정돈되어 있다. 여러 짝들이 같은 양자 상태에 있을 수 있는 것은 이들이 boson 이기 때문이다. 여러 입자가 같은 상태에 있는 것을 응결(凝結, condensation)이라 부른다.

(iii) 외부에서 전기장이 가해지면 두 전자로 이루어진 짝들은 전기장의 영향 아래에서 움직이게 되며, 그들은 그들의 수를 최대한으로 유지하기 위하여 그 정동된 상태를 유지하면서 움직이게 된다. 따라서 그 짝들은 같은 운동량을 가지고 움직이며 불순물이나 결

함과 마음대로(random) 산란함에 의하여 일어나는 전기 저항은 거의 없어진다.

(iv) 자기장이 초전도 물체에 가해지면 Lenz의 법칙에 의하여 유도 기전력이 만들어지고 이 기전력이 입자를 운동시켜서 전류를 형성하게 되어 외부 자기장을 막는 자기장이 만들어진다. 즉 반자성체를 이룬다.

더 명백하게 하기 위하여 외부 자기장 $\vec{B}=\vec{\nabla}\times\vec{A}$ 안에서 전하(電荷) q 를 갖는 입자의 운동을 고려하면 이 때 Shrödinger 방정식과 확률 흐름 밀도는 각각

$$-\frac{\hbar^2}{2m}\left(\vec{\nabla}-i\frac{q}{c\hbar}\vec{A}\right)^2\psi=E\psi \tag{8.191}$$

$$\vec{J_P}=\frac{\hbar}{2mi}(\psi^*\vec{\nabla}\psi-\psi\vec{\nabla}\psi^*)-\frac{q}{mc}\psi^*\vec{A}\psi \tag{8.192}$$

이 된다.

한편 초전도체 안에서 전자쌍들의 경우는 $q=2e$, 질량 $m=2m_e$이고, 여러 쌍들이 결맞는(coherent) 상태에 있으므로 한 입자에 대한 기술이 여러 입자의 기술과 거의 같다. 여러 입자의 경우에는 한 입자에서와 마찬가지로

$$\psi=\rho e^{i\theta}=|\psi|e^{i\theta}\qquad(\rho,\theta\text{는 실함수}) \tag{8.193}$$

로 쓸 수 있으나, 단 $|\psi|^2$는 전체수 또는 밀도에 관련된다. 그리고 이 경우에 전류는 확률흐름 밀도 (8.192)식에 전하 q를 곱하여 얻을 수 있다.

$$\vec{J}=-\frac{i\hbar}{2m}\cdot q(\psi^*\vec{\nabla}\psi-\psi\vec{\nabla}\psi^*)-\frac{q^2}{mc}\psi^*\vec{A}\psi \tag{8.194a}$$

$$=\frac{\hbar q}{m}\left(\vec{\nabla}\theta-\frac{q}{\hbar c}\vec{A}\right)|\psi|^2\qquad(|\psi|^2\sim\text{일정한 경우}) \tag{8.194b}$$

가 된다. 이 식은 gauge 변환

$$\begin{cases}\vec{A}\to\vec{A}-\vec{\nabla}\chi\\ \theta\to\theta-\dfrac{q}{\hbar c}\chi\end{cases} \tag{8.195}$$

에 대하여 불변인 양임을 알 수 있다.

한편 자기장과 전류에 대한 Maxwell 방정식으로부터

$$\vec{\nabla}\times\vec{B}=\frac{4\pi}{c}\vec{J} \tag{8.196}$$

$$\nabla^2\vec{A}=-\frac{4\pi}{c}\vec{J}\quad(\text{Coulomb gauge }\vec{\nabla}\cdot\vec{A}=0\text{ 을 이용함}) \tag{8.197}$$

이 된다. Coulomb gauge에 관하여는 후에 설명하겠다.

초전도체 안에 있는 전자쌍들은 거의 같은 형태로 퍼져 있으면 $|\psi|^2$와 θ가 공간의 변화에 대해 거의 일정한 값을 갖게 된다. 따라서 (8.194)식에서 $\vec{\nabla}\theta\simeq0$으로 놓으면

$$\vec{J}=-\frac{q^2\vec{A}}{mc}|\psi|^2 \tag{8.196}$$

이므로 (8.197)식으로부터

$$\nabla^2\vec{A}=\frac{4\pi q^2}{mc^2}|\psi|^2\vec{A} \tag{8.199}$$

이다. 따라서 자기장 $\vec{B}$에 대하여도 (8.196)식으로부터

$$\nabla^2\vec{B}-\frac{4\pi q^2}{mc^2}|\psi|^2\vec{B}=0 \tag{8.200}$$

이 성립한다. 여기서

$$M=\sqrt{\frac{4\pi q^2}{mc^2}|\psi|^2} \tag{8.201}$$

로 놓으면 $\vec{B}$는 어느 한 방향(z방향)에 대한 변화만을 생각하면

$$\vec{B}\sim\vec{B_0}e^{-Mz} \tag{8.202}$$

의 해를 갖는다. $\vec{B_o}$는 초전도 표면에서의 자기장이며 표면에서 초전도체 안으로 들어가면 자기장 $\vec{B}$가 지수형(exponentially)으로 감소됨을 보인다. M값이 커지면 소위 표피(表皮) 깊이(skin depth)는 아주 짧아진다. 이 결과가 Meissner 효과를 설명한다.

$|\psi|^2=n_c\sim10^{22}cm^{-3}$ (n_c;단위 체적당 입자수)

$m=2m_e$

$q=2e$

로 놓아 보면 표피 깊이 λ는 대략

$$\lambda\simeq\frac{1}{M}\sim10^{-6}cm \tag{8.203}$$

이 된다.

또 (8.200)식은 광자가 무게를 갖게 된다는 말로 해석된다. 초전도체 안에서 게이지 입자인 광자가 무거워지는 현상은 1950년 Ginzburg와 Landau에 의하여 이론적으로 설명되었다. 이 방법은 1960년 중반에 입자물리학에 적용되어 gauge 입자에 질량을 주는 Higgs 방법(mechanism)이 발견되었고 Weinberg-Salam에 의하여 전기적 상호작용과 약한 상호작용을 통일하는 이론까지 발전하였다.

고전적인 방법과 비교하여 보자. 완전한 도체인 경우에 도체 안에서 전기장 $\vec{E}$의 영향으로 $\vec{v}$로 움직이는 대전 입자에 대하여

$$m\dot{\vec{v}}=q\vec{E} \tag{8.204}$$

가 성립한다.

이 경우는 완전한 도체이므로 마찰력에 의한 속도 감소는 무시할 수 있다. 따라서 전류는

$$\vec{J} = nq\vec{v}$$

이므로 시간에 대한 미분에 대하여

$$\frac{d\vec{J}}{dt} = nq\dot{\vec{v}} = \frac{nq^2}{m}\vec{E} \tag{8.205}$$

이다. 여기서 n은 단위 체적 당 입자의 수이다.

Maxwell은 방정식

$$\vec{\nabla} \times \vec{H} = \frac{4\pi}{c}\vec{J} + \frac{\partial \vec{D}}{\partial t} \tag{8.206}$$

에서 전기장이 급속하게 변하지 않는 경우에는 $\frac{\partial \vec{D}}{\partial t}$를 무시할 수가 있다. 그러므로

$$\vec{\nabla} \times \dot{\vec{B}} = 4\pi\frac{nq^2}{mc}\vec{E} \quad (\mu \simeq 1) \tag{8.207}$$

$$\vec{\nabla} \times \left(\vec{\nabla} \times \dot{\vec{B}}\right) = 4\pi\frac{nq^2}{mc}\vec{\nabla} \times \vec{E}$$

$$\vec{\nabla}\left(\vec{\nabla} \cdot \dot{\vec{B}}\right) - \nabla^2\dot{\vec{B}} = -4\pi\frac{nq^2}{mc^2}\dot{\vec{B}}$$

$$\nabla^2\dot{\vec{B}} = 4\pi\frac{nq^2}{mc^2}\dot{\vec{B}} \tag{8.208}$$

을 얻는다.

이 식의 해는 $\dot{\vec{B}} \infty e^{\pm\sqrt{\frac{4\pi nq^2}{mc^2}}z}$ 인데(z는 어느 한 방향임) +값은 물리적 해가 될 수 없으므로

$$\dot{\vec{B}} \sim \dot{\vec{B}}_0 e^{-\sqrt{\frac{4\pi nq^2}{mc^3}}z} \tag{8.209}$$

이어야 한다.

따라서 도체의 어느 부분에서 $\dot{\vec{B}}_0 = 0$인 경우는 $\dot{\vec{B}} = 0$이 되어 도체 안에서 $\vec{B}$는 일정한 값이 된다. 따라서 도체에서 온도를 내려도 $\vec{B}$=일정한 값은 그대로 유지되어야 한다. 한편 이 경우에 초전도체의 안에서 $\vec{B} = 0$이 되어야 함은 다른 방법으로 설명되어야 한다. 이것을 설명하기 위하여는 $\vec{B}$에 대한 식이 (8.208)식으로 되는 대신에 $\vec{B}$가 (8.200)식이 되어야 한다.

이러한 결론을 얻기 위하여 1935년 London 형제는

$$\vec{\nabla} \times \vec{B} = \frac{4\pi}{c}\vec{J} = \frac{4\pi}{c}\left[\vec{J}_s + \vec{J}_n\left(= \vec{J}_{diss} + \vec{J}_{displ}\right)\right] \tag{8.210}$$

를 고려하였으며 보통 전도 전자의 전류 $\vec{j}_n$을 초전도적 전자의 전류 $\vec{j}_s$에 비하여 무시하고 다음과 같은 식을 Maxwell의 방정식에 첨가하였다.

① 가속도 방정식

(8.204)식 대신에 London 은 다음 식을 고려하였다.

$$\Lambda\frac{\partial\overrightarrow{J_s}}{\partial t}=\overrightarrow{E} \tag{8.211}$$

이 식은 외부의 전기장의 영향을 받아 시간이 증가함에 따라 전류 $\overrightarrow{j_s}$가 증가함을 말한다. 따라서 전도율이 무한히 큰 것을 의미한다. 만일 모든 움직이는 입자들이 저항이 없는 자유 입자와 같이 행동한다면 (8.205)식과 비교하여

$$\Lambda=\frac{m}{nq^2} \tag{8.212}$$

이 된다.

② 두 번째 London 방정식은 다음과 같다.

$$\Lambda\overrightarrow{\nabla}\times\overrightarrow{J_s}=-\frac{1}{c}\overrightarrow{B} \tag{8.213}$$

이 식과 (8.210)식으로부터

$$\nabla^2\overrightarrow{B}=-\nabla\times(\overrightarrow{\nabla}\times\overrightarrow{B})=-\frac{4\pi}{c}(\overrightarrow{\nabla}\times\overrightarrow{J_s})=\frac{4\pi}{\Lambda c^2}\overrightarrow{B} \tag{8.214}$$

가 된다. 따라서 무한히 큰 초전도체를 고려하고 표면에서 안으로의 방향을 z방향이라 하면 (8.202)식과 같은

$$\overrightarrow{B}(z)=\overrightarrow{B}(0)e^{-\frac{z}{\lambda}} \tag{8.215a}$$

$$\lambda=\sqrt{\frac{\Lambda c^2}{4\pi}}\ :\ \{\text{표피 깊이 }(\sim 10^{-6}\text{cm})\} \tag{8.215b}$$

이 되어 초전도체의 반자성을 기술할 수 있었다.

위의 (8.211)식으로부터

$$\overrightarrow{E}=\Lambda\frac{\partial\overrightarrow{j}_s}{\partial t}=-\overrightarrow{\nabla}\phi-\frac{1}{c}\frac{\partial\overrightarrow{A}}{\partial t}=-\frac{1}{c}\frac{\partial\overrightarrow{A}}{\partial t} \tag{8.216}$$

이므로

$$\Lambda\overrightarrow{j}_s=-\frac{1}{c}\overrightarrow{A},\quad\{\overrightarrow{\nabla}\cdot\overrightarrow{A}=0,\ \overrightarrow{A_n}(z=0)=0\}$$

$$\therefore\ \overrightarrow{j}_s=-\frac{1}{\Lambda c}\overrightarrow{A} \tag{8.217}$$

를 얻는다. 이 관계식은 양자론에서의 Schrödinger 방정식으로부터

$$\overrightarrow{J_s}(x)=-\frac{i\hbar q}{2m}\{\psi^*\overrightarrow{\nabla}\psi-\psi\overrightarrow{\nabla}\psi^*\}-\frac{q^2}{mc}\overrightarrow{A}\psi^*\psi \tag{8.194a}$$

에서 앞의 항이 0이 되는 경우에 해당된다. 즉 ψ가 뻣뻣(rigid)하여 자장을 걸어 주어도 x에 대하여 잘 변하지 않는 경우에는 $\overrightarrow{\nabla}\psi\sim 0$이 되므로

$$\vec{J}_s(x) \sim -\frac{q^2}{mc}\vec{A}|\psi|^2$$

$$= -\frac{nq^2}{mc}\vec{A} \tag{8.218}$$

로부터 (8.217) 식을 설명할 수 있다. 이것은 (8.93)식으로 ψ를 표시하고 $|\psi|$, θ의 x에 대한 변화가 적다고 할 경우 (8.194b) 식에서 얻게 되는 결론과 같은 의미를 갖는다. 자세한 초전도 이론은 이 책의 정도를 넘으므로 여기서는 생략한다.

(c) Aharonov-Bohm의 실험

파동함수가 위상 $\chi(x, t)$에 관련된 것을 분명히 하여주는 것은 그림 8.14와 같은 간섭 실험 장치에서 검토될 수 있다.

그림 8.14에서와 같이 같은 전자원(源)에서 출발한 전자는 파동성을 갖기 때문에 이중(二重) 슬릿(slit)을 통과하여 스크린에 도달함으로써 간섭 현상을 일으킴을 알 수 있다. 만일 그림에서와 같이 자기 선속(magnetic flux)의 침(needle)이 스크린과 슬릿 사이에 있을 경우 고전역학적으로 이 자기 선속은 전자에 아무런 영향을 미치지 않으나 양자역학적으로는 그렇지 않다.

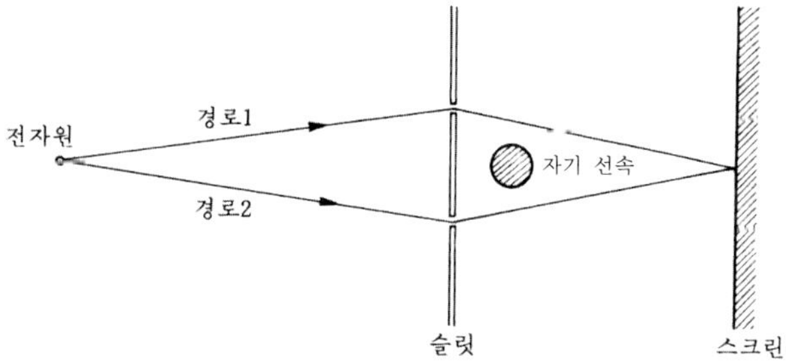

그림 8.14 자기 선속 주위를 통과하는 전자의 간섭 현상을 조사하는 장치

스크린에 나타나는 간섭무늬는 경로 1과 경로 2를 통하는 두 종류의 파동함수의 중첩(superposotion)에 의하여 이해될 수 있다. 즉 자기 선속이 없을 때는

$$\psi = \psi_1 + \psi_2 \tag{8.219}$$

로 표시된다. 여기서 ψ_1, ψ_2는 각각 경로 1과 경로 2를 통하여 스크린에 도착하는 전자를 나타낸다. 전자의 파동함수 ψ는 두 개의 독립된 파동함수 ψ_1과 ψ_2이 중첩으로 나타내어진다.

만일 그림에서와 같이 자기 선속이 존재하면 각 경로의 위상이 달라져

$$\psi = e^{\frac{ie}{\hbar c}\int_1^x \vec{A}\cdot d\vec{x}}\psi_1 + e^{\frac{ie}{\hbar c}\int_2^x \vec{A}\cdot d\vec{x}}\psi_2$$

$$= e^{\frac{ie}{\hbar c}\int_1^x \vec{A}\cdot d\vec{x}}\left\{\psi_1 + e^{-\frac{ie}{\hbar c}\left(\int_2^x \vec{A}\cdot d\vec{x} - \int_2^x \vec{A}\cdot d\vec{x}\right)}\psi_2\right\} \tag{8.220}$$

가 된다. 여기에서 $\int_{1(2)}$ 는 각각 경로 1 또는 2를 통하는 전자원에서 스크린까지의 적분을 나타난다. 따라서

$$\int_1^x \vec{A}\cdot d\vec{x} - \int_2^x \vec{A}\cdot d\vec{x} = \oint \vec{A}\cdot d\vec{x} = \int \vec{B}\cdot d\vec{a} = \Phi_B \tag{8.221}$$

이다. 그러므로 이 경우 자기 선속은 두 경로를 통하는 전자의 위상의 상대적 변화를 주며, 이로 인하여 간섭의 형태를 변화시킨다. 즉

$$\psi = e^{\frac{ie}{\hbar c}\int_1^x \vec{A}\cdot d\vec{x}}\left(\psi_1 + e^{-\frac{ie}{\hbar c}\Phi_B}\psi_2\right) \tag{8.222}$$

이다. 위의 (8.222)식에서 ψ는

$$\frac{e\Phi_B}{\hbar c} = 2\pi n \tag{8.223}$$

일 때마다 같은 상태로 되돌아온다.

한편

$$|\psi|^2 = |\psi_1|^2 + |\psi_2|^2 + \left(\psi_1^*\psi_2 e^{-\frac{ie}{\hbar c}\Phi_B} + \psi_1\psi_2^* e^{\frac{ie}{\hbar c}\Phi_B}\right) \tag{8.224}$$

이다. 특히 $|\psi_1| = |\psi_2|$ 이면

$$\psi_1 = \psi_2 e^{i\delta} \tag{8.225}$$

로 놓을 경우

$$|\psi|^2 = 2|\psi_1|^2 + 2|\psi_2|^2\cos\left(\frac{e\Phi_B}{\hbar c} + \delta\right)$$

$$= 2|\psi_1|^2\left\{1 + \cos\left(\frac{e\Phi_B}{\hbar c} + \delta\right)\right\} \tag{8.226}$$

가 된다.

여기서 δ 는 두 경로의 차에 의한 단순한 위상차이며 같은 거리의 경로에서는 $\delta = 0$이 된다. 이 경우에

$$\Phi_B = \frac{\hbar c}{e}\pi \times (\text{짝수})\text{인 경우}$$

$$|\psi|^2 = 4|\psi_1|^2 \tag{8.227a}$$

$$\Phi_B = \frac{\hbar c}{e}\pi \times (\text{홀수})\text{인 경우}$$

$$|\psi|^2 = 0 \tag{8.227b}$$

을 얻게 된다.

이러한 결과는 1960년 Chambers에 의하여 실험적으로 증명되었다.

[문 제]

8. 1 자유전자에 균일한 외부 전기장 $\vec{E}$가 작용할 경우 본문에서 얻은 두 경우의 파동함수 (8.24)식과 (8.38)식은 게이지 변환에 의하여 어떻게 연결이 되는가?

8. 2 (8.71)식을 (8.70)식으로부터 증명하기 위하여

(a) 행렬식의 성질을 이용하면 (8.70)식으로부터

$$\begin{vmatrix} 1 & 0 & 1 & 0 \\ ik & k & \kappa & \kappa \\ e^{ikd} & -\sin kd & e^{iKa}e^{-\kappa b} & -e^{iKa}\sinh\kappa b \\ ike^{ikd} & k\cos kd & \kappa e^{iKa}e^{-\kappa b} & \kappa e^{iKa}\cosh\kappa b \end{vmatrix} = 0$$

됨을 보여라.

(b) 위 식으로부터 다음 식을 얻을 수 있음을 보여라.

$$\begin{vmatrix} k & \kappa & \kappa \\ -S & \gamma e^{-\kappa b} & -\gamma Sh \\ kC & \kappa\gamma e^{-\kappa b} & \kappa\gamma Ch \end{vmatrix} = \begin{vmatrix} ik & k & \kappa \\ e^{ikd} & -S & -\gamma Sh \\ ike^{\lambda kd} & kC & \kappa\gamma Ch \end{vmatrix}$$

여기서

$$\gamma \equiv e^{iKa}, \quad S \equiv \sin kd, \quad C \equiv \cos kd$$

$$Sh = \sinh\kappa b, \quad Ch \equiv \cosh\kappa d$$

이다.

이 식을 펼치고 $\gamma^2, \gamma, (\gamma)^0$항으로 묶음으로써 (8.71)식을 증명하여라.

8. 3 (8.71)식은 전자의 에너지 E가 $0 < E < V_0$인 경우에 대하여 얻었다. 만일 이 에너지가가 V_0보다 큰 $(V_0 < E)$ 경우에는 이 식은 어떻게 되겠는가?

8. 4 그림 8.3에 주어진 퍼텐셜에서 x가 na와 $(n+1)a$ 사이에 있는 구간의 두 영역의 해를

$$\psi(x) = a_n e^{ik(x-na)} + b_n e^{-ik(x-na)} \qquad (\text{영역 } I, \ na < x < na+d)$$

$$\psi(x) = c_n e^{x(x-na)} + d_n e^{-\kappa(x-na)} \qquad (\text{영역 } II, \ na+d < x < (n+1)a)$$

라 놓으면

(a) 파동함수의 경계조건으로부터 다음 관계식을 증명하여라.

$$\begin{pmatrix} 1 & 1 \\ 1 & -1 \end{pmatrix}\begin{pmatrix} c_n \\ d_n \end{pmatrix}=\begin{pmatrix} e^{-ika} & e^{ika} \\ i\dfrac{k}{\kappa}e^{-ika} & -i\dfrac{k}{\kappa}e^{-ika} \end{pmatrix}\begin{pmatrix} a_{n+1} \\ b_{n+1} \end{pmatrix}$$

$$\begin{pmatrix} e^{-ikb} & e^{ikb} \\ e^{-ikb} & -e^{ikb} \end{pmatrix}\begin{pmatrix} a_{n+1} \\ b_{n+1} \end{pmatrix}=\begin{pmatrix} e^{-\kappa b} & e^{\kappa b} \\ -i\dfrac{\kappa}{\kappa}e^{-\kappa b} & i\dfrac{\kappa}{\kappa}e^{\kappa b} \end{pmatrix}\begin{pmatrix} c_{n+1} \\ d_{n+1} \end{pmatrix}$$

(b) 이 식으로부터 $(c_n,\ d_n)$과 $(c_{n+1},\ d_{n+1})$ 사이의 관계는

$$\begin{pmatrix} c_n \\ d_n \end{pmatrix}=\begin{pmatrix} A & B \\ C & D \end{pmatrix}\begin{pmatrix} c_{n+1} \\ d_{n+1} \end{pmatrix}$$

가 되고 여기서

$$A=e^{-\kappa x}\left[\cos kd+\frac{1}{2}\left(\frac{k}{\kappa}-\frac{\kappa}{k}\right)\sin kd\right]$$

$$B=e^{\kappa x}\frac{1}{2}\left(\frac{k}{\kappa}+\frac{\kappa}{k}\right)\sin kd$$

$$C=e^{-\kappa x}\left(-\frac{1}{2}\right)\left(\frac{k}{\kappa}+\frac{\kappa}{k}\right)\sin kd$$

$$D=e^{\kappa x}\left[\cos kd-\frac{1}{2}\left(\frac{k}{\kappa}-\frac{\kappa}{k}\right)\sin kd\right]$$

가 됨을 보여라. 그리고

$$\begin{vmatrix} A & B \\ C & D \end{vmatrix}=1$$

이 됨을 보여라

(c) Bloch 정리를 이용하여

$$\begin{pmatrix} c_n \\ d_n \end{pmatrix}=e^{-iKa}\begin{pmatrix} c_{n+1} \\ d_{n+1} \end{pmatrix}$$

이 됨을 보여라. 이 식은 e^{-iKa}가 $\begin{pmatrix} A & B \\ C & D \end{pmatrix}$의 고유값이고 $\begin{pmatrix} c_n \\ d_n \end{pmatrix}$은 이 행렬의 고유 함수가 됨을 의미한다. 즉

$$\begin{pmatrix} A & B \\ C & D \end{pmatrix}\begin{pmatrix} c_n \\ d_n \end{pmatrix}=e^{-iKa}\begin{pmatrix} c_n \\ d_n \end{pmatrix}$$

(d) 두 개의 고유값을 e^{-iK_1a}, e^{-iK_2a} 라 하면

$$e^{-iK_{1(2)}a}=\frac{1}{2}(A+D)\pm i\left\{1-\sqrt{\left[\frac{1}{2}(A+D)\right]}\right\}^{\frac{1}{2}}$$

이고 고유 함수는

$$\begin{pmatrix} c_n \\ d_n \end{pmatrix}=N\begin{pmatrix} B \\ e^{-iK_{1(2)}a}-1 \end{pmatrix}$$

이 됨을 보여라

(e) 만일 c_0, d_0가 주어지면 $na < x < (na+a)$ 영역에서 파동함수는

$$\psi(x) = N\left[\left(c_0 e^{\kappa(x-na)} + b_0 e^{-\kappa(x-na)}\right) e^{-iK(x-na)}\right] e^{iKx}$$

가 되어 이 식이 Bloch 형이 됨을 보여라.

(f) $\cos(Ka) = \dfrac{1}{2}(A+B)$

가 됨을 보이고 A, B의 (a)에서 주어진 식으로부터 (8.71)식을 보여라.

(g) 금지된 영역, $\dfrac{1}{2}(A+B) > 1$ 인 영역에서

$$K = \frac{m\pi}{a} + i\kappa_I \qquad (m = \pm\pi,\ \pm 2\pi,\ \cdots)$$

됨을 보이고 이때에는 $\psi(x)$는 지수형으로 감소되어 결국 결정 안에서는 무시됨을 보여라.

8. 5 (a) Bloch 정리에서

$$\psi(x) = e^{iKx} u_K(x)$$
$$u_K(x) = u_K(x+a)$$

인데 $v_K(x)$를

$$v_K(x) = u_K(x) e^{\pm \frac{2\pi i}{a} x}$$

로 정의하넌 $v_K(x)$를 이용하여 $\psi(x)$를 표시하는 경우

$$\psi(x) = e^{i\left(K \pm \frac{2\pi}{a}\right)x} v_K(x)$$
$$v_K(x) = v_K(x+a)$$

가 되어 파동함수는 K값을 $\pm\dfrac{2\pi}{a}$ 만큼 이동시켜도 아무런 영향을 받지 않음을 보여라.

(b) 이 식을 이용하여 그림 8.5를 그림 P8.1에서와 같이 K구간을 $-\dfrac{\pi}{a} < K < \dfrac{\pi}{a}$ 구역 (소위 제 1 Brillouin zone)으로 바꾸어 놓을 수 있음을 보여라.

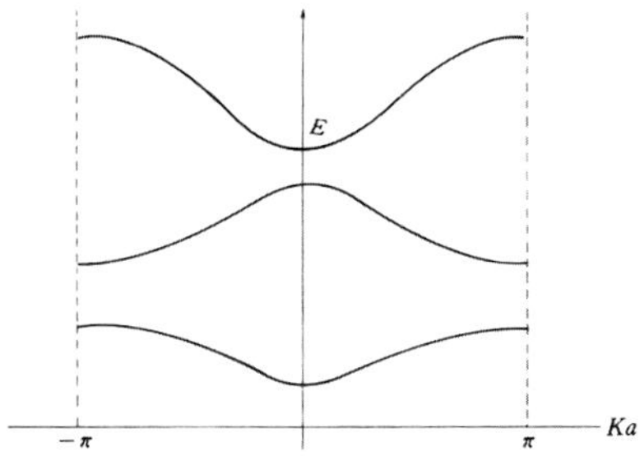

그림 P8.1

8. 6 Bloch 함수 $\psi(x)$를 가지고 표시되는 전자의 운동량과 에너지 기대치는 $u_K(x)$를 알고 있다면 어떻게 되겠는가?

8. 7 정자기장 $\vec{B}$의 영향을 받으며 움직이는 전자를 생각할 때 전자의 좌표와 (8.39)식으로 정의된 속도의 기대치는 게이지 변환에 불변함을 보여라.

8. 8 시간에 무관한 자기장 $\vec{B}=(0, 0, B)$의 영향을 받는 전자의 Hamiltonian은 (8.114)식으로 주어졌고 이 때 $\vec{A}=\frac{1}{2}(\vec{B}\times\vec{x})$로 표시할 수 있었다. Hamiltonian은 (8.151)식에서 알 수 있는 바와 같이 세 부분으로 나눌 수 있다. 즉

$$H=H_1+H_2+H_3;$$

$$H_1=\frac{p_z^2}{2m},$$

$$H_2=\frac{1}{2m}(p_x^2+p_y^2)+\frac{1}{2}\left(\frac{e^2B^2}{4mc^2}\right)(x^2+y^2)$$

$$H_3=-\frac{eB}{2mc}L_z$$

(a) 세 연산자 H_1, H_2, H_3 는 서로 교환 가능함을 보여라.

(b) 이 세 연산자에 공통된 고유 함수를 논하라.

(c) $\omega_L=\frac{1}{2}\omega_c=\frac{|e|B}{2mc}$라 놓고 H의 가능한 고유값을 구하여 본문에서 얻은 값과 일치함을 보여라.

8. 9 10,000gauss의 자기장 안에 있는 수소원자에 대하여 전자가 $3d(n=3,\ l=2)$에서 $2p(n=2,\ l=1)$인 상태로 전이가 일어날 때 방출되는 전자기파(Zeeman lines) 세 종류의 파장은 얼마인가?

8. 10 E_1과 $E_2\langle >E_1\rangle$의 초전도 상태에 있는 입자들의 파동함수 ψ_1과 ψ_2는

$$i\hbar\frac{\partial\psi_1}{\partial t}=E_1\psi_1$$

$$i\hbar\frac{\partial\psi_2}{\partial t}=E_2\psi_2$$

에 의하여 기술된다. 만일 그림 P8.2에서와 같이 E_1과 E_2 사이의 간격이 작어지면 터널 현상이 일어나게 되어 이 방정식은

$$i\hbar\frac{\partial\psi_1}{\partial t}=E_1\psi_1+k\psi_2$$

$$i\hbar\frac{\partial\psi_2}{\partial t}=E_2\psi_2+k^*\psi_1$$

으로 기술된다고 하자.

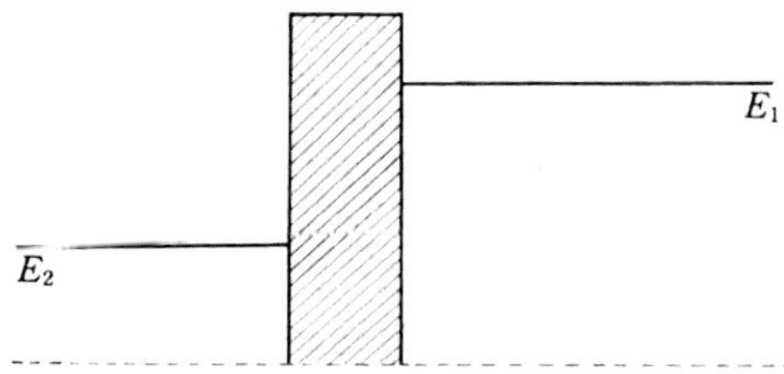

그림 P8.2

(a) 이 식을 $\psi=\begin{pmatrix}\psi_1\\ \psi_2\end{pmatrix}$인 열행렬로 표시되는 파동함수가 만족하는 방정식

$$i\hbar\frac{\partial}{\partial t}\psi=H\psi$$

으로 쓰면 H는 어떠한 행렬이 되는가?

(b) $\overline{E}$, ϕ_1, ϕ_2를 $E_1+E_2=2\overline{E}$

$E_1-E_2=qV$ (q는 전하, V는 전기 포텐셜을 나타냄)

$$\psi_1=\exp\left(-\frac{i}{\hbar}\overline{E}t-i\frac{qV}{2\hbar}t\right)\phi_1$$

$$\psi_2=\exp\left(-\frac{i}{\hbar}\overline{E}t-i\frac{qV}{2\hbar}t\right)\phi_2$$

로 정의할 때 ϕ_1과 ϕ_2가 만족하는 방정식은?

(c) $\phi_2(t)$, $\phi_2(t)$, k 를 각각

$$\phi_1(t)=R_1e^{-\frac{i}{\hbar}\alpha_1}$$

$$\phi_2(t)=R_2e^{-\frac{i}{\hbar}\alpha_2}$$

$$k=k_0e^{-\frac{i}{\hbar}\beta}$$

로 놓자. 여기서 R_1, R_2, k_0, α_1, α_2, β는 실수 값이다. 이들은 다음 방정식을 만족함을 보여라.

$$\hbar\frac{dR_1}{dt}=k_0R_2\sin\left(\frac{qVt}{\hbar}+\delta+\beta\right)$$

$$R_1 \frac{d\alpha_1}{dt} = k_0 R_2 \cos\left(\frac{qVt}{\hbar} + \delta + \beta\right)$$

$$\delta \equiv \hbar(\alpha_1 - \alpha_2)$$

또 R_1, α_2가 만족하는 방정식을 써라.

(d) $\frac{d}{dt}\left(R_1^2 + R_2^2\right) = 0$

$$\frac{d}{dt} R_1^2 = \frac{k_0}{2\hbar}(R_1 R_2)\sin\left(\frac{qVt}{\hbar} + \delta + \beta\right)$$

됨을 보여라. 이 결과는 $V=0$인 경우에도 전자쌍의 흐름이 있음을 의미한다. 이것을 *dc* Josephson 효과라 부르다.

(e) $R_1 \simeq R_2$이면 $\frac{d\alpha_1}{dt} = \frac{d\alpha_2}{dt}$ 됨을 보여라.

즉 $\delta =$ 일정 $=0$ 으로 좋으면 $\frac{dR_1^2}{dt} = \frac{k_0}{2\hbar} R_1 R_2 \sin\left(\frac{qV}{\hbar} t + \beta\right)$가 되어 전류가 진동한다. 이것을 *ac* Josephson 효과라 부른다.

제 9 장

벡터 공간과 행렬 표현(行列表現)

9. 1 Dirac의 벡터 방법의 배경

지금까지는 양자 상태를 기술하는 데 파동함수 $\psi(\vec{x},t)$를 사용하였으며 이 상태의 시간에 대한 변화는 Schrödinger 방정식

$$i\hbar\frac{\partial}{\partial t}\psi(\vec{x},t)=\left\{-\frac{\hbar^2}{2m}\nabla^2+V(x)\right\}\psi(\vec{x},t) \tag{9.1}$$

에 의하여 정해졌다. 또 입자의 위치를 측정하는 경우 어느 시간 t에서 위치가 $\vec{x}$에서 $\vec{x}+\overrightarrow{dx}$사이에 있을 확률은 $|\psi(\vec{x},t)|^2d^3x$이었다.

파동함수 $\psi(\vec{x},t)$의 Fourier 변환

$$\phi(\vec{p},t)=\frac{1}{(\sqrt{2\pi\hbar})^3}\int\psi(\vec{x},t)e^{-\frac{i}{\hbar}\vec{p}\cdot\vec{x}}d^3x \tag{9.2}$$

는 파동함수를 운동량 좌표계에서 고려한 값이라 할 수 있다. 한편 (9.2)식은

$$\psi(\vec{x},t)=\frac{1}{(\sqrt{2\pi\hbar})^3}\int\phi(\vec{p},t)e^{\frac{i}{\hbar}\vec{p}\cdot\vec{x}}d^3p \tag{9.3}$$

로 쓸 수 있고 $\phi(\vec{p},t)$로 주어진 파동함수의 규격화는 (9.3)식을 사용하면

$$\begin{aligned}1&=\int\psi^*\psi d^3x=\frac{1}{(2\pi\hbar)^3}\iint d^3p'd^3p\,\phi^*(\vec{p'},t)\,\phi(\vec{p},t)\int d^3xe^{\frac{i}{\hbar}\vec{x}\cdot(\vec{p}-\vec{p'})}\\&=\iint d^3pd^3p'\phi^*(\vec{p'},t)\phi(\vec{p},t)\delta(\vec{p}-\vec{p'})\\&=\int d^3p\,\phi^*(\vec{p},t)\phi(\vec{p},t)\end{aligned} \tag{9.4}$$

가 된다. 여기서는 제 2장에서 정의된 δ함수에 관한 정의를 이용하였으며, 이 결과식은 Parseval의 항등식(identity)으로 알려져 있다. 그리고 이 식으로부터 $|\phi(\vec{p},t)|^2d^3p$는 입자의 운동량을 조사할 때 어느 시간 t에서 입자의 운동량이 $\vec{p}$와 $\vec{p}+\overrightarrow{dp}$ 사이에 있을 확률

을 나타낸다고 할 수 있다. 또

$$i\hbar\int \frac{\partial\phi(\vec{p'},t)}{\partial t}e^{\frac{i}{\hbar}\vec{p'}\cdot\vec{x}}d^3p' = \left\{-\frac{\hbar^2}{2m}\nabla^2 + V(x)\right\}\int \phi(\vec{p'},t)e^{\frac{i}{\hbar}\vec{p'}\cdot\vec{x}}d^3p'$$

$$= \int \phi(\vec{p'},t)\left\{\frac{\boldsymbol{p}'^2}{2m} + V(x)\right\}e^{\frac{i}{\hbar}\vec{p'}\cdot\vec{x}}d^3p' \tag{9.5}$$

를 얻는다. 이 식의 양변에 $\frac{1}{(2\pi\hbar)^3}e^{-\frac{i}{\hbar}\vec{p}\cdot\vec{x}}$를 곱하고 x에 관한 적분을 하면

$$i\hbar\int \frac{\partial\phi(\vec{p'},t)}{\partial t}d^3p'\frac{1}{(2m\hbar)^3}\int e^{\frac{i}{\hbar}(\vec{p'}-\vec{p})\cdot\vec{x}}d^3x$$

$$= \int d^3p'\phi(\vec{p'},t)\frac{\boldsymbol{p}'^2}{2m}\cdot\frac{1}{(2\pi\hbar)^3}\int e^{\frac{i}{\hbar}(\vec{p'}-\vec{p})\cdot\vec{x}}d^3x$$

$$+\int d^3p'\phi(\vec{p'},t)\frac{1}{(2\pi\hbar)^3}\int V(x)e^{\frac{i}{\hbar}(\vec{p'}-\vec{p})\cdot\vec{x}}d^3x$$

$$\therefore\ i\hbar\frac{\partial\phi(\vec{p},t)}{\partial t} = \frac{\boldsymbol{p}^2}{2m}\phi(\vec{p},t) + \int d^3p'\,\tilde{V}(\vec{p}-\vec{p'})\phi(\vec{p'},t) \tag{9.6}$$

가 된다. 여기에서 $\tilde{V}$는 $V(x)$의 Fourier 변환을 나타낸다. 즉

$$\tilde{V}(\vec{p}) = \frac{1}{(2\pi\hbar)^3}\int d^3xe^{-\frac{i\vec{p}\cdot\vec{x}}{\hbar}}V(x) \tag{9.7a}$$

$$V(x) = \int d^3pe^{\frac{i\vec{p}\cdot\vec{x}}{\hbar}}\tilde{V}(\vec{p}) \tag{9.7b}$$

이다. (9.6)식은 운동량 좌표계로 표현한 운동량 공간에서의 Schrödinger 방정식이며 퍼텐셜 $\tilde{V}(\vec{p}-\vec{p'})$는 적분 방정식의 핵함수(核函數, kernel function)와 같은 역할을 한다.

Schrödinger 방정식인 (9.1)식과 (9.6)식, 또 파동 함수인 $\psi(\vec{x},t)$와 $\phi(\vec{p},t)$는 같은 물리학적인 관계식(예를 들어 Hamiltonian H의 고유값 문제)을 각각 위치 좌표계와 운동량 좌표계에서 기술한 것이다. 이렇게 다른 종류의 좌표계에서 물리학적 양을 기술할 때에는 표현(表現, representation)의 개념을 도입하여 각각 좌표(또는 위치) 표현(coordinate representation)과 운동량 표현(momentum representation)이라 부른다.

Dirac 은 입자의 상태 또는 물리계의 상태를 어느 특정한 표현에 관계되지 않는 벡터로 나타내었다. 이것은 기하학에서 문제를 벡터로 다룰 때는 어느 특정한 좌표계를 생각하지 않아도 됨을 이용한 것이다. 이 때 벡터의 차원(次元)은 유한(有限)일수도 있고 무한(無限)일수도 있다. 한편 벡터 이론에서 실제 계산을 할 때는 그때그때 편리한 좌표계를

택하는 것과 같이 양자역학에서 도입된 벡터량이나 벡터 관계식도 그때그때 편리한 표현을 택하여 사용할 수 있다.

양자역학에서의 벡터 개념을 설명하기 위하여 지금까지 우리가 다루어 온 파동 함수 ψ의 기하학적인 설명을 고찰하여 보자. 여기에서도 한 입자 문제와 뭇 입자 문제가 있으나, 우선 한 입자를 나타내는 파동함수 $\psi(q)$를 고려하자. 좌표 변수 q는 $-\infty$에서 ∞까지 변할 수 있다. 이 영역 사이에 있는 여러 값, 예를 들어 $q_1, q_2, q_3, q_4, \cdots\cdots$에 대하여 파동함수는 $\psi(q_1), \psi(q_2), \psi(q_3), \psi(q_4)\cdots\cdots$인 값을 갖게 된다. 여기서 이들 $q_1, q_2, \cdots\cdots$는 한 개의 무한 차원 공간을 형성한다고 보고 이들은 이 공간에서 q값의 성분이라고 생각하자. 즉

$$q = (q_1, q_2, q_3, q_4, \cdots\cdots) \tag{9.8}$$

의 꼴로 생각하자.

그리고 $\psi(q_i)$ $(i = 1, 2, 3, 4, \cdots\cdots)$은 어떤 벡터 ψ의 q_i-축의 성분으로 생각한다. 우리가 벡터 해석학에서 잘 아는 바와 같이 한 벡터는 그 성분을 알면 완전히 알 수 있다. 이 벡터는 그 성분이 복소함수로 나타나는 것이 지금까지 보통 우리가 고전물리학에서 취급한 것과 다르다. Dirac은 이러한 형태의 벡터를 나타내기 위하여 $|\Psi>$ 기호를 사용하였고 켓(ket) 벡터라 불렀다. 즉 켓벡터 $|\Psi>$를 직교하는 q좌표계에서의 성분으로 표시하면

$$|\Psi> \ = (\psi(q_1), \psi(q_2), \cdots\cdots) \tag{9.9}$$

가 된다. 켓벡터 $|\Psi>$는 그의 성분인 $\psi(q)$와 마찬가지로 물리적 계의 상태를 나타낸다고 할 수 있으며 이 경우 벡터는 위치 표현(position representation)으로 주어졌다고 말한다. $|>$ 기호 안에 들어간 Ψ는 성분 기호 ψ와는 관계없는 것으로 생각하는 것이 좋다. 경우에 따라서 Ψ 대신에 계를 나타내는 양자수를 쓰기도 한다.

마찬가지로 $|\Psi>$는 운동량 좌표계에서의 성분으로 표시될 수도 있으며 이 때

$$|\Psi> \ = (\phi(p_1), \phi(p_2), \cdots\cdots) \tag{9.10}$$

로 생각할 수 있다. 이것을 운동량 표현(運動量表現, momentum representation)이라 부른다. (9.9)식과 (9.10)식으로 나타낸 표현은 나중에 보는 바와 같이 연속적으로 변하는 무한 차원의 계에 대한 표현으로, 좀 더 복잡한 구조를 가지고 있다. 이상 두 표현 이외에도 여러 종류의 표현이 있다.

우리는 이미 제 5장의 조화 진동자 문제에서 경험한 바와 같이 파동 방정식의 미분 방정식을 풀지 않고, 연산자들의 관계식으로부터 에너지 상태 등 고유값 문제를 취급한 바 있고 이러한 방법은 각운동량 문제에서도 마찬가지였다. 일반적으로 양자역학계의 현상을 기술하는 데에 보다 더 근본적이고 조직적인 방법이 이 장에서 다루는 벡터공간의 이론에 의한 기술 방법이다.

9. 2 선형 벡터 공간(linear vector space)

여기에서는 앞으로 양자역학을 기술하는 데 필요한 정도로 간단히 벡터 공간을 소개한다. 이미 제 3장에서 소개된 부분도 있으나 벡터 공간의 입장에서 다시 살펴보겠다.

(정의) 한 선형 벡터공간 V는 벡터양의 집합$\left(\overrightarrow{V_1}, \overrightarrow{V_2}, \cdots\cdots\right)$으로 서로 더할 수도 있고 스칼라양$(\alpha, \beta, \gamma, \cdots\cdots)$ 등에 의하여 곱하여질 수 있으며 이 때 다음 조건을 만족한다.

첫째, V의 원소(元素, element)들은 서로 더하거나 스칼라양으로 곱하는 경우에 다시 V의 원소가 된다. 즉 닫힘 성질(closure property)을 가지고 있다.

둘째, 이 경우에 다음 성질은 만족한다.

(더하는 경우) V의 임의이 원소 $\overrightarrow{V_i}, \overrightarrow{V_j}, \overrightarrow{V_k}$에 대하여

(i) $\overrightarrow{V_i}+\overrightarrow{V_j}=\overrightarrow{V_j}+\overrightarrow{V_i}$ (교환 관계) (9.11a)

(ii) $\overrightarrow{V_i}+\left(\overrightarrow{V_j}+\overrightarrow{V_k}\right)=\left(\overrightarrow{V_i}+\overrightarrow{V_j}\right)+\overrightarrow{V_k}$ (결합 관계) (9.11b)

(iii) $\overrightarrow{O}+\overrightarrow{V_i}=\overrightarrow{V_i}+\overrightarrow{O}=\overrightarrow{V_i}$ (단위원소의 존재) (9.11c)

를 만족하는 유일한 영(null) 벡터 $\overrightarrow{O}$가 V에 존재한다.

(iv) $\overrightarrow{V_i}+\left(-\overrightarrow{V_i}\right)=\overrightarrow{O}$ (역원소의 존재) (9.11d)

즉 각 원소 $\overrightarrow{V_i}$에 대하여 위 식을 만족하는 역(逆, inverse) 벡터 $\left(-\overrightarrow{V_i}\right)$가 V에 존재한다.

즉 선형 벡터공간의 원소들은 덧셈에 대하여 군(群, group)을 형성한다.

(스칼라 곱의 경우) 임의의 벡터 원소 $\overrightarrow{V_i}, \overrightarrow{V_j}$와 스칼라 양 α, β에 대하여 다음 관계가 성립한다.

(v) $\alpha\left(\overrightarrow{V_i}+\overrightarrow{V_j}\right)=\alpha\overrightarrow{V_i}+\alpha\overrightarrow{V_j}$ (9.12a)

(vi) $(\alpha+\beta)\overrightarrow{V_i}=\alpha\overrightarrow{V_i}+\beta\overrightarrow{V_i}$ (9.12b)

(vii) $\alpha\left(\beta\overrightarrow{V_i}\right)=(\alpha\beta)\overrightarrow{V_i}$ (9.12c)

특히 $\alpha, \beta, \gamma, \cdots\cdots$등 스칼라양이 실수인 경우 실 벡터 공간(real vector space), 이들이 복소수인 경우 복소(complex) 벡터공간이라 부른다.

(정의) 벡터의 집합$\left(\overrightarrow{V_1}, \overrightarrow{V_2}, \cdots\cdots, \overrightarrow{V_n}\right)$에 대하여, 선형 결합(線型結合, linear combination)

$$\sum_{i=1}^{n}\alpha_i\overrightarrow{V_i}$$

이 모든 $\alpha_i(i=1,2,\cdots\cdots,n)$가 0인 경우에만 $\vec{0}$이 될 때 이 벡터들은 선형 독립(線型獨立, linearly independent)이라고 말한다.

(정의) 한 벡터 공간에 선형 독립인 벡터들이 최대한 n개만이 허용될 때 이 공간을 n차원 공간이라 부른다. 특히 이 n차원 벡터 공간이 실 벡터 공간이면 $V^n(R)$, 복소 벡터 공간이면 $V^n(C)$로 표시한다. 이 경우 이 공간 안에 있는 임의의 벡터 $\vec{V}$는 n개의 독립인 벡터$(\vec{u_1},\vec{u_2},\cdots\cdots,\vec{u_n})$에 의하여 표시될 수 있다.

$$\vec{V}=\sum_{i=1}^{n}c_i\vec{u_i} \tag{9.13}$$

그 이유는 $\vec{V}$와 $\{\vec{u_i}\}$는 $(n+1)$개의 벡터가 되어 이들은 독립인 벡터 집합을 형성하지 못하므로 0이 아닌 스칼라양을 곱하여 선형 결합을 하여도 0이 될 수 있기 때문이다.

(정의) 내적(內積, inner product)은 두 벡터로 만든 스칼라 함수이며 벡터 $\vec{V_i}$와 $\vec{V_j}$의 내적을 $\langle V_i|V_j\rangle$로 쓸 경우 다음 관계식을 만족한다.

(i) $\langle V_i|V_j\rangle \geq 0$ (등호는 $\vec{V_i}=\vec{0}$인 경우) (9.14a)

(ii) $\langle V_i|V_j\rangle=\langle V_j|V_i\rangle^*$ (9.14b)

(iii) $\langle V_i|\alpha V_j+\beta V_k\rangle=\alpha\langle V_i|V_j\rangle+\beta\langle V_i|V_k\rangle$ (9.14c)

내적이 정의된 벡터공간을 내적 공간(inner product space)이라 부른다.

(정의) $|\vec{V}|=\sqrt{\langle V|V\rangle}$를 벡터 $\vec{V}$의 길이(length) 또는 norm이라 부르고 길이가 1인 벡터를 단위 벡터(unit vector)라 부른다.

(정의) 어떤 두 벡터의 내적이 0이면 그들은 서로 직교(直交, orthogonal)한다고 말한다. 특히 벡터의 집합$(\vec{e_1},\vec{e_2},\cdots\cdots,\vec{e_n})$에서

$$\langle e_i|e_j\rangle=\delta_{ij} \tag{9.15}$$

인 경우 이 벡터들은 직교 규격화(直交規格化, orthonormal)되었다고 한다.

n차원 벡터 공간에서 임의의 n개의 독립인 벡터들로부터 제 3장에서 언급한 Gram-Schmidt 방법에 의하여 n개의 직교 벡터를 만들 수 있으며 또 직교 규격화된 벡터 집합을 얻을 수 있다. 이러한 벡터 집합을 그 벡터 공간의 기저(基底, basis)라 부른다.

(정의) n차원 벡터 공간 $V^n(C)$ 안에 있는 임의의 벡터 $\vec{V}$를 기저$(\vec{e_1},\vec{e_2},\cdots\cdots,\vec{e_n})$에 의하여 선형결합으로 표시할 때

$$\vec{V}=v_1\vec{e_1}+v_2\vec{e_2}+\cdots\cdots+v_n\vec{e_n} \tag{9.16}$$

로 쓸 수 있다. 여기서 $\{v_i\}(i=1,2,\cdots\cdots)$는 복소수이며 이 기저에서 $\vec{V}$의 성분(成分, component)이라 부른다.

(9.14)식의 내적의 관계식 중 (9.14c)식은 $< V_i|$의 작용에 선형관계가 있음을 나타낸다. 여기에 (9.14b)식을 이용하면

$$\langle \alpha V_j + \beta V_k | V_i \rangle = \alpha^* \langle V_j | V_i \rangle + \beta^* \langle V_k | V_i \rangle \tag{9.17}$$

로 되어 $\langle \alpha V_j + \beta V_k|$ 에 $|V_i\rangle$가 작용하면 반선형(反線型, antilinear) 관계가 있다. 따라서 다른 벡터 $\vec{U}$를

$$\vec{U} = u_1\vec{e_1} + u_2\vec{e_2} + \cdots\cdots + u_n\vec{e_n} \tag{9.18}$$

으로 표시할 때 다음 관계식을 얻는다.

$$\begin{aligned}\langle U|V\rangle &= \langle U|v_1e_1 + \cdots\cdots + v_ne_n\rangle = v_1\langle u_1e_1 + \cdots\cdots + u_ne_n|e_1\rangle \\ &\quad + v_2\langle u_1e_1 + \cdots\cdots + u_ne_n|e_2\rangle + \cdots\cdots + v_n\langle u_1e_1 + \cdots\cdots + u_ne_n|e_n\rangle \\ &= u_1^*v_1 + u_2^*v_2 + \cdots\cdots + u_n^*v_n\end{aligned} \tag{9.19}$$

따라서

$$\langle U|V\rangle = \langle V|U\rangle^* \tag{9.20a}$$

$$\langle V|V\rangle = |v_1|^2 + |v_2|^2 + \cdots\cdots + |v_n|^2 \geq 0 \tag{9.20b}$$

임을 곧 알 수 있다.

내적을 정의할 때 다음과 같이 새로운 벡터 공간을 도입할 수 있다. 벡터 $\vec{V}$에 선형 함수 또는 선형 사상(線型寫像, linear mapping) ϕ를 작용하여 복소수 값(scalar 양)에 대응시킨다고 생각하자. 즉 벡터 $\vec{V}$를 $|V\rangle$로 표시되는 켓벡터라 하여

$$\phi|V\rangle = c_v$$

의 대응을 생각하자.

예를 들어 n차원 벡터공간에 있는 독립인 벡터 중에서 기저 벡터에 ϕ가 작용하면

$$\phi|e_i\rangle = c_i \tag{9.21}$$

가 되어 이러한 복소수 $\{c_i\}$은 다른 공간에서 한 벡터를 정의한다고 할 수 있다. ϕ는 그 공간에서 $\{c_i\}$를 성분으로 갖는 벡터라고 생각하여 이 벡터를 $\langle\phi|$로 쓴다. 이 벡터를 Dirac은 브라(bra) 벡터라고 불렀다. 이 벡터는 켓 벡터와 내적에 의하여 정의가 된다. 즉

만일 모든 $|a\rangle$에 대하여 $\langle b|a\rangle = 0$이면 $\langle b| = 0$이고

만일 모든 $|a\rangle$에 대하여 $\langle b_1|a\rangle = \langle b_2|a\rangle$이면 $\langle b_1| = \langle b_2|$이다.

마찬가지로 켓벡터도 브라 벡터에 의하여 정의될 수 있다.

브라 벡터들이 이루는 공간은 n차원 공간이 되고 이러한 공간을 벡터 공간 V의 쌍대(雙對) 벡터 공간(dual vector space)이라 부르며 V^*로 표시한다. (9.15)식을 만족하는 $\{\langle e_i|\}$는 $\{|e_i\rangle\}$의 쌍대 기저(dual basis)라 부른다.

(9.16)식을 켓벡터로 표시하면

$$|V\rangle = v_1|e_1\rangle + v_2|e_2\rangle + \cdots\cdots + v_n|e_n\rangle \quad (9.22)$$

이며 $|V\rangle$의 성분 v_i는 $\langle e_i|$와의 내적으로부터

$$v_i = \langle e_i|V\rangle \quad (9.23)$$

가 된다. 한편 이 값의 복소 공액(複素共軛, complex conjugate)을 생각하면 (9.14b)식에서

$$v_i^* = \langle V|e_i\rangle \quad (9.24)$$

가 되어 $|V\rangle$에 수반(隨伴)되는 브라 벡터 $\langle V|$는

$$\langle V| = v_1^*\langle e_1| + v_2^*\langle e_2| + \cdots\cdots + v_n^*\langle e_n| \quad (9.25)$$

으로 쓸 수 있다. 또한 (9.22)식으로 주어진 벡터 $|V\rangle$에 대하여 (9.25)식으로 정의된 벡터 $\langle V|$를 벡터 $|V\rangle$의 수반(隨伴, adjoint)이라 부른다. 즉 이 벡터는 $\{|e_i\rangle\}$의 쌍대 기저 $\{\langle e_i|\}$를 갖는 쌍대 벡터공간에서 벡터 $|V\rangle$의 성분의 복소 공액 v_i^*를 성분으로 갖는 벡터이다.

9. 3 선형 연산자(線型演算子, linear operator)와 고유값 문제

제 3장에서 이미 파동함수에 작용하는 선형 연산자에 관하여 정의한 바 있다. 여기에서는 벡터에 작용하는 경우를 고려하며 전에 얻었던 연산자와의 관계도 명확히 하고자 한다.

(a) 선형 연산자

연산자 A는 한 켓벡터 $|V\rangle$에 작용하여 이 벡터를 같은 벡터 공간에 있는 다른 벡터 $|V'\rangle$로 바꾸는 역할을 한다. 브라 벡터에 대하여도 마찬가지이다. 즉

$$A|V> \; = |V'> \quad (9.26a)$$

$$< V|B = < V''| \quad (9.26b)$$

이 된다. A가 선형연산자인 것은 다음 관계식이 만족되는 경우이다.

$$A(c|V>) = cA|V> \quad (9.27a)$$

$$A(c_1|V_1> + c_2|V_2>) = c_1A|V_1> + c_2A|V_2> \quad (9.27b)$$

(c, c_1, c_2는 복소 상수임)

브라 벡터에 대하여도 마찬가지 관계식이 성립한다.

연산자 $A_1, A_2, A_3 \cdots\cdots$의 합(合), 곱(乘) 등은 켓벡터에 작용함으로써 정의된다. 즉 A_1과

A_2의 합(A_1+A_2), 곱(A_1A_2)은

$$(A_1+A_2)|V> = A_1|V>+A_2|V> \tag{9.28a}$$

$$(A_1A_2)|V> = A_1(A_2|V>) \tag{9.28b}$$

로 정의된다. 교환자(交換子, commutator) $[A_1, A_2]$는 제 3장에서 정의된 바와 같다. 즉

$$[A_1, A_2] = A_1A_2 - A_2A_1 \tag{9.29}$$

이다.

(9.26a)식에서 연산자 A가 주어졌다면 $|V\rangle$와 $|V'\rangle$의 수반인 브라 벡터에 작용되는 연산자는 $A^{\dagger}$로 표시하고 이 연산자를 연산자 A의 수반 연산자(隨伴演算子, adjoint operator)라 부른다. 즉

$$\langle V|A^{\dagger} = < V'| \qquad (A|V> = |V'>\text{인 경우}) \tag{9.30}$$

로 $A^{\dagger}$를 정의한다. 여기서 켓벡터 $|V\rangle$에 A가 작용하여 $|V'\rangle$가 되면 이 벡터들의 수반에 대하여는 $\langle V|$에 $A^{\dagger}$가 작용하여 $\langle V'|$가 된다. 여기서 † 부호는 서양 칼(dagger) 모양임은 이미 밝힌 바 있다. (9.30)식에 임의의 켓벡터 $|W\rangle$가 작용하면

$$\langle V|A^{\dagger}|W\rangle = \langle V'|W\rangle$$

$$= \langle W|V'\rangle^* = \langle W|A|V\rangle^*$$

$$\therefore \langle V|A^{\dagger}|W\rangle = \langle W|A|V\rangle^* \tag{9.31}$$

가 되어 복소수(함수)가 된다. 이 식으로 $A^{\dagger}$가 정의된다고 할 수도 있다.

(b) Hermite 연산자

(정의) 한 연산자 A의 수반연산자 $A^{\dagger}$가 A와 같을 때, 즉

$$A^{\dagger} = A \tag{9.32}$$

일 때 연산자 A를 자체 수반 연산자(自體隨伴演算子, self-adjoint operator) 또는 Hermite 연산자라 부른다.

수반 연산자의 예를 들어보자.

예 1. 연산자 A가 복소상수 c인 경우, 즉 $A=c$이면

$$|V'\rangle = c|V\rangle \tag{9.33}$$

가 되고 이에 대응되는 수반 벡터는 (9.14b)식에서 보는 바와 같이

$$\langle V'| = c^*\langle V| \tag{9.34}$$

이므로

$$A^{\dagger} = c^* \tag{9.35}$$

가 된다.

임의의 켓벡터 $|V\rangle$에 대하여 그의 수반인 브라벡터 $\langle V|$를 편의상 다음과 같이 표시하자.

$$\langle V| = (|V\rangle)^\dagger \tag{9.36}$$

여기에 (9.14c)식을 고려하면

$$\langle V_1| + \langle V_2| = (|V_1\rangle + |V_2\rangle)^\dagger \tag{9.37}$$

가 된다. (9.26a)식으로 정의된 $|V'\rangle$과 $A|V\rangle$에 대하여

$$(|V'\rangle)^\dagger = (A|V\rangle)^\dagger$$

$$\langle V'| = \langle V|A^\dagger = (A|V\rangle)^\dagger$$

가 되어 즉

$$(A|V\rangle)^\dagger = \langle V|A^\dagger \tag{9.38}$$

의 관계가 성립하고 또

$$(c|V\rangle)^\dagger = \langle V|c^* \tag{9.39}$$

가 된다.

예 2. 두 선형 연산자 A_1과 A_2에는 다음과 같은 관계식이 성립한다.

$$\{(A_1 + A_2)|V\rangle\}^\dagger = (A_1|V\rangle + A_2|V\rangle)^\dagger$$

$$\langle V'|(A_1 + A_2)^\dagger = (A_1|V\rangle)^\dagger + (A_2|V\rangle)^\dagger = < V|A_1^\dagger + < V|A_2^\dagger$$
$$= \langle V|(A_1^\dagger + A_2^\dagger)$$

이므로 따라서

$$(A_1 + A_2)^\dagger = A_1^\dagger + A_2^\dagger \tag{9.40}$$

의 관계가 있다. 한편

$$\{(A_1A_2)|V>\}^\dagger = \{A_1(A_2|V>)\}^\dagger = (A_1|V'>)^\dagger$$

여기서 $|V'> \equiv A_2|V>$이고 또 이 식으로부터

$$< V|(A_1A_2)^\dagger = < V'|A_1^\dagger = (A_2|V>)^\dagger A_1^\dagger = < V|A_2^\dagger A_1^\dagger$$

이므로

$$(A_1A_2)^\dagger = A_2^\dagger A_1^\dagger \tag{9.41}$$

가 된다.

예 3. 임의의 벡터 $|a>, |b>$에 의한 연산자 $|a><b|$에 대하여

$$\{(|a><b|)|V>\}^\dagger = (|a><b|V>)^\dagger$$

$$< V|(|a><b|)^\dagger = \langle b|V\rangle^*(|a>)^\dagger = \langle V|b\rangle\langle a| = < V|(|b><a|)$$

이므로

$$(|a><b|)^\dagger = |b><a| \tag{9.42}$$

의 관계가 있다.

(정의) 임의의 벡터 $|V>$에 대하여

$$A|V> = |V> \tag{9.43}$$

인 경우 A를 항등 연산자(恒等演算子, identity operator)라 부르고

$$A = I \tag{9.44}$$

로 표시한다.

(9.22)식과 (9.23)식을 같이 쓰면

$$\begin{aligned} |V> &= v_1|e_1> + v_2|e_2> + \cdots\cdots + v_n|e_n> \\ &= |e_1><e_1|V> + |e_2><e_2|V> + \cdots\cdots + |e_n><e_n|V> \\ &= (|e_1><e_1| + |e_2><e_2| + \cdots\cdots + |e_n><e_n|)|V> \end{aligned}$$

이므로

$$\sum_{i=1}^{n} |e_i><e_i| = I \tag{9.45}$$

가 된다.

이 관계식은 기저를 어떻게 잡아도 성립하여 완전성(完全性, completeness) 관계식 또는 벡터 $|e_i>$들의 닫힌 성질(closure property)이라 한다. 여기에서 각 항은

$$P_i = |e_i><e_i| \tag{9.46a}$$

라 할 때

$$P_i^2 = P_i \tag{9.46b}$$

$$\sum_{i=1}^{n} P_i = I \tag{9.46c}$$

의 관계식을 가지며 P_i는 i축 방향으로 벡터를 투영(投影)시키는 역할을 하므로 투영 연산자(投影演算子, projection operator)라 부른다. 즉

$$P_i|V> = |e_i><e_i|V> \tag{9.47}$$

가 된다.

(c) 고유값 문제(固有値問題, eigenvalue problem)

선형인 Hermite 연산자의 고유값 문제를 고려하자. 물리적으로 켓벡터 또는 브라 벡터는 한 계의 상태에 관련되어 있고 선형 Hermite 연산자는 한 계를 기술하는 역학적 양(dynamical variables)에 관련되어 있다. 연산자 A가 벡터 $|V>$에 작용하여

$$A|V> = a|V> \tag{9.48}$$

의 관계가 있을 때 a를 A의 고유값(固有値, eigenvalue)라 하고 $|V>$를 고유 켓벡터(eigen-ket-vector)라 부른다. 즉 $|V>$는 고유 상태를 나타내므로 그 상태는 연산자 A에

의하여 변하지 않는다고 할 수 있다. 제 3장의 고유값 문제에서는 함수에 연산자가 작용하였으며 여기서는 벡터에 연산자가 작용한다. 그러나 원리는 마찬가지이며 차이점은 뒤에 언급하겠다.

(정리) 선형 Hermite 연산자 A의 고유값은 실수 값(real value)이며 다른 고유값에 대응하는 고유 벡터는 서로 직교한다는 정리를 다시 증명하여 보자.

(증명) A의 고유값 문제에 대한 (9.48)식

$$A|a> = a|a> \qquad (|a> \neq 0)$$

에서 고유 벡터 $|a>$를 규격화한 경우에는

$$\langle a|A|a\rangle = a \tag{9.49}$$

이므로

$$\therefore a^* = \langle a|A|a\rangle^* = \langle a|A^\dagger|a\rangle \quad \{(9.31)\text{식을 이용함.}\}$$
$$= \langle a|A|a\rangle \qquad (A^\dagger = A \text{ 이므로})$$
$$= a$$

이 되어 a는 실수 값이다.

또 A의 같지 않은 두 고유값 a_i, a_j에 대하여 고유 벡터를 각각 $|a_i>, |a_j>$라면

$$A|a_i> = a_i|a_i> \tag{9.50a}$$

$$A|a_j> = a_j|a_j> \tag{9.50b}$$

가 되어

첫 식에서

$$\langle a_j|A|a_i\rangle = a_i\langle a_j|a_i\rangle \tag{9.51a}$$

두 번째 식에서

$$\langle a_i|A|a_j\rangle = a_j\langle a_i|a_j\rangle$$

$$\therefore \langle a_i|A|a_j\rangle^* = a_j^*\langle a_i|a_j\rangle^*$$

$$\langle a_j|A|a_i\rangle = a_j\langle a_j|a_i\rangle \quad \{a_j\text{는 실값임을 이용함}\} \tag{9.51b}$$

가 되므로 (9.51a)식과 (9.51b)식의 차는

$$(a_i - a_j)\langle a_j|a_i\rangle = 0 \tag{9.52}$$

이 된다. 따라서 $a_i \neq a_j$이므로

$$\langle a_j|a_i\rangle = 0 \tag{9.53}$$

가 된다. 즉 벡터 $|a_i>$와 $|a_j>$는 직교한다. (증명 끝)

위 관계를 이용하는 간단한 연산자의 한 예를 들어보자.

$$A = \sigma_z \tag{9.54}$$

로 정의된 연산자 σ_z는 후에 스핀(spin) 문제에서 중요한 선형 Hermite 연산자이며

$$\sigma_z^2 = I \tag{9.55}$$

인 관계가 있다. 이 때 σ_z의 고유값 문제

$$\sigma_z|s> = a|s> \tag{9.56}$$

의 해인 고유값 a와 이에 대응하는 고유 벡터 $|s>$가 존재한다면

$$\sigma_z^2|s> = \sigma_z\sigma_z|s> = a\sigma_z|s> = a^2|s> \tag{9.57}$$

이 되는데 σ_z^2이 항등 연산자 I 이므로

$$a^2 = 1$$
$$\therefore a = \pm 1 \tag{9.58}$$

이 된다. 즉 고유값 a는 $+1$ 또는 -1 인 두 값만을 갖는다.

이 고유값에 대응하는 고유 벡터를 $|+1>$과 $|-1>$이라면

$$\sigma_z|+1> = |+1> \tag{9.59a}$$

$$\sigma_z|-1> = -|-1> \tag{9.59b}$$

가 된다. 앞에서 나온 정리에 의하여 $|+1>$과 $|-1>$은 고유값이 다르므로 서로 직교한다. 고유 벡터가 규격화되었다면

$$\langle +1|-1\rangle = \langle -1|+1\rangle = 0$$
$$\langle +1|+1\rangle = \langle -1|-1\rangle = 1$$

즉

$$\langle s|s'\rangle = \delta_{ss'} \tag{9.60}$$

이 된다.

따라서 $|+1>$과 $|-1>$으로 이루어진 $V^2(C)$ 공간을 생각하고 이 공간에 있는 임의의 켓벡터 $|a>$는 $|\pm 1>$으로 전개하여

$$|a> = c_1|+1> + c_2|-1>$$

로 쓰면 계수 c_1과 c_2는

$$c_1 = \langle +1|a\rangle \qquad c_2 = \langle -1|a\rangle$$

이므로

$$\therefore |a> = |+1><+1|a> + |-1><-1|a>$$
$$= (|+1><+1| + |-1><-1|)|a> \tag{9.61}$$

와 같이 전개할 수 있다. 그러므로 완전성은

$$I = |+1><+1| + |-1><-1| \tag{9.62}$$

이 된다.

한편 σ_z연산자는

$$\sigma_z|a> = \sigma_z|+1><+1|a> + \sigma_z|-1><-1|a>$$
$$= |+1><+1|a> - |-1><-1|a>$$

가 되므로

$$\sigma_z = |+1><+1| - |-1><-1| \tag{9.63}$$

이 성립한다.

일반적으로 한 연산자 A의 고유 벡터로 이루어진 벡터 공간에 있는 임의의 벡터 $|V>$는 고유 벡터 $\{|a_i>\}$에 의하여

$$|V> = c_1|a_1> + c_2|a_2> + \cdots\cdots + c_n|a_n> \tag{9.64}$$

와 같이 표현된다.

$|a_i>$는 서로 직교하기 때문에 이들을 규격화하면 직교 규격화되어

$$\langle a_i|a_j\rangle = \delta_{ij} \quad (\text{직교 규격화}) \tag{9.65}$$

가 된다. 따라서 (9.64)식에 $<a_i|$를 작용하면

$$c_i = \langle a_i|V\rangle \tag{9.66}$$

가 되므로 이 관계식을 (9.65)식에 대입하면

$$|V> = |a_1><a_1|V> + |a_2><a_2|V + \cdots\cdots |a_n><a_n|V> \tag{9.67}$$

즉

$$\therefore |a_1><a_1| + |a_2><a_2| + \cdots\cdots + |a_n><a_n| = I \quad (\text{완전성}) \tag{9.68}$$

을 얻는다. 이 때 (9.67)식에 A를 작용하면

$$\begin{aligned} A|V> &= A\left(|a_1><a_1|V> + |a_2><a_2|V> + \cdots\cdots + |a_n><a_n|V>\right) \\ &= \left(a_1|a_1><a_1| + a_2|a_2><a_2| + \cdots\cdots + a_n|a_n><a_n|\right)|V> \end{aligned}$$

가 되므로

$$\begin{aligned} \therefore A &= |a_1>a_1<a_1| + \cdots\cdots + |a_n>a_n<a_n| \\ &= \sum_{i=1}^{n} |a_i>a_i<a_i| \quad \left(\text{또는} = \sum_{i=1}^{n} a_i\,|a_i><a_i|\right) \end{aligned} \tag{9.69}$$

의 관계를 얻는다.

(d) 연속(連續) 스펙트럼의 경우

지금까지는 선형 벡터 공간의 차원이 유한(有限, finite)한 경우만을 고려하였다. 이제 차원이 무한대(無限大, infinite)가 되고 특히 벡터들이 연속적으로 변하는 경우를 고려해 보자. 즉 고유값 문제에서 고유값이 띄엄띄엄 떨어져 있지 않고 연속적인 값을 갖는 연속 스펙트럼일 때를 생각하자. 이 경우에도 고유값은 실수 값을 갖고 고유값이 다른 고유 벡터는 서로 직교함을 알 수 있다.

선형 Hermite 연산자 L이 연속 스펙트럼 l을 갖는 경우 고유 켓벡터를 $|l>$라 하면, 앞에서 언급한 바와 같이

$$l \neq l' \text{면} \quad \langle l|l'\rangle = 0 \tag{9.70}$$

이 된다.

(i) $l = l'$인 경우는 어떻게 되는가?

이 공간에 있는 임의의 켓벡터 $|C>, |D>$는 $\{|l>\}$로 표시되며 이 경우에는

$$|C> = \int c(l')|l'>dl' \tag{9.71a}$$

$$|D> = \int d(l')|l'>dl' \tag{9.71b}$$

로 나타낼 수 있다. 이것은 연속이 아닌 경우의 합 $\sum_i$ 대신에 $\int dl'$인 적분이 된 것이라고 생각할 수 있으며 고유값을 나타내는 l은 실수 값을 가지므로

$$< C| = \int c^*(l') < l'|dl' \tag{9.72}$$

이 된다. 따라서 (9.71)의 두 식의 내적은

$$\begin{aligned}\langle C|D\rangle &= \left(\int dl' c^*(l') < l'\right)\left(\int dl'' \; d(l'')|l''>\right) \\ &= \int dl' \int dl'' \; c^*(l')d(l'')\langle l'|l''\rangle \end{aligned} \tag{9.73}$$

이 된다. 일반적으로는 $\langle C|D\rangle \neq 0$이며 $l' \neq l''$인 경우 $\langle l'|l''\rangle = 0$이므로, 위 적분 식의 dl''에 대한 적분에서 적분 영역이 l'을 벗어나면 0이 되므로

$$\begin{aligned}\int dl'' \; d(l'')\langle l'|l''\rangle &= \lim_{\epsilon\to 0}\int_{l'-\epsilon}^{l'+\epsilon} dl'' \; d(l'')\langle l'|l''\rangle \\ &= d(l')\langle l'|l'\rangle \lim_{\epsilon\to 0}\int_{l'-\epsilon}^{l'+\epsilon} dl''\end{aligned} \tag{9.74}$$

로 쓸 수 있다. 한편 마지막 적분은 0이 되므로 $\langle C|D\rangle$가 0이 안 되려면

$$\langle l'|l'\rangle \to \infty$$

이어야 한다. 그래서

$$\langle C|D\rangle = \int dl' c^*(l')d(l') \int dl'' \quad \langle l'|l''\rangle \tag{9.75}$$

을 얻는다.

또 이 결과를 $\sum_i c_i^* d_i$와 비교하여 생각하면

$$\begin{aligned}&\langle l'|l''\rangle = 0 \qquad (l' \neq l'') \\ &\langle l'|l''\rangle = \infty \qquad (l' = l'') \\ &\int dl'' \; \langle l'|l''\rangle = 1\end{aligned} \tag{9.76}$$

이 된다.

이러한 관계식을 만족하는 $\langle l'|l''\rangle$은 Dirac의 δ 함수로 표시할 수 있다. 즉

$$\langle l'|l''\rangle = \delta(l' - l'') \tag{9.77}$$

이 되며 이 식을 연속 켓벡터의 직교정규화 식으로 생각한다. 그러면

$$\langle C|D\rangle = \int dl' c^*(l') d(l') \tag{9.78a}$$

$$\langle C|C\rangle = \int dl' |c(l')|^2 \geq 0 \tag{9.78b}$$

이 된다.

(ii) (9.71a)식에 $< l''|$으로 내적을 시켜주면

$$\begin{aligned}\langle l''|C\rangle &= < l''|\left(\int dl' c(l')|l'\rangle\right) \\ &= \int dl' c(l') \langle l''|l'\rangle \\ &= \int dl' c(l') \delta(l'' - l') = c(l'')\end{aligned} \tag{9.79}$$

이 된다. 따라서 이 식을 이용하면 (9.71a)식은

$$\begin{aligned}|C> &= \int dl' c(l')|l'> \\ &= \int dl' |l'>< l'|C> \\ &= \left(\int |l'> dl' < l'|\right)|C>\end{aligned}$$

이 되어

$$\therefore \int |l'> dl' < l'| = I \tag{9.80}$$

을 얻는다. 여기서 I는 항등 연산자이며 이 식이 벡터 집합의 완전성 즉 닫힌 성질을 나타낸다. dl'을 $|l'>$과 $<l'|$ 사이에 쓰는 것은 모양을 좋게 하기 위한 것이며 dl'은 $|l'><l'|$의 좌, 우 어디에 써도 상관없다.

연산사가 연속인 고유값을 갖는 경우와 띄엄띄엄 떨어진(discrete) 고유값을 갖는 경우에 직교성과 완전성을 비교하면 아래의 표 9.1과 같이 된다. 즉 이 두 종류의 연산자를 각각 A, Q 라 하면 표 9.1의 관계를 얻는다.

(표 9.1)

	A	Q
고유값 문제	$A\|a> = a\|a>$	$Q\|q> = q\|q>$
직교성	$\langle a'\|a''\rangle = \delta_{a'a''}$	$\langle q'\|q''\rangle = \delta(q' - q'')$
완전성	$\sum_{a'} \|a'>< a'\| = I$	$\int \|q'> dq' < q'\| = I$
벡터 전개	$\|\psi> = \sum_a \|a>< a\|\psi> = \sum_a \psi_a \|a>$	$\|\psi> = \int dq\|q>< q\|\psi> = \int dq\psi(q)\|q>$

9. 4 행렬 표현(行列表現, matrix representation)

(a) 벡터와 연산자의 행렬 표현

3차원 실 벡터 공간에서 벡터는 좌표의 성분으로 표시하고, 두 벡터의 합은 성분의 합으로 나타낸다. 또 벡터에 상수를 곱하는 것은 벡터 성분에 그 상수를 곱한 것과 같고, 두 벡터의 내적은 두 벡터의 성분들을 각각 곱하여 합을 구하는 등, 한 벡터는 고려하는 좌표계의 성분으로 완전히 결정됨을 알고 있다.

n차원 공간에서도 켓벡터 $|V>$는 기저 $\{|e_i>\}$로 표시할 때 (9.22)식에서와 같은 n개의 성분 $\{v_i\}$로 완전히 정해진다. 이 때 켓벡터 $|V>$를 n개 성분을 갖는 열행렬(列行列, column matrix) 또는 열벡터로 나타내는 표현을 생각해 보자.

$$|V> \rightarrow \begin{pmatrix} v_1 \\ v_2 \\ \vdots \\ \vdots \\ v_n \end{pmatrix}$$

그러면 행렬의 성질로부터 두 행렬의 합은 대응되는 성분의 합이 되고 행렬에 상수 c를 곱함은 각 성분에 모두 c를 곱하는 것이 된다. 한편 두 벡터의 내적은

$$\langle V'|V\rangle = \sum_{i=1}^{n} v_i{'}^* v_i = \left(v_1{'}^* v_2{'}^* \cdots\cdots v_n{'}^*\right)\begin{pmatrix} v_1 \\ v_2 \\ \vdots \\ \vdots \\ v_n \end{pmatrix} \tag{9.81}$$

로 쓸 수 있기 때문에 브라 벡터 $<V|$를 $|V>$ 벡터 성분의 복소공액 $\{v_i^*\}$으로 이루어진, 행벡터라 부르는 한 행(行, row)의 행렬로 표현할 수 있다.

$$<V| = \left(v_1^* v_2^* \cdots\cdots v_n^*\right) \tag{9.82}$$

즉 행렬 표현(行列表現, matrix representation)에서 $<V|$의 행렬 표현은 $|V>$의 행렬 표현인 1열 행렬에 복소 공액을 취한 후 전치(轉置, transposition)를 하여 얻어진 1행 행렬이다.

기저(基底, basis) 벡터를 행렬로 표현하면 $|e_i>$는 i번째만 1이고 나머지 성분은 0인 행렬

$$|e_i> \equiv |i> = \begin{pmatrix} 0 \\ 0 \\ \vdots \\ 1 \\ \vdots \\ 0 \end{pmatrix} \tag{9.83}$$

이 된다. 마찬가지로 $<e_i|$는

$$<e_i| \equiv <i| = (0\ 0\ \cdots\ 1\ \cdots\ 0) \tag{9.84}$$

이 된다.

연산자 A를 행렬로 표현하여 보자. 기저 $\{|e_i> \equiv |i>\}$나 $\{<e_i| \equiv <i|\}$의 완전성을 이용하면

$$A = \sum_i \sum_j |i><i|A|j><j| \tag{9.85}$$

로 쓸 수 있다. 켓벡터 $|V>$의 행렬 표현이 기저 $\{|i>\}$에 대한 $|V>$의 성분으로 이루어진 열행렬인 것과 마찬가지로 A의 행렬 표현 A_{ij}는 (9.85)식에서 보는 바와 같이 기저 $\{|i>\}$와 $\{<j|\}$로 이루어진 다이애딕(dyadic) $|i><j|$의 성분으로 된 행렬로 택한다. 즉

$$A \to (A_{ij}) = (\langle i|A|j\rangle) = \begin{pmatrix} \langle 1|A|1\rangle & \langle 1|A|2\rangle & \cdots\cdots & \langle 1|A|n\rangle \\ \langle 2|A|1\rangle & \langle 2|A|2\rangle & \cdots\cdots & \langle 2|A|n\rangle \\ \cdots & \cdots & \cdots & \cdots \\ \langle n|A|1\rangle & \langle n|A|2\rangle & \cdots\cdots & \langle n|A|n\rangle \end{pmatrix} \tag{9.86}$$

이다.

어떤 집합$(A, B, \cdots\cdots)$을 다른 집합$(a, b, \cdots\cdots)$으로 대응시켰을 때 $(a, b, c, \cdots\cdots)$가 $(A, B, \cdots\cdots)$의 표현(表現, representation)이라고 할 경우는 $(A, B, \cdots\cdots)$들의 원소 사이의 곱(multiplication)의 관계가 $(a, b, c, \cdots\cdots)$들의 해당되는 원소 사이의 곱의 관계와 같이 될 때이다. 다시 말하면 이 대응이 준동형(準同型, homomorphic)인 경우를 말한다. 집합 $(A, B, \cdots\cdots)$에서 만족되는 대수학적 관계식이 $(a, b, c, \cdots\cdots)$에서도 그대로 성립하는 경우라 하겠다. 특히 $(a, b, \cdots\cdots)$등이 행렬로 표시된 경우에 이들을 행렬 표현이라는 수학적 용어를 사용한다.

위 (9.86)식에서와 같이 연산자$(A, B, \cdots\cdots)$들을 각각 기저 브라 벡터 $<i|$와 기저 켓벡터 $|j>$를 곱하여 행렬 $(A), (B), \cdots\cdots$를 만들 때 이러한 관계가 표현으로 부를 수 있는가를 증명하려면

$$A \to (A)$$

$$B \to (B)$$

$$AB \to (AB)$$

로 대응시켰을 때 (AB)가 (A)와 (B)의 행렬의 곱이 되어야 한다. 이것은 기저 벡터의 완전성 관계식 (9.45)을 이용하면 증명된다. 즉

$$(AB)_{ij} = \langle i|AB|j\rangle = \sum_k \langle i|A|k\rangle\langle k|B|j\rangle$$

$$= \sum_k (A)_{ik}(B)_{kj} \quad (\text{두 행렬 } (A), (B)\text{의 곱임}) \tag{9.87}$$

이러한 행렬 표현은 연속적으로 변하는 무한 차원의 기저 $\{|l>\}$에 대하여도 적용된다. 즉

$$|V> = \int dl|l> \langle l|V\rangle \tag{9.88}$$

에서 켓벡터 $|V>$의 성분은 $\langle l|V\rangle$이므로 행렬 표현은

$$|V> \rightarrow \begin{pmatrix} \langle l_1|V\rangle \\ \langle l_2|V\rangle \\ \vdots \\ \vdots \end{pmatrix} = \begin{pmatrix} V(l_1) \\ V(l_2) \\ \vdots \\ \vdots \end{pmatrix} = (\,V(l)) \tag{9.89}$$

이 된다. 여기서 $l_1, l_2, \cdots\cdots$는 연속적으로 변하는 l의 값을 나타낸 것으로 성분은 무한히 많다. 이 경우는 성분을 $V(l)$로 쓴다. 마찬가지로 브라 벡터에 대하여도

$$< V| \rightarrow \left(\langle l_1|V\rangle^* \langle l_2|V\rangle^* \cdots\cdots\right) = \left(V(l_1)^* V(l_2)^* \cdots\cdots\right)$$

$$= (\,V(l)^*) \tag{9.90}$$

으로 행렬표현을 한다.

(9.9)식에서 파동함수 $\psi(q)$는 $|\psi>$로 표시된 계의 상태를, 연속적으로 변하는 좌표계 $\{|q>\}$를 기저로 갖는 공간에서 행렬로 표현한 것이라고 할 수 있다. 앞으로는 행렬 표현을 말할 때 화살표→ 대신에 등식 기호 =를 사용하자.

지금까지 언급한 사항을 간단한 예를 들어 설명하여 보자. 전에 (9.54)식에서 언급한 σ_z 연산자에 대하여 고유 벡터의 행렬 표현은

$$|+1> = \begin{pmatrix} 1 \\ 0 \end{pmatrix} \qquad \langle +1| = (1, 0) \tag{9.91a}$$

$$|-1> = \begin{pmatrix} 1 \\ 0 \end{pmatrix} \qquad \langle -1| = (1, 0) \tag{9.91b}$$

이 된다. 그러면 연산자 σ_z의 행렬 표현은 이 기저에서

$$(\sigma_z) = \begin{pmatrix} \langle +1|\sigma_z|-1\rangle & \langle +1|\sigma_z|-1\rangle \\ \langle -1|\sigma_z|+1\rangle & \langle -1|\sigma_z|-1\rangle \end{pmatrix} = \begin{pmatrix} 1 & 0 \\ 0 & -1 \end{pmatrix} \tag{9.92}$$

가 된다. 즉 σ_z의 행렬 표현은 그의 고유 벡터($|+1>, |-1>$)을 기저로 할 때 행렬의 대각선 원소만 0이 아닌 대각선 행렬(對角線行列, diagonal matrix)로 표현된다.

일반적으로 A의 고유 벡터 $\{|a_i>\}$를 기저로 하는 경우 A의 행렬 표현은

$$(A)_{ij} = \langle a_i|A|a_j\rangle = a_j\langle a_i|a_j\rangle = a_j\delta_{ij} \tag{9.93}$$

이다. 따라서 이 행렬은 대각선 행렬이다.

만일 σ_z의 행렬 표현에서 기저를 σ_z의 고유 벡터가 아닌 직교 벡터 $\{|R>, |L>\}$,

$$|R> \equiv \frac{1}{\sqrt{2}}(|+1>+i|-1>),\ <R| = \frac{1}{\sqrt{2}}(<+1|-i<-1|) \tag{9.94a}$$

$$|L> \equiv \frac{1}{\sqrt{2}}(|+1>-i|-1>),\ <L| = \frac{1}{\sqrt{2}}(<+1|+i<-1|) \tag{9.94b}$$

로 택하면 행렬 표현은 다음과 같다.

$$(\sigma_z) = \begin{pmatrix} \langle R|\sigma_z|R\rangle & \langle R|\sigma_z|L\rangle \\ \langle L|\sigma_z|R\rangle & \langle L|\sigma_z|L\rangle \end{pmatrix} = \begin{pmatrix} \langle R|L\rangle & \langle R|R\rangle \\ \langle L|L\rangle & \langle L|R\rangle \end{pmatrix}$$

$$= \begin{pmatrix} 0 & 1 \\ 1 & 0 \end{pmatrix} \tag{9.95}$$

$V^2(C)$에서 기저는 $\begin{pmatrix}1\\0\end{pmatrix}$와 $\begin{pmatrix}0\\1\end{pmatrix}$로 표시할 수가 있어서 이 열행렬이 $|+1>$과 $|-1>$이 된 경우가 첫 번째 예이고 $|R>, |L>$을 이렇게 표현한 것이 두 번째 예이다. 두 번째 예에서는 $|R>, |L>$가 σ_z의 고유 상태가 아니므로 σ_z가 대각행렬이 되지 않음에 주의하여라. 또 연산자의 행렬표현 방법은 여러 가지가 있을 수 있음에도 주의하여야 한다.

Hermite 연산자의 행렬 표현은 Hermite 행렬이 된다.

(증명) A가 Hermite 연산자인 경우 $A^\dagger = A$이므로 A의 행렬 표현의 (ij) 성분은

$$(A)_{ij} = \langle a_i|A|a_j\rangle$$

$$= \langle a_i|A^\dagger|a_j\rangle = \langle a_j|A|a_i\rangle^* \quad \{(9.\ 31)\text{식을 이용함}\}$$

$$= (A)_{ji}^* \tag{9.96}$$

따라서 행렬 (A)는 이 행렬에 복소 공액을 취한 후 전치(轉置, transpose)한 것과 같다. 즉

$$(A) = (A)^{*T} = (A)^\dagger \tag{9.97}$$

가 된다. 그러므로 (A)는 Hermite 행렬이다.

(b) 고유값 문제

선형연산자 A의 고유값 문제의 (9.48)식을 행렬 표현으로 바꿀 수 있다. 즉 고유값을 λ라 했을 때

$$A|a> = \lambda|a> \tag{9.98}$$

의 양변에 $<a_i|$를 작용하여 주면

$$\langle a_i|A|a\rangle = \lambda\langle a_i|a\rangle \tag{9.90a}$$

$$\sum_j \langle a_i | A | a_j \rangle \langle a_j | a \rangle = \lambda \sum_j \delta_{ij} \langle a_j | a \rangle \tag{9.99b}$$

$$\sum_j \{ \langle a_i | A | a_j \rangle - \lambda \delta_{ij} \} \langle a_j | a \rangle = 0 \tag{9.99c}$$

$$\{(A) - \lambda I\} X = 0 \tag{9.100a}$$

이 된다. 여기서 I 는 단위 행렬이다. 따라서 (9.100a)식을 다시 쓰면

$$\begin{pmatrix} A_{11}-\lambda & A_{12} & A_{13} \cdots\cdots A_{1n} \\ A_{21} & A_{22}-\lambda & A_{23} \cdots\cdots A_{2n} \\ & \cdots\cdots\cdots\cdots\cdots\cdots & \\ A_{n1} & A_{n2} & A_{n3} \cdots A_{nn}-\lambda \end{pmatrix} \begin{pmatrix} x_1 \\ x_2 \\ \vdots \\ x_n \end{pmatrix} = 0 \tag{9.100b}$$

이 된다.

여기서 고유 벡터 X의 성분 x_i는 $\langle a_i | a \rangle$를 나타낸다. 이 식으로부터 고유값 λ와 고유 벡터 X를 구하는 과정은 부록에서 자세한 예를 들어 언급하였다. 연산자 A의 고유값 문제는 행렬 표현으로 만들어 푸는 것이 편리할 때가 많다.

1925년 Heisenberg가 처음 양자역학을 기술할 때는 행렬 표현을 이용하였으며 1926년 Schrödinger 는 앞장들에서 기술한 바와 같은 미분 방정식을 이용하여 양자역학을 기술하였다. 앞으로 기술될 Dirac의 벡터 방법을 이용하면 이들이 모두 동등(equivalent)함을 알 수 있다. 지금까지는 양자역학을 기술하는 데 기초가 되는 벡터 공간에 대하여 논하였다. 이제부터는 벡터 공간에서의 양자역학의 기술을 고찰하여 보자.

양자역학의 기본이 되는 가설 및 방정식은 이 책의 전반부에서 논의하였으므로 여기에서는 이들을 벡터 공간에서 일반화하고 전반부의 논의는 특별한 경우가 됨을 보이려 한다.

9. 5 양자역학의 기본 원리(基本原理, fundamental principles)

앞 장들에서 고려한 바와 같이 에너지나 각운동량과 같은 물리적 양은 띄엄띄엄 떨어진 양을 가지며 이러한 양들은 벡터 공간에서 선형 연산자를 도입함으로써 수학적으로 표현할 수 있었다. 그리고 이 방법은 연속적으로 변하는 양에서도 사용할 수 있음을 보였다. 여기서는 벡터 공간에서 양자역학을 지배하는 가설(postulates)을 설정하고 이 새로운 이론은 앞 장에서 얻은 이론들을 포함하고 있으며 더 일반화된 것임을 보이자.

(a) 양자역학의 가설(postulates)

(i) 입자의 상태는 상태 공간(state space)이라 부르는 벡터 공간에서 한 벡터 $|\psi(t)>$에 의하여 기술된다. 물론 이 경우는 순수한 상태(pure state)를 나타낸다.

(ii) 역학적 양을 기술하는 변수인 $\vec{x}$와 $\vec{p}$는 이 벡터 공간의 선형 Hermite 연산자이며 이들 사이에는

$$[x_i, p_j] = i\hbar\delta_{ij} \tag{9.101}$$

의 관계가 있다. 또 이들로 기술되는 관측가능량(觀測可能量, observable)인 역학적양 역시 이 벡터 공간의 선형 Hermite 연산자이며 이들은 고전적 양 $\vec{x}, \vec{p}$를 연산자로 바꾸어 줌으로써 얻을 수 있다.

(iii) 상태의 시간적 변화는 상태 벡터 $|\psi(t)>$가 만족하는 다음과 같은 Schrödinger 방정식에 의하여 결정된다.

$$i\hbar\frac{\partial}{\partial t}|\psi(t)> \; = H(\vec{x}, \vec{p})|\psi(t)> \tag{9.102}$$

(iv) 관측가능량 A를 측정할 때 얻어지는 값은 연산자 A의 고유값 $a_1, a_2, \cdots\cdots$만이 가능하다. 이 고유값을 갖는 고유 벡터 $|a_1>, |a_2>\cdots\cdots$는 이 벡터 공간에 있는 상태들이다.

(v) 입자가 포함된 물리적 계가 $|\psi(t)>$인 상태에 있을 때 관측가능량 A를 측정하여 a_i인 값을 얻을 확률은 $|\langle a_i|\psi(t)\rangle|^2$이다.

(b) 기대값(期待値)

마지막 두 가설로부터 A를 여러 번 측정하였을 때의 평균값 또는 기대값은

$$\begin{aligned}\langle A\rangle &= \sum_i a_i|\langle a_i|\psi\rangle|^2 = \sum_i a_i\langle a_i|\psi\rangle^*\langle a_i|\psi\rangle \\ &= \sum_i\langle\psi|a_i\rangle a_i\langle a_i|\psi\rangle \\ &= \left\langle\psi\left|\left(\sum_i a_i|a_i><a_i|\right)\right|\psi\right\rangle \\ &= \left\langle\psi\left|A\sum_i(a_i><a_i)\right|\psi\right\rangle\end{aligned} \tag{9.103}$$

가 됨을 알 수 있다.

고유 벡터 $\{|a_i>\}$가 한 완전계(完全系, complete set)를 이룬다고 생각하면 계 $|\psi>$에서 A의 기대값(expectation value)은

$$\langle A\rangle = \langle\psi|A|\psi\rangle \tag{9.104}$$

가 된다. 이 식은 기대값에 대한 정의로 쓸 수 있다. 그리고 A의 기대값을 얻기 위하여 A의 고유 벡터를 알 필요는 없음을 말해 준다. 또 상태 벡터 $|\psi(t)>$는 여러 고유 벡터들의 혼합된 상태로만 기술된다고 생각하여 $|\psi(t)>$는 $\{|a_i>\}$의 선형 결합

$$|\psi(t)> \; = \sum_i c_i|a_i> \tag{9.105}$$

로 나타낸다.

$\{|a_i>\}$를 직교 규격화된 벡터로 택하면

$$c_i = \langle a_i|\psi(t)\rangle \tag{9.106}$$

이므로 A를 측정할 때 a_i가 나올 확률은 $|c_i|^2$이 됨을 알 수 있다. 그리고

$$\begin{aligned}\langle\psi|\psi\rangle &= \sum_i c_i^* \left\langle a_i \middle| \left(\sum_j c_j|a_j>\right)\right\rangle \\ &= \sum_i |c_i|^2 = 1\end{aligned} \tag{9.107}$$

이다. 즉 가설 (v)에서는 $|\psi>$가 규격화된 경우이며 규격화되지 않았다면 확률은 $|<a_i|\psi>|^2$에 비례한다고 하여야 할 것이다. (9.105)식은 $\{|a_i>\}$를 벡터공간의 기저(basis)로 잡을 때에 성립하는 식이며 식(9.106)의 c_i가 $|\psi>$ 벡터의 성분임은 전에 벡터에 관한 논의에서 $|V>$대신에 $|\psi>$로 놓고 생각한 경우와 마찬가지이다.

$|\psi>$는 입자의 상태를 표현하며 벡터 공간에서 켓벡터를 나타낸다. 이것은 모든 관측가능량에 대한 통계적 예측을 할 수 있는 정보를 포함하고 있다. 또 여러 가지의 연산자가 있을 수 있어 각 연산자의 고유 벡터에 대하여 $|\psi>$를 (9.105)식과 같이 쓰면 그 연산자와 관련된 측정값과 기대치에 대한 결과를 알 수 있다. 또 두 개의 연산자가 서로 교환가능한 경우 이 두 연산자의 공통된 고유 벡터가 존재한다. 그리고 연산자의 고유값이 연속 스펙트럼일 때도 표 9.1에서 보여준 바와 같이 $|\psi>$의 성분을 알 수 있다.

(c) 밀도 행렬(密度行列, density matrix)

연산자 A의 기대값을 구할 때 (9.104)식에서 $|\psi>$에 대하여 (9.105)식과 같이 A의 고유벡터를 기저로 택하면 (9.103)식과 같이 측정치와 그의 확률을 곱한 값의 합을 구하면 된다. 그러나 $|\psi>$를 다른 기저로 나타내거나 또는 기저는 $\{|a_i>\}$로 택하여도 다른 연산자의 기대값을 고려하는 경우는 어떻게 되겠는가? 즉 연산자 Ω의 기대값을 생각하면

$$\begin{aligned}\langle\Omega\rangle &= \langle\psi|\Omega|\psi\rangle \\ &= \left(\sum_i c_i^* <a_i|\right)\Omega\sum_j c_j|a_j> \\ &= \sum_i\sum_j \langle a_i|\Omega|a_j\rangle c_j c_i^*\end{aligned} \tag{9.108}$$

가 된다.

여기서 $\langle a_i|\Omega|a_j\rangle$는 Ω의 행렬 표현이 되고 $c_j c_i^*$도 일종의 행렬로 볼 수 있다. 이 행렬을 밀도 행렬 ρ라 부른다. 즉

$$\rho_{ij} = c_i c_j^* = \langle a_i|\psi\rangle(\langle a_j|\psi\rangle)^* = \langle a_i|\psi\rangle\langle\psi|a_j\rangle \tag{9.109}$$

을 이용하면 Ω의 기대치 $\langle\Omega\rangle$는

$$\begin{aligned}\therefore \langle\Omega\rangle &= \sum_i\sum_j (\Omega)_{ij}\rho_{ji} \\ &= Tr(\Omega\rho)\end{aligned} \tag{9.110}$$

가 된다.

(9.109)식에서 보는 바와 같이 ρ_{ij}는 연산자, 즉 밀도 연산자(density operator)

$$\rho = |\psi><\psi| \tag{9.111}$$

의 행렬 표현임을 알 수 있다.

이 경우의 밀도 행렬은 다음과 같은 성질이 있다.

(i) $Tr(\rho) = \sum_i \rho_{ii} = \sum_i |c_i|^2 = \sum_i \langle a_i|\psi\rangle \langle a_i|\psi\rangle^*$

$$= \sum_i \langle \psi|a_i\rangle \langle a_i|\psi\rangle = \langle \psi|\psi\rangle = 1 \tag{9.112}$$

(ii) $\rho^\dagger = (|\psi><\psi|)^* = |\psi><\psi| = \rho$ (9.113)

즉 밀도 연산자(또는 행렬)는 Hermite 연산자(또는 행렬)이다. 밀도 행렬의 대각선 성분은 계가 연산자 A의 어느 상태에 있을 확률을 나타내지만 그 밖의 성분, 예를 들어 $\rho_{ij}(i \neq j)$는 i 상태에서 j 상태로 바뀌는 확률과 관련이 있음을 후에 알게 된다. (9.109)식은 한 개의 입자에 대한 식이며 같은 입자가 많이 있을 경우에는 각 입자들에 대한 평균, 즉 ensemble 평균으로 밀도행렬을 정의한다.

$$\rho_{ij} = \overline{c_i c_j^*} \tag{9.109a}$$

로 쓰고 위 $\overline{}$표시는 ensemble 평균을 의미한다.

지금까지 계가 켓벡터 $|\psi(t)>$ 하나로 표시되는 경우만을 고려하였다. 이러한 상태를 순수(純粹) 상태(pure state)라 부른다. 제 3장부터 지금까지는 이러한 순수 상태만을 취급하여 왔다. 그러나 일반적으로 계는 여러 복합적인 상태로 되어 있어 $|\psi>$와 같이 벡터 공간의 한 벡터로 표시될 수 없는 경우도 있다. 예를 들어 계가 $|\psi_\alpha>$라는 여러 상태 함수가 복합되어 있고 계에 $|\psi_\alpha>$ 상태가 있을 확률을 W_a라 하면 밀도행렬은

$$\rho = \sum_\alpha |\psi_\alpha> W_\alpha <\psi_\alpha| \tag{9.114}$$

가 된다. 이러한 경우 계를 혼합 상태(混合狀態, mixed state)라 부르고 이 계는 밀도 행렬을 통하여 기술될 수 있다. W_α는 정의에 의하여 실수 값만을 택할 수 있다. 따라서

$$\begin{aligned}\rho^\dagger &= \left(\sum_\alpha |\psi_\alpha> W_\alpha <\psi_\alpha|\right)^\dagger \\ &= \sum_\alpha |\psi_\alpha> W_\alpha <\psi_\alpha| = \rho\end{aligned} \tag{9.115}$$

$$\begin{aligned}Tr(\rho) &= \sum_i \sum_\alpha \langle a_i|\psi_\alpha\rangle W_\alpha \langle \psi_\alpha|a_i\rangle \\ &= \sum_\alpha W_\alpha \sum_i \langle a_i|\psi_\alpha\rangle \langle \psi_\alpha|a_i\rangle \\ &= \sum_\alpha W_\alpha \sum_i \langle \psi_\alpha|a_i\rangle \langle a_i|\psi_\alpha\rangle\end{aligned}$$

$$= \sum_{\alpha} W_{\alpha} = 1 \tag{9.116}$$

가 되므로 밀도 행렬의 두 성질에는 변함이 없다.

혼합 상태에서 연산자 Ω의 기대치는 (9.108)식과 같이 정의될 수는 없으며

$$\begin{aligned}\langle \Omega \rangle &= Tr(\Omega\rho) \\ &= \sum_i \sum_j \langle a_i | \Omega | a_i \rangle \rho_{ji} \\ &= \sum_i \left\langle a_i \middle| \Omega \left(\sum_{\alpha} |\psi_{\alpha} > W_{\alpha} < \psi_{\alpha}| \right) \middle| a_i \right\rangle \\ &= \sum_{\alpha} W_{\alpha} \sum_i \langle a_i | \Omega | \psi_{\alpha} \rangle \langle \psi_{\alpha} | a_i \rangle \\ &= \sum_{\alpha} W_{\alpha} \sum_i \langle \psi_{\alpha} | a_i \rangle \langle a_i | \Omega | \psi_{\alpha} \rangle \\ &= \sum_{\alpha} W_{\alpha} \langle \psi_{\alpha} | \Omega | \psi_{\alpha} \rangle \end{aligned} \tag{9.117}$$

로 하여야 한다. 따라서 기대치 $\langle \Omega \rangle$는 계들의 집합(集合)에 대한 평균 즉 ensemble(앙상블) 평균이라 할 수 있다.

양자역학을 기술함에 있어서 통계적 방법이 많이 적용됨을 알 수 있다. 또 연산자 Ω의 함수인 $f(\Omega)$에 대하여도 ensemble 평균을 할 때에는

$$\langle f(\Omega) \rangle_{\text{ens}} = Tr(f(\Omega)\rho) \tag{9.118}$$

로 정의한다.

순수 상태와 혼합 상태와의 구별은 (9.111)식과 (9.114)식에서 알 수 있는 바와 같이 ρ^2을 통해서도 가능하다. 즉 순수한 상태에 대하여는

$$\rho^2 = (|\psi><\psi|)(|\psi><\psi|) = |\psi><\psi| = \rho \tag{9.119}$$

이 되고, 혼합된 상태에 대하여는

$$\begin{aligned}\rho^2 &= \left(\sum_{\alpha} |\psi_{\alpha} > W_{\alpha} < \psi_{\alpha}| \right) \left(\sum_{\beta} |\psi_{\beta} > W_{\beta} < \psi_{\beta}| \right) \\ &= \sum_{\alpha} \sum_{\beta} W_{\alpha} W_{\beta} |\psi_{\alpha} >< \psi_{\alpha} | \psi_{\beta} >< \psi_{\beta}| \\ &= \sum_{\alpha} W_{\alpha}^2 |\psi_{\alpha} >< \psi_{\alpha}| \qquad \{\langle \psi_{\alpha} | \psi_{\beta} \rangle = \delta_{\alpha\beta} \text{ 이므로}\} \end{aligned} \tag{9.120}$$

가 된다. 한편 W_{α}는 확률을 나타내므로

$$W_{\alpha}^2 \le W_{\alpha} \quad (W_{\alpha} = 1\text{인 경우에 등식이 성립한다.}) \tag{9.121}$$

$$\therefore Tr(\rho^2) \le 1 \quad (\text{등식은 순수한 상태에서만 성립한다.}) \tag{9.122}$$

가 된다.

순수한 상태는 W_{α} 중에서 한 개만 1이고 나머지는 0인 상태라 할 수 있다.

밀도 행렬은 입자나 물질의 편극 상태와 관련된 문제, laser 물리학, 통계물리학에서 많이 사용된다. 그 응용은 뒤에 언급하겠다.

$|\psi(t)>$의 시간에 대한 변화가 Schrödinger 방정식에 의하여 결정되므로 밀도 행렬의

시간에 대한 변화는

$$\frac{d}{dt}\rho=\frac{d}{dt}(|\psi(t)><\psi(t)|)$$

$$=\left(\frac{d}{dt}|\psi(t)>\right)<\psi(t)|+|\psi(t)>\frac{d}{dt}<\psi(t)| \tag{9.123}$$

한편

$$\frac{d}{dt}|\psi(t)> =\frac{1}{i\hbar}H|\psi(t)>$$

$$\frac{d}{dt}<\psi(t)|=-\frac{1}{i\hbar}<\psi(t)|H \tag{9.124}$$

이므로

$$\frac{d}{dt}\rho=\frac{1}{i\hbar}(H|\psi(t)><\psi(t)|-|\psi(t)><\psi(t)|H)$$

$$=\frac{1}{i\hbar}(H\rho-\rho H) \tag{9.125a}$$

$$\therefore\ \ i\hbar\frac{d\rho}{dt}=[H,\rho] \tag{9.125b}$$

이 식을 행렬 성분으로 쓰면

$$i\hbar\frac{d}{dt}\rho_{ij}=\sum_k\left(H_{ik}\rho_{kj}-\rho_{ik}H_{kj}\right) \tag{9.125c}$$

가 된다.

밀도 행렬의 대각선 요소(diagonal element)는 입자가 그 기저(basis) 상태에 있을 확률을 나타내며 $t=0$인 때 대각 성분만 있다고 하자. $\rho_{ij}(i\neq j)$의 시간에 대한 변화를 보면

$$\begin{aligned}i\hbar\frac{d\rho_{ij}}{dt}&=\sum_k\left(H_{ik}\rho_{kj}-\rho_{ik}H_{kj}\right)\\&\quad\{\Rightarrow H_{ij}(\rho_{jj}-\rho_{ii}),\ \ (t=0\text{에서})\}\\&\quad\neq 0\end{aligned} \tag{9.126}$$

이 되어 $\rho_{ij}(i\neq j)$는 $t=0$일 때 0이었어도 $t\neq 0$인 경우에는 일반적으로 0이 아니다. 그러나 물리적 상태가 골고루(uniform) 분포되어 있는 경우에는

$$\rho_{ij}=\rho_0\delta_{ij} \tag{9.127}$$

로 쓸 수 있어서 $\rho_{ij}(i\neq j)$는 일정한 값을 가지므로 $t=0$인 때 0이면 항상 0이 된다.

밀도 행렬은 (9.109a)에서와 같이 ensemble 평균을 한다는 것을 확실히 하기 위하여 같은 입자가 많이 있는 경우를 생각하면 이때에는 평균으로 취급한다. 이 경우 상태들 사이에는 위상이 달라질 수 있어

$$\rho_{ij}=\overline{c_ic_j^*}=\frac{1}{N}\sum_{k=1}^{N}c_i^{(k)}c_j^{*(k)}\quad(N\text{은 입자의 수})$$

$$= \overline{c_i c_j^* e^{i(\phi_i - \phi_j)}} \quad (c_i\text{는 실값})$$
$$= \overline{c_i c_j^*}\ \overline{[\cos(\phi_i - \phi_j) + i\sin(\phi_i - \phi_j)]} \tag{9.128}$$

가 된다. 특히 ϕ_i가 임의의 값을 가질 수 있는 경우(random이라 부름)에는 i와 j가 같지 않은 한

$$\overline{\cos(\phi_i - \phi_j)} = \overline{\sin(\phi_i - \phi_j)} = 0 \tag{9.129}$$

이 되므로 밀도 행렬은

$$\rho_{ij} = \overline{c_i c_j^*}\,\delta_{ij}$$
$$= \rho_{ii}\delta_{ij} \quad (i\text{에 대한 합이 아님}) \tag{9.130}$$

가 되어 멋대로(random) 위상을 갖는 경우에는 대각선 성분만 0이 아닐 수 있다. 특히 각 입자들이 충돌하는 경우에 위상이 멋대로 될 수 있다.

끝으로 통계역학에서 많이 취급하는 경우로 입자들이 열적 평형 상태에 있을 때에는 계의 밀도 행렬 또는 밀도 연산자는

$$\rho = \frac{1}{Z} e^{-\frac{1}{kT}H} \tag{9.131a}$$

로 된다. 여기서 자세한 증명은 생략하고 $Tr(\rho) = 1$이 되기 위해서는

$$Z = Tr\left(e^{-\frac{1}{kT}H}\right) \tag{9.131b}$$

가 된다. Z를 분배 함수(分配函數, partition function)이라 부른다. 특히 Tr를 택하는 것은 기저벡터를 $|n>$을 잡는 경우에는

$$Z = \sum_n < n|e^{-\frac{1}{kT}H}|n > \tag{9.131c}$$

됨을 의미한다.

예를 들어 $H = \hbar\omega\left(a^\dagger a + \frac{1}{2}\right)$이고 $|n>$이 $a^\dagger a$의 고유 벡터인 경우

$$Z_{HO} = \sum_n e^{-\frac{\hbar\omega}{kT}\left(n + \frac{1}{2}\right)} \tag{9.132d}$$

이 된다. 여기서 첨자 HO는 조화 진동자를 나타낸다.

9. 6 표현의 바꿈(change of representation)

이 장의 부록에서 벡터 공간의 기저를 바꾸는 경우를 고려하였으며, 같은 생각이 n차원 벡터 공간에서 정의된 상태 벡터 $|\psi(t)>$에 대하여도 적용된다. 그러나 후자의 경우는 단순한 좌표 변환이 아닌 것이 다르다.

$|\psi>$를 행렬 표현으로 취할 때 일반적으로 어느 연산자의 고유 벡터를 고려하여 이들

이 이루는 벡터 공간에 대하여 취하게 된다. 두 개의 측정가능한 양인 연산자 L과 M을 고려하여 이들의 고유값과 고유 벡터를 얻었다고 하고 편의상 고유 벡터를 고유값으로 나타내면

$$L|l> = l|l> \tag{9.133a}$$

$$M|m> = m|m> \tag{9.133b}$$

이 된다.

이 고유 벡터가 우선 같은 차원의 공간에서 완전 직교계(complete orthogonal system)를 이룬다면

$$\langle l'|l\rangle = \delta_{ll'} \tag{9.134a}$$

$$\langle m'|m\rangle = \delta_{mm'} \tag{9.134b}$$

$$\sum_l |l><l| = I \tag{9.135a}$$

$$\sum_m |m><m| = I \tag{9.135b}$$

이 성립한다. 따라서 $|\psi>$를 이들로 표현하면

$$|\psi> = \sum_l |l><l|\psi> \quad (l\text{표현에서}) \tag{9.136a}$$

$$= \sum_m |m><m|\psi> \quad (m\text{표현에서}) \tag{9.136b}$$

로 쓸 수 있다.

한편 $|l>$이나 $<l|$은 $\{|m>\}$이나 $\{<m|\}$으로 표현할 수 있으므로

$$<l| = \sum_m <l|m><m| \tag{9.137}$$

이 된다. 여기서 계수 $\langle l|m\rangle$로 변환 행렬(變換行列, transformation matrix) (S)를 만들면

$$\langle l|m\rangle \equiv S_{lm}$$
$$= \langle m|l\rangle^* = S_{ml}^* \tag{9.138}$$

을 얻는다. 따라서 임의의 켓벡터 $|\psi>$의 두 표현에서의 성분 사이에는

$$\langle l|\psi\rangle = \sum_m \langle l|m\rangle\langle m|\psi\rangle$$
$$= \sum_m S_{lm}\langle m|\psi\rangle \tag{9.139}$$

의 관계가 있다. 마찬가지로

$$\langle m|\psi\rangle = \sum_l \langle m|l\rangle\langle l|\psi\rangle = \sum_l S_{ml}\langle l|\psi\rangle$$

$$= \sum_{l} S_{lm}^{*} \langle l|\psi \rangle \tag{9.140}$$

를 얻는다. 즉 열벡터(column vector)는

$$\begin{pmatrix} \langle l_1|\psi \rangle \\ \langle l_2|\psi \rangle \\ \vdots \\ \vdots \end{pmatrix} = (S) \begin{pmatrix} \langle m_1|\psi \rangle \\ \langle m_2|\psi \rangle \\ \vdots \\ \vdots \end{pmatrix} \tag{9.141}$$

를 만족한다.

또 변환 행렬 S는

$$\begin{aligned} (SS^{\dagger})_{ll'} &= \sum_{m} S_{lm} (S^{\dagger})_{ml'} = \sum_{m} S_{lm} S_{l'm}^{*} \\ &= \sum_{m} \langle l|m \rangle (\langle l'|m \rangle)^{*} \\ &= \sum_{m} \langle l|m \rangle \langle m|l' \rangle = \langle l|l' \rangle \\ &= \delta_{ll'} \end{aligned}$$

$$\begin{aligned} \therefore SS^{\dagger} &= I \\ &= S^{\dagger}S \quad (S^{\dagger} = S^{-1}\text{이고 } S\text{와 } S^{-1}\text{는 교환 가능하므로}) \end{aligned} \tag{9.142}$$

의 관계식을 만족한다. 다시 말해서 S는 unitary 행렬이다. 이 장의 부록에서는 실 벡터 공간을 주로 고려하였으므로 S는 직교 행렬이었다. 직교 행렬은 unitary 행렬에서 행렬 성분이 모두 실수(real)인 값을 갖는 특별한 경우이며 실 벡터 공간에서는 변환 행렬은 직교 행렬이 된다.

(9.141)식은 한 표현(m표현)에서 다른 표현(l표현)으로 표현을 바꿀 때 나타나는 변환식이다. 연산자의 행렬 표현은 어떻게 변하는가? 선형 연산자 A에 대하여

$$\begin{aligned} \langle l|A|l' \rangle &= \sum_{m} \sum_{m'} \langle l|m \rangle \langle m|A|m' \rangle \langle m'|l' \rangle \\ &= \sum_{m} \sum_{m'} S_{lm} A_{mm'} S_{l'm'}^{*} \end{aligned}$$

$$A_{ll'} = \sum_{m} \sum_{m'} S_{lm} A_{mm'} S_{m'l'}^{\dagger}$$

$$\therefore (A)_L = S(A)_M S^{\dagger}. \tag{9.143}$$

가 된다. 여기서 아래 첨자 L, M등은 각각 벡터 공간의 다른 기저를 나타낸다. 벡터 공간에서 벡터 $|\psi>$나 연산자 A는 변하지 않은 채로 기저의 변화에 따른 성분의 변화는 위 식에서 주어진 바와 같다. 이러한 것은 수동적 변환(受動的變換, passive transformation)에 해당된다. (9.143)식의 닮음 변환(類似變換, similarity transformation)은 바꾸어 쓰면 다음과 같이 된다.

$$(A)_M = S^{\dagger}(A)_L S \tag{9.144}$$

예. σ_z연산자는 이것의 고유 벡터 $|+1>$와 $|-1>$을 기저로 택하는 경우 행렬 표현은 대각 행렬$\begin{pmatrix}1 & 0\\ 0 & -1\end{pmatrix}$이 됨을 알고 있다. 만일 (9.94)식에 의하여 정의된 $|R>, |L>$을 고유 벡터로 갖는 연산자를 σ_y라 하면

$$\sigma_y|R> =|R>, \qquad |R> =\frac{1}{\sqrt{2}}(|+1>+i|-1>) \tag{9.145a}$$

$$\sigma_y|L> =-|L>, \qquad |L> =\frac{1}{\sqrt{2}}(|+1>-i|-1>|) \tag{9.145b}$$

가 된다. 기저$(|R>, |L>)$에서 $(|+1>, |-1>)$로 변환하는 경우를 생각하면 변환 행렬은

$$S=\begin{pmatrix}\langle +1|R\rangle & \langle +1|L\rangle\\ \langle -1|R\rangle & \langle -1|L\rangle\end{pmatrix}=\begin{pmatrix}\frac{1}{\sqrt{2}} & \frac{1}{\sqrt{2}}\\ \frac{i}{\sqrt{2}} & -\frac{i}{\sqrt{2}}\end{pmatrix} \tag{9.146a}$$

$$S^{\dagger}=\begin{pmatrix}\frac{1}{\sqrt{2}} & -\frac{i}{\sqrt{2}}\\ \frac{1}{\sqrt{2}} & \frac{i}{\sqrt{2}}\end{pmatrix} \tag{9.146b}$$

이 되고

$$S^{\dagger}S=SS^{\dagger}=I \tag{9.147}$$

의 성질을 갖는다.

이 때 σ_y는 $(|R>, |L>)$ 기저에서는 물론 대각행렬

$$(\sigma_y)_{R\cdot L}=\begin{pmatrix}1 & 0\\ 0 & -1\end{pmatrix} \tag{9.148}$$

이 되며 $(|+1>, |-1>)$ 기저에서는

$$\begin{aligned}(\sigma_y)_{\pm} &=S\begin{pmatrix}1 & 0\\ 0 & -1\end{pmatrix}S^{\dagger}=\begin{pmatrix}\frac{1}{\sqrt{2}} & \frac{1}{\sqrt{2}}\\ \frac{i}{\sqrt{2}} & -\frac{i}{\sqrt{2}}\end{pmatrix}\begin{pmatrix}1 & 0\\ 0 & -1\end{pmatrix}\begin{pmatrix}\frac{1}{\sqrt{2}} & -\frac{i}{\sqrt{2}}\\ \frac{1}{\sqrt{2}} & \frac{i}{\sqrt{2}}\end{pmatrix}\\ &=\begin{pmatrix}\frac{1}{\sqrt{2}} & -\frac{1}{\sqrt{2}}\\ \frac{i}{\sqrt{2}} & \frac{i}{\sqrt{2}}\end{pmatrix}\begin{pmatrix}\frac{1}{\sqrt{2}} & -\frac{i}{\sqrt{2}}\\ \frac{1}{\sqrt{2}} & \frac{i}{\sqrt{2}}\end{pmatrix}=\begin{pmatrix}0 & -i\\ i & 0\end{pmatrix}\end{aligned} \tag{9.149}$$

이 된다.

지금까지는 주로 고유값이 유한한 수이거나 또는 띄엄띄엄 떨어져 있는 경우에 대하여 고려하였으나 이 방법은 원칙적으로 고유값이 연속적으로 변하는 경우에도 적용된다. 그러나 무한차원 행렬이나 성분들 사이의 값이 연속적으로 달라지는 경우를 행렬로 표시하는 것은 무리이다. 다음은 이러한 경우를 논한다.

9. 7 연속적인 스펙트럼을 갖는 양자계

(a) 양자화 가설

질량 m인 입자가 우선 1차원 공간에서 움직인다고 생각하자. 고전역학적으로 이 계는 위치 좌표 q와 운동량 p에 의하여 기술될 수 있으며 양자역학적으로 취급하기 위하여 이 변수를 선형 Hermite 연산자

$$q^\dagger = q \tag{9.150a}$$

$$p^\dagger = p \tag{9.150b}$$

로 간주한다.

이 계의 고전역학적 Hamiltonian은 역시 측정가능한 양이고 양자역학에서 q, p 는 Hermite 연산자이므로 Hamiltonian은

$$H = \frac{p^2}{2m} + V(q) = H^\dagger \tag{9.151}$$

로 Hermite 연산자가 된다. 여기에 두 공액인 연산자는 양자화 되어

$$[q, p] = i\hbar \tag{9.152}$$

인 관계식을 만족한다는 가설(postulate)을 첨가한다. 이 결과로 얻은 다른 결과들이 실험값과 잘 맞는 것으로부터 이 가설은 정당화될 수 있다. 특히 $\hbar \to 0$이면 q와 p는 교환 가능하여 고전역학에서와 같이 된다. 이런 경우는 양자역학에서의 특별한 경우, 즉 $\hbar \to 0$인 경우로 생각할 수 있다.

(9.152)식을 이용하면

$$\begin{aligned}
[q, p^l] &= [q, pp^{l-1}] \quad (l\text{은 정수}) \\
&= [q, p]p^{l-1} + p[q, p^{l-1}] \\
&= i\hbar p^{l-1} + p([q, p]p^{l-2} + p[q, p^{l-2}]) \\
&= 2i\hbar p^{l-1} + p^2[q, p^{l-2}] = \cdots \\
&= li\hbar p^{l-1}
\end{aligned}$$

$$\therefore\ [q, p^l] = i\hbar \frac{\partial}{\partial p} p^l \tag{9.153a}$$

이 되고 같은 방법으로

$$\begin{aligned}
[p, q^l] &= [p, qq^{l-1}] \\
&= [p, q]q^{l-1} + q[p, q^{l-1}] \\
&= -i\hbar q^{l-1} + q([p, q]q^{l-1} + q[p, q^{l-2}]) \\
&= \cdots\cdots
\end{aligned}$$

$$=-li\hbar q^{l-1}$$

$$\therefore [p, q^l] = -i\hbar\frac{\partial}{\partial q}q^l \tag{9.153b}$$

을 얻는다. 따라서 p와 q만으로 이루어진 다항식(多項式, polynomial)에 대하여

$$[q, F(p)] = i\hbar\frac{\partial F(p)}{\partial p} \tag{9.154a}$$

$$[p, G(q)] = -i\hbar\frac{\partial G(q)}{\partial q} \tag{9.154b}$$

의 관계식이 성립한다. 다음부터는 p, q의 다항식이 아닌 경우에 대하여서도 위와 같은 식이 성립한다고 가정(postulate)한다. 즉 더 일반적으로

$$[q, F(q,p)] = i\hbar\frac{\partial F(q,p)}{\partial p} \tag{9.155a}$$

$$[p, F(q,p)] = -i\hbar\frac{\partial F(q,p)}{\partial q} \tag{9.155b}$$

이 성립한다. (9.154)식은 위 관계식의 특별한 경우에 해당된다.

(b) p, q의 고유값 문제

연산자 p와 q가 고유값 p', q'을 갖는다고 하면

$$q|q'> = q'|q'> \tag{9.156a}$$

$$p|p'> = p'|p'> \tag{9.156b}$$

가 된다. 여기에서 당분간 $'$ 부호(prime 부호)는 고유값인 어떤 수를 나타낸다고 하자.

(i) ξ 를 임의의 실(實, real)값을 갖는 매개 변수(媒介變數, parameter)라 하고 연산자

$$Q(\xi) = e^{-\frac{i}{\hbar}\xi p}\left\{\equiv \sum_n \frac{1}{n!}\left(\frac{-i}{\hbar}\xi p\right)^n\right\} \tag{9.157}$$

를 생각하자. 이 연산자는 unitary 연산자이다. 즉

$$Q^\dagger(\xi) = e^{\frac{i}{\hbar}\xi p^+} = e^{\frac{i}{\hbar}\xi p} = Q^{-1}$$

$$Q^\dagger Q = I \tag{9.158}$$

을 만족한다.

(9.154)식을 이용하면

$$[q, Q(\xi)] = i\hbar\frac{\partial Q}{\partial p} = \xi Q(\xi) \tag{9.159}$$

가 되므로

$$\begin{aligned} q(Q|q'>) &= ([q, Q] + Qq)|q'> \\ &= (q' + \xi)Q|q'> \end{aligned} \tag{9.160}$$

이 된다. 즉 $Q|q'>$는 역시 q의 고유 벡터이며 이 때 고유값은 $(q'+\xi)$이므로

$$\therefore\ Q|q'> \ = C|q'+\xi> \tag{9.161}$$

로 쓸 수 있다.

여기서 C는 상수이며 이 값을 구하기 위하여 이 값의 수반벡터인 브라 벡터를 곱한 후 $|q'>$의 규격화를 고려하면

$$\langle q'' \,|Q^{\dagger}Q\,|q'\rangle = |\,C\,|^2\langle q'' +\xi\,|q'+\xi\rangle$$

$$\langle q''|q'\rangle = \langle q'' +\xi|q'+\xi\rangle\,|\,C\,|^2 = \delta(q'' -q')$$

$$\therefore\ |\,C\,|^2 = 1$$

$$C = e^{i\delta} \quad (\delta\text{: 실수}) \tag{9.162}$$

가 된다. 여기서 위상인자(位相因子, phase factor) $e^{i\delta}$는 편의상 1로 놓아도 좋다. 그러므로

$$Q(\xi)|q'> \ = e^{-\frac{i}{\hbar}\xi p}|q'> \ = |q'+\xi> \tag{9.163}$$

를 얻는다. 즉 연산자 $Q(\xi)$는 q'인 입자의 상태를 $q'+\xi$로 옮겨주는 역할을 하며 q'의 값의 크기와는 관계가 없다. Q 를 병진(並進, translation) 연산자라 부르고 연산자 p를 발생원(發生源, generator)이라 부른다. 특히 $q'\to 0$, $\xi\to q'$로 놓으면

$$e^{-\frac{i}{\hbar}q'p}|0>_q = Q(q')|0>_q = |q'> \tag{9.164a}$$

$${}_q<0|Q^{\dagger}(q') = <q'| \tag{9.164b}$$

이 되며 여기서 아래 첨자 q는 q공간의 고유 벡터임을 나타낸다.

(ii) 같은 방법으로 또 하나의 unitary 연산자인 병진 연산자

$$R(\eta) = e^{\frac{i}{\hbar}\eta q} \quad (\eta\text{는 매개 변수, } q\text{는 연산자}) \tag{9.165}$$

를 생각하면

$$[p, R(\eta)] = -i\hbar\frac{\partial R(\eta)}{\partial q} = \eta R(\eta) \tag{9.166}$$

가 되어

$$\begin{aligned} p(R(\eta)|p') &= [p, R(\eta)]|p'> + Rp|p'> \\ &= (p'+\eta)R(\eta)|p'> \end{aligned} \tag{9.167}$$

을 얻는다. 여기서도 $R(\eta)|p'>$은 p의 고유 벡터이며 고유값은 $(p'+\eta)$이다. 즉 연산자 $R(\eta)$는 p'인 입자의 운동량 상태를 $p'+\eta$로 옮겨주는 역할을 한다. 특히 $p'\to 0$, $\eta\to p'$로 놓으면

$$e^{\frac{i}{\hbar}p'q}|0>_p = R(p')|0>_p = |p'> \tag{9.168a}$$

$${}_p<0|R^{\dagger}(p') = {}_p<0|e^{-\frac{i}{\hbar}p'q} = <p'| \tag{9.168b}$$

을 얻는다.

(iii) 위에서 고려한 $\{|q'>\}$와 $\{|p'>\}$를 벡터 공간의 기저라 생각하면 켓벡터 $|\psi(t)>$는 이들 어느 기저에 대하여도 행렬 표현으로 고칠 수 있다. 즉

$$|\psi(t)>=\int dq'|q'><q'|\psi> \tag{9.169}$$

로 쓰면 전에 논의된 상태 함수

$$\langle q'|\psi\rangle \equiv \psi(q') \tag{9.170}$$

은 $|\psi(t)>$의 성분이 되며 이들 성분은 q'가 연속적으로 값을 바꿈에 따라 무한차원의 열벡터(column vector)를 만들 수 있고 상태의 좌표 표현(coordinatc representation) 또는 위치 표현(position representation)이라 부른다. 마찬가지로

$$|\psi(t)> \;=\int dp'|p'><p'|\psi> \tag{9.171}$$

로 쓸 수 있고 여기에서도 운동량 공간에서의 상태 함수

$$\langle p'|\psi\rangle \equiv \phi(p') \tag{9.172}$$

은 $|\psi>$의 운동량 표현(momentum representation)이다. 편의상 ψ 대신 ϕ를 썼다.

이들 사이의 변환 행렬에 해당하는 변환 함수(變換함數, transformation function)를 구하여 보자. $|q'>$ 표현에서 $|p'>$ 표현으로의 변환에 대한 변환 함수 $S_{p'q'} \equiv S(p',q')$는

$$S(p',q')=\langle p'|q'\rangle=\langle q'|p'\rangle^* \tag{9.173}$$

이 된다. 또 한편 (9.164a)식과 (9.168a)식을 이용하면

$$\begin{aligned}
\langle p'|q'\rangle &=<p'|e^{-\frac{i}{\hbar}q'p}|0>_q \\
&=\left\{e^{\frac{i}{\hbar}q'p}|p'>\right\}^\dagger |0>_q \\
&=e^{-\frac{i}{\hbar}q'p'}\langle p'|0\rangle_q \\
&=e^{-\frac{i}{\hbar}q'p'}{}_p\left\langle 0\middle|e^{-\frac{i}{\hbar}p'q}\middle|0\right\rangle_q \\
&=e^{-\frac{i}{\hbar}q'p'}{}_p\langle 0|0\rangle_q
\end{aligned} \tag{9.174}$$

이 되며 여기서 ${}_p\langle 0|0\rangle_q$는 변수 q',p'의 값과는 관계가 없는 상수라 할 수 있다. 이 값은

$$\begin{aligned}
\langle p'|p''\rangle &=\int dq'\langle p'|q'\rangle\langle q'|p''\rangle=\delta(p'-p'') \\
&=\left|{}_p\langle 0|0\rangle_q\right|^2\int dq' e^{-\frac{i}{\hbar}q'p'}e^{\frac{i}{\hbar}q'p''} \\
&=\left|{}_p\langle 0|0\rangle_q\right|^2 2\pi\hbar\cdot\frac{1}{2\pi}\int\frac{dq'}{\hbar}e^{\frac{i}{\hbar}q'(p''-p')} \\
&=2\pi\hbar\left|{}_p\langle 0|0\rangle_q\right|^2\delta(p'-p'')
\end{aligned} \tag{9.175}$$

로부터

$$_{p}\langle 0|0\rangle_{q}=\frac{1}{\sqrt{2\pi\hbar}} \quad (\text{위상은 무시함}) \tag{9.176}$$

되는 결과를 얻는다. 따라서 변환 함수 S는 1차원에서

$$S(p',q')=\langle p'|q'\rangle=\frac{1}{\sqrt{2\pi\hbar}}e^{-\frac{i}{\hbar}q'p'}=\langle q'|p'\rangle^{*} \tag{9.177}$$

이 된다.

그러므로 파동함수 $\psi(q')$와 $\varphi(p')$ 사이의 관계식은

$$\psi(q')=\langle q'|\psi\rangle=\int dp'\langle q'|p'\rangle\langle p'|\psi\rangle$$

$$=\frac{1}{\sqrt{2\pi\hbar}}\int dp' e^{\frac{i}{\hbar}q'p'}\phi(p') \tag{9.178a}$$

$$\phi(p')=\langle p'|\psi\rangle=\int dq'\langle p'|q'\rangle\langle q'|\psi\rangle$$

$$=\frac{1}{\sqrt{2\pi\hbar}}\int dq' e^{-\frac{i}{\hbar}q'p'}\psi(p') \tag{9.178b}$$

이 되며 이 식은 바로 $\psi(q')$와 $\phi(p')$ 사이의 Fourier 변환을 나타내는 식이다.

연산자에 대하여도 이러한 두 좌표계에 대한 표현의 변화를 보면 행렬 표현은

$$\langle q'|A|q''\rangle=\int_{-\infty}^{\infty}dp'dp''\ \langle q'|p'\rangle\langle p'|A|p''\rangle\langle p''|q''\rangle$$

$$=\frac{1}{2\pi\hbar}\int_{-\infty}^{\infty}dp'dp''\ e^{\frac{i}{\hbar}(p'q'-p''q'')}\langle p'|A|p''\rangle \tag{9.179}$$

이 된다. 이 관계식에서 특히 $A=p$인 경우에는

$$\langle q'|p|q''\rangle=\frac{1}{2\pi\hbar}\int_{-\infty}^{\infty}dp'dp''\ e^{\frac{i}{\hbar}(p'q'-p''q'')}\langle p'|p|p''\rangle$$

$$=\frac{1}{2\pi\hbar}\int_{-\infty}^{\infty}dp'dp''\ e^{\frac{i}{\hbar}(p'q'-p''q'')}p''\ \delta(p'-p'')$$

$$=\frac{1}{2\pi\hbar}\int_{-\infty}^{\infty}dp'p'e^{\frac{i}{\hbar}p'(q'-q'')}$$

$$=\frac{\hbar}{i}\frac{\partial}{\partial q'}\cdot\frac{1}{2\pi\hbar}\int_{-\infty}^{\infty}dp'e^{\frac{i}{\hbar}p'(q'-q'')}$$

$$\therefore\ \langle q'|p|q''\rangle=\frac{\hbar}{i}\frac{\partial}{\partial q'}\delta(q'-q'')=\frac{\hbar}{i}\frac{\partial}{\partial q'}\langle q'|q''\rangle \tag{9.180a}$$

또는

$$\langle q'|p|q''\rangle=-\frac{\hbar}{i}\frac{\partial}{\partial q''}\delta(q'-q'')=-\frac{\hbar}{i}\frac{\partial}{\partial q''}\langle q'|q''\rangle \tag{9.180b}$$

이 되고 마찬가지로 계산하여 보면 연산자 p의 함수 $F(p)$에 대하여

$$\langle q'|F(p)|q''\rangle=F\left(\frac{\hbar}{i}\frac{\partial}{\partial q'}\right)\langle q'|q''\rangle \tag{9.181}$$

을 얻는다.

예를 들어

$$H(p,q) = \frac{p^2}{2m} + V(q) \tag{9.182}$$

에 대하여 (9.181)식을 사용하면 다음 관계식을 얻는다.

$$\langle q' | H(p,q) | q'' \rangle = \left[-\frac{\hbar^2}{2m} \frac{\partial^2}{\partial q'^2} + V(q') \right] \langle q' | q'' \rangle \tag{9.183}$$

같은 방법을 사용하면

$$\begin{aligned} \langle p' | q | p'' \rangle &= -\frac{\hbar}{i} \frac{\partial}{\partial p'} \langle p' | p'' \rangle \\ &= \frac{\hbar}{i} \frac{\partial}{\partial p''} \langle p' | p'' \rangle \end{aligned} \tag{9.184}$$

가 된다. 그리고

$$\langle p' | V(q) | p'' \rangle = V\left(-\frac{\hbar}{i} \frac{\partial}{\partial p'} \right) \langle p' | p'' \rangle \tag{9.185}$$

를 얻을 수 있다.

(iv) 다음으로 고려할 중요한 관계식은

$$\begin{aligned} \langle q' | F(p) | \psi \rangle &= \int dq'' \quad \langle q' | F(p) | q'' \rangle \langle q'' | \psi \rangle \\ &= \int dq'' \ F\left(\frac{\hbar}{i} \frac{\partial}{\partial q'} \right) \langle q' | q'' \rangle \langle q'' | \psi \rangle \\ &= F\left(\frac{\hbar}{i} \frac{\partial}{\partial q'} \right) \langle q' | \psi \rangle \\ &= F\left(\frac{\hbar}{i} \frac{\partial}{\partial q'} \right) \psi(q') \end{aligned} \tag{9.186a}$$

과

$$\langle q' | V(q) | \psi \rangle = V(q') \langle q' | \psi \rangle = V(q') \psi(q') \tag{9.186b}$$

이다.

따라서 (9.182)식의 Hamiltonian에 대하여 이 값의 고유값 문제는

$$H|\psi_E> \ = \left(\frac{p^2}{2m} + V(q) \right) |\psi_E> \ = E|\psi_E> \tag{9.187}$$

이다. 이 식의 양변에 왼쪽으로 $<q|$를 작용시키면

$$\begin{aligned} \langle q | H(p,q) | \psi_E \rangle &= H\left(\frac{\hbar}{i} \frac{\partial}{\partial q}, q \right) \psi_E(q) \\ &= E \langle q | \psi_E \rangle = E\psi_E(q) \end{aligned} \tag{9.188}$$

이 되어

$$\left[-\frac{\hbar}{2m} \frac{\partial^2}{\partial q^2} + V(q) \right] \psi_E(q) = E\psi_E(q) \tag{9.189}$$

를 얻는다.

이 식은 시간에 독립인 Schrödinger 방정식이며 Hamiltonian 연산자에 대한 고유값 문제의 식 (9.187)을 좌표 표현으로 변환시킨 결과이다. 마찬가지로 (9.187)식에 $<p|$를 작용시키면 운동량 표현

$$\langle p|H(p,q)|\psi_E\rangle = H\left(p, i\hbar\frac{\partial}{\partial p}\right)\phi_E(p)$$

$$= E\langle p|\psi_E\rangle = E\phi_E(p) \tag{9.190}$$

$$\therefore \left[\frac{p^2}{2m} + V\left(i\hbar\frac{\partial}{\partial p}\right)\right]\phi_E(p) = E\phi_E(p) \tag{9.191}$$

를 얻는다.

여기서 주의해야 할 것은 p연산자는 항상 $\frac{\hbar}{i}\frac{\partial}{\partial q}$가 되는 것이 아니며 $|q>$와 $|\psi>$ 사이에 있을 때 또는 $\psi(q)$에 직접 작용할 때만 이러한 성질을 가진다는 것이다.

기대값에 대한 (9.104)식으로부터 연산자 $\Omega(q,p)$에 대하여

$$\langle\Omega\rangle = \langle\psi|\Omega(p,q)|\psi\rangle$$

$$= \int dq'\langle\psi|q'\rangle\langle q'|\Omega|\psi\rangle$$

$$= \int dq'\langle\psi|q'\rangle\Omega\left(q, \frac{\hbar}{i}\frac{\partial}{\partial q'}\right)\langle q'|\psi\rangle$$

$$= \int dq'\psi^*(q')\Omega\left(q, \frac{\hbar}{i}\frac{\partial}{\partial q'}\right)\psi(q') \tag{9.192}$$

가 되며 이 식은 제 3장에서 언급한 기대값의 정의에 해당한다.

이와 같이 벡터 공간에서의 양자역학의 기술은 Schrödinger 방정식과 관련된 제 3장에서 제 8장까지의 양자역학의 방법을 포함하고 있다.

(c) 상태 벡터의 시간에 대한 변화

양자역학계의 시간에 대한 변화는 제 3장에서 언급한 바와 같이 파동함수 $\psi(\vec{x})$에 대한 Schrödinger 방정식에 의하여 결정된다. 즉

$$i\hbar\frac{\partial}{\partial t}\psi(\vec{x},t) = \left[-\frac{\hbar^2}{2m}\nabla^2 + V(r)\right]\psi(\vec{x},t) \tag{9.1}$$

여기서 $\psi(\vec{x},t)$는 $|\psi(t)>$의 $\{|\vec{x}>\}$를 기저로 하는 연속 벡터공간의 성분이다. 즉

$$\psi(\vec{x},t) = \langle\vec{x}|\psi(t)\rangle \tag{9 193}$$

이므로

$$i\hbar\frac{\partial}{\partial t}\langle\vec{x}|\psi(t)\rangle = \left[-\frac{\hbar^2}{2m}\nabla^2 + V(r)\right]\langle\vec{x}|\psi(t)\rangle$$

$$\left\langle \vec{x} \middle| i\hbar\frac{\partial}{\partial t} \middle| \psi(t) \right\rangle = \left\langle \vec{x} \middle| \left\{ \frac{p^2}{2m} + V(r) \right\} \middle| \psi(t) \right\rangle$$

이 되고 이 식은 모든 $<\vec{x}|$에 대하여 성립하므로 $|\psi(t)>$가 만족하는 방정식 (9.102)을 얻을 수 있다. 즉 Schrödinger 방정식은

$$\begin{aligned} i\hbar\frac{\partial}{\partial t}|\psi(t)> &= \left\{ \frac{p^2}{2m} + V(r) \right\}|\psi(t)> \\ &= H(\vec{x}, \vec{p}, t)|\psi(t)> \end{aligned} \tag{9.194}$$

가 된다.

다시 말해서 한 양자계에 시간에 의한 변화를 주기 위하여서는 그 계에 대한 Hamiltonian이 존재하고 그 계의 상태 벡터 $|\psi(t)>$는 (9.102)식 또는 (9.194)식의 Schrödinger 방정식에 의하여 변하여야 한다.

(i) 여기에서 정의된 Hamiltonian은 고전역학의 Hamiltonian에서 운동량 $\vec{p}$와 좌표 $\vec{x}$ 대신에 양자역학적인 연산자로 대치한 것이다. 이때에 $\vec{p}$가 항상 $\frac{\hbar}{i}\vec{\nabla}$라고는 할 수 없다. 그러나 $\boldsymbol{p}$와 x 사이에서는 (9.101)식이 성립한다.

(ii) 양자역학계가 측정에 의하여 건드려지지 않는 경우 시간에 의한 계의 변화는 인과율(因果律, causality)에 의한다. 그러나 측정하는 장치와 계의 상호 작용은 계를 측정하려는 양의 고유상태로 만든다고 생각할 수 있으며 위의 인과율은 엄밀히게 성립하지 않게 하는 요인이 된다고 보는 견해도 있다.

(iii) Schrödinger 방정식 (9.194)의 해는

$$|\psi(t)> = U(t, t_0)|\psi(t_0)> \tag{9.195}$$

로 쓸 수 있다. 여기서 $U(t, t_0)$를 구하여 보자. 먼저 $t = t_0$인 경우

$$U(t_0, t_0) = I \tag{9.196}$$

이어야 하며 (9.194)식으로부터 $H(\vec{x}, \vec{p}, t)$를 간단히 $H(t)$라 할 때

$$\begin{aligned} d|\psi(t)> &= \frac{1}{i\hbar}dtH(t)|\psi(t)> \\ \therefore |\psi(t)> &= |\psi(t_0)> - \frac{i}{\hbar}\int_{t_0}^{t} dt' H(t')|\psi(t')> \end{aligned} \tag{9.197}$$

가 된다. 이 식은 적분 방정식이며 적분 안에 있는 $|\psi(t')>$에 대하여 이 식을 사용하여 대입하는 반복 방법(反復方法, iteration method)을 적용하면

$$\begin{aligned} |\psi(t)> &= |\psi(t_0)> - \frac{i}{\hbar}\int_{t_0}^{t} dt' H(t')|\psi(t_0)) \\ &\quad + \left(-\frac{i}{\hbar}\right)^2 \int_{t_0}^{t} dt' H(t') \int_{t_0}^{t} dt'' \; H(t'')|\psi(t'')> \end{aligned}$$

$$= |\psi(t_0)> + \left(-\frac{i}{\hbar}\right)\int_{t_0}^{t} dt' H(t')|\psi(t_0)>$$
$$+ \left(-\frac{i}{\hbar}\right)^2 \int_{t_0}^{t}\int_{t_0}^{t} dt' dt'' \; H(t')H(t'')|\psi(t_0)>$$
$$+ \left(-\frac{i}{\hbar}\right)^3 \int_{t_0}^{t}\int_{t_0}^{t'}\int_{t_0}^{t''} dt' dt'' dt''' \; H(t')H(t'')H(t''')|\psi(t_0)>$$
$$+ \cdots\cdots\cdots\cdots$$
$$\therefore\; U(t,t_0) = I - \frac{i}{\hbar}\int_{t_0}^{t} dt' H(t') + \left(-\frac{i}{\hbar}\right)^2 \int_{t_0}^{t}\int_{t_0}^{t'} dt' dt'' \; H(t')H(t'') + \cdots\cdots \tag{9.198}$$

를 얻는다. 이 연산자 $U(t,t_0)$는 상태벡터 $|\psi(t)>$를 $t=t_0$상태에서 $t=t$상태로 바꾸어 주는 역할을 하는 시간에 대한 전진 연산자인 시변(時變, evolution) 연산자이며 좌표와 운동량을 이동하여 준 연산자 $Q(q')$, $R(p')$과 비교된다. 특히 $H(t')$가 시간의 양함수(陽函數, explicit function)가 아닌 경우에는

$$\int_{t_0}^{t} dt' H(t') = (t-t_0)H \tag{9.199a}$$

$$\int_{t_0}^{t} dt' \int_{t_0}^{t} dt'' \; H(t')H(t'') = \int_{t_0}^{t} dt' (t'-t_0)H^2 = \frac{1}{2!}(t-t_0)^2 H^2 \tag{9.199b}$$

$$\int_{t_0}^{t} dt' \int_{t_0}^{t} dt'' \; \int_{t_0}^{0} dt''' \; H(t')H(t'')H(t''') = \frac{1}{3!}(t-t_0)^3 H^3 \tag{9.199c}$$

$$\cdots\cdots\cdots\cdots\cdots\cdots$$

$$\therefore\; U(t_0,t) = e^{-\frac{i}{\hbar}(t-t_0)H} = e^{-\frac{i}{\hbar}\int_{t_0}^{t} H dt} \tag{9.200}$$

로 쓸 수 있으며

$$|\psi(t)> \; = e^{-\frac{i}{\hbar}(t-t_0)H}|\psi(t_0)> \tag{9.201}$$

가 되고 H 는 시간의 발생자(generator)라 할 수 있다.

예. 자유 입자를 1차원에서 고려하면 $t_0 = t'$로 놓을 때

$$V=0, H=\frac{p^2}{2m} \tag{9.202}$$

따라서

$$|\psi(t)> \; = e^{-\frac{i(t-t')p^2}{2m\hbar}}|\psi(t')>$$
$$= \int dp' e^{-\frac{i(t-t')p^2}{2m\hbar}}|p'><p'|\psi(t)'>$$
$$= \int dp' \left\{ \left| p' > e^{-\frac{iE(t-t')}{\hbar}} < p' \right| \right\} |\psi(t)'> \tag{9.203}$$

이며 $U(t,t')$는 괄호 안에 있는 값이다. 만일 입자가 $t=t'$인 때 q'인 위치에 있고 $t=t(>t')$인 경우 q인 위치에 있다면 (이 때는 q는 연산자가 아님) (9.203)식을 써서

$$\psi(q,t)=\langle q|\psi(t)\rangle=\int\int dp'\langle q|p'\rangle e^{-\frac{i}{\hbar}E(t-t')}\langle p'|q'\rangle dq'\langle q'|\psi(t')\rangle \tag{9.204}$$

이므로 $\langle p'|q'\rangle$에 대한 변환함수의 (9.177)식을 사용하면

$$\begin{aligned}\psi(q,t)&=\int\int\frac{dp'dq'}{2\pi\hbar}e^{-\frac{ip'}{\hbar}(q'-q)-\frac{i}{\hbar}E(t-t')}\psi(q',t')\\&=\int\int\frac{dp'dq'}{(\sqrt{2\pi\hbar})^2}e^{\frac{i}{\hbar}\int(\dot{q}'p'-H)dt}\psi(q',t')\\&=\int\int\frac{dp'dq'}{(\sqrt{2\pi\hbar})^2}e^{\frac{i}{\hbar}\int Ldt}\psi(q',t')\end{aligned} \tag{9.205}$$

로 쓸 수 있다. 여기서 H는 연산자가 아니고 q',p'의 함수로 주어지므로 이 식을 p'에 관하여 적분할 수 있으며, 이 때 dp'항이 없어진 L은 $q',\dot{q}'$만의 함수가 된다.

Feynman 은 위 식과 같은 경로 적분(經路積分, path integral)을 일반화한 식으로부터 출발하여 양자역학을 기술하였으며 이 방법은 최근 양자장론(量子場論, quantum field theory)에서 많이 이용되는 이론이다. 특별한 경우를 제외하고 경로 적분의 응용은 이 책에서는 생략한다.

(ⅳ) 전파 인자(傳播因子, propagator)

(9.195)식에 $<q|$를 작용하면

$$\langle q|\psi(t)\rangle=\int dq'\langle q|\,U(t,t')\,|q'\rangle\langle q'|\psi(t')\rangle \tag{9.206}$$

가 되고 이 식은

$$\psi(q,t)=\int dq' K(q,t;q',t')\psi(q',t') \tag{9.207}$$

로 쓸 수 있다. 여기서

$$K(q,t;q',t')=\langle q|\,U(t,t')\,|q'\rangle \tag{9.208}$$

를 전파 인자 또는 전파 함수라 부른다. 이것은 t',q'의 시간과 공간에서 $\psi(q',t')$에 있던 상태가 시간이 지남에 따라 상태 함수가 다른 위치에서 어떻게 되는가를 알려주며 현대 물리학에서 중요한 역할을 한다.

특히 자유 입자에 대하여는 1차원만 생각하는 경우 (9.203)식으로부터

$$\begin{aligned}K(x,t;x',t')&=<x|e^{-\frac{i}{\hbar}(t-t')\frac{p^2}{2m}}|x'>\\&=\int dp'\int dp''\ \langle x|p'\rangle<p'|e^{-\frac{i}{\hbar}(t-t')\frac{p^2}{2m}}|p''>\langle p''|x'\rangle\\&=\frac{1}{2\pi\hbar}\int dp'\int dp''\ \exp\left[\frac{i}{\hbar}\left\{-p''x'+p'x-(t-t')\frac{p''^2}{2m}\right\}\right]\delta(p'-p'')\\&=\frac{1}{2\pi\hbar}\int dp'\exp\left[\frac{i}{\hbar}\left\{p'(x-x')-\frac{(t-t')}{2m}p'^2\right\}\right]\\&=\frac{1}{2\pi\hbar}\int dp'\exp\left\{-\frac{i}{\hbar}\cdot\frac{(t-t')}{2m}\left[\left(p'-\frac{m(x-x')}{t-t'}\right)^2-\frac{m^2(x-x')^2}{(t-t')^2}\right]\right\}\end{aligned}$$

$$= \sqrt{\frac{m}{2\pi\hbar i(t-t')}} \exp\left\{\frac{im(x-x')^2}{2\hbar(t-t')}\right\} \tag{9.209}$$

가 된다.

이 값은 $(t-t')\to 0$이면 $\delta(x-x')$이 된다.

(v) 정상 상태(正常狀態, stationary state)

H가 t의 양함수가 아닌 경우에 Schrödinger 방정식을 고려하면 (9.201)식에서 $t_0=0$으로 놓을 때

$$|\psi(t)> = U(t)|\psi(0) \tag{9.210a}$$

$$U(t)=e^{-\frac{i}{\hbar}tH} \tag{9.210b}$$

이고 Schrödinger 방정식이 시간에 대한 1차 미분 방정식이므로 $|\psi(t)>$는 $t=0$인 때에 조건을 줌으로써 완전히 얻어진다. (9.210b)식은 $U(t)$를 연산자로 서술하였는데 이 값을 알기 위하여 H의 고유값 문제에서 고유값을 E, 고유 벡터를 $|E>$라 하자. 즉

$$H|E> = E|E> \tag{9.211}$$

여기서 E는 여러 개의 값이 존재하고 그 값에 대응하는 $|E>$가 존재한다면, 이 켓벡터들이 완전 집합을 이룬다고 생각할 때 $|\psi>$는 이들의 선형 결합으로 표시된다. 특히 $|\psi(0)>$를

$$|\psi(0)> = \sum_E a_E|E> \tag{9.212}$$

로 쓰면 a_E는 시간에 무관한 상수이고 초기 조건에 의하여 완전히 결정될 수 있는 값이다. 즉 어느 특정한 E에 대하여

$$a_E = \langle E|\psi(0)\rangle \tag{9.213}$$

$$\therefore |\psi(0)> = \sum_E |E><E|\psi(0)> \tag{9.214}$$

따라서 (9.210)식을 여기에 적용하면

$$|\psi(t)> = e^{-\frac{i}{\hbar}tH}|\psi(0)> = e^{-\frac{i}{\hbar}tH}\sum_E|E><E|\psi(0)>$$

$$= \sum_E e^{-\frac{i}{\hbar}tH}|E><E|\psi(0)>$$

$$= \sum_E e^{-\frac{i}{\hbar}Et}|E><E|\psi(0)> \tag{9.215a}$$

$$= \sum_E a_E e^{-\frac{i}{\hbar}Et}|E> \tag{9.215b}$$

가 되고 이 식으로부터

$$U(t) = \sum_E |E><E|e^{-\frac{i}{\hbar}Et} \tag{9.216}$$

를 얻는다.

지금까지는 H의 고유값 E가 띄엄띄엄 떨어진 경우를 생각하였다. 만일 E 값이 축퇴되어 있는 경우에는 $|E>$에 축퇴를 나타낼 부호 α를 도입하면 $U(t)$는 다음과 같이 된다.

$$U(t) = \sum_{\alpha}\sum_{E} |E, \alpha >< E, \alpha| e^{-\frac{i}{\hbar}Et} \tag{9.217}$$

또 E가 연속적인 값일 경우에는 E에 대한 합 $\sum_E$는 E에 관한 적분으로 표시하여야 한다.

한편 (9.215)식은 (9.212)식과 비교하여

$$|\psi(t)> = \sum_E a_E |E(t)> \tag{9.218a}$$

$$|E(t)> = e^{-\frac{i}{\hbar}Et}|E> \tag{9.218b}$$

로 놓을 수 있다. $|E(t)>$의 식은 $|E>$인 상태의 시간에 의한 변화를 고려하여 이렇게 얻어질 수 있다. 켓벡터가 (9.218b)식과 같이 되는 정규 모드(normal mode)를 정상 상태라 부른다. 이러한 경우 상태 벡터가 에너지의 연산자 H의 고유 상태 $|E_n>$에 있을 확률은

$$\begin{aligned} P(n,t) &= |\langle E_n|\psi(t)\rangle|^2 \\ &= |a_E\langle E_n|E(t)\rangle|^2 \quad \{|E>\text{도 } H\text{의 고유상태임}\} \\ &= \left|a_E\langle E_n|E\rangle e^{-\frac{iEt}{\hbar}}\right|^2 \\ &= |a_E\langle E_n|E\rangle|^2 = P(n,0) \end{aligned} \tag{9.219}$$

이고 또 Ω가 시간 t의 양함수가 아닌 경우

$$\langle \Omega \rangle_t = \langle E(t)|\Omega|E(t)\rangle = \langle E|\Omega|E\rangle = \langle \Omega \rangle_0 \tag{9.220}$$

즉 확률이나 기대치가 시간에 대하여 변하지 아니하므로 (9.215b)식으로 표시된 상태를 정상 상태라 부른다.

(d) 전파 인자(propagator)의 성질

(9.215a)식에 $<x|$를 작용하여 주면

$$\begin{aligned} \psi(x,t) &= \langle x|\psi(t)\rangle = \sum_E e^{-\frac{i}{\hbar}Et}\langle x|E\rangle \int dx' \langle E|x'\rangle\langle x'|\psi(0)\rangle \\ &= \int dx' \left\{\sum_E e^{-\frac{i}{\hbar}Et}\psi_E(x)\psi_E^*(x')\right\}\psi(x',0) \end{aligned} \tag{9.221}$$

따라서 전파 인자 $K(x,t;x',0)$는

$$\begin{aligned} K(x,t;x',0) &= \sum_E e^{-\frac{i}{\hbar}Et}\psi_E(x)\psi_E^*(x') \\ &= \sum_n e^{-\frac{i}{\hbar}E_n t}\psi_{E_n}(x)\psi_{E_n}^*(x') \end{aligned} \tag{9.222}$$

가 된다. 이 함수와 관련된 몇 가지 특기할 점은

(ⅰ) $t \to 0$인 경우 3차원에서

$$K(\vec{x}, t; \vec{x'}, 0) = \sum_n \psi_{E_n}(\vec{x}) \psi^*_{E_n}(\vec{x'}) = \delta(\vec{x} - \vec{x'}) \tag{9.223}$$

(ⅱ) $\psi(x,t)$와 $\psi(x',t')$는 선형 관계에 있다. 즉

만일 $\psi_1(x',t')$에 연산자가 작용하여 $\psi_1(x,t)$가 되고

$\psi_2(x',t')$가 $\psi_2(x,t)$가 된다면

$\alpha_1\psi_1(x',t') + \beta\psi_2(x',t')$은 $\alpha\psi_1(x,t) + \beta\psi_2(x,t)$가 된다.

(ⅲ) $i\hbar G(x,t;x',t') = K(x,t;x',t')$을 $t > t'$에서 정의하면

$$G(x,t;x',t') = -\frac{i}{\hbar}\theta(t-t')\sum_n e^{-\frac{i}{\hbar}(t-t')En}\psi_{En}(x)^*_{En}(x') \tag{9.224}$$

로 쓸 수 있다. 여기서 $\theta(t-t')$은

$$\begin{aligned}\theta(t-t') &= 1 \quad (t > t') \\ &= 0 \quad (t > t')\end{aligned} \tag{9.225}$$

을 정의된 계단 함수(階段函數, step function)이다. 따라서 $G(x,t;x',t')$은

$$\begin{aligned}&\left(i\hbar\frac{\partial}{\partial t} - H(x)\right)G(\vec{x}, t; \vec{x'}, t') \\ &= \delta(t-t')\sum_n e^{-\frac{i}{\hbar}(t-t')En}\psi_{E_n}(\vec{x})\psi^*_{E_n}(\vec{x'}) \\ &\quad -\frac{i}{\hbar}\theta(t-t')\sum_n E_n e^{-\frac{i}{\hbar}(t-t')En}\psi_{E_n}(\vec{x})\psi^*_{E_n}(\vec{x'}) \\ &\quad +\frac{i}{\hbar}\theta(t-t')\sum_n e^{-\frac{i}{\hbar}(t-t')En}E_n\psi_{E_n}(\vec{x})\psi^*_{E_n}(\vec{x'}) \\ &= \delta(t-t')\delta(\vec{x} - \vec{x'})\end{aligned} \tag{9.226}$$

그러므로 $G(\vec{x}, t; \vec{x'}, t')$은 Green의 함수이다. 여기서 계단 함수의 미분은 δ함수가 됨을 이용하였다.

(ⅳ) 전파 함수 $K(x,t;x',t')$는 다음과 같은 합성 방정식(合成方程式, composition equation)에 따른다.

$$\int dx_2 K(x_3,t_3;x_2,t_2)K(x_2,t_2;x_1,t_1) = K(x_3,t_3;x_1,t_1) \tag{9.227}$$

(증명) $\psi(x_3,t_3) = \int dx_2 K(x_3,t_3;x_2,t_2)\psi(x_2,t_2)$

$$\psi(x_2,t_2) = \int dx_1 K(x_2,t_2;x_1,t_1)\psi(x_1,t_1)$$

$$\begin{aligned}\therefore \psi(x_3,t_3) &= \int dx_2 K(x_3,t_3;x_2,t_2)\int dx_1 K(x_2,t_2;x_1,t_1)\psi(x_1,t_1) \\ &= \int dx_1\left[\int dx_2 K(x_3,t_3;x_2,t_2)K(x_2,t_2;x_1,t_1)\right]\psi(x_1,t_1) \\ &= \int dx_1 K(x_3,t_3;x_1,t_1)\psi(x_1,t_1)\end{aligned}$$

(증명 끝)

고전역학에서는 최소 작용 원리(最小作用原理, least action principle)에 의하여, 입자가 x_1, t_1에서 x_2, t_2로 움직일 때는 작용량(作用量, action) S 를 정상(定常, stationary)으로 만드는 궤도(軌道)를 따라 움직인다. 즉 다음 식이 만족되는 궤도를 택한다.

$$\delta S = \delta \int_{t_1}^{t_2} L dt = 0 \tag{9.228}$$

그러나 양자역학에서는 합성 방정식에 의하여 그림 9.1에서와 같이 모든 가능한 궤도를 거치게 된다.

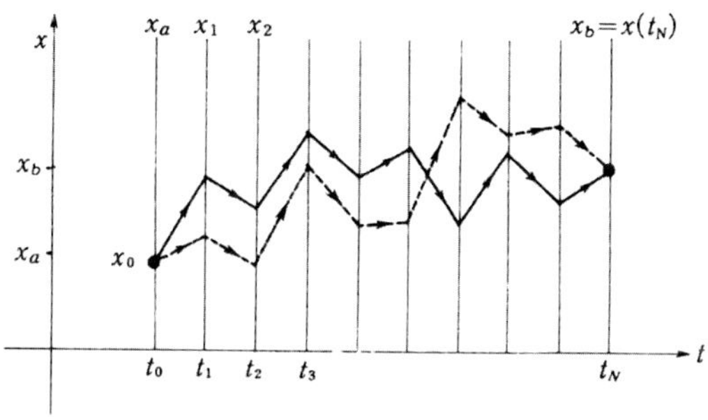

그림 9.1 한 경로 $x(t)$에 대한 가능한 단계를 표시함. 모든 경로에 대한 합은 각 변수 x_i에 대한 적분이며 그 후 $N \to \infty$로 택하여야 함.

예를 들어 자유 입자에 대하여 (9.209)식으로부터

$$K(x_3, t_3; x_2, t_2) K(x_2, t_2; x_1, t_1) = \sqrt{\frac{m}{2\pi i\hbar(t_3 - t_2)}} \sqrt{\frac{m}{2\pi i\hbar(t_2 - t_1)}} \, e^{\frac{i}{\hbar}[S_{cl}(x_3, t_3; x_2, t_2) + S_{cl}(x_2, t_2; x_1, t_1)]} \tag{9.229}$$

따라서 (x_1, t_1)와 (x_3, t_3) 사이의 간격을 더욱 작게 나눈다고 생각하면 일반적으로

$$K(x_3, t_3; x_1, t_1) = \int dq_2 K(x_3, t_3; x_2, t_2) K(x_2, t_2; x_1, t_1) \propto \prod_{\text{모든경로}} e^{\frac{i}{\hbar} S_{\text{경로}}(x_3, t_3; x_1, t_1)} \tag{9.230}$$

가 된다.

자유입자에 대하여 이 식을 구하면 다음과 같다.

$$K(x_b, t_b; x_a, t_a) = \lim_{\epsilon \to 0} \int \int \cdots \int e^{\frac{im}{2\hbar\epsilon} \sum (x_i - x_{i-1})^2} dx_1 dx_2 \cdots dx_{N-1} \left(\frac{m}{2\pi i\hbar\epsilon} \right)^{\frac{N}{2}}$$

$$= \sqrt{\frac{m}{2\pi i\hbar(t_b - t_a)}} \, e^{\frac{im(x_b - x_a)^2}{2\hbar(t_b - t_a)}}$$

$$\epsilon = \frac{t_b - t_a}{N} \tag{9.230a}$$

(증명) 먼저 $N=2$에 대하여 (9.290)식과 (9.227)식을 이용하면

$$I_2=\int_{-\infty}^{\infty}\left(\frac{m}{2\pi i\hbar\epsilon}\right)e^{\frac{im}{2\hbar\epsilon}\left[(x_2-x_1)^2+(x_1-x_0)^2\right]}dx_1 \tag{9.231}$$

여기서 지수 부분은

$$\begin{aligned}&\frac{im}{2\hbar\epsilon}\left[x_2^2-2x_2x_1+2x_1^2-2x_1x_0+x_0^2\right]\\&=\frac{im}{2\hbar\epsilon}\left[x_2^2+x_0^2+2x_1^2-2x_1(x_2+x_0)\right]\\&=\frac{im}{\hbar\epsilon}\left[x_1^2-x_1(x_2+x_0)+\frac{x_2^2+x_0^2}{2}\right]\\&=\frac{im}{\hbar\epsilon}\left[\left(x_1-\frac{x_2+x_0}{2}\right)^2+\frac{(x_2-x_0)^2}{4}\right]\\&\therefore I_2=\left(\frac{m}{2\pi i\hbar\epsilon}\right)\int_{-\infty}^{\infty}dx_1\exp\left[\frac{im}{\hbar\epsilon}\left\{\left(x_1-\frac{x_2+x_0}{2}\right)^2+\frac{(x_2-x_0)^2}{4}\right\}\right]\\&\quad=\left(\frac{m}{2\pi i\hbar\epsilon}\right)\sqrt{\frac{\hbar\epsilon\pi i}{m}}\exp\left[\frac{im}{4\hbar\epsilon}(x_2-x_0)^2\right]\\&\quad=\left(\frac{m}{2\pi i\hbar 2\epsilon}\right)^{\frac{1}{2}}\exp\left[\frac{im}{2\hbar}\cdot\frac{(x_2-x_0)^2}{2\epsilon}\right]\end{aligned} \tag{9.232}$$

또 $N=3$인 경우에는

$$\begin{aligned}I_3&=\int dx_2I_2\sqrt{\frac{m}{2\pi i\hbar\epsilon}}\,e^{\frac{im}{2\hbar\epsilon}(x_3-x_2)^2}\\&=\sqrt{\frac{m}{2\pi i\hbar\cdot 2\epsilon}}\sqrt{\frac{m}{2\pi i\hbar\epsilon}}\int dx_2\exp\left[\frac{mi}{4\hbar\epsilon}\left\{x_2^2-2x_2x_0+x_0^2\right.\right.\\&\quad\left.\left.+2\left(x_3^2-2x_3x_2+x_2^2\right)\right\}\right]\end{aligned} \tag{9.233}$$

지수부분; $\frac{mi}{4\hbar\epsilon}\left\{3x_2^2-2x_2(x_0+2x_3)+x_0^2+2x_3^2\right\}$

$$\begin{aligned}&=\frac{3mi}{4\hbar\epsilon}\left\{\left(x_2-\frac{x_0+2x_3}{3}\right)^2+\frac{x_0^2+2x_3^2}{3}-\frac{x_0^2+4x_0x_3+4x_3^2}{9}\right\}\\&=\frac{mi}{2\hbar\epsilon}\cdot\frac{3}{2}\left\{\left(x_2-\frac{x_0+2x_3}{3}\right)^2+\frac{2(x_3-x_0)^2}{9}\right\}\end{aligned}$$

$$\therefore I_3=\sqrt{\frac{m}{2\pi i\hbar\cdot 3\epsilon}}\,e^{\frac{mi}{2\hbar}\cdot\frac{(x_3-x_0)^2}{3\epsilon}} \tag{9.234}$$

같은 방법을 계속하면

$$\therefore I_N=\sqrt{\frac{m}{2\pi i\hbar\cdot(t_b-t_a)}}\,e^{\frac{mi}{2\hbar}\cdot\frac{(x_b-x_a)^2}{(t_b-t_a)}} \tag{9.235}$$

$$\therefore K(x_b,t_b;x_a,t_a)=\int_a^b e^{is_{cl}[x(t)]/\hbar}D[x(t)] \tag{9.236}$$

여기서 $\int D[x(t)]$는 x_a, x_b를 연결하는 모든 경로(經路, path)에 대한 적분을 나타낸다.

$$\int D[x(t)] = \int\int\cdots\int dx_1 dx_2 \cdots\cdots dx_N \tag{9.237}$$

특히 $\psi(x', t')$가 어느 한 점 $x' = a$인 곳에 국소화(局所化, localized)되어 있다면 즉

$$\psi(x', t') = \delta(x' - a) \tag{9.238a}$$

인 경우 파동함수 $\psi(x, t)$는 (9.207)식과 (9.209)식으로부터 다음과 같이 됨을 알 수 있다.

$$\psi(x, t) = K(x, t; a, t')$$

$$= \sqrt{\frac{m}{2\pi i\hbar(t-t')}}\, e^{\frac{im(x-a)^2}{2\hbar(t-t')}} \tag{9.238b}$$

$$\therefore |\psi(x, t)|^2 = \frac{m}{2\pi\hbar(t-t')} \tag{9.238c}$$

고전적으로 한 입자가 a에서 출발했을 때 항상 같은 운동량을 갖는 경우 x에 도달할 확률은

입자의 속도에 비례하고

거리에 반비례할 것이다.

그런데

$$\frac{1}{t-t'} = \frac{v}{(x-a)} \tag{9.239}$$

이므로 위 (9.238c)식은 이 조건을 만족한다. 한편 $p = mv$를 생각하면 운동량이 일정하므로 어느 지점에 머물 확률은 $\frac{1}{v}$에 비례할 것이므로 질량에 비례함을 알 수 있다.

(e) 경로 적분의 특별한 경우

끝으로 경로 적분(經路積分, path integral)의 특별한 경우를 고려하여 보자. (9.205)식에서 p'에 대하여 적분을 한 경우는 다음과 같은 모양이 된다.

$$\psi(x, t) = \frac{1}{A}\int dx' e^{\frac{i}{\hbar}\int_{t'}^{t} Ldt''} \psi(x', t') \tag{9.240}$$

① 적분 안에 있는 지수 부분을 정산 궤도의 x, t 부근에 대하여 전개하면

$$S_{cl} = \int_{t'}^{t} Ldt = S_{cl}(\text{stationary}) + \frac{\partial S_{cl}}{\partial x}dx + \frac{\partial S_{cl}}{\partial t}dt \tag{9.241}$$

가 되고 여기서

$$\frac{1}{\hbar}\frac{\partial S_{cl}}{\partial x} \simeq k \tag{9.242a}$$

$$\frac{1}{\hbar}\frac{\partial S_{cl}}{\partial x} \simeq -\omega \tag{9.242b}$$

또는

$$\int L dt = \int (T - V) dt = \int (2T - E) dt$$
$$= \int \frac{p^2}{m} dt - \int E dt = \int p dx - \int E dt \tag{9.242c}$$

로 놓으면 특히 이 값이 거의 변하지 않는 경우에는

$$\frac{1}{\hbar} S_{cl} \simeq \int k dx - \int \omega dt \simeq kx - \omega t \tag{9.243}$$

$$\therefore \psi \sim \psi_0 e^{i(kx - \omega t)} \tag{9.244}$$

를 얻는다.

② 경로 적분과 Schrödinger 방정식과의 관계

Feynman 에 의하여 도입된 경로 적분의 식(9.240)는 일반적인 경우에 성립된다고 생각하자. 간단한 경우 (9.240)식에서 t가 $t' + \epsilon$인 경우를 고려하고 L가 거의 연속함수라 생각하고 t를 $t + \epsilon$로 바꾸어 놓으면 다음과 같이 쓸 수 있다.

$$\psi(x, t + \epsilon) = \frac{1}{A} \int dx' e^{\frac{i}{\hbar} L\epsilon} \psi(x', t) \tag{9.245}$$

한편 Cartesian 좌표계에서 Lagrangian 은

$$L = T - V = \frac{1}{2} m \left(\frac{x - x'}{\epsilon} \right)^2 - V\left(\frac{x + x'}{2} \right) \tag{9.246}$$

이므로 여기서 변수 $x - x'$를 ξ로 놓으면

$$x - x' = \xi \tag{9.247a}$$
$$dx' = -d\xi \tag{9.247b}$$

$$\therefore \lim_{\epsilon \to 0} \psi(x, t + \epsilon) = \lim_{\epsilon \to 0} \frac{1}{A} \int d\xi e^{\frac{im\xi^2}{2\hbar\epsilon}} e^{\frac{-iV\epsilon}{\hbar}} \psi(x - \xi, t) \tag{9.248}$$

이 적분에서 첫 항은 ξ가 0이 아닌 영역에서는 ϵ가 아주 작은 경우 ξ 값의 함수로 빠른 진동을 하여 +, −값이 되므로, 이 적분은 ξ가 0에 가까운 경우에만 중요하게 된다. 따라서

$$\psi(x, t + \epsilon) = \frac{1}{A} \int e^{\frac{im\xi^2}{2\hbar\epsilon}} e^{-\frac{iV\epsilon}{\hbar}} \left[\psi(x, t) - \xi \frac{\partial \psi(x, t)}{\partial x} + \frac{\xi^2}{2!} \frac{\partial^2 \psi(x, t)}{\partial x^2} \cdots \right] d\xi$$
$$= \psi(x, t) + \epsilon \frac{\partial \psi(x, t)}{\partial t} + \frac{1}{2!} \epsilon^2 \frac{\partial^2 \psi(x, t)}{\partial t^2} + \cdots\cdots \tag{9.249a}$$

$$V\left(x - \frac{1}{2}\xi \right) = V(x) - \frac{1}{2} \xi \frac{\partial V}{\partial x} + \cdots\cdots \tag{9.249b}$$

가 되고 이 식의 적분에서

$$\int_{-\infty}^{\infty} e^{\frac{im}{2\hbar\epsilon}\xi^2} d\xi = \sqrt{\frac{2\pi\hbar\epsilon i}{m}} \tag{9.250a}$$

$$\int_{-\infty}^{\infty} e^{\frac{im}{2\hbar\epsilon}\xi^2} \xi d\xi = 0 \tag{9.250b}$$

$$\int_{-\infty}^{\infty} e^{\frac{im}{2\hbar\epsilon}\xi^2} \xi^2 d\xi = \frac{\hbar\epsilon i}{m}\sqrt{\frac{2\pi\hbar\epsilon i}{m}} \tag{9.250c}$$

를 이용하면

$$\begin{aligned}\therefore\ \psi(x,t)+\epsilon\frac{\partial\psi}{\partial t}+\frac{1}{2!}\epsilon^2\frac{\partial^2\psi}{\partial t}+\cdots\cdots \\ = \frac{1}{A}\sqrt{\frac{2\pi\hbar\epsilon i}{m}}\left\{1-\frac{i\epsilon}{\hbar}V+\frac{1}{2!}\left(\frac{-i\epsilon}{\hbar}V\right)^2+\cdots\right\} \\ \left\{\psi(x,t)+\frac{\hbar\epsilon i}{2m}\frac{\partial^2\psi(x,t)}{\partial x^2}+\cdots\right\}\end{aligned} \tag{9.251}$$

이 된다. 이 식의 양변을 비교하여 보자.

ϵ^0의 계수 :

$$A=\sqrt{\frac{2\pi\hbar\epsilon i}{m}} \tag{9.252a}$$

ϵ^1의 계수 :

$$\frac{\partial\psi(x,t)}{\partial x}=\frac{\hbar i}{2m}\frac{\partial^2\psi(x,t)}{\partial x^2}-\frac{i}{\hbar}V(x)\psi(x,t) \tag{9.252b}$$

$$\therefore\ i\hbar\frac{\partial\psi(x,t)}{\partial x}=-\frac{\hbar^2}{2m}\frac{\partial^2\psi(x,t)}{\partial x^2}+V(x)\psi(x,t) \tag{9.252c}$$

이 식이 Schrödinger 의 방정식이 되므로 경로 방정식은 새로운 양자 이론의 식임을 알 수 있다.

9. 8 조화 진동자와 결맞는(coherent) 상태

제 5장에서 1차원 조화 진동자를 기술할 때

$$H=\frac{p^2}{2m}+\frac{1}{2}m\omega^2q^2 \tag{9.253a}$$

$$=\hbar\omega\left(a^\dagger a+\frac{1}{2}\right),\ \left(\omega=\sqrt{\frac{k}{m}}\right) \tag{9.253b}$$

로 쓸 수 있음을 보였다. 여기서 소멸 연산자는 a는

$$a=\sqrt{\frac{m\omega}{2\hbar}}\,q+i\frac{p}{\sqrt{2m\hbar\omega}} \tag{9.254a}$$

생성 연산자 $a^\dagger$는

$$a^\dagger = \sqrt{\frac{m\omega}{2\hbar}}\, q - i\frac{p}{\sqrt{2m\hbar\omega}} \tag{9.254b}$$

로 정의되었다. 수(number) 연산자 $N = a^\dagger a$의 고유값과 고유 벡터를 $n, |n>$라 할 때

$$N|n> = n|n> \quad (n = 0, 1, 2, \cdots\cdots) \tag{9.255}$$

가 되고 a와 $a^\dagger$는

$$a|n> = \sqrt{n}\,|n-1> \tag{9.256a}$$

$$a^\dagger|n> = \sqrt{n+1}\,|n+1> \tag{9.256b}$$

됨을 보였다. 그러면 $|n>$은 H의 고유 벡터가 된다. 즉

$$H|n> = \hbar\omega\left(N + \frac{1}{2}\right)|n> = \hbar\omega\left(n + \frac{1}{2}\right)|n> \tag{9.257a}$$

가 되어 H의 고유값인 에너지가

$$E_n = \hbar\omega\left(n + \frac{1}{2}\right) \tag{9.257b}$$

임은 전에 언급하였으며

$$H|n> = E_n|n> \tag{9.257c}$$

의 양변에 $<q|$를 작용하면

$$\left\langle q\left|\frac{p^2}{2m} + \frac{1}{2}m\omega^2 q^2\right|n\right\rangle = E_n\langle q|n\rangle \quad \{\langle q|n\rangle \equiv \psi_n(q)\}$$

$$\left(-\frac{\hbar^2}{2m}\frac{\partial^2}{\partial q^2} + \frac{1}{2}m\omega^2 q^2\right)\psi_n(q) = E_n\psi_n(q) \tag{9.258}$$

를 얻게 된다. $\psi_n(q)$의 함수 모양은 제 5장에서 자세히 언급하였으므로 여기서는 되풀이하지 않겠다.

결맞는(coherent) 상태 $|\lambda>$는 a의 고유상태로 정의된다. 즉 a 연산자의 고유상태 $|\lambda>$가 존재하여

$$a|\lambda> = \lambda|\lambda> \tag{9.259}$$

인 경우의 $|\lambda>$ 상태를 조사하여 보자. 이 상태를 결맞는 상태라 한다.

이 결맞는 상태는 $\{|n>\}$에 의하여 전개될 수 있어

$$\begin{aligned} |\lambda> &= \sum_n |n><n|\lambda> \\ &= \sum_n c_n(\lambda)|n> \end{aligned} \tag{9.260}$$

라 하자. $c_n(\lambda) = \langle n|\lambda\rangle$는 수연산자의 고유 상태와 결맞는 상태 사이의 변환 함수라 볼 수 있다. $|\langle n|\lambda\rangle|^2$은 결맞는 상태가 진동자의 $\left(n+\frac{1}{2}\right)\hbar\omega$의 에너지 상태에 있을 확률을 나타낸다. (9.260)식에 a를 작용시키면

$$a|\lambda> = \sum_{n=0}^{\infty} c_n(\lambda) a|n> = \sum_{n=1}^{\infty} c_n(\lambda)\sqrt{n}|n-1> \qquad (9.261a)$$

이고 또 (12.259)식으로 부터

$$a|\lambda> = \sum_{n=0}^{\infty} \lambda c_n(\lambda)|n> \qquad (9.261b)$$

을 얻게 되어 위 두 식으로부터 c_n과 c_{n+1} 사이에는 (9.262a)

$$c_{n+1}\sqrt{n+1} = \lambda c_n \qquad (9.262b)$$

의 관계가 있음을 알 수 있다.

$n=0,1,$ ……에 대하여 생각하여 보면

$$c_1 = \lambda c_0$$

$$c_2 = \frac{\lambda}{\sqrt{2}} c_1 = \frac{\lambda^2}{\sqrt{2!}} c_0$$

$$c_3 = \frac{\lambda}{\sqrt{3}} c_2 = \frac{\lambda^3}{\sqrt{3!}} c_0$$

....

$$c_n = \frac{\lambda^n}{\sqrt{n!}} c_0 \qquad (9.262c)$$

를 얻게 되어 결국

$$|\lambda> = c_0 \sum_n^{\infty} \frac{\lambda^n}{\sqrt{n!}} |n> \qquad (9.263)$$

가 된다. c_0는 $|\lambda>$의 규격화식으로부터 얻어진다. 즉

$$1 = \langle \lambda | \lambda \rangle = |c_0|^2 \sum_n \sum_m \frac{\lambda^{*n} \lambda^m}{\sqrt{n!}\sqrt{m!}} \langle n|m \rangle$$

$$= |c_0|^2 \sum_n \frac{(|\lambda|^2)^n}{n!}$$

$$= |c_0|^2 e^{|\lambda|^2} \qquad (9.264)$$

가 되므로 위상을 고려하지 않는 경우

$$c_0 = e^{-\frac{1}{2}|\lambda|^2} \qquad (9.265)$$

이 되어 결맞는 상태 $|\lambda>$는 다음과 같이 표시된다.

$$|\lambda> = e^{-\frac{1}{2}|\lambda|^2} \sum_{n=0}^{\infty} \frac{\lambda^n}{\sqrt{n!}} |n> \qquad \left(|n> = \frac{(a^\dagger)^n}{\sqrt{n!}} |0> \text{ 을 이용하면} \right)$$

$$= e^{-\frac{1}{2}|\lambda|^2} \sum_{n=0}^{\infty} \frac{(\lambda a^\dagger)^n}{n!} |0>$$

$$= e^{-\frac{1}{2}|\lambda|^2} e^{\lambda a^\dagger} |0> \qquad (9.266)$$

결맞는 상태 $|\lambda>$에 관하여 몇 가지 성질을 논의하여 보자.

(i) $\{|n>\}$의 전개 계수의 제곱을 보면

$$|c_n(\lambda)|^2 = |\langle n|\lambda\rangle|^2 = \frac{(|\lambda|^2)^n e^{-|\lambda|^2}}{n!}$$

$$= \frac{c^n e^{-c}}{n!} \qquad (c \equiv |\lambda|^2 = \langle N\rangle) \tag{9.267}$$

가 되어 광자 상태 수에 대한 Poisson 분포가 된다.

(ii) 결맞는 상태는 최소 불확정성 원리가 성립하는 상태이다.

(증명) 제 5장에서 소멸 연산자 a와 생성 연산자 $a^\dagger$에 대한 식(9.254a, b)로부터

$$a = \sqrt{\frac{m\omega}{2\hbar}}\, q + i\frac{p}{\sqrt{2m\hbar\omega}}$$

$$a^\dagger = \sqrt{\frac{m\omega}{2\hbar}}\, q - i\frac{p}{\sqrt{2m\hbar\omega}}$$

로 정의되었다. 이 식을 다시 쓰면

$$q = \sqrt{\frac{\hbar}{2m\omega}}\,(a + a^\dagger) \tag{9.268}$$

$$p = i\sqrt{\frac{\hbar m\omega}{2}}\,(a^\dagger - a) \tag{9.269}$$

가 된다. 따라서 결맞는 상태에서의 기대치는

$$\langle q\rangle = \sqrt{\frac{\hbar}{2m\omega}}\,\langle\lambda|(a + a^\dagger)|\lambda\rangle$$

$$= \sqrt{\frac{\hbar}{2m\omega}}\,(\lambda + \lambda^*) \tag{9.270}$$

$$\langle p\rangle = i\sqrt{\frac{\hbar m\omega}{2}}\,\langle\lambda|(a^\dagger - a)|\lambda\rangle$$

$$= i\sqrt{\frac{\hbar m\omega}{2}}\,(\lambda^* - \lambda) \tag{9.271}$$

를 얻고 마찬가지로

$$\langle q^2\rangle = \frac{\hbar}{2m\omega}\langle\lambda|(a^2 + a^{\dagger 2} + aa^\dagger + a^\dagger a)|\lambda\rangle \quad (aa^\dagger = a^\dagger a + 1)$$

$$= \frac{\hbar}{2m\omega}(\lambda^2 + \lambda^{*2} + 2\lambda^*\lambda + 1) \tag{9.272}$$

$$\langle p^2\rangle = -\frac{\hbar m\omega}{2}\langle\lambda|(a^{\dagger 2} + a^2 - aa^\dagger - a^\dagger a)|\lambda\rangle$$

$$= -\frac{\hbar m\omega}{2}(\lambda^2 + \lambda^{*2} - 2\lambda^*\lambda - 1) \tag{9.273}$$

가 된다. 따라서 위치와 운동량의 불확정량 $\triangle q$와 $\triangle p$는

$$(\Delta q)^2 = \langle q^2 \rangle - \langle q \rangle^2 = \frac{\hbar}{2m\omega} \tag{9.274}$$

$$(\Delta p)^2 = \langle p^2 \rangle - \langle p \rangle^2 = \frac{\hbar m\omega}{2} \tag{9.275}$$

이므로

$$\Delta q \Delta p = \frac{\hbar}{2} \tag{9.276}$$

를 얻는다. (증명 끝)

(iii) 결맞는 상태는 최소 불확정성 원리를 얻는 상태이며 제 3상에서 논의한 바와 같이 결맞는 상태는 좌표 표현을 생각하면 최소 파속(minimum packet)인 Gaussian 형의 함수를 갖는다. 변환함수 $\langle q'|\lambda\rangle$를 구해 보자. (9.270)식과 (9.271)식에서

$$\lambda = \frac{1}{\sqrt{2m\omega\hbar}}(m\omega\langle q\rangle + i\langle p\rangle) \tag{9.277}$$

가 되며 $\langle q\rangle$와 $\langle p\rangle$는 실수가 되는 반면에 λ는 일반적으로 복소수이다. (9.259)식은 (9.254a)식을 이용하여 쓰면

$$\left(\sqrt{\frac{m\omega}{2\hbar}}q + i\frac{p}{\sqrt{2m\hbar\omega}}\right)|\lambda> = \lambda|\lambda>$$

가 된다. 양변에 $\langle q'|$를 작용하면

$$\sqrt{\frac{m\omega}{2\hbar}} < q'\left|\left(q + \frac{ip}{m\omega}\right)\right||\lambda> = \lambda\langle q'|\lambda\rangle$$

$$\therefore \sqrt{\frac{m\omega}{2\hbar}}\left(q' + \frac{\hbar}{m\omega}\frac{\partial}{\partial q'}\right) < q'|\lambda> = \lambda\langle q'|\lambda\rangle \tag{9.278}$$

가 되어 이 식을 풀어보면

$$\frac{d\langle q'|\lambda\rangle}{dq'} \Big/ \langle q'|\lambda\rangle = \sqrt{\frac{2m\omega}{\hbar}}\left(\lambda - \sqrt{\frac{m\omega}{2\hbar}}q'\right)$$

$$\therefore \langle q'|\lambda\rangle = Ce^{-\frac{m\omega}{2\hbar}q'^2 + \sqrt{\frac{2m\omega}{\hbar}}\lambda q'} \tag{9.279}$$

가 된다. C 는 규격화식에서 얻을 수 있다. 즉

$$1 = \int_{-\infty}^{\infty} |\langle q'|\lambda\rangle|^2 dq'$$

$$= |C|^2 \int_{-\infty}^{\infty} \exp\left\{-\frac{m\omega}{\hbar}q'^2 + \sqrt{\frac{2m\omega}{\hbar}}q'(\lambda + \lambda^*)\right\}dq'$$

$$= |C|^2 \int_{-\infty}^{\infty} \exp\left\{-\frac{m\omega}{\hbar}\left[q' - \sqrt{\frac{\hbar}{2m\omega}}(\lambda + \lambda^*)\right]^2 + \frac{1}{2}(\lambda + \lambda^*)^2\right\}dq'$$

$$= |C|^2 \sqrt{\frac{\pi\hbar}{m\omega}}e^{\frac{1}{2}(\lambda + \lambda^*)^2}$$

$$\therefore C=\left(\frac{m\omega}{\pi\hbar}\right)^{\frac{1}{4}} e^{-\frac{1}{4}(\lambda+\lambda^*)^2+i\delta} \tag{9.280}$$

여기서 δ는 임의의 실수이며 $e^{i\delta}$는 위상 항이다. 따라서 (9.277)식, (9.279)식, (9.280)식을 이용하면

$$\begin{aligned}\langle q'|\lambda\rangle &=\left(\frac{m\omega}{\pi\hbar}\right)^{\frac{1}{4}}\exp\left[-\frac{m\omega}{2\hbar}q'^2+\sqrt{\frac{2m\omega}{\hbar}}\lambda q'-\frac{1}{4}(\lambda+\lambda^*)^2+i\delta\right]\\ &=\left(\frac{m\omega}{\pi\hbar}\right)^{\frac{1}{4}}\exp\left[-\frac{m\omega}{2\hbar}q'^2+\frac{m\omega}{\hbar}\langle q\rangle q'-\frac{m\omega}{2\hbar}\langle q\rangle^2+\frac{i}{\hbar}\langle p\rangle q'+i\delta\right]\\ &=\left(\frac{m\omega}{\pi\hbar}\right)^{\frac{1}{4}}\exp\left[-\frac{m\omega}{2\hbar}(q'-\langle q\rangle)^2+i\frac{\langle p\rangle}{\hbar}q'+i\delta\right]\end{aligned} \tag{9.281}$$

를 얻어 최소 불확정성 원리를 갖는 상태인 Gaussian 형이 됨을 알 수 있다. 결맞는 상태의 좌표 표현은 $\psi_\lambda(x) = < x|\lambda >$로도 씀을 참고로 알아두자. 시간에 대한 변화에 대하여도 상태 함수는 Gaussian 형에서 많이 퍼지지 않는다. 레이저(laser) 광 같은 것은 결맞는 파에 속한다.

(iv) 결맞는 상태의 시간에 대한 변화를 생각해보자. 시간 $t=0$ 일 때 상태 벡터가 $|\psi(0)> = |\lambda>$ 라면

$$\begin{aligned}|\psi(t)> &= e^{-\frac{i}{\hbar}tH}|\psi(0)>\\ &=e^{-\frac{i}{\hbar}t\hbar\omega(a^\dagger a+\frac{1}{2})}e^{-\frac{1}{2}|\lambda|^2}\sum_n\frac{\lambda^n}{\sqrt{n!}}|n>\\ &=e^{-\frac{1}{2}|\lambda|^2-\frac{1}{2}i\omega t}\sum_n\frac{(\lambda e^{-i\omega t})^n}{\sqrt{n!}}\frac{(a^\dagger)^n}{\sqrt{n!}}|0>\end{aligned}$$

$$\therefore\ |\psi(t)> = e^{-\frac{1}{2}|\lambda|^2-\frac{1}{2}i\omega t}e^{(\lambda e^{-i\omega t}a^\dagger)}|0> \tag{9.282}$$

를 얻는다. 특히 여기에 a 를 작용하면

$$\begin{aligned}a|\psi(t)> &= e^{-\frac{1}{2}|\lambda|^2-\frac{1}{2}i\omega t}\,a e^{(\lambda e^{-i\omega t}a^\dagger)}|0>\\ &=e^{-\frac{1}{2}|\lambda|^2-\frac{1}{2}i\omega t}e^{(\lambda e^{-i\omega t}a^\dagger)}e^{-(\lambda e^{-i\omega t}a^\dagger)}a e^{(\lambda e^{-i\omega t}a^\dagger)}|0>\\ &=e^{-\frac{1}{2}|\lambda|^2-\frac{1}{2}i\omega t}e^{(\lambda e^{-i\omega t}a^\dagger)}\{a+\lambda e^{-i\omega t}[a,a^\dagger]+0\}|0>\\ &=\lambda e^{-i\omega t}|\psi(t)>\end{aligned} \tag{9.283}$$

가 된다.

(v) 결맞는 상태는 다음과 같이 쓸 수 있음을 보이자.

$$|\lambda> = e^{-\frac{1}{2}|\lambda|^2}e^{\lambda a^\dagger}|0> = e^{(\lambda a^\dagger-\lambda^* a)}|0>\equiv D(\lambda)|0> \tag{9.284}$$

먼저 Baker-Campbell-Hausdorff 공식으로 알려진 다음 관계식을 증명하자. 특히 두

연산자 A 와 B에 대하여 $[A, B]=$ 상수인 경우 다음과 같이 된다.

$$e^{A+B}=e^{A}e^{B}e^{-\frac{1}{2}[A,B]} \tag{9.285}$$

(증명) $f(\xi)=e^{\xi A}e^{\xi B}$ 라 놓으면, $f(0)=1$ 이며

$$\frac{df}{d\xi}=Ae^{\xi A}e^{\xi B}+e^{\xi A}Be^{\xi B}=Ae^{\xi A}e^{\xi B}+e^{\xi A}B\,e^{-\xi A}e^{\xi A}e^{\xi B}$$
$$=\{A+B+\xi[A,B]\}f(\xi)$$

$\therefore f(\xi)=e^{\xi(A+B)+\frac{1}{2}\xi^{2}[A,B]}$ 그리고 $\xi=1$이 구하려는 결과이다.

특히

$A=\lambda a^{\dagger},\ B=-\lambda^{*}a$ 면

$[A,B]=-|\lambda|^{2}[a^{\dagger},a]=|\lambda|^{2}$

이므로

$$e^{(\lambda a^{\dagger}-\lambda^{*}a)}=e^{-\frac{1}{2}|\lambda|^{2}}e^{\lambda a^{\dagger}}e^{-\lambda^{*}a} \tag{9.286}$$

이고 여기에 $e^{-\lambda^{*}a}|0>=|0>$을 고려하면, (9.284)식이 됨을 알 수 있다.

(9.284)식에 도입된 $D(\lambda)$를 변위 연산자(displacement operator)라고도 부른다. 그 이유는

$$D^{-1}(\lambda)\,a\,D(\lambda)=a+\lambda \tag{9.287}$$
$$D^{\dagger}(\lambda)\,D(\lambda)=1$$

이 성립하기 때문이다. 증명은 문제로 남겨둔다.

9. 9 조임 상태 (squeezed state)

앞 절에서 보인 바와 같이 결맞는 상태는 파속이 Gauss 형으로서 최소 불확정 관계식 (9.276)에서와 같이 $\Delta q\Delta p=\hbar/2$ 만족하지만, 이 때 (9.272)식과 (9.273)식에서 보는 바와 같이 Δq 와 Δp 에 대한 값이 고정되기 때문에, 최소 불확정성 원리가 성립하지만 Δq 와 Δp가 고정된 값을 갖지 않는 경우는 없을까 하는 문제를 생각할 수 있다.

조임 상태에서는 Δq 와 Δp가 고정된 값을 갖지 않으면서 $\Delta q\Delta p=\hbar/2$를 유지하게 된다. 이것은 또 한 부분의 양자 잡음(quantum noice)이 줄어들면, 다른 부분의 양자 잡음이 증가되는 것을 의미한다. 이러한 상태를 만드는 과정을 살펴보자.

(i) 조임 상태는 다음과 같이 정의되는 조임 연산자(squeeze operator) $S(z)$에 의하여 얻어질 수 있다.

$$S(z)=e^{\frac{1}{2}\left(za^{2}-z^{*}a^{\dagger 2}\right)}=e^{iA} \tag{9.288}$$

여기서 $a, a^{\dagger}$는 앞에서 논의된 조화 진동자에서 나온 소멸 및 생성 연산자이고 복소수 z

와 연산자 A는 다음과 같이 정의된 양이다.

$$z = re^{-i\varphi} \tag{9.289}$$

$$A = -\frac{i}{2}\left(za^2 - z^* a^{\dagger 2}\right) \tag{9.290}$$

A는 Hermitian 이며 따라서 $S(z)$ 는 unitary 임을 알 수 있다.

(ii) 새로운 연산자 t(* 시간과는 다름에 주의)를 다음과 같이 정의해보자.

$$\begin{aligned} t &= S(z)\,a\,S^\dagger(z) = e^{iA} a e^{-iA} \\ &= a + [iA, a] + \frac{1}{2!}[iA, [iA, a]] + \frac{1}{3!}[iA, [iA, [iA, a]]] + \cdots \end{aligned} \tag{9.291}$$

한편

$$\begin{aligned} [iA, a] &= \frac{1}{2}\left[\left(za^2 - z^* a^{\dagger 2}\right), a\right] = -\frac{1}{2}z^*\left(a^\dagger[a^\dagger, a] + [a^\dagger, a]a^\dagger\right) \\ &= z^* a^\dagger \end{aligned} \tag{9.292a}$$

$$\begin{aligned} [iA, a^\dagger] &= \frac{1}{2}\left[\left(za^2 - z^* a^{\dagger 2}\right), a^\dagger\right] = \frac{1}{2}z\left[a^2, a^\dagger\right] \\ &= za \end{aligned} \tag{9.292b}$$

이므로 따라서 (9.291)식은

$$\begin{aligned} t &= a + z^* a^\dagger + \frac{1}{2!}zz^* a + \frac{1}{3!}z^* zz^* a^\dagger + \cdots \\ &= a\left(1 + \frac{1}{2!}zz^* + \frac{1}{4!}(zz^*)^2 + \cdots\right) \\ &\quad + z^* a^\dagger\left(1 + \frac{1}{3!}zz^* + \frac{1}{5!}(zz^*)^2 + \cdots\right) \end{aligned}$$

$$\therefore\ t = a\cosh r + a^\dagger e^{i\varphi}\sinh r \tag{9.293a}$$

가 되고

$$t^\dagger = a^\dagger\cosh r + ae^{-i\varphi}\sinh r \tag{9.293b}$$

가 된다.

이 식은 일반적으로 a와 t 사이의 변환으로서

$$t = \mu a + \nu a^\dagger \tag{9.294}$$

$$|\mu|^2 - |\nu|^2 = 1$$

가 되며, 이러한 변환을 Bogoliubov(보골리우보프) 변환(transformation)이라 부른다. 또 이러한 t는 다음과 같은 a가 만족하는 교환자 관계식이 성립 한다

$$[t, t^\dagger] = 1. \tag{9.295}$$

$$\begin{aligned} \because\ [t, t^\dagger] &= [\mu a + \nu a^\dagger, \mu^* a^\dagger + \nu^* a] = \mu\mu^*[a, a^\dagger] + \nu\nu^*[a^\dagger, a] \\ &= |\mu|^2 - |\nu|^2 = \cosh^2 r - \sinh^2 r = 1 \end{aligned}$$

(iii) 이제 다음과 같은 복소수 상수 τ 를 도입하자.

$$\begin{aligned} \tau &= \lambda\cosh r + \lambda^* e^{i\varphi}\sinh r \\ \tau^* &= \lambda^*\cosh r + \lambda e^{-i\varphi}\sinh r \end{aligned} \tag{9.296}$$

연산자에 대한 (9.293a,b)식과 비교하면, 이 식은 고유값들에 대한 관계식임을 알 수 있다.

또 연산자 a와 t, 그리고 이들의 고유값들 사이에 다음 관계식이 유용하게 쓰인다.

$$\begin{aligned}\tau t^\dagger - \tau^* t &= (\lambda \cosh r + \lambda^* e^\dagger \sinh r)(a^\dagger \cosh r + a e^{-i\varphi} \sinh r) \\ &\quad - (\lambda^* \cosh r + \lambda e^{-i\varphi} \sinh r)(a \cosh r + a^\dagger e^{i\varphi} \sinh r) \\ &= (\lambda a^\dagger - \lambda^* a)\cosh^2 r + (\lambda^* a - \lambda a^\dagger)\sinh^2 r\end{aligned}$$

$$\therefore \ \tau t^\dagger - \tau^* t = \lambda a^\dagger - \lambda^* a \tag{9.297}$$

따라서 (9.284)식에 도입된 변위 연산자에 대하여

$$D(\lambda) = e^{(\lambda a^\dagger - \lambda^* a)} \tag{9.298}$$

$$D(\tau) = e^{(\tau t^\dagger - \tau^* t)} = D(\lambda) \tag{9.299}$$

한편 a에 대한 진공 $|0>$는 t에 대하여는 진공이 아니다. t에 대한 진공 $|0_\tau>$는

$$|0_\tau> \ = S(z)\,|0> \tag{9.300}$$

이다. 그 이유는 (9.291)식을 이용하면

$$\begin{aligned}t|0_\tau> \ &= t\,S(z)\,|0> \ = S(z)\,a\,S^\dagger(z)\,S(z)|0> \\ &= S(z)\,a|0> \ = 0\end{aligned} \tag{9.301}$$

이기 때문이다. 따라서 결맞는 상태에서와 같이 조임 상태는 다음과 같이 쓸 수 있다.

$$\begin{aligned}|\tau> \ &= D(\tau)|0_\tau> \\ &= D(\tau)\,S(z)|0>\end{aligned} \tag{9.302}$$

그리고

$$t|\tau> \ = \tau|\tau> \tag{9.303}$$

됨을 증명해 보자.

(증명) 먼저 (9.287)식에서와 같이

$$D^{-1}(\tau)\,t\,D(\tau) = e^{(-\tau t^\dagger + \tau^* t)}\,t\,e^{(\tau t^\dagger - \tau^* t)} = t + \tau \tag{9.304}$$

$$\begin{aligned}t &= D(\tau)\,(t+\tau)\,D^{-1}(\tau) \\ t^\dagger &= D(\tau)\,(t^\dagger + \tau^*)\,D^{-1}(\tau)\end{aligned}$$

가 되므로

$$\begin{aligned}t|\tau> \ &= t\,D(\tau)|0_\tau> \ = D(\tau)(t+\tau)D^{-1}(\tau)\,D(\tau)|0_\tau> \\ &= \tau D(\tau)|0_\tau> \ = \tau|\tau>\end{aligned}$$

이러한 식들을 이용하면 다음 관계식들도 쉽게 얻을 수 있다. 즉

$$<\tau|(t^\dagger)^n t^m|\tau> \ = (\tau^*)^n(\tau)^m \tag{9.305}$$

$$<\tau|t\,t^\dagger|\tau> \ = \ <\tau|t^\dagger t + 1|\tau> \ = |\tau|^2 + 1 \tag{9.306}$$

(iv) 이제 조임 상태에서 불확정성 원리를 검토해 보자. 먼저 결맞는 상태에서의 불확정성 원리를 다시 살펴보자. 편의상 연산자 a, $a^\dagger$ 대신 다음과 같이 정의된 a_1, a_2를 도입하자.

$$\begin{aligned}a_1 &= \frac{1}{\sqrt{2}}(a^\dagger + a) \\ a_2 &= \frac{i}{\sqrt{2}}(a^\dagger - a)\end{aligned} \tag{9.307}$$

그러면

$$x = \sqrt{\frac{\hbar}{2m\omega}}\,(a + a^{\dagger}) = \sqrt{\frac{\hbar}{m\omega}}\,a_1 \tag{9.308a}$$

$$p = i\sqrt{\frac{m\omega\hbar}{2}}\,(a^{\dagger} - a) = \sqrt{m\omega\hbar}\,a_2 \tag{9.308b}$$

$$[a_1, a_2] = i \tag{9.309}$$

$$(\triangle x)^2 = \frac{\hbar}{m\omega}(\triangle a_1)^2 \tag{9.310a}$$

$$(\triangle p)^2 = m\omega\hbar(\triangle a_2)^2 \tag{9.310b}$$

$$\therefore\ (\triangle x)(\triangle p) = \hbar(\triangle a_1)(\triangle a_2) \tag{9.311}$$

가 되므로, 결맞는 상태에 대하여 (9.274)식과 (9.275)식으로부터

$$(\triangle a_1)_c = \frac{1}{\sqrt{2}},\ (\triangle a_2)_c = \frac{1}{\sqrt{2}} \tag{9.312}$$

$$(\triangle a_1)_c(\triangle a_2)_c = \frac{1}{2} \tag{9.313}$$

임을 알 수 있다.

조임 상태에 대하여도 연산자 $t,\ t^{\dagger}$ 대신에 (9.307)와 같이 $t_1,\ t_2$ 를 도입하면

$$t_1 = \frac{1}{\sqrt{2}}\,(t^{\dagger} + t) = \frac{1}{\sqrt{2}}\left(a^{\dagger}\{\cosh r + e^{i\varphi}\sinh r\} + a\{\cosh r + e^{-i\varphi}\sinh r\}\right) \tag{9.314}$$

(* $\varphi = 0$ 인경우)

$$= \frac{1}{\sqrt{2}}\,(a^{\dagger} + a)\,e^{r} = a_1 e^{r}$$

$$t_2 = \frac{i}{\sqrt{2}}\,(t^{\dagger} - t) = \frac{i}{\sqrt{2}}\left(a^{\dagger}\{\cosh r - \sinh r\} - a\{\cosh r - \sinh r\}\right) \tag{9.315}$$

$$= \frac{i}{\sqrt{2}}\,(a^{\dagger} - a)\,e^{-r} = a_2 e^{-r}$$

를 얻는다. 그리고

$$\langle\tau|t_1|\tau\rangle = \frac{1}{\sqrt{2}}\langle\tau|t^{\dagger} + t|\tau\rangle = \frac{1}{\sqrt{2}}\,(\tau^* + \tau), \tag{9.316a}$$

$$\langle\tau|t_2|\tau\rangle \geqq \frac{i}{\sqrt{2}}\,\langle\tau|t^{\dagger} - t|\tau\rangle = \frac{i}{\sqrt{2}}\,(\tau^* - \tau), \tag{9.316b}$$

$$\langle\tau|t_1^2|\tau\rangle = \frac{1}{2}\,\langle\tau|t^{\dagger 2} + t^2 + t^{\dagger}t + tt^{\dagger}|\tau\rangle = \frac{1}{2}\left(\tau^{*2} + \tau^2 + 2|\tau|^2 + 1\right) \tag{9.317a}$$

$$\langle\tau|t_2^2|\tau\rangle = -\frac{1}{2}\langle\tau|t^{\dagger 2} + t^2 - t^{\dagger}t - tt^{\dagger}|\tau\rangle = -\frac{1}{2}\left(\tau^{*2} + \tau^2 - 2|\tau|^2 - 1\right) \tag{9.317b}$$

$$\therefore\ (\triangle t_1)_s^2 = \frac{1}{2}\left(\tau^{*2} + \tau^2 + 2|\tau|^2 + 1\right) - \frac{1}{2}\left(\tau^{*2} + \tau^2 + 2\,|\tau|^2\right) = \frac{1}{2} \tag{9.318a}$$

$$(\triangle t_2)_s^2 = -\frac{1}{2}\left(\tau^{*2} + \tau^2 - 2|\tau|^2 - 1\right) - \frac{1}{2}\left(\tau^{*2} + \tau^2 - 2|\tau|^2\right) = \frac{1}{2} \tag{9,318b}$$

한편

$$
\begin{aligned}
<\tau|t_1|\tau> &= <\tau|a_1|\tau>\, e^{r} \\
<\tau|t_2|\tau> &= <\tau|a_2|\tau>\, e^{-r} \\
<\tau|t_1^2|\tau> &= <\tau|a_1^2|\tau>\, e^{2r} \\
<\tau|t_2^2|\tau> &= <\tau|a_2^2|\tau>\, e^{-2r}
\end{aligned} \tag{9.319}
$$

를 이용하면

$$
\begin{aligned}
&(\Delta a_1)_s^2 = e^{-2r}(\Delta t_1)_s^2 = \frac{1}{2}e^{-2r}, \\
&\quad \therefore (\Delta a_1)_s = \frac{1}{\sqrt{2}}e^{-r}
\end{aligned} \tag{9.320}
$$

$$
\begin{aligned}
&(\Delta a_2)_s^2 = e^{2r}(\Delta t_2)_s^2 = \frac{1}{2}e^{2r}, \\
&\quad \therefore (\Delta a_2)_s = \frac{1}{\sqrt{2}}e^{r}
\end{aligned} \tag{9.321}
$$

$$
(\Delta a_1)_s(\Delta a_2)_s = \frac{1}{2} \tag{9.322}
$$

를 얻는다. x와 p에 대한 불확정성은 (9.308a,b)식을 이용하여 바로 얻어진다. 즉 조임 상태에 대하여 두 변수에 대한 최소 불확정성 원리는 유지 되면서, 각 변수의 불확정성에 대하여는 하나가 작아지면(커지면) 다른 하나는 커짐(작아짐)을 알 수 있다.

종합해서 살펴보면, 보통의 조화 진동자(n), 결맞는 상태(c), 조임 상태(s)에 대하여 불확정성의 비교는 다음과 같다.

$$
\begin{aligned}
&(\Delta a_1)_n = (\Delta a_2)_n = \left(n+\frac{1}{2}\right), \\
&(\Delta a_1)_c = (\Delta a_2)_c = \frac{1}{2}, \\
&(\Delta a_1)_s = \frac{1}{2}e^{-r},\ (\Delta a_2)_s = \frac{1}{2}e^{r}
\end{aligned}
$$

[문 제]

9. 1 Cartesian 좌표계에서 x, y, z 방향의 단위 벡터를 $|1>, |2>, |3>$이라 하자. 좌표계의 z축 방향에 대하여 그림 P9.1에서와 같이 θ만큼 회전할 경우 새로운 좌표계의 단위벡터를 $|1'>, |2'>, |3'>$라 하면 그림 P9. 1에서 알 수 있는 바와 같이

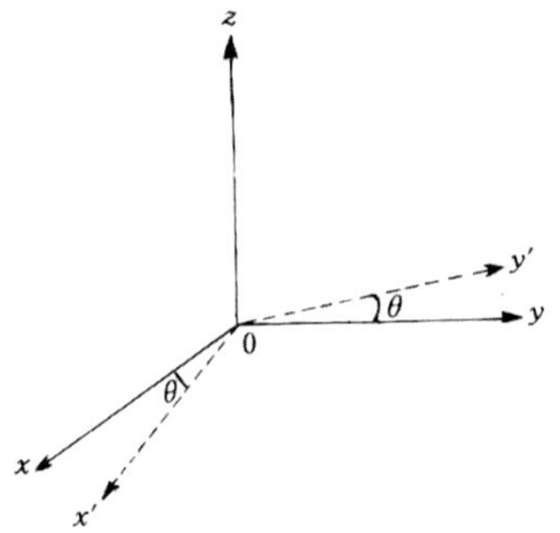

그림 P9.1 Cartesian 좌표계(x, y, z)와 z축 주위로 θ만큼 회전한 (x', y', z') 좌표계

$|1'> = \cos\theta|1> + \sin\theta|2>$

$|2'> = -\sin\theta|1> + \cos\theta|2>$

가 된다.

(a) 어떤 벡터 $|\vec{x}>$의 두 좌표계에서의 성분을 각각 $(x, y, 0)$, $(x', y', 0)$라 할 때 이들 좌표(x, y)와 (x', y') 사이에는

$$\begin{pmatrix} x' \\ y' \end{pmatrix} = A(\theta)\begin{pmatrix} x \\ y \end{pmatrix}, \quad A(\theta) = \begin{pmatrix} \cos\theta & \sin\theta \\ -\sin\theta & \cos\theta \end{pmatrix}$$

가 됨을 보여라.

(b) z축에 대한 회전 $A(\theta), A(\theta')$를 계속하면 총(total) 회전은 $A(\theta+\theta') = A(\theta')A(\theta)$가 됨을 보여라.

(c) $A(\theta)$로 주어진 행렬의 고유값과 고유 벡터(열행렬)를 구하라.

(d) 고유 켓백터를 $|1>$과 $|2>$로 표시하여라.

9. 2 연산자 σ_z는 $\sigma_z^2 = I$이어서 고유값은 1와 -1이 됨을 본문에서 밝혔다. 이 값을 고유값으로 갖는 규격화된 고유 벡터를 $|+1>, |-1>$이라 할 때 새로운 벡터

$$|R> = \frac{1}{\sqrt{2}}(|+1> + i|-1>), |L> = \frac{1}{\sqrt{2}}(|+1> - i|-1>)$$

에 대하여

(a) $\langle R|R\rangle = \langle L|L\rangle = 1$, $\langle R|L\rangle = \langle L|R\rangle = 0$됨을 보여라.

(b) $|R><R|+|L><L|=I$ 됨을 보여라.

(c) $(|R>,|L>)$을 기저 벡터로 잡는 경우

$$\sigma_z = |R><L|+|L><R|$$

됨을 보여라.

9. 3 그림 P9.1에 의하여 주어진 좌표계를 생각하고 z축 방향으로 진행하는 빛의 상태 $|\psi>$를 x축 방향의 편광을 나타내는 기저 $|x>$와 y축 방향의 편광을 나타내는 기저 $|y>$로 표시하면

$$|\psi> = |x><x|\psi>+|y><y|\psi>$$

가 된다.

(a) z축에 대하여 θ만큼 회전한 새로운 기저 $|x'>,|y'>$으로 빛의 상태를 표시할 때 그 성분 사이의 변환 행렬(transformation matrix)는 문제 9.1의 $A(\theta)$가 됨을 보여라.

(b) 회전 연산자 A가 대각선 행렬이 될 수 있는 기저를 구하여라. 이들은 원편광(circularly polarized)된 빛을 나타낸다.

9. 4 1의 3중근, $\omega_1 = e^{2\pi i/3}$, $\omega_2 = e^{4\pi i/3} = (\omega_1)^2$, $\omega_3 = (\omega_1)^3 = 1$ 로 이루어진 집합 $(\omega_1, \omega_2, \omega_3 = 1)$은 순환군(cyclic group) Z_3을 이룬다고 한다.

(a) 이들의 곱셈표(multiplication table)는 다음과 같음을 보여라.

	ω_1	ω_2	ω_3
ω_1	ω_2	ω_3	ω_1
ω_2	ω_3	ω_1	ω_2
ω_3	ω_1	ω_2	ω_3

(b) ω_1, ω_2, ω_3 각각에 대해 대응하는 행렬을

$$D_1 = \begin{pmatrix} 0\,0\,1 \\ 1\,0\,0 \\ 0\,1\,0 \end{pmatrix},\ D_2 = \begin{pmatrix} 0\,1\,0 \\ 0\,0\,1 \\ 1\,0\,0 \end{pmatrix},\ D_3 = \begin{pmatrix} 1\,0\,0 \\ 0\,1\,0 \\ 0\,0\,1 \end{pmatrix} = I$$

라면, 이들은 행렬 표현임을 증명하여라.

(c) 이 행렬들은 다음과 같이 만들 수 있음을 보여라.

$$D(\omega_1)|\omega_2> = |\omega_1\omega_2>,$$
$$[D(\omega)]_{ij} = <\omega_i|D(\omega)|\omega_j>$$

9. 5 벡터 공간의 기저 $\{|l>\}$과 $\{|m>\}$ 사이의 변환을 생각할 때 $|l>$의 각각에 대하여 각 $|m>$가

$$|m^{(1)}> = U|l^{(1)}>, m^{(2)}> = U|l^{(2)}>, \cdots\cdots$$

인 연산자 U가 존재한다면 변환행렬 S_{lm}은 $\langle l^{(i)}|m^{(j)}\rangle = (U)_{l^{(i)}l^{(j)}}$로 될 것이다.

(a) 이 경우 변환연산자 U는

$$U = \sum_k |m^{(k)}><l^{(k)}|$$

가 됨을 보여라.

(b) U는 unitary 연산자임을 보여라.

(c) $(U)_{ll'}$으로 만든 unitary 행렬을 생각하면 물리적 가측정량 A의 두 가지에 대한 행렬 표현 사이에는

$$(A)_M = (U^{\dagger})(A)_L(U)$$

로 됨을 보여라.

9. 6 (a) 문제 9.2에서 기저$(|+1>, |-1>)$에서 기저$(|R>, |L>)$로 바꾸는 변환행렬 S는 unitary 행렬이 됨을 보여라.

(b) 기저$(|+1>, |-1>)$에서 $\sigma_y = \begin{pmatrix} 0 & -i \\ i & 0 \end{pmatrix}$ 인 행렬은 S행렬에 의한 닮음 변환(similarity transformation) $S^{\dagger}AS$에 의하여 대각 행렬이 됨을 보여라.

9. 7 그림 P9.2에서 처럼 등간격으로 구성된 선형 3원자 분자에서 한 분자의 상태를 고려 한다. $|\phi_A\rangle$, $|\phi_B\rangle$, $|\phi_C\rangle$를 전자의 각 원자에 국소화(localized)되는 세 직교 상태 라고 하자. 전자가 한 원자에 속하고 다른 원자로 이동할 가능성이 없을 때, 이들 세 상태는 같은 에너지 E_0를 갖는다. 이제 세 상태 사이에 영향(coupling) H'이 다음과 같이 주어진다고 할 때 물음에 답하라.

$$H'|\phi_A> = -a|\phi_B>,$$
$$H'|\phi_B> = -a|\phi_A> - a|\phi_C>,$$
$$H'|\phi_C> = -a|\phi_B>$$

여기서 a는 양의 상수이다.

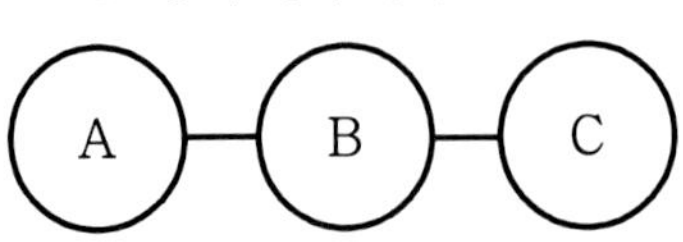

그림. P9.2 선형 3원자 문자

(a) 이 전자의 Schrodinger 방정식을 써 보아라.

(b) 이 전자의 고유에너지와 고유 상태를 구하라.

(c) 시간 t=0에서 전자가 $|\phi_A\rangle$상태로부터 운동을 시작할 때, t>0에서 바닥 상태에 있는 전자를 발견할 확률은 얼마인가? 또 전자를 B 원자에서 발견할 확률을 t의 함수로 구하라.

(d) 어떤 관측가능량(observable) D는 $|\phi_A\rangle$, $|\phi_B\rangle$, $|\phi_C\rangle$에 대하여 각각 -d, 0, d의 고유값을 갖는다고 하자. 초기 조건이 (c)에서의 초기 조건과 같을 때, 시산 t에서 D를 측정할 경우 기대값은 얼마인가?

9. 8 본문 (9.184)식으로 주어진 좌표 연산자 q에 대한 다음 관계식을 증명하여라.

$$\langle p'|q|p''\rangle = -\frac{\hbar}{i}\frac{\partial}{\partial p'}\langle p'|p''\rangle$$

$$= \frac{\hbar}{i}\frac{\partial}{\partial p''}\langle p'|p''\rangle$$

9. 9 위치를 옮기는 병진 연산자 $Q(\epsilon)=e^{-\frac{i}{\hbar}\epsilon P}$는 본문에서와 같이

$$Q(\epsilon)|x> \;=|x+\epsilon>$$

의 관계를 이룬다. 이 연산자가 상태벡터 $|\psi>$에 자용할 때

$$Q(\epsilon)|\psi> \;=|\psi_\epsilon>$$

라 놓으면

(a) $\langle\psi_\epsilon|X|\psi_\epsilon\rangle=\langle\psi|X|\psi\rangle+\epsilon$

$\langle\psi_\epsilon|P|\psi_\epsilon\rangle=\langle\psi|P|\psi\rangle$

됨을 보여라.

(b) 또 $\langle x|Q(\epsilon)|\psi\rangle=\psi(x-\epsilon)$됨을 보여라.

(c) 병진 과정에 대하여 Hamiltonian이 불변(invariance)임은 어떠한 과정을 의미하는가?

9. 10 (a) 운동량 좌표에서의 Schrödinger 방정식 (9.6)식과 (9.191)식에서 퍼텐셜 부분이 각각 적분형과 미분형으로 표시되었다. 이들이 같음을 보여라.

(b) 질량 m, 전화 e를 갖는 한 입자가 균일한 전기장 E_0에서 움직인다고 할 경우 운동량 공간에서의 Hamiltonian은

$$H=\frac{p^2}{2m}+i\hbar e E_0\frac{\partial}{\partial p}$$

가 됨을 설명하여라.

(c) 시간에 독립인 Schrödinger 방정식의 해 $\psi_E(p)$를 구하고 이 해가 만족하는 규격화 관계식은 어떻게 되는가 설명하여라.

9. 11 그림 P9.2에서와 같이 두께 l인 수정(水晶, quartz)면을 빛의 진행 방향에 수직하게 놓았다고 생각하자. x방향으로 편극된 파장 λ를 갖는 빛이 z축 방향으로 진행하는 경우를 생각하자. 만일 이 수정이 우(右)원편광(right circularly polarized)된 빛과 좌(左)원편광(left circularly polarized)된 빛에 대하여 각각 다른 굴절률 n_R과 n_L을 갖는다면 $n_L>n_R$인 경우 두께 l인 수정을 통과한 빛은 x축에 대하여 θ방향으로 선형 편광되었으며 이 때 θ는

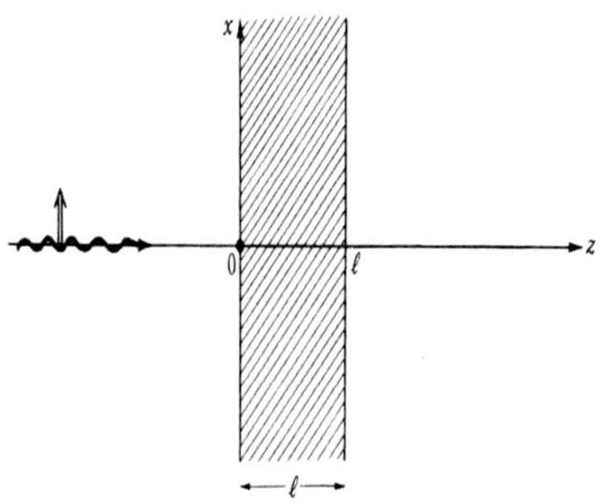

그림 P9.2 x축방향으로 선편광된 빛이 두께 l인 수정면에 수직하게 z축 방향으로 입사된다.

$$\theta=(n_L \rightarrow n_R)\pi l/\lambda$$

가 됨을 보여라.

9. 12 (a) 연산자 $R(p')=e^{\frac{i}{\hbar}p'x}$는 $|p''>$ 상태를 $|p''+p'>$ 상태로 옮기는 연산자임을 보였다. 입자의 Hamiltonian 이

$$H=\frac{\boldsymbol{p}^2}{2M}+\frac{1}{2}M\omega^2\boldsymbol{x}^2$$

로 주어지면 처음 상태 $|i>$가 $\hbar\vec{k}$의 (광자)에너지를 방출하고 $|f>$ 상태가 되는 경우 입자의 마지막 상태의 에너지는

$$E_f = E_i - \hbar\vec{k}\cdot\left\langle i\left|\frac{\vec{p}}{M}\right|i\right\rangle + E_R$$

가 됨을 보여라. 여기서 E_R는 $E_r^2/2M$으로 입자의 되튐(recoil)에 해당되는 에너지이고 E_f와 E_i는 각각 $\langle f|H|f\rangle$와 $\langle i|H|i\rangle$이다.

(b) 입자가 처음에 위 Hamiltonian의 한 고유상태인 $|n'>$ 상태에 있었다면 $\hbar k$의 광자를 방출한 후 $|n''>$ 상태에 있을 확률은

$$P_{n'\to n''} = |\langle n''|e^{-ikx}|n'\rangle|^2$$

됨을 보여라.

9. 13 (a) 1차원에서 자유 입자의 전파 인자 $K(x,t:x',t')$에 대한 (9.209)식으로부터 $t'\to t$ 인 경우 $K(x,t:x',t')\to\delta(x-x')$가 됨을 보여라.

(b) $\psi(x,t)$가 $(t=0,\ x=x')$에서 Gauss 분포

$$\psi(x',0) = e^{ip'x'/\hbar}e^{-x'^2/2\Delta^2}/\sqrt[4]{\pi\Delta^2}$$

로 주어지는 경우 $K(x,t:x',t')$에 대한 (9.209)식을 이용하여

$$\psi(x,t) = \frac{1}{\sqrt{\sqrt{\pi}\left(\Delta+\frac{i\hbar t}{m\Delta}\right)}}\exp\left[-\frac{\left(x-\frac{p}{m}t\right)^2}{2\Delta^2\left(1+\frac{i\hbar t}{m\Delta^2}\right)}\right]\exp\left[i\frac{p'}{\hbar}\left(x-\frac{p}{2m}t\right)\right]$$

가 됨을 보여라.

9. 14 계단함수 $\theta(t\to t')$을 시간 t에 대하여 미분하면

$$\frac{d}{dt}\theta(t\to t') = \delta(t-t')$$

가 됨을 보여라. 그 의미를 정성적으로 설명하여라.

9. 15 조화진동자의 Hamiltonian은 $H=\hbar\omega\left(a^\dagger a+\frac{1}{2}\right)$로 쓸 수 있음을 제 5장에서 보였다.

(a) 수연산자 $N=a^\dagger a$의 고유 벡터 $|n>$을 기저로 택하는 경우 $H, a^\dagger, a$의 행렬표현을 구하여라.

(b) $|n>$의 행렬표현을 구하고 여기에 앞에서 얻은 행렬 a를 작용하여 행렬 관계식으로 $a|n> = \sqrt{n}|n-1>$식이 성립함을 보여라.

9. 16 온도 T에서 열적 평형 상태에 있는 흑체의 속(cavity)에 있는 광자들의 밀도 연산자는

$$\rho = (1-e^{-\lambda})e^{-\lambda a^\dagger a}$$

$$\lambda \equiv \frac{\hbar\omega}{kT}$$

에 의하여 기술됨을 Planck 공식과 관련된 다음 관계식을 증명함으로써 밝히고자 한다.

(a) 수표현(number representation)으로 ρ를 표현하는 경우

$$\rho = \left(1 - e^{-\lambda}\right)\sum_{n=0}^{\infty} e^{-\lambda n} |n><n|$$

됨을 보이고 $Tr(\rho) = 1$됨을 보여라.

(b) $H = \hbar\omega a^{\dagger} a \left(\frac{1}{2}\hbar\omega \text{ 항은 생각하지 않는 경우}\right)$라 할 때

$$\begin{aligned}\langle H \rangle &= Tr(\rho H) \\ &= \frac{\hbar\omega}{e^{\hbar\omega/kT} - 1} = \hbar\omega\langle N \rangle\end{aligned}$$

됨을 보여라.

(c) 진동자의 에너지를 측정할 때 n개의 광자를 발견할 확률은 ρ의 행렬로 어떻게 표시되는가? 이 확률 $P(n)$은 $P(n) = \left(1 - e^{-\lambda}\right)e^{-\lambda n}$됨을 보여라.

(d) $P(n)$으로부터 평균 광자수 $\bar{n} = \sum_{n} nP(n)$는 $\langle N \rangle$과 같음을 보여라.

(e) $P(n) = \dfrac{\overline{n^n}}{\left(1 + \bar{n}\right)^{n+1}}$ 됨을 보여라.

9\. 17 결맞는 상태 $|\lambda> = e^{-\frac{1}{2}|\lambda|^2} e^{\lambda a^{+}} |0>$로부터

(a) $a|\lambda> = \lambda|\lambda>$됨을 보여라.

(b) $\Delta x \Delta p = \dfrac{\hbar}{2}$됨을 보여라.

9\. 18 결맞는 상태 $|\lambda> = e^{\left(\lambda a^{\dagger} - \lambda^{*} a\right)} |0>$ 로부터 파동함수 $\psi_{\lambda}(x)$가 Gauss 함수 모양이 됨을 보여라. 단, $\psi_0(x)$ 에 대한 결과는 알고 있다고 하자.

9\. 19 (9.287)식의 두 관계식을 증명하여라.

9\. 20 1차원 진동자에 대하여 전파 인자는

(a) $K(x,t:x',0)=\sqrt{\dfrac{m\omega}{i2\pi\hbar\sin\omega t}}\exp\left[\dfrac{im\omega}{2\hbar}\{(x^2+x'^2)\cot\omega t-2xx'\csc\omega t\}\right]$

됨을 보여라.

(b) $\int K(x,t:x',0)dx=\sum_n e^{-\frac{i}{\hbar}W_n t}$

로 놓을 때 $W_n=\left(n+\dfrac{1}{2}\right)\hbar\omega$됨을 보이고 그 의미를 설명하여라.

(c) $t=0$ 일 때

$$\psi(x,0)=\sqrt{\frac{\alpha}{\sqrt{\pi}}}\,e^{-\frac{m\omega}{2\hbar}(x-a)^2}\qquad (a\text{는 상수})$$

라면 전파 인자를 이용하여 $\psi(x,t)$를 구하고

$$|\psi(x,t)|^2=\frac{\alpha}{\sqrt{\pi}}e^{-\frac{m\omega}{\hbar}(x-a\cos\omega t)^2}$$

됨을 보여라.

[부 록]

행렬 및 행렬식

여기서는 행렬의 정의(定義, definition)와 성질에 대하여 간단히 보충하여 언급한다.

(a) 행렬의 성질

(i) 행렬의 정의

행렬이란 $m\times n$개의 $A_{ij}(i=1,2,\cdots\cdots,m;j=1,2,\cdots\cdots,n)$의 집합을 다음과 같이 n개의 열(列, column)과 m개의 행(行, row)으로 나열한 양을 말한다.

$$(A)=\begin{pmatrix} A_{11} & A_{12} & \cdots\cdots & A_{1n} \\ A_{21} & A_{22} & \cdots\cdots & A_{2n} \\ \cdots & \cdots & \cdots & \cdots \\ A_{m1} & A_{m2} & \cdots\cdots & A_{mn} \end{pmatrix} \tag{A9.1}$$

이 행렬을 $m\times n$행렬이라 부른다.

만일 $m=n$인 경우 (A)를 정사각형(正四角形, square) 행렬이라 부른다. 이 때 m을 행렬의 차(次, order)라 부른다.

또 m이나 n이 1이 되는 경우에는 벡터의 성분과 같이 되며 $n=1$인 한 열(列, column)을 가진 행렬을 열벡터(column vector)라 부르고 한 행(行, row)을 가진 행렬을 행벡터(row vector)라 부른다. 스칼라는 $m=n=1$인 특별한 행렬이라 생각할 수 있다.

(ii) 행렬의 곱

두 행렬 A와 B를 곱하여 C인 행렬을 만든다면

$$C=AB \tag{A9.2}$$

이 된다. 이들은 성분 사이의 다음과 같은 관계식으로부터 정의된다. 이 식의 i행과 j열에 해당되는 성분을 고려하면

$$C_{ij}=\sum_k A_{ik}B_{kj} \tag{A9.3}$$

이 된다.

예를 들면 m개의 $y_i(i=1,2,\cdots,m)$와 n개의 $x_i(i=1,2,\cdots,n)$ 사이의 선형 관계식을 고려하자.

$$y_1 = A_{11}x_1 + A_{12}x_2 + \cdots\cdots + A_{1n}x_n$$

$$y_2 = A_{21}x_1 + A_{22}x_2 + \cdots\cdots + A_{2n}x_n$$

$$\cdots\cdots\cdots\cdots\cdots\cdots\cdots\cdots\cdots\cdots\cdots\cdots$$

$$y_m = A_{m1}x_1 + A_{m2}x_2 + \cdots\cdots + A_{mn}x_n \tag{A9.4}$$

x_i와 y_i로 이루어진 열벡터를 각각 X, Y라면 (A9.4)식은 다음과 같다.

$$X = \begin{pmatrix} x_1 \\ x_2 \\ \vdots \\ x_n \end{pmatrix} \tag{A9.5a}$$

$$Y = \begin{pmatrix} y_1 \\ y_2 \\ \vdots \\ y_m \end{pmatrix} \tag{A9.5b}$$

$$Y = AX \tag{A9.5c}$$

행렬의 곱은 결합 법칙을 만족한다. 즉 행렬 A, B, C사이에

$$(AB)C = A(BC) \tag{A9.6}$$

(증명) 이 식의 (ij) 성분을 고려하면

$$[(AB)C]_{ij} = \sum_k (AB)_{ik} C_{kj} = \sum_k \sum_l A_{il} B_{lk} C_{kj} \tag{A9.7a}$$

$$[A(BC)]_{ij} = \sum_k A_{il} (BC)_{lj} = \sum_l \sum_k A_{il} B_{lk} C_{kj} \tag{A9.7b}$$

따라서

$$[(AB)C]_{ij} = [A(BC)]_{ij} \tag{A9.7c}$$

$$\therefore (AB)C = A(BC) \quad (\Rightarrow ABC) \tag{A9.7d}$$

일정한 상수 c를 행렬 A에 곱한 것은 A의 모든 성분에 c를 곱한 것과 같다.

$$(cA)_{ij} = c(A_{ij}) \tag{A9.8}$$

(iii) 행렬의 종류(정사각형 행렬에서)

대각선 원소만 0이 아닌 행렬을 대각선 행렬(對角線行列, diagonal matrix)이라 부른다. 즉,

$$(A)_{ij} = a_i \delta_{ij} \tag{A9.9}$$

특히 모든 대각선 원소가 1인 대각선 행렬을 단위 행렬(單位行列, identity matrix)이라 하고 I로 나타낸다.

$$I = \begin{pmatrix} 1 & 0 & 0 & \cdots\cdots & 0 \\ 0 & 1 & 0 & \cdots\cdots & 0 \\ & \cdots & \cdots & \cdots & \\ 0 & 0 & 0 & \cdots\cdots & 1 \end{pmatrix} \tag{A9.10}$$

이다. 이 행렬은 같은 차원의 임의의 행렬 A와 곱할 때 다음 관계식을 가진다.

$$IA = AI = A$$

또 행렬 A는 다음 식을 만족하는 경우 각각 다음과 같이 부른다.

$A^T = A \ \left(A_{ij} = A_{ji}\right)$; 대칭(對稱, symmetric) 행렬

$A^T = -A$; 반대칭(反對稱, antisymmetirc) 행렬

$A^* = A$; 실(實, real) 행렬

$A^* = -A$; 허(虛, imaginary) 행렬

$A^\dagger = \left(A^*\right)^T = A$; 에르미트(Hermite) 행렬

$A^\dagger = -A$; 반에르미트(antihermite) 행렬

$A^T = A^{-1}$; 직교(直交, orthogonal) 행렬

$A^\dagger = A^{-1}$; unitary 행렬

여기서 A^T는 행렬의 행과 열을 바꾼 상태 즉 전치(轉置, transpose)된 행렬

$$\left(A^T\right)_{ij} = A_{ji} \tag{A9.11}$$

을 의미한다. 또 A^{-1}는 역 행렬(逆行列, inverse matrix)로서

$$A^{-1}A = AA^{-1} = I \tag{A9.12}$$

를 만족하는 행렬인데 다음과 같이 구할 수 있다.

(ⅳ) 만일 $\det(A) \neq 0$인 경우 다음과 같이 A^{-1}를 구할 수 있다.

먼저 행렬식(行列式, determinant) $\det A$는 다음과 같이 정의된다.

$$\det A = \sum_p (\pm 1) A_{i1} A_{j2} A_{k3} \cdots\cdots = \begin{vmatrix} A_{11} \ A_{12} \ \cdots\cdots \ A_{1n} \\ \cdots\cdots\cdots\cdots\cdots\cdots\cdots \\ A_{n1} \ A_{n2} \ \cdots\cdots \ A_{nn} \end{vmatrix} \tag{A9.13}$$

여기서 $i, j, k\cdots\cdots$등은 $1, 2, 3, \cdots\cdots$의 모든 순열(順列, permutation)을 나타내며 (± 1)은 그 순열이 짝순열(even permutation)이면 $+1$, 홀순열(odd permutation)이면 -1을 나타내는 기호이다. 즉 $i, j, k\cdots\cdots$가 어느 한 순열일 경우 이것을 열의 수끼리 바꾸어 $1, 2, 3, \cdots\cdots$순으로 나열하는데 짝수 번 바꾸면 $+1$, 홀수 번 바꾸면 -1이 됨을 말하며 $\sum_p$는 모든 순열에 대한 합을 표시한다. 이것은 제 1장에서 정의한 Levi-Civita 기호를 쓰면 합의 규약(summation convention)을 이용하여

$$\det A = \epsilon_{i_1 i_2 \cdots i_n} A_{i_1 1} A_{i_2 2} \cdots\cdots A_{i_n n} \tag{A9.14}$$

으로 쓸 수 있다.

이 정의로부터 두 열(또는 행)을 서로 바꾸면 행렬식의 값은(-1)이 곱해진다. 따라서 특히 두 열이나 행이 같으면 행렬식은 0이 된다.

행렬식은 (A9.13)식이나 (A9.14)식에서 알 수 있는 바와 같이 한 열에 대한 전개로 볼

수 있다. 예를 들어 A_{i3}에 대한 전개로 보면

$$\det A = \sum_i a_{i3} A_{i3} \tag{A9.15}$$

이 된다. 여기서 전개 계수 a_{i3}를 A_{i3}의 여인수(餘因數, cofactor)라 부르며 이 값을 얻기 위하여 행렬식에서 A_{i3}가 왼쪽 열 맨 위에 오도록 행과 열을 재배치한다. 행렬식은 인접한 두 열이나 행을 서로 바꿀 때는 (-1)을 붙이면 되므로

$$\det A = (-1)^{i+3} \begin{vmatrix} A_{i3} \cdots\cdots \\ \vdots \\ \vdots \end{vmatrix} \tag{A9.16}$$

$$\therefore a_{i3} = (-1)^{i+3} \det \begin{vmatrix} A\text{에서 } i\text{번째 행과 3번째} \\ \text{열을 없앤 나머지 행렬} \end{vmatrix} \tag{A9.17}$$

이 된다. 일반적으로 A_{ij}의 여인수 a_{ij}는

$$a_{ij} = (-1)^{i+j} \begin{vmatrix} A\text{에서 } i\text{행과 } j\text{열을 없앤 나} \\ \text{머지 행렬로 만든 행렬식} \end{vmatrix} \tag{A9.18}$$

따라서

$$\begin{aligned} \sum a_{i2} A_{i1} &(= \text{행렬식 } \det A\text{에서 두 번째 열을 첫 번째 열로 바꾸어 놓은 행렬의 행렬식}) \\ &= 0 \end{aligned} \tag{A9.19}$$

일반적으로

$$\sum_i a_{i1} A_{ik} = (\det A) \delta_{kl} \tag{A9.20}$$

따라서 역행렬(逆行列, inverse matrix) A^{-1}은 다음과 같이 된다.

$$(A^{-1})_{ij} = \frac{a_{ji}}{\det A} \tag{A9.21}$$

이 식으로부터

$$\sum_k (A^{-1})_{ik} A_{kj} = \frac{1}{\det A} \sum_k a_{ki} A_{kj} = \delta_{ij} \tag{A9.22a}$$

$$\therefore A^{-1} A = I \tag{A9.22b}$$

를 얻고 또 역 행렬에 대하여 다음 관계식을 얻을 수 있다.

$$AA^{-1} = I \tag{A9.23}$$

$$(AB)^{-1} = B^{-1} A^{-1} \tag{A9.24}$$

물론 행렬에는 그의 역행렬이 존재하지 않는 경우가 많이 있다.

(v) 행렬의 가법

두 행렬 A와 B의 합은 서로 대응되는 원소의 합으로 만든 행렬로 정의한다. 즉

$$(A+B)_{ij} = A_{ij} + B_{ij} \tag{A9.25}$$

이다. 여기에서 두 행렬의 행과 열의 수는 각각 같아야 가법이 정의된다. 가법의 성질은 임의의 행렬 A, B, C에 대하여

i) $A+B=B+A$ (A9.26a)

ii) $A(B+C)=AB+AC$

$(B+C)A=BA+CA$ (A9.26b)

(첫 식의 증명)

$$\begin{aligned}[A(B+C)]_{ij} &= \sum_k A_{ik}(B+C)_{kj} \\ &= \sum_k A_{ik}(B_{kj}+C_{kj}) \\ &= \sum_k A_{ik}B_{kj} + \sum_k A_{ik}C_{kj} \\ &= (AB)_{ij}+(AC)_{ij} \\ &= (AB+AC)_{ij}\end{aligned}$$

$$\therefore A(B+C)=AB+AC$$

끝으로 무한 차원에 대하여도 가법은 정의되나 역행렬은 언급하기 어렵다. 따라서 역행렬은 유한 차원의 행렬에 대하여만 정의된다고 생각한다.

(b) 행렬의 고유값 문제

$n\times n$ 행렬 A에 대하여

$$AX=aX \tag{A9.27}$$

을 만족하는 수 a와 열벡터(행렬) X를 구하는 문제를 고유값 문제라 한다. 단 X에서 모든 원소가 0인 경우는 제외된다. 이 식을 다시 쓰면

$$(A-aI)X=0 \tag{A9.28}$$

이 된다. 만일 행렬 $(A-aI)$에 역행렬이 존재하면 X에 대한 이 방정식의 가능한 해는 $X=0$뿐이다. 따라서 $X\neq 0$인 해가 존재하려면 다음 조건이 성립해야 한다.

$$\det(A-aI)=0 \tag{A9.29}$$

즉
$$\begin{vmatrix} A_{11}-a & A_{12} & A_{13} & \cdots\cdots & A_{1n} \\ A_{21} & A_{22-a} & A_{23} & \cdots\cdots & A_{2n} \\ \cdots & \cdots & \cdots & \cdots & \cdots \\ A_{n1} & A_{n2} & A_{n3} & \cdots\cdots & A_{nn}-a \end{vmatrix} = 0 \tag{A9.30}$$

이 식은 행렬 A의 고유값 a와 고유 벡터 X를 구하는 데 이용되는 식으로 a에 대한 n차 다항식이 되어 원칙적으로 간단한 경우에는 고유값 a를 구할 수 있고 보다 복잡한 경우는 선형 대수학(線型代數學, linear algebra)에서 취급되며 또 전산기(電算器, computer)를 사용하여 근사 값을 수치적으로 얻을 수도 있다. 이 식을 특성 방정식(特性方程式, characteristic equation) 또는 영년 방정식(永年方程式, secular equation) 또는 고유 방정식

이라고 부른다. 이 식을 푸는 방법을 간단한 예를 들어 설명하겠다. 한편 여기서 얻은 고유값 a의 값을 (A9.28)식에 대입하면 연립 방정식

$$\begin{aligned}&(A_{11}-a)x_1+A_{12}x_2+\cdots\cdots+A_{1n}x_n=0\\&A_{21}x_1+(A_{22}-a)x_2+\cdots\cdots+A_{2n}x_n=0\\&\cdots\cdots\cdots\cdots\cdots\cdots\cdots\cdots\cdots\cdots\\&A_{n1}x_1+A_{n2}x_2+\cdots\cdots+(A_{nn}-a)x_n=0\end{aligned} \tag{A9.31}$$

이 되므로 고유 벡터 X의 성분 $x_1, x_2, \cdots\cdots, x_n$도 원칙적으로 얻을 수 있다. 단 이 식은 n개의 미지수 $x_1, x_2, \cdots\cdots, x_n$에 대한 동차(同次, homogencous) 연립 방정식이므로 한 개의 값 이외에는 다 구해진다. 또 나머지 이 한 값도 X를 규격화하여

$$X^{\dagger}X=I \tag{A9.32}$$

인 조건으로부터 완전히 정해진다. 단 이 때에도 벡터 X의 위상은 임의가 된다.

본문에서와 관련하여 고유값의 값을 $\lambda_1, \lambda_2, \cdots\cdots$ 로 정하고 이 값에 대응하는 고유 벡터를 $|\lambda_1>, |\lambda_2>, \cdots\cdots$ 라 놓자. 여기서 $|>$ 는 열(列, column)벡터(또는 행렬)를 의미한다.

예 1. (9.92)식에서 주어진 σ_z의 행렬 표현에 대한 고유값 문제를 풀어보자.

$$|\sigma_z-aI|=0,\quad \begin{vmatrix}1-a & 0\\ 0 & -1-a\end{vmatrix}=0 \tag{A9.33a}$$

$$\therefore\ (a-1)(a+1)=0 \tag{A9.33b}$$

$$\therefore\ a=1=\lambda_1 \text{ 또는 } a=-1=\lambda_2 \tag{A9.33c}$$

λ_1에 대하여 (A9.28)식은

$$\begin{pmatrix}1-1 & 0\\ 0 & -1-1\end{pmatrix}\begin{pmatrix}x_1\\x_2\end{pmatrix}=0 \tag{A9.33d}$$

$$\therefore\ -2x_2=0 \tag{A9.33e}$$

즉 x_1은 임의의 값이고 $x_2=0$이다. 따라서 고유 벡터는

$$|\lambda_1>\ =\begin{pmatrix}1\\0\end{pmatrix} \tag{A9.34}$$

이고 λ_2에 대하여 마찬가지로 풀면 x_2는 임의의 값이고 $x_1=0$이므로

$$|\lambda_2>\ =\begin{pmatrix}1\\0\end{pmatrix} \tag{A9.35}$$

이 된다.

예 2. 다음 행렬의 고유값 문제를 풀어보자.

$$A=\begin{pmatrix}3 & 2\\ 2 & 6\end{pmatrix} \tag{A9.36}$$

이 행렬의 고유값을 λ라 할 때 특성 방정식은

$$|A-\lambda I|=0,\quad \begin{vmatrix}3-\lambda & 2\\ 2 & 6-\lambda\end{vmatrix}=0 \tag{A9.37a}$$

$$\therefore (\lambda-3)(\lambda-6)-4=0$$

$$\lambda^2-9\lambda+14=(\lambda-2)(\lambda-7)=0 \tag{A9.37b}$$

따라서 고유값은 $\lambda=7, \lambda=2$이 되며 이들은 각각 λ_1, λ_2라 하자.

$\lambda_1=7$에 대한 고유 벡터 (A9.28)식으로부터

$$\begin{pmatrix} 3-7 & 2 \\ 2 & -6-7 \end{pmatrix}\begin{pmatrix} x_1 \\ x_2 \end{pmatrix}=0 \qquad \begin{matrix} -4x_1+2x_2=0 \\ 2x_1-x_2=0 \end{matrix} \tag{A9.38a}$$

$$\therefore x_2=2x_1 \tag{A9.38b}$$

고유 벡터가 규격화 되었다면 다음과 같아진다.

$$|\lambda_1> \ =\frac{1}{\sqrt{5}}\begin{pmatrix} 1 \\ 2 \end{pmatrix} \tag{A9.39}$$

$\lambda_2=2$에 대한 고유 벡터를 $|\lambda_2> \ =\begin{pmatrix} x_1{}' \\ x_2{}' \end{pmatrix}$이라면

$$\begin{pmatrix} 3-2 & 2 \\ 2 & 6-2 \end{pmatrix}\begin{pmatrix} x_1{}' \\ x_2{}' \end{pmatrix}=0 \qquad \begin{matrix} x_1{}'+2x_2{}'=0 \\ 2x_1{}'+4x_2{}'=0 \end{matrix} \tag{A9.40a}$$

$$\therefore x_1=-2x_2{}' \tag{A9.40b}$$

따라서 규격화된 고유 벡터는 다음과 같다.

$$|\lambda_2> \ =\frac{1}{\sqrt{5}}\begin{pmatrix} -2 \\ 1 \end{pmatrix} \tag{A9.41}$$

(A9.38a)식과 (A9.40a)식에서 각각 두 식들은 서로 독립이 아니다. 일반적으로 (A9.30)식에서 얻은 고유값 각각에 대한 고유 벡터의 성분은 (A9.31)식으로 된 연립 동차 방정식(同次方程式, homogeneous equation)을 이루므로, 예를 들어 n개의 성분 중에서 어느 한 개는 항상 임의의 값으로 택하고 나머지 $(n-1)$개의 값은 이 한 개의 값으로 표시함을 나타낼 수 있으며, 나머지 한 개의 값도 고유 벡터를 규격화하여 얻은 것이다. 다만 위상은 임의로 택한 것이다.

(c) 기저의 바꿈(change of basis)

먼저 3차원 실 벡터 공간에서 좌표축의 변환을 고려하여 명확한 관계식을 알아보자. 그림 A9.1에서 보는 바와 같이 이 공간에서 기저 벡터 두 가지를 고려하여 각각 $\vec{i_1}, \vec{i_2}, \vec{i_3}$와 $\overrightarrow{i_1{}'}, \overrightarrow{i_2{}'}, \overrightarrow{i_3{}'}$라 하자. 이들 사이에는 다음과 같은 관계식이 성립한다고 하자.

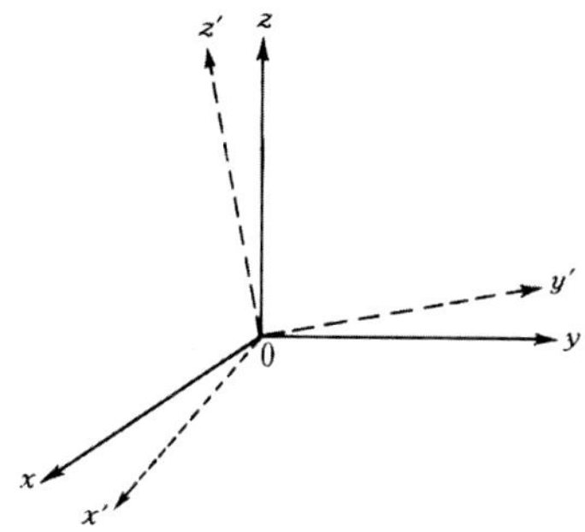

그림 A9.1 3차원 공간에서 두 Cartesian 좌표계

$$\overrightarrow{i_1'} = S_{ij}\overrightarrow{i_j} \tag{A9.42}$$

여기서 S_{ij}는 두 종류의 좌표축들 사이의 각의 cosine이다.

기저벡터 사이의 직교성 때문에

$$\overrightarrow{i_j} \cdot \overrightarrow{i_i'} = S_{ik}\overrightarrow{i_j} \cdot \overrightarrow{i_k} = S_{ik}\delta_{jk} = S_{ij} \tag{A9.43a}$$

$$\delta_{ij} = \overrightarrow{i_i'} \cdot \overrightarrow{i_j'} = S_{ik}S_{jl}\overrightarrow{i_k} \cdot \overrightarrow{i_l} = S_{ik}S_{jl}\delta_{kl} = S_{ik}S_{jk} \tag{A9.43b}$$

$$= (S)_{ik}(S^T)_{kj}$$

가 되고 이 관계식을 행렬로 표시하면

$$\therefore\ SS^T = I \ \ (\Rightarrow S : \text{직교행렬}) \tag{A9.43c}$$

$$\therefore\ S^T = S^{-1} \tag{A9.43d}$$

이 된다. 한편 행렬은 그의 역행렬과 교환 가능하므로 S와 S^T 도 교환가능하다.

$$S^TS = I \tag{A9.44a}$$

$$S_{ki}S_{kj} = \delta_{ij} \tag{A9.44b}$$

3차원 공간에서 어느 점을 나타내는 벡터 $\overrightarrow{X}$는 두 기저에 대한 성분이 각각 (x_1, x_2, x_3)와 (x_1', x_2', x_3')으로 다르게 되며

$$\overrightarrow{X} = x_k\overrightarrow{i_k} = x_j'\overrightarrow{i_j'} \tag{A9.45}$$

이다. 이 식의 양변을 $\overrightarrow{i_i'}$로 내적을 하여 주면

$$x_j'\overrightarrow{i_i'} \cdot \overrightarrow{i_j'} = x_k\overrightarrow{i_k} \cdot \overrightarrow{i_i'} \tag{A9.46a}$$

$$x_i' = S_{ik}x_k \tag{A9.46b}$$

가 된다. 이 식을 한 열행렬(열벡터)로 표시하면

$$X = \begin{pmatrix} x_1 \\ x_2 \\ x_3 \end{pmatrix} \tag{A9.47}$$

$$X' = SX \tag{A9.48}$$

가 된다. 다시 반복하여 말하면 이 관계식은 한 벡터 $\vec{X}$의 두 좌표계에 대한 성분 사이의 관계식이다. 좌표축을 바꾸는 경우 벡터 $\vec{X}$ 와 마찬가지로 다른 벡터 $\vec{Y}$도 두 기저에 대한 성분 사이에는

$$Y' = SY \tag{A9.49}$$

의 관계가 성립한다. 따라서 $\vec{X'}$와 $\vec{Y'}$의 내적은

$$\overrightarrow{X'} \cdot \overrightarrow{Y'} = X'^T Y' = X^T S^T S Y = X^T Y = \vec{X} \cdot \vec{Y} \tag{A9.50}$$

가 된다. 즉 내적은 좌표변환에 대하여 불변(不變, invariant)이다.

한편 Y와 X사이의 관계식이 기저 $(\vec{i_1}, \vec{i_2}, \vec{i_3})$에서

$$Y = \Omega X \tag{A9.51a}$$

라고 하면 (A9.48)식과 (A9.49)식으로부터

$$\begin{aligned} Y' &= SY \\ &= S\Omega X = S\Omega S^{-1} X' \\ &= \Omega' X' \end{aligned} \tag{A9.51b}$$

$$\therefore \Omega' = S\Omega S^{-1} \tag{A9.52}$$

이 된다. 이러한 변환을 닮음 변환(類似變換, similarity transformation)이라 부른다. 한 좌표계에서 행렬 P, Q, R 사이에

$$PQ + R = 0 \tag{A9.53}$$

의 관계가 있다 하자. 이 식을 왼편으로부터 S로 곱하고 오른편으로부터 S^{-1} 로 곱하면

$$SPS^{-1}SQS^{-1} + SRS^{-1} = 0 \tag{A9.54a}$$

$$\therefore P'Q' + R' = 0 \tag{A9.54b}$$

즉 다른 좌표계에서도 같은 대수적 관계식을 유지함을 알 수 있다.

이러한 논의는 n차원 벡터공간에도 연장될 수 있고 또 복소 공간에도 적용된다. 단 복소 공간에서는 벡터의 성분이 복소수이므로 한 벡터에 대한 두 기저에서의 좌표를

$$X = \begin{pmatrix} x_1 \\ x_2 \\ \vdots \\ x_n \end{pmatrix} \qquad X = \begin{pmatrix} x_1' \\ x_2' \\ \vdots \\ x_n' \end{pmatrix} \tag{A9.55}$$

라 놓으면

$$X' = SX \tag{A9.48}$$

가 된다. 벡터의 내적은 좌표변환에 대하여 불변이므로

$$X'^{\dagger}X' = X^{\dagger}S^{\dagger}SX = X^{\dagger}X \tag{A9.56a}$$

$$\therefore S^{\dagger}S = I,\ S^{\dagger} = S^{-1} \tag{A9.56b}$$

의 관계가 있다. 즉 두 좌표의 변환 행렬 S는 unitary 행렬이다. unitary 행렬은 행렬 원소가 실수인 경우에는 직교행렬이 된다. 마찬가지로 한 좌표계에서 두 벡터를 연결해주는 행렬 Ω는 다른 좌표계에 대하여는 닮음 변환에 의하여 행렬 Ω'이 되며 이들은 다음 식으로 연결된다.

$$\Omega' = S\Omega S^{\dagger} = S\Omega S^{-1} \tag{A9.57}$$

특히 흥미있는 경우는 Hermite 행렬 Ω를 위와 같이 닮음 변환을 하여 대각행렬 Ω'으로 만드는 경우이다. 이렇게 하기 위하여는 S를 택하는 방법이 중요하다. 행렬 Ω의 고유값 문제의 해가 다음과 같다고 하자.

$$\Omega\omega^{(i)} = \lambda_i\omega^{(i)} \quad (i = 1, 2, \cdots\cdots n) \tag{A9.58a}$$

$$\omega^{\dagger(i)}\omega^{(j)} = \delta_{ij} \tag{A9.58b}$$

먼저 모든 고유값 λ_i가 각각 다른 경우 즉 겹침이 없는 경우 이 식을 성분으로 표시하면, 편의상 합의 기호 $\sum$를 붙여서 다음과 같이 쓸 수 있다.

$$\sum_l \Omega_{kl}\omega_l^{(i)} = \lambda_i\omega_k^{(i)} \quad (i\text{에 대한 합이 아님}) \tag{A9.59a}$$

$$\sum_k \omega_k^{(i)*}\omega_k^{(j)} = \delta_{ij} \tag{A9.59b}$$

또 λ_i를 대각선 원소로 갖는 대각선 행렬을 Λ라 정의하면 Λ는 실행렬(real matrix)이며

$$\Lambda = \begin{pmatrix} \lambda_1 & 0 \cdots\cdots & 0 \\ 0 & \lambda_2 \cdots\cdots & 0 \\ & \cdots\cdots\cdots\cdots & \\ 0 & 0 \cdots\cdots & \lambda_n \end{pmatrix} \tag{A9.60a}$$

$$\begin{aligned} \Lambda_{ij} &= \lambda_i\delta_{ij} = \lambda_j\delta_{ij} \quad (i\text{와 } j\text{에 대한 합이 아님}) \\ &= \Lambda_{ji} \end{aligned} \tag{A9.60b}$$

이 된다. 또 $\omega_j^{(i)*}$를 원소로 갖는 행렬을 S라 놓으면

$$S_{ij} = \omega_j^{(i)*} \quad \{S\text{의 } i\text{번째 행(row)은 } \lambda_i\text{의 고유 벡터의 복소공액}\} \tag{A9.61}$$

따라서 (A9.59)식을 이러한 행렬들로 표시하면

$$\sum_l \Omega_{kl} S_{il}^* = \sum_l \Lambda_{il} S_{lk}^* \tag{A9.62a}$$

$$\sum_l \Omega_{kl} S_{li}^\dagger = \sum_l S_{kl}^\dagger \Lambda_{li} \tag{A9.62b}$$

$$\therefore\ \Omega S^\dagger = S^\dagger \Lambda \tag{A9.62c}$$

이다. 한편

$$(SS^\dagger)_{ij} = \sum_k S_{ik} S_{kj}^\dagger = \sum_k S_{ik} S_{jk}^* = \sum_k \omega_k^{(i)*} \omega_k^{(j)} = \delta_{ij} \tag{A9.63a}$$

$$SS^\dagger = I \tag{A9.63b}$$

$$\therefore\ \Lambda = S\Omega S^\dagger = S\Omega S^{-1} \tag{A9.64}$$

이 되어 (A9.63a)식은 $S^\dagger$가 S의 역행렬 S^{-1} 임을 나타낸다. (A9.64)식은 행렬 Ω를 대각선 행렬로 만드는 대각선화 과정을 설명하고 있다. 또 $SS^\dagger = I$이면 $S^\dagger S = I$가 되므로 다음 관계식이 성립한다.

$$\delta_{ij} = (S^\dagger S)_{ij} = \sum_k S_{ik}^\dagger S_{kj} = \sum_k S_{ki}^* S_{kj}$$

$$= \sum_k \omega_i^{(k)} \omega_j^{(k)*} \tag{A9.65}$$

예. (A9.36)식으로 주어진 행렬 A의 대각선화(diagonalization)를 고려하자. A의 고유값과 고유 벡터는 이미 구하였으므로 이것으로부터 S 를 구할 수 있다. S 를 정의한 식 (A9.61)로부터

$$S = \begin{pmatrix} \frac{1}{\sqrt{5}} & \frac{2}{\sqrt{5}} \\ -\frac{2}{\sqrt{5}} & \frac{1}{\sqrt{5}} \end{pmatrix} \tag{A9.66}$$

이다. 또 이 행렬을 사용하여 행렬 A의 닮음 변환을 만들어보면 다음과 같다.

$$SAS^\dagger = \begin{pmatrix} \frac{1}{\sqrt{5}} & \frac{2}{\sqrt{5}} \\ -\frac{2}{\sqrt{5}} & \frac{1}{\sqrt{5}} \end{pmatrix} \begin{pmatrix} 3 & 2 \\ 2 & 6 \end{pmatrix} \begin{pmatrix} \frac{1}{\sqrt{5}} & -\frac{2}{\sqrt{5}} \\ \frac{2}{\sqrt{5}} & \frac{1}{\sqrt{5}} \end{pmatrix}$$

$$= \begin{pmatrix} \frac{7}{\sqrt{5}} & \frac{14}{\sqrt{5}} \\ -\frac{4}{\sqrt{5}} & \frac{2}{\sqrt{5}} \end{pmatrix} \begin{pmatrix} \frac{1}{\sqrt{5}} & -\frac{2}{\sqrt{5}} \\ \frac{2}{\sqrt{5}} & \frac{1}{\sqrt{5}} \end{pmatrix}$$

$$= \begin{pmatrix} 7 & 0 \\ 0 & 2 \end{pmatrix} \tag{A9.67}$$

예. 다음 식으로 주어진 타원에서 좌표축을 주축(主軸, principal axis)으로 변환하여라.

(그림 A9.2)

$$3x^2+4xy+6y^2=14 \tag{A9.68}$$

(해) 위 식을 행렬의 방정식으로 써 보면

$$(x\ \ y)\begin{pmatrix}3&2\\2&6\end{pmatrix}\begin{pmatrix}x\\y\end{pmatrix}=14 \tag{A9.69a}$$

$$X^{\dagger}AX=14 \tag{A9.69b}$$

로 쓸 수 있다. 여기서 X와 A는 다음과 같이 정의된다.

$$X=\begin{pmatrix}x\\y\end{pmatrix},\quad A=\begin{pmatrix}3&2\\2&6\end{pmatrix} \tag{A9.70}$$

먼저 A를 대각선화하기 위하여 새로운 좌표에 의한 행벡터를 X'라고 하고

$$X'=SX,\ S^{\dagger}S=I \tag{A9.71}$$

로 놓으면

$$X=S^{-1}X'=S^{\dagger}X' \tag{A9.72a}$$

$$X^{\dagger}=X'^{\dagger}S \tag{A9.72b}$$

따라서 (A9.69b)식은

$$X'^{\dagger}SAS^{-1}X'=14 \tag{A9.73}$$

가 된다. 여기서 SAS^{-1}가 대각선화되어

$$SAS^{-1}=A'=\begin{pmatrix}\lambda_1&0\\0&\lambda_2\end{pmatrix} \tag{A9.74}$$

라면 (A9.73)식은

$$\lambda_1x'^2+\lambda_2y'^2=14 \tag{A9.75}$$

$$\therefore\left(\frac{x'}{\sqrt{14/\lambda_1}}\right)^2+\left(\frac{y'}{\sqrt{14/\lambda_2}}\right)^2=1 \tag{A9.76}$$

로 되어 타원 방정식의 표준형이 된다. 이 식에서 $\lambda_1<\lambda_2$인 경우 타원의 반장축(半長軸, semi-major axis)과 반단축(半短軸, semi-minor axis)이 각각 $\sqrt{14/\lambda_2}$과 $\sqrt{14/\lambda_1}$가 된다. 앞의 예에서 $\lambda_1=7,\ \lambda_2=2$이고 S는 (A9.66)식으로 주어지는 경우 주축(x',y')에 대한 타원방정식은

$$\frac{x'^2}{(\sqrt{2})^2}+\frac{y'^2}{(\sqrt{7})^2}=1 \tag{A9.77}$$

이 되어 $\sqrt{2}$는 반단축, $\sqrt{7}$은 반장축이 된다.

주축이 방향을 알기 위하여 주축 방향의 단위 벡터를 $\overrightarrow{i_1'},\overrightarrow{i_2'}$라 하면 (A9.71)식에서

$$\overrightarrow{i_1'} = \frac{1}{\sqrt{5}}\overrightarrow{i_1} + \frac{2}{\sqrt{5}}\overrightarrow{i_2}$$

$$\overrightarrow{i_2'} = -\frac{2}{\sqrt{5}}\overrightarrow{i_1} + \frac{1}{\sqrt{5}}\overrightarrow{i_2} \qquad \text{(A9.78)}$$

따라서 그림 A9.2에서 보는 바와 같은 결과를 얻으면 x축과 x'축 사이의 각은 $\theta = \cos^{-1}\frac{1}{\sqrt{5}}$이 된다.

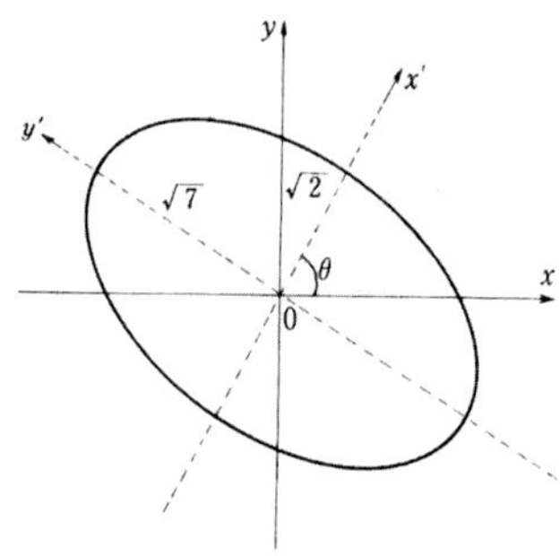

그림 A9.2 (A9.68)식과 (A9.77)식으로 주어진 타원

이와 비슷한 문제는 물리학에서 많이 사용되고 있으며 양자역학에서도 이러한 방법이 응용되고 있다.

한 행렬 Ω를 닮음 변환에 의하여 Ω'로 만드는 경우 행렬식 $\det\Omega$와 대각합(trace) $Tr\,\Omega$는 닮음 변환에 대하여 불변이다. 즉 Ω의 대각합은 Ω의 대각선 성분들의 합으로 정의되므로 다음과 같음을 알 수 있다.

$$Tr\,\Omega = \sum_i \Omega_{ii} \qquad \text{(A9.79)}$$

$$\begin{aligned}
\therefore\ Tr\,\Omega' &= \sum \left(S\Omega S^\dagger\right)_{ii} \\
&= \sum_i \sum_j \sum_k S_{ij}\Omega_{jk}S^\dagger_{ki} \\
&= \sum_j \sum_k \left(\sum_i S^\dagger_{ki}\,S_{ij}\right)\Omega_{jk} \\
&= \sum_j \sum_k \delta_{kj}\Omega_{jk} \\
&= \sum_j \Omega_{jj} \\
&= Tr\,\Omega \quad \left(\Rightarrow \sum_i \lambda_i\right)
\end{aligned} \qquad \text{(A9.80)}$$

두 행렬 A와 B의 곱의 행렬식은 각 행렬식의 곱과 같다. 즉

$$\det(AB) = \det A \det B \tag{A9.81}$$

(증명) $\det A = \epsilon_{i_1 i_2 \cdots i_n} A_{i_1 1} A_{i_2 2} \cdots A_{i_n n}$ (A9.82)

이다.

$$\therefore (\det A)\epsilon_{j_1 j_2 \cdots j_n} = \epsilon_{i_1 i_2 \cdots i_n} A_{i_1 j_1} A_{i_2 j_2} \cdots A_{i_n j_n} \tag{A9.83}$$

따라서

$$\begin{aligned} \det(AB) &= \epsilon_{i_1 i_2 \cdots i_n} (AB)_{i_1 1} (AB)_{i_2 2} \cdots\cdots (AB)_{i_n n} \\ &= \epsilon_{i_1 i_2 \cdots i_n} A_{i_1 j_1} A_{i_2 j_2} \cdots\cdots A_{i_n j_n} B_{j_1 1} B_{j_1 1} B_{j_2 2} \cdots\cdots B_{j_n n} \\ &= (\det A)\epsilon_{j_1 j_2 \cdots j_n} B_{j_1 1} B_{j_2 2} \cdots\cdots B_{j_n n} \\ &= \det A \det B \qquad \text{(증명 끝)} \end{aligned} \tag{A9.81}$$

그러므로 $\det \Omega'$는 다음과 같이 $\det \Omega$와 같아진다.

$$\begin{aligned} \det \Omega' &= \det(S\Omega S^{-1}) = \det S \det(\Omega S^{-1}) \\ &= \det S \det \Omega \det S^{-1} \\ &= \det(SS^{-1}) \det \Omega \\ &= \det \Omega \qquad (\Rightarrow \lambda_1 \lambda_2 \bullet \bullet \lambda_n) \end{aligned} \tag{A9.84}$$

지금까지는 한 벡터 $\vec{x}$에 대하여 두 개의 좌표계에 대한 좌표를 사이의 관계식을 고려하였다. 이 때 $\vec{x}$ 자체는 불변이나 성분들은 달라졌고 한 좌표계에서 고려한 물리적 연산자에 해당하는 행렬이 다른 좌표계에서는 닮음 변환을 한 행렬로 그 양을 나타내었다. 닮음 변환에 관련된 행렬 S는 좌표축 사이의 변환식에서 얻어졌다. 벡터의 성분으로 표시된 벡터가 좌표축의 변환 때문에 그 성분이 바뀌는 것을 수동적(受動的, passive) 변환이라 한다.

한편 한 개의 좌표계에 대하여 벡터 $\vec{x}$를 변환시켜 새로운 벡터 $\vec{x'}$을 만들 때 이 고정된 좌표계에서의 성분 사이에는

$$\vec{x'} = S\vec{x} \tag{A9.85a}$$

$$x_i' = \vec{i}_i \bullet (S\vec{x}) = (\vec{i}_i \, \vec{S}_{ij}) x_j \tag{A9.85b}$$

여기서 $(\vec{i}_i \vec{S}_{ij})$는 $\vec{i}_j$를 변환시킨 후 $\vec{i}_i$방향과의 내적이 된다. 특히 이 값이 S_{ij}로 전에 주어진 S행렬과 같다면 벡터 성분으로 표시된 열벡터 사이에는

$$X' = SX \tag{A9.86}$$

의 관계가 있어 앞에서 다룬 수동적 변환과 구별되지 않는다. 후자의 경우를 능동적(能動

的, active) 변환이라 부른다.

예를 들어 z축 주위에 x, y축을 θ만큼 돌린 수동적 변환인 회전(回轉, rotation)을 생각하면 이것은 벡터 $\vec{x}$에는 아무 영향을 미치지 않으나 그 성분에 대한 관계식은

$$\begin{cases} \vec{i'} = \cos\theta\vec{i} + \sin\theta\vec{j} \\ \vec{j'} = -\sin\theta\vec{i} + \cos\theta\vec{j} \\ \vec{k'} = \vec{k} \end{cases} \Rightarrow \begin{cases} \vec{i} = \cos\theta\vec{i}' - \sin\theta\vec{j}' \\ \vec{j} = \sin\theta\vec{i}' + \cos\theta\vec{j}' \\ \vec{k} = \vec{k'} \end{cases}$$

$$\begin{aligned} \therefore \vec{x} &= x\vec{i} + y\vec{i} + z\vec{k} \\ &= x\left(\cos\theta\vec{i'} - \sin\theta\vec{j'}\right) + y\left(\sin\theta\vec{i'} + \cos\theta\vec{j'}\right) + z\vec{k'} \\ &= (x\cos\theta + ysin\theta)\vec{i'} + (-x\sin\theta + ycos\theta)\vec{j'} + z\vec{k'} \\ &= x'\vec{i'} + y'\vec{j'} + z'\vec{k'} \end{aligned} \tag{A9.87}$$

$$\therefore \begin{pmatrix} x' \\ y' \\ z' \end{pmatrix} = R(\theta)\begin{pmatrix} x \\ y \\ z \end{pmatrix} = \begin{pmatrix} \cos\theta & \sin\theta & 0 \\ -\sin\theta & \cos\theta & 0 \\ 0 & 0 & 1 \end{pmatrix}\begin{pmatrix} x \\ y \\ z \end{pmatrix} \tag{A9.88}$$

이 된다. 이것은 원래의 좌표계에서 벡터를 z축 주위로 $-\theta$만큼 회전시켜 얻은 새로운 벡터가 갖는 좌표에 해당된다.

제 10 장

각운동량 이론과 그 응용

각운동량에 관한 특별한 경우로 궤도 각운동량 $\vec{L}$에 관하여는 이미 제 7장에서 논의했으며 여기서는 그의 행렬 표현과 각운동량의 일반화 및 스핀(spin) 각운동량과 그 응용을 고려하고자 한다.

궤도 각운동량은

$$\vec{L}=\vec{x}\times\vec{p} \tag{10.1}$$

$$[L_i,L_j]=i\hbar\epsilon_{ijk}L_k \tag{10.2}$$

를 만족하는 Hermite 연산자 $\vec{L}$로 정의되었다. 이 식으로부터

$$L^2=L_iL_i \tag{10.3}$$

로 정의된 L^2는 $\vec{L}$과 교환가능하다. 즉,

$$[L^2,L_z]=0, \tag{10.4}$$

를 알 수 있으며 L^2과 L_z이 공통된 고유 함수가 $Y_{lm}(\theta,\varphi)$로서

$$L^2Y_{lm}(\theta,\varphi)=l(l+1)\hbar^2Y_{lm}(\theta,\varphi) \tag{10.5}$$

$$L_zY_{lm}(\theta,\varphi)=m\hbar Y_{lm}(\theta,\varphi) \tag{10.6}$$

를 만족하며 이 때 L^2과 L_z를 미분 기호로 표시하면

$$L_z=\frac{\hbar}{i}\frac{\partial}{\partial\varphi} \tag{10.7}$$

$$L^2=-\hbar^2\left[\frac{1}{\sin\theta}\frac{\partial}{\partial\theta}\left(\sin\theta\frac{\partial}{\partial\theta}\right)+\frac{1}{\sin^2\theta}\frac{\partial^2}{\partial\varphi^2}\right] \tag{10.8}$$

임을 보였다. 이 식은 $\vec{p}$를 $\frac{\hbar}{i}\vec{\nabla}$로 놓고 얻었다.

앞 장에서 고려한 벡터공간에서 생각하면 $\vec{p}$는 이러한 미분 연산자가 아니며

$$[x_i,p_j]=i\hbar\delta_{ij} \tag{10.9}$$

를 만족하는 연산자이다. L_z과 L^2가 (10.4)식을 만족하면 L^2과 L_z에 공통된 고유 벡터 $|lm>$가 존재하여 이들의 고유값을 각각 $l(l+1)\hbar^2$, $m\hbar$라면

$$L^2|lm>\ =l(l+1)\hbar^2|lm> \tag{10.10}$$

$$L_z|lm> = m\hbar\,|\,lm> \tag{10.11}$$

로 쓸 수 있다. 여기서 L_z과 L^2은 (10.7)식과 (10.8)식에서와 같은 미분 연산자가 아니다. 연속인 기저 벡터 $\{|\theta\varphi>\}$에 대한 고유 벡터 $|lm>$|의 성분이 $Y_{lm}(\theta,\varphi)$이다. 즉

$$<\theta\varphi\,|\,lm> = Y_{lm}(\theta,\varphi) \tag{10.12}$$

가 되며 또 (10.10)식과 (10.11)식에 $<\theta\varphi|$가 작용하면

$$\begin{aligned} <\theta\varphi|L^2|\,lm> &= l(l+1)\hbar^2 <\theta\varphi\,|\,lm> \\ &= -\hbar^2\left[\frac{1}{\sin\theta}\frac{\partial}{\partial\theta}\left(\sin\theta\frac{\partial}{\partial\theta}\right)+\frac{1}{\sin^2\theta}\frac{\partial^2}{\partial\varphi^2}\right]<\theta\varphi\,|\,lm> \end{aligned} \tag{10.13}$$

$$\begin{aligned} <\theta\varphi|L_z|\,lm> &= m\hbar<\theta\varphi\,|\,lm> \\ &= \frac{\hbar}{i}\frac{\partial}{\partial\varphi}\langle\theta\varphi\,|\,lm\rangle \end{aligned} \tag{10.14}$$

이 된다. 즉 $<\theta\varphi|$와 $|lm>$이 연산자의 양편에 작용할 경우에, 그 사이의 연산자는 밖으로 나오며 미분 기호로 쓴다. 제 7장에서 논의된 각운동량 $\vec{L}$은 다음과 같이 일반화할 수 있다.

10. 1 각운동량(角運動量)의 행렬 표현(行列表現)

일반적인 각운동량 연산자 $\vec{J}$는 다음 식을 만족하는 연산자로 정의된다.

$$[J_i, J_j] = i\hbar\epsilon_{ijk}J_k \tag{10.15}$$

$$J_l^\dagger = J_i \tag{10.16}$$

궤도 각운동량 $\vec{L}$은 위 관계식을 만족하므로 $\vec{J}$의 특별한 경우라고 생각할 수 있다. $\vec{L}$에서의 경우와 마찬가지로 J^2와 J_i는 교환가능하다.

$$[J^2, J_j] = 0 \tag{10.17}$$

따라서 J^2과 J_z에 공통된 고유 벡터 $|jm_j>$를 얻을 수 있다.

$$J^2|jm_j> = j(j+1)\hbar^2|jm_j> \tag{10.18}$$

$$J_z|jm_j> = m_j\hbar|jm_j> \tag{10.19}$$

이미 제 7장 (7.4절)에서 $\vec{L}$에 대하여 논의한 바와 같이 m_j는 가장 큰 값이 j이고 가장 작은 값이 $-j$이다. 또

$$J_\pm = J_x \pm iJ_y \tag{10.20}$$

로 놓으면

$$J_\pm|jm_j> = \hbar\sqrt{j(j+1)-m_j(m_j\pm1)}\,|jm_j\pm1> \tag{10.21}$$

이 된다. 앞으로는 혼동이 없는 한 m_j의 아래 첨자 j를 떼고 m_j대신 m으로 쓰기로 하겠다.

m이 가장 큰 값인 $m_{\max}=j$인 벡터 $|jj>$에 J_-를 여러 번 작용시키면 결국 $|j,-j>$까지 얻게 된다. 즉 n번을 작용시키면

$$(J_-)^n|jj>\propto|j,j-n> \tag{10.22}$$

이 된다. 이 식의 우변에서 가장 작은 $(j-n)$은 $-j$이므로

$$n=2j \tag{10.23}$$

를 얻게 되고 n은 음(陰)이 아닌 정수(整數, integer)이므로 j값이 가질 수 있는 가능한 값은

$$j=0,\frac{1}{2},1,\frac{3}{2},2,\cdots\cdots \tag{10.24}$$

이다.

특히 궤도 각운동량에서는 j값이 $0,1,2,\cdots\cdots$의 경우만을 가진다. 또 $j=\frac{1}{2}$과 같은 반정수(半整數, half-integer)의 경우는 입자의 스핀(spin)이라는 새로운 종류의 각운동량과 관련이 있다.

연산자 J^2과 J_z의 행렬 표현을 얻기 위하여 (10.17)식의 양변에 고유 벡터 $|jm>$와 $<j'm'|$을 작용하면

$$<j'm'|[J^2,\vec{J}]|jm>=0 \tag{10.25a}$$

$$<j'm'|(J^2\vec{J}-\vec{J}J^2)|jm>=0 \tag{10.25b}$$

이므로 (10.18)식을 이용하면

$$\hbar^2[j'(j'+1)-j(j+1)]<j'm'|\vec{J}|jm>=0 \tag{10.25c}$$

$$\hbar^2(j'-j)(j'+j+1)<j'm'|\vec{J}|jm>=0 \tag{10.25d}$$

이 된다. 따라서 $j\neq j'$인 경우에는 $\vec{J}$의 행렬 성분은

$$<j'm'|\vec{J}|jm>=0\ (j\neq j') \tag{10.25e}$$

임을 알 수 있다. 한편 j가 가질 수 있는 값이 $0,\frac{1}{2},1,\frac{3}{2},2\cdots\cdots$인 것을 고려하면 $\vec{J}$의 행렬 표현은 성분의 j와 m값을 변화시킴으로써 얻으며 다음의 모양이 된다.

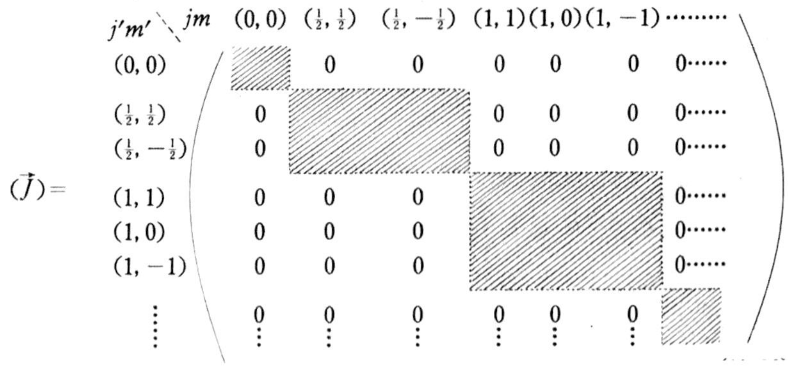

위 행렬에서 대각선을 따라 줄친 부분만 행렬 요소(matrix element)가 0이 아니며 이 부분은 주어진 j에 대하여 m이 j에서 $-j$까지 변함으로써 이루어지는 정사각형 행렬(square matrix)을 이룬다. 또 $(\vec{J})$행렬들의 합이나 곱은, 서로 대응하는 줄친 4각형 구역(block)끼리만 관여하므로 각운동량을 고려할 때에 주어진 j에 대한 한 개의 정사학형 행렬만 고려하는 경우가 많다. $\{|jm>\}$을 기저 벡터로 취할 때에는 (J^2)과 (J_z)는 대각행렬(diagonal matrix)이 된다. 즉

$$(J^2)=\begin{pmatrix} 0 & 0 & 0 & 0 & 0 & 0 & 0\cdots \\ 0 & \frac{3}{4}\hbar^2 & 0 & 0 & 0 & 0 & 0\cdots \\ 0 & 0 & \frac{3}{4}\hbar^2 & 0 & 0 & 0 & 0\cdots \\ 0 & 0 & 0 & 2\hbar^2 & 0 & 0 & 0\cdots \\ 0 & 0 & 0 & 0 & 2\hbar^2 & 0 & 0\cdots \\ 0 & 0 & 0 & 0 & 0 & 2\hbar^2 & 0\cdots \\ 0 & 0 & 0 & 0 & 0 & 0 & \frac{15}{4}\hbar^2 \\ \vdots & \vdots & \vdots & \vdots & \vdots & \vdots & \ddots \end{pmatrix} \tag{10.27}$$

$$(J_z)=\begin{pmatrix} 0 & 0 & 0 & 0 & 0 & 0 & 0\cdots \\ 0 & \frac{1}{2}\hbar & 0 & 0 & 0 & 0 & 0\cdots \\ 0 & 0 & -\frac{1}{2}\hbar & 0 & 0 & 0 & 0\cdots \\ 0 & 0 & 0 & \hbar & 0 & 0 & 0\cdots \\ 0 & 0 & 0 & 0 & 0 & 0 & 0\cdots \\ 0 & 0 & 0 & 0 & 0 & -\hbar & 0\cdots \\ 0 & 0 & 0 & 0 & 0 & 0 & \frac{3}{2}\hbar \\ \vdots & \vdots & \vdots & \vdots & \vdots & \vdots & \ddots \end{pmatrix} \tag{10.28}$$

으로 쓸 수 있다. 한 개의 정사각형 구역(block)을 떼어서 생각하여 보면 주어진 j에 대하여

$$(J^2)=\hbar^2 j(j+1)\begin{pmatrix} 1 & 0 & 0 & 0 & \cdots\cdots & 0 \\ 0 & 1 & 0 & 0 & \cdots\cdots & 0 \\ 0 & 0 & 1 & 0 & \cdots\cdots & 0 \\ \cdots & \cdots & \cdots & \cdots & \cdots & \cdots \\ \cdots & \cdots & \cdots & \cdots & \cdots & \cdots \\ 0 & 0 & 0 & 0 & \cdots\cdots & 1 \end{pmatrix} \tag{10.29}$$

$$(J_z)=\hbar\begin{pmatrix} j & 0 & 0 & \cdots\cdots & 0 \\ 0 & j-1 & 0 & \cdots\cdots & 0 \\ 0 & 0 & j-2 & \cdots\cdots & 0 \\ \cdots & \cdots & \cdots & \cdots & 0 \\ \cdots & \cdots & \cdots & \cdots & \cdots \\ 0 & 0 & 0 & & -j \end{pmatrix} \tag{10.30}$$

이 된다.

J^2과 J_z의 행렬 표현은 대각선 행렬이지만, 예를 들어 J_x, J_y, 또는 여러 행렬들의 합이나 곱은 일반적으로 대각선 행렬이 아니다.

일반적으로는 $\vec{J}$가 Hermite 연산자이므로 $(\vec{J})$행렬은 Hermite 행렬이며 이러한 행렬은 unitary 변환을 택하여 대각선 행렬로 만들 수 있다. 또 J^2과 J_z는 서로 교환 가능하므로 이들을 동시에 대각선으로 만드는 기저 벡터를 얻을 수 있고 이 기저 벡터가 $\{|jm>\}$인 것이다.

한편 $J_\pm$의 정의식 (10.20)으로부터 얻어지는

$$J_x=\frac{1}{2}(J_+ + J_-) \tag{10.31}$$

$$J_y=\frac{1}{2i}(J_+ - J_-) \tag{10.32}$$

와 $J_\pm$가 $|jm>$에 작용할 때의 관계식 (10.21)을 이용하면 $J_\pm$나 J_x, J_y의 행렬 표현을 얻을 수 있다. 즉 행렬 요소를 계산하면

$$<j'm'|J_\pm|jm> = \hbar\sqrt{j(j+1)-m(m\pm 1)}\,\delta_{j'j}\delta_{m',m\pm 1} \tag{10.33}$$

$$\begin{aligned} <j'm'|J_x|jm> &= \frac{1}{2}\hbar\sqrt{j(j+1)-m(m+1)}\,\delta_{j'j}\delta_{m',m+1} \\ &+\frac{1}{2}\hbar\sqrt{j(j+1)-m(m-1)}\,\delta_{j'j}\delta_{m',m-1} \end{aligned} \tag{10.34}$$

$$\begin{aligned} <j'm'|J_y|jm> &= \frac{1}{2i}\hbar\sqrt{j(j+1)-m(m+1)}\,\delta_{j'j}\delta_{m',m+1} \\ &-\frac{1}{2i}\hbar\sqrt{j(j+1)-m(m-1)}\,\delta_{j'j}\delta_{m',m-1} \end{aligned} \tag{10.35}$$

이므로 (J_x)와 (J_y)는

$$\therefore \quad (J_x) = \begin{pmatrix} 0 & 0 & 0 & 0 & 0 & 0 & 0\cdots \\ 0 & 0 & \frac{1}{2}\hbar & 0 & 0 & 0 & 0\cdots \\ 0 & \frac{1}{2}\hbar & 0 & 0 & 0 & 0 & 0\cdots \\ 0 & 0 & 0 & 0 & \hbar/\sqrt{2} & 0 & 0\cdots \\ 0 & 0 & 0 & \hbar/\sqrt{2} & 0 & \hbar/\sqrt{2} & 0\cdots \\ 0 & 0 & 0 & 0 & \hbar/\sqrt{2} & 0 & 0\cdots \\ 0 & 0 & 0 & 0 & 0 & 0 & 0\cdots \\ \vdots & \vdots & \vdots & \vdots & \vdots & \vdots & \ddots \end{pmatrix} \tag{10.36}$$

$$(J_y) = \begin{pmatrix} 0 & 0 & 0 & 0 & 0 & 0 & 0\cdots \\ 0 & 0 & -i\hbar/2 & 0 & 0 & 0 & 0\cdots \\ 0 & i\hbar/2 & 0 & 0 & 0 & 0 & 0\cdots \\ 0 & 0 & 0 & 0 & -i\hbar/\sqrt{2} & 0 & 0\cdots \\ 0 & 0 & 0 & i\hbar/\sqrt{2} & 0 & -i\hbar/\sqrt{2} & 0\cdots \\ 0 & 0 & 0 & 0 & i\hbar/\sqrt{2} & 0 & 0\cdots \\ 0 & 0 & 0 & 0 & 0 & 0 & 0\cdots \\ & \vdots & \vdots & \vdots & \vdots & \vdots & \ddots \end{pmatrix} \tag{10.37}$$

가 된다. 앞으로는 주어진 j에 대한 정사각형 행렬만을 고려하겠다. 제 7장에서 궤도 각운동량 $\vec{L}$에 관하여는 이미 많이 고려하였으므로 먼저 스핀 각운동량 $\vec{S}$의 성질과 행렬표현과 성질을 고찰하자.

10. 2 스핀(spin)

(a) 정의

$(\vec{J})$ 행렬이나 켓벡터 $|jm>$은 양자수 j와 m에 의하여 정해진다. 궤도 각운동량은 j가 $0, 1, 2, 3 \cdots$인 정수(integer)에 의하여 정해지므로 $j = \frac{1}{2}, \frac{3}{2}, \cdots$ 등은 궤도 각운동량과 다른 종류의 각운동량임을 곧 알 수 있다.

1925년 Uhlenbeck과 Goudsmit 는 원자의 스펙트럼을 설명하기 위하여 전자의 스핀이라는 개념을 도입하였고 $j = \frac{1}{2}$인 각운동량을 스핀이라 불렀다. 그 후에 많은 입자들이 발견될 때마다 그 입자의 스핀이 무엇인가를 조사하게 되었고 현재에는 여러 가지의 스핀을 가진 입자가 존재함을 알게 되었다. 앞으로는 스핀 각운동량의 양자수를 j 대신 s로 사용하겠다. $s = 0,1,2,3,\cdots$인 정수의 스핀을 갖는 입자들을 보손(boson)이라 부르고 $s = \frac{1}{2}, \frac{3}{2}, \frac{5}{2}, \cdots$등 반정수의 스핀을 갖는 입자들은 페르미온(fermion이라 부름은 전에 언급한 바와 같다.

특히 여기에서는 가장 간단하고 기본이 되는 $s = \frac{1}{2}$인 경우에 대하여 자세히 조사하여 보자. 스핀의 행렬 표현은 (10.28)식, (10.36)식과 (10.37)식에서 알 수 있는 바와 같이

$$S_x = \begin{pmatrix} 0 & \frac{\hbar}{2} \\ \frac{\hbar}{2} & 0 \end{pmatrix} = \frac{\hbar}{2}\sigma_x \tag{10.38}$$

$$S_y = \begin{pmatrix} 0 & -i\frac{\hbar}{2} \\ i\frac{\hbar}{2} & 0 \end{pmatrix} = \frac{\hbar}{2}\sigma_y \tag{10.39}$$

$$S_y = \begin{pmatrix} \frac{\hbar}{2} & 0 \\ 0 & -\frac{\hbar}{2} \end{pmatrix} = \frac{\hbar}{2}\sigma_z \tag{10.40}$$

가 된다. 여기서 $\sigma_x, \sigma_y, \sigma_z$는

$$\sigma_x = \begin{pmatrix} 0 & 1 \\ 1 & 0 \end{pmatrix},\ \sigma_y = \begin{pmatrix} 0 & -i \\ i & 0 \end{pmatrix},\ \sigma_z = \begin{pmatrix} 1 & 0 \\ 0 & -1 \end{pmatrix} \tag{10.41}$$

로 정의되고 때로는 $\sigma_{1,}\ \sigma_{2,}\ \sigma_3$로 쓰며 Pauli 행렬이라 부른다. 이들은 다음 성질을 가지고 있다.

$$\sigma_x\upsilon_y - i\sigma_z =- \sigma_y\sigma_x,\ \sigma_x^2 = \sigma_y^2 = \sigma_z^2 = I$$

$$\sigma_y\sigma_z = i\sigma_x =- \sigma_z\sigma_y$$

$$\sigma_z\sigma_x = i\sigma_y =- \sigma_x\sigma_z$$

즉 $$\sigma_i\sigma_j = \delta_{ij}I + i\epsilon_{ijk}\sigma_k \tag{10.42}$$

여기서 I 는 2×2 단위 행렬이다.

경우에 따라서는 $(\sigma_1, \sigma_2, \sigma_3)$를 $\vec{\sigma}$로 쓰기도 하며 스핀 행렬 $\vec{S}$는

$$\vec{S} = \frac{\hbar}{2}\vec{\sigma} \tag{10.43}$$

$$S^2 = S_x^2 + S_y^2 + S_z^2 = \frac{3}{4}\hbar^2 I = \frac{3}{4}\hbar^2 \begin{pmatrix} 1 & 0 \\ 0 & 1 \end{pmatrix} \tag{10.44}$$

이 된다.

(b) 스핀의 고유값 문제

(i) 3차원 공간에서 원점에서부터 한 점까지의 길이 방향의 단위벡터 $\vec{n}$을

$$\vec{n} = (\sin\theta\cos\varphi, \sin\theta\sin\varphi, \cos\theta) \tag{10.45}$$

로 놓을 때 스핀의 $\vec{n}$방향의 성분인 $\vec{S}\cdot\vec{n}$의 고유 벡터를 조사해 보자. $\vec{S}\cdot\vec{n}$의 행렬

표현은

$$\vec{S}\cdot\vec{n}=\frac{\hbar}{2}(\vec{\sigma}\cdot\vec{n})=\frac{\hbar}{2}\left\{\begin{pmatrix}0&1\\1&0\end{pmatrix}\sin\theta\cos\varphi+\begin{pmatrix}0&-i\\i&0\end{pmatrix}\sin\theta\sin\varphi+\begin{pmatrix}1&0\\0&-1\end{pmatrix}\cos\theta\right\}$$

$$=\frac{\hbar}{2}\begin{pmatrix}\cos\theta & e^{-i\varphi}\sin\theta\\ e^{i\varphi}\sin\theta & -\cos\theta\end{pmatrix} \tag{10.46a}$$

이므로 고유값을 구하면 다음과 같다.

$$|\vec{S}\cdot\vec{n}-\lambda I|=0=\begin{vmatrix}\frac{\hbar}{2}\cos\theta-\lambda & \frac{\hbar}{2}e^{-i\varphi}\sin\theta\\ \frac{\hbar}{2}e^{i\varphi}\sin\theta & -\frac{\hbar}{2}\cos\theta-\lambda\end{vmatrix} \tag{10.46b}$$

$$\lambda^2-\frac{\hbar^2}{4}\cos^2\theta-\frac{\hbar^2}{4}\sin^2\theta=0$$

$$\therefore \lambda=\frac{\hbar}{2},\ -\frac{\hbar}{2} \tag{10.46c}$$

즉 $\vec{n}$의 방향과 관계없이 고유값은 $\pm\frac{\hbar}{2}$이다. 이 고유값에 대응하는 고유 벡터를 $u_\pm$라면

$\lambda=\frac{\hbar}{2}$인 경우 : 고유 벡터 $u_+(\vec{n})=\begin{pmatrix}c_1\\c_2\end{pmatrix}$는

$$\begin{pmatrix}\frac{\hbar}{2}\cos\theta-\frac{\hbar}{2}, & \frac{\hbar}{2}e^{-i\varphi}\sin\theta\\ \frac{\hbar}{2}e^{i\varphi}\sin\theta, & -\frac{\hbar}{2}\cos\theta-\frac{\hbar}{2}\end{pmatrix}\begin{pmatrix}c_1\\c_2\end{pmatrix}=0$$

$$\therefore c_1(1-\cos\theta)=c_2e^{-i\varphi}\sin\theta$$

$$\frac{c_1}{c_2}=\frac{e^{-i\varphi}\sin\theta}{1-\cos\theta}=e^{-i\varphi}\frac{\cos\frac{\theta}{2}}{\sin\frac{\theta}{2}}$$

따라서 규격화된 고유 벡터

$$u_+(\vec{n})=\begin{pmatrix}e^{-i\varphi/2}\cos\frac{\theta}{2}\\ e^{i\varphi/2}\sin\frac{\theta}{2}\end{pmatrix} \tag{10.47}$$

를 얻는다. 마찬가지로

$\lambda=-\frac{\hbar}{2}$인 경우

$$u_-(\vec{n})=\begin{pmatrix}-e^{-i\varphi/2}\sin\frac{\theta}{2}\\ e^{i\varphi/2}\cos\frac{\theta}{2}\end{pmatrix} \tag{10.48}$$

를 얻는다. 물론 여기서 u_+, u_-에서 전체의 위상은 다르게 쓸 수도 있다.

$\vec{n}$의 특별한 경우를 고려하면

$\vec{n}=(0,0,1)$인 경우 : ($\theta=0, \varphi=0$가 되어 S_z의 고유값 문제)

$$u_+(z)=\begin{pmatrix}1\\0\end{pmatrix}, u_-(z)=\begin{pmatrix}0\\1\end{pmatrix} \tag{10.49}$$

$\vec{n}=(1,0,0)$인 경우 : $\left(\theta=\frac{\pi}{2}, \varphi=0\right.$가 되어 S_x의 고유치 문제$\left.\right)$

$$u_+(x)=\frac{1}{\sqrt{2}}\begin{pmatrix}1\\1\end{pmatrix},\ u_-(x)=\frac{1}{\sqrt{2}}\begin{pmatrix}-1\\1\end{pmatrix} \tag{10.50}$$

$\vec{n}=(0,1,0)$인 경우 : $\left(\theta=\frac{\pi}{2}, \varphi=\frac{\pi}{2}\right.$가 되어 S_y의 고유치 문제$\left.\right)$

$$u_+(y)=\frac{1}{\sqrt{2}}\begin{pmatrix}1\\i\end{pmatrix},\ u_-(y)=\frac{1}{\sqrt{2}}\begin{pmatrix}-1\\i\end{pmatrix} \tag{10.51}$$

를 얻는다.

(ii) $\vec{n}=(0,0,1)$인 경우를 생각하면 임의의 스핀 상태 벡터는

$$\begin{aligned} v &= \begin{pmatrix}a\\b\end{pmatrix}=a\begin{pmatrix}1\\0\end{pmatrix}+b\begin{pmatrix}0\\1\end{pmatrix} \\ &= au_+(z)+bu_-(z) \end{aligned} \tag{10.52}$$

로 표시된다. v는 스피너(spinor)라 부른다. 규격화 조건으로부터 a, b는

$$|a|^2+|b|^2=1=v^\dagger v \tag{10.53}$$

로 제한된다. v는 다른 $u_\pm(x)$ 또는 $u_\pm(y)$로도 표시될 수 있다.

(10.52)식의 v로 표현된 상태에서 S_z를 측정한다면 기대치는

$$\langle S_z\rangle=(a^* b^*)\begin{pmatrix}\frac{\hbar}{2} & 0\\ 0 & -\frac{\hbar}{2}\end{pmatrix}\begin{pmatrix}a\\b\end{pmatrix}=\frac{\hbar}{2}(|a|^2-|b|^2) \tag{10.54}$$

즉 이 상태에서 스핀 S_z를 측정하였을 때 스핀 값이 $\frac{\hbar}{2}$(윗방향 스핀, spin up이라 부름)가 될 확률은 $|a|^2$, 스핀 값이 $-\frac{\hbar}{2}$(아랫방향 스핀, spin down)가 될 확률은 $|b|^2$이 된다.

(10.52)식 상태의 밀도행렬은

$$\rho=|\psi><\psi|=\begin{pmatrix}a\\b\end{pmatrix}(a^* b^*)=\begin{pmatrix}aa^* & ab^*\\ ba^* & bb^*\end{pmatrix} \tag{10.55}$$

이고 따라서 S_z의 기대치는

$$\langle S_z\rangle=Tr(\rho S_z)$$

이 됨을 알 수 있다. 상태가 (10.52)식으로 표시됨은 물론 순수 상태를 의미한다.

(c) 자기장에서 스핀과 자기장의 상호 작용

먼저 전자기장이 없는 경우 입자의 운동을 고려하면

$$H=\frac{p^2}{2m}+V(r) \tag{10.56}$$

이 되는데 이 식과 같은 결과를 갖는 다른 식은 (10.42)식의 관계를 사용하면

$$H=\frac{1}{2m}\vec{\sigma}\cdot\vec{p}\vec{\sigma}\cdot\vec{p}+V \tag{10.57}$$

로 쓸 수도 있다.

여기에 외부로부터 균일한 자기장 $\vec{B}$가 가해지면 $\vec{p}$대신에 $\vec{p}-\frac{e}{c}\vec{A}$를 대입하여 Hamiltonian을 생각할 수 있음을 제 1장에서 보였다. 그러나 이 경우에는 Hamiltonian이 (10.56)식으로 주어지는 경우와 (10.57)식으로 주어지는 경우에 다른 결론을 얻게 된다. 스핀의 영향을 알아보기 위하여 후자의 경우를 생각하여 보자.

$$\begin{aligned}
&\vec{\sigma}\cdot\left(\vec{p}-\frac{e}{c}\vec{A}\right)\vec{\sigma}\cdot\left(\vec{p}-\frac{e}{c}\vec{A}\right)\\
&\quad=\sigma_i\sigma_j\left(p_i-\frac{e}{c}A_i\right)\left(p_j-\frac{e}{c}A_j\right)\\
&\quad=\left(\delta_{ij}I+i\epsilon_{ijk\sigma_k}\right)\left(p_i-\frac{e}{c}A_i\right)\left(p_j-\frac{e}{c}A_j\right)\\
&\quad=\left(\vec{p}-\frac{e}{c}\vec{A}\right)_i\left(\vec{p}-\frac{e}{c}\vec{A}\right)_i\\
&\qquad+i\epsilon_{ijk}\sigma_k\left(p_ip_j-\frac{e}{c}A_ip_j-\frac{e}{c}p_iA_j+\frac{e^2}{c^2}A_iA_j\right)\\
&\quad=\left(\vec{p}-\frac{e}{c}\vec{A}\right)^2-\frac{e}{c}i\epsilon_{ijk}\sigma_k\left(A_ip_j+A_jp_i+\frac{\hbar}{i}\frac{\partial A_j}{\partial x_i}\right)\\
&\quad=\left(\vec{p}-\frac{e}{c}\vec{A}\right)^2-\frac{e\hbar}{c}\sigma_k(\vec{\nabla}\times\vec{A})_k\\
&\quad=\left(\vec{p}-\frac{e}{c}\vec{A}\right)^2-\frac{e\hbar}{c}\vec{\sigma}\cdot\vec{B}
\end{aligned} \tag{10.58a}$$

의 관계가 있으므로 (10.57)식으로 표시된 입자의 Hamiltonian은 자기장에서 다음과 같이 된다.

$$\begin{aligned}
H&=\frac{1}{2m}\left(\vec{p}-\frac{e}{c}\vec{A}\right)^2+V-\frac{e\hbar}{2mc}\vec{\sigma}\cdot\vec{B}\\
&=\frac{p^2}{2m}+V-\frac{e}{mc}\vec{A}\cdot\vec{p}+\frac{e^2}{2mc^2}A^2-\frac{e}{mc}\vec{S}\cdot\vec{B}
\end{aligned} \tag{10.58b}$$

한편 균일한 자기장 $\vec{B}$가 작용하는 경우 벡터 퍼텐셜 $\vec{A}$는 특정의 한 gauge에 대하여 제 8장에서 보인바와 같이

$$\vec{A}=\frac{1}{2}\vec{B}\times\vec{x} \tag{10.59}$$

가 될 수 있으므로 H의 뒷부분은

$$-\frac{e}{mc}\vec{A}\cdot\vec{p}+\frac{e^2}{2mc^2}A^2=-\frac{e}{2mc}(\vec{B}\times\vec{x})\cdot\vec{p}+\frac{e^2}{8mc^2}(\vec{B}\times\vec{x})^2$$

$$=-\frac{e}{2mc}\vec{L}\cdot\vec{B}+\frac{e^2}{8mc^2}(\vec{B}\times\vec{x})^2 \tag{10.60a}$$

가 되고 따라서

$$H=\frac{p^2}{2m}+V-\frac{e}{2mc}\vec{L}\cdot\vec{B}-\frac{e}{mc}\vec{S}\cdot\vec{B}+\frac{e^2}{8mc^2}(\vec{B}\times\vec{x})^2 \tag{10.60b}$$

를 얻는다.

이 결과에서 보는 바와 같이 스핀 $\vec{S}$가 존재함에 따라 Hamiltonian 에 $-\frac{e}{mc}\vec{S}\cdot\vec{B}$인 항이 더 들어오게 되었다. Pauli 항이라 부르는 이 항은 스핀과 자기장의 상호 작용을 나타내는 항이 된다. 퍼텐셜 V에 의하여 속박된 원자에서 전자를 고려하면 (10.60b)식의 마지막 항은 제 8장에서 보인 바와 같이 작은 값이어서 무시할 수 있고 이 원자의 자기 모멘트(magnetic moment)는 궤도 각운동량이 기여하는

$$\vec{\mu_L}=\frac{e}{2mc}\vec{L} \tag{10.61}$$

과 스핀 각운동량이 기여하는

$$\vec{\mu_S}=\frac{e}{mc}\vec{S} \tag{10.62}$$

가 있어서 총(total) 자기 모멘트는

$$\vec{\mu}=\vec{\mu_L}+\vec{\mu_S} \tag{10.63}$$

가 된다. 입자의 스핀이 주는 자기 모멘트는 일반적으로

$$\vec{\mu_S}=\frac{g_e e}{2mc}\vec{S} \tag{10.64}$$

라 할 때 전자의 경우 $g_e=2$임을 말해 주고 있다. 예를 들어 양성자와 중성자도 스핀에 의한 자기 모멘트가 있으며, 이때에는 질량은 전자의 질량 대신 양성자나 중성자의 질량을 사용하므로 자기 모멘트는 작아지고 g값은 다음과 같다.

$$g_p=5.6 \quad (\text{여기서는 } m \text{ 대신 } m_p\text{를 사용함})$$

$$g_n=-3.8 \tag{10.65}$$

양성자와 중성자의 g값이 이와 같이 전자의 g와 다른 것은 이들의 복잡한 구조와 관련이 있다. 특히 중성자는 전하가 0임에도 불구하고 자기 모멘트가 0이 아님은 주의할 점이다. 중성자는 예를 들어 주위가 π^+나 π^-로 쌓여 있거나 쿼크(quark)들이 각자 중성자에

기여하는 자기 모멘트가 달라서 위 값이 된다고 볼 수 있다. 또 전자도 $g_e = 2$에서 약간 벗어나서

$$g_e = 2\left[1 + \frac{\alpha}{2\pi} + 0(\alpha^2)\right] \tag{10.66}$$

의 모양이 되는데, 이 값의 이론적 계산이 실험값과 잘 맞는 것을 양자 전기역학(量子電氣力學, quantum electrodynamics)의 성공으로 보고 있다.

또 반자성(反磁性, diamagnetic)항을 무시하는 경우 전자의 Hamiltonian은

$$H = \frac{\boldsymbol{p}^2}{2m} + V - \frac{e}{2mc}(\vec{L} + 2\vec{S}) \cdot \vec{B} \tag{10.67}$$

로 되어, $\vec{S}$가 없는 경우의 정상(正常) Zeeman 효과에 의한 에너지 준위의 갈라짐은, 후에 자세히 논의하는 바와 같이 $\vec{S}$ 때문에 생기는 비정상(非正常, anomalous) Zeeman 효과에 의한 에너지 준위의 갈라짐과 달라진다.

스핀이 고려되어 Hamiltonian에 Pauli항이 들어오는 경우에는 Hamiltonian의 행렬 표현은 2×2 행렬이 되므로 파동함수는 좌표표현에서도

$$\psi(x,t) = \begin{pmatrix} \psi_1(x,t) \\ \psi_2(x,t) \end{pmatrix} \tag{10.68}$$

와 같이 되어야 한다. 켓벡터 $|\psi>$를 사용하는 경우에는 스핀에 의한 또 다른 공간을 고려하여야 한다. 즉 두 벡터공간의 직접 곱(direct product)으로 생각한다. 많은 경우에 (10.68)식을 그대로 $|\psi>$로 표시한다.

(d) 자기장 안에서 스핀의 세차 운동(歲差運動, precession)

결정체(結晶體)는 원자들이 규칙적으로 배열된 격자(格子, lattice)로 되어 있다고 생각한다. 이 때 격자의 위치에 붙어 있는 전자를 고려하면 이 전자는 운동 에너지는 없고 스핀에 의한 자기 모멘트 $\vec{\mu}$만을 가지고 있다고 생각되어 여기에 외부로부터 자기장(磁氣場) $\vec{B}$가 작용하면 Hamiltonian은

$$\begin{aligned} H &= -\vec{\mu} \cdot \vec{B} \\ &= -\frac{ge}{2mc}\vec{S} \cdot \vec{B} \simeq -\frac{e\hbar}{2mc}\vec{\sigma} \cdot \vec{B} \end{aligned} \tag{10.69}$$

로 쓸 수 있다. 특히 외부의 자기장이 일정할 경우 자기장 $\vec{B}$의 방향으로 z축을 잡으면 H는

$$H = -\frac{e\hbar B}{2mc}\sigma_z \tag{10.70}$$

이다. 따라서 Schrödinger 방정식은

$$i\hbar\frac{\partial}{\partial t}|\psi> = H|\psi>$$

$$= \frac{|e|\hbar B}{2mc}\sigma_z|\psi> \tag{10.71}$$

이며 여기서 $|\psi>$는 스핀 벡터공간에서의 켓벡터로 행렬표현은 (10.68)식으로 나타난다. 그러므로 σ_z의 행렬을 고려하면

$$i\hbar\frac{\partial\psi_1}{\partial t} = \frac{|e|\hbar B}{2mc}\psi_1$$

$$i\hbar\frac{\partial\psi_2}{\partial t} = -\frac{|e|\hbar B}{2mc}\psi_2 \tag{10.72}$$

가 된다. 이 때 두 성분 ψ_1과 ψ_2는 연관(coupled)되어 있지 않기 때문에 쉽게 풀린다.

특히 진동수 ω를

$$\omega = \frac{|e|B}{2mc} \tag{10.73}$$

로 놓으면

$$\psi_1 = c_1 e^{-i\omega t},\ \psi_2 = c_2 e^{i\omega t} \tag{10.74a}$$

가 되므로

$$|\psi> = \begin{pmatrix} c_1 e^{-i\omega t} \\ c_2 e^{i\omega t} \end{pmatrix} \tag{10.74b}$$

이다. 여기서 상수 c_1과 c_2는 $t=0$인 때의 초기 조건에 의하여 결정된다.

예를 들어 $t=0$인 때에 $|\psi(t=0)>$가 S_x의 고유값이 $\frac{\hbar}{2}$인 고유 상태라면 (10.50)식을 이용하여 (10.74b)식은

$$|\psi(t=0)> = \begin{pmatrix} c_1 \\ c_2 \end{pmatrix} = \frac{1}{\sqrt{2}}\begin{pmatrix} 1 \\ 1 \end{pmatrix}$$

이 된다. 즉

$$c_1 = c_2 = \frac{1}{\sqrt{2}}$$

$$\therefore |\psi(t)> = \frac{1}{\sqrt{2}}\begin{pmatrix} e^{-i\omega t} \\ e^{i\omega t} \end{pmatrix} \tag{10.75}$$

이다. 이 결과는 뒤에 나오는 (10.196a)식을 이용하면 다음과 같이 얻을 수도 있다.

$$|\psi(t)> = e^{-\frac{i}{\hbar}tH}|\psi(0)> = e^{-i\omega t\sigma_z}|\psi(0)> = (I\cos\omega t - i\sigma_z \sin\omega t)|\psi(0)>$$

$$= \begin{pmatrix} e^{-i\omega t} & 0 \\ 0 & e^{i\omega t} \end{pmatrix}\frac{1}{\sqrt{2}}\begin{pmatrix} 1 \\ 1 \end{pmatrix} = \frac{1}{\sqrt{2}}\begin{pmatrix} e^{-i\omega t} \\ e^{i\omega t} \end{pmatrix} \tag{10.75}$$

시간이 지나감에 따라 $t \neq 0$인 때에 $\langle \vec{S} \rangle$를 살펴 보면

$$\langle S_x \rangle = \frac{1}{2}\left(e^{i\omega t}, e^{-i\omega t}\right)\begin{pmatrix} 0 & \frac{\hbar}{2} \\ \frac{\hbar}{2} & 0 \end{pmatrix}\begin{pmatrix} e^{-i\omega t} \\ e^{i\omega t} \end{pmatrix}$$

$$= \frac{\hbar}{4}\left(e^{-i\omega t}, e^{i\omega t}\right)\begin{pmatrix} e^{-i\omega t} \\ e^{i\omega t} \end{pmatrix} = \frac{\hbar}{4}\left(e^{2i\omega t} + e^{-2i\omega t}\right)$$

$$= \frac{\hbar}{2}\cos 2\omega t \tag{10.76a}$$

$$\langle S_y \rangle = \frac{1}{2}\left(e^{i\omega t}, e^{-i\omega t}\right)\begin{pmatrix} 0 & -i\frac{\hbar}{2} \\ i\frac{\hbar}{2} & 0 \end{pmatrix}\begin{pmatrix} e^{-i\omega t} \\ e^{i\omega t} \end{pmatrix}$$

$$= \frac{\hbar}{2}\sin 2\omega t \tag{10.76b}$$

$$\langle S_z \rangle = \frac{1}{2}\left(e^{i\omega t}, e^{-i\omega t}\right)\begin{pmatrix} \frac{\hbar}{2} & 0 \\ 0 & -\frac{\hbar}{2} \end{pmatrix}\begin{pmatrix} e^{-i\omega t} \\ e^{i\omega t} \end{pmatrix} = 0 \tag{10.76c}$$

이 된다. 따라서 $\langle S_z \rangle$는 항상 0이고, $t=0$인 때 $\langle S_x \rangle = \frac{\hbar}{2}$, $\langle S_y \rangle = 0$이나 시간이 지남에 따라서 $\langle S_x \rangle$와 $\langle S_y \rangle$는

$$\sqrt{\langle S_x \rangle^2 + \langle S_y \rangle^2} = \frac{\hbar}{2} \tag{10.77}$$

를 유지하면서 변한다. 즉 전자의 스핀의 평균값은 $\vec{B}$방향 (z축)에 수직인 평면에서 각속도

$$2\omega = \frac{|e|B}{mc}$$

의 값을 가지고 원운동을 한다. 이보다 더 복잡한 경우는 뒤에 상자성 공명(常磁性共鳴)에서 취급하겠다.

입자가 스핀을 가진 것에 대한 증명은 후에 에너지 준위를 논할 때 명백하게 되지만 그림 10.1에서와 같은 Stern-Gerlach에 의한 실험에서 알 수 있다. 뜨거운 가마(oven)에서 나오는 은(銀, silver) 원자의 입자선(particle beam)에 가로질러 자기장 $\vec{B}$가 작용하면 입자가 스핀 또는 각운동량을 가지고 있을 경우 자기 모멘트를 형성하므로 자기장에 의하여 받는 힘 $\vec{F}$는 자기장의 방향을 z축으로 잡을 때에

$$\vec{F} = -\vec{\nabla}(-\vec{\mu}\cdot\vec{B}) = \vec{\nabla}(\vec{\mu}\cdot\vec{B}) \simeq \mu_z \vec{\nabla} B_z \tag{10.78}$$

이다. 따라서 z측 방향의 B_z에 변화가 있으며 변화가 있는 방향으로 힘이 작용한다. μ_z는 각운동량 또는 스핀의 z성분에 관계되므로, 예를 들어 다른 부호의 스핀 즉 $\frac{1}{2}$, $-\frac{1}{2}$을 가진 원자들은 각각 반대 방향으로 갈라져 나오게 된다. 그러나 전자 하나의 스핀을 이런 방법으로 분류하는 것은 어렵다.

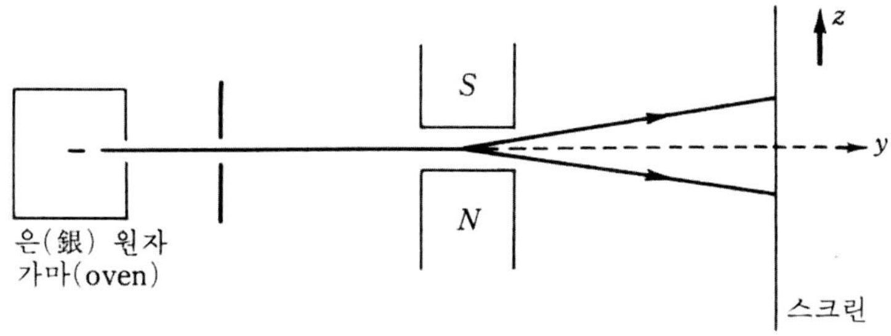

그림 10-1 Stern-Gerlach 실험 : 가마(oven)에서 나온 원자가 자기장을 통과할 경우 자기장이 변화 $\vec{\nabla} B$가 0이 아니면 힘을 받게 되어 두 방향으로 갈라져 나온다.

10. 3 각운동량의 합 (addition of angular momenta)

수소 원자의 예를 들어 보면 전자가 원자핵 주위를 돌 때 전자는 스핀 각운동량 $\vec{S}$을 가지고 있을 뿐 아니라 궤도 각운동량 $\vec{L}$을 갖기 때문에 수소 원자의 전자가 기여하는 각운동량은 스핀 $\vec{S}$와 $\vec{L}$의 합

$$\vec{J}=\vec{L}+\vec{S} \tag{10.79}$$

가 된다.

또 만일 어떤 원자에 두 개의 전자가 있어 그들의 스핀이 각각 $\vec{S_1}, \vec{S_2}$인 경우 전체 스핀 $\vec{S}$는

$$\vec{S}=\vec{S_1}+\vec{S_2} \tag{10.80}$$

가 된다. 또 총각운동량은 여기에 궤도 각운동량을 합하여야 한다. 따라서 물리학에서는 여러 각운동량을 합하는 문제가 중요하게 되는데 가장 간단한 경우가 두 개의 각운동량의 합이 될 것이다. 여기에서는 주로 두 개의 각운동량 $\vec{J_1}$과 $\vec{J_2}$의 합을 고려한다.

(a) 두 각운동량의 합

만일 $\vec{J_1}$과 $\vec{J_2}$가 서로 교환 가능한 두 개의 각운동량인 경우를 생각하면

$$[J_{1i}, J_{1j}]=i\hbar\epsilon_{ijk}J_{1k} \tag{10.81a}$$

$$[J_{2i}, J_{2j}]=i\hbar\epsilon_{ijk}J_{2k} \tag{10.81b}$$

$$[J_{1i}, J_{2j}]=0 \tag{10.81c}$$

이 될 것이다.

(i) 이 때 두 각운동량의 합

$$\vec{J} = \vec{J_1} + \vec{J_2} \tag{10.82}$$

는 역시 각운동량이다. 왜냐 하면,

$$\begin{aligned}[J_i, J_j] &= [J_{1i} + J_{2i}, J_{1j} + J_{2j}] \\ &= [J_{1i}, J_{1j}] + [J_{1i}, J_{2j}] + [J_{2i}, J_{1j}] + [J_{2i}, J_{2j}] \\ &= i\hbar\epsilon_{ijk}(J_{1k} + J_{2k}) \\ &= i\hbar\epsilon_{ijk}J_k \end{aligned} \tag{10.83a}$$

$$\begin{aligned} J_i^\dagger &= (J_{1i} + J_{2j})^\dagger = J_{1i}^\dagger + J_{2i}^\dagger = J_{1i} + J_{2i} \\ &= J_i \end{aligned} \tag{10.83b}$$

(ii) $\{|j_1 m_1>\}$과 $\{|j_2 m_2>\}$를 각각 J_1^2과 J_{1z}, J_2^2과 J_{2z}의 공통된 고유 벡터로 이루어진 집합이라 하자. 즉

$$\begin{aligned} J_1^2|j_1 m_1> &= j_1(j_1+1)\hbar^2|j_1 m_1> \\ J_{1z}|j_1 m_1> &= m_1\hbar|j_1 m_1> \\ J_2^2|j_2 m_2> &= j_2(j_2+1)\hbar^2|j_2 m_2> \\ J_{2z}|j_2 m_2> &= m_2\hbar|j_2 m_2> \end{aligned} \tag{10.84}$$

이러한 벡터 집합을 $\vec{J_1}$ 및 $\vec{J_2}$에 대한 표준 집합(標準集合, standard set)이라 부른다. $\vec{J_1}$과 $\vec{J_2}$는 교환 가능하므로 $\vec{J_1}$과 $\vec{J_2}$를 이루는 계를 기술하는 벡터 공간은 $J_1^2, J_2^2, J_{1z}, J_{2z}$의 공통된 고유 벡터인 직접 곱(直接乘, direct product)인 켓벡터의 집합

$$\{|j_1 m_1> |j_2 m_2>\} \equiv \{|j_1 m_1 j_2 m_2>\} \tag{10.85}$$

로 이루어진다고 할 수 있다. 이들 벡터 집합은 벡터 공간의 기저(基底, basis)를 이루고 기저의 수는 $(2j_1+1)(2j_2+1)$으로 이 공간의 차원이 된다.

이 벡터들은 $\vec{j} = \vec{j_1} + \vec{j_2}$의 표준 집합은 아니다. 그 이유는

$$\begin{aligned} J^2|j_1 m_1 j_2 m_2> &= (J_1^2 + 2\vec{J_1}\cdot\vec{J_2} + J_2^2)|j_1 m_1 j_2 m_2> \\ &= \{j_1(j_1+1)\hbar^2 + j_2(j_2+1)\hbar^2\}|j_1 m_1 j_2 m_2> \\ &\quad + 2\vec{J_1}\cdot\vec{J_2}|j_1 m_1 j_2 m_2> \\ &\neq c|j_1 m_1 j_2 m_2> \end{aligned} \tag{10.86}$$

이기 때문이다. 그러나 $\{|j_1 m_1 j_2 m_2>\}$를 기저로 하는 벡터 공간에서 J^2과 J_z의 행렬 표

현을 만들면 J^2과 J_z가 Hermite 연산자이므로 이들의 행렬 표현은 Hermite 행렬이 된다. 따라서 unitary 변환에 의하여 이 행렬은 대각선 행렬이 될 수 있다. 특히 J^2과 J_z가 교환 가능하므로 이들을 동시에 대각선 행렬로 만들 수 있다. 다시 말해서 J^2과 J_z의 공통된 고유 벡터가 존재하며 이 벡터는 $|jm>$라 하면

$$J^2|jm> = j(j+1)\hbar^2|jm>$$

$$J_z|jm> = m\hbar|jm> \tag{10.87}$$

이고 $\{|jm>\}$는 $\{|j_1m_1j_2m_2>\}$로 표시할 수 있다. 즉 $|jm>$은 $(2j_1+1)(2j_2+1)$차원 공간의 새로운 기저 벡터로 된다. (참고로 $\vec{J}$가 $\vec{J_1}+\vec{J_2}$이므로 $|jm>$은 문헌에 따라서는 $|j_1j_2jm>$로 쓰는 경우도 많이 있다.)

$$|jm> = \sum_{m_1}\sum_{m_2} c^{j_1j_2j}_{m_1m_2m}|j_1m_1j_2m_2> \tag{10.88a}$$

또는

$$|j_1j_2jm> = \sum_{m_1}\sum_{m_2} c^{j_1j_2j}_{m_1m_2m}|j_1m_1j_2m_2> \tag{10.88b}$$

로 쓰고 이 때 전개 계수

$$c^{j_1j_2j}_{m_1m_2m} = <j_1m_1j_2m_2|j_1j_2jm>$$

$$(\text{또는} =<j_1m_1j_2m_2|jm>) \tag{10.89}$$

를 Clebsch-Gordan 계수(係數, coefficient)라 부른다. 물리학자들에 따라서는 이 계수의 표시도 다르게 하고 명칭도 다르게 부르는 경우가 많기 때문에 혼동될 우려가 있으며 여기서는 (10.89)식으로 정의한다.

(10.88)식에서 2개의 합의 기호가 있으나 이 두 양자수에 대한 합이 모두 필요한 것은 아니다. 주어진 j와 m에 대하여 j_1, m_1, j_2, m_2 중에 가능한 값은 어떠한 것인가 또는 j_1과 j_2 가 주어진 경우 가능한 j값은 어떠한 것인가를 조사할 필요가 있다.

(b) j_1과 j_2가 주어졌을 때 가능한 j값은 무엇인가?

$\{|jm>\}$가 이루는 벡터 공간의 크기가 $\{|j_1m_1>|j_2m_2>\}$가 이루는 벡터 공간의 크기 $(2j_1+1)(2j_2+1)$와 같으려면 j가 어떻게 변하는가 알아보자. 먼저 다음 관계가 항상 성립함을 보이자.

$$m = m_1 + m_2 \tag{10.90}$$

(증명) $J_z = J_{1z} + J_{2z}$를 (10.88)식의 양변에 작용하면

$$J_z|jm> = m\hbar|jm> = m\hbar\sum_{m_1}\sum_{m_2}<j_1m_1j_2m_2|jm>|j_1m_1>j_2m_2>$$

$$= (J_{1z} + J_{2z}) \sum_{m_1} \sum_{m_2} < j_1 m_1 j_2 m_2 | jm > |j_1 m_1 > |j_2 m_2 >$$

$$= \hbar \sum_{m_1} \sum_{m_2} (m_1 + m_2) < j_1 m_1 j_2 m_2 | jm > |j_1 m_1 > |j_2 m_2 >$$

$$\therefore \hbar \sum_{m_1} \sum_{m_2} (m - m_1 - m_2) < j_1 m_1 j_2 m_2 | jm > |j_1 m_1 > |j_2 m_2 > = 0$$

따라서 $|j_1 m_1 > |j_2 m_2 >$가 독립인 기저임을 고려하면

$$(m - m_1 - m_2) < j_1 m_1 j_2 m_2 | jm > = 0$$

즉 $m \neq m_1 + m_2$이면

$$< j_1 m_1 j_2 m_2 | jm > = 0$$이

이다. $|jm>$의 식 (10.88)에서 $< j_1 m_1 j_2 m_2 | jm > \neq 0$인 경우의 합만을 고려하여야 하며 이때는 $m = m_1 + m_2$이다. (증명 끝)

한편

$$m \leq j,\ m_1 \leq j_1,\ m_2 \leq j_2 \tag{10.91}$$

이므로

(i) j가 가질 수 있는 가장 큰 값은

$$j = j_1 + j_2 \tag{10.92}$$

이며 이 때 m은 $-j$에서 j까지의 값을 가질 수 있으므로 $|j = j_1 + j_2, m >$상태의 수는

$$(2j+1) = 2(j_1 + j_2) + 1 \tag{10.93}$$

이다. 물론 이 값은 $(2j_1+1)(2j_2+1)$보다 작다. 따라서 j의 다음 가능성을 고려하여야 한다. 즉

(ii) $$j = j_1 + j_2 - 1 \tag{10.94}$$

인 경우 마찬가지로 $|jm>$의 상태 벡터의 수는 가능한 m값에 의하여 정해지며

$$2(j_1 + j_2 - 1) + 1 \tag{10.95}$$

이 된다.

(iii) 같은 방법으로 j값을 하나씩 내려가면서 상태 벡터의 수를 계산한다. 이와 같이 하여 가장 작은 j값을

$$j = x \tag{10.96}$$

라고 하면 여기에 가능한 상태 벡터의 수는

$$2x + 1 \tag{10.97}$$

이다. 따라서 상태벡터의 총수는 (10.93)식, (10.94)식으로부터 시작하여 (10.97)식까지 모두 합하여 $(2j_1+1)(2j_2+1)$이 되어야 한다. 즉

$$2(j_1 + j_2) + 1 + 2(j_1 + j_2 - 1) + 1 + \cdots\cdots + 2x + 1$$

$$=(2j_1+1)(2j_2+1) \tag{10.98}$$

위식의 좌변은 등차(等差) 급수이고 항의 수가 (j_1+j_2-x+1)개이므로

$$\begin{aligned}
&(2j_1+1)(2j_2+1)\\
&\quad=\frac{1}{2}(j_1+j_2-x+1)\,[2(j_1+j_2)+1+2x+1]\\
&\quad=(j_1+j_2+1-x)(j_1+j_2+1+x)\\
&\quad=(j_1+j_2+1)^2-x^2\\
&\therefore x^2=(j_1+j_2+1)^2-(2j_1+1)(2j_2+1)\\
&\qquad=j_1^2+j_2^2+1+2j_1+2j_2+2j_1j_2-(4j_1j_2+2j_1+2j_2+1)\\
&\qquad=j_1^2+j_2^2-2j_1j_2\\
&\qquad=(j_1-j_2)^2\\
&\therefore x=|j_1-j_2|
\end{aligned} \tag{10.99}$$

이다. 그러므로 j가 가질 수 있는 값은

$$j_1+j_2,\ j_1+j_2-1,\ j_1+j_2-2,\ \cdots\cdots,\ |j_1-j_2|$$

즉

$$(j_1+j_2)\geq j\geq|j_1-j_2| \tag{10.100}$$

의 관계식이 성립한다. 이 식을 삼각형 관계식(triangle relation)이라 부른다.

Clebsh-Gordan 계수 중에서 j_1, j_2, j 사이에 삼각형 관계식을 만족하지 않는 것은 0이 된다. 따라서 (10.88)식은 (10.90)식을 이용하여 다음과 같이 쓸 수 있다.

$$|jm> \ =\sum_{m_1}<j_1m_1j_2m_2\,|\,jm>|j_1m_1j_2m_2> \quad (m_2=m-m_1) \tag{10.88c}$$

또 Clebsh-Gordan 계수를 실수로 택하는 경우를 생각하면

$$|j_1m_1j_2m_2> \ =\sum_{j=|j_1-j_2|}^{j_1+j_2}<j_1m_1j_2m_2\,|\,jm>|jm> \tag{10.101}$$

이 된다. Clebsh-Gordan계수는 표(表)로 나와 있으나 간단한 경우는 직접 계산할 수 있다. 그 예를 들어보자.

(c) 두 스핀의 합

두 개의 입자의 스핀만을 고려하는 계를 생각하자. 그들은 각각 $\vec{S_1}$과 $\vec{S_2}$라고 하면 이 계의 총(total) 스핀 $\vec{S}$는

$$\vec{S}=\vec{S_1}+\vec{S_2} \tag{10.80}$$

이다. 입자의 스핀 양자수가 $\frac{1}{2}$이라면 $s_1=\frac{1}{2}$, $s_2=\frac{1}{2}$이므로 (10.100)식으로부터

$$s=1,0 \tag{10.102}$$

을 얻는다. 한편 스핀 벡터는 $|s_1m_1>$, $|s_2m_2>$에 대하여는 모두 $|\frac{1}{2}, \pm\frac{1}{2}>$이 되며

$$S_i^2|s_im_{si}> = \frac{1}{2}\left(\frac{1}{2}+1\right)\hbar^2|s_im_{si}> \quad (i=1,2\text{: 두 입자를 나타냄, } s_1=s_2=\frac{1}{2}\text{임 })$$

$$S_{iz}|s_im_{si}> = m_{si}\hbar|s_im_{si}> \tag{10.103}$$

으로 쓸 수 있다. 또 총스핀 S에 대한 벡터는 $|sm>$이고 이것은 $|1,1>|1,0>$ $|1,-1>$와 $|0,0>$가 된다.

먼저 $s=1$에 대하여

$$|1m> = \sum_{m_{s1}}<\frac{1}{2}m_{s1}, \frac{1}{2}m_{s2}|1m>|\frac{1}{2}m_{s1}>|\frac{1}{2}m_{s2}> \tag{10.104}$$

를 얻는다. 앞으로는 편의상 앞에 나오는 m_s는 입자 1, 뒤에 나오는 m_s는 입자 2를 나타낸다고 하고 혼동이 없는 한 m의 아래 첨자 s_1, s_2의 1,2를 떼고 기술하자.

$m=1$인 경우 $|1,1>$에 대하여는 (10.90)식으로부터 $m_{s1}=m_{s2}=\frac{1}{2}$인 경우만 가능하므로 정규 직교성을 여기에 더 고려하면

$$|1,1> = |\frac{1}{2}\frac{1}{2}>|\frac{1}{2}\frac{1}{2}> \tag{10.105}$$

가 된다. 이 식에 내림 연산자(lowering operator), $S_-=S_{1-}+S_{2-}$를 작용시키고 (10.21)식을 사용하면

$$S_-|1,1> = (S_{1-}+S_{2-})|\frac{1}{2}\frac{1}{2}>|\frac{1}{2}\frac{1}{2}>$$

$$=\left(S_{1-}|\frac{1}{2}\frac{1}{2}>\right)|\frac{1}{2}\frac{1}{2}> +|\frac{1}{2}\frac{1}{2}>S_{2-}|\frac{1}{2}\frac{1}{2}>$$

$$\therefore \hbar\sqrt{1(1+1)-1(1-1)}|1,0>$$

$$=\hbar\sqrt{\frac{1}{2}\left(\frac{1}{2}+1\right)-\frac{1}{2}\left(\frac{1}{2}-1\right)}|\frac{1}{2},-\frac{1}{2}>|\frac{1}{2}\frac{1}{2}>$$

$$+\hbar\sqrt{\frac{1}{2}\left(\frac{1}{2}+1\right)-\frac{1}{2}\left(\frac{1}{2}-1\right)}|\frac{1}{2}\frac{1}{2}>|\frac{1}{2},-\frac{1}{2}>$$

$$\therefore |1,0> = \frac{1}{\sqrt{2}}\left(|\frac{1}{2}\frac{1}{2}>|\frac{1}{2},-\frac{1}{2}>+|\frac{1}{2},-\frac{1}{2}>|\frac{1}{2}\frac{1}{2}>\right) \tag{10.106}$$

를 얻는다. $|jm>$을 명백히 하기 위하여 경우에 따라서는 $|j,m>$으로 쓴다.

여기에 한 번 더 S_-를 작용시키면

$$S_-|1,0>$$

$$=(S_{1-}+S_{2-})\frac{1}{\sqrt{2}}\left(|\frac{1}{2}\frac{1}{2}>|\frac{1}{2},-\frac{1}{2}>+|\frac{1}{2},-\frac{1}{2}>|\frac{1}{2}\frac{1}{2}>\right)$$

$$\hbar\sqrt{1(1+1)-0(0-1)}|1,-1>$$

$$= \frac{1}{\sqrt{2}}\left(S_{1-}|\frac{1}{2}\ \frac{1}{2}>|\frac{1}{2},-\frac{1}{2}>+|\frac{1}{2},-\frac{1}{2}> S_{2-}|\frac{1}{2}\ \frac{1}{2}>\right)$$

$$\therefore |1,-1> \ = \frac{1}{2}\left(|\frac{1}{2},-\frac{1}{2}>|\frac{1}{2},-\frac{1}{2}>+|\frac{1}{2},-\frac{1}{2}>|\frac{1}{2},-\frac{1}{2}>\right)$$

$$= |\frac{1}{2},-\frac{1}{2}>|\frac{1}{2},-\frac{1}{2}> \qquad (10.107)$$

이 된다.

$|\frac{1}{2}\ \frac{1}{2}>$상태를 스핀 윗방향(up) 상태라 부르며 $|\uparrow>$로 표시하기도 한다. 또 $|\frac{1}{2},-\frac{1}{2}>$상태는 스핀 아랫방향(down) 상태로 $|\downarrow>$로 표시한다. 즉 (10.105) (10.106) (10.107)식은

$$\begin{aligned} |1,1> \ &= |\uparrow>|\uparrow> \ = |\uparrow\uparrow> \\ |1,0> \ &= \frac{1}{\sqrt{2}}(|\uparrow\downarrow>+|\downarrow\uparrow>) \qquad (10.108) \\ |1,-1> \ &= |\downarrow>|\downarrow> \ = |\downarrow\downarrow> \end{aligned}$$

으로 쓸 수 있다. 한편 $s=0$인 상태는 $m_s=0$만이 가능하므로 $|0,0>$ 밖에는 없다. $m=m_{s1}+m_{s2}$이므로 $m_{s1}=\frac{1}{2}$, $m_{s2}=-\frac{1}{2}$ 또는 $m_{s1}=-\frac{1}{2}$, $m_{s2}=\frac{1}{2}$만이 가능하므로

$$|0,0> \ = a|\uparrow\downarrow>+b|\downarrow\uparrow> \qquad (10.109)$$

로 놓을 수 있다. 이 값은 $|1,0>$와 직교하여야 하므로 위상을 적당히 택하면

$$\begin{aligned} |0,0> \ &= \frac{1}{\sqrt{2}}(|\uparrow\downarrow>-|\downarrow\uparrow>) \\ &= \frac{1}{\sqrt{2}}\left(|\frac{1}{2}\ \frac{1}{2}>|\frac{1}{2},-\frac{1}{2}>-|\frac{1}{2},-\frac{1}{2}>|\frac{1}{2}\ \frac{1}{2}>\right) \qquad (10.110) \end{aligned}$$

이 된다.

식(10.108)에서와 같이 $s=1$인 경우에는 $m=1,0,-1$로 변함에 따라 3개의 상태가 있으므로 $s=1$인 상태를 삼중항 상태(三重項狀態, triplet state)라 하고 $s=0$인 상태는 $|0,0>$ 하나밖에 없으므로 단일항 상태(單一項狀態, singlet state)라 부른다. 두 입자의 교환에 대하여 삼중항 상태는 대칭이고 단일항 상태는 반대칭(反對稱)이다.

예를 들어 만일 두 개의 스핀 $\frac{1}{2}$인 입자들 사이에 퍼텐셜이 다음과 같이 두 입자의 스핀에 관련된 형태

$$V(r) = V_a(r) + \frac{1}{\hbar^2}\vec{S_1}\cdot\vec{S_2}V_b(r) \qquad (10.111)$$

를 갖는다고 하자. 이러한 계를 기술하기 위하여 이 계의 Hamiltonian $H=T+V$를 기술하기에 적합한 양자수를 택하여야 하므로 H와 교환 가능한 연산자를 고려하여야 한다.

S_{1z}와 S_{2z}는 H와 교환가능하지 않으므로 이들의 양자수는 부적합하다. 그러나

$$\vec{S_1}\cdot\vec{S_2}=\frac{1}{2}\left[\left(\vec{S_1}+\vec{S_2}\right)^2-S_1^2-S_2^2\right] \quad (\text{여기서 } S^2\equiv\vec{S}\cdot\vec{S})$$

$$=\frac{1}{2}\left(S^2-S_1^2-S_2^2\right)=\frac{1}{2}\left(S^2-\frac{3}{2}\hbar^2\right) \tag{10.112}$$

이 되고

$$V=V_a(r)+\frac{1}{2\hbar^2}\left(S^2-\frac{3}{2}\hbar^2\right)V_b(r) \tag{10.113}$$

이며 S^2은 H와 교환가능하다. 따라서 $|sm_s>$상태는 이 계를 기술하기에 적합하다. 상태벡터를 스핀 공간까지 포함시키면

$s=1$인 상태에 대하여는

$$V=V_a(r)+\frac{1}{4}V_b(r) \tag{10.114a}$$

$s=0$인 상태에 대하여는

$$V=V_a(r)-\frac{3}{4}V_b(r) \tag{10.114b}$$

이다. 이러한 스핀에 관련된 퍼텐셜은 실제로 양성자와 중성자로 이루어진 계에서 관측되고 있다. 특히 $s=1$인 양성자-중성자의 속박 상태를 중양성자(重陽性子, deuteron)라 부르며, 중양성자 문제에서는 핵자 간에 (10.111)식과 같은 퍼텐셜이 사용된다.

(d) 스핀과 궤도 각운동량의 합

보다 더 일반적인 경우를 생각하여 스핀 $\vec{S}$와 궤도 양자수 $\vec{L}$의 합

$$\vec{J}=\vec{L}+\vec{S} \tag{10.79}$$

를 고려하여 보자. 스핀 양자수 $s=\frac{1}{2}$이고, 궤도 각운동량 양자수 l 인 경우, 양자수 j는 (10.100)식에 의하여 두 값을 가질 수 있다. 즉

$$j=l+\frac{1}{2}, \text{ 또는 } j=l-\frac{1}{2} \tag{10.115}$$

이다. 또 주어진 j(위의 값 중 하나)에 대하여 $m_j=m_l\pm\frac{1}{2}$이 가능하다. 따라서 특히

(i) $m_j=m_l+\frac{1}{2}$인 경우에는

$$|jm_j> =\alpha|lm_l>|\frac{1}{2}\frac{1}{2}>+\beta|l,m_l+1>|\frac{1}{2},-\frac{1}{2}> \tag{10.116}$$

로 놓을 수 있고, α,β값을 얻기 위하여 양변에

$$J^2 = L^2 + S^2 + 2\vec{L} \cdot \vec{S}$$
$$= L^2 + S^2 + 2L_zS_z + L_+S_- + L_-S_+ \tag{10.117}$$

를 작용시켜 보면

$$\hbar^2 j(j+1)|jm_j>$$
$$= \hbar^2 j(j+1)\left\{\alpha|lm_l>|\frac{1}{2}\,\frac{1}{2}> + \beta|l, m_l+1>|\frac{1}{2}, -\frac{1}{2}>\right\}$$
$$= \hbar^2\left\{l(l+1) + \frac{3}{4}\right\}\left\{\alpha|lm_l>|\frac{1}{2}\,\frac{1}{2}> + \beta|l, m_l+1>|\frac{1}{2}, -\frac{1}{2}>\right\}$$
$$+ 2\hbar^2\left\{\alpha m_l \cdot \frac{1}{2}|lm_l>|\frac{1}{2}\,\frac{1}{2}> + \beta\,(m_l+1)\left(-\frac{1}{2}\right)|l, m_l+1>|\frac{1}{2}, -\frac{1}{2}>\right\}$$
$$+ \alpha\hbar^2\sqrt{l(l+1) - m_l(m_l+1)}\,\sqrt{\frac{1}{2}\left(\frac{1}{2}+1\right) - \left(\frac{1}{2}\right)\left(\frac{1}{2}-1\right)}\,|lm_l+1>|\frac{1}{2}, -\frac{1}{2}>$$
$$+ \beta\hbar^2\sqrt{l(l+1) - (m_l+1)m_l}\,\sqrt{\frac{1}{2}\left(\frac{1}{2}+1\right) - \left(-\frac{1}{2}\right)\left(-\frac{1}{2}+1\right)}\,|lm_l>|\frac{1}{2}\,\frac{1}{2}>$$

가 되고 이 식에서 $|lm_l>|\frac{1}{2}\,\frac{1}{2}>$, $|l, m_l+1>|\frac{1}{2}, -\frac{1}{2}>$의 계수를 비교하면

$$\alpha j(j+1) = \alpha\left\{l(l+1) + \frac{3}{4}\right\} + \alpha m_l + \beta\sqrt{l(l+1) - m_l(m_l+1)}$$
$$\beta j(j+1) = \beta\left\{l(l+1) + \frac{3}{4}\right\}\quad \beta(m_l+1) + \alpha\sqrt{l(l+1) - m_l(m_l+1)} \tag{10.118a}$$

즉

$$\left[j(j+1) - l(l+1) - \frac{3}{4} - m_l\right]\alpha = \sqrt{l(l+1) - m_l(m_l+1)}\,\beta$$
$$\sqrt{l(l+1) - m_l(m_l+1)}\,\alpha = \left[j(j+1) - l(l+1) - \frac{3}{4} + m_l + 1\right]\beta \tag{10.118b}$$

를 얻는다. 이 두 식을 동시에 만족시키려면 α, β가 둘 다 0이 아닌 이상 $j = l \pm \frac{1}{2}$이 되어야 함을 알 수 있다. 그런데 (10.115)식에서 이 조건은 만족되므로 위 두 식은 독립인 식이 아니다. (10.118b)식으로부터

$$\beta = \frac{\left\{j(j+1) - l(l+1) - \frac{3}{4} - m_l\right\}}{\sqrt{l(l+1) - m_l(m_l+1)}}\,\alpha \tag{10.118c}$$

이며 (10.116)에서 $|jm_j>$가 규격화되었으므로

$$\alpha^2 + \beta^2 = 1 \tag{10.119}$$

이 되고 따라서

$$1=\alpha^2\left[1+\frac{\left\{j(j+1)-l(l+1)-\frac{3}{4}-m_l\right\}^2}{l(l+1)-m_l(m_l+1)}\right];\ \left(j=l\pm\frac{1}{2}\right)$$

$$=\alpha^2\frac{l(l+1)-m_l(m_l+1)+\left\{\left(l\pm\frac{1}{2}\right)\left(l+1\pm\frac{1}{2}\right)-l(l+1)-\frac{3}{4}-m_l\right\}^2}{l(l+1)-m_l(m_l+1)}$$

$$=\alpha^2\frac{l(l+1)-m_l(m_l+1)+\left\{\pm\frac{1}{2}(2l+1)+\frac{1}{4}-\frac{3}{4}-m_l\right\}^2}{l(l+1)-m_l(m_l+1)}$$

$$=\alpha^2\frac{(l-m_l)(l+m_l+1)+\left\{\begin{matrix} l-m_l \\ l+m_l+1\end{matrix}\right\}^2}{(l-m_l)(l+m_l+1)}$$

$$=\alpha^2\frac{(2l+1)\cdot\left\{\begin{matrix} l-m \\ l+m_l+1\end{matrix}\right\}}{(l-m_l)(l+m_l+1)} \tag{10.120}$$

가 되어야 한다. 여기에서 { }안의 $l-m$, $l+m_l+1$ 은 각각 $j=l+\frac{1}{2}$, $j=l-\frac{1}{2}$인 경우의 값이다.

따라서 $j=l+\frac{1}{2}$인 경우

$$\alpha=\sqrt{\frac{l+m_l+1}{2l+1}},\ \beta=\sqrt{\frac{l-m_l}{2l+1}} \tag{10.121}$$

$j=l-\frac{1}{2}$인 경우

$$\alpha=\sqrt{\frac{l-m_l}{2l+1}},\ \beta=-\sqrt{\frac{l+m_l+1}{2l+1}} \tag{10.122}$$

가 되므로 결국

$j=l+\frac{1}{2}$인 경우

$$|j,m_l+\frac{1}{2}>\ =|l+\frac{1}{2},m_l+\frac{1}{2}>$$

$$=\sqrt{\frac{l+m_l+1}{2l+1}}\,|l\,m_l\,\frac{1}{2}\,\frac{1}{2}>+\sqrt{\frac{l-m_l}{2l+1}}\,|l,m_l+1,\frac{1}{2},-\frac{1}{2}> \tag{10.123}$$

$j=l-\frac{1}{2}$인 경우

$$|j,m_l+\frac{1}{2}>\ =|l-\frac{1}{2},m_l+\frac{1}{2}>$$

$$=\sqrt{\frac{l-m_l}{2l+1}}\,|l\,m_l\,\frac{1}{2}\,\frac{1}{2}>-\sqrt{\frac{l+m_l+1}{2l+1}}\,|l,m_l+1,\frac{1}{2},-\frac{1}{2}> \tag{10.124}$$

를 얻는다.

(ii) $m_j = m_l - \frac{1}{2}$인 경우에도 같은 방법을 이용하면

$$|j, m_l - \frac{1}{2}> \ = \alpha' |l, m_l - 1 > |\frac{1}{2}\ \frac{1}{2}> + \beta' |lm_i > |\frac{1}{2}, -\frac{1}{2}> \tag{10.125}$$

로 놓은 후 α', β'을 구할 수 있다. 즉

$$\beta' = \frac{\left\{j(j+1) - l(l+1) + \frac{1}{4} - m_l\right\}}{\sqrt{l(l+1) - m_l(m_l - 1)}} \alpha'$$

$$1 = \alpha'^2 + \beta'^2 \tag{10.126}$$

를 이용하여 α', β'를 얻게 된다. 그 결과는

$j = l + \frac{1}{2}$인 경우

$$|j, m_l - \frac{1}{2}> \ = |l + \frac{1}{2}, m_l - \frac{1}{2}>$$

$$= \sqrt{\frac{l + m_l}{2l + 1}} |l,\ m_l - 1, \frac{1}{2}\ \frac{1}{2}\ > + \sqrt{\frac{l - m_l + 1}{2l + 1}} |lm_l \frac{1}{2}, -\frac{1}{2}> \tag{10.127}$$

$j = l - \frac{1}{2}$인 경우

$$|j, m_l - \frac{1}{2}> \ = |l - \frac{1}{2}, m_l - \frac{1}{2}>$$

$$= \sqrt{\frac{l - m_l + 1}{2l + 1}} |l,\ m_l - 1, \frac{1}{2}\ \frac{1}{2}\ > - \sqrt{\frac{l + m_l}{2l + 1}} |lm_l \frac{1}{2}, -\frac{1}{2}> \tag{10.128}$$

을 얻는다. 증명은 연습문제로 남겨 둔다.

예 $l = 1, s = \frac{1}{2}$인 경우 $|jm>$를 구해보자.

j값은 $\frac{3}{2}, \frac{1}{2}$이 가능하며 $|\frac{3}{2}, \frac{3}{2}>, |\frac{3}{2}, \frac{1}{2}>$ 은 (10.123)식에서 얻고 $|\frac{3}{2}, -\frac{1}{2}> |\frac{3}{2}, -\frac{3}{2}>$ 은 (10.127)식에서 얻을 수 있다. 특히 $|\frac{3}{2}, \frac{3}{2}>, |\frac{3}{2}, -\frac{3}{2}>$ 은 각각 자명한(trivial) 해 $|1, 1>|\frac{1}{2}, \frac{1}{2}>, |1, -1>|\frac{1}{2}, -\frac{1}{2}>$가 됨을 알 수 있다. 주어진 l에 대하여 $|lm_l>$에서 m_l이 l보다 큰 값을 0으로 놓으면

$$|\frac{3}{2}, \frac{3}{2}> | = 1, 1 > |\frac{1}{2}\ \frac{1}{2}>$$

$$|\frac{3}{2}\ \frac{1}{2}> \ = \sqrt{\frac{2}{3}} |1, 0 > |\frac{1}{2}\ \frac{1}{2}> + \frac{1}{\sqrt{3}} |1, 1 > |\frac{1}{2}, -\frac{1}{2}\ >$$

$$|\frac{3}{2}, -\frac{1}{2}> \ = \frac{1}{\sqrt{3}} |1,\ -1 > |\frac{1}{2}\ \frac{1}{2}> + \sqrt{\frac{2}{3}} |1, 0 > |\frac{1}{2}, -\frac{1}{2}\ >$$

$$|\frac{3}{2}, -\frac{3}{2}> = |1, -1>|\frac{1}{2}, -\frac{1}{2}> \tag{10.129}$$

을 얻는다. 또 $|\frac{1}{2}\ \frac{1}{2}>, |\frac{1}{2}, -\frac{1}{2}>$은 각각 (10.124)식과 (10.128)식에서 얻을 수 있다. 즉

$$|\frac{1}{2}\ \frac{1}{2}> = \frac{1}{\sqrt{3}}|1, 0>|\frac{1}{2}\ \frac{1}{2}> - \sqrt{\frac{2}{3}}|1, 1>|\frac{1}{2}, -\frac{1}{2}>$$

$$|\frac{1}{2}, -\frac{1}{2}> = \sqrt{\frac{2}{3}}|1, -1>|\frac{1}{2}\ \frac{1}{2}> - \frac{1}{\sqrt{3}}|1, 0>|\frac{1}{2}, -\frac{1}{2}> \tag{10.130}$$

을 얻는다. 물론 일반적으로 $\vec{J} = \vec{J_1} + \vec{J_2}$인 경우에도 Clebsh-Gordan 계수를 구할 수 있으나 여기에서는 생략하기로 한다.

10. 4 isospin과 입자의 반응의 예

1932년 Heisenberg는 양성자(proton)와 중성자(neutron)를 한 입자계의 다른 두 개의 상태라고 생각하였다. 그 이유를 보면 먼저 두 입자에 대하여

	질량	스핀	전하	핵력
양성자(p)	938 MeV	$\frac{1}{2}$	1	거의 같음.
중성자(n)	939.5 MeV	$\frac{1}{2}$	0	

으로 되어 전하를 제외하면 양성자와 중성자는 거의 같은 성질을 가지고 있다. 이들이 원자핵 안에 같이 묶여 있을 수 있는 것을 보면 핵력은 전기력보다 훨씬 큼을 알 수 있다. 따라서 핵력을 조사할 때 전기력을 거의 무시할 경우, p, n을 $I = \frac{1}{2}$인 상태의 $I_3 (= m_I)$ 성분이 $\frac{1}{2}$과 $-\frac{1}{2}$인 두 상태로 기술하는 방법이 Heisenberg에 의하여 시도되었다. 이들 두 입자는 전기적인 상호 작용에만 차이가 있다고 생각되므로 아이소스핀(isospin) 또는 대전(帶電) 스핀이라고도 부른다.

isospin은 일종의 각운동량이므로 연산자 $\vec{I}$는

$$[I_i, I_j] = i\epsilon_{ijk}I_k$$

$$I_i^\dagger = I_i \tag{10.132}$$

를 만족하며 p, n계는 isospin $\frac{1}{2}$의 I^2, I_3의 공통된 벡터를 고려할 때

$$|N> = \begin{pmatrix} p \\ n \end{pmatrix} \tag{10.133}$$

로 생각할 수 있다. 이와 같이 p, n은 isospin의 다중항(多重項, multiplet)을 이룬다.

핵력을 취급하는 강(强)한 상호작용(strong interaction)에서는 $\vec{I}$가 보존된다. 다시 말하

면 이 상호 작용을 취급하는 Hamiltonian은 $\vec{I}$와 교환가능하다고 본다. 따라서 p, n은 강한 상호 작용에서는 중첩 상태라 할 수 있으며 그런 의미에서 보면 핵력은 전하 독립(電荷獨立, charge independent)이라 할 수 있다. 입자들을 취급할 때 p, n 등 비교적 질량이 큰 fermion 입자를 중입자(重粒子, baryon)라 부르며 중입자 양자수(baryon number) $B=1$을 할당하면 이들의 전하다 단위 전하 $|e|$의 Q배라 할 때

$$Q = I_3 + \frac{1}{2}B \tag{10.134}$$

를 만족한다. 예를 들면 양성자와 중성자의 다중항에 대하여

$$\begin{pmatrix} p \\ n \end{pmatrix} : Q = \begin{pmatrix} 1 \\ 0 \end{pmatrix},\ I_3 = \begin{pmatrix} \frac{1}{2} \\ -\frac{1}{2} \end{pmatrix},\ B = \begin{pmatrix} 1 \\ 1 \end{pmatrix} \tag{10.135}$$

이므로 위 관계식이 성립함을 알 수 있다. 위 관계식을 만족하지 않는 입자를 기묘 입자(奇妙粒子, strange particle)라 부르며 이들 입자에는 기묘 양자수(奇妙量子數, strange quantum number) S를 할당한다. 그러면 위 관계식은 더 일반적으로

$$Q = I_3 + \frac{1}{2}(B+S) \tag{10.136}$$

로 표현되며 이 식을 Gellmann-Nishijima 공식이라 부른다. 이 식은 실험식이며 핵자는 기묘 양자수 $S=0$이므로 (10.134)식을 만족한다. 물론 (10.136)식에 있는 S는 스핀이 아님에 주의하자.

비슷한 입자들의 무리로 π중간자(中間子, meson)들을 고려하면 여기에는 3개의 대전(帶電) 상태 π^+, π^0, π^-가 존재한다. 이들은 $B=S=0$인 것을 생각하면 전하수 Q가 I_3가 1, 0, -1인 다중항을 형성한다. 따라서 isospin은 $I=1$이다. 즉

$$|\pi > = \begin{pmatrix} \pi^+ \\ \pi^0 \\ \pi^- \end{pmatrix} \quad \text{또는} \quad \begin{matrix} |1,\ \ 1> = |\pi^+> \\ |1,\ \ 0> = |\pi^0> \\ |1,\ -1> = |\pi^-> \end{matrix} \tag{10.137}$$

π와 핵자(p, n)와의 반응을 고려하기 위하여 두 계들의 복합 상태를 생각해 보자. π 입자들과 핵자들의 복합 상태는 두 스핀에서 생각하였던 것과 같이 두 개의 Isospin의 합

$$\vec{I} = \vec{I}_1(1) + \vec{I}_2\left(\frac{1}{2}\right) \tag{10.138}$$

으로 기술된다고 생각한다. 이 때에 총 isospin양자수 I는 $I=\frac{3}{2}$과 $I=\frac{1}{2}$이 존재하며 (10.129)식과 (10.130)식으로부터 $|Im_I>$의 여섯 개의 상태는

$$|\frac{3}{2}\ \frac{3}{2}> = |\pi^+>|p> \equiv |\pi^+ p>$$

$$|\frac{3}{2}\ \frac{1}{2}> = \sqrt{\frac{2}{3}}\,|\pi^0 p> + \frac{1}{\sqrt{3}}|\pi^+ n>$$

$$|\frac{3}{2}, -\frac{1}{2}> = \frac{1}{\sqrt{3}}|\pi^- p> + \sqrt{\frac{2}{3}}|\pi^0 n>$$

$$|\frac{3}{2}, -\frac{3}{2}> = |\pi^- n>$$

$$|\frac{1}{2}, \frac{1}{2}> = \frac{1}{\sqrt{3}}|\pi^0 p> - \sqrt{\frac{2}{3}}|\pi^+ n>$$

$$|\frac{1}{2}, -\frac{1}{2}> = \sqrt{\frac{2}{3}}|\pi^- p> - \frac{1}{\sqrt{3}}|\pi^0 n> \tag{10.139}$$

가 된다.

π와 핵자의 반응 중 다음 3가지를 고려하여 보자.

$$\pi^+ p \to \pi^+ p$$

$$\pi^- p \to \pi^- p \tag{10.140}$$

$$\pi^- p \to \pi^0 p \quad \text{(전하 교환 과정)}$$

(10.139)식을 이용하여 이러한 복합 상태는 $|Im_I>$로 표시하여 보면

$$|\pi^+ p> = |\frac{3}{2}, \frac{3}{2}>$$

$$|\pi^- p> = \frac{1}{\sqrt{3}}|\frac{3}{2}, -\frac{1}{2}> + \sqrt{\frac{2}{3}}|\frac{1}{2}, -\frac{1}{2}>$$

$$|\pi^0 n> = \sqrt{\frac{2}{3}}|\frac{3}{2}, -\frac{1}{2}> - \frac{1}{\sqrt{3}}|\frac{1}{2}, -\frac{1}{2}> \tag{10.141}$$

이 된다. π와 N(p 또는 n)의 복합 상태 $|\pi N>$이 반응을 일으키는 것은 어떤 전이(轉移, transition)를 시키는 연산자 T가 있어서 $|\pi N>$에 작용하여 새로운 상태 $T|\pi N>$이 된다고 생각한다. 즉

$$|\pi N> \to T|\pi N> \tag{10.142}$$

이다. 따라서 이 새로운 상태가 어느 특정한 $|\pi' N'>$ 상태가 될 확률은

$$|<\pi' N'|T|\pi N>|^2 \tag{10.143}$$

에 비례한다고 할 수 있다. $<\pi' N'|T|\pi N>$을 전이 진폭(轉移振幅, transition amplitude)이라 부른다. 그러면 (10.141)식의 세 반응에 대한 전이 진폭은 반응 전과 후에 isospin이 보존됨을 고려하면

$$<\pi^+ p|T|\pi^+ p> = <\frac{3}{2}\frac{3}{2}|T|\frac{3}{2}\frac{3}{2}> \tag{10.144a}$$

$$<\pi^- p|T|\pi^- p> = \frac{1}{3}<\frac{3}{2}, -\frac{1}{2}|T|\frac{3}{2}, -\frac{1}{2}>$$

$$+\frac{2}{3}<\frac{1}{2}, -\frac{1}{2}|T|\frac{1}{2}, -\frac{1}{2}> \tag{10.144b}$$

$$<\pi^0 n|T|\pi^- p> = \frac{\sqrt{2}}{3}<\frac{3}{2}, -\frac{1}{2}|T|\frac{3}{2}, -\frac{1}{2}>$$

$$-\frac{\sqrt{2}}{3}<\frac{1}{2},\ -\frac{1}{2}|T|\frac{1}{2},\ -\frac{1}{2}> \tag{10.144c}$$

이 된다. 여기서 I의 보존 때문에

$$<\frac{3}{2}m|T|\frac{1}{2}m'> \ =0 \tag{10.145}$$

관계를 사용하였다.

만일 (10.140)식의 세 반응이 $I=\frac{3}{2}$을 통하여서만 일어난다면 T가 $|\pi N>$에 작용할 때 $T|\frac{1}{2}m>$은 0 이 됨을 의미한다. 그리고 $<\frac{3}{2},m|T|\frac{3}{2},m>$ 값이 m값에 무관하고, 제 14장에서 설명하겠지만 미분 단면적이 전이확률에 비례한다면

$$\begin{aligned}
&\sigma(\pi^+p\to\pi^+p):\sigma(\pi^-p\to\pi^-p):\sigma(\pi^-p\to\pi^0n):\\
&\quad =|<\pi^+p|T|\pi^+p>|^2:|<\pi^-p|T|\pi^-p>|^2:|<\pi^0n|T|\pi^-p>|^2\\
&\quad =1:\frac{1}{9}:\frac{2}{9}\\
&\quad =9:1:2
\end{aligned} \tag{10.146}$$

이 된다. 이 값은 실험적으로 $I=\frac{3}{2}$인 상태가 발견되는 에너지 부근에서 측정한 미분 단면적의 결과와 일치한다.

π와 핵자의 작용으로부터 스핀이 $\frac{3}{2}$이고 isospin이 $\frac{3}{2}$인 새로운 상태가 존재함은 Fermi가 처음 발견하였나. 그는 이 상태를 핵자 N가 들뜬 상태라 생각하여 N^*라 불렀으나 현재는 Δ입자로 취급한다. 이 입자는 제 1장의 불확정 원리의 예에서 논의된 바와 같이 수명이 약 10^{-24}sec로 짧으며 곧 N과 π로 붕괴된다. 즉 (10.144)식들은, 중간 과정에 각각 $\Delta^{++}, \Delta^0, \Delta^0$ 인 상태가 형성된 후에 다시 붕괴되는 과정이라 생각하면 이러한 입자들이 생성되는 에너지 영역에서 미분 단면적의 비가 (10.146)식에서와 같이 됨을 의미한 것이다. 이러한 짧은 수명을 가진 입자가 1950년대부터 많이 발견되었고 이들을 특히 공명 입자(共鳴粒子, resonance particle)라 부른다. 이러한 이론이 일련의 실험 사실과 일치한다는 사실은 바로 isospin의 개념이 맞음을 의미한다. 대전 스핀이라고도 부르는 이 isospin은 입자물리뿐 아니라 핵물리학에서도 중요한 역할을 한다.

isospin은 전기적 상호 작용이나 약한 상호 작용에서는 보존되지 않는다. 더 자세한 언급은 여기에서는 생략하겠다.

예. 중양성자(重陽性子, deuteron) d에 의한 π^-의 포획(捕獲, capture)과정

$$\pi^-+d\to n+n \tag{10.147}$$

에서 가장 낮은 에너지 상태인, 궤도 양자수가 0인 상태에서 포획이 일어나는 경우를 생각하여 두 중성자가 이루는 궤도 양자수를 고찰하여 보자. π의 스핀은 0, 중양성자의 스핀은 1이다.

두 개의 입자 a, b를 상대 좌표로 기술할 때 궤도 각운동량 l을 가진 상대 운동의 파동함수를 $f_l(\vec{x_a}-\vec{x_b})$라면

$$f_l(\vec{x_a}-\vec{x_b})=(-1)^l f_l(\vec{x_b}-\vec{x_a}) \tag{10.148}$$

가 된다. 이것은 제 7장에서 얻는 $Y_{lm}(\theta, \varphi)$가 상대 좌표에 대하여 $\vec{x} \to -\vec{x}$인 경우

$$Y_{lm}(\pi-\theta, \varphi+\pi)=(-1)^l Y_{lm}(\theta, \varphi) \tag{10.149}$$

가 되기 때문이다. 각 입자들의 파동함수를 $\phi_a(\vec{x_a}), \phi_b(\vec{x_b})$, 이들이 갖는 고유(固有, intrinsic) parity 값을 η_a, η_b라면 두 입자를 기술하는 파동함수는 중심계에 대하여 $f_l(\vec{x_a}-\vec{x_b})\phi_a(\vec{x_a})\phi_b(\vec{x_b})$라 할 수 있고 이것은 parity 변환에 의하여 $(-1)^l\eta_a\eta_b$만큼 바뀐다. 물론 $\phi(\vec{x})$에는 스핀 상태도 포함되었다고 생각하여야 한다. 그러나 스핀 상태의 parity 변환에 의한 영향은 없다.

(10.147)식으로 주어진 과정에서 각 중성자의 스핀이 $\dfrac{1}{2}$이므로 두 중성자가 가질 수 있는 스핀 상태는 0 또는 1만이 가능하다. 따라서 πd상태의 총 각운동량이 1이므로 두 중성자가 가질 수 있는 궤도 양자수는, 이들의 스핀이 0 일 때는 1, 스핀이 1일 때는 0,1,2가 가능하다.

한편 스핀이 0인 상태(singlet)에서는 두 입자의 교환에 대하여 스핀 상태 함수는 부호가 변하게 되고 공간함수가 $(-1)^l$이 됨을 고려하여 fermion인 이들 중성자에 대한 Pauli의 배타 원리를 적용하면 $l=0,2,4,\cdots\cdots$만이 가능하다. 즉 궤도 양자수는 1이 될 수 없으며 따라서 두 중성자는 스핀 0인 단일항(singlet) 상태가 될 수 없다.

스핀이 1인 상태는 두 중성자를 교환할 때 변하지 않으므로 Pauli의 배타 원리에 의하여 허용되는 각운동량은 $(-1)^l$의 영향으로부터 $l=1,3,5,\cdots\cdots$이다. 따라서 앞서 논의한 l이 0,1,2일 가능성을 생각하면 두 중성자가 이루는 궤도 양자수는 $l=1$인 상태 즉, p상태이다. 이것을 분광학적 기호(分光學的記號, spectroscopic notation)

$$^{2s+1}L_j \tag{10.150}$$

로 쓰면 두 중성자가 이루는 상태는 $s=1$, $l=1$, $j=1$이므로 $^3p_1$인 상태이다. 또 중양성자 d는 양성자 p와 중성자 n의 s상태의 속박 상태이므로 parity η_d는 1이라 할 수 있다. 따라서 (10.147)과정은 π가 $\eta_\pi=-1$인 pseudoscalar 입자임을 의미한다.

10. 5 회전(回轉, rotation)과 각운동량과의 관계

앞 장에서 운동량 연산자 $\vec{p}$는 위치를 옮겨 주는 발생자(generator)이고 H는 시간을 옮겨 주는 발생자인 것을 보였다. 이와 마찬가지로 각운동량 연산자는 회전을 시켜주는 역

할을 하는데, 회전과 어떠한 관련이 있는지를 여기에서 생각하고자 한다.

(a) 능동적 회전(能動的回轉, active rotation)

그림 10.2에서와 같이 Cartesian 좌표계에서 어느 방향 $\vec{n}$주위에 θ만큼 회전하는 경우를 생각하자. 이때 한 벡터 $\vec{x}$는 회전을 하게 되며 이러한 회전은 능동적(能動的, active) 회전이다. 이 회전에 의하여 벡터 $\vec{x}$는 새로운 벡터 $\vec{x}'$으로 되며 이 때 이들 두 벡터의 성분 사이에는

$$x_i' = a_{ij}x_j \tag{10.151}$$

의 관계가 있는데 a_{ij}는 다음과 같다.

$$a_{ij} = \delta_{ij}\cos\theta - \epsilon_{ijk}n_k\sin\theta + (1-\cos\theta)n_i n_j \tag{10.152}$$

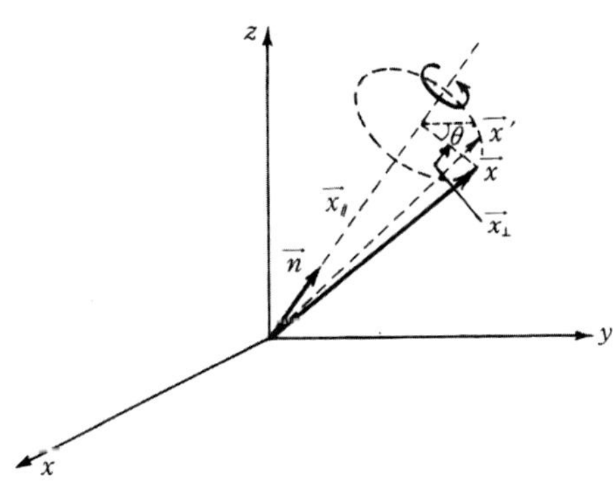

그림 10.2 한 좌표계에서 능동적 회전에 의한 벡터 $\vec{x}$의 변환

(증명) 벡터 $\vec{x}$를 $\vec{n}$방향에 수직인 성분과 $\vec{n}$방향에 평행인 성분 벡터로 분해하여 보면

$$\begin{aligned}\vec{x} &= \vec{n}(\vec{n}\cdot\vec{x}) - \vec{n}\times(\vec{n}\times\vec{x}) \\ &= \vec{n}(\vec{n}\cdot\vec{x}) + \{\vec{x} - \vec{n}(\vec{n}\cdot\vec{x})\} \\ &= \overrightarrow{x_\parallel} + \overrightarrow{x_\perp}\end{aligned} \tag{10.153a}$$

즉 $\vec{n}$에 평행인 성분 벡터는

$$\overrightarrow{x_\parallel} = \vec{n}(\vec{n}\cdot\vec{x}) \tag{10.153b}$$

이고 $\vec{n}$에 수직인 성분 벡터는 다음과 같이 표시된다.

$$\overrightarrow{x_\perp} = -\vec{n}\times(\vec{n}\times\vec{x}) = \vec{x} - \vec{n}(\vec{n}\cdot\vec{x}) \tag{10.153c}$$

$\vec{n}$ 주위에 θ만큼 회전을 할 경우에 $\vec{x}$는 $\vec{x}'$이 되는데 이 때 $\overrightarrow{x_\parallel}$은 변하지 않고

$$\overrightarrow{x_{\parallel}'} = \overrightarrow{x_{\parallel}} \tag{10.154}$$

$\overrightarrow{x'_{\perp}}$는 그림 10.2에서와 같이 크기는 변하지 않으나 방향이 변하여

$$\begin{aligned}
&\left|\overrightarrow{x_{\perp}'}\right| = \left|\overrightarrow{x_{\perp}}\right| \\
&\overrightarrow{x_{\perp}'} = \left|\overrightarrow{x_{\perp}}\right|\left(\cos\theta\vec{e_1} + \sin\theta\vec{e_2}\right) \\
&\quad = \overrightarrow{x_{\perp}}\cos\theta + \vec{n}\times\overrightarrow{x_{\perp}}\sin\theta
\end{aligned} \tag{10.155}$$

가 된다. 여기서 $\vec{e_1}$과 $\vec{e_2}$는 $\overrightarrow{x_{\perp}}$방향과 $\vec{n}\times\overrightarrow{x_{\perp}}$방향의 단위벡터이다. 따라서

$$\begin{aligned}
\vec{x'} &= \overrightarrow{x_{\parallel}'} + \overrightarrow{x_{\perp}'} \\
&= \overrightarrow{x_{\parallel}} + \overrightarrow{x_{\perp}}\cos\theta + \vec{n}\times\overrightarrow{x_{\perp}}\sin\theta \\
&= \vec{n}(\vec{n}\cdot\vec{x}) + \cos\theta\{\vec{x} - \vec{n}(\vec{n}\cdot\vec{x})\} + \sin\theta\vec{n}\times\{\vec{x} - \vec{n}(\vec{n}\cdot\vec{x})\} \\
&= \vec{x}\cos\theta + \vec{n}\times\vec{x}\sin\theta + (1-\cos\theta)(\vec{n}\cdot\vec{x})\vec{n}
\end{aligned} \tag{10.156}$$

이고 성분을 살펴보면

$$\begin{aligned}
x_i' &= x_i\cos\theta + \epsilon_{ijk}n_jx_k\sin\theta + (1-\cos\theta)n_in_jx_j \\
&= \{\delta_{ij}\cos\theta - \epsilon_{ijk}n_k\sin\theta + (1-\cos\theta)n_in_j\}x_j \\
&= a_{ij}x_j
\end{aligned}$$

이므로

$$a_{ij} = \delta_{ij}\cos\theta - \epsilon_{ijk}n_k\sin\theta + (1-\cos\theta)n_in_j \tag{10.152}$$

를 얻는다. (증명 끝)

이렇게 얻은 a_{ij}는 다음 성질이 있다.

(i) $a_{ij}a_{ik} = \delta_{jk}$ (직교성) (10.157)

(증명)

$$\begin{aligned}
a_{ij}a_{ik} &= \{\delta_{ij}\cos\theta - \epsilon_{ijl}n_l\sin\theta + (1-\cos\theta)n_in_j\} \\
&\quad \cdot \{\delta_{ik}\cos\theta - \epsilon_{ikm}n_m\sin\theta + (1-\cos\theta)n_in_k\} \\
&= \delta_{jk}\cos^2\theta - \epsilon_{jkm}n_m\sin\theta\cos\theta + \cos\theta(1-\cos\theta)n_jn_k \\
&\quad - \epsilon_{kjl}n_l\sin\theta\cos\theta + (\delta_{jk}\delta_{lm} - \delta_{jm}\delta_{lk})n_ln_m\sin^2\theta + \sin\theta(1-\cos\theta)(\vec{n}\times\vec{n})_jn_k \\
&\quad + \cos\theta(1-\cos\theta)n_jn_k + \sin\theta(1-\cos\theta)(\vec{n}\times\vec{n})_kn_j + (1-\cos\theta)^2n_jn_k|\vec{n}|^2 \\
&= (\cos^2\theta + \sin^2\theta)\delta_{jk} + 2\cos\theta(1-\cos\theta)n_jn_k - n_jn_k\sin^2\theta + (1-\cos\theta)^2n_jn_k \\
&= \delta_{jk} + n_jn_k\{2\cos\theta - 2\cos^2\theta - \sin^2\theta + 1 - 2\cos\theta + \cos^2\theta\} \\
&= \delta_{jk}
\end{aligned}$$

즉 a_{ij}를 성분으로 갖는 행렬 a는 직교 행렬이다.

$$a^Ta = aa^T = I \tag{10.158}$$

(ii) a_{ij}는 일반적으로 방향 $\vec{n}$과 회전각 θ에 의하여 정해진다. 같은 회전 방향 $\vec{n}$에 대한 회전각 θ_1과 θ_2를 생각하면

$$a_{ik}(\theta_1)a_{kj}(\theta_2) = a_{ij}(\theta_1+\theta_2) \tag{10.159a}$$

즉 $a(\theta_1)a(\theta_2)=a(\theta_1+\theta_2)$ (10.159b)

(증명) $a_{ik}(\theta_1)a_{kj}(\theta_2)=\{\delta_{ik}\cos\theta_1-\epsilon_{ikl}n_l\sin\theta_1+(1-\cos\theta_1)n_in_k\}$

$$\cdot\ \{\delta_{kj}\cos\theta_2-\epsilon_{kjm}n_m\sin\theta_2+(1-\cos\theta_2)n_kn_j\}$$

$$=\delta_{ij}\cos\theta_1\cos\theta_2-\epsilon_{ijm}n_m\cos\theta_1\sin\theta_2+\cos\theta_1(1-\cos\theta_2)n_in_j$$

$$-\epsilon_{ijl}n_l\sin\theta_1\cos\theta_2+\epsilon_{ikl}\epsilon_{kjm}n_ln_m\sin\theta_1\sin\theta_2-\sin\theta_1(1-\cos\theta_2)(\vec{n}\times\vec{n})_in_j$$

$$+n_in_j(1-\cos\theta_1)\cos\theta_2+n_i(\vec{n}\times\vec{n})_j(1-\cos\theta_1)\sin\theta_2$$

$$+(1-\cos\theta_1)(1-\cos\theta_2)n_in_j$$

$$=\delta_{ij}\cos\theta_1\cos\theta_2-(\sin\theta_1\cos\theta_2+\cos\theta_1\sin_2)\epsilon_{ijm}n_m$$

$$+n_in_j\{\cos\theta_1(1-\cos\theta_2)+\cos\theta_2(1-\cos\theta_1)+(1-\cos\theta_1)(1-\cos\theta_2)\}$$

$$-(\delta_{ij}\delta_{lm}-\delta_{im}\delta_{lj})n_ln_m\sin\theta_1\sin\theta_2$$

$$=(\cos\theta_1\cos\theta_2-\sin\theta_1\sin\theta_2)\delta_{ij}-(\sin\theta_1\cos\theta_2+\cos\theta_1\sin\theta_2)\epsilon_{ijl}n_l$$

$$+n_in_j\{\cos\theta_1+\cos\theta_2-2\cos\theta_1\cos\theta_2+1-\cos\theta_1-\cos\theta_2+\cos\theta_1\cos\theta_2+\sin\theta_1\sin\theta_2\}$$

$$=\delta_{ij}\cos(\theta_1+\theta_2)-\epsilon_{ijl}n_l\sin(\theta_1+\theta_2)+\{1-\cos(\theta_1+\theta_2)\}n_in_j$$

$$=a_{ij}(\theta_1+\theta_2)$$

특별한 경우로 $\theta=0$는 회전을 하지 않은 경우이므로 (10.152)식으로부터

$$a(0)=I \tag{10.160}$$

$$\therefore a^{-1}(\theta)=a(-\theta) \qquad \{(10.159b)\text{식으로부터}\} \tag{10.161}$$

(iii) 무한소 회전(無限小回轉, infinitesimal rotation)

$\vec{n}$ 방향 주위로 아주 작은 각 $\Delta\theta$만큼 회전할 때의 일반적인 좌표 변환 행렬 성분 a_{ij}는 (10.152)식으로 주어지나, 만일 θ가 아주 작은 미소각 $\Delta\theta$를 나타낸다고 하고 $(\Delta\theta)^2$이상을 무시하는 경우에는 (10.152)식에서

$$\cos\theta\to 1-\frac{1}{2}(\Delta\theta)^2+\cdots\simeq 1 \tag{10.162a}$$

$$\sin\theta\to\Delta\theta-\frac{1}{3!}(\Delta\theta)^3+\cdots\simeq\Delta\theta \tag{10.162b}$$

로 둘 수 있다. 따라서

$$a_{ij}(\Delta\theta)=\delta_{ij}-\Delta\theta\epsilon_{ijk}n_k \tag{10.163}$$

이 된다. 이 관계식을 이용하면 x'은

$$x_i'=a_{ij}x_j=(\delta_{ij}-\Delta\theta\epsilon_{ijk}n_k)x_j$$

$$=x_i+\Delta\theta(\vec{n}\times\vec{x})_i$$

$$\vec{x'}=\vec{x}+\vec{\Delta\theta}\times\vec{x} \quad (\vec{\Delta\theta}\equiv\Delta\theta\vec{n})$$

$$=(I+\vec{\Delta\theta}\times)\vec{x} \tag{10.164b}$$

이 된다. 한편 $\vec{n}$방향 주위에서 유한한 각 θ만큼의 회전은, θ를 n등분하고 n을 무한히 크게 취할 경우 무한소 회전들의 n번의 곱으로 나타낼 수 있다. 따라서 회전을 나타내는 행렬 $a(\theta)$는

$$\begin{aligned} a_{ij}(\theta) &= \lim_{n\to\infty}\left[a\left(\frac{\theta}{n}\right)a\left(\frac{\theta}{n}\right)\cdots\cdots a\left(\frac{\theta}{n}\right)\right]_{ij} \\ &= \left([I+\vec{\Delta}\theta\times][I+\vec{\Delta}\theta\times]\cdots\right)_{ij} \\ &= \lim_{n\to\infty}\left(I+\frac{\vec{\theta}\times}{n}\right)^n_{ij} \quad \{n\text{은 } \vec{n}\text{방향과는 관계가 없는 정수임}\} \\ &= \left(e^{\vec{\theta}\times}\right)_{ij} \quad \left(\text{여기서 } \vec{\theta}\equiv\theta\vec{n}\right) \end{aligned} \tag{10.165}$$

로 쓸 수 있다.

(b) 수동적 회전(受動的回轉, passive rotation)

앞에서는, 좌표축이 고정되어 있고 그 좌표축 안에 있는 $\vec{n}$방향의 주위로 θ만큼 회전할 때 그 좌표축 안에 있는 한 벡터 $\vec{x}$가 어떻게 변하는가를 조사한 능동적 회전을 고려하였다. 만일 한 벡터 $\vec{x}$를 최전 시키는 대신 $\vec{n}$방향 주위로 좌표축을 θ만큼 회전 시켰을 때 새로운 좌표계 (x',y',z')축에 대한 벡터 $\vec{x}$의 좌표와 회전되기 전의 좌표계에 대한 $\vec{x}$의 좌표 사이의 관계를 조사하여 보면 [이러한 수동적(受動的, passive) 회전에 대하여는] $\vec{x}$의 성분 사이에

$$x_i' = b_{ij}(\theta)x_j$$

$$b_{ij}(\theta) = a_{ij}(-\theta) = \left(a^{-1}\right)_{ij} = \delta_{ij}\cos\theta + \epsilon_{ijk}n_k\sin\theta + (1-\cos\theta)n_in_j \tag{10.166b}$$

의 관계가 있다. 좌표축의 회전을 수동적 회전(受動的回轉, passive rotation)이라 부른다.

(증명) 그림 10.2에서와 같이 $\vec{n}$방향 주위로 θ만큼 회전할 경우 회전된 새로운 좌표축에 대한 단위 벡터 $\vec{e_i'}$은 원래의 좌표축에 대한 단위 벡터 $\vec{e_i}$로 표시되는데 이 벡터는 능동적 회전에서 취급된 바와 같이 (10.156)식으로 표시된다. 즉

$$\vec{x} = \vec{e_i}x_i = \vec{e_i'}x_i' \tag{10.167}$$

$$\vec{e_i'} = \vec{e_i}\cos\theta + \vec{n}\times\vec{e_i}\sin\theta + (1-\cos\theta)\vec{n}\left(\vec{n}\cdot\vec{e_i}\right)$$

$$\begin{aligned} \therefore x_i' &= \vec{e_i'}\cdot\vec{x} = \vec{e_i}\cdot\vec{x}\cos\theta + \left(\vec{n}\times\vec{e_i}\right)\cdot\vec{x}sin\theta + (1-\cos\theta)\left(\vec{n}\cdot\vec{e_i}\right)\left(\vec{n}\cdot\vec{x}\right) \\ &= x_i\cos\theta + \left(\vec{x}\times\vec{n}\right)\cdot\vec{e_i}\sin\theta + (1-\cos\theta)n_i\left(\vec{n}\cdot\vec{x}\right) \\ &= \{\delta_{ij}\cos\theta + \epsilon_{ijk}n_k\sin\theta + (1-\cos\theta)n_in_j\}x_j \\ &= b_{ij}(\theta)x_j \end{aligned} \tag{10.169}$$

를 얻는다. (증명 끝)

따라서 능동적 회전의 결과를 수동적 회전을 이용하여 얻으려면 (10.150)식, (10.152)식과 (10.166)식, (10.167)식에서 알 수 있는 바와 같이 능동적 회전의 반대 방향으로 수동적 회전을 하면 된다. 다시 말해서 능동적 회전

$$\overrightarrow{x'} = x_i{}'\overrightarrow{e_i} \tag{10.170a}$$

를 수동적 회전으로 대치시키기 위하여 $\vec{x}$를 고정시키고 좌표축을 회전시키는 경우 새로운 좌표축 방향의 단위 벡터를 $\{\overrightarrow{e_i{}''}\}$라면

$$\vec{x} = x_i{}'\overrightarrow{e_i{}''} \tag{10.170b}$$

가 되어야 할 것이다. 이 때 $\overrightarrow{e_i}''$를 구하기 위하여 (10.156)식에서 $\vec{x}$와 $\overrightarrow{x'}$가 바뀌어질 때 θ 부호를 바꾸어서 얻어짐으로

$$\begin{aligned}\vec{x} &= \overrightarrow{x'}\cos\theta - \vec{n}\times\overrightarrow{x'}\sin\theta + (1-\cos\theta)\vec{n}(\vec{n}\cdot\vec{x}') \\ &= x_i{}'\{\overrightarrow{e_i}\cos\theta - \vec{n}\times\overrightarrow{e_i}\sin\theta + (1-\cos\theta)\vec{n}(\vec{n}\cdot\overrightarrow{e_i})\} \\ \therefore\ \overrightarrow{e_i}'' &= \overrightarrow{e_i}\cos\theta - \vec{n}\times\overrightarrow{e_i}\sin\theta + (1-\cos\theta)\vec{n}(\vec{n}\cdot\overrightarrow{e_i})\end{aligned} \tag{10.171}$$

가 된다. 즉 $\{\overrightarrow{e_i{}''}\}$는 원래 기저 벡터 $\{\overrightarrow{e_i}\}$를 $\vec{n}$주위로 $(-\theta)$만큼 회전시켜서 얻어진다.

(c) 회전에 의한 상태 벡터의 변환

일반적으로 한 물리적 계가 두 관측자에 의하여 각각 $|\psi>, |\psi'>$으로 기술된다면 이 계가 어떤 상태 $|\varphi>, |\varphi'>$에 있을 확률은 두 관측자에 관계없이 일정하므로

$$|<\varphi'|\psi'>|^2 = |<\varphi|\psi>|^2 \tag{10.172}$$

가 되어야 할 것이다. 이 때 $<\varphi'|\psi'>$은 $<\varphi|\psi>$일 수도 있고 $<\varphi|\psi>^*$일 수도 있다. 이것은 $|\psi'>$가 unitary또는 antiunitary 변환에 의하여 $|\psi>$로부터 얻을 수 있다고 생각한다.

여기에서는 한 좌표계에서 $\vec{n}$방향으로 θ만큼 회전하는 경우 상태 벡터 $|\psi>$가 $|\psi'>$으로 변하는데(좌표계를 바꾼다고 생각하여도 논의는 마찬가지임) 편의상 입자의 스핀을 고려하지 않는 경우

$$(\overrightarrow{x'}) = a(\theta)(\vec{x}) \qquad \{(10.151)\text{식을 의미함}\} \tag{10.173a}$$

$$|\psi'> = R(\theta)|\psi> \tag{10.173b}$$

로 놓을 수 있다.

회전 연산자 $R(\theta)$를 구하는데 문제를 간단히 하기 위하여 좌표 $\vec{x}$의 스칼라 함수 $f(\vec{x})$를 생각하자. 이 함수는 $\vec{n}$주위로 θ만큼의 회전에 의하여

$$f'(\vec{x'}) = f(\vec{x}) \tag{10.174}$$

가 된다. 이 식에서 위치 좌표 $\vec{x}'$의 성분은 (10.151)식에 의하여 $\vec{x}$의 성분과 관련되어 있다.

함수 f'의 성질을 조사하기 위하여 (10.164)식과 같은 무한소 변환을 고려하면

$$\begin{aligned} f'(\vec{x}) &= f(a^{-1}\vec{x}) = f\{a(-\Delta\theta)\vec{x}\} \\ &= f(\vec{x} - \Delta\vec{\theta}\times\vec{x}) \\ &= f(\vec{x}) - (\Delta\vec{\theta}\times\vec{x}) \cdot \vec{\nabla} f(\vec{x}) \\ &= f(\vec{x}) - \frac{i}{\hbar}\Delta\vec{\theta} \cdot (\vec{x}\times\vec{p}) f(\vec{x}) \\ &= \left\{ I - \frac{i}{\hbar}\Delta\theta\vec{n} \cdot \vec{L} \right\} f(\vec{x}) \end{aligned} \tag{10.175}$$

가 된다. $f(\vec{x})$를 $<\vec{x}|f>$로 생각하는 경우 제 9장에서와 같이

$$|f'> = \left(I - \frac{i}{\hbar}\Delta\theta\vec{n} \cdot \vec{L} \right)|f> = R(\Delta\theta)|f> \tag{10.176}$$

$$R(\Delta\theta) = I - \frac{i}{\hbar}\Delta\vec{n} \cdot \vec{L} \tag{10.177}$$

를 얻는다. (10.176)식에서 $\vec{L}$에 포함된 $\vec{p}$는 일반적으로 $\frac{\hbar}{i}\vec{\nabla}$가 아님은 이미 제 9 장에서 언급한 바와 같다.

$\vec{n}$방향 주위로 유한한 각 θ만큼의 회전은 $\vec{n}$방향 주위로 무한소 회전을 무한히 많이 반복함으로써 얻어진다. 즉 (10.165)식에서 보인 바와 같이

$$\begin{aligned} R(\theta) &= \lim_{n\to\infty} R\left(\frac{\theta}{n}\right) R\left(\frac{\theta}{n}\right) \cdots\cdots R\left(\frac{\theta}{n}\right) \\ &= \lim_{n\to\infty}\left(1 - \frac{i}{\hbar}\frac{\theta}{n}\vec{n} \cdot \vec{L}\right)^n \\ &= e^{-\frac{i}{\hbar}\theta\vec{n} \cdot \vec{L}} \end{aligned} \tag{10.178}$$

이 된다. 특히 $R(\theta)$에서 여러 관계식을 보면 다음과 같다.

$$R(0) = I \tag{10.179a}$$

$$R^{\dagger}(\theta) = e^{\frac{i}{\hbar}\theta\vec{n} \cdot \vec{L}} = R(-\theta) = R^{-1}(\theta) \tag{10.179b}$$

상태 벡터에 대하여도 같은 원리로 $\vec{n}$주위에 θ만큼에 회전에 의하여

$$|\psi'> = e^{-\frac{i}{\hbar}\theta\vec{n} \cdot \vec{L}}|\psi> = R(\theta)|\psi> \tag{10.180}$$

로 $|\psi>$가 $|\psi'>$로 변함을 예측할 수 있다.

이 상태 벡터의 변환의 의미를 더욱 명백히 하기 위하여 이 상태들에 의한 위치(또는 좌표) 연산자 $\vec{x}$의 기대치

$$<\psi'|\vec{x}|\psi'> \ =<\psi|e^{\frac{i}{\hbar}\theta\vec{n}\cdot\vec{L}}\vec{x}e^{-\frac{i}{\hbar}\theta\vec{n}\cdot\vec{L}}|\psi> \tag{10.181}$$

를 살펴보자.

먼저 임의의 연산자 A, B에 대하여

$$e^{A}Be^{-A}=B+[A,B]+\frac{1}{2!}[A,[A,B]]+\frac{1}{3!}[A,[A,B]]+\cdots\cdots \tag{10.182}$$

를 제 5장에서 증명하였다.

만일 (10.184)식에서 $B=x_i$, $A=\vec{n}\cdot\vec{L}$, $\lambda=\frac{i}{\hbar}\theta$로 놓으면

$$\begin{aligned} &e^{\frac{i}{\hbar}\theta\vec{n}\cdot\vec{L}}x_i e^{-\frac{i}{\hbar}\theta\vec{n}\cdot\vec{L}} \\ &=x_i+\frac{i\theta}{\hbar}[\vec{n}\cdot\vec{L},x_i]+\frac{1}{2!}\left(\frac{i\theta}{\hbar}\right)^2[\vec{n}\cdot\vec{L},[\vec{n}\cdot\vec{L},x_i]]+ \\ &+\frac{1}{3!}\left(\frac{i\theta}{\hbar}\right)^3[\vec{n}\cdot\vec{L},[\vec{n}\cdot\vec{L},[\vec{n}\cdot\vec{L},x_i]]]+\cdots\cdots \end{aligned} \tag{10.183}$$

이 되는데

$$\begin{aligned} [\vec{n}\cdot\vec{L},x_i]&=-n_j[x_i,L_j]=-n_j[x_i,\epsilon_{jkl}x_kp_l] \\ &=-n_j\epsilon_{jkl}x_k[x_i,p_l] \\ &=-i\hbar\epsilon_{ijk}n_jx_k=-i\hbar(\vec{n}\times\vec{x})_i \end{aligned} \tag{10.184a}$$

$$\begin{aligned} [\vec{n}\cdot\vec{L},[\vec{n}\cdot\vec{L},x_i]]&=-i\hbar\epsilon_{ijk}n_j[\vec{n}\cdot\vec{L},x_k] \\ &=(-i\hbar)^2\epsilon_{ijk}n_j(\vec{n}\times\vec{x})_k \\ &=(-i\hbar)^2\{\vec{n}\times(\vec{n}\times\vec{x})\}_i \quad (\Leftarrow -i\hbar[\vec{n}\cdot\vec{L},(\vec{n}\times\vec{x})_i]) \end{aligned} \tag{10.184b}$$

$$\begin{aligned} [\vec{n}\cdot\vec{L},[\vec{n}\cdot\vec{L},[\vec{n}\cdot\vec{L},x_i]]]&=(-i\hbar)^3\{\vec{n}\times(\vec{n}\times(\vec{n}\times\vec{x}))\}_i \\ &=(-i\hbar)^3\{\overrightarrow{nn}\cdot(\vec{n}\times\vec{x})-(\vec{n}\times\vec{x})\}_i \\ &=-(-i\hbar)^3(\vec{n}\times\vec{x})_i \end{aligned} \tag{10.184c}$$

$$\begin{aligned} &[\vec{n}\cdot\vec{L},[\vec{n}\cdot\vec{L},[\vec{n}\cdot\vec{L},[\vec{n}\cdot\vec{L},x_i]]]] \\ &=-(-i\hbar)^3[\vec{n}\cdot\vec{L},(\vec{n}\times\vec{x})_i] \\ &=-(-i\hbar)^4\{\vec{n}\times(\vec{n}\times\vec{x})\}_i\cdots\cdots \end{aligned} \tag{10.184d}$$

의 관계가 성립하므로

$$
\begin{aligned}
&e^{\frac{i}{\hbar}\theta n\cdot L}x_i e^{-\frac{i}{\hbar}\theta n\cdot L} \\
&\quad = x_i + \theta(\vec{n}\times\vec{x})_i + \frac{1}{2!}\theta^2\{\vec{n}\times(\vec{n}\times\vec{x})\}_i - \frac{1}{3!}\theta^3(\vec{n}\times\vec{x})_i \\
&\qquad - \frac{1}{4!}\theta^4\{\vec{n}\times(\vec{n}\times\vec{x})\}_i + \cdots\cdots \\
&\quad = x_i + \{n\times(\vec{n}\times\vec{x})\}_i \\
&\qquad + \left\{\theta - \frac{1}{3!}\theta^3 + \frac{1}{5!}\theta^5 \cdots\cdots\right\}(\vec{n}\times\vec{x})_i \\
&\qquad - \left\{1 - \frac{1}{2!}\theta^2 + \frac{1}{4!}\theta^4 - \cdots\cdots\right\}\{\vec{n}\times(\vec{n}\times\vec{x})\}_i \\
&\quad = x_i + (\vec{n}\times\vec{x})_i\sin\theta + \{\vec{n}\times(\vec{n}\times\vec{x})\}_i(1-\cos\theta) \\
&\quad = x_i\cos\theta + (\vec{n}\times\vec{x})_i\sin\theta + \vec{n_i}(\vec{n}\cdot\vec{x})(1-\cos\theta) \\
&\quad = a_{ij}(\theta)x_j
\end{aligned}
\tag{10.185}
$$

를 얻는다. 이 결과는 능동적 회전의 경우에 해당한다. $\vec{n}$주위로 θ만큼 회전하여 얻은 상태 벡터에 대한 벡터 연산자 $\vec{x}$의 기대치는 위치 벡터 $\vec{x}$를 능동적 회전에 의하여 얻은 결과와 같다.

위치 연산자 X_i(고유값과 구별하기 위하여 대문자로 표시함)의 고유값을 x_i 그리고 고유 벡터는 $|x_i>$라 하면

$$X_i|x_i> = x_i|x_i> \quad (i\text{에 대한 합이 아님}) \tag{10.186}$$

이 되므로

$$R^{-1}X_iRR^{-1}|x_i> = x_iR^{-1}|x_i> \tag{10.187}$$

를 얻는다. 여기에 $a_{ik}=(a^{-1})_{ki}$를 작용하면

$$
\begin{aligned}
&(a^{-1})_{ki}(a)_{ij}X_jR^{-1}|x_i> = (a^{-1})_{kj}x_j(R^{-1}|x_i>) \\
&\therefore X_k(R^{-1}|x_i>) = (a^{-1})_{kj}x_j(R^{-1}|x_i>)
\end{aligned}
\tag{10.188}
$$

$R^{-1}|x_i>$는 연산자 $\vec{X}$의 고유 벡터이며 고유값은 $(a^{-1}x)$이므로

$$R^{-1}|x> = |a^{-1}x> \tag{10.189a}$$

$$<x|R = <a^{-1}x| \tag{10.189b}$$

$$R^{-1}(-\theta)|x> = |a^{-1}(-\theta)x> = |a(\theta)x> \tag{10.189c}$$

의 관계로부터

$$R(\theta)|x> = |a(\theta)x> \tag{10.189d}$$

를 얻는다. 이것은 (10.173)식과 (10.174)식에서 예상되는 결과이다.

같은 방법으로 각운동량 연산자 $\vec{L}$에 대하여도

$$e^{\frac{i}{\hbar}\theta\vec{n}\cdot\vec{L}}L_i e^{-\frac{i}{\hbar}\theta\vec{n}\cdot\vec{L}} = a_{ij}L_j \tag{10.190}$$

가 됨을 증명할 수 있다.

지금까지는 궤도 각운동량만을 고려하였으며 이 연산자는 실제 3차원 공간에서의 회전과 관련하여 취급할 수 있음을 보였다. 특히 (10.190)식은 궤도 각운동량의 기저 벡터의 회전에 의한 변화를 보였다. 스핀이나 일반적인 각운동량에 대하여는 거꾸로 S_i나 J_i의 변환식으로부터 기저 벡터의 회전을 고려할 수 있다. L_i의 변환식 (10.190)에서의 결과는 두 양 L_i, L_j의 교환자에 대하여 성립하는 (10.2)식으로부터 얻어진다. 한편 J_i, J_i등도 같은 교환자 관계가 성립하므로

$$e^{\frac{i}{\hbar}\theta\vec{n}\cdot\vec{J}}J_i e^{-\frac{i}{\hbar}\theta\vec{n}\cdot\vec{J}} = a_{ij}J_j \tag{10.191}$$

를 증명할 수 있다. 따라서 $\vec{n}$방향 주위로 θ만큼 회전하는 경우 스핀과 궤도 각운동량을 가진 입자 상태는

$$|\psi'> = e^{-\frac{i}{\hbar}\theta\vec{n}\cdot\vec{J}}|\psi> \tag{10.192}$$

에 의하여 변환한다고 할 수 있다. 이 식은 (10.174)식으로부터 기대하지는 못하나 스핀을 포함한 Hamiltonian (10.58b)식이 이러한 변환에 대하여 공변(covariant)인 것으로부터 정당화 된다.

지금까지 회전을 생각할 때 한 연산자 Ω에 대하여 기대치 $<\psi|\Omega|\psi>$에서, 회전에 의하여 $|\psi>$가 $|\psi'>$으로 변하고 Ω는 변화를 생각하지 않았다. 이것은 $|\psi>$를 고정하고 Ω를 $R^\dagger\Omega R$로 바꾸는 경우와 같은 결과를 준다. 저자에 따라서는 전자를 능동적 변환, 후자를 수동적 변환으로 정의하는 경우도 있음에 주의하라.

만일 어느 방향 $\vec{n}$주위의 회전에 대하여 좌표축의 변환을 고려하는 수동적 변환에 대하여 생각하면 원래 좌표축에 대한 연산자 A의 변환은

$$A \Rightarrow e^{-\frac{i}{\hbar}\theta\vec{n}\cdot\vec{J}} A e^{\frac{i}{\hbar}\theta\vec{n}\cdot\vec{J}} = A' \tag{10.193}$$

로 변하며 만일 A가 (S, V_i, T_{ij})로서 다음과 같이

$$S' = RSR^\dagger = S \tag{10.194a}$$

$$V_i' = RV_iR^\dagger = b_{ij}V_j \tag{10.194b}$$

$$T_{ij}' = RT_{ij}R = b_{ik}b_{jl}T_{kl} \tag{10.194c}$$

$$\cdots\cdots \tag{10.194c}$$

등으로 변하는 경우 S를 스칼라 연산자, V_i를 벡터 연산자, T_{ij}를 텐서 연산자라 부른다.

특히 스칼라 연산자의 경우에는

$$[R,S]=0 \tag{10.195}$$

이 되어 S는 불변하며 R과 교환 가능하다.

예로서 (10.191)식이 스핀 $\frac{1}{2}$인 경우 즉 $\vec{J}=\vec{S}$인 경우에 성립함을 직접 보이고 일반적인 경우는 연습 문제로 남기겠다. $e^{-\frac{i}{\hbar}\theta\vec{n}\cdot\vec{s}}$는

$$\begin{aligned} e^{-\frac{i}{\hbar}\theta\vec{n}\cdot\vec{s}} &= e^{-i\frac{\theta}{2}\vec{n}\cdot\vec{\sigma}} \\ &= 1-i\frac{\theta}{2}\vec{n}\cdot\vec{\sigma}+\frac{1}{2!}\left(-i\frac{\theta}{2}\right)^2(\vec{n}\cdot\vec{\sigma})^2+\frac{1}{3!}\left(-i\frac{\theta}{2}\right)^3(\vec{n}\cdot\vec{\sigma})^3+\cdots\cdots \\ &= 1-\frac{1}{2!}\left(\frac{\theta}{2}\right)^2+\frac{1}{4!}\left(\frac{\theta}{2}\right)^4\cdots\cdots \\ &\quad -i\vec{n}\cdot\vec{\sigma}\left\{\frac{\theta}{2}-\frac{1}{3!}\left(\frac{\theta}{2}\right)^3+\frac{1}{5!}\left(\frac{\theta}{2}\right)^5\cdots\cdots\right\} \\ &= \cos\frac{\theta}{2}-i\vec{n}\cdot\vec{\sigma}\sin\frac{\theta}{2} \end{aligned} \tag{10.196a}$$

이고 또

$$e^{\frac{i}{\hbar}\theta\vec{n}\cdot\vec{s}}=\cos\frac{\theta}{2}+i\vec{n}\cdot\vec{\sigma}\sin\frac{\theta}{2} \tag{10.196b}$$

이므로

$$e^{\frac{i}{\hbar}\theta\vec{n}\cdot\vec{s}}S_ie^{-\frac{i}{\hbar}\theta\vec{n}\cdot\vec{s}}=\frac{\hbar}{2}\left(\cos\frac{\theta}{2}+i\vec{n}\cdot\vec{\sigma}\sin\frac{\theta}{2}\right)\sigma_i\left(\cos\frac{\theta}{2}-i\vec{n}\cdot\vec{\sigma}\sin\frac{\theta}{2}\right)$$

를 펼쳐보면 이 값이

$$e^{\frac{i}{\hbar}\theta\vec{n}\cdot\vec{s}}S_ie^{-\frac{i}{\hbar}\theta\vec{n}\cdot\vec{s}}=a_{ij}(\theta)S_j \tag{10.197}$$

됨을 알 수 있다. 따라서 $\vec{S}$는 벡터 연산자이다. 특히 $\vec{n}=(0,0,1)$인 경우 a_{ij}는

$$(a)=\begin{pmatrix}\cos\theta & -\sin\theta & 0\\ \sin\theta & \cos\theta & 0\\ 0 & 0 & 1\end{pmatrix} \tag{10.198}$$

이 된다. 수동적 회전에서는 θ 대신 $-\theta$가 된다.

10. 6 스핀 $\frac{1}{2}$인 각운동량의 응용 ; 상자성 공명(常磁性共鳴)과 자기화(磁氣化, magnetizaton)

일반적인 각운동량을 응용하는 문제는 다음 장에서 취급하고 스핀을 이용하는 많은 물리학 문제에서 특히 다음 두 가지의 예를 자세히 고찰하여 보자.

(a) 상자성 공명(常磁性共鳴, paramagnetic resonance)

앞 질에서 자기장 $\vec{B}$가 특히 원자의 격자 부근에만 머무는 국소화된(localized) 전자에 균일하게 작용하는 경우 스핀이 $\vec{B}$에 수직한 평면에서 원운동 하는 것을 보였다. 만일 자기장이 다음과 같이 변하는 경우 스핀은 어떠한 운동을 하겠는가?

$$\vec{B}(t)=\left(B_1\cos\omega t,\ -B_1\sin\omega t,\ B_0\right)\ (B_o \gg B_1\text{이고 } B_0, B_1\text{은 일정함}) \tag{10.199}$$

이 때 Hamiltonian H는

$$H=-\vec{\mu}\cdot\vec{B}=-\frac{ge\hbar}{4mc}\vec{\sigma}\cdot\vec{B}(t) \tag{10.200}$$

로서 시간의 양함수가 되어 해가 전과 같이 간단하지는 않다. 물론

$$|\psi> = \begin{pmatrix} a(t) \\ b(t) \end{pmatrix}, \tag{10.201}$$

$$i\hbar\frac{\partial}{\partial t}|\psi(t)> = H|\psi(t)>$$

로 놓고 풀 수 있다. 그러나 $\vec{B}$값이 z축 주위로 $(-\omega t)$각으로 회전하므로 이것과 같이 회전하는 좌표계에서는 $\vec{B}$가 고정된 것과 같게 되어 보다 쉽게 풀림이 예상된다.

(i) H가 시간의 양함수가 안 되도록 바꾸려면 (10.200)식에서 $\vec{\sigma}$의 변화를 고려하여야 한다. 회전하는 좌표계에 대한 상태 벡터를 $|\psi_r(t)>$라 하면 (10.180)식에서와 같이

$$|\psi_r(t)> = e^{-\frac{i\omega t}{\hbar}s_z}|\psi(t)> \tag{10.202a}$$

$$|\psi(t)> = e^{\frac{i\omega t}{\hbar}s_z}|\psi_r(t)> = e^{\frac{i\omega t}{2}\sigma_z}|\psi_r> \tag{10.202b}$$

이 된다. 따라서

$$i\hbar\frac{\partial}{\partial t}|\psi(t)> = e^{\frac{i\omega t}{2}\sigma_z}\cdot i\hbar\frac{\partial}{\partial t}|\psi_r> - \frac{\hbar}{2}\omega\sigma_z e^{\frac{i\omega t}{2}\sigma_z}|\psi_r> \tag{10.203a}$$

$$H|\psi(t)> = -\frac{ge\hbar}{4mc}\{B_0\sigma_z + B_1(\cos\omega t\sigma_x - \sin\omega t\sigma_y)\}e^{\frac{i\omega t}{2}\sigma_z}|\psi_r> \tag{10.203b}$$

이 된다. 전자에 대하여는 $g\simeq 2$이며 e의 값도 바꾸어지나 양성자의 경우까지를 생각하여

편의상

$$\frac{ge}{2mc}B_0 = \omega_0, \tag{10.204a}$$

$$\frac{ge}{2mc}B_1 = \omega_1, \tag{10.204b}$$

라 놓으면 (10.203a,b)식으로부터 다음 관계식을 얻는다.

$$i\hbar\frac{\partial}{\partial t}|\psi_r> - \frac{\hbar\omega}{2}\sigma_z|\psi_r>$$

$$= e^{-\frac{i\omega t}{2}\sigma_z}\left\{-\frac{\hbar\omega_0}{2}\sigma_z - \frac{\hbar\omega_1}{2}(\cos\omega t\sigma_x - \sin\omega t\sigma_y)\right\}e^{\frac{i\omega t}{2}\sigma_z}|\psi_r> \tag{10.205a}$$

$$\therefore i\hbar\frac{\partial}{\partial t}|\psi_r> = -\frac{\hbar}{2}(\omega_0-\omega)\sigma_z|\psi_r>$$

$$-\frac{\hbar\omega_1}{2}e^{-\frac{i\omega t}{2}\sigma_z}(\cos\omega t\sigma_x - \sin\omega t\sigma_y)e^{\frac{i\omega t}{2}\sigma_z}|\psi_r> \tag{10.205b}$$

(10.197)식과 (10.198)식을 이용하면

$$e^{-\frac{i\omega t}{2}\sigma_z}\sigma_x e^{\frac{i\omega t}{2}\sigma_z} = a_{1j}(-\omega t)\sigma_j \tag{10.206a}$$

$$= \cos\omega t\sigma_x + \sin\omega t\sigma_y \tag{10.206b}$$

$$\therefore e^{-\frac{i\omega t}{2}\sigma_z}(\cos\omega t\sigma_x - \sin\omega t\sigma_y)e^{\frac{i\omega t}{2}\sigma_z}$$

$$= \cos\omega t(\cos\omega t\sigma_x + \sin\omega t\sigma_y) - \sin\omega t(-\sin\omega t\sigma_x + \cos\omega t\sigma_y)$$

$$= \sigma_x \tag{10.206c}$$

$$\therefore i\frac{\partial}{\partial t}|\psi_r> = \left[-\frac{(\omega_0-\omega)}{2}\sigma_z - \frac{\omega_1}{2}\sigma_x\right]|\psi_r> \tag{10.207}$$

를 얻는다.

(ii) 이 식의 우변의 괄호 [ ]안의 연산자는 시간에 무관한 양이므로 이 방정식은 쉽게 풀린다. 즉

$$|\psi_r(t)> = e^{-\frac{it}{\hbar}H}|\psi_r(0)>$$

$$= \exp\left\{\frac{i(\omega_0-\omega)t}{2}\sigma_z + \frac{i\omega t}{2}\sigma_x\right\}|\psi_r(0)>$$

$$= e^{i\frac{\vec{a}\cdot\vec{\sigma}}{2}}|\psi_r(0)> \tag{10.208}$$

로 쓸 수 있고 여기서 $\vec{a}$벡터와 $e^{\frac{1}{2}\vec{a}\cdot\vec{\sigma}}$는 다음과 같이 쓸 수 있다.

$$\vec{a} = (\omega_1 t, 0, (\omega_0-\omega)t) \tag{10.209a}$$

여기서

$$a = |a| = \sqrt{\omega_1^2 + (\omega_0-\omega)^2}\,t = \Omega t \tag{10.209b}$$

$$\Omega = \sqrt{(\omega_0-\omega)^2+\omega_1^2} \tag{10.209c}$$

로 정의하면

$$\begin{aligned} e^{i\frac{1}{2}\vec{\sigma}\cdot\vec{a}} &= \cos\frac{a}{2}+i\vec{\sigma}\cdot\hat{a}\sin\frac{a}{2} \\ &= \cos\frac{\Omega}{2}t+i\left(\frac{\omega_1}{\Omega}\sigma_x+\frac{\omega_0-\omega}{\Omega}\sigma_z\right)\sin\frac{\Omega}{2}t \\ &= \begin{pmatrix} \cos\frac{\Omega}{2}t+i\frac{\omega_0-\omega}{\Omega}sin\frac{\Omega}{2}t & i\frac{\omega_1}{\Omega}\sin\frac{\Omega}{2}t \\ i\frac{\omega_1}{\Omega}\sin\frac{\Omega}{2}t & \cos\frac{\Omega}{2}t-i\frac{\omega_0-\omega}{\Omega}\sin\frac{\Omega}{2}t \end{pmatrix} \end{aligned} \tag{10.210}$$

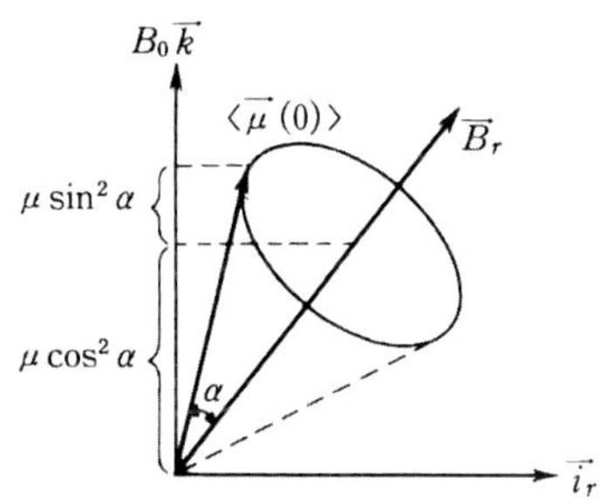

그림 10.3 회전하는 좌표에서 자기 모멘트 $\langle\vec{\mu}\rangle$가 $\vec{B}_r$주위에서 도는 것을 나타냄. 여기서 $\alpha=\tan^{-1}\left(\frac{\omega_1}{\omega_0-\omega}\right)$이다. $\langle\mu_z\rangle$는 (10.213)식에 의하여 시간에 따라 변한다.

를 얻는다. 따라서 $|\psi_r(0)> =|\psi(0)>$가 주어지면 $|\psi_r(t)>$ 및 $|\psi(t)>$는 (10.202)식, (10.208)식과 (10.210)식으로부터 얻어진다.

만일 초기 조건을

$$|\psi(0)> =|\psi_r(0)> =\begin{pmatrix}1\\0\end{pmatrix} \tag{10.211}$$

라고 하면

$$\begin{aligned} |\psi(t)> &= e^{\frac{i\omega t}{2}\sigma_z}e^{\frac{i\vec{a}\cdot\vec{\sigma}}{2}}\begin{pmatrix}1\\0\end{pmatrix} \\ &= \begin{pmatrix} e^{\frac{i\omega}{2}t} & 0 \\ 0 & e^{-i\frac{\omega}{2}} \end{pmatrix}\begin{pmatrix} \cos\frac{\Omega}{2}t+i\frac{\omega_0-\omega}{\Omega}\sin\frac{\Omega}{2}t \\ i\frac{\omega_1}{\Omega}\sin\frac{\Omega}{2}t \end{pmatrix} \\ &= \begin{pmatrix} e^{\frac{i\omega t}{2}}\left\{\cos\frac{\Omega}{2}t+i\frac{\omega_0-\omega}{\Omega}\sin\frac{\Omega}{2}t\right\} \\ i\frac{\omega_1}{\Omega}e^{-\frac{i\omega t}{2}}\sin\frac{\Omega}{2}t \end{pmatrix} \end{aligned} \tag{10.212}$$

를 얻는다. 물론 이 결과는 (10.201)식과 (10.203)식으로부터 직접 구할 수도 있다.

결론으로 입자의 스핀에 의한 자기 모멘트 $\vec{\mu}$의 기대치를 조사하여 보면

① $\langle\mu_z\rangle=\frac{ge}{2mc}\langle S_z\rangle=\frac{ge\hbar}{4cm}\langle\sigma_z\rangle$

$$=-\frac{ge\hbar}{4mc}\left(e^{-\frac{i\omega}{2}t}\left\{\cos\frac{\Omega}{2}t-i\frac{\omega_0-\omega}{\Omega}\sin\frac{\Omega}{2}t\right\},\ -i\frac{\omega_1}{\Omega}e^{\frac{i\omega t}{2}}\sin\frac{\Omega}{2}t\right)$$

$$\begin{pmatrix}1 & 0\\ 0 & -1\end{pmatrix}\begin{pmatrix}e^{\frac{i\omega}{2}t}\left\{\cos\frac{\Omega}{2}t+i\frac{\omega_0-\omega}{\Omega}\sin\frac{\Omega}{2}t\right\}\\ i\frac{\omega_1}{\Omega}e^{-\frac{i\omega}{2}t}\sin\frac{\Omega}{2}t\end{pmatrix}$$

$$=\frac{ge\hbar}{4mc}\left\{\left[\cos^2\frac{\Omega}{2}t+\left(\frac{\omega_0-\omega}{\Omega}\right)^2\sin^2\frac{\Omega}{2}t\right]-\left(\frac{\omega_1}{\Omega}\right)^2\sin^2\frac{\Omega}{2}t\right\}$$

$$=\frac{ge\hbar}{4mc}\left\{\cos^2\frac{\Omega}{2}t+\left[\left(\frac{\omega_0-\omega}{\Omega}\right)^2-\left(\frac{\omega_1}{\Omega}\right)^2\right]\sin^2\frac{\Omega}{2}t\right\}$$

$$=\frac{ge\hbar}{4mc}\left\{\frac{1}{2}\left[1+\left(\frac{\omega_0-\omega}{\Omega}\right)^2-\left(\frac{\omega_1}{\Omega}\right)^2\right]\right.$$

$$\left.+\frac{1}{2}\left[1-\left(\frac{\omega_0-\omega}{\Omega}\right)^2+\left(\frac{\omega_1}{\Omega}\right)^2\right]\cos\Omega t\right\}$$

$$=\frac{ge\hbar}{4mc}\left\{\frac{(\omega_0-\omega)^2+\omega_1^2\cos\Omega t}{(\omega_0-\omega)^2+\omega_1^2}\right\}$$

$$=\frac{ge\hbar}{4mc}\left\{1-\frac{\omega_1^2}{(\omega_0-\omega)^2+\omega_1^2}(1-\cos\Omega t)\right\} \tag{10.213}$$

이 된다. 따라서 $\langle\mu_z\rangle$는 그림 10.3에서와 같이 z축에서 진동함을 알 수 있다.

② 진동의 모양은 밖에서 걸어준 진동수 ω에 관련되어 있고 특히

$$\omega\simeq\omega_0=\frac{ge}{2mc}B_0 \tag{10.214}$$

인 때를 상자성 공명(paramagnetic resonance)이라 부른다. 이 경우 $\langle\mu_z\rangle$는 커지고

$$\vec{a}=(\omega_1 t,0,0),\ \ \Omega=\omega_1 \tag{10.215a}$$

$$\langle\mu_z\rangle=\langle\mu_z\rangle_0\cos\omega_1 t \tag{10.215b}$$

가 된다.

③ 시간 t가 지난 후 스핀이 $\downarrow$로 뒤바뀔(spin-flip)확률은 (10.212)식으로부터

$$P(\downarrow)=|<\downarrow|\psi(t)>|^2=\left(\frac{\omega_1}{\Omega}\right)^2\sin^2\frac{\Omega}{2}t \tag{10.216}$$

이 되며 이 식을 Rabi 의 공식이라 부른다.

이 값의 시간에 대한 평균은

$$\langle P(\downarrow)\rangle_{av}=\frac{1}{2}\left(\frac{\omega_1}{\Omega}\right)^2=\frac{1}{2}\left[\frac{\omega_1^2}{(\omega_0-\omega)^2+\omega_1^2}\right] \tag{10.217}$$

이다. 만일 B_0(즉 ω_0)를 연속적으로 바꾸어 주면 $\omega_0=\omega$일 때 스핀이 뒤바뀔 확률이 가장 커서 시간적 평균이 $\frac{1}{2}$이 된다. 이러한 자기장을 공명 자기장(resonance field)이라 부

른다. 따라서 (10.217)식은 다음과 같이 쓸 수 있다.

$$\langle P(\downarrow)\rangle_{av} = \frac{1}{2}\left[\frac{B_1^2}{(B_0 - B_{res})^2 + B_1^2}\right] \tag{10.218}$$

④ 만일 $(B_0 - B_{res}) \gg B_1$ (즉 $\omega_0 - \omega \gg \omega_1$)인 경우 일반적으로 $P(\downarrow) \simeq 0$으로 아주 작다. 그러나 공명 진동 부근에서는 $P(\downarrow)$가 $\Omega t = \pi$인 경우 1이 되어 처음의 수핀 $\frac{1}{2}$인 상태에서 $-\frac{1}{2}$상태로 뒤바뀐다. 이러한 경우는 스핀이 뒤바뀔 때에 나타나는 에너지 차인 $\frac{1}{2}\hbar\omega - \left(-\frac{1}{2}\hbar\omega\right) = \hbar\omega$만큼의 에너지가 고주피(高周波, radio frequency)장으로부터 빠져나가게 되고 이것이 탐지된다.

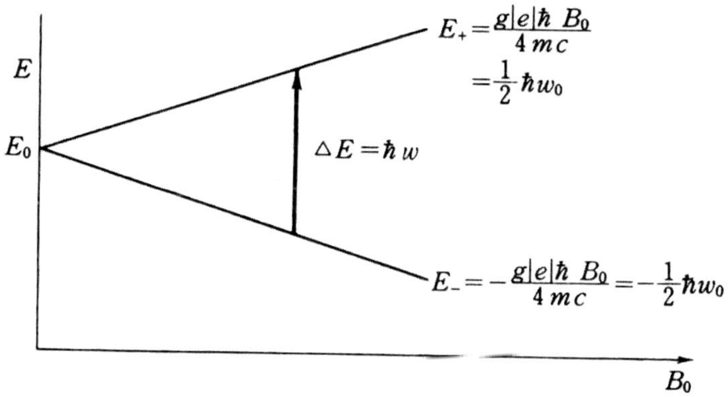

그림 10.4 외부 자기장 B_0가 증가함에 따라 국소화된 전자의 스핀 때문에 에너지 준위의 갈라김을 니디낸다. 또 화살표는 공명 상태에서 전이가 일어남을 나타낸다.

⑤ $\langle\vec{\mu}\rangle$의 다른 성분도 마찬가지로 구할 수 있다.

$$\langle\mu_x\rangle = \frac{ge\hbar}{4mc}\langle\psi(t)|\sigma_x|\psi(t)\rangle$$

$$= \frac{ge\hbar}{4mc}\left\{\frac{\omega_1(\omega_0-\omega)}{\Omega^2}(1-\cos\Omega t)\cos\omega t + \frac{\omega_1}{\Omega}\sin\Omega t\sin\omega t\right\} \tag{10.219a}$$

$$\langle\mu_y\rangle = \frac{ge\hbar}{4mc}\left\{\frac{\omega_1}{\Omega}\sin\Omega t\cos\omega t - \frac{\omega_1(\omega_0-\omega)}{\Omega^2}(1-\cos\Omega t)\sin\omega t\right\} \tag{10.219b}$$

특히 공명 상태에서 $\omega \simeq \omega_0$, $\Omega = \omega_1$

$$\langle\mu_x\rangle = \frac{ge\hbar}{4mc}\sin\omega_1 t\sin\omega t \tag{10.220a}$$

$$\langle\mu_y\rangle = \frac{ge\hbar}{4mc}\sin\omega_1 t\cos\omega t \tag{10.220b}$$

$$\langle\mu_z\rangle = \frac{ge\hbar}{4mc}\cos\omega_1 t \tag{10.220c}$$

가 되어 $\langle\vec{\mu}\rangle$는 시간이 지나감에 따라 $\langle\mu_x\rangle$와 $\langle\mu_y\rangle$는 z축 주위에서 세차 운동(precession)을, $\langle\mu_z\rangle$는 위 아래로 회전축 진동인 장동(章動, nutation)을 나타낸다. 장동은 끄덕질 이라고도 한다.

(b) 스핀의 혼합 상태(混合狀態, mixed state)와 자화율(磁化率, magnetic susceptibility)

스핀 연산자 S_z의 고유 벡터 또는 이 고유 벡터의 선형 결합(linear combination)으로 이루어진 상태 벡터는 순수 상태(純粹狀態, pure state)이므로 지금까지는 순수 상태만을 취급하였다. S_z의 고유값과 $\frac{1}{2}\hbar$인 $|\uparrow>$벡터에 대하여 밀도 행렬은

$$\rho(\uparrow)=\begin{pmatrix}1\\0\end{pmatrix}(1\ 0)=\begin{pmatrix}1&0\\0&0\end{pmatrix}=\frac{1}{2}(1+\sigma_z)\ (=|\uparrow><\uparrow|) \tag{10.221}$$

고유값 $-\frac{1}{2}\hbar$인 $|\downarrow>$벡터에 대하여는

$$\rho(\downarrow)=\begin{pmatrix}0\\1\end{pmatrix}(0\ 1)=\begin{pmatrix}0&0\\0&1\end{pmatrix}=\frac{1}{2}(1-\sigma_z)\ (=|\downarrow><\downarrow|) \tag{10.222}$$

이다. 일반적으로 $\vec{S}\cdot\vec{n}$의 고유값이 $\frac{\hbar}{2}$인 경우와 $-\frac{\hbar}{2}$인 경우에 대하여도 (10.47)식과 (10.48)식을 고려하면

$$\rho(\uparrow)=\begin{pmatrix}\cos\frac{\theta}{2}\\ e^{i\varphi}\sin\frac{\theta}{2}\end{pmatrix}\left(\cos\frac{\theta}{2}\ \ e^{-i\varphi}\sin\frac{\theta}{2}\right)$$

$$=\begin{pmatrix}\cos^2\frac{\theta}{2} & e^{-i\varphi}\cos\frac{\theta}{2}\sin\frac{\theta}{2}\\ e^{i\varphi}\sin\frac{\theta}{2}\cos\frac{\theta}{2} & \sin^2\frac{\theta}{2}\end{pmatrix}=\begin{pmatrix}\frac{1}{2}(1+\cos\theta), & \frac{1}{2}e^{-i\varphi}\sin\theta\\ \frac{1}{2}e^{i\varphi}\sin\theta, & \frac{1}{2}(1-\cos\theta)\end{pmatrix}$$

$$=\frac{1}{2}(1+\vec{n}\cdot\vec{\sigma}) \tag{10.223a}$$

$$\rho(\downarrow)=\frac{1}{2}(1-\vec{n}\cdot\vec{\sigma}) \tag{10.223b}$$

가 된다. 혼합 상태는 하나의 파동 벡터로 표시할 수 없고 위의 두 밀도 행렬로 기술된다. 즉 스핀↑이 될 확률을 $W(\uparrow)$, 스핀 ↓이 될 확률을 $W(\downarrow)$라고 하면

$$W(\uparrow)+W(\downarrow)=1$$

$$\rho=W(\uparrow)\rho(\uparrow)+W(\downarrow)\rho(\downarrow)$$

$$=\frac{1}{2}(I+\vec{P}\cdot\vec{\sigma}) \tag{10.224}$$

여기서 $\vec{P}$는

$$\vec{P}=\{W(\uparrow)-W(\downarrow)\}\vec{n}$$

$$\vec{P}=Tr(\vec{\sigma}\rho) \tag{10.225b}$$

이다. 이 양은 $\vec{n}$방향에 대하여 입자가 편극(偏極, polarization)된 정도를 나타내므로 편극 벡터(polarization vector)라 부른다.

특히 비편극(非偏極, unpolarized) 상태는

$$W(\uparrow)=W(\downarrow)=\frac{1}{2}$$

$$\therefore \vec{P}=0 \tag{10.226}$$

이 되므로 이 경우의 밀도 행렬 ρ_{unp}은 다음과 같다.

$$\rho_{\text{unp}}=\begin{pmatrix} \frac{1}{2} & 0 \\ 0 & \frac{1}{2} \end{pmatrix} \tag{10.227}$$

여러 개의 입자들로 구성된 상태에서 $N(\uparrow)$가 스핀↑인 입자의 수, $N(\downarrow)$가 스핀↓인 입자의 수라면 전체의 입자수를

$$N=N(\uparrow)+N(\downarrow) \tag{10,228a}$$

라 할 때

$$W(\uparrow)=\frac{N(\uparrow)}{N},\quad W(\downarrow)=\frac{N(\downarrow)}{N} \tag{10.228b}$$

또 $\vec{n}=(0,0,1)$인 경우

$$\rho_{\text{mixed}}=\begin{pmatrix} W(\uparrow) & 0 \\ 0 & W(\downarrow) \end{pmatrix} \tag{10.229}$$

가 된다.

정상적(定常的, static) 자기장 B_0안에서 열적 평형 상태를 이루고 있는 스핀 $\frac{1}{2}$을 가진 입자들을 고려하자. 이들이 격자 수위에 붙어 있는 경우 에너지가 스핀과 자기장 사이의 상호 작용에 의하여 (10.200)식으로 주어진 Hamiltonian에서 자기장 $\vec{B}$가 z축 방향으로 일정하게 작용한다고 생각하자. 어떤 스핀 상태에 있을 확률은 Boltzmann 인자(因子, factor) $e^{-E/kT}$에 비례하고 스핀↑상태의 에너지와 스핀↓의 에너지는 각각

$$E_{\uparrow}=\frac{1}{2}\hbar\omega_0$$

$$E_{\downarrow}=-\frac{1}{2}\hbar\omega_0 \tag{10.230}$$

가 된다. 여기서

$$\omega_0=\frac{|e|B_0}{mc} \tag{10.231}$$

이다. 따라서

$$Z=e^{-E\uparrow/kT}+e^{-E\downarrow/kT}=e^{-\frac{\hbar\omega_0}{2kT}}+e^{\frac{\hbar\omega_0}{2kT}} \tag{10.232}$$

로 놓으면 다음 관계식을 얻는다.

$$W(\uparrow)=\frac{1}{Z}e^{-\frac{\hbar\omega_0}{2kT}},\ W(\downarrow)=\frac{1}{Z}e^{\frac{\hbar\omega_0}{2kT}} \tag{10.233}$$

$$\therefore \rho=\frac{1}{Z}\begin{pmatrix} e^{-\frac{\hbar\omega_0}{2kT}} & 0 \\ 0 & e^{\frac{\hbar\omega_0}{2kT}} \end{pmatrix} \tag{10.234}$$

이 식으로부터

① $\rho^2 \neq \rho$임 (혼합상태임)은 곧 알 수 있고

② $\langle S_x \rangle = Tr(S_x\rho)= Tr\left\{\begin{pmatrix} 0 & \frac{\hbar}{2} \\ \frac{\hbar}{2} & 0 \end{pmatrix}\begin{pmatrix} W(\uparrow) & 0 \\ 0 & W(\downarrow) \end{pmatrix}\right\}=0$

$\langle S_y \rangle = 0$

$$\langle S_z \rangle = Tr\left\{\begin{pmatrix} \frac{\hbar}{2} & 0 \\ 0 & \frac{\hbar}{2} \end{pmatrix}\begin{pmatrix} W(\uparrow) & 0 \\ 0 & W(\downarrow) \end{pmatrix}\right\}=\frac{\hbar}{2}\cdot\frac{1}{Z}\left(e^{-\frac{\hbar\omega_0}{2kT}}-e^{\frac{\hbar\omega_0}{2kT}}\right)$$

$$=-\frac{\hbar}{2}\frac{e^{\frac{\hbar\omega_0}{2kT}}-e^{-\frac{\hbar\omega_0}{2kT}}}{e^{\frac{\hbar\omega_0}{2kT}}+e^{-\frac{\hbar\omega_0}{2kT}}}$$

$$=-\frac{\hbar}{2}\tanh\frac{\hbar\omega_0}{2kT} \tag{10.235}$$

③ 이 결과로부터 자기장에 의하여 물질의 스핀이 평균적으로 한 방향에 모여짐을 알 수 있고 이 값은 그 물질에 자기 모멘트(magnetic moment)을 주게 되어 그 물질이 자기화(磁氣化, magnetized)됨을 의미한다. 또 한 전자가 가질 평균 스핀 값은 그 온도에 대하여 위식으로 나타나게 됨을 보인다. 온도가 낮을수록 $|\langle S_z \rangle|$가 커지므로 더 많이 편극된다. 즉

$T\to 0$: $\langle S_z \rangle =-\frac{\hbar}{2}$; 완전 편극(completely polarized)

$T>0$: $\langle S_z \rangle >-\frac{\hbar}{2}$; 부분 편극(partially polarized) (10.236)

④ 자기 모멘트는 스핀에 비례하며 단위 체적당의 자기 모멘트를 자기화(磁氣化, magnetization) M이라 부른다. 따라서

$$\langle M \rangle=\gamma'\langle S_z \rangle \quad \left\{\gamma'=\frac{ge}{2mc}N\left(N\text{은 단위 체적당 스핀}\frac{1}{2}\text{인 입자수}\right)\right\}$$

$$=N\langle \mu_z \rangle$$

$$=N\frac{g|e|\hbar}{4mc}\tanh\frac{|e|\hbar B_0}{2mckT} \tag{10.237}$$

를 얻는다. 물질의 자화율(磁化率) 또는 자기 감수율(magnetic susceptibility)을 χ라 하면

$$\chi = \frac{\langle M \rangle}{B_0} \tag{10.238}$$

로 정의되므로 이 경우에는 $g=2$로 놓으면

$$\chi(T) = \frac{N|e|\hbar}{2mcB_0} \tanh \frac{|e|\hbar B_0}{2mckT} \tag{10.239}$$

가 된다. 이 값도 온도에 따라 변하는데, T가 작을 때는 온도와 관계없이 일정한 값이 되고 온도가 상당히 큰 경우에는 온도에 역비례 함을 곧 알 수 있다. 즉

$$\chi(T) \propto \frac{1}{T} \qquad \text{(Curie 법칙)} \tag{10.240}$$

의 관계가 있다.

10. 7 기약(旣約) 텐서(irreducible tensor)와 Wigner-Eckart 정리

(a) 텐서 연산자

이장의 처음 부분에서 정의된 각운동량 연산자 $\vec{J}$의 행렬표현은 여러 가지 표현 방법 중의 하나이다. 다음 두 가지 $\vec{J}$의 행렬 표현의 예를 살펴보자.

먼저 $\{|\psi_m>\}$을 선형 독립인 벡터의 집합이라 하고 연산자 $\vec{J}$가 이들 중 어느 벡터에 작용하면 이 집합의 선형 결합으로 쓰여진다고 할 때

$$J_i|\psi_n> = \sum_m (J_i)_{mn} |\psi_m> \tag{10.241}$$

로 쓸 수 있고 $(J_i)_{mn}$은 상수이다. 그러면

$$J_jJ_i|\psi_n> = J_j\sum_m (J_i)_{mn}|\psi_m> \qquad (J_j\text{가 선형 연산자이므로})$$

$$= \sum_m\sum_r (J_i)_{mn}(J_j)_{rm}|\psi_r>$$

$$= \sum_r (J_jJ_i)_{rn}|\psi_r> \tag{10.242}$$

$$(J_i+J_j)|\psi_n> = \sum_r (J_i+J_j)_{rn}|\psi_r>$$

따라서

$$J_iJ_j - J_jJ_i = [J_i, J_j] = i\hbar\epsilon_{ijk}J_k \tag{10.15}$$

면 행렬 $(J_i), (J_j)$에 대하여도

$$(J_i)(J_j) - (J_j)(J_i) = i\hbar\epsilon_{ijk}(J_k) \tag{10.243}$$

가 성립한다.

따라서 연산자 J_i에 대한 대수적 관계식은 (J_i)로 이루어진 행렬에 대하여 그대로 성립한다. $(J_i)_{mn} = <\psi_m|J_i|\psi_n>$ 즉 J_i를 행렬 (J_i)로 표현할 수 있다. 이장의 첫 부분에서는 $\{|\psi_n>\}$대신에 $\{|jm>\}$을 택하였으며 이렇게 택한 (J)를 표준 표현(標準表現, standard representation)이라 부른다.

다음으로는 $\{T_n\}$을 선형독립인 연산자의 집합이라 하고 두 연산자 J_i와 T_n의 교환자는 이 연산자들의 선형결합으로 표현된다면

$$[J_i, T_n] = \sum_m (J_i)_{mn} T_m \tag{10.244}$$

가 되고 마찬가지고 $(J_i)_{mn}$도 결합상수이다. 이때

$$\begin{aligned}[J_j, [J_i, T_n]] &= \sum (J_i)_{mn} [J_j, T_m] \\ &= \sum_m \sum_r (J_i)_{mn} (J_j)_{rm} T_r \\ &= \sum_r (J_j J_i)_{rn} T_r \end{aligned} \tag{10.245a}$$

$$[J_i, [J_j, T_n]] = \sum_r (J_i J_j)_{rn} T_r \tag{10.245b}$$

가 된다. 한편 소위 Jacobi 항등식(恒等式, identity)을 사용하면

$$[J_i, [J_j, T_n]] - [J_j, [J_i, T_n]] = -[T_n, [J_i, J_j]] = i\hbar\epsilon_{ijk}[J_k, T_n]$$

$$\therefore \sum_r (J_i J_j)_{rn} T_r - \sum_r (J_j J_i)_{rn} T_r = i\hbar\epsilon_{ijk} \sum_r (J_k)_{rn} T_r \tag{10.246}$$

을 얻게 된다. 따라서 J_i가 (10.15)식을 만족하는 경우 (J_i)행렬들에 대하여도 (10.15)식이 만족된다. 따라서 (10.244)식을 이용하여 계수 $(J_i)_{nm}$으로 (J_i)행렬의 nm성분을 택하면 J_i의 행렬 표현을 만들 수 있다.

특히 (10.244)식에서 (J_i)가 표준 행렬표현이 되는 경우 즉

$$(J_z)_{mn} = < jm|J_z|jn > = m\hbar\delta_{mn} \tag{10.247a}$$

$$\begin{aligned}(J_\pm)_{mn} &= (J_x \pm iJ_y)_{mn} = < jm|J_\pm|jn > \\ &= \hbar\sqrt{j(j+1) - n(n\pm 1)}\,\delta_{m,n\pm 1}\end{aligned} \tag{10.247b}$$

인 경우에는, 편의상 j대신 k라 놓고 n대신 m을 쓰면 (10.244)식으로부터

$$[J_z, T(k,m)] = m\hbar T(k,m) \tag{10.248a}$$

$$[J_\pm, T(k,m)] = \hbar\sqrt{k(k+1) - m(m\pm 1)}\; T(k, m\pm 1) \tag{10.248b}$$

가 된다. 이러한 경우 $T(k,m)$를 텐서 연산자라 부르며 이렇게 얻은 tensor는 k계(階, rank)의 기약 텐서(irreducible tensor)가 된다.

(b) 회전 연산자의 행렬표현

(10.192)식에서 $\vec{n}$방향 주위로 θ만큼 회전하는 경우 켓벡터는 $R(\vec{n},\theta)$에 의하여 작용되는 것과 같음을 보였다. 특히 켓벡터를 $|jm>$으로 택하면

$$
\begin{aligned}
R(\vec{n},\theta)|jm> &= e^{-\frac{i}{\hbar}\theta\vec{n}\cdot\vec{J}}|jm> \\
&= \sum_{m'}|jm'><jm'|e^{-\frac{i}{\hbar}\theta\vec{n}\cdot\vec{J}}|jm> \\
&= \sum_{m'}D^{j}_{mm'}|jm'> \qquad (10.249)
\end{aligned}
$$

가 된다.

여기서 $D^{j}_{mm'}$은 회전 연산자 R가 $|jm>$을 회전하여 새로운 벡터를 만드는 경우 이 벡터를 $\{|jm'>\}$의 선형결합으로 표시하였을 때의 계수이며 이것은 회전 연산자 $R(\vec{n},\theta)$의 행렬 표현이 된다. 이 행렬은 일반적으로 Euler 각 α, β, γ의 함수이다.

위의 회전에 의하여 연산자 A는 새로운 연산자

$$A' = RAR^{-1} \qquad (10.250)$$

로 변환되는데 특히 연산자 A가 $(2k+1)$개의 함수 $T(k,m)$ $(m=+k, k-1, \cdots, -k)$로서

$$RT(k,m)R^{-1} = \sum_{m'}D^{j}_{mm'}(\alpha,\beta,\gamma)\,T(k,m') \qquad (10.251)$$

에 의하여 변화될 경우, $T(k,m)$은 k계의 기약 텐서라 부르기도 한다. 이 정의는 앞의 정의와 같음을 알 수 있다. 무한소 회전을 고려하면

$$e^{-\frac{i}{\hbar}\varepsilon\vec{n}\cdot\vec{J}}T(k,m)e^{\frac{i}{\hbar}\varepsilon\vec{n}\cdot\vec{J}} = \sum_{m'}<jm'|e^{-\frac{i}{\hbar}\varepsilon\vec{n}\cdot\vec{J}}|jm>T(k,m') \qquad (10.252)$$

$$
\begin{aligned}
T(k,m) - \frac{i}{\hbar}\varepsilon[\vec{n}\cdot\vec{J}, T(k,m)] &= T(k,m) \\
&- \frac{i}{\hbar}\varepsilon\sum_{m'}<jm'|\vec{n}\cdot\vec{J}|jm>T(k,m') \qquad (10.253)
\end{aligned}
$$

이므로 따라서

$$[J_i, T(k,m)] = \sum_{m'}<jm'|J_i|jm>T(k,m') \qquad (10.254)$$

$$[J_z, T(k,m)] = \sum_{m'}<jm'|J_z|jm>T(k,m') = m\hbar T(k,m) \qquad (10.255)$$

가 된다. 같은 방법으로 (10.248b)식도 증명된다.

(c) 두 텐서 연산자의 곱

두 개의 텐서 연산자 $T_1(k_1,m_1)$, $T_2(k_2,m_2)$를 고려하여 이들로부터 다음과 같은 새로운 연산자를 만들면

$$T(k,m) = \sum_{m_1}\sum_{m_2}<k_1m_1k_2m_2|km>T_1(k_1,m_1)T_2(k_2,m_2) \quad (m_1+m_2=m) \qquad (10.256)$$

이 연산자는 역시 텐서 연산자이다.

(증명) 텐서 연산자인 것은 (10.248)식에 의하여 증명된다.

$$[J_z, T(k,m)] = \sum_{m_1}\sum_{m_2} < k_1 m_1 k_2 m_2 | km > \{[J_z, T_1(k_1, m_1)]\, T_2(k_2, m_2) + T_1(k_1 m_1)[J_z, T_2(k_2 m_2)]\}$$

$$= \sum_{m_1}\sum_{m_2} < k_1 m_1 k_2 m_2 | km > (m_1 + m_2)\hbar T_1(k_1, m_1)\, T_2(k_2, m_2)$$

$$= m\hbar T(k,m) \tag{10.257}$$

마찬가지로

$$[J_\pm, T(k,m)] = \sum_{m_1}\sum_{m_2} < k_1 m_1 k_2 m_2 | km >$$

$$\cdot \left\{\hbar\sqrt{k_1(k_1+1) - m_1(m_1 \pm 1)}\; T_1(k_1, m_1 \pm 1)\, T_2(k_2, m_2) + \hbar\sqrt{k_2(k_2+1) - m_2(m_2 \pm 1)}\; T_1(k_1, m_1)\, T_2(k_2, m_2 \pm 1)\right\}$$

$$= \sum_{m_1'}\sum_{m_1'} \hbar\{< k_1 m_1' \mp 1 k_2 m_2' | km > \sqrt{k_1(k_1+1) - (m_1' \mp 1) m_1'}$$

$$+ < k_1 m_1' k_2 m_2' \mp 1 | km > \sqrt{k_2(k_2+1) - (m_2' \mp 1) m_2'}\}$$

$$T_1(k_1, m_1')\, T_2(k_2, m_2') \tag{10.258}$$

위의 마지막 식의 괄호 { }의 값을 생각하면,

$$|km > \; = \sum_{m_1 m_2} < k_1 m_1 k_2 m_2 | km > \; |k_1 m_1 > |k_2 m_2 > \tag{10.259}$$

에 $J_\pm$를 작용시켜 (이 때 J^2, J_z의 고유 벡터는 $|km>$)

$$\hbar\sqrt{k(k+1) - m(m \pm 1)}\, |k, m \pm 1 > \; = \sum_{m_1}\sum_{m2} < k_1 m_1 k_2 m_2 | km >$$

$$\cdot \left\{\hbar\sqrt{k_1(k_1+1) - m_1(m_1 \pm 1)}\, |k_1 m_1 \pm 1 > |k_2 m_2 > + \hbar\sqrt{k_2(k_2+1) - m_2(m_2 \pm 1)}\, |k_1 m_1 > |k_2 m_2 \pm 1 >\right\}$$

$$= \sum_{m_1'}\sum_{m_2'} \hbar\{< k_1, m_1' \mp 1, k_2 m_2' | km > \sqrt{k_1(k_1+1) - m_1'(m_1' \mp 1)}\,\}$$

$$+ < k_1, m_1' k_2 m_2' \mp 1 | km > \; \sqrt{k_2(k_2+1) - m_2'(m_2' \mp 1)}\,\} |k_1 m'_1 > |k_2 m'_2 > \tag{10.260}$$

를 얻고 이 식에 $< k_1 m'_1| < k_2 m'_2|$를 작용하면

$$\hbar\sqrt{k(k+1) - m(m \pm 1)} < k_1 m'_1 k_2 m'_2 | k, m \pm 1 >$$

$$= \hbar\{< k_1, m_1' \mp 1, k_2 m_2' | km > \sqrt{k_1(k_1+1) - m_1'(m_1' \mp 1)}\,\}$$

$$+ < k_1, m_1' k_2 m_2' \mp 1 | km > \; \sqrt{k_2(k_2+1) - m_2'(m_2' \mp 1)}\,\} \tag{10.261}$$

이 된다. 따라서 (10.258)식은

$$[J_\pm, T(k,m)]$$

$$= \hbar\sqrt{k(k+1)-m(m\pm 1)} \sum_{m_1'}\sum_{m_2'} < k_1 m_1' k_2 m_2' | k, m\pm 1 > T_1(k_1, m_1')\, T_2(k_2, m_2')$$

$$= \hbar\sqrt{k(k+1)-m(m\pm 1)}\; T(k, m\pm 1) \tag{10.262}$$

이 된다. (증명 끝)

예를 들어 Y_{lm}은 텐서 연산자라 할 수 있다.

(증명) 임의의 함수 $f(\theta,\varphi)$에 $Y_{lm}(\theta,\varphi)$를 곱한 후 $\vec{J}$를 작용하면

$$\vec{J}Y_{lm}f = f\vec{J}Y_{lm} + Y_{lm}\vec{J}f \tag{10.263a}$$

$$\therefore \left[\vec{J}, Y_{lm}\right]f = \left(\vec{J}Y_{lm}\right)f \tag{10.263b}$$

이 식은 임의의 함수 f에 대하여 성립하므로

$$\left[\vec{J}, Y_{lm}\right] = \vec{J}Y_{lm} \tag{10.264a}$$

가 된다. 특히 J_z와 $J_\pm$에 대하여 다음 관계가 성립한다.

$$\left[J_z, Y_{lm}\right] = J_z Y_{lm} = m\hbar Y_{lm} \tag{10.264b}$$

$$\left[J_\pm, Y_{lm}\right] = J_\pm Y_{lm} = \hbar\sqrt{l(l+1)-m(m\pm 1)}\; Y_{lm\pm 1} \quad \text{(증명 끝)} \tag{10.264c}$$

Y_{lm}의 함수의 값을 살펴보면 이것은 벡터 $\vec{x}$의 성분으로 쓸 수 있다.

$$Y_{0,0}(\theta,\varphi) = \frac{1}{\sqrt{4\pi}}$$

$$Y_{1,\pm 1}(\theta,\varphi) = \mp\sqrt{\frac{3}{8\pi}}\sin\theta e^{\pm i\varphi} = \mp\sqrt{\frac{3}{8\pi}}\left(\frac{x\pm iy}{r}\right) = \sqrt{\frac{3}{4\pi}}\,\hat{r}_{1,\pm 1}$$

$$Y_{1,0}(\theta,\varphi) = \sqrt{\frac{3}{4\pi}}\cos\theta = \sqrt{\frac{3}{4\pi}}\left(\frac{z}{r}\right) - \sqrt{\frac{3}{4\pi}}\,\hat{r}_{1,0}$$

$$Y_{2,\pm 2}(\theta,\varphi) = \mp\sqrt{\frac{45}{96\pi}}\sin^2\theta e^{\pm 2i\varphi} = \mp\sqrt{\frac{45}{96\pi}}\left(\frac{x^2-y^2\pm 2ixy}{r^2}\right)$$

$$Y_{2,\pm 1}(\theta,\varphi) = \mp\sqrt{\frac{45}{24\pi}}\sin\theta\cos\theta e^{\pm i\varphi} = \mp\sqrt{\frac{45}{24\pi}}\,\frac{z(x\pm iy)}{r^2}$$

$$Y_{2,0}(\theta,\varphi) = \sqrt{\frac{5}{16\pi}}\left(3\cos^2\theta - 1\right) = \sqrt{\frac{5}{16\pi}}\,\frac{\left(2z^2-x^2-y^2\right)}{r^2} \tag{10.265}$$

보통의 의미의 벡터 $\vec{A}(A_x, A_y, A_z)$로부터 텐서 성분은

$$A_{1,\pm 1} = \frac{\mp 1}{\sqrt{2}}\left(A_x \pm iA_y\right) \tag{10.266a}$$

$$A_{1,0} = A_z \tag{10.266b}$$

이고 벡터 $\vec{B}$에 대하여도 마찬가지로 1계 tensor를 만들고

$$T(2,2) = A_{11}B_{11} \tag{10.267}$$

으로 놓으면 $[J_-, T(2,2)]$를 고려하여 $T(2,1)$을 얻을 수 있다. 즉

$$T(2,1) = \frac{1}{\sqrt{2}}(A_{11}B_{10} + A_{10}B_{11})$$

$$T(2,0) = \frac{1}{\sqrt{6}}(3A_{10}B_{10} - \vec{A} \cdot \vec{B}) \tag{10.268}$$

……

(d) Wigner-Eckart 정리

위에서 정의한 텐서 연산자 $T(j_1, m_1)$이 켓벡터 $|j_2m_2>$에 작용할 경우

$$\vec{J}T(j_1, m_1)|j_2m_2> = [\vec{J}, T(j_1, m_1)]|j_2m_2> + T(j_1, m_1)\vec{J}|j_2m_2>$$

$$= \sum_{m_1'}(J_1)_{m_1'm_1} T(j_1, m_1')|j_2m_2> + \sum_{m_2'}(J_2)_{m_2'm_2} T(j_1, m_1)|j_2m_2'> \tag{10.269}$$

이 식은 $\vec{J}$를 $|j_1m_1>|j_2m_2>$에 작용시켰을 경우와 비교하여 보면

$$\vec{J}|j_1m_1>|j_2m_2> = (\vec{J_1}|j_1m_1>)|j_2m_2> + |j_1m_1>\vec{J_2}|j_2m_2>$$

$$= \sum_{m_1'}(J_1)_{m_1'm_1}|j_1m_1'>|j_2m_2> + \sum_{m_2'}(J_2)_{m_2'm_2}|j_1m_1>|j_2m_2'> \tag{10.270}$$

가 되어 $\vec{J}$가 갖는 행렬표현은 기저 $\{T(j_1, m_1)|j_2m_2>\}$에서나 $\{|j_1m_1>|j_2m_2>\}$에서나 같으므로 $\{T(j_1, m_1)|j_2m_2>\}$로써 표준 표현을 만들 수 있다. 즉

$$|\widetilde{jm}> = \sum_{m_1}<j_1mj_2m_2|jm> T(j_1, m_1)|j_2m_2> \tag{10.271}$$

이 식으로부터

$$T(j_1, m_1)|j_2m_2> = \sum_{j'}\sum_{m'}<j_1m_1j_2m_2|j'm'>|\widetilde{j'm'}> \tag{10.272}$$

여기서 이 식의 우변의 $|\widetilde{jm}>$은 J^2, J_z를 동시에 대각선 행렬로 만들 수 있는 벡터이다. 그러나 규격화되지는 않았다. 따라서 연산자가 아닌 값 R를 도입하여 $|\widetilde{j'm'}> = R\,|j'm'>$라 놓자.

(10.272)식의 양변에 J^2, J_z의 공통된 고유 벡터 $<jm|$을 작용시키면

$$<jm|T(j_1,m_1)|j_2m_2>$$

$$= \sum_{j'}\sum_{m'}<j_1m_1j_2m_2|j'm'><jm|\widetilde{j'm'}> \tag{10.273}$$

이 된다. 우변에서 j', m'은 각각 j와 m이 되어야 한다.

또 $<jm|\widetilde{jm}>$은 m과는 독립이다.

(증명) $<j, m+1|\widetilde{j, m+1} \geq \left(\frac{J_+|jm>}{\hbar\sqrt{j(j+1)-m(m+1)}}\right)^\dagger \frac{J_+|\widetilde{jm>}}{\hbar\sqrt{j(j+1)-m(m+1)}}$

$$=-\frac{<jm|J_-J_+|\widetilde{jm>}}{\hbar^2\{j(j+1)-m(m+1)\}}$$

$$=\frac{<jm|\{J^2-J_z^2-\hbar J_z\}|\widetilde{jm>}}{\hbar^2\{j(j+1)-m(m+1)\}}$$

$$=<jm|\widetilde{jm>}$$

$$=R(j_1j_2j) \quad \{m\text{과는 무관한 값}\} \qquad \text{(증명 끝)} \tag{10.274}$$

경우에 따라서는 이 R를

$$R=\frac{(-1)^{j_1-j_2+j}}{\sqrt{2j+1}} <j_1||T(j_1)||j_2> \tag{10.275}$$

로 쓰고 $<j_1||T(j_1)||j_2>$를 환산 행렬(換算行列, reduced matrix)이라 부른다.

결론적으로

$$<jm|T(j_1, m_1)|j_2m_2> = R(j_1j_2j) <j_1m_1j_2m_2|jm> \tag{10.276}$$

으로 쓸 수 있고 우변의 Clebsch-Gordan 계수로부터 좌변의 기약 텐서를 각운동량의 고유 벡터 사이에 끼어 만든 값이 0이 아니려면

$m=m_1+m_2$

(j_1j_2j); 3각형 관계식 (예 $(j_1+j_2)\geq j \geq |j_1-j_2|$)

을 만족하여야 한다. 이 (10.276)식을 Wigner-Eckart 정리라 한나. 이 식은 기약 텐서양과 각운동량 $\vec{J}$로 만든 텐서양 사이에 관계식을 주어 양자 물리학에서 중요한 역할을 하고 있다. 그 응용은 다음 장에서 고려하기로 한다.

[문 제]

10. 1 (a) 양자수 $j=1$에 대하여 각운동량 연산자 J_x, J_y, J_z의 행렬 표현을 각각 구하라.

(b) $j=\frac{3}{2}$에 대하여 어떻게 되는가?

10. 2 $j=1$인 경우 앞 문제에서 구한 $\vec{J}$의 행렬을 이용하고 임의의 단위 벡터 $\vec{n}$로 곱한 $\vec{J}\cdot\vec{n}$을 생각하여

(a) $(\vec{J}\cdot\vec{n}+\hbar I)\vec{J}\cdot\vec{n}(\vec{J}\cdot\vec{n}-\hbar I)=0$

됨을 보여라.

(b) $\exp\left(i\frac{\theta}{\hbar}J_x\right)=I+\frac{i}{\hbar}\sin\theta J_x+\frac{1}{\hbar^2}(\cos\theta-1)J_x^2$이 됨을 보여라.

10. 3 스핀 $s=\frac{1}{2}$인 경우에

$$e^{\pm i\frac{\theta}{\hbar}\vec{n}\cdot\vec{s}}=\cos\frac{\theta}{2}\pm i\vec{\sigma}\cdot\vec{n}\sin\frac{\theta}{2}$$ 됨을 이용하여

(a) $e^{i\frac{\theta}{\hbar}\vec{n}\cdot\vec{s}}S_ie^{-i\frac{\theta}{\hbar}\vec{n}\cdot\vec{s}}=a_{ij}S_j$

$a_{ij}=\delta_{ij}\cos\theta-\epsilon_{ijk}n_k\sin\theta+(1-\cos\theta)n_in_j$

됨을 보여라.

(b) 특히 단위 벡터 $\vec{n}$을 (0, 0, 1)로 택할 경우 a_{ij}가 만드는 3×3 행렬은 어떻게 되는가?

10. 4 스핀$\frac{1}{2}$인 계에서 생각하자.

(a) 연산자 S_x+S_y의 고유값과 고유 벡터를 구하라.

(b) 이 연산자를 측정한 경우 측정치 중에서 큰 값에 해당하는 벡터 상태가 우리가 고려하는 계라면 이 계에서 S_z를 측정한 값이 $\frac{\hbar}{2}$가 될 확률은 얼마인가?

10. 5 일정한 자기장 $\vec{B}$안에 있는 입자의 Hamiltonian 이

$$H=\frac{g|e|}{2mc}\vec{S}\cdot\vec{B},\ \left(s=\frac{1}{2}\right)$$

인 경우

(a) Heisenberg 묘사에서 연산자 $\vec{S}(t)$의 시간에 대한 변화는 어떤 방정식을 만족하는가?

(b) 이 자기장은 $\vec{B}=(0,0,B)$로 택하는 경우 $\vec{S}(0)$가 주어지면 $\vec{S}(t)$는 어떻게 시간

에 대하여 변화하는가?

10. 6 위 문제에서

(a) 에너지 준위를 구하면 이들은 스핀이 $\vec{B}$방향과 평행인 경우와 스핀이 $\vec{B}$방향과 반대 방향인 경우의 두 값이 존재함을 보여라.

(b) 양성자 ($g=5.5$, · · MeV)인 경우에 대하여 두 스핀 상태를 바꾸는 데에 (spin flip) 필요한 에너지를 얻기 위하여 자기장 $B=5{,}000$ gauss 의 경우에 대하여 생각하면 이 때 흡수(또는 방출)되는 에너지는 얼마인가? 이에 해당하는 전자기파의 진동수는?

10. 7 질량 m_n, 에너지 E 를 가진 중성자가 $x=-\infty$ 에서 $x=0$ 쪽으로 입사되었다. 그리고 $x\geq 0$인 영역에는 그림 P10.1에서 보는 바와 같이 z 쪽으로 향한 자기장이 있다. 중성자의 자기 모멘트를 $\vec{M}=\gamma\vec{S}$라 하면 Schrödinger 방정식은 다음과 같을 것이다.

$$-\frac{\hbar^2}{2m}\frac{d^2\psi}{dx^2}=E\psi \qquad (x<0),$$

$$-\frac{\hbar^2}{2m}\frac{d^2\psi}{dx^2}+\gamma BS_z\psi=E\psi \quad (x>0)$$

(a) 입사 중성자의 스핀이 아래 두 경우에 대하여 중성자 파동 함수의 해를 구하고 반사율을 구하라. (B의 최소 차까지)

(i) 입사 중성자의 스핀이 자기장에 평행한 경우

(ii) 입사 중성자의 스핀이 자기장 방향에 반대인 경우

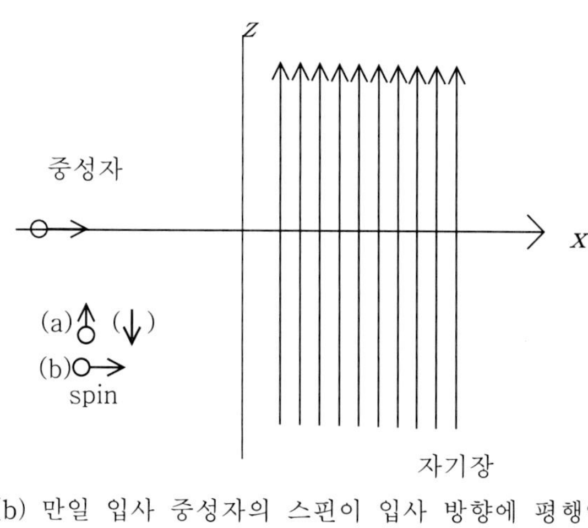

그림 P10.1 중성자 운동

(b) 만일 입사 중성자의 스핀이 입사 방향에 평행인 경우 반사되는 중성자의 스핀 상태는 어떻게 되는가?

10. 8 두 각운동량 $\vec{L}(l=1)$과 $\vec{S}\left(s=\frac{1}{2}\right)$의 합 $\vec{J}=\vec{L}+\vec{S}$를 생각하자. J^2과 J_z의 공통 고유 벡터 $|jm>$은 이미 본문에서 얻었다. 여기에서는 $|\frac{3}{2}\frac{3}{2}>=|11>|\frac{1}{2}\frac{1}{2}>$인 관계식에 내림 연산자 $J_-=L_-+S_-$를 작용하여 나머지 $|\frac{3}{2}m>$을 모두 구하여라.

10. 9 3개의 스핀 $\frac{1}{2}$인 각운동량의 합 $\vec{S}=\vec{S_1}+\vec{S_2}+\vec{S_3}$를 생각하자.

(a) 총스핀 양자수 S가 가질 수 있는 값을 구하고 가능한 $|sm>$을 논하라.

(b) $|\frac{3}{2},m>$의 값들을 3개의 벡터 $|\frac{1}{2},m_1>,|\frac{1}{2},m_2>,|\frac{1}{2},m_3>$의 직접곱(direct product)으로 표시하여 이때 이들은 1,2,3에 대하여 대칭임을 보여라.

$\left(\text{Hint; } |\frac{3}{2}\frac{3}{2}>=|\frac{1}{2}\frac{1}{2}>|\frac{1}{2}\frac{1}{2}>|\frac{1}{2}\frac{1}{2}>\right)$

10. 10 스핀 $\frac{1}{2}$인 두 입자로 형성된 계에서 이 두 입자는 서로 다른 장소에 고정되어 있고 이들 사이에는

$$H=V=A\left(\vec{S_1}\cdot\vec{S_2}+\frac{B}{A}S_{1z}S_{2z}\right)$$

로 주어진 스핀-스핀 상호 작용만이 존재한다고 가정하다.

(a) 이 계에서 두 스핀의 합 $\vec{S}=\vec{S_1}+\vec{S_2}$의 S^2, S_z의 공통된 고유 벡터는 Hamiltonian V의 고유 상태임을 보이고 에너지 고유값을 구하여라.

(b) 시간 $t=0$인 시간에 두 입자는 $m_{s1}=\frac{1}{2}$, $m_{s2}=-\frac{1}{2}$인 상태에 있다면 시간 t가 지남에 따라 시간의 함수인 상태 벡터는 어떻게 되는가?

(c) 두 입자가 $t=0$인 때와 동일한 상태로 되는 시간 T를 구하여라.

10. 11 본문의 (10.127)식과 (10.128)식을 증명하여라.

10. 12 중양성자(deuteron) d는 isospin $I=0$인 상태라 하자. 다음 두 가지 반응

(i) $p+p\to d+\pi^+$

(ii) $p+n\to d+\pi^0$

를 고려할 때 이 반응에서 I가 보존되는 경우 미분 단면적의 비는

$$\frac{\sigma(ii)}{\sigma(i)}=\frac{1}{2}$$

이 됨을 보여라.

10. 13 본문의 (10.191)식을 증명하여라. 문 10.3 은 이 식의 특별한 경우에 해당된다.

10. 14 (10.60b)로 주어진 스핀을 포함한 Hamiltonian이 만족하는 Schrödinger 방정식 $\vec{n}$ 방향 주위로 θ만큼 좌표축을 회전한다고 생각하고 상태 벡터를

$$|\psi> \rightarrow |\psi>' = e^{\frac{i}{\hbar}\theta\vec{n}\cdot\vec{J}}|\psi>$$

로 바꾸면 공변임을 증명하여라.

10. 15 스핀이 0인 입자가 정지한 상태에서 스핀이 $\frac{1}{2}$인 두 입자로 붕괴하는 경우가 있다. (예를 들어 $\eta \rightarrow \mu^- \mu^+$인 경우 그림 P10.2 참고). 두 관측자 A와 B가 붕괴되는 입자를 각각 관측한다고 하자.

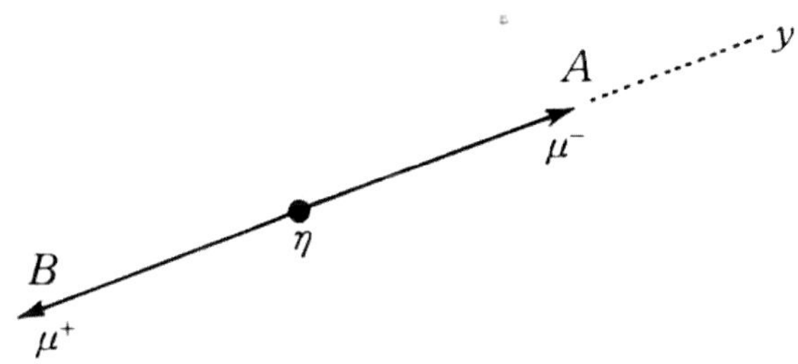

그림 P10.2 스핀 0이 η입자가 정지 상태에서 스핀 $\frac{1}{2}$인 μ^-와 μ^+입자로 붕괴하는 과정

(a) B 에서 측정하지 않는 경우 A에서 입자의 스핀 값을 측정하면 이 값은 어떤 값을 가지겠는가?

(b) B에서 입자의 S_z를 측정하였더니 $-\frac{\hbar}{2}$이었다면 A에서 다른 입자의 S_z를 측정한 값은 얼마가 되는가? (위 (a), (b)의 차를 Einstein-Podolsky-Rosen 의 역설(逆說, paradox)이라 부른다.)

(c) 입자들의 진행 방향을 y방향 (A는 $+y$방향, B는 $-y$방향에서 입자를 측정함)이라 하는 경우 A는 x방향의 스핀을 재고 B는 z방향의 스핀을 잰다고 하자. A가 S_x값을 제어보니 $\frac{\hbar}{2}$인 경우 B에서 다른 입자의 스핀 S_z를 잰 값은 어떠한 확률로 나타나겠는가?

10. 16 CH4(methane) 분자는 C의 4개의 전자가 특수한 위치를 가지고 있어 혼합 궤도 함수(hybrid orbitals)로서 다음과 같이 기술된다고 한다.

$$|\psi_1> = \frac{1}{2}\left(|2s> + |2p_1> + |2p_2> + |2p_3\right)$$

$$|\psi_2 > = \frac{1}{2}(|2s>+|2p_1>-|2p_2>-|2p_3)$$

$$|\psi_3 > = \frac{1}{2}(|2s>-|2p_1>+|2p_2>-|2p_3)$$

$$|\psi_4 > = \frac{1}{2}(|2s>-|2p_1>-|2p_2>-|2p_3)$$

(a) 이 벡터들은 서로 직교함을 보여라.

(b) 이들을 위치 표현으로 표시하는 경우 $|\psi_i>$들은 각각 (1, 1, 1), (-1, 1, 1), (-1, 1, -1), (-1, 1, -1)의 방향에 최대 분포를 나타냄을 보여라. 이들은 정사면체(正四面體, tetrahedron) 의 꼭지점을 나타낸다.

(c) 이 모양을 변경시키지 않는 회전이 12가지가 있다. 이들은 어떠한 축 주위의 어떠한 회전이 되겠는가?

(d) 이러한 회전 연산자는 $\{|\psi_i>\}$를 기저로 하는 행렬로 표시할 수 있다. 특히 4개의 서로 다른 종류의 회전 연산자를 골라서 이들의 행렬표현을 구하여라.

10. 17 그림 P10.3 에서와 같이 Λ^0붕괴를 생각하자.

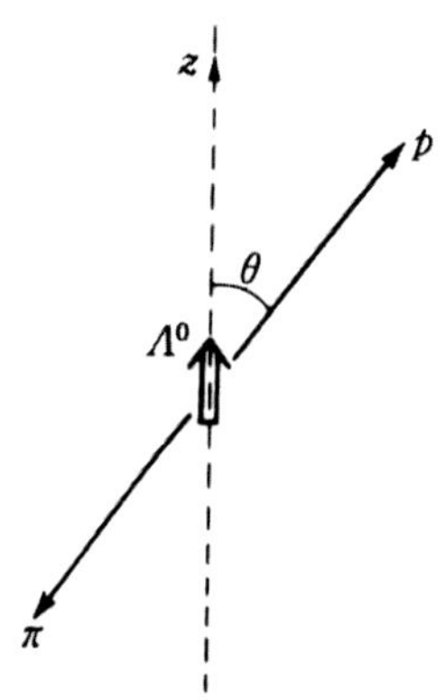

그림 P10.3 Λ^0 입자는 붕괴 전에 z방향을 편극되어 있으며 붕괴되는 경우 양성자는 z축에서 θ인 방향으로 나온다.

(a) 각운동량 $\vec{J}$는 패리티(parity)에 의하여 변치 않음을 보여라. 즉 $P^{-1}\vec{J}P=\vec{J}$.

(b) 스핀 $\frac{1}{2}$인 Λ^0입자가 정지 상태에서 스핀 $\frac{1}{2}$인 양성자 p와 스핀 0인 π로 붕괴한다. Λ^0는 처음 S_z값이 $\frac{\hbar}{2}$인 상태에 있다면 양성자가 그림 P10.3에서와 같이 Λ^0의 스핀 방향에 대하여 θ방향으로 붕괴될 확률은

$$|M|^2 = |a|^2\cos\frac{\theta}{2}+|b|^2\sin^2\frac{\theta}{2}$$
$$= \frac{|a|^2+|b|^2}{2}+\frac{|a|^2-|b|^2}{2}\cos\theta$$

의 비례함을 보여라. 여기서 a(또는 b)란 Λ^0가 z축 방향으로 스핀 ↑(또는 ↓)인 경우에 z축 방향으로 움직이는 p가 역시 스핀이 z축 방향으로 향할 확률 진폭을 나타낸다. 이 반응에서 패리티가 보존되는 경우는 $a=b$가 되어 붕괴 분포는 등방성을 띤다.

10. 18 슈테른-게를라흐(Stern-Gerlach, SG)실험을 아래 그림 10.4(a) 과 같이 가마(oven)에서 나온 은(Ag) 원자가 y축 방향으로 움직일 때 그 진로에 SG 자석을 설치하여 실시하였다 하자. 은원자를 스핀1/2인 입자로 생각하고, 그림에서 SG1과 SG3의 자석축 방향은 같고(z축 방향), SG2의 자석축 방향은 z축을 y축 주위로 θ 만큼 돌렸을 때 가르키는 방향이라고 하자.

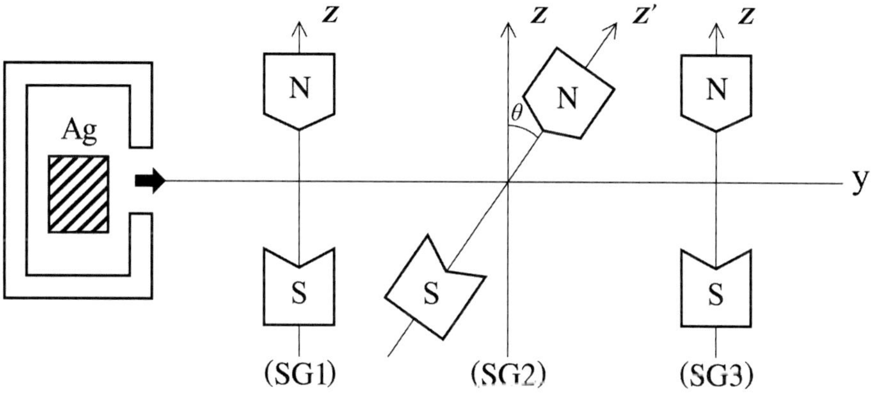

그림 10.4(a) Stern-Gerlach 장치

이 때 다음 물음에 답하여라.

(a) SG1 장치를 통과한 은 원자의 스핀 방향은 z 방향과 -z 방향으로 갈라지는데 그 상태를 $|1/2, m_s : z>$로 표시하자. (여기서는 $m_s = +1/2$) 같은 표시법을 써서 SG2 를 통과한 경우 스핀 고유 상태를 $|1/2, m'_s;z'>$라고 할 때, $|1/2, m_s : z>$를 $|1/2, m'_s : z'>$ 의 선형 결합으로 나타내어라.

(b) SG 장치를 통과한 은 원자의 두 상태 중 어느 한 쪽 상태를 막는 거르게(filter)를 생각하자. 예를 들어 -1/2 상태를 막는 거르게를 그림 10.4(b)로 표시할 때

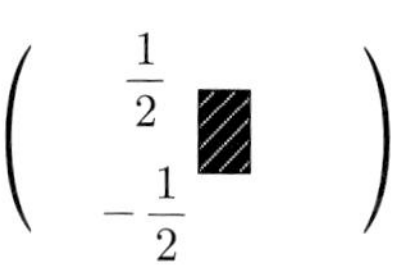

그림 10.4(b) 거르게의 표시 예

그림 10.4(c)에서와 같이 거르게를 설치한다면 SG1을 통과한 은 원자가 SG3을 통과할 확률은 얼마인가? (단, 자석의 영향에 의한 은 원자의 진로 변화는 무시해도 좋다고 생각하자)

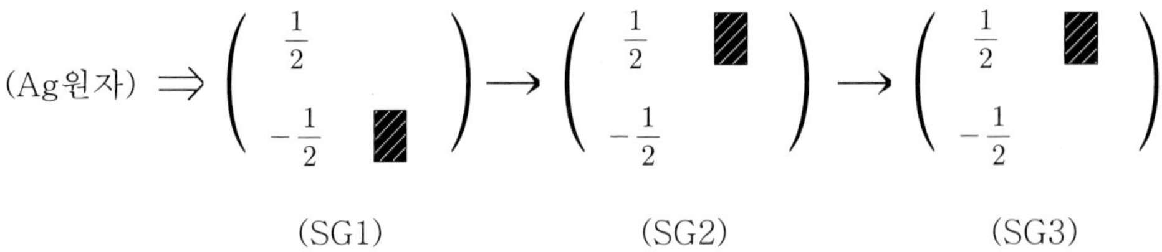

그림 10.4(c) 거르게가 있는 3개의 SG 장치의 연결

(c) 그림 10.4(c)에서 SG2에 장치된 거르게를 제거하면 (SG2 장치는 계속 놓아둠), SG1을 통과한 은 원자가 SG3를 통과할 확률은 어떻게 되는가? 또 이 경우에 확률이 위 문제(b)에서 얻은 확률 보다 왜 작은 값을 갖게 되는지 설명하여라.

10. 19 위 실험에서 가마에서 나온 입자가 스핀 1인 경우에 대하여 생각하라.

(a) 다음과 같이 거르게가 있는 SG 장치가 연결될 때 입사된 입자들이 이것을 통과할 확률은 얼마인가?

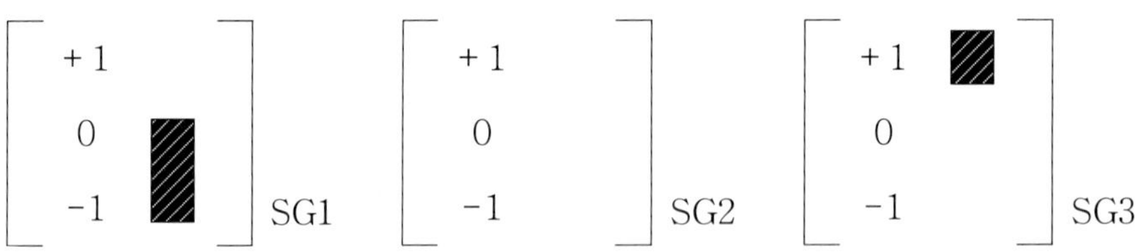

(b) SG2의 거르게가 설치된 경우는 어떻게 되는가? 앞 경우와 비교한 결과를 논하라.

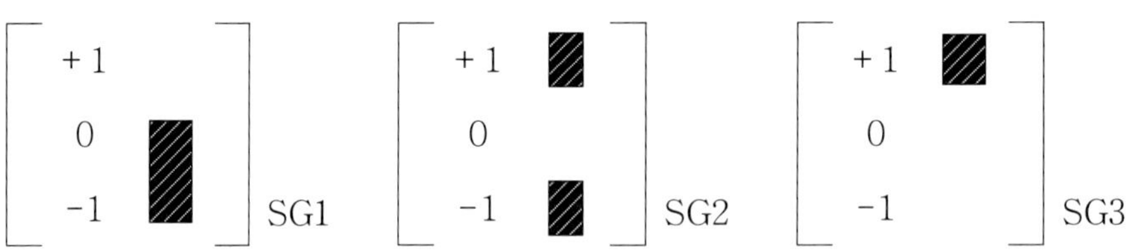

10. 20 본문의 상자성 공명 문제는 다음과 같은 밀도 행렬의 방법을 이용하여, 얻을 수 있다. 각 과정을 증명하여라. (10.224)식에서와 같이 어느 순간의 입자의 편극 상태는 밀도 행렬

$$\rho(t)=\frac{1}{2}\left[I+\vec{\sigma}\cdot\vec{P}(t)\right]$$

에 의하여 기술되며 $\vec{P}(t)$는 $Tr\{\vec{\sigma}\rho(t)\}$를 나타낸다. Hamiltonian 이

$$H = -\frac{ge\hbar}{4mc}\vec{\sigma} \cdot \vec{B}(t)$$

인 경우 다음 관계식들을 증명하여라.

(a) $$i\hbar\frac{\partial\rho(t)}{\partial t} = -\frac{ge\hbar}{4mc}\left[\vec{\sigma} \cdot \vec{B}, \rho\right]$$

$$\frac{d\vec{P}(t)}{dt} = \frac{g|e|}{2mc}\vec{B}(t) \times \vec{P}(t)$$

(b) $\vec{B}(t) = (B_1\cos\omega t,\ -B_1\sin\omega t,\ B_0)$인 경우

$$\frac{dP_x}{dt} = -\omega_0 P_y - \frac{g|e|}{2mc}B_1\sin\omega t\,P_z$$

$$\frac{dP_y}{dt} = \omega_0 P_x - \frac{g|e|}{2mc}B_1\cos\omega t\,P_z$$

$$\frac{dP_z}{dt} = \frac{g|e|}{2mc}B_1(\cos\omega t\,P_y + \sin\omega t\,P_x) \quad \left\{w_o \equiv \frac{g|e|B_0}{2mc}\right\}$$

(c) 위 식을 이용하면

$$\overrightarrow{P_\pm}(t) = e^{\pm t\omega t}(P_x \pm iP_y)$$

로 놓을 때 이 값들이 만족하는 식이

$$\frac{d^2\widetilde{P}_\pm}{dt^2} + \Omega^2\widetilde{P}_\pm = \frac{1}{2}\left(\frac{geB_0}{2mc}\right)^2 C$$

가 됨을 보여라. 여기서 Ω^2, C는 상수이며 각각 각속도와 $P_\pm$의 $t=0$인 때의 값으로 표시된다.

(d) 특히 $t=0$인 때

$$P_x(0) = P_y(0) = 0$$

$$P_z(0) = 1$$

로 놓으면 $P_x(t), P_y(t), P_z(t)$의 해는 각각 (10.219a)식, (10.219b)식, (10.213)식과 같은 모양을 가짐을 보여라.

10. 21 앞 문제에서 $\vec{P}(t)$는 본문에서 정의된 자기 모멘트 $\langle\vec{\mu}\rangle$나 자기화(magnetization) $\langle\vec{M}\rangle$에 비례하는 값이다. 따라서 이들은 같은 방정식을 만족한다.

특히 원자책의 자기와 $\langle\vec{M}\rangle$가 만족하는 식은 앞 문제에서는

$$\frac{d\langle\vec{M}\rangle}{dt} = \gamma\langle\vec{M}\rangle \times \vec{B}$$

가 된다. 열적평형상태에서는 본문에서 보인 바와 같이 균일한 자기장 $\vec{B} = (0.0.B_0)$ 안에 있는 원자핵들은

$$\langle M_x\rangle = 0,\ \langle M_y\rangle = 0,\ \langle M_z\rangle = \frac{A}{T} \qquad (A\text{: 상수,} \quad T\text{ : 온도})$$

가 될 것이다. 그러나 열적 평형상태에 있지 않은 경우는 위 식에서 변형되고 특히 시간이 감에 따라 변화가 생겨서 일반적으로 다음 방정식을 만족한다고 한다.

$$\frac{d}{dt}\langle M_x \rangle = \gamma(\langle \vec{M} \rangle \times \vec{B})_x - \frac{\langle M_x \rangle}{T_2}$$

$$\frac{d}{dt}\langle M_y \rangle = \gamma(\langle \vec{M} \rangle \times \vec{B})_y - \frac{\langle M_y \rangle}{T_2}$$

$$\frac{d}{dt}\langle M_z \rangle = \gamma(\langle \vec{M} \rangle \times \vec{B})_z - \frac{M_0 - M_z}{T_1}$$

이 식을 Bloch 방정식이라 부른다. T_2, T_1은 완화 시간(緩化時間, relaxation time)이라 부르는 상수이다.

특히 $M_z = M_0$이고 $\vec{B} = (0, 0, B_0)$와 같은 전자기장에서 운동방정식이

$$\frac{d\langle M_x \rangle}{dt} = \gamma B_0 \langle M_y \rangle - \frac{\langle M_z \rangle}{T_2}$$

$$\frac{d\langle M_x \rangle}{dt} = -\gamma B_0 \langle M_x \rangle - \frac{\langle M_y \rangle}{T_2}$$

$$\frac{d\langle M_x \rangle}{dt} = 0$$

이고 그 해가

$$\langle M_x \rangle = Ce^{-t/T_2} \cos\gamma B_0 t$$

$$\langle M_y \rangle = Ce^{-t/T_2} \sin\gamma B_0 t$$

로 됨을 보여라. 이 결과는 2차원에서 감쇠 조화 진동(減衰調和振動, damped harmonic oscillation)에 해당된다.

10. 22 두 벡터 $\vec{U}$와 $\vec{V}$로 rank 1 인 텐서 (U_{+1}, U_0, U_{-1})와 (V_{+1}, V_0, V_{-1})를 만들고 이들이 직접적으로 기약 텐서를 만드는 경우

2계 텐서 $T(2, m)$;

$$T(2, \pm 2) = U_{\pm 1} V_{\pm 1}$$

$$T(2, \pm 1) = \frac{1}{\sqrt{2}}(U_{\pm 1} V_0 + U_0 V_{\pm 1})$$

$$T(2, 0) = \frac{1}{\sqrt{6}}(U_{+1} V_{-1} + 2U_0 V_0 + U_{-1} V_{+1})$$

1계 텐서 $T(1, m)$;

$$T(1, m) = \frac{-i}{\sqrt{2}}(\vec{U} \times \vec{V})_m$$

0계 텐서;

$$T(0, 0) = -\frac{1}{3}\vec{U} \cdot \vec{V}$$

를 얻음을 보여라.

제 11 장

시간에 무관한 섭동 이론(攝動理論, Time-Independent Perturbation Theory)

양자역학 문제들은 앞에서 고려하였던 것과는 달리 완전히 그 해를 풀 수 없는 경우가 많다. 근사적으로 푸는 방법은 이러한 경우에 필요하며 실제로 물리학의 연구에 많이 이용되고 있다. 이 장 이후로는 근사적으로 푸는 방법을 소개하고자 한다. 원자의 미세한 에너지 준위를 구하는데 응용한다.

11.1 시간에 무관한 섭동 이론

Hamiltonian 이 시간의 양함수(explicit function)가 아니고 다음과 같은 모양으로 표시되는 경우를 생각하자.

$$H = H_0 + H' \tag{11.1}$$

여기서 H_0는 그 고유값과 고유 벡터가 완전히 알려져 있는 경우이고 H'는 H_0에 비하여 작은 영향을 미치는 연산자라고 생각한다. 즉

$$H_0|n^0> \ = E_n^0|n^0> \tag{11.2}$$

에서 $\{E_n^0\}$와 $\{|n^0>\}$는 알려진 값이고 H의 고유값 문제는 그 해는 잘 모르나 다음과 같이 고유값 문제의 식으로 쓸 수 있다.

$$H|n> \ = E_n|n> \tag{11.3}$$

여기에서 E_n 과 $|n>$을 근사적으로 얻으려는 것이 시간에 무관한(time independent) 섭동 이론(perturbation theory)이다.

$\{|n^0>\}$를 완전 직교 규격화(完全直交規格化)된 상태로 택하면 $|n>$은 이들로 표시할 수 있다. H'가 H_0에 비하여 아주 작은 경우를 생각하므로 H나 $|n>$은 H_0나 $|n^0>$의 작은 보정(補正, correction)으로 얻을 수 있다고 생각한다. 작은 것을 나타내는 매개 상수 λ를 도입하여 $H' = \lambda\widetilde{H}$로 놓으면

$$H = H_0 + \lambda\widetilde{H} \tag{11.4}$$

이다. 또 E_n도 E_n^0로부터 작은 보정으로 생각하고 두 경우를 생각한다.

(a) $\{|n^0>\}$가 겹침(縮退, degenerate)이 없는 경우

(i) 구하려는 $|n^0>$과 E_n을 λ에 관하여 전개하면

$$|n> = |n^0> + \lambda|n^1> + \lambda^2|n^2> + \cdots\cdots$$

$$E_n = E_n^0 + \lambda E_n^{(1)} + \lambda^2 E_n^{(2)} + \cdots\cdots \tag{11.5}$$

로 쓸 수 있으며 이 식을 (11.3)식에 대입하면

$$\left(H_0 + \lambda\widetilde{H}\right)\left(|n^0> + \lambda|n^1> + \lambda^2|n^2> + \cdots\cdots\right)$$
$$= \left(E_n^0 + \lambda E_n^{(1)} + \lambda^2 E_n^{(2)} + \cdots\cdots\right)\left(|n^0> + \lambda|n^1> + \cdots\cdots\right)$$

$$H_0|n^0> + \lambda\left(H_0|n^1> + \widetilde{H}|n^0\right) + \lambda^2\left(H_0|n^2> + \widetilde{H}|n^1>\right) + \cdots\cdots$$
$$= E_n^0|n^0> + \lambda\left(E_n^0|n^1> + E_n^{(1)}|n^0>\right)$$
$$+ \lambda^2\left(E_n^0|n^2> + E_n^{(1)}|n^1> + E_n^{(2)}|n^0>\right)\cdots\cdots \tag{11.6}$$

이 된다. 이 식을 λ에 관한 항등식으로 생각하면

$$(\lambda)^0\text{의 계수 : } H_0|n^0> = E_n^0|n^0> \tag{11.7a}$$

$$(\lambda)\text{ 의 계수 : } H_0|n^1> + \widetilde{H}|n^0> = E_n^0|n^1> + E_n^{(1)}|n^0> \tag{11.7b}$$

$$(\lambda)^2\text{의 계수 : } H_0|n^2> + \widetilde{H}|n^1> = E_n^0|n^2> + E_n^{(1)}|n^1> + E_n^{(2)}|n^0> \tag{11.7c}$$

$$\cdots\cdots\cdots\cdots\cdots\cdots\cdots\cdots\cdots\cdots\cdots$$

가 되며, 여기서 $|n^0>, E_n^0$는 H_0의 고유값 문제의 해이므로 첫 식은 자동적으로 성립한다. 또 $|n^i>(i=1,2\cdots\cdots)$는 $\{|n^0>\}$로 전개할 수 있다.

λ의 1차 항까지를 고려하는 경우

$$|n^1> = \sum_m c_m|m^0> \tag{11.8}$$

로 놓으면 (11.7b)식으로부터

$$H_0\sum_m c_m|m^0> + \widetilde{H}|n^0> = E_n^0\sum_m c_m|m^0> + E_n^{(1)}|n^0> \tag{11.9}$$

을 얻는다. 이 식의 양변에 $<k^0|$를 작용시키면

$$\sum_m c_m E_m^0\delta_{km} + <k^0|\widetilde{H}|n^0> = E_n^0\sum_m c_m\delta_{km} + E_n^{(1)}\delta_{kn}$$

$$<k^0|\widetilde{H}|n^0> + c_k E_k^0 = c_k E_n^0 + E_n^{(1)}\delta_{kn} \tag{11.10}$$

이 된다. 따라서

$k=n$인 경우 :

$$<n^0|\widetilde{H}|n^0> + c_n E_n^0 = c_n E_n^0 + E_n^{(1)} \tag{11.11a}$$

$$\therefore E_n^{(1)} = <n^0|\widetilde{H}|n^0> \tag{11.11b}$$

$$\therefore E_n = E_n^0 + <n^0|H'|n^0>$$

$k\neq n$인 경우 :

$$<k^0|\widetilde{H}|n^0> + c_k E_k^0 = c_k E_n^0$$

$$\therefore c_k = \frac{< k^0 | \widetilde{H} | n^0 >}{E_n^0 - E_k^0} \ (k \neq n) \tag{11.12}$$

이 된다. 하편 c_n을 얻기 위하여 (11.5)식과 (11.8)식을 고려하면

$$\begin{aligned} |n> &= |n^0> + \lambda |n^1> + \lambda^2 |n^2> + \cdots\cdots \\ &= |n^0> + \lambda \sum_m c_m |m^0> + \cdots\cdots \end{aligned} \tag{11.13}$$

인데, λ의 1차 항까지 생각할 때 $|n>$과 $|n^0>$가 직교 규격화되었으므로

$$\begin{aligned} 1 = <n|n> &= <n^0|n^0> + \lambda \sum_m \left\{ c_m <n^0|m^0> + c_m^* <m^0|n^0> \right\} \\ &= 1 + \lambda (c_n + c_n^*) \end{aligned} \tag{11.14}$$

이다. 따라서 이 식의 λ의 계수는 0이 되어야 한다. 즉

$$c_n + c_n^* = 0 \tag{11.15}$$

이다. 따라서 c_n은 허수(虛數, imaginary number)가 된다.

$$\therefore c_n = i\delta \quad (\delta : \text{실수}) \tag{11.16}$$

로 놓을 수 있다. 그러므로 H의 1차까지만 생각하면

$$\begin{aligned} |n> &= |n^0> + \lambda \sum_m c_m |m^0> \\ &= (1 + i\lambda\delta)|n^0> + \lambda \sum_{m \neq n} \frac{|m^0><m^0|\widetilde{H}|n^0>}{E_n^0 - E_m^0} \\ &= e^{i\lambda\delta}|n^0> + \sum_m{}' \frac{<m^0|H'|n^0>}{E_n^0 - E_m^0} |m^0> \end{aligned} \tag{11.17}$$

이 된다. 위 식에서 $\sum_m{}'$는 m이 n과 같은 경우만 제외하고 합을 취한 것을 의미한다. 또 $|n>$은 위상의 임의성을 가지고 있으므로 $e^{i\lambda\delta}$로 우변을 나누어 주어도 좋다. 즉

$$\begin{aligned} |n> &= |n^0> + \sum_m{}' \frac{<m^0|H'|n^0>}{E_n^0 - E_m^0} |m^0> e^{-i\lambda\delta} \\ &= |n^0> + \sum_m{}' \frac{<m^0|H'|n^0>}{E_n^0 - E_m^0} |m^0> \quad (\lambda\text{의 1차까지}) \end{aligned} \tag{11.18}$$

이 된다.

(11.11)식과 (11.18)을 H의 1차 근사의 해라 부른다. 여기서 알 수 있는 것은

$$<n^0|n^0> = 1 \tag{11.19a}$$

$$<n^0|n> = 1 \tag{11.19b}$$

의 관계식이다.

위 방법을 계속하면 $|n>$와 E_n에 관한 (λ)의 2차 이상의 보정도 얻을 수 있으며 이러한 근사 방법을 특히 Rayleigh-Schrödinger 섭동 이론이라 부른다.

(ii) 이 방법을 좀 더 간편한 식으로 일반화하여 논하여 보자. 즉 H에 관한 고유값 문제인 (11.3)식에서 $E_n^0|n>$을 빼어 주어

$$\left(H_0 + H' - E_n^0\right)|n> = \left(E_n - E_n^0\right)|n>$$

$$\left(E_n^0 - H_0\right)|n> = \left(H' - \Delta E_n\right)|n> \tag{11.20}$$

$$\Delta E_n = E_n - E_n^0 \tag{11.21}$$

을 푸는 방법을 생각하자.

이 (11.20)식의 해 $|n>$은 두 가지 해의 합으로 생각할 수 있다. (11.2)식의 해인 $|n^0>$는 동차식

$$\left(E_n^0 - H_0\right)|n^0> = 0 \tag{11.22}$$

의 해라고 생각할 수 있고 또 하나의 해는 (11.20)식의 특해(特解, particular solution)가 된다. 이 특해를 얻기 위하여 (11.20)식의 좌변에 $<n^0|$를 작용하여 주변

$$<n^0|\left(E_n^0 - H_0\right)|n> = 0 \tag{11.23a}$$

이므로

$$<n^0|\left(H' - \Delta E_n\right)|n> = 0 \tag{11.23b}$$

이 된다. 즉 $\left(H' - \Delta E_n\right)|n>$은 $|n^0>$ 에 수직인 벡터로 생각할 수 있으므로 이 벡터를 $\{|m^0>\}$로 전개한다면 $|n^0>$ 항은 포함하지 않는다. 따라서

$$\begin{aligned}\left(H' - \Delta E_n\right)|n> &= \sum_m{}' |m^0><m^0|\left(H' - \Delta E_n\right)|n> \\ &= Q_n\left(H' - \Delta E_n\right)|n>\end{aligned} \tag{11.24}$$

으로 쓸 수 있다. 여기서 연산자 Q_n은 다음과 같이 정의된다.

$$\begin{aligned}Q_n &= I - |n^0><n^0| \\ &= I - P_n^0 = \sum_{m \neq n}{}' |m^0><m^0|\end{aligned} \tag{11.25}$$

그러면 (11.20)식의 특해는 (11.20)식과 (11.24)식으로부터

$$|n> = \frac{1}{E_n^0 - H_0} Q_n\left(H' - \Delta E_n\right)|n> = Q_n \frac{1}{E_n^0 - H_0}\left(H' - \Delta E_n\right)|n> \tag{11.26}$$

으로 쓸 수 있고 $\dfrac{1}{E_n^0 - H_0} Q_n$을 $\dfrac{Q_n}{E_n^0 - H_0}$으로 쓰는 경우 (11.20)식의 일반해는

$$|n> = C|n^0> + \frac{Q_n}{E_n^0 - H_0}\left(H' - \Delta E_n\right)|n> \tag{11.27}$$

가 된다. 이 식의 우변의 $|n>$에 (11.27)식을 다시 반복하여 적용하면

$$\begin{aligned}|n> &= C\left\{|n^0> + \frac{Q_n}{E_n^0 - H_0}\left(H' - \Delta E_n\right)|n^0>\right\} \\ &\quad + \frac{Q_n}{E_n^0 - H_0}\left(H' - \Delta E_n\right)\frac{Q_n}{E_n^0 - H_n}\left(H' - \Delta E_n\right)|n^0> + \cdots\cdots\Bigg\} \\ &= C\left\{I + \frac{Q_n}{E_n^0 - H_0}\left(H' - \Delta E_n\right)\right.\end{aligned}$$

$$+\frac{Q_n}{E_n^0-H_0}\left(H'-\Delta E_n\right)\frac{Q_n}{E_n^0-H^0}\left(H'-\Delta E_n\right)+\cdots\cdots\Big\}|n^0> \qquad (11.28)$$

를 얻는다. 특히 $\lambda\to 0$인 경우 $|n>\to|n^0>$ 가 되므로 (11.27)식에서

$$\lim_{\lambda\to 0}C(\lambda)=1 \qquad (11.29)$$

이 됨을 알 수 있다. 이 값은 후에 생각하기로 하고 우선 C를 1로 놓으면

$$\begin{aligned} Q_n(H'-\Delta E_n)|n^0> &= Q_nH'|n^0>-\Delta E_nQ_n|n^0> \\ &= Q_nH'|n^0> \end{aligned} \qquad (11.30)$$

를 고려할 때 (11.28)식으로부터

$$|n> = \left\{I+\frac{Q_n}{E_n^0-H_0}H'+\frac{Q_n}{E_n^0-H_0}\left(H'-\Delta E_n\right)\frac{Q_n}{E_n^0-H_0}H'+\cdots\cdots\right\}|n^0> \qquad (11.31)$$

을 얻는다. 이 식은 (11.19b)식을 만족함을 알 수 있다.

에너지 준위를 얻기 위하여 (11.23b)식과 (11.19b)식, (11.31)식을 이용하면

$$\Delta E_n = <n^0|H'|n>$$

$$= <n^0|\left\{H'+H'\frac{Q_n}{E_n^0-H_0}H'+H'\frac{Q_n}{E_n^0-H_0}\left(H'-\Delta E_n\right)\frac{Q_n}{E_n^0-H_0}H'+\cdots\cdots\right\}|n^0> \qquad (11.32)$$

가 된다. 이 식의 오른편에는 ΔE_n가 들어 있으나 실제로는 (λ)의 각 차원을 고려하므로 별 문제가 없다.

구체적으로 특히 λ의 1차, 2차까지의 섭동을 생각하여 보자. H'이 λ의 1차 항을 가지고 있음을 상기하면 다음과 같이 H의 고유값과 고유 벡터를 얻을 수 있다.

λ의 1차 섭동 :

$$\Delta E_n = E_n - E_n^0 = <n^0|H'|n^0>$$

$$\therefore E_n = E_n^0 + <n^0|H'|n^0> \qquad (11.11b)$$

또

$$\begin{aligned} |n> &= |n^0> + \frac{Q_n}{E_n^0-H_0}H'|n^0> \\ &= |n^0> + \sum_m{}' \frac{|m^0><m^0|H'|n^0>}{E_n^0-E_m^0} \end{aligned} \qquad (11.18)$$

λ의 2차 즉 (λ^2)까지의 섭동 :

$$\begin{aligned} \Delta E_n = E_n - E_n^0 &= <n^0|H'|n^0> + <n^0|H'\frac{Q_n}{E_n^0-H_0}H'|n^0> \\ &= <n^0|H'|n^0> + \sum_m{}' \frac{<n^0|H'|m^0><m^0|H'|n^0>|}{E_n^0-E_m^0} \end{aligned}$$

$$\therefore E_n = E_n^0 + <n^0|H'|n^0> + \sum_m{}' \frac{|n^0|H'|m^0>|^2}{E_n^0-E_m^0} \qquad (11.33)$$

또

$$|n> = |n^0> + \frac{Q_n}{E_n^0 - H_0} H' |n^0> + \frac{Q_n}{E_n^0 - H_0}(H' - \triangle E_n)\frac{Q_n}{E_n^0 - H_0} H' |n^0>$$

$$= |n^0> + \sum_m{}' \frac{|m^0><m_0|H'|n_0>}{E_n^0 - E_m^0}$$

$$+ \sum_m{}' \sum_l{}' \frac{|m^0><m^0|H'|l^0><l^0|H'|n^0>}{(E_n^0 - E_m^0)(E_n^0 - E_l^0)}$$

$$- \triangle E_n \sum_m{}' \frac{|m^0><m^0|H'|n^0>}{(E_n - E_m^0)^2} \tag{11.34a}$$

여기서 $Q_n^2 = Q_n$을 이용하였다. 한편 $\triangle E_n$에서 $<n^0|H'|n^0>$까지만 고려하여야 하므로

$$|n> = |n^0> + \sum_m{}' \frac{|m^0><m^0|H'|n^0>}{E_n^0 - E_m^0}$$

$$+ \sum_m \sum_l{}' \frac{|m^0><m^0|H'|l^0><l^0|H'|n^0>}{(E_n^0 - E_m^0)(E_n^0 - E_l^0)}$$

$$- \sum_m{}' \frac{|m^0><m^0|H'|n^0><n^0|H'|n^0>}{(E_n^0 - E_m^0)^2} \tag{11.34b}$$

이 된다. 이 방법을 계속하면 (λ^3)이상의 기여도 구할 수 있다.

이 식은 $<n^0|n> = 1$은 만족하지만 규격화되었다고 볼 수는 없다. 따라서 규격화된 $|n>$을 $|n>_R$라 하면

$$|n>_R = Z^{\frac{1}{2}}|n> \tag{11.35}$$

$$\therefore {}_R<n|n>_R = 1 = Z<n|n> \tag{11.36}$$

따라서 재규격화 상수(再規格化常數, renormalization constant) Z는

$$Z = \frac{1}{<n|n>} \tag{11.37}$$

이고 (11.34b)식을 사용하면 λ^2까지 고려할 때

$$Z^{-1} = <n|n> = 1 + \sum_m{}' \frac{|<m^0|H'|n^0|^2}{(E_n^0 - E_m^0)^2} + O(\lambda^3) \geq 0$$

즉

$$Z = 1 - \sum_m{}' \frac{|<m^0|H'|n^0|^2}{(E_n^0 - E_m^0)^2} \leq 1 \tag{11.38}$$

이 된다.

다시 말해서 Z는 1보다 작으며 이것은 $\lambda \neq 0$인 경우에 비섭동 상태 $|n^0>$에 있지 않고 다른 상태로 분산될 수 있음을 의미한다. Z 는 섭동이 있는 상태가 $|n^0>$인 상태에 있을 확률을 나타내고 $1-Z$는 다른 상태로 새어나갈(leak) 확률을 나타낸다고 할 수 있다. 보통 Z에 대한 고려를 하지 않고 섭동 이론을 생각하는 경우가 많다.

예. 비조화 진동(非調和振動, anharmonic oscillator)계에서 Hamiltonian이 다음과 같이

주어지는 경우를 생각하자.

$$H=\frac{p^2}{2m}+\frac{1}{2}kx^2+\lambda x^4 \ (\lambda\text{: 작은 상수}) \tag{11.39}$$

여기서 H_0와 H'을 각각

$$H_0=\frac{p^2}{2m}+\frac{1}{2}kx^2$$

$$H'=\lambda x^4 \tag{11.40}$$

라 놓는다. 이때에 H_0의 고유값 문제는 잘 알려져 있다.

$$E_n^0=\left(n+\frac{1}{2}\right)\hbar\omega \ (n=0,1,2,\ \cdots\cdots)$$

$$\omega=\sqrt{\frac{k}{m}} \tag{11.41}$$

여기서 섭동항 H'에 의한 에너지 고유값의 1차 보정은

$$E_n^{(1)}=<n|H'|n> \ \{|n>\text{은 (11.2)식의 } |n^0>\text{이며 편의상 위 첨자는 생략함}\}$$

$$=\lambda<n|x^4|n> \tag{11.42}$$

이다. 이 값을 쉽게 구하기 위하여 제 5장에서 고려한, 다음 연산자의 관계식을 쓰자.

$$x=\left(\frac{\hbar}{2m\omega}\right)^{\frac{1}{2}}(a^\dagger+a) \tag{11.43}$$

$$p=i\left(\frac{m\omega\hbar}{2}\right)^{\frac{1}{2}}(a^\dagger-a) \tag{11.44}$$

$$a^\dagger|n> \ = \ \sqrt{n+1}\,|n+1> \tag{11.45a}$$

$$a|n> \ = \ \sqrt{n}\,|n-1> \tag{11.45b}$$

$$[a,a^\dagger]=1 \tag{11.45c}$$

$$a^\dagger a=N \qquad aa^\dagger=1+N \tag{11.45d}$$

$$[N,a^\dagger]=a^\dagger,\ [N,a]=-a \tag{11.45e}$$

이 됨은 제 5장에서 고려한 바와 같다.

따라서 (11.42)식의 $E_n^{(1)}$은

$$E_n^{(1)}=\lambda\left(\frac{\hbar}{2m\omega}\right)^2<n\left|(a^\dagger+a)^4\right|n>$$

$$=\lambda\left(\frac{\hbar}{2m\omega}\right)^2<n\left|(a^\dagger+a)(a^\dagger+a)(a^\dagger+a)(a^\dagger+a)\right|n>$$

$$=\lambda\left(\frac{\hbar}{2m\omega}\right)^2<n|\{(a^\dagger)^4+(a^\dagger)^3a+(a^\dagger)^2aa^\dagger+a^\dagger a(a^\dagger)^2+a(a^\dagger)^3$$

$$+(a^\dagger)^2a^2+a^\dagger aa^\dagger a+a^\dagger a^2a^\dagger+aa^\dagger aa^\dagger+a(a^\dagger)^2a+a^2(a^\dagger)^2$$
$$+a^\dagger a^3+aa^\dagger a^2+a^2a^\dagger a+a^3a^\dagger+a^4\}|n>$$
$$=\lambda\left(\frac{\hbar}{2m\omega}\right)^2<n|\{a^\dagger Na+N^2+N(1+N)+(1+N)(1+N)$$
$$+(1+N)N+a(1+N)a^\dagger\}|n>$$
$$=3\lambda\left(\frac{\hbar}{2m\omega}\right)^2(1+2n+2n^2) \tag{11.46}$$
$$\therefore E_n=\left(n+\frac{1}{2}\right)\hbar\omega+3\lambda\left(\frac{\hbar}{2m\omega}\right)^2(2n^2+2n+1) \tag{11.47}$$

로 된다. 특히 바닥 상태(ground state) 에너지 E_g는 (11.47)식에서 $n=0$으로 놓아

$$E_g=\frac{1}{2}\hbar\omega+3\lambda\left(\frac{\hbar}{2m\omega}\right)^2$$
$$=\frac{1}{2}\hbar\omega\left[1+\frac{3}{2}\lambda\left(\frac{\hbar\omega}{k^2}\right)\right] \tag{11.48}$$

이 되다. 이 식은 λ값이 작은 경우에 대하여 성립하므로 x가 큰 경우까지 포함하는 높은 들뜬 상태에 대하여는 위 식의 결과가 된다고 볼 수 없는 제한이 존재함에 주의하여야 한다.

(b) $\{|n^0>\}$가 겹친 상태(degenerate state)인 경우

앞에서는 H_0의 고유상태에 고유값이 겹침이 없는 경우, 즉 퇴화되지 않은 경우만을 고려하였다. H_0의 고유값에 겹침이 있는 경우에는 두 개의 같은 에너지에 대하여 (11.18)식이나 (11.33)식, (11.34b)식에서 분모가 0이 되어 결국 에너지 값이 무한대가 되므로 이에 대한 다른 고찰이 필요하다. 즉 이 경우에는 분자에 나오는 $<m^0|H'|n^0>$도 0이 되어야 할 것이다. 이 관계는 퇴화된 경우에 정규화된 벡터 $\{|n^0>\}$를 적절히 택함으로써 이루어질 수 있다.

퇴화된 부분에 대하여 고찰하여 보자. H_0의 여러 고유 벡터들 중의 일부가 같은 고유값을 갖는 경우를 고려하면

$$H_0|n_i^0>\ =E_n^0|n_i^0> \tag{11.49}$$
$$(i=1,2,\cdots\cdots k)$$

로 쓸 수 있다. 여기서 E_n^0는 다른 n에 대하여 다른 값을 가지는 고유값을 나타내며 i는 겹친 상태를 나타내는 일련 번호(一連番號, serial number)이다.

H의 고유값 문제는 H가 H_0와 같이 퇴화된 경우가 아니므로

$$H|n_i>\ =E_{ni}|n_i> \tag{11.50}$$

로 쓸 수 있다. 여기에서도 전과 같이 작은 매개 상수 λ를 도입하여

$$H=H_0+H'=H_0+\lambda\widetilde{H}$$

로 놓으면 $\lambda \to 0$인 경우 E_{ni}는 축퇴된 E_n^0가 되며 $\lambda \neq 0$인 경우 섭동은 겹침을 없애는 역할을 한다. 다시 말해서 H'가 도입됨으로써 축퇴가 없어져 에너지 준위가 갈라지게 되므로 일부러 H'를 도입하여서 물리적 상태를 자세히 연구할 수 있음을 보여주고 있다.

이러한 경우에 고유값 E_{ni}와 고유 벡터 $|n_i>$도 λ에 관하여 전개된다고 가정하고 $\{|n_i^0>\}$를 직교함수로 택하는 경우를 생각하면

$$E_{ni} = E_n^0 + \lambda E_{ni}^{(1)} + \cdots\cdots \tag{11.51}$$

$$\begin{aligned} |n_i> &= \sum_j b_{ij}|n_j^0> + \lambda |n_i^1> + \cdots\cdots \\ &= \sum_j b_{ij}|n_j^0> + \lambda \sum_j c_{ni,nj}|n_j^0> + \cdots \end{aligned} \tag{11.52}$$

로 쓸 수 있다. 따라서 (11.50)식은

$$\begin{aligned} &\left(H_0 + \lambda\widetilde{H}\right)\left(\sum b_{ij}|n_j^0> + \lambda\sum c_{ni,n_j}|n_j^0> + \cdots\cdots\right) \\ &\quad = \left(E_n^0 + \lambda E_{ni}^{(1)} + \cdots\cdots\right)\left(\sum b_{ij}|n_j^0> + \lambda\sum c_{ni,n_j}|n_j^0> + \cdots\cdots\right) \\ &\sum b_{ij}E_n^0|n_j^0> + \lambda\sum b_{ij}\widetilde{H}|n_j^0> + \lambda\sum c_{ni,n_j}E_n^0|n_j^0> + \cdots\cdots \\ &\quad = E_n^0\sum b_{ij}|n_j^0> + \lambda E_{ni}^{(1)}\sum b_{ij}|n_j^0> + \lambda E_n^0\sum c_{ni,n_j}|n_j^0> + \cdots\cdots \end{aligned} \tag{11.53}$$

위 식에 $<n_l^0|$을 작용시키고 λ의 1차 항을 고려하면

$$\begin{aligned} &\sum b_{ij} < n_l^0|\widetilde{H}|n_j^0> + c_{ni,nl}E_n^0 \\ &\quad = E_{ni}^{(1)}b_{il} + E_n^0 c_{ni,nl} \end{aligned}$$

따라서

$$\sum_j < n_l^0|\widetilde{H}|n_j^0> b_{ij} = E_{ni}^{(1)}b_{il} \tag{11.54}$$

를 얻는다. 이 식에서 b_{ij}와 b_{il}의 아래첨자 i를 b에 따라다니는 기호로 보고 j나 l을 (b_i)로 표시되는 열(列)벡터의 성분이라 생각하면 위 식은 $(H')_{nl,nj}$행렬에 대한 고유값 문제에 해당된다. 즉

$$\sum < n_l^0|H'|n_j^0> (b_i)_j = \lambda E_{ni}^{(1)}(b_i)_l \tag{11.55a}$$

$$(H')(b_i) = \lambda E_{ni}^{(1)}(b_i) \tag{11.55b}$$

가 되어 이로부터 고유값 $\lambda E_{ni}^{(1)}$을 얻을 수 있고 λ의 1차까지 고려할 때 에너지 값은

$$E_{ni} = E_n^0 + \lambda E_{ni}^{(1)} \tag{11.56}$$

이 된다. 또 벡터 $|n_i>$는 λ의 1차 이상을 무시하는 경우에 (11.55)식에서 얻은 (b_i)값으로부터

$$|n_i> = \sum b_{ij}|n_j^0> \tag{11.57}$$

를 얻을 수 있다.

(11.57)식으로 주어진 벡터는 중첩이 있는 경우 $H = H_0 + H'$의 고유 상태를 나타낸다.

즉 H'을 대각선화 하는 새로운 H의 고유 벡터라 볼 수 있으며 이들의 집합을 기저 $\{|\tilde{n}_i^0>\}$로 놓으면 섭동에 대한 에너지 관계식 (11.33)이나 고유 벡터식 (11.18)식 또는 (11.34b)식을 사용하는 경우

$$<\tilde{n}_i^0|H'|\tilde{n}_j^0> = 0 \quad (i \neq j) \tag{11.58}$$

이다. 그러므로 앞 절에서 거론된 관계식 (11.33)를 사용하여 λ의 1차 이상의 에너지 값을 얻을 수 있다. 이 때 $\sum_m{}'$은 m이 겹침을 나타내는 n_i^0의 모든 값을 빼고 합하는 것을 의미한다. 앞 절에서 생각한 바와 같이 (11.23a)식은 겹침에 관여되는 모든 $\{|n_j^0>\}$에 대하여

$$<n_j^0|(E_n^0 - H_0)|n_i> = 0 \ (i = 1, 2, \cdots\cdots, k) \tag{11.23c}$$

이므로 즉 $(H' - \Delta E_n)|n_i>$은 $\{|n_j^0>\}$에 수직이 되므로

$$\begin{aligned}(H' - \Delta E_n)|n_i> &= \left(I - \sum |n_i^0><n_i^0|\right)(H' - \Delta E_n)|n_i> \\ &= Q\{n_i\}(H' - \Delta E_n)|n_i>\end{aligned}$$

로 쓸 수 있다. 또 $Q\{n_i\}$는

$$Q\{n_i\} = \sum_{m(\neq n_i^0)}{}'|m^0><m^0| \tag{11.25'}$$

이기 때문에 이러한 $\sum_m{}'$을 사용하면 λ에 관하여 2차인 에너지 값은 (11.33)식을 사용할 수 있다. 즉

$$E_{ni} = E_n^0 + <\tilde{n}_i^0|H'|\tilde{n}_i^0> + \sum_{m^0(\neq \tilde{n}_i^0)} \frac{|<m^0|H'|\tilde{n}_i^0>|^2}{E_n^0 - E_m^0} + \cdots\cdots \tag{11.59}$$

라 할 수 있다.

11. 2 균일한 전자기장(電磁氣場)에 의한 원자의 에너지 준위의 변화

여기에서는 앞 절에서 논의된 시간에 무관한 섭동론의 예로서 균일한 자기장 $\vec{B}$가 원자에 작용하는 경우 에너지 준위에 미치는 영향인 Zeeman 효과와 전기장 $\vec{E}$가 수소 원자의 에너지 준위에 미치는 영향인 Stark 효과를 고려하고자 한다.

(a) Zeeman 효과

수소 원자에서와 같이 전자가 원자핵 주위를 돌고 있는 경우 Hamiltonian은 Coulomb 퍼텐셜 V가 알려져 있어서

$$H_0 = \frac{p^2}{2m} + V(r), \left(V(r) = -\frac{Ze^2}{r}\right) \tag{11.60}$$

로 기술된다고 했다. 그러나 이 식은 특수 상대론적인 보정(補正)과, 전자가 스핀을 가지기 때문에 나타나는 스핀-궤도 각 운동량의 결합(coupling) 등의 보정이 필요하다. 이러한 보정은 현실적으로 작은 섭동으로 취급될 수 있다. 여기에 $\vec{B}=\vec{\nabla}\times\vec{A}$로 표시되는 균일한 자기장을 외부에서 작용시키는 경우에는 제 8장에서 논한 바와 같이 $\vec{p}$를 $\vec{p}-\frac{e}{c}\vec{A}$로 놓아서 새로운 Hamiltonian을 얻으며, 제 9장에서 논한 바와 같이 전자의 스핀에 의한 자기 모멘트 $\vec{\mu_s}$가 Hamiltonian에 기여하는 양 $-\vec{\mu_s}\cdot\vec{B}$도 고려하여야 한다. Hamiltonian은

$$H=\frac{p^2}{2m}+V(r)-\frac{e}{2mc}\vec{L}\cdot\vec{B}+O(B^2)-\frac{ge}{2mc}\vec{S}\cdot\vec{B}$$
$$+f(r)\vec{S}\cdot\vec{L}+\cdots\cdots \tag{11.61}$$

으로 표시된다. 여기서 소위 스핀-궤도 결합 항 $f(r)\vec{S}\cdot\vec{L}$은 뒤에 논한다. 자기장 $\vec{B}$가 현재 실험에서 사용되고 있는 정도의 크기인 경우에 B^2항이 무시될 수 있음은 제 8장에서 논하였다. 또 스핀의 영향을 고려하는 경우와 고려하지 않는 경우에 따라 에너지 준위는 달라진다. 먼저 H_0의 고유값 문제는 수소형 원자(hydrogen-like atom)에 대한 (11.60)식의 해를 스핀까지를 고려하여도 풀 수 있으며 이 경우에도 고유값은

$$E_n^0=-\frac{1}{2}mc^2\frac{(Z\alpha)^2}{n^2} \tag{11.62}$$

이다. 고유 함수는 스핀 $\frac{1}{2}$의 고유 벡터 $|\frac{1}{2},m_s>$의 열벡터를 χ_{m_s}라 쓸 경우

$$\psi_{nlm_lm_s}(r)=R_{nl}(r)Y_{lm}(\theta\varphi)\chi_{m_s} \tag{11.63}$$

이고 $2n^2$만큼 축퇴(縮退)되어 있다. 이때 섭동을 나타내는 H'은, $\vec{B}$방향을 z-축으로 택하고 전자의 경우 $g\simeq 2$를 대입하면

$$H'=-\frac{eB}{2mc}(L_z+2S_z)+f(r)\vec{S}\cdot\vec{L} \tag{11.64}$$

이 된다.

스핀을 고려하지 않은 경우는 제 8장에서 취급하였다. 여기서 다시 섭동 이론과 관련하여 생각해 보면 H_0는 겹침이 있는 경우이므로 (H')의 고유값 문제로 에너지 보정을 생각하게 된다. 즉 (11.64)식의 우변 첫 항을 생각하면

$$(H')_{n_i,n_j}=<nlm_l|H'|n'l'm_l'> \qquad (n_i\text{는 } nlm_l \text{ 상태를 의미함})$$
$$=-\frac{eB\hbar}{2mc}m_l\delta_{nn'}\delta_{ll'}\delta_{m_lm_l'} \tag{11.65}$$

가 되어 이미 대각 행열이다. 따라서

$$\lambda E^{(1)}_{nlm_l}=-\frac{eB\hbar}{2mc}m_l \tag{11.66a}$$

$$\therefore E_{nlm} = -\frac{1}{2}mc^2\frac{(Z\alpha)^2}{n^2} - \frac{eB\hbar}{2mc}m_l \tag{11.66b}$$

를 얻는다. 즉 외부로부터 자기장 $\vec{B}$가 가해지지 않은 경우 $E_{nlm} = E_n^0$로 겹친 에너지 준위는 $B \neq 0$인 자기장을 가해주면 겹침이 없어지고 겹쳐진 에너지 준위가 m_l의 값에 따라 $(2l+1)$개의 부분으로 갈라진다. 갈라지는 폭은 자기장의 강도에 비례한다. 이 갈라진 에너지 준위는 간격 $\frac{eB\hbar}{2mc}$로 일정하며 이것을 정상(正常, normal) Zeeman 효과라 부르는 것은 이미 제 8장에서 언급한 바 있다.

자기장 $\vec{B}$가 비교적 강한 경우에 (11.61)시에서 H'에 대한 $\vec{S} \cdot \vec{L}$항 이하를 무시할 수 있으며 이때에는 E_{nlm}은

$$E_{nlm} = -\frac{1}{2}mc^2\frac{(Z\alpha)^2}{n^2} - \frac{eB\hbar}{2mc}(m_l + 2m_s) \tag{11.67}$$

가 되고 이 경우를 강한 장(strong field)의 Zeeman 효과라 부른다.

외부로부터 가해진 자기장이 없는 경우에도 (11.61)식과 (11.64)식에서와 같은 $f(r)\vec{S} \cdot \vec{L}$항이 있으면 에너지 준위는 섭동을 생각하여야 한다. 이 때 (11.63)식으로 주어진 H_0의 고유상태는 $f(r)\vec{S} \cdot \vec{L}$항을 대각선화하지 못한다. 이 경우는 $\vec{J} = \vec{L} + \vec{S}$의 각운동량을 고려하게 되는데, 이 뒤에서 취급하기로 한다.

(b) Stark 효과(effect)

균일한 전기장 $\vec{E}$를 가했을 때 수소와 같은 원자의 에너지 준위가 변한다는 사실이 Stark에 의하여 처음 발견되었는데 이 현상을 Stark 효과라 부른다.

이 경우 Hamiltonian은

$$H = H_0 + H'$$

$$H_0 = \frac{p^2}{2m} - \frac{Ze^2}{r}$$

$$H' = -\vec{d} \cdot \vec{E} = |e|\vec{x} \cdot \vec{E} \tag{11.68}$$

이다. 여기서 $\vec{d}$는 전기 쌍극자 모멘트(電氣雙極子, electric dipole moment)를 나타낸다. 편의상 전기장 $\vec{E}$의 방향을 z축으로 잡으면

$$\vec{E} = (0, 0, E)$$

$$H' = |e|\vec{x} \cdot \vec{E} = |e|zE = |e|Er\cos\theta \tag{11.69}$$

이다. 여기에서는 $|e|E$를 앞에 나왔던 작은 매개상수 λ로 볼 수 있다. 또 H_0의 고유값 문제는 잘 알려져 있다.

(i) 특히 $n=1$인 경우에 Stark 효과를 먼저 고려하여 보자. H_0의 고유값과 고유 함수는

$$E^0_{(n=1)} = -\frac{1}{2}mc^2(Z\alpha)^2$$

$$\psi_{100}(x) = \langle x|100\rangle = R_{10}(r)\,Y_{00}(\theta,\varphi) \tag{11.70}$$

이다. 따라서 1차 근사에서

$$\begin{aligned} E^{(1)}_{100} &= \langle 100\,|H'|\,100\rangle \\ &= -eE\langle 100\,|r\cos\theta|\,100\rangle \\ &= -eE\int d^3x\psi_{100}{}^*(x)r\cos\theta\psi_{100}(x) \end{aligned} \tag{11.71}$$

이 된다. 한편 $\psi_{100}(x)$의 함수는 이미 제 7장에서 밝혀진 바와 같아서

$$\psi_{100}(x) = \left(\frac{Z}{a_0}\right)^{\frac{3}{2}} 2e^{-\frac{Z}{a_0}r} \bullet \frac{1}{\sqrt{4\pi}},\quad \left(a_0 = \frac{\hbar}{mc\alpha} = \frac{\hbar^2}{me^2};\text{Bohr 반경}\right) \tag{11.72}$$

$$\therefore E^{(1)}_{100} = -eE\int_0^\infty r^3dr\int_0^{2\pi}d\varphi\int_0^\pi \sin\theta d\theta\cos\theta\frac{1}{4\pi}\left(\frac{Z}{a_0}\right)^3 \bullet 4 \bullet e^{-\frac{2Z}{a_0}r} \tag{11.73}$$

이 된가. 특히 이 식에서 θ에 관하여 적분하면 0이 되므로

$$E^{(1)}_{100} = 0 \tag{11.74}$$

이다. 따라서 $n=1$인 경우에서는 $(eE)^2$에서부터 즉 2차 근사에서부터 섭동의 보정이 생긴다. 그러나 $n>1$인 경우에는 그렇지 않다.

(ii) $n=2$인 경우에서 에너지 준위에 대한 Strak 효과를 생각하자. 비섭동 H_0의 고유 함수

$$\psi_{nlm}(r) = R_{nl}(r)\,Y_{lm}(\theta,\varphi) \tag{11.75}$$

에서 $n=2$인 경우 (l,m)이 가질 수 있는 값을 생각하면

$$\begin{aligned} &l=1,\quad m=1,0,-1 \\ &l=0,\quad m=0 \end{aligned} \tag{11.76}$$

와 같은 4가지의 가능한 파동함수가 존재한다. 이로부터 1차 섭동의 에너지를 얻기 위하여 H'의 행렬표현을 고려하여 보면

$$\begin{aligned} &\langle 2l'm'|H'|2lm\rangle \\ &= -eE\int d^3xR_{2l'}(x)\,Y^*_{l'm_l'}(\theta,\varphi)r\cos\theta R_{2l}(r)\,Y_{lm_l}(\theta,\varphi) \\ &= -eE\int_0^\infty r^3drR_{2l'}(r)R_{2l}(r)\int d\Omega Y^*_{l'm'}\cos\theta\,Y_{lm} \end{aligned} \tag{11.77}$$

가 된다. 물론 $n=2$인 경우에는 l,m이 0이나 1이므로 $\psi(x)$의 4가지 값들에 대하여 쉽게 행렬성분 $\langle 2l'm'|H'||2lm\rangle$을 얻을 수 있다. 그러나 일반적인 n값에 대하여도 사용할 수 있도록 일반적인 l,m에 대하여 생각하여 보자.

각 θ,φ에 대한 적분을 고려하면

$$\int d\Omega Y^*_{l'm'}(\theta,\varphi)\,Y_{lm}(\theta,\varphi)\cos\theta$$

$$=(-1)^{m+m'}\left\{\frac{(2l+1)(2l'+1)}{(4\pi)^2}\cdot\frac{(l'-m')!(l-m)!}{(l'+m')!(l+m)!}\right\}^{\frac{1}{2}}\int_0^{2\pi}e^{i(m-m')\varphi}d\varphi$$

$$\cdot\int_{-1}^{2}P_{l'}^{m'}P_l^m z dz \quad (z=\cos\theta) \tag{11.78}$$

이 되는데, 특히

$$\int_0^{\pi}e^{i(m-m')\varphi}d\varphi=2\pi\delta_{mm'} \tag{11.79}$$

이므로 위 적분은 $m'=m$으로 놓고 계산할 수 있다. 또 제 7 장 부록에서 논의한 associated Legendre 함수의 연이음 공식과 직교 관계식을 이용하면

$$(2l+1)zP_l^m(z)=(l+m)P_{l-1}{}^m(z)+(l-m+1)P_{l+1}{}^m(z) \tag{11.80a}$$

$$\int_{-1}^{1}P_{l'}^m(z)P_l^m(z)dz=\frac{2}{(2l+1)}\ \frac{(l+m)!}{(l-m)!}\delta_{ll'} \tag{11.80b}$$

이므로

$$\int_{-1}^{1}P_l^m(z)zP_{l'}^m(z)dz$$

$$=\int_{-1}^{1}P_l^m(z)\left\{\frac{l'+m}{2l'+1}P_{l'-1}{}^m(z)+\frac{l'-m+1}{2l'+1}P_{l'+1}{}^m(z)\right\}dz$$

$$=\frac{2}{2l+1}\cdot\frac{(l+m)!}{(l-m)!}\left\{\frac{l'+m}{2l'+1}\delta_{l,l'-1}+\frac{l'-m+1}{2l'+1}\delta_{l,l'+1}\right\} \tag{11.80c}$$

$$\therefore \int d\Omega Y^*{}_{l'm'}\cos\theta\, Y_{lm}$$

$$=\delta_{mm'}(-1)^{2m}\left\{\frac{(2l+1)(2l'+1)}{(4\pi)^2}\cdot\frac{(l-m)!(l'-m)!}{(l+m)!(l'+m)!}\right\}^{\frac{1}{2}}2\pi$$

$$\cdot\frac{2}{2l+1}\ \frac{(l+m)!}{(l-m)!}\left\{\frac{l'+m}{2l'+1}\delta_{l,l'-1}+\frac{l'-m+1}{2l'+1}\delta_{l,l'+1}\right\}$$

$$=\delta_{mm'}\left\{\sqrt{\frac{(l+1-m)(l+1+m)^2}{(2l+1)(2l+3)(l+1+m)}}\ \delta_{l,l'-1}\right.$$

$$\left.+\sqrt{\frac{(l-m)^2(l+m)}{(2l+1)(2l-1)(l-m)}}\ \delta_{l,l'-1}\right\}$$

$$=\sqrt{\frac{(l+1)^2-m^2}{(2l+1)(2l+3)}}\ \delta_{mm'}\delta_{l,l'-1}+\sqrt{\frac{l^2-m^2}{(2l+1)(2l-1)}}\ \delta_{mm'}\delta_{l,l'+1} \tag{11.81}$$

$$\therefore <nl'm'|H|nlm> \quad (m'=m)$$

$$=-eE\sqrt{\frac{(l+1)^2-m^2}{(2l+1)(2l+3)}}\int_0^{\infty}r^3drR_{n,l+1}(r)R_{n,l}(r)\delta_{l,l'-1}$$

$$-eE\sqrt{\frac{l^2-m^2}{(2l+1)(2l-1)}}\int_0^{\infty}r^3drR_{n,l-1}(r)R_{n,l}(r)\delta_{l,l'+1} \tag{11.82}$$

을 얻는다.

R_{nl}에서 l은 n보다는 작은 음(陰)이 아닌 정수(整數)만 가능하므로, 위 식에서 $n=2$면 우변의 첫 항에서는 $l=0$만이 0이 아닌 값을 갖고 둘째 항에서는 $l=1$만이 0이 아닌 값을 갖는다. l과 l'의 가능한 값은 0 또는 1이고 m'은 항상 m과 같으므로 0이 되어야 한다. 따라서 H'의 행렬 성분 (11.77)식은 (11.82)식으로부터

$$\begin{aligned}
&< 21m'|H'|21m> = 0 \\
&< 210|H'|200> = -eE\frac{1}{\sqrt{3}}\int_0^\infty r^3 dr R_{21}(r)R_{20}(r) \\
&< 200|H'|210> = -eE\frac{1}{\sqrt{3}}\int_0^\infty r^3 dr R_{20}(r)R_{21}(r) \\
&< 200|H'|200> = 0
\end{aligned} \tag{11.83}$$

이 된다.

이 식의 적분은 $R_{20,} R_{21}$의 함수 값을 알고 있으므로 계산할 수 있다. 즉

$$\begin{aligned}
R_{20}(r) &= 2\left(\frac{Z}{2a_0}\right)^{3/2}\left(1-\frac{Zr}{2a_0}\right)e^{-Zr/2a_0} \\
R_{21}(r) &= \frac{1}{\sqrt{3}}\left(\frac{Z}{2a_0}\right)^{3/2}\frac{Zr}{a_0}e^{-Zr/2a_0}
\end{aligned} \tag{11.84}$$

이므로

$$\begin{aligned}
\int_0^\infty drr^3 R_{21}(r)R_{20}(r) &= \frac{2}{\sqrt{3}}\left(\frac{Z}{2a_0}\right)^3 \cdot \frac{Z}{a_0}\int_0^\infty drr^4\left(1-\frac{Z}{2a_0}r\right)e^{-\frac{Z}{a_0}r} \\
&= \frac{2}{\sqrt{3}}\frac{Z}{a_0}\left(\frac{Z}{2a_0}\right)^3\int_0^\infty drr^4 e^{-\frac{Z}{a_0}r} - \frac{2}{\sqrt{3}}\frac{Z}{a_0}\left(\frac{Z}{2a_0}\right)^4\int_0^\infty drr^5 e^{-\frac{Z}{a_0}r}
\end{aligned} \tag{11.85}$$

이다. 한편, 이 적분은

$$\int_0^\infty drr^n e^{-\beta r} = \left(-\frac{\partial}{\partial\beta}\right)^n\int_0^\infty e^{-\beta r}dr = \left(-\frac{\partial}{\partial\beta}\right)^n\frac{1}{\beta} = \frac{n!}{\beta^{n+1}} \tag{11.86}$$

에서 $\beta=\dfrac{Z}{a_0}$, $n=4$와 5인 경우가 되므로

$$\begin{aligned}
&\int_0^\infty drr^3 R_{21}(r)R_{20}(r) \\
&\quad = \frac{1}{4\sqrt{3}}\cdot\left(\frac{Z}{a_0}\right)^4\cdot\frac{4!}{(Z/a_0)^5} - \frac{1}{8\sqrt{3}}\left(\frac{Z}{a_0}\right)^5\cdot\frac{5!}{(Z/a_0)^6} \\
&\quad = \frac{a_0}{Z}(2\sqrt{3}-5\sqrt{3}) \\
&\quad = -3\sqrt{3}\left(\frac{a_0}{Z}\right)
\end{aligned} \tag{11.87}$$

를 얻어 결국 섭동항 H'의 행렬성분은

$$
< 2lm\,|H'|\,2l'm' > \;=\; \begin{matrix} (0\ 0) & (1\ 1) & (1\ 0) & (1 -1) & \\ \end{matrix}
$$

$$
\begin{pmatrix} 0 & 0 & 3eE\left(\dfrac{a_0}{Z}\right) & 0 \\ 0 & 0 & 0 & 0 \\ 3eE\left(\dfrac{a_0}{Z}\right) & 0 & 0 & 0 \\ 0 & 0 & 0 & 0 \end{pmatrix} \begin{matrix} (0\ 0) \\ (1\ 1) \\ (1\ 0) \\ (1\ -1) \end{matrix} \tag{11.88}
$$

이 된다.

이 행렬의 고유값과 고유 벡터를 구하려면, 고유값을 $E^{(1)}$라 할 때

$$
-E^{(1)}\left[-\{E^{(1)}\}^3 + E^{(1)}\left\{3eE\frac{a_0}{Z}\right\}^2\right] = 0
$$

$$
\therefore E^{(1)} = 0 \quad (\text{겹침})
$$

$$
E^{(1)} = 3|e|E\frac{a_0}{Z} \equiv E_{21}^{(1)}
$$

$$
E^{(1)} = -3|e|E\frac{a_0}{Z} \equiv E_{22}{}^{(1)} \tag{11.89}
$$

이 된다. 즉 (11.56)식으로 주어지는 에너지식의 둘째 항을 얻는다.

따라서 $n=2$ 인 경우 Stark 효과는 전기장 E의 1차 항까지 고려하는 경우 에너지 준위를 그림 11.1과 같이 갈라놓는다.

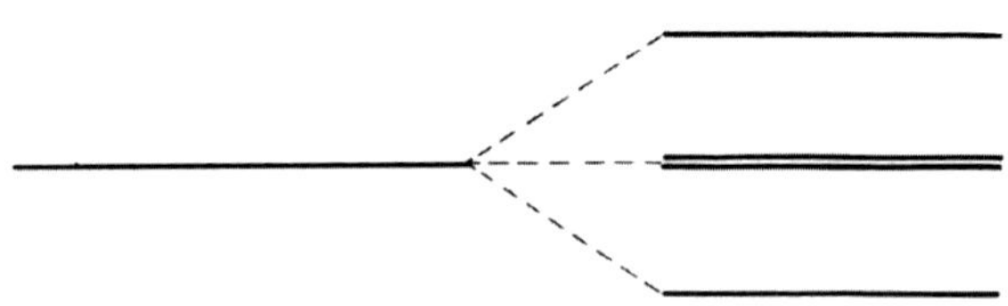

그림 11.1 전기장 E가 가해지면 (a)에 보여진 에너지는 갈라지게 된다.
(a) $E=0$ 인 경우 (b) $E(\neq 0)$인 경우

또 이에 해당되는 상태는

$$
E_0{}^{(0)} + 3|e|E\left(\frac{a_0}{Z}\right) : \frac{1}{\sqrt{2}}(|2,1,0> - |2,0,0>)
$$

$$
E_0{}^{(0)} \qquad\qquad : |2,1,1>,\ |2,1,-1>
$$

$$
E_2{}^{(0)} - 3|e|E\left(\frac{a_0}{Z}\right) : \frac{1}{\sqrt{2}}(|2,1,0> + |2,0,0>) \tag{11.90}
$$

이 된다. 여기에서 몇 가지 밝혀둘 점이 있다.

(i) $|21m>$과 $|200>$은 $Y_{lm}(\theta,\varphi)$의 성질로부터 아는 바와 같이 서로 다른 패리티를 갖는다. 따라서 H'의 패리티가 홀수임을 생각하면 이들 사이에 있는 $<210|\,H'\,|200>$만이

0이 아닌 기여를 함이 예상된다.

(ii) 위 에너지 상태는 L^2의 고유 상태는 아니며 L_z만의 고유 상태이다.

(iii) 위 에너지 상태는 $n=2$인 상태에 있으므로 원자가 $n=2$인 상태에서 $n=1$인 상태로 전이(轉移, transition)를 할 것이 예상된다.

$2p$에서 $1s$로의 전이 시간은 $\sim 10^{-9}$sec이고(제 12장에서 계산됨)

$2s$ 에서 $1s$로의 전이 시간은 ~ 1sec정도이다.

$2p \to 1s$ 의 전이는 Lymann 계열로 알려져 있는데 한 광자의 방출에 의하여 전이가 일어나고, 후자의 경우는 $2s$에서 2개의 광자를 방출하여야만 $1s$로 전이가 가능하다. 따라서 $2p$는 불안정하고 $2s$상태는 준안정(準安定, metastable)하다고 말한다. Stark 효과에 의해 전기장을 가하면 $\langle 2p|H|2s\rangle \neq 0$,, 다시 말해서 불안정한 $2p$를 준 안정된 $2s$ 상태에 섞어줌으로써 $2s$상태의 수명(life time)을 감쇄시켜 준다고 볼 수 있는데 이 현상을 준안정성(準安定性) 억제(metastable quenching)라 부른다.

(iv) 이 Stark 효과 문제에서 2차 이상의 섭동을 고려하면 중첩이 안된 상태도 가능하게 되고 또 n가 2보다 큰 경우를 고려하는 문제 등도 생기게 되어 일반적으로 복잡하여진다.

11. 3 수소형 원자의 미세 구조(微細構造, fine structure)

수소형 원자의 문제는 이미 제 7 장에서 취급하였으나 그 때에는 가장 간단한 경우를 고려하였으며 자세한 실험을 하면 여러 가지 보정(補正)되어야 하는 부분이 있다. 즉 전에는 전자나 핵자의 스핀을 고려하지 않았으며 비상대론(비상대론, nonrelativistic)적으로 취급하였으므로 이러한 사항들을 보정하는 Hamiltonian을 얻고 섭동 이론을 사용하면 이들이 에너지 준위에 기여하는 값을 얻을 수 있다. 이 문제는 많은 원자들에서 중요한 역할을 하는데 여기서는 간단히 수소 원자를 중심으로 고찰하여 보자.

제 7 장에서 고려한 수소 원자의 Hamiltonian은

$$H_T = \frac{p_N^{\ 2}}{2m_N} + \frac{p_e^{\ 2}}{2m_e} + V(\vec{x}_N, \vec{x}_e)$$

$$= \frac{P^2}{2(m_N + m_e)} + \frac{p^2}{2\mu} - \frac{Ze^2}{r} \tag{11.91}$$

이다. 여기서 아래 첨자 N과 e은 각각 원자핵과 전자를 나타내며 벡터양인 $\boldsymbol{P}$ 는 총운동량이고 μ는 환산질량, $\vec{p}$와 r는 상대 좌표계 $\vec{x} = \vec{x}_e - \vec{x}_N$에서의 운동량과 거리로 제 7장에서 고려한 양들이다. (11.91)식의 첫 항은 계의 운동 에너지이며 일정한 값을 갖는다. 특히 핵이 전자에 비하여 아주 무거운 경우에 전자 운동은 정지된 핵 주위에 돌고 있다고 생각할 수 있으며 이때 Hamiltonian은

$$H_0 = \frac{\boldsymbol{p}^2}{2m_e} - \frac{Ze^2}{r} \tag{11.92}$$

으로 쓸 수 있고 $\boldsymbol{p}$는 전자의 운동량이라 생각하여도 된다. 여기에서 몇 가지 보정을 고려하여 보자.

(a) 상대론적 보정(relativistic correction)

핵이 전자보다 무겁기 때문에 전자 에너지의 상대론적인 보정이 고려되어야 한다. 전자의 상대론적 에너지를 보면

$$\sqrt{m_e^2c^4 + \boldsymbol{p}^2c^2} = m_ec^2\left(1 + \frac{\boldsymbol{p}^2}{m_e^2c^2}\right)^{\frac{1}{2}}$$

$$= m_ec^2 + \frac{\boldsymbol{p}^2}{2m_e} - \frac{\boldsymbol{p}^4}{8m_e^3c^2} + \cdots\cdots \tag{11.93}$$

이다. 여기서 첫째 항은 일정한 값이므로 무시하게 되고 셋째 항이 보정 항이 된다.

$$\therefore H = \frac{\boldsymbol{p}^2}{2m_e} - \frac{Ze^2}{r} - \frac{\boldsymbol{p}^4}{8m_e^3c^2} \tag{11.94}$$

$$= H_0 + H'$$

상대론적 보정양의 크기를 보정 전의 양과 대략 비교하여 보면 다음과 같다.

$$\frac{\langle H' \rangle}{\langle H_0 \rangle} \approx \frac{\langle \boldsymbol{p}^4/8m_e^3c^2 \rangle}{\boldsymbol{p}^2/2m_e} \simeq \frac{\boldsymbol{p}^2}{4m_e^2c^2} \simeq \frac{1}{4}\left(\frac{v}{c}\right)^2 \simeq (Z\alpha)^2$$

$$\simeq 10^{-4} \tag{11.95}$$

수소 원자에서 원운동을 하는 전자의 속도에 대하여는 제 1장에서 얻은 (1.67)식 즉 $v/c \sim Z\alpha$관계를 사용하였다. 상대론적 보정은 아주 작음을 알 수 있으나 이 영향은 원자의 분광학적 고찰을 하면 조사가 가능한 양이다. 앞으로는 m_e를 m로 쓰자.

(b) 스핀-궤도의 결합(spin-orbit coupling)

전자는 스핀을 가지고 있기 때문에 전하를 띤 핵 주위를 속도 $\vec{v}$로 돌 고 있을 때에는 핵에 의한 전자기장을 느끼게 된다.

그림 11.2a에서와 같이 원자핵이 정지해 있을 경우 전자는 핵에 의한 퍼텐셜

$$\Phi = \frac{Z|e|}{r} \tag{11.96}$$

에 의하여 전기장

$$\vec{E} = -\vec{\nabla}\Phi = \frac{Z|e|}{r^3}\vec{x} \tag{11.97}$$

를 느끼지만 이 경우를 그림 11.2b에서와 같이 전자 주위에 핵이 회전한다고 생각하면 고전역학적으로 얼핏 생각하기에 핵의 속도는 $-\vec{v}$로 돈다고 생각되며 핵이 만드는 전류는

$$\vec{J} = -Z|e|\vec{v} \tag{11.98}$$

가 된다. 이 전류는 Ampere의 법칙에 의하여 전자가 있는 위치에 자기장

$$\begin{aligned}\vec{B} &= \frac{\vec{J}\times\vec{x}}{cr^3}\\ &= -\frac{Z|e|}{c}\vec{v}\times\frac{\vec{x}}{r^3}\\ &= -\frac{1}{c}\vec{v}\times\vec{E}\\ &= \frac{1}{c}\vec{v}\times\overrightarrow{\nabla\Phi}\end{aligned} \tag{11.99}$$

를 형성하게 된다. 여기에서 Φ는 전자의 퍼텐셜 에너지

$$V = -|e|\Phi = -\frac{Ze^2}{r} \tag{11.100}$$

와는 다름에 주의하자.

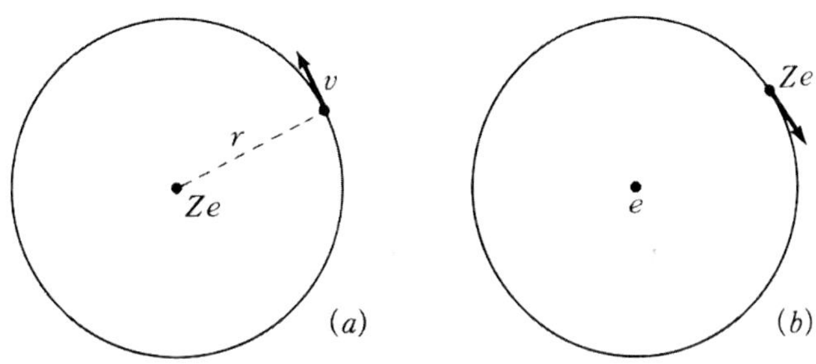

그림 11.2 (a) 원자핵 주위에 전자가 돌고 있는 경우
(b) 전자 주위에 원자핵이 돌고 있는 것으로 생각하는 경우

한편 퍼텐셜 Φ가 위치의 크기 r만의 함수인 경우 자기장 $\vec{B}$는 (11.99)식에서

$$\begin{aligned}\vec{B} &= \frac{1}{c}\vec{v}\times\left(\frac{d\Phi}{dr}\cdot\frac{\vec{x}}{r}\right)\\ &= \frac{1}{mcr}\frac{d\Phi}{dr}m\vec{v}\times\vec{x}\\ &= -\frac{1}{mcr}\frac{d\Phi}{dr}\vec{L}\end{aligned} \tag{11.101}$$

가 되며 이 자기장이 입자의 스핀에 의한 자기 모멘트 $\vec{\mu_s}$에 작용하면 에너지의 변화가 온다. 즉

$$\begin{aligned}H' &= -\vec{\mu_s}\cdot\vec{B} = \frac{g|e|}{2mc}\vec{S}\cdot\vec{B}\\ &= -\frac{g|e|}{2m^2c^2r}\frac{d\Phi}{dr}\vec{S}\cdot\vec{L} \quad (\text{전자에 대하여 } g\simeq 2)\\ &= -\frac{1}{m^2c^2r}\frac{dV}{dr}\vec{S}\cdot\vec{L}\end{aligned} \tag{11.102}$$

이다 그러나 정확한 값은 위 식에 $\frac{1}{2}$을 곱하여야 한다. 그 이유는 1927년 Thomas에 의하여 밝혀진 바와 같이 그림 11.2a를 전자 중심으로 바꿀 때에 단순히 그림 11.2b와 같이 되지 않고, 상대론적인 고찰을 하면 전자를 중심으로 생각한 좌표축이 회전한다는 Thomas 세차 운동(precession)을 고려하여야 하기 때문이다. 즉 그림 11.3에서와 같이 두 개의 연속적인 Lorentz 변환을 한 개의 Lorentz 변환으로 표시할 경우 O 좌표계에 대한 O' 좌표계의 이동 속도는 $\overrightarrow{v''}=\vec{v}+\overrightarrow{v'}$로 표시된다. 그러나 O' 좌표계에 대한 O 좌표계의 기술은 위 Lorentz 변환에서 속도를

$$-\overrightarrow{v''}=-(\vec{v}+\overrightarrow{v'}) \tag{11.103}$$

로 놓아서는 얻어지지 않고 회전도 고려하여야 함이 특수 상대론에서 알려졌다. 즉 3가지 Lorentz 변환 $L(\vec{v}), L(\overrightarrow{v'}), L(-\overrightarrow{v''})$를 계속히면 회전을 한 것과 같은 결과를 가지게 된다.

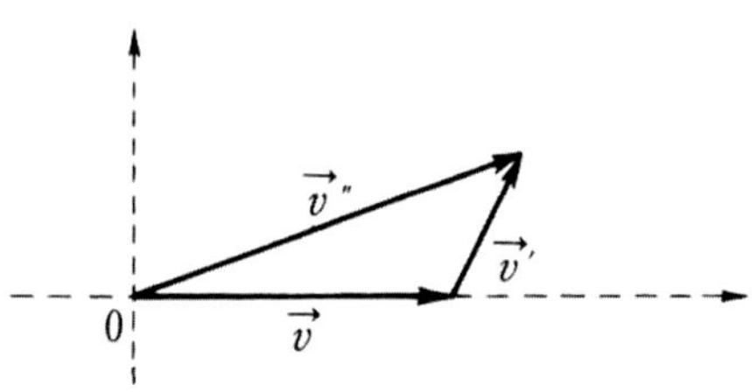

그림 11.3 특수 상대론에서 $\vec{v}, \vec{v'}$방향의 Lorentz 변환의 합은 O'' 좌표계에서 보면 $\overrightarrow{v''}$의 Lorentz 변환과 회전에 해당된다.

보다 더 쉽게 Thomas 세차 운동의 영향을 얻기 위하여 원자핵의 정지계와 전자의 정지계 사이의 시간 팽창(시간팽창, time dilation)을 고려해 보자. 두 좌표계에 있는 관측자는 다른 좌표계의 입자가 일주하는 데에 걸리는 시간을 다르게 본다. 핵 주위에 돌고 있는 전자에 정지해 있는 관측자가 보는 주기를 T라 하면 핵에 정지해 있는 관측자가 얻는 주기는 순간적으로는

$$T' = \gamma T$$

$$\gamma = \frac{1}{\sqrt{1-\left(\frac{v}{c}\right)^2}} \tag{11.104}$$

이 된다. 여기서 v는 핵 주위를 돌고 있는 전자의 속도이다. 편의상 전자가 원운동을 한다고 생각하면 두 관측자들이 관측한 각속도는 각각 $\frac{2\pi}{T}$, $\frac{2\pi}{T'}$가 될 것이다. 전자에 있는 관측자는 스핀이 공간의 일정한 방향을 가지고 있다고 볼 것이므로 핵에 있는 관측자는 스핀이 두 각속도 $\frac{2\pi}{T}$와 $\frac{2\pi}{T'}$만큼의 차이와 같은 비율로 세차 운동을 하는 것같이 나타난다. 이 세차 운동의 각진동수는

$$\Omega_T \simeq \frac{2\pi}{T'}[\gamma-1]$$

$$\simeq \frac{2\pi}{T'}\left[\left(1-\frac{v^2}{c^2}\right)^{-\frac{1}{2}}-1\right]$$

$$\simeq \frac{2\pi}{T'} \cdot \frac{v^2}{2c^2} \tag{11.105}$$

이 된다. 한편 각진동수와 원심력을 고려하면

$$\omega=\frac{2\pi}{T'}=\frac{|\vec{L}|}{mr^2}$$

$$m\frac{v^2}{r}=\frac{Ze^2}{r^2}=-\frac{dV}{dr} \tag{11.106}$$

이므로

$$\Omega_T=\frac{|\vec{L}|}{mr^2} \cdot \frac{v^2}{2c^2}=\frac{|\vec{L}|}{2m^2c^2r} \cdot \left(-\frac{dV}{dr}\right) \tag{11.107}$$

이다. 한편 (11.101)식으로 주어진 자기장이 전자의 스핀에 작용하면 스핀이 자기장 $\vec{B}$ 주위에 $\Omega_L=\frac{|e|}{mc}\vec{B}$의 각진동수로 회전하므로 (11.100)식, (11.101)식을 이용하면

$$\Omega_L=\frac{1}{m^2c^2r}\frac{dV}{dr}\vec{L} \tag{11.108}$$

이다. 따라서 전자가 느끼는 각진동수는 $|\Omega_T|$ 만큼 작게 나타나게 된다. 그러므로 (11.102)식은 반으로 줄어들어 스핀-궤도 각운동량의 결합의 영향은

$$H'_{S-0}=\frac{1}{2m^2c^2r}\frac{dV}{dr}\vec{S} \cdot \vec{L} \tag{11.109}$$

이 된다.

(c) 에너지 준위에 대한 보정

이상과 같이 H'_{rel}와 H'_{S-0}이 Hamiltonian에 들어옴이 에너지 준위에 미치는 영향을 고려하여 보자. 이들은 제 7장에서 고려한 바와 같이 Coulomb 퍼텐셜의 H_0인 (11.92)식에 의한 결합 에너지를 보정하는 것으로서 미세 구조(微細構造, fine structure) 보정이라고 부른다.

(i) 먼저 H'_{rel}를 고려하여 보면 (11.93)식에서

$$H'_{\mathrm{rel}}=-\frac{\boldsymbol{p}^4}{8m^3c^2}=-\frac{1}{2mc^2}\left(\frac{\boldsymbol{p}^2}{2m}\right)^2$$

$$=-\frac{1}{2mc^2}\left(H_0+\frac{Ze^2}{r}\right)\left(H_0+\frac{Ze^2}{r}\right) \tag{11.110}$$

이다. 물론 여기에서 핵과 전자로 이루어지는 환산 질량은 m_N이 m_e에 비하여 아주 크다고 생각하여

$$\mu=\frac{m_em_N}{m_e+m_N}\simeq m_e\equiv m$$

로 놓았다. (11.11b)식의 제 1차 섭동을 고려할 경우는 (11.110)식으로부터

$$E'_{\rm rel} = \langle nlm | H'_{\rm rel} | nlm \rangle$$
$$= -\frac{1}{2mc^2}\left\langle nlm \left| H_0^2 + \frac{Ze^2}{r}H_0 + H_0\frac{Ze^2}{r} + \frac{Z^2e^4}{r^2} \right| nlm \right\rangle$$
$$= -\frac{1}{2mc^2}\left\{ \left(E_n^0\right)^2 + 2Ze^2E_n^0 < nlm \left| \frac{1}{r} \right| nlm > + Z^2e^4 < nlm \left| \frac{1}{r^2} \right| nlm > \right\} \quad (11.111)$$

이 된다.

한편 H_0의 고유 함수는 $\{R_{nl}(r)Y_{lm}(\theta,\varphi)\}$로 주어지므로 위의 $\frac{1}{r}$, $\frac{1}{r^2}$의 기대치는 원칙적으로 계산해 낼 수 있다. 그러나 수소형 원자 문제에 대하여 이미 아는 관계식으로부터

$$\left\langle \frac{1}{r} \right\rangle > = \frac{Z}{n^2a_0} \quad (11.112a)$$

$$\left\langle \frac{1}{r^2} \right\rangle > = \frac{Z^2}{a_0^2} \cdot \frac{1}{n^3\left(l+\frac{1}{2}\right)} \quad (11.112b)$$

$$\left\langle \frac{1}{r^3} \right\rangle > = \frac{Z^3}{a_0^3} \cdot \frac{1}{n^3l\left(l+\frac{1}{2}\right)(l+1)} \quad (11.112c)$$

을 보다 쉽게 얻을 수 있다. 먼저 이 식들을 증명하여 보자.

(증명)

(α) $<\frac{1}{r}>$:

$$H_0 = T + V$$

$$\therefore \langle H_0 \rangle = \langle T \rangle + \langle V \rangle = \left\langle \frac{p^2}{2m} \right\rangle - \left\langle \frac{Ze^2}{r} \right\rangle \quad (11.113a)$$

여기서 $\langle H_0 \rangle = \left(E_n^0\right)$이다. 이 식의 우변을 계산하기 위하여 먼저 virial 정리로 알려진 다음 관계식을 고려하자. 즉 시간의 양함수가 아닌 연산자 $f(\vec{x},\vec{p})$에 대하여 정상 상태에서의 기대치(여기서는 $|\psi>$가 H_0의 고유상태를 의미함)는

$$\frac{d}{dt}\langle f(\vec{x},\vec{p}) \rangle = \frac{1}{i\hbar}\langle [f, H_0] \rangle = 0 \quad (11.113b)$$

이다. 특히 $f = \vec{x} \cdot \vec{p}$ 인 경우 $H_0 = \frac{p^2}{2m} + V(r)$에 대하여

$$0 = \langle [\vec{x} \cdot \vec{p}, H_0] \rangle = \left\langle \left[\vec{x} \cdot \vec{p}, \frac{p^2}{2m} + V(r)\right] \right\rangle$$
$$= \left\langle \frac{1}{2m}[x_ip_i, p_jp_j] \right\rangle + \langle [x_ip_i, V(r)] \rangle$$
$$= \frac{1}{2m}\langle \{x_i[p_i, p_jp_j] + [x_i, p_jp_j]p_i\} \rangle + \langle \{x_i[p_i, V(r)] + [x_i, V(r)]p_i\} \rangle$$
$$= \frac{1}{2m}\langle \{p_j[x_i, p_j]p_i + [x_i, p_j]p_jp_i\} \rangle + \langle x_i[p_i, V(r)] \rangle$$

$$= \frac{1}{2m}\langle 2i\hbar p_i p_i\rangle - i\hbar\left\langle x_i \frac{\partial V}{\partial x_i}\right\rangle$$

$$\therefore \left\langle \frac{p^2}{m}\right\rangle = \langle \vec{x} \cdot \vec{\nabla} V\rangle \tag{11.113c}$$

따라서 V가 $V = cr^k$ 형을 가지면

$$\vec{\nabla} V = ck\frac{\vec{x}}{r}r^{k-1}$$

$$\therefore \left\langle \frac{p^2}{m}\right\rangle = ck\langle r^k\rangle = k\langle V\rangle \tag{11.113d}$$

특히 $k=-1$인 경우에는

$$\left\langle \frac{p^2}{m}\right\rangle = -\langle V\rangle$$

$$\langle T\rangle = -\frac{1}{2}\langle V\rangle$$

$$\therefore \langle H_0\rangle = \langle T\rangle + \langle V\rangle = -\frac{1}{2}\langle V\rangle + \langle V\rangle = \frac{1}{2}\langle V\rangle \tag{11.113e}$$

이므로

$$E_n^0 = -\frac{1}{2}mc^2\frac{(Z\alpha)^2}{n^2} = -\frac{1}{2}Ze^2\left\langle \frac{1}{r}\right\rangle \tag{11.113f}$$

으로부터

$$\left\langle \frac{1}{r}\right\rangle = \frac{mc^2}{Ze^2} \cdot \frac{(Z\alpha)^2}{n^2}$$

$$= mc^2 \cdot \frac{Z\alpha^2}{e^2 n^2}, \qquad \left(\alpha = \frac{e^2}{\hbar c},\ a_0 = \frac{\hbar}{mc\alpha} = \frac{\hbar^2}{me^2}\right)$$

$$= mc^2\frac{Ze^2}{n^2\hbar^2 c^2} = \frac{mZ}{n^2\hbar^2} \cdot \frac{\hbar^2}{ma_0}$$

$$= \frac{Z}{n^2 a_0} \tag{11.112a}$$

을 얻는다.

(β) $\left\langle \frac{1}{r^2}\right\rangle$:

$$H_0 = -\frac{\hbar^2}{2m}\nabla^2 + V$$

$$= -\frac{\hbar^2}{2m}\left[\frac{1}{r^2}\frac{\partial}{\partial r}\left(r^2\frac{\partial}{\partial r}\right) - \frac{L^2}{\hbar^2 r^2}\right] + V \tag{11.114a}$$

$$E_n^0 = \langle H_0\rangle = -\frac{1}{2}mc^2\frac{(Z\alpha)^2}{n^2} = -\frac{1}{2}mc^2\frac{(Z\alpha)^2}{(l+k+1)^2} \tag{11.114b}$$

가 된다. 한편에 H_0에 $\frac{\lambda}{r^2}$를 첨가한 경우는 위 H_0에서 L^2의 고유값이 바뀌어진 경우에

해당된다고 볼 수 있다. 즉

$$\frac{\hbar^2 l(l+1)}{2mr^2}+\frac{\lambda}{r^2}=\frac{\hbar^2 l'(l'+1)}{2mr^2} \tag{11.114c}$$

이다. 이 경우 에너지는 (11.114b)식의 결과에서 l대신 l'을 넣은 경우가 되며

$$\begin{aligned} E(\lambda)=E_n &=-\frac{1}{2}mc^2\frac{(Z\alpha)^2}{(l'+k+1)^2} \\ &=E(\lambda=0)+\lambda\frac{\partial E}{\partial\lambda}\bigg|_{\lambda=0}+\cdots\cdots \end{aligned} \tag{11.114d}$$

이다. $E(\lambda=0)=E_n^0$이므로 위에서 λ^2이상의 항은 없고

$$\begin{aligned} <\frac{\lambda}{r^2}>_{nlm} &=\lambda\frac{\partial E}{\partial\lambda}\bigg|_{\lambda=0}=\lambda\frac{\partial E}{\partial l'}\bigg|_{l'=l}\frac{\partial l'}{\partial\lambda}\bigg|_{\lambda=0} \\ &=\frac{1}{2}mc^2\cdot\frac{(Z\alpha)^2(-2)}{(l'+k+1)^3}\bigg|_{l'=l}\frac{\partial l'}{\partial\lambda}\bigg|_{\lambda=0}\cdot\lambda \\ &=-\frac{2}{n}E_n^0\frac{\partial l'}{\partial\lambda}\bigg|_{\lambda=0}\cdot\lambda \end{aligned} \tag{11.114e}$$

이 된다.

한편 (11.114c)식으로부터

$$\frac{\partial\lambda}{\partial l'}\bigg|_{\lambda=0}=\frac{\hbar^2}{2m}(2l'+1)\bigg|_{l'=l}=\frac{\hbar^2}{2m}(2l+1) \tag{11.114f}$$

이므로 $\lambda=1$인 경우를 생각하고 (11.113f)를 고려하면

$$\begin{aligned} <\frac{1}{r^2}>_{nlm} &=\frac{1}{n}\cdot Ze^2<\frac{1}{r}>_{nlm}\cdot\frac{2m}{\hbar^2}\ \frac{1}{(2l+1)} \\ &=\frac{1}{n}\cdot Ze^2\frac{Z}{n^2a_0}\cdot\frac{2m}{\hbar^2(2l+1)} \\ &=\frac{Z^2}{n^3a_0\left(l+\frac{1}{2}\right)}\frac{me^2}{\hbar^2} \\ &=\frac{Z^2}{a_0^2n^3\left(l+\frac{1}{2}\right)} \end{aligned} \tag{11.112b}$$

이 얻어진다.

(γ) $<\frac{1}{r^3}>$:

$$P_r=\frac{\hbar}{i}\left(\frac{\partial}{\partial r}+\frac{1}{r}\right)=\frac{\hbar}{i}\ \frac{1}{r}\ \frac{\partial}{\partial r}(r) \tag{11.115a}$$

와 같은 연산자 p_r을 도입하면

$$P_rP_r=\left(\frac{\hbar}{i}\right)^2\left(\frac{\partial}{\partial r}+\frac{1}{r}\right)\left(\frac{\partial}{\partial r}+\frac{1}{r}\right)$$

$$=-\hbar^2\left\{\frac{\partial^2}{\partial r^2}+\frac{1}{r}\frac{\partial}{\partial r}+\frac{\partial}{\partial r}\left(\frac{1}{r}\right)+\frac{1}{r^2}\right\}$$

$$=-\hbar^2\left(\frac{\partial^2}{\partial r^2}+\frac{2}{r}\frac{\partial}{\partial r}\right)=-\hbar^2\frac{1}{r^2}\frac{\partial}{\partial r}\left(r^2\frac{\partial}{\partial r}\right) \tag{11.115b}$$

이 된다.

한편

$$<[H_0, P_r]> = E_n^0 < P_r > - E_n^0 < P_r > = 0$$

$$=<\left[\frac{1}{2m}P_rP_r+\frac{L^2}{2mr^2}+V,\ P_r\right]>$$

$$=\frac{1}{2m}<\left[\frac{L^2}{r^2},p_r\right]>+<[V,P_r]> \tag{11.115c}$$

$$\frac{1}{2m}<\left[\frac{L^2}{r^2},p_r\right]> = \frac{\hbar^2 l(l+1)}{2m}<\left[\frac{1}{r^2},\frac{\hbar}{i}\left(\frac{\partial}{\partial r}+\frac{1}{r}\right)\right]>$$

$$=\frac{\hbar^3 l(l+1)}{2mi}<\left[\frac{1}{r^2},\frac{\partial}{\partial r}\right]>$$

$$=\frac{\hbar^3 l(l+1)}{2mi}<\frac{2}{r^3}>$$

$$=\frac{\hbar^3 l(l+1)}{mi}<\frac{1}{r^3}> \tag{11.115d}$$

이므로

$$\frac{\hbar^3 l(l+1)}{mi}<\frac{1}{r^3}> =-<\left[-\frac{Ze^2}{r},\frac{\hbar}{i}\left(\frac{\partial}{\partial r}+\frac{1}{r}\right)\right]>$$

$$=\frac{\hbar}{i}Ze^2<\left[\frac{1}{r},\frac{\partial}{\partial r}\right]>$$

$$=\frac{\hbar Ze^2}{i}<\frac{1}{r^2}> \tag{11.115e}$$

이 되고 (11.112b)식의 결과를 이용하면

$$<\frac{1}{r^3}>_{nlm}=\frac{Ze^2m}{\hbar^2 e(l+1)}<\frac{1}{r^2}>_{nlm}$$

$$=\frac{Z}{a_0}\cdot\frac{1}{l(l+1)}\cdot\frac{Z^2}{a_0^2n^3\left(l+\frac{1}{2}\right)}$$

$$=\frac{Z^3}{a_0^3}\cdot\frac{1}{n^3l\left(l+\frac{1}{2}\right)(l+1)} \tag{11.112c}$$

을 얻는다. (증명 끝)

따라서 (11.112)식을 이용하면 (11.111)식으로부터

$$E'_{rel}=-\frac{1}{2mc^2}\left[\left(E_n^0\right)^2+2Ze^2E_n^0\cdot\frac{Z}{n^2a_0}+Z^2e^4\frac{Z^2}{a_0^2}\frac{1}{n^3\left(l+\frac{1}{2}\right)}\right]$$

$$=-\frac{1}{2mc^2}\left[\left(E_n^0\right)^2+2\frac{(Z\alpha)^2\hbar^2c^2}{n^2e^2a_0}\cdot E_n^0+\frac{(Z\alpha)^4\hbar^4c^4}{e^4a_0^2n^4}\cdot\frac{n}{\left(l+\frac{1}{2}\right)}\right] \quad (11.116)$$

이 된다. 여기서 $a_0=\frac{\hbar^2}{me^2}$, 즉 $\frac{\hbar^2}{a_0e^2}=m$과 $E_n^0=-\frac{1}{2}mc^2\frac{(Z\alpha)^2}{n^2}$을 대입하면

$$E'_{rel}=-\frac{1}{2mc^2}\left[\left(E_n^0\right)^2-4\left(E_n^0\right)^2+4\left(E_n^0\right)^2\frac{n}{l+\frac{1}{2}}\right]$$

$$=-\frac{2\left(E_n^0\right)^2}{mc^2}\left(\frac{n}{l+\frac{1}{2}}-\frac{3}{4}\right)$$

$$=-\frac{1}{2}mc^2\frac{(Z\alpha)^4}{n^4}\left(\frac{n}{l+\frac{1}{2}}-\frac{3}{4}\right) \quad (11.117)$$

이 된다. 이 결과는 E_n^0와 비교하여 보면 $(Z\alpha)^2$배 즉 10^{-4}배 만큼 작은 보정을 한다.

(ii) 한편 스핀-궤도 각운동량 보정은 스핀이 $s\neq 0$인 경우에만 가능하며 특히 Coulomb 퍼텐셜에 대하여 (11.109)식은

$$H'_{S-O}=\frac{1}{2m^2c^2}\frac{1}{r}\cdot\frac{d}{dr}\left(\frac{-Ze^2}{r}\right)\vec{S}\cdot\vec{L}$$

$$=\frac{Ze^2}{2m^2c^2r^3}\vec{S}\cdot\vec{L} \quad (11.118)$$

이 된다. 여기에 적합한 기저 벡터는 $\vec{L}$과 $\vec{S}$ 두 각 운동량의 합의 계를 고려하여 이루어진 J^2, J_z의 고유 벡터 $\{|n(sl)jm_j>\}$ 이며 $\vec{S}\cdot\vec{L}$를 보면

$$\vec{J}=\vec{L}+\vec{S}$$

$$J^2=L^2+S^2+2\vec{L}\cdot\vec{S}$$

$$\therefore \vec{S}\cdot\vec{L}=\frac{1}{2}(J^2-L^2-S^2) \quad (11.119)$$

이다.

따라서 1차 섭동을 고려하면

$$E'_{S-O}=<n(sl)jm_j|H'_{S-O}|n(sl)jm_j>$$

$$=\frac{Ze^2}{2m^2c^2}<\frac{1}{r^3}>\frac{\hbar^2}{2}[j(j+1)-l(l+1)-s(s+1)] \quad (11.120)$$

이 되어 $s=\frac{1}{2}$인 경우 (10.115)식에서와 같이 j값은 $l+\frac{1}{2}$과 $l-\frac{1}{2}$이 가능하며 주어진 l

에 대하여 $<\dfrac{1}{r^3}>$은 (11.112c)식을 사용하여도 좋다.

$j=l\pm\dfrac{1}{2}$에 대하여

$$
\begin{aligned}
&[j(j+1)-l(l+1)-s(s+1)]\\
&=\left[\left(l\pm\frac{1}{2}\right)\left(l\pm\frac{1}{2}+1\right)-l(l+1)-\frac{1}{2}\left(\frac{3}{2}\right)\right]\\
&=l^2\pm\frac{1}{2}l+\left(1\pm\frac{1}{2}\right)l\pm\frac{1}{2}\left(1\pm\frac{1}{2}\right)-l^2-l-\frac{3}{4}\\
&=\pm l\pm\frac{1}{2}-\frac{1}{2}\\
&=\begin{Bmatrix} l \\ -l-1 \end{Bmatrix}
\end{aligned}
\tag{11.121}
$$

이다. 여기서 { }의 윗부분은 $j=l+\dfrac{1}{2}$인 경우이고 아래 부분은 $j=l-\dfrac{1}{2}$인 경우의 값을 나타낸다. 따라서

$$
\begin{aligned}
E'_{S-O}&=\frac{\hbar^2Z^4e^2}{4m^2c^2a_0^3n^3l\left(l+\frac{1}{2}\right)(l+1)}\begin{Bmatrix} l \\ -l-1 \end{Bmatrix}\\
&=\frac{1}{4}\cdot\frac{\hbar^2e^2Z^4}{m^2c^2}\cdot\left(\frac{me^2}{\hbar^2}\right)^3\cdot\frac{1}{n^3l\left(l+\frac{1}{2}\right)(l+1)}\begin{Bmatrix} l \\ -l-1 \end{Bmatrix}\\
&=\frac{1}{4}mc^2\frac{(Z\alpha)^4}{n^3l\left(l+\frac{1}{2}\right)(l+1)}\begin{Bmatrix} l \\ -l-1 \end{Bmatrix}
\end{aligned}
\tag{11.122}
$$

을 얻는다. 이 값도 E_n^0에 비하면 $(Z\alpha)^2$배 만큼 더 작은 값이며 상대론적 보정과 같은 정도의 크기가 된다.

(iii) 이 두 보정을 합하면

$$
\begin{aligned}
&E'_{rel}+E'_{S-O}\\
&=-\frac{1}{2}mc^2(Z\alpha)^4\frac{1}{n^3}\left[\frac{1}{l+\frac{1}{2}}-\frac{1}{2l\left(l+\frac{1}{2}\right)(l+1)}\begin{Bmatrix} l \\ -l-1 \end{Bmatrix}-\frac{3}{4n}\right]
\end{aligned}
\tag{11.123}
$$

이 된다. 여기서 괄호 [ ]안의 앞 두 항의 값을 보면

$j=l+\dfrac{1}{2}$인 경우:

$$
\frac{1}{l+\frac{1}{2}}-\frac{l}{2l\left(l+\frac{1}{2}\right)(l+1)}=\frac{2(l+1)-1}{2\left(l+\frac{1}{2}\right)(l+1)}=\frac{1}{l+1}=\frac{1}{j+\frac{1}{2}}
\tag{11.124a}
$$

$j=l-\dfrac{1}{2}$인 경우:

$$\frac{1}{l+\frac{1}{2}}+\frac{(l+1)}{2l\left(l+\frac{1}{2}\right)(l+1)}=\frac{(2l+1)}{2l\left(l+\frac{1}{2}\right)}=\frac{1}{l}=\frac{1}{j+\frac{1}{2}} \tag{11.124b}$$

가 되어 결국

$$E'_{rel}+E'_{S-O}=-\frac{1}{2}mc^2(Z\alpha)^4\frac{1}{n^3}\left[\frac{1}{j+\frac{1}{2}}-\frac{3}{4n}\right] \tag{11.125}$$

를 얻는다. 이 값은 수소 원자의 에너지 준위 $E_n^0=-\frac{1}{2}mc^2(Z\alpha)^2/n^2$에 대한 보정이며 미세 구조 (fine structure) 에너지 이동 (energy shift)이라 부른다. $j=l-\frac{1}{2}$인 경우 $l=0$는 의미가 없다. 그러나 $l=0$인 경우는 소위 Darwin항으로 알려진 입자의 진동과 관련된 기여를 고려하면 (Dirac의 상대론적 방정식에서는 자동적으로 첨가됨) 그때에도 성립함을 알 수 있다. 이 결과는 Dirac의 상대론적 방정식으로부터 얻은 결과와 같다.

n이 주어질 때 $l=0,1,2,\cdots\cdots$ 즉 $s,p,d\cdots\cdots$상태에 대하여 $\Delta E=E'_{rel}+E'_{S-O}$의 보정은 (11.125)식에서 j값이 달라지므로 s상태 $(l=0)$ 이외에서는 에너지 준위가 둘로 갈라짐을 알 수 있다.

특히 $n=1$ 인 경우에는 $l=0$만이 가능하므로 $j=\frac{1}{2}$이어서

$$\begin{aligned}E_1&=-\frac{1}{2}mc^2(Z\alpha)^2-\frac{1}{2}mc^2(Z\alpha)^4\left[\frac{1}{\frac{1}{2}+\frac{1}{2}}-\frac{3}{4}\right]\\&=-\frac{1}{2}mc^2(Z\alpha)^2\left[1+\frac{1}{4}(Z\alpha)^2\right]\\&=-13.6Z^2eV-\varepsilon\end{aligned} \tag{11.126}$$

로 ε에 의하여 바닥 상태가 조금 내려간다. ε은 E_1^0의 약 $\frac{1}{10{,}000}$배쯤 된다.

(11.125)식에서 특기할 사항으로는 (11.125)식이 j만의 함수이므로 $2s_{1/2}$이나 $2p_{1/2}$에서 $j=\frac{1}{2}$가 되어 같은 에너지 준위를 나타낸다는 점이다. 그러나 수소 원자에서 $2s_{1/2}$에너지 준위는 $2p_{1/2}$준위와 약간 다름이 실험적으로 발견되었으며 이것을, 발견한 사람의 이름을 붙여 Lamb 이동량(移動量, shift)이라 부르는데 이것은 양자 전기역학(量子電氣力學, quantum electrodynamics) 이론에서 소위 복사 보정 (輻射補正, radiative correction)에 의하여 설명될 수 있는 것으로 양자 전기역학 이론의 발전에 중요한 역할을 했다.

(d) 나트륨(Na, Sodium) D선(선, lines)

지금까지는 수소형 원자에 대하여만 고려하였으므로 위의 식은 수소 원자나 이온화된 He^+, 이온화된 Li^{++}등에 사용될 수 있는 결과이다. 한편 실험실에서 쉽게 접할 수 있는

Na 원자와 같이 K-각, L-각이 전자로 채워져 있고 최외각인 M-각에 한 개의 전자가 있는 원자는 Z 대신에 유효한 Z_{eff}를 갖는 수소형 원자로 보고 원자의 에너지 준위를 살펴본다. 이 경우 외각 전자는 $n=3$인 경우이므로 그림 11.4에서와 같은 에너지 준위를 얻게 된다. 이 실험값의 의미를 살펴보자.

(i) $3s_{1/2}$상태의 에너지 준위는

$$E_n^0=-\frac{1}{2}mc^2\frac{(Z_{eff}\alpha)^2}{3^2} \tag{11.127}$$

이므로 $Z_{eff}=1$이면 E_3^0는 $-13.6\text{eV}/9\simeq-1.5\text{eV}$가 되어야 한다. 그러나 실험값이 -5.1eV인 것은 $Z_{eff}=1.846$임을 의미한다. 따라서 외각 전사는 궤도가 원자의 안쪽에 있어 Z값이 크게 됨을 알 수 있다.

(ii) $3p_{1/2}$와 $3s_{1/2}$의 에너지 준위가 다름으로부터 $l=1$ 인 전자가 느끼는 Z_{eff}가 다름을 알 수 있다. 또 실험값으로부터 두 에너지 사이에 전이가 일어나면서 나오는 광자의 파장은 그림 11.4에서 보는 바와 같이

$$E_{3p}-E_{3s}\simeq(-3.0\text{eV})-(5.1\text{eV})=2.1\text{eV} \tag{11.128a}$$

$$\therefore \lambda=\frac{c}{\nu}=\frac{hc}{h\nu}=\frac{6.6\times10^{-27}\text{erg}\cdot\text{sec}\times3\times10^{10}\text{cm/sec}}{2.1\text{eV}\times1.6\times10^{-12}\text{erg/eV}}$$

$$\approx5.9\times10^{-5}\text{cm}=5900\text{Å} \tag{11.128b}$$

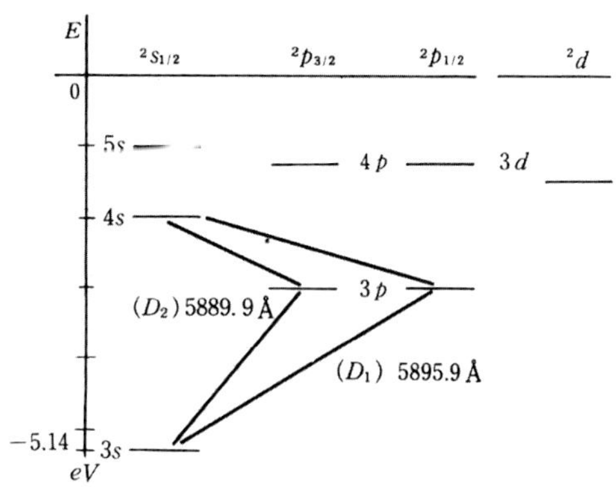

그림 11.4 나트륨 원자의 에너지 준위의 가능한 스펙트럼 중 몇 개만을 나타냄.

이다. 나트륨 D선이라 부르는 두 개의 노란색의 빛은 $3p_{1/2}$와 $3p_{3/2}$에서 $3s_{1/2}$으로 전자가 내려오면서 방출되는 전자기파로서 파장이 각각 $\lambda=5896$Å과 $\lambda=5890$Å이다. 이러한 두 가지 광선의 존재는 스핀-궤도 결합 같은 미세구조가 있음을 증명하고 있다. 이 두 스펙트럼의 차 6Å은 다음과 같이 얻을 수 있다.

$$d\lambda=d\left(\frac{c}{\nu}\right)=-\frac{c}{\nu^2}d\nu=-\frac{hc}{(h\nu)^2}d(h\nu)$$

$$= \frac{hc}{(E_p - E_s)^2} \Delta E \tag{11.129}$$

여기서 ΔE는 $3p_{3/2}$와 $3p_{1/2}$에서의 에너지 준위의 차이인데 이 값은 실험적으로 약 2.1×10^{-3}eV임이 밝혀졌으므로

$$d\lambda = \frac{6.6 \times 10^{-27} \times 3 \times 10^{10}\ \text{erg} \cdot \text{cm}}{(2.1\text{eV} \times 1.6 \times 10^{-12}\text{erg/eV})^2} \times 2.1 \times 10^{-3} \times 1.6 \times 10^{-12}\text{erg}$$

$$\approx 5.7 \times 10^{-8}\text{cm} \simeq 5.7\text{Å} \tag{11.130}$$

이 된다. 다른 한편으로 이 두 노란색 스펙트럼의 파장을 조사함으로써 $3p_{1/2}$과 $3p_{3/2}$의 에너지 차이를 구할 수 있다.

11. 4 원자핵의 스핀의 영향과 초미세 구조(超微細構造, hyperfine structure)

원자핵 주위를 돌고 있는 전자는 원자핵이 가지고 있는 스핀의 영향을 받게 된다. 원자핵의 스핀을 $\vec{I}$ (뒤에 스칼라로 쓰는 전류와 다름에 주의)라고 하면 원자책의 자기 쌍극자 모멘트(magnetic dipole moment)는

$$\vec{\mu} = \frac{Z|e|}{2m_N c} g_N \vec{I} \tag{11.131}$$

로 된다. 핵물리학에서는 제 8장에서 언급된 γ 대신 g_N을 자기 회전 비율(磁氣回轉比率, gyromagnetic ratio)이라 부르며 이 값은 전자에서와 같이 2가 아니고 양성자와 중성자에 대하여 다음 값을 갖는다.

$$g_p = 2 \times (2.7896)$$
$$g_n = 2 \times (-1.9103) \tag{11.132}$$

우리는 전자기학에서 어떤 자기 쌍극자 모멘트 $\vec{M}$에 의한 벡터 퍼텐셜이나 자기장(磁氣場)을 알고 있다. 즉 벡터 퍼텐셜은 다음과 같다.

$$\vec{A} = -\vec{M} \times \vec{\nabla}\left(\frac{1}{r}\right) \tag{11.133}$$

(증명) Maxwell 의 방정식에서 전기장을 생각지 않을 때

$$\vec{\nabla} \cdot \vec{B} = 0 \rightarrow \vec{B} = \vec{\nabla} \times \vec{A}$$

$$\vec{\nabla} \times \vec{B} = \frac{4\pi}{c}\vec{J}$$

$$\therefore \vec{\nabla} \times (\vec{\nabla} \times \vec{A}) = \frac{4\pi}{c}\vec{J}$$

$$\vec{\nabla}(\vec{\nabla} \cdot \vec{A}) - \nabla^2 \vec{A} = \frac{4\pi}{c}\vec{J} \tag{11.134}$$

여기에서 Coulomb 게이지를 쓰면 $\vec{\nabla}\cdot\vec{A}=0$ 이 되므로

$$\nabla^2\vec{A}=-\frac{4\pi}{c}\vec{J}$$

$$\therefore \vec{A}=\frac{1}{c}\int\frac{\vec{J}(x')}{|\vec{x}-\vec{x}'|}d^3x' \tag{11.135}$$

이 된다. 특히 고리 모양의 선을 따라 전류 I 가 흐른다면 $\vec{J}d^3x'$ 은 $I\,\vec{dl}$ 가 되어

$$\vec{A}=\frac{I}{c}\int\frac{d\vec{l}}{\sqrt{(\vec{x})^2-2\vec{x}\cdot\vec{x}'+(\vec{x}')^2}}$$

$$=\frac{I}{cr}\int\vec{dl}\left\{1+\frac{\vec{x}\cdot\vec{x}'}{r^2}+\cdots\cdots\right\} \tag{11.136}$$

여기에서 첫 항은 0이 되고 두 번째 항은 Stokes의 정리

$$\int d\vec{l}=\int d\vec{a}\times\vec{\nabla}' \tag{11.137}$$

를 사용하면

$$\left(\int d\vec{l}\,x_k'\right)_i=\left\{\int(d\vec{a}\times\vec{\nabla}')x'_k\right\}_i=\epsilon_{ijl}\int(da)_j\frac{\partial}{\partial x_l'}x_k'=\epsilon_{ijk}\int(da)_j$$

$$\therefore \vec{A}=\frac{I}{cr^3}\vec{x}_k\int(d\vec{a}\times\vec{\nabla}')x_k'$$

$$=\frac{I}{c}\left(\int d\vec{a}\right)\times\frac{\vec{x}}{r^3}$$

$$=\frac{\vec{M}\times\vec{x}}{r^3}$$

$$=-\vec{M}\times\vec{\nabla}\left(\frac{1}{r}\right)$$

이 된다. (증명 끝)

자기 쌍극자 모멘트 $\vec{M}$가 주위에 만드는 자기장 $\vec{B}$는

$$\vec{B}=\vec{\nabla}\times\vec{A}=-\vec{\nabla}\times\left\{\vec{M}\times\vec{\nabla}\frac{1}{r}\right\}$$

$$=-\vec{M}\nabla^2\left(\frac{1}{r}\right)+\vec{\nabla}\left\{\vec{M}\cdot\vec{\nabla}\left(\frac{1}{r}\right)\right\} \tag{11.138}$$

$$B_i=M_j\frac{\partial^2}{\partial x_i\partial x_j}\left(\frac{1}{r}\right)-M_i\nabla^2\left(\frac{1}{r}\right)$$

$$=M_j\left\{\frac{\partial^2}{\partial x_i\partial x_j}-\frac{1}{3}\delta_{ij}\nabla^2\right\}\left(\frac{1}{r}\right)-\frac{2}{3}M_i\nabla^2\left(\frac{1}{r}\right) \tag{11.139}$$

이 된다. 따라서 핵의 자기 모멘트가 만든 자기장 $\vec{B}$가 전자의 스핀에 작용하여 에너지의 변화가 예상되며 이것을 나타내는 Hamiltonian의 보정은 $\vec{M}$ 대신 (11.131)식의 $\vec{\mu}$ 를 넣어

$$H' = -\vec{\mu}_s \cdot \vec{B}$$
$$= \frac{|e|}{m_e c}\vec{S} \cdot \vec{B}$$
$$= \frac{g_N Z e^2}{2m_N m_e c^2}\left\{S_i I_j\left(\frac{\partial^2}{\partial x_i \partial x_j} - \frac{1}{3}\delta_{ij}\nabla^2\right)\frac{1}{r} - \frac{2}{3}\vec{S} \cdot \vec{I}\nabla^2\left(\frac{1}{r}\right)\right\} \qquad (11.140)$$

으로 된다.

괄호 { } 안의 첫 항은 $Y_{2m}(\theta, \varphi)$를 포함하는데 특히 $l=0$인 상태에 대하여는

$$\int Y_{00}{}^*(\theta, \varphi)\, Y_{2m}\, Y_{00}(\theta, \varphi)\, d\Omega = 0 \qquad (11.141)$$

이므로 $l \neq 0$인 상태에 대하여서만 0이 아닌 기여를 한다. 따라서 $l=0$인 경우에는

$$|\psi|^2 = |R_{n0}(r)\, Y_{00}|^2$$
$$= \frac{1}{4\pi}|R_{n0}(r)|^2 \qquad (11.142)$$

이고 여기에 $R_{n0}(0) = 2\left(\frac{Z}{na_0}\right)^{\frac{3}{2}}$을 대입하여 (11.140)식의 기대치는 다음과 같다.

$$\langle H' \rangle = \frac{g_N Z e^2}{3m_N m_e c^2}\langle \vec{S} \cdot \vec{I} \rangle \int \left\{4\pi\delta(\vec{x}) \cdot \frac{1}{4\pi}|R_{n0}(r)|^2\right\} d^3x$$
$$= \frac{g_N Z e^2}{3m_N m_e c^2}\langle \vec{S} \cdot \vec{I} \rangle \left|2\left(\frac{Z}{na_0}\right)^{3/2}\right|^2 \qquad \left(\frac{1}{a_0} = \frac{m_e e^2}{\hbar^2}\right)$$
$$= \frac{4}{3} \cdot g_N \frac{m_e}{m_N} \cdot (Z\alpha)^4 \cdot m_e c^2 \cdot \frac{1}{n^3} < \left(\frac{\vec{S} \cdot \vec{I}}{\hbar^2}\right) > \qquad (11.143)$$

이 값은 앞에서 논의하였던 미세구조의 H'인 (11.125)식에 비하면 $\frac{m_e}{m_N}$배만큼 작은 값이어서 (11.140)식은 초미세 구조(超微細構造, hyperfine structure)의 에너지 갈라짐을 준다고 한다. 그러나 (11.143)식은 (11.140)식의 둘째 항인 소위 접촉 초미세 상호작용(接觸超微細作用, contact hyperfine interaction)항이 준 결과이다.

만일 전자와 원자핵이 만드는 총스핀을 $\vec{F}$라 하면

$$\vec{F} = \vec{S} + \vec{I}$$
$$F^2 = S^2 + I^2 + 2\vec{S} \cdot \vec{I} \quad \{F^2 \equiv \vec{F} \cdot \vec{F},\ I \equiv \vec{I} \cdot \vec{I}\}$$
$$\therefore \vec{S} \cdot \vec{I} = \frac{1}{2}(F^2 - S^2 - I^2)$$
$$\therefore \left\langle \frac{\vec{S} \cdot \vec{I}}{\hbar^2} \right\rangle = \frac{1}{2}\{F(F+1) - S(S+1) - I(I+1)\}$$
$$= \frac{1}{2}\left\{F(F+1) - \frac{3}{4} - I(I+1)\right\}$$

$$=\frac{1}{2}\begin{cases} I & \left(F=I+\frac{1}{2}\text{인 경우}\right) \\ -I-1 & \left(F=I-\frac{1}{2}\text{인 경우}\right) \end{cases} \tag{11.144}$$

이 된다.

특히 수소에 대하여는 $g_N=5.56$, $I=\frac{1}{2}$, $Z=1$이므로 $F=1,0$가 가능하고 수소원자의 바닥 상태에서는 $n=1$이며 $F=1$과 $F=0$의 에너지 준위의 변화에 대한 기여는 바닥 상태를 둘로 갈라놓는 역할을 한다. 즉

$$\langle H'\rangle_{F=1}=\frac{4}{3}(5.56)\cdot\frac{1}{1840}\cdot\frac{1}{(137)^4}m_ec^2\cdot\frac{1}{2}\cdot\frac{1}{2} \tag{11.145a}$$

$$\langle H'\rangle_{F=0}=\frac{4}{3}(5.56)\cdot\frac{1}{1840}\cdot\frac{1}{(137)^4}m_ec^2\cdot\left(-\frac{3}{4}\right) \tag{11.145b}$$

이다. 이 초미세 구조에 의한 에너지 차를 얻기 위하여 $m_ec^2=0.51\text{MeV}$를 생각하면

$$\Delta E=\frac{4}{3}\cdot(5.56)\frac{1}{1840}\cdot\frac{1}{(137)^4}\cdot m_ec^2$$

$$=0.5833\times10^{-11}\text{MeV} \tag{11.146}$$

를 얻는다. 이 같은 수소 원자의 바닥 상태인 두 에너지 사이에서 전자가 전이함에 따라 전자기파가 나오는 경우 전자기파의 진동수 ν는 $\Delta E=h\nu$로부터

$$\nu=\frac{\Delta E}{h}=\frac{0.5833\times10^{-11}\times1.6\times10^{-12}\text{erg}\times10^6}{6.6\times10^{-27}\text{erg sec}}$$

$$=1.42\times10^9/\text{sec}^{-1}$$

$$=1420MHz \quad (\text{mega Herz})$$

이므로

$$\lambda=\frac{c}{\nu}=\frac{3\times10^{10}}{1.42\times10^9}=21.13\text{cm} \tag{11.147}$$

가 된다. 성간(星間, interstellar)에 있는 수소들은 낮은 온도 때문에 바닥 상태에 있다고 볼 수 있는데 이들 수소 원자에서 에너지 준위의 초미세 구조의 갈라짐에서 나오는 21cm의 전자기파가 지구 대기권을 통하여 들어오는 것이 1944년 Van de Hulst에 의하여 예측되었고 1951년 초에 측정되었다. $F=1$인 전자의 스핀이 핵자의 스핀과 평행인 상태는 $F=0$인 원자의 전자와 핵자의 스핀이 반대인 상태보다 약간 높은 에너지 상태이며 이렇게 들뜬 상태로 만드는 것은 충돌에 의하여도 가능하다.

지금까지는 $l=0$인 경우에 대하여만 고려하였으나 전자에 대한 Hamiltonian

$$H=\frac{1}{2m_e}\left(\vec{p}-\frac{e}{c}\vec{A}\right)^2-\vec{\mu}_s\cdot(\vec{\nabla}\times\vec{A}) \tag{11.148}$$

에 $\vec{A}$에 대한 (11.133)식을 대입하면 일반적인 초미세 상호작용(超微細相互作用, hyperfine interaction)도 알 수 있다.

11. 5 비정상(非正常, anomalous) Zeeman효과

원자에 자기장 $\vec{B}$를 외부에서 걸어주면 에너지 준위가 갈라지는데 이때에 스핀을 고려하지 않으면 전에 논의한 정상 Zeeman 효과가 된다. 만일 전자의 스핀을 고려하는 경우 에너지 준위가 어떻게 달라지는지 조사하여 보자.

(a) 이 경우에 Hamiltonian은

$$H_0 = \frac{p^2}{2m} + V + \frac{1}{2m^2c^2}\frac{1}{r}\frac{dV}{dr}\vec{S}\cdot\vec{L} \quad (\vec{B}=0\text{인 경우}) \tag{11.149a}$$

$$H = \frac{1}{2m}\left(\vec{p} - \frac{e}{c}\vec{A}\right)^2 + V + \frac{1}{2m^2c^2}\frac{1}{r}\frac{dV}{dr}\vec{S}\cdot\vec{L} - \vec{\mu_s}\cdot\vec{B}$$

$$= H_0 - \frac{e}{2mc}\vec{B}\cdot(\vec{L}+2\vec{S}) + \frac{e^2}{8mc^2}(\vec{x}\times\vec{B})^2 \tag{11.149b}$$

으로 쓸 수 있다. 위식에서 마지막 항을 무시하고 수소 유사원자에 대하여 생각하는 경우에 기저 벡터를 $|sljm_j>$로 잡으면 1차 섭동에서

$$E' = -\frac{eB}{2mc} < sljm_j | L_z + 2S_z | sljm_j > \tag{11.150}$$

이다.

기저 벡터 $|sljm_j>$는 (L_z+2S_z)의 고유상태가 아니다. 그러나 $s=\frac{1}{2}$인 경우에는 $j=l+\frac{1}{2}$과 $j=l-\frac{1}{2}$가 가능하고 (10.123)과 (10.124)식에서 얻은 바와 같이

$|sljm_j>$

$$=\begin{cases} \sqrt{\frac{l+m+1}{2l+1}}\,|lm>|\frac{1}{2}\ \frac{1}{2}> + \sqrt{\frac{l-m}{2l+1}}\,|l,m+1>|\frac{1}{2}\ -\frac{1}{2}> \\ \qquad \left(j=l+\frac{1}{2},\ m_j=m+\frac{1}{2}\right) & (11.151a) \\ \sqrt{\frac{l-m}{2l+1}}\,|lm>|\frac{1}{2}\ \frac{1}{2}> - \sqrt{\frac{l+m+1}{2l+1}}\,|l,m+1>|\frac{1}{2}\ -\frac{1}{2}> \\ \qquad \left(j=l-\frac{1}{2},\ m_j=m+\frac{1}{2}\right) & (11.151b) \end{cases}$$

이므로 $L_z+2S_z=J_z+S_z$로 놓으면

$$E' = -\frac{eB}{2mc_ec}m_j\hbar - \frac{eB}{2m_ec} < sljm_j | S_z | sljm_j > \tag{11.152}$$

한편 $j=l+\frac{1}{2},\ l-\frac{1}{2}$ 의 각각에 대하여

$$<sljm_j|S_z|sljm_j>_{j=l+\frac{1}{2}}$$

$$=\frac{l+m+1}{2l+1}\cdot\frac{\hbar}{2}+\frac{l-m}{2l+1}\left(-\frac{\hbar}{2}\right)=\frac{m+\frac{1}{2}}{2l+1}\hbar=\frac{m_j\hbar}{2l+1} \tag{11.153a}$$

$$<sljm_j|S_z|sljm_j>_{j=l-\frac{1}{2}}$$

$$=\frac{l-m}{2l+1}\cdot\frac{\hbar}{2}+\frac{l+m+1}{2l+1}\left(-\frac{\hbar}{2}\right)=-\frac{m+\frac{1}{2}}{2l+1}\hbar=-\frac{m_j\hbar}{2l+1} \tag{11.153b}$$

$$\therefore E'=-\frac{eB\hbar}{2m_ec}m_j\left(1\pm\frac{1}{2l+1}\right) \tag{11.154}$$

이 된다. 마찬가지로 $m_j=m-\frac{1}{2}$인 경우에도 이러한 관계식을 얻는다.

보다 더 좋은 방법은 제 10장 끝에서 증명한 Wigner-Eckart 정리를 이용하여

$$E'=-\frac{eB\hbar}{2m_ec}g_jm_j \tag{11.155}$$

$$g_j=1+\frac{j(j+1)+s(s+1)-l(l+1)}{2j(j+1)} \tag{11.156}$$

이 됨을 보일 수 있다. 이때에 g_j를 Landé의 g인자(因子, factor)라 부른다.

(증명) 먼저 텐서 연산자를 도입해 보면 $\vec{J}$연산자로부터 J_z와 $\mp\frac{1}{\sqrt{2}}(J_x\pm iJ_y)$는 $T(1,0)$, $T(1,\pm1)$ 텐서 연산자가 된다. 그 이유는

$$[J_z,\ T(k,m)]=m\hbar T(k,m) \tag{11.157a}$$

$$[J_\pm,\ T(k,m)]=\hbar\sqrt{k(k+1)-m(m\pm1)}\ T(k,m\pm1) \tag{11.157b}$$

의 관계식이 성립함으로부터 알 수 있다. 즉 $J_z=T(1,0)$에 대하여

$$[J_z,J_z]=[J_z,\ T(1,0)]=0=m\hbar T(1,0) \tag{11.158a}$$

$$[J_\pm,J_z]=[J_\pm,\ T(1,0)]=\mp\hbar J_\pm=\hbar\sqrt{1(1+1)-m(m\pm1)}\ T(1,\pm1) \tag{11.158b}$$

의 관계식을 얻는다. 마찬가지로 $\mp\frac{1}{\sqrt{2}}J_\pm=T(1,\pm1)$에 대하여도 텐서 연산자의 관계식을 얻게 된다. 한편 1계 텐서 연산자를 $\vec{L}+2\vec{S}$를 가지고 만드는 경우

$$T'(1,0)=L_z+2S_z \tag{11.159a}$$

$$T'(1,\pm1)=\mp\frac{1}{\sqrt{2}}(L_\pm+2S_\pm) \tag{11.159b}$$

이므로 $T'(1,m)$도 텐서 연산자임을 마찬가지로 증명할 수 있다. 이렇게 만든 텐서에 대하여

$$< jm \mid T(j_1, m_1) \mid j_2 m_2 > \; = < j_1 m_1 j_2 m_2 | jm > R \tag{11.160a}$$

$$< jm \mid T'(j_1, m_1) \mid j_2 m_2 > \; = < j_1 m_1 j_2 m_2 | jm > R' \tag{11.160b}$$

이 된다. 따라서 이들 두 식은 $< j_1 m_1 j_2 m_2 | jm >$을 공통으로 가지고 있으며

$$< jm \mid T'(j_1, m_1) \mid j_2 m_2 > \; = \frac{R'}{R} < jm \mid T(j_1, m_1) \mid j_2 m_2 > \tag{11.161}$$

로 쓸 수 있다. 즉 $\vec{J}$와 $\vec{L}+2\vec{S}$사이에는

$$< jm' | \vec{L}+2\vec{S} | jm > \; = g_j < jm' | \vec{J} | jm > \tag{11.162}$$

의 관계가 성립함을 알 수 있다. 여기서 g_j는 구하려는 비례 상수이다. 이 식의 양변에 $< jm | \vec{J} | jm' >$을 곱한 후에 m' 에 대하여 더하여 주면 즉 $\sum_{m'} < jm | \vec{J} | jm' >$을 작용시키면

$$< jm | \vec{J} \cdot (\vec{L}+2\vec{S}) | jm > \; = g_j < jm | J^2 | jm >$$

$$= g_i \hbar^2 j(j+1) \tag{11.163a}$$

$$\therefore g_j = \frac{1}{\hbar^2 j(j+1)} < jm | J^2 + \vec{J} \cdot \vec{S} | jm >$$

$$= \frac{1}{\hbar^2 j(j+1)} < jm | J^2 + S^2 + \vec{L} \cdot \vec{S} | jm > \tag{11.163b}$$

가 되고 이 식에서 $\vec{L} \cdot \vec{S}$ 대신에 (11.153)식을 이용하면

$$g_j = \frac{1}{\hbar^2 j(j+1)} < jm \left| \left\{ J^2 + S^2 + \frac{1}{2}(J^2 - L^2 - S^2) \right\} \right| jm >$$

$$= 1 + \frac{1}{2j(j+1)} \{ j(j+1) + s(s+1) - l(l+1) \} \tag{11.156}$$

이다. 그러므로 (11.150)식에 (11.162)식을 이용하면

$$E' = -\frac{e\vec{B}}{2m_e c} \cdot < sljm_j | \vec{L}+2\vec{S} | sljm_j >$$

$$= -\frac{e\vec{B}}{2m_e c} \cdot g_j < sljm_j | \vec{J} | sljm_j >$$

$$= -\frac{eB\hbar}{2m_e c} g_j m_j \tag{11.155}$$

를 얻는다. (증명 끝)

(b) 예를 들어 나트륨(Na) 스펙트럼을 생각하여 보자.

자기장이 없을 때에는 그림 11.4 에서와 같이 두 개의 전이

$$3^2 p_{1/2} \rightarrow 3^2 s_{1/2} \tag{11.164a}$$

$$3^2 p_{3/2} \rightarrow 3^2 s_{1/2} \tag{11.164b}$$

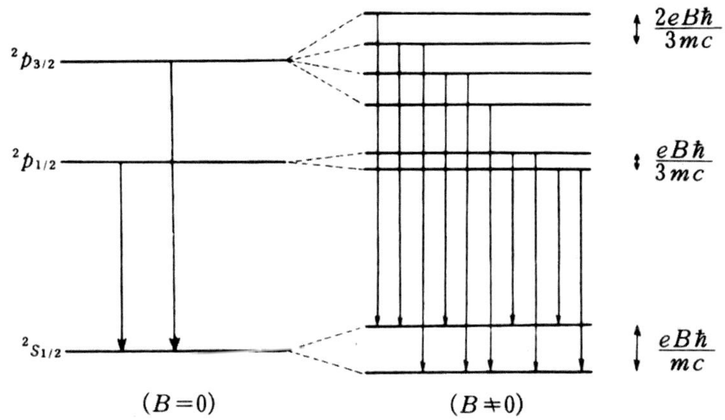

그림 11.5 나트륨 에너지 준위가 외부 자기장 B에 의하여 갈라진다. 가능한 전이가 표시되어 있다.

에 대하여 그림 11.5의 $(B=0)$에서와 같이 스펙트럼에 이중선(二重線, doublet)이 존재한다.

약한 자기장이 있을 때 각 에너지 준위는

$$\Delta E=\frac{eB\hbar}{2mc}g_j m_j \tag{11.165}$$

에 의하여 갈라지면 각 준위마다 g_j, m_j는 다른 값을 갖는다. 또한 다음 장에서 설명하듯이 선택 규칙(選擇規則, selection rule)에 의하여 전이가 일어나게 되고 여기에 맞는 스펙트럼이 존재한다. 그림 11.5의 3개의 에너지 준위가 갈라짐은 다음과 같다.

$$g_j \qquad\qquad g_j m_j \qquad \Delta E$$

$$^2s_{1/2}\left(j=\frac{1}{2}, l=0, s=\frac{1}{2}\right):\ 1+\frac{\frac{1}{2}\cdot\frac{3}{2}+\frac{1}{2}\cdot\frac{3}{2}-0}{2\cdot\frac{1}{2}\cdot\frac{3}{2}}=2 \qquad \pm 1 \qquad \pm\frac{eB\hbar}{2mc} \tag{11.166a}$$

$$^2p_{1/2}\left(j=\frac{1}{2}, l=1, s=\frac{1}{2}\right):\ 1+\frac{\frac{1}{2}\cdot\frac{3}{2}+\frac{1}{2}\cdot\frac{3}{2}-1\cdot 2}{2\cdot\frac{1}{2}\cdot\frac{3}{2}}=\frac{2}{3} \qquad \pm\frac{1}{3} \qquad \pm\frac{eB\hbar}{6mc} \tag{11.166b}$$

$$^2p_{3/2}\left(j=\frac{3}{2},\ l=1, s=\frac{1}{2}\right):\ 1+\frac{\frac{3}{2}\cdot\frac{5}{2}+\frac{1}{2}\cdot\frac{3}{2}-1\cdot 2}{2\cdot\frac{3}{2}\cdot\frac{5}{2}}=\frac{4}{3}\qquad \begin{matrix} 2 & eB\hbar/mc \\ 2/3 & eB\hbar/3mc \\ -2/3 & -eB\hbar/3mc \\ -2 & -eB\hbar/mc \end{matrix}$$

(11.166c)

뒤에 보이는 바와 같이 가능한 전이(transition)는 다음 조건을 만족하는 경우에 해당된다.

$$\Delta m_j = 0, \pm 1 \tag{11.167a}$$

$$\Delta l = 1 \tag{11.167b}$$

따라서 그림 11.5에서 여러 가능한 전이를 생각할 수 있으나 다음과 같은 표를 이용하여 생각하는 것도 편리한 방법이다. 먼저

$p_{1/2}\rightarrow s_{1/2}$ 전이 :

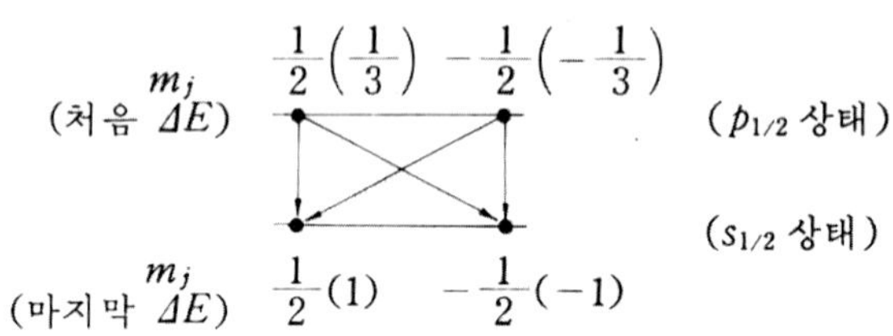

여기서 ( ) 안에 있는 수는 $\dfrac{eB\hbar}{2mc}$ 단위로 표시한 ΔE값이다. 따라서

수직한 부분의 에너지 차이 :

$$E_p \pm \frac{eB\hbar}{6mc} - Es - \left(\pm\frac{eB\hbar}{2mc}\right) = E_0\left(\frac{1}{2}\rightarrow\frac{1}{2}\right) \mp \frac{eB\hbar}{3mc} \tag{11.168a}$$

대각선 부분의 에너지 차이 :

$$E_p \pm \frac{eB\hbar}{6mc} - Es - \left(\mp\frac{eB\hbar}{2mc}\right) = E_0\left(\frac{1}{2}\rightarrow\frac{1}{2}\right) \pm \frac{2eB\hbar}{3mc} \tag{11.168b}$$

그러므로 4개의 다른 스펙트럼선이 존재한다. 다음으로

$p_{3/2}\rightarrow s_{1/2}$ 전이 :

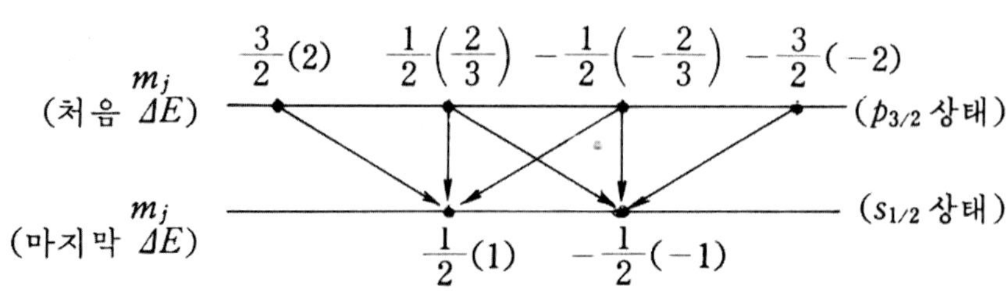

수직한 부분의 에너지 차이 :

$$E_p \pm \frac{eB\hbar}{3mc} - Es - \left(\pm \frac{eB\hbar}{2mc}\right) = E_0\left(\frac{3}{2} \to \frac{1}{2}\right) \mp \frac{eB\hbar}{6mc} \tag{11.169a}$$

대각선 부분의 에너지 차이 :

$$E_p \pm \frac{eB\hbar}{mc} - Es - \left(\pm \frac{eB\hbar}{2mc}\right) = E_0\left(\frac{3}{2} \to \frac{1}{2}\right) \pm \frac{eB\hbar}{2mc}$$

$$E_p \pm \frac{eB\hbar}{3mc} - Es - \left(\mp \frac{eB\hbar}{2mc}\right) = E_0\left(\frac{3}{2} \to \frac{1}{2}\right) \pm \frac{5eB\hbar}{6mc} \tag{11.169b}$$

따라서 이 경우에는 6개의 다른 스펙트럼선이 나온다.

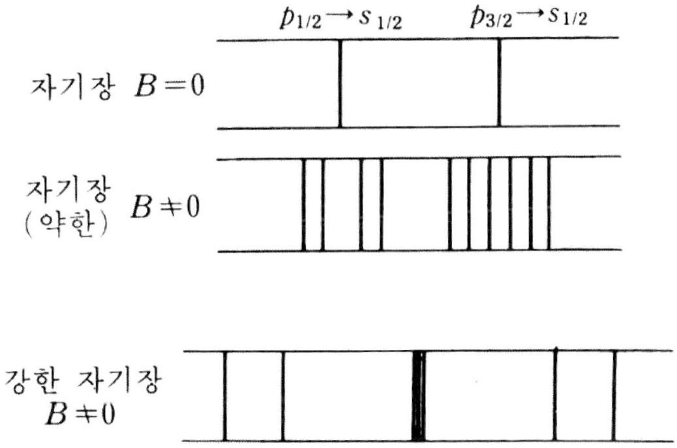

그림 11.6 자기장의 크기에 따른 스펙트럼선의 변화

이들 두 경우에 슬릿을 통하여 스펙트럼을 조사하면 그림 11.6에서와 같이 된다.

지금까지는 스핀과 궤도 각운동량이 결합(couple)되는 경우를 고려하였다. 그러나 외부에서 걸어준 자기장의 세기가 강해지면 $\vec{L} \cdot \vec{S}$항은 작은 항으로 취급되고 양자수는 (j, m_j)대신에 (l, m_l), (s, m_s)가 "좋은 양자수 (good quantum number)" 가 된다. 이 경우 자기장에 의한 에너지 항은 다음과 같이 된다.

$$(m_l + 2m_s)\frac{eB\hbar}{2mc} + am_l m_s \qquad \text{(a는 크지 않은 값)} \tag{11.170}$$

여기에 선택 규칙으로 다음 장에서 논의되는 바와 같이

$$\Delta m_s = 0 \tag{11.171a}$$

$$\Delta m_l = 0, \pm 1 \tag{11.171b}$$

을 택하면

${}^2p_{3/2} \rightarrow {}^2s_{1/2}$에서 :

처음 상태 $(l=1)$	에너지$\left(\dfrac{eB\hbar}{2mc}\text{ 단위}\right)$
$m_l=1,\quad m_s=\dfrac{1}{2}$	2
$m_l=0,\quad m_s=\dfrac{1}{2}$	1
$m_l=-1,\quad m_s=\dfrac{1}{2}$	0
$m_l=1,\quad m_s=-\dfrac{1}{2}$	0
$m_l=0,\quad m_s=-\dfrac{1}{2}$	-1
$m_l=-1,\quad m_s=-\dfrac{1}{2}$	-2 (11.172a)

마지막 상태 $(l=0)$,	에너지$\left(\dfrac{eB\hbar}{2mc}\text{ 단위}\right)$
$m_l=0,\quad m_s=\dfrac{1}{2}$	1
$m_l=0,\quad m_s=-\dfrac{1}{2}$	-1 (11.172b)

따라서 전이를 나타내는 도표를 살펴보면

$$(m_l, m_s)\ \left(-1,\ -\frac{1}{2}\right)\left(0,\ -\frac{1}{2}\right)\left(\mp 1,\ \pm\frac{1}{2}\right)\left(0,\ \frac{1}{2}\right)\left(1,\ \frac{1}{2}\right)$$

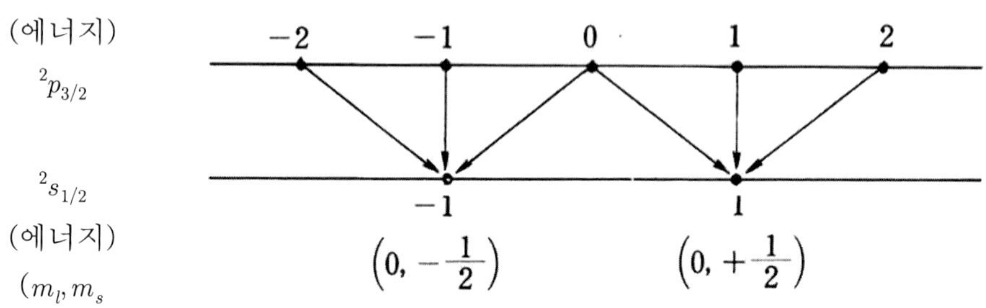

수직한 부분의 에너지 차이 :

$$E_p \pm \frac{eB\hbar}{2mc} - Es - \left(\pm\frac{eB\hbar}{2mc}\right) = E_0(p\rightarrow s) \tag{11.173a}$$

대각선 부분의 에너지 차이 :

$$E_p \pm \frac{eB\hbar}{mc} + \frac{a}{2} - Es - \left(\pm\frac{eB\hbar}{2mc}\right) = E_0(p\rightarrow s) \pm \frac{eB\hbar}{2mc} + \frac{a}{2}$$

$$E_p - \frac{a}{2} - E_s - \left(\pm\frac{eB\hbar}{2mc}\right) = E_0(p\rightarrow s) \mp \frac{eB\hbar}{2mc} - \frac{a}{2} \tag{11.173b}$$

이 경우에는 5개의 다른 스펙트럼선이 생긴다.

$^2p_{1/2} \to {}^2s_{1/2}$에서는 위와 비교하여 $m_l = \pm 1$, $m_s = \pm \frac{1}{2}$이 있을 수 없다. 즉

			에너지$\left(\frac{eB\hbar}{2mc}\text{ 단위}\right)$	
처음 상태 $(l=1)$	$m_l = 0,$	$m_s = \frac{1}{2}$	1	
	$m_l = -1,$	$m_s = \frac{1}{2}$	0	
	$m_l = 1,$	$m_s = -\frac{1}{2}$	0	
	$m_l = 0,$	$m_s = -\frac{1}{2}$	-1	(11.174a)
마지막 상태 $(l=0)$	$m_l = 0,$	$m_s = \frac{1}{2}$	1	
	$m_l = 0,$	$m_s = -\frac{1}{2}$	-1	(11.174b)

가 되어 앞의 $^2p_{3/2} \to {}^2s_{1/2}$의 일부로 겹치게 되며 이 경우는 3개의 다른 스펙트럼선만이 존재하고 그림 11.6에서 보는 바와 같이 스펙트럼선 사이의 간격은 벌어지나 몇 개가 겹치게 된다. 강한 자기장의 경우에서와 같이 여러 스펙트럼선이 겹치는 현상을 Paschen-Back 효과라 부른다.

11. 6 원자 스펙트럼

지금까지는 비교적 간단하고 잘 알려진 현상을 고려하였으나 복잡한 원자에 대하여는 스펙트럼도 복잡하여진다. 그리고 여러 개의 전자나 원자가 있는 경우에는 각 입자들의 스핀이나 각운동량을 합하게 되는데 두 가지로 결합(結合, coupling)을 구분한다.

먼저 모든 궤도 각운동량을 합하여 총(總, total) 궤도 각운동량을 얻고 마찬가지로 모든 스핀을 합하여 총 스핀을 얻으면

$$\vec{L} = \vec{L_1} + \vec{L_2} + \cdots\cdots \qquad (11175a)$$

$$\vec{S} = \vec{S_1} + \vec{S_2} + \cdots\cdots \qquad (11.175b)$$

이 되고 그 후 총 각운동량을 $\vec{J}$라 하면

$$\vec{J} = \vec{L} + \vec{S} = \left(\vec{L_1} + \vec{L_2} + \cdots\cdots\right) + \left(\vec{S_1} + \vec{S_2} + \cdots\cdots\right) \qquad (11.175c)$$

이 되는데 이러한 결합을 $L-S$ 결합이라 부른다.

한편 각 입자의 궤도 각운동량과 스핀을 합하여 그 입자의 총 각운동량을 얻은 후

$$\vec{J_i} = \vec{L_i} + \vec{S_i} \qquad (11.176a)$$

$$\vec{J} = \vec{J_1} + \vec{J_2} + \vec{J_3} + \cdots\cdots = \left(\vec{L_1} + \vec{S_1}\right) + \left(\vec{L_1} + \vec{S_2}\right) + \cdots\cdots \tag{11.176b}$$

로 놓는 결합을 $j-j$결합이라 부른다. 전자(前者)는 비교적 가벼운 원자에 대하여 적용되고 비교적 무거운 원자에 대하여는 후자(後者)의 경우가 잘 적용된다.

이러한 결합은 원자 주위의 여러 전자들이 갖는 스핀, 궤도 각운동량을 합하는 경우에 많이 이용되지만 여기서는 간단한 예를 들어 설명하는 정도로 제한하겠다.

특히 탄소 $C(Z=6)$의 외각 전자를 살펴보면 $(1s)^2(2s)^2(2p)^2$로 기술된다. 여기서 $(nl)^N$의 기호는 n는 주양자수, $l=0,1,2\cdots\cdots(s,p,d,\cdots\cdots)$는 궤도 양자수, N은 전자수를 나타낸다. 원자가 전자(原子價電子, valence electron) $(2p)^2$를 고려하자.

우선 이들은 스핀과 궤도 각운동량을 가지므로 $L-S$결합을 고려할 때, 총 스핀 $\vec{S} = \vec{S_1} + \vec{S_2}$의 양자수는 $s=0$과 $s=1$이 가능하다. 또 총 궤도 각운동량 $\vec{L} = \vec{L_1} + \vec{L_2}$의 양자수는 $l_1=1, l_2=1$이므로 $l=0,1,2$가 가능한 값이다. 즉 s,p,d 상태가 가능하다. 그러면 $\vec{J} = \vec{L} + \vec{S}$의 양자수는

$$\begin{array}{llll} s=0; & l=0 & j=0 & {}^1s_0 \\ \text{(singlet)} & l=1, & j=1 & {}^1p_1 \\ & l=2, & j=2 & {}^1d_2 \end{array} \tag{11.177a}$$

$$\begin{array}{llll} s=1; & l=0, & j=1 & {}^3s_1 \\ \text{(triplet)} & l=1, & j=0,1,2 & {}^3p_0,\ {}^3p_1,\ {}^3p_2 \\ & l=2, & j=1,2,3 & {}^3d_1,\ {}^3d_2,\ {}^3d_3 \end{array} \tag{11.177b}$$

가 되어 모두 10가지 가능성을 고려할 수 있다.

그러나 두 전자는 동일한 입자이고 Fermi입자이므로 두 입자가 이루는 상태는 1,2를 교환할 때 -1이 되어야 한다. 스핀 $s=0$은 반대칭(antisymmetric) 상태이므로 궤도 각운동량은 두 입자 상태의 패리티의 영향이 $(-1)^l$임을 생각하면 입자 상태를 대칭하는 $l=0$, $l=2$가 가능하게 되어 ${}^1s_0$, ${}^1d_2$가 허용된다. 또 스핀 $s=1$인 경우 스핀 상태는 입자의 교환에 대하여 대칭이므로 궤도 각운동량 상태는 반대칭이 되어야 한다. 즉, p상태가 된다. 그래서 ${}^3p_0, {}^3p_1, {}^3p_2$만이 허용된다. ${}^1s_0$에는 1개의 상태, ${}^1d_2$에는 5개의 상태, ${}^3p_0$에는 1개, ${}^3p_1$에는 3개, ${}^3p_2$에는 5개의 상태가 가능하므로 모두 15개의 가능한 상태가 존재한다. 스핀이 에너지 준위에 주는 영향은 교환에 의한 분리나 스핀-궤도 양자수의 상호 작용 등이 에너지 준위에 미치는 영향보다 크다. 따라서 그림 11.7에서와 같은 원자의 에너지 준위의 미세구조를 얻게 된다.

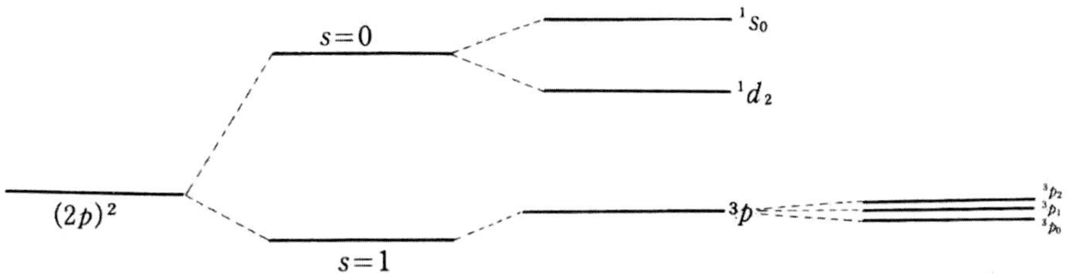

그림 11.7 원자의 $2p$상태에 있는 두 원자가 전자가 원자의 에너지 미세구조에 주는 영향

그림 11.7에서 보는 바와 같이 s가 크면 낮은 에너지를 갖고 같은 s에 대하여 l값이 큰 것이 낮은 에너지 값을 갖는다. 여기서는 그 자세한 원인을 생략하기로 한다.

[문 제]

11. 1 Hamiltonian 이 다음과 같은 2×2행렬

$$H=\begin{pmatrix}2 & 1\\ 1 & 2\end{pmatrix}+\lambda\begin{pmatrix}1 & -1\\ -1 & 2\end{pmatrix}$$

로 표시된다면 제1차 섭동만을 고려하여 H의 고유값인 에너지 준위와 고유 벡터를 구하라.

11. 2 섭동 이론을 이용하여 다음 그림 P11.1과 같이 입자의 퍼텐셜이 주어지는 경우 에너지 준위를 λ의 1차 까지 구하라.

$$V(x)=\lambda|x| \quad (|x|<L)$$
$$=\infty \quad (|x|<L)$$

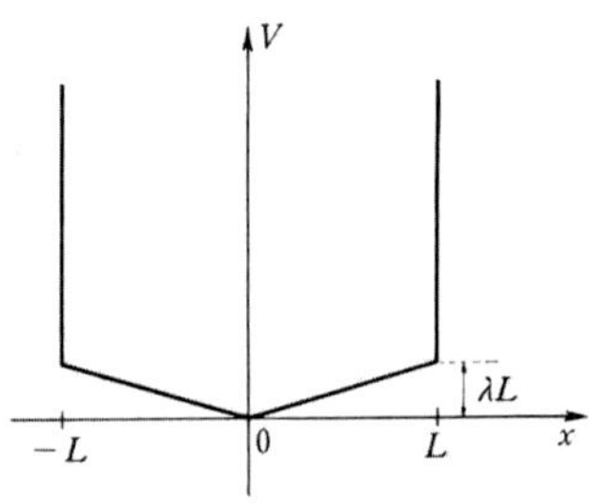

그림 P11.1 $|x|$가 L보다 큰 영역에서는 무한대이고 $-L<x<L$인 영역에서는 $\lambda|x|$인 값을 갖는 퍼텐셜

11. 3 비조화(非調和, anharmonic) 진동자의 Hamiltonian이

$$H=\frac{p^2}{2m}+\frac{1}{2}m\omega_0^2x^2+\lambda x^3$$

으로 주어진 경우 1, 2차 섭동에서 에너지 준위는 어떻게 되는가?

11. 4 2차원 진동자

$$H_0=\frac{1}{2m}\left(p_x^2+p_y^2\right)+\frac{1}{2}k\left(x^2+y^2\right)$$

의 고유값은 겹쳐 있다. 만일 섭동 퍼텐셜 $H'=\lambda xy$가 H_0에 더하여지면 에너지 값의 겹침이 없어지게 된다. H_0의 에너지 준위 $E^0=2\hbar\omega$(첫 들뜬 상태)를 갖는 H_0의 고유 벡터 $|10>$, $|01>$는 H'에 의하여 어떻게 갈라지게 되는가를 보여라. 또 이 경우 새로운 H의 고유 벡터는 어떻게 되는가?

11. 5 Hamiltonian 연산자 $H=H_0+\lambda V$의 행렬 성분은 한 기저 벡터 집합 $|1>, |2>, |3>$에 대하여 다음과 같이 된다고 하자.

$$H=\begin{pmatrix} A & \frac{\lambda}{\sqrt{2}} & \lambda \\ \frac{\lambda}{\sqrt{2}} & -2A & \frac{\lambda}{\sqrt{2}} \\ \lambda & \frac{\lambda}{\sqrt{2}} & A \end{pmatrix}$$

(a) 섭동 이론을 이용하여 세 고유 상태들의 에너지에 대한 1차 보정을 논하라.

(b) 또 2차 보정을 논하라.

11. 6 헬륨 원자의 두 전자에 대한 Hamiltonian 은 다음 식으로 주어졌다.

$$H=\frac{p_1^2}{2m}+\frac{p_2^2}{2m}-\frac{Ze^2}{r_1}-\frac{Ze^2}{r_2}+\frac{e^2}{|\vec{x}_1-\vec{x}_2|}$$

전자들 사이의 Coulomb 퍼텐셜을 나타내는 마지막 항을 섭동 항으로 생각하고 섭동 이론을 생각하자.

(a) 섭동 항을 고려하지 않는 경우 헬륨의 바닥 상태를 기술하는 파동 함수는 스핀까지를 고려하는 경우 어떻게 되는가? 또 그때 헬륨 원자의 바닥 상태 에너지는 몇 eV인가?

(b) 1차 섭동까지 고려하는 경우 헬륨 원자의 바닥 상태 에너지는 어떻게 되는가? (이 값을 구할 때 본문에서 얻은 적분 결과를 이용하여도 무방함)

(c) 헬륨 원자의 첫 들뜬 상태를 기술하는 파동 함수는 어떻게 되는가? 스핀이 단일 항(singlet)인 경우를 parahelium, 스핀이 삼중항(triplet)인 경우를 orthohelium 이라 부른다. 이들은 섭동을 생각할 때 기여가 다름을 보여라.

11. 7 어떤 결정에서 스핀 1을 가진 이온(ion)의 Hamiltonian이

$$H=DS_z^2+E\left(S_x^2-S_y^2\right)$$

에 의하여 기술된다고 하자. 여기서 상수 E는 D보다 훨씬 작은 상수이며 따라서 E가 포함된 항은 작은 섭동 항으로 취급될 수 있다.

(a) 섭동 항을 제외한 경우의 Hamiltonian의 고유값과 고유 벡터를 구하여라. 그러고, 이 때 고유값에 중첩이 있음을 보여라.

(b) 섭동 항이 고려될 경우 고유값의 겹침이 없어진다. H의 고유값과 고유 벡터를 1차 섭동까지 고려하여 구하라.

11. 8 Hamiltonian 이 $H = H_0 + H'$으로 쓸 수 있고, H_0 의 해는 잘 알고 있으며, H' 은 시간에 무관한 작은 기여를 하는 연산자라 하자.

(a) H_0의 고유 상태가 축퇴되었든, 안 되었든

$$H_0 |n_\alpha^0> \; = E_n^0 |n_\alpha^0>$$

의 관계식에서 H 의 고유값 E_n은 행렬식

$$\left| \left(E_m^0 - E_n\right) \delta_{m_\beta m_\alpha} + < m_\beta^0 | H' | n_\alpha^0 > \right| = 0$$

에 의하여 얻어짐을 보여라. 여기서 첨자 α, β 는 n, m 상태의 축퇴 상태를 나타낸다. 축퇴되지 않은 경우는 이들을 무시하면 된다.

(b) 1차원 공간에서 주기 a인 작은 퍼텐셜 $H' = V(x) = V(x+a)$가 존재하는 경우 1차원 섭동 에너지를 구하려 한다. 충분히 큰 정의 정수 N에 대하여 $L = Na$라 할 때 변의 길이 L인 주기적 경계 조건을 이용하여 H_0의 고유 상태를

$$\psi_k^{(0)}(x) = \frac{1}{\sqrt{L}} e^{ikx}$$

로 택하자. 이 때 퍼텐셜(주기적)을 다음과 같이 Fourier 전개할 수 있다.

$$V(x) = \sum_{n=-\infty}^{n=\infty} V_n e^{-i\frac{2\pi n}{a}x} \qquad (V_n^* = V_{-n})$$

(i) k가 $\pm \frac{\pi}{a} n$, $(n = 1, 2, 3, \cdot\cdot)$가 아닌 경우 에너지 준위는 다음과 같음을 보여라.

$$E_n = E_k^{(0)} \; (= \frac{\hbar^2 k^2}{2m})$$

(ii) k가 $\pm \frac{\pi}{a} n$ 인 경우 에너지를 구하면 어떻게 되는가?

이 결과를 종합하면 에너지 준위는 제 8장의 그림 8.5 같이 된다. 이 때 에너지 간격 (energy gap)의 높이는 각각 $2V_1$, $2V_2$, $\cdot\cdot$ 등이 된다.

11. 9 각운동량 양자수 $j=1$인 계를 생각하자. 이 계의 Hamiltonian이

$$H = H_0 + H'$$

$$H_0 = a\left(J_z + \frac{2}{\hbar} J_z^2\right)$$

$$H' = \omega_0 \vec{J} \cdot \vec{n}$$

으로 주어졌다. 여기서 ω_0는 $|e| B_0/mc$이며 자기장 $\overrightarrow{B_0}$는 시간에 무관한 양으로

$\vec{n}=(\sin\theta\cos\varphi, \sin\theta\sin\varphi, \cos\theta)$ 방향을 가지고 있고 H'은 자기장 $\vec{B_0}$와 자기 모멘트 $\vec{M}=-\frac{|e|}{mc}\vec{J}$ 와의 상호 작용을 나타낸다.

(a) 바닥 상태를 $|n_g>$라 할 때 ω^0의 1차 보정까지 고려하여 $|n_g>$를 구하여라.

(b) 자화율(磁化率, magnetic susceptibility) χ_{ij}는 다음과 같이 평균치 $<\vec{M}>$에 대하여 $\langle M_i \rangle = \sum_j \chi_{ij}B_j$에 의하여 정의된다고 하면 바닥 상태에 대하여 자화율 χ_{ij}를 구하여라.

11. 10 본문 (11.148)식으로 주어지는 Hamiltonian에서 벡터 퍼텐셜 $\vec{A}$에 대한 (11.133)식에서 $\vec{M}$대신 $\vec{\mu}=\frac{Z|e|}{2m_N c}g_N\vec{I}$를 쓰면 초미세 상호작용(hyperfine interaction)을 기술하는 Hamiltonian 부분은

$$H_{\text{hyper}} = \frac{g_N Ze^2}{2m_e m_N c^2}\left[\frac{\vec{L}\cdot\vec{I}}{r^3}+\left\{\frac{3(\vec{S}\cdot\vec{x})(\vec{I}\cdot\vec{x})}{r^5}-\frac{\vec{S}\cdot\vec{I}}{r^3}+\frac{8\pi}{3}\vec{S}\cdot\vec{I}\delta(\vec{x})\right]\right.$$

됨을 보여라.

이 식의 우변 괄호 안의 첫째, 둘째, 셋째 항을 각각 궤도 초미세 상호작용(軌道超微細相互作用, orbital hyperfine interaction), 쌍극성 초미세 상호작용(雙極性超微細相互作用, dipolar hyperfine interaction), 접촉 초미세 상호작용(接觸超微細相互作用항, contact hyperfine interaction)이라고 부른다.

11. 11 스핀 $\vec{S}$와 궤도 각운동량 $\vec{L}$의 합으로 이루어진 $\vec{J}=\vec{L}+\vec{S}$에 대하여 다음 관계식을 증명하여라.

$$[J_i, S_j] = i\hbar\epsilon_{ijk}S_k$$

$$[J^2, S_i] = -2i\hbar\epsilon_{ijk}J_jS_k - 2\hbar^2 S_i$$

$$[J^2, [J^2, S_i]] = 2\hbar^2(J^2S_i + S_iJ^2) - 4\hbar^2 J_i\vec{J}\cdot\vec{S}$$

이 식으로부터 Landé의 g인자를 구하여라.

11. 12 한 연산자 $\vec{\mu}=\gamma_1\vec{J}_1+\gamma_2\vec{J}_2$의 기대치를 $|j_1j_2jm>$로 기술되는 상태에서 구하여라. 여기서 $\vec{J}=\vec{J_1}+\vec{J_2}$로 정의된다.

11. 13 나트륨 D선들 $({}^2p_{3/2}, {}^2p_{1/2} \rightarrow {}^2s_{1/2})$에 대한 문제에서 자기장 B가 걸렸을 때에는 비정상 Zeeman 효과가 나타나고 ${}^2p_{3/2}\rightarrow{}^2s_{1/2}$에는 6개의 전이가 일어나며, ${}^2p_{1/2}\rightarrow{}^2s_{1/2}$

에는 4개의 전이가 일어나는데 이 때 나오는 빛의 스펙트럼(spectrum)을 파장 길이의 순서로 나열하여라.

11. 14 위 문제에서 자기장 B가 커지면 섭동 항이

$$-\frac{e\hbar B}{2m_e c}(m_l+2m_s)$$

로 된다. 이 현상을 Paschen-Back 효과라고 한다.

(a) 이 때 나트륨의 에너지 준위는 앞 문제에서 얻은 것 보다 작아지는 것을 보여라.

(b) 전이가 $\Delta m_l=0, \pm 1$, $\Delta m_s=0$ 인 조건에서 일어난다고 가정하고 가능한 스펙트럼을 기술하여라.

11. 15 2×10^4gauss 의 자기장 안에 있는 수소의 $^2d_{5/2}$와 $^2f_{7/2}$에 대한 Zeeman 갈라지기(splitting)를 구하라. 이 때 두 가지 에너지 준위 사이에 일어나는 스펙트럼선의 구조를 논하다.

11. 16 질소 $(N, Z=7)$의 전자 배열(electronic configuration)을 보면 $1s^2 2s^2 2p^3$가 된다. 외각에 있는 3개의 p전자에 대하여 이들이 가질 수 있는 총 각운동량을 조사하여 보자. $L-S$결합을 생각할 때

(a) 총 스핀 값과 총 궤도 양자수는 각각 얼마인가?

(b) 가능한 j값을 구하여 가능한 원자 상태를 분광학적 기초로 쓰면 다음 19가지가 있음을 보여라. 즉

$$^2s_{1/2},\ ^2p_{1/2,\,3/2},\ ^2d_{3/2,\,5/2},\ f_{5/2,\,7/2}\ ^4s_{3/2},\ ^4p_{1/2,\,3/2,\,5/2},$$

$$^4d_{1/2,\,3/2,\,5/2,\,7/2},\ ^4f_{3/2,\,5/2,\,7/2,\,9/2}$$

(c) 이들에 대하여 배타 원리를 적용할 경우 ^2d, ^2p, ^4s만 가능함을 보여라. 따라서 질소의 기저 상태는 $^4s_{3/2}$이다.

제 12 장

근사법(近似法, Approximatiom Method)의 다른 예

지금까지 취급한 섭동 이론의 방법은 근사법에서 가장 많이 사용되는 방법이나, 근사적으로 양자역학을 취급하는 데는 이 방법 이외에도 여러 가지가 있다. 여기서는 특히 많이 사용되는 변분 방법과 WKB 방법에 대하여 논하여 보자.

12. 1 변분 방법(變分方法, variational method)

한 계에서 보다 낮은 에너지 준위를 계산하는 데에 있어 아주 유용한 방법 중의 하나가 변분법(變分法, calculus of variations)을 이용하는 근사법이다. 이것은 물론 H의 정확한 고유값 문제가 잘 풀려지지 않을 때 유용한 방법이다. 이 문제와 관련된 정리를 먼저 고려해 보자.

가령 우리가 풀려는 문제가

$$H\psi_n = E_n\psi_n \text{ 또는 } H|\psi_n> = E_n|\psi_n> \tag{12.1}$$

이라고 하자. 여기서 ψ_n은

$$\int \psi_m{}^*\psi_n d^3x = <\psi_m|\psi_n> = \delta_{mn} \tag{12.2}$$

의 관계를 만족한다. 그리고 에너지 고유값은 $E_0, E_1, E_2, \cdots\cdots$이며 크기의 순서대로

$$E_0 \le E_1 \le E_2 \le \cdots\cdots \tag{12.3}$$

와 같이 일련번호를 붙였다고 하자.

이 때

$$<\phi|\phi> = \int \phi^*\phi d^3x = 1 \tag{12.4}$$

인 어느 규격화(規格化)된 함수 ϕ에 대하여 다음과 같은 관계가 성립한다.

$$<\phi|H|\phi> = \int \phi^* H\phi d^3x \ge E_0 \tag{12.5}$$

여기서 ϕ를 임의의 시행 함수(試行函數, trial function)라 부른다. Dirac의 벡터 방법을 이용하여 기술하면 계의 상태 공간에 있는 규격화되지 않은 임의의 켓벡터 $|\phi>$에 대하여 Hamiltonian의 기대치 또는 평균치는

$$<H> = \frac{<\phi|H|\phi>}{<\phi|\phi>} \ge E_0 \quad (\text{규격화된 경우 } <\phi|\phi> = 1) \tag{12.6}$$

이다. 위 식에서 등식(等式)은 ϕ가 H의 고유값 중에서 가장 작은 값을 갖는 고유 상태와 똑같을 경우에 성립한다.

(증명) $|\phi>$를 $\{|\psi_n>\}$으로 전개하여 보자.

$$|\phi> = \sum_n c_n|\psi_n> \tag{12.7}$$

$$\begin{aligned}<\phi|H|\phi> - E_0 &= <\phi|H|\phi> - E_0 <\phi|\phi> \\ &= \sum_n\sum_m c_n{}^* c_m[<\psi_n|H|\psi_m> - E_0 <\psi_n|\psi_m>] \\ &= \sum_n\sum_m c_n{}^* c_m(E_m - E_0)\delta_{nm} \\ &= \sum_n c_n{}^* c_n(E_n - E_0) \geq 0 \end{aligned} \tag{12.8}$$

여기서 등식은 n이 0 이외의 모든 n에 대하여 $c_n = 0$인 경우에 해당되며 그 때는 $|\phi> \propto |\psi_0>$이 된다.

따라서 H가 주어지고 에너지가 이것의 최저값 $E_{\min}$인 바닥 상태를 구하려 한다면 먼저

(α) ϕ를 택한다. 여기에는 매개 변수(媒介變數, parameter)가 포함되어야 한다.

(β) $<\phi|H|\phi> = \int \phi^* H\phi d^3x$를 구한다. 이 값은 매개 변수의 함수가 될 것이다.

(γ) $<\phi|H|\phi> = \int \phi^* H\phi d^3x$를 매개 변수에 관하여 미분하여 이를 0을 놓음으로써 극소 값을 구한다. 이 값이 작으면 작을수록 이 값은 E_0에 가까워질 것이다. 이 최소값이 E_0이면 이때 ϕ값은 ψ_0를 나타낸다. 이 최소값이 정확하게 E_0가 안 되어도 ϕ는 ψ_0에 가까운 값이 된다. 구체적인 예를 몇 개 들어보자.

예. 1. 3차원 등방성 조화 진동자(等方性調和振動子, isotropic harmonic oscillator)의 바닥 상태를 구하기 위하여 변분법 방법을 사용하여 보자.

$$H = \frac{p^2}{2m} + \frac{1}{2}kr^2, \quad \left(E_0 = \frac{3}{2}\hbar\omega \text{ 임을 알고 있다.}\right) \tag{12.9}$$

(a) 우선 변분함수 $\phi = ce^{-\lambda r}$를 시행 함수로 사용하여 보자. 여기서 c는 ϕ를 규격화하기 위한 상수이며 λ는 매개 변수이다. c를 구하기 위하여 다음 관계식을 사용한다.

$$\int \phi^* \phi d^3x = |c|^2 \int_0^\infty e^{-2\lambda r} 4\pi r^2 dr \quad (2\lambda r \Rightarrow y)$$

$$= |c|^2 \cdot \frac{4\pi}{(2\lambda)^3} \int_0^\infty e^{-y} y^2 dy$$

$$= \frac{\pi}{\lambda^3}|c|^2 \qquad \{(11.86) \text{ 식을 이용함}\}$$

$$\therefore c=\sqrt{\frac{\lambda^3}{\pi}} \tag{12.10}$$

(β) 이 결과를 쓰면

$$\begin{aligned}\int \phi^* H\phi d^3x &= \int \phi^*\left(-\frac{\hbar^2}{2m}\nabla^2+\frac{1}{2}kr^2\right)\phi d^3x \\ &= \frac{\lambda^3}{\pi}\int_0^\infty 4\pi r^2 dr e^{-\lambda r}\left\{-\frac{\hbar^2}{2m}\left(\frac{\partial^2}{\partial r^2}+\frac{2}{r}\frac{\partial}{\partial r}\right)+\frac{1}{2}kr^2\right\}e^{-\lambda r} \\ &= 4\lambda^3\int_0^\infty r^2 dr\left\{-\frac{\hbar^2}{2m}\left(\lambda^2-\frac{2\lambda}{r}\right)+\frac{1}{2}kr^2\right\}e^{-2\lambda r}\ (2\lambda r\Rightarrow y) \\ &= 4\lambda^3\frac{1}{(2\lambda)^3}\int_0^\infty y^2 dy e^{-y}\left\{-\frac{\hbar^2\lambda^2}{2m}+\frac{2\hbar^2\lambda^2}{my}+\frac{ky^2}{8\lambda^2}\right\} \\ &= \frac{1}{2}\left[-\frac{\hbar^2\lambda^2}{2m}\cdot 2!+\frac{2\hbar^2\lambda^2}{m}\cdot 1+\frac{k}{8\lambda^2}\cdot 4!\right] \\ &= \frac{1}{2}\left(\frac{\hbar^2\lambda^2}{m}+\frac{3k}{\lambda^2}\right) \end{aligned} \tag{12.11}$$

가 된다.

(γ) 이 값의 최소값을 구하기 위하여서는 λ에 관한 미분을 0으로 놓으면 되나, 위의 값이 λ^2의 함수이므로 λ^2에 관한 미분을 고려하는 것이 더 편리하다. 즉

$$\frac{\partial}{\partial(\lambda^2)}<\phi|H|\phi> = \frac{1}{2}\left(\frac{\hbar^2}{m}-\frac{3k}{\lambda^4}\right)=0 \tag{12.12}$$

$$\therefore \lambda^4=\frac{3km}{\hbar^2}$$

$$\lambda^2=\sqrt{\frac{3km}{\hbar^2}} \tag{12.13}$$

이 되므로

$$\begin{aligned}E_{\min} = <\phi|H|\phi>|_{\min} &= \frac{1}{2}\left(\frac{\hbar^2}{m}\sqrt{\frac{3km}{\hbar^2}}+3k\sqrt{\frac{\hbar^2}{3km}}\right) \\ &= \frac{\sqrt{3}}{2}\hbar\omega+\frac{\sqrt{3}}{2}\hbar\omega=\sqrt{3}\,\hbar\omega \\ &= 1.732\hbar\omega \end{aligned} \tag{12.14}$$

를 얻는다. 여기서 H의 바닥 상태의 에너지 값으로 얻은 $1.732\hbar\omega$는 보다 더 정확한 값 $\frac{3}{2}\hbar\omega=1.5\hbar\omega$와 비교하여 볼 때 H의 기대치를 대략 취한 것에 비한다면 그리 나쁜 값이라고 말 할 수 없다.

예 2. 헬륨(Helium) 원자의 바닥 상태의 에너지

헬륨원자는 두 개의 전자가 $Z|e|(Z=2)$인 전하를 가진 무거운 핵 주위에 돌고 있다고 볼 수 있다. 헬륨의 경우 $Z=2$이나 일반적으로 밖에 두 개의 전자가 있는 헬륨형 원자까

지를 고려한다는 의미에서 그대로 Z로 놓는다. 헬륨 핵을 원점으로 잡고 두 전자의 위치를 $\overrightarrow{x_1}$과 $\overrightarrow{x_2}$라면 Hamiltonian은

$$H=\frac{p_1^2}{2m}+\frac{p_2^2}{2m}-\frac{Ze^2}{r_1}-\frac{Ze^2}{r_2}+\frac{e^2}{|\overrightarrow{x_1}-\overrightarrow{x_2}|} \tag{12.15}$$

이 된다.

여기서 한 전자에 대한 Hamiltonian $\dfrac{p^2}{2m}-\dfrac{Ze^2}{r}$에 대한 해는 알고 있으므로 시행함수 ϕ는 그대로 $1s$궤도에 있는 수소형 원자의 두 파동함수의 곱으로 택하고 전하의 수 Z^*를 매개 변수로 잡는다. 이때 Z^*는 핵의 유효(有效, effective) 전하라 볼 수 있다. 일반적으로 핵의 전하는 전자들에 가려서 실제 전하보다 작은 값을 갖는 것처럼 작용한다.

$$\phi(\overrightarrow{x_1},\overrightarrow{x_2},Z^*)=\psi_{100}(\overrightarrow{x_1})\psi_{100}(\overrightarrow{x_2}) \tag{12.16}$$

로 시행함수를 잡을 때, 수소형 원자의 바닥 상태 $E_0=-\dfrac{1}{2}mc^2(Z^*\alpha)^2$의 에너지를 갖는 고유 함수 ψ_{100}은 (11.72)식으로부터

$$\psi_{100}(r)=\frac{1}{\sqrt{\pi}}\left(\frac{Z^*}{a^0}\right)^{3/2}e^{-\frac{Z^*r}{a_0}} \tag{12.17a}$$

이므로 시행함수와 H의 기대치는 각각

$$\phi(r_1,r_2,Z^*)=\frac{1}{\pi}\left(\frac{Z^*}{a_0}\right)^3 e^{-\frac{Z^*}{a_0}(r_1+r_2)} \tag{12.17b}$$

$$\int\phi^* H\phi d^3x_1d^3x_2=\int d^3x_1\int d^3x_2\psi_{100}^*(r_1)\psi_{100}^*(r_2)\left[\frac{p_1^2}{2m}+\frac{p_2^2}{2m}-\frac{Ze^2}{r_1}\right.$$
$$\left.-\frac{Ze^2}{r_2}+\frac{e^2}{|\overrightarrow{x_1}-\overrightarrow{x_2}|}\right]\psi_{100}(r_1)\psi_{100}(r_2) \tag{12.18}$$

가 된다. (12.18)식에서 괄호 H안에 있는 값을 세 부분으로 나누어서 적분을 생각하여 보자.

①

$$\frac{p_1^2}{2m}-\frac{Ze^2}{r_1}=\frac{p_1^2}{2m}-\frac{Z^*e^2}{r^1}-\frac{(Z-Z^*)e^2}{r_1} \tag{12.19}$$

이 값의 기대치는 다음과 같이 쉽게 구할 수 있다. 즉

$$I_1=\int\phi^*\left(\frac{p_1^2}{2m}-\frac{Ze^2}{r_1}\right)\phi d^3x_1d^3x_2=\int\psi_{100}^*(r_1)\left(\frac{p_1^2}{2m}-\frac{Ze^2}{r_1}\right)\psi_{100}(r_1)d^3x_1$$
$$=-\frac{1}{2}mc^2(Z^*\alpha)^2-(Z-Z^*)e^2\int\psi_{100}^*\frac{1}{r_1}\psi_{100}d^3x_1 \tag{12.20}$$

이 되며, 한편 (11.72)식을 이용하면

$$\left\langle\frac{1}{r}\right\rangle_{100}=\frac{1}{\pi}\left(\frac{Z}{a_0}\right)^3\int_0^\infty 4\pi r^2dr\frac{1}{r}\cdot e^{-\frac{2Z}{a_0}r}$$

$$= 4\left(\frac{Z}{a_0}\right)^3 \int_0^\infty r e^{-\frac{2Z}{a_0}r} dr$$

$$= 4\left(\frac{Z}{a_0}\right)^3 \left(\frac{a_0}{2Z}\right)^2 = \frac{Z}{a_0} \tag{12.21}$$

이므로 여기에서는 Z대신 Z^*를 사용하면

$$I_1 = -\frac{1}{2}mc^2(Z^*\alpha)^2 - (Z-Z^*)e^2 \cdot \frac{Z^*}{a_0}: \qquad \left(a_0 = \frac{\hbar}{mc\alpha}, e^2 = \hbar c\alpha\right)$$

$$= -\frac{1}{2}mc^2(Z^*\alpha)^2 + Z^*(Z^* - Z)mc^2\alpha^2 \tag{12.22}$$

이 된다. $\frac{p_2^2}{2m} - \frac{Ze^2}{r_2}$에 대하여도 마찬가지 값을 얻는다.

② 한편 (12.18)식의 적분의 마지막 항은

$$I_3 = \int \phi^* \frac{e^2}{|\overrightarrow{x_1} - \overrightarrow{x_2}|} \phi d^3x_1 d^3x_2 = \int d^3x_1 d^3x_2 \phi^* \frac{e^2}{\left(r_1^2 + r_2^2 - 2r_1 r_2 \cos\theta\right)^{\frac{1}{2}}} \phi \tag{12.23}$$

$$= \int r_1^2 dr_1 d\Omega_1 \int r_2^2 dr_2 d\Omega_2 e^2 \phi^* \phi \frac{1}{\left(r_1^2 + r_2^2 - 2r_1 r_2 \cos\theta\right)^{\frac{1}{2}}}$$

이 되는데 여기서 θ는 $\overrightarrow{x_1}$과 $\overrightarrow{x_2}$사이의 각이다. 이 식을 적분할 때 먼저 Ω_2에 대하여 적분을 한다. $\overrightarrow{x_1}$은 고정시키고 $\overrightarrow{x_2}$의 극좌표를 택할 때 z_2방향을 $\overrightarrow{x_1}$방향으로 잡으면

$$d\Omega_2 = \sin\theta d\theta d\varphi_2 \tag{12.24}$$

로 놓을 수 있다. 따라서 (12.23)식은

$$I_3 = e^2 \int r_1^2 dr_1 d\Omega_1 \int r_2^2 dr_2 \phi^* \phi \cdot 2\pi \cdot \frac{1}{r_1 r_2}\left(r_1^2 + r_2^2 - 2r_1 r_2 \cos\theta\right)^{\frac{1}{2}} \Big|_0^\pi$$

$$= 2\pi e^2 \int r_1 dr_1 d\Omega_1 \int r_2 dr_2 \phi^* \phi \left(r_1 + r_2 - |r_1 - r_2|\right) \tag{12.25}$$

가 된다. 이 식에서 피적분 함수(被積分函數, integrand)는 각도와 관계없는 함수이므로 $d\Omega_1$에 대한 적분을 하면 단순히 4π 배가 된다. 또 ϕ의 식 (12.17b)를 대입하면

$$I_3 = 8\pi^2 e^2 \cdot \frac{1}{\pi^2}\left(\frac{Z^*}{a_0}\right)^6 \int_0^\infty r_1 dr_1 e^{-\frac{2Z^*}{a_0}r_1} \int_0^\infty r_2 dr_2 e^{-\frac{2Z^*}{a_0}r_2} \left(r_1 + r_2 - |r_1 - r_2|\right)$$

$$= 8e^2 \left(\frac{Z^*}{a_0}\right)^6 \int_0^\infty dr_1 r_1 e^{-\frac{2Z^*}{a_0}r_1} \left(2\int_0^{r_1} dr_2 r_2^2 e^{-\frac{2Z^*}{a_0}r_2} + 2\int_{r_1}^\infty dr_2 r_1 r_2 e^{-\frac{2Z^*}{a_0}r_2}\right) \tag{12.26}$$

이 되는데 이 적분을 구하기 위하여

$$y_1 = \frac{2Z^*}{a_0} r_1, \quad y_2 = \frac{2Z^*}{a_0} r_2 \tag{12.27}$$

로 놓고 부분적분을 하면

$$I_3 = 16e^2\left(\frac{Z^*}{a_0}\right)^6 \cdot \left(\frac{a_0}{2Z^*}\right)^5 \int_0^\infty dy_1 y_1 e^{-y_1}\left(\int_0^{y_1} dy_2 y_2^2 e^{-y_2} + y_1 \int_{y_1}^\infty dy_2 y_2 e^{-y_2}\right)$$

$$= \frac{e^2}{2}\left(\frac{Z^*}{a_0}\right)\int_0^\infty dy_1 y_1 e^{-y_1}\left(-y_2^2 e^{-y_2}\Big|_0^{y_1} + 2\int_0^{y_1} dy_2 y_2 e^{-y_2} + y_1 \int_{y_1}^\infty dy_2 y_2 e^{-y_2}\right)$$

$$= \frac{e^2}{2}\left(\frac{Z^*}{a_0}\right)\int_0^\infty dy_1 y_1 e^{-y_1}\left(-y_1^2 e^{-y_1} - 2y_2 e^{-y_2}\Big|_0^{y_1} - 2e^{-y_2}\Big|_0^{y_1}\right.$$

$$\left. - y_1 y_2 e^{-y_2}\Big|_{y_1}^\infty - y_1 e^{-y_2}\Big|_{y_1}^\infty\right)$$

$$= \frac{e^2}{2}\left(\frac{Z^*}{a_0}\right)\int_0^\infty dy_1 y_1 e^{-y_1}\left(-y_1^2 e^{-y_1} - 2y_1 e^{-y_1} - 2e^{-y_1} + 2 + y_1^2 e^{-y_1} + y_1 e^{-y_1}\right)$$

$$= \frac{e^2}{2}\left(\frac{Z^*}{a_0}\right)\int_0^\infty dy_1\left(2y_1 e^{-y_1} - 2y_1 e^{-2y_1} - y_1^2 e^{-2y_1}\right)$$

$$= \frac{e^2}{2}\left(\frac{Z^*}{a_0}\right)\left\{2 \cdot 1 - 2 \cdot \frac{1}{2^2} - \frac{2!}{2^3}\right\}$$

$$= \frac{5}{8}\,\frac{e^2 Z^*}{a_0}$$

$$= \frac{5}{4}\left(\frac{1}{2}mc^2\alpha^2\right)Z^* \tag{12.28}$$

이 된다.

따라서 (12.18)식, (12.22)식과 (12.28) 식을 이용하면

$$\int \phi^* H\phi d^3x = -mc^2\alpha^2(Z^*)^2 + 2mc^2\alpha^2 Z^*(Z^* - Z) + \frac{5}{8}mc^2\alpha^2 Z^*$$

$$= -\frac{1}{2}mc^2\alpha^2\left\{4Z^* Z - 2(Z^*)^2 - \frac{5}{4}Z^*\right\} \tag{12.29a}$$

$$\frac{\partial}{\partial Z^*}\int \phi^* H\phi d^3x = -\frac{1}{2}mc^2\alpha^2\left\{4Z - 4Z^* - \frac{5}{4}\right\} = 0 \tag{12.29b}$$

$$\therefore Z^* = Z - \frac{5}{16}$$

그러므로 이 값을 (12.29a)식에 대입하여

$$E_{\min} = -\frac{1}{2}mc^2\alpha^2\left\{4Z\left(Z - \frac{5}{16}\right) - 2\left(Z - \frac{5}{16}\right)^2 - \frac{5}{4}\left(Z - \frac{5}{16}\right)\right\}$$

$$= -\frac{1}{2}mc^2\alpha^2\left\{2Z^2 - Z\left(\frac{5}{4} - \frac{5}{4} + \frac{5}{4}\right) + \frac{25}{16}\left(\frac{1}{4} - \frac{1}{8}\right)\right\}$$

$$= mc^2\alpha^2\left(Z - \frac{5}{16}\right)^2 \geq E_0 \tag{12.30}$$

을 얻는다.

헬륨(He) 원자에 대하여 $Z=2$이고 $\frac{1}{2}mc^2\alpha^2$은 수소 원자의 이온화 에너지(ionization energy)인 13.6eV이므로

$$E_{\min} = -77.4eV \tag{12.31}$$

이다. 이 값은 실험적인 값 $E_{\exp} = -78.975eV$에 상당히 가까운 값임을 알 수 있다.

변분법의 방법은 많은 전자를 생각하는 고체물리학에서 많이 사용된다. 다음으로 높은 에너지 값을 얻기 위하여 다음과 같은 시행함수를 생각하자.

$$\phi = \sum_{n=1}^{\infty} c_n \psi_n \tag{12.32}$$

여기에서 ψ_0 는 빠졌음을 주의하자. 이 식을 이용하면

$$\int \psi_0^* \phi d^3x = 0 \tag{12.33a}$$

$$\int \phi^* H\phi d^3x - E_1 = \sum_{n=1}^{\infty} |c_n|^2 (E_n - E_1) \geq 0 \tag{12.33b}$$

$$\int \phi^* H\phi d^3x \geq E_1 \tag{12.33c}$$

이 된다. 따라서 보다 위의 에너지 준위를 얻기 위하여서는 먼저 최하위 상태의 $\phi_{0,}$에 대한 값을 구하고 E_0를 택할 때

$$\int \phi^* \phi d^3x = 1 \tag{12.34a}$$

$$\int \phi_0^* \phi d^3x = 0 \tag{12.34b}$$

이 되도록 만든 후에 이 매개 변수에 대하여

$$\int \phi^* H\phi d^3x \tag{12.35}$$

가 최소값이 되도록 함으로써 $E_{1\min}$을 얻는다.

12. 2 WKB 근사(Approximation)

퍼텐셜이 계단 모양의 함수가 아니고 그림 4.2에서와 같이 일반적인 모양을 가질 때 이 퍼텐셜이 위치의 천천히 변하는 함수인 경우, Wentzel, Kramers, Brillouin(WKB)에 의하여 시도되었던 Schrödinger 방정식을 근사적으로 푸는 한 방법을 논하고자 한다. 이 방법은 여러 문제들에 응용 되는 유용한 방법이다.

(a) WKB 근사 방법의 기본 계념

1차원에서 시간에 무관한 Schrödinger 방정식은

$$\frac{d^2\psi}{dx^2} + \frac{p^2(x)}{\hbar^2}\psi = 0 \tag{12.36}$$

로 쓸 경우에 여기서 $p(x)$함수는

$$p^2(x)=2m\{E-V(x)\} \tag{12.37}$$

로 정의되었다.

먼저 이 미분 방정식의 가장 일반적인 해는

$$\psi(x)=C\exp\left\{\pm i\int_a^x dx\sqrt{\frac{p^2}{\hbar_2}\pm i\frac{d}{dx}\sqrt{\frac{p^2}{\hbar_2}\pm i\frac{d}{dx}\sqrt{\frac{p^2}{\hbar_2}\pm i\frac{d}{dx}\sqrt{\cdots\cdots}}}}\right\} \tag{12.38}$$

가 된다.

(증명) (12.38)식을 x에 관하여 미분하면 상수 C와 무관한 항은

$$\frac{d\psi}{dx}=\frac{d}{dx}e^{\pm i\int dx\sqrt{\cdots\cdots}}$$

$$=e^{\pm i\int dx\sqrt{\cdots\cdots}}\cdot\left(\pm i\sqrt{\frac{p^2}{\hbar^2}\pm i\frac{d}{dx}\sqrt{\cdots\cdots}}\right) \tag{12.39}$$

$$\frac{d^2\psi}{dx^2}=\frac{d}{dx}\left(\frac{d}{dx}e^{\pm i\int dx\sqrt{\cdots\cdots}}\right)$$

$$=e^{\pm i\int dx\sqrt{\cdots\cdots}}\cdot\left(\pm i\sqrt{\frac{p^2}{\hbar^2}\pm i\frac{d}{dx}\sqrt{\cdots\cdots}}\right)^2$$

$$+e^{\pm i\int dx\sqrt{\cdots\cdots}}\cdot\left(\pm i\frac{d}{dx}\sqrt{\frac{p^2}{\hbar^2}\pm i\frac{d}{dx}\sqrt{\cdots\cdots}}\right)$$

$$=e^{\pm i\int dx\sqrt{\cdots\cdots}}\cdot\left\{-\frac{p^2}{\hbar^2}\mp i\frac{d}{dx}\sqrt{\cdots\cdots}\pm i\frac{d}{dx}\sqrt{\cdots\cdots}\right\}$$

$$=-\frac{p^2}{\hbar^2}\psi(x) \tag{12,40}$$

$$\therefore \frac{d^2\psi}{dx^2}+\frac{p^2}{\hbar^2}\psi(x)=0$$

(증명 끝)

(12.38)식에서 $\sqrt{\ }$ 기호 안에 있는 두 값 $\frac{p^2}{\hbar^2}$과 $\frac{d}{dx}\sqrt{\cdots\cdots}$ 사이의 크기를 비교할 때 만일 후자가 전자에 비하여 작다면 즉

$$\frac{d}{dx}\sqrt{\frac{p^2}{\hbar^2}+i\frac{d}{dx}\sqrt{\cdots\cdots}}\ll\frac{p^2}{\hbar^2} \tag{12.41}$$

인 경우에는 $\sqrt{\ }$ 안에 있는 값을 근사적으로 전개할 수 있다. 즉

$$\sqrt{\frac{p^2}{\hbar^2}+i\frac{d}{dx}\sqrt{\cdots\cdots}}=\frac{p}{\hbar}\sqrt{1\pm\frac{\hbar^2}{p^2}i\frac{d}{dx}\sqrt{\frac{p^2}{\hbar^2}\pm i\frac{d}{dx}\sqrt{\cdots\cdots}}}$$

$$\simeq\frac{p}{\hbar}\left(1\pm\frac{1}{2}i\frac{\hbar^2}{p^2}\cdot\frac{d}{dx}\frac{p}{\hbar}\right)$$

$$=\frac{p}{\hbar}\pm\frac{1}{2p}i\frac{dp}{dx}$$

$$=\frac{p}{\hbar}\pm\frac{1}{2}i\frac{d}{dx}(\ln p) \tag{12.42}$$

따라서 (12.38)식으로 주어진 $\psi(x)$값은 1차 근사에서

$$\psi(x) = Ce^{\pm i\int\left[\frac{p}{\hbar}\pm\frac{i}{2p}\frac{dp}{dx}\right]dx}$$

$$= Ce^{\pm\frac{i}{\hbar}\int pdx}\cdot e^{-\frac{1}{2}\int\frac{dp}{p}}$$

$$= \frac{C}{\sqrt{p}}e^{\pm\frac{i}{\hbar}\int pdx} \tag{12.43}$$

를 얻는다. 이것은 보다 정확한 해인 (12.38)식에 대한 근사해로서 처음 Wentzel, Kramers, Brillouin에 의하여 고찰되었으며 WKB근사 방법이라 부른다. 물론 이 식을 얻는 방법은 보통 $\psi(x) = R(x)e^{\frac{i}{\hbar}S(x)}$로 놓고 푸는 방법을 사용하지만 위의 방법은 여러 가지 면에서 명확함을 알 수 있다. 이 해에서 몇 가지 점을 고찰하여 보자.

(i) 이 방법은 미분 방정식이 (12.36)식이 되는 물리학 문제의 경우에 항상 사용될 수 있다.

(ii) 위의 근사에서는 (12.41)식을 다시 쓰면

$$\frac{d}{dx}\left(\frac{p}{\hbar}\right) < \frac{p^2}{\hbar^2}$$

$$\frac{d}{dx}\left(\frac{h}{p}\right) < 2\pi,\ \text{즉}\ \frac{d\lambda}{dx} < 2\pi. \tag{12.44}$$

가 되어 $\frac{h}{p}$는 파장에 해당되므로 입자의 de Broglie파장의 변화율이 작을 경우에 WKB 근사가 적용됨을 보인다.

(iii) $\sqrt{\ }$ 안에 있는 값을 전개하면 $\hbar$의 멱수(冪數, power)가 증가하는 방향으로 급수가 얻어진다. 따라서 $\hbar$의 멱수가 큰 값을 생략하는 것은 고전적인 근사를 취하는 것과 같은 방향을 제시한다. 한편 WKB근사는 양자역학과 고전역학적인 양면을 포함하고 있음을 알 수 있다. 그 이유는 파동 함수는 파의 성질을 가지고 있으며

$$\psi = \frac{C}{\sqrt{p}}e^{i\int\frac{p}{\hbar}dx}\quad(p^2 > 0\text{인 영역에서}) \tag{12.45}$$

가 되므로 입자가 어느 위치에 있을 확률은

$$|\psi|^2 = \frac{C^2}{p} = \frac{\text{상수}}{(\text{속도})} \tag{12.46}$$

가 되므로 입자의 속도가 작을수록 발견될 확률이 커지는 고전적인 생각과 같아짐을 알 수 있다.

(iv) $p^2 > 0$인 영역에서는 WKB 근사 해는 지수에 붙은 ±값에 따라 우로 이동하거나 좌로 이동하는 파를 나타낸다.

(증명) 시간에 따른 파동 함수의 변화까지를 고려하면

$$\psi(x,t) = \frac{C}{\sqrt{p}}e^{\pm i\int\frac{p}{\hbar}dx - i\frac{E}{\hbar}t} \tag{12.47}$$

이어서 위상을 결정해 주는 지수 항이 일정하려면

$$\pm\int\frac{p}{\hbar}dx-\frac{E}{\hbar}t=\text{상수} \tag{12.48}$$

이어야 하고 이 식으로부터 위상 속도는

$$\frac{dx}{dt}=\pm\frac{E}{p} \tag{12.49}$$

가 되어 + 와 - 의 방향이 다르게 된다.

(v) 만일 $p^2=0$이고 $\frac{dp}{dx}\neq 0$인 경우에는 WKB근사는 쓸 수 없다. 이 점은 고전역학에서 입자의 반환점(turning point)에 해당된다. 반환점에서는 $p(x)$를 $(x-x_t)$로 전개하여 미분 방정식을 별도로 풀 수 있다. 이것은 앞으로 논의한다.

(vi) $p^2<0$인 경우는

$$V(x)>E$$

가 되고 $\frac{|p^2|}{\hbar^2}>\frac{d|p|}{dx}$인 경우에는 WKB근사를 쓸 수 있다.

이때에는

$$\psi(x,t)=\frac{C}{\sqrt{|p|}}e^{\pm\int\frac{|p|}{\hbar}dx}\Rightarrow\frac{c_1}{\sqrt{|p|}}e^{-\int_c^x\frac{|p|}{\hbar}dx}+\frac{c_2}{\sqrt{|p|}}e^{\int_x^c\frac{|p|}{\hbar}dx}. \tag{12.50}$$

모양이 된다. 이 값은 양자역학에서 일반적으로 지수 함수가 되는 경우에 해당되며 이 때 적분 구간에 따라 +, - 값을 정하는데 주의하여야 한다. 어느 경우이거나 $|x|\to\infty$에서 $\psi(x,t)$는 0이 되어야 한다.

따라서 진동형의 해와 지수형의 해가 반환점을 통과하여 어떻게 연결되는가를 살펴야 하는데 반환점에서는 제 4장에서 사용한 방법은 사용할 수 없다. E와 $V(x)$의 크기에 따라 진동형의 해와 지수형의 해를 어떻게 연결하는가 하는 문제를 고찰하려한다.

(b) 연결공식(connection formulas)

진동형의 해와 지수형의 해가 반환점을 통과하여 어떻게 연결되는가를 살펴야 하는데, 반환점 $x=a$에서는 $E=V(a)$이어서 $p^2=0$ 인 경우에 해당되므로 앞에서 논의한 바와 같이 WKB 근사를 쓸 수 없는 것이 문제이다. 즉 반환점에서는 (12.45)식과 (12.50)식을 직접 사용할 수 없다.

한편 반환점 근처에서는

$$V(x)=V(a)+\frac{dV}{dx}\Big|_a(x-a)+\cdots \tag{12.51}$$

이므로 Schrödinger 방정식은 (12.36)식에서

$$\frac{d^2\psi}{dx^2}-\frac{2m}{\hbar^2}\frac{dV}{dx}\Big|_a(x-a)\psi=0$$

(12.52)

이 된다. 따라서

$$-\frac{2m}{\hbar^2}\frac{dV}{dx}\Big|_a = \alpha \tag{12.53}$$

라 놓을 때, 이 값은 반환점에서의 퍼텐셜의 모양(기울기)에 따라 0보다 크거나 작게 된다.

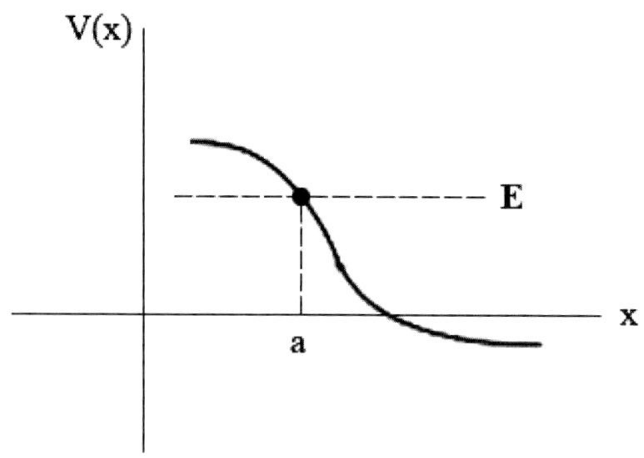

그림 12.1(a) 퍼텐셜 기울이가 0 보다 작은 경우, 반환점 $x = a$

그림 12.1(a)에서는 $\frac{dV}{dx}\Big|_0 < 0$이므로 $\alpha > 0$ 인 경우이다. 또 위치 x 가 반환점 위치보다 큰 영역이냐 작은 영역이냐에 따라 $(x-a)$도 0보다 크기도 하고 작기도 하다. 이러한 경우에는 방정식의 정확한 해를 알 수 있다. 이 해들을 통하여 WKB근사로 얻은 해의 계수들 사이의 관계를 얻으려는 것이다.

① 미분 방정식의 해

(i) 특히 그림의 $x > a$인 (여기서 $E > V$ 이며 진동형:oscillatory) 영역에서 새로운 변수

$$s = \alpha^{1/3}(x-a) \tag{12.54}$$

를 도입하면 위 Schrödinger 방정식은

$$\frac{d^2\psi}{ds^2} + s\,\psi = 0 \tag{12.55}$$

을 얻게 되는 데, 이 식은 Airy 미분 방정식(differential equation)이라고 부른다.

이 식의 해는 Airy 함수 또는 Bessel 함수가 되는데, Airy 함수에 대한 논의는 연습 문제를 통하여 논의하기로 하고, 여기서는 Bessel 함수의 해를 가지고 논하자.

(정리)

만일 미분 방정식이 다음과 같은 경우,

$$\frac{d^2\psi}{dx^2}+k^2(x)\,\psi=0 \tag{12.56}$$

$$\left[*\ \frac{d^2\psi}{dx^2}+\frac{2m}{\hbar^2}(E-V(x))\psi=0,\ k^2>0\right]$$

그리고 특히

$$k^2(x)=cx^n \tag{12.57}$$

인 경우, 그 해는 다음과 같이 된다.

$$\psi(x)=A\xi^{1/2}k^{-1/2}J_{\pm m}(\xi) \tag{12.58}$$

여기서 ξ 는 다음과 같이 정의된 양이다.

$$\xi=\int_0^x k(x)dx \tag{12.59}$$

(증명) 먼저

$$\psi(x)=A\xi^{1/2}k^{-1/2}\phi(\xi) \tag{12.60}$$

라 놓고 위 미분 방정식으로부터 $\phi(\xi)$가 만족하는 방정식을 찾아보자.

$$\xi=\int_0^x\sqrt{c}\,x^{n/2}dx=\frac{x\,k(x)}{(1+n/2)} \tag{12.61a}$$

$$\frac{d\xi}{dx}=k(x)=\sqrt{c}\,x^{n/2} \tag{12.61b}$$

$$\frac{dk}{dx}=\frac{n}{2}\sqrt{c}\,x^{n/2-1}=\frac{nk(x)}{2x} \tag{12.61c}$$

$$\frac{d}{dx}=\frac{d\xi}{dx}\frac{d}{d\xi}=k\frac{d}{d\xi} \tag{12.61d}$$

$$\frac{d^2}{dx^2}=\frac{d}{dx}(k\frac{d}{d\xi})=\frac{dk}{dx}\frac{d}{d\xi}+k\frac{d\xi}{dx}\frac{d^2}{d\xi^2}=\frac{n}{2x}k\frac{d}{d\xi}+k^2\frac{d^2}{d\xi^2} \tag{12.61e}$$

$$\therefore\ \frac{d^2\psi}{dx^2}=A[\frac{d^2}{dx^2}(k^{-1/2})\xi^{1/2}\phi+2\frac{d}{dx}(k^{-1/2})\frac{d}{dx}(\xi^{1/2}\phi)+k^{-1/2}\frac{d^2}{dx^2}(\xi^{1/2}\phi)] \tag{12.61f}$$

이 식을 더 계산하면 다음 결과를 얻는다. (연습문제 12.6)

$$\begin{aligned}0&=\frac{d^2\psi}{dx^2}+k^2\psi\\&=A\xi^{1/2}k^{3/2}[\frac{d^2\phi}{d\xi^2}+\frac{1}{\xi}\frac{d\phi}{d\xi}+(1-\frac{1}{4\xi^2}+\frac{n}{4x^2k^2}+\frac{n^2}{16x^2k^2})\phi]\end{aligned} \tag{12.61g}$$

여기에 $xk=(1+\frac{n}{2})\xi$ 를 이용하면 다음 관계식을 얻는다.

$$\frac{d^2\phi}{d\xi^2}+\frac{1}{\xi}\frac{d\phi}{d\xi}+[1-\frac{1}{(n+2)^2}\cdot\frac{1}{\xi^2}]\phi=0 \tag{12.62}$$

이 식은 부록에서 논의된 잘 알려진 Bessel 미분 방정식이며, 그 해인 Bessel 함수인 $J_{\pm m}(\xi)$에서

$$m=\frac{1}{n+2} \tag{12.63}$$

인 경우이다. 특히 우리가 생각하는 (12.55)식에서는 n=1 이므로 m=1/3이 된다. 즉 (12.55)식의 해는

$$\psi = A\xi^{1/2}k^{-1/2}J_{\pm 1/3}(\xi) \tag{12.64}$$

가 된다.

(ii) 이번에는 그림의 $x<a$인 (여기서 $E<V$ 이며 지수형(exponential) 영역에서는 (12.54)식과 (12.55)식에서 s가 0보다 작으므로 $s=-|s|$로 생각하고 다음 미분 방정식을 생각한다.

$$\frac{d^2\psi}{dx^2}-\kappa^2(x)\psi=0 \tag{12.65}$$

$$[* \frac{d^2\psi}{dx^2}-\frac{2m}{\hbar^2}(V(x)-E)\psi=0,\ \kappa^2>0]$$

이번에는

$$\kappa^2(x)=c'\,x^n \tag{12.66}$$

인 경우 앞에서 논의된 과정을 반복하여 적용하기 위하여

$$\eta(x)=\int_x^0 \kappa(x)\,dx \tag{12.67}$$

라면

$$\psi(x)=B\eta^{1/2}\kappa^{-1/2}\phi(x) \tag{12.68}$$

라 놓을 때 $\phi(x)$가 만족하는 방정식을 얻을 수 있다. 즉

$$\eta=-\sqrt{c'}\frac{x^{1+n/2}}{(1+n/2)}=-\frac{x\kappa}{(1+n/2)} \tag{12.69a}$$

$$\frac{d\eta}{dx}=-\kappa \tag{12.69b}$$

$$\frac{d\kappa}{dx}=\frac{n}{2}\sqrt{c'}\,x^{n/2-1}=\frac{n}{2x}\kappa(x) \tag{12.69c}$$

$$\frac{d}{dx}=\frac{d\eta}{dx}\frac{d}{d\eta}=-\kappa\frac{d}{d\eta} \tag{12.69c}$$

$$\frac{d^2}{dx^2}=\frac{d}{dx}(-\kappa\frac{d}{d\eta})=-\frac{d\kappa}{dx}\frac{d}{d\eta}-\kappa\frac{d\eta}{dx}\frac{d^2}{d\eta^2}=-\frac{n\kappa}{2x}\frac{d}{d\eta}+\kappa^2\frac{d^2}{d\eta^2} \tag{12.69e}$$

$$\frac{d^2\psi}{dx^2}=B[\frac{d^2}{dx^2}(\kappa^{-1/2})\eta^{1/2}\phi+2\frac{d}{dx}(\kappa^{-1/2})\frac{d\eta}{dx}\frac{d}{d\eta}(\eta^{1/2}\phi)+\kappa^{-1/2}\frac{d^2}{dx^2}(\eta^{1/2}\phi)] \tag{12.69f}$$

이 식들을 위 미분 방정식에 대입하고 정리하면 다음 관계식을 얻는다.

$$0=\frac{d^2\psi}{dx^2}-\kappa^2\psi \tag{12.69g}$$

$$=B\eta^{1/2}\kappa^{3/2}[\frac{d^2\phi}{d\eta^2}+\frac{1}{\eta}\frac{d\phi}{d\eta}+(-1-\frac{1}{(n+2)^2}\cdot\frac{1}{\eta^2})\phi]$$

여기서 ϕ가 만족하는 식이 Bessel 방정식 만족하도록 바꾸면 다음과 같다.

$$\frac{d^2\phi}{d(i\eta)^2}+\frac{1}{i\eta}\frac{d\phi}{d(i\eta)}+[1-\frac{1}{(n+2)^2}\cdot\frac{1}{(i\eta)^2}]\phi=0 \tag{12.70}$$

즉 이 식의 해는 변수가 $i\eta$ 인 허수를 갖는 Bessel 함수 $J_m(i\eta)$ 이다. 이러한 Bessel 함수를 수식된(modified) Bessel 함수 $I_m(\eta)$라 부르며, 그 정확한 정의는 다음과 같다.

$$I_m(\eta) = i^{-m} J_m(i\eta) \tag{12.71}$$

이 때 $m = 1/(n+2)$ 이며 $n=1$인 경우 $m = 1/3$ 이 된다. 즉

$$\phi(x) = B\kappa^{-1/2}\eta^{1/2} I_{\pm 1/3}(\eta) \tag{12.72}$$

가 된다. 여기서 상수 B는 다시 정의되었다고 생각하자.

결론적으로 (12.55)식의 해는 두 영역에서 각각 다음과 같은 두 개의 독립적인 해를 갖는다.

$$\psi_1^{\pm}(x) = A_{\pm}\xi^{1/2}k^{-1/2}J_{\pm 1/3}(\xi) \tag{12.73}$$

여기서 $$\xi = \int_0^s k(s)ds = \int_0^s s^{1/2}ds = \frac{2}{3}s^{3/2} \quad (s>0) \tag{12.74}$$

$$\psi_2^{\pm}(x) = B_{\pm}\eta^{1/2}\kappa^{-1/2}I_{\pm 1/3}(\eta) \tag{12.75}$$

여기서 $$\eta = \int_x^0 \kappa(x)dx = \int_s^0 (-s)^{1/2}ds = \frac{2}{3}(-s)^{3/2} = \frac{2}{3}|s|^{3/2},\ (s = -|s| < 0) \tag{12.76}$$

② 연결공식

Bessel 함수에 대하여 변수 x가 아주 작거나 큰 경우는 부록에서 보는 바와 같이 잘 알려져 있다. 즉 Bessel 함수의 점근형(asymptotic form)을 살펴보자.

변수 x가 작은($x\to 0$) 경우는

$$J_m(x) = \sum_{r=0}^{\infty} \frac{(-1)^r}{r!\Gamma(m+r+1)}\left(\frac{x}{2}\right)^{m+2r} \tag{A12.8}$$

로부터 $r=0$인 첫째 항이 가장 큰 기여를 하기 때문에 다음과 같다.

$$J_m(x) \to \frac{x^m}{2^m\Gamma(m+1)} \tag{12.77}$$

$$J_{\pm 1/3} \to \frac{1}{\Gamma(1\pm 1/3)}\left(\frac{x}{2}\right)^{\pm 1/3}$$

변수 x가 큰($x\to\infty$) 경우 부록에서 보인 바와 같이 다음 관계가 있다.

$$J_m(x) \to \sqrt{\frac{2}{\pi x}}\cos\left(x - \frac{m\pi}{2} - \frac{\pi}{4}\right) \tag{12.78}$$

$$J_{\pm 1/3}(x) \to \sqrt{\frac{2}{\pi x}}\cos\left(x \mp \frac{\pi}{6} - \frac{\pi}{4}\right)$$

한편 수식된 Bessel 함수 $I_m(x)$에 대하여서는 위 결과의 변수를 바꾸어줌으로서 얻는다. 즉

$$I_m(x) = (i)^{-m}\sum_{r=0}^{\infty}\frac{(-1)^r}{r!\Gamma(m+r+1)}\left(\frac{ix}{2}\right)^{m+2r} \tag{12.79}$$

이므로 x가 작을 경우, 즉 $x\to 0$의 경우

$$I_m(x) \to \frac{x^m}{2^m \Gamma(m+1)} \tag{12.80}$$

$$I_{\pm 1/3}(x) \to \frac{1}{\Gamma(1 \pm 1/3)} \left(\frac{x}{2}\right)^{\pm 1/3}$$

이고 x가 클 경우, 즉 $x \to \infty$ 경우는 다음과 같다.

$$\begin{aligned} I_{\pm 1/3}(x) &\to (i)^{\mp 1/3} \sqrt{\frac{2}{i\pi x}} \cos\left(ix \mp \frac{\pi}{6} - \frac{\pi}{4}\right) \\ &\to \left(e^{\pi i/2}\right)^{\mp 1/3 - 1/2} \sqrt{\frac{2}{\pi x}} \frac{1}{2} \left[e^{i(ix \mp \frac{\pi}{6} - \frac{\pi}{4})} + e^{-i(ix \mp \frac{\pi}{6} - \frac{\pi}{4})}\right] \\ &\to \frac{1}{\sqrt{2\pi x}} \left(e^x + e^{-x \mp \frac{\pi}{3} i - \frac{\pi}{2} i}\right) \end{aligned} \tag{12.81}$$

먼저 x가 a부근에 있어(반환점 부근에서) s가 작은 경우를 생각하면 (12.73)식은

$$\psi_1^{\pm}(x) = A_{\pm}\left(\frac{2}{3}s^{3/2}\right)^{1/2} s^{-1/4} \frac{1}{\Gamma(\frac{4}{3}/\frac{2}{3})} \left(\frac{1}{2} \cdot \frac{2}{3}s^{3/2}\right)^{\pm 1/3} \tag{12.82a}$$

즉

$$\begin{aligned} \psi_1^{+}(x) &= A_{+}\left(\frac{2}{3}\right)^{1/2}\left(\frac{1}{3}\right)^{1/3} s \frac{1}{\Gamma(4/3)} \\ \psi_1^{-}(x) &= A_{-}\left(\frac{2}{3}\right)^{1/2}\left(\frac{1}{3}\right)^{-1/3} \frac{1}{\Gamma(2/3)} \end{aligned} \tag{12.82b}$$

그리고

$$\psi_2^{\pm}(x) = B_{\pm}\left(\frac{2}{3}|s|^{3/2}\right)^{1/2} |s|^{-1/4} \frac{1}{\Gamma\left(\frac{4}{3}/\frac{2}{3}\right)} \left(\frac{1}{2} \cdot \frac{2}{3}|s|^{3/2}\right)^{\pm 1/3} \tag{12.83a}$$

즉

$$\begin{aligned} \psi_2^{+}(x) &= B_{+}\left(\frac{2}{3}\right)^{1/2}\left(\frac{1}{3}\right)^{1/3} |s| \frac{1}{\Gamma(4/3)} \\ \psi_2^{-}(x) &= B_{-}\left(\frac{2}{3}\right)^{1/2}\left(\frac{1}{3}\right)^{-1/3} \frac{1}{\Gamma(2/3)} \end{aligned} \tag{12.83b}$$

따라서 ψ_1^+/ψ_1^-(그리고 이들의 미분이)가 반환점에서 부드럽게 ψ_2^+/ψ_2^-(그리고 이들의 미분)에 연결되려면 상수들 사이에 다음과 같은 관계가 있으면 된다.

$$A_+ = -B_+ \tag{12.84a}$$

$$A_- = B_- \tag{12.84b}$$

이 결과는 s 또는 x가 매우 큰 경우에 대하여 다음과 같은 파동함수의 점근 행위(asymptotic behavior)를 의미한다.

$$\psi_1^{\pm}(x) \to A_{\pm}\sqrt{\frac{2}{\pi k}} \cos\left(\xi \mp \frac{\pi}{6} - \frac{\pi}{4}\right) \quad (: x \to \infty \text{에서}) \tag{12.85a}$$

$$\psi_2^{\pm} \to \mp A_{\pm} \frac{1}{\sqrt{2\pi k}} \left(e^{\eta} + e^{-\eta} \cdot e^{-i\pi(1/2 \pm 1/3)}\right) \quad (: x \to -\infty \text{에서}) \tag{12.85b}$$

이 두 극한 영역에서 점근적 WKB 해의 편리한 연결공식은 ψ^+들과 ψ_-들의 적당한 선형 결합을 택하여서 얻을 수 있다.

(i) 즉 $A_+ = A_- = A$라 놓으면(* $\psi^\pm$ 대신 $\psi^\pm/A_\pm$를 생각하면 이것은 항상 가능한 경우임)

($x \to \infty$에서) : (12.86a)

$$\psi_1^+ + \psi_1^- \to A\sqrt{\frac{2}{\pi k}}\,[\cos(\xi - \frac{\pi}{6} - \frac{\pi}{4}) + \cos(\xi + \frac{\pi}{6} - \frac{\pi}{4})]$$
$$= A2\sqrt{\frac{2}{\pi}}\,\cos\frac{\pi}{6}\,\frac{1}{\sqrt{k}}\cos(\xi - \frac{\pi}{4})$$
$$= A2\sqrt{\frac{2}{\pi}}\,\cos\frac{\pi}{6}\,\frac{1}{\sqrt{k}}\cos\left(\int_a^x k(x)dx - \frac{\pi}{4}\right)$$

($x \to -\infty$에서): (12.86b)

$$\psi_2^+ + \psi_2^- \to A\frac{1}{\sqrt{2\pi\kappa}}[-\left(e^\eta + e^{-\eta}e^{-i\pi(1/2+1/3)}\right) + e^\eta + e^{-\eta}e^{-i\pi(1/2-1/3)}]$$
$$= A\frac{1}{\sqrt{2\pi\kappa}}\,e^{-\eta}\left(e^{-\pi i/6} - e^{-5\pi i/6}\right)$$
$$= A\sqrt{\frac{2}{\pi}}\,\cos\frac{\pi}{6}\,\frac{1}{\sqrt{\kappa}}e^{-\eta}$$
$$= A\sqrt{\frac{2}{\pi}}\,\cos\frac{\pi}{6}\,\frac{1}{\sqrt{\kappa}}e^{-\int_x^a \kappa\, dx}$$

를 얻는다. 이 식으로부터 다음과 같은 연결공식을 얻을 수 있다.

$$\frac{1}{\sqrt{k}}\cos\left(\int_a^x k(x')\,dx' - \frac{\pi}{4}\right) \leftrightarrow \frac{1}{2\sqrt{\kappa}}exp\left(-\int_x^a \kappa(x')\,dx'\right) \tag{12.87a}$$

또 만일 위 식에서 $-\frac{\pi}{4} = \frac{\pi}{4} - \frac{\pi}{2}$ 로 놓으면 다음과 같은 관계식을 얻을 수 있다.

$$\frac{1}{\sqrt{k}}\sin\left(\int_a^x k(x')\,dx' + \frac{\pi}{4}\right) \leftrightarrow \frac{1}{2\sqrt{\kappa}}exp\left(-\int_x^a \kappa(x')\,dx'\right) \tag{12.87b}$$

(ii) 다른 결합을 생각해 보자.

($x \to \infty$에서): (12.88a)

$$\psi_1^+ - \psi_1^- \to A\sqrt{\frac{2}{\pi k}}\,[\cos(\xi - \frac{\pi}{6} - \frac{\pi}{4}) - \cos(\xi + \frac{\pi}{6} - \frac{\pi}{4})]$$
$$= A2\sqrt{\frac{2}{\pi}}\,\sin\frac{\pi}{6}\,\frac{1}{\sqrt{k}}\sin(\xi - \frac{\pi}{4})$$

($x \to -\infty$에서):

$$\psi_2^+ - \psi_2^- \to A\frac{1}{\sqrt{2\pi\kappa}}[-\left(e^\eta + e^{-\eta}e^{-i\pi(1/2+1/3)}\right) - \left(e^\eta + e^{-\eta}e^{-i\pi(1/2-1/3)}\right)]$$
$$= A\sqrt{\frac{2}{\pi\kappa}}\,[-2e^\eta - e^{-\eta}(e^{-5\pi i/6} + e^{-\pi i/6})]$$
$$= A\sqrt{\frac{2}{\pi\kappa}}\,[-2e^\eta + 2i\sin\frac{\pi}{6}\,e^{-\eta}]$$

(12.88b)

따라서 (12.86a)식과 (12.88a)식에서

$$\frac{\psi_1^+ + \psi_1^-}{2\cos\frac{\pi}{6}}\cos\alpha - \frac{\psi_1^+ - \psi_1^-}{2\sin\frac{\pi}{6}}\sin\alpha \rightarrow \sqrt{\frac{2}{\pi k}}\left\{\cos\left(\xi - \frac{\pi}{4}\right)\cos\alpha - \sin\left(\xi - \frac{\pi}{4}\right)\sin\alpha\right\} \tag{12.89a}$$

$$= \sqrt{\frac{2}{\pi k}}\cos\left(\xi - \frac{\pi}{4} + \alpha\right),$$

또 (12.87a)식과 (12.88b)식에서 다음 관계를 얻는다.

$$\frac{\psi_2^+ + \psi_2^-}{2\cos\frac{\pi}{6}}\cos\alpha - \frac{\psi_2^+ - \psi_2^-}{2\sin\frac{\pi}{6}}\sin\alpha \rightarrow \sqrt{\frac{1}{2\pi\kappa}}\left\{e^{-\eta}\cos\alpha - \frac{-2e^{\eta} + 2ie^{-\eta}\sin\frac{\pi}{6}}{2\sin\frac{\pi}{6}}\sin\alpha\right\}$$

$$= \sqrt{\frac{1}{2\pi\kappa}}\left(\frac{e^{\eta}}{\sin\frac{\pi}{6}}\sin\alpha + e^{-\eta - i\alpha}\right)$$

$$\simeq \sqrt{\frac{2}{\pi\kappa}}\, e^{\eta}\sin\alpha \quad (*\, x, \eta \sim \text{매우 큰 경우})$$

(12.89b)

$$\therefore\ \frac{1}{\sqrt{k}}\cos\left(\int_a^x k(x')\,dx' - \frac{\pi}{4} + \alpha\right) \rightarrow \frac{1}{\sqrt{\kappa}}\sin\alpha\exp\left(\int_x^a \kappa(x')dx'\right) \tag{12.89c}$$

특히 $\alpha = \frac{\pi}{2}$로 놓으면, 다음과 같은 연결공식을 얻는다.

$$\frac{1}{\sqrt{k}}\cos\left(\int_a^x k(x')\,dx' + \frac{\pi}{4}\right) \rightarrow \frac{1}{\sqrt{\kappa}}\exp\left(\int_x^a \kappa(x')dx'\right) \tag{12.89d}$$

지금까지 그림12.1(a) 같은 기울기가 0보다 작은 경우에 반환점 $x = a$에서의 연결공식을 생각했었다.

다른 연결공식은 그림 12.1(b) 같이 기울기가 0보다 큰 즉 $\frac{dV}{dx}\big|_b > 0$ 경우. 반환점 $x = b$에서의 연결공식을 생각할 수 있다. 이 결과는 앞의 결과를 이용하면 쉽게 얻을 수 있다.

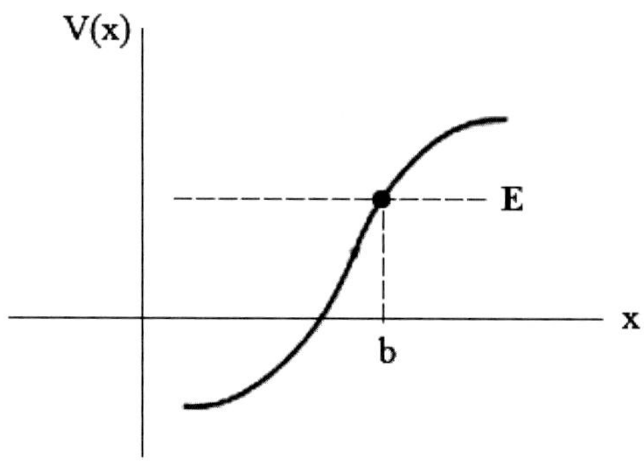

그림 12.1(b) 퍼텐셜 기울이가 0 보다 큰 경우, 반환점 $x = b$

반환점 근처에서는

$$V(x) = V(b) + \frac{dV}{dx}\Big|_b (x-b) + \cdots \tag{12.90}$$

이므로 Schrödinger 방정식은

$$\frac{d^2\psi}{dx^2} - \frac{2m}{\hbar^2}\frac{dV}{dx}\Big|_b (x-b)\,\psi = 0 \tag{12.91}$$

이 된다.

따라서

$$\frac{2m}{\hbar^2}\frac{dV}{dx}\Big|_b = \beta \ : \ (>0) \tag{12.92}$$

로 놓으면

$$\frac{d^2\psi}{dx^2} - \beta\,(x-b)\,\psi = 0 \tag{12.93}$$

가 되는데 앞에서 나온 (12.52)식과 비교하면

$$x \to -x,\ a \to -b \tag{12.94}$$

즉 x의 방향을 바꾸고, 반환점의 위치를 a에서 b로 바꾼다. 앞의 마지막 연결공식에서

$$\frac{1}{\sqrt{k}}\cos\left(\int_{-b}^{-x} k(x')\,dx' + \frac{\pi}{4}\right) \to \frac{1}{\sqrt{\kappa}}\exp\left(\int_{-x}^{-b}\kappa(x')dx'\right) \tag{12.95}$$

를 얻는데, 여기서 $k(x'), \kappa(x')$는 항상 0보다 큰 함수이므로 적분변수를 $x' \to -x'$ 로 바꾸어 주면 다음 관계를 얻음을 알 수 있다.

$$\frac{1}{\sqrt{k}}\cos\left(-\int_b^x k(x')\,dx' + \frac{\pi}{4}\right) \to \frac{1}{\sqrt{\kappa}}\exp\left(-\int_x^b \kappa(x')dx'\right)$$

$$\therefore\ \frac{1}{\sqrt{k}}\cos\left(\int_x^b k(x')\,dx' + \frac{\pi}{4}\right) \to \frac{1}{\sqrt{\kappa}}\exp\left(\int_b^x \kappa(x')dx'\right) \tag{12.96a}$$

여기서도 $\frac{\pi}{4} = -\frac{\pi}{4} + \frac{\pi}{2}$ 를 이용하면 이 식은 다음과 같이 바뀐다.

$$-\frac{1}{\sqrt{k}}\ \sin\left(\int_x^b k(x')\,dx' - \frac{\pi}{4}\right) \to \frac{1}{\sqrt{\kappa}}\,exp\left(\int_b^x \kappa(x')\,dx'\right) \tag{12.96b}$$

마찬가지로 나머지 연결 공식도,

$$\frac{1}{\sqrt{k}}\ \cos\left(\int_x^b k(x')\,dx' - \frac{\pi}{4}\right) \to \frac{1}{2\sqrt{\kappa}}\,exp\left(-\int_b^x \kappa(x')\,dx'\right) \tag{12.97a}$$

또는

$$\frac{1}{\sqrt{k}}\ \sin\left(\int_x^b k(x')\,dx' + \frac{\pi}{4}\right) \leftrightarrow \frac{1}{2\sqrt{\kappa}}\,exp\left(-\int_b^x \kappa(x')\,dx'\right) \tag{12.97b}$$

를 얻는다.

(c) WKB 근사의 응용

① 장벽 투과(barrier penetration) 과정

(i) 장벽 투과 과정에서 파의 모양

앞에서 논의된 연결공식을 이용하여 그림 12.2와 같은 퍼텐셜 장벽에서 질량 m인 입자가 왼쪽으로부터 들어온 입사파가 장벽을 통하여 반사되고 또 일부는 투과되는 과정을 살펴보자.

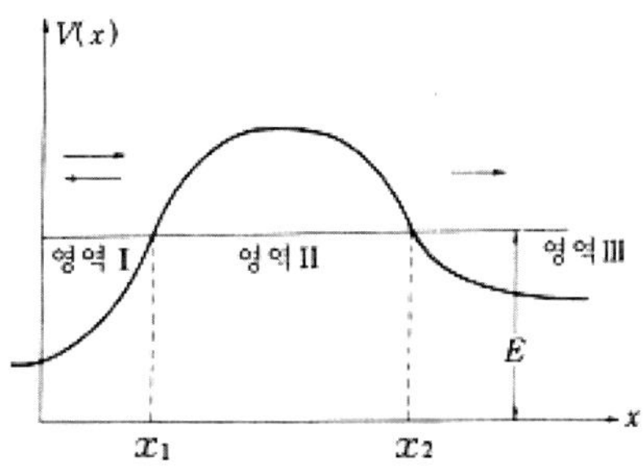

그림 12.2 보다 실제적인 퍼텐셜 장벽에서 입사파, 반사파와 투과파

그림에서 표시된 영역 I 과 II 에서의 연결공식은 (12.97b)로부터

$$\frac{1}{\sqrt{k}}\ \sin\left(\int_x^{x_1} k(x')\,dx' + \frac{\pi}{4}\right) \leftrightarrow \frac{1}{2\sqrt{\kappa}}exp\left(-\int_{x_1}^{x}\kappa(x')\,dx'\right) \tag{12.98}$$

그리고 영역 II 와 III 에서의 연결공식은 (12.87b)식과 (12.89d)식으로부터 다음과 같다.

$$\frac{1}{\sqrt{k}}\ \sin\left(\int_{x_2}^{x} k(x')\,dx' + \frac{\pi}{4}\right) \leftrightarrow \frac{1}{2\sqrt{\kappa}}exp\left(-\int_{x}^{x_2}\kappa(x')\,dx'\right) \tag{12.99a}$$

$$\frac{1}{\sqrt{k}}\cos\left(\int_{x_2}^{x} k(x')\,dx' + \frac{\pi}{4}\right) \rightarrow \frac{1}{\sqrt{\kappa}}\ \exp\left(\int_{x}^{x_2}\kappa(x')dx'\right) \tag{12.99b}$$

이 과정에서 먼저 영역 III 에 있는 투과파가 다음과 같다고 하자.

$$\psi_{III} = \frac{A}{\sqrt{k}}exp\left(i\int_{x_2}^{x} k\,dx + \frac{\pi}{4}\right) \tag{12.100a}$$

여기서 A는 임의의 복소수이다. 연결공식을 쓰기 위하여

$$\psi_{III} = \frac{A}{\sqrt{k}}\left[\cos\left(\int_{x_2}^{x} k\,dx + \frac{\pi}{4}\right) + i\sin\left(\int_{x_2}^{x} kdx + \frac{\pi}{4}\right)\right] \tag{12.100b}$$

로 놓으면 영역 II 에서의 파동함수는

$$\begin{aligned}\psi_{II} &= \frac{A}{\sqrt{\kappa}}\left[\exp\left(\int_x^{x_2}\kappa\,dx\right)+\frac{i}{2}\exp\left(-\int_x^{x_2}\kappa\,dx\right)\right]\\ &= \frac{A}{\sqrt{\kappa}}\left[\exp\left(\int_{x_1}^{x_2}\kappa\,dx+\int_x^{x_1}\kappa\,dx\right)+\frac{i}{2}\exp\left(-\int_{x_1}^{x_2}\kappa\,dx-\int_x^{x_1}\kappa\,dx\right)\right]\\ &= \frac{A}{\sqrt{\kappa}}\left[\exp\left(\int_{x_1}^{x_2}\kappa dx\right)\exp\left(\int_x^{x_1}\kappa dx\right)+\frac{i}{2}\exp\left(-\int_{x_1}^{x_2}\kappa dx\right)\exp\left(-\int_x^{x_1}\kappa dx\right)\right]\end{aligned} \tag{12.101}$$

가 되고 여기에 연결공식을 다시 쓰면 영역 I 에서는 다음과 같은 파동함수를 얻는다.

$$\psi_I = \frac{A}{\sqrt{k}}\left[\begin{aligned}&\exp\left(\int_{x_1}^{x_2}\kappa\,dx\right)dx\,2\sin\left(\int_x^{x_1}k\,dx+\frac{\pi}{4}\right)\\ &+\frac{i}{2}\exp\left(-\int_{x_1}^{x_2}\kappa dx\right)\cos\left(\int_x^{x_1}k\,dx+\frac{\pi}{4}\right)\end{aligned}\right] \tag{12.102a}$$

이 결과에서 입사파와 반사파를 구분하기 위하여 지수형으로 쓰면

$$\begin{aligned}\psi_I &= \frac{A}{\sqrt{k}}\left[\begin{aligned}&-ie^{\tau}\left\{\exp\left(i[\int_x^{x_1}kdx+\frac{\pi}{4}]\right)-\exp\left(-i[\int_x^{x_1}kdx+\frac{\pi}{4}]\right)\right\}\\ &+\frac{i}{4}e^{-\tau}\left\{\exp\left(i[\int_x^{x_1}kdx+\frac{\pi}{4}]\right)+\exp\left(-i[\int_x^{x_1}kdx+\frac{\pi}{4}]\right)\right\}\end{aligned}\right]\\ &= \frac{A}{\sqrt{k}}[i\left(e^{\tau}+\frac{1}{4}e^{-\tau}\right)\exp\left(-i\left[\int_x^{x_1}k\,dx+\frac{\pi}{4}\right]\right)\\ &\qquad +i\left(-e^{\tau}+\frac{1}{4}e^{-\tau}\right)\exp\left(i\left[\int_x^{x_1}k\,dx+\frac{\pi}{4}\right]\right)]\end{aligned} \tag{12.102b}$$

가 된다. 여기서 τ 는

$$\tau = \int_{x_1}^{x_2}\kappa(x')dx' \tag{12.103}$$

과 같이 정의된 양이다.

따라서 (12.102b)식의 첫째 항이 입사파이고 둘째 항이 반사파이다.

(ii) 투과될 확률

만일 파동함수가 다음과 같이 주어지면,

$$\psi(x) = \frac{A}{\sqrt{k}}exp\left(i\int_{x_2}^{x}k\,dx'\right) \tag{12.104}$$

이 파의 확률흐름 밀도 J는

$$\begin{aligned}J &= \frac{\hbar}{2im}\left(\psi^*\frac{\partial\psi}{\partial x}-\frac{\partial\psi^*}{\partial x}\psi\right)=\frac{\hbar}{m}Im\left(\psi^*\frac{\partial\psi}{\partial x}\right)\\ &= \frac{\hbar}{m}Im\left\{\frac{A^*}{\sqrt{k}}\exp\left(-i\int_{x_2}^{x}kdx'\right)\frac{A}{\sqrt{k}}ik\exp\left(i\int_{x_2}^{x}k\,dx'\right)\right\}\\ &= \frac{\hbar}{m}AA^*\end{aligned} \tag{12.105}$$

따라서 앞에서 논의한 퍼텐셜 장벽에서 입사파와 투과파의 확률흐름 밀도는 각각

$$J_{inc} = \frac{\hbar}{m}\left(e^{\tau} + \frac{1}{4}e^{-\tau}\right)^2 AA^* \tag{12.106}$$

$$J_{tr} = \frac{\hbar}{m}AA^* \tag{12.107}$$

이고 투과확률은

$$|T|^2 = \frac{J_{tr}}{J_{\in c}} = \frac{\hbar AA^*/m}{\hbar AA^*\left(e^{\tau} + \frac{1}{4}e^{-\tau}\right)^2/m} \tag{12.108}$$

$$= \frac{1}{\left(e^{\tau} + \frac{1}{4}e^{-\tau}\right)^2}$$

가 된다. 특히 τ 가 큰 경우에는 투과 확률은 다음과 같이 될 수 있다.

$$|T|^2 \simeq e^{-2\tau} = \exp\left(-2\sqrt{\frac{2m}{\hbar^2}}\int_{x_1}^{x_2}\sqrt{V(x)-E}\,dx\right) \tag{12.109}$$

이 식을 Gamow(가모프) 투과 인자(透過因子, penetration factor)라 부른다.

예. 원자핵의 알파(α) 붕괴(alpha decay)

어떤 원자가 붕괴할 때 알파 입자라 부르는 헬륨(^4He) 원자핵을 방출하고 자신은 다른 원자가 된다. 이것을 알파 붕괴라 하며, 이것은 원자핵 안에 있는 알파 입자가 턴넬링 현상을 통하여 밖으로 나오는 것으로 설명된다. 이때 원래의 원자핵을 어미핵(mother nucleus), 붕괴 후의 원자핵을 딸핵(daughter nucleus)이라 부른다.

알파 입자는 원자핵 안에서는 핵력에 의한 퍼텐셜을 가지며, 원자핵의 밖에서는 Coulomb의 힘에 의하여 반발력을 느낀다. 그림 12.3에서와 과 같이 간단한 모형을 생각하자. 이때 원자핵의 반경을 R라면 퍼텐셜은

$$V(r) = -V_0 \quad (r < R) \tag{12.110a}$$

$$V(r) = \frac{2Ze^2}{r} \quad (r > R) \tag{12.110b}$$

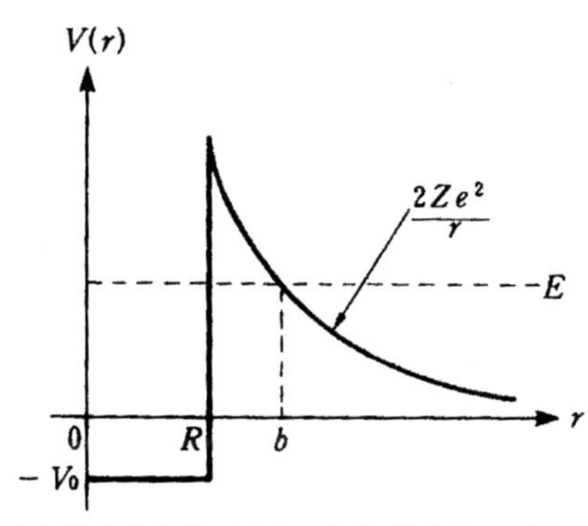

그림 12.3 원자핵에서 나오는 알파 입자가 느끼는 퍼텐셜

이라 한다. 여기서 알파 입자의 전하는 2이고, Z는 알파 입자를 방출한 후 남은 원자핵의 전하를 나타낸다.

이러한 장벽에 대하여 가모프 인자(Gamow factor), 즉 에너지 E 를 갖는 알파 입자가 장벽을 통과할 투과 확률은

$$|T|^2 \simeq e^{-2\tau} = \exp\left(-\frac{2}{\hbar}\int_R^b \sqrt{2m(\frac{2Ze^2}{r} - E)}dx\right) \tag{12.111}$$

이 적분은 정확히 구할 수 있다. 여기에 $E = 2Ze^2/b$ 를 고려하면

$$\tau = \frac{\sqrt{4mZe^2}}{\hbar}\int_R^b dr\sqrt{\frac{1}{r} - \frac{1}{b}} \tag{12.112}$$

인데, 여기에 $r = b\cos^2\theta$로 놓으면 적분식은

$$\begin{aligned}
&= \int_{\cos^{-1}\sqrt{R/b}}^{0} 2b\cos\theta\sin\theta(-d\theta)\frac{1}{\sqrt{b}}\frac{\sin\theta}{\cos\theta} \\
&= 2\sqrt{b}\int_0^{\cos^{-1}\sqrt{R/b}} \sin^2\theta\, d\theta = \sqrt{b}\int_0^{\cos^{-1}\sqrt{R/b}} (1 - \cos 2\theta)d\theta \\
&= \sqrt{b}\left(\cos^{-1}\sqrt{\frac{R}{b}} - \sin\theta\cos\theta|_{\theta = \cos^{-1}\sqrt{R/b}}\right) \\
&= \sqrt{b}\left(\cos^{-1}\sqrt{\frac{R}{b}} - \sqrt{\frac{R}{b} - \frac{R^3}{b^3}}\right)
\end{aligned}$$

인데, 일반적으로 원자핵의 반경은 작기 때문에 $b \gg R$ 을 생각하면 (12.112)식은

$$\tau = \frac{\sqrt{4mZe^2b}}{\hbar}\left(\frac{\pi}{2} - \sqrt{\frac{R}{b}}\right) \simeq \frac{\pi}{\hbar}\sqrt{mZe^2b} \tag{12.113}$$

가 된다. 알파 입자에 대하여 에너지 $E = \frac{1}{2}mv^2$ 이고 $E = 2Ze^2/b$를 생각하면

$$\tau = 2\pi Z\alpha\left(\frac{c}{v}\right) \tag{12.114}$$

를 얻는다.

이 결과를 이용하여 알파 입자를 방출하는 원자핵의 수명을 계산해 보자. 알파 입자가 원자핵의 내부 벽에 충돌할 때마다 벽을 통과 할 확률은 (12.112)식으로 주어지므로 속도 v를 가진 알파 입자가 단위 시간당 벽을 통과할 확률(=수명 T_α의 역수)은

$$\begin{aligned}
&\frac{v}{2R}e^{-2\tau} = \frac{1}{T_\alpha} \\
&\therefore\ T_\alpha = \frac{2R}{v}e^{2\tau}
\end{aligned}$$

단 알파 입자의 속도는 원자핵 내부와 외에서 거의 같다고 생각하는 경우이다.

② 속박 상태(bound state)

그림 12.4와 같이 질량 m인 입자가 위치 x가 x_1, x_2 사이에 속박된 경우, 즉

$E > V(x)$ $\quad (x_1 < x < x_2$: 영역 II 에서)

$E < V(x)$ $\quad$ (그 밖의 영역 I과 III 에서)

를 생각하자.

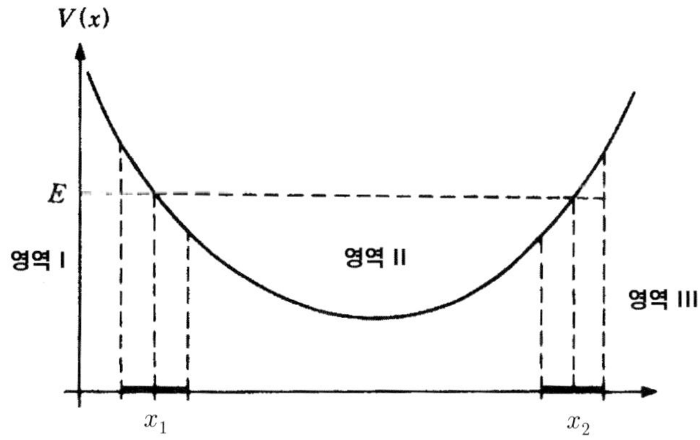

그림 12.4 입자가 반환점 x_1과 x_2 사이에 속박됨을 나타낸 퍼텐셜

영역 II에서 파동함수는 x_1 또는 x_2를 생각하여 두 가지 방법으로 나타낼 수 있다. 먼저

$$\psi_{II} = \frac{A}{\sqrt{k}} \sin\left(\int_{x_1}^{x} k(x)\, dx + \frac{\pi}{4} \right) \tag{12.115}$$

를 생각하여 변형시켜보자.

$$\begin{aligned}
\psi_{II} &= \frac{A}{\sqrt{k}} \sin\left(\int_{x_1}^{x} k(x)\, dx + \frac{\pi}{4} \right) = \frac{A}{\sqrt{k}} \sin\left(\int_{x_1}^{x_2} k dx - \int_{x}^{x_2} k\, dx + \frac{\pi}{4} \right) \\
&= \frac{A}{\sqrt{k}} \sin\left(\int_{x_1}^{x_2} k\, dx + \frac{\pi}{2} - \int_{x}^{x_2} k\, dx - \frac{\pi}{4} \right) \\
&= - \frac{A}{\sqrt{k}} \sin\left(\int_{x}^{x_2} k\, dx + \frac{\pi}{4} \right) \cos\left(\int_{x_1}^{x_2} k\, dx + \frac{\pi}{2} \right) \\
&\quad + \frac{A}{\sqrt{k}} \cos\left(\int_{x}^{x_2} k\, dx + \frac{\pi}{4} \right) \sin\left(\int_{x_1}^{x_2} k dx + \frac{\pi}{2} \right)
\end{aligned} \tag{12.116}$$

여기서 두 번째 항은 연결공식 (12.96a)식에서와 같이 영역 III에서는 지수적으로 증가하는 항에 해당 된다. 따라서 그 계수가 0 이어야 한다. 즉

$$\sin\left(\int_{x_1}^{x_2} k\, dx + \frac{\pi}{2} \right) = 0\,, \tag{12.117}$$

$$\int_{x_1}^{x_2} k\, dx + \frac{\pi}{2} = n\pi \quad (n = 1, 2, 3, \cdot\cdot\cdot)) \tag{12.118}$$

여기서 적분 항이 0 보다 크기 때문에 $n \neq 0$ 임을 알 수 있다. 이 식은 다음과 같이 쓸

수 있다.

$$\int_{x_1}^{x_2} k\,dx = \sqrt{\frac{2m}{\hbar}} \int_{x_1}^{x_2} \sqrt{E - V(x)}\; dx = \left(n + \frac{1}{2}\right)\pi \quad (n = 0, 1, 2, \cdot\cdot) \tag{12.119a}$$

이 결과는 고전양자론의 Bohr-Sommerfeld 양자화 결과와 비교하면

$$\oint p\,dx = \hbar \cdot 2\int_{x_1}^{x_2} k\,dx = \left(n + \frac{1}{2}\right)h \tag{12.119b}$$

이어서 $h/2$ 만큼의 차이가 있고 고전양자론 보다 더 정확한 값에 가까워졌음을 알 수 있다.

예를 들면, 조화진동자의 에너지는 고전양자화 과정에서는 제 1장에서 보인 바와 같이 $E_n = n\hbar\omega$ 이지만, 위 방법을 적용하면 제 5장의 결과인 $E_n = (n + \frac{1}{2})\hbar\omega$가 된다.

[문 제]

12. 1 변분 방법을 이용하여 비조화 진동자

$$H=\frac{p^2}{2m}+\lambda x^4$$ 를

의 기저상태 에너지를 구하여라. (시행함수로 $\phi=ce^{-\frac{\alpha}{2}x^2}$ 을 사용할 수 있다.)

12. 2 변분법 방법을 이용하여 퍼텐셜

$$V=\infty \quad (z<0)$$
$$=mgz \quad (z>0)$$

을 갖는 한 입자의 바닥 상태 에너지를 구하여라. 여기서 시행함수로 $\phi=cze^{-\lambda z}$를 사용할 수 있다. 그 이유는?

12. 3 아래와 같은 시행함수를 이용하여 1차원 조화진동자에 대한 최적의 바닥 상태를 구하라.

$$\phi(x)=\frac{A}{x^2+a^2}$$

여기서 A는 규격화에 의하여 정해지고 a는 매개 변수이다.

12. 4 수소 원자의 최저 에너지를 구하기 위하여 다음의 시행 함수를 이용하여 풀어라.

$$\phi(\vec{r})=Ae^{-\lambda r^2}$$

여기서 규격화 상수 A를 구하고 에너지 값이 -11.5 eV 임을 보여라.

12. 5 아래와 같은 Hamiltonian

$$H=-\frac{\hbar^2}{2m}\frac{d^2}{dx^2}-\alpha\delta(x)$$

의 기저 상태 에너지를 얻으려 한다. 여기에 시행 함수를

$$\phi(x)=Ae^{-bx^2}$$

으로 택하자. 여기서 b는 매개 변수이고 A는 규격화 상수이다.
그 결과는 얼마이며, 정확한 값과의 차이는 무엇인가?

12. 6 질량 m인 입자가 반환점 $(x=a)$ 부근에서

$$|x-a| \gg \frac{1}{2}\left(\frac{\hbar^2}{m\left|\frac{dv}{dx}\right|}\right)^{1/3}$$

의 조건을 만족하는 경우 WKB 방법을 쓸 수 있음을 보여라.

12. 7 (12.62g)식을 증명하여라.

12. 8 WKB 근사를 이용하여 다음과 같은 지수형 퍼텐셜

$V(x) = \alpha|x|^\nu$ (ν 는 임의의 양수(positive number)임)

이 주어진 경우 허용되는 에너지가 다음과 같이 됨을 보여라.

$$E_n = \alpha\left[(n-\frac{1}{2})\hbar\sqrt{\frac{\pi}{2m\alpha}}\frac{\Gamma\left(\frac{1}{\nu}+\frac{3}{2}\right)}{\Gamma\left(\frac{1}{\nu}+1\right)}\right]^{\left(\frac{2\nu}{\nu+2}\right)}$$

12. 9 전하 e를 띠고 질량 m입자가 에너지 $E(0>E>-V_0)$를 가지고 $x<0$인 방향에서 +방향으로 다음과 같은 퍼텐셜 벽에 입사된다고 하자.

$$\begin{aligned} V(x) &= -V_0 \quad (x<0) \\ &= -e\varepsilon x \ (x>0 : \varepsilon\text{은 외부 전기장 임}) \end{aligned}$$

이 입자의 투과 확률 $|T|^2$를 구하라.

12. 10 Airy 미분 방정식 $\Phi(z)'' - z\Phi(z) = 0$ 을 멱급수(power series) 전개로 해를 구 할 때

(a) 그 해는 다음과 같이 됨을 보여라.

$$\begin{aligned} \Phi(z) &= c_1 f(z) - c_2 g(z), \\ f(z) &= 1 + \frac{1}{3!}z^3 + \frac{1\cdot 4}{6!}z^6 + \frac{1\cdot 4\cdot 7}{9!}z^9 + \cdots, \\ g(z) &= z + \frac{2}{4!}z^4 + \frac{2\cdot 5}{7!}z^7 + \frac{2\cdot 5\cdot 8}{10!}z^{10} + \cdots, \end{aligned}$$

여기서 c_1, c_2 는 임의의 상수이다.

(b) Airy 함수로 알려진 해 $Ai(z), Bi(z)$는 위 해 중에서

$$c_1 = 3^{-2/3}/\Gamma\left(\frac{2}{3}\right),\ c_2 = 3^{-1/3}/\Gamma\left(\frac{1}{3}\right),$$

$$\begin{aligned} Ai(z) &= c_1 f(z) - c_2 g(z), \\ Bi(z) &= \sqrt{3}\,[c_1 f(z) + c_2 g(z)] \end{aligned}$$

이 값은 Bessel 함수와 다음과 같은 관계가 됨을 보여라.

$$A_i(-z) = \frac{1}{3}\sqrt{z}\,[J_{1/3}(\zeta) + J_{-1/3}(\zeta)],$$
$$Bi(-z) = \sqrt{z/3}\,[J_{-1/3}(\zeta) - J_{1/3}(\zeta)],$$
$$(\zeta \equiv \frac{2}{3}z^{3/2}\ \text{임})$$

12. 11 (a) 다음과 같은 함수

$$\Phi(x) = \frac{1}{2i\sqrt{\pi}}\int_C dt \exp\left(-xt + \frac{1}{3}t^3\right)$$

는 Airy 미분 방정식을 만족함을 보여라. 즉, $\frac{d^2\Phi(x)}{dx^2} - x\,\Phi(x) = 0$

여기서 적분로는 그림 p12.1 과 같은 모양 외에 $-\infty$에서 원점 부근을 통하여 -60^0방향 로 ∞, $+60^0$방향의 ∞에서 원점 부근을 통하여 $-\infty$ 로 가는 3가지가 있다. 이들 중 두 개가 독립인 해라고 할 수 있다. 왜 그럴까?

(b) $x \to +\infty$에서의 점근형을 구하기 위하여 우선

$$t = x^{1/2}s$$

로 놓으면 (a)에 주어진 Airy 함수는 다음과 같이 변한다.

$$\Phi(x) = \frac{x^{1/2}}{2i\sqrt{\pi}}\int_c ds \exp[x^{3/2}(-s + \frac{1}{3}s^3)$$

이것을 구하는 방법으로 안장점(saddle point)에서 최급경 강하(steepest descent) 방법을 이용하여 얻는데, 안장점은 $(-s + \frac{1}{3}s^3)$를 최소화하는 점, 즉 $s = \pm 1$이며, $s = 1$부근에서 적분로를 그림P12.1과 같이 택하여

$$s = 1 + i\xi$$

로 놓으면, Airy 함수는 다음과 같이 얻을 수 있음(적분 과정)을 보여라.

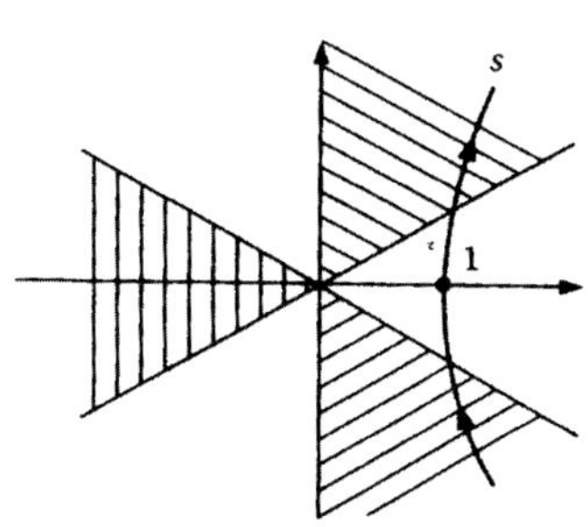

그림 P12.1 $x \to +\infty$에서의 점근형을 구하기 위한 적분로

$$\Phi(x)=\frac{x^{1/2}}{2\sqrt{\pi}}\int d\xi\exp[x^{3/2}\left(-\frac{2}{3}-\xi^2+0(\xi^3)\right)$$
$$=\frac{1}{2}x^{-1/4}\exp(-\frac{2}{3}x^{3/2})(1+0(x^{-3/2}))$$
$$\sim\frac{1}{2x^{1/4}}\exp(-\frac{2}{3}x^{3/2})\quad(x\to\infty)$$

(c) 비슷한 방법으로 $x\to-\infty$에서의 점근형을 구하기 위하여

$$t=|x|^{1/2}u=(-x)^{1/2}u$$

로 놓으면

$$\Phi(x)=\frac{|x|^{1/2}}{2i\sqrt{\pi}}\int_c du\exp[|x|^{3/2}(u+\frac{1}{3}u^3)$$

가 된다. 이때 안장점은 $u=\pm i$이며, 적분로를 그림 P12.2와 같이 택할 수 있다.

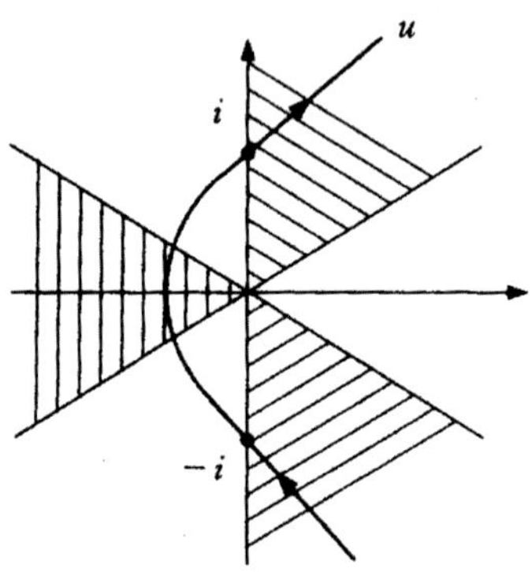

그림 P12.2 $x\to\infty$에서 점근형을 구하기 위한 적분로

먼저 $u=i$부근에서의 위 적분에 대한 기여는

$$u=i+\sqrt{i}\xi$$

로 놓으면 위식의 적분값은 다음과 같이 됨을 보여라.

$$\sqrt{i}\int d\eta\exp[|x|^{3/2}(\frac{2}{3}i-\eta^2+0(\eta^3))$$
$$=\sqrt{\pi}|x|^{-3/4}\exp[i(\frac{2}{3}|x|^{3/2}+\frac{\pi}{4})](1+0(|x|^{-3/2}))$$

한편 $u=-i$부근에서의 위 적분에 대한 기여는 위 식의 복소 공액에서 얻을 수 있다.

따라서 이들 두 가지 기여를 생각하면

$$\Phi(x)=\frac{|x|^{1/2}}{2i\sqrt{\pi}}\left\{\sqrt{\pi}|x|^{-3/4}\exp\left[i\left(\frac{2}{3}|x|^{3/2}+\frac{\pi}{4}\right)\right]-c.c.\right\}(1+o(|x|^{-3/2}))$$
$$=|x|^{-1/4}\sin\left(\frac{2}{3}|x|^{3/2}+\frac{\pi}{4}\right)(1+0(|x|^{-3/2}))$$

가 됨을 보여라.

이와 같이 해서 $x\to-\infty$에서의 점근형은 다음과 같이 된다.

$$\Phi(x)=|x|^{-1/4}\sin\left(\frac{2}{3}|x|^{3/2}+\frac{\pi}{4}\right)\quad(x\to-\infty)$$

12. 12 퍼텐셜이 $x=0$에 대하여 대칭이고, 즉 $V(x)=V(-x)$, $x>0$ 에서 x에 하여 단순 증가하는 경우를 생각하고 다음 물음에 답하여라.

(a) WKB 방법을 이용하여 띄엄띄엄 떨어진 에너지 E_n이 주어졌을 때 퍼텐셜 $V(x)$를 구하려 한다. 다음 관계식이 성립함을 보여라.

(i) $$\int_0^a\frac{dx}{\sqrt{E-V(x)}}=\frac{\pi\hbar}{\sqrt{2m}}\frac{dn}{dE},$$

$$\int_{V(0)}^{\beta}dE\int_{V(0)}^{E}\frac{dx}{dV}\frac{dV}{\sqrt{(\beta-E)(E-V)}}=\frac{\pi\hbar}{\sqrt{2m}}\int_{V(0)}^{E}\frac{dn}{dE}\frac{dE}{\sqrt{\beta-E}}$$

(ii) 위 왼쪽 적분은 $\pi x(\beta)$됨을 보이고 $\beta=V$로 놓으면 다음과 같이 됨을 보여라.

$$\frac{\hbar}{\sqrt{2m}}\int_{V(0)}^{V}\frac{dn}{dE}\frac{dE}{\sqrt{V-E}}=x(V)$$

따라서 $E=E_n$이 주어지면, 퍼텐셜 $V(x)$ 를 구할 수 있다.

(iii) 조화 진동자의 경우 $E_n=(n+\frac{1}{2})\hbar\omega$ 로부터

$$V(x)=\frac{m\omega^2}{2}x^2+V(0)$$

됨을 보여라.

12. 13 위 문제의 (ii) 를 구대칭인 3차원 계에 대하여도 적용할 수 있다. 소형 원자에 대하여 퍼텐셜이

$$V(r)=-\frac{Ze^2}{r}$$

됨을 보여라.

[부 록]

Bessel 함수

여기서는 제 12장과 앞으로 제 14장에서 이용하는 Bessel 함수와 구면(球面, spherical) Bessel 함수에 관하여 더 자세히 보충 설명하고자 한다.

(a) Bessel 미분 방정식과 그 해

다음과 같이 정의된 미분 방정식을 Bessel 미분 방정식이라 부른다.

$$\frac{d^2y}{dx^2}+\frac{1}{x}\frac{dy}{dx}+\left(1-\frac{m^2}{x^2}\right)y=0 \tag{A12.1}$$

이 방정식에서는 제 7장의 부록에서 논의한 바와 같이 $x=0$이 정칙 특이점(正則特異點, regular singular point)이 된다. 따라서 제 7장 부록에서 정의된 p_0, q_0와 지표 방정식(指標方程式, indicial equation)은 각각 다음과 같다.

$$p_0=1 \tag{A12.2a}$$

$$q_0=-m^2 \tag{A12.2b}$$

$$s(s-1)+1\cdot s-m^2=0 \tag{A12.3}$$

그러므로 지표방정식의 해로서 s값은 $\pm m$이다.
따라서 (A12.1)식으로 주어진 Bessel 미분 방정식의 해는

$$y(x)=x^s\sum_{n=0}^{\infty}a_nx^n \qquad (a_0\neq 0) \tag{A12.4}$$

으로 쓸 수 있고 (A12.4)식을 (A12.1)식에 대입하면 계수 a_n들 사이에

$$\begin{aligned} a_{n+2}&=-\frac{1}{(s+n+2)^2-m^2}a_n \\ &=-\frac{1}{(s-m+n+2)(s+m+n+2)}a_n \end{aligned} \tag{A12.5}$$

의 관계식을 얻는다. 그러므로 n이 우수인 경우에 모든 a_n은 $a_0(\neq 0)$으로 표시된다. 특히 이 경우 $s=m$이라면 (A12.5)식으로부터

$$\begin{aligned} a_n=a_{2p}&=-\frac{1}{(2p)(2m+2p)}a_{2p-2} \\ &=-\frac{1}{2^2p\cdot(m+p)}a_{2p-2} \\ &=(-1)^p\frac{1}{2^{2p}p!(m+p)(m+p-1)\cdots\cdots(m+1)}a_0 \end{aligned} \tag{A12.6}$$

을 얻는다. 따라서 (A12.4)식은

$$y(x)=a_0x^m\left[1-\frac{1}{(m+1)}\left(\frac{x}{2}\right)^2+\frac{1}{(m+1)(m+2)}\frac{1}{2!}\left(\frac{x}{2}\right)^4-\cdots\cdots\right]$$

(A12.7)

가 된다. (A12.4)식은 또 독립상수 a_1로 표시될 수도 있으나 $s=m$인 경우에는 m이 $\left(-\frac{1}{2}\right)$이 아닌 한 $a_1=0$이 되어야 하며 따라서 모든 a_{2p+1}항은 0이 된다.

Bessel 함수 $J_m(x)$는 위 (A12.7)식에서 a_0를 특히 $1/2^m\Gamma(m+1)$로 택하는 경우에 얻을 수 있는 함수로 정의된다. 즉

$$J_m(x)=\sum_{r=0}^{\infty}\frac{(-1)^r}{r!\Gamma(m+r+1)}\left(\frac{x}{2}\right)^{m+2r} \qquad \text{(A12.8)}$$

이다. 여기서 $\Gamma(\alpha)$는 감마 함수(gamma function)로서 다음과 같이 정의된다.

$$\Gamma(\alpha)=\int_0^{\infty}x^{\alpha-1}e^{-x}dx \qquad \text{(A12.9)}$$

따라서

$$\Gamma(\alpha+1)=\int_0^{\infty}x^{\alpha}e^{-x}dx$$

$$=-x^{\alpha}e^{-x}\Big|_0^{\infty}+\alpha\int_0^{\infty}x^{\alpha-1}e^{-x}dx$$

$$=\alpha\Gamma(\alpha) \qquad \text{(A12.10)}$$

$$\Gamma(m+r+1)=(m+r)(m+r-1)\cdots\cdots(m+1)\Gamma(m+1) \qquad \text{(A12.11)}$$

가 된다. 특히 $\alpha=\frac{1}{2}$인 경우는 자주 쓰이며

$$\Gamma\left(\frac{1}{2}\right)=\int_0^{\infty}x^{-\frac{1}{2}}e^{-x}dx \quad (\text{여기에 } x=y^2, dx=2ydy\text{로 놓으면})$$

$$=\int_0^{\infty}y^{-1}e^{-y^2}2ydy=\sqrt{\pi} \qquad \text{(A12.12a)}$$

$$\Gamma\left(\frac{3}{2}\right)=\frac{1}{2}\Gamma\left(\frac{1}{2}\right)=\frac{1}{2}\sqrt{\pi} \qquad \text{(A12.12b)}$$

$$\Gamma\left(\frac{5}{2}\right)=\frac{3}{2}\cdot\frac{1}{2}\sqrt{\pi} \qquad \text{(A12.12c)}$$

가 된다. 또 Γ함수의 특별한 성질로

$$\Gamma(-n)=\pm\infty \qquad (n=0,1,2\cdots) \qquad \text{(A12.13)}$$

가 된다.

$s=-m$인 경우에는 Bessel 미분 방정식은 다른 해

$$J_{-m}(x)=\sum_{r=0}^{\infty}\frac{(-1)^r}{r!\Gamma(-m+r+1)}\left(\frac{x}{2}\right)^{-m+2r} \qquad \text{(A12.14)}$$

를 갖는다. 만일 m이 0이나 양(陽)의 정수(整數, interger)가 아닌 경우에는 $J_m(x)$와 $J_{-m}(x)$

는 독립인 함수가 되어 Bessel 미분 방정식의 일반적인 해는

$$y(x)=c_1J_m(x)+c_2J_{-m}(x) \tag{A12.15}$$

가 된다.

만일 m이 0이나 양의 정수일 때에는 $J_m(x)$와 $J_{-m}(x)$는 다른 함수가 아니고

$$J_{-m}(x)=(-1)^m J_m(x) \tag{A12.16}$$

가 된다.

(증명) $J_m(x)$에 대한 (A12.8)식을 이용하여 r에 관한 합을 두 부분으로 나누어

$$J_{-m}(x)=\sum_{r=0}^{m-1}+\sum_{r=m}^{\infty}$$

로 쓸 때 우변의 첫 항은 t가 0이거나 양의 정수인 값의 $\Gamma(-t)$를 분모에 포함하고 있으며 (A12.13)식으로부터

$$\frac{1}{\Gamma(-t)}=0 \qquad (t=0 \text{ 또는 } t=\text{양의 정수}) \tag{A12.13}$$

이므로

$$J_{-m}(x)=\sum_{r=m}^{\infty}\frac{(-1)^r}{r!\Gamma(-m+r+1)}\left(\frac{x}{2}\right)^{-m+2r} \tag{A12.17}$$

가 된다. 여기에 $r=m+s$로 놓으면

$$\begin{aligned} J_{-m}(x)&=\sum_{s=0}^{\infty}\frac{(-1)^{m+s}}{(s+m)!\Gamma(s+1)}\left(\frac{x}{2}\right)^{m+2s} \\ &=(-1)^m\sum_{s=0}^{\infty}\frac{(-1)^s}{s!\Gamma(s+m+1)}\left(\frac{x}{2}\right)^{m+2s} \\ &=(-1)^m J_m(x) \end{aligned}$$

(증명 끝)

참고로 (12.8)식에서 감마 함수가 도입된 경위는 뒤에 명백해 진다.

(b) Neumann 함수

앞에서 보인 바와 같이 m이 0이거나 양의 정수인 경우에는 $J_m(x)$이외에 다른 모양의 Bessel 미분 방정식의 해를 구하여야 하며 이 함수를 제 2 종 Bessel함수 (Bessel function of the second kind) 또는 Neumann 함수로 부른다. 이 함수는 m대신 ν를 써서

$$N_\nu(x)\{\equiv Y_\nu(x)\}=\frac{\cos\nu\pi J_\nu(x)-J_{-\nu}(x)}{\sin\nu\pi} \tag{A12.18}$$

로 정의된다. 이 식에서 ν가 정수가 아닌 경우는 $J_{-\nu}$와 마찬가지로 N_ν는 미분 방정식을 만족할 뿐만 아니라 $J_\nu(x)$와는 독립인 함수이다. 또 ν가 정수 m인 경우에는 $\nu=m$을 대입하면 (A12.18)식의 관계로부터

$$N_\nu(x)=\frac{0}{0}$$

이 되는데 여기에 L'Hospital 의 법칙을 사용하면 즉 분모, 분자를 ν에 관하여 미분한 후

$\nu=m$로 놓아서

$$N_m(x)=\left.\frac{\dfrac{\partial}{\partial\nu}\left[\cos\nu\pi J_\nu(x)-J_{-\nu}(x)\right]}{\dfrac{\partial}{\partial\nu}\sin\nu\pi}\right|_{\nu=m}$$

$$=\frac{\cos m\pi\left.\dfrac{\partial J_\nu}{\partial\nu}\right|_m-\pi\sin\nu\pi J_\nu(x)\Big|_m-\left.\dfrac{\partial J_{-\nu}}{\partial\nu}\right|_m}{\pi\cos m\pi}$$

$$=\frac{1}{\pi}\left[\frac{\partial J_\nu(x)}{\partial\nu}-(-1)^m\frac{\partial J_{-\nu}(x)}{\partial\nu}\right]\Bigg|_{\nu=m} \tag{A12.19}$$

을 얻는다. 이 식은 $J_m(x)$와는 독립인 함수이다. 이 이상 자세한 설명은 생략한다.

(c) 모함수(母函數, generating function)와 연이음 공식(recursion formula)

Bessel 함수 $J_m(x)$에서 m이 정수인 경우의 $J_m(x)$는 $e^{\frac{x}{2}\left(t-\frac{1}{t}\right)}$을 t에 대하여 전개할 때 그 계수가 된다. 즉

$$e^{\frac{x}{2}\left(t-\frac{1}{t}\right)}=\sum_{m=-\infty}^{\infty}J_m(x)t^m \tag{A12.20}$$

이 됨을 알 수 있다.

(증명) (A12.20)식의 좌변을 전개하면

$$e^{\frac{xt}{2}}e^{-\frac{x}{2t}}=\sum_{r=0}^{\infty}\left(\frac{x}{2}\right)^r\frac{t^r}{r!}\sum_{s=0}^{\infty}(-1)^s\left(\frac{x}{2}\right)^s\frac{t^{-s}}{s!}$$

$$=\sum_{r=0}^{\infty}\sum_{s=0}^{\infty}(-1)^s\frac{1}{r!s!}\left(\frac{x}{2}\right)^{r+s}t^{r-s} \tag{A12.21}$$

이 된다. 여기서 $r-s=n$로 놓으면 n이 변하는 영역은 $-\infty$에서 ∞까지 이다. $r=s+n$로 대치하여 n가 변하는 영역을 생각하면

$$e^{\frac{x}{2}\left(t-\frac{1}{t}\right)}=\sum_{n=-\infty}^{\infty}t^n\sum_{s=0}^{\infty}(-1)^s\frac{1}{s!(n+s)!}\left(\frac{x}{2}\right)^{n+2s}$$

$$\therefore J_n(x)=\sum_{s=0}^{\infty}\frac{(-1)^s}{s!\Gamma(n+s+1)}\left(\frac{x}{2}\right)^{n+2s}\quad\Rightarrow\text{(증명 끝)} \tag{A12.21}$$

모함수를 t와 x에 관하여 미분을 하면 다음 두 연이음 공식(recursion formula)을 얻는다. 모함수를 $g(x,t)$라 놓으면

(i) t에 관한 미분 $\dfrac{\partial g(x,t)}{\partial t}$;

$$\frac{\partial}{\partial t}\left\{e^{\frac{x}{2}\left(t-\frac{1}{t}\right)}\right\}=\frac{x}{2}\left(1+\frac{1}{t^2}\right)e^{\frac{x}{2}\left(t-\frac{1}{t}\right)}$$

$$=\frac{x}{2}\left(1+\frac{1}{t^2}\right)\sum_n J_n(x)t^n \tag{A12.22a}$$

$$\frac{\partial}{\partial t}\left\{\sum_m J_m(x)t^m\right\}=\sum_m mJ_m(x)t^{m-1} \tag{A12.22b}$$

이 식에서 t^{m-1}의 계수를 비교하면

$$\frac{x}{2}\{J_{m-1}(x)+J_{m+1}(x)\}=mJ_m(x)$$

$$\therefore J_{m-1}(x)+J_{m+1}(x)=\frac{2m}{x}J_m(x) \tag{A12.23}$$

을 얻는다.

(ii) x에 관한 미분 $\dfrac{\partial g(x,t)}{\partial x}$;

$$\frac{\partial}{\partial x}\left\{e^{\frac{x}{2}\left(t-\frac{1}{t}\right)}\right\}=\frac{1}{2}\left(t-\frac{1}{t}\right)e^{\frac{x}{2}\left(t-\frac{1}{t}\right)}$$

$$=\frac{1}{2}\left(t-\frac{1}{t}\right)\sum_n J_n(x)t^n \tag{A12.24a}$$

$$\frac{\partial}{\partial x}\left\{\sum_m J_m(x)t^m\right\}=\sum_m J_m{}'(x)t^m \tag{A12.24b}$$

이 두 식에서 t^m의 계수를 비교하면

$$J_{m-1}(x)-J_{m+1}(x)=2J_m{}'(x) \tag{A12.25}$$

를 얻는다.

(A12.23)식과 (A12.25)식을 합하면

$$J_{m-1}(x)=\frac{m}{x}J_m(x)+J_m{}'(x)$$

$$=x^{-m}\frac{d}{dx}\{x^mJ_m(x)\}$$

$$\therefore x^{m-1}J_{m-1}(x)=\frac{1}{x}\frac{d}{dx}\{x^mJ_m(x)\} \tag{A12.26}$$

가 된다. 또 (A12.23)식에서 (A12.25)식을 빼면

$$J_{m+1}(x)=\frac{m}{x}J_m(x)-J_m{}'(x)$$

$$=-x^m\frac{d}{dx}\{x^{-m}J_m(x)\}$$

$$\therefore x^{-m-1}J_{m+1}(x)=-\left(\frac{1}{x}\frac{d}{dx}\right)\left[x^{-m}J_m(x)\right] \tag{A12.27}$$

를 얻게 되는데 (A12.26)식과 (A12.27)식에 $\dfrac{1}{x}\dfrac{d}{dx}$를 여러 번 작용하면 이 두식은 다음과

같이 일반화 된다.

$$x^{m-n}J_{m-n}(x)=\left(\frac{1}{x}\frac{d}{dx}\right)^n\{x^m J_m(x)\} \tag{A12.28}$$

$$x^{-m-n}J_{m+n}(x)=\left(-\frac{1}{x}\frac{d}{dx}\right)^n\{x^{-m} J_m(x)\} \tag{A12.29}$$

예를 들어 $m=0$인 경우에는 (A12.28)식과 (A12.16)식 또는 (A12.29)식으로부터

$$x^{-n}J_n(x)=\left(-\frac{1}{x}\frac{d}{dx}\right)^n\{J_0(x)\}$$

$$\therefore J_n(x)=(-x)^n\left(\frac{1}{x}\frac{d}{dx}\right)^n J_0(x) \tag{A12.30}$$

를 얻는다.

Bessel 함수의 모함수에서 얻은 $J_m(x)$는 m이 정수인 경우에 대하여 고려되지만, $J_m(x)$가 만족하는 연이음 공식(A12.23), (A12.25)은, (A12.8)식을 직접 연이음 공식에 대입함으로써 m가 정수가 아닌 경우에도 성립함을 알 수 있다. 따라서 (A12.26)식과 (A12.27)식도 일반적인 Bessel 함수의 정의인 (A12.8)식에 대하여 성립한다.

(d) Bessel 함수의 몇 가지 성질

Bessel 함수의 여러 성질 중에서 특히 제 12장과 제 14장이나 다른 물리 문제에서 자주 사용되는 몇 가지 중요한 성질을 고찰하여 보가.

(i) Bessel 함수 $J_m(x)$를 m이 $0, 1, 2, \cdots$인 값에 대하여 살펴 보면 그림 A12.1에서 보는 바와 같이 먼저 $x=0$인 때 $J_0(x)$이외는 모두 0이 된다. 즉

$$J_0(x=0)\neq 0 \tag{A12.31a}$$

$$J_m(x=0)=0 \quad (m=1, 2, \cdots\cdots) \tag{A12.31b}$$

이 된다. 또 모든 $J_m(x)$는 $J_m(x)=0$이 되는 x값이 존재하며 이 값을 Bessel 함수의 영(零, zeros) 또는 근(根, roots)이라 부른다. 이 영들의 값은

$$J_0(x)\text{의 영 : } x=2.405\cdots\cdots, 5.520\cdots\cdots, \tag{A12.32a}$$

$$J_1(x)\text{의 영 : } x=0, 3.832\cdots\cdots, 7.016\cdots\cdots, \tag{A12.32b}$$

등이다. 이 값들은 Bessel 함수에 환한 표(表, table)에서 찾을 수 있다.

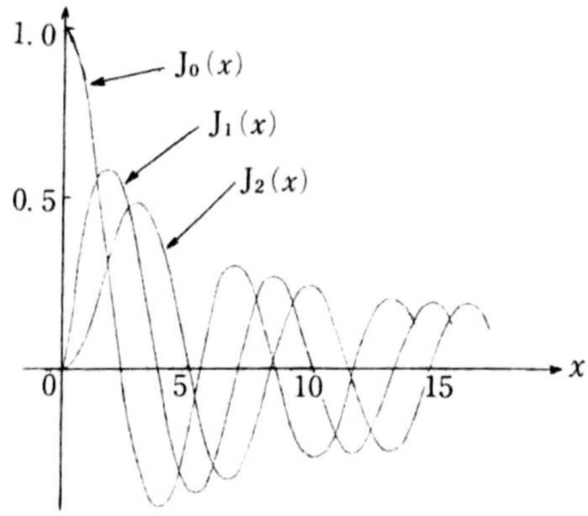

그림 A12.1 Bessel 함수 $J_0(x)$, $J_1(x)$, $J_2(x)$등의 x에 관한 변화

(ii) $m=\pm\dfrac{1}{2}$인 경우에 $J_m(x)$의 값은 간단한 모양을 갖는다. 즉

$$J_{\frac{1}{2}}(x)=\left(\frac{2}{\pi x}\right)^{\frac{1}{2}}\sin x \tag{A12.33a}$$

$$J_{-\frac{1}{2}}(x)=\left(\frac{2}{\pi x}\right)^{\frac{1}{2}}\cos x \tag{A12.33b}$$

이 된다.

(증명) (A12.8)식에서 $m=\dfrac{1}{2}$로 놓으면

$$\begin{aligned}
J_{\frac{1}{2}}(x)&=\sum_{r=0}^{\infty}\frac{(-1)^r}{r!\Gamma\left(r+\frac{3}{2}\right)}\left(\frac{x}{2}\right)^{\frac{1}{2}+2r}\\
&=\left(\frac{x}{2}\right)^{\frac{1}{2}}\left[\frac{1}{\Gamma\left(\frac{3}{2}\right)}-\frac{1}{1!\Gamma\left(\frac{5}{2}\right)}\left(\frac{x}{2}\right)^2+\frac{1}{2!\Gamma\left(\frac{7}{2}\right)}\left(\frac{x}{2}\right)^4-\cdots\right]\\
&=\left(\frac{x}{2\pi}\right)^{\frac{1}{2}}\left[\frac{1}{\frac{1}{2}}-\frac{1}{\frac{3}{2}\cdot\frac{1}{2}\cdot 1!}\left(\frac{x}{2}\right)^2+\frac{1}{\frac{5}{2}\cdot\frac{3}{2}\cdot\frac{1}{2}\cdot 2!}\left(\frac{x}{2}\right)^4-\cdots\right]\\
&=\left(\frac{2}{\pi x}\right)^{\frac{1}{2}}\left[x-\frac{x^3}{3!}+\frac{x^5}{5!}-\cdots\cdots\right]\\
&=\left(\frac{2}{\pi x}\right)^{\frac{1}{2}}\sin x.
\end{aligned}$$

가 된다. 같은 방법으로 (A12.33b)식도 얻는다. (증명 끝)

이 식과 (A12.27)식이나 (A12.29)식을 이용하면 $J_{n+\frac{1}{2}}(x)$를 구할 수 있다. 즉

$$J_{\frac{3}{2}}(x)=x^{\frac{3}{2}}(-1)\frac{1}{x}\frac{d}{dx}\left\{x^{-\frac{1}{2}}J_{\frac{1}{2}}(x)\right\}$$

$$=-\sqrt{x}\frac{d}{dx}\left\{\sqrt{\frac{2}{\pi}}\cdot\frac{\sin x}{x}\right\}$$

$$=\sqrt{\frac{2}{\pi x}}\left(\frac{\sin x}{x}-\cos x\right) \qquad \text{(A12.33c)}$$

$$J_{n+\frac{1}{2}}(x)=(-1)^n\sqrt{\frac{2}{\pi}}\,x^{n+\frac{1}{2}}\left(\frac{1}{x}\frac{d}{dx}\right)^n\frac{\sin x}{x} \qquad \text{(A12.34)}$$

를 얻고 마찬가지로

$$J_{-\left(n+\frac{1}{2}\right)}(x)=\sqrt{\frac{2}{\pi}}\,x^{n+\frac{1}{2}}\left(\frac{1}{x}\frac{d}{dx}\right)^n\frac{\cos x}{x} \qquad \text{(A12.35)}$$

를 얻는다.

(iii) 특히 x가 큰 경우나 작은 경우에는 다음과 같은 점근값(漸近値, asymptotic value)을 얻는다.

x가 아주 작을 때 ; (A12.8)식에서 첫 항이 중요하므로

$$J_m(x)\simeq\frac{1}{\Gamma(m+1)}\left(\frac{x}{2}\right)^m \qquad \text{(A12.36)}$$

이 되고

x가 아주 클 때 ; (A12.34)식으로부터

$$J_{n+\frac{1}{2}}(x)\simeq\sqrt{\frac{2}{\pi x}}\cos\left(x-\frac{n\pi}{2}-\frac{\pi}{2}\right) \qquad \text{(A12.37)}$$

를 얻는다.

(증명) x가 클 대에는 (A13.34)식은

$$J_{n+\frac{1}{2}}(x)=(-1)^n\sqrt{\frac{2}{\pi}}\,x^{n+\frac{1}{2}}\left(\frac{1}{x}\frac{d}{dx}\right)\left(\frac{1}{x}\frac{d}{dx}\right)\cdots\left(\frac{1}{x}\frac{d}{dx}\right)\frac{\sin x}{x}$$

$$\simeq(-1)^n\sqrt{\frac{2}{\pi}}\,x^{n+\frac{1}{2}}\left(\frac{1}{x}\frac{d}{dx}\right)\left(\frac{1}{x}\frac{d}{dx}\right)\cdots\left(\frac{1}{x}\frac{d}{dx}\right)\frac{\sin x}{x}$$

$$=\sqrt{\frac{2}{\pi x}}\left(-\frac{d}{dx}\right)^n\sin x \qquad \text{(A12.38)}$$

가 된다. 여기서 $n=0,1,2,\cdots$인 경우, $\left(-\frac{d}{dx}\right)^n\sin x$를 생각하여 보면

n의 값, $\left(-\frac{d}{dx}\right)^n\sin x$

0	$\sin x = \cos\left(x - \frac{\pi}{2}\right)$
1	$-\cos x = \cos\left(x - \frac{2 \cdot \pi}{2}\right) = \cos\left(x - \frac{\pi}{2} - \frac{\pi}{2}\right)$
2	$-\sin x = \cos\left(x - \frac{3\pi}{2}\right) = \cos\left(x - \frac{2\pi}{2} - \frac{\pi}{2}\right)$
3	$\cos x = \cos\left(x - \frac{4\pi}{2}\right) = \cos\left(x - \frac{3\pi}{2} - \frac{\pi}{2}\right)$
4	$\sin x = \cos\left(x - \frac{5\pi}{2}\right) = \cos\left(x - \frac{4\pi}{2} - \frac{\pi}{2}\right)$
5	$-\cos x = \cos\left(x - 2\pi - \frac{2\pi}{2}\right) = \cos\left(x - \frac{5\pi}{2} - \frac{\pi}{2}\right)$
⋮	⋮
n	$= \cos\left(x - \frac{n\pi}{2} - \frac{\pi}{2}\right)$

이 된다. 따라서 (A12.37)식이 성립한다. (증명 끝)

이 식으로부터 x가 클 경우에

$$J_n(x) \simeq \sqrt{\frac{2}{\pi x}} \cos\left(x - \frac{n\pi}{2} - \frac{\pi}{4}\right) \tag{A12.39}$$

$$\begin{aligned} N_n(x) &= \frac{\cos n\pi J_n(x) - J_{-n}(x)}{\sin n\pi} \\ &= \sqrt{\frac{2}{\pi x}} \frac{\cos n\pi \cos\left(x - \frac{\pi}{4} - \frac{n\pi}{2}\right) - \cos\left(x - \frac{\pi}{4} + \frac{n\pi}{2}\right)}{\sin n\pi} \\ &= \sqrt{\frac{2}{\pi x}} \sin\left(x - \frac{n\pi}{2} - \frac{\pi}{4}\right) \end{aligned} \tag{A12.40}$$

를 얻게 되며 Hankel 함수로 알려진, $J_n(x)$와 $N_n(x)$가 결합된 식 $H_n^{(1)}(x), H_n^{(2)}(x)$에 대하여는

$$H_n^{(1)}(x) = J_n(x) + iN_n(x) \simeq \sqrt{\frac{2}{\pi x}}\, e^{i\left(x - \frac{n\pi}{2} - \frac{\pi}{4}\right)} \tag{A12.41a}$$

$$H_n^{(2)}(x) = J_n(x) - iN_n(x) \simeq \sqrt{\frac{2}{\pi x}}\, e^{-i\left(x - \frac{n\pi}{2} - \frac{\pi}{4}\right)} \tag{A12.41b}$$

를 얻는다.

(e) 구면(球面, spherical) Bessel 함수

제 14장 본문에서 논의하게 될 구면(spherical) Bessel 함수 $j_n(x), n_n(x)$는

$$j_k(x) = \sqrt{\frac{\pi}{2x}}\, J_{k+\frac{1}{2}}(x) \tag{A12.42a}$$

$$n_l(x)=\sqrt{\frac{\pi}{2x}}\,N_{l+\frac{1}{2}}(x)$$

$$=(-1)^{l+1}\sqrt{\frac{\pi}{2x}}\,J_{-l-\frac{1}{2}}(x) \tag{A12.42b}$$

로 정의되며 마찬가지로 구면(球面, spherical) Hankel 함수는

$$h_l^{(1)}(x)=\sqrt{\frac{\pi}{2x}}\,H^{(1)}_{l+\frac{1}{2}}(x) \tag{A12.43a}$$

$$h_l^{(2)}(x)=\sqrt{\frac{\pi}{2x}}\,H^{(2)}_{l+\frac{1}{2}}(x) \tag{A12.43b}$$

로 정의된다.

특히 $j_k(x)$와 $n_k(x)$의 함수 모양은 자세히 알 필요가 있다. $J_{l+\frac{1}{2}}(x)$에 관란 자세한 식과 점근값으로부터 다음 값들을 얻는다.

$$j_0(x)=\frac{\sin x}{x}, \qquad j_1(x)=\frac{\sin x}{x^2}-\frac{\cos x}{x}, \cdots\cdots$$

$$n_0(x)=-\frac{\cos x}{x}, \qquad n_1(x)=-\frac{\cos x}{x^2}-\frac{\sin x}{x}, \cdots\cdots \tag{A12.44}$$

또 x가 작을 때에는

$$j_l(x)\simeq\frac{x^l}{(2l+1)!!} \tag{A12.45a}$$

$$n_l(x)\simeq-\frac{(2l-1)!!}{x^{l+1}} \tag{A12.45b}$$

$$(2l+1)!!=1\cdot 3\cdot 5\cdots\cdots(2l+1). \tag{A12.45c}$$

x가 클 때에는

$$j_l(x)\simeq\frac{1}{x}\cos\left\{x-\frac{\pi}{2}(l+1)\right\} \tag{A12.46a}$$

$$n_l(x)\simeq\frac{1}{x}\sin\left\{x-\frac{\pi}{2}(l+1)\right\} \tag{A12.46b}$$

을 얻는다.

(f) Bessel 함수의 적분 표현(integral representation)

함수론을 이용하면 (12.20)식에서 정의된 Bessel 함수는 다음과 같이 쓸 수 있다.

$$J_\nu(x)=\frac{1}{2\pi i}\int_{C_0} e^{\frac{x}{2}\left(t-\frac{1}{t}\right)}\,t^{-\nu-1}\,dt \tag{A12.47}$$

여기서 적분 경로 C_0는 $t=-\infty-i\epsilon$에서 출발하여 원점을 시계 반대방향으로 돌고 $t=-\infty+i\epsilon$로 가는 것이다. 이것은 적분 안의 값이 t의 $-\infty<t<0$ 에서 cut을 가

지고 그 외 영역에서 해석함수이기 때문이다. 특히 ν가 정수(integer)이면 x를 일반적으로 복소수 z라 할 때 $Re(z) > 0$인 한 위 cut에서의 불연속성이 없어져 적분경로는 원점 주위의 작은 원이 된다.

특히 $t = 2u/x$로 놓으면 (A12.47) 적분식은 다음과 같이 된다.

$$J_\nu(x) = \frac{1}{2\pi i}\left(\frac{x}{2}\right)^\nu \int_{C_0} e^{(u - x^2/4u)} u^{-\nu-1} du \tag{A12.48}$$

이 식으로부터 여러 경우를 생각해보자.

(i) x가 작을 때: 위 적분식은

$$J_\nu(x) \sim \frac{1}{2\pi i}\left(\frac{x}{2}\right)^\nu \int_{C_0} e^u u^{-\nu-1} du = \frac{1}{2\pi i}\left(\frac{x}{2}\right)^\nu \int_0^{-\infty} e^{u'} u'^{-\nu-1} du'$$

$$+ \frac{1}{2\pi i}\left(\frac{x}{2}\right)^\nu \int_{-\infty}^0 e^{u''} u''^{-\nu-1} du'' \tag{A12.49}$$

되는데 적분 경로를 생각하여

$$u' = e^{\pi i}u = -u,\ u'' = e^{-\pi i}u = -u$$

로 놓으면 위 식은 감마 함수와 관계를 갖게 된다. 또 감마 함수의 관계식

$$\Gamma(z)\Gamma(1-z) = \frac{\pi}{\sin \pi z}$$

를 이용하면

$$J_\nu(x) \sim \frac{1}{\pi}\left(\frac{x}{2}\right)^\nu \sin(-\nu\pi)\Gamma(-\nu) : (\leftarrow \int_0^\infty e^{-u} u^{-\nu-1} du) \tag{A12.50}$$

$$= \frac{1}{\Gamma(z+1)}\left(\frac{x}{2}\right)^\nu$$

(ii) (12.48)식 에서 $e^{-x^2/4u}$를 전개하면

$$J_\nu(x) = \frac{1}{2\pi i}\sum_{n=0}^\infty \frac{(-1)^n}{n!}\left(\frac{x}{2}\right)^{\nu+2n} \int_{C_0} e^u u^{-\nu-n-1} du$$

$$= \frac{1}{\pi}\sum_{n=0}^\infty \frac{(-1)^n}{n!}\left(\frac{x}{2}\right)^{\nu+2n} \sin[\pi(\nu+n)]\Gamma(-\nu-n)$$

$$= \sum_{n=0}^\infty \frac{(-1)^n}{n!}\left(\frac{x}{2}\right)^{\nu+2n} \frac{1}{\Gamma(\nu+n+1)} \quad : (\rightarrow (A12.21))$$

(iii) x가 클 경우: (A12.47)식에서 지수 부분에 대하여

$$\frac{d}{dt}\left(t - \frac{1}{t}\right) = 0$$

되는 두 개의 안장점(saddle point) $t = \pm i$ 를 거치는 적분 경로를 택할 때 최급경 강하(steepest descent) 방법을 사용하여 구할 수 있다. 자세한 논의를 생략하고 그 결과로 다음 관계를 얻을 수 있다.

$$J_\nu(x) \sim \sqrt{\frac{2}{\pi x}} \cos\left(x + \frac{\pi}{4} - (\nu+1)\frac{\pi}{2}\right) : (\rightarrow (A12.39))$$

제 13 장

시간에 의존하는 섭동 이론 (Time-Dependent Perturbation Theory)

지금까지는 물리계를 기술하는 데에서 Hamiltonian이 시간에 독립인 경우를 주로 취급하였다. 여기에서는 Hamiltonian의 일부가 시간의 양함수(陽函數, explicit function)인 경우를 고찰하여 고유 상태 사이에 전이(轉移, transition)가 일어나는 경우를 생각해 보려고 한다. 특히 원자 안에 있는 전자의 전이를 전자기파(電磁氣波)의 흡수와 방출과 관련하여 고찰한다.

13. 1 전이 진폭(轉移振幅, transition amplitude)

(a) 전이 진폭의 정의

물리계를 기술하는 Hamiltonian이

$$H = H_0 + H'(t) \tag{13.1}$$

이고 H_0는 시간에 독립이며 H_0의 고유값 문제는 완전히 풀 수 있다고 가정하자. $H'(t)$는 시간에 의존하는 작은 섭동 양으로

$$H'(t) = \lambda V(t) \tag{13.2}$$

와 같이 작은 매개 상수 λ를 이용하여 표시하기로 한다.

H_0의 고유값 E_n^0와 고유 벡터 $|n^0>$를 알고 있다면

$$H_0|n^0> = E_n^0|n^0> \tag{13.3}$$

가 되고 따라서 계를 기술하는 임의의 상태 벡터를 $|\psi(t)>$라 할 때

$$|\psi(t)> = \sum_n c_n(t)|n^0> \tag{13.4}$$

라 놓을 수 있다.

계의 시간에 대한 변화는 Schrödinger 방정식에 의하여 결정된다. 만일 $H'(t)$가 없는

경우라면 $H=H_0$이므로 앞 장에서 논의한 바와 같이

$$|\psi(t)> \ = e^{-\frac{i}{\hbar}tH_0}|\psi(0)> \tag{13.5}$$

이고 만일 $|\psi(0)>$가 알려졌다면, 즉 예를 들어

$$|\psi(0)> \ = \sum_n c_n(0)|n^0> \tag{13.6}$$

이라면 $t \neq 0$인 때에

$$\begin{aligned}|\psi(t)> \ &= e^{-\frac{i}{\hbar}tH_0}\sum_n c_n(0)|n^0> \\ &= \sum_n c_n(0)e^{-\frac{i}{\hbar}tE_n^0}|n^0> \\ &= \sum_n c_n(t)|n^0>\end{aligned} \tag{13.7}$$

라 쓸 수 있다. 여기서

$$c_n(t)=c_n(0)e^{-\frac{i}{\hbar}tE_n^0} \tag{13.8}$$

이다.

만일 $H' \neq 0$인 경우 H'가 시간에 따라 변하는 작은 연산자라면 H'의 영향으로 상태 함수는 $H'=0$인 경우와는 약간 달라지기 때문에 (13.4)식 또는 (13.7)식은

$$|\psi(t)> \ = \sum_n a_n(t)e^{-\frac{i}{\hbar}tE_n^0}|n^0> \tag{13.9}$$

로 쓸 수 있다. 여기서 $a_n(t)$는 시간의 함수이나 $c_n(0)$에서 약간 변한 값으로 본다. $a_n(t)$를 알게 되면 우리가 고려하는 문제는 완전히 풀린 것이나 다름없다. 이 값으로부터 시간이 변함에 따라 $t(\neq 0)$인 시간에 어느 상태 $|n^0>$에 있을 확률은 $|a_n(t)|^2$이 될 것이다. 따라서 처음 $(t=0)$ 어느 특정한 상태에 있던 계가 시간이 지남에 따라 다른 상태로 바꾸어질 확률도 이 값으로부터 알 수 있어 $a_n(t)$를 전이 진폭(轉移振幅, transition amplitude)라 한다.

앞으로는 혼동이 안 생기는 한 E_n^0와 $|n^0>$ 등에서 위 첨자 0을 빼고 생각하자. 따라서 (12.3) 대신에

$$H_0|n> \ = E_n|n> \tag{13.10}$$

식을 쓰자.

(b) 전이 진폭 $a_n(t)$의 방정식

전이 진폭(轉移振幅, transition amplitude)의 완전한 해는 초기 조건이 주어져야 구해진다. 만일 우리가 고려하는 계가 $t=0$인 때 H_0의 한 고유 상태인 i 상태에 있다고 하자. 그러면, (13.9)식으로부터

$$|\psi(t=0)> \ = \sum_n a_n(0)|n> \ = |i> \tag{13.11a}$$

이므로 $a_n(t)$의 초기 조건은

$$a_n(0)=\delta_{ni} \tag{13.11b}$$

가 된다.

한편 $a_n(t)$의 시간에 대한 변화는 Schrödinger 방정식으로부터

$$H|\psi(t)> = i\hbar\frac{\partial}{\partial t}|\psi(t)> \tag{13.12a}$$

$$(H_0+H')\sum_n a_n(t)e^{-\frac{i}{\hbar}tE_n}|n> = i\hbar\frac{\partial}{\partial t}\sum_n a_n(t)e^{-\frac{i}{\hbar}tE_n}|n> \tag{13.12b}$$

이 되므로 이 식에서 $|n>$가 H_0의 고유 벡터임을 이용하면

$$\sum_n a_n(t)e^{-\frac{i}{\hbar}tE_n}E_n|n> + H'\sum_n a_n(t)e^{-\frac{i}{\hbar}tE_n}|n>$$

$$= \sum_n i\hbar\frac{\partial a_n(t)}{\partial t}e^{-\frac{i}{\hbar}tE_n}|n> + \sum_n E_n a_n(t)e^{-\frac{i}{\hbar}tE_n}|n> \tag{13.12c}$$

$$\therefore \sum_n a_n(t)e^{-\frac{i}{\hbar}tE_n}H'(t)|n> = \sum_n i\hbar\frac{\partial a_n(t)}{\partial t}e^{-\frac{i}{\hbar}tE_n}|n> \tag{13.12d}$$

를 얻는다.

양 변에 $<k|e^{\frac{iE_k}{\hbar}t}$를 작용하여 주면

$$\sum_n a_n(t)e^{\frac{it(E_k-E_n)}{\hbar}}\langle k|H'(t)|n\rangle$$

$$= \sum_n i\hbar\cdot\frac{\partial a_n(t)}{\partial t}e^{\frac{i}{\hbar}t(E_k-E_n)}\langle k|n\rangle$$

$$= i\hbar\frac{\partial a_k(t)}{\partial t} \tag{13.13}$$

가 된다. 다시 말해서 $a_k(t)$를 구하는 문제는 다음과 같은 초기치 문제(初期值問題, initial value problem)로 귀착된다.

$$\begin{cases} i\hbar\dfrac{\partial a_k(t)}{\partial t} = \sum_n a_n(t)\langle k|H'(t)|n\rangle e^{\frac{i}{\hbar}(E_k-E_n)t} & (13.14a) \\ a_k(0)=\delta_{ki} & (13.14b) \end{cases}$$

(c) 섭동 이론의 방법에 의한 풀이

위 식을 풀기 위하여 H'가 λ의 1차식으로 표시된 것과 같이 $a_k(t)$도 λ의 함수로 전개하여 본다. 즉

$$a_k(t)=a_k^{(0)}(t)+\lambda a_k^{(1)}(t)+\lambda^2 a_k^{(2)}(t)+\cdots\cdots \tag{13.15}$$

이 식을 (12.14a)식에 대입하면

$$i\hbar\frac{\partial a_k^{(0)}}{\partial t}+\lambda i\hbar\frac{\partial a_k^{(1)}}{\partial t}+\lambda^2 i\hbar\frac{\partial a_k^{(2)}}{\partial t}+\cdots\cdots$$

$$= \sum_n\left(a_n^{(0)}+\lambda a_n^{(1)}+\lambda^2 a_n^{(2)}+\cdots\cdots\right)\lambda\langle k|V|n\rangle e^{i\omega_{kn}t} \tag{13.16}$$

가 되고 여기서 ω_{kn}은 다음과 같이 정의된 양이다.

$$\omega_{kn} = \frac{E_k - E_n}{\hbar} \tag{13.17}$$

양변에서 λ^n의 계수를 같게 놓으면 $a_k^{(n)}$가 만족하는 방정식을 얻게 된다. 한편 (13.14b)식의 조건을 사용하면

$$a_k(0) = \delta_{ki}$$

이므로 $a_k^{(n)}(t)$가 갖는 초기 조건은

$$a_k^{(0)}(t=0) = \delta_{ki} \tag{13.18a}$$

$$a_k^{(1)}(0) = a_k^{(2)}(0) = \cdots = 0 \tag{13.18b}$$

이다. 따라서 $a_k^{(n)}(n=0,1,2\cdots)$가 만족하는 방정식과 조건으로부터 이들의 값을 얻을 수 있다. 즉 (13.16)식에서

$$(\lambda)^0\text{의 계수 : } i\hbar\frac{\partial a_k^{(0)}(t)}{\partial t} = 0 \tag{13.19a}$$

$$\therefore a_k^{(0)}(t) = \text{상수} = \delta_{ki} \tag{13.19b}$$

$$(\lambda)\text{의 계수 : } i\hbar\frac{\partial a_k^{(1)}}{\partial t} = \sum_n a_n^{(0)}\langle k|V|n\rangle e^{i\omega_{kn}t}$$

$$= \langle k|V|i\rangle e^{i\omega_{ki}t} \tag{13.20a}$$

$$a_k^{(1)}(0) = 0 \tag{13.18b}$$

$$\therefore a_k^{(1)}(t) = \frac{1}{i\hbar}\int_0^t dt\langle k|V(t)|i\rangle e^{i\omega_{ki}t}$$

$$= -\frac{i}{\hbar}\int_0^t dt\langle k|V(t)|i\rangle e^{i\omega_{ki}t} \tag{13.20b}$$

마찬가지 방법을 계속하면

$$(\lambda)^{l+1}\text{의 계수 : } i\hbar\frac{\partial a_k^{(l+1)}}{\partial t} = \sum_n a_n^{(l)}\langle k|V(t)|n\rangle e^{i\omega_{kn}t} \tag{13.21}$$

$$a_k^{(l+1)}(0) = 0 \tag{13.18b}$$

로부터 원칙적으로 모든 $a_k^{(l)}(t)$를 구할 수 있다.

만일 전이 진폭 $a_k(t)$에 대하여 1차 근사까지만 고려하는 경우

$$a_k(t) = a_k^{(0)}(t) + \lambda a_k^{(1)}(t)$$

$$= \delta_{ki} - \frac{i}{\hbar}\int_0^t dt\langle k|H'(t)|i\rangle e^{i\omega_{ki}t} \tag{13.22}$$

가 되고 특히 k가 i가 아닌 값 $n(\neq i)$이라면 전이가 일어나게 되며

$$a_n(t) = -\frac{i}{\hbar}\int_0^t dt\langle n|H'|i\rangle e^{i\omega_{ki}t} \quad (n \neq i) \tag{13.23}$$

를 얻게 된다. 대부분의 응용은 이 식에서부터 출발하게 된다.

만일 2차 섭동까지 고려하는 경우에 $\lambda^2 a_k^{(2)}(t)$는 다음과 같다.

$$\lambda^2 a_k^{(2)}(t)=\left(-\frac{i}{\hbar}\right)^2\sum_m\int_0^t dt'\langle k|H'|m\rangle e^{i\omega_{km}t'}\int_0^{t'}dt''\quad\langle m|H'|i\rangle e^{i\omega_{mi}t''}$$

(13.24)

(d) 상호작용 묘사(相互作用描寫, interaction picture)

참고로, 보다 간편한 방법인 상호작용 묘사(相互作用描寫, interaction picture)가 자주 사용되기 때문에 여기에서 간단히 논하여 보자. (13.4)식과 (13.9)식을 보면 $e^{-\frac{i}{\hbar}t\cdot E_n^0}$항은 퍼텐셜 항에 해당되는 $\lambda V(t)$항과는 관련이 없으며 여기서 섭동에 관련된 항은 $a_n(t)$이다. 따라서 우리가 원하는 항 $a_n(t)$를 얻기 위하여 상호작용 묘사를 도입하여 보자. 즉 $t=0$인 경우에 $|\alpha(t=0)>$인 상태는 후에 시간 t의 Schrödinger 묘사에서는 $|\alpha(t)>_S$가 된다. 여기에 다음과 같은 켓벡터를 도입하자.

$$|\alpha(t)>_I=e^{\frac{itH_0}{\hbar}}|\alpha(t)>_S \tag{13.25}$$

그러면 $t=0$인 경우에 $|>_I$ 상태는 $|>_S$ 상태와 일치한다. 또 연산자 A에 대하여는

$$A_I=e^{\frac{i}{\hbar}tH_0}Ae^{-\frac{i}{\hbar}tH_0}\quad(A_S \text{ 대신에 첨자 } S\text{를 생략하고 } A\text{로 쓴 경우임}) \tag{13.26a}$$

$$H_I'=e^{\frac{i}{\hbar}tH_0}H'e^{-\frac{i}{\hbar}tH_0} \tag{13.26b}$$

로 정의하면 상호작용 묘사에서 파동 방정식은

$$\begin{aligned}
i\hbar\frac{\partial}{\partial t}|\alpha(t)>_I&=i\hbar\frac{\partial}{\partial t}\left(e^{\frac{i}{\hbar}tH_0}|\alpha(t)>_S\right)\\
&=-H_0e^{\frac{i}{\hbar}tH_0}|\alpha(t)>_S+e^{\frac{i}{\hbar}tH_0}i\hbar\frac{\partial}{\partial t}|\alpha(t)>_S\\
&-c^{\frac{i}{\hbar}tH_0}\{-H_0|\alpha(t)>_S+(H_0+H')|\alpha(t)>_S\}\\
&=e^{\frac{i}{\hbar}tH_0}H'e^{-\frac{i}{\hbar}tH_0}e^{\frac{i}{\hbar}tH_0}|\alpha(t)>_S
\end{aligned}$$

가 된다. 따라서

$$i\hbar\frac{\partial}{\partial t}|\alpha(t)>_I=H_I'|\alpha(t)>_I \tag{13.27}$$

를 얻는다. 이 식은 H 대신 H' 으로 대치하고 $|\alpha(t)>$는 $|\alpha(t)>_I$로 놓은 상호 작용 묘사에서의 Schödinger 방정식이다. 또 이 경우 연산자 A_I의 시간에 대한 변화는 (13.26a)식으로부터

$$\frac{dA_I}{dt}=\frac{1}{i\hbar}[A_I, H_0] \tag{13.28}$$

됨을 알 수 있다. 이 식은 Heisenberg 묘사에서 H를 H_0로 대치한 식이다.

상호작용 묘사에서도 H_0의 고유 벡터 $|n>$을 기저 벡터로 사용하여 $|\alpha(t)>_I$를 전개하면

$$|\alpha(t)>_I=\sum_n a_n(t)|n> \tag{13.29}$$

로 쓸 수 있고 $|\alpha(t)>_S$는

$$|\alpha(t)>_S = e^{-\frac{i}{\hbar}tH_0}|\alpha(t)>_I$$

$$= \sum_n a_n(t) e^{-\frac{i}{\hbar}tE_n}|n>$$

가 되어 (13.9)식을 얻게 된다. 또 $a_n(t)$는 (13.29)식으로부터

$$a_n(t) = \langle n|\alpha(t)\rangle_I \tag{13.30}$$

이므로

$$i\hbar\frac{\partial a_n(t)}{\partial t} = <n|i\hbar\frac{\partial}{\partial t}|\alpha(t)>_I$$

$$= <n|H_I'(t)|\alpha(t)>_I$$

$$= \sum_m <n|H_I'(t)|m><m|\alpha(t)>_I$$

$$= \sum_m <n|e^{\frac{i}{\hbar}tH_0}H'(t)e^{-\frac{i}{\hbar}tH_0}|m> a_m(t)$$

$$= \sum_m \langle n|H'(t)|m\rangle a_m(t) e^{\frac{i}{\hbar}t(E_n - E_m)}$$

즉 (13.14a)식을 얻었다.

한편 상호작용 묘사에서의 상태 방정식 (13.27)식으로부터 시변 연산자(時變演算子, evolution operator) $U_I(t,t_0)$를 다음과 같이 정의할 수 있다.

$$|\alpha(t)>_I = U_I(t,t_0)|\alpha(t_0)>_I \tag{13.31}$$

따라서 (13.27)식을 고려하면 $U_I(t,t_0)$가 만족하는 방정식은

$$i\hbar\frac{\partial}{\partial t}U_I(t,t_0) = H'_I U_I(t,t_0) \tag{13.32}$$

이며 (13.31)식에서 알 수 있는 바와 같이 $t=t_0$인 경우의

$$U_I(t_0,t_0) = I \tag{13.33}$$

인 조건을 생각하면 (13.32)식의 해는

$$U_I(t,t_0) = I - \frac{i}{\hbar}\int_{t_0}^{t} H'_I(t')\,U_I(t',t_0)dt' \tag{13.34}$$

와 같이 쓸 수 있다. 여기에 반복 방법(反復方法, iteration method)을 사용하여

$$U_I(t,t_0) = I - \frac{i}{\hbar}\int_{t_0}^{t} H'_I(t')\,[1 - \frac{i}{\hbar}\int_{t_0}^{t'} H'_I(t'')\,U_I(t''\ t_0)dt''\,]dt'$$

$$= I - \frac{i}{\hbar}\int_{t_0}^{t} dt' H'_I(t') + \left(\frac{-i}{\hbar}\right)^2 \int_{t_0}^{t} dt' \int_{t_0}^{t'} dt'' H'_I(t') H'_I(t'') + \cdots\cdots \tag{13.35}$$

를 얻는다. $U_I(t,t_0)$를 알면 어느 상태의 시간에 따른 변화를 알 수 있다. 즉 $t=t_0$인 경우

H_0의 한 고유 상태인 $|i>$ 상태에 있었다면 그 후에

$$|t>_I = U_I(t,0)|i,0>$$
$$= \sum_n |n><n|U_I(t,0)|i> \quad (|i> \equiv |i,0) \tag{13.36}$$

가 된다. 한편 Schrödinger 묘사에서 시변 연산자 $U(t,t_0)$와의 관계를 조사하기 위하여

$$|t>_I = e^{\frac{i}{\hbar}tH_0}|t>_S$$
$$= e^{\frac{i}{\hbar}tH_0}U(t,0)|i,0>_S$$
$$= e^{\frac{i}{\hbar}tH_0}U(t,0)e^{-\frac{i}{\hbar}tH_0}|i,0>_I \tag{13.37}$$

를 살펴보면

$$U_I(t,0) = e^{\frac{i}{\hbar}tH_0}U(t,0)e^{-\frac{i}{\hbar}tH_0} \tag{13.38}$$

가 됨을 알 수 있다. 따라서

$$\langle n|U_I(t,0)|i\rangle = e^{\frac{i}{\hbar}t(E_n-E_i)}\langle n|U(t,0)|i\rangle \tag{13.39}$$

가 된다. 한편 처음 $t=0$에서 $|i>$ 상태에 있던 계가 시간 t에서 n인 상태에 있을 확률을 얻으려면 (13.35)식과 (13.36)식을 사용하여

$$a_n(t) = \langle n|t\rangle_I = \langle n|U_I(t,0)|i\rangle$$
$$= \langle n|i\rangle - \frac{i}{\hbar}\int_0^t \langle n|H'_I|i\rangle dt'$$
$$+\left(-\frac{i}{\hbar}\right)^2\int_0^t dt'\int_0^t dt'' \quad \langle n|H'_I(t')H'_I(t'')|i\rangle$$
$$+\cdots\cdots,$$
$$= \delta_{in} - \frac{i}{\hbar}\int_0^t dt'\langle n|H'(t')|i\rangle e^{i\omega_{ni}t'}$$
$$+\left(\frac{-i}{\hbar}\right)^2\int_0^t dt'\int_0^{t'} dt'' \quad \sum_m \langle n|H'(t')|m\rangle\langle m|H'(t'')|i\rangle e^{i\omega_{nm}t'}e^{i\omega_{mi}t''}$$
$$+\cdots\cdots \tag{13.40}$$

을 얻는다. 그러므로 $|i>$ 상태에서 $|n>$ 상태로 전이할 경우에 n차 섭동을 얻을 수 있다. 그러나 우리는 주로 1차 섭동을 생각하게 되며 따라서 주로 (13.23)식을 고려하게 되는데 상호작용 묘사는 일반적인 이론을 기술하는 데 편리하다.

13. 2 전이 확률(轉移確率, transition probability)과 Fermi 황금률(黃金律, golden rule)

a_n의 값은 H'의 값이 주어지면 더욱 선명하게 논의할 수 있다. 특히 H'이 시간 t에 대하여 다음과 같이 주기적으로 변하는 경우를 생각하자.

$$H'(t) \equiv Ve^{\pm i\omega t} \ \left(\equiv H' e^{\pm i\omega t}\right) \tag{13.41}$$

예를 들어 주기적으로 변하는 sine 이나 cosine 함수는 이러한 경우로부터 얻어질 수 있다. 위식에서 V는 시간에 무관한 연산자이며 (13.2)식과는 관련이 없는 기호이다. (13.41)식의 $H'(t)$의 값을 (13.23)식에 넣어주면

$$a_n(t) = \lambda a_n^{(1)}(t) = -\frac{i}{\hbar}\int_0^t dt \langle n|V|i\rangle e^{i(\pm\omega+\omega_{ni})t}$$

$$= \frac{\langle n|V|i\rangle}{i\hbar} \cdot \frac{e^{\frac{i}{\hbar}(E_n - E_i \pm \hbar\omega)t} - 1}{\frac{i}{\hbar}(E_n - E_i \pm \hbar\omega)} \tag{13.42}$$

가 된다. 따라서 1차 전이 문제에서 어느 시간 t에서 계가 n인 상태에 있을 확률은

$$|a_n(t)|^2 = \frac{|\langle n|V|i\rangle|^2}{(E_n - E_i \pm \hbar\omega)^2}\left(e^{iAt} - 1\right)\left(e^{-iAt} - 1\right)$$

$$= \frac{|\langle n|V|i\rangle|^2}{(E_n - E_i \pm \hbar\omega)^2}\left(1 + 1 - e^{iAt} - e^{-iAt}\right)$$

$$= 4\frac{|\langle n|V|i\rangle|^2}{(E_n - E_i \pm \hbar\omega)^2}\sin^2\!\left(\frac{E_n - E_i \pm \hbar\omega}{2\hbar}\right)t \tag{13.43}$$

이며, 여기서 A는

$$A \equiv \frac{1}{\hbar}\left(E_n - E_i \pm \hbar\omega\right) \tag{13.44}$$

이다.

우리는 시간 t가 $\dfrac{\hbar}{E}$에 비하여 아주 큰 경우에 관심이 있다. 따라서 위식에서 $t\to\infty$로 택하여 보자.

이때에 유용한 공식 하나를 먼저 소개한다.

$$\lim_{\alpha\to\infty}\frac{1}{\pi}\frac{\sin^2\alpha x}{\alpha x^2} = \delta(x) \tag{13.45}$$

(증명) $\sin^2\alpha \le 1$이므로 만일 $x \ne 0$이면

$$\lim_{\alpha\to\infty}\frac{\sin^2\alpha x}{\pi\alpha x^2} = 0 \tag{13.46a}$$

이 된다. 또

$$\delta(x) = \frac{1}{2\pi}\int_{-\infty}^{\infty} e^{ikx}dk$$

$$= \lim_{L\to\infty}\frac{1}{2\pi}\int_{-L}^{L} e^{ikx}dk$$

$$= \lim_{L\to\infty}\frac{1}{2\pi}\cdot\frac{e^{iLx} - e^{-iLx}}{ix}$$

$$= \lim_{L\to\infty}\frac{\sin Lx}{\pi x} \tag{13.46b}$$

이므로

$$\lim_{L\to\infty}\left(\frac{\sin Lx}{\pi x}\right)^2 = \delta(x)\delta(x) = \lim_{L\to\infty}\delta(x)\frac{1}{2\pi}\int_{-L}^{L} e^{ikx}dk$$

$$= \delta(x) \lim_{L\to\infty} \frac{1}{2\pi} \int_{-L}^{L} dk$$

$$= \lim_{L\to\infty} \frac{L}{\pi} \delta(x)$$

이 되고 따라서 이 식으로부터 $\delta(x)$ 값을 다음과 같이 얻는다.

$$\lim_{L\to\infty} \frac{\sin^2 Lx}{\pi L x^2} = \delta(x) \qquad \text{(증명 끝)}$$

이 식을 이용하면 (13.43)식으로 주어진 시간 t가 지나는 동안의 전이 확률은

$$|a_n(t)|^2 = \lim_{t\to\infty} \frac{4|\langle n|V|i\rangle|^2}{\hbar^2 A^2} \sin^2 \frac{A}{2} t$$

$$= \lim_{t\to\infty} \frac{\sin^2 \frac{A}{2} t}{\pi t \left(\frac{A}{2}\right)^2} \cdot \frac{\pi t}{\hbar^2} |\langle n|V|i\rangle|^2$$

$$= \lim_{t\to\infty} \frac{\pi}{\hbar^2} t |\langle n|H'|i\rangle|^2 \delta\left(\frac{E_n - E_i \pm \hbar\omega}{2\hbar}\right)$$

$$= \lim_{t\to\infty} t \cdot \frac{2\pi}{\hbar} |\langle n|H'|i\rangle|^2 \delta(E_n - E_i \pm \hbar\omega) \tag{13.47}$$

가 된다. 여기서 H'은 시간에 무관한 양 V를 의미하며 시간에 대한 변화는 δ 함수로 나오므로 앞으로는 V 대신 H'으로 쓴다.

그러므로 단위 시간당 i 상태에서 n 상태로 전이가 일어날 확률은

$$\Gamma_{i\to n}\left(\begin{matrix}\text{단위 시간당 } i\to n\\ \text{에 전이할 확률}\end{matrix}\right) = \frac{2\pi}{\hbar} |\langle n|H'|i\rangle|^2 \delta(E_n - E_i \pm \hbar\omega) \tag{13.48}$$

이 된다. 이 식을 Fermi의 황금률(黃金律, golden rule)이라 부른다. 단위 시간당 i 상태에서 n 상태로의 평균 전이률을 나타내는 이 식으로부터 생각할 수 있는 몇 가지 물리적인 의의를 고찰하여 보자.

(i) 시간에 대한 주기적인 섭동이 작용하면 $\delta(E_n - E_i \pm \hbar\omega)$에 의해 전이 과정은 다음 관계식이 성립하는 상태 사이에서만 일어난다.

$$E_n = E_i \pm \hbar\omega \tag{13.49}$$

여기서 $E_n = E_i + \hbar\omega$인 경우는 흡수 전이(吸收轉移, absorption transition)이다. 즉 그림 13.1(a)에서와 같이 i 상태에 있던 전자는 $\hbar\omega$만큼의 에너지를 흡수하고 보다 높은 상태인 n 상태로 전이되어 올라간다. 한편 $E_n = E_i - \hbar\omega$인 경우에 일어나는 전이는 뒤에 명백하게 논의되는 바와 같이 밖에서 걸어준 $H' = Ve^{-i\omega t}$인 값 때문에 즉 입사된 전자기파에 의하여 자극(stimulated) 또는 유도(induced)되어 보다 낮은 에너지 상태로 전자가 내려오는 경우이며 이때에는 $\hbar\omega$의 에너지를 가진 한 개의 광자가 방출된다. 이 과정을 유도방출(誘導放出, stimulated 또는 induced emission)이라 부르며 이 경우는 원자의 높은 에너지 상태에 있던 전자가 자발적(自發的)으로 낮은 상태로 내려오는 자발적 방출(自發的放出, spontaneous emission)과는 다르다. 최근에 많이 사용되는 Laser(레이저)는 Light Amplification through Stimulated Emission of Radiation의 첫 글자를 합하여 이름 지어진

것으로 이 유도 방출을 이용하여 결맞는(coherent) 단색광을 만드는 것이다.

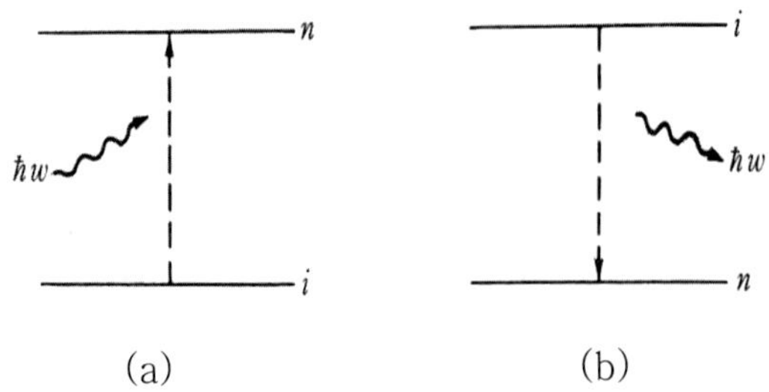

그림 13.1 (a) 에너지 $\hbar\omega$의 광자를 흡수하여 i인 상태에 있는 전자가 보다 높은 상태인 들뜬 상태 n가 되는 과정.

(b) 들뜬 상태인 i 상태에 있는 전자가 보다 낮은 상태인 n 상태로 되면서 에너지 $\hbar\omega$인 광자를 방출하는 과정.

(ii) (13.47)식의 δ함수의 값은 관측되지는 못하며 거의 모든 경우에 δ 안의 변수에 대하여 적분한 결과를 고려하게 된다. 예를 들어 마지막 상태를 n라 할 때 에너지 E_n 부근의 여러 상태들이 있어 $\triangle E_n$ 영역에 있는 상태의 수를 $\triangle N$라 하면 에너지 밀도 ρ는

$$\rho = \frac{dN}{dE_n} = \frac{\text{상태의 수}}{\text{에너지 영역}} \tag{13.50}$$

이다. 따라서 $dN = \rho dE_n$이므로 처음의 i인 상태에서 n 부근의 상태로 단위 시간당 전이가 일어날 확률은

$$\begin{aligned} \Gamma_{i\to n}(\equiv \Gamma_{ni}) &= \frac{2\pi}{\hbar}\int dN |\langle n|H'|i\rangle|^2 \delta(E_n - E_i \pm \hbar\omega) \\ &= \frac{2\pi}{\hbar}|\langle n|H'|i\rangle|^2 \rho(E_n) \end{aligned} \tag{13.51}$$

이 된다. 여기서 $\rho(E_n)$ 값은 고려하는 상황에 따라 결정되는 값이지만 $\Gamma_{i\to n}$에서는 모든 값이 $E_n = E_i \pm \hbar\omega$에서의 값이다.

(iii) 만일 H'이 $\sin\omega t$ 또는 $\cos\omega t$로 주어지는 경우는 $e^{\pm i\omega t}$를 고려함으로써 얻어지게 된다. 일반적으로 H'을

$$H'(t) = Fe^{i\omega t} + Ge^{-i\omega t} \tag{13.52}$$

로 놓을 경우 F와 G가 시간에는 무관한 연산자라면

$$\begin{aligned} a_n(t) &= \frac{1}{i\hbar}\int_0^t dt \{\langle n|F|i\rangle e^{i\omega t} + \langle n|G|i\rangle e^{-i\omega t}\} e^{i\omega_{ni}t} \\ &= -\frac{1}{\hbar}\left\{F_{ni}\frac{e^{i(\omega_{ni}+\omega)t}-1}{\omega_{ni}+\omega} + G_{ni}\frac{e^{i(\omega_{ni}-\omega)t}-1}{\omega_{ni}-\omega}\right\} \end{aligned} \tag{13.53}$$

이다. 이 값은 ω의 거의 모든 값에 대하여 진동을 하게 되므로 결과적으로는 전이가 일어나지 않는 경우와 마찬가지가 된다. 그러나

$$\frac{e^{i(\omega_{ni}\pm\omega)t}-1}{\omega_{ni}\pm\omega}=\frac{1+i(\omega_{ni}\pm\omega)t-\frac{1}{2!}(\omega_{ni}\pm\omega)^2t^2+\cdots-1}{\omega_{ni}\pm\omega} \tag{13.54}$$

이므로 만일 ω가 $\omega\approx\omega_{ni}$인 값이 될 때에는

$$\frac{e^{i(\omega_{ni}+\omega)t}-1}{\omega_{ni}+\omega}\simeq\frac{e^{2i\omega t}-1}{2\omega}\ (F\text{항의 경우}) \tag{13.55a}$$

$$\frac{e^{i(\omega_{ni}-\omega)t}-1}{\omega_{ni}-\omega}\simeq t\qquad (G\text{항의 경우}) \tag{13.55b}$$

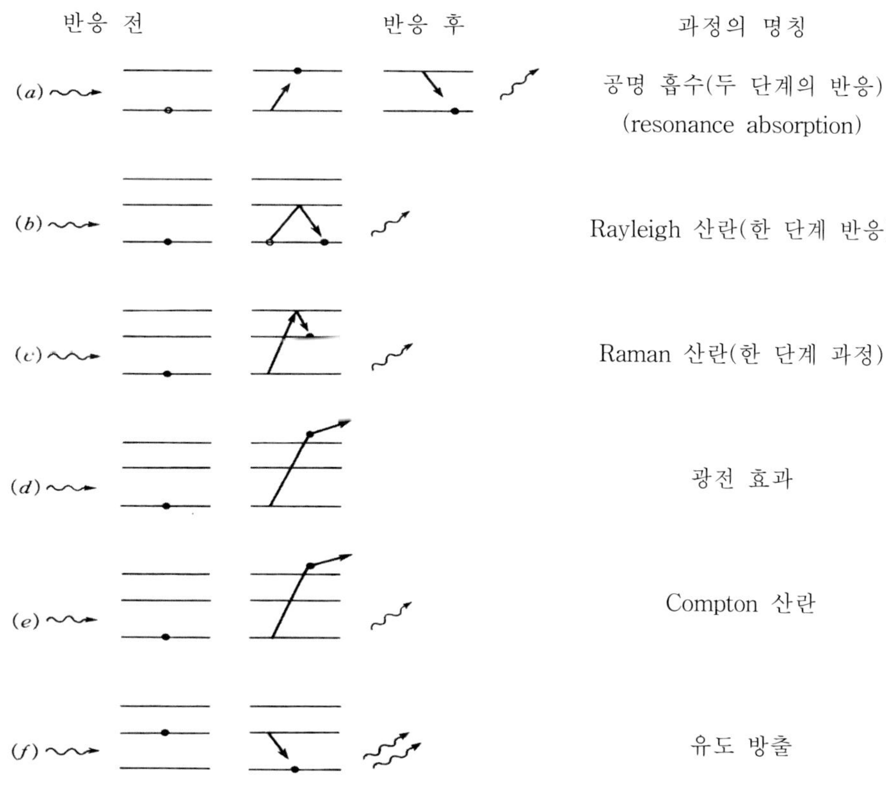

그림 13.2 주기적 진동수 ω를 갖는 전자기파가 원자에 입사되는 경우 원자 안의 전자 상태의 변화에 따라 여러 가지 다른 명칭의 물리적 과정이 생기게 된다.

가 되어서 F항은 진동으로 인하여 전이에 아무런 영향을 주지 않고 G항 때문에 전이확률은 점차로 증가한다. 따라서 전이가 일어나는 경우를 생각하기 때문에 F항은 무시하고

$$a_n(t) = -\frac{e^{i(\omega_{ni}\pm\omega)t}-1}{\hbar(\omega_{ni}-\omega)}\langle n|G|i\rangle \tag{13.56}$$

로 쓸 수 있으며 단위 시간당 전이 확률 $\Gamma_{i\to n}$은 이 경우에 다음과 같아진다.

$$\Gamma_{ni} = \frac{2\pi}{\hbar}|\langle n|G|i\rangle|^2\rho(E_n) \quad \text{(흡수과정)} \tag{13.57}$$

마찬가지로 만일 $\omega\simeq-\omega_{ni}$인 경우에는 G항이 진동하여 전이에 영향을 주지 않고 F항만 남는다. 따라서 이 경우에는

$$\Gamma_{ni} = \frac{2\pi}{\hbar}|\langle n|F|i\rangle|^2\rho(E_n) \quad \text{(방출과정)} \tag{13.58}$$

을 얻는다. 이러한 이론의 실제적인 응용의 예로서 특히 원자가 전자기파에 의하여 $e^{\pm i\omega t}$의 영향을 받음으로써 생기는 여러 가지 형태의 과정이 기술된다. 그림 13.2에서는 전자기파가 원자에 입사되었을 때 원자 안의 전자가 전이되는 모양에 따라 각각 다른 물리적 과정으로 구분되어 취급됨을 나타낸다.

13. 3 원자에 의한 전자기파의 흡수 및 방출 (absorption and emission of electromagnetic wave by atoms)

여기에서는 앞서 밝힌 전이 과정의 응용으로 전자기파(電磁氣波)에 의한 전이를 고려한다. 전자기적 상호작용의 한 예로서 외부 전자기장 $\vec{E}, \vec{B}$ 안에 있는 스핀 $\frac{1}{2}$인 입자를 기술하는 Schrödinger 방정식은 제 10장에서 고려한 바와 같이

$$i\hbar\frac{\partial|\psi>}{\partial t} = H|\psi> \tag{13.59a}$$

$$H = \frac{1}{2m}\left(\vec{p}-\frac{e}{c}\vec{A}\right)\cdot\left(\vec{p}-\frac{e}{c}\vec{A}\right)+V(r)-\frac{ge}{2mc}\vec{B}\cdot\vec{S} \tag{13.59b}$$

가 되며 여기서 g값은 입자에 따라 다른 값을 나타낸다. 즉 전자에 대하여는 거의 2가 되고 양성자, 중성자에 대하여는 각각 5,585, -3,826 등이 됨은 전에 언급한 바와 같다. 물론 이 때에 각 입자의 질량과 전하부호는 다른 값을 가진다.

여기에서 H는

$$H = H_0 + H' \tag{13.1}$$

$$H_0 = \frac{p^2}{2m} + V(r) \tag{13.60a}$$

$$H' = -\frac{e}{mc}\vec{A}\cdot\vec{p} - \frac{ge}{2mc}\vec{S}\cdot(\vec{\nabla}\times\vec{A}) \tag{13.60b}$$

로 놓을 수 있고 H_0의 고유값 문제의 해 $|n^0>$는 $\{|nlm_l m_s>\}$로 알려졌다고 생각한다.

우리가 관심을 가지는 문제는 만일 원자가 $t=0$인 때 $|i>$ 상태에 있고 여기에 평면 편

광(平面偏光, plane polarized light)이 비추어질 때 $|n^0>$ 상태로 단위 시간당 전이가 일어날 확률을 알아내는 문제이다. 이 문제를 고려하기 전에 먼저 전자기파에 관한 고찰을 하여 보자.

(a) 전자기파(電磁氣波, electromagnetic wave)

자유 공간에서의 Maxwell 방정식의 평면파(平面波, plane wave) 해를 구하기 위하여

$$\vec{\nabla}\times\vec{E}+\frac{1}{c}\frac{\partial\vec{B}}{\partial t}=0 \tag{13.61a}$$

$$\vec{\nabla}\times\vec{B}-\frac{1}{c}\frac{\partial\vec{E}}{\partial t}=0 \tag{13.61b}$$

$$\vec{\nabla}\cdot\vec{E}=0 \tag{13.61c}$$

$$\vec{\nabla}\cdot\vec{B}=0 \tag{13.61d}$$

에서 첫 식에 $\vec{\nabla}\times$를 작용하면 제 1장에서와 같이 $\vec{E}$의 방정식을 얻게 된다. 즉

$$\vec{\nabla}\times(\vec{\nabla}\times\vec{E})+\frac{1}{c}\vec{\nabla}\times\frac{\partial\vec{B}}{\partial t}=0 \tag{13.62a}$$

$$\vec{\nabla}(\vec{\nabla}\cdot\vec{E})-\nabla^2\vec{E}+\frac{1}{c}\frac{\partial}{\partial t}(\vec{\nabla}\times\vec{B})=0 \tag{13.62b}$$

$$\therefore\ \nabla^2\vec{E}-\frac{1}{c^2}\frac{\partial^2\vec{E}}{\partial t^2}=0 \tag{13.62c}$$

$\vec{B}$도 마찬가지의 방정식을 얻게 된다. 따라서

$$\vec{E}=\vec{E_0}e^{i(\vec{k}\cdot\vec{x}-wt)}, \tag{13.63}$$

로 놓으면

$$k^2=\frac{\omega^2}{c^2} \tag{13.64}$$

이 된다. 또

$$\vec{B}=\vec{B_0}e^{i(\vec{k}\cdot\vec{x}-\omega t)} \tag{13.65}$$

로 놓았을 때

$$\vec{B_0}=\hat{k}\times\vec{E_0}\quad(\hat{k}=\vec{k}/|\vec{k}|:\text{단위 벡터}) \tag{13.66}$$

가 되어

$$\vec{B}=\hat{k}\times\vec{E_0}e^{i(\vec{k}\cdot\vec{x}-\omega t)}=\hat{k}\times\vec{E} \tag{13.67}$$

의 해를 얻는다 (13.63)식과 (13.65)식의 해를 평면파 해라 부르며 이 해는 (13.61c)식과 (13.61d)식을 만족하여야 하므로

$$\vec{k}\cdot\vec{B}=\vec{k}\cdot\vec{E}=\vec{E}\cdot\vec{B}=0 \tag{13.68}$$

가 되어 $\vec{k}, \vec{E}, \vec{B}$는 서로 수직인 관계를 형성한다. 특히 $\vec{k}$는 $\vec{E}, \vec{B}$에 수직하고 크기는 $\frac{\omega}{c}$ 이다.

전자기파는 $\vec{E}, \vec{B}$ 벡터로 나타내며 이들의 위상속도는 (13.63)식과 (13.65)식으로부터

$$\vec{v}=\frac{d\vec{x}}{dt}=\frac{\omega}{k}\hat{k}=c\hat{k} \tag{13.69}$$

이다. 즉 $\vec{E}$와 $\vec{B}$ 벡터는 파가 움직이는 $\vec{k}$ 방향에 수직이며 $\vec{k}$에 수직인 평면에서는 $\vec{k}\cdot\vec{x}$가 일정한 값을 가지므로 전자기파는 횡파(横波, transverse wave)이다.

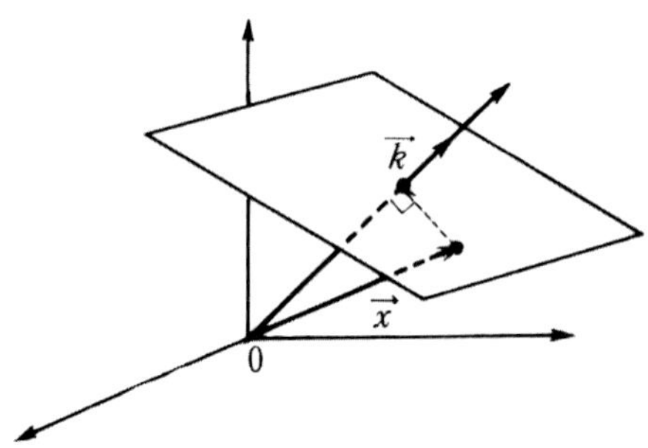

그림 13.3 어느 시간에 $\vec{k}$ 방향에 수직인 평면에서 전자기파의 전기 자기장은 일정한 값을 갖는다.

이 파를 기술하는 퍼텐셜은 일반적으로 스칼라 퍼텐셜 ϕ와 벡터 퍼텐셜 $\vec{A}$에 의하여

$$\vec{E}=-\vec{\nabla}\phi-\frac{1}{c}\frac{\partial\vec{A}}{\partial t} \tag{13.70}$$

$$\vec{B}=\vec{\nabla}\times\vec{A} \tag{13.71}$$

로 기술된다. 이 때 퍼텐셜 $\phi, \vec{A}$는 제 8장에서 언급된 바와 같이 게이지 변환(gauge 變換)

$$\phi'=\phi+\frac{1}{c}\frac{\partial\Lambda}{\partial t} \tag{13.72a}$$

$$\vec{A'}=\vec{A}-\vec{\nabla}\Lambda \tag{13.72b}$$

에 의한 새로운 퍼텐셜 $(\phi', \vec{A'})$를 사용하여도 같은 $\vec{E}, \vec{B}$를 얻게 된다. 즉 $\vec{E}, \vec{B}$는 게이지 변환에 대하여 불변(不變, invariant)이다. 따라서 Maxwell 방정식도 게이지 변환에 대하여 변하지 않으므로 전자기학은 게이지 변환에 대하여 불변인 이론이라고 할 수 있다.

특히 Λ는 임의의 함수이며 식을 간단하게 하기 위하여 Λ를 택할 때에는 $\phi'=0$이 되도록 택할 수 있다. 즉 퍼텐셜을

$$\phi=0 \tag{13.73a}$$

$$\vec{\nabla}\cdot\vec{A}=0 \tag{13.73b}$$

되도록 택할 수 있다. 이것을 Coulomb 게이지 라 부른다.

(증명) 퍼텐셜을 택하는 데에 있어서 임의성이 있음을 퍼텐셜을 되도록 간단하게 택하는 데 도움의 된다. 즉 $\phi \neq 0$인 경우에는 Λ를 택할 때

$$\Lambda(\vec{x},t) = -c\int_{-\infty}^{t} \phi(\vec{x},t')dt' \tag{13.74}$$

로 놓으면

$$\phi' = \phi + \frac{1}{c}\frac{\partial \Lambda}{\partial t} = \phi - \phi = 0 \tag{13.75a}$$

을 얻는다. 이때에 $(\phi', \vec{A'})$에서 $\vec{A'}$은

$$\vec{A'} = \vec{A} - \vec{\nabla}\Lambda \tag{13.75b}$$

$$\vec{\nabla}\cdot\vec{A'} = \vec{\nabla}\cdot\vec{A} - \nabla^2\Lambda \tag{13.75c}$$

를 만족하므로 만일 $\vec{\nabla}\cdot\vec{A} \neq 0$이면 $\vec{\nabla}\cdot\vec{A'}$는 일반적으로는 0이 안되고 Λ를 택할 때 (13.75c)식이 0이 되도록 택하는 데 (13.75b)식의 제약 때문에 불편하다. 따라서 다시 Λ'을 택하여 새로운 $(\phi'', \vec{A}'')$을

$$\phi'' = \phi' + \frac{1}{c}\frac{\partial \Lambda'}{\partial t} \tag{13.76a}$$

$$\vec{A}'' = \vec{A'} - \vec{\nabla}\Lambda' \tag{13.76b}$$

로 놓으면

$$\vec{\nabla}\cdot\vec{A}'' = \vec{\nabla}\cdot\vec{A'} - \nabla^2\Lambda' \tag{13.76c}$$

이므로

$$\nabla^2\Lambda' = \vec{\nabla}\cdot\vec{A'} \tag{13.77}$$

되도록 Λ'을 택하면 $\vec{\nabla}\cdot\vec{A'}$가 Λ'의 생성원(source)으로 생각되므로

$$\Lambda' = -\frac{1}{4\pi}\int \frac{\vec{\nabla}\cdot\vec{A'}}{|\vec{x}-\vec{x'}|}d^3x' \tag{13.78}$$

$$\vec{\nabla}\cdot\vec{A}'' = 0 \tag{13.79}$$

이 된다. 이 때

$$\begin{aligned}\phi'' &= \phi' + \frac{1}{c}\frac{\partial \Lambda'}{\partial t}\\ &= 0 - \frac{1}{4\pi c}\int \frac{1}{|\vec{x}-\vec{x'}|}\vec{\nabla}\cdot\left(\frac{\partial\vec{A'}}{\partial t}\right)d^3x'\end{aligned} \tag{13.80a}$$

이 되는데 $\vec{\nabla}\cdot\vec{E} = 0$인 조건으로부터

$$\begin{aligned}0 = \vec{\nabla}\cdot\vec{E} &= \vec{\nabla}\cdot\left(-\vec{\nabla}\phi' - \frac{1}{c}\frac{\partial\vec{A'}}{\partial t}\right)\\ &= -\frac{1}{c}\vec{\nabla}\cdot\left(\frac{\partial\vec{A'}}{\partial t}\right)\end{aligned}$$

$$\therefore \phi'' = 0 \tag{13.80b}$$

를 얻는다. 즉$(\phi, \vec{A})$로부터 게이지 변환을 하여 $\phi'' = 0, \vec{\nabla} \cdot \vec{A}'' = 0$이 되도록 $(\phi'', \vec{A}'')$을 택할 수 있다.

일반적으로 전자기파의 생성원(生成源, source)에서 떨어져 있는 자유공간에서의 전자기파는 횡파이며 Coulomb 게이지를 만족하는 퍼텐셜을 택할 수 있다.

따라서 $\vec{E}$와 $\vec{B}$는 벡터 퍼텐셜 $\vec{A}$만으로 표시할 수 있어 $\vec{E}$, $\vec{B}$의 식 (13.63), (13.65)를 고려하면

$$\vec{A} = \vec{A_0} e^{i(\vec{k} \cdot \vec{x} - \omega t)} \tag{13.81}$$

로 쓸 수 있다. 이 때 $\vec{A_0}$는

$$\begin{aligned} \vec{E} &= -\frac{1}{c}\frac{\partial \vec{A}}{\partial t} = \frac{i\omega}{c}\vec{A_0} e^{i(\vec{k} \cdot \vec{x} - \omega t)} \\ &= \vec{E_0} e^{i(\vec{k} \cdot \vec{x} - \omega t)} \end{aligned} \tag{13.82}$$

로부터 다음 관계식을 갖는다.

$$\vec{A_0} = \frac{c}{i\omega}\vec{E_0} = -\frac{ic}{\omega}\vec{E_0} \tag{13.83}$$

물리적으로 의미를 갖는 양은 실(實)값이므로 편의상 다음과 같이 놓자.

$$\vec{A}(\vec{x}, t) = \vec{A_0} e^{i(k \cdot x - \omega t)} + c.c. \tag{13.84}$$

여기서 $c.c.$는 복소 공액(複素共軛, complex conjugate)을 의미한다. 이때에

$$\vec{E}(x, t) = -\frac{1}{c}\frac{\partial \vec{A}}{\partial t} = \frac{i\omega}{c}\vec{A_0} e^{i(\vec{k} \cdot \vec{x} - \omega t)} + c.c. \tag{13.85a}$$

$$\begin{aligned} \vec{B}(x, t) &= \vec{\nabla} \times \vec{A} = i\left(\vec{k} \times \vec{A_0}\right) e^{i(\vec{k} \cdot \vec{x} - \omega t)} + c.c. \\ &= \hat{k} \times \vec{E} \end{aligned} \tag{13.85b}$$

이다.

참고로 CGS 단위계에서 전자기파의 에너지 밀도는

$$u = \frac{1}{8\pi}(\boldsymbol{E}^2 + \boldsymbol{B}^2) = \frac{1}{4\pi}\boldsymbol{E}^2 \tag{13.86}$$

이 됨을 보이자.

(증명) Maxwell 방정식에서 얻을 수 있는 에너지 보존칙을 살펴보자. 즉

$$\vec{\nabla} \times \vec{E} + \frac{1}{c}\frac{\partial \vec{B}}{\partial t} = 0 \tag{13.61a}$$

$$\vec{\nabla} \times \vec{B} - \frac{1}{c}\frac{\partial \vec{E}}{\partial t} = \frac{4\pi}{c}\vec{J} \tag{13.87}$$

에서

$$\vec{B} \cdot \left(\vec{\nabla} \times \vec{E} + \frac{1}{c}\frac{\partial \vec{B}}{\partial t}\right) - \vec{E} \cdot \left(\vec{\nabla} \times \vec{B} - \frac{1}{c}\frac{\partial \vec{E}}{\partial t}\right) = -\frac{4\pi}{c}\vec{J} \cdot \vec{E} \tag{13.88}$$

를 얻는다. 여기에 벡터 관계식

$$\vec{B}\cdot(\vec{\nabla}\times\vec{E})-\vec{E}\cdot(\vec{\nabla}\times\vec{B})=\vec{\nabla}\cdot(\vec{E}\times\vec{B}) \tag{13.89}$$

를 이용하면

$$\vec{\nabla}\cdot(\vec{E}\times\vec{B})+\frac{1}{2c}\frac{\partial}{\partial t}(\vec{E}\cdot\vec{E}+\vec{B}\cdot\vec{B})=-\frac{4\pi}{c}\vec{J}\cdot\vec{E} \tag{13.90}$$

를 얻게 된다.

이 식을 한 고정된 체적에 대하여 적분을 하는 경우

$$-\int d\vec{S}\cdot\frac{c}{4\pi}(\vec{E}\times\vec{B})=\frac{d}{dt}\int d^3x\frac{\boldsymbol{E}^2+\boldsymbol{B}^2}{8\pi}+\int d^3x\vec{J}\cdot\vec{E} \tag{13.91}$$

를 얻는다. 여기에서 좌변에 대하여는 Gauss 정리를 사용하였다. 우변의 마지막 항을 살펴보면 전류밀도 $\vec{J}$는 전하밀도 ρ와 속도 $\vec{v}$의 곱이므로

$$\begin{aligned}\int d^3x\vec{J}\cdot\vec{E}&=\int d^3x\rho\vec{v}\cdot\left(\vec{E}+\frac{1}{c}\vec{v}\times\vec{B}\right)\\&=\int d^3x\vec{v}\cdot\vec{f}\\&=\frac{dW}{dt}\quad (W:\text{ 역학적 에너지})\end{aligned} \tag{13.92}$$

로 쓸 수 있다. 이 식에서 $\vec{f}$는 전자기장이 단위체적당 전하에 작용하는 힘이 되어 적분값은 역학적 에너지의 시간적 변화를 나타낸다.

(13.91)식의 우변은 한 고정된 체적 안의 에너지의 시간적 변화를 나타내며 좌변은 그 표면을 통하여 나가는 에너지를 나타낸다. 따라서 에너지 보존칙으로부터

$$u\equiv\frac{\boldsymbol{E}^2+\boldsymbol{B}^2}{8\pi} \tag{13.86}$$

은 단위체적당의 전자기 에너지(electromagnetic energy) 즉 에너지 밀도라 할 수 있다.

(증명 끝)

한편 (13.91)식의 좌변으로부터

$$\vec{S}=\frac{c}{4\pi}(\vec{E}\times\vec{B}) \tag{13.93}$$

는 그 체적을 둘러싸고 있는 면을 통하여 단위시간당 단위면적을 통과하는 전자기파의 에너지이며 Poynting의 벡터라 부른다.

따라서 Poynting 벡터는

$$\begin{aligned}\vec{S}&=\frac{c}{4\pi}(\vec{E}\times\vec{B})=\frac{c}{4\pi}\{\vec{E}\times(\hat{k}\times\vec{E})\}\\&=\frac{c}{4\pi}\hat{k}\vec{E}\cdot\vec{E}\\&=\frac{c}{4\pi}\hat{k}\left\{\frac{i\omega}{c}\overrightarrow{A_0}e^{i(\vec{k}\cdot\vec{x}-\omega t)}-\frac{i\omega}{c}\overrightarrow{A_0^*}e^{-i(\vec{k}\cdot\vec{x}-\omega t)}\right\}^2\end{aligned}$$

$$= \frac{\omega^2}{4\pi c}\left\{2\left|\overrightarrow{A_0}\right|^2 - A_0^2 e^{2i(\vec{k}\cdot\vec{x}-\omega t)} - A_0^{*2} e^{-2i(\vec{k}\cdot\vec{x}-\omega t)}\right\}\hat{k} \tag{13.94}$$

이다. 이 벡터의 시간에 대한 평균치는 전자기파의 세기(強度, intensity) $I(\omega)$가 된다. 따라서

$$I(\omega) = \frac{\omega^2}{2\pi c}\left|\overrightarrow{A_0}\right|^2 \tag{13.95}$$

이 된다. 특히 진동수가 ω에서 $\omega+d\omega$사이에 있는 전자기파의 세기를 고려할 때에는 (12.95)식의 좌변을 $I(\omega)d\omega$로도 쓴다.

(13.91)식으로부터 다음과 같은 연속방정식을 얻게 된다.

$$\frac{\partial u}{\partial t} + \vec{\nabla}\cdot\vec{S} = -\vec{J}\cdot\vec{E} \tag{13.96}$$

(13.85)식과 (13.86)식으로부터 에너지의 시간에 대한 평균치는

$$u = \frac{\omega^2}{2\pi c^2}\left|\overrightarrow{A_0}\right|^2 \left(= \frac{I(\omega)}{c}\right) \tag{13.97}$$

를 얻으며 또 $\overrightarrow{A_0}$의 크기는 (13.95)식으로부터

$$\left|\overrightarrow{A_0}\right| = \sqrt{\frac{2\pi c}{\omega^2} I} \tag{13.98}$$

이다.

(b) 전이 확률(transition probability)

원자 안에는 많은 전자들이 있고 이들은 스핀을 가지고 있다. 따라서 원자에 전자기장을 걸어주면 Hamiltonian은

$$H = \sum_\alpha \frac{1}{2m}\left(\overrightarrow{p_\alpha} - \frac{e}{c}\overrightarrow{A_\alpha}\right)^2 + V - \sum_\alpha \frac{ge}{2mc}\overrightarrow{S_\alpha}\cdot\vec{B} \tag{13.99}$$

로 쓸 수 있다. 여기서 $\sum_\alpha$는 모든 전자들에 대한 합을 나타낸다. 그리고 앞으로 $\vec{s}$는 스핀 벡터를 나타낸다. (포인팅 벡터가 아님). 일반적으로는 퍼텐셜 V도 복잡하나 수소형 원자와 같은 간단한 경우를 고려하여 물리적 의미를 조사하여 보자.

편의상 한 개의 전자에 대하여 고려하고 A^2항은 무시하면 (13.60)식에서 H_0와 H'이 주어진다. 즉

$$H_0 = \frac{p^2}{2m} + V \tag{13.60a}$$

$$H' = -\frac{e}{mc}\vec{A}\cdot\left(\vec{p} + \frac{i}{2}g\vec{S}\times\vec{k}\right) + c.c. \tag{13.100}$$

이다. 여기서 $\vec{A}$에 대한 평면과 해 (13.84)식을 고려하였다. 이 식에서 전자의 스핀을 고려하지 않는 경우는 $\vec{S}$가 포함된 항을 없애면 된다.

(13.23)식을 사용하는 경우 (13.100)식에서 전이진폭은

$$a_n(t)=\frac{1}{i\hbar}\int dt'\langle n|H'|i\rangle e^{i\omega_{ni}t'} \tag{13.23}$$

$$\begin{aligned}\langle n|H'|i\rangle &= \left\langle n\left|\left\{-\frac{e}{mc}\overrightarrow{A_0}\cdot\left(\vec{p}+\frac{i}{2}g\vec{S}\times\vec{k}\right)e^{i(\vec{k}\cdot\vec{x}-\omega t)}\right.\right.\right.\\ &\qquad \left.\left.\left.-\frac{e}{mc}\overrightarrow{A_0^*}\cdot\left(\vec{p}-\frac{i}{2}g\vec{S}\times\vec{k}\right)e^{-i(\vec{k}\cdot\vec{x}-\omega t)}\right|i\right\}\right\rangle \\ &= \langle n|F|i\rangle e^{i\omega t}+\langle n|G|i\rangle e^{-i\omega t}\end{aligned} \tag{13.101}$$

이 된다. 여기서 $\langle n|F|i\rangle$와 $\langle n|G|i\rangle$는 다음과 같이 정의된다.

$$\langle n|G|i\rangle=-\frac{e}{mc}\left\langle n\left|e^{i\vec{k}\cdot\vec{x}}\overrightarrow{A_0}\cdot\left(\vec{p}+\frac{i}{2}g\vec{S}\times\vec{k}\right)\right|i\right\rangle \tag{13.102a}$$

$$\langle n|F|i\rangle=-\frac{e}{mc}\left\langle n\left|e^{-i\vec{k}\cdot\vec{x}}\overrightarrow{A_0^*}\cdot\left(\vec{p}-\frac{i}{2}g\vec{S}\times\vec{k}\right)\right|i\right\rangle \tag{13.102b}$$

$\overrightarrow{A_0}$방향의 단위 벡터를

$$\vec{\epsilon}=\overrightarrow{A_0}/|\overrightarrow{A_0}| \tag{13.103}$$

로 놓으면 이것은 전자기파의 편극(偏極, polarization) 방향과 관련되어 있으며

$$\frac{\langle n|G|i\rangle}{|\overrightarrow{A_0}|}=-\frac{e}{mc}\left\langle n\left|e^{i\vec{k}\cdot\vec{x}}\vec{\epsilon}\cdot\left(\vec{p}+\frac{i}{2}g\vec{S}\times\vec{k}\right)\right|i\right\rangle \tag{13.103a}$$

$$\frac{\langle n|F|i\rangle}{|\overrightarrow{A_0}|}=-\frac{e}{mc}\left\langle n\left|e^{-i\vec{k}\cdot\vec{x}}\overrightarrow{\epsilon^*}\cdot\left(\vec{p}-\frac{i}{2}g\vec{S}\times\vec{k}\right)\right|i\right\rangle \tag{13.103b}$$

이 된다. 그러므로 (13.98)식을 여기에 이용하면

$$|\langle n|G|i\rangle|^2=I(\omega)\frac{2\pi c}{\omega^2}\left|\left\langle n\left|\frac{G}{|\overrightarrow{A_0}|}\right|i\right\rangle\right|^2 \tag{13.104a}$$

$$|\langle n|F|i\rangle|^2=I(\omega)\frac{2\pi c}{\omega^2}\left|\left\langle n\left|\frac{F}{|\overrightarrow{A_0}|}\right|i\right\rangle\right|^2 \tag{13.104b}$$

이다. 따라서 $I(\omega)$, $\langle n|G|i\rangle$, $\langle n|F|i\rangle$ 들이 ω에 대하여 천천히 변하는 함수라면 i 상태에서 n 상태로의 전이 확률은 (13.51)식을 이용하면

$$\begin{aligned}\Gamma_{ni} &= \frac{2\pi}{\hbar}\int\frac{2\pi c}{\omega^2}\left|\left\langle n\left|\frac{G}{|\overrightarrow{A_0}|}\right|i\right\rangle\right|^2 I(\omega)d\omega\,\delta(E_n-E_i-\hbar\omega)\\ &= \frac{4\pi^2 c}{\hbar^2\omega^2}\frac{|G_{ni}|^2}{|\overrightarrow{A_0}|^2}I(\omega)\ \ (\text{여기서 } \omega=\omega_{ni})\ :\ \text{흡수율}\end{aligned} \tag{13.105}$$

이 된다. 이 값은 외부에서 가해준 세기 $I(\omega)$인 전자기파에 의하여 낮은 에너지 상태가 한 광자를 흡수하고 높은 에너지 상태로 단위시간당 전이하는 확률이며 흡수율(吸收率, rate of absorption)이라 부른다. 마찬가지로

$$\Gamma_{ni} = \frac{4\pi^2 c}{\hbar^2\omega^2}\frac{|F_{ni}|^2}{|\overrightarrow{A_0}|^2}I(\omega) \tag{13.106}$$

; 유도 방출률 (誘導放出率, rate of stimulated emission)

을 얻는다. 이 값을 진동수 ν에 대하여 얻으려면

$$\int I(\omega)d\omega = \int I(\nu)d\nu = \int I(\nu)\cdot\frac{1}{2\pi}d\omega \tag{13.107}$$

에서 $I(\omega)$ 대신에 $\frac{1}{2\pi}I(\nu)$를 쓰면

$$\Gamma_{ni} = \begin{cases} \dfrac{2\pi c}{\hbar^2\omega^2}\dfrac{|G_{ni}|^2}{|A_0|^2}I(\nu) & ;\text{흡수율} \quad (13.108a) \\ \dfrac{2\pi c}{\hbar^2\omega^2}\dfrac{|F_{ni}|^2}{|A_0|^2}I(\nu) & ;\text{유도방출률} \quad (13.108b) \end{cases}$$

$$\left(I = \frac{\omega^2}{2\pi c^2}|\overrightarrow{A_0}|^2 = cN\hbar\omega\right)$$

이 되고 특히 $|G_{ni}|^2 = |F_{ni}|^2$가 되는 경우에는 흡수율과 유도 방출률은 같다. 여기에서 몇 가지 간단한 경우를 고찰하여 보자.

13. 4 전기 쌍극자 근사(電氣雙極子近似, electric dipole approximation)

(a) 가시광선 영역에서의 고찰

(i) $|n>$ 및 $|i>$가 원자 상태를 나타낸다면 F와 G에 대한 식 (13.103a)이나 (13.103b)에서 x가 원자의 밖에 있을 때는 0이 된다고 생각할 수 있다. 즉 x값은 원자의 반경에 해당되는 $x \sim 1\,\text{Å} = 10^{-8}cm$ 내에서만 고려되어야 한다.

한편 원자에 가해준 입사 전자기파에 대하여 $k = \frac{2\pi}{\lambda}$이므로 만일 이 전자기파가 빛(可視光線, optical radiation)인 경우에는 파장이 $\lambda \sim 5{,}000\,\text{Å}$이므로

$$\vec{k}\cdot\vec{x} \sim \frac{2\pi}{5{,}000}\cdot 1 \simeq 10^{-3} \tag{13.109}$$

이다. 따라서 (13.103a)식 안에 있는 $e^{i\vec{k}\cdot\vec{x}}$는 전개하여

$$e^{i\vec{k}\cdot\vec{x}} = 1 + i\vec{k}\cdot\vec{x} + \frac{1}{2!}(i\vec{k}\cdot\vec{x})^2 + \cdots\cdots$$

$$\simeq 1 \tag{13.110}$$

이 된다. 물론 $e^{i\vec{k}\cdot\vec{x}}$를 1로 놓는 것은 원자핵에서 짧은 파장의 γ선이 나오는 원자핵 반

응 과정에서는 적합하지 않다.

또 운동량 p는

$$p=\frac{\hbar}{\Delta x}=\frac{\hbar k}{\Delta x \cdot k} \simeq \hbar k \cdot 10^3 \gg \hbar k \tag{13.111}$$

이므로 (13.103)식에서 $\vec{p}$항은 $\frac{1}{2}g\vec{S}\times\vec{k}$항보다 큰 값이 된다. 따라서 (13.102)식에서 가장 중요한 항만을 고려하는 경우는 1차 근사에서는

$$\frac{G_{ni}}{|A_0|}=-\frac{e}{mc}\langle n|\vec{\epsilon}\cdot\vec{p}|i\rangle \tag{13.112a}$$

$$\frac{F_{ni}}{|A_0|}=-\frac{e}{mc}\langle n|\overrightarrow{\epsilon^*}\cdot\vec{p}|i\rangle \tag{13.112b}$$

가 된다.

(ii) $\vec{\epsilon}$은 일정한 벡터이므로 (13.112a)식은

$$\frac{G_{ni}}{|A_0|}=-\frac{e}{mc}\vec{\epsilon}\cdot\langle n|\vec{p}|i\rangle \tag{13.113}$$

로 쓸 수 있고 $\langle n|\vec{p}|i\rangle$는 다음 관계식을 만족한다.

$$\langle n|\vec{p}|i\rangle=im\omega_{ni}\langle n|\vec{x}|i\rangle \tag{13.114}$$

(증명) $[x_i, H_0]=\left[x_i, \frac{1}{2m}p_jp_j+V(r)\right]$

$$-\frac{1}{2m}(p_j[x_i,p_j]+[x_i,p_j]p_j)$$

$$=\frac{i\hbar}{m}p_i \tag{13.115}$$

$$\therefore \langle n|\vec{p}|i\rangle=\frac{m}{i\hbar}\langle n|\left[\vec{x},H_0\right]|i\rangle=\frac{m}{i\hbar}\langle n|\left(\vec{x}H_0-H_0\vec{x}\right)|i\rangle$$

$$=\frac{im}{\hbar}(E_n-E_i)\langle n|\vec{x}|i\rangle$$

$$=im\omega_{ni}\langle n|\vec{x}|i\rangle$$ (증명 끝)

(iii) 이러한 쌍극자 근사가 지배적인 경우에 단위 시간당 i 상태에서 n 상태로 전이될 확률은 (13.105)식이나 (13.106)식으로부터

$$\Gamma_{ni}=\frac{4\pi^2c}{\hbar^2\omega^2}\left|\frac{e}{mc}im\omega_{ni}\vec{\epsilon}\cdot\langle n|\vec{x}|i\rangle\right|^2I(\omega)$$

$$=\frac{4\pi^2}{\hbar^2c}\left|\vec{\epsilon}\cdot(e\vec{x})_{ni}\right|^2I(\omega_{ni})$$

$$=\frac{4\pi^2}{\hbar^2c}\left|\vec{\epsilon}\cdot(\vec{d})_{ni}\right|^2I(\omega_{ni}) \tag{13.116}$$

이다. 여기서 $\vec{d}=e\vec{x}$는 전기 쌍극자 모멘트(electric dipole moment)이다. (13.112a)식과 (13.112b)식은 같은 결과를 주게 되며 이와 같은 전이를 전기 쌍극자 전이(電氣雙極子轉移, electric dipole transition) 또는 간단히 E_1 전이라 부른다.

(iv) 이 쌍극자 전이에 관한 식으로부터 몇 가지 물리학적 의의를 고찰하여 보자.

① 단위 시간당 전이 확률은 입사하는 빛(전자기파)의 강도에 비례하여 빛의 방향에는 무관하다. 그러나 빛의 편극 방향과는 관련이 있음을 알 수 있다.

② 만일 편극 $\vec{\epsilon}$이 전기 쌍극자 모멘트 $\vec{d}$와 이루는 각을 θ라 하면 어느 한 방향으로만 편극된 빛에 대하여는

$$\left|\vec{\epsilon}\cdot(\vec{d})_{ni}\right|^2=|d_{ni}|^2\cos^2\theta \tag{13.117}$$

이고 일반적으로 전자기파의 방향은 어느 것이나 가능하므로 전자기파의 모든 방향을 고려하여 평균을 취하면 전기 쌍극자 전이확률은

$$\begin{aligned}\Gamma_{ni}&=\int\frac{4\pi^2}{\hbar^2c}|d_{ni}|^2I\cos^2\theta\cdot\frac{d\Omega}{4\pi}\\&=\frac{4\pi^2}{\hbar^2c}|d_{ni}|^2I\frac{1}{4\pi}\cdot2\pi\int_0^\pi\cos^2\theta\sin\theta\,d\theta\\&=\frac{4\pi^2}{\hbar^2c}|d_{ni}|^2I\frac{1}{2}\cdot\frac{-1}{3}\cos^3\theta\Big|_0^\pi\\&=\frac{4\pi^2e^2}{3\hbar^2c}|\overrightarrow{x_{ni}}|^2I(\omega_{ni})\end{aligned} \tag{13.118}$$

가 된다. 또 편광되지 않은 전자기파의 경우에는 편극(偏極, polarization)에 대한 평균을 하여 줌으로써 전이 확률을 얻게 된다. 즉 $\vec{d}$가 두 편극방향 $\vec{\epsilon_1},\vec{\epsilon_2}$와 이루는 각을 그림 12.4에서와 같이 α,β라 하고 $\vec{d}$에서 θ되는 방향으로 전자기파가 나오는 경우 편극을 나타내는 λ에 대하여 합하면

$$\begin{aligned}\sum_\lambda|\vec{\epsilon_\lambda}\cdot\vec{d}|^2&=|\vec{\epsilon_1}\cdot\vec{d}|^2+|\vec{\epsilon_2}\cdot\vec{d}|^2\\&=|\vec{d}|^2(\cos^2\alpha+\cos^2\beta)\\&=|\vec{d}|^2(1-\cos^2\theta)=|\vec{d}|^2\sin^2\theta\end{aligned} \tag{13.119}$$

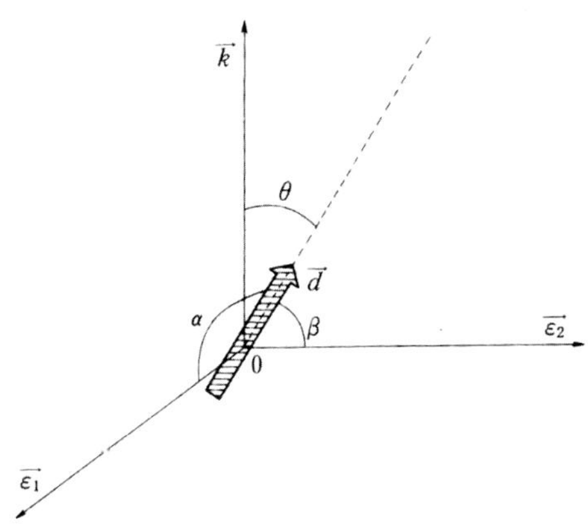

그림 13.4 전기 쌍극자 $\vec{d}$가 세 직교 벡터 $\vec{\epsilon_1}, \vec{\epsilon_2}, \vec{\epsilon_3}$와 이루는 각은 각각 α, β, θ이다.

$$\therefore d\Gamma_{ni} = \frac{4\pi^2}{c\hbar^2}\left|\overrightarrow{d_{ni}}\right|^2 I(1-\cos^2\theta)\frac{d\Omega}{4\pi} \tag{13.120}$$

역시 전자기파의 방향은 임의이므로 여기서도 각과 두 편극 방향에 대한 평균을 취하면

$$\begin{aligned}\Gamma_{ni} &= \frac{1}{2}\cdot\frac{4\pi^2}{c\hbar^2}\left|\overrightarrow{d_{ni}}\right|^2 I(\omega_{ni})\int_0^\pi (1-\cos^2\theta)\cdot\frac{1}{2}\sin\theta d\theta \\ &= \frac{4\pi^2}{3c\hbar^2}\left|\overrightarrow{d_{ni}}\right|^2 I(\omega_{ni})\end{aligned} \tag{13.121}$$

이 된다. 이 식은 (13.118)식과 같은 결과이다.

(b) 전기 쌍극자 전이에서의 선택 규칙(選擇規則, selection rule)

$\overrightarrow{d_{ni}}$가 0이 되는 경우에는 전이가 일어나지 않게 된다. 따라서 $|i>$와 $|n>$을 고려하여 이러한 조건을 검토하여 보자.

$$(\vec{d})_{ni} = e\langle n|\vec{x}|i\rangle \tag{13.122}$$

에서 $|i>$와 $|n>$ 상태를 편의상

$$u_i = \psi_{n_i l_i m_i}(x)\chi_{\frac{1}{2}m_{Si}} \tag{13.123a}$$

$$u_f = \psi_{n_f l_f m_f}(x)\chi_{\frac{1}{2}m_{Sf}} \tag{13.123b}$$

로 놓으면

$$\begin{aligned}\langle n|\vec{x}|i\rangle &= \int d^3x u_f^* \vec{x} u_i \\ &= \delta_{m_{Si}m_{Sf}}\int d^3x \psi^*_{n_f l_f m_f}\vec{x}\psi_{n_i l_i m_i}\end{aligned} \tag{13.124}$$

가 된다. 따라서 $m_{S_i} \neq m_{S_f}$이면 $\langle n|\vec{x}|i\rangle = 0$이 되므로 전이가 일어나지 않는다. 즉 이 쌍극자 전이가 일어나기 위한 첫째 조건은

$$m_{S_i} = m_{S_f} \tag{13.125}$$

이다.

또 패리티 연산자 P를 생각하면

$$P\{\vec{x}\psi(\vec{x})\} = -\vec{x}\psi(-\vec{x}) = -\vec{x}P\psi(\vec{x}) \tag{13.126a}$$

$$\therefore (P\vec{x} + \vec{x}P)\psi(\vec{x}) = 0 \tag{13.126b}$$

$$\therefore 0 = \int d^3x \psi_f^*(\vec{x})(P\vec{x} + \vec{x}P)\psi_i(\vec{x})$$

$$= \{(-1)^{l_f} + (-1)^{l_i}\} \int d_x^3 \psi_f^*(\vec{x})\vec{x}\psi_i(\vec{x}) \tag{13.126c}$$

가 된다. 여기서 문제 7.5의 관계식을 사용하였으며 $(-1)^{l_f} + (-1)^{l_i} \neq 0$인 경우에는 $\langle n|\vec{x}|i\rangle = 0$이므로 전이가 일어나지 않는다. 따라서 전이가 일어나기 위하여서는

$$(-1)^{l_f} = -(-1)^{l_i} \tag{13.127}$$

이어야 한다. 즉 패리티가 바꾸어진 상태로 전기 쌍극자 전이가 일어난다.

한편 l_i, l_f는 각각 1, 2, 3, ……인 양의 정수(整數, integer)이므로

$$l_f - l_i = \pm 1, \pm 3, \pm 5, \cdots\cdots \tag{13.128}$$

만이 가능하다. 그러나 $\vec{x}$는 Y_{1m}으로 표시되므로

$$Y_{1m} Y_{l_i m_i} = a Y_{l_i+1, m'} + b Y_{l_i m'} + c Y_{l_i-1, m'} \tag{13.129}$$

이기 때문에 $\int d\Omega Y^*_{l_f m_f} Y_{1m} Y_{l_i m_i}$를 고려하면 이 값이 0이 안 되는 경우는

$$l_f = l_i, l_i \pm 1 \tag{13.130}$$

만이 가능하다. 여기에 (13.128)식의 결과를 고려하면 $l_f \neq l_i$이므로

$$l_f = l_i \pm 1 \tag{13.131}$$

만이 허용된다.

(13.129)식의 m은 0, ± 1 중의 하나이므로

$$m_f = m_i, m_i \pm 1 \tag{13.132}$$

이 가능한 값이 된다. 그래서 (13.125)식, (13.131)식과 (13.132)식은 E_1 전이가 일어날 수 있는 조건이 되며 이 식들을 선택 규칙(選擇規則, selection rule)이라 부른다.

이러한 조건이 만족될 경우 전기 쌍극자 전이는 일어날 수 있으므로 허용(許容, allowed)된 전이라 한다. 이 조건이 만족되지 않는 경우는 금지(禁止, forbidden)된 경우이다. 그러나 이때에는 보다 더 작은 확률을 가지고 다른 형태의 전이 즉 자기 쌍극자(磁氣雙極子, magnetic dipole) 전이(transition) 또는 전기 사중극자(電氣四重極子, electric quadrupole) 전이가 일어날 수 있다. 이러한 과정을 금지된 전이(forbidden transition)라 부르

기도 하는데 이 뜻은 전이가 불가능함을 말하는 것이 아니고 전기 쌍극자 전이가 안 된다는 의미이다. 이때에는 일반적으로 E_1전이보다 약 $(ka_0)^{-2}$배만큼 작은 전이 확률을 갖는다.

13. 5 자기 쌍극자(磁氣雙極子, magnetic dipole)와 전기 사중극자 (電氣四重極子, electric quadrupole) 전이(transition)

전기 쌍극자 전이를 생각할 때 (13.102)식의 전개를 살펴보면 간단한 경우로 가장 영향이 많은 항만을 고려하였다. 따라서 이 전이가 금지되는 $\langle n|\vec{p}|i\rangle=0$인 경우에는, 다음으로 영향이 큰 항을 고려하여야 한다. 즉 (13.103a)식의 전개를 보면

$$\frac{\langle n|G|i\rangle}{|\vec{A}_0|}=-\frac{e}{mc}\left\langle n\left|(1+i\vec{k}\cdot\vec{x}+\cdots\cdots)\vec{\epsilon}\cdot\left(\vec{p}+\frac{ig}{2}\vec{S}\times\vec{k}\right)\right|i\right\rangle$$

$$=-\frac{e}{mc}\langle n|\vec{\epsilon}\cdot\vec{p}|i\rangle$$

$$-\frac{ie}{mc}\left\langle n\left|\left\{\vec{k}\cdot\vec{x}\vec{\epsilon}\cdot\vec{p}+\frac{g}{2}\vec{\epsilon}\cdot(\vec{S}\times\vec{k})\right\}\right|i\right\rangle+\cdots \tag{13.133}$$

인데 이 식의 우변의 첫 항은 전기쌍극자 전이에 해당되며 이것이 0이면 다음 항을 고려하여야 한다. 즉 (13.133)식의 우변 두 번째 항은 다음과 같이 쓸 수 있다.

$$\frac{\langle n|G|i\rangle}{|\vec{A}_0|}=-\frac{ie}{mc}k_i\epsilon_j\left\langle n\left|\frac{1}{2}(x_ip_j+x_jp_i)\right|i\right\rangle$$

$$-\frac{ie}{mc}k_i\epsilon_j\left\langle n\left|\frac{1}{2}(x_ip_j-x_jp_i)\right|i\right\rangle$$

$$-\frac{ige}{2mc}k_i\epsilon_j\epsilon_{ijk}\langle n|S_k|i\rangle \tag{13.134}$$

(a) 전기 사중극자 전이(電氣四重極子轉移, E_2 transition)

이 식의 첫 항이 기여하는 것을 보기 위하여 먼저 다음 관계를 고려하자.

$$[x_ix_j, H_0]=\left[x_ix_j, \frac{1}{2m}p_lp_l+V(r)\right]$$

$$=\frac{1}{2m}\{x_i[x_j,p_lp_l]+[x_i,p_lp_l]x_j\}$$

$$=\frac{1}{2m}\{x_i[x_j,p_l]p_l+x_ip_l[x_j,p_l]+p_j[x_i,p_l]x_j+[x_i,p_l]p_lx_j\}$$

$$=\frac{1}{2m}\{2i\hbar x_ip_j+2i\hbar p_ix_j\}$$

$$= \frac{i\hbar}{m}(x_i p_j + x_j p_i - i\hbar\delta_{ij}) \tag{13.135}$$

$$\therefore \langle n|(x_i p_j + x_j p_i - i\hbar\delta_{ij})|i\rangle$$

$$= \frac{m}{i\hbar}\langle n|[x_i x_j, H_0]|i\rangle$$

$$= \frac{m}{i\hbar}(E_i - E_n)\langle n|x_i x_j|i\rangle = im\omega_{ni}\langle n|x_i x_j|i\rangle \tag{13.136}$$

한편 $\vec{k}$와 $\vec{\epsilon}$은 직교하므로

$$-\frac{ie}{mc}k_i\epsilon_j\left\langle n\left|\frac{1}{2}(x_i p_j + x_j p_i)\right|i\right\rangle$$

$$= -\frac{ie}{2mc}k_i\epsilon_j\langle n|(x_i p_j + x_j p_i - i\hbar\delta_{ij})|i\rangle$$

$$= \frac{e\omega_{ni}}{2c}k_i\epsilon_i\left\langle n\left|x_i x_j - \frac{1}{3}\delta_{ij}r^2\right|i\right\rangle$$

$$= \frac{\omega_{ni}}{6c}k_i\epsilon_j\langle n|Q_{ij}|i\rangle \tag{13.137}$$

인데, 여기서 전기 사중극자 텐서(electic quadrupole tensor) Q_{ij}는

$$Q_{ij} = e(3x_i x_j - \delta_{ij}r^2)\ \left\{\Rightarrow \int \rho(x')(3x_i' x_j' - \delta_{ij}r'^2)d^3x'\right\} \tag{13.138}$$

이다. Q_{ij}는 대칭이고 trace 가 0인 기약(旣約) 텐서(irreducible tensor)이다.

(b) 자기 쌍극자 전이(磁氣雙極子轉移, M_1 transition)

(13.134)식의 둘째 항과 셋째 항은

$$-\frac{ie}{mc}k_i\epsilon_j\left\langle n\left|\frac{1}{2}(x_i p_j - x_j p_i)\right|i\right\rangle - \frac{ige}{2mc}k_i\epsilon_j\epsilon_{ijk}\langle n|S_k|i\rangle$$

$$= -\frac{ie}{2mc}k_i\epsilon_j(\delta_{il}\delta_{jm} - \delta_{im}\delta_{jl})\langle n|x_l p_m|i\rangle$$

$$-\frac{ige}{2mc}k_i\epsilon_j\epsilon_{ijk}\langle n|S_k|i\rangle$$

$$= -\frac{ie}{2mc}k_i\epsilon_j\epsilon_{ijk}\langle n|\epsilon_{klm}x_l p_m|i\rangle$$

$$-\frac{ige}{2mc}k_i\epsilon_j\epsilon_{ijk}\langle n|S_k|i\rangle$$

$$= -\frac{ie}{2mc}(\vec{k}\times\vec{\epsilon})\cdot\langle n|\vec{L} + g\vec{S}|i\rangle$$

$$= -i(\vec{k}\times\vec{\epsilon})\cdot(\vec{\mu})_{ni} \tag{13.139}$$

로 된다. 여기서 $\vec{\mu}$는 총 자기 쌍극자 모멘트(magnetic dipole moment)

$$\vec{\mu} = \frac{e}{2mc}(\vec{L} + g\vec{S}) = \vec{\mu_L} + \vec{\mu_S} \tag{13.140}$$

이다.

따라서 위의 두 결과를 종합하여 보면 (13.134)식은

$$\frac{\langle n|G|i\rangle}{|\vec{A}_0|}=\frac{\omega_{ni}}{6c}\langle n|\vec{k}\cdot\vec{Q}\cdot\vec{\epsilon}|i\rangle-i(\vec{k}\times\vec{\epsilon})\cdot\langle n|\vec{\mu}|i\rangle \tag{13.141}$$

가 된다.

(c) 선택 규칙(選擇規則, selection rules)

이 경우에 먼저 전이가 가능한 조건인 선택 규칙을 살펴보자. M_1 전이(magnetic dipole transition)에서는 $\vec{\mu}$에 포함되어 있어 $\vec{L}$이나 $\vec{S}$의 값은 $L_\pm, L_z, S_\pm, S_z$를 고려할 경우 $|i>$의 m_l, m_s 값을 한 단계씩 바꾸거나 그대로 둔다. 따라서

$$l_f=l_i \tag{13.142a}$$

$$m_f=m_i, m_i\pm 1 \tag{13.142b}$$

$$m_{s_f}=m_{s_i}, m_{s_i}\pm 1 \tag{13.142c}$$

이다.

E_2 전이(electric quadrupole transition)에서는 Q_{ij}값이 Y_{2m}에 해당되는 양이므로 l_f는 $l_i, l_i\pm 1, l_i\pm 2$가 가능한 듯이 보이지만 패리티를 고려하면 Q_{ij}에서 $x_i x_j$가 포함되어 있어 $l_i\pm 1$는 허용되지 않는다. 또 Y_{2m}에서 m값은 $0, \pm 1, \pm 2$가 가능하므로 선택 규칙은

$$l_f=l, l_i\pm 2 \ (\text{단 } l_i=0 \nRightarrow l_f=0) \tag{13.143a}$$

$$m_f=m_i, m_i\pm 1, m_i\pm 2 \tag{13.143b}$$

$$m_{s_f}=m_{s_i} \tag{13.143c}$$

이다. 광사의 스핀이 1임을 고려하면 $l_i=0$인 상태에서 $l_f=0$인 상태로의 전이는 일어나지 않음을 알 수 있다.

보다 더 높은 다중극(多重極, multipole)을 생각할 때마다 $\vec{x}$를 더 고려하게 되므로 E_l 다중극의 전이에서는 l이 홀수면 패리티가 바뀌어야 한다. 그리고 M_l 다중극 전이는 l이 짝수인 패리티가 바꾸어지는 에너지 준위 사이에서 전이가 일어난다. 일반적으로 전이에 대한 높은 다중극의 기여도는 점점 작아지므로 E_1 전이가 가장 많이 고려되고 이 전기쌍극자 전이가 금지된 경우에 M_1, E_2 전이를 고려하게 된다.

이 두 과정의 유도 전이율이나, 자발적 전이율을 계산할 때 편리한 다음 공식을 먼저 생각해 보자.

① 편극 벡터 $\vec{\epsilon}_1$과 $\vec{\epsilon}_2$를 그 성분으로 $(\epsilon_\lambda)_i$ $(\lambda=1,2; i=1,2,3)$이라 표시하면

$$\sum_{\lambda=1,2}(\epsilon_\lambda)_i(\epsilon_\lambda)_j=\delta_{ij}-\hat{k}_i\hat{k}_j \tag{13.144}$$

가 된다. 여기서 $\hat{k}_i$는 $\vec{k}$방향의 단위 벡터 $\hat{k}=\vec{k}/|\vec{k}|$의 성분이다. 이 식은 전자기파의 편극 방향에 대한 합(合, sum)을 생각하는 경우에 자주 사용되는 공식이다.

(증명) $\overrightarrow{\epsilon_1}, \overrightarrow{\epsilon_2}, \hat{k}$는 서로 직교하는 단위 벡터이다. 이들을 편의상 $\overrightarrow{e^{(1)}}, \overrightarrow{e^{(2)}}, \overrightarrow{e^{(3)}}$로 나타내고 이들의 성분을 $e_i^{(\alpha)}$로 나타내면 이들의 직교성은 다음과 같다.

$$\overrightarrow{e_i^{(\alpha)}} \cdot \overrightarrow{e_i^{(\beta)}} = \sum_i e_i^{(\alpha)} e_i^{(\beta)} = \delta_{\alpha\beta} \tag{13.145}$$

3차원 공간에서 임의의 벡터 $\vec{a}$는 이들에 의하여

$$\vec{a} = \sum_\alpha c_\alpha \overrightarrow{e^{(\alpha)}} \quad \text{또는} \quad a_i = \sum_\alpha c_\alpha e_i^{(\alpha)} \tag{13.146a}$$

로 기술된다. $\left\{\overrightarrow{e^{(\alpha)}}\right\}$의 직교성을 이용하면

$$\overrightarrow{e^{(\alpha)}} \cdot \vec{a} = \sum_\beta c_\beta \overrightarrow{e^{(\alpha)}} \cdot \overrightarrow{e^{(\beta)}} = c_\alpha \tag{13.146b}$$

$$\begin{aligned} \therefore a_i &= \sum_\alpha \overrightarrow{e^{(\alpha)}} \cdot \vec{a} e_i^{(\alpha)} \\ &= \sum_\alpha e_i^{(\alpha)} \sum_j e_j^{(\alpha)} a_j \\ &= \sum_j \left(\sum_\alpha e_i^{(\alpha)} e_j^{(\alpha)} \right) a_j \end{aligned} \tag{13.146c}$$

가 되므로

$$\sum_\alpha e_i^{(\alpha)} e_j^{(\alpha)} = \delta_{ij} \tag{13.144a}$$

가 된다. 이 식은 $\left\{\overrightarrow{e^{(\alpha)}}\right\}$의 닫힘 성질(closure property) 또는 완전성(完全性, completeness)을 나타낸다. 따라서

$$\sum_{\alpha=1,2} e_i^{(\alpha)} e_j^{(\alpha)} = \delta_{ij} - e_i^{(3)} e_j^{(3)} \tag{13.144b}$$

을 얻으며 이 식은 (13.144)식과 같은 식이다. (증명 끝)

전자기파의 편극을 나타내는 양으로 $\overrightarrow{\epsilon_\pm} = \mp \frac{1}{\sqrt{2}} \left(\overrightarrow{\epsilon_1} \pm i \overrightarrow{\epsilon_2} \right)$가 더 적합한 양이나 자세한 논의는 생략한다. 다만 두 편극을 곱할 때 $\epsilon_\lambda^* \epsilon_{\lambda'}$로 생각하면 위의 관계는 역시 성립한다.

② 단위 벡터 $\hat{k}$는 극좌표로 표시할 때는 각도만의 함수이다. 즉 임의의 좌표계에서는 $\hat{k}$는

$$\hat{k} = (\sin\theta\cos\varphi, \sin\theta\sin\varphi, \cos\theta) \tag{13.147}$$

이며 각도에 대한 적분을 생각하면

$$\int \hat{k}_i \hat{k}_j d\Omega = \frac{4\pi}{3} \delta_{ij} \tag{13.148}$$

가 성립한다. 이 식은 각도에 대하여 적분하거나 평균을 생각할 때 유용한 공식이다.

(증명) $\vec{k}$의 각 성분에 대하여 직접 적분하여 증명할 수도 있으나, 보다 간편한 방법은 두 상수 벡터 $\vec{a}$와 $\vec{b}$를 도입하여

$$\int \vec{a} \cdot \hat{k}\vec{b} \cdot \hat{k} d\Omega = a_i b_j \int \hat{k}_i \hat{k}_j d\Omega \tag{13.149a}$$

를 생각하여 보면 이 적분은 각도의 함수가 될 수 없으며 $\vec{a}$와 $\vec{b}$로 이루어진 스칼라 양이어야 한다. 따라서

$$\int \vec{a} \cdot \hat{k}\vec{b} \cdot \hat{k}\, d\Omega = C\vec{a} \cdot \vec{b} \tag{13.149b}$$

가 되며 여기서 C는 구하여야 하는 상수이다. 이 C를 구하는데 $\vec{a}$와 $\vec{b}$를 임의로 택하여도 무방하므로, 특히 $\vec{a}$와 $\vec{b}$를 모두 $z-$축 방향으로 택하면

$$ab \int \cos^2\theta d\Omega = Cab$$

$$\therefore C = \int \cos^2\theta \sin\theta d\theta d\varphi = 2\pi \cdot \left(-\frac{\cos^3\theta}{3}\right)\Bigg|_0^\pi$$

$$= \frac{4\pi}{3} \tag{13.149c}$$

이므로 (13.149a)식을 다시 쓰면

$$a_i b_j \int \hat{k}_i \hat{k}_j \cdot d\Omega = \frac{4\pi}{3}\vec{a} \cdot \vec{b} = a_i b_j \frac{4\pi}{3}\delta_{ij} \tag{13.149d}$$

가 되기 때문에 (13.148)식이 성립함을 알 수 있다. (증명 끝)

이 식을 이용하면 (13.121)식도 쉽게 얻어진다. 또 같은 방법을 이용하면 $\hat{k}_i$들의 홀수 개를 곱한 경우 $d\Omega$에 대한 적분은 0이 되고 짝수 개를 곱한 것의 적분은 0이 안 됨을 알 수 있다. 예를 들어

$$\int \hat{k}_i \hat{k}_j \hat{k}_k \hat{k}_l d\Omega = \frac{4\pi}{15}(\delta_{ij}\delta_{kl} + \delta_{ik}\delta_{jl} + \delta_{il}\delta_{jk}) \tag{13.150}$$

가 됨을 알 수 있으며 증명은 문제로 남겨 두겠다.

M_1의 전이확률을 구하기 위하여 (13.141)식 우변의 둘째 항으로부터 편극상태에 대한 합을 고려하면

$$\begin{aligned}\sum_\lambda \left|(\vec{k} \times \vec{\epsilon_\lambda}) \cdot \vec{\mu}\right|^2 &= \sum_\lambda \{(\vec{\mu} \times \vec{k}) \cdot \vec{\epsilon_\lambda}\}\{(\vec{\mu} \times \vec{k})^* \cdot \vec{\epsilon_\lambda}\} \\ &= (\vec{\mu} \times \vec{k})i(\vec{\mu} \times \vec{k})_j^*(\delta_{ij} - \hat{k}_i \hat{k}_j) \\ &= (\vec{\mu} \times \vec{k}) \cdot (\vec{\mu} \times \vec{k})^* \\ &= |\vec{\mu}|^2 k^2 - \vec{\mu} \cdot \overrightarrow{k\mu^*} \cdot \vec{k}\end{aligned} \tag{13.151}$$

가 되고 (13.148)식을 이용하여 각도에 대한 평균을 취하고 입사 전자기파의 편극에 대한 평균을 택하면

$$\frac{1}{2} \cdot \frac{1}{4\pi} \int \sum_\lambda \left|(\vec{k} \times \vec{\epsilon_\lambda}) \cdot \vec{\mu}\right|^2 d\Omega$$

$$= \frac{1}{8\pi}\left\{|\vec{\mu}|^2 k^2 \int d\Omega - \mu_i \mu_j^* k^2 \int \hat{k}_i \hat{k}_j d\Omega\right\}$$

$$= \frac{1}{8\pi}\left\{4\pi|\vec{\mu}|^2 k^2 - \frac{4\pi}{3}|\vec{\mu}|^2 k^2\right\}$$
$$= \frac{1}{3}|\vec{\mu}|^2 \tag{13.152}$$

이 된다. 따라서 (13.105)식이나 (13.106)식을 이용하면 자기 쌍극자 전이 확률은

$$\Gamma_{ni} = \frac{4\pi^2}{3\hbar^2 c}\left|(\vec{\mu})_{ni}\right|^2 I(\omega_{ni}) \tag{13.153}$$

가 된다. 이 식은 전기 쌍극자 전이 확률 (13.121)식과 비교하면 전기 쌍극자 $\vec{d}$대신에 자기쌍극자 $\vec{\mu}$로 바꾸어 놓은 결과와 같으며 이것은 고전전자기학의 쌍극자 복사(雙極子輻射, dipole radiation)에서도 알려진 결과이다.

E_2 전이 확률을 구하기 위하여 역시 (13.141)식의 첫째 항을 고려하면

$$\frac{1}{2}\cdot\frac{1}{4\pi}\left(\frac{\omega_{ni}}{6c}\right)^2\int d\Omega\sum_{\lambda}|\langle n|k_i Q_{ij}\epsilon_j|i\rangle|^2$$
$$= \frac{1}{8\pi}\left(\frac{\omega_{ni}}{6c}\right)^2\langle n|Q_{ij}|i\rangle\langle n|Q_{kl}|i\rangle^*\int d\Omega\cdot k_i k_k(\delta_{jl}-\hat{k}_j\hat{k}_l)$$
$$= \left(\frac{\omega_{ni}}{6c}\right)^2\langle n|Q_{ij}|i\rangle\langle n|Q_{kl}|i\rangle^*\frac{k^2}{8\pi}\left\{\int d\Omega\left(\hat{k}_i\hat{k}_k\delta_{jl}-\hat{k}_i\hat{k}_j\hat{k}_k\hat{k}_l\right)\right\}$$

$$= \left(\frac{\omega_{ni}}{6c}\right)^2\langle n|Q_{ij}|i\rangle\langle n|Q_{kl}|i\rangle^*\frac{k^2}{30}(4\delta_{ik}\delta_{jl}-\delta_{ij}\delta_{kl}-\delta_{il}\delta_{jk})$$
$$= \frac{k^2}{10}\left(\frac{\omega_{ni}}{6c}\right)^2\langle n|Q_{ij}|i\rangle\langle n|Q_{kl}|i\rangle^* \tag{13.154}$$

가 되어 결국 전기 사중극자 전이 확률은 위 식과 (13.105)식이나 (13.106)식으로부터

$$\Gamma_{ni} = \frac{4\pi^2 c}{\hbar\omega_{ni}^2}\cdot\frac{1}{10}\left(\frac{\omega_{ni}}{c}\right)^2\left(\frac{\omega_{ni}}{6c}\right)^2\langle n|Q_{ij}|i\rangle\langle n|Q_{ij}|i\rangle^* I(\omega_{ni})$$
$$= \frac{\pi^2\omega_{ni}^2}{90\hbar c^2}\langle n|Q_{ij}|i\rangle\langle n|Q_{ij}|i\rangle^* I(\omega_{ni}) \tag{13.155}$$

를 얻는다. 이 식에서 $I(\omega_{ni})$는 외부에서 작용하여 준 전자기파의 강도이며 외부의 영향을 받지 않은 자발적 전이의 경우에는 $I(\omega)$에 해당되는 값을 찾으면 된다.

13. 6 자발적인 방출(自發的放出, spontaneous emission)

엄밀히 말하면 전자기파의 방출 및 흡수는 광자가 없어지거나 생기는 현상을 다루기 때문에 광자의 상태 함수에 대하여 이와 같은 현상을 기술할 수 있는 방법을 도입하여야 한다. 광자뿐 아니라 입자도 생성 및 소멸하는 경우가 많다. 예를 들면 β-붕괴에서는 중

성자 n가 $n \to pe\bar{\nu}$로 변하게 되는데 이 과정에서 n은 소멸 되고 $p, e, \bar{\nu}$는 생성되는 과정이라고 생각할 수 있다. 이러한 현상을 기술하기 위하여서는 입자의 파동 함수를 생성(生成) 및 소멸(消滅)하는 형태가 되도록 양자화 하여야 하며 이러한 과정을 제2 양자화(second quantization)라고 부른다. 여기서는 이 과정의 자세한 것은 기술하지 않고 간단히 언급하여 전자기파의 방출 및 흡수를 보다 명확히 하는 데 도움이 되는 정도만 고려하려 한다. 먼저 간단한 경우로 Einstein에 의한 흑체 복사의 설명과 자발적 방출을 고려하고 보다 더 일반적인 경우는 다음 절에서 고려하겠다.

Einstein은 흑체 복사를 Planck와 다르게 생각하여 흑체를 이루고 있는 벽의 원자가 일정한 에너지 차이를 가지고 있는 경우를 가정하고 이 벽과 전자기파가 열적 평형을 이루고 있다고 생각함으로써 앞 절에서 논의한 양자역학적 방법이 있기 전인 1917년에 자발적 방출과 유도 방출 그리고 흑체 복사에 대한 식을 얻는 데 성공하였다.

(i) 원자가 두 에너지 상태, 예를 들어 들뜬 상태 n과 바닥 상태 i로 이루어진 에너지 준위를 가지고 있다고 하자. 벽에는 많은 원자가 있으므로 열적 평형 상태(온도 T)에서 한 원자가 에너지 E_n인 n 상태에 있을 확률은 Boltzmann 분포로

$$P_n = Ce^{-E_n/kT} \tag{13.156}$$

이다. 여기서 C는 비례상수이다.

(ii) 평형 상태에서는 어느 과정이 일어나는 율(率, rate)은 그의 반대 과정이 일어날 율과 같다. 이것을 세부 균형(細部均衡) 원리(principle of detailed balance)라 부른다. 즉 n에서 i로 전이가 일어나는 율과 i에서 n으로 전이가 일어나는 율이 같다. 그런데 높은 에너지 상태인 n에서 낮은 에너지 상태 i로 내려오는 경우 에너지 보존 법칙에 의한 광자의 방출이 기대된다.

$$(n\text{상태의 원자}) \rightleftarrows (i\text{상태의 원자}) + \left(\begin{matrix} d\Omega \text{ 내에서 } \vec{k} \text{ 방향으} \\ \text{로 가는 편극된 광자} \end{matrix}\right) \tag{13.157}$$

이러한 경우들을 생각하면 열적 평형 상태에서는 다음 관계가 성립한다.

$$\left(\begin{matrix} n \to i\text{로 자발적인 방출} \\ \text{에 의해 전이하는 율} \end{matrix}\right) + \left(\begin{matrix} n \to i\text{로 유도 방출에} \\ \text{의해 전이하는 율} \end{matrix}\right) = \left(\begin{matrix} i \to n\text{로 유도 흡수에} \\ \text{의해 전이하는 율} \end{matrix}\right) \tag{13.158}$$

이 관계를 수식으로 표현하기 위하여 Einstein 에 의하여 도입된 A, B, C를 각각

A : $n \to i$ 로의 자발적인 전이 확률

C : $n \to i$ 로의 유도 방출에 의한 전이 확률(단위 전자기파 에너지 당)

B : $i \to n$ 로의 흡수에 의한 전이 확률(단위 전자기파 에너지 당)

라 하고 원자와 열적 평형 상태에 있는 전자기파의 에너지 밀도를 $u(\omega)$, 그리고

$N(i)$: i상태에 있는 원자의 수

$N(n)$: n상태에 있는 원자의 수

로 정의하면 (13.158)식의 관계는

$$(A+Cu)N(n)=BuN(i) \tag{13.159}$$

이 된다. 열적 평형 상태에 있을 경우에는 (13.156)식으로부터

$$\frac{N(n)}{N(i)}=e^{-(E_n-E_i)/kT} \tag{13.160}$$

이므로 (13.159)식과 (13.160)식으로부터

$$\frac{A}{Bu}+\frac{C}{B}=\frac{N(i)}{N(n)}=e^{(E_n-E_i)/kT}=e^{\frac{\hbar\omega_{ni}}{kT}} \tag{13.161}$$

이 되고 이 식이 제 1장에서 얻은 Planck의 공식

$$u(\omega)=\frac{\hbar\omega^3}{\pi^2c^3}\cdot\frac{1}{e^{\hbar\omega/kT}-1} \tag{13.162}$$

과 같으려면

$$\frac{\pi^2c^3}{\hbar\omega^3}\cdot\frac{A}{B}\left(e^{\frac{\hbar\omega}{kT}}-1\right)+\frac{C}{B}=e^{\frac{\hbar\omega}{kT}} \tag{13.163}$$

이 되어야 한다.

이 식은 모든 온도 T에 대하여 성립하여야 하므로

$$\frac{\pi^2c^3}{\hbar\omega^3}\frac{A}{B}=1, \tag{13.164a}$$

$$\frac{C}{B}=1 \tag{13.164b}$$

이 되어야 한다. 즉 Einstein 계수(係數, coefficients)들 사이의 관계식

$$B=C \tag{13.165a}$$

$$A=\frac{\hbar\omega^3}{\pi^2c^3}B=\frac{4h\nu^3}{c^3}B \tag{13.165b}$$

를 얻게 된다. 바꾸어 생각하여 유도 방출률과 유도 흡수율이 같다고 놓으면 (13.161)식에서부터 전자기파의 에너지 밀도 $u(\omega)$를 얻을 수 있어 흑체 복사의 공식을 얻으며 자발적 방출과 유도 방출(또는 흡수)과의 관계식 (13.165b)도 얻는다. 따라서 흑체 복사의 공식에는 이미 자발적 방출과 유도 방출이 고려되었었다.

유도 방출에 관한 (13.118)식을 이용하면 위식으로부터 자발적 방출의 전이 확률을 얻을 수 있다. 즉 쌍극자에 의한 유도 전이 확률의 식 (13.118)로부터 자발적 방출의 전이 확률 (13.165b)식의 값을 구할 수 있다.

(13.97)식에서

$$I(\omega)=cu(\omega) \tag{13.166}$$

가 되므로 (13.118)식을 이용하려면 후에 명백해지는 바와 같이 단위 에너지 당 전이 확률을 생각하여야 하며 따라서 자발적 전이 과정에서 모든 방향에 대하여 평균을 취하면 전기 쌍극자 전이는

$$\begin{aligned}\Gamma_{ni}^{(sp)} &= \frac{\hbar\omega^3}{\pi^2c^3}\cdot\frac{4\pi^2e^2}{3c\hbar^2}\left|(\vec{x})_{ni}\right|^2 I(\omega)/u(\omega)\ \ (I=u\cdot c)\\ &= \frac{4\omega^3e^2}{3\hbar c^3}\left|(\vec{x})_{ni}\right|^2\end{aligned} \tag{13.167}$$

가 된다. 이 식은 뒤에 다시 얻게 된다.

이 식은 전기 쌍극자 E_1에 의한 전이 확률이며 또 자기쌍극자와 전기 사중극자, 즉 M_1, E_2에 의한 전이 확률도 구할 수 있다.

만일 파동 상태가 주어지면 (13.167)식의 $(\vec{x})_{ni}$또는 $(e\vec{x})_{ni}$는 계산할 수 있다.

예. 1차원 조화진동자에 의한 자발적인 E_1 방출을 보면 x의 행렬 성분은

$$\begin{aligned}x_{n'n} &= \sqrt{\frac{n+1}{2}}\sqrt{\frac{\hbar}{m\omega}}\quad (n'=n+1\text{이면})\\ &= \sqrt{\frac{n}{2}}\sqrt{\frac{\hbar}{m\omega}}\qquad (n'=n-1\text{이면})\end{aligned} \tag{13.168}$$

가 된다. 자발적 방출은 마지막 상태의 양자수가 에너지가 높은 처음 상태의 양자수보다 작은 경우이므로 위식에서는 $n'<n$인 경우에 해당된다. 따라서 처음 상태가 n상태인 경우라면

$$\begin{aligned}\Gamma &= \frac{4e^2\omega^3}{3\hbar c^3}\cdot\frac{n}{2}\cdot\frac{\hbar}{m\omega}\\ &= \frac{2e^2\omega^2}{3mc^3}n\end{aligned} \tag{13.169}$$

이 된다. 특히 n이 큰 경우에는 고전 전자기학에서 나온 결과와 같아짐을 보이자. 조화진동자에 대하여 제 5장에서 고려한 바와 같이 원자의 반경이 a라면

$$\langle x^2\rangle=2\left(n+\frac{1}{2}\right)\frac{\hbar}{m\omega}\sim a^2 \tag{13.170}$$

따라서 (13.169)식을 이용하면 단위 시간당 방출되는 평균 에너지는

$$\begin{aligned}\Gamma\hbar\omega &= \frac{2e^2\omega^2}{3mc^3}n\cdot\hbar\omega\\ &= \frac{e^2\omega^4}{3c^2}\cdot 2n\frac{\hbar}{m\omega}\\ &\sim \frac{e^2\omega^4}{3c^2}a^2\end{aligned} \tag{13.171}$$

이다.

한편 고전 전자기학에서 가속되고 있는 한 대전 입자가 방출하는 순간적인 일률 (power)은

$$P = \frac{2}{3} \cdot \frac{e^2}{c^3} \ddot{x}^2 \tag{13.172}$$

인데 각 진동수 ω를 갖는 진동자는

$$\ddot{x} = -\omega^2 x \tag{13.173}$$

를 만족하므로 일률은

$$P = \frac{2}{3} \cdot \frac{e^2 \omega^4}{c^3} x^2 \tag{13.174}$$

이며 진동자의 좌표는 (13.173)식으로부터 $x = a \sin \omega t$이므로 일률을 시간에 대하여 평균을 취하면

$$\langle P \rangle = \frac{e^2 \omega^4}{3c^3} a^2 \tag{13.175}$$

이 되어 양자론에서 얻은 식 (13.171)과 일치하게 됨을 알 수 있다.

예. 수소형 원자에 대하여 $2p \rightarrow 1s$ 과정의 전이 확률을 구하자.

먼저 (13.167)식에서 $(\vec{x})_{ni}$를 계산해 보자. $|n>$은 $|21m>$이고 $|i>$는 $|100>$ 이므로

$$\left| (\vec{x})_{ni} \right|^2 = \langle 21m | \vec{x} | 100 \rangle \cdot \langle 21m | \vec{x} | 100 \rangle^* \tag{13.176}$$

을 계산하여야 되는데, 편리한 방법은 $\vec{x}$를 구면 조화 함수(球面調和函數, spherical harmonics)로 표시하는 것이다. 즉

$$\begin{aligned} \left| (\vec{x})_{ni} \right|^2 &= (x)_{ni}(x)^*_{ni} + (y)_{ni}(y)^*_{ni} + (z)_{ni}(z)^*_{ni} \\ &= (x_+)_{ni}(x_+)^*_{ni} + (x_-)_{ni}(x_-)^*_{ni} + (z)_{ni}(z)^*_{ni} \end{aligned} \tag{13.177}$$

로 쓸 수 있다. 여기서 $x_\pm, z$는

$$x_\pm = \mp \frac{1}{\sqrt{2}}(x \pm iy) = \mp \frac{1}{\sqrt{2}} r \sin\theta e^{\pm i\varphi} \tag{13.178a}$$

$$z = r\cos\theta \tag{13.178b}$$

로 정의되었으며 구면조화함수 $Y_{lm}(\theta, \varphi)$와의 관계는

$$Y_{00} = \frac{1}{\sqrt{4\pi}}, \tag{13.179a}$$

$$Y_{10} = \sqrt{\frac{3}{4\pi}} \cos\theta = \sqrt{\frac{3}{4\pi}} \frac{z}{r} \tag{13.179b}$$

$$Y_{1,\pm 1} = \mp \sqrt{\frac{3}{8\pi}} \sin\theta e^{\pm i\varphi} = \sqrt{\frac{3}{4\pi}} \frac{x_\pm}{r} \tag{13.179c}$$

이다. 따라서

$$\begin{aligned} \left| (\vec{x})_{ni} \right|^2 &= \left| \langle 21m | \vec{x} | 100 \rangle \right|^2 \\ &= \frac{4\pi}{3} \left(\int_0^\infty r^3 dr R_{21}(r) R_{10}(r) \right)^2 \cdot \left\{ \left| \int d\Omega Y^*_{1m} Y_{11} Y_{00} \right|^2 \right. \\ &\quad \left. + \left| \int d\Omega Y^*_{1m} Y_{1,-1} Y_{00} \right|^2 + \left| \int d\Omega Y^*_{1m} Y_{10} Y_{00} \right|^2 \right\} \\ &= \frac{1}{3} \left(\int_0^\infty r^3 dr R_{21}(r) R_{10}(r) \right)^2 \left\{ \delta^2_{1m} + \delta^2_{-1m} + \delta^2_{0m} \right\} \end{aligned} \tag{13.180}$$

이 된다. 이 식에서 m의 가능한 값은 1, 0, -1이므로 이들에 대한 평균을 하면 괄호 { } 안의 값은 1이 된다.

여기에 지름 함수 $R_{nl}(r)$에 대한 값은

$$R_{10}(r)=2\left(\frac{Z}{a_0}\right)^{3/2}e^{-Zr/a_0} \tag{13.181}$$

$$R_{21}(r)=\left(\frac{Z}{2a_0}\right)^{3/2}\frac{1}{\sqrt{3}}\frac{Zr}{a_0}e^{-\frac{Zr}{2a_0}} \tag{13.182}$$

이므로 r에 대한 적분은

$$\begin{aligned}\int_0^\infty r^3 dr R_{10}(r)R_{21}(r) &= \left(\frac{Z}{a_0}\right)^3\frac{2}{\sqrt{24}}\cdot\frac{Z}{a_0}\int_0^\infty drr^4 e^{-\frac{3Z}{2a_0}r}\\ &\left(\text{여기에 } \beta=\frac{3Z}{2a_0}\text{로 놓으면}\right)\\ &=\left(\frac{Z}{a_0}\right)^4\frac{1}{\sqrt{6}}\left(\frac{-\partial}{\partial\beta}\right)^4\int_0^\infty dre^{-\beta r}\\ &=\left(\frac{Z}{a_0}\right)^4\frac{1}{\sqrt{6}}\cdot\frac{4!}{\beta^5}\bigg|_{\beta=\frac{3Z}{2a_0}}\\ &=\frac{a_0}{Z}\cdot\frac{1}{\sqrt{6}}\cdot\frac{4\cdot 3\cdot 2\cdot 1\cdot 2^5}{3^5}\\ &=\frac{a_0}{Z}\cdot\frac{16}{\sqrt{6}}\cdot\left(\frac{2}{3}\right)^4\end{aligned} \tag{13.183}$$

따라서 $2p\to 1s$과정이 자발적 전이확률은 (13.167)식에서 다음과 같아진다.

$$\begin{aligned}\Gamma_{2p\to 1s} &= \frac{4e^2\omega^3}{3\hbar c^3}\cdot\frac{1}{3}\cdot\left(\frac{a_0}{Z}\right)^2\cdot\frac{2^{16}}{6\times 3^8}\\ &=\frac{2^{17}}{3^{11}}\alpha\cdot\frac{1}{c^2}\cdot\left(\frac{\hbar}{mcZ\alpha}\right)^2\omega^3\end{aligned} \tag{13.184}$$

여기서 ω는 $2p\to 1s$로 전이가 일어날 때의 에너지 차에 해당되는 각진동수이어서

$$\hbar\omega=\frac{1}{2}mc^2(Z\alpha)^2\left[1-\frac{1}{2^2}\right]=\frac{3}{8}mc^2(Z\alpha)^2$$

$$\therefore \omega=\frac{3}{8}\frac{mc^2(Z\alpha)^2}{\hbar} \tag{13.185}$$

이 된다. 따라서

$$\begin{aligned}\Gamma_{2p\to 1s} &= \frac{2^{17}}{3^{11}}\left(\frac{\alpha}{c^2}\right)\left(\frac{\hbar}{mcZ\alpha}\right)^2\left\{\frac{3}{8}\frac{mc^2(Z\alpha)^2}{\hbar}\right\}^3\\ &=\left(\frac{2}{3}\right)^8\frac{mc^2}{\hbar}\alpha(Z\alpha)^4\\ &=\left(\frac{2}{3}\right)^8\frac{mc^2}{Z\hbar}(Z\alpha)^5\end{aligned} \tag{13.186}$$

이며 수소에 대하여는 $Z=1$이고

$$\frac{mc^2}{\hbar} = \frac{0.51\times 10^6 eV}{1.055\times 10^{-27} erg \cdot \sec}$$

$\{1eV = 1.602\times 10^{-12}$erg를 이용하면$\}$

$$\simeq 0.8\times 10^{21}\sec^{-1} \tag{13.187}$$

이므로

$$\Gamma_{2p\to 1s} \simeq (0.67)^8\times 0.8\left(\frac{1}{137}\right)^5\times 10^{21}\sec^{-1}$$
$$\simeq 0.6\times 10^9\sec^{-1} \tag{13.188}$$

이다. 따라서 평균 수명 $\tau\simeq\dfrac{1}{\Gamma}$로 놓을 때(뒤에 설명됨)

$$\tau\simeq 1.6\times 10^{-9}\sec \tag{13.189}$$

인데, 이 값은 실험값과 거의 비슷하다.

13. 7 전자기장의 양자화와 물질에 의한 전자기파의 방출 및 흡수

여기에서는 앞 절에서 취급하였던 물질에 의한 전자기파의 흡수 및 방출을 고려하는 데 있어서, 보다 더 좋은 방법이고 쉽게 확대될 수 있는 새로운 개념인 전자기장을 진동자와 연결하여 생각하는 방법을 고려하겠다. 이것은 양자역학이 만들어진 직후 1927년 Dirac에 의하여 이루어진 업적이며 제2 양자화(second quantization)의 기초가 되는 개념으로 근대 물리학에서 중요한 역할을 한다.

어떤 양을 양자화 하는데 먼저 생각하여야 하는 중요한 양은 그 양을 포함하는 Lagrangian 또는 Hamiltonian 이다. 먼저 전자기장을 기술할 수 있는 Hamiltonian을 구하여 보자.

(a) 고전적 Hamiltonian

전에 언급한 바와 같이 Coulomb 게이지를 고려하면 전기, 자기장 $\vec{E}, \vec{B}$는 벡터 퍼텐셜 $\vec{A}(\vec{x},t)$만으로 표시된다.

$$\vec{E} = -\frac{1}{c}\frac{\partial\vec{A}}{\partial t},\quad \vec{B} = \vec{\nabla}\times\vec{A} \tag{13.85}$$

$$\vec{\nabla}\times\vec{B} - \frac{1}{c}\frac{\partial\vec{E}}{\partial t} = 0 \tag{13.61b}$$

따라서 벡터 퍼텐셜 $\vec{A}$는 다음 식을 만족한다.

$$\nabla^2\vec{A} - \frac{1}{c^2}\frac{\partial^2\vec{A}}{\partial t^2} = 0 \tag{13.190}$$

$$\vec{\nabla}\cdot\vec{A} = 0 \tag{13.73b}$$

(13.190)식을 변수 분리법으로 푸는 경우를 생각하여 $\vec{A}(\vec{x},t)$를

$$\vec{A}(\vec{x},t)=\sum_l q_l(t)\vec{u_l}(\vec{x}) \tag{13.191}$$

로 놓자. 여기서 l은, $\vec{A}$가 만족하는 방정식으로부터 시간과 공간의 함수 $q(t)$와 $\vec{u}(\vec{x})$가 만족하는 방정식으로 만들 때에 여러 가능한 해를 나타내는 일련번호이다. 즉 각 l에 대하여

$$\nabla^2\vec{u_l}(\vec{x})+\frac{\omega_l^2}{c^2}\vec{u_l}(\vec{x})=0 \tag{13.192}$$

$$\frac{d^2q_l(t)}{dt^2}+\omega_l^2q_l(t)=0 \tag{13.193}$$

이 된다. 여기서 ω_l^2은 두 함수로 나눌 때 도입되는 분리 상수(分離常數, separation constant)이다.

먼저 정상파에 의한 해를 고찰하여 보자. 즉 변의 길이가 L인 정육면체 벽에서 함수 $\vec{u_l}(\vec{x})$가 규격화된다고 생각하고 특히 정육면체가 도체인 경우는 전자기학에서 잘 알려진 바와 같이 $\vec{E}$의 벽에 접선 성분과 $\vec{B}$의 벽에 수직인 성분이 0이 되는 조건으로부터 정상파를 얻게 된다.

이 조건을 $\vec{u_l}(\vec{x})$에 적용하면 정육면체의 벽면에 대하여

$$\vec{u_l}|_{\tan}=0 \tag{13.194a}$$

$$\vec{\nabla}\times\vec{u_l}|_{norm}=0 \tag{13.194b}$$

이 되고 정육면체의 안에서는

$$\vec{\nabla}\cdot\vec{u_l}=0 \tag{13.194c}$$

이 된다. (13.192)식과 (13.194)식을 만족하는 해는 직접 얻을 수 있다. 이 해는 정규 모드(normal mode)가 되고 규격화되는 경우

$$\int_{\text{정육면체}}\vec{u_l}\cdot\vec{u_n}d^3x=\delta_{lm} \tag{13.195}$$

가 된다. 물론 다른 모양의 도체를 고려하면 다른 종류의 정규 모드를 얻게 된다. 또 (13.193)식을 만족하는 $q_l(t)$가 정해지면 전자기파의 벡터 퍼텐셜 $\vec{A}(\vec{x},t)$는 완전히 결정된다.

그러면 우리가 생각하고 있는 정육면체 안에 있는 전자기파의 에너지의 Hamiltonian을 준다고 생각할 수 있으므로

$$H=\frac{1}{8\pi}\int d^3x(\boldsymbol{E}^2+\boldsymbol{B}^2)$$
$$=\frac{1}{8\pi}\int d^3x\left\{\frac{1}{c^2}\frac{\partial\vec{A}}{\partial t}\cdot\frac{\partial\vec{A}}{\partial t}+(\vec{\nabla}\times\vec{A})\cdot(\vec{\nabla}\times\vec{A})\right\}$$

$$= \frac{1}{8\pi}\sum_l\sum_m\left\{\dot{q}_l\dot{q}_m\frac{1}{c^2}\int d^3x\vec{u_l}\cdot\vec{u_m}+q_lq_m\int d^3x\left(\vec{\nabla}\times\vec{u_l}\right)\cdot\left(\vec{\nabla}\times\vec{u_m}\right)\right\} \tag{13.196}$$

이 된다. 여기서 $\{\vec{u_l}\}$의 직교성을 이용하면 괄호 { } 안의 첫 항은 $\sum_l(\dot{q}_l)^2$형이 된다. 두 번째 항은 다음 벡터의 항등식을 이용하여 간단한 모양으로 만들 수 있다.

먼저

$$\left(\vec{\nabla}\times\vec{C}\right)\cdot\left(\vec{\nabla}\times\vec{D}\right)=\vec{\nabla}\cdot\left\{\vec{C}\times\left(\vec{\nabla}\times\vec{D}\right)\right\}+\vec{C}\cdot\left\{\vec{\nabla}\times\left(\vec{\nabla}\times\vec{D}\right)\right\} \tag{13.197a}$$

(증명) $\left(\vec{\nabla}\times\vec{C}\right)\cdot\left(\vec{\nabla}\times\vec{D}\right)=\epsilon_{ijk}\frac{\partial C_k}{\partial x_j}\epsilon_{imn}\frac{\partial D_n}{\partial x_m}$

$$=\left(\delta_{jm}\delta_{kn}-\delta_{jn}\delta_{km}\right)\frac{\partial C_k}{\partial x_j}\frac{\partial D_n}{\partial x_m}$$

$$=\frac{\partial C_k}{\partial x_j}\frac{\partial D_k}{\partial x_j}-\frac{\partial C_k}{\partial x_j}\frac{\partial D_j}{\partial x_k}$$

$$=\frac{\partial}{\partial x_j}\left(C_k\frac{\partial D_k}{\partial x_j}-C_k\frac{\partial D_j}{\partial x_k}\right)-C_k\frac{\partial^2}{\partial x_j\cdot\partial x_j}D_k+C_k\frac{\partial}{\partial x_k}\frac{\partial D_j}{\partial x_j}$$

$$=\frac{\partial}{\partial x_j}\left\{\left(\delta_{jm}\delta_{kn}-\delta_{jn}\delta_{km}\right)C_k\frac{\partial D_n}{\partial x_m}\right\}-C_k\left(\delta_{jm}\delta_{kn}-\delta_{jn}\delta_{km}\right)\frac{\partial}{\partial x_j}\frac{\partial D_n}{\partial x_m}$$

$$=\frac{\partial}{\partial x_j}\left\{\epsilon_{rjk}C_k\epsilon_{rmn}\frac{\partial D_n}{\partial x_m}\right\}-C_k\frac{\partial}{\partial x_j}\epsilon_{rjk}\epsilon_{rmn}\frac{\partial D_n}{\partial x_m}$$

$$=\frac{\partial}{\partial x_j}\epsilon_{jkr}C_k\left(\vec{\nabla}\times\vec{D}\right)_r+C_k\epsilon_{kjr}\frac{\partial}{\partial x_j}\left(\vec{\nabla}\times\vec{D}\right)_r$$

$$=\vec{\nabla}\cdot\left\{\vec{C}\times\left(\vec{\nabla}\times\vec{D}\right)\right\}+\vec{C}\cdot\left\{\vec{\nabla}\times\left(\vec{\nabla}\times\vec{D}\right)\right\}$$ (증명 끝)

이 식을 이용하면

$$\left(\vec{\nabla}\times\vec{u_l}\right)\cdot\left(\vec{\nabla}\times\vec{u_m}\right)=\vec{\nabla}\cdot\left\{\vec{u_l}\times\left(\vec{\nabla}\times\vec{u_m}\right)\right\}+\vec{u_l}\cdot\left\{\vec{\nabla}\times\left(\vec{\nabla}\times\vec{u_m}\right)\right\} \tag{13.197b}$$

이 되고 (13.196)식의 둘째 항의 적분은

$$\int d^3x\left(\vec{\nabla}\times u_l\right)\cdot\left(\vec{\nabla}\times\vec{u_m}\right)$$

$$=\underbrace{\int d\vec{a}\cdot\left\{\vec{u_l}\times\left(\vec{\nabla}\times\vec{u_m}\right)\right\}}_{=0}+\int d^3x\vec{u_l}\cdot\left\{\vec{\nabla}\times\left(\vec{\nabla}\times\vec{u_m}\right)\right\}$$

$$=\int d^3x\vec{u_l}\cdot\left\{\vec{\nabla}\underbrace{\left(\vec{\nabla}\cdot\vec{u_m}\right)}_{=0}-\nabla^2\vec{u_m}\right\}$$

$$=\frac{\omega_l^2}{c^2}\int d^3x\vec{u_l}\cdot\vec{u_m}=\frac{\omega_l^2}{c^2}\delta_{lm} \tag{13.198}$$

이므로 따라서 (13.196)식은

$$H=\frac{1}{8\pi c^2}\sum_l\left(\dot{q}_l\dot{q}_l+\omega_l^2q_lq_l\right)=\sum_l H_l \tag{13.199}$$

이 된다. 여기서 H_l은 진동수 ω_l을 갖는 단순 진동자의 Hamiltonian 이며 H는 여러 가지 진동수를 가진 단순 진동자의 합의 모양으로 나타났다. 다만 Hamiltonian 이 운동량으로 표시되지 않았다.

Hamiltonian을 운동량으로 표시하기 위하여 l번째 단순 진동자에 대한 Hamiltonian H_l로부터 Hamilton의 방정식을 생각하면

$$\frac{\partial H_l}{\partial q_l}=-\dot{p}_l=\frac{\omega_l^2}{4\pi c^2}q_l \tag{13.200a}$$

$$\frac{\partial H_l}{\partial p_l}=\dot{q}_l \tag{13.200b}$$

이 되는데 (13.193)식을 이용하면 (13.200a)식으로부터

$$p_l=\frac{1}{4\pi c^2}\dot{q}_l \tag{13.201}$$

를 얻게 된다. 따라서

$$H_l=2\pi c^2 p_l p_l+\frac{1}{8\pi c^2}\omega_l^2 q_l q_l \tag{13.202}$$

가 되고 새로운 양 P_l과 Q_l을

$$P_l=\sqrt{4\pi c^2}\,p_l \tag{13.203}$$

$$Q_l=\frac{1}{\sqrt{4\pi c^2}}q_l \tag{13.204}$$

로 정의하면 H_l은

$$H_l=\frac{1}{2}\left(P_l P_l+\omega_l^2 Q_l Q_l\right) \tag{13.205}$$

가 되어 H_l은 질량 $m=1$인 조화 진동자의 Hamiltonian의 모양을 갖는다.

(b) 전자기장의 양자화(量子化, quantization)

이 식을 양자화하기 위하여 q_l, p_l에 대한 양자화 식

$$[q_l, p_l]=i\hbar=[Q_l, P_l] \tag{13.206}$$

을 사용하면 된다.

제 5장에서 조화 진동자를 기술할 때 도입된 생성 및 소멸 연산자 $a^\dagger, a$를 사용하면

$$a_l=\frac{1}{\sqrt{2\hbar\omega_l}}(\omega_l Q_l+iP_l) \tag{13.207a}$$

$$a_l^\dagger=\frac{1}{\sqrt{2\hbar\omega_l}}(\omega_l Q_l-iP_l) \tag{13.207b}$$

$$[a_l, a_l^\dagger]=1 \tag{13.207c}$$

또는

$$Q_l=\sqrt{\frac{\hbar}{2\omega_l}}\left(a_l^\dagger+a_l\right) \tag{13.208a}$$

$$P_l = i\sqrt{\frac{\hbar\omega_l}{2}}\left(a_l^\dagger - a_l\right) \tag{13.208b}$$

로 쓸 수 있다. 방정식 (12.193)식을 만족하는 양자화하기 전의 $q_l(t)$는 Heisenberg 묘사에서의 q_l의 값이라 생각할 수 있고 위 식의 $a_l, a_l^\dagger, P_l, Q_l$도 시간의 함수이다. 따라서 (13.207a)식을 미분하면

$$\begin{aligned}
\frac{da_l(t)}{dt} &= \frac{1}{\sqrt{2\hbar\omega_l}}\left(\omega_l\frac{dQ_l}{dt} + i\frac{dP_l}{dt}\right)\\
&= \frac{1}{\sqrt{2\hbar\omega_l}}\left(\omega_l \cdot \frac{1}{\sqrt{4\pi c^2}}\dot{q}_l + i\sqrt{4\pi c^2}\,\dot{p}_l\right)
\end{aligned}$$

{(13.203), (13.204)식 이용함}

$$= \frac{1}{\sqrt{2\pi\omega_l}}\left(\omega_l \cdot \sqrt{4\pi c^2}\,p_l - i\frac{\omega_l^2}{\sqrt{4\pi c^2}}q_l\right)$$

{(13.200), (13.201)식 이용함}

$$= -i\omega_l \cdot \frac{1}{\sqrt{2\pi\omega_l}}\left(\omega_l Q_l + iP_l\right) \quad \{(13.203),\ (13.204)\text{식 이용함}\}$$

$$= -i\omega_l a_l(t) \tag{13.209a}$$

를 얻고 마찬가지로

$$\frac{da_l^\dagger(t)}{dt} = i\omega_l a_l^\dagger(t) \tag{13.209b}$$

가 된다. 그러므로

$$a_l(t) = a_l(0)e^{-i\omega_l t} \equiv a_l e^{-i\omega_l t} \tag{13.210a}$$

$$a_l^\dagger(t) = a_l^\dagger(0)e^{i\omega_l t} \equiv a_l^\dagger e^{i\omega_l t} \tag{13.210b}$$

가 된다. 여기에서 a_l은 $t=0$인 때 $a_l(t)$의 값을 나타내며 앞으로도 그와 같이 정의하자. 그러면 양자화된 Hamiltonian에 대하여

$$H_l = \frac{1}{2}\hbar\omega_l\left(a_l^\dagger a_l + a_l a_l^\dagger\right) \tag{13.211}$$

$$\begin{aligned}
\therefore H &= \frac{1}{2}\sum_l \hbar\omega_l\left(a_l^\dagger a_l + a_l a_l^\dagger\right)\\
&= \sum_l \hbar\omega\left(a_l^\dagger a_l + \frac{1}{2}\right)
\end{aligned} \tag{13.212}$$

를 얻는다.

한편 $q_l(t)$는 $a_l, a_l^\dagger$로 표시하면

$$q_l(t) = \sqrt{4\pi c^2}\,Q_l(t) \tag{13.213}$$

$$= \sqrt{4\pi c^2}\sqrt{\frac{\hbar}{2\omega_l}}\left(a_l e^{-i\omega_l t} + a_l^\dagger e^{i\omega_l t}\right) \tag{13.214}$$

가 된다.

또 $\vec{u}(\vec{x})$에 대하여도 체적 V인 정육면체 안에서 규격화한다면

$$\vec{u}_l(\vec{x}) = \frac{1}{\sqrt{V}} \vec{\epsilon}_l e^{\pm i\vec{k}_l \cdot \vec{x}} \tag{13.215}$$

로 쓸 수 있다. 여기서 $\vec{k}_l$은

$$\frac{k_l^2}{c^2} = \omega_l^2 \tag{13.216}$$

을 만족하며 파의 진행 방향을 나타내는 벡터양이고 $\vec{\epsilon}_l$은 편극 방향을 나타내는 단위 벡터로서 (13.194c)식을 사용하면

$$\vec{\epsilon}_l \cdot \vec{k}_l = 0 \tag{13.217}$$

이 되어 $\vec{u}_l(\vec{x})$는 $\vec{k}_l$ 방향에 수직이므로 전자기파가 횡파임을 나타낸다.

$\vec{\epsilon}_l$의 두 개의 독립인 방향을 $\vec{\epsilon}_{l1}, \vec{\epsilon}_{l2}$로 표시하자. 그리고 지금까지의 q_l, a_l의 첨자 l은 $l1, l2$로 확대하자.

따라서 $\vec{A}(\vec{x}, t)$에 대하여 (13.191)식을 Hermitian이 되도록 표시하여 일반화하면 위의 $q_l(t), \vec{u}_l(\vec{x})$에 대한 식으로부터

$$\vec{A}(\vec{x}, t) = \sqrt{\frac{4\pi c^2}{V}} \sum_l \sum_{\sigma=1}^{2} \sqrt{\frac{\hbar}{2\omega_l}} \vec{\epsilon}_{l\sigma} \left\{ a_{l\sigma} e^{i(\vec{k}_l \cdot \vec{x} - \omega_l t)} + a_{l\sigma}^\dagger e^{-i(\vec{k}_l \cdot \vec{x} - \omega_l t)} \right\} \tag{13.218}$$

로 쓸 수 있다. 이 식이 제2 양자화 하였을 때 전자기파를 나타내는 식이다. $a_{l\sigma}$는

$$\left[a_{l\sigma}, a_{l'\sigma'}^\dagger\right] = \delta_{ll'}\delta_{\sigma\sigma'} \tag{13.219a}$$

$$\left[a_{l\sigma}, a_{l'\sigma'}\right] = \left[a_{l\sigma}^\dagger, a_{l'\sigma'}^\dagger\right] = 0 \tag{13.219b}$$

을 만족하는 소멸 연산자이다. (13.218)식을 직접 이용하여 여러 가지 계산을 할 수 있다.

(13.196)식에 (13.218)식을 이용하면 전자기파에 대한 Hamiltonian은

$$H_{rad} = \frac{1}{2} \sum_l \sum_\sigma \hbar\omega_l \left(a_{l\sigma}^\dagger a_{l\sigma} + a_{l\sigma} a_{l\sigma}^\dagger\right)$$

$$\sum_l \sum_\sigma \hbar\omega_l \left(a_{l\sigma}^\dagger a_{l\sigma} + \frac{1}{2}\right) \tag{13.220}$$

임을 증명할 수 있다.

수연산자도 이 경우에

$$N_{l\sigma} = a_{l\sigma}^\dagger a_{l\sigma} \tag{13.221}$$

로 정의하면 이 연산자는 고유값 $n_{l\sigma}$를 갖는다. 따라서

$$N_{l\sigma} |n_{l\sigma}> = n_{l\sigma} |n_{l\sigma}> \tag{13.222}$$

$$a_{l\sigma} |n_{l\sigma}> = \sqrt{n_{l\sigma}} |n_{l\sigma} - 1> \tag{13.223a}$$

$$a_{l\sigma}^\dagger |n_{l\sigma}> = \sqrt{n_{l\sigma} + 1} |n_{l\sigma} + 1> \tag{13.223b}$$

의 관계식이 성립된다.

또 전자기파의 운동량 연산자는

$$\vec{p}=\frac{1}{8\pi}\int d^3x\vec{E}\times\vec{B} \tag{13.224}$$

로 주어진다. 이 식에 $\vec{A}(\vec{x},t)$에 대한 (13.218)식을 사용하면

$$\vec{p}=\sum_l\sum_\sigma\hbar\vec{k}_l a^\dagger_{l\sigma}a_{l\sigma} \tag{13.225}$$

를 얻는다. 이 식의 증명은 연습문제로 남긴다.

(c) 원자에 의한 전자기파의 흡수 및 방출 과정

원자에 의한 전자기파의 흡수 및 방출에서도 (13.218)식은 명확한 설명을 준다. 여기에서는 원자의 전자기파와의 상호 작용을 고려하게 되므로 원자와 전자기파로 이루어진 계를 생각하면 Hamiltonian 은

$$H=H_{atom}+H_{rad}+H_{int}$$

으로 쓸 수 있다. 여기서 각 Hamiltonian 은

$$H_{atom}=\sum_i\frac{1}{2m}\boldsymbol{p}_i^2+V(\vec{x}_1,\ \cdots) \tag{13.226}$$

$$H_{rad}=\frac{1}{8\pi}\int d^3x(\boldsymbol{E}^2+\boldsymbol{B}^2)=\sum_i\sum_\sigma\hbar\omega_l\left(a^\dagger_{l\sigma}a_{l\sigma}+\frac{1}{2}\right) \tag{13.227}$$

$$H_{int}(t)=\sum_i\left\{-\frac{e}{m_ic}\vec{p}_i\cdot\vec{A}(\vec{x},t)+\frac{e^2}{2m_ic^2}\boldsymbol{A}^2(\vec{x},t)\right\} \tag{13.228}$$

이 된다. H의 첫 두 항의 합을 H_0라 정의하면

$$H_0=H_{atom}+H_{rad} \tag{13.229}$$

의 고유 벡터를 $|atom>|radiation>$으로 쓸 수 있어서

$$|a>_{atom}|\cdots n_{l\sigma}\cdots>_{rad} \tag{13.230}$$

를 안다고 생각하자.

(i) 특히 들뜬 원자에 의한 전자기파의 방출을 생각하여 보자. 원자가 처음 $|a>_{atom}$상태에 있다가 운동량 $\hbar\vec{k}_l$과 편극 σ를 갖는 한 개의 광자를 방출하고 $|b>_{atom}$상태로 내려오는 경우 계의 처음과 마지막 상태는 각각

$$|i>\ =|a>_{atom}|\cdots,n_{l\sigma},\ \cdots>_{rad} \tag{13.231a}$$

$$|f>\ =|b>_{atom}|\cdots,n_{l\sigma}+1,\ \cdots>_{rad} \tag{13.231b}$$

로 기술되며 이들은 모두 H_0의 고유 상태이다. 따라서 단위 시간당 $|i>$ 상태에서 $|f>$ 상태로의 전이확률을 구하기 위하여 H_{int}의 시간에 무관한 부분에 대한 행렬 성분을 보면 (13.218)식, (13.231)식에 (13.223b)식을 적용하면 어느 특정한 $k_l,\overrightarrow{\epsilon_{l\sigma}}$를 갖는 광자의 방

출을 생각하면

$$\langle f|H_{int}|i\rangle = -\frac{e}{mc}\left(\frac{2\pi\hbar c^2}{V\omega_l}\right)^{\frac{1}{2}}\langle b|\vec{p}\cdot\overrightarrow{\epsilon_{l\sigma}}e^{-i\vec{k}\cdot\vec{x}}|a\rangle_{atom}\sqrt{n_{l\sigma}+1} \tag{13.232}$$

을 얻는다. 여기서 (13.228)식 H_{int}의 둘째 항은 기여하지 않는다.

또한 초기 상태와 마지막 상태에 대한 에너지 보존칙을 살펴보면

$$E_f - E_i = E_b + \hbar\omega_l - E_a \tag{13.233}$$

이므로 전이 확률에 대한 Fermi 황금률을 쓰면

$$\begin{aligned}\Gamma_{i\to f} &= \frac{2\pi}{\hbar}|\langle f|H_{int}|i\rangle|^2\delta(E_f - E_i) \\ &= \frac{2\pi}{\hbar}\left(\frac{e}{mc}\right)^2\left(\frac{2\pi\hbar c^2}{V\omega_l}\right)(n_{l\sigma}+1)\left|\langle b|\vec{p}\cdot\overrightarrow{\epsilon_{l\sigma}}e^{-i\vec{k_l}\cdot\vec{x}}|a\rangle\right|^2 \\ &\quad\cdot\delta(E_b + \hbar\omega_l - E_a)\end{aligned} \tag{13.234}$$

가 된다.

이 식에는 $(n_{l\sigma}+1)$가 포함되어 있는데 $n_{l\sigma}$는 처음 상태에서의 광자의 수를 나타내며 $n_{l\sigma}$항은 유도 방출 항이라 부르고 1의 항은 $n_{l\sigma}=0$인 때에도 남게 되므로 자발적 방출 항으로 알려졌다.

자발적 방출 중에는 $e^{i\vec{k}\cdot\vec{x}}$를 1로 대치하는 경우 전기쌍극자에 의한 방출이 된다. 특히 이 때 전자기장을 양자화 할 때 사용한 정육면체의 체적이 무한히 큰 경우에는 $\sum_l$ 대신에 k 공간의 적분

$$\sum_l \to \int\frac{d^3x d^3p}{(2\pi\hbar)^3} = \frac{V}{(2\pi)^3}\int d^3k \tag{13.235}$$

으로 대치하게 되므로 (13.234)식의 모든 l과 σ에 대하여 합한다고 생각하면

$$\Gamma_{i\to f}^{(sp)} = \frac{4\pi^2e^2}{m^2V}\cdot\frac{V}{(2\pi)^3}\sum_\sigma\int\frac{d^3k_l}{ck_l}\left|\langle b|\vec{p}\cdot\overrightarrow{\epsilon_{l\sigma}}|a\rangle\right|^2\delta(E_b+\hbar\omega_l - E_a) \tag{13.236}$$

가 되고 $\vec{p}$가 $\vec{k}$ 방향과 이루는 각을 θ라 하면 앞 절에서와 같이 k공간에서 적분할 때 (13.167)식에 해당하는 다음 결과를 얻게 된다.

$$\begin{aligned}\Gamma_{i\to f}^{(sp)} &= \frac{e^2}{m^2}\cdot\frac{1}{2\pi}\int\frac{k_l^2dk_l}{ck_l}\int d\Omega|\langle b|\vec{p}|a\rangle|^2\sin^2\theta\delta(E_b+\hbar\omega_l - E_a) \\ &= \frac{e^2}{m^2c^3}\int\omega_l d\omega_l\delta(E_b+\hbar\omega_l - E_a)|< b|\vec{p}|a >|^2 \\ &\quad\cdot\int_0^\pi(1-\cos^2\theta)\sin\theta d\theta\end{aligned}$$

$$= \frac{4e^2\omega_{ab}}{3m^2\hbar c^3}|\langle b|\vec{p}|a\rangle|^2 = \frac{4e^2\omega_{ab}^3}{3\hbar c^3}|\langle b|\vec{x}|a\rangle|^2 \tag{13.237}$$

$$\omega_{ab} \equiv (E_a - E_b)/\hbar \tag{13.238}$$

한편 처음 $|i>$ 상태에서 광자를 흡수하여 들뜬 상태 $|f>$가 되는 경우에는 처음과 마지막 상태는

$$|i> \; = |a>_{atom}|\cdots, n_{l\sigma}, \cdots>_{rad} \tag{13.231a}$$

$$|f> \; = |c>_{atom}|\cdots, n_{l\sigma}-1, \cdots>_{rad} \tag{13.239}$$

가 된다. 처음 상태에 있던 한 개의 광자가 흡수되었으므로 마지막 상태의 광자 수는 하나가 모자란 상태이다. 흡수된 광자의 운동량을 $\hbar\vec{k_l}$, 편극을 σ라 하면 H_{int}의 행렬 성분은

$$\langle f|H_{int}|i\rangle = -\frac{e}{mc}\left(\frac{2\pi\hbar c^2}{V\omega_l}\right)^{1/2}\left\langle c\left|\vec{p}\cdot\overrightarrow{\epsilon_{l\sigma}}e^{i\vec{k_l}\cdot\vec{x}}\right|a\right\rangle_{atom}\sqrt{n_{l\sigma}} \tag{13.240}$$

가 되며 단위 시간당 전이 확률은 시간에 대한 평균을 취할 때

$$\Gamma_{i\to f}(\text{흡수}) = -\frac{2\pi}{\hbar}|\langle f|H_{int}|i\rangle|^2\delta(E_f - E_i)$$

$$= \frac{2\pi}{\hbar}\left(\frac{e}{mc}\right)^2\left(\frac{2\pi\hbar c^2}{V\omega_l}\right)n_{l\sigma}\left|\left\langle c\left|\vec{p}\cdot\overrightarrow{\epsilon_{l\sigma}}e^{i\vec{k_l}\cdot\vec{x}}\right|a\right\rangle\right|^2$$

$$\cdot\;\delta(E_c - \hbar\omega_l - E_a) \tag{13.241}$$

을 얻는다. 이 식은 또한 운동량 $\hbar\vec{k_l}$를 갖고 편광 σ를 갖는 입사 광자의 선속(flux) $n_{l\sigma}c/V$로 나누어 줌으로써 흡수 단면적

$$\sigma_{a\to c}(\vec{k_l}, \sigma) = \frac{4\pi^2e^2}{m^2\omega_l c}\left|\left\langle c\left|\vec{p}\cdot\overrightarrow{\epsilon_{l\sigma}}e^{i\vec{k_l}\cdot\vec{x}}\right|a\right\rangle\right|^2\delta(E_c - \hbar\omega_l - E_a) \tag{13.242}$$

를 얻는다. 실제로 입사파는 여러 파장의 연속 전자기파로 생각하는 경우가 대부분 이어서 δ함수는 나타나지 않는다. 또 입사 전자기파의 강도(強度, intensity) $I(\omega)$는 $\frac{n_{l\sigma}c}{V}\cdot\hbar\omega_l$이므로 모든 종류의 입사파를 고려하면

$$\Gamma_{i\to f} = \sum_l\sum_a\frac{4\pi^2e^2I(\omega)}{\hbar m^2\omega_l^2c}\left|\left\langle c\left|\vec{p}\cdot\overrightarrow{\epsilon_{l\sigma}}e^{i\vec{k_l}\cdot\vec{x}}\right|a\right\rangle\right|^2\delta(E_c - \hbar\omega_l - E_a) \tag{13.243}$$

를 얻고 (13.235)의 관계식에 적용하고 $\vec{k_l}$에 대한 적분을 할 때 (13.237)식에서 사용된 방법을 적용하면 전기 쌍극자 전이는

$$\Gamma_{i\to f} = \frac{4\pi^2e^2}{3\hbar^2c}|\langle c|\vec{x}|a\rangle|^2I(\omega) \tag{13.121}$$

를 얻는다.

지금까지 고찰한 전자기파를 양자화 한 것은 파를 나타내는 $\vec{A}(\vec{x}, t)$를 연산자로 취급한 것이다. 참고로 정지 질량이 0이 아닌 스칼라 입자나 스핀을 가진 입자들에 대하여도 제2

양자화를 할 수 있으며 이는 입자들의 생성 및 소멸 과정을 고찰하는 데 사용된다. 그러나 여기서 일반적인 경우는 생략하고 참고로 중성 스칼라장(場, field)의 양자화만을 간단히 비교 검토하여 보자.

중성 스칼라장 ϕ는 Klein-Gordon 방정식

$$\left\{\nabla^2 - \frac{1}{c^2}\frac{\partial^2}{\partial t^2} - \left(\frac{mc}{\hbar}\right)^2\right\}\phi(\vec{x}, t) = 0 \tag{13.244}$$

을 만족한다. 이 경우 Hamiltonian은

$$H = \frac{1}{2}\int\left\{(\vec{\nabla}\phi)^2 + \frac{1}{c^2}\left(\frac{\partial\phi}{\partial t}\right)^2 + \left(\frac{mc}{\hbar}\right)^2\phi^2\right\}d^3x \tag{13.245}$$

이다. ϕ가 정육면체의 표면에서 주기적이라는 경계조건을 사용하는 경우 전자기파에 대하여 고려하였던 것과 같은 방법을 적용하면

$$\phi(\vec{x}, t) = \frac{c}{\sqrt{V}}\sum_k \sqrt{\frac{\hbar}{2\omega(k)}}\{a(k)e^{ik\cdot x} + a^\dagger(k)e^{-ik\cdot x}\} \tag{13.246}$$

가 되고 Hamiltonian은 전자기파에 대하여 얻은 것과 비슷한

$$\begin{aligned} H &= \frac{1}{2}\sum_k\{P_k^2 + \omega^2(k)Q_k^2\} \\ &= \sum_k \hbar\omega(k)\left\{a_k^\dagger a_k + \frac{1}{2}\right\} \end{aligned} \tag{13.247a}$$

이 된다. 여기서 $k \cdot x$와 $\omega(k)$는

$$k \cdot x = \vec{k} \cdot \vec{x} - \omega(k)t \tag{13.248a}$$

$$\omega(k) = \sqrt{k^2 + \left(\frac{mc}{\hbar}\right)^2} \tag{13.248b}$$

이다. 만일 중성 스칼라장이 아니고 전기띤(charged) 스칼라장인 경우는 $\phi(k, t)$와 $\phi^*(k, t)$가 다른 것이 중성 스칼라장과 다르며 이때에는 $a(k), b^\dagger(k)$등의 생성 소멸 연산자가 사용된다. 또 Fermi 입자는 $a(k)$가 교환 관계 $[a(k), a^\dagger(k)]$대신에 $\{a(k), b^\dagger(k)\}_+$를 사용하는 것이 다르며 자세한 것은 양자 장론이나 고급 양자역학에서 취급하게 되고 여기서는 생략한다.

13. 8 선폭(船幅, line width)과 수명(壽命, life time)

지금까지는 어느 들뜬 상태에서 낮은 에너지 상태로 전자의 전이가 일어날 때 나오는 광자는 (13.49)식에서 그 에너지가 $\hbar\omega = E_n - E_i$로 주어졌으므로 이러한 광자의 파장이나 진동수는 한 값으로 정하여진다. 그러나 일반적으로 관측되는 스펙트럼은 그림 13.5에서와 같이 강도가 어느 최대값 주위에 연속으로 퍼져 있다는 것을 알게 된다. 이 퍼져 있는 폭을 선폭(船幅, line width)이라 부르며 그 원인은 여러 가지가 있다.

그 중에 하나는 순전히 양자론적 현상으로 이 때 선폭이 생기는 것을 자연적 넓어짐 (natural broadening)이라 부르는데 이것은 자발적 방출 과정의 유한한 수명과 관련되어 있다. 에너지와 시간은 서로 정준 공액(正準共軛, canonical conjugate)인 양이므로 이들은 제 2장에서 언급된 바와 같이 불확정성 원리

$$\Delta E \Delta t \sim \hbar \tag{13.249}$$

를 만족하게 된다. ΔE는 입자의 에너지에서 불확정량이고 Δt는 입자가 그 상태에 머무를 시간을 나타내는 불확정량이다. 따라서 $\Delta E \simeq 0$은 아주 정밀하게 한 정상 상태의 에너지 상태에 있음을 의미하며 이 때 $\Delta t \to \infty$가 되므로 그 상태에 아주 오래 있게 됨을 의미한다. 또한 Δt가 ∞가 아님은 ΔE가 0이 아님을 말하며 그 상태에 있을 수명이 유한함을 의미한다. 앞 절에서 언급된 자발적 방출의 존재는 들뜬 상태에 유한한 기간 동안 있을 수 있음을 의미하여 평균 수명 τ가 존재함을 의미한다. 바닥 상태는 일반적으로는 수명이 거의 무한대이므로 에너지는 정확히 결정된다. 그러나 거의 모든 들뜬 상태는 유한한 수명을 가지고 있다.

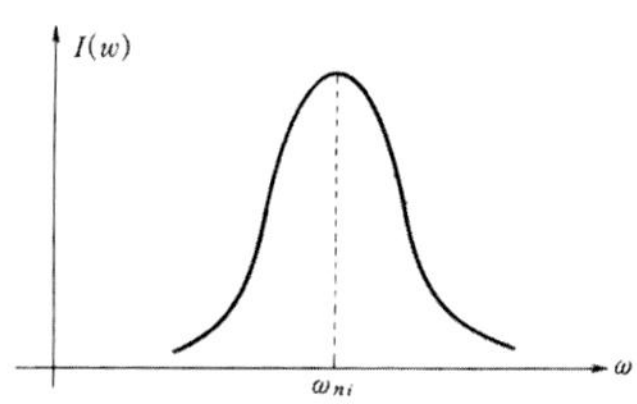

그림 13.5 $|i\rangle$에서 $|n\rangle$상태로의 전이가 있을 때에 나오는 스펙트럼의 진동수는 ω_{ni}인 가는 선이 아니고 퍼져 있다.

한 들뜬 상태 i가 평균 수명 τ_i를 가지고 있다면 단위 시간당 전이가 일어날 확률 Γ_i는 평균 수명 τ_i와

$$\Gamma_i \sim \frac{1}{\tau_i} \tag{13.250}$$

로 관련되고 $\Gamma_{n\to m}$을 n인 상태에서 m인 상태로의 단위 시간당 전이 확률이라면 n인 상태의 총 전이 확률 Γ_n은

$$\Gamma_n = \sum_m \Gamma_{n\to m} \tag{13.251}$$

이다. $\Gamma_{n\to m}$은 양자역학으로부터 얻게 되고 n 상태의 수명은 결국

$$\Delta t \sim \tau_n = \frac{1}{\Gamma_n} \tag{13.252}$$

또

$$\Delta E_n \sim \frac{\hbar}{\Delta t} = \hbar \Gamma_n \tag{13.253}$$

가 되므로 한 정상 상태에서 보다 낮은 정상 상태로의 자발적 방출은 정상 상태에서 선

폭의 넓혀짐(spread)에 기여한다고 할 수 있다. 그러나 선폭이 넓어짐은 자연적 넓어짐 이외에도 다른 요인들이 또 있다. 그 대표적인 것이 원자들 사이의 충돌에 의한 넓어짐과 전자기파를 방출하는 원자가 움직임으로써 나타나는 Doppler 효과에 의한 넓어짐 등이 있다. 이들은 물체의 온도와 관련이 있어 열적(熱的) 넓어짐(thermal broadening)이라 부른다. 만일 온도를 아주 낮게 내리면 이러한 열적 넓어짐은 없어지지만 자연적 넓어짐은 그대로 남는다.

여기서 Wigner-Weisskopf 섭동 이론으로 알려진 불안정(不安定, unstable) 상태 이론의 관계식들을 설명하여 보자. 앞 절에서는 처음 상태 $|i>$에서 나중 상태 $|n>$에 전이가 일어나는 경우를 고찰하였으며 따라서 $n \neq i$인 경우 진이 진폭 $a_n(t)$에 대하여서만 고려하였다. 여기서는 $a_i(t)$는 어떻게 되겠는가를 살펴보자.

Hamiltonian이 갑자기 변하는 것을 피하기 위하여 Hamiltonian의 섭동항을 서서히 참가시키는 것을 생각하자. 즉 $t \to -\infty$에서 섭동항이 없다고 생각하면 $H'(t=-\infty)=0$이 될 것이므로

$$H'(t)=e^{\eta t}V \tag{13.254}$$

로 놓자. 여기서 η는 작은 값이고 양(positive)인 매개 상수이며 계산이 다 끝난 후에 η를 0으로 놓는다.

따라서 아주 먼 과거에는 계가 i상태에 있으므로 $a_i(t)$의 값을 (13.15)식과 같이

$$a_i(t)=a_i^{(0)}+\lambda a_i^{(1)}+\lambda^2 a_i^{(2)}+\cdots\cdots \tag{13.15$'$}$$

로 놓으면 (13.40)식에서 $n-i$로 놓는 경우 얻는 바와 같이

$$a_i^{(0)}=1$$

$$\lambda a_i^{(1)}=-\frac{i}{\hbar}V_{ii}\int_{-\infty}^{t}e^{\eta t'}dt'=-\frac{i}{\hbar\eta}V_{ii}e^{\eta t}$$

$$\begin{aligned}
\lambda^2 a_i^{(2)} &=+\left(-\frac{i}{\hbar}\right)^2|V_{ii}|^2\int_{-\infty}^{t}dt'\int_{-\infty}^{t'}dt''\ e^{\eta t'+\eta t''} \\
&\quad+\left(-\frac{i}{\hbar}\right)^2\sum_m{}'|V_{im}|^2\int_{-\infty}^{t}dt' e^{i\omega_{lm}t'+\eta t'}\int_{-\infty}^{t'}dt''\ e^{i\omega_{mi}t''+\eta t''} \\
&=\left(-\frac{i}{\hbar}\right)^2|V_{ii}|^2\int_{-\infty}^{t}\frac{dt' e^{2\eta t'}}{\eta}+\left(-\frac{i}{\hbar}\right)^2\sum_m{}'|V_{im}|^2\int_{-\infty}^{t}dt' e^{i\omega_{im}t'+\eta t'}\cdot\frac{e^{i\omega_{mi}t'+\eta t'}}{i\omega_{mi}+\eta} \\
&=\left(-\frac{i}{\hbar}\right)^2|V_{ii}|^2\frac{e^{2\eta_t}}{2\eta^2}+\left(-\frac{i}{\hbar}\right)^2\sum_m{}'\frac{|V_{im}|^2 e^{2\eta t}}{2\eta(E_i-E_m+i\hbar\eta)}
\end{aligned} \tag{13.255}$$

가 된다. 그러므로 $a_i(t)$는 제2차 섭동까지 고려하면

$$a_i(t)\simeq 1-\frac{i}{\hbar\eta}V_{ii}e^{\eta t}+\left(-\frac{i}{\hbar}\right)^2|V_{ii}|^2\frac{e^{2\eta t}}{2\eta^2}$$

$$+\left(-\frac{i}{\hbar}\right)^2 \sum_m{}' \frac{|V_{mi}|^2 e^{2\eta t}}{2\eta(E_i - E_m + i\hbar\eta)} \tag{13.256}$$

가 된다. $a_i(t)$의 시간에 대한 미분을 $\dot{a}_i(t)$라면 t가 작은 경우 즉 $t \to 0$인 경우

$$\frac{\dot{a}_i}{a_i} \simeq \left\{-\frac{i}{\hbar}V_{ii} + \left(-\frac{i}{\hbar}\right)^2 |V_{ii}|^2 \frac{1}{\eta} + \left(-\frac{i}{\hbar}\right)\sum_m{}' \frac{|V_{mi}|^2}{E_i - E_m + i\hbar\eta}\right\}$$

$$/\left(1 - \frac{i}{\hbar}V_{ii} \cdot \frac{1}{\eta}\right)$$

$$\simeq -\frac{i}{\hbar}V_{ii} - \frac{i}{\hbar}\sum_m{}' \frac{|V_{mi}|^2}{E_i - E_m + i\hbar\eta} \tag{13.257}$$

를 얻는다. 특히 2차 섭동까지 생각할 때 이 식의 우변은 시간 t에 독립이다. 이 식의 의미를 고찰하자.

만일 $a_i(t)$를

$$a_i(t) = e^{-i\Delta_i t/\hbar} \tag{13.258}$$

라 놓으면

$$\frac{\dot{a}_i}{a_i} \simeq -\frac{i}{\hbar}\Delta_i \ (\text{시간에 독립임}) = -\frac{i}{\hbar}\left\{V_{ii} + \sum_m{}' \frac{|V_{mi}|^2}{E_i - E_m + i\hbar\eta}\right\} \tag{13.259}$$

이 된다. Δ_i의 물리적 의미를 고찰하기 위하여 먼저 벡터 $|i>$에 있는 계를 상태를 Schödinger 묘사로 쓰는 경우 계는

$$e^{-\frac{i}{\hbar}\Delta_i t - \frac{i}{\hbar}E_i t}|i> \qquad (\text{또 상호작용 묘사에서는 } e^{-\frac{i}{\hbar}\Delta_i t}|i>) \tag{13.260}$$

가 된다. 따라서 섭동의 영향은

$$E_i \to E_i + \Delta_i \tag{13.261}$$

로 대치하는 것이 된다. 즉 에너지가 이동(shift)한 것을 계산했다. (13.257)식에서 보는 바와 같이 Δ_i도

$$\Delta_i = \Delta_i^{(1)} + \Delta_i^{(2)} + \cdots\cdots \tag{13.262}$$

로 쓰는 경우 (13.259)식과 (13.262)식을 비교하면

$$\Delta_i^{(1)} = V_{ii} \tag{13.263}$$

$$\Delta_i^{(2)} = \sum_m{}' \frac{|V_{mi}|^2}{E_i - E_m + i\hbar\eta} \tag{13.264}$$

이 된다. 일반적으로

$$\lim_{\epsilon\to 0}\frac{1}{x+i\epsilon} = \lim_{\epsilon\to 0}\frac{x-i\epsilon}{x^2+\epsilon^2} = \lim_{\epsilon\to 0}\left(\frac{x}{x^2+\epsilon^2} - \frac{i\epsilon}{x^2+\epsilon^2}\right)$$

$$= P_r\frac{1}{x} - i\pi\delta(x) \tag{13.265}$$

로 쓸 수 있다. 여기서 P_r는 소위 Cauchy의 주치(主値, principal value)를 의미한다. 그러면

$$Re\left(\triangle_i^{(2)}\right)=P_r{\sum_m}'\frac{|V_{mi}|^2}{E_i-E_m} \tag{13.266}$$

$$Im\left(\triangle_i^{(2)}\right)=-\pi{\sum_m}'|V_{mi}|^2\delta(E_m-E_i) \tag{13.267}$$

이 되어 첫 식은 시간에 무관한 섭동 이론에서 얻은 결과에 대응되고 두 번째 식은 Fermi의 황금률에서 본 관계식이다. 즉

$$-\frac{2}{\hbar}Im\left(\triangle_i^{(2)}\right)=\frac{2\pi}{\hbar}{\sum_m}'|V_{mi}|^2\delta(E_m-E_i)$$

$$=\sum_{m(\neq i)}\Gamma_{i-m} \tag{13.268}$$

이다. $a_i(t)$ 항은

$$a_i(t)=e^{-\frac{i}{\hbar}Re\triangle_i t+\frac{1}{\hbar}Im(\triangle_i)t} \tag{13.269}$$

에서

$$\frac{\Gamma}{\hbar}=-\frac{2}{\hbar}Im(\triangle_i)={\sum_m}'\Gamma_{i\to m} \tag{13.270}$$

로 정의하면 Γ는 붕괴폭(崩壞幅, decay width)이 된다. 즉

$$|a_i(t)|^2=e^{-\Gamma t/\hbar} \tag{13.271}$$

가 되며 이 값은 i 상태에서 다른 여러 n상태에 전이가 일어남에 의하여 계가 $|i>$ 상대에서 벗어남을 나타낸나.

확률의 정의로부터 2차 섭동까지 생각하면

$$|a_i|^2+{\sum_m}'|a_m|^2=1 \tag{13.272}$$

$$\left(1-\frac{\Gamma t}{\hbar}\right)+{\sum_m}'\cdot\Gamma_{i\to m}t=1 \tag{13.273}$$

로 되어 $|i>$ 상태에서 벗어남은 i 이외의 다른 상태의 증가에 의하여 보상된다.

(13.261)식, (13.263)식과 (13.266)식에서 보는 바와 같이 에너지 이동의 실수부분 $Re(\triangle_i)$을 보통 준위 이동(level shift)라 부르고 (13.270)식과 (13.271)식에서 보는 바와 같이 에너지 이동의 허수 부분을(-2를 빼고) 붕괴폭이라 부른다.

이 때 불안정 상태 $|i>$의 평균 수명(mean life time)을 τ라 놓으면 (13.271)식으로부터

$$\tau=\frac{\hbar}{\Gamma} \tag{13.274}$$

가 된다. 여기서 Γ는 (13.250)식과 (13.251)식으로 정의된 선폭 Γ_n와는 $\hbar$만큼의 차이가 있다.

Γ 를 준위폭(準位幅, level width) 또는 $\frac{\Gamma}{\hbar}$를 자연 선폭(自然線幅, natural line width) 이라고도 부르는 이유는 $c_i(t)$의 Fourier 변환을 보면

$$c_i(t) = e^{-i[E_i + Re(\Delta_i)]t/\hbar - \frac{\Gamma}{2\hbar}t}$$
$$= \int f(E) e^{-\frac{iEt}{\hbar}} dE \tag{13.275}$$

로 놓을 때 Fourier 역변환으로부터

$$|f(E)|^2 \propto \frac{1}{\{E - (E_i + Re\Delta_i)\}^2 + \frac{\Gamma^2}{4}} \tag{13.276}$$

과 같이 Lorentz형이 되므로 Γ는 그림 13.6에서와 같이 $|f|^2$이 반(半)으로 줄어드는 경우의 에너지폭이 된다. 따라서 $|f|^2$이 최대가 되는 지점의 스펙트럼 선에 대하여 알 수 있고 Γ로부터 그 선이 퍼짐도 알 수 있기 때문이다. Γ와 τ사이에는 시간과 에너지 사이의 불확정성 원리 $\Delta t \Delta E = \tau\Gamma \simeq \hbar$를 만족한다.

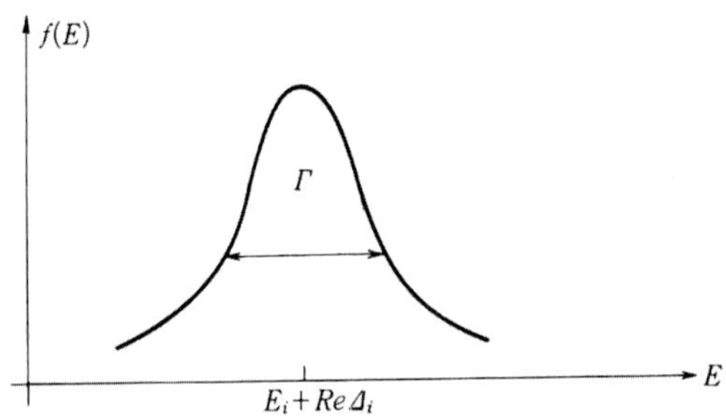

그림 13.6 에너지 준위폭

13. 9 점진 근사(Adiabatic Aproximation)와 베리 위상(Berry phase)

(a) 점진 근사

지금까지는 Hamiltonian의 시간 의존 부분이 크기가 작은 경우를 고려하여 근사 방법을 생각하였다. 점진 근사에서는 Hamiltonian의 시간에 대한 변화가 느린 경우에 대하여 생각한다. 예를 들어 푸코 진자(Foucault's pendulum)에서와 같이 진자가 진동을 할 때 동시에 진자를 담고 있는 계가 천천히 회전을 하는 경우를 생각할 수 있다.

계를 기술하는 Hamiltonian이 매개 변수 $R(t)$를 통하여 시간에 의존하는 경우를 생각하자. 상태 벡터는 Schrodinger 방정식

$$i\hbar\frac{\partial}{\partial t}|\psi(t)\rangle = H(R(t))|\psi(t)\rangle \tag{13.277}$$

을 통하여 시간에 따라 변하게 되며, 시간에 의존하는 Hamiltonian은 어느 순간에 다음과 같은 고유값 문제 관계식

$$H(R)|n(R)\rangle = E_n(R)|n(R)\rangle \tag{13.278}$$

을 만족한다고 생각할 수 있다.

만일 $R(t)$가 시간에 대하여 아주 느리게 변한다면 계가 처음에 $|n(R(0)>$ 상태에 있을 경우 그러한 시간의 변화에 대하여 계는 $|n(R(t))>$ 상태에 있을 것이 짐작 된다. 즉 같은 고유 상태이지만 위상은 변할 수 있다. 이 말을 보다 구체적으로 보이기 위하여 (13.278)식의 순간고유 벡터를 기저로 잡으면, (13,277)식의 해는 다음과 같이 쓸 수 있다.

$$|\psi(t)> \ = \sum_n a_n(t)\, e^{i\alpha_n(t)} |n(R(t))> \tag{13.279}$$

여기서 동역학적 위상(dynamical phase)이라 부르는 양

$$\alpha_n(t) = -\frac{1}{\hbar}\int_0^t E_n(R(t'))\, dt' \tag{13.280}$$

가 도입되었는데 이것은 앞에서 나온 (13.9)식의 지수 항에 나오는 위상 양 $-\frac{1}{\hbar}E_n t$를 일반화한 것이라 할 수 있다.

따라서 (13.279)식을 (13.277)식에 대입하면

$$i\hbar\sum_n\left(\frac{da_n}{dt}e^{i\alpha_n}|n(R(t))> - \frac{i}{\hbar}E_n(R(t))\,a_n e^{i\alpha_n}|n(R(t))> + a_n e^{i\alpha_n}\frac{d}{dt}|n(R(t))>\right)$$

$$= \sum_n a_n(t)\, e^{i\alpha_n} E_n(R(t))|n(R(t))> \tag{13.281}$$

가 되며, 이 식의 왼쪽식의 두 번째 항과 오른쪽 식은 같아서 없어진다. 당분간 혼동이 없는 한 $R(t), \alpha_n(t)$에서의 시간 의존 표시 (t)는 생략하여 쓰기로 하자.

또 이 결과 식에 $<m(R)|$를 작용하면,

$$i\hbar\sum_n\left(\frac{da_n}{dt}e^{i\alpha_n} <m(R)|n(R)> + a_n e^{i\alpha_n} <m(R)|\frac{d}{dt}|n(R(t))>\right) = 0$$

$$\therefore\ \frac{da_m}{dt} = -\sum_n a_n e^{i(\alpha_n-\alpha_m)} <m(R)|\frac{d}{dt}|n(R)> \tag{13.282}$$

가 된다.

한편 (13.278)식을 시간에 대하여 미분하고 양변에 $<m(R)|$을 작용하면

$$\frac{dH}{dt}|n(R)> \ + H\frac{d}{dt}|n(R)> \ = \ \frac{dE_n}{dt}|n(R)> + E_n\frac{d}{dt}|n(R)>,$$

$$<m(R)|\frac{dH}{dt}|n(R)> \ + <m(R)|H\frac{d}{dt}|n(R)>$$

$$= \frac{dE_n}{dt}<m(R)|n(R)> + E_n <m(R)|\frac{d}{dt}|n(R)>$$

$$\therefore\ <m(R)|\frac{d}{dt}|n(R)>\ (E_n - E_m) = <m(R)|\frac{dH}{dt}|n(R)> \ - \frac{dE_n}{dt}\delta_{mn} \tag{13.283}$$

을 얻는다.

특히 $m \neq n$ 인 경우에는

$$<m(R)|\frac{d}{dt}|n(R)> \ = <m(R)|\frac{dH}{dt}|n(R)> / (E_n - E_m) \tag{13.284}$$

가 되어, (13.282)식은 다음과 같게 된다.

$$\frac{da_m}{dt} = -\sum_n a_n e^{i(\alpha_n - \alpha_m)} \frac{< m(R)|\frac{dH}{dt}|n(R) >}{E_n - E_m} \tag{13.285}$$

이제 초기 상태를 여러 고유 벡터 중 하나인 n 상태, 즉

$$|\psi(0)> = |n(R(0))> \tag{13.286}$$

라면,

$$a_n(0) = 1\,,\; a_m(0) = 0\,(m \neq n\text{인 경우}) \tag{13.287}$$

이며 점진 과정에서는 처음 상태에서 많이 벗어나지 않음을 생각하면,

$$\frac{da_m}{dt} \simeq -a_n e^{i(\alpha_n - \alpha_m)} \frac{< m(R)|\frac{dH}{dt}|n(R) >}{E_n - E_m} \tag{13.288}$$

$$\simeq e^{i(\alpha_n - \alpha_m)} \frac{< m(R)|\frac{dH}{dt}|n(R) >}{E_m - E_n}$$

$$\therefore a_m(t) = \int dt\, e^{i(\alpha_n - \alpha_m)} \frac{< m(R)|\frac{dH}{dt}|n(R) >}{E_n - E_m} \tag{13.289}$$

를 얻는다.

들뜬 상태가 될 확률 $|a_m(t)|^2$를 고찰하기 위하여 위 식을 보면, 점진 과정에서는 위 식의 분수로 표시된 항은 천천히 변하기 때문에 시간 적분에서 거의 일정하다고 볼 수 있으므로 지수 부분이 중요한 기여를 한다. 이 부분은 살펴보면

$$e^{i(\alpha_n - \alpha_m)} = e^{i(E_m - E_n)t/\hbar},$$

$$\int_o^t e^{i(\alpha_n - \alpha_m)} dt = \frac{\hbar}{i(E_m - E_n)} \left\{ e^{\frac{i}{\hbar}(E_m - E_n)t} - 1 \right\}$$

이므로

$$a_m = -\frac{i\hbar < m|\dot{H}|n >}{(E_m - E_n)} \left\{ e^{\frac{i}{\hbar}(E_m - E_n)t} - 1 \right\} \tag{13.290}$$

을 얻는다. 이 값은 $H(R(t))$의 시간에 대한 변화율이 전이 진동수에 비하여 더 느리면, 즉

$$\frac{dH}{dt} << \omega_{mn} = \frac{E_m - E_n}{\hbar} \tag{13.291}$$

면 작아진다.

(b) Berry 위상

앞에서 논의한 바와 같이 점진 극한에서는 다른 고유 벡터로의 변화 또는 들뜸이 거의 무시되므로 초기 상태를 n 상태로 택하면, (13.288)식, (13.289)식의 조건이 된다. 따라서 (13.282)식은 다음과 같이 된다.

$$\frac{da_n}{dt} = -a_n <n|\dot{n}> \tag{13.292}$$

여기서와 같이 앞으로도 경우에 따라서는 혼동이 없는 한

$|n(R(t))> \Rightarrow |n>$, $\frac{d}{dt}|n(R(t))> \Rightarrow |\dot{n}>$ 로 바꾸어 쓴다. 그리고 앞에서 $m \neq n$ 인 경우를 생각했다면 여기서는 $m = n$ 인 경우를 생각한다고 할 수 있다.

(13.292)식의 해는

$$a_n(t) = e^{i\gamma_n(t)} \tag{13.293}$$

가 되며, 이것을 (13.292)식에 대입하여 $\gamma_n(t)$를 구할 수 있다. 즉

$$i\frac{d\gamma_n}{dt}e^{i\gamma_n} = -e^{i\gamma_n} <n|\dot{n}> \Rightarrow \frac{d\gamma_n}{dt} = i <n|\dot{n}> \tag{13.294}$$

$$\therefore \gamma_n = i\int <n(R(t))|\frac{d}{dt}|n(R(t))> dt \tag{13.295}$$

가 되고, $i\frac{d}{dt}$ 가 Hermitian임을 고려하면 이 값은 실수 값을 가짐을 알 수 있다.

따라서 점진 근사에서 상태 벡터의 시간에 대한 변화는

$$|\psi(t)> = e^{i\{\alpha_n(t) + \gamma_n(t)\}}|n(R(t))> \tag{13.296}$$

가 된다. $\alpha_n(t)$를 동역학적 위상(dynamical phase)이라 부르는데 비하여 $\gamma_n(t)$은 이 양을 1984년 처음 도입한 저자 Berry의 이름을 따라 베리 위상(Berry phase)라 부른다. 이 결과에 대하여 고찰해 보자.

(1) (13.278)식에서 보는 바와 같이 $H(R(t))$의 고유값 문제에서 벡터 $|n(R(t))>$는 임이의 위상을 가질 수 있고 또 이 위상은 매개 변수 $R(t)$에 연속적으로 의존하도록 바꾸어 줄 수 있다. 일반적으로 이러한 위상은 어떤 특정한 값을 갖지 않으며 0이 되게 변형시킨다. 그러나 Berry는 $\gamma_n(t)$는 그렇지 않고 실제 측정 가능함을 보였다.

(2) 다시 매개 변수 공간까지 확장하여보면 (13.294)식으로부터

$$\begin{aligned}\frac{d\gamma_n}{dt} &= i <n(R(t))|\frac{d}{dt}|n(R(t))> = i <n(R)|\frac{\vec{d}}{dR}|n(R)> \cdot \frac{d\vec{R}}{dt} \\ &= i <n(R)|\overrightarrow{\nabla_R}|n(R)> \cdot \frac{d\vec{R}}{dt}\end{aligned} \tag{13.297}$$

또는

$$\gamma_n = i\int <n(R(t))|\overrightarrow{\nabla}|n(R(t))> \cdot dR \tag{13.298}$$

가 된다.

만일 이 적분을 매개 상수 공간에서 한 폐회로에 대하여 적분하면 그 때 시간은 주기 T에 대하여

$$R(0) = R(T) \tag{13.299}$$

이므로 $\gamma_n(t)$의 변화는

$$\gamma(T)-\gamma(0)=\int_0^T \frac{d\gamma_n}{dt}dt = i\oint_C <n(R)|\overrightarrow{\nabla}_R|n(R)>\cdot d\overrightarrow{R} \qquad (13.300)$$
$$= i\int\int_S \overrightarrow{\nabla}\times <n(R)|\overrightarrow{\nabla}n(R)>\cdot d\overrightarrow{S}(R)$$

가 되는데, 여기서 S 는 폐회로에 의하여 둘러싸인 면적을 나타낸다.

특기할 것은 만일 기저 벡터의 위상을 다음과 같이 바꾼다면

$$|n(R)>\to e^{i\chi(R)}|n(R)>, \qquad (13.301)$$

위 식의 피적분 함수는

$$<n(R)|\overrightarrow{\nabla}|n(R)>\to <n(R)|\overrightarrow{\nabla}|n(R)>+i\nabla\chi$$

이지만

$$\overrightarrow{\nabla}\times <n(R)|\overrightarrow{\nabla}|n(R)>\to \overrightarrow{\nabla}\times <n(R)|\overrightarrow{\nabla}|n(R)>+i\overrightarrow{\nabla}\times\overrightarrow{\nabla}\chi \qquad (13.302)$$
$$\to \overrightarrow{\nabla}\times <n(R)|\overrightarrow{\nabla}|n(R)>$$

이어서 알짜 위상(net phase)은 이러한 위상 변환에 대하여 불변량이다. 이것은 마치 자기장을 벡터 퍼텐셜 $\overrightarrow{A}$로 나타낼 때 일어나는 게이지 변환과 같아서 때로는

$$i<n(R)|\overrightarrow{\nabla}|n(R)> = \overrightarrow{A}$$

로 표시하기도 한다. 제 8장에 있는 Aharonov-Bohm 실험에서 논의한 바와 같이 한 전자원(source)에서 나온 두 전자의 경로가 자기장을 포함하는가가 두 전자의 간섭을 일으키는데 영향을 주는 것에서와 같이, (13.300)식에서도 경로 C의 기하학적 성질에만 의존한다고 해서 (13.295)식이나 (13.298)식으로 정의된 Berry 위상을 기하학적 위상(geometrical phase) 이라고도 부른다.

실제로 다음 예에서 Berry 위상이 경로 C가 만드는 입체각에 의하여 결정됨을 보이겠으며, 광섬유(optical fiber)를 통과하는 두 빛의 간섭을 통하여 이 위상의 존재를 실험적으로 확인 할 수 있었다.

예. 원점에 있는 한 전자에 일정한 크기를 가진 자기장 $\overrightarrow{B}(t)$가 가해진 경우 Berry 위상이 어떻게 되는지 살펴보자.

자기장의 방향의 단위 벡터를 $\overrightarrow{n}(\sin\theta\cos\phi, \sin\theta\sin\phi, \cos\theta)$으로 잡으면, Hamiltonian은

$$H=-\frac{ge}{2mc}\overrightarrow{B}\cdot\overrightarrow{S}\simeq -\frac{e\hbar}{2mc}B(t)\overrightarrow{\sigma}\cdot\overrightarrow{n}=-\frac{e\hbar}{2mc}B\begin{pmatrix}\cos\theta & \sin\theta e^{-i\phi}\\ \sin\theta e^{i\phi} & -\cos\theta\end{pmatrix} \qquad (13.303)$$

이다. $\overrightarrow{\sigma}\cdot\overrightarrow{n}$의 고유값 ± 1 중에서 $+1$을 갖는 고유 벡터 χ_+는 제 10장에서 이미 논의된 바와 같이

$$\chi_+=\begin{pmatrix}\cos\frac{\theta}{2}\\ \sin\frac{\theta}{2}e^{i\phi}\end{pmatrix} \qquad (13.304)$$

이고 여기서 자기장의 극좌표인 (θ,ϕ)는 시간의 함수로 생각한다. 따라서

$$\overrightarrow{\nabla}\chi_+=\left(e_r\frac{\partial}{\partial r}+e_\theta\frac{1}{r}\frac{\partial}{\partial\theta}+e_\phi\frac{1}{r\sin\theta}\frac{\partial}{\partial\phi}\right)\chi_+$$

$$= e_\theta \frac{1}{r}\begin{pmatrix} -\frac{1}{2}\sin\frac{\theta}{2} \\ \frac{1}{2}\cos\frac{\theta}{2}e^{i\phi} \end{pmatrix} + e_\phi \frac{1}{r\sin\theta}\begin{pmatrix} 0 \\ i\sin\frac{\theta}{2}e^{i\phi} \end{pmatrix}, \tag{13.305a}$$

$$\begin{aligned} < \chi_+ | \overrightarrow{\nabla}\chi_+ > &= e_\theta \frac{1}{r}\left(\cos\frac{\theta}{2}, \sin\frac{\theta}{2}e^{-i\phi}\right)\begin{pmatrix} -\frac{1}{2}\sin\frac{\theta}{2} \\ \frac{1}{2}\cos\frac{\theta}{2}e^{i\phi} \end{pmatrix} \\ &\quad + e_\phi \frac{1}{r\sin\theta}\left(\cos\frac{\theta}{2}, \sin\frac{\theta}{2}e^{-i\phi}\right)\begin{pmatrix} 0 \\ i\sin\frac{\theta}{2}e^{i\phi} \end{pmatrix} \\ &= e_\phi \frac{1}{r\sin\theta}\left(i\sin^2\frac{\theta}{2}\right) = \frac{ie_\phi}{2r\sin\theta}(1-\cos\theta), \end{aligned} \tag{13.305b}$$

또 제 7장에서 보인 바와 같이 구면 극좌표 계에서 좌표가 증가 방향의 길이를 나타내는

(h_r, h_θ, h_ϕ)는 $(1, r, r\sin\theta)$이므로

$$\overrightarrow{\nabla}\times < \chi_+ | \overrightarrow{\nabla}\chi_+ > \equiv \overrightarrow{\nabla}\times\overrightarrow{A} = \frac{1}{h_r h_\theta h_\phi}\begin{vmatrix} h_r e_r & h_\theta e_\theta & h_\phi e_\phi \\ \frac{\partial}{\partial r} & \frac{\partial}{\partial\theta} & \frac{\partial}{\partial\phi} \\ h_r A_r & h_\theta A_\theta & h_\phi A_\phi \end{vmatrix}$$

$$= \frac{1}{r^2\sin\theta}\begin{vmatrix} e_r & re_\theta & r\sin\theta e_\phi \\ \frac{\partial}{\partial r} & \frac{\partial}{\partial\theta} & \frac{\partial}{\partial\phi} \\ 0 & 0 & \frac{i(1-\cos\theta)}{2} \end{vmatrix} = \frac{i}{2r^2}e_r \tag{13.305c}$$

이 된다. 그러므로 (13.300)식에서

$$\gamma_+(T) - \frac{i}{2r^2} \bullet i\int r^2 d\Omega = -\frac{1}{2}\Omega \tag{13.306}$$

를 얻는다.

특히 아래 그림 13.7의 경우

$$d\Omega = \sin\theta\, d\theta\, d\phi, \tag{13.307}$$

$$\Omega = 2\pi\int_0^\theta \sin\theta\, d\theta = 2\pi(1-\cos\theta)$$

$$\therefore\ \gamma_+(T) = -\pi(1-\cos\theta) \tag{13.308}$$

가 된다.

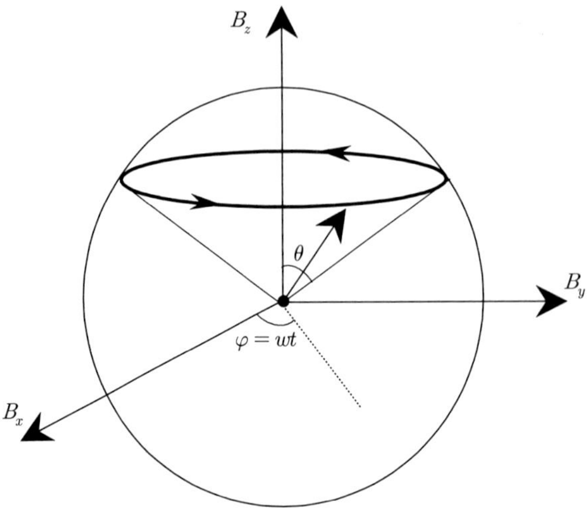

그림 13.7 자기장 $\vec{B}$ 가 반각 θ 인 원뿔을 따라 움직인다.

특기할 것은 (13.306)식의 우변의 1/2 는 입자의 스핀과 관련이 있다. 예를 들어 광자의 경우는 스핀이 1이기 때문에 1이 된다. 따라서 한 편극된 빛(편광)이 한 광섬유가 둘로 가라진 광로를 따라 가다 두 광로가 다시 합치는 경우를 생각할 때, 두 광로 중 한 광로는 원 막대를 한 바퀴 돌았다면, 돌지 안했을 때와 비교하면, 두 빛 사이에 기하학적 위상차가 생긴 것을 간섭을 조사하여 알 수 있다. 그 외에도 이것은 NMR실험 등에서도 그 존재가 밝혀졌다.

[문 제]

13. 1 본문의 그림 13.2(a)인 빛의 공명 흡수는 그림 13.2(b)의 Rayleigh 산란과 달리 빛을 흡수 후 방출하는 두 단계 과정이다. 이 과정을 고려하면 레이저 광을 이용하여 원자에 충돌시켜 원자의 속도를 줄일 수 있음을 설명하여라.

13. 2 암모니아(ammonia) 분자 NH_3은 제 4장 그림 4.18에서 보인 것처럼 질소 원자가 세 개의 수소 원자로 이루어진 평면 위에 있는 상태 $|1>$와 아래에 있는 상태 $|2>$로 주기적으로 바뀐다. 이들 상태들은 이 계를 기술하는 Hamiltonian 의 중요 부분인 H_0의 고유 상태이지만, 여기에 두 상태를 연결시켜주는(couple) 작은 섭동 V가 존재하여, 이들 두 상태는 전체 Hamiltonian $H = H_0 + V$의 고유 상태는 아니라고 생각한다. 이제

$$H_{11} = H_{22} = E_0,\ H_{12} = H_{21} = -A$$

라 할 때 다음 물음에 답하라.

(a) 암모니아 분자가 어느 시간 t 에서 위 또는 아래에 있을 확률 $|a_1(t)|^2$, $|a_2(t)|^2$를 각각 구하라.

(b) Hamiltonian 의 고유 상태를 구하라.

13. 3 이준위계(二準位系,two-body system)에서는 파동 방정식을 직접 풀 수 있다. 한 원자의 계가 두 개의 에너지 준위 $\hbar\omega_1$과 $\hbar\omega_2(>\hbar\omega_1)$를 갖는 상태 $|1>$과 $|2>$만으로 이루어졌다고 하자. 여기에 $\langle 1|W|2\rangle \neq 0$인 시간 t에 무관한 섭동 W (Hermite 연산자임)가 가해졌다고 하자. 이때에 Hamiltonian 은

$$H = H_0 + W$$

로 쓸 수 있고 $|1>$, $|2>$는 H_0의 고유값 $\hbar\omega_1$과 $\hbar\omega_2$를 갖는 고유 벡터이다. $t=0$인 계가 $|1>$인 상태에 있다면 $t(\neq 0)$인 시간에 계가 $|1>$과 $|2>$인 상태에 있을 확률이

$$|a_1(t)|^2 = \cos^2\sigma t + \left(\frac{\gamma}{2\sigma}\right)^2 \sin^2\sigma t$$

$$= 1 - \frac{|W_{12}|^2}{\hbar^2\sigma^2}\sin^2\sigma t$$

$$|a_2(t)|^2 = \frac{|W_{12}|^2}{\hbar^2\sigma^2}\sin^2\sigma t$$

됨을 보여라. 여기서 γ과 σ는 다음과 같이 정의된 양이다.

$$\hbar\gamma = W_{22} - W_{11} + \hbar(\omega_2 - \omega_1)$$

$$\hbar\sigma = \sqrt{|W_{12}|^2 + \frac{1}{4}(\hbar\gamma)^2}$$

참조: (13.9)식에서 얻은 $a_1(t)$, $a_2(t)$에 대한 식에

$$a_1(t) = Ae^{-\frac{itE_1^0}{\hbar}}, \quad a_2(t) = B\frac{e^{-it[E+(E_1^0 - E_2^0)]}}{\hbar}$$

로 놓은 후, E, A, B를 구하라.

(※ $W_{12} = 0$이면 전이가 일어나지 않는다. 다시 말해서 W가 $|1>$ 상태와 $|2>$ 상태를 연관(couple)시킬 때 전이가 일어남을 알 수 있다.)

13. 4 앞 문제에서 시간에 무관한 양 W 대신 $W\cos\omega t$를 H_0에 가해 주면 EPR(전기 상자성 공명)문제에서 풀은 결과와 같은 모양의 해를 얻는다. 편의상

$$\omega_0 = \omega_2 - \omega_1$$

$$\Delta\omega \equiv \omega - \omega_0$$

라 놓고

(a) c_1과 c_2가 만족하는 미분 방정식을 구하여라.

(b) $\Delta\omega \ll \omega, \omega_1, \omega_2$인 경우 시간에 대한 평균값

$$c_i(t) = \frac{1}{\tau}\int_t^{t+\tau} c_i(t')dt'$$

를 사용하면 $c_i(t)$에 시간과 관련된 항은 $e^{i\Delta\omega t}$만 남게 됨을 고려하여 $c_i(t)$가 만족하는 식은

$$c_1 - i\Delta\omega\dot{c}_1 + \frac{1}{4}\Omega^2 c_1 = 0$$

$$c_2 + i\Delta\omega\dot{c}_2 + \frac{1}{4}\Omega^2 c_2 = 0$$

이 됨을 보여라. 여기서 Ω는 다음과 같이 정의된 양이다.

$$\Omega^2 = \frac{1}{\hbar^2}|\langle 2|W|1\rangle|^2$$

(c) $t = 0$인 때 계가 $|1>$인 상태에 있다면

$$|c_1(t)|^2 = \cos^2\frac{Rt}{2} + \frac{(\Delta\omega)^2}{\Omega^2 + (\Delta\omega)^2}\sin^2\frac{Rt}{2}$$

$$|c_2(t)|^2 = \frac{\Omega^2}{\Omega^2 + (\Delta\omega)^2}\sin^2\frac{Rt}{2}$$

됨을 보여라. 여기서 R는 $\sqrt{\Omega^2+(\Delta\omega)^2}$ 이다.

13. 5 전이 진폭 $a_n(t)$는 상호작용 묘사에서

$$a_n(t)=\langle n|\psi_I(t)\rangle$$
$$=\langle n|\,U_1(t,0)\,|i\rangle$$

가 된다.

(a) $$U_I(t,0)=1-\frac{i}{\hbar}\int_0^t dt'\,H_I(t')$$
$$+\left(-\frac{i}{\hbar}\right)^2\int_0^t dt'\int_0^{t'} dt''\;H_I(t')H_I(t'')$$
$$+\left(-\frac{i}{\hbar}\right)^3\int_0^t dt'\int_0^{t''} dt'''H_I(t')H_I(t'')H_I(t''')+\cdots\cdots$$

로 쓸 수 있음을 보였었다. Wick(또는 Dyson)의 시간 차례곱(time ordered product 또는 chronological product) 기호(T)는 다음과 같이 정의된다.

$$T\{a(t_1)b(t_2)\}=\begin{cases}a(t_1)b(t_2) & (t_1>t_2\text{이면})\\ b(t_2)a(t_1) & (t_2>t_1\text{이면})\end{cases}$$

이 기호를 도입하여 위 식의 둘째 항과 셋째 항이 각각

$$\frac{1}{2!}\left(-\frac{i}{\hbar}\right)^2\int_0^t dt'\int_0^t dt''\,T\{H_I(t')H_I(t''')\}$$
$$\frac{1}{3!}\left(-\frac{i}{\hbar}\right)^3\int_0^t dt'\int_0^t dt''\int_0^t dt'''\,T\{H_I(t')H_I(t'')H_I(t''')\}$$

됨을 보여라. 따라서

$$U_I(t,0)=Te^{-\frac{i}{\hbar}\int_0^t H_I(t')dt'}$$

인 된다.

13. 6 전이 확률에 대한 Fermi의 황금률을 구할 때 주기적으로 변하는 섭동항이 긴 시간 [즉 $(\omega_{ni}-\omega)t\gg 1$]동안 계에 작용하는 경우를 고려하였다. 만일 섭동항이 짧은 시간 동안, [즉 $(\omega_{ni}-\omega)t\ll 1$] 계에 작용하면 전이 확률은 어떻게 변하는가? 즉 전이 확률은 일반적으로 초기에는 시간에 따라 어떻게 변하는가를 보여라.

13. 7 1차원 조화 진동자가 시간 $t=-\infty$에서 바닥 상태 $|0>$에 있다고 하자. 여기에 $t=-\infty$에서 $t=\infty$까지 섭동항

$$H'(t)=-eE_0xe^{-t^2/\tau^2}\qquad(\tau\text{는 상수, }E_0\text{는 일정한 전기량})$$

이 작용한다고 하면 진동자가 $t=\infty$에서 $|n>$ 상태로 전이가 일어날 확률을 1차 섭동만을 고려하여 구하라.

13. 8 바닥 상태에 있는 수소원자가 z축 방향의 일정한 전기장 $\vec{E}$안에 있다고 하여 다음과 같은 섭동항을 생각하자.

$$H'(t)=0 \qquad (t<0)$$
$$=-eE_0 Ze^{-\alpha t}\cos\omega_0 t \qquad (t>0)$$

충분히 오랜 시간 후에 수소원자가 $n=2$인 상태에 있을 확률을 구하여라. 이때에 특히 $2p$ 상태와 $2s$ 상태에 대하여 고려하여 보아라.

13. 9 만일 $H'=\lambda V$라 할 때 λ에 관한 일차 섭동 이론에 의한 전이 확률이 0인 경우 제2차 섭동을 고려하여야 하며 이 때 초기 상태 $|i>$에서 $|n>$ 상태로의 단위 시간 당 전의 확률은

$$\Gamma_{i\to m}=\frac{2\pi}{\hbar}\left|\sum_k{}' \frac{\langle n|H'|k\rangle\langle k|H'|i\rangle}{E_k-E_i}\right|^2\rho$$

됨을 보여라.

13. 10 순간적으로 작용하는 섭동으로 충격(impulse)을 생각하기 위하여 다음 같은 Hamiltonian을 생각하자.

$$H=H_0+f(t)V$$

여기서 $f(t)$는 $t=0$ 주위의 짧은 시간 동안 ($|t|<\varepsilon$)만 영이 아닌 값이다.

(a) ε 이 충분히 작을 때 $t=\varepsilon$인 상태 벡터 $|\psi(\varepsilon)>$는 $t=-\varepsilon$에서의 상태 벡터 $|\psi(-\varepsilon)>$를 사용하여 다음과 같이 얻어짐을 보여라.

$$|\psi(\varepsilon)\geq \exp\left[-\frac{i}{\hbar}\left(\int_{-\infty}^{\infty}f(t')\,dt'\right)V\right]|\psi(-\varepsilon)$$

(b) 1차 조화 진동자에 충격량 F_0인 충격 $F(t)=F_0\delta(t)$이 작용할 때의 Hamiltonian 은 다음과 같이 쓸 수 있다.

$$H=\frac{p^2}{2m}+\frac{1}{2}m\omega^2x^2-\delta(t)F_0x$$

그 결과 $|\psi(\varepsilon)>$는 다음과 같은 결맞는 상태가 됨을 보여라.

$$|\psi(\epsilon)>\;=\exp\left(-\frac{F_0^2}{4m\hbar\omega}\right)\exp\left(\sqrt{\frac{1}{2m\hbar\omega}}\;F_0a^\dagger\right)|\psi_0>$$

(c) 충격 후에도 바닥 상태에 있을 확률은 얼마인가?

답: $\exp\left(-\dfrac{F_0^2}{2m\hbar\omega}\right)$

13. 11 $t=-\infty$에서 바닥 상태에 있는 수소원자에 전기장

$$\vec{E}=E_0e^{-\omega^2t^2}$$

이 z축 방향으로 오랜 동안 작용하였다면 결국에 이 원자가 $n=2$인 상태가 될 확률은 1차 섭동까지 고려하면

$$\Gamma_{1\to2}=\left(\frac{eE_0}{\hbar}\right)^2\left(\frac{2^{15}a_0^2}{3^{10}}\right)\frac{\pi}{a^2}e^{-\omega^2/2\alpha^2}$$

이 됨을 보여라. 여기에서 a_0는 Bohr의 반경이고 ω는

$$\omega=(E_{2lm}-E_{100})/\hbar$$

이다.

13. 12 $k-$공간에서 입체각 성분 $d\Omega$에 관한 적분을 생각하면

$$\int d\Omega\hat{k}_i\hat{k}_j=\frac{4\pi}{3}\delta_{ij}$$

{여기서는 (13.147)식으로 주어진 $\vec{k}$성분에 대하여 직접 적분하여 보아라}

$$\int d\Omega\hat{k}_i\hat{k}_j\hat{k}_l\hat{k}_m=\frac{4\pi}{15}(\delta_{ij}\delta_{lm}+\delta_{il}\delta_{jm}+\delta_{im}\delta_{lj})$$

됨을 보여라.

13. 13 전자의 각운동량 $\vec{L}$과 $\vec{S}$사이에 스핀-궤도 결합 $f(r)\vec{L}\cdot\vec{S}$가 존재한다면, 전자 상태는 양자수 l,s,j,m_j에 의하여 기술될 것이다. 이 상태 $|l,s,j,m_j>$를 $|lm_l>|sm_s>$로 전개한 결과와 l,m_l,s,m_s가 만족하는 전기 쌍극자 전이의 선택규칙을 이용하면 이 전자의 E_1전이 선택규칙은

$$\Delta j=j_f-j_i=0,\ \pm1$$

$$\Delta l=l_f-l_i=\pm1$$

$$\Delta m_j=0,\ \pm1$$

됨을 보여라. 여기서 특히 $j_i=0$에서 $j_f=0$으로의 전이는 불가능하지만 그 이외에는 $\Delta j=0$이 가능함에 주의하여라.

13. 14 질량이 M_1과 M_2인 원자로 이루어진 이원자 분자(二原子分子, diatomic molecule)

는 다음 Hamiltonian에 의하여 기술된다.

$$H=\frac{p_1^2}{2M_1}+\frac{p_2^2}{2M^2}+V(|\vec{x_1}-\vec{x_2}|)$$

$$=\frac{P^2}{2(M_1+M_2)}+\frac{p^2}{2\mu}+V(|\vec{x_1}-\vec{x_2}|)$$

여기서 $\vec{P}$는 전운동량이고 $\vec{p}$는 제 6장에서 언급된 상대적 운동량이며 μ는 환산 질량이다.

(a) 평형 상태에서 두 원자 사이의 거리를 $\vec{r_e}$라 놓으면 이 분자의 에너지는

$$E=E_{cm}+\frac{\hbar^2 l(l+1)}{2\mu r_e^2}+V(r_e)$$

가 됨을 보여라.

(b) 회전하는 이원자분자로부터의 전기쌍극자 방출에 대한 선택규칙은

$$\Delta l=\pm 1$$

$$\Delta m_l=0,\ \pm 1$$

됨을 보여라. 또 (a)의 에너지 준위 사이에 일어나는 전이에서 나오는 광자의 진동수는 어떻게 되는가?

(c) 일반적으로 퍼텐셜 $V(r)$는 V가 최소가 되는 r_0부근에서 전개하여 $V(r)=V_0+\frac{1}{2}k(\vec{x}-\vec{x_0})^2$으로 되는 경우 분자는 진동과 회전의 스펙트럼을 갖게 된다. 이 때 진동에 의한 스펙트럼과 회전에 의한 스펙트럼의 차이는 무엇인가?

13. 15 전기 쌍극자(E_1) 전이가 금지된 경우 자기 쌍극자(M_1) 전이와 전기 사중극자 (E_2) 전이를 고려할 때 전자기장을 양자화 한 (13.218)식을 이용하여

(a) 자발적 M_1전이에서 i 상태에서 n 상태로 단위시간당 전이가 일어날 확률은

$$\Gamma_{i\to n}=\frac{4\omega^3}{3\hbar c^3}|\langle n|\vec{\mu}|i\rangle|^2$$

이 됨을 보여라. 여기서 $\vec{\mu}$는 $\frac{e}{2mc}(\vec{L}+g\vec{S})$이다.

(b) 자발적 E_2 전이에서는

$$\Gamma_{i\to n}=\frac{\omega^5}{90\hbar c^5}\langle n|Q_{jk}|i\rangle\langle n|Q_{jk}|i\rangle^*$$

됨을 보여라. Q_{ij}는 $e(3x_ix_j-\delta_{ij}r^2)$임.

13. 16 수소원자의 Lyman 스펙트럼에서 $2p\to 1s$에 해당되는 스펙트럼을 $L_y\alpha$, $3p\to 1s$에

해당되는 스펙트럼을 $L_y\beta$라 하면 스펙트럼선의 강도(intensity)는 매초당의 에너지 단위로 $\hbar\omega \cdot \Gamma$에 비례한다고 볼 수 있다. 따라서 두 선의 강도(line intensity)의 비는

$$\frac{I_\alpha}{I_\beta}=\frac{(E_\alpha)^4}{(E_\beta)^4}\left|\frac{\langle 1s|r|2p\rangle}{\langle 1s|r|3p\rangle}\right|^2$$

이 된다. 이 식을 계산하여 이 값이 3.18이 됨을 보여라.

13. 17 (a) 입자가 파수 벡터(wave vector) $\vec{k}$를 가지고 있고 체적이 $V(=L^3)$인 변의 길이 L인 커다란 정육면체 상자 안에 들어 있다고 가정하자. 주기적 경계조건을 만족하는 경우에 입자가 $\vec{k}$공간에서 입체각 $d\Omega$를 가지고 $\vec{k}\sim\vec{k}+d\vec{k}$사이에 있을 때 상태의 수는

$$\frac{L^3}{(2\pi)^3}d^3k=\frac{V}{(2\pi)^3}k^2dkd\Omega$$

됨을 보여라.

(b) 바닥 상태에 있는 한 수소원자가 균일하게 진동하고 있는 전기장 $E=E_0\cos\omega t$ 안에 놓여 있다. 1차 섭동을 이용하여 이 수소원자의 이온화율(단위 시간당 연속적인 상태로 전이가 일어날 확률)을 구하여라. 여기서 연속 상태의 파동 함수는 평면파 함수

$$\psi_f=\frac{1}{\sqrt{V}}e^{ik_f\cdot x}$$

를 이용하여라.

13. 18 (13.196)식에 (13.218)식을 대입하여 H_{rad}이 (13.220)식이 됨을 보여라.

13. 19 전자기파의 운동량 연산자를 (13.224)식에서와 같이

$$\vec{p}=\frac{1}{8\pi}\int d^3x\vec{E}\times\vec{B}$$

라 하면 벡터 퍼텐셜 $\vec{A}(\vec{x},t)$에 대한 (13.218)식을 이용하여 (13.225)식 즉

$$\vec{p}=\sum_l\sum_\sigma\hbar\vec{k}_l a_{l\sigma}^\dagger a_{l\sigma}$$

됨을 보여라.

13. 20 E_1 전이에서 중요한 전이하는 입자 상태의 패리티가 변하는 것이다. 따라서 여러 개의 원자가(原子價) 전자로 이루어진 원자를 생각하여

(a) $L-S$ 결합에서는 원자의 총 양자수 L, S, J, M_J에 대하여 다음과 같은 선택규칙이 따라야 함을 보여라.

$\Delta S=0$

$\Delta L=0, \pm 1$

$\Delta J=0, \pm 1$ (단 $J_i=0 \to J_f=0$은 불가능함)

$\Delta M_J=0, \pm 1$ (단 $\Delta J=0$인 경우에는 $M_{J_i}=0 \to M_{J_f}=0$은 불가능함)

(b) $j-j$결합에서는

$\Delta J=0, \pm 1$ (단 $J_i=0 \to J_f=0$은 불가능함)

$\Delta M_J=0, \pm 1$ (단 $\Delta J=0$인 경우에는 $M_{J_i}=0 \to M_{J_f}=0$은 불가능함)

13. 21 본문의 (13.305c)식에서 주어진 극 좌표계에서 다음 관계식을 증명하여라.

$$\vec{\nabla} \times \vec{A} = \frac{1}{h_r h_\theta h_\phi} \begin{vmatrix} h_r e_r & h_\theta e_\theta & h_\phi e_\phi \\ \dfrac{\partial}{\partial r} & \dfrac{\partial}{\partial \theta} & \dfrac{\partial}{\partial \phi} \\ h_r A_r & h_\theta A_\theta & h_\phi A_\phi \end{vmatrix}$$

그리고 (13.305c)식의 결과와 베리 위상에 대한 결과를 증명하여라.

제 14 장

산란(散亂, scattering) 이론

질량이 각각 m_1, m_1인 2개의 입자가 퍼텐셜 $V(r)$의 영향을 받으며 충돌할 때에, Schrödinger 방정식의 해를 고려하고 입사각에 대하여 입자들이 어느 각도로 얼마민큼 산란되어 나아가는가를 조사하여 미분 단면적(微粉斷面績, differential cross section)을 구하려 한다. 이것은 두 입자들 사이의 상호작용을 연구하고 입자나 핵의 내부 성질을 연구하는 데에 아주 유용하다.

14. 1 Schrödinger 방정식과 경계 조건 (境界條件, boundary conditions)

제 6장에서 2체 문제에 대한 Hamiltonian은 다음과 같이 됨을 알았다.

$$H = \frac{p_1^2}{2m_1} + \frac{p_2^2}{2m_2} + V(|\vec{x_1} - \vec{x_2}|)$$

$$= \frac{P^2}{2(m_1+m_2)} + \frac{p^2}{2\mu} + V(r) \tag{14.1}$$

여기서 μ, r, $\vec{p}$, $\vec{P}$는 제 6, 7장에시 도입된 양으로서

$$r = |\vec{x_1} - \vec{x_x}| = |\vec{x}| \tag{14.2a}$$

$$\mu = \frac{m_1 m_2}{m_1+m_2} \quad \text{(환산 질량)} \tag{14.2b}$$

$$\vec{P} = \frac{\hbar}{i}(\vec{\nabla_1} + \vec{\nabla_2}) \tag{14.2c}$$

$$\vec{p} = \frac{\hbar}{i}\left(\frac{m_2}{m_1+m_2}\vec{\nabla_1} - \frac{m_1}{m_1+m_2}\vec{\nabla_2}\right)$$

$$= \frac{\hbar}{i}\vec{\nabla} \tag{14.2d}$$

이다. 따라서 질량 중심의 운동을 나타내는 $\frac{P^2}{2(m_1+m_2)}$는 일정한 상수에 불과하며 일반적으로 이 양은 에너지에 일정한 값을 기여하므로 시간에 독립인 Schrödinger 방정식은 상대 좌표계 $\vec{x} = \vec{x_1} - \vec{x_2}$에서만 고려하여

$$\left(-\frac{\hbar^2}{2\mu}\nabla^2+V\right)\psi(\vec{x})=E\psi(\vec{x}) \tag{14.3}$$

로 쓸 수 있다.

산란 문제에서는 입사파가 일정한 에너지 $E(>0)$를 가지고 입사되는 경우를 고려하게 되므로

$$k=\sqrt{\frac{2\mu E}{\hbar^2}} \tag{14.4}$$

로 놓으면 (14.3)식은 질량 μ를 가진 한 입자의 문제로, 즉

$$(\nabla^2+k^2)\psi(\vec{x})=\frac{2\mu}{\hbar^2}V(r)\psi(\vec{x}) \tag{14.5}$$

를 푸는 문제로 귀착된다. 이 문제는 적당한 경계 조건(境界條件, boundary condition)을 줌으로써 완전히 풀려진다고 할 수 있다.

경계 조건 :

(i) 퍼텐셜 $V(r)$는 어떤 제한된 위치 영역(領域) $r(\leq d)$에서는 0이 안되지만 그 밖의 영역에서는 0이 된다고 생각하자. 이 때 d를 힘의 범위(range of force) 또는 산란 영역(散亂領域, scattering region)이라 부른다. 예를 들어 특별한 경우로

$$\lim_{r\to\infty}V(r)=0 \tag{14.6}$$

이다.

(ii) 산란체(散亂體, scatterer) 또는 표적입자(標的粒子, targer particle)에 입사된 입자는 평면파

$$\phi(\vec{x})=Ce^{\frac{i}{\hbar}\vec{p}\cdot\vec{x}},\ (\vec{p}=\hbar\vec{k}) \tag{14.7}$$

로 기술된다고 하자. 물론 더 일반적으로는 파속으로 기술되는데 파속은 위의 평면파가 모인 것으로 생각할 수 있으므로 여기서는 위식을 입사파로 취급한다. 이 식은 퍼텐셜 $V=0$인 경우의 파동 방정식 (14.5)식의 해이며 특히 이 식을 규격화할 때에는 평면파이므로 제 3장에서와 같이 주의를 요한다. 그러나 여기서는 입사하는 입자들의 확률 흐름 밀도 또는 선속 밀도(flux density)를 상대적 운동의 속도라고 생각할 수 있도록 (14,7)식을 규격화한다면

$$\begin{aligned}\vec{J}&=\frac{\hbar}{2i\mu}(\phi^*\vec{\nabla}\phi-\phi\vec{\nabla}\phi^*)\\&=\frac{\hbar}{2i\mu}|C|^2\left(\frac{i\vec{p}}{\hbar}+\frac{i\vec{p}}{\hbar}\right)\\&=\frac{\vec{p}}{\mu}|C|^2=\vec{v}\,|C|^2\end{aligned} \tag{14.8a}$$

$$\therefore\ C=1 \tag{14.8b}$$

따라서 앞으로는 입사파를 다음과 같이 놓는다.

$$\phi(\vec{x}) = e^{i\vec{k}\cdot\vec{x}} \tag{14.9}$$

(iii) 산란(散亂)되어 나가는 파, 즉 산란파 (outgoing scattered wave)는

$$\frac{1}{r}e^{ikr}, \quad (r\to\infty\text{인 경우}) \tag{14.10}$$

의 모양을 갖는다. 여기서 e^{ikr}형은 파동 함수의 시간에 관련된 항 $e^{-\frac{i}{\hbar}Et}$를 고려하면 r가 증가하는 방향으로 나가는 파, 즉 밖으로 퍼져 나가는 파를 나타냄을 알 수 있다. 마찬가지로 e^{-ikr}는 안으로 들어오는 파가 된다. 또 $\frac{1}{r}$는 입자가 산란 중심에서 멀어짐에 따라 존재 확률이 $\frac{1}{r^2}$에 비례함을 의미한다.

이러한 세 가지 조건하에서 Schrödinger 방정식 (14.5)식을 풀 수 있다.

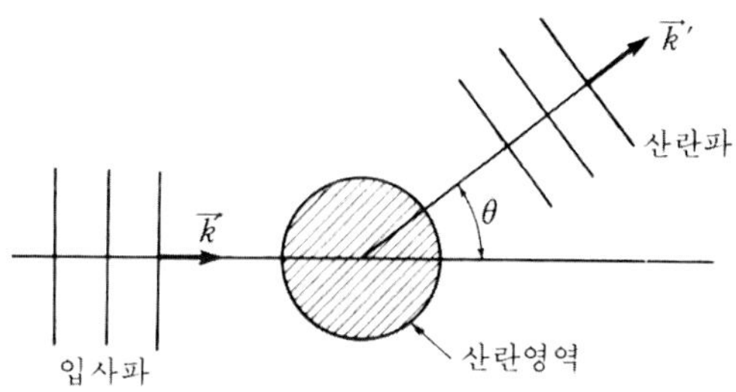

그림 14.1 입자의 산란 과정에서 입사파와 산란파를 평면파로 표시한다.

14. 2 Green 함수의 방법

(14.5)식에서 우변에 주어진 양을 바꾸어

$$U(r) = \frac{2\mu}{\hbar^2}V(r) \tag{14.11}$$

라 놓으면 (13.5)식은

$$(\nabla^2 + k^2)\psi(\vec{x}) = U\psi(\vec{x}) \tag{14.12}$$

으로 표시된다. 이 식을 푸는 한 방법으로 Green의 함수 $G(\vec{x}, \vec{x}')$를 도입한다. 이 함수는 다음 방정식을 만족하는 함수로 정의된다.

$$(\nabla^2 + k^2)G(\vec{x}, \vec{x}') = \delta(\vec{x} - \vec{x}') \tag{14.13}$$

$G(\vec{x}, \vec{x}')$도 $\psi(\vec{x})$와 같은 경계 조건을 만족하는 경우를 생각하고 (14.13)식의 양변에

$U(r')\psi(\vec{x'})$를 곱한 후에 $\vec{x'}$에 대한 적분을 취하면

$$(\nabla^2+k^2)\int G(\vec{x},\vec{x'})\,U(r')\psi(\vec{x'})d^3x' = U(r)\psi(\vec{x}) \tag{14.14}$$

가 되므로 (14.12)식의 해는

$$\psi(\vec{x}) = \phi(\vec{x}) + \int G(\vec{x},\vec{x'})\,U(r')\psi(\vec{x'})d^3x' \tag{14.15}$$

이 된다. 여기서 $\phi(\vec{x})$는 $U=0$인 경우의 동차 방정식(homogeneous equation)

$$(\nabla^2+k^2)\phi = 0 \tag{14.16}$$

의 해이다. 앞에서 언급한 바와 같이 앞으로 ϕ는 (14.9)식에서와 같이 택한다.

다음은 (14.13)식의 해인 Green 함수 $G(\vec{x},\vec{x'})$을 구해보자. (14.13)식으로부터 $G(\vec{x},\vec{x'})$은 $\vec{x}-\vec{x'}$의 함수로 볼 수 있으므로 Fourier 변환을 고려하여

$$G(\vec{x},\vec{x'}) = \frac{1}{(2\pi)^3}\int g(g)e^{i\vec{q}\cdot(\vec{x}-\vec{x'})}d^3q \tag{14.17}$$

로 놓으면

$$\delta(\vec{x},\vec{x'}) = \frac{1}{(2\pi)^3}\int e^{i\vec{q}\cdot(\vec{x}-\vec{x'})}d^3q \tag{14.18}$$

이므로 (14.13)식은

$$\frac{1}{(2\pi)^3}\int d^3q\,e^{i\vec{q}\cdot(\vec{x}-\vec{x'})}\left[(k^2-q^2)g-1\right]=0,\ \ (q^2=\vec{q}\cdot\vec{q}) \tag{14.19}$$

이 된다. 따라서 $G(\vec{x},\vec{x'})$의 Fourier 변환 $g(q)$는

$$g(q) = \frac{1}{k^2-q^2} \tag{14.20}$$

이 되며 여기서 $k\neq q$이어야 한다. 따라서 $G(\vec{x},\vec{x'})$은 다음과 같다.

$$G(\vec{x},\vec{x'}) = \frac{1}{(2\pi)^3}\int d^3q\frac{e^{i\vec{q}\cdot(\vec{x}-\vec{x'})}}{k^2-q^2} \tag{13.21}$$

위 적분을 시행하는데 적분안의 값은 $q=\pm|k|$에서 극(極, pole)을 갖는다. $G(\vec{x},\vec{x'})$이 물리학적으로 의미가 있는 값을 가지려면 극을 피하여 적분을 해야 한다. 한편 극을 피하는 방법은 여러 가지가 있으나 각각의 결과 중에서 경계 조건에 맞는 것을 택하여야 한다.

(14.21)식의 q에 대한 적분을 할 때 $\vec{x}-\vec{x'}$을 q 공간의 z축으로 잡으면 q공간의 극좌표계에 대하여

$$d^3q = q^2dq\sin\theta\,d\theta d\varphi \tag{14.22}$$

이며 양(陽)의 실수 값(positive real value)인 q값에 대한 적분을 하게 되므로 극(pole)을 피하기 위하여서는 k값을 우선 복소수로 두고 나중에 k의 허수 값을 0로 놓는 방법을 취하자.

먼저 각도에 대한 적분을 하여 보면

$$G(\vec{x}, \vec{x}') = \frac{1}{(2\pi)^3}\int_0^\infty \int_0^\pi \int_0^{2\pi} \frac{e^{iq|\vec{x}-\vec{x}'|\cos\theta}}{k^2-q^2} q^2 dq \sin\theta \, d\theta \, d\varphi$$

$$= \frac{1}{(2\pi)^2}\int_0^\infty \frac{q^2 dq}{k^2-q^2} \cdot \int_0^\pi e^{iq|\vec{x}-\vec{x}'|\cos\theta} \sin\theta d\theta$$

$$= \frac{1}{(2\pi)^2}\int_0^\infty \frac{q^2 dq}{k^2-q^2} \cdot \left\{ \frac{-1}{iq|\vec{x}-\vec{x}'|} e^{iq|\vec{x}-\vec{x}'|\cos\theta} \Big|_0^\pi \right\}$$

$$= \frac{1}{(2\pi)^2 i|\vec{x}-\vec{x}'|}\int_0^\infty \frac{q dq}{k^2-q^2}\left(e^{iq|\vec{x}-\vec{x}'|} - e^{-iq|\vec{x}-\vec{x}'|}\right)$$

$$= \frac{1}{4\pi^2 i|\vec{x}-\vec{x}'|}\int_{-\infty}^\infty \frac{q e^{iq|\vec{x}-\vec{x}'|}}{k^2-q^2} dq \tag{14.23}$$

이다. 앞에서 언급한 바와 같이 $q=k$에서 적분안의 분모가 0이 되므로 이것을 피하기 위하여 k를 복소수로 생각하여 이 값의 실수 값을 k_r라 하고

$$k = k_r + i\epsilon$$

로 놓으면 k값은 q의 적분선 상에 없으므로 적분을 구할 수 있다. 여기에서 k의 허수 부분 ϵ의 값은 작으나 양수인가 음수인가에 따라 다른 해가 구해진다.(적분을 구한 후에 k_r는 k로 놓는다).

먼저 $\epsilon > 0$인 경우

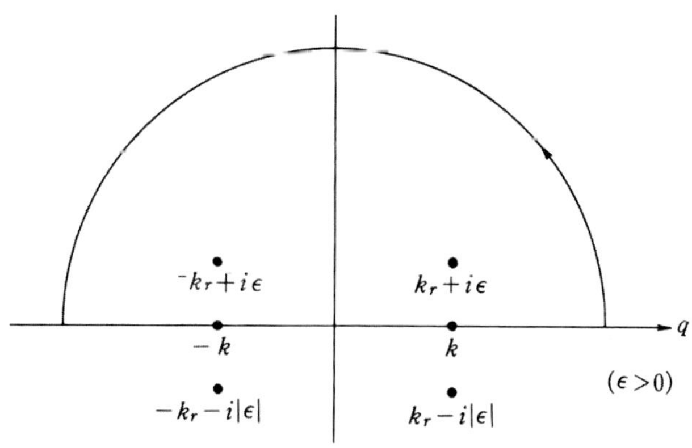

그림 14.2 적분 (14.23)식을 구하기 위하여 q의 pole 값 k를 여러 방향으로 옮겨본 경우

그림 14.2에서와 같이 q값이 무한히 큰 위 반원에 있을 경우 $e^{iq|\vec{x}-\vec{x}'|} \to 0$이 되므로

$$\int_{-\infty}^\infty \frac{q e^{iq|\vec{x}-\vec{x}'|}}{k^2-q^2} dq$$

$$= \int_{-\infty}^\infty + \int_\frown \quad \text{(둘째 적분은 0임)}$$

$$= \int_{\frown} \frac{q e^{iq|\vec{x}-\vec{x}'|}}{k^2 - q^2} dq \tag{14.24}$$

로 놓는다. 적분을 구할 때 복소수 함수론을 사용하면 편리하고 이때에는 폐곡선(閉曲線)을 따라 적분하는 방법을 사용하므로 위에서와 같이 원래 적분에 0이 되는 적분을 더하여 적분을 폐곡선 적분으로 만들었다. Cauchy의 적분 정리를 이용하여 적분값을 구하는데 이 폐곡선 안에서 한 극(pole)만을 생각하면

$$q = k_r + i\epsilon$$

에 대하여 (14.24)식의 적분은

$$\int \frac{q e^{iq|\vec{x}-\vec{x}'|}}{k^2 - q^2} dq = 2\pi i \cdot \left. \frac{q e^{iq|\vec{x}-\vec{x}'|}}{-2q} \right|_{q = k_r + i\epsilon}$$

$$= -\pi i e^{i(k_r + i\epsilon)|\vec{x}-\vec{x}'|}, \quad (\epsilon \to 0, k_r \to k)$$

$$\Rightarrow -\pi i e^{ik|\vec{x}-\vec{x}'|} \tag{14.25}$$

가 되며 따라서 Green 함수는 다음과 같이 된다.

$$G(\vec{x}, \vec{x}') = \frac{1}{4\pi^2 i|\vec{x}-\vec{x}'|} \cdot \left(-\pi i e^{ik|\vec{x}-\vec{x}'|}\right)$$

$$= -\frac{e^{ik|\vec{x}-\vec{x}'|}}{4\pi|\vec{x}-\vec{x}'|}$$

$$\sim \frac{e^{ikr}}{r} \tag{14.26}$$

그림 14.2에서와 같이 폐곡선 안에 있는 다른 pole

$$k = -k_r + i\epsilon$$

에 대하여 (13.24)식의 적분값은

$$\int \frac{q e^{iq|\vec{x}-\vec{x}'|}}{k^2 - q^2} dq = 2\pi i \cdot \left. \frac{q e^{iq|\vec{x}-\vec{x}'|}}{-2q} \right|_{q = k_r + i\epsilon}$$

$$= -\pi i e^{-ik|\vec{x}-\vec{x}'|}$$

$$\therefore G(\vec{x}, \vec{x}') = -\frac{e^{-ik|\vec{x}-\vec{x}'|}}{4\pi|\vec{x}-\vec{x}'|}$$

$$\sim \frac{e^{-ikr}}{r} \tag{14.27}$$

$\epsilon < 0$인 경우도 $k = \pm k_r + i\epsilon$을 고려하면 여러 가지 결과를 얻는다.

그러나 경계 조건(iii)을 만족하는 Green 함수는 (14.26)식이 된다. 즉

$$G(\vec{x}, \vec{x}') = -\frac{e^{ik|\vec{x}-\vec{x}'|}}{4\pi|\vec{x}-\vec{x}'|} \tag{14.26}$$

참고로 정전기학(靜電氣學, electrostatics) 문제에서는 전기장 $\vec{E}$와 전하 밀도 ρ에 대하

여

$$\vec{\nabla} \cdot \vec{E} = 4\pi\rho \tag{14.28a}$$

$$\vec{\nabla} \times \vec{E} = 0 \tag{14.28b}$$

를 만족하므로 $\vec{E}$ 대신에 퍼텐셜 $-\vec{\nabla}\phi_E$로 놓으면

$$\nabla^2\phi_E = -4\pi\rho \tag{14.29}$$

가 된다. 이 식은 (14.12)식과 비교하여 볼 때 $k^2 = 0$인 경우이므로 Green 함수도 $k = 0$으로 놓아 얻을 수 있다. 즉 (14.26)식으로부터

$$G(\vec{x}, \vec{x}') = -\frac{1}{4\pi}\frac{1}{|\vec{x} - \vec{x}'|} \tag{14.30}$$

이 된다. 따라서 퍼텐셜은 (14.15)식에서와 마찬가지로

$$\begin{aligned}\phi_E(\vec{x}) &= \int G(\vec{x}, \vec{x}')(-4\pi)\rho(x')d^3x' \\ &= \int \frac{\rho(x')}{|\vec{x} - \vec{x}'|}d^3x'\end{aligned} \tag{14.31}$$

을 얻게 됨을 알 수 있다.

다른 예로 중간자(中間子, meson)의 파동함수는 에너지와 운동량의 관계식으로부터 Klein-Gordon 방정식을 만족한다. 즉,

$$H^2 = c^2p^2 + m^2c^4 \tag{14.32a}$$

$$\left(\nabla^2 - \frac{1}{c^2}\frac{\partial^2}{\partial t^2}\right)\phi - \frac{m^2c^2}{\hbar^2}\phi = 0 \tag{14.32b}$$

특히 시간에 무관한 정상 상태에 대하여 위 방정식은

$$\left(\nabla^2 - \frac{m^2c^2}{\hbar^2}\right)\phi(x) = 0 \tag{14.33}$$

이 된다. 이 식에서 우변은 중간자를 만들어 내는 샘(生成源, source)이 있을 경우는 0이 아니다. 이 식을 (14.12)식과 비교하면

$$k = i\frac{mc}{\hbar} \tag{14.34}$$

로 놓을 수 있어 Green 함수는 다음과 같이 된다.

$$G(\vec{x}, \vec{x}') = -\frac{e^{-\frac{mc}{\hbar}|\vec{x} - \vec{x}'|}}{4\pi|\vec{x} - \vec{x}'|} \tag{14.35}$$

14. 3 Born 근사(近似, approximation)와 미분 단면적(微分斷面積, differential cross section)

(14.15)식에 Green 함수 (14.26)식을 대입하면 파동 방정식의 해 $\psi(x)$는

$$\psi(\vec{x})=\phi(\vec{x})-\frac{1}{4\pi}\int\frac{e^{ik|\vec{x}-\vec{x}'|}}{|\vec{x}-\vec{x}'|}U(r')\psi(\vec{x}')d^3x'$$

$$=\phi(\vec{x})-\frac{\mu}{4\pi\hbar^2}\int\frac{e^{ik|\vec{x}-\vec{x}'|}}{|\vec{x}-\vec{x}'|}V(r')\psi(\vec{x}')d^3x' \tag{14.36}$$

이다. 이 식은 우변의 적분 안에 $\psi(\vec{x})$가 있는 적분 방정식이며 산란 문제에서의 $\psi(\vec{x})$를 결정하여 주는 식이다. 일반적으로 정확한 해를 구하기는 어려우나 근사적인 해를 구하는 데는 미분 방정식인 파동 방정식보다 훨씬 편리하다.

특히 충돌하는 지점에서 멀리 떨어져 나온 산란 입자의 경우에는

$$r=|\vec{x}|\gg d>|\vec{x}'| \tag{14.37}$$

이므로

$$|\vec{x}-\vec{x}'|=\sqrt{r^2-2\vec{x}\cdot\vec{x}'+r'^2}$$

$$=r\left(1-\frac{2\vec{x}\cdot\vec{x}'}{r^2}+\frac{r'^2}{r^2}\right)^{\frac{1}{2}}$$

$$\simeq r\left(1-\frac{\vec{x}\cdot\vec{x}'}{r^2}\right) \tag{14.38}$$

이다. 따라서 (14.36)식에 있는 $|\vec{x}-\vec{x}'|$ 대신에

$$\frac{1}{|\vec{x}-\vec{x}'|}\simeq\frac{1}{r} \tag{14.39a}$$

$$k|\vec{x}-\vec{x}'|\simeq kr\left(1-\frac{\vec{x}\cdot\vec{x}'}{r^2}\right)$$

$$=kr-\vec{k}'\cdot\vec{x}' \tag{14.39b}$$

$$\vec{k}'\equiv k\,\hat{x} \tag{14.39c}$$

로 놓을 수 있다. 여기서 $\hat{x}$는 $\vec{x}$방향의 단위 벡터이며 $\vec{k}'$은 $\vec{x}$방향으로 k의 크기를 갖는 벡터이다. 탄성산란에서는 $\vec{k}'$가 $\vec{k}$와 크기는 같고 방향만 지름(radial) 방향이므로, $\vec{k}'$이 산란되어 나가는 입자의 파수 벡터를 나타낸다고 할 수 있다. 그러므로 (14.36)식은 다음과 같이 된다.

$$\psi(\vec{x})\simeq e^{i\vec{k}\cdot\vec{x}}-\frac{1}{4\pi}\frac{e^{ikr}}{r}\int d^3x'\,U(r')e^{-i\vec{k}'\cdot\vec{x}'}\psi(\vec{x}')$$

$$\simeq e^{i\vec{k}\cdot\vec{x}} - \frac{1}{4\pi}\frac{e^{ikr}}{r}\int d^3x' U(r')e^{i(\vec{k}-\vec{k}')\cdot\vec{x}'}$$
$$+\frac{1}{(4\pi)^2}\frac{e^{ikr}}{r}\int d^3x' U(r')\frac{e^{ikr'}}{r}\int d^3x'' U(r'')e^{i(\vec{k}-\vec{k}')\cdot\vec{x}''}$$
$$+\cdots\cdots \tag{14.40}$$

여기서 마지막 식은 $\psi(x)$의 적분 방정식에서 적분 안의 $\psi(\vec{x}')$에 $\psi(\vec{x})$가 만족하는 식을 반복 대입하여 주는 방법, 즉 반복 방법(反復方法, iteration method)에 의하여 얻어진 결과이다. 위 식에서 U값이 작을 때에는 $U(r)$의 2차 이상은 무시할 수 있다. 이 경우를 (제 1 차) Born 근사(近似, approximation)라 부른다.

Born 근사에서는

$$\psi(\vec{x}) = e^{i\vec{k}\cdot\vec{x}} + \frac{e^{ikr}}{r}\left(-\frac{1}{4\pi}\right)\int d^3x' U(r')e^{i(\vec{k}-\vec{k}')\cdot\vec{x}'}$$
$$= e^{i\vec{k}\cdot\vec{x}} + f(\theta,\varphi)\frac{e^{ikr}}{r}$$
$$= \psi_{in} + \psi_{sc} \tag{14.41}$$

로 쓸 수 있다. 여기서 f는 다음과 같이 퍼텐셜 $V(r)$의 Fourier 변환으로 표시된다.

$$f = -\frac{\mu}{2\pi\hbar^2}\int V(r')e^{i(\vec{k}-\vec{k}')\cdot\vec{x}'}d^3x'$$
$$= -\frac{\mu}{2\pi\hbar^2}V(\vec{k}-\vec{k}') \tag{14.42}$$

이 값은 산란 진폭(散亂振幅, scattering amplitude)이라 부른다. (14.41)식의 우변의 첫 항은 입사파(入射波, incident wave)를 의미하고 두 번째 항은 산란파(散亂波, scattered wave)를 나타낸다.

미분 단면적 $d\sigma(\theta,\varphi)$는 다음과 같이 정의된다.

$$d\sigma = \frac{(\text{단위 시간당 입체각 } d\Omega\text{에 산란되는 입자수})}{\text{입사파의 선속밀도}(flux\ density)}$$
$$= \frac{\vec{J}_{sc}\cdot\hat{x}r^2d\Omega}{|\vec{J}_{in}|} \tag{14.43}$$

한편 J_{in}와 J_{sc}은 (14.41)식에서 입사파인 우변의 첫 항과 산란파인 우변의 둘째 항으로부터 얻는다. J_{in}는 앞 (14.8a)식에서와 같이

$$|\vec{J}_{in}| = \frac{\hbar k}{\mu} \tag{14.44}$$

이며 J_{sc}은 $\vec{J}_{sc}\cdot\hat{x}$에 대하여

$$\vec{J}_{sc}\cdot\hat{x} = \frac{\hbar}{2\mu i}\left\{\psi_{sc}^*\frac{\partial}{\partial r}\psi_{sc} - \psi_{sc}\frac{\partial}{\partial r}\psi_{sc}^*\right\}$$

$$= \frac{\hbar}{2\mu i}\left\{\frac{f^*}{r}e^{-ikr}\frac{\partial}{\partial r}\left(\frac{f}{r}e^{ikr}\right)-\frac{f}{r}e^{ikr}\frac{\partial}{\partial r}\left(\frac{f^*}{r}e^{-ikr}\right)\right\}$$

$$= \frac{\hbar}{2\mu i}\left\{\frac{f^*}{r}e^{-ikr}\left(\frac{f}{r}ike^{ikr}-\frac{f}{r^2}e^{ikr}\right)-\frac{f}{r}e^{ikr}\left[\frac{f^*}{r}(-ik)e^{-ikr}-\frac{f^*}{r^2}e^{ikr}\right]\right\}$$

$$= \frac{\hbar}{2\mu i}\cdot 2ik\frac{|f|^2}{r^2}+0\left(\frac{1}{r^3}\right)$$

$$= \frac{\hbar k}{\mu r^2}\cdot |f|^2 \tag{14.45}$$

이 된다. 따라서 미분 단면적은 다음과 같이 산란 진폭으로부터 얻어진다.

$$\frac{d\sigma}{d\Omega}=|f|^2 \tag{14.46}$$

이 값을 입체각(立體角, solid angle)에 대하여 적분한 것을 총단면적(總斷面積, total cross section)이라 부르며 그 값은 다음과 같다.

$$\sigma=\int\frac{d\sigma}{d\Omega}d\Omega=\int|f|^2d\Omega \tag{14.47}$$

예를 들어서 전하 $-Z_2e$에 의한 다음과 같은 가려진 쿨롱(screened Coulomb) 퍼텐셜

$$\Phi(r)=\frac{Z_2e}{r}e^{-r/a} \tag{14.48}$$

에 의하여 질량 m이고 전하 Z_1e인 입자가 산란되는 경우 미분 단면적을 Born 근사를 사용하여 구해보자.

이때에 퍼텐셜 에너지는

$$V(r)=\frac{Z_1Z_2e^2}{r}e^{-r/q} \tag{14.49}$$

$$V\left(|\vec{k}-\vec{k'}|\right)=Z_1Z_2e^2\int\frac{e^{-r/a}}{r}e^{i(\vec{k}-\vec{k'})\cdot\vec{x}}d^3x \tag{14.50}$$

이며 여기서 $(\vec{k}-\vec{k'})$ 방향을 z축 방향으로 잡고 극좌표를 사용하면

$$e^{i(\vec{k}-\vec{k'})\cdot\vec{x}}=e^{i|\vec{k}-\vec{k'}|r\cos\theta} \tag{14.51a}$$

$$d^3x=r^2\sin\theta\, drd\theta d\varphi \tag{14.51b}$$

$$\therefore\ V\left(|\vec{k}-\vec{k'}|\right)=Z_1Z_2e^2\int_0^\infty\frac{e^{-r/a}}{r}r^2dr\int_0^\pi\sin\theta\, d\theta e^{ir|\vec{k}-\vec{k'}|\cos\theta}\int_0^{2\pi}d\varphi$$

$$=2\pi Z_1Z_2e^2\int_0^\infty dr\frac{e^{-r/a}}{r}\cdot r^2\cdot\frac{e^{ir|\vec{k}-\vec{k'}|}-e^{-ir|\vec{k}-\vec{k'}|}}{ir|\vec{k}-\vec{k'}|}$$

$$=\frac{2\pi Z_1Z_2e^2}{i|\vec{k}-\vec{k'}|}-\int_0^\infty dr\left\{e^{-r/a+ir|\vec{k}-\vec{k'}|}-e^{-r/a-ir|\vec{k}-\vec{k'}|}\right\}$$

$$= \frac{2\pi Z_1 Z_2 e^2}{i\,|\vec{k}-\vec{k'}|}\left\{\frac{-1}{-\frac{1}{a}+i|\vec{k}-\vec{k'}|}-\frac{-1}{-\frac{1}{a}-i|\vec{k}-\vec{k'}|}\right\}$$

$$= \frac{4\pi Z_1 Z_2 e^2}{\left[|\vec{k}-\vec{k'}|^2+\frac{1}{a^2}\right]} \tag{14.51c}$$

을 얻는다. 한편

$$|\vec{k}-\vec{k'}|^2 = k^2+k'^2-2\vec{k}\cdot\vec{k'} \quad \{\text{여기서 } k^2 \equiv \vec{k}\cdot\vec{k}\text{임}\}$$

$$= 2k^2(1-\cos\theta)$$

$$= 4k^2\sin^2\frac{\theta}{2} \tag{14.51d}$$

이므로 (14.42)식과 (14.51c)식으로부터

$$f = -\frac{\mu}{2\pi\hbar^2}V(|\vec{k}-\vec{k'}|)$$

$$= \frac{-2\mu Z_1 Z_2 e^2}{\hbar^2\left(4k^2\sin^2\frac{\theta}{2}+\frac{1}{a^2}\right)}$$

$$= \frac{-Z_1 Z_2 e^2}{4E_k\sin^2\frac{\theta}{2}+\frac{\hbar^2}{2\mu a^2}} \tag{14.51e}$$

가되고 미분 단면적은

$$\frac{d\sigma}{d\Omega} = |f|^2 = \left[\frac{Z_1 Z_2 e^2}{4E_k\sin^2\frac{\theta}{2}+\frac{\hbar^2}{2\mu a^2}}\right]^2 \tag{14.51f}$$

가 된다.

특히 $a\to\infty$인 경우는 Coulomb 산란이 되며

$$\frac{d\sigma}{d\Omega} = \left(\frac{Z_1 Z_2 e^2}{\frac{2p^2}{\mu}}\right)^2\frac{1}{\sin^4\frac{\theta}{2}} \tag{14.52}$$

인 Rutherford 산란 공식을 얻을 수 있다.

지금까지 제 1차(次, first) Born 근사를 주로 취급하였으며 Born 근사가 되려면 산란파 ψ_{sc}가 입사파 ψ_{in}에 비하여 그 크기가 아주 작은 경우가 되어야 한다. 특히 ψ_{sc}는 $r=0$부근에서 가장 클 것으로 생각되므로 (14.36)식에서

$$\left|\frac{\mu}{2\pi\hbar^2}\int d^3x'\frac{e^{ikr'}}{r'}V(r')e^{i\vec{k}\cdot\vec{x'}}\right| \ll 1 \tag{14.53a}$$

가 되어야 한다. 이 식에서 $V(r')$의 대칭성을 이용하면

$$\frac{2\mu}{\hbar^2 k}\left|\int dr e^{ikr'}\sin kr' V(r')\right| \ll 1 \tag{14.53b}$$

이 된다. 이 식이 Born 근사를 할 수 있는 V 에 대한 조건이다.

또 미분 단면적은 앞 장에서 논의한 Fermi의 황금률에서도 얻을 수 있다. 특히 마지막 상태가 입자나 전자기파가 밖으로 나가는 경우에 퍼텐셜이 잘 알려져 있지 않은 경우에는 이러한 방법으로 얻는 경우가 많다. 그 예를 연습 문제에서 보기로 하고 여기서는 주로 퍼텐셜에 의한 산란을 취급한다.

14. 4 산란 이론에서 부분파(部分波, partial wave) 방법

여기에서는 입자의 산란을 궤도 각운동량의 양자 상태별로 연구하여 본다. 먼저 Schrödinger 방정식의 해를 각운동량 양자수로 표시하는 것을 고려하여 보자.

(14.5)식을 다시 쓰면

$$\left\{\frac{1}{r}\frac{\partial^2}{\partial r^2}(r\psi)-\frac{L^2}{\hbar^2 r^2}+k^2\right\}\psi=\frac{2\pi}{\hbar^2}V(r)\psi \tag{14.54}$$

이 되고 여기서

$$\psi(r,\theta,\varphi)=R_{nl}(r)\,Y_{lm}(\theta,\varphi) \tag{14.55a}$$

$$rR_{nl}(r)=f(r), \tag{14.55b}$$

(*앞 (14.42)식의 f와는 다른 새 함수임, 전에 제 7장에서의 χ에 해당됨)

로 놓으면 (14.54)식에서 $f(r)$가 만족하는 방정식은

$$\frac{d^2 f}{dr^2}+\left\{k^2-\frac{l(l+1)}{r^2}\right\}f=\frac{2\mu}{\hbar^2}V(r)f \tag{14.56}$$

가 된다.

(a) 자유 운동 입자와 입사파(入射波, incident wave)

자유 입자의 경우 $V(r)=0$이므로 운동 방정식은

$$(\nabla^2+k^2)\psi=0 \tag{14.57a}$$

따라서 $\psi=e^{ikz}$인 해를 갖는다. 한편 (14.56)식은

$$\frac{d^2 f}{dr^2}+\left\{k^2-\frac{l(l+1)}{r^2}\right\}f=0 \tag{14.57b}$$

$$\frac{d^2 f}{d(kr)^2}+\left\{1-\frac{l(l+1)}{(kr)^2}\right\}f=0 \tag{14.57c}$$

이 된다.

(i) 이 식은 Bessel 방정식과 관련이 있다. 즉 Bessel의 방정식(제 12장 부록 참고)

$$\frac{d^2J_m(\rho)}{d\rho^2}+\frac{1}{\rho}\frac{dJ_m(\rho)}{d\rho}+\left(1-\frac{m^2}{\rho^2}\right)J_m(\rho)=0 \tag{14.58}$$

과 비교하기 위하여 (14.57c)식에서

$$kr=\rho \tag{14.59a}$$

$$f(r)=\rho^n g(\rho) \tag{14.59b}$$

로 놓으면

$$\frac{df}{d\rho}=\rho^n\frac{dg}{d\rho}+n\rho^{n-1}g \tag{14.59c}$$

$$\frac{d^2f}{d\rho^2}=\rho^n\frac{d^2g}{d\rho^2}+2n\rho^{n-1}\frac{dg}{d\rho}+n(n-1)\rho^{n-2}g \tag{14.59d}$$

이어서 (14.57c)식은

$$\rho^n\frac{d^2g}{d\rho^2}+2n\rho^{n-1}\frac{dg}{d\rho}+n(n-1)\rho^{n-2}g+\left\{1-\frac{l(l+1)}{\rho^2}\right\}\rho^n g=0 \tag{14.59e}$$

이 되고, 이 식을 ρ^n으로 나누어 주고 Bessel 방정식 (14.58)과 비교하면

$$2n=1 \tag{14.60a}$$

$$l(l+1)-n(n-1)=m^2 \tag{14.60b}$$

$$\therefore\ n=\frac{1}{2} \tag{14.60c}$$

$$m^2=l^2+l+\frac{1}{4}=\left(l+\frac{1}{2}\right)^2, \tag{14.60d}$$

$$\therefore\ m=\pm\left(l+\frac{1}{2}\right)$$

의 관계를 얻는다. 따라서 $f(r)$의 값을 ρ의 함수로 얻을 수 있으며 이 때 g는 Bessel 함수가 된다. 즉 $r=0$에서 유한한 크기를 갖는 $f(r)$는

$$f(r)=c\rho^{\frac{1}{2}}J_{l+\frac{1}{2}}(\rho) \tag{14.61}$$

이 된다. 한편 Bessel 함수 중에서 이러한 모양을 갖는 구면(球面, spherical) Bessel 함수 $j_l(\rho)$는 제 12장의 부록에서 보는 바와 같이 다음과 같이 정의된다.

$$j_l(\rho)=\sqrt{\frac{\pi}{2\rho}}\,J_{l+\frac{1}{2}}(\rho) \tag{14.62}$$

(ii) 그러므로 입사파인 파동함수 ψ_{lm}는 (14.55), (14.61), (14.62)식으로부터

$$\{j_l(kr)\,Y_{lm}(\theta,\ \varphi)\} \tag{14.63}$$

로 표시할 수가 있다. 즉

$$\begin{aligned} e^{ikz}&=e^{ikr\cos\theta}\\ &=\sum_l\sum_m A_{lm}j_l(kr)\,Y_{lm}(\theta,\ \varphi) \end{aligned} \tag{14.64}$$

로 쓸 수 있으며 여기서 계수 A_{lm}을 구하여 보자.

(14.64)식의 양변에 $Y_{l'm'}^{*}$를 곱하고 모든 각에 대하여 적분을 하면

$$\int d\Omega Y_{l'm'}^{*}(\theta,\varphi)e^{ikz}$$
$$=\sum_l\sum_m A_{lm}j_l(kr)\int Y_{l'm'}^{*}Y_{lm}d\Omega$$
$$=A_{l'm'}j_{l'}(kr) \tag{14.65a}$$
$$\therefore A_{lm}j_l(kr)=\int_0^{2\pi}\int_0^{\pi}\sin\theta d\theta d\varphi e^{ikr\cos\theta}(-1)^m\sqrt{\frac{(2l+1)(l-m)!}{4\pi(l+m)!}}$$
$$\cdot P_l^m(\cos\theta)e^{-im\varphi} \tag{14.65b}$$

이 된다. 이 식에서 $d\varphi$에 대한 적분을 우선 구려하면 $m=0$인 경우 이외에는 적분값이 0이 되므로 다음과 같이 된다.

$$A_{lm}j_l(kr)=2\pi\delta_{m0}\int_0^{\pi}\sqrt{\frac{2l+1}{4\pi}}P_l(\cos\theta)e^{ikr\cos\theta}\sin\theta d\theta \tag{14.66}$$

따라서 m의 값에 따라

$$A_{lm}\ (m\neq 0)=0 \tag{14.67a}$$
$$A_{l0}j_l(kr)=\sqrt{\pi(2l+1)}\int_0^{\pi}P_l(\cos\theta)e^{ikr\cos\theta}\sin\theta d\theta$$
$$=\sqrt{\pi(2l+1)}\int_{-1}^{1}P_l(\omega)e^{ikr\omega}d\omega \tag{14.67b}$$
$$(\omega\equiv\cos\theta) \tag{13.67c}$$

이 된다. 이 식은 항등적으로 성립하므로 A_{l0}를 구하기 위하여 r가 큰 경우를 생각하여 보자. 이 경우 $j_l(kr)$는 부록에서의 Bessel 함수의 성질에서 보는 바와 같이

$$j_l(kr)\sim\frac{1}{kr}sin\left(kr-\frac{l\pi}{2}\right) \tag{14.68}$$

이다. 한편 (14.67b)식의 우변은 부분적분을 하면

$$\sqrt{\pi(2l+1)}\left[\frac{P_l(\omega)e^{ikr\omega}}{ikr}\Bigg|_{-1}^{1}-\int_{-1}^{1}P'_l(\omega)\frac{e^{ikr\omega}}{ikr}d\omega\right] \tag{14.69}$$

가 된다. 부분적분을 계속한다면 $P_l(\omega)$는 다항식이므로 이 값은 원칙적으로 얻을 수 있다. 그러나 r가 큰 경우 이 식의 두 번째 항 이하는 첫째 하보다 아주 작아지므로 이를 첫 항에 비하여 무시하면

$$\therefore A_{l0}\frac{1}{kr}sin\left(kr-\frac{l\pi}{2}\right)=\sqrt{\pi(2l+1)}\frac{e^{ikr}-(-1)^l e^{-ikr}}{ikr}\quad\{\because P_l(\pm 1)=(\pm 1)^l\}$$
$$=\sqrt{\pi(2l+1)}\,i^l\frac{e^{ikr}(-i)^l-e^{-ikr}(i)^l}{ikr}$$
$$=\sqrt{\pi(2l+1)}\frac{i^l}{ikr}\left\{e^{i\left(kr-\frac{l\pi}{2}\right)}-e^{-i\left(kr-\frac{l\pi}{2}\right)}\right\}$$

$$= A_{l0}\frac{1}{2ikr}\left\{e^{i\left(kr-\frac{l\pi}{2}\right)}-e^{-i\left(kr-\frac{l\pi}{2}\right)}\right\}$$

그러므로 A_{l0}은

$$A_{l0} = 2\sqrt{\pi(2l+1)}\,i^l \tag{14.70}$$

가 된다. 따라서 입사파에 대한 식 (13.64)는

$$\begin{aligned} e^{ikr\cos\theta} &= \sum_l A_{l0} j_l(kr)\, Y_{l0}(\theta, \varphi) \\ &= \sum_l 2\sqrt{\pi(2l+1)}\, i^l j_l(kr)\sqrt{\frac{2l+1}{4\pi}}\, P_l(\cos\theta) \\ &= \sum_l i^l (2l+1)\, j_l(kr) P_l(\cos\theta) \\ &= \sum_l \psi_l \end{aligned} \tag{14.71}$$

로 쓸 수 있다. 여기서는 파가 궤도 양자수 l에 의하여 나누어져 있음을 알 수 있고, 이때에 부분파(部分波, partial wave)로 알려진 ψ_l는 r가 큰 경우

$$\begin{aligned} \psi_l &= 2i^l\sqrt{\pi(2l+1)}\, j_l(kr)\, Y_{l0}(\theta, \varphi) \\ &= \frac{(i)^{l-1}}{kr}\sqrt{\pi(2l+1)}\left\{e^{i\left(kr-\frac{1}{2}\pi\right)}-e^{-i\left(kr-\frac{1}{2}\pi\right)}\right\} Y_{l0}(\theta, \varphi) \end{aligned} \tag{14.72a}$$

또는

$$\psi_l = i^l(2l+1)\, j_l(kr) P_l(\cos\theta) \tag{14.72b}$$

가 된다. 따라서 입사파는

$$e^{ikz} = \frac{1}{kr}\sum_l \sqrt{\pi(2l+1)}\, i^{l-1}\left[e^{i\left(kr-\frac{1}{2}\pi\right)}-e^{-i\left(kr-\frac{1}{2}\pi\right)}\right] Y_{l0} \tag{14.73}$$

로 쓸 수 있다. 여기에 시간에 관련된 항 $e^{-\frac{i}{\hbar}Et}$를 곱한 경우를 생각하면 괄호 [ ]안의 첫 항은 $r=0$으로부터 밖으로 나가는 파(波)를 나타내고 둘째 항은 $r=0$ 쪽으로 들어오는 파를 나타낸다. 즉 입사파 e^{ikz}는 $r=0$을 중심으로 하여 들어오는 파와 중심에서 나가는 파의 합으로 표시된다.

(b) 산란파(散亂波, scattered wave)

만일 $r=0$인 점에서 입사파가 산란되거나 일부가 흡수된다면 입사파는 변형될 것이다. 이때에 입사파 중에서 특히 중심으로부터 밖으로 나가는 파가 변형될 것이 기대된다. 따라서 원점에서 멀리 떨어진 경우 파는

$$\psi = \frac{1}{kr}\sum_l \sqrt{\pi(2l+1)}\, i^{l-1}\left[s_l e^{i\left(kr-\frac{1}{2}\pi\right)}-e^{-i\left(kr-\frac{1}{2}\pi\right)}\right] Y_{l0} \tag{14.74}$$

로 쓸 수 있다.

이 식에서 s_l대신에 $(s_l-1)+1$로 쓰고 e^{ikz}에 대한 (14.73)식을 고려하면

$$\psi = e^{ikz} + \frac{1}{kr}\sum_l \sqrt{\pi(2l+1)}\, i^{l-1}(s_l - 1)e^{i\left(kr - \frac{1}{2}\pi\right)} Y_{l0}$$
$$= e^{ikz} + \frac{e^{ikr}}{r} \cdot \frac{1}{k}\sum_l \sqrt{\pi(2l+1)}\, i^{l-1}(s_l - 1)e^{-\frac{il}{2}\pi} Y_{l0} \qquad (14.75)$$
$$= \psi_{in} + \psi_{sc}$$

로 쓸 수 있다. 따라서 산란 진폭(散亂振幅)은 다음과 같이 된다.

$$f = \frac{-i}{k}\sum_l \sqrt{\pi(2l+1)}\,(s_l - 1)\, Y_{l0}$$
$$= -\frac{i}{2k}\sum_l (2l+1)(s_l - 1)P_l(\cos\theta) \qquad (14.76)$$

여기서 s_l는 산란 또는 흡수 과정을 나타내는 어떤 값이라고 생각되며 산란이나 흡수 과정을 자세히 살펴봄으로써 s_l을 구할 수 있을 것이다. 한편 미분 단면적은

$$\frac{d\sigma}{d\Omega} = |\, f\,|^2$$
$$= \frac{1}{4k^2}\sum_l \sum_{l'} (2l+1)(2l'+1)(s_l - 1)(s_{l'}^* - 1)P_l(\cos\theta)P_{l'}(\cos\theta) \qquad (14.77)$$

으로부터 s_l값에 의하여 결정될 수 있다. 특히 이 식을 $d\Omega$에 대하여 적분하면 $P_l(\cos\theta)$ 함수의 직교성 때문에 더욱 간단한 결과를 얻게 된다. 그러면 산란 및 흡수 과정에서 s_l의 역할을 고찰하여 보자.

(c) 탄성 산란의 경우

탄성 산란이라는 말은 $r=0$을 중심으로 하여 들어가는 파와 나오는 파가 같은 확률을 가짐을 의미한다. 따라서 (14.74)식으로부터

$$|\, s_l\,|^2 = 1 \qquad (14.78)$$

이 된다. 즉 s_l은 일반적으로

$$s_l = e^{2i\delta_l} \qquad (14.79)$$

로 표시될 수 있고 위상 이동(位相移動, phase shift)이라 부르는 $\delta_l(k)$은 k의 함수이며 탄성 산란의 경우에는 실수 값을 갖는다.

따라서 f에 대한 (14.76)식에서

$$s_l - 1 = e^{2i\delta_l} - 1$$
$$= e^{i\delta_l}\left(e^{i\delta_l} - e^{-i\delta_l}\right)$$
$$= 2ie^{i\delta_l}\sin\delta_l \qquad (14.80)$$

을 고려하면

$$f(\theta) = \frac{1}{k}\sum_{l=0}^{\infty}(2l+1)e^{i\delta_l}\sin\delta_l P_l(\cos\theta) \qquad (14.81)$$

이다. 그러므로 미분 단면적은 다음과 같다.

$$\frac{d\sigma}{d\Omega}=\frac{1}{k^2}\left|\sum_{l=0}^{\infty}(2l+1)e^{i\delta_l}\sin\delta_l P_l(\cos\theta)\right|^2$$

$$=\frac{1}{k^2}\sum_l\sum_{l'}(2l+1)(2l'+1)e^{i(\delta_l-\delta_{l'})}\sin\delta_l\sin\delta_{l'}$$

$$\times P_l(\cos\theta)P_{l'}(\cos\theta) \tag{14.82}$$

총단면적(總斷面積, total cross section)은 Legendre 함수의 직교성

$$\int_{-1}^{1}P_l(w)P_{l'}(\omega)d\omega=\frac{2}{2l+1}\delta_{ll'} \tag{14.83}$$

을 이용하면

$$\sigma=\frac{4\pi}{k^2}\sum_l(2l+1)\sin^2\delta_l$$

$$=\frac{\pi}{k^2}\sum_l(2l+1)|s_l-1|^2$$

$$=\sum_l\sigma_l \tag{14.84}$$

이 된다. 여기서 부분 단면적(部分斷面績, partial cross section)이라 부르는 σ_l은 부분파 ψ_l에 의한 기여도를 나타내며

$$\sigma_l=\frac{4\pi}{k^2}(2l+1)\sin^2\delta_l \tag{14.85}$$

이다. 특히 이 식에서 $2l+1$은 l번째 부분파의 양자수 $m(-l<m<l)$의 변화에 따른 통계적 무게 인자(weight factor)로 간주할 수 있다. 또 이 식은 s_l의 값에 따라 달라지고 산란 단면적이 최대인 것은 $\sin\delta_l=\pm1$인 경우에 해당되며 이때에

$$(\sigma_l)_{\max}=\frac{4\pi}{k^2}(2l+1) \tag{14.86}$$

이 된다. 이 값을 unitarity 한계(限界, bound)라 부른다. 예를 들어

$$\delta_l=\left(n+\frac{1}{2}\right)\pi$$

인 경우에는 $\sin\delta_l=\pm1$이 됨을 알 수 있다.

일반적으로 핵물리학에서 주로 연구하는 바와 같은 저(低)에너지 물리학에서는 l값의 처음 몇 개만이 기여하게 된다. 그 이유는 그림 14.3에서와 같이 표적에서 멀리 떨어진 입사 입자의 운동량을 p, 표적을 향하여 들어올 때 충격 변수(衝擊變數, impact parameter)를 b라 하면 각 운동량은 $bp\simeq l\hbar$가 된다. 주어진 b에 대하여 운동량 p가 작은 경우 l값은 작아지게 된다. 원자핵 물리학에서는 b의 값이 원자핵의 반경에 거의 비슷하거나 작은 값인 $10^{-13}cm$이하의 경우를 많이 고려하게 된다. 따라서 이러한 경우는 l이 1보다 작거나 1에 가까운 경우가 충돌에 많이 기여하게 되어 부분파는 s파 또는 p파까지만 고려하게 된다.

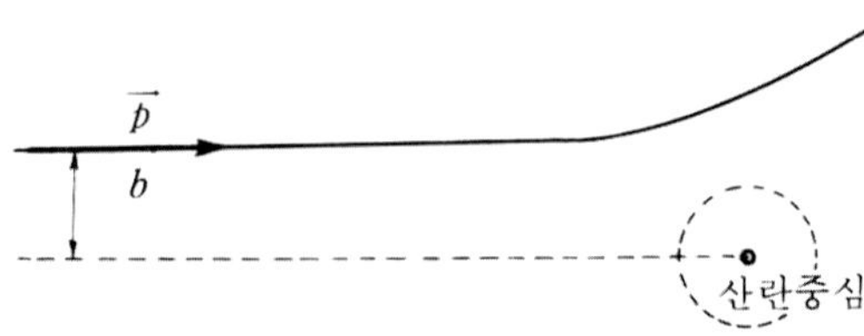

그림 14.3 고전적 입사의 궤도와 충돌 변수

한편 (14.81)식에서 특별한 경우로 $\theta=0$인 경우, 즉 전방 산란(前方散亂, forward scattering)의 경우에는

$$Im f(0)=\frac{1}{k}\sum_{l=0}^{\infty}(2l+1)\sin^2\delta_l P_l(1)$$

$$=\frac{k}{4\pi}\sigma \tag{14.87a}$$

$$\therefore\ \sigma=\frac{4\pi}{k}Im f(0),\ (\text{전단면적}\ \sigma_t, \sigma\ \text{는 종종 같이 씀}) \tag{14.87b}$$

의 관계를 얻으며 이 관계식을 광학 정리(光學定理, optical theorem)라 부른다. 이 관계식은 특수 상대론을 고려한 양자 이론에서까지도 성립하는 상당히 일반적인 식이다.

(d) 비탄성 산란(비탄성산란, inelastic scattering)

만일 입사파의 산란 과정에서 흡수 현상이 일어난다면 표적 입자(標的粒子, target particle)는 들뜬(excited) 상태가 되거나 상태의 변화가 일어나게 된다. 이 경우 (14.74)식에서 중심으로 들어오는 파와 중심에서 나가는 파의 확률은 보존되지 않으므로

$$s_l(k)=\eta_l e^{2i\delta_l(k)} \tag{14.88a}$$

$$(\eta_l, \delta_l = \text{실값},\ 0<\eta_l<1) \tag{14.88b}$$

$$\therefore |s_l|^2=|\eta_l|^2<1$$

로 쓸 수 있다.

이 식은 (14.79)식에서 정의된 $\delta_l(k)$값이 복소수가 됨을 의미한다. 즉,

$$\delta_l(k)=Re\,\delta_l+iIm\,\delta_l \tag{14.89a}$$

$$\therefore e^{2i\delta_l}=e^{-2Im\delta_l}e^{2iRe\delta_l} \tag{14.89b}$$

이다. 앞으로

$$e^{-2Im\delta_l}=\eta_l \tag{14.90a}$$

$$Re\delta_l=\delta_l \tag{14.90b}$$

로 정의하여 δ_l은 실수 값만을 갖는다고 생각하자.

그러면 (14.75)식이나 (14.76)식에 있는 $(s_l-1)/2ik$값을 부분파 진폭 (部分波振幅, partial wave amplitude)이라 부르고 이 값을 a_l라고 하면

$$a_l(k) \equiv \frac{s_l-1}{2ik} = \frac{\eta_l e^{2i\delta_l}-1}{2ik}$$
$$= \frac{\eta_l \sin 2\delta_l}{2k} + i\frac{1-\eta_l \cos 2\delta_l}{2k} \tag{14.91}$$

로 쓸 수 있다. (14.75)식에서 주어진 산란파 ψ_{sc}는

$$\psi_{sc} = \frac{2}{r}\sum_l \sqrt{\pi(2l+1)}\, i^l a_l c^{i\left(kr-\frac{l\pi}{2}\right)} Y_{l0}$$
$$= \frac{1}{r} e^{ikr} f \tag{14.92a}$$
$$f = \sum_l (2l+1) a_l(k) P_l(\cos\theta) \tag{14.92b}$$

로 쓸 수 있으므로 산란파에 의한 총단면적 만을 고려하면

$$\sigma_{sc} = \int |f|^2 d\Omega$$
$$= 4\pi \sum_l (2l+1)\,|a_l|^2$$
$$= \frac{\pi}{k^2}\sum_l (2l+1)\left(1+\eta_l^2 - 2\eta_l \cos 2\delta_l\right) \tag{14.93}$$

이 된다.

한편 흡수 단면적은 산란 과정에서 중심 쪽으로 들어오는 파와 중심에서 나가는 파의 흐름의 차로 얻을 수 있다. 즉 (14.74)식을 이용하여

$$\overrightarrow{J_{abs}} \cdot \hat{x} = -\int \left(\psi^* \frac{\partial \psi}{\partial r} - \frac{\partial \psi^*}{\partial r}\psi\right) \cdot \frac{\hbar}{2\mu i} r^2 d\Omega$$
$$= -Re\int \psi^* \frac{\partial \psi}{\partial r} \cdot \frac{\hbar}{i\mu} r^2 d\Omega$$
$$= -Re\left[\frac{1}{(kr)^2}\sum_l \sum_{l'} \pi \sqrt{(2l+1)(2l'+1)}\,(-i)^{l-1}(i)^{l'-1}\right.$$
$$\left[s_l^* e^{-i\left(kr-\frac{1}{2}\right)} - e^{i\left(kr-\frac{1}{2}\right)}\right]$$
$$\left.\cdot \frac{\hbar}{i\mu} \cdot \left[iks_{l'} e^{i\left(kr-\frac{l\pi}{2}\right)} + ike^{-i\left(kr-\frac{l'\pi}{2}\right)}\right]\int r^2 d\Omega\, Y_{l0}^* Y_{l'0}\right]$$
$$= -Re\left[\frac{\hbar k}{\mu} r^2 \cdot \frac{1}{(kr)^2}\sum_l \pi(2l+1)\left\{s_l^* e^{-i\left(kr-\frac{l\pi}{2}\right)} - e^{i\left(kr-\frac{l\pi}{2}\right)}\right\}\right.$$
$$\left.\cdot \left\{s_l e^{i\left(kr-\frac{l\pi}{2}\right)} + e^{-i\left(kr-\frac{l\pi}{2}\right)}\right\}\right]$$
$$= -\frac{\hbar}{\mu k} Re\left[\sum_l \pi(2l+1)\left\{s_l s_l^* - 1 + s_l^* e^{-2i\left(kr-\frac{l\pi}{2}\right)} - s_l e^{2i\left(kr-\frac{l\pi}{2}\right)}\right\}\right]$$

$$= \frac{\hbar}{\mu k}\sum_l \pi(2l+1)\left(1-|\eta_l|^2\right) \tag{14.94}$$

이다. 따라서 흡수 단면적(吸收斷面積, absorption cross section) σ_{abs}은

$$\sigma_{abs} = \vec{j}_{abs} \cdot \hat{x}/j_{inc}$$

$$= \vec{j}_{abs} \cdot \hat{x}/\frac{\hbar k}{\mu}$$

$$= \frac{\pi}{k^2}\sum_l (2l+1)\left(1-|\eta|^2\right) \tag{14.95}$$

이다. 이 식에서 $\eta_l = 1$이면 탄성 산란인 경우가 되므로 $\sigma_{abs} = 0$이 됨을 알 수 있다. 여기에서 사용한 흡수란 용어 대신에 비탄성을 사용하여 σ_{abs} 대신에 σ_{inel}라 쓰기도 한다.

입사 입자가 표적 입자와 충돌하면 일부는 산란되고 일부는 흡수되기도 할 것이므로 총단면적(全斷面積, total cross section)은 σ_{sc}와 σ_{abs}를 합하여 얻을 수 있다. 즉 (14.93)식과 (14.95)식으로부터 총단면적은

$$\sigma_t = \sigma_{sc} + \sigma_{abs}$$

$$= \frac{\pi}{k^2}\sum_l \left\{(2l+1)\left(1+|\eta_l|^2 - 2\eta_l \cos 2\delta_l\right) + (2l+1)\left(1-|\eta_l|^2\right)\right\}$$

$$= \frac{2\pi}{k^2}\sum_l (2l+1)\left(1-\eta_l \cos 2\delta_l\right) \tag{14.96}$$

이 된다.

이때 특별한 경우를 생각하여 보자

$\eta_l = 1$인 경우 : 완전 산란의 경우이며

$$\sigma_t = \frac{4\pi}{k^2}\sum_l (2l+1)\sin^2\delta_l \tag{14.97}$$

$\eta_l = 0$인 경우 : 완전 흡수(完全吸收, perfect absorption)의 경우이며 이때에는

$$\sigma_t = \frac{2\pi}{k^2}\sum_l (2l+1) \tag{14.98}$$

이 된다.

한편 비탄성 산란의 경우에도 (14.92b)식으로부터

$$f(0) = \sum_l (2l+1)\frac{\left\{\eta_l(k)e^{2i\delta_l} - 1\right\}}{2ik} P_l(1)$$

$$= \sum_l (2l+1)\frac{\eta_l(k)\cos 2\delta_l - 1 + i\eta_l(k)\sin 2\delta_l}{2ik} \tag{14.99}$$

이므로

$$\sigma_t = \frac{4\pi}{k} Im\, f(0) \tag{14.87b}$$

가 되어 광학정리(optical theorem)는 이 경우에도 성립함을 보여준다.

흡수 과정은 복소(複素, complex) 위상 이동(phase shift)에 의한 것이며 이것은 복소함수인 퍼텐셜로 부터 얻어졌다고 볼 수도 있다. 또 $\eta_l = 0$인 경우를 완전 흡수라고 했으나 이때에는 σ_{sc}가 0이 되지 않고 σ_{abs}과 같이

$$\sigma_{sc} = \sigma_{asc} = \frac{\pi}{k^2}\sum_l (2l+1) \tag{14.100}$$

이 됨을 알 수 있다. 완전 흡수라 함은 고전 이론에서와 같이 σ_{sc}가 없는 경우를 말하는 것과는 다르다.

예를 들어 빈경이 a인 흑체로 된 섭시가 그림 14.4에서와 같이 입사파에 수직인 방향에 있는 경우를 생각하자. $L = \hbar ka = ap$로 정의하면 중심에서 a보다 작은 거리에 입사되는 파는 모두 흡수된다고 가정할 때 입자들의 각운동량 $l\hbar \leq L \equiv ap$에 대하여 $\eta_l = 0$으로 생각할 수 있다. 따라서

$$\sigma_{abs} = \frac{\pi}{k^2}\sum_{l=0}^{L/\hbar}(2l+1) = \frac{\pi}{k^2}\left(\frac{L}{\hbar}\right)^2 = \pi a^2 \tag{14.101a}$$

$$\sigma_{sc} = \frac{\pi}{k^2}\sum_{l=0}^{L/\hbar}(2l+1) = \pi a^2 \tag{14.101b}$$

여기서 σ_{sc}가 왜 일어나게 되는가를 살펴보면 그림 14.4에서와 같이 입사파가 들어 올 때 접시의 바로 뒤는 파가 없고 회절(回折, diffration)이 일어나게 된다. 즉 접시의 바로 뒤에서 입사파와 반사파가 간섭을 일으킴으로써 파가 없어졌다고 볼 수 있으며 따라서 이와 같은 완전 흡수의 경우도 산란파가 존재함을 알 수 있다. σ_{sc}의 존재는 양자역학적으로 설명되고 그늘 산란(shadow scattering)이 존재함을 알려준다.

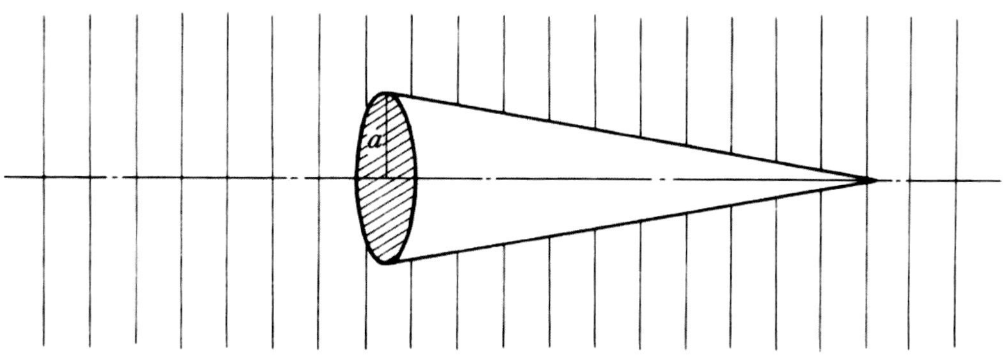

그림 14.4 완전 흡수체(접시)에 의한 산란과 그늘 산란

14. 5 위상 이동(位相移動, phase shift)과 퍼텐셜의 관계

지금까지 위상 이동량이 산란에서 중요한 역할을 함을 보였다. 여기에서는 산란이 퍼텐셜에 의하여 이루어지는 경우 위상 이동이 퍼텐셜과 어떠한 관계가 있는가를 고찰한다.

(a) 입자의 Schrödinger 방정식에서 퍼텐셜 U와 $\widetilde{U}$ 가 있는 경우의 입자의 지름 방정식(radial equation)을 고려하면 (14.56)식에서와 같이

$$\left\{\frac{d^2}{dr^2}+k^2-\frac{l(l+1)}{r^2}-U\right\}f_l(r)=0 \tag{14.102a}$$

$$\left\{\frac{d^2}{dr^2}+k^2-\frac{l(l+1)}{r^2}-\widetilde{U}\right\}\widetilde{f}_l(r)=0 \tag{14.102b}$$

이 된다. 여기에서 $f_l(r)$은 파동함수 $\psi(r, \theta, \varphi)$의 지름함수 부분인 $R(r)$과

$$R_l(r)=\frac{f_l(r)}{r} \tag{14.103}$$

인 관계에 있으며 $r=0$에서 $R(r)$가 유한한 값을 가지려면

$$f_l(r=0)=0 \tag{14.104}$$

인 조건을 만족시켜야 한다. 한편 $r\to\infty$에서 U와 $\widetilde{U}$ 거의 무시되는 경우 자유입자의 방정식의 해 $R_l(r)$는 $j_l(kr)$과 $n_l(kr)$의 결합으로 표시된다. $r\to\infty$ 에서

$$j_l(kr)\sim\frac{\sin\left(kr-\frac{l\pi}{2}\right)}{kr}$$

$$=\frac{e^{i\left(kr-\frac{l\pi}{2}\right)}-e^{-i\left(kr-\frac{l\pi}{2}\right)}}{2ikr} \tag{14.105a}$$

$$n_l(r)\sim-\frac{\cos\left(kr-\frac{l\pi}{2}\right)}{kr}=-\frac{e^{i\left(kr-\frac{l\pi}{2}\right)}+e^{-i\left(kr-\frac{l\pi}{2}\right)}}{2kr} \tag{14.105b}$$

됨을 고려하고 $f_l(r)$과 $\widetilde{f}_l(r)$의 해를 점근 함수(漸近函數)가

$$f_l(r)=\frac{1}{2ik}\left[e^{i\left(kr-\frac{l\pi}{2}+\delta_l\right)}-e^{-i\left(kr-\frac{l\pi}{2}+\delta_l\right)}\right] \tag{14.106a}$$

$$\widetilde{f}_l(r)=\frac{1}{2ik}\left[e^{i\left(kr-\frac{l\pi}{2}+\widetilde{\delta}_l\right)}-e^{-i\left(kr-\frac{l\pi}{2}+\widetilde{\delta}_l\right)}\right] \tag{14.106b}$$

되게 규격화하였다고 생각하자.

이 경우 (14.102a)식과 (14.102b)식으로부터

$$\widetilde{f}_l f_l''-f_l\widetilde{f}''=(U-\widetilde{U})\widetilde{f}_l f_l \tag{14.107a}$$

$$\therefore \frac{d}{dr}\left[\tilde{f}_l f_l{}' - \tilde{f}_l' f_l\right] = (U - \tilde{U})\tilde{f}_l f_l\Big\}$$

이 된다. 여기서 기호 "ʹ"(prime)는 r에 관한 미분을 나타낸다. 위 식의 좌변 괄호 [ ] 안의 값은 미분 방정식에서 거론되는 소위 Wronskian으로서 두 해 f_l과 $\tilde{f}_l$가 독립인 해 ($U = \tilde{U}$ 일 때)이면 이 값은 0이 아니다.

(b) (4.107b)식으로부터 임의의 두 구간 (a, b)에 대한 적분은

$$f_l \tilde{f}_l' - \tilde{f}_l f_l' \Big|_a^b = -\int_a^b \tilde{f}_l (U - \tilde{U}) f_l \, dr \tag{14.108}$$

이 된다. 특히 $f_l(0) = 0$임을 고려하여 $a = 0$으로 택하고 또 $b = r\,(\to\infty)$로, 즉 b를 큰 값으로 생각하고 점근함수의 식 (14.106)을 사용할 수 있다. 그러면

$$\begin{aligned}
f_l(r) &= \frac{1}{k}\sin\left(kr - \frac{l\pi}{2} + \delta_l\right) \\
&= \frac{1}{k}\left[\sin\left(kr - \frac{l\pi}{2}\right)\cos\delta_l + \cos\left(kr - \frac{l\pi}{2}\right)\sin\delta_l\right] \\
f_l'(r) &= \cos\left(kr - \frac{l\pi}{2}\right)\cos\delta_l - \sin\left(kr - \frac{l\pi}{2}\right)\sin\delta_l \\
\tilde{f}_l(r) &= \frac{1}{k}\left[\sin\left(kr - \frac{l\pi}{2}\right)\cos\tilde{\delta}_l - \sin\left(kr - \frac{l\pi}{2}\right)\sin\tilde{\delta}_l\right] \\
\tilde{f}_l'(r) &= \cos\left(kr - \frac{l\pi}{2}\right)\cos\tilde{\delta}_l - \sin\left(kr - \frac{l\pi}{2}\right)\sin\tilde{\delta}_l
\end{aligned} \tag{14.109}$$

$$\begin{aligned}
\therefore \Delta &= \left\{f_l(r)\tilde{f}_l'(r) - \tilde{f}_l(r) f_l'(r)\right\}\Big|_{r\to\infty} \\
&= \frac{1}{k}\left\{\sin\left(kr - \frac{l\pi}{2}\right)\cos\delta_l + \cos\left(kr - \frac{l\pi}{2}\right)\sin\delta_l\right\} \\
&\qquad \cdot \left\{\cos\left(kr - \frac{l\pi}{2}\right)\cos\tilde{\delta}_l - \sin\left(kr - \frac{l\pi}{2}\right)\sin\tilde{\delta}_l\right\} \\
&\quad - \frac{1}{k}\left\{\sin\left(kr - \frac{l\pi}{2}\right)\cos\tilde{\delta}_l + \cos\left(kr - \frac{l\pi}{2}\right)\sin\tilde{\delta}_l\right\} \\
&\qquad \cdot \left\{\cos\left(kr - \frac{l\pi}{2}\right)\cos\delta_l - \sin\left(kr - \frac{l\pi}{2}\right)\sin\delta_l\right\} \\
&= \frac{1}{k}\left\{\cos^2\left(kr - \frac{l\pi}{2}\right)\sin\delta_l\cos\tilde{\delta}_l - \sin^2\left(kr - \frac{l\pi}{2}\right)\cos\delta_l\sin\tilde{\delta}_l\right. \\
&\quad \left. - \cos^2\left(kr - \frac{l\pi}{2}\right)\cos\delta_l\sin\tilde{\delta}_l + \sin^2\left(kr - \frac{l\pi}{2}\right)\sin\delta_l\cos\tilde{\delta}_l\right\} \\
&= \frac{1}{k}\left(\sin\delta_l\cos\tilde{\delta}_l - \cos\delta_l\sin\tilde{\delta}_l\right) \\
&= \frac{1}{k} sin\left(\delta_l - \tilde{\delta}_l\right)
\end{aligned} \tag{14.110}$$

이 된다. 따라서

$$\sin\left(\delta_l - \tilde{\delta}_l\right) = -k\int_0^b \tilde{f}_l\left(U - \tilde{U}\right) f_l dr$$
$$= -\frac{2\mu k}{\hbar^2}\int_0^b \tilde{f}_l\left(V - \tilde{V}\right) f_l dr \tag{14.111}$$

이다. 특히

$$\tilde{U} = 0 \tag{14.112}$$

이면 이 경우에 해당되는 해 $\tilde{f}_l$과 $\tilde{\delta}_l$은

$$\tilde{f}_l = r j_l(kr) \tag{14.113a}$$
$$\tilde{\delta}_l = 0 \tag{14.113b}$$

이므로 $f_l(r) = rR_l(kr)$를 고려하면 (14.111)식으로부터

$$\sin\delta_l = -\frac{2\mu k}{\hbar^2}\int_0^b r^2 j_l(kr)\, V(r) R_l(r) dr$$

이다.

(c) 퍼텐셜 $V(r)$의 변화에 따른 δ_l의 변화를 고려하여 보자. $R_l(r)$가 $j_l(kr)$에 가까워짐은 퍼텐셜 U의 크기가 작은 경우라고 생각할 수 있으며 그 때에 δ_l은 작은 값이 되고 다음과 같이 된다.

$$\delta_l = -k\int_0^\infty U(r)\left\{j_l(kr)\right\}^2 r^2 dr \tag{14.114}$$

$U(r)$가 어느 매개 변수(parameter) λ에 의하여 변하게 되면

$$\frac{\partial \delta_l}{\partial \lambda} = -k\int_0^\infty \frac{\partial U}{\partial \lambda}\left\{j_l(kr)\right\}^2 r^2 dr \tag{134.115}$$

이다. 따라서 퍼텐셜의 매개 변수의 변화에 따른 변화가 양(陽)인 경우에는 위상 이동량의 매개 변수에 대한 변화는 음(陰) 값을 갖는다. 또 (14.114)식에서 퍼텐셜이 모든 r값에 대하여 0보다 큰 양의 값을 가지면 δ_l은 0보다 작은 음의 값을 갖는다. 이러한 퍼텐셜을 반발(反撥) 퍼텐셜(repulsive potetial)이라 부른다. 반대로 모든 r값에 대하여 퍼텐셜이 0보다 작은 경우 δ_l은 0보다 큰 값을 갖는다.

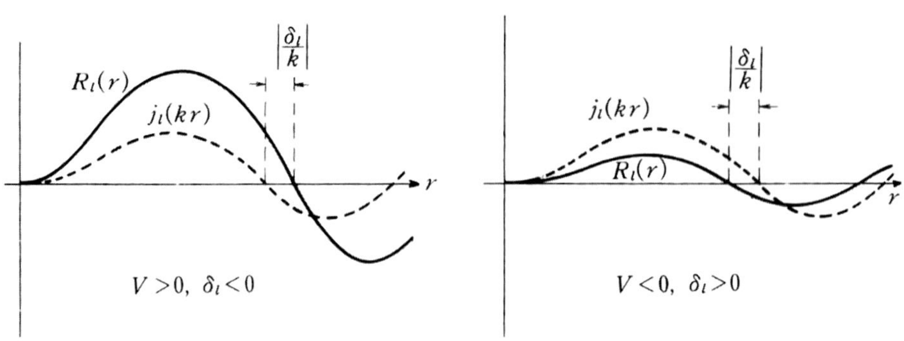

그림 14.5 반발 퍼텐셜과 인력 퍼텐셜이 지름 함수에 미치는 영향

이러한 퍼텐셜을 인력(引力) 퍼텐셜(attractive potential)이라 부른다. 이들 퍼텐셜 값이 커질수록 δ_l값은 커진다. 그림 14.5에서는 이 두 경우의 퍼텐셜에 의한 영향을 보여준다.

두 번째 그림에서 U값이 커져 δ_l가 $180°(\pi)$의 위상 이동이 있는 경우에는 탄성 산란에 대한 (14.76)식 또는 (14.81)식에서

$$f = \frac{1}{2ik}\sum(2l+1)(e^{2\pi i}-1)P_l(\cos\theta)$$
$$= 0 \tag{14.116}$$

이 되어 산란이 일어나지 않는다. 이것을 Ramsauer-Townsend 효과과 부른다. Ar, Kr, Xe, 등과 같은 불활성(不活性) 기체(inert gas)에서 전자의 에너지가 약 $0.7eV$ 정도이면 아주 작은 산란이 일어남을 볼 수 있다. 이것은 고전적 방법으로는 설명되지 않는다.

(d) 구체적인 예를 들어 보자.

예. : 반경 a인 단단한 구(球, hard sphere)에 의한 파의 산란을 생각해보자. 이때에 퍼텐셜은

$$V = \infty \quad (r \le a)$$
$$= 0 \quad (a \le r) \tag{14.117}$$

이다. $r\to\infty$인 경우는 퍼텐셜이 없는 자유공간이므로

$$R_l(r) = A_l j_l(kr) + B_l n_l(kr) \tag{14.118}$$

이다. 한편 $r \le a$에서는 단단한 구의 내부에 해당되므로 파가 들어갈 수 없어

$$R_l(r) - 0$$

즉

$$A_l j_l(ka) + B_l n_l(ka) = 0 \tag{14.119a}$$

이어야 한다. 따라서

$$\frac{B_l}{A_l} = -\frac{j_l(ka)}{n_l(ka)} \tag{14.119b}$$

이고 또 $r\to\infty$인 경우에는 (14.105)식을 이용하면

$$R_l(r) \to \frac{1}{kr}\left[A_l\sin\left(kr-\frac{l\pi}{2}\right) - B_l\cos\left(kr-\frac{l\pi}{2}\right)\right]$$
$$= \frac{\sqrt{A_l^2+B_l^2}}{kr}sin\left(kr-\frac{l\pi}{2}+\delta_l\right) \tag{14.120}$$

이다. 여기서 δ_l은 다음과 같이 정의된 값이다.

$$\delta_l = \tan^{-1}\left(\frac{-B_l}{A_l}\right) = \tan^{-1}\frac{j_l(ka)}{n_l(ka)} \tag{14.121}$$

특히 a가 작을 경우 즉 $l \gg ka$인 경우에는 $l=0$만 고려하게 되므로 제 12장의 부록에서 보여 준 j_0, j_1, n_0, n_1의 값

$$j_0(kr) = \frac{\sin ka}{ka},\ j_1(kr) = \frac{\sin ka}{(ka)^2} - \frac{\cos ka}{(ka)}$$

$$n_0(kr) = \frac{-\cos ka}{ka},\ n_1(kr) = -\frac{\cos ka}{(ka)^2} - \frac{\sin ka}{(ka)} \tag{14.122}$$

등을 고려하면

$$\delta_0 = \tan^{-1}\left(\frac{\sin ka/ka}{-\cos ka/ka}\right) = \tan^{-1}(-\tan ka)$$
$$= -ka \tag{14.123}$$

가 된다. 여기서 단단한 구의 경우는 파가 들어오는 것을 막으므로 반발 퍼텐셜로 생각되고 ($V=+\infty$) 따라서 위상 이동량은 음의 값을 가짐을 보였다.

$ka \ll l$인 낮은 에너지에서는 일반적인 l에 대하여

$$j_l(kr) = \frac{z^l}{(2l+1)!!}\left[1 - \frac{\frac{1}{2}z^2}{1!(2l+3)} + \cdots\cdots\right]\Bigg|_{z=kr} \tag{14.124a}$$

$$n_l(kr) = -\frac{(2l-1)!!}{z^{l+1}}\left[1 - \frac{\frac{1}{2}z^2}{1!(2l-1)} + \cdots\cdots\right]\Bigg|_{z=kr} \tag{14.124b}$$

인데 kr가 작으므로 첫 항만이 중요하다. 즉

$$j_l(ka) = \frac{(ka)^l}{1 \cdot 3 \cdot 5 \cdot 7 \ldots (2l+1)} \tag{14.125a}$$

$$n_l(ka) = -\frac{1 \cdot 3 \cdot 5 \cdot 7 \ldots (2l-1)}{(ka)^{l+1}} \tag{14.125b}$$

$$\therefore \tan\delta_l = -\frac{(ka)^{2l+1}}{[1 \cdot 3 \cdot 5 \ldots (2l+1)]^2(2l+1)} \tag{14.125c}$$

이 된다. 따라서 l 값이 클수록 위상 이동량은 급격히 줄게 된다. 이때에 $l=0$이 가장 현저한 값이 되고 단면적은

$$\sigma = \frac{4\pi}{k^2} sin^2\delta_0 \simeq 4\pi a^2 \tag{14.126}$$

이 된다. 따라서 강체 구에 의한 산란은 등방적(等方的, isotropic)이고 단면적 구단면(球斷面)의 4배인 구의 표면적이 된다. 에너지가 큰 경우는 많은 부분파가 산란에 기여하게 되며 수렴이 느려서 복잡하여 진다.

예 : 우물 퍼텐셜에 의한 산란

퍼텐셜 $V(r)$가 그림 14.6에서와 같이

$$V=0 \qquad (r \geq a)$$
$$=-V_0(r) \quad (r \leq a) \tag{14.127}$$

인 경우에는 Schrödinger 방정식의 해를 $r>a$와 $r<a$의 영역에서 풀고 $r=a$ 에서 연결하여 준다. 지름 방정식의 해는 $r>a$인 경우

$$R_l(kr)=A_l(k)\left[j_l(kr)-\tan\delta_l n_l(kr)\right] \tag{14.128}$$

이다. 한편 $r<a$인 경우는 해를 잘 모른다고 하자. 물론 $V_0(r)$가 일정한 값을 가질 때에는 해를 알 수 있지만 이 경우는 특별한 경우로 취급될 수 있다.

경계 조건으로 $r=a$에서 $\psi(r)$와 $\psi'(r)$가 연속이어야 하며 이때에 지름 함수 R와 R'은 연속인 값을 갖게 된다. 지름 방정식은

$$\frac{d^2}{dr^2}(rR)+\left[k^2-\frac{l(l+1)}{r^2}-\frac{2\mu}{\hbar^2}V\right]rR=0 \tag{14.56}$$

이 되므로 (rR)와 $(rR)'$이 경계에서 연속이 된다. 한편

$$(rR)'=R+rR' \tag{14.129}$$

이므로 R와 R'은 경계에서 연속이 된다. 이는 $\frac{R'}{R}$이 연속임을 의미하므로 $r<a$인 경우에 대한 해에서 얻을 $\frac{R'}{R}$값을 γ_l라고 하면

$$\gamma_l=\frac{k\left[j_l'(ka)-\tan\delta_l n_l'(ka)\right]}{j_l(ka)-\tan\delta_l n_l(ka)} \tag{14.130}$$

$$\therefore \tan\delta_l=\frac{kj_l'(ka)-\gamma_l j_l(ka)}{kn_l'(ka)-\gamma_l n_l(ka)} \tag{14.131}$$

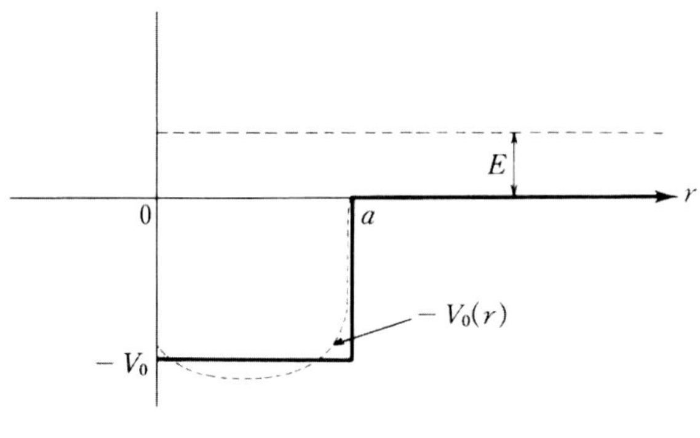

그림 14.6 우물 퍼텐셜에 의한 산란. 점선은 퍼텐셜이 일정한 값이 아닌 경우

이 된다. 특히 V_0가 일정한 상수이면 $0<r<a$인 영역에서의 파동함수에 대하여 (14.128)식에서와 같은 n_l 함수는 $r=0$을 고려할 때 들어올 수 없으므로 γ_l은

$$\gamma_l = \frac{Kj'(Ka)}{j_l(Ka)}, \tag{14.132}$$

$$K \equiv \sqrt{\frac{2\mu(E+V_0)}{\hbar}} \tag{14.133}$$

이 된다. 따라서 이 경우에는

$$\tan\delta_l = \frac{kj_l'(ka)j_l(Ka) - Kj_l(ka)j_l'(Ka)}{kn_l'(ka)j_l(Ka) - Kn_l(ka)j_l'(Ka)} \tag{14.134}$$

가 되어 k, K, a가 주어지면 δ_l은 정해진다. 이 식의 특별한 경우를 생각하여 보자.

(i) $ka \ll l$인 경우

ka가 작은 값이라고 생각할 수 있어. $j_l(ka)$, $n_l(ka)$ 등의 값은

$$j_l(ka) \simeq \frac{(ka)^l}{1\cdot 3\cdot 5\cdots(2l+1)}$$

$$n_l(ka) \simeq -\frac{1\cdot 3\cdot 5\cdots(2l-1)}{(ka)^{l+1}}$$

$$j_l'(ka) \simeq \frac{l(ka)^{l-1}}{1\cdot 3\cdot 5\cdots(2l+1)}$$

$$n_l'(ka) \simeq \frac{1\cdot 3\cdot 5\cdots(2l-1)(l+1)}{(ka)^{l+2}} \tag{14.135}$$

이므로 (14.134)식에 대입하면

$$\tan\delta_l \simeq \frac{(2l+1)}{[1\cdot 3\cdot 5\cdots(2l+1)]^2}(ka)^{2l+1}\frac{lj_l(Ka) - Kaj_l'(Ka)}{(l+1)j_l(Ka) + Kaj_l'(Ka)} \tag{14.136}$$

이다. 여기서 Ka는 작은 값으로 생각하지 않은 경우이다. 만일 이 값도 작다면 위식은 더 간단히 쓸 수 있다. 위식은 (ka)가 작은 경우이므로 l값이 커짐에 따라서 δ_l은 점점 더 작아진다는 것을 알 수 있다. 즉

$$\delta_l \propto (ka)^{2l+1} \tag{14.137}$$

이므로 부분 단면적은 $\frac{4\pi}{k^2}sin^2\delta_l \sim \frac{\delta_l^2}{k^2}$에 비례하여 작아진다.

(ii) 공명 산란(共鳴散亂, resonance scattering)

어느 에너지 값에 대하여는 $\tan\delta_l$에 대하여 주어진 (14.131)식의 분모가 0이 될 때가 있다. 이때는 $\tan\delta_l = \infty$가 되므로 이 경우는 $\delta_l \simeq \frac{\pi}{2}$를 통과하는 경우가 된다. 이때에 부분 단면적 $\sigma_l(k)$에 대한 (14.85)식

$$\sigma_l(k) = \frac{4\pi(2l+1)}{k^2}sin^2\delta_l \tag{14.85}$$

은 최대값을 갖게 된다.

예를 들어 특히 $Ka \gg l \gg ka$인 경우에 (14.136)식에서 분모가 0이면

$$(l+1)j_l(Ka)+Kaj_l'(Ka)=0 \tag{14.138a}$$

$$\frac{(l+1)}{Ka}cos\left(Ka-\frac{l+1}{2}\pi\right)-\sin\left(Ka-\frac{l+1}{2}\pi\right)=0 \tag{14.138b}$$

이 되므로

$$\tan\left(Ka-\frac{l+1}{2}\pi\right)\simeq\frac{(l+1)}{Ka} \tag{14.138c}$$

이 성립한다. 한편 우변이 아주 작은 경우를 생각하고 있으므로 좌변도 작은 값이 되어야 하므로 다음 관계식을 얻는다.

$$Ka-\frac{l+1}{2}\pi\simeq n\pi+\frac{l+1}{Ka} \tag{14.139}$$

$\tan\delta_l$을 ∞로 만드는 에너지 값을 공명 에너지(resonance energy) E_{res}로 표시한다. 그러면 (14.136)식은

$$\tan\delta_l=\frac{c(ka)^{2l+1}}{E-E_{res}} \qquad (c\text{는 상수}) \tag{14.140}$$

로 쓸 수 있고 따라서 부분 단면적 σ_l은

$$\begin{aligned}\sigma_l&=\frac{4\pi(2l+1)}{k^2}\cdot\frac{1}{\csc^2\delta_l}\\&=\frac{4\pi(2l+1)}{k^2}\cdot\frac{\tan^2\delta_l}{1+\tan^2\delta_l}\\&=\frac{4\pi(2l+1)}{k^2}\cdot\frac{\left[c(ka)^{2l+1}\right]^2}{(E-E_{res})^2+\left[c(ka)^{2l+1}\right]^2}\end{aligned} \tag{14.141}$$

얻는다.

이러한 모양의 단면적에 대한 식을 Breit-Wigner 공식이라 부른다. 한편 부분파에 대한 산란 진폭을 고려하면

$$\begin{aligned}a_l&=\frac{e^{2i\delta_l}-1}{2ik}=\left(\frac{1+i\tan\delta_l}{1-i\tan\delta_l}-1\right)/2ik\\&=\frac{\tan\delta_l}{k(1-i\tan\delta_l)}\\\therefore\ a_l&=\frac{c(ka)^{2l+1}/k}{E-E_{res}-ic(ka)^{2l+1}}\end{aligned} \tag{14.142}$$

이 된다. 이 값은 공명 에너지의 바깥에서는 작은 값이 된다.

일반적으로 산란 진폭은

$$a_l=a_l^{res}+a_l^{nonres} \tag{14.143}$$

로 나누어서 생각할 수 있다. 특별한 경우에 대하여는 후에 고려된다.

14. 6 산란 길이(scattering length)와 유효 범위(有效範圍, effective range)

앞에서 보인 바와 같이 일반적으로 낮은 에너지의 입자들의 산란에서는 $l=0$인 경우 즉 s상태만 고려해도 좋다. 특히 네모난 우물 퍼텐셜에 의한 산란을 중심으로 논의 하여 보자. 즉 퍼텐셜이

$$\begin{aligned} V&=0 \qquad (r>r_0) \\ &=-V_0 \qquad (r<r_0) \end{aligned} \tag{14.144}$$

이고 V_0가 상수일 때는 Schrödinger 방정식을 쉽게 풀 수 있다. $l=0$인 경우 극좌표에 의한 방정식은 지름 함수 $R(kr)$ 대신에

$$R(kr)=\frac{f(r)}{r} \tag{14.145}$$

로 놓으면 이 함수는 다음 방정식을 만족한다.

$$\frac{d^2f}{dr^2}+\frac{2\pi}{\hbar^2}(E+V_0)f=0 \qquad (r<r_0) \tag{14.146a}$$

$$\frac{d^2f}{dr^2}+\frac{2\pi}{\hbar^2}Ef=0 \qquad (r>r_0) \tag{14.146b}$$

파동함수는 $r=0$에서 ∞가 될 수 없으므로 $r=0$에서 $R(kr)\neq\infty$가 되기 위하여는 $f(r)$가 $r=0$에서 0이 되어야 한다. 또 이 외에도 $f(r)$와 $\dfrac{df}{dr}$는 $r=r_0$에서 연속인 값을 가져야 하는 경계조건을 갖는다. 따라서 $r<r_0$에서의 방정식의 해는

$$\begin{aligned} f(r)&=A\sin Kr \\ K&=\frac{1}{\hbar}\sqrt{2\mu(E+V_0)} \end{aligned} \tag{14.133}$$

이며 $r>r_0$에서의 방정식의 해는

$$\begin{aligned} f(r)&=B\sin(kr+\delta) \\ k&=\frac{1}{\hbar}\sqrt{2\mu E} \end{aligned} \tag{14.147}$$

이다. 여기에 $f(r)$와 $\dfrac{df}{dr}$가 연속이라는 경계 조건을 쓰면

$$K\cot Kr_o=k\cot(kr_0+\delta) \tag{14.148}$$

이다. 이 식으로부터 δ를 구할 수 있다. 즉

$$\frac{K}{\tan Kr_0}=\frac{k}{\tan(kr_0+\delta)}=\frac{k(1-\tan kr_0\tan\delta)}{\tan kr_0+\tan\delta} \tag{14.149a}$$

$$\therefore\ \tan\delta=\frac{k\tan Kr_0-K\tan kr_0}{K+k\tan Kr_0\tan kr_0}$$

$$= \frac{\frac{k}{K}\tan Kr_0 - \tan kr_0}{1+\frac{k}{K}\tan Kr_0 \tan kr_0} \tag{14.149b}$$

가 된다. 따라서 이 식을 간단히 고치기 위하여

$$\frac{k}{K}tanKr_o \equiv \tan qr_0 \tag{14.150}$$

로 q를 정의하면

$$\tan\delta = \frac{\tan qr_o - \tan kr_0}{1+\tan qr_0 \tan kr_0} = \tan(q-k)r_0 \tag{14.151a}$$

$$\therefore\ \delta = qr_0 - kr_0 = \tan^{-1}\left(\frac{k}{K}tanKr_0\right) - kr_0 \tag{14.151b}$$

이 된다.

한편 편의상 다음과 같은 K_0를 도입하자.

$$K_0 = \frac{1}{\hbar}\sqrt{2\mu V_0} \tag{14.152a}$$

$$\therefore\ K^2 = k^2 + K_0^2 \tag{14.152b}$$

그러면 낮은 에너지 즉 $k \to 0$인 경우에는 $K \to K_0$가 되고

$$\begin{aligned}\delta \simeq \tan\delta &= \frac{k}{K_0}tanK_0r_0 - kr_0 \\ &= kr_0\left(\frac{\tan K_0r_0}{K_0r_0} - 1\right)\end{aligned} \tag{14.153}$$

이 된다. 따라서 $\tan K_0r_0$가 ∞가 되지 않는 한 δ는 작은 값이 되어서

$$\begin{aligned}\lim_{E\to 0}\sigma &= \frac{4\pi}{k^2}sin^2\delta_0 = 4\pi\left(\frac{\delta_0}{k}\right)^2 \\ &= 4\pi\left[r_0\left(1-\frac{\tan K_0r_0}{K_0r_0}\right)\right]^2 \\ &= 4\pi a^2\end{aligned} \tag{14.154}$$

으로 쓸 수 있다. a는 에너지와 무관하며 이것을 단단한 구(球)에 의한 산란 단면적의 식 (14.126)과 비교하여 a를 산란 길이(scattering length)라 부른다. 특히 퍼텐셜 우물의 깊이가 얕은 경우는 V_0가 작으므로 K_0r_0가 작아지며

$$\frac{\tan K_0r_0}{K_0r_0} \sim 1 \tag{14.155}$$

이 되어 이때에 $\sigma \sim 0$이 된다. 즉 산란은 없어진다.

한편 Kr_0가 특별한 값으로

$$Kr_0 \simeq \left(n+\frac{1}{2}\right)\pi \tag{14.156}$$

인 경우에는 $\tan Kr_0 = \infty$가 되므로 (14.149b)식에서

$$\tan\delta = \frac{1}{\tan kr_0} \quad (\sim \infty\,;\ \text{낮은 에너지에서}) \tag{14.157}$$

가 되어

$$\sigma = \frac{4\pi}{k^2}\sin^2\delta = \frac{4\pi}{k^2} \cdot \frac{\tan^2\delta}{1+\tan^2\delta} \simeq \frac{4\pi}{k^2} \tag{14.158}$$

이 된다. 따라서 이는 공명 산란인 경우에 해당된다.

또 (14.149b)식으로부터 다음 관계식을 얻는다.

$$k\cot\delta = \frac{K\cot Kr_0 + k\tan kr_0}{1 - \dfrac{K}{k}\cot Kr_0 \tan kr_0} \tag{14.159}$$

한편 $k=0$인 경우 $\tan\delta$가 작으므로 (14.158)식에서 $\sigma \simeq 4\pi \dfrac{1}{(k\cot\delta)^2}$을 $4\pi a^2$과 비교하면

$$k\cot\delta \to = -\frac{1}{a} = \frac{K_0 \cot K_0 r_0}{1 - K_0 r_0 \cot K_0 r_0} \tag{14.160}$$

이 됨을 알 수 있다. 다라서 낮은 에너지에 대하여 K의 함수로 된 (14.159)식을 K_0부근에서 전개하면 산란거리가 k의 함수로 되는 보다 일반적인 산란거리 $a(k)$를 얻을 수 있다. 즉 (14.152)식으로부터

$$K = \sqrt{K_0^2 + k^2} \simeq K_0 + \frac{k^2}{2K_0} \tag{14.161}$$

$$\begin{aligned} \therefore\ K\cot Kr_0 &= K_0 \cot K_0 r_0 + \left(\frac{k^2}{2K_0}\right)\left\{\cot K_0 r_0 - K_0 r_0 \csc^2 K_0 r_0\right\} + \cdots\cdots \\ &= \frac{1}{r_0 - a} + \frac{k^2}{2K_0^2(r_0-a)} - \frac{r_0}{2}k^2\left[1 + \frac{1}{K_0^2(r_0-a)^2}\right] \\ &= \frac{1}{r_0-a} - \frac{1}{2}r_0 k^2 - \frac{k^2 a}{2K_0^2(r_0-a)^2} \end{aligned} \tag{14.162}$$

을 얻는다. 이 식을 (14.159)식에 대입하여 보자. k가 작으므로

$$\tan kr_0 = kr_0 + \frac{1}{3}(kr_0)^3 \tag{14.163}$$

를 쓰고 (14.159)식에서 k의 2차 항까지만 고려하면

$$\begin{aligned} k\cot\delta = &\left[\frac{1}{r_0-a} + \frac{1}{2}r_0 k^2 - \frac{k^2 a}{2K_0^2(r_0-a)^2}\right] \Big/ \left[1 - \left(r_0 + \frac{1}{3}r_0^2 k^2\right)\right. \\ &\left. \cdot \left\{\frac{1}{r_0-a} - \frac{1}{2}r_0 k^2 - \frac{k^2 a}{2K_0^2(r_0-a)^2}\right\}\right] \end{aligned} \tag{14.164}$$

이다. 이 식을 정리하면 다음과 같다.

$$k\cot\delta \simeq -\frac{1}{a} + \frac{1}{2}k^2 r_0 \left\{1 - \frac{1}{(K_0 r_0)^2}\left(\frac{r_0}{a}\right) - \frac{1}{3}\left(\frac{r_0}{a}\right)^2\right\} + 0(k)^4 \tag{14.165}$$

이 식은 $k\to 0$일 때 (14.160)식의 결과를 얻음을 알 수 있으며 일반적으로

$$k\cot\delta = -\frac{1}{a(k)} \tag{14.166}$$

로 놓으면 일반적인 산란 거리 $a(k)$는

$$\frac{1}{a(k)} = \frac{1}{a} - \frac{1}{2}k^2 r_0\left\{1 - \frac{1}{(K_0 r_0)^2}\left(\frac{r_0}{a}\right) - \frac{1}{3}\left(\frac{r_0}{a}\right)^2\right\} \tag{14.167}$$

으로 쓸 수 있다. (14.160)식에서

$$-\frac{r_0}{a} = \frac{K_0 r_0 \cot K_0 r_0}{1 - K_0 r_0 \cot K_0 r_0} \tag{14.168}$$

이므로 특히 $K_0 r_0 \simeq \frac{\pi}{2}$ 부근에서는 $\left(\frac{r_0}{a}\right)$가 아주 작은 값임을 알 수 있다. 따라서 이 경우에는

$$\frac{1}{a(k)} = \frac{1}{a} - \frac{1}{2}k^2 r_0 \tag{14.169}$$

이 된다.

(14.167)식에서 $-\frac{1}{2}k^2$의 계수를 유효 범위(有效範圍, effective range)라 부른다. 즉

$$r_{eff} = r_0\left\{1 - \frac{1}{(K_0 r_0)^2}\left(\frac{r_0}{a}\right) - \frac{1}{3}\left(\frac{r_0}{a}\right)^2\right\} \tag{14.170a}$$

$$\frac{1}{a(k)} = \frac{1}{a} - \frac{1}{2}k^2 r_{eff} \tag{14.170b}$$

이 된다. 그러면 (14.158)식에 주어진 총단면적은

$$\begin{aligned}\sigma &= \frac{4\pi}{k^2}\sin^2\delta = \frac{4\pi}{k^2}\cdot\frac{\tan^2\delta}{1+\tan^2\delta} = 4\pi\cdot\frac{1}{k^2+(k\cot\delta)^2}\\ &= \frac{4\pi}{k^2+\dfrac{1}{a(k)^2}}\\ &= \frac{4\pi}{k^2+\left(\dfrac{1}{a}-\dfrac{1}{2}k^2 r_{eff}\right)^2}\end{aligned} \tag{14.171}$$

의 모양으로 쓸 수 있다.

여기서 k^2가 작은 경우에 분모는

$$\begin{aligned}\left(\frac{1}{a}-\frac{1}{2}k^2 r_{eff}\right)^2 + k^2 &= \frac{1}{a^2} - \frac{1}{a}k^2 r_{eff} + \frac{1}{4}k^4 r_{eff}^2 + k^2\\ &= \frac{1}{a^2} + k^2\left(1 - \frac{r_{eff}}{a}\right)\end{aligned} \tag{14.172}$$

이므로

$$\sigma = 4\pi a^2 \Big/ \left\{1 + a^2 k^2\left(1 - \frac{r_{eff}}{a}\right)\right\}$$

$$= 4\pi a^2\left\{1 - ak^2\left(a - r_{eff}\right)\right\}$$

$$= 4\pi a^2\left[1 - k^2\left\{a\left(a - r_0\right) + \frac{r_0^2}{3a} + \frac{1}{K_0}\right\}\right] \tag{14.173}$$

이 된다. 이 결과는 유효 거리가 짧은 인력 퍼텐셜에서 네모난 우물 모양이 아닌 경우에도 적용되며 양성자, 중성자, 중양성자 이론 등에 많이 사용된다.

14. 7 낮은 에너지 입자들의 공명 산란(共鳴散亂, resonance scattering)

앞서 14.5절에서 공명 산란의 경우 산란 단면적은 $(ka)^{2l+1}$에 비례하여 작아짐을 보였다. 따라서 $l=0$인 경우만을 생각하여 낮은 에너지를 가진 중성 입자, 예를 들어 열중성자(熱中性子, thermal neutron)가 원자에 산란되는 경우를 생각해 본다. 원자의 반경을 R라 하고 $l=0$인 상태만 고려하고 스핀을 생각하지 않으며 $r > R$ 인 영역에서는 자유입자로 간주할 때

(i) $r > R$에서 파동함수는 (14.74)식에서

$$\psi = \frac{i}{2kr}\left(e^{-ikr} - s_0 e^{ikr}\right)$$

$$= \frac{c}{r}\sin\left(kr + \delta_0\right) \tag{14.174}$$

이 되며 (14.93)식과 (14.95)식에서 보인 바와 같이 이 경우 산란 및 흡수 단면적은

$$\sigma_{sc} = \frac{\pi}{k^2}\left|1 - s_0\right|^2 \tag{14.175a}$$

$$\sigma_{ab} = \frac{\pi}{k^2}\left(1 - \left|s_0\right|^2\right) \tag{14.175b}$$

이 된다.

(ii) s_0를 얻기 위하여 $(r\psi)$와 $\frac{d}{dr}(r\psi)$가 $r=R$에서 연속이라는 경계 조건으로부터 이들의 비가 연속이 되어야 하며 이 값은 에너지의 함수가 된다. 따라서 편의상 이 비를

$$f(E) = R\left(\frac{d(r\psi)}{dr}/r\psi\right)_{r=R} \tag{14.176}$$

와 같이 정의하고 (14.174)식에서 주어진 ψ 값을 대입하면

$$f(E) = \frac{R\left[\frac{i}{2k}\left\{-ike^{-ikR} - iks_0 e^{ikR}\right\}\right]}{\frac{i}{2k}\left\{e^{-ikF} - s_0 e^{ikR}\right\}}$$

$$= -ikR\frac{1 + s_0 e^{2ikR}}{1 - s_0 e^{2ikR}} \tag{14.177}$$

이 되므로 s_0의 값은

$$s_0 e^{2ikR}\left[1 + \frac{if}{kR}\right] = \frac{if}{kR} - 1 \tag{14.178a}$$

$$\therefore\ s_0 = e^{-2ikR}\frac{f+ikR}{f-ikR} \tag{14.178b}$$

을 얻는다.

(iii) $f(E)$를 실수 부분과 허수 부분으로 나누어서

$$\begin{aligned} f(E) &= Re\,f + iIm\,f \\ &= f_r - ih \end{aligned} \tag{14.179}$$

라 놓으면

$$s_0 = e^{-2ikR}\frac{f_r - i(h-kR)}{f_r - i(h+kR)} \tag{14.180}$$

로 쓸 수 있나. 따라서 이 식을 이용하여 σ_{sc}이나 σ_{ab}을 구할 수 있다. 즉

$$\begin{aligned} 1-s_0 &= \frac{f_r - i(h+kR) - e^{-2ikR}[f_r - i(h-kR)]}{f_r - i(h+kR)} \\ &= (1-e^{-2ikR}) - \frac{2ikRe^{-2ikR}}{f_r - i(h+kR)} \\ &= e^{-ikR}\left[2i\sin kR - \frac{2kiRe^{-ikR}}{f_r - i(h+kR)}\right] \\ &= 2ie^{-2ikR}\left[\frac{kR}{i(h+kR)-f_r} + e^{ikR}\sin kR\right] \end{aligned} \tag{14.181}$$

이므로 (14.175a)식으로부터 σ_{sc}는

$$\sigma_{sc} = \frac{4\pi}{k^2}\left|\frac{kR}{i(h+kR)-f_r} + e^{ikR}\sin kR\right|^2 \tag{14.182}$$

된다. 한편

$$|s_o|^2 = \frac{|f_r|^2 + |h-kR|^2}{|f_r|^2 + |h+kR|^2} = 1 - \frac{4hkR}{f_r^2 + (h+kR)^2} \tag{14.183a}$$

$$\therefore\ 1 - |s_0|^2 = \frac{4hkR}{f_r^2 + (h+kR)^2} \tag{14.183b}$$

이므로 σ_{ab}는

$$\sigma_{ab} = \frac{4\pi}{k} \bullet \frac{hR}{f_r^2 + (h+kR)^2} \tag{14.184}$$

이다.

(iv) $f(E)$가 $E = E_{res} = E_r - \frac{i}{2}\Gamma_r$에서 0이 된다면 $f(E)$를 $E_{res}(\equiv E_R)$ 부근에서 전개하여

$$f(E) = \left.\frac{\partial f}{\partial E}\right|_{E_R}\left(E - E_r + \frac{i}{2}\Gamma_r\right) + \frac{1}{2i}\left.\frac{\partial^2}{\partial E^2}\right|_{E_R}(\cdots\cdots)^2 + \cdots\cdots \tag{14.185}$$

를 얻는다. $\left.\frac{\partial f}{\partial E}\right|_{E_R}$ 에서는 실수 부분이 지배적이라면 위 $f(E)$식에서

$$Re\,f = f_r = \left.\frac{\partial f}{\partial E}\right|_{E_R}(E - E_r) \tag{14.186a}$$

$$Imf = \frac{\partial f}{\partial E}\bigg|_{E_R} \frac{1}{2}\Gamma_r = -h \tag{14.186b}$$

이다. 또한

$$\Gamma_e = -2kR/\frac{\partial f}{\partial E}\bigg|_{E_R} \tag{14.187a}$$

$$\Gamma_r = -2h/\frac{\partial f}{\partial E}\bigg|_{E_R} \tag{14.187b}$$

$$\Gamma = \Gamma_e + \Gamma_r \tag{14.187c}$$

로 놓으면

$$\sigma_{sc} = \frac{4\pi}{k^2}\left|\frac{\frac{1}{2}\Gamma_e}{E-E_r-i\frac{1}{2}\Gamma} + e^{ikR}\sin kR\right|^2 \tag{14.188a}$$

$$\sigma_{ab} = \frac{4\pi}{k^2} \cdot \frac{\Gamma_e\Gamma_r}{(E-E_r)^2+\left(\frac{\Gamma}{2}\right)^2} \tag{14.188b}$$

이 된다. 위의 σ_{sc}으로부터 산란 진폭은 두 부분으로 나누어짐을 알 수 있다. (14.188a)식의 우측에서 첫 항은 공명 에너지 부분에서만 현저하고 그 외의 에너지 영역에서는 일반적으로 작은 값이 된다. 따라서 첫 항을 공명(共鳴)항, 두 번째 항을 비공명(非共鳴) 항이라 부른다. 공명 에너지에서 벗어난 경우에 첫 항은 무시할 수 있다.

위 결과에서 공명 상태가 있는 경우를 보면 항상 산란 진폭은 에너지의 어느 값에서 극(極, pole)을 가지는 함수임을 알 수 있다.

앞에서 고려하였던 산란 과정의 기본 개념들을 정리하는 의미에서 산란 과정의 형식적 이론(形式的理論, formal theory)을 기술해 보자.

14. 8 산란의 형식적 이론 ; Lippmann-Schwinger 이론

산란 이론을 처음 고려할 때 퍼텐셜의 영향을 받고 있는 입자의 Schrödinger 방정식을 푸는 것부터 시작하였다. 여기에서 다시 생각하여 보면

$$H = H_0 + V \tag{14.189}$$

이고 우리가 풀어야 하는 식은

$$H|\psi> = E|\psi> \tag{14.190a}$$

이다. 만일 고유값이 E인 H_0의 고유 벡터 $|\phi>$가 존재한다면 이 벡터는 V가 0일 때의 $|\psi>$에 해당된다고 볼 수 있다. 즉 자유입자의 해에 해당된다.

따라서 (14.190a)식을 다시 쓰면

$$(E-H_0)|\psi> = V|\psi> \tag{13.190b}$$

가 되고 이것의 해는 형식적으로

$$|\psi> = |\phi> + \frac{1}{E-H_0}V|\psi\} \tag{14.191}$$

로 쓸 수 있다. 단 여기에서 H_0가 E가 될 경우에 문제가 된다. 그러나 이 문제는 앞에서 Green 함수를 구할 때 이미 경험하였던 바와 같이 위 식의 우변항의 극(極, pole)을 피하여 산란되어 나가는 함수를 얻을 수 있다. 즉 $E=\frac{\hbar^2k^2}{2\mu}$임을 고려하면

$$|\psi^{(+)}> = |\phi> + \frac{1}{E-H_0+i\epsilon}V|\psi^{(+)}> \tag{14.192}$$

가 산란파를 기술할 수 있는 켓벡터의 식이 된다. 여기서 $\psi^{(+)}$는 밖으로 나가는 파를 포함함을 의미하며 들어오는 파를 포함하는 경우는 $\psi^{(-)}$로 표시되는데 이것은 위 식에서 우변항의 분모를 $E-H_0-i\epsilon$으로 놓는 경우에 쓴다. 이 (14.192)식을 Lippmann-Schwinger 식이라 부른다.

이 식에서 위치 벡터를 기저로 하는 표현을 생각하면 $<\vec{x}|$를 작용시켜

$$<\vec{x}|\psi^{(+)}> = <\vec{x}|\phi> + \int d^3x' <\vec{x}|\frac{1}{E-H_0+i\epsilon}|\vec{x}'><\vec{x}'|V|\psi^{(+)}> \tag{14.193}$$

을 얻으며 이 식에서 $<\vec{x}|\phi>$ 는 평면파 $e^{i\vec{k}\cdot\vec{x}}$로 쓸 수 있고 $<\vec{x}'|V|\psi^{(+)}>$는 $V(x')<\vec{x}'|\psi^{(+)}>$라 할 수 있으며 따라서 Green의 함수는

$$G(\vec{x}, \vec{x}') = \frac{\hbar^2}{2\mu}<\vec{x}|\frac{1}{E-H_0+i\epsilon}|\vec{x}'> \tag{14.194}$$

로 정의되어진다고 할 수 있다. 이 식은 또 (14.26)식으로 얻어진 것과 같음을 곧 알 수 있다. 즉 위 식을 고쳐 쓰면

$$\begin{aligned} G(\vec{x}, \vec{x}') &= \frac{\hbar^2}{2\mu}\int d^3p' \int d^3p'' <\vec{x}|\vec{p}'><\vec{p}'|\frac{1}{E-H_0+i\epsilon}|\vec{p}''><\vec{p}''|\vec{x}'> \\ &= \frac{\hbar^2}{2\mu}\int d^3p' \int d^3p'' <\vec{x}|\vec{p}'> \cdot \frac{1}{E-\frac{p'^2}{2\mu}+i\epsilon}\delta(\vec{p}'-\vec{p}'')<\vec{p}''|\vec{x}'> \\ &= \frac{\hbar^2}{2\mu}\int \frac{d^3p'}{(2\pi\hbar)^3}\frac{1}{\frac{\hbar^2k^2}{2\mu}-\frac{p'^2}{2\mu}+i\epsilon}e^{i\frac{\vec{x}\cdot\vec{p}'}{\hbar}-i\frac{\vec{x}'\cdot\vec{p}'}{\hbar}} \\ &= \frac{1}{(2\pi)^3}\int d^3q \frac{e^{i(\vec{x}-\vec{x}')\cdot\vec{q}}}{k^2-q^2+i\epsilon'} \qquad \{\Rightarrow (14.21)\text{식}\} \\ &= \frac{1}{4\pi}\frac{e^{i|\vec{x}-\vec{x}'|k}}{|\vec{x}-\vec{x}'|} \end{aligned} \tag{14.195}$$

을 얻는다.

(14.192)식의 운동량 표현은 $<\vec{p}|$를 작용시킴으로써 얻어진다. 즉

$$<\vec{p}|\psi^{(+)}> \; = <\vec{p}|\phi> + <p|\frac{1}{E-H_0+i\epsilon}V|\psi^{(+)}> \tag{14.196}$$

가 된다. 한편 $|\phi>$가 운동량$\vec{p_i}$를 가진 입사파를 나타낸다면 $|\phi>$를 $|\vec{p_i}>$로 쓸 수 있어서

$$<\vec{p}|\psi^{(+)}> \; = \delta^{(3)}(\vec{p}-\vec{p_i}) + \int d^3p' <p|\frac{1}{E-H_0+i\epsilon}|p'><p'|V|\psi^{(+)}>$$

$$= \delta^{(3)}(\vec{p}-\vec{p_i}) + \frac{1}{\frac{\hbar^2k^2}{2\mu}-\frac{p^2}{2\mu}+i\epsilon}<p|V|\psi^{(+)}>$$

$$= \delta^{(3)}(\vec{p}-\vec{p_i}) + \frac{2\mu}{\hbar^2}\cdot\frac{1}{k^2-(\vec{p}/\hbar)^2+i\epsilon'}\int d^3p' <p|V|p'><p'|\psi^{(+)}> \tag{14.197}$$

가 된다.

1차 이상의 Born 근사를 얻기 위하여 Møller연산자 $\Omega^{(+)}$를 도입하자. 즉 $|\psi^{(+)}>$를 입사 입자의 $|\phi>$에 $\Omega^{(+)}$를 작용시켜 얻는다고 하면

$$|\psi^{(+)}> \; = \Omega^{(+)}|\phi> \tag{14.198}$$

로 $\Omega^{(+)}$가 정의된다. 따라서 (14.192)식은

$$|\psi^{(+)}> \; = |\phi> + \frac{1}{E-H_o+i\epsilon}V\Omega^{(+)}|\phi>$$

$$= \left(1+\frac{1}{E-H_o+i\epsilon}V\Omega^{(+)}\right)|\phi> \tag{14.199}$$

이 되므로

$$\Omega^{(+)} = 1 + \frac{1}{E-H_o+i\epsilon}V\Omega^{(+)} \tag{14.200}$$

를 얻게 되고 특히 전이 연산자(轉移演算子, transition operator)라 부르는 연산자 T를

$$T = V\Omega^{(+)} \tag{14.201}$$

로 정의하면 위 (14.200)식에 V를 왼편으로부터 곱하여 줌으로써

$$T = V + V\frac{1}{E-H_o+i\epsilon}T \tag{14.202}$$

관계식을 얻는다.

연산자 T를 사용하면 산란 진폭 $f(\vec{k},\vec{k'})$은 (14.40)식에서

$$f(\vec{k},\vec{k'}) = -\frac{\mu}{2\pi\hbar^2}\cdot(2\pi)^3\langle\vec{k'}|V|\psi^{(+)}\rangle$$

$$= -\frac{\mu}{2\pi\hbar^2}(2\pi)^3\langle\vec{k'}|V\Omega^{(+)}|\phi\rangle$$

$$= -\frac{\mu}{2\pi\hbar^2}(2\pi)^3\langle\vec{k'}|T|\vec{k}\rangle \tag{14.203}$$

로 되어 T를 알면 $f(\vec{k},\vec{k}')$을 알 수 있게 된다. 여기서 $|\phi>$대신 $|\vec{k}>$로 쓴 것은 (14.193)식의 첫째 항 $<\vec{x}|\phi>$가 $e^{i\vec{k}\cdot\vec{x}}$임을 고려한 때문이다.

또 (14.202)식으로부터 T는 V로 전개할 수 있어

$$T=V+V\frac{1}{E-H_0+i\epsilon}V+V\frac{1}{E-H_0+i\epsilon}V\frac{1}{E-H_0+i\epsilon}V+\cdots\cdots \tag{14.204}$$

로 되고 이 전개를 고려하면

$$f(\vec{k},\vec{k}')=\sum_{n=1}^{\infty}f^{(n)}(\vec{k},\vec{k}') \tag{13.205}$$

로 쓸 수 있다. 여기서 n은 n차 Born 근사를 나타낸다. 그리고 (14.204)식으로부터

$$f^{(1)}(\vec{k},\vec{k}')=-\frac{\mu}{2\pi\hbar}(2\pi)^3<\vec{k}'|V|\vec{k}> \tag{14.206a}$$

$$f^{(2)}(\vec{k},\vec{k}')=-\frac{\mu}{2\pi\hbar}(2\pi)^3<\vec{k}'|V\frac{1}{E-H_0+i\epsilon}V|\vec{k}> \tag{14.206b}$$

$\cdots\cdots\cdots$

를 얻는다.

미분 단면적은 T연산자를 사용하여

$$\frac{d\sigma}{d\Omega}=\left|f(\vec{k},\vec{k}')\right|^2 \tag{14.207}$$

로부터 항상 얻을 수 있게 된다.

때로는 Green 함수의 연산자 $G(E)$를

$$G^{(+)}(E)=\frac{1}{E-H_0+i\epsilon} \tag{14.208}$$

로 정의하기도 한다. 그러면 (14.192)식으로부터

$$|\psi^{(+)}>=(1+G^{(+)}V\Omega^{+})|\phi> \tag{14.209}$$

$$\Omega^{+}=1+G^{(+)}V\Omega^{+}=1+G^{(+)}V+G^{(+)}VG^{(+)}V+G^{(+)}VG^{(+)}VG^{(+)}V+\cdots\cdots$$
$$=\frac{1}{1-G^{(+)}V} \tag{14.210}$$

로 쓸 수 있고 따라서

$$|\psi^{(+)}>=\left(1+G^{(+)}V\frac{1}{1-G^{(+)}V}\right)|\phi>$$
$$=\frac{1}{1-G^{(+)}(E)V}|\phi> \tag{14.211}$$

로 쓸 수도 있겠다. 이 식은 물론 $G^{(+)}(E)V<1$인 조건에서만 쓸 수 있다.

여기서도 광학 정리는 일반적으로 성립됨을 보일 수 있다. 만일 $\vec{k}'=\vec{k}$이면

$$f(\theta=0)=-\frac{\mu}{2\pi\hbar^2}(2\pi)^3<\vec{k}|T|\vec{k}> \tag{14.212}$$

이고 $<\vec{k}|T|\vec{k}>$의 허수 부분은

$$Im < \vec{k} \mid T \mid \vec{k} > \; = Im < \vec{k} \mid V\Omega^{(+)} \mid \vec{k} >$$
$$= Im < \vec{k} \mid V \mid \psi^{(+)} >$$
$$= Im\left\{ < \psi^{(+)} \mid - < \psi^{(+)} \mid V \frac{1}{E - H_0 - i\epsilon} \right\} V \mid \psi^{(+)} > \quad \{(14.192)\text{식을 이용함}\}$$
$$= Im\left\{ < \psi^{(+)} \mid V \mid \psi^{(+)} > \; - \; < \psi^{(+)} \mid V \frac{1}{E - H_0 - i\epsilon} V \mid \psi^{(+)} > \right\} \tag{14.213}$$

가 된다. 여기서 V가 Hermite 연산자임을 고려하고 또

$$\frac{1}{E - H_0 - i\epsilon} = \frac{1}{E - H_0} + i\pi\delta(E - H_0) \tag{14.214}$$

를 사용하면 임의의 Hermite 연산자 A에 대하여 $< \psi^{(+)} \mid A \mid \psi^{(+)} >$는 실수 값을 가지므로

$$Im < \vec{k} \mid T \mid \vec{k} > \; = \; -\pi < \vec{k} \mid T\delta(E - H_0)\, T \mid \vec{k} >$$
$$= -\pi \int\int d^3k' d^3k'' < \vec{k} \mid T \mid \vec{k}' > \; < \vec{k'} \mid \delta(E - H_0) \mid \vec{k''} > < \vec{k''} \mid T \mid \vec{k} >$$
$$= -\pi \int d^3k' \delta\left(E - \frac{\hbar^2 k'^2}{2\mu}\right) \mid < \vec{k} \mid T \mid \vec{k'} > \mid^2 \tag{14.215}$$

이 된다. 한편 $E = \dfrac{\hbar^2 k^2}{2\mu}$이므로 이 식은 $\mid \vec{k} \mid = \mid \vec{k'} \mid$를 의미하며 d^3k'을

$$d^3k' = k'^2 dk' d\Omega \tag{14.216}$$

로 쓰면

$$Im < \vec{k} \mid T \mid \vec{k} > \; = \; -\pi \cdot \frac{\mu}{\hbar^2 k} \cdot k^2 \cdot \int d\Omega < \vec{k} \mid T \mid \vec{k'} > \mid^2 \tag{14.217}$$

이 된다. 따라서 (14.212),(14.217),(14.203),(14.207)식으로부터

$$Im f(0) = -\frac{\mu}{2\pi\hbar^2}(2\pi)^2 \cdot Im < \vec{k} \mid T \mid \vec{k} >$$
$$= \frac{\mu}{2\pi\hbar^2}(2\pi)^3 \cdot \frac{\pi\mu k}{\hbar^2} \int d\Omega \frac{d\sigma}{d\Omega} \Big/ \left[-\frac{\mu}{2\pi\hbar^2}(2\pi)^3 \right]^2$$
$$= \frac{4\pi^3 \mu^2 k}{\hbar^4} \cdot \frac{\hbar^4}{\mu^2 (2\pi)^4} \cdot \sigma_{tot}$$
$$= \frac{k}{4\pi}\sigma_{tot} \tag{14.218}$$

가 된다. 즉 광학 정리를 얻었다.

14. 9 산란에서 스핀의 영향과 동일 입자(identical particle)의 산란 과정

지금까지는 산란 과정에서 입자의 스핀은 고려하지 않았다. 두 입자가 산란할 때 생각할 수 있는 것은 두 입자 중의 하나는 스핀이 0이고 다른 입자는 스핀을 가지는 경우와 두

입자 모두 스핀을 가지는 경우가 되겠다. 스핀 상태는 산란 전후에 바꾸어질 수도 있다. 먼저 두 입자 중에서 한 입자는 스핀이 없는 경우를 생각하자.

(a) 스핀 s(또는 0)을 가진 입자의 스핀이 0(또는 s)인 표적에 의한 산란

입자가 스핀이 없는 경우 입사파와 산란파의 합으로 표시된(14.41)식은 입자의 스핀을 고려하게 될 때 약간 바꾸어진다. 입사파의 스핀 상태를 $|i>$라면 산란파의 스핀 상태 $|f>$는 산란에 의한 입사파의 스핀의 변화로 얻어지며

$$|\vec{k'}, f> = M|\vec{k}, i> \tag{14.219}$$

로 쓸 수 있다. 따라서

$$\psi \to e^{i\vec{k}\cdot\vec{x}}|i> + \frac{e^{ikr}}{r}M|i> \tag{14.220}$$

가 된다. M은 스핀에 변화를 결정하여 주는 연산자 또는 행렬을 포함하고 있으며 전이 연산자(轉移演算子, transition operator) 또는 전이 행렬이라 부른다. 여기서 $|f>$는 규격화된 벡터는 아니다.

특히 $|i>$가 어느 한 스핀 상태 $|sm_s>$일 때 산한 후의 스핀이 $|sm_s'>$ (표적이 입자의 스핀 s값은 변화시키지 않으므로 탄성 충돌에서는 같은 입자만을 고려하며 스핀 s는 항상 같다)가 되는 경우 산란 진폭은

$$f_{m_s' m_s}(\vec{k}, \vec{k'}) = <sm_s'|M|sm_s> \tag{14.221}$$

가 된다. 따라서 $|sm_s>$ 상태 있던 입사파가 θ, φ방향으로 산란되어 나오며 스핀 상태가 $|sm_s'>$이 되는 미분 단면적은

$$\frac{d\sigma}{d\Omega} = |f_{m_s' m_s}(\theta, \varphi)|^2 = |<sm_s'|M|sm_s>|^2 \tag{14.222}$$

가 된다.

만일 밖으로 나가는 입자의 스핀 상태에 관심을 두지 않는 경우에는 마지만 스핀 상태에 대하여 합하게 된다. 이 때 $|sm_s>$인 상태의 입사파가 θ, φ방향으로 산란되어 나오는 미분 단면적은

$$\begin{aligned}\frac{d\sigma}{d\Omega} &= \sum_{m_s'} |<sm_s'|M|sm_s>|^2 \\ &= \sum_{m_s'} <sm_s|M^\dagger|sm_s'><sm_s'|M|sm_s> \\ &= <sm_s|M^\dagger M|sm_s> \\ &= (M^\dagger M)_{m_s m_s} \qquad (m_s\text{의 합은 아님})\end{aligned} \tag{14.223}$$

가 된다. 즉 $M^\dagger M$의 행렬 표현에서는 대각선 성분에 해당된다. 이 식은 편극된 입사파의 미분 단면적이다.

만일 스핀을 가진 입자의 입사파가 편극되지 않았다면 이는 입사파가 여러 m_s에 갇은 확률을 가지고 있음을 의미하므로 이 경우는 초기상태 m_s에 대한 평균을 취하여

$$\frac{d\sigma}{d\Omega}=\frac{1}{2s+1}\sum_{m_s}<s\,m_s|M^{\dagger}M|s\,m_s>$$

$$=\frac{1}{2s+1}Tr\left(M^{\dagger}M\right) \tag{14.224}$$

가 된다.

이 두 식을 다른 각도에서 살펴보자. 입사파가 편극된 것을 이 입자의 스핀 밀도 행렬(또는 연산자) ρ_i로 표시하면 순수 상태의 경우

$$\rho_i=|\,sm_s><sm_s\,| \tag{14.225}$$

가 되고 또 입자가 편극되지 않은 상태에서는 (9.115)식에서처럼 밀도 행렬이 혼합 상태로 여러 상태에 같은 확률을 가져 각 상태의 확률 $W_{m_s}=1/(2s+1)$이 되어

$$\rho_i=\frac{1}{2s+1}I \tag{14.226}$$

이 되며 (14.223)식과 (14.224)식은

$$\frac{d\sigma}{d\Omega}=Tr\left(\rho_i M^{\dagger}M\right) \tag{14.227}$$

로 쓸 수 있다. 이 식은 산란되어 나오는 입자의 편극을 고려하지 않는 경우에 미분 단면적을 나타내는 일반적인 식이다. ρ_i는 입사파의 편극 상태를 나타내며 혼합된 스핀 상태에 대하여도 성립한다. 이러한 관점에서 본다면 (14.222)식과 같이 산란된 입자가 $|sm_s^{'}>$로 편극되었으면 미분 단면적은

$$\frac{d\sigma}{d\Omega}=Tr\left(\rho_{fm_s^{'}}M\rho_i M^{\dagger}\right) \tag{14.228}$$

로 쓸 수 있다. 마지막 상태나 처음 상태가 편극되지 않은 경우는 밀도 행렬을 I 로 놓는다. 단 처음 상태가 편극이 되지 않은 경우는 평균을 하는 의미에서 $\frac{1}{2s+1}$을 곱하게 된다. 편극된 경우는 ρ가 스핀 상태에 대한 투영 연산자(投影演算子, projection operator)의 역할을 한다.

입자의 편극을 알려면 밀도 행렬을 알아야 한다. 특히 입자의 스핀이 $\frac{1}{2}$인 경우에 스핀 상태를 나타내는 밀도 행렬은 제 10장에서 보인 바와 같이 2×2행렬이 되어 일반적으로

$$\rho=\frac{1}{2}(I+\vec{\sigma},\vec{n}) \tag{14.229}$$

으로 쓸 수 있다. 여기서 $\vec{n}$은 크기가 1인 단위 벡터이다.

만일 입자가 $\vec{n}$ 방향으로 편극될 확률이 $W(\uparrow)$, $-\vec{n}$방향으로 편극될 확률이 $W(\downarrow)$라면 밀도행렬은 역시 제 10장에서 보인 바와 같이

$$\rho=\frac{1}{2}(I+\vec{\sigma}\cdot\vec{P}) \tag{14.230}$$

로 쓸 수 있다. 여기서

$$\vec{P}=\{W(\uparrow)-W(\downarrow)\}\cdot\vec{n} \tag{14.231}$$

이며 편극 벡터라 부른다. 이 값은 $P\equiv|\vec{P}|<1$인 관계가 성립한다. 즉 $P=1$이면 완전 편극된 경우, $P=0$이면 편극이 안된 경우이고, $P<1$이면 혼합된 경우이다. 이와 같이 P는 그 편극된 정도(degree of polarization)를 나타낸다. (14.230)식과 같이 ρ_i는 $\vec{P_i}$로 ρ_f는 $\vec{P_f}$로 표시되면

$$\vec{P_i}=Tr(\vec{\sigma}\rho_i) \tag{14.232}$$

$$\vec{P_f}=Tr(\vec{\sigma}\rho_f) \tag{14.233}$$

로부터 ρ_i, ρ_f가 주어지면 어느 방향으로 얼마나 편극 되었는가를 알 수 있다.

한편 (14.219)식으로부터 $|f>$가 규격화되지 않은 경우에

$$\rho_f=\frac{|f><f|}{<f|f>}=\frac{M|i><i|M^{\dagger}}{<i|M^{\dagger}M|i>}=M\rho_iM^{\dagger}/Tr(\rho_iM^{\dagger}M) \tag{14.234a}$$

이므로

$$\vec{P_f}=Tr(\vec{\sigma}M\rho_iM^{\dagger})/Tr(\rho_iM^{\dagger}M) \tag{14.234b}$$

의 관계가 있다.

미분 단면적이나 $\vec{P_f}$를 구함에 있어서 전이 행렬 M에 대하여 아는 것이 중요하다. 스핀 $\frac{1}{2}$인 입자의 경우에 M은 일반적으로 2×2 행렬이 되므로

$$M=g(\theta,\varphi)I+\vec{\sigma}\cdot\vec{h}(\theta,\varphi) \tag{14.235}$$

로 표시된다. $\vec{h}$벡터는 $\vec{k}$와 $\vec{k'}$의 함수로 이루어진 벡터이다. $\vec{\sigma}$가 축성(軸性, axial 또는 pseudo) 벡터이기 때문에 $\vec{h}$도 축성 벡터임이 예상된다.

가장 간단한 경우로

$$\vec{h}=\frac{\vec{k}\times\vec{k'}}{|\vec{k}\times\vec{k'}|}h(\theta,E)=\vec{n}h(\theta,E) \tag{14.236}$$

로 놓을 수 있다. 여기서 $\vec{n}$은 $\vec{k}\times\vec{k'}$방향의 단위 벡터를 의미하며 산란 평면에 수직적인 단위 벡터이다. 참고로 h대신에 ih를 쓴 경우도 있다는 것을 말해 둔다.

$\vec{n}$방향을 z 방향으로 택하면

$$M=\begin{pmatrix} g & 0\\ 0 & g\end{pmatrix}+\begin{pmatrix} h & 0\\ 0 & -h\end{pmatrix}=\begin{pmatrix} g+h & 0\\ 0 & g-h\end{pmatrix} \tag{14.237}$$

가 된다. 이 때 몇 가지 경우를 고찰하여 보자.

(i) 입사파가 편극이 안된 경우에는 (14.324)식의 분모에 있는 $M\rho_i M^\dagger$가

$$M\rho_i M^\dagger = \begin{pmatrix} g+h & 0 \\ 0 & g-h \end{pmatrix}\begin{pmatrix} \frac{1}{2} & 0 \\ 0 & \frac{1}{2} \end{pmatrix}\begin{pmatrix} g^*+h^* & 0 \\ 0 & g^*-h^* \end{pmatrix}$$

$$= \frac{1}{2}\begin{pmatrix} |g+h|^2 & 0 \\ 0 & |g-h|^2 \end{pmatrix} \tag{14.238}$$

이므로

$$\rho_f = \frac{1}{2}\begin{pmatrix} |g+h|^2 & 0 \\ 0 & |g-h|^2 \end{pmatrix} \Big/ \frac{1}{2}\left(|g+h|^2 + |g-h|^2\right)$$

$$= \frac{1}{2\left(|g|^2+|h|^2\right)}\begin{pmatrix} |g+h|^2 & 0 \\ 0 & |g-h|^2 \end{pmatrix} \tag{14.239}$$

이 된다. 그러면 이 경우에 산란 입자의 z방향($\vec{n}$방향)의 편극은

$$P_f = Tr\left(\sigma_z \rho_f\right)$$

$$= \frac{|g+h|^2 - |g-h|^2}{2\left(|g|^2+|h|^2\right)} = \frac{2Re\left(gh^*\right)}{|g|^2+|h|^2} \tag{14.240}$$

이 된다. 따라서 편극이 안 된 입사 입자가 산란을 하면 산란면(散亂面, scattering plane)에 수직인 방향으로 편극이 되고 g와 h의 값의 크기에 따라 산란파의 편극 상태가 결정된다. 특히 g나 h 중에 하나가 0이 되면 산란파는 편극이 안된다.

또 미분 단면적은 (14.227)식으로부터 다음과 같이 된다.

$$\frac{d\sigma}{d\Omega} = Tr\left(\rho_i M M^\dagger\right) = |g|^2 + |h|^2 \tag{14.241}$$

(ii) 입사 입자가 z 축 방향으로 편극된 경우에는

$$M\rho_i M^\dagger = \begin{pmatrix} g+h & 0 \\ 0 & g-h \end{pmatrix}\begin{pmatrix} 1 & 0 \\ 0 & 0 \end{pmatrix}\begin{pmatrix} g^*+h^* & 0 \\ 0 & g^*-h^* \end{pmatrix} = \begin{pmatrix} |g+h|^2 & 0 \\ 0 & 0 \end{pmatrix} \tag{14.242}$$

$$\therefore \rho_f = \begin{pmatrix} 1 & 0 \\ 0 & 0 \end{pmatrix} \tag{14.243}$$

이 된다. 즉 산란파도 z축 방향으로 편극된다.

이 경우에 미분 단면적

$$\frac{d\sigma}{d\Omega} = |g+h|^2 = \left(|g|^2+|h|^2\right)\left(1 + \frac{2Re\left(gh^*\right)}{|g|^2+|h|^2}\right)$$

$$= \left(\frac{d\sigma}{d\Omega}\right)_{unp}\left(1 \pm P_f\right) \tag{14.244}$$

를 얻는다. 이 식에서 P_f는 (14.240)식으로 주어진 산란파의 편극을 나타낸다. 그리고 ±는 (14.226)식에서 h가 θ값이 $-\theta$이면 달라지는 경우가 있으므로 붙여졌다.

스핀이 포함된 경우의 산란 문제에서도 위상 이동을 포함한 분석을 할 수 있으나 여기서는 생략한다.

(b) 동일 입자(同一粒子, identical particles)의 산란

서로 구별할 수 없는 두 개의 같은 입자가 두 입자의 질량 중심계(center of mass frame)에서 산란을 한다면 그림 14.7에서 보는 바와 같은 두 과정은 실험적으로 구별할 수 없다.

그림 14.7(a)의 산란 과정을 기술하는 파동함수는 입자의 스핀을 고려하지 않는 경우에는 점근적으로

$$\psi(\vec{k}, \vec{k}', \vec{x}) \sim e^{i\vec{k}\cdot\vec{x}} + f(\vec{k}, \vec{k}')\frac{e^{ikr}}{r} \tag{14.245}$$

라 하면 이식은 Schrödinger 방정식 (14.3)식을 풀어서 얻은 결과이다. 이체(二體) 문제는 질량중심을 고정하고 보면 한 입자 문제가 됨을 주의하자. 한편 그림 14.7(b)에서는 $\vec{k}'$이 $-\vec{k}'$이 되고 $\vec{x}$가 $-\vec{x}$로 바꾸어진 경우이다. 따라서 그림 14.7(b)의 산란 과정은

$$\psi(\vec{k}, -\vec{k}', -\vec{x}) \sim e^{-i\vec{k}\cdot\vec{x}} + f(\vec{k}, -\vec{k}')\frac{e^{ikr}}{r} \tag{14.246}$$

에 의하여 기술된다. (14.246)식에 (14.245)식에 입자 1 과 2를 교환하는 교환연산자 P_{12}를 작용하여 얻어진다고 할 수 있다. P_{12}는 Hamiltonian 과 교환 가능하며 따라서 우리가 구하려는 동일입자의 산란에 대한 Schrödinger 방정식의 해는 (14.245)식 또는 (14.246)식으로부터 대칭(對稱, symmetric)또는 반대칭(反對稱, antisymmetic) 함수를 만들어 쓰는 것이 편리하다. 즉

$$\psi_S = \psi(\vec{k}, \vec{k}', \vec{x}) + \psi(\vec{k}, -\vec{k}', -\vec{x}) \tag{14.247a}$$

$$\psi_A = \psi(\vec{k}, \vec{k}', \vec{x}) - \psi(\vec{k}, -\vec{k}', -\vec{x}) \tag{14.247b}$$

로 쓰고 (14.245)식과 (14.246)식을 이용하면 우리가 원하는 함수는

$$\psi \sim e^{i\vec{k}\cdot\vec{x}} \pm e^{-i\vec{k}\cdot\vec{x}} + \left[f(\vec{k}, \vec{k}') \pm f(\vec{k}, \vec{k}')\right]\frac{e^{ikr}}{r} \tag{14.248}$$

가 된다. 여기서 $\vec{k}'$방향을 (θ, ψ)로 놓으면 $-\vec{k}'$의 방향은 $(\pi-\theta, \pi+\varphi)$가 된다. 위 식에서 대칭과 반대칭 함수 중에서 어느 것을 택하는가 하는 것은 입자의 성질 및 스핀과 같은 양자수의 상태에 따라 결정된다.

먼저 두 입자가 산란된 후 $\vec{x_1}, \vec{x_2}$ 공간의 $d^3x_1d^3x_2$의 체적요소 안에 발견될 확률은

$$\left| f(\vec{k}, \vec{k}') \pm f(\vec{k}, -\vec{k}') \right|^2 \frac{d^3x_1 d^3x_2}{r^2} \tag{14.249}$$

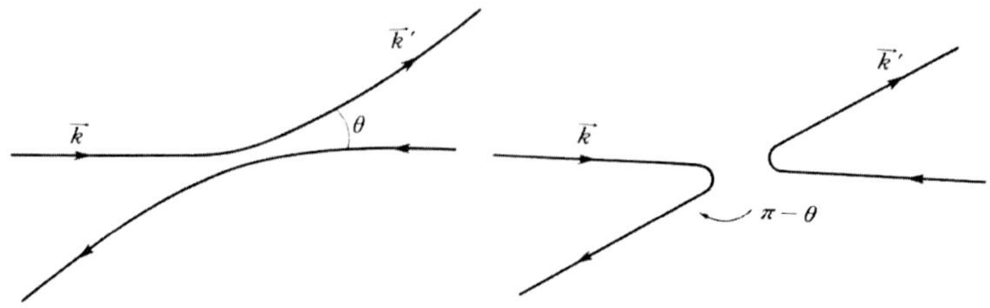

그림 14.7 동일한 두 입자의 산란에서 구별할 수 없는 두 과정

에 비례하게 되는데 $d^3x_1d^3x_2$은 두 입자의 질량 중심 좌표 $\vec{X}$와 상대 좌표(relative coordinates) $\vec{x}$로 좌표를 바꿀 때 d^3xd^3X이고 d^3X에 대한 적분을 하면 입자가 산란될 때 미분 단면적은

$$\begin{aligned}\frac{d\sigma}{d\Omega}(\vec{k},\vec{k}') &= |f(\vec{k},\vec{k}')\pm f(\vec{k},-\vec{k}')|^2\\ &= |f(\vec{k},\vec{k}')|^2+|f(\vec{k},-\vec{k}')|^2\pm 2Re\left[f^*(\vec{k},\vec{k}')f(\vec{k},-\vec{k}')\right]\end{aligned}\tag{14.250}$$

의 모양이 된다.

특히 두 입자가 boson인 경우는 파동 함수가 교환에 대하여 대칭이므로 +기호를 택한다. 또 많은 경우 f는 각(角) φ와는 무관하고 그 때의 미분 단면적은

$$\frac{d\sigma}{d\Omega}(\theta)=|f(\theta)\pm f(\pi-\theta)|^2 \tag{14.251}$$

이 된다. 특히 이 값은 $\theta=\frac{\pi}{2}$일 때 $\frac{d\sigma}{d\Omega}\left(\frac{\pi}{2}\right)=4\left|f\left(\frac{\pi}{2}\right)\right|^2$가 될 것이다. 이것은 고전적 결과의 두 배가 된다.

두 입자가 스핀 $\frac{1}{2}$을 가진 fermion들이라 하고 퍼텐셜 V가 스핀과는 무관한 경우를 생각하여보자.

(i) 두 입자가 이루는 합 스핀값이 $s=0$인 경우 즉 스핀 벡터가 단일 항(singlet)인 경우 스핀 벡터는 반대칭이므로 위치 함수는 대칭이어야 한다. 따라서

$$\left.\frac{d\sigma}{d\Omega}\right|_{s=0}=|f(\theta)+f(\pi-\theta)|^2 \tag{14.251}$$

이 된다.

(ii) 한편 두 입자가 이루는 총스핀값이 $s=1$인 경우 즉 스핀 벡터가 삼중 항(triplet)인 경우 스핀 벡터는 대칭이므로 위치함수는 반대칭이어야 한다. 따라서

$$\left.\frac{d\sigma}{d\Omega}\right|_{s=1}=|f(\theta)-f(\pi-\theta)|^2 \tag{14.252}$$

이 될 것이다.

(iii) 또 스핀 $\frac{1}{2}$인 동일한 두 입자의 입사파가 편극되지 않은 (unpolarized) 경우를 생각하면 스핀을 결정하여 주는 아무런 외력(外力)이 없으므로 4개의 스핀 상태는 같은 확률을 가지고 있다고 할 수 있다. 따라서 이 경우 미분 단면적은

$$\begin{aligned}\frac{d\sigma}{d\Omega} &= \frac{1}{4}\frac{d\sigma}{d\Omega}\bigg|_{s=0} + \frac{3}{4}\frac{d\sigma}{d\Omega}\bigg|_{s=1} \\ &= \frac{1}{4}\,|\,f(\theta)-f(\pi-\theta)\,|^2 + \frac{3}{4}\,|\,f(\theta)-f(\pi-\theta)\,|^2 \\ &= |\,f(\theta)\,|^2 + |\,f(\pi-\theta)\,|^2 - Re\left[f^*(\theta)f(\pi \quad \theta)\right] \end{aligned} \tag{14.253}$$

가 된다. 위 식에서 $\frac{1}{4}$과 $\frac{3}{4}$은 스핀 단일항과 삼중항의 통계 가중값(statistical weight)을 나타낸 값이다. 이 값은 파동함수에 스핀 벡터를 직접 사용함으로써도 얻을 수 있다. 특히 이 경우에서 $\theta = \frac{\pi}{2}$일 때의 값은

$$\frac{d\sigma}{d\Omega}\left(\theta = \frac{\pi}{2}\right) = \left|f\left(\frac{\pi}{2}\right)\right|^2 \tag{14.253}$$

이어서 boson에 대한 결과와 다르다. 즉 boson의 경우에는 두 입자가 건설적 간섭(constructive interference)을 하고 fermion의 경우는 파괴적 간섭(destructive interference)을 한다고 할 수 있다.

[문 제]

14. 1 본문에서 얻은 Schrödinger 방정식의 해인 (14.36)식을 운동량 표현으로 고치면 입사파의 파수 벡터를 $\vec{k}_i$라 할 때

$$\varphi(\vec{k})=\delta^{(3)}(\vec{k}-\vec{k}_i)+\frac{1}{k_i^2-k^2+i\epsilon}\frac{2\mu}{\hbar_2}\int d^3k' V(\vec{k}-\vec{k}')\varphi(\vec{k}')$$

됨을 보여라. 여기서 $\varphi(\vec{k})$는 $\varphi(\vec{k})=\frac{1}{(2\pi)^3}\int e^{-i\vec{k}\cdot\vec{x}}\psi(x)$로 정의된 함수이다.

14. 2 정지한 원자에 대하여 빠른 전자가 산란될 때 산란 진폭을 구하려고 한다. 먼저 원점에 전하 $-Ze$를 갖는 원자핵이 있고 원자핵 주위에는 Ze의 전하를 형성하는 전자들이 있다. 한 전자가 기여하는 전자 밀도를 $e\rho(\vec{x})$라면 입사 전자가 느끼는 퍼텐셜 $\phi(x)$은

$$\nabla^2\phi(x)=-\vec{\nabla}\cdot\vec{E}(x)=+4\pi Ze\delta(\vec{x})-4\pi Ze\rho(\vec{x})$$

을 만족할 것이다. 즉 총 전하밀도는 $e\rho_i(\vec{x})=e\delta(\vec{x})-e\rho(\vec{x})$가 된다.

(a) 이 계의 퍼텐셜 에너지는

$$V(\vec{x})=-\frac{Ze^2}{r}+Ze^2\int\frac{\rho(\vec{x}')}{|\vec{x}-\vec{x}'|}d^3x'$$

됨을 보여라.

(b) 이 때 산란 진폭 $f(\vec{k},\vec{k}')$은

$$f(\vec{k},\vec{k}')=\frac{\mu}{2\pi\hbar^2}Ze^2\int\int\frac{\rho_t(\vec{x}')e^{i(\vec{k}-\vec{k}')\cdot\vec{x}}}{|\vec{x}-\vec{x}'|}d^3xd^3x'$$

됨을 보여라

(c) 위 식에서 $\vec{x}$에 관한 적분을 하면

$$\int\frac{e^{i(\vec{k}-\vec{k}')\cdot\vec{x}}}{|\vec{x}-\vec{x}'|}d^3x=\frac{4\pi}{|\vec{x}-\vec{x}'|^2}e^{i(\vec{k}-\vec{k}')\cdot\vec{x}}$$

됨을 보여라.

(d) 원자의 형체 인자(形體因子, atomic form factor) $F(\vec{k},\vec{k}')$을

$$F(\vec{k},\vec{k}')=\int\rho(\vec{x})e^{i(\vec{k}-\vec{k}')\cdot\vec{x}}d^3x$$

로 정의하면 산란 진폭은

$$f(\vec{k},\vec{k}')=\frac{2\mu Ze^2}{\hbar^2|\vec{k}-\vec{k}'|^2}\left[1-F(\vec{k}-\vec{k}')\right]=\frac{Ze^2}{4E\sin^2\theta/2}\ (1-F)$$

됨을 보여라. 따라서 미분 단면적은 다음과 같다.

$$\frac{d\sigma}{d\Omega}=\frac{e^4Z^2}{4m^2v^4}\csc^4\frac{\theta}{2}(1-F)^2$$

(e) 만일 원자가 바닥 상태에 있다면 $\rho(\vec{x})=\left|\psi_{100}(x)^2\right|$으로 될 것이며 이때에 형체인자는

$$F(\vec{k},\vec{k'})=\frac{1}{\left[1+\frac{1}{4}a^2\left|\vec{k}-\vec{k'}\right|^2\right]^2}$$

이 됨을 보여라.

14. 3 Gaussian 퍼텐셜

$$V(r)=V_0e^{-\frac{r^2}{2a^2}}$$

에 의한 산란에서 미분 단면적은

$$\frac{d\sigma}{d\Omega}=\frac{2\pi\mu^2a^6V_0^2}{\hbar^4}\exp\left\{-4k^2a^2\sin^2\frac{\theta}{2}\right\}$$

이 됨을 보여라. 여기에서 θ는 입사파와 산란파의 파수 벡터 $\vec{k}$와 $\vec{k'}$사이의 각도이다. θ가 증가 함에 따라 미분 단면적은 감소됨을 알 수 있다. 총단면적 σ를 구하여라.

14. 4 3차원에서의 퍼텐셜 우물(spherical potential well)

$$V(r)=-V_0 \qquad (r<a)$$
$$=0 \qquad (r>a)$$

에 대하여 미분 단면적을 구하고, 낮은 에너지 $ka\ll 1$인 경우에는

$$\frac{d\sigma}{d\Omega}=\left(\frac{4\mu V_0a}{3\hbar^2}\right)^2$$

가 되고 또 높은 에너지 $ka\gg 1$인 경우에는

$$\frac{d\sigma}{d\Omega}=\frac{\mu^2V_0^2a^2}{4\hbar^4k^4\sin^4\theta/2}\cos\left(2ka\sin\frac{\theta}{2}\right)$$

됨을 보여라.

14. 5 위 문제에서와 같은 퍼텐셜을 생각할 때 속도가 작은 느린 입자(slow particle)의 산란을 고려하자. 입사 입자의 운동에너지가 아주 작은 경우에 위상 이동(phase shift)은

$$\delta_0=ka\left(\frac{\tan Ka}{Ka}-1\right)$$

임을 보여라. 여기서 K는 $K^2=\frac{2\mu}{\hbar^2}V_0$으로 정의된 양이다. 만일 $Ka \ll 1$라면 여기서 얻은 미분 단면적은 위 문제에서와 같아짐을 보여라.

14. 6 앞 문제에서 퍼텐셜 우물이 아니고 높이 V_0인 퍼텐셜 벽에 의한 느린 입자의 충돌을 생각하면 δ_0과 미분 단면적은 어떻게 되겠는가?

14. 7 앞 장에서 얻은 전이율에 관란 Fermi 황금률을 이용하여 미분 단면적에 관한 Born 근사식을 얻으려 한다. 산란이 변의 길이 L인 정육면체 안에서 이루 어진다고 생각하고 입사 입자는 $\hbar\vec{k}$의 운동량을 가지고 입사하고 입자가 산란되어 나갈 때에는 $\hbar\vec{k'}$의 운동량을 가지고 나간다고 할 때 이들은 다음과 같은 평면파로 기술될 수 있겠다.

$$|i> = \frac{1}{\sqrt{L^3}}e^{i\vec{k}\cdot\vec{x}}, \qquad |f> = \frac{1}{\sqrt{L^3}}e^{i\vec{k'}\cdot\vec{x}}$$

$\vec{k}$상태에서 $\vec{k'}$상태로의 전이 확률은 단위 시간당

$$\Gamma_{kk'} = \frac{2\pi}{\hbar}\,||<k'|V|k>|^2\rho(E_{k'})$$

이 된다. 여기서 퍼텐셜 V는 어느 시간, $t=0$에서 t까지만 작용한다고 생각한다.

(a) 입자의 스핀을 생각하지 않는 경우 에너지 밀도는

$$\rho(E_{k'})=\frac{\mu L^3k'}{2\pi^2\hbar^2}$$

됨을 보여라

(b) $J_{in}\,d\sigma=\frac{d\Omega}{4\pi}\Gamma_{kk'}$

로부터

$$\frac{d\sigma}{d\Omega}=\left(\frac{\mu L^3}{2\pi\hbar^2}\right)^2\frac{k'}{k}|<k'|V|k>|^2$$

됨을 보여라. 산란 과정에서 에너지의 손실을 생각하지 않으면 $k=k'$로 놓을 수 있다. 이 식의 우변이 $|f(\theta)|^2$ 과 같음을 보여라.

14. 8 산란 과정에서 입자의 에너지가 작아서 위상 이동을 δ_0, δ_1까지만 고려할 때 미분단면적을 산란각의 함수로 구하고 이 경우에 δ_0와 δ_1의 부호가 다르면 전방 산란(前方散亂 forward scattering)이 후방 산란(後方散亂 backward scattering)보다 잘 일어남을 보여라.

14. 9 본문의 (14.91)식에서 정의된 부분파 진폭(부분파 진폭) a_l을 다시 바꾸어 쓰면

$$ka_l = \frac{\eta_l e^{2i\delta_l} - 1}{2i}$$

는 $\eta_l = 1$인 때

$$ka_l = \frac{i}{2} + \frac{1}{2}(\sin 2\delta_l - i cos 2\delta_l)$$

가 된다. 이 값을 ka_l의 복소수 평면에서 그리면 그림 P14.1과 같이 된다.

즉

(a) $\eta_l = 1$인 경우는 중심 $\frac{i}{2}$이고 반경이 $\frac{1}{2}$인 원(圓)이 됨을 보여라. 이 원을 unitary circle이라 한다.

(b) 이 때 원점 0에서 원 위에 있는 점까지의 거리가 ka_l이 되고 원의 중심에 대한 이들 두 지점 사이의 각은 $2\delta_l$이 됨을 보여라.

(c) $\eta_l < 1$인 경우는 ka_l의 값이 unitary circle 안에 들어옴을 보여라. 그림의 꼭지점에 공명이 있음을 설명하여라. 이러한 그림들을 통틀어 Argand 도형(圖型, diagrams)이라 부른다.

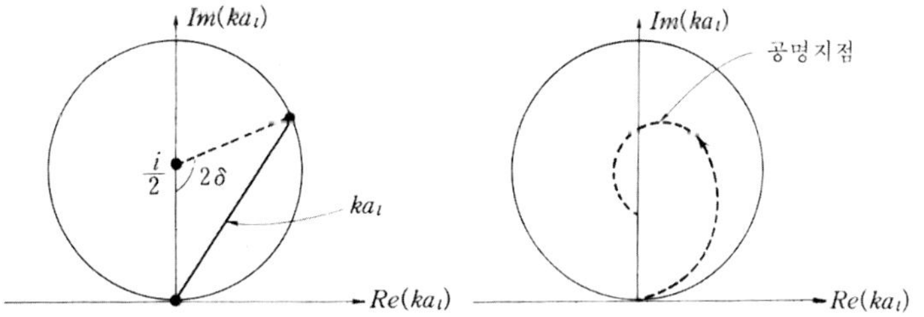

(a) 탄성 산란의 경우; $\eta_l = 1$ (b) 비탄성 산란의 경우; $\eta_l < 1$

그림 P14.1 Argand 도형

14. 10 전하 $Z_1 e$를 가진 한 입자가 $Z_2 e$의 전하를 가진 무거운 핵과 충돌하는 Coulomb 산란의 경우를 생각하자. 제 7장에서와 같은 수소형 원자의 문제에서는 전자의 에너지 E가 0보다 작아서 속박 상태의 문제였으나, 이 경우는 E가 0보다 큰 경우이며 이 때 전자의 파동함수는 r가 클 때 다음과 같음이 알려졌다.

$$\psi \rightarrow \frac{ce^{\frac{1}{2}n\pi}}{\Gamma(1+in)} \left\{ e^{i[kz + n\ln k(r-z)]} \left[1 + \frac{n^2}{ik(r-z)} \right] \right.$$

$$+\frac{1}{r}f_c(\theta)e^{i(kr-n\ln 2kr)}\Big\}$$

여기서 n과 f_c는 다음과 같이 정의된 값이다.

$$n=\frac{\mu Z_1Z_2e^2}{\hbar^2k}=\frac{Z_1Z_2e^2}{\hbar v}\quad(\mu\text{는 환산질량임})$$

$$f_c(\theta)=\frac{\Gamma(1+in)}{i\Gamma(-in)}\frac{e^{-in\ln\left(\sin^2\frac{1}{2}\theta\right)}}{2k\sin^2\frac{1}{2}\theta}$$

이 식으로부터 미분 단면적을 구하면 Rutherford의 공식 (14.52)을 얻음을 보여라.

14. 11 광전 효과(光電效果, photoelectric effect)

$\vec{\epsilon}$ 방향으로 평면 편광된 빛이 퍼텐셜 에너지 $V=\dfrac{Ze^2}{r}$에 의하여 바닥 상태에 속박되어 있는 한 전자에 입사하여 그 전자를 입체각 $d\Omega$인 방향으로 방출시키는 과정을 광전 효과라 하며

$$\hbar\omega+A\rightarrow A'+e$$

식으로 나타낸다. 다음 사항을 순서대로 증명하며 광전 효과를 고찰하자.

(a) 원자가 바닥 상태에 있을 때 전자의 스핀을 무시하면 전자의 상태 $|i>$는

$$|i>\;=\left(\frac{Z}{a_0}\right)^{\frac{3}{2}}\frac{1}{\sqrt{\pi}}e^{-\frac{Z}{a}r}$$

로 나타내어지며 밖으로 나가는 전자는 자유전자로 보면 다음과 같이 나중 상태 $|n>$을 쓸 수 있다.

$$|n>\;=\frac{1}{\sqrt{V}}e^{i\vec{k_e}\cdot\vec{x}}\qquad\left(\text{여기서 }V\text{는 체적을 나타내고 }\vec{k_e}\text{는 }\vec{p_e}/\hbar\text{임}\right)$$

이것으로부터 H_{int}의 시간에 무관한 부분 H'에 대하여

$$<n|H'|i>\;=\frac{e|\vec{A_0}|}{mc}<n|e^{i\vec{k}\cdot\vec{x}}\vec{\epsilon}\cdot\vec{p_e}|i>$$

가 되며 $|\vec{A_0}|$ 값을 위 식에 대입하면 다음 관계식을 얻음을 보여라.

$$<n|H'|i>\;=\frac{8\pi e\hbar}{mV}\left(\frac{2\hbar n}{\omega}\right)^{\frac{1}{2}}\vec{\epsilon}\cdot\vec{k_e}\frac{(Z/a_0)^{5/2}}{\left[(Z/a_0)^2+(\vec{k}-\vec{k_e})^2\right]^2}$$

(b) Fermi 황금률

$$\Gamma=\frac{2\pi}{\hbar}|<n|H'|i|^2\rho$$

에서 ρ의 값은 운동량 $p_e\sim p_e+dp_e$를 가지고 움직이는 자유입자의 에너지 밀도로

$P_e \ll m_c$인 경우

$$\rho = \frac{V\hbar k_e}{8\pi^3\hbar^3} m d\Omega$$

됨을 보여라

(c) 미분 단면적 $d\sigma$는 다음과 같이 정의된다.

$$d\sigma = \frac{\text{단위시간당 } d\Omega \text{ 방향으로 나오는 전자의 수}}{\text{매초 입사되는 단위체적당의 광자의 수}}$$

위 관계식에서 분자(分子, numerator)는 (a)와 (b)에서 구하였고 분모(分母)는 nc/V라고 할 수 있다. 그러면 미분 단면적은 다음과 같음을 보여라.

$$\frac{d\sigma}{d\Omega} = \frac{32e^2k_e^3}{mc\omega}\left(\vec{\epsilon} \cdot \vec{k_e}\right)^2 \frac{(Z/a_0)^5}{\left[(Z/a_0)^2 + \left(\vec{k} - \vec{k_e}\right)^2\right]^4}$$

(d) 광자의 파수 벡터 $\vec{k}$는 전자의 $\overrightarrow{p_e/\hbar}$보다 작은 것을 본문에서 보였다.

그러면 $\vec{k}$와 $\vec{k_e}$ 사이의 각을 θ라 할 때

$$\left(\vec{k} - \vec{k_e}\right)^2 \simeq k_e^2\left(1 - \frac{v}{c}\cos\theta\right)$$

됨을 보이고 따라서 미분 단면적은 다음과 같이 됨을 보여라.

$$\frac{d\sigma}{d\Omega} = \frac{32e^2\left(\vec{\epsilon} \cdot \vec{p_e}\right)^2}{\omega mc(p_e/\hbar)^5} \cdot \frac{(Z/a_0)^5}{\left(1 - \frac{v}{c}\cos\theta\right)^4}$$

(c) 전자를 원자 밖으로 빼내는 데 필요한 에너지인 이온화 에너지(ionization energy)를 I 라면 에너지 보존칙에 의하여

$$\hbar\omega = I + \frac{p_e^2}{2m}$$

이 된다. 다음 그림에서와 같이 좌표를 택하여 $d\Omega$에 관하여 적분하며 총단면적(total cross section) σ는 다음과 같이 됨을 보여라.

$$\sigma = \frac{64\pi}{3} \cdot \frac{e^2}{\hbar c}\left(\frac{\hbar^2}{me^2}\right)^2\left(\frac{\omega_I}{\omega}\right)^{7/2}\left(1 - \frac{\omega_I}{\omega}\right)^{3/2}$$

여기서 ω_I는 $I/\hbar$ 이다.

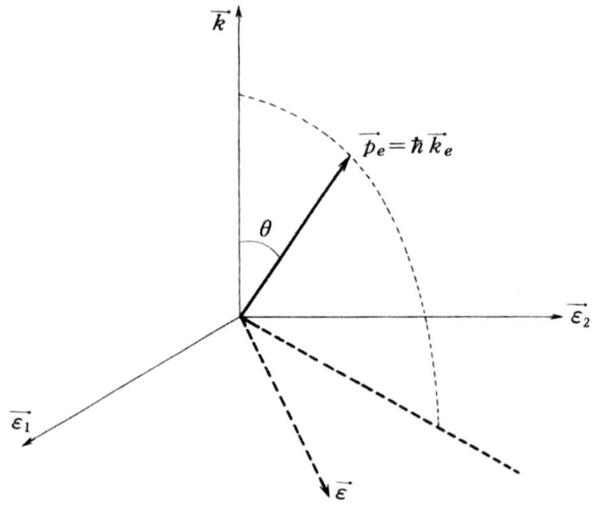

그림 P14.2 방출되는 전자의 운동량과 평면 편광의 방향

14. 12 스핀 $\frac{1}{2}$인 입자가 스핀 0인 표적 입자에 의해 산란되는 경우 입사입자가 $\vec{P_i}$의 편극을 가지면 산란되어 나올 때의 편극 $\vec{P_f}$는 다음 식에 의하여 결정됨을 보여라.

$$\vec{P_f}=\frac{(|g|^2-|h|^2)\vec{P_i}+2|h|^2(\vec{P_i}\cdot\vec{n})\vec{n}+2Re(gh^*)\vec{n}+2Im(gh^*)\vec{n}\times\vec{P_i}}{|g|^2+|h|^2+2Re(gh^*)\vec{P_i}\cdot\vec{n}}$$

여기서 전이 행렬 M은 (14.235)식에 의하여 주어진다. 특히 $\vec{P_i}=0$인 경우는 (14.240)식이 성립함을 알 수 있다.

[부 록]

단 위 계 (Systems of Units)

전자기량을 기술할 때에는 여러 가지의 단위계가 사용되고 있다. 우리는 지금까지 Gauss 단위계(CGS 단위계라고도 함)를 사용하였으나, 응집물리학에서는 MKS 단위를 많이 사용하며 따라서 양자역학에서도 MKS단위계를 사용한 책이 많이 있다. 그 외에도 유리화된(rationanized 또는 Lorentz-Heaviside) 단위계는 입자물리학이나 양자장론에서 많이 사용되고 있다. 이들 사이에는 다음 표에서와 같은 간단한 관계식에 의하여 변환될 수 있다.

표. CGS 단위계와 MKS 단위계(bar를 붙인 값)에서 물리량의 변환

물리량	Gauss 단위계	MKS 단위계
전기장	E	$\sqrt{4\pi\varepsilon_0}\,\overline{E}$
자기장	B	$\sqrt{4\pi/\mu_0}\,\overline{B}$
전하 (밀도)	$e\ (\rho)$	$1/\sqrt{4\pi\varepsilon_0}\ \overline{e}\ (\overline{\rho})$
전류밀도	J	$1/\sqrt{4\pi\varepsilon_0}\ \overline{J}$
스칼라 퍼텐셜	ϕ	$\sqrt{4\pi\varepsilon_0}\,\overline{\phi}$
벡터 퍼텐셜	A	$\sqrt{4\pi/\mu_0}\,\overline{A}$
빛의 속도	c	$1/\sqrt{\varepsilon_0\mu_0}$

예를 들면, Gauss 단위계에서의 Maxwell 방정식

$$\vec{\nabla}\cdot\vec{E}=4\pi\rho \tag{1.77a}$$

$$\vec{\nabla}\cdot\vec{B}=0 \tag{1.77b}$$

$$\vec{\nabla}\times\vec{E}+\frac{1}{c}\frac{\partial\vec{B}}{\partial t}=0 \tag{1.77c}$$

$$\vec{\nabla}\times\vec{B}-\frac{1}{c}\frac{\partial\vec{E}}{\partial t}=\frac{4\pi}{c}\vec{J} \tag{1.77d}$$

에 위 표에서와 같이 물리량을 대치하면, MKS 단위계에서의 Maxwell 방정식은 다음과 같이 됨을 알 수 있다. 여기서 MKS 단위계에서 물리량에 붙인 bar는 생략하였고 앞으로도 생략하겠다.

$$\vec{\nabla}\cdot\vec{E}=\rho/\varepsilon_0 \tag{1.77a'}$$

$$\vec{\nabla}\cdot\vec{B}=0 \tag{1.77b'}$$

$$\vec{\nabla}\times\vec{E}+\frac{\partial\vec{B}}{\partial t}=0 \tag{1.77c'}$$

$$\vec{\nabla} \times \vec{B} - \varepsilon_0\mu_0 \frac{\partial \vec{E}}{\partial t} = \mu_0 \vec{J} \tag{1.77d'}$$

위 두 경우에서 보는 바와 같이 Gauss 단위계에서의 식에는 4π와 c 가 들어 있고, MKS 단위계에서의 식에는 자유공간의 유전율(permittivity) ε_0 와 투자율(permeability) μ_0 가 포함되어 있다. 위 표에 나오는 두 단위계에서 물리량들은 단위의 크기가 다르다.

이렇게 하여 이 책의 앞에 다루었던 여러 가지 식들을 MKS 단위계에서 기술 할 수 있다. 몇 가지 예를 들어 보자.

앞의 표를 참고하면 전하를 띤 입자가 전기 자기장에서 움직일 때 많이 나오는 관계식에서

$$\frac{e}{c}A^i = \bar{e}\overline{A^i}$$

이므로, Gauss 단위계에서 (1.70)식에 보인 전기 자기장 안에 있는 전하가 받는 Lorentz의 힘은, MKS 단위계에서는

$$\vec{F} = e(\vec{E} + \vec{v} \times \vec{B}), \tag{1.70'}$$

(1.84)식에서 보인 Lagrangian 은

$$L(\vec{x}, \dot{\vec{x}}, t) = \frac{1}{2}m\dot{x}_i\dot{x}_i - e\phi(\vec{x}, t) + e\dot{x}_iA_i(\vec{x}, t), \tag{1.84'}$$

(7,119)식에 나온 차원이 없는 양인 미세 구조 상수는

$$\alpha = \frac{e^2}{\hbar c}|_{CGS} = \frac{e^2}{4\pi\varepsilon_0\hbar c}|_{MKS} = \left(\sim \frac{1}{137}\right) \tag{7.119'}$$

가 된다. 물론 MKS 단위계에서 e, E, B 는 표에서 보인 바와 같은 $\bar{e}, \bar{E}, \bar{B}$ 를 의미한다.

또 MKS 단위계에서 속도 (1.128)식과 Hamiltonian (1.129)식은 각각 다음과 같다.

$$p_i = \frac{\partial L}{\partial \dot{x}_i} = m\dot{x}_i + eA_i \tag{1.128'}$$

$$\therefore \dot{x}_i = \frac{1}{m}(p_i - eA_i)$$

$$H = \frac{1}{2m}(p_i - eA_i)(p_i - eA_i) + e\phi \tag{1.129'}$$

끝으로 Gauss 단위계에서 Maxwell 방정식에 있는 4π 들을 없애기 위하여 유리화된 (rationalized,有利化) 또는 Lorentz-Heaviside 단위계가 사용되는데 이것은 위 표에서 ε_0 와 μ_0 를 생략하여 사용하면 간단히 얻어진다. 특히 입자물리학이나 양자장론에서는 $\hbar = c = 1$로 놓고 쓰는 경우가 많으므로 이 경우는 표에서 ε_0 와 μ_0 를 1로 놓은 것과 같다. 계산 결과를 수치 계산과 비교할 때는 차원(dimension)을 생각하여 $\hbar, c$ 를 복원할 수 있다.

예를 들어, (7.2)식으로 주어진 수소형 원자의 쿨롱 퍼텐셜 에너지를 살펴보면, CGS,

MKS, 유리화 단위계에서 각각 다음과 같다.
CGS 단위계:

$$V(\overrightarrow{x_1}, \overrightarrow{x_2}) = -\frac{Ze^2}{r} \qquad (e = -4.8 \times (10)^{-10} esu) \tag{7.2}$$

$$r = |\overrightarrow{x_1} - \overrightarrow{x_2}|$$

MKS 단위계:

$$V(\overrightarrow{x_1}, \overrightarrow{x_2}) = -\frac{Ze^2}{4\pi\varepsilon_0 r} \qquad (e = -1.6 \times (10)^{-19} C : 1\, Coulomb = 3(10)^9 esu) \tag{7.2‘}$$

유리화된 단위계:

$$V(\overrightarrow{x_1}, \overrightarrow{x_2}) = -\frac{Ze^2}{4\pi r} \tag{7.2“}$$

중요한 물리 상수(物理常水, Physical Constants)

빛의 속도	$c = 2.998 \times 10^{10} cm/\text{sec}$
Planck 상수	$h = 6.626 \times 10^{-27} erg \cdot \text{sec}$
	$\hbar = 1.055 \times 10^{-27} erg \cdot \text{sec}$
Boltzmann 상수	$k = 1.381 \times 10^{-16} erg/K$
Avogadro 수	$N_0 = 6.022 \times 10^{23}/mole$
원자의 질량단위	amu$= 1.661 \times 10^{-24}$ g$= C^{12}$ 질량의 $\frac{1}{12}$
	$\simeq 931.5$ MeV
전자의 전하	$\lvert e \rvert = 4.803 \times 10^{-10}$ esu
전자의 질량	$m_e = 9.11 \times 10^{-28}$ g
	$m_e c^2 = 0.511$ MeV
미세구조 상수	$\alpha = e^2/\hbar c = 1/137.04$
Bohr의 반경	$a_0 = \hbar^2/m_e e^2 = 5.292 \times 10^{-9}$ cm$= 0.529$ Å
전자의 Compton 파장	$\lambdabar_c \equiv \frac{\lambda_c}{2\pi} = \hbar/m_e c = a_0 \alpha = 3.862 \times 10^{-11}$ cm
고전적 전자 반경	$r_0 = e^2/mc^2 = a_0 \alpha^2 = 2.818 \times 10^{-13}$ cm
Bohr magneton	$\mu_B = \lvert e \rvert \hbar / 2m_e c = 9.274 \times 10^{-21}$ erg/gauss
중력 상수	$G = 6.672 \times 10^{-8}$dyne-cm^2/g^2
양성자의 질량	$m_p = 1.673 \times 10^{-24}$ g
	$m_p c^2 = 938.3$ MeV
중성자의 질량	$m_n = 1.675 \times 10^{-24}$ g
	$m_n c^2 = 939.6$ MeV

1 eV $= 10^{-6}$ MeV$= 10^{-9}$ GeV$= 10^{-12}$ TeV

$= 1.602 \times 10^{-12}$ erg$= 3.829 \times 10^{-20}$ cal

1 eV $\simeq 11{,}605$ K ($\simeq$: 동등 관계)

1 cm$^{-1} \simeq 1.986 \times 10^{-16}$ erg$= 1.240 \times 10^{-4}$ eV

1 g $\simeq 5.610 \times 10^{26}$ MeV$= 8.987 \times 10^{20}$ erg

1 cal $\simeq 4.184$J$= 4.184 \times 10^{7}$ erg

찾 아 보 기

<ㄱ>

가능한 전이 ······ 516
가려진 쿨롱 퍼텐셜 ······ 640
가설 ······ 354
가시광선 영역 ······ 586
Gauss 단위계 ······ 24,685
Gaussian 분포 ······ 104
Gaussian 퍼텐셜 ······ 679
Gaussian 함수 ······ 59,70,106
Geiger와 Marsden의 실험 ······ 16
각 (shell) ······ 254
각운동량 ······ 16,227
각운동량 보존 ······ 228
각운동량의 합 ······ 429
각진동수 ······ 56
간섭 실험 ······ 326
감마 함수 ······ 556
감쇄 조화 진동 ······ 408
감쇄 진동자 ······ 85
강한 상호작용 ······ 290,440
강한 장의 Zeeman 효과 ······ 490
강체 회전사 ······ 264
gauge 변환 ······ 287,319,580
gauge 불변 ······ 288,290,319
gauge 의 고정 ······ 311
gauge 입자 ······ 324
Gellmann-Nishijima 공식 ······ 441
격자 ······ 290,426
결맞는 상태 ······ 182,323,381
결정 격자 ······ 295
결함 ······ 322
경계 조건 ······ 127
경로적분(법) ······ 21,373,379
결합 ······ 519
계단 퍼텐셜 ······ 127
계단 함수 ······ 157,376
계의 상태 ······ 92
Goudsmit ······ 420
고유 각운동량 ······ 254
고유 방정식 ······ 405
고유값 ······ 108
고유값 문제 ······ 87,108
고유 parity ······ 444
고전 양자론 ······ 36
고유 함수 ······ 108
곱셈표 ······ 393
공명 산란 ······ 664
공명 에너지 ······ 659,666
공명 입자 ······ 443
공명 자기장 ······ 458
공명 흡수 ······ 577
공변 ······ 122,453
공액 운동량 ······ 30
관성 모멘트 ······ 123
관측가능량 ······ 355,395
광역적 gauge 변환 ······ 290
광자 ······ 8,13
광전 효과 ······ 11,577,682
광학 정리 ······ 648,651
교환 가능 ······ 93
교환 연산자 ······ 200,675
교환자 ······ 94
구멍(hole) ······ 302,306
구면 극좌표 ······ 233
구면 극좌표계 ······ 31
구면 Bessel 함수 ······ 556,564
구면 조화 함수 ······ 246
구면 Hankel 함수 ······ 565
구역 ······ 305
국소적 gauge 변환 ······ 290
국소화 ······ 15,71
국소화된 전자 ······ 454
군 ······ 338
군속도 ······ 60,304
궤도 각운동량 ······ 227,231,415
궤도 양자수 ······ 242
궤도 초미세 상호작용 ······ 525
규격화 ······ 91,104
그늘 산란 ······ 651
Gram-Schmidt 과정 ······ 116
Green의 함수 ······ 376,633
Green 함수의 방법 ······ 633
극(Pole) ······ 13,41,634
극좌표계 ······ 31
근사적 방법 ······ 479
금지된 띠 ······ 301
금지된 전이 ······ 590
기대값 ······ 92,355
기묘 양자수 ······ 441
기묘 입자 ······ 441
기약 텐서 ······ 463
기저 ······ 339
기저의 바꿈 ······ 406
기패리티(parity) ······ 142
기포함 ······ 76
기하학적 위상 ······ 620

Ginzburg-Landau 이론 ……… 324
Gibbs의 자유 에너지 ……… 33
겹질 ……… 256

<ㄴ>

나트륨 D 선 ……… 506
내림 연산자 ……… 177,241,434
내적 ……… 115,339
내적 공간 ……… 339
네모난 퍼텐셜 ……… 127
네모난 퍼텐셜 장벽 ……… 136
Neumann 함수 ……… 558
느린 입자의 산란 ……… 679
능동적 변환 ……… 453
능동적 회전 ……… 444

<ㄷ>

Darwin 항 ……… 506
dyadic ……… 351
Dyson의 시간 차례곱 ……… 625
다입자 ……… 187
다중극 ……… 593
다중항 ……… 440
다항식 방법 ……… 163
단단한 구에 의한 산란 ……… 655
단위계 ……… 685
단위 행렬 ……… 354,401
단일 슬릿 실험 ……… 72
단일항 ……… 677
단일항 상태 ……… 435,444
닫힘 성질 ……… 338,594
닮은 변환 ……… 362,408
딸핵 ……… 547
대각선 행렬 ……… 120,352,393
대전 독립 ……… 441
대전 스핀 ……… 443
대전 입자의 운동 ……… 23
대응 원리 ……… 20,21,98,175
Davison-Germer의 실험 ……… 46
대칭 행렬 ……… 402
W 입자 ……… 290
WKB 근사 방법 ……… 533
도체 ……… 303
동역학적 위상 ……… 619
동일 입자 ……… 226
de Broglie ……… 45
들뜬 상태 ……… 74,146
Dirac ……… 180
Dirac의 δ 함수 ……… 77
Deaver ……… 321
띄엄띄엄 떨어진 고유값 ……… 110
띠 ……… 294

<ㄹ>

Laguerre 다항식 ……… 252
Laguerre 미분 방정식 ……… 251
Laguerre 함수 ……… 267
Lagrange 방정식 ……… 23
Lagrangian ……… 21
Raman 산란 ……… 577
Larmor의 진동수 ……… 316,319
Lyman 계열 ……… 19
Leibnitz 공식 ……… 252
Landau 반자성 ……… 312
Landau 준위 ……… 309
Landé의 g인자 ……… 513,525
란탄족 ……… 257
Ramsauer-Townsend 효과 ……… 655
Rabi의 공식 ……… 458
Lamb 이동량 ……… 506
Rutherford ……… 16
Rutherford 산란 공식 ……… 641
Levi-Civita 기호 ……… 25,402
Rayleigh 산란 ……… 577
Rayleigh-Schrödidinger 섭동 이론 ……… 481
Rayleigh-Jeans ……… 2
Lenz의 법칙 ……… 322
Rodrigues 공식 ……… 276
Lorentz gauge ……… 288
Lorentz 변환 ……… 76,298
Lorentz의 조건 ……… 313
Lorentz의 힘 ……… 23,307
Lorentz Heaviside 단위계 ……… 685
Lorentz형 ……… 616
Wrongskian ……… 653
Legendre 다항식 ……… 246,273
Legendre 미분 방정식 ……… 224,274
Legendre 변환 ……… 32
르장드르 연관 미분 방정식 ……… 240
Rydberg의 상수 ……… 13
Lippmann-Schwinger 식 ……… 667

<ㅁ>

마디 ……… 157
마법수 ……… 261
Meissner 효과 ……… 321,324
Maxwell 방정식 ……… 24,324,508
멱급수 전개 ……… 165
모함수 ……… 168,272,561
Møller 연산자 668
무한소 회전 ……… 447
문턱 진동수 ……… 50
물질파 ……… 45
미분 단면적 ……… 443,638

미세 구조 …… 510
미세 구조 보정 …… 499
미세 구조 상수 …… 247
밀도 연산자 …… 367
밀도 행렬 …… 120,357

<ㅂ>

바닥 상태 …… 146
반교환 가능 …… 93
반교환자 …… 94
반대칭 행렬 …… 402
Van de Hulst …… 511
반도체 …… 303
반발력 …… 220
반발 퍼텐셜 …… 654
반복 방법 …… 371,572,639
반사 계수 …… 132,139
반사파 …… 132,137
반선형 …… 340
반에르미트 행렬 …… 402
반자성 …… 312
반전성 …… 141
반정수 …… 417
반환점 …… 536
Balmer 계열 …… 19
발생원 …… 366
방출능 …… 9
배경 복사 …… 49
백색 왜성 …… 222
Virtual 에너지 …… 140
범함수 …… 28
Bernoulli의 수 …… 83
Berry 위상 …… 618
Bessel 방정식 …… 642
Bessel 함수 …… 643
Bessel 함수의 영 …… 561
Bessel 함수의 점근형 …… 540
Baker-Campbell-Hausdorff 공식 …… 386
벡터 공간의 기저 …… 339
변분 방법 …… 527
변분 원리 …… 23
변수 분리법 …… 110
변위 연산자 …… 387
변조된 진폭 …… 63
변환 함수 …… 367
변환 행렬 …… 361,393,409
별의 진화 …… 221
병진 연산자 …… 366
Bogoliubov(보골리우보프) 변환 …… 388
Bohr …… 15
Bohr magneton …… 52
Bohr의 반경 …… 18
Bohr의 원자 모델 …… 15
보스 분포 …… 211
Bose-Einstein(보스아인슈타인) 분포 …… 9,211
Bose-Einstein 통계 …… 202
Bose 입자 …… 202
보손(boson) …… 202,420
보존량 …… 32
복사 …… 1
복사 보정 …… 506
복사 에너지 밀도 …… 3
Born …… 90
Born 근사 …… 638,639
Boltzmann 분포 …… 7
Boltzmann의 상수 …… 2
Boltzmann 인자 …… 461
부분각 …… 256
부분파 …… 642
부분파 진폭 …… 649
부분 편극 …… 462
분광학적 기호 …… 255, 444
분리 상수 …… 128, 603
분배 함수 …… 360
분산 방정식 …… 47, 81, 299
분포 함수 …… 9
불변량 …… 98
불변 질량 …… 76
불순물 …… 294
불확정성 원리 …… 71, 100
불확정값 …… 100
불활성 기체 …… 259
불활성 원소 …… 260
붕괴폭 …… 515
브라(bra) 벡터 …… 343
Breit-Wigner 공식 …… 659
black hole …… 223
Bloch 방정식 …… 478
Bloch 정리 …… 297
Bloch 함수 …… 297
비선형 방정식 …… 82
BCS 이론 …… 322
비정상 Zeeman 효과 …… 332,426,488
비조화 진동 …… 484
비조화 진동자 …… 551
비탄성 산란 …… 648
비편극 …… 460

<ㅅ>

산란 길이 …… 660
산란 영역 …… 632
산란의 형식적 이론 …… 666
산란 진폭 …… 639,649,659
산란체 …… 632

산란파 ············ 633,639,645
삼각형 관계식 ············ 433
삼중항 ············ 523
삼중항 상태 ············ 435
상대론적 보정 ············ 495
상대 좌표 ············ 196
상보성 ············ 87
상쇄 간섭 ············ 71
상자성 ············ 315
상자성 공명 ············ 428
상태 함수 ············ 92,367
상호작용 묘사 ············ 571
샘 ············ 637
생성 ············ 596
생성 연산자 ············ 177,381
선의 넓어짐 ············ 75
선택 규칙 ············ 173,515,589,593
선폭 ············ 611
선형 ············ 82,92
선형 결합 ············ 112,339
선형 독립 ············ 338,463
선형 벡터 공간 ············ 338
선형 연산자 ············ 92,341
세부균형원리 ············ 597
세차 운동 ············ 319,426
소멸 ············ 596
소멸 연산자 ············ 177,381
속박 상태 ············ 143,146,548
수동적 변환 ············ 362,413
수동적 회전 ············ 448
수명 ············ 76,495
수반 ············ 342
수반 연산자 ············ 342
수소 원자의 스펙트럼 ············ 19
수소 원자의 이온화 에너지 ············ 532
수소형 원자 ············ 227
수연산자 ············ 177,382
순수 상태 ············ 92,119,354
순환군 ············ 393
순환 좌표 ············ 30
Schrödinger 묘사 ············ 120
Schrödinger 방정식 ············ 48,88,355
Schmidt 과정 ············ 116
Schwartz의 부등식 ············ 101
pseudoscalar 입자 ············ 444
스칼라 퍼텐셜 ············ 25
Stern-Gerlach 실험 ············ 85,428
Stefan-Boltzmann의 법칙 ············ 9
Stefan-Boltzmann의 상수 ············ 9
Stark 효과 ············ 488
Stokes의 정리 ············ 309,509
스펙트럼 ············ 1,20,347,364
스피너(spinor) ············ 423
스핀 ············ 420
스핀-궤도의 결합 ············ 489
스핀의 세차 운동 ············ 426
Slater 행렬식 ············ 203
시간에 독립인 Schrödinger 방정식 ············ 110
시간에 무관한 섭동 이론 ············ 479
시간에 의존하는 섭동 이론 ············ 567
시간의 발생자 ············ 372
시간 차례곱 ············ 625
시변 연산자 ············ 372,572
시행 함수 ············ 527
cyclotron 진동수 ············ 307
쌍극성 초미세 상호작용 ············ 525
쌍극자 복사 ············ 595
쌍대 공간 ············ 340
쌍대 기저 ············ 341
쌍대 벡터공간 ············ 340
CGS 단위계 ············ 23,24,582,685

<ㅇ>

Argand 도형 ············ 681
isospin ············ 440
Einstein ············ 8
Einstein 모델 ············ 185
Einstein-Podolsky-Rosen의 역설 ············ 473
Aharonov-Bohn 효과 ············ 319
Actinium 계열 ············ 259
안장점 ············ 553
알파 붕괴 ············ 547
Alkali 원소 ············ 259
암모니아 분자 ············ 155,623
ensemble 평균 ············ 357
양자 ············ 1,87
양자 분포 함수 ············ 208
양자수 ············ 175
양자역학 가설 ············ 120
양자 잡음 ············ 387
양자 장론 ············ 373
양자 전기역학 ············ 425,506
양자화 ············ 4,11
양자화 과정 ············ 87
어미핵 ············ 547
associated Laguerre 미분 방정식 ············ 251
associated Laguerre 함수(다항식) ············ 251
associated Lagendre 미분 방정식 ············ 240
associated Legendre 함수(다항식) ············ 284
에너지띠 이론 ············ 294
에너지띠의 구역 ············ 302
에너지띠 ············ 294
에너지 이동 ············ 506
에너지 준위 ············ 186,294
Ehrenfest 정리 ············ 98
Airy 미분 방정식 ············ 552

Airy 함수 ······ 537,552
Hermitian ······ 96
Hermite 공액 ······ 94
Hermite 다항식 ······ 167,170
Hermite 미분 방정식 ······ 164
Hermite 연산자 ······ 96
Hermite(에르미트) 행렬 ······ 353,402
n차 Born 근사 ······ 669
엔탈피 ······ 33
$L-S$ 결합 ······ 519,526,630
M1 전이 ······ 592
MKS 단위계 ······ 24,685
여인수 ······ 403
역벡터 ······ 338
역행렬 ······ 403
연결 공식 ······ 540
연산자 ······ 88
연산자 방법 ······ 175
연속 방정식 ······ 89
연이음 공식 ······ 165,172,282,559
열벡터 ······ 350
열중성자 ······ 664
열행렬 ······ 333
영년 방정식 ······ 405
영벡터 ······ 338
orthohelium ······ 523
Euler-Lagrange 방정식 ······ 24
올림 연산자 ······ 177,241
Weinberg-Salam의 통일이론 ······ 324
완전 산란 ······ 650
완전성 ······ 116,344,346
완전 편극 ······ 462
완전 흡수 ······ 650
완화 거리 ······ 134
완화 시간 ······ 478
외력의 영향 ······ 88
우원편광 ······ 396
우패리티(even parity) ······ 142, 167
운동량 표현 ······ 336
운동 상수 ······ 98
Uhlenbeck ······ 420
원자가 전자 ······ 220,259
원자가띠 ······ 302
원자 궤도 함수 ······ 253
원자 시계 ······ 155
원통 좌표계 ······ 28
원편광 ······ 393
Wigner-Eckart 정리 ······ 463,513
Wigner-Weisskopf 섭동 이론 ······ 612
위상 속도 ······ 56
위상 이동(량) ······ 646,651
위상차 ······ 135
위치 표현 ······ 337
Wien ······ 2
Wien의 변위 공식 ······ 49
Wilson-Sommerfeld 양자화 조건 ·· 37,49,550
Wick의 시간 차례곱 ······ 625
Yukawa ······ 75
unitary 변환 ······ 419
unitary circle ······ 681
unitarity 한계 ······ 647
unitary 행렬 ······ 362,402
유도 방출 ······ 575
유동 속도 ······ 294
유리화된 단위계 ······ 685
유전율 ······ 686
유효 범위 ······ 660,663
유효 질량 ······ 305
유효 퍼텐셜 ······ 44,231
응결 ······ 322
이심률 ······ 38
이온화 에너지 ······ 532,683
E_1 전이 ······ 588
이준위계 ······ 623
이중선 ······ 515
이체 문제 ······ 22,193
E_2 전이 ······ 593
인과율 ······ 371
인력 퍼텐셜 ······ 654
일반화 좌표 ······ 27
일률 ······ 10
일함수 ······ 13
입사파 ······ 132, 633
입자의 파동성 ······ 45

<ㅈ>

자기 모멘트 ······ 52,312,313
자기 쌍극자 모멘트 ······ 508
자기 쌍극자 전이 ······ 592
자기화 ······ 312,462
자기 회전 비율 ······ 318,508
자기 선속 ······ 321
자기 선속의 양자화 ······ 319
자기 선속의 침 ······ 327
자발적 방출 ······ 575,596,607
자연 선폭 ······ 515
자연적 넓어짐 ······ 611
자외선 파탄 ······ 4
자체 수반 연산자 ······ 342
Jacobi 항등식 ······ 94,464
자화율 ······ 459,525
작용량 ······ 28,377
작은 교란 ······ 82
작은 보정 ······ 479
장동 ······ 459

장벽 투과 과정 ······ 545
재규격화 상수 ······ 484
저지 전압 ······ 12
Zeeman 갈라지기 ······ 316,526
Zeeman 효과 ······ 313
제 2 양자화 ······ 602,610
$j-j$ 결합 ······ 520,630
제2종 Bessel 함수 ······ 558
제타(Zeta) 함수 ······ 83
적분 방정식 ······ 336
전기 사중극자 전이 ······ 591
전기 쌍극자 근사 ······ 586
전기 쌍극자 모멘트 ······ 490
전기 쌍극자 전이 ······ 588,627
전도띠 ······ 302
전도율 ······ 325
전도 전자 ······ 293
전류 고리 ······ 313
전방 산란 ······ 648
전이 ······ 121,173,316,573
전이 연산자 ······ 668
전이 원소 ······ 260
전이 진폭 ······ 442
전이 확률 ······ 573
전자 배열 ······ 202,256,526
전자살 ······ 73
전자기파의 세기 ······ 584
전자기파의 운동량 ······ 607
전자기파의 편극 ······ 585,593
전진 연산자 ······ 372
전치 ······ 402
전파 인자 ······ 373
절연체 ······ 302
점근값 ······ 563
점근 행동 ······ 163,248
점근 행동의 축출 ······ 163
점근 함수 ······ 652
점진 근사 ······ 616
접촉 초미세 상호작용 ······ 510
정사각형 행렬 ······ 401
정상 상태 ······ 121
정상 Zeeman 효과 ······ 312,490
정상파 ······ 58
정준 공액 운동량 ······ 30
정준 운동량 ······ 30
정칙 특이점 ······ 249,267,556
Z 입자 ······ 290
Josephson 효과 ······ 334
조임 상태 ······ 387
조임 연산지 ······ 387
조화 진동자 ······ 42,161,381
좋은 양자수 ······ 253,517
좌원편광 ······ 396
좌표 표현 ······ 376,426
주기 운동 ······ 36
주기율표 ······ 227
주기적 경계 조건 ······ 290
주양자수 ······ 41
준동형 ······ 351
준안정 ······ 495
준 안정성 억제 ······ 495
준위 이동 ······ 593, 615
준위폭 ······ 615
중간자 ······ 637
중성 스칼라장 ······ 610
중성자 별 ······ 222
중심력 ······ 228
중양성자 ······ 159,436,443
중입자 ······ 440
중입자 양자수 ······ 440
중첩 ······ 81
지름 방정식 ······ 652
지름 파동 방정식 ······ 247,281
지름 파동 함수 ······ 252
지수적 감소형 ······ 157
지표 방정식 ······ 267,556
직각 좌표 ······ 27
직교 ······ 114,345
직교 규격화 ······ 169,339
직교 행렬 ······ 362,402
직접 곱 ······ 426
진공 상태 ······ 133
진동수 ······ 2
진동형 ······ 157
질량 중심계 ······ 675
질량 중심 좌표 ······ 195,676

<ㅊ>

차원 ······ 339
차원이 없는 변수(양) ······ 162,274
초기치 문제 ······ 569
초미세 구조 ······ 508
초미세 구조의 에너지 갈라짐 ······ 510
초미세 상호작용 ······ 510
초전도체 ······ 260
초전도 현상 ······ 320
최소 작용 원리 ······ 377
최소 파속 ······ 103,385
축약 ······ 232
축퇴(겹침) ······ 116,254
충격 변수 ······ 647
측정 ······ 118,263
측정의 가설 ······ 118

<ㅋ>

Cartesian 좌표계 27,233,392
켓(ket) 벡터 337
Cauchy의 적분 정리 636
Cauchy의 주치 614
Compton 산란 14,577
Compton 효과 13
Coulomb gauge 323,508,581
Coulomb 산란 641
Cooper 쌍 322
Curie 법칙 463
Kronecker의 δ 25
Kronig-Penney 모델 296
Klein-Gordon 방정식 122,610
Clebsch-Gordan 계수 431,469

<ㅌ>

타원 궤도 37
타원의 반단축 42
타원의 반장축 42
타원의 방정식 38
탄성 산란 646
터널링 현상 141
텐서 연산자 453,463
Thomas 세차 운동 497
통계 기댓값 677
투과 계수 132,139
투과 인자 547
투과파 132 137
투영 연산자 344
투자율 686
특성 방정식 405
특수 상대성 이론 15
특해 482

<ㅍ>

파광학 133
파동 방정식 81,89,247
파동 함수 89,370
파동 함수의 해석 89
parahelium 523
Parseval의 항등식 335
파속 57,304
Paschen 계열 19
Paschen-Back 효과 519
파수 56
파수 벡터 57
파와 입자의 이중성 46
파의 세기 56
파의 위상 56
파의 주기 56
파의 파장 59
Pauli의 배타 원리 202,255,444
Pauli항 425
Pauli 행렬 421
π 중간자 75,441
Feynman 380
Fermi 구 294
Fermi-Dirac(페르미 디랙) 분포 212
페르미 분포 212
Fermi-Dirac 통계 202
Fermi 에너지 208,226
fermion 202,420
페르미(Fermi) 황금률 573
Fermi 입자 202,520
Fairbank 321
편극 460
편극된 정도 673
편극 벡터 460,673
평균 전이율 593
평면파 55
평면 회전자 123
평행 이동 연산자 296
phonon 181,215
Poisson 분포 384
Poynting 벡터 583
퍼텐셜 우물 661
포획 과정 443
표적 입자 632
표준 집합 430
표준 표현 463
표피 깊이 324
표현 335
표현의 바꿈 360
Fourier 급수 64
Fourier 변환 64,336,368,634
Fourier 의 적분정리 68
Planck 2
Planck 상수 3
Planck의 공식 3
Floquet 정리 296

<ㅎ>

Heisenberg 묘사 181
Hartree 255
Hankel 함수 564
Halogen 원소 260
합성 방정식 376
합의 규약 22,402
항등 연산자 344,349
Hamiltonian 32
Hamilton의 방정식 34
Hamilton의 원리 28

해석 함수 ··· 566
핵력 ··· 75
핵조성 ··· 221
핵함수 ··· 336
Hertz ··· 11
행렬 ··· 119,350,400
행렬식 ··· 298,400
행렬 표현 ··· 119,335,349
행벡터 ··· 350
허용된 띠 ··· 294
헬륨 원자 ··· 529
Helmholtz의 자유 에너지 ··· 33
형체 인자 ··· 679
혼합 궤도 함수 ··· 254,474
혼합 상태 ··· 357,459
hole(구멍) ··· 302,306
확률 밀도 ··· 107
확률 밀도의 진폭 ··· 90
활률 흐름 밀도 ··· 90
환산 질량 ··· 196
환산 행렬 ··· 469
회전자 ··· 262
회전자의 관성 모멘트 ··· 262
회절 ··· 651
후방 산란 ··· 660
흑체 ··· 1
흑체 복사 ··· 1
흡수 전이 ··· 575
희토류 ··· 257
Higgs 방법 ··· 324
Hilbert 공간 ··· 116
힘의 범위 ··· 632

저자 약력

송희성(宋熙星)

- 서울대학교 물리학과 졸업(1960)
- 미국 아이오와주립대학교 이학박사(1966): 입자물리학 이론 전공
- 서울대학교 물리학과 교수·명예교수(1967~2016)
- 미국 Ames연구소(1966), 국제이론물리학센터(ICTP, 1971~1975), 스탠포드 선형가속기연구소(SLAC, 1978) 연구원 겸임
- 미국 펜실바니아 주립대학교 객원교수(1977)
- 서울대학교 이론물리학센터(SRC) 소장(1990~1999)
- 한국물리학회 회장(2001~2002), 한국학술단체연합회 회장(2002~2003)
- 3·1 문화상(1982), 세종문화상(1995) 수상
- 대한민국학술원 회원(2014)

저서

- 상대론적 양자역학(서울대학교 출판사, 2002)

양자역학

[제2판]

초　판 1쇄 인쇄 | 2009년　3월 25일
수정판 2쇄 발행 | 2018년　9월 15일

지은이 | 송희성
펴낸이 | 양진숙
펴낸곳 | 교학연구사

편집·디자인 | 김윤경

주소 | 서울특별시 마포구 공덕동 105-67번지
전화 | 02-711-0941(영업부)
팩스 | 02-703-1140
등록 |　제10-17호(1980.4.14)

정가 | 25,000원

ISBN　978-89-354-0439-1 93420